항공정비사 표준교재
Aircraft Maintenance Engineer Handbook

개정판

항공기 기체

Airframe for AMEs

제2권 (항공기 시스템)
Volume 2 (Aircraft System)

국토교통부

발/간/사

1948년, 첫 민간 항공기가 역사적인 비행을 시작한 이래 우리나라는 세계 7대 항공운송 강국으로 성장했습니다. 현재 세계 177개 도시와 379여개의 항공노선으로 연결 되어 있고, 작년 한 해 만도 1억 2,337만 명의 여객과 427만 톤의 화물을 실어 날랐습니다. 특히, 지난 가을에는 국제민간항공기구(ICAO) 이사국 7연임 달성에 성공함으로써 국제항공 무대에서도 우리나라의 위상은 더욱 높아졌습니다.

국내 항공 산업이 나날이 성장해감에 따라 우리 국토교통부에서는 보다 체계적으로 항공종사자를 양성하고자 2015년 12월부터 항공정비사, 조종사, 항공교통관제사 등을 위한 「항공종사자 표준교재」를 발간하여 왔습니다.

특히 항공정비사를 위한 표준교재는 2015년 12월 초판 발간 후부터 지금까지 많은 예비 항공정비사와 교육 업계의 꾸준한 관심을 받아왔으며, 긍정적인 평가와 동시에 때로는 새로운 교육내용에 대한 건의도 있었습니다.

이에 힘입어 최근 헬리콥터 정비사를 위한 교육교재와 항공전자분야의 전문정비사 양성을 위한 항공전자 · 전기 · 계기(심화) 교재를 발간하였고,

더불어 기존 항공정비사 교육교재 또한 새롭게 바뀐 항공안전법규와 정비기술의 발전 동향을 반영하여 새롭게 개편하였습니다.

이번에 발간하는 제2판 항공정비사 표준교재는 이전의 항공기 형식에는 없던 첨단소재, 동력장치, 전기전자 시스템 등을 갖춘 초대형 항공기의 출현에 따른 새로운 시스템, 장비 및 절차 등을 학습할 수 있도록 최신 동향을 반영 하는 데에 중점을 두었으며,

더불어 초판 교재 중 이해가 어려웠던 용어들을 작업현장에서 실제 사용하는 용어로 수정함과 동시에 한글과 원어를 같이 표기하여 학습자의 이해도를 높이고, 그림자료 또한 국내 작업현장의 자료 등을 활용하는 등 실제 교재 이용자의 다양한 건의사항을 충분히 검토하고 반영하여 학습 편의성을 높일 수 있도록 노력하였습니다.

바라건대, 본 개정판을 통하여 항공정비사를 꿈꾸는 학생, 교육기관의 교수, 현업에 종사하는 항공정비사들에게 교육의 표준 지침서가 되어 우리나라 항공정비 분야의 기초를 튼튼히 하고 저변을 확대하는 데 크게 기여하기를 바랍니다.

끝으로 이 책을 개정 발간하는데 아낌없는 노력과 수고를 하신 개정 집필자, 연구자, 감수자 등 편찬진에게 진심으로 감사드리며 내실 있고 좋은 책을 만들기 위해 노력하신 항공정책실 항공안전정책과장 이하 직원들의 노고에 감사를 표합니다.

항공정책실장 **김 상 도**

표준교재 이용 및 저작권 안내

표준교재의 목적

본 표준교재는 체계적인 글로벌 항공종사자 인력양성을 위해 개발되었으며 현장에서 항공안전 확보를 위해 노력하는 항공종사자가 알아야 할 기본적인 지식을 집대성하였습니다.

표준교재의 저작권

이 표준교재는 「저작권법」 제24조의2에 따른 국토교통부의 공공저작물로서 별도의 이용허락 없이 자유이용이 가능합니다.

다만, 이 표준교재는 "공공저작물 자유이용허락 표시 기준(공공누리, KOGL) 제3유형 "에 따라 공개하고 있으므로 다음 사항을 준수하여야 합니다.

1. 공공누리 이용약관의 준수 : 본 저작물은 공공누리가 적용된 공공저작물에 해당하므로 공공누리 이용약관(www.kogl.or.kr)을 준수하여야 합니다.
2. 출처의 명시 : 본 저작물을 이용하려는 사람은 「저작권법」 제37조 및 공공누리 이용조건에 따라 반드시 출처를 명시하여야 합니다.
3. 본질적 내용 등의 변경금지 : 본 저작물을 이용하려는 사람은 저작물을 변형하거나 2차적 저작물을 작성할 경우 저작인격권을 침해할 수 있는 본질적인 내용의 변경 또는 저작자의 명예를 훼손하여서는 아니 됩니다.
4. 제3자의 권리 침해 및 부정한 목적 사용금지 : 본 저작물을 이용하려는 사람은 본 저작물을 이용함에 있어 제3자의 권리를 침해하거나 불법행위 등 부정한 목적으로 사용해서는 아니 됩니다.

표준교재의 이용 및 주의사항

이 표준교재는 「항공안전법」 제34조에 따른 항공종사자에게 필요한 기본적인 지식을 모아 제시한 것이며, 항공종사자를 양성하는 전문교육기관 등에서는 이 표준교재에 포함된 내용 이상을 해당 교육과정에 반영하여 활용할 수 있습니다.

또한, 이 표준교재는 「저작권법」 및 「공공데이터의 제공 및 이용 활성화에 관한 법률」에 따른 공공저작물 또는 공공데이터에 해당하므로 관련 규정에서 정한 범위에서 누구나 자유롭게 이용이 가능합니다.

그리고 「공공데이터의 제공 및 이용 활성화에 관한 법률」에 따라 이 표준교재를 발행한 국토교통부는 표준교재의 품질, 이용하는 사람 또는 제3자에게 발생한 손해에 대하여 민사상 · 형사상의 책임을 지지 아니합니다.

표준교재의 정정 신고

이 표준교재를 이용하면서 다음과 같은 수정이 필요한 사항이 발견된 경우에는 항공교육훈련포털(www.kaa.atims.kr)로 신고하여 주시기 바랍니다.

- 항공법 등 관련 규정의 개정으로 내용 수정이 필요한 경우
- 기술된 내용이 보편타당하지 않거나, 객관적인 사실과 다른 경우
- 오탈자 및 앞뒤 문맥이 맞지 않아 내용과 의미 전달이 곤란한 경우
- 관련 삽화 등이 누락되거나 추가적인 설명이 필요한 경우

※ 주의 : 표준교재 내용에는 오류, 누락 및 관련 규정 미반영 사항 등이 있을 수 있으므로 의심이 가는 부분은 반드시 정확성 여부를 확인하시기 바랍니다.

목 차

CONTENTS

PART 11 제빙 및 제우 계통 11-2

PART 12 객실 환경 제어계통 12-2

PART 13 화재방지 계통 13-2

PART 14 비행 조종 계통 14-2

08 유압 계통

Hydraulic Power and Pneumatic Power Systems

8 유압 계통

Hydraulic Power and Pneumatic Power Systems

8.1 서론(Introduction)

항공기에서 유압계통은 큰 힘을 요구하는 항공기 구성요소의 작동을 위해 사용되는 하나의 수단이다. 착륙장치(landing gear), 플랩(flaps), 비행 조종면(flight control surface), 그리고 브레이크(brake)의 작동은 대부분 유압계통으로 이루어진다. 유압계통은 단순한 휠(wheel) 브레이크의 수동조작(manual operation)을 하는 소형기로부터 시스템이 크고 복잡한 대형 운송용 항공기까지 다양하게 사용된다. 필요한 중복기능성(redundancy)과 신뢰성을 얻기 위해, 유압계통은 몇몇의 하부계통(subsystem)으로 이루어져 있다. 각각의 하부계통은 동력발생장치, 즉 펌프(pump), 저장소(reservoir), 축압기(accumulator), 열교환기(heat exchanger), 여과장치(filtering system) 등을 갖추고 있다. 작동 압력은 소형기와 회전익항공기에서 사용하는 200psi로부터 대형 운송용 항공기에서 사용하는 5,000psi까지 다양하다.

유압계통의 장점은 경량, 장착의 용이, 검사의 간소화, 그리고 정비의 용이함 등에 있다. 유압작동(hydraulic operation)은 또한 유체마찰(fluid friction)로 인한 손실이 매우 적어 거의 100%의 효과를 갖는다.

8.2 유압유(Hydraulic Fluid)

유압유는 조작하고자 하는 여러 가지의 구성요소에 힘을 전달하고 분배하는 데 주로 사용된다. 유압유는 비압축성의 특성을 갖고 있어 압력 손실이 없이 사용되는 구성요소에 균등하게 전달된다(pascal의 법칙).

유압장치(hydraulic device)에 사용되는 유압유는 구성품의 동작조건, 작동에 필요한 양, 온도, 압력, 부식의 가능성 등을 고려하여 가장 알맞은 특성을 갖는 종류의 유압유를 사용하도록 명시되어 있다.

8.2.1 점성(Viscosity)

유압유의 가장 중요한 성질 중 한 가지가 점성이다. 점성은 흐름에 대한 내부저항이다. 저점성(low-viscosity)을 갖는 가솔린과 같은 액체는 쉽게 흐르는 반면에 고점성(high-viscosity)을 갖는 타르(tar)와 같은 액체는 천천히 흐른다. 점성은 온도가 저하할 때 증가한다. 주어진 유압계통에서 만족스러운 유압유는 펌프, 밸브(valve), 그리고 피스톤에서 누출되지 않아야 하며, 너무 높은 작동 온도에서 저항을 일으켜서 구성품에 과부하 및 마모가 되지 않도록 그리고 동력 상실이 발행하지 않도록 점도가 과도하게 높지 않아야 한다. 유압유의 점성을 측정하는 데 사용되는 점도계(viscometer)중 세이볼트 saybolt 점도계가 사용되는데, 100℃에서 시험을 거친 유압유 60㎖에 대해 표

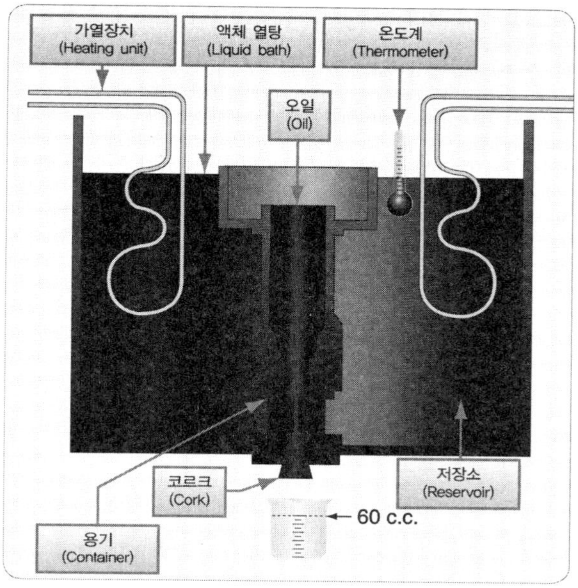

[그림 8-1] 세이볼트 점도계(Saybolt viscosimeter)

준 오리피스(standard orifice)를 거쳐 지나가는 시간을 초단위로 측정한다. 그림 8-1과 같이, 측정된 시간은 유압유의 점성을 확인하는 데 이용한다.

8.2.2 화학적 안전성(Chemical Stability)

화학적 안정성은 유압유를 선택하는 데 있어서 점성과 더불어 매우 중요한 요소이다. 화학적 안정성은 장기간 산화되지 않고 품질저하에 영향을 받지 않는 유압유의 기능을 말한다. 모든 유압유는 격한 작동조건에서 불리한 화학 변화를 겪는 경향이 있다. 예를 들어, 유압계통이 고온에서 상당한 기간 동안 작동될 때의 경우이다. 과도한 온도는 액체의 수명에 커다란 영향을 끼친다. 작동하는 유압계통의 저장소(reservoir)에 있는 유압유의 온도는 작동부 유압유의 온도와 다르다. 국부적으로 고열이 발생하는 부분, 즉 베어링(bearing), 기어 치차(gear teeth), 또는 압력이 걸린 유압유가 작은 오리피스(orifice)로 들어가는 지점에서는 고열로 인한 유압유의 탄화 또는 침전물이 발생할 수도 있다.

점성이 높은 액체는 점성이 낮은 액체보다 열에 대해 더 큰 저항력을 갖는다. 보통의 유압유는 저점성의 것을 사용하며 점성 범위를 충족하는 여러 종류의 유압유를 선택하여 사용할 수 있다.

압력이나 열을 받는 유압유는 물, 소금, 또는 다른 불순물에 노출되면 분해되어진다. 아연(zinc), 납(lead), 황동(brass), 구리(copper)와 같은 일부 금속은 일부 유압유와 만나면 불필요한 화학반응을 갖는다. 이런 화학반응은 침전물, 수지(gum), 그리고 탄소가 생성되어 밸브와 피스톤 부위의 교착(stick) 또는 누설(leak), 유관의 막힘(clog) 등을 유발시킨다. 이러한 불순물의 생성은 유압유의 물리적인 성질과 화학적인 성질을 어느 정도 변화시켜 유압유의 색이 어두워 지며 점성이 높아지고 산(acid)을 형성시킨다.

8.2.3 인화점(Flash Point)

인화점이란 액체에 화염(flame)이 가해졌을 때 순간적으로 점화하기에 충분한 증기(vapor)가 방출되는 온도를 말한다. 유압계통에 사용되는 유압유는 증발성이 낮은 고인화점의 특성이 있어야 한다.

8.2.4 발화점(Fire Point)

발화점이란 액체가 화염(flame)에 노출되었을 때 계속해서 연소하기 위한 충분한 양의 증기를 방출하는 온도를 말한다. 인화점(flash point)과 같이, 고발화점은 이상적인 유압유에 필요한 특성이다.

8.3 유압유의 종류 (Types of Hydraulic Fluids)

정상적인 계통운용(system operation)을 보전하고, 유압계통의 비금속 부품의 손상을 방지하기 위해, 알맞은 유압유를 사용하여야 한다. 유압계통에 유압유를 보충할 때 항공기제작사 정비매뉴얼(aircraft manufacturer's maintenance manual) 이나 저장소(reservoir)에 부착되어 있는 사용설명 표지판(instruction plate) 또는 구성 부품상에 명시된 특정 종류(type)의 유압유를 사용해야 한다.

유압유의 세 가지 주요한 범주는 다음과 같다.

(1) 광물질(minerals)
(2) 폴리알파올레핀(polyalphaolefin)
(3) 인산염에스테르(phosphate ester)

유압계통에 유압유를 보급할 때, 정비사는 정확한 범주의 유압유를 사용하고 있는지 확인해야 한다. 유압유는 서로 다른 종류의 유압유를 섞어 쓰면 안 된다. 예를 들어, 내화성 유압유인 MIL-H-83282에 MIL-H-5606를 혼합하면 비내화성 유압유가 되어 버린다.

8.3.1 광물질계 유압유(Mineral-Based Fluids)

광물유성계(mineral oil-based) 유압유인 MIL-H-5606는 가장 오래 전부터 사용되어 왔다. 그것은 수많은 system에 사용되어 왔으며, 특히 화재위험이 비교적 적은 곳에 사용된다. MIL-H-6083은 단순히 MIL-H-5606에 녹 억제 기능이 추가된 유압유로 서로 호환하여 사용할 수 있다. 대체로 제품제조업자는 MIL-H-6083을 유압부품에 넣는다. 광물계 유압유인 MIL-H-5606은 석유에서 처리되어 제조된다. 그것은 침투유(penetrating oil)와 비슷한 냄새를 갖고 있으며 적색을 띠고 있다. 합성고무재질의 실(seal)은 석유계 유압유와 함께 사용된다.

8.3.2 폴리알파올레핀계 유압유 (Polyalphaolefin-Based Fluids)

MIL-H-83282는 MIL-H-5606의 인화성 특성을 극복하기 위해 1960년도에 개발된 내화성 경화 폴리알파올레핀계 유압유이다. MIL-H-83282는 MIL-H-5606보다 상당히 더 큰 내화성을 갖고 있지만, 단점은 저온에서 고점성을 갖는다. 이 유압유의 사용은 대체로 -40℉까지로 제한된다. 그것은 MIL-H-5606과 같이 동일한 system에서 그리고 동일한 실(seal), 개스킷(gasket), 호스와 함께 사용할 수 있다. MIL-H-46170은 MIL-H-83282에 녹 억제 기능이 추가된 유압유이다. 소형 항공기는 대부분 MIL-H-5606을 사용하지만, 일부 항공기에서는 MIL-H-83282를 사용하기도 한다.

8.3.3 인산염에스테르계 유압유(Phosphate Ester-Based Fluids [Skydrol])

이 유압유는 대부분 상용 운송용 항공기에서 사용되고, 내화성이 뛰어나다. 2차 세계대전 이후 상용 항공기에서 유압 브레이크의 화재가 증가하면서 내화성이 높은 유압유의 개발이 필요하게 되었다. 새롭게 디자인된 항공기의 성능을 충족시키기 위한 유압유의 점진적인 발전으로 기체 제작사는 그들의 성능에 맞는 새로운 종류의 유압유를 만들었다.

오늘날 type Ⅳ 유압유와 type Ⅴ 유압유가 사용된다. type Ⅳ 유압유는 밀도에 따라 두 가지로 분류되는데, class Ⅰ 유압유는 저밀도이고 class Ⅱ 유압유는 표준밀도이다. class Ⅰ 유압유는 class Ⅱ에 비해 무게경감의 이점이 있다. 현재 사용 중인 type Ⅳ 유압유에 부가하여, type Ⅴ 유압유는 더 안정성이 높은 유압유이다. type Ⅴ 유압유는 type Ⅳ 유압유보다 고온에서 가수분해(hydrolytic, 유기화합물이 물, 알코올과 유기산으로 반응 및 산화)로 인한 품질저하에 강한 내성이 있다.

8.3.4 유압유의 혼합(Intermixing of Fluids)

성분 차이로 인하여, 석유계와 인산염에스테르계 유압유는 혼합하여 사용해서는 안 된다. 항공기 유압계통에 규격이 다른 종류의 유압유를 보급했다면, 곧바로 유압유를 빼내고 유압계통을 씻어내야 하며 제작사의 명세서(specification)에 따라 밀봉을 유지해야 한다.

8.3.5 항공기 재질과의 적합성 (Compatibility With Aircraft Materials)

스카이드롤(skydrol) 유압유에 적합하게 설계된 항공기 유압계통은 유압유가 올바르게 사용된다면, 사실상 결함이 없어야 한다. 스카이드롤은 monsanto company의 등록상표이다. 스카이드롤은 유압유가 오염 없이 유지되는 한 알루미늄, 은, 아연, 마그네슘, 카드뮴, 철, 스테인리스강(stainless steel), 동(bronze), 크로뮴(chromium) 등과 같은 일반적인 항공기 금속재질에 영향을 주지 않는다. 스카이드롤 유압유의 인산염에스테르계 반응으로 인하여, 비닐(vinyl) 성분, 니트로 셀룰로즈 래커(nitrocellulose lacquer), 유성페인트(oil-based paint), 리놀륨(linoleum), 그리고 아스팔트(asphalt)를 포함하는 열가소성수지는 스카이드롤 유압유에 의해 화학적으로 연수화(softened) 될 수도 있다. 그러나 이 화학작용은 보통 순간적인 노출에서는 일어나지 않으며 유출이 있다면 바로 비누와 물로 깨끗이 닦아주면 손상을 막을 수 있다. 스카이드롤 방염제인 페인트는 에폭시(epoxy)와 폴리우레탄(polyurethane)을 포함한다. 오늘날 폴리우레탄은 스카이드롤 유압유에 내성이 강해 항공기 산업에 표준이 되고 있다.

유압계통은 유압유에 적합하고 특별한 액세서리(accessory)의 사용을 필요로 한다. 적절한 실(seal), 개스킷, 호스는 쓰이고 있는 유압유의 종류에 맞게 특별히 설계되어야 한다. 유압계통에 장착된 구성요소가 유압유에 적합한지를 보증하는 데 주의해야 한다. 개스킷, 실, 그리고 호스가 교체될 때, 그들이 적절한 재료로 제작되었는지 보증되도록 확실하게 식별이 되어야 한다. 스카이드롤 type Ⅴ 유압유는 천연섬유, 나일론, 폴리에스테르를 포함하고 있는 합성물질에 적합하다. 네오프렌(neoprene) 또는 buna-N의 석유계유분(petroleum oil) 재질의 유압계통 실은 스카이드롤과 조화되지 않으며 부틸고무(butyl rubber) 또는 에틸렌프로필렌(ethylene-propylene) 탄성중합체(elastomer)의 실로 교체되어야 한다.

8.3.6 유압유의 오염 (Hydraulic Fluid Contamination)

유압유가 오염되었을 때마다 유압계통의 고장은 피할 수 없다. 오염의 종류에 따라 간단한 기능불량 또는 구성요소의 완전한 파괴가 발생한다. 두 가지 일반적인 오염은 다음과 같다.

① 심형모래(core sand), 용접시 튀는 금속입자(weld spatter), 기계가공 부스러기(machining chip), 그리고 녹(rust)과 같은 입자를 포함하는 연마제

② 실(seal)과 다른 유기체부품으로부터 마모 입자 또는 오일산화(oil oxidation)와 연한 입자의 결과로서 생기는 부산물을 포함하는 비연마제

8.3.6.1 오염에 대한 점검(Contamination Check)

유압계통이 오염되었을 때, 또는 명시된 최고치 온도를 초과해서 유압 시스템이 작동되었을 때 유압계통의 점검은 이루어져야 한다. 대부분 유압계통에 있는 필터(filter)는 육안으로 볼 수 있는 이물질을 대부분 제거하도록 설계되었다. 그러나 유압유의 육안검사는 유압계통 전체의 오염 양을 판단하지 못한다. 유압계통에 있는 큰 입자의 불순물은 하나 또는 그 이상의 구성요소가 과도하게 닳고 있다는 지시이다. 결점이 있는 구성 요소를 찾아내기 위해서는 체계적 점검 과정이 필요하다. 저장소로 다시 돌아가는 유압유는 유압계통의 어떤 부품으로부터 불순물을 함유하게 된다. 구성요소의 결점을 판단하기 위해, 액체시료(liquid sample)는 저장소와 유압계통 내의 여러 곳에서 채취해야 한다. 시료는 특정한 유압계통에 적용하는 제작사 지침서(manufacturer's instruction)에 의하여 채취되어야 한다. 일부 유압계통은 액체시료를 채취하기 위해 영구적으로 장착된 블리드 밸브(bleed valve)가 구비되어 있고, 시료를 채취하기 용이한 곳에 채취용 관(line)이 분리 설치되어 있다.

(1) 시료 채취 일정(hydraulic sampling schedule)

① 정기 채취(routine sampling)
각각의 유압계통은 적어도 1년에 한 번씩 또는 3,000 flight hour, 또는 기체제작사(airframe manufacturer)가 제안할 때는 언제나 채취하여 검사해야 한다.

② 비계획 정비(unscheduled maintenance)
기능불량의 원인이 유압유로 판단될 때, 시료를 채취해야 한다.

③ 오염의 의심(suspicion of contamination)
만약 오염이 의심된다면, 유압유는 정비절차(maintenance procedure)를 수행하기 이전 및 이후 모든 시료가 채취되어야 하고 오염이 되었다면 새로운 유압유로 교체해야 한다.

(2) 시료 채취 절차(sampling procedure)

① 10~15분 동안 유압계통을 가압하고 작동시킨다. 작동하는 동안에 밸브의 작동을 위해 여러 가지의 비행 조종장치(flight control)를 작동시키면서 유압유를 순환시킨다.

② 유압계통을 정지시키고 감압한다.

③ 시료를 채취하기 전에, 항상 최소한 보호안경(safety glass)과 안전장갑(safety gloves)을 포함하는 적절한 개인용 보호장구를 착용해야 한다.

④ 보푸라기가 없는 천(lint-free cloth)으로 시료 채취구 또는 관(tube)을 닦아낸다. 보푸라기를 발생시킬 수 있는 작업장 수건(shop towel) 또는 종이

제품은 시료를 오염시킬 수 있기 때문에 사용하지 않는다.

⑤ 저장소의 드레인밸브(drain valve) 아래쪽에 폐기물용기(waste container)를 놓고 유압유가 안정되게 흘러나오도록 밸브를 열어준다.

⑥ 약 1pint(250㎖)의 유압유를 배출시킨다. 이것은 시료 채취구에 있을지 모를 고착된 입자를 제거하기 위함이다.

⑦ 깨끗한 시료병(sample bottle)에 약간의 공간이 있을 정도로 시료를 채운 후 곧바로 마개를 채운다.

⑧ 드레인밸브(drain valve)를 닫는다.

⑨ 항공사 이름(customer name), 항공기 종류(aircraft type), 항공기 등록 번호(aircraft tail number), 시료가 채취된 유압계통 명칭, 그리고 시료 채취 날짜를 시료채취 도구(sampling kit)에서 제공된 시료식별분류표시(sample identification label)에 기재한다. 그리고 정기 시료 채취인지, 오염이 의심되어 수행한 채취인지를 식별분류표시 아래쪽 비고란에 표시한다.

⑩ 빼낸 유압유를 보충하기 위해 저장소에 유압유를 보급한다.

⑪ 분석을 위해 실험실로 시료(sample)를 보낸다.

8.3.6.2 오염의 제어(Contamination Control)

필터(filter)는 유압계통이 정상적으로 작동하는 동안 오염문제의 적절한 처리를 제공한다. 유압 계통으로 들어가는 오염원(contamination source)의 크기와 양의 제어는 장비를 정비하고 운용하는 사람의 책임이다. 그러므로 예방법은 정비, 수리, 보급운용 시에, 오염을 최소화하도록 취해져야 한다. 만약 시스템이 오염되었다면, 필터소자(filter element)를 장탈하여 청소하거나 교체해야 한다. 오염을 관리하는 데 도움을 주는, 다음의 정비 및 사용절차는 항상 준수되어야 한다.

① 모든 공구와 작업영역, 즉 작업대와 시험 장비를 청결히 유지한다.

② 구성요소 장탈 및 분해절차 중에 유출된 유압유를 받을 수 있도록 적당한 용기는 항상 구비되어 있어야 한다.

③ 유압관(hydraulic line) 또는 연결부(fitting)를 분리하기 이전에, 드라이클리닝용제(dry cleaning solvent)로 작업 부위를 깨끗이 청소한다.

④ 모든 유압관과 연결부(fitting)는 분리한 후 즉시 위를 덮거나 또는 마개를 해야 한다.

⑤ 유압계통 구성품을 조립하기 전에 인가된 드라이클리닝용제로 모든 부품을 씻어낸다.

⑥ 드라이클리닝 용액으로 부품을 세척 후, 충분히 건조시키고 조립 전에 권고된 방부제(preservative) 또는 유압유로 윤활해 준다. 깨끗하고 보푸라기가 없는 천을 사용하여 부품을 닦아내고 건조시킨다.

⑦ 모든 실(seal)과 개스킷은 재 조립절차 시에 교체되어야 한다. 반드시 제작사에서 권고한 실과 개스킷을 사용한다.

⑧ 모든 부품은 나사산의 금속 실버(metal silver)가 벗겨지지 않도록 주의하여 연결해야 한다. 모든 연결부(fitting)와 유압관은 적용된 기술지침서(technical instruction)에 따라 장착되어야 하고 규정된 토크를 가해야 한다.

⑨ 모든 유압 사용 장비(hydraulic servicing equipment)는 청결하고 양호한 작동상태로 유지되어야 한다.

미립자오염과 화학물질오염 모두는 항공기 유압계통에 있는 구성요소의 성능과 수명에 지장을 준다. 오염은 유압유의 보급 시 또는 정비 시 유압계통의 구성품을 교환/수리할 때, 마모된 실(seal)을 통해 유입된 불순물에 의해 일어난다. 유압계통에서 미립자오염을 막기 위해, 필터는 각 유압계통의 압력관(pressure line), 리턴라인(return line), 그리고 펌프케이스(pump case) 드레인 라인(drain line)에 장착된다. 필터 등급은 여과할 수 있는 가장 작은 입자의 크기로 표시되며 micron단위를 사용한다. 필터의 교체주기는 제작사에 의해 정해지고 정비매뉴얼에 명시되어 있다. 특정 교체 지침이 없는 경우, 필터소자(filter element)의 권고된 사용시간(service life)은 다음과 같다.

① 압력 필터(pressure filter) – 3,000hour
② 리턴 필터(return filter) – 1,500hour
③ 케이스 드레인 필터(case drain filter) – 600hour

8.3.7 유압 계통의 세정(Flushing)

유압필터의 검사 또는 유압유의 시료 채취 검사에서 유압유가 오염되었다고 판정되면 유압계통의 세정(flushing)이 필요하다. 세정은 제작사지침서에 의거하여 수행되어야 하지만, 세정의 대표적인 절차는 다음과 같다.

(1) 유압계통의 시험구(test port) 입구와 출구에 지상 장비(hydraulic test stand)를 연결한다. 지상 장비의 유압유가 청결한지, 항공기와 동일한 유압유인지를 확인한다.
(2) 유압계통 필터를 교환한다.
(3) 유압계통을 거쳐 깨끗하고 여과된 유압유를 주입하고, 필터에서 오염이 발견되지 않을 때까지 모든 하부계통을 작동시킨다. 오염된 유압유와 필터는 폐기한다.
(4) 지상 장비를 분리하고 배출구의 마개를 덮는다.
(5) 저장소가 가득(full level) 또는 적정한 보급수준으로 채워졌는지를 확인한다.

지상 장비에 있는 유압유는 세정작업(flushing operation)을 시작하기 전에 청결한지 반드시 점검해야 한다. 오염된 지상 장비의 사용은 항공기 유압시스템을 오염시킬 수 있다.

NOTE 필터의 육안검사는 항상 효과적인 것은 아니다.

8.3.8 유압유의 취급 및 인체 영향 (Health and Handling)

스카이드롤 유압유는 성능첨가제와 혼합된 인산염 에스테르계 유압유이다. 인산염에스테르는 양질의 용제(solvent)이며 피부의 지방성물질중의 일부를 용해시킨다. 유압유에 반복적으로 오랫동안 노출되면 피부염 또는 합병증을 일으켜, 건성 피부의 원인이 되게 한다. 스카이드롤 유압유는 피부의 가려움의 원인이 될 수 있지만 알러지성(allergic-type) 피부발진에 원인이 된다고 알려져 있지는 않다. 유압유를 취급할 때는 항상 적절한 보호 장갑과 보호안경을 사용한다. Skydrol/Hyjet 연무(mist) 또는 증기(vapor)에 노출 가능성이 있을 때는 유기물증기와 유기물연무를 막을 수 있는 방독면을 착용해야 한다. 유압유의 섭취는 절대로 피해야 한다. 적은 양은 크게 위험하지는 않으나 과도하게 섭취했을 때는 제작사지침에 따라야 하고, 적절한 치료가 필요하다.

8.4 유압 계통의 기본 (Basic Hydraulic Systems)

그림 8-2와 같이, 기본적으로 유압 계통은 펌프, 저장소, 방향밸브(directional valve), 체크밸브(check valve), 압력 릴리프밸브(pressure relief valve), 선택밸브(selector valve), 그리고 필터로 이루어져 있다.

8.4.1 중심개방 유압계통 (Open-Center Hydraulic Systems)

중심개방 유압계통(open-center system)은 유체 흐름이 있지만, 작동장치가 사용되지 않을 때는 시스템 내에 압력은 없다. 그림 8-3의 A와 같이, 펌프는 저장소로부터 선택밸브를 거쳐 유압유를 순환시키고 저장소로 되돌아가게 한다. 중심개방 유압계통은 각각의 선택밸브가 장착된 여러 개의 하부계통(subsystem)을 갖는다. 중심폐쇄 유압계통(closed-center system)과는 달리, 중심개방 유압계통의 선택밸브들은 항상 서로 직렬로 연결되어 있다. 유압계통의 압력관(pressure line)은 각각의 선택밸브를 거쳐간다. 유압유는 항상 각각의 선택밸브를 통해 자유롭게 흐르고, 선택밸브가 기계장치를 작동시키지 않는 한 저장소로 되돌아온다.

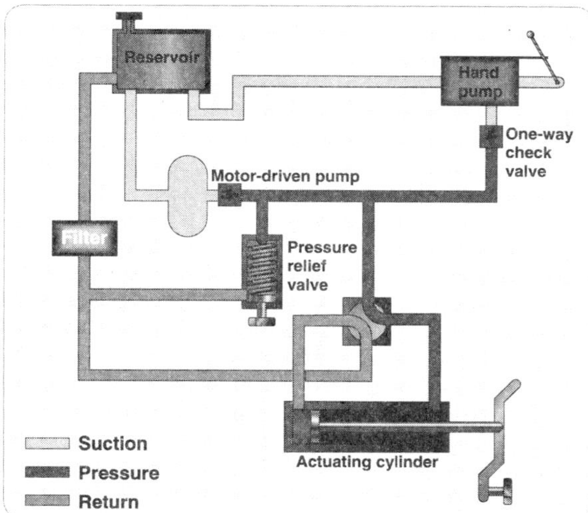

[그림 8-2] 기본 유압계통(Basic Hydraulic System)

그림 8-3의 B에서와 같이, 선택밸브 중 하나가 작동위치로 됐을 때, 유압유는 펌프로부터 압력관을 거쳐 작동기(actuator)로 향하게 된다. 작동기 내 작동실린

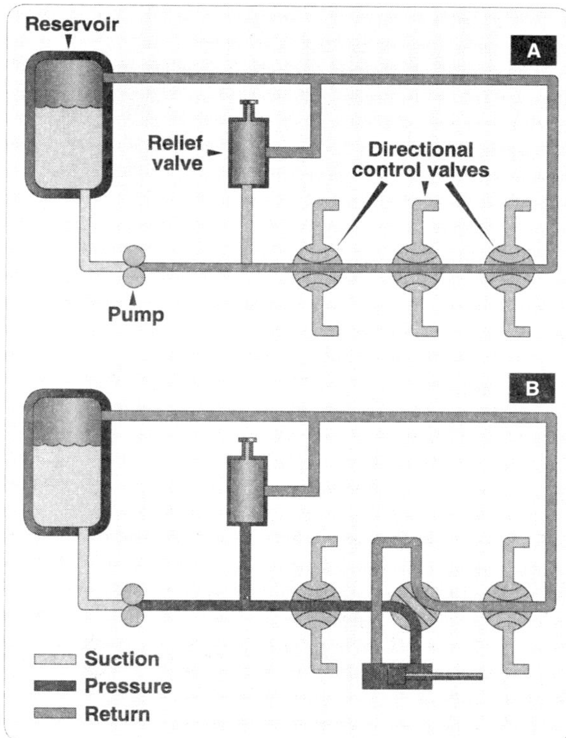

[그림 8-3] 중심 개방 유압계통 (Open center hydraulic) system

더의 피스톤을 움직이고, 작동기의 반대쪽 유압유는 선택밸브를 통해 저장소로 되돌아간다. 사용되고 있는 선택밸브의 종류에 따라 시스템의 작동이 결정된다. 중심개방 유압계통에는 몇 종류의 선택밸브가 사용되는데, 수동으로 작동되는 종류를 보면, 우선 밸브를 수동으로 운용위치로 작동시킨다. 그다음 작동 기계장치에 압력이 가해지고 피스톤이 원하는 위치로 작동된다. 릴리프밸브(relief valve)의 설정압력에 도달되기 전까지 펌프의 압력은 피스톤에 가해지며 과도한 압력이 발생하면 릴리프밸브를 통해 저장소로 흐르게 한다. 계통압력은 선택밸브를 중립으로 위치시킬 때까지 릴리프밸브 설정압력으로 유지된다. 중립 위치에서는 개방중심흐름을 다시 개방시켜 계통압력을 관저항압력(line resistance pressure)으로 떨어지게 한다.

수동 선택밸브 외에, 밸브 작동은 수동으로 하지만 중립 위치로 움직임은 압력에 의해 작동하는 선택밸브도 사용된다.

8.4.2 중심폐쇄 유압계통 (Close-Center Hydraulic Systems)

중심폐쇄 유압계통의 유압유는 동력펌프가 작동하고 있을 때에는 언제나 압력이 걸려 있다. 그림 8-4와 같이, 3개의 작동기(actuator)는 병렬로 배치되어 있고 작동기 B와 C는 동시에 작동되고 있고, 반면에 작동기 A는 작동하지 않는다. 이 유압계통은 선택밸브(selector valve) 또는 방향제어밸브(directional control valve)가 직렬로 배열되지 않고 병렬로 배열되어 있는 것이 중심개방 유압계통과 다르다. 펌프압력을 제어하는 수단으로, 만약 정량방출펌프(constant-delivery pump)가 사용되었다면, 계통압력은 압력조절기(pressure regulator)에 의해 조절되고, 릴리프밸브(relief valve)는 압력조절기가 고장이 났을 경우에 예비 안전장치로 작동된다.

만약 가변용량형펌프(variable-displacement pump)가 사용되었다면, 계통압력은 펌프의 통합 압력 장치 보정기(integral pressure mechanism compensator)에 의해 제어된다. 보정기(compensator)

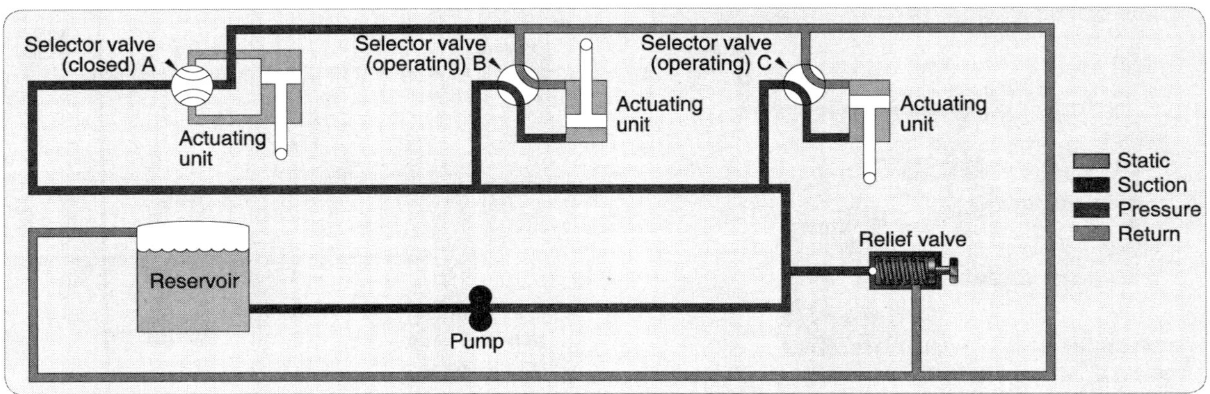

[그림 8-4] 가변용량형 펌프의 중심 폐쇄 기본 유압계통
(A basic closed-center hydraulic system with a variable displacement pump)

는 자동으로 출력 유량을 변화시키며, 압력이 정상 계통압력에 다다를 때, 펌프의 출력 유량을 경감시키기 시작한다. 정상계통압력에 도달되면 출력 유량은 거의 0로 감소한다. 이때 펌프의 내부 바이패스 기계장치(internal bypass mechanism)는 펌프의 냉각(cooling)과 윤활(lubrication)을 위해 유압유를 순환시킨다. 그림 8-4와 같이, 릴리프밸브는 예비 안전장치로 장착되어 있다. 중심폐쇄 유압계통에 비해 중심개방 유압계통의 이점은 시스템이 연속적으로 가압되지 않는다는 것이다. 압력은 선택밸브(selector valve)를 작동 위치로 움직인 후 압력이 점차적으로 증가되기 때문에, 압력서지(pressure surge)로 인한 충격은 매우 적다. 따라서 작동기는 더 부드럽게 작동된다. 반면 중심폐쇄 유압계통은 순간적으로 정상 압력으로 증가된다. 대부분 항공기 유압 시스템은 즉각적인 작동을 요하기 때문에 중심폐쇄 유압계통이 아주 폭넓게 사용되고 있다.

8.5 유압 계통(Hydraulic Power Systems)

8.5.1 유압 계통의 발전 (Evolution of Hydraulic Systems)

소형 항공기는 비교적 비행 조종면의 하중(load)이 작기 때문에 조종사는 손으로 비행조종을 할 수 있다. 유압계통은 초기 항공기에 제동장치(brake system)에서 사용되기 시작했다. 항공기가 더욱 빠르게 비행하고, 대형화되면서 조종사는 더 이상 힘으로 조종면을 움직일 수 없어서 유압계통을 사용하게 되었다. 조종사의 힘을 덜어주지만 여전히 조종사는 케이블(cable) 또는 푸시로드(push rod)를 움직여 조종면을 작동한다.

많은 현대 항공기는 동력공급장치(power supply system)와 플라이 바이 와이어(fly-by-wire) 비행 조종을 사용한다. 조종간의 움직임은 전기적으로 비행 조종면에 장착된 서보(servo)로 보내지기 때문에 케이블 또는 푸시로드가 필요 없다. 소형 파워팩(power pack)은 유압계통의 최신의 발전물이다. 파워팩(power pack)의 사용은 유압관(hydraulic line)과 많은 양의 유압유를 줄이기 때문에 항공기 무게를 줄여준다. 일부 제작사는 유압 계통의 일부를 전기 제어식으로 대체하면서 항공기에서 유압계통을 줄이고 있다. Boeing 787은 유압계통보다 더 많은 전기계통(electrical system)으로 설계된 첫 번째 항공기이다.

8.5.2 유압 파워팩 계통 (Hydraulic Power Pack System)

그림 8-5와 같이, 유압 파워팩(hydraulic power pack)은 전기펌프(electric pump), 여과기, 저장소, 밸브, 그리고 압력안전밸브(pressure relief valve)로

[그림 8-5] 유압 파워팩(Hydraulic Power Pack)

이루어진 소형 장치이다. 파워팩의 이점은 중앙 공급식 유압 동력 공급장치가 필요 없고 대량의 유압관(hydraulic line)을 줄일 수 있기 때문에 항공기 무게를 크게 경감시킬 수 있다는 점이다.

파워팩은 엔진기어박스 또는 전기 모터에 의해 작동된다. 필수밸브(essential valve), 여과기, 센서(sensor), 그리고 변환기(transducer)의 통합은 유압계통의 무게를 줄이고 유압유의 외부누출이 적어지며, 고장탐구(trouble shooting)를 간결하게 해준다. 일부 파워팩 계통은 통합된 작동기를 갖고 있어 직접 수평안정판 트림(stabilizer trim), 착륙장치, 또는 비행 조종면을 작동시킨다.

8.5.3 유압계통의 구성품 (Hydraulic System Components)

그림 8-6은 대형 상업용 항공기에 사용하는 유압계통의 전형적인 예이다. 다음 장에서 이러한 유압계통의 구성요소에 대해 자세히 설명한다.

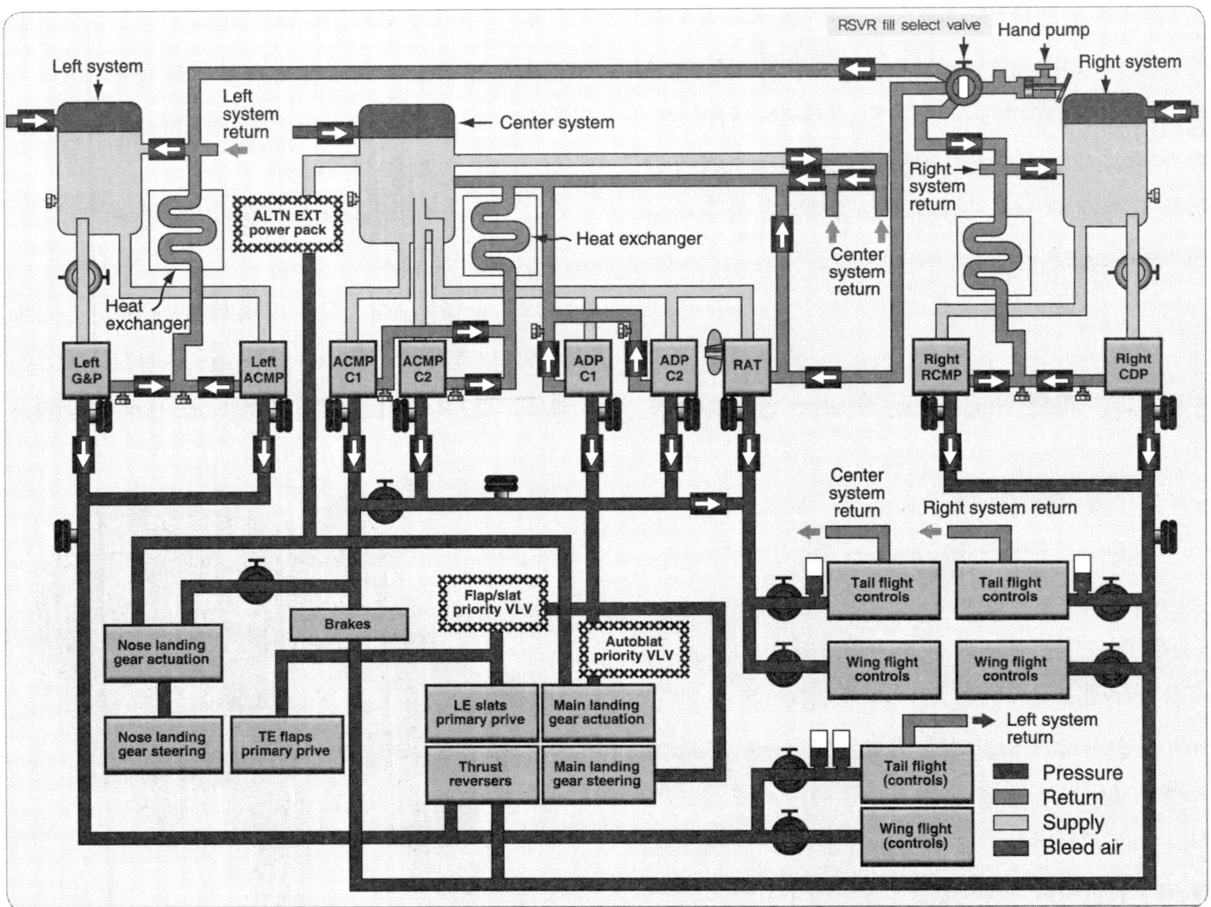

[그림 8-6] 대형 상용 항공기 유압계통(Large commercial aircraft hydraulic system)

8.5.3.1 저장소(Reservoirs)

저장소는 유압계통을 위해 사용되는 유압유의 저장 탱크이다. 저장소는 유압계통이 작동할 때 유압유를 공급해주며, 누출로 인한 유동체의 손실이 있을 때 다시 채울 수 있다. 저장소는 온도변화에 의한 체적 증가, 축압기(accumulator) 및 피스톤의 작동 등으로 인한 유량의 증가도 다 수용할 수 있다.

저장소는 또한 유압계통에 들어갈 수 있는 기포를 없애는 역할을 한다. 시스템 내의 이물질은 저장소에서 분리된다. 저장소 안에 배플(baffle) 또는 핀(fin)은 저장소 내의 유압유의 소용돌이를 막아준다. 유압유를 보급하는 동안 이물질의 유입을 방지하기 위하여 주입구에 여과기(strainer)를 장착한 저장소도 있다. 저장소 내에는 역중력(negative-G) 상태에서도 유압유가 펌프로 갈 수 있도록 내부 트랩(trap)을 갖추고 있다.

대부분의 항공기는 주 유압계통(main hydraulic system)이 고장 났을 경우에 대신할 비상 유압계통(emergency hydraulic system)을 갖고 있다. 주 유압계통이나 비상 유압계통의 펌프는 동일한 저장소의 유압유를 사용하므로, 비상펌프(emergency pump)로의 유압유 공급관은 저장소의 밑바닥에 설치되어 있고, 주 유압계통 펌프는 바닥으로부터 일정한 높이에 있는 스탠드 파이프(standpipe)으로 부터 유압유를 끌어들인다. 이렇게 함으로써 만일 주 유압계통의 유압유가 누출로 소실되어도 저수탑 높이만큼은 유압유가 남아 있게 되고 비상유압계통을 작동할 수 있게 한다. 그림 8-7에서는 만약 저장소 유량이 저수탑보다 낮게 고갈되었을 경우 엔진구동펌프(engine-driven

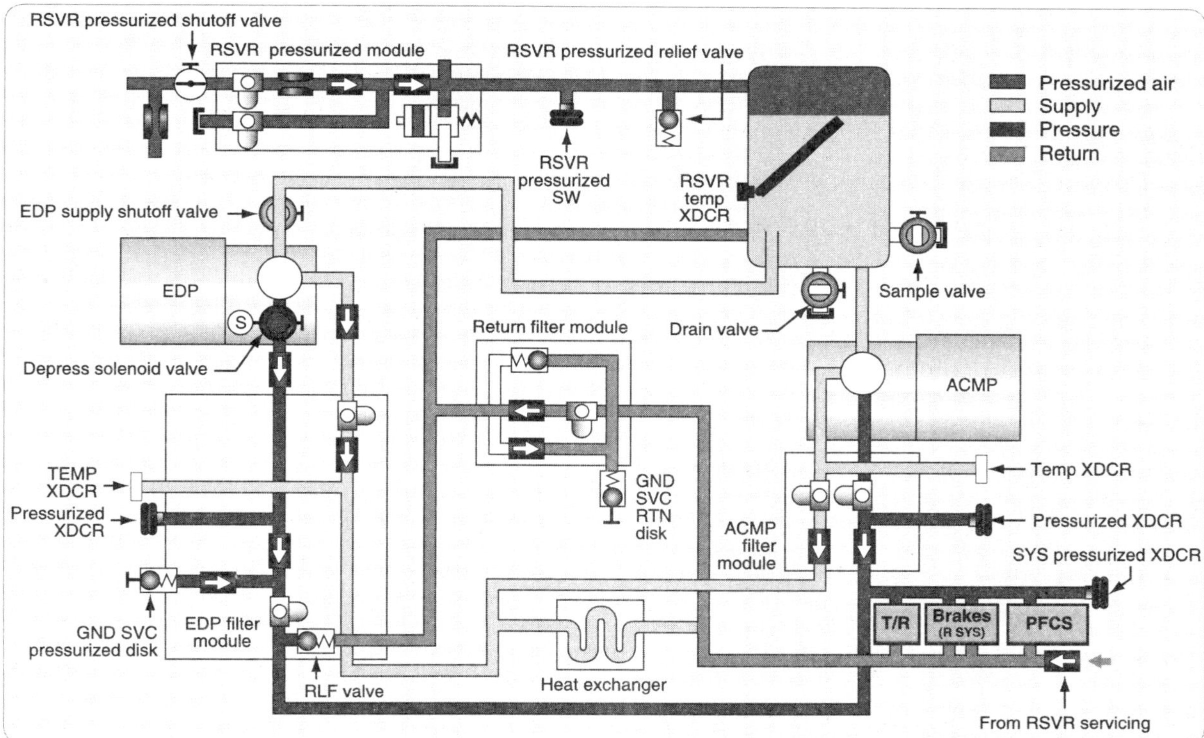

[그림 8-7] 비상 작동을 위한 유압유 저장소 스탠드 파이프(Hydraulic Reservoir Standpipe for Emergency Operations)

pump)가 더 이상 유압유를 빨아들일 수 없다는 것을 설명한다.

교류 모터 구동 펌프(ACMP)는 비상 작동을 위한 유압유의 공급 장치를 갖추고 있다.

(1) 비가압식 저장소(Non-pressurized reservoirs)

비가압식 저장소(non-pressurized reservoir)는 고고도로 비행하지 않거나 또는 저장소가 여압이 되는 부위에 장착되었거나, 설계상 격한 기동(maneuver)을 하지 않는 항공기에 사용된다. 고고도(high-altitude)란 대기압이 유압펌프에 유압유의 충분한 흐름을 유지하기에 부적당한 고도를 의미한다. 대부분 비가압식 저장소는 원통형 모양으로 외부의 틀(housing)은 부식에 강한 금속으로 제작된다. 필터소자(filter element)는 정상적으로 되돌아오는 유압유 내의 불순물을 거르기 위해 저장소 내에 장착된다.

일부 구형 항공기에 장착된 필터 바이패스밸브(filter bypass valve)는 필터가 막히게 될 경우에 유압유가 필터를 우회하여 저장소로 가도록 한다. 보통 비가압식 저장소에는 유압유 양을 나타내는 육안 게이지가 장착되어 있다. 일부 항공기에는, 유량 전송기(quantity transmitter)를 이용해 조종실에서 유량을 확인할 수 있다. 그림 8-8은 전형적인 비가압식 저장소이다. 이 저장소는 용접된 몸체와 덮개(cover assembly)로 이루어져 있다. 비가압식 저장소는 유압유의 열팽창 및 주 유압계통으로부터 저장소로 돌아오는 유압유로 인해 약간의 압력이 가해진다. 이 압력에 의해 유압유는 펌프의 흡입구로 원활하게 흐르게 된다. 저장소 계통은 압력 릴리프밸브(pressure relief valve)와 진공 릴리프밸브(vacuum relief valve)를 갖고 있다. 이런 밸브들의 목적은 저장소와 객실 사이의 차압(differential

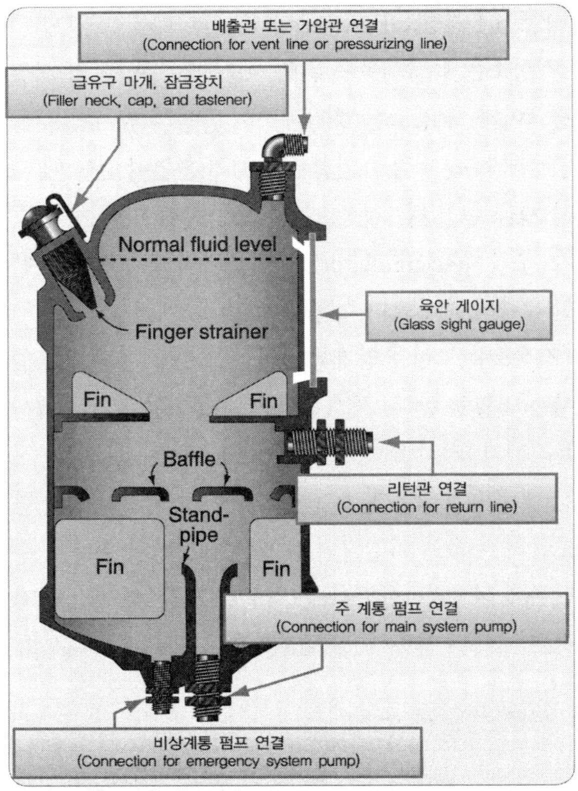

[그림 8-8] 비가압식 저장소(Non-Pressurized Reservoir)

pressure)을 정상 범위로 유지해 주기 위함이다. 수동 공기 블리드밸브(manual air bleed valve)는 저장소의 압력을 배출시키기 위해 저장소의 맨 위에 장착되어 있다. 저장소에 유압유를 보급할 때나 유압 시스템 구성품을 교환할 때는 반드시 이 밸브를 열어서 저장소 내의 압력을 빼줘야 한다.

(2) 저장소 가압(Pressurized reservoirs)

고고도 비행을 위해 설계된 항공기는 저기압 상태에서 유압유가 펌프로 원활히 흐를 수 있도록 저장소에 압력이 가해진다. 대부분 저장소는 엔진 압축기나 보조동력장치(APU)에서 추출한 공기압으로 가압이 된다. 일부 유압계통 압력으로 가압되는 항공기도 있다.

(3) 공기 가압식 저장소(Air-pressurized reservoirs)

그림 8-9와 그림 8-10과 같이, 공기 가압식 저장소는 수많은 상업 운송용 항공기에 사용된다. 대부분 저장소가 바퀴 칸(wheel well) 또는 항공기의 비여압 지역(non-pressurized area)에 장착되어 있어 고고도 비행 시 낮은 대기압으로 인해 펌프로의 유압유 흐름이 원활하지 못해 가압이 되어야 한다. 가압에 사용되는 공기압은 엔진 또는 APU에서 추출한 공기압을 이용한다. 저장소는 전형적인 원통형 모양으로, 일반적으로 다음의 구성요소가 장착되어 있다.

① 저장소 압력 릴리프밸브(Reservoir pressure relief valve)

[그림 8-9] 공기 가압식 저장소(Air-Pressurized Reservoir)

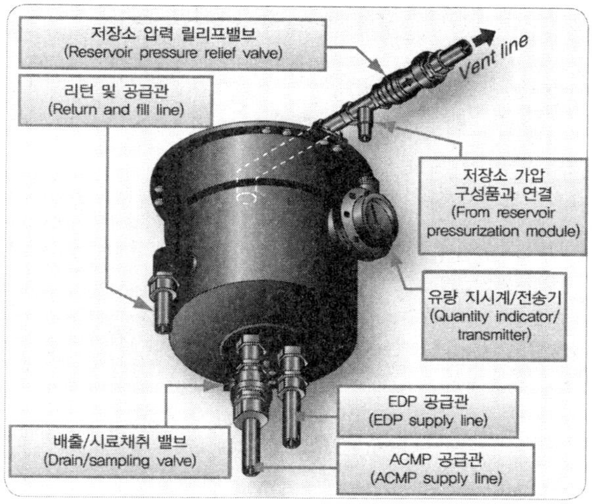

[그림 8-10] 공기 가압식 저장소 구성품
(Components of an Air-Pressurized Reservoir)

저장소가 과도하게 가압되는 것을 방지한다. 밸브는 미리 정해진 압력에서 열린다.

② 육안 창(Sight glasses)

운항승무원과 정비사에게 저장소 내의 유량이 부족한지 또는 과한지를 알려 준다.

③ 저장소 시료채취 밸브(Reservoir sample valve)

유압유의 시료(Sample)를 채취하기 위해 사용된다.

④ 저장소 배출 밸브(Reservoir drain valve)

정비를 위해 저장소 밖으로 유압유를 배출시키기 위해 사용된다.

⑤ 저장소 온도 변환기(Reservoir temperature transducer)

조종실에 유압유의 온도 정보를 제공한다. 준다(그림 8-11 참조).

⑥ 저장소 유량 전송기(Reservoir quantity transmitter)

운항승무원이 비행하는 동안 유압유 양을 확인할 수 있도록 조종실에 유량을 전송한다(그림 8-11 참조).

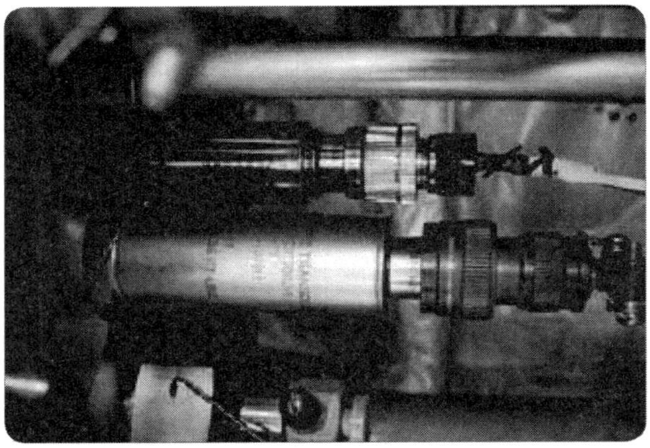

[그림 8-11] 온도 및 유량 감지기
(Temperature and Quantity Sensors)

그림 8-12는 저장소를 가압하는 데 필요한 구성품 일체(module)를 보여주며, 구성품들은 저장소 근처에 장착되어 있다. 구성품은 다음과 같이 구성되어 있다.

① 2개의 필터(filter)
② 2개의 체크밸브(check valve)
③ 시험구(test port)
④ 수동 블리드밸브(manual bleed valve)
⑤ 게이지 포트(gauge port)

수동 블리드 밸브는 구성품 일체(module)에 장착되어 있다. 유압계통의 구성품을 장/탈착할 때 저장소의 공기압을 빼기 위해 사용된다. 저장소 바깥 케이스(case)에 이 밸브를 작동시키는 작은 푸시 버튼(push button)이 있으며, 버튼을 누르고 있는 동안 저장소 가압공기는 외부로 배출된다. 가압공기가 배출될 때 유압유 일부도 배출되므로 안전을 위해 배출구 부위에 천 조각 등으로 배출되는 유압유를 모아야 한다. 유압유의 분무(spray)는 인명피해의 원인이 될 수 있다.

(4) 유압유 가압식 저장소
(Fluid-pressurized reservoirs)

일부 항공기 유압계통 저장소는 유압계통 압력에 의해 가압된다. 그림 8-13은 유압유 가압식 저장소의 개념을 설명한다.

저장소는 5개의 포트(port)를 갖추고 있는데, 펌프부문포트(pump section port), 리턴포트(return port), 가압포트(pressurizing port), 외부 배유포트(overboard drain port), 그리고 브리드 포트(bleed port)이다. 유압유는 펌프부문포트를 통해 펌프로 공급된다. 유압유는 리턴포트를 통해 유압계통으로부터 저장소로 되돌아간다. 펌프 압력은 가압포트(pressurizing port)를 통해 저장소의 가압 실린더로 들어간다. 외부 드레인 포트(overboard drain port)는

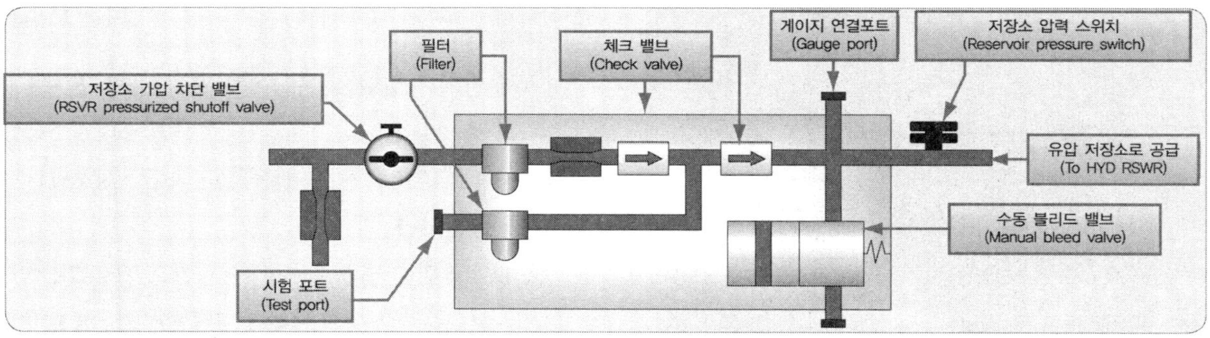

[그림 8-12] 저장소 가압 구성품(Reservoir Pressurization Module)

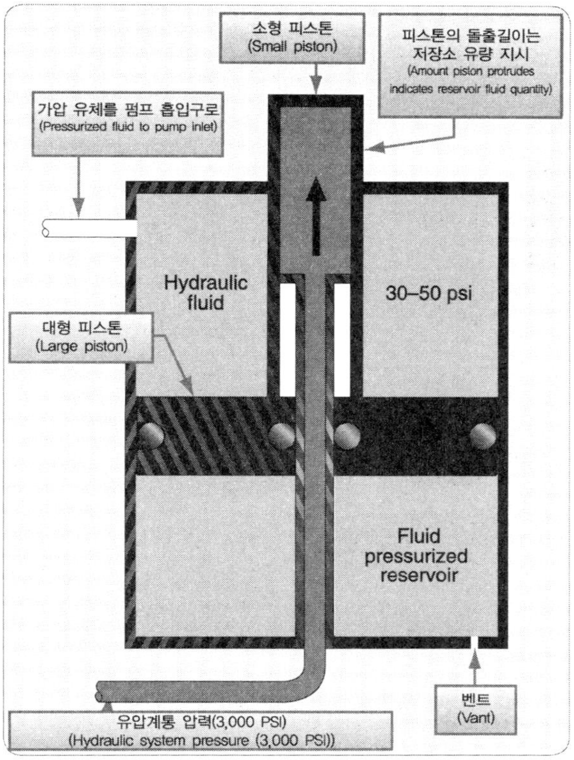

[그림 8-13] 유압유 가압식 저장소의 가압 방법(Operating Principle Behind a Fluid Pressurized Hydraulic Reservoir)

정비 작업 등 저장소의 유압유 배출이 필요할 때 유압유가 배출되는 통로이다. 저장소에 유압유를 보급할 때 공기 없는 유압유가 블리드포트로 나올 때까지 보급한다.

저장소 내 유압유 수준(level)은 저장소 커버(cover)를 통해 움직이는 가압 실린더상의 지시 마크를 보고 확인할 수 있다. 3개의 수준 표시가 있는데, 유압계통 압력이 0에서 충만(full zero press), 유압계통이 가압될 때 충만(full sys press), 그리고 보충(refill)이 표시되어 있다. 유압계통이 가압되거나, 비가압 시의 한계 유량 레벨이 표시되어 있다. 유압유를 보급할 때 한계 유량 레벨까지 보급한다.

(5) 저장소의 보급(Reservoir servicing)

그림 8-14와 같이, 비가압식 저장소는 유압유를 저장소로 보급할 때 불순물을 걸러 주는 주입기 필터(filler strainer)를 통해 저장소 안으로 직접 유압유를 보급할 수도 있으나 대부분 항공기는 저장소의 바닥에 있는 분리가 빠른 보급포트(quick disconnect service port)를 통해 보급한다. 이 방법은 저장소의 오염을 많이 줄여준다. 가압식 저장소를 사용하는 항공기는 별도의 지상 보급대(ground service station)에 장착되어 있는 하나의 보급포트를 통해 모든 저장소를 보급한다.

유압유 보급을 위해 장착된 별도의 핸드 펌프(hand pump)를 이용해 흡입관을 통해 용기(container)로부터 유압유를 저장소 안으로 주입한다. 부가하여 유압유 뮬(hydraulic mule) 또는 보급 카트(serving cart)와 같은 외부 펌프를 이용하여 압력 충전구(pressure fill port)를 통해 보급할 수도 있다. 핸드 펌프 또는 외부 펌프를 이용하여 보급할 때 불순물 유입을 막아주는 한 개의 필터가 압력 충전구와 핸드 펌프 양쪽의 하류 부문에 장착되어 있다.

유압유를 보급할 때는 정비지침서를 따라야 하며, 유량 수준을 점검할 때나 저장소에 유압유를 보급할 때는 항공기의 자세 및 상태가 정비 매뉴얼에 명시된 대로 유지되어야 한다. 그렇지 않으면 정확한 양의 유압유가 보급될 수 없다. 이런 항공기의 상태(configuration)는 기종에 따라 서로 다를 수 있다. 다음의 예는 대형 운송용 항공기의 유압유 보급지침서(service instruction)이다.

보급하기 전에 항상 다음을 확인한다.

① 스포일러(spoiler)는 작동되지 않아야 한다.

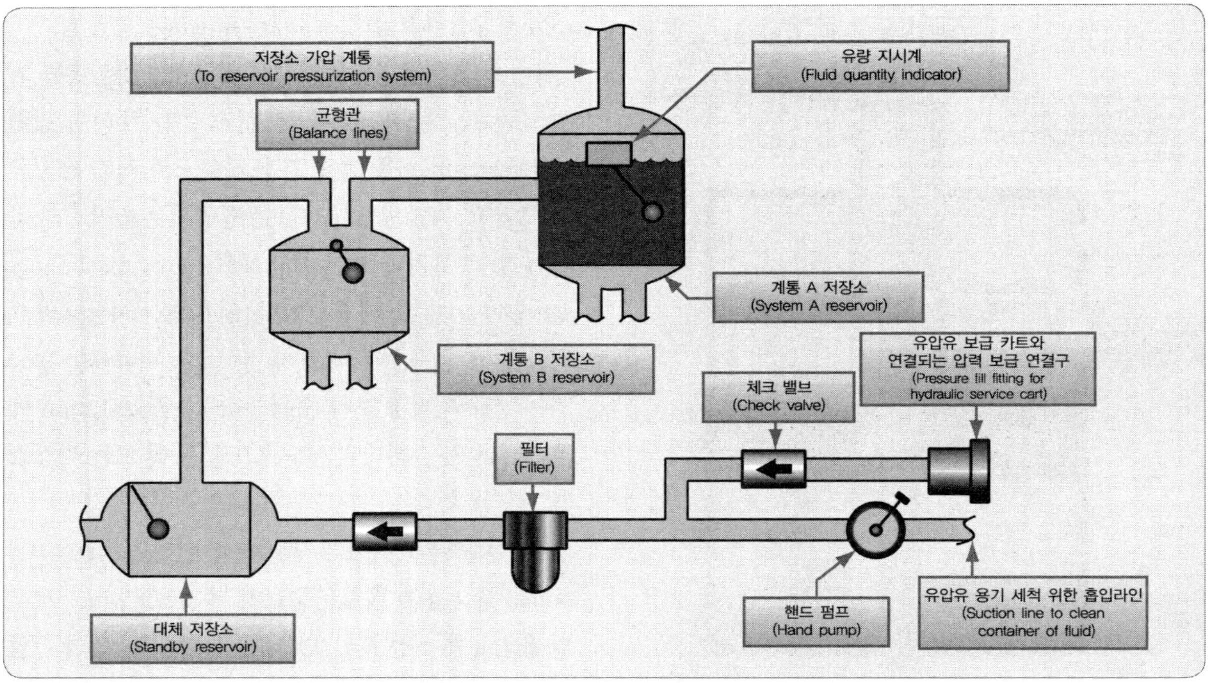

[그림 8-14] B 737의 유압 지상보급 위치는 핸드 펌프 또는 외부 압력 유압유 보급 연결구를 거쳐 보급. 세 저수조 모두 동일한 위치에서 보급(The Hydraulic Ground Service Station On A B737)

② 착륙장치(landing gear)는 down되어 있어야 한다.
③ 착륙장치 도어(door)는 close되어 있어야 한다.
④ 역추력장치(thrust reverser)는 작동되지 않아야 한다.
⑤ 파킹 브레이크 축압기(parking brake accumulator)의 압력은 적어도 2,500psi을 유지해야 한다.

8.5.4 필터(Filters)

그림 8-15와 같이, 필터는 유압유 보급 과정에서 생길 수 있는 이물질 및 유압계통 내에서 마모에 의해 발생하는 이물질을 걸러주는 장치이다. 만약 이러한 이물질이 제거되지 않는다면, 항공기의 해당 유압계통을 사용하지 못하게 하는 고장을 유발시킬 수 있다.

유압계통의 구성요소들은 작동 허용 공차(tolerance)가 대단히 작기 때문에, 신뢰성과 전체 유압계통의 효율을 위해 필터의 역할은 반드시 필요하다.

유압계통 내에는 여러 개의 필터가 장착되어 있다. 저장소, 압력관, 리턴관, 그리고 항공기 특성에 맞게 필요한 위치에 설치되어 있다. 그림 8-16과 같이, 최신의 일부 항공기는 여러 개의 필터와 다른 구성요소들로 이루어져 있는 필터 모듈(filter module)을 사용한다. 필터에는 많은 모델과 유형이 있는데 항공기의 설계 및 장착될 위치에 따라 모양과 크기가 결정된다. 최신의 항공기에 사용되는 필터 대부분은 인라인(inline) 타입이다. 인라인 타입 필터는 3개의 기본적인 구성요소(unit)로 이루어져 있는데, 인라인 필터를 포함해 헤드 어셈블리(head assembly), 볼(bowl)로 구성되어 있다. 헤드 어셈블리 내에는 필터가 막혔을 경우 유압유가 필터를 돌아 흐를 수 있도록 해주는 우회

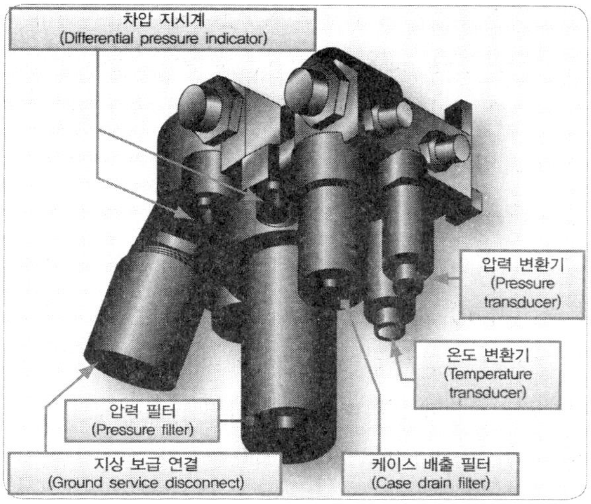

[그림 8-15] 필터 모듈 구성품(Filter Module Components)

[그림 8-16] 두 개의 필터가 있는 전송계열의 필터 모듈(A Transport Category Filter Module With Two Filters)

밸브(bypass valve)가 있다. 볼은 필터 헤드에 필터 소자(filter element)를 잡아주는 틀이며 필터 소자를 교환할 때 먼저 장탈해야 한다.

필터 소자의 종류에는 미크론형(μ, micron-type), 다공질 금속형(porous metal-type), 또는 자석형(magnetic-type)이 있다. 미크론형은 특수 처리된 종이로 만들어졌으며 보통 교환 후 폐기한다. 다공질 금속형과 자석형은 여러 가지 방법으로 청소 후 다시 사용할 수 있도록 설계되었다.

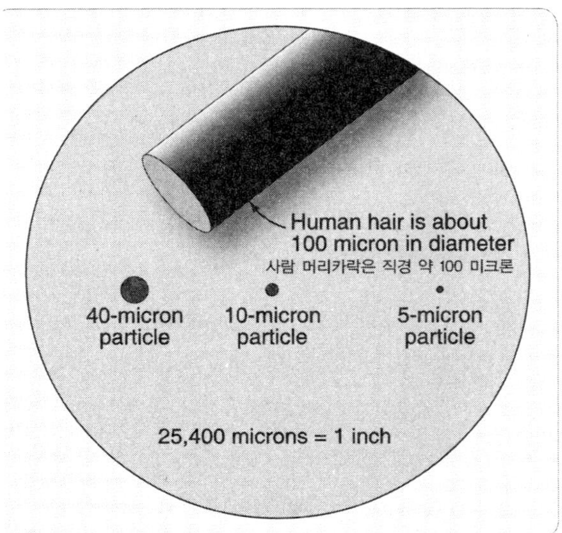

[그림 8-17] 미크론 크기 비교(Size comparison in microns)

8.5.4.1 미크론형 필터(Micro-type Filters)

일반적으로 미크론형 필터는 주름 모양의 특수 처리된 종이로 만든 소자(element)를 이용한다. 그림 8-17과 같이, 미크론 소자는 크기가 10micron 이상의 입자가 통과할 수 없도록 설계되었다. 필터 소자가 막히게 되었을 경우에, 필터 헤드에 있는 스프링 작동식(spring-loaded) 우회밸브(bypass valve)는 50psid 이상의 차압이 생기면 필터를 우회한다.

8.5.4.2 필터의 정비(Maintenance of Filters)

필터의 정비는 비교적 쉽다. 주로 필터와 소자의 세정 또는 필터 세정과 소자의 교환으로 이뤄진다. 미크론형 소자는 적용지침서에 따라 주기적으로 교체되어야 한다. 저장소 필터는 미크론형이기 때문에 주기적으로 교환되든지 세정을 해야 한다. 세정 시에는 정밀한 검사도 같이 이뤄져야 한다.

필터 소자를 교환할 때, 필터 볼(bowl)에 압력이 없는지를 확인한다. 교환 시 유압유가 눈에 접촉되지 않도록 방호복과 안면 보호대를 착용해야 한다. 필터 소자를 교환 후 재조립 부위는 누유검사(leak check)를 해야 한다. 펌프와 같은 주요 구성품이 고장 났을 경우 고장 난 구성품뿐만 아니라 유압계통 내의 필터 소자도 교환해야 한다.

8.5.4.3 필터 바이패스 밸브(Filters Bypass Valve)

필터 우회밸브는 만약 필터가 막힌다면 열린다. 그림 8-18에서는 필터 우회밸브의 작동의 원리를 보여준다. 볼 밸브(ball valve)는 필터가 막히거나 필터에 압력이 과도하게 걸릴 때 열린다.

8.5.4.4 필터 차압 지시기 (Filter Differential Pressure Indicators)

필터 차압 지시기는 적정한 유압유의 흐름 상태에서 필터 소자를 지나간 유압유의 압력이 일정량 이상 떨어졌을 때 이를 지시해주는 지시기다. 이 지시기는 전

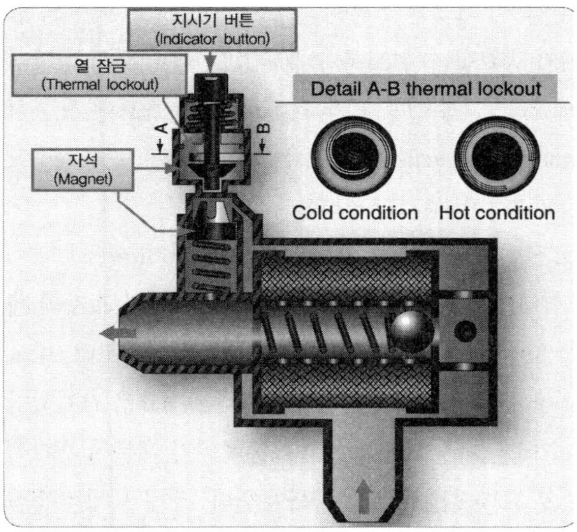

[그림 8-18] 필터 바이패스 밸브(Filter bypass valve)

기 스위치(electrical switch)식, 연속관측 시각 지시기(continuous reading visual indicator) 그리고 기억장치를 갖춘 시각 지시기(visual indicator) 등 많은 형상을 갖고 있다. 그림 8-18의 윗부분과 같이, 기억장치를 갖춘 시각 지시기는 보통 차압이 허용 범위를 초과할 때 자석식(magnetic) 또는 기계적인 버튼(button) 또는 핀(pin)이 튀어 나오도록 되어 있다. 필터가 막혀 차압이 특정한 값에 도달하면 입구압력은 지시기 버튼과 자성 피스톤 사이에 자석의 연결장치를 끊기게 하여 스프링 작동식 자성 피스톤(spring-loaded magnetic piston)을 아래쪽방향으로 끌어내리고 이때 적색 지시 버튼(red indicator button)을 튀어나오게 한다. 버튼 또는 핀이 튀어나왔을 경우 수동으로 리셋(reset)할 때까지 그 상태를 유지한다.

일부 버튼 지시기(button indicator)는 특정 온도 이하에서는 지시기의 작동을 방지하는 온도잠금장치(thermal lockout device)를 갖추고 있다. 온도에 따라 변하는 차압으로 인해 오작동 되는 것을 방지해 준다.

8.5.5 펌프(Pumps)

모든 항공기 유압계통은 1개 이상의 동력구동펌프(power-driven pump)를 갖고 있고, 엔진구동펌프(engine-driven pump)가 작동되지 못할 때 추가의 장치로서 1개의 핸드 펌프(hand pump)를 갖고 있다. 동력구동펌프는 에너지의 일차 공급원이고 엔진구동(engine-driven), 전동구동(electric motor-driven), 또는 공기구동(air-driven)펌프가 사용된다. 일반적으로 전동펌프는 비상시나 지상 작동을 위해 사용된다. 일부 항공기는 RAT(ram air turbine)를 장착하여 일차 공급원인 유압펌프가 고장 났을 경우 사용한다.

8.5.6 핸드 펌프(Hand pumps)

핸드 펌프는 유압 하부계통의 작동을 위해 일부 구형 항공기에서 사용되며, 신형 항공기에서는 예비(backup) 장치로서 사용된다. 핸드 펌프는 일반적으로 유압시스템을 테스트할 때나 비상시에 사용한다. 핸드 펌프는 또한 단일 유압유 보급대(single refilling station)을 장착한 항공기에서 저장소를 보급하기 위해 사용된다.

핸드 펌프의 종류에는 단동식(single-action), 복동식(double-action), 그리고 회전식(rotary)이 있다. 단동식(single-action) 핸드 펌프는 한 번의 행정으로 펌프 안으로 유압유를 빨아들이고 유압유는 다음의 행정에서 펌프 작용(pumping)된다. 이런 비효율로 인해 사용하는 항공기가 드물다.

그림 8-19와 같이, 복동식 핸드 펌프는 핸들의 행정마다 유체흐름과 압력을 생산한다. 복동식 핸드 펌프는 본질적으로 실린더 내경과 2개의 배출구, 피스톤, 2개의 스프링 작동식 체크 밸브(spring-loaded check valve), 그리고 작동 핸들을 갖추고 있다. 피스톤에 있는 O-링(O-ring)은 실린더 내부 2개의 방(chamber) 사이에 누출을 방지시켜준다. 펌프 하우징(pump housing)의 끝단 홈에 있는 O-링은 피스톤 로드(rod)와 하우징 사이의 누출을 막아준다.

회전식(rotary) 핸드펌프는 핸들이 움직이고 있는 동안 연속해서 펌프작용을 한다. 그림 8-20에서는 유압계통에 사용되는 회전식 핸드 펌프를 보여준다.

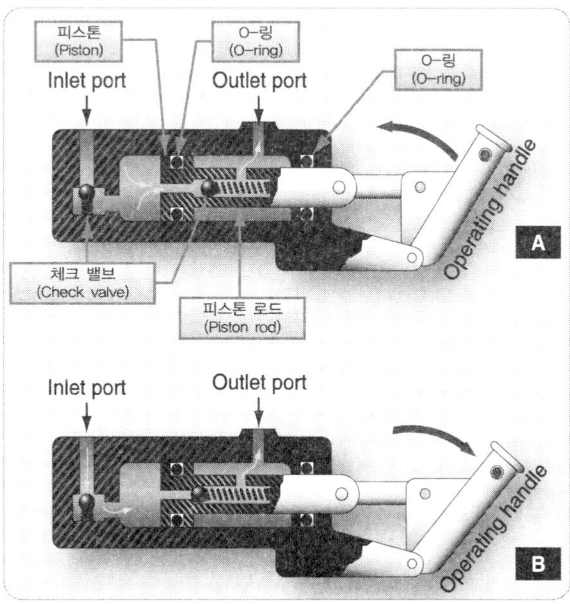

[그림 8-19] 복동식 핸드 펌프(Double Action Hand Pump)

[그림 8-20] 회전식 핸드 펌프(Rotary Hand Pump)

8.5.7 동력구동펌프(Power-Driven Pumps)

현대 항공기에서 대부분 동력구동 유압펌프는 가변용량형(variable-delivery, compensator-controlled type)과 정용량형(constant-delivery pump type)으로 나뉜다. 작동 원리는 두 타입이 같다. 고정형 펌프는 작동 시 배출되는 유량이 일정하여 유량을 변화시키려면 회전수를 조절하여야 하나, 가변형은 작동 중에 회전수를 바꾸지 않고 행정을 조절하여 유량을 조절할 수 있다. 그림 8-21과 그림 8-22와 같이, 최신의 항공기는 엔진구동펌프, 전기구동펌프, 공기구동펌프, 동력전달장치(PTU-power transfer unit), 그리고 RAT에 의해 구동되는 펌프를 사용한다. 예를 들어, A380과 같은 대형 항공기는 2개의 유압계통, 8개의 엔진구동펌프, 그리고 3개의 전기구동펌프를 갖추고 있다. Boeing 777은 2개의 엔진구동펌프, 4개의 전기구동펌프, 2개의 공기구동펌프, 그리고 RAT에 의해 구동되는 유압 펌프 모터(hydraulic pump motor)를 갖춘 3개의 유압계통을 갖추고 있다.

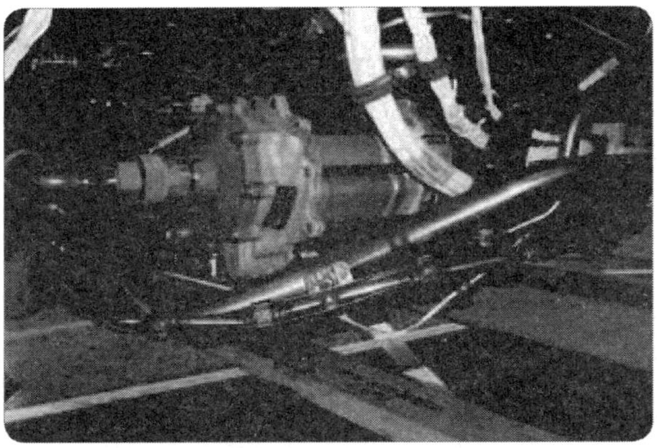

[그림 8-21] 엔진 구동 펌프(Engine-Driven Pump)

[그림 8-22] 전기 구동 펌프(Electrically-Driven Pump)

8.5.8 펌프(Pump)의 분류

동력구동형 펌프는 크게 정용량형펌프(constant-displacement pump)와 가변용량형펌프(variable-displacement pump)로 분류된다.

압력 생산 방식에 의한 종류에는 기어(gear)형, 제로터(gerotor)형, 베인(vane)형 및 피스톤(piston)형이 있으며 1,500psi 이하의 낮은 압력에는 기어형, 제로터형, 베인-형을 사용하나, 3,000psi의 높은 압력에는 일반적으로 피스톤형 펌프를 사용한다.

동력구동형 펌프를 구동하는 방법은 엔진 보기 구동축에 의하여 구동 하든가 또는 전기전동기에 의하여 구동시키는 방법이 있으며, 일반적으로 엔진에 의하여 구동하는 펌프를 주 계통에 사용하고, 보조나 비상계통에는 전동기에 의하여 구동하는 펌프를 사용한다.

8.5.8.1 정용량형펌프 (Constant-displacement pumps)

정용량형펌프는 펌프가 회전할 때마다 배출구를 통하여 일정한 또는 고정된 양의 유압유를 보낸다. 정용량형펌프는 때로는 constant-volume pump 또는 constant delivery pump라고 부르기도 한다. 이 펌프는 압력 요구에 관계없이 회전마다 일정량의 유압유를 배달한다. 정용량형펌프는 펌프의 회전마다 일정량의 유압유를 공급하기 때문에, 유압유의 양은 펌프 RPM에 달려 있다. 이 펌프는 일정한 압력유지가 필요한 유압계통에 사용될 때는 압력조절기가 장착되어야 한다.

8.5.8.2 기어형 동력펌프(Gear-type power pumps)

그림 8-23과 같이, 기어형 동력펌프는 일종의 정용량형펌프이다. 이 펌프는 틀(housing) 내에서 회전하는 2개의 톱니바퀴가 맞물린 기어로 이루어져 있다. 구동기어(driving gear)는 항공기 엔진 또는 일부 다른 동력장치에 의해 구동된다. 피동기어(driven gear)는 구동기어와 톱니바퀴로 맞물리고, 구동기어에 의해 가동된다. 톱니바퀴가 맞물릴 때 톱니 사이에 공간과 톱니와 틀 사이에 공간은 아주 작다. 펌프의 흡입구(inlet port)는 저장소와 연결되고, 배출구(outlet port)는 압력관에 연결된다. 그림 8-23은 기어형 동력펌프의 작동 원리를 보여준다.

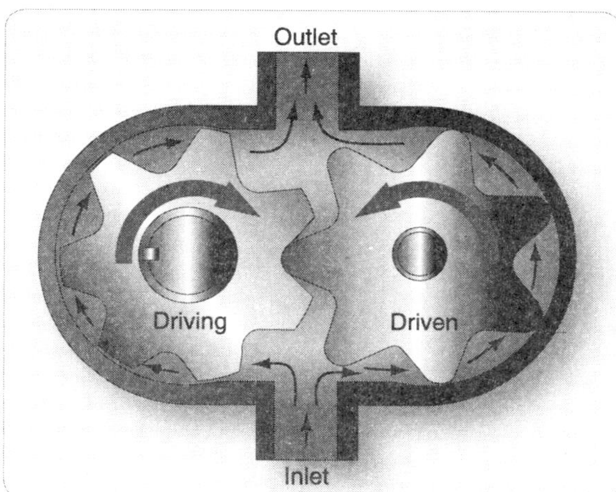

[그림 8-23] 기어형 동력 펌프(Gear-type power pump)

8.5.8.3 제로터 펌프(Gerotor pumps)

그림 8-24와 같이, "generated rotor"에서 따온 제로터형(gerotor-type) 동력펌프는 본질적으로 편심형 고정 라이너(stationary liner)를 갖고 있는 틀(housing), 짧은 높이의 7개의 폭넓은 톱니를 가진 내부기어 로터(internal gear rotor), 6개의 좁은 톱니를 가진 평구동기어(spur driving gear), 그리고 2개의 초승달 모양의 포트(port)를 갖고 있는 펌프덮개로 이루어져 있다. 한쪽 포트는 흡입구(inlet port)로 연결되고, 다른 포트는 배출구(outlet port)로 연결되어 있다. 펌프가 작동 시에, 기어는 함께 시계방향으로 돌아간다. 펌프의 왼쪽에 기어 사이에 포켓(pocket)이 최저의 위치에서 최고의 위치로 움직일 때, 이들 포켓 내에 부분진공이 형성되어 흡입구(inlet port)를 통해 유압유를 포켓 안으로 빨아들인다. 최고 위치에서 최저 위치 쪽으로 움직이는 동안, 유압유로 가득 찬 동일 포켓이 펌프의 오른쪽으로 회전할 때, 포켓은 크기가 감소한다. 이때 배출구(outlet port)를 통해 포켓으로부터 유압유가 방출된다.

8.5.8.4 피스톤 펌프(Piston pumps)

피스톤형 구동펌프(piston-type power-driven pump)는 항공기 엔진의 액세서리 기어 박스(accessory gear box)에 장착된다. 펌프를 돌리는 펌프 구동축은 구동 동력을 제공하는 엔진과 펌프를 연결시켜준다. 엔진 기어 박스로부터 구동 토크(torque)는 구동 연결장치(drive coupling)에 의해서 펌프 구동축으로 보낸다. 구동 연결장치는 안전장치로서 역할을 하도록 설계되었다. 그림 8-25에서와 같이, 만약 펌프의 구동이 힘들어지거나 움직이지 않게 된다면(jammed), 펌프 또는 구동장치인 엔진 기어 박스에 손

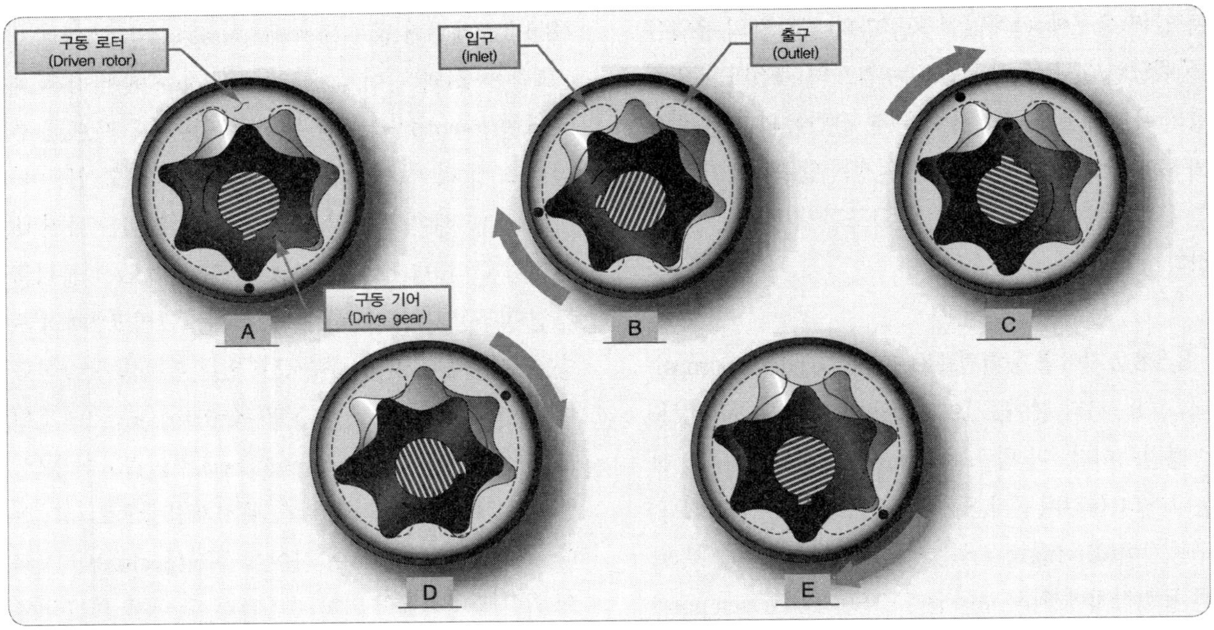

[그림 8-24] 제로터 펌프(Gerotor pump)

상을 방지하도록 구동 연결장치의 전단 부분이 전단된다(sheared). 피스톤형 펌프의 기본적인 구성은 다중 내경 실린더 블록(cylinder block), 각각의 내경에 적합한 피스톤, 그리고 흡입 슬롯(inlet slot)과 배출 슬롯(outlet slot)으로 된 밸브 판(valve plate)으로 이루어져 있다. 밸브 판에 있는 슬롯의 목적은 펌프가 작동할 때 내경(bore)의 안과 밖으로 유압유를 통과시키는 것이다.

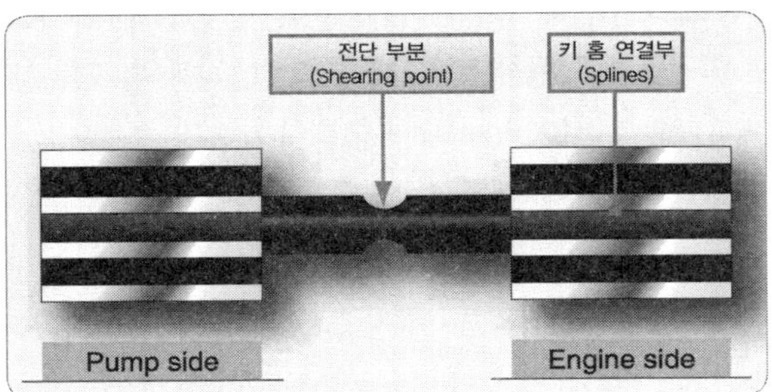

[그림 8-25] 유압펌프 전단 축
(Hydraulic pump shear shaft)

(1) 평행축 피스톤형 펌프(Inline piston pump)

평행축 피스톤형 펌프는 피스톤과 회전축 사이의 회전방향에 따라 평행축형(in-line type)과 경사축형(incline shaft type)이 있다. 평행축 피스톤 펌프는 그림 8-25와 같이 피스톤 로드가 연결된 원형의 회전 경사판과 7개 내지 9개의 원통으로 된 실린더 블록이 조합을 이루고, 구동축에 의하여 회전한다. 펌프가 엔진 구동 또는 전동기에 의하여 구동을 시작하면 회전 경사판에 있는 피스톤이 반주기 동안은 피스톤이 흡입 행정을 하고 나머지 반주기는 압축행정을 한다.

펌프의 입구와 출구가 있는 밸브시트에는 원주의 반은 흡입구로, 나머지 부분은 출구로 된 슬롯(slot) 모양을 하고 있다. 피스톤의 행정과 압력을 만드는 과정은 그림 8-26과 같이 피스톤과 실린더가 회전할 때 아래쪽 실린더는 입구로부터 유압유를 흡입하고 다시 반주기가 진행하면서 피스톤이 압축행정에 들어가 압력이 만들어지면서 출구로 나가게 된다. 회전경사판은 고정식과 가변식이 있으며 고정식은 정량형펌프에 사용되고, 가변식은 가변용량식 펌프에 사용한다. 가변 회전경사판은 경사판 한쪽에 유압 작동기를 장착하여 계통에서 유압을 사용하지 않을 때에는 피스톤의 행정거리를 같게 만들어 흐름이 없도록 하여 펌프의 하중을 덜어주고, 계통에 과도한 압력이 걸리지 않게 한다.

회전 경사판에 연결된 유압 작동기는 펌프의 출력압력을 받아 일정한 압력 이상이 되면 작동기가 움직여 가변 회전판을 실린더 블록과 평행하게 만들어 피스톤의 행정이 일정하게 되고, 계통에서 유압을 사용하면 압력이 떨어지고 압력이 떨어지면 다시 경사를 만들어 피스톤 행정이 발생하여 모자라는 압력을 만들어준다.

(2) 경사축형 피스톤 펌프(Bent axis piston pump)

그림 8-27에서는 전형적인 경사축형 피스톤 펌프를 보여준다. 경사축형 피스톤 펌프는 경사 회전판이 고정된 상태의 펌프로 용량이 일정하다. 작동방법은 위에서 설명한 방법과 동일하나 용량이 변하지 않고 일정용량이 나오므로 계통으로 들어가기 전에 압력조절기를 장착하여 흐름의 양이나 압력을 조절하여 준다.

8.5.8.5 베인형 펌프(Vane Pumps)

베인형 동력펌프도 정용량형펌프(constant-displacement pump)의 한 종류이다. 그림 8-28과 같이, 베인형 펌프는 4개의 베인(vane)를 갖고 있는 틀(housing), 베인과 슬롯을 이뤄 장착된 속이 빈 강철 로터(steel rotor), 그리고 로터를 돌려주는 연결부 커플링(coupling)로 이루어져 있다. 로터는 슬리브(sleeve) 내에 편심되게 장착되어 있다. 베인은 슬리브 내경을 4개의 부분으로 나눈다. 로터가 회전할 때 각각의 부분은 그것의 체적이 가장 작은 지점과 최대인 지점을 지나간다. 체적은 점차적으로 회전의 첫 1/2

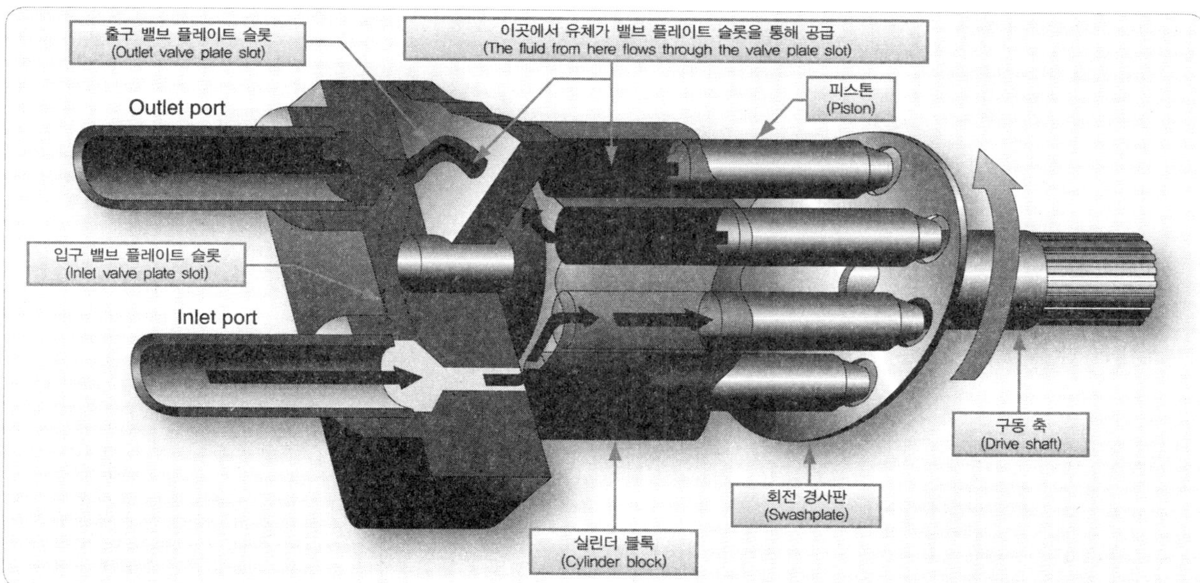

[그림 8-26] 축방향 피스톤 펌프(Axial inline piston pump)

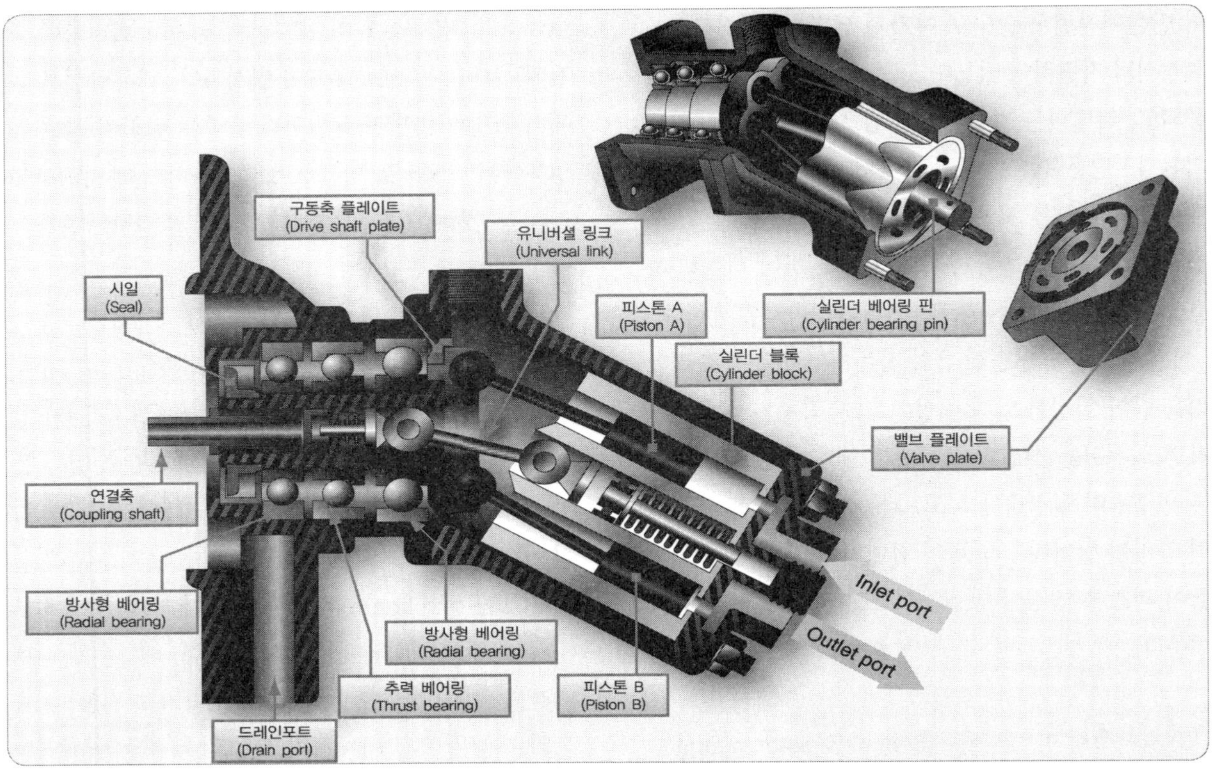

[그림 8-27] 경사축형 펌프(Typical angular-type pump)

바퀴 동안 최소에서 최대로 증가하고, 회전의 두 번째 1/2바퀴 동안 최대에서 최소로 점차적으로 감소한다. 부분의 체적이 증가할 때, 그 부분은 슬리브에 있는 슬롯을 통해서 펌프흡입구(pump inlet port)로 연결되어 유압유를 구역(section) 안으로 빨아들인다. 구역의 체적이 감소할 때 유압유는 배출포트(outlet port)와 일직선으로 맞춰진 슬리브에 있는 슬롯을 거쳐 펌프의 밖으로 배출된다.

8.5.8.6 가변용량 펌프 (Variable-Displacement Pump)

그림 8-29와 같이, 가변용량펌프(variable-displacement pump)는 유압계통의 필요 압력에 맞춰 유압유 배출량이 변화한다. 펌프의 송출량은 피스톤 내에 펌프 보정기(compensator)에 의해 자동적으로 변화된다. 다음은 2단(two-stage) 비커스(vickers) 가변용량펌프를 설명한다. 펌프의 첫 번째 단계는 유압

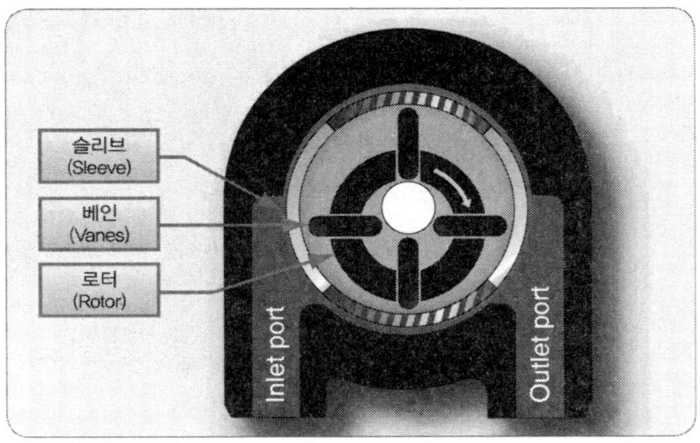

[그림 8-28] 베인형 동력 펌프(Vane-type Power Pump)

유가 피스톤펌프에 들어가기 전에 압력을 끌어 올려 주는 원심펌프(centrifugal pump)로 이루어져 있다.

(1) 펌프 작용의 기본(Basic Pumping Operation)

항공기의 엔진은 기어 박스(gear box)를 통해 펌프 구동축과 실린더 블록, 그리고 피스톤을 돌려준다. 펌프 작용은 요크 어셈블리(yoke assembly)에 있는 슈 베어링 판(shoe bearing plate)에서 제한적으로 움직이는 피스톤 슈(shoes)에 의해 발생한다. 요크는 구동축(drive shaft)과 각도를 이루고 있기 때문에, 축의 회전운동은 피스톤의 왕복운동으로 전환된다.

구동축과 실린더 블록의 회전마다 각각의 피스톤은 한 번의 흡입행정(intake stroke)과 한 번의 방출(discharge) 행정을 함으로써 펌프작용은 요크 어셈블리(yoke assembly)에 있는 슈 베어링 판(shoe bearing plate)에서 제한적으로 움직이는 피스톤 슈(shoes)에 의해 발생한다. 요크는 구동축(drive shaft)과 각도를 이루고 있기 때문에, 축의 회전운동은 피스톤의 왕복운동으로 전환된다.

구동축과 실린더 블록의 회전마다 각각의 피스톤은 한 번의 흡입행정(intake stroke)과 한 번의 방출(discharge) 행정을 함으로써 펌프작용을 한다. 고압

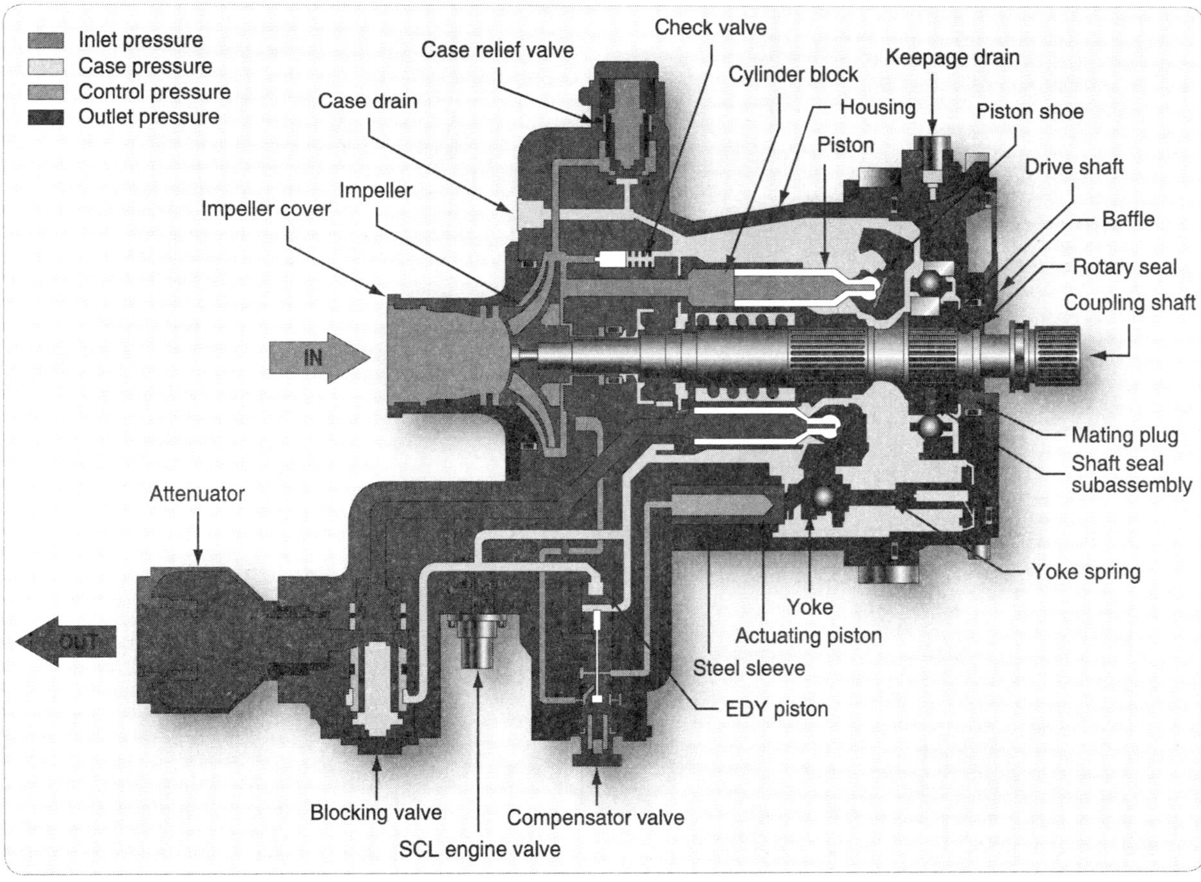

[그림 8-29] 가변 용량 펌프(Variable-Displacement Pump)

의 유압유는 밸브 판(valve plate)을 통해 차단밸브(blocking valve)를 지나 펌프출구로 배출된다. 차단밸브는 펌프가 정상적으로 작동할 때는 열려 있다. 펌프의 내부누출(internal leakage)은 회전부품의 윤활과 냉각을 위해 펌프 틀(housing)을 항상 채우고 케이스 드레인 포트(case drain port)를 통해 유압계통으로 되돌아간다. 케이스 릴리프 밸브는 과도한 케이스압력(case pressure)이 걸렸을 때 펌프를 보호하기 위해 압력을 펌프 입구로 빼준다.

(2) 정상 펌프작용 모드(Normal Pumping Mode)

그림 8-30과 같이, 압력 보정기(pressure compensator)는 조절스프링의 힘(adjustable spring load)에 의해 닫힌 위치를 유지하는 스풀 밸브(spool valve)이다. 펌프출구압력, 즉 계통압력(system pressure)이 최대 설정 압력(2,850 psi)을 초과할 때, 압력 보정기 내부의 스풀은 펌프 출구의 압력을 요크로 작동하는 피스톤(yoke actuating piston)으로 보내 요크의 각도를 작게 해준다. 그림 8-31과 같이 요크의 각도가 작아지면 펌프 피스톤의 변위가 작아지고 결국 출구 압력이 떨어지게 된다. 출구 압력 상한선인 3,025psi에 도달되면 요크의 각도는 거의 0이 된다.

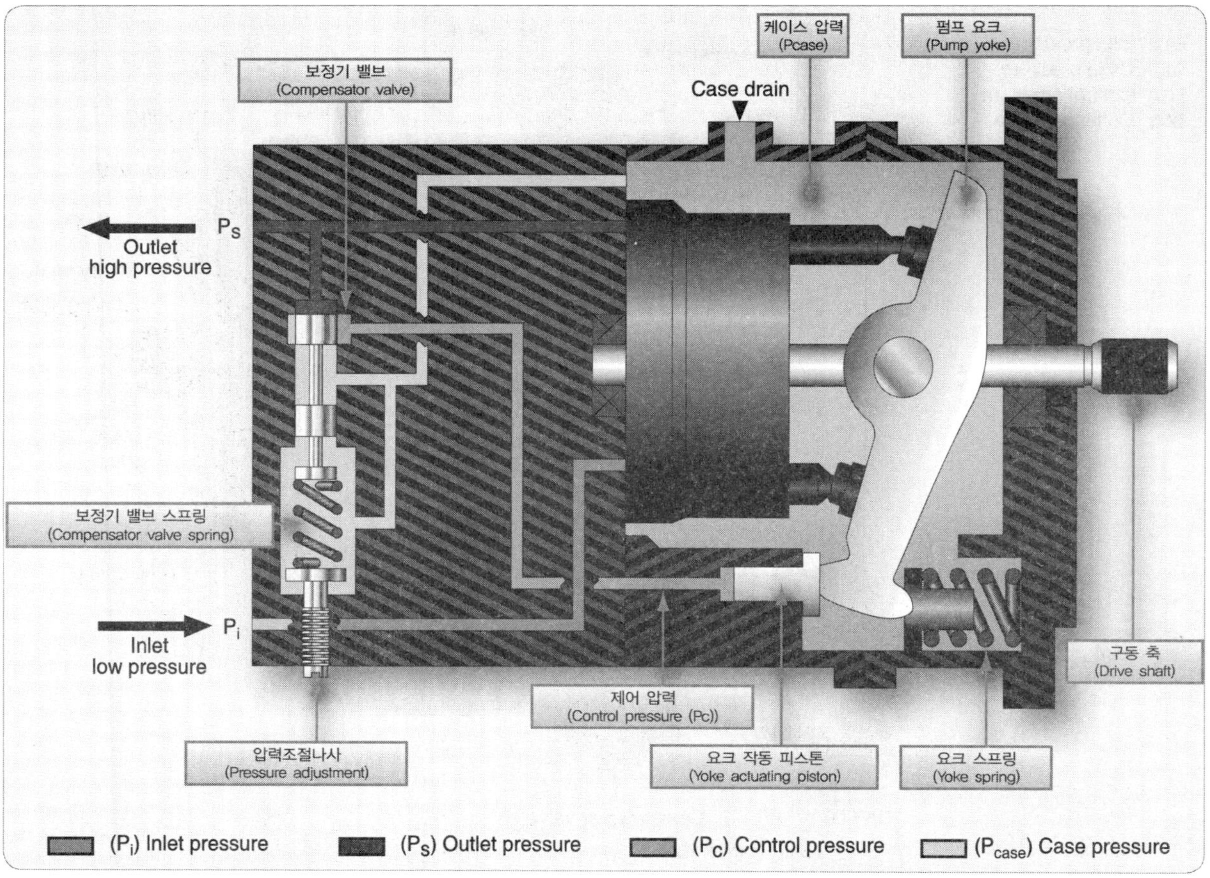

[그림 8-30] 정상 펌프 작용 모드(Normal Pumping Mode)

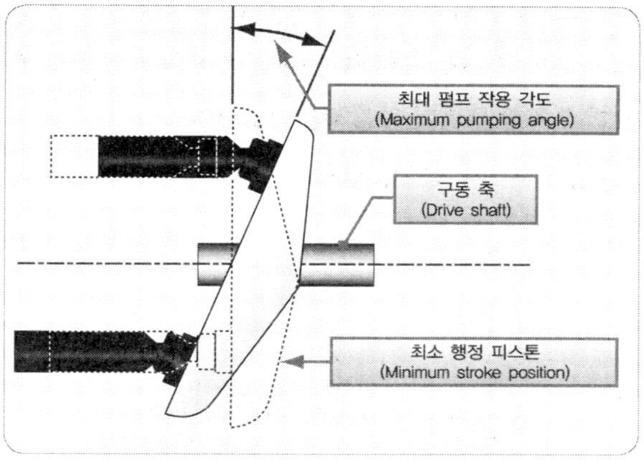

[그림 8-31] 요크 각도(Yoke Angle)

(3) 비 가압 모드(De-pressurized Mode)

그림 8-32와 같이, 이완기 용량(EDV, end-diastolic volume) 솔레노이드 밸브(solenoid valve)가 자화 시, 출구 압력은 솔레노이드 밸브를 거쳐 보정기 밸브(compensator valve)를 아래로 밀어 주고 동시에 블로킹 밸브(blocking valve)를 닫아 준다. 이것은 출구압력으로 하여금 요크의 각도를 0으로 만들게 되어 펌프 출력을 0으로 만든다. 이 상태를 비가압 모드라 한다. 이 모드는 펌프가 처음 작동하기 시작할 때 엔진의 부하를 덜어주기 위해 사용되며 또한 2개 이상의 펌프가

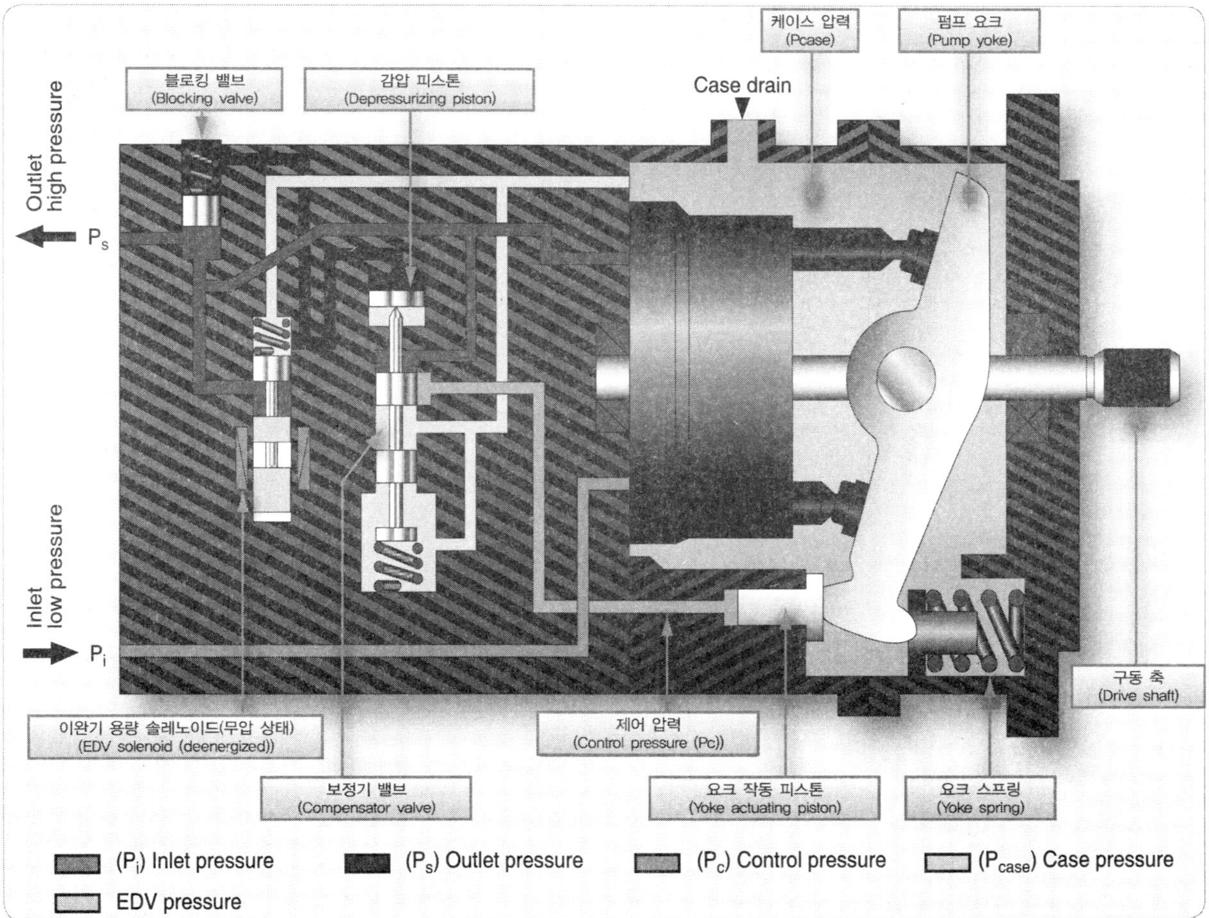

[그림 8-32] 비가압 모드(De-pressurized Mode)

장착된 유압 시스템에서 각각의 펌프 출구 압력을 점검하기 위해 점검할 펌프 이외의 펌프들을 격리할 때 사용된다.

8.5.9 밸브(Valves)

8.5.9.1 유량제어밸브(Flow control valves)

유량제어밸브는 유압계통에서 유체흐름의 속도 또는 방향을 제어한다. 유량제어밸브로 사용되는 밸브로는 선택밸브(selector valve), 체크 밸브(check valve), 순서 제어 밸브(sequence valve), 우선권 제어 밸브(priority valve), 셔틀 밸브(shuttle valve), 신속 분리 밸브(quick disconnect valve), 그리고 유압 퓨즈(hydraulic fuse) 등이 있다.

(1) 선택밸브(Selector valves)

그림 8-33의 A와 같이, 선택밸브(selector valve)는 유압작동실린더 또는 유사한 장치의 움직이는 방향을 제어하기 위하여 사용된다. 이 밸브는 항공기 유압 시스템에 가장 보편적으로 사용되고 있다.

그림 8-34와 같이, 선택밸브는 포핏형(poppet-

[그림 8-34] 포펫형 4 방향 선택밸브
(A poppet-type four-way selector valve)

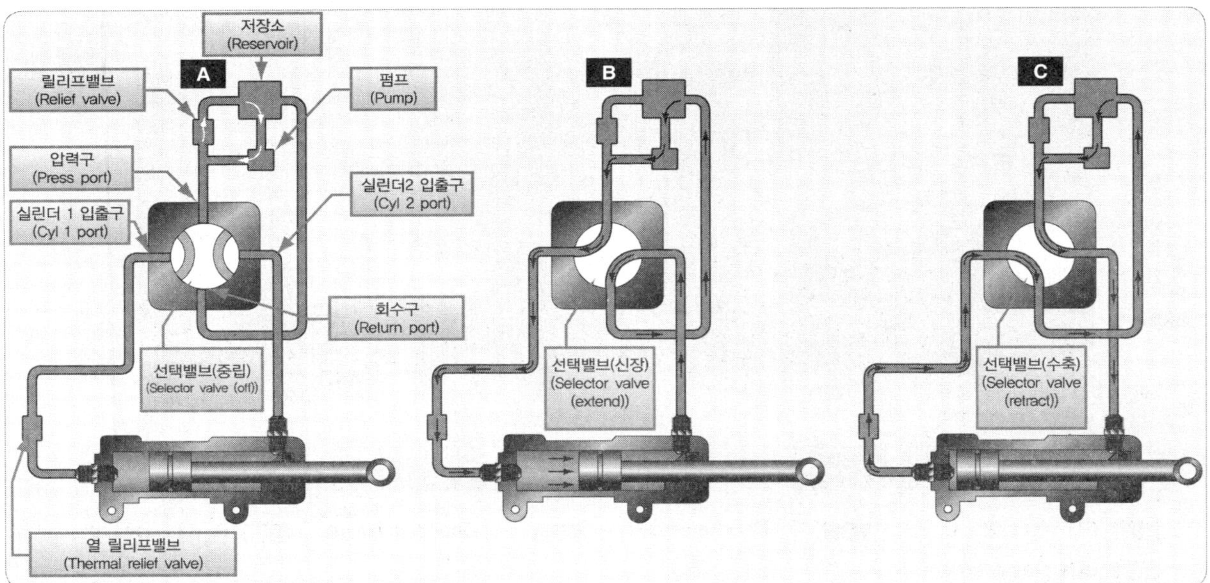

[그림 8-33] 중심 폐쇄 4 방향 선택밸브 작동(Operation of a closed-center four-way selector valv)

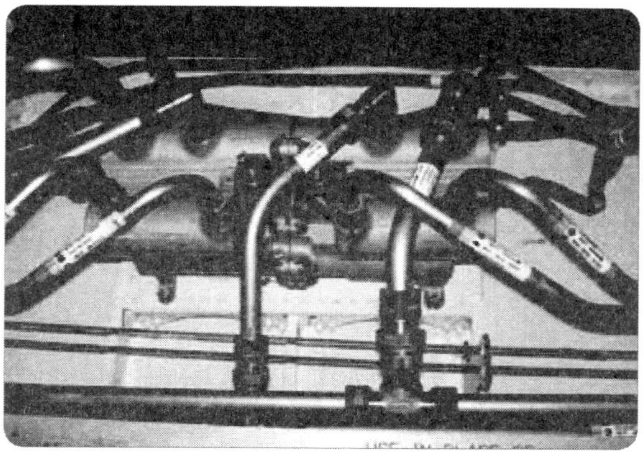

[그림 8-35] 4 방향 서보 제어 밸브
(Four-way servo control valve)

type), 스풀형(spool-type), 피스톤형(piston-type), 로터리형(rotary-type), 플러그형(plug-type)이 있다. 각각의 선택밸브는 특정한 수의 배출 방향을 갖고 있다. 4 방향 밸브(4-way valve)가 있는 선택밸브를 항공기 유압계통에서 가장 많이 쓰고 있다. 그림 8-35와 같이, 대부분 선택밸브 lever에 의해 기계적으로 제어되거나, 솔레노이드(solenoid) 또는 서보(servo)에 의해 전기적으로 제어된다.

그림 8-36에서는 솔레노이드 작동형 선택밸브(solenoid-operated selector valve)가 비자화된 상태의 내부 유로를 보여준다. 중심폐쇄 선택밸브(closed-center selector valve)의 위치가 중립 또는 off 위치에 있을 때 솔레노이드는 비자화 상태다.

그림 8-37과 같이, 조종실에 있는 스위치를 작동하면, 오른쪽 솔레노이드에 전압이 흘러 자화된다. 그러면 오른쪽 파일럿 밸브(pilot valve)는 주 스풀(main spool)의 오른쪽 공간(chamber)으로 가는 압력을 차단해 스풀은 오른쪽으로 미끄러진다. 스풀의 왼쪽 공간을 통해 왼쪽 유압 작동기(actuator)를 가압한다. 이때 오른쪽 관의 유압유는 회수관(return line)을 통해 저장소로 돌아간다.

(2) 체크 밸브(Check valves)

항공기 유압계통에서의 또 다른 일반적인 유량제어밸브(flow control valve)는 체크밸브이다. 체크 밸브는 유압유를 한쪽 방향으로만 흐르게 해준다. 그림 8-38과 같이, 밸브의 바깥 면에 표시된 화살표는 유체 흐름 방향을 나타낸다.

(3) 오리피스형 체크 밸브
(Orifice-type check valves)

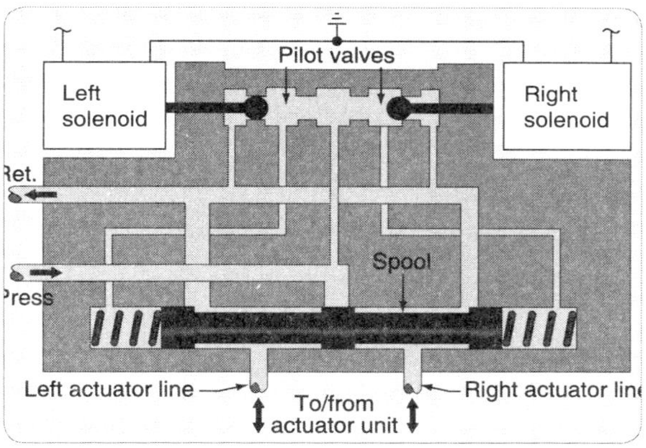

[그림 8-36] 서보 제어 밸브 솔레노이드에 전원 공급되지 않은 상태(Servo control valve solenoids not energized)

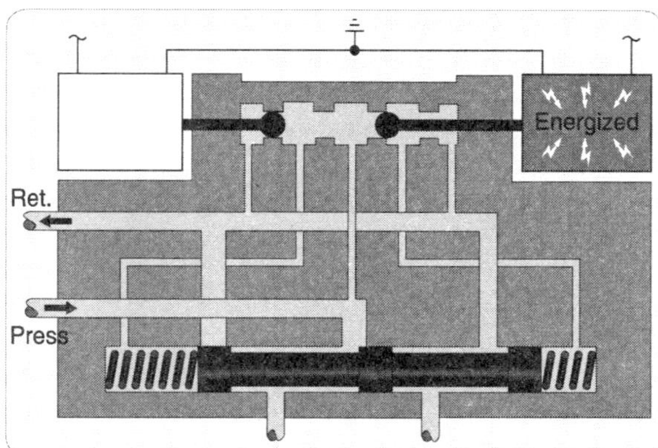

[그림 8-37] 서보 제어 밸브 솔레노이드에 전원 공급 상태
(Servo control valve solenoids energized)

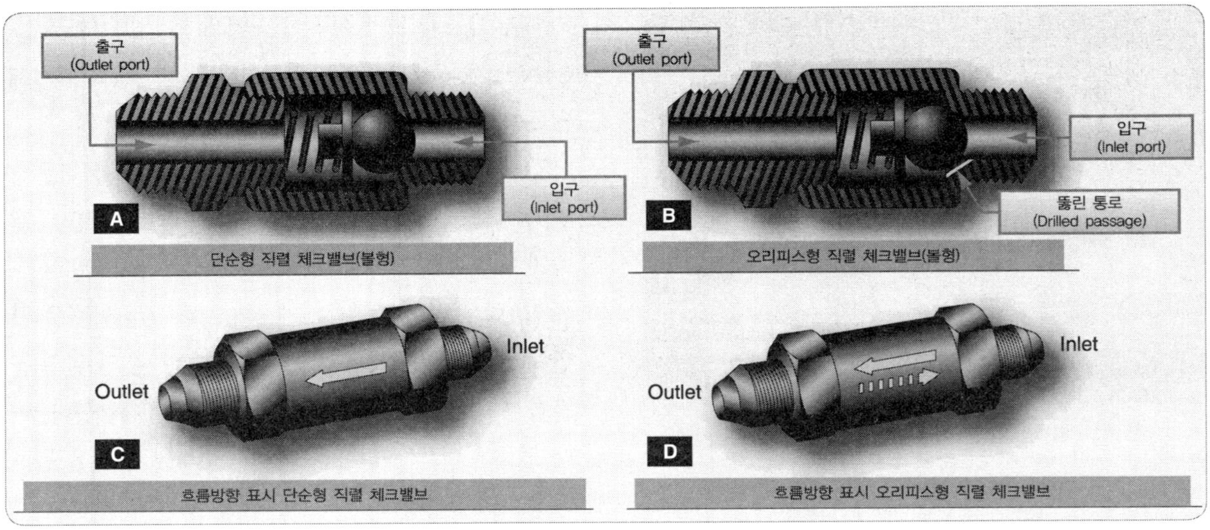

[그림 8-38] 체크 밸브 및 오리피스형 체크 밸브(An in-line check valve and orifice type in-line check valve)

그림 8-38과 같이, 일부 체크 밸브는 한쪽 방향으로는 유체흐름을 자유롭게 해주고 반대 방향으로는 제한된 흐름을 허용한다. 이러한 체크 밸브를 오리피스형 체크 밸브 또는 감쇠밸브(damping valve)라 한다. 오리피스형 체크 밸브는 유압착륙장치(hydraulic landing gear)에서 사용된다. 착륙장치가 올라갈 때 체크 밸브는 최대 속도로 무거운 기어(gear)를 들어올리기 위해 전체 유체흐름을 주고, 기어를 내릴 때는 체크 밸브에 있는 오리피스를 통해 유압유의 흐름을 제한하여 기어가 급격하게 떨어지는 것을 막는다.

(4) 순서 밸브(Sequence valves)

순서 밸브는 유압 시스템 회로에서 2개의 구성품이 작동하는 데 순서(sequence)를 제어한다. 순서 밸브 사용의 예로서, 착륙장치 작동 계통에서, 착륙장치도어(landing gear door)는 착륙장치가 내려지기 전에 열려야 한다. 또한 착륙장치가 접힐 때는 도어(door)가 먼저 열려야 한다. 각각의 착륙장치 작동 유압관에 장착된 순서 밸브가 이 기능을 수행한다. 순서 밸브는 제어하는 형태에 따라 압력식(pressure controlled), 기계식(mechanically controlled), 전기식(electric controlled)이 있다.

① 압력 제어식 순서 밸브(Pressure-controlled sequence valves)

그림 8-39에서는 전형적인 압력 제어식(pressure-controlled) 순서 밸브의 작동 원리이다. 첫 번째 작동장치(actuating unit)가 작동을 완료할 때, 작동장치의 관 압력이 증가되어 스프링의 힘을 이기고 피스톤을 올린다. 그림 8-39의 B와 같이, 그때 밸브는 열림 위치로 되고 유압유는 두 번째 작동장치로 흐른다. 배수 통로(drain port)는 밸브 피스톤이 올라갈 때 유압유를 주 리턴관(main return line)으로 가게 한다.

② 기계식 순서 밸브(Mechanically operated sequence valves)

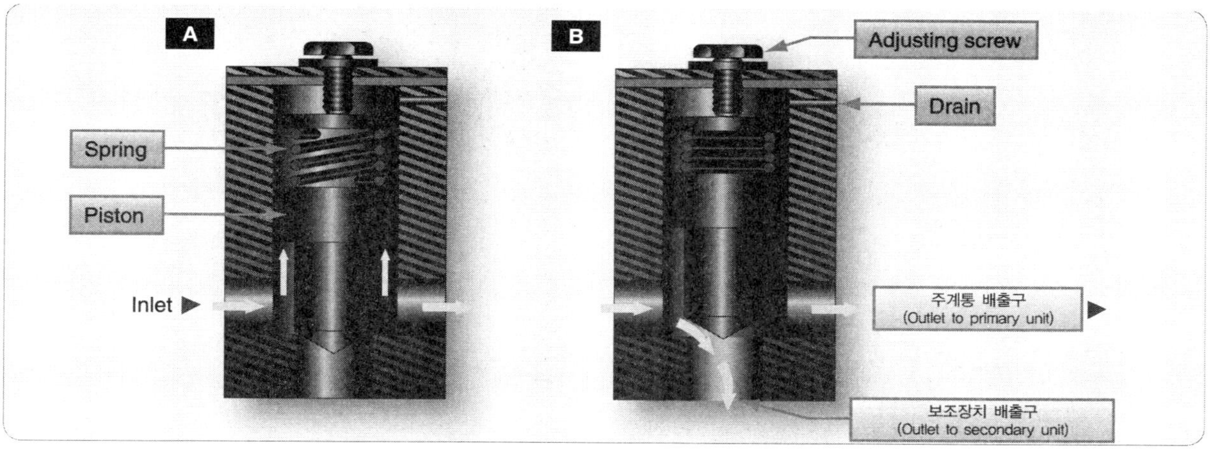

[그림 8-39] 압력 제어식 순서 밸브(A pressure-controlled sequence valve)

그림 8-40과 같이, 기계식 순서 밸브는 밸브의 몸체 밖으로 나와 있는 플런저(plunger)에 의해서 작동된다. 첫 번째 작동 부품(actuating unit)의 작동이 끝나면 플런저를 밀어 포트 B의 유압유가 포트 A로 흐르게 하여 두 번째 작동 부품이 작동된다.

(5) 프리오리티 밸브(Priority valves)

프리오리티 밸브(Priority valve)는 계통압력이 정상보다 낮을 때, 덜 중요한 계통보다 중요한 계통에 우선권을 주는 밸브이다. 그림 8-41과 같이, 만약 프리오리티 밸브의 설정 압력이 2,200psi라면 계통 압력이 2,200psi 이하로 떨어지면 프리오리티 밸브는 닫히고 덜 중요한 계통으로는 유체압력이 걸리지 않는다.

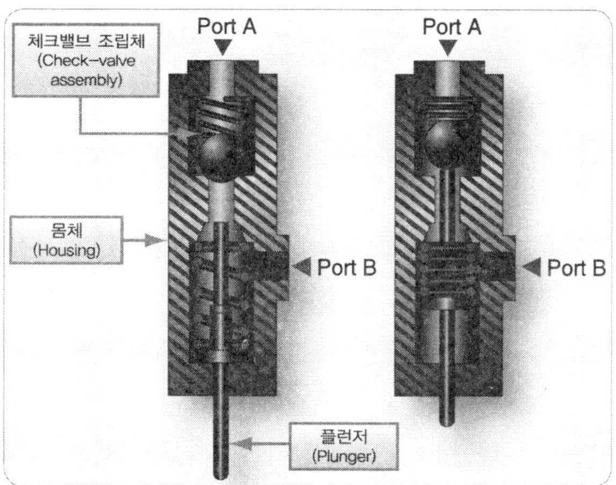

[그림 8-40] 기계식 순서 밸브
(Mechanically operated sequence valve)

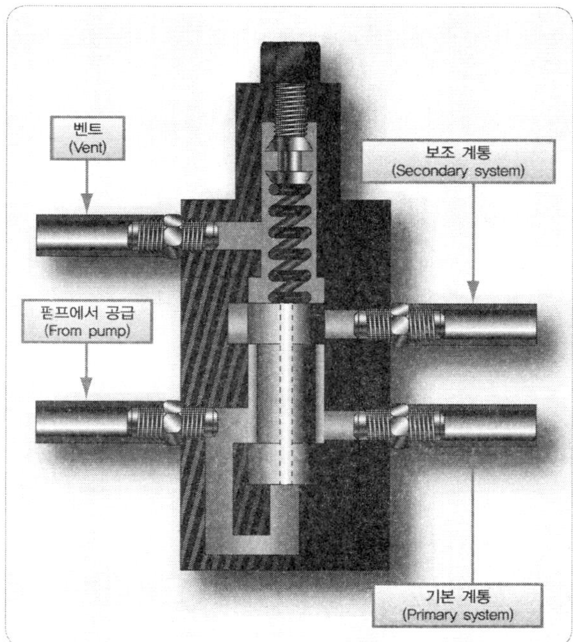

[그림 8-41] 프리오리티 밸브(Priority valve)

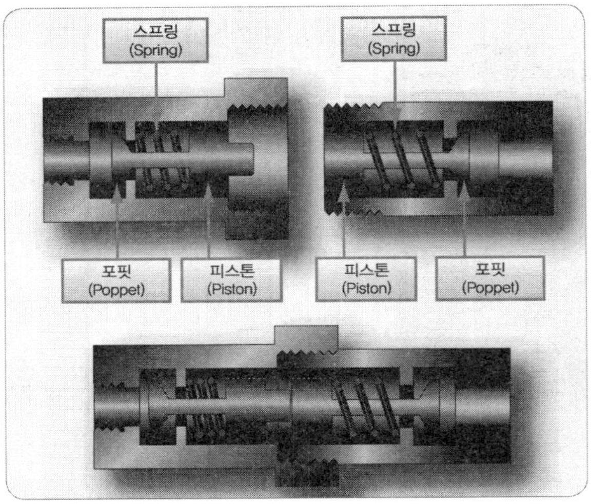

[그림 8-42] 유압식 신속 분리 밸브
(A hydraulic quick-disconnect valve)

(6) 신속 분리 밸브(Quick-disconnect valves)

그림 8-42와 같이, 신속 분리 밸브는 유압 계통의 구성품이 장탈될 때 유압유의 손실을 방지하기 위하여 유압관에 장착되는 밸브이다. 이러한 밸브는 주로 동력펌프에 연결되어 있는 압력관(pressure line)과 흡입관(suction line) 등에 장착된다. 이 밸브는 유압관이 구성품과 분리될 때 스프링 힘에 의해 닫힌다.

(7) 유압 퓨즈(Hydraulic fuses)

그림 8-43과 같이, 유압 퓨즈는 안전장치이다. 유압 퓨즈는 유압계통의 중요한 위치에 장착되어 있다. 유압 퓨즈는 하류 부분의(downstream) 유압관에서 파열이 발생 시, 유체 흐름의 갑작스런 증가를 감지하고 흐름을 차단하여 저장소의 유압유가 전부 소실되는 것을 막아준다. 유압 퓨즈는 브레이크 계통, 앞전 flap과 slat의 펼침관(extend line)과 접힘관(retract line), 앞쪽 착륙장치(nose landing gear)의 올림관(up line)과 내림관(down line), 그리고 역추력장치(thrust

[그림 8-43] 유압 퓨즈(Hydraulic fuse)

reverser) 압력관(pressure line)과 리턴관(return line)에 장착되어 있다. 닫혔던 퓨즈는 퓨즈로 가는 압력을 차단하거나 또는 리셋 레버(reset lever)에 의해 다시 열린다.

8.5.9.2 압력 제어 밸브(Pressure control valves)

유체동력계통, 계통구성요소, 그리고 관련 장비의 안전하고 효율적인 운용을 위해 압력을 제어하는 수단이 필요하다. 수많은 종류의 자동압력제어밸브(automatic pressure control valve)가 있다. 그들 중 일부는 설정압력을 유지시켜 주거나, 정상 압력보다 낮게 유지시켜 주기도 하고, 필요한 압력 범위 이내로 계통 압력을 유지시켜 주는 역할을 한다.

(1) 릴리프밸브(Relief valves)

유압은 요구되는 임무를 수행하도록 하기 위해 적절하게 압력이 조절되어야 한다. 이 밸브는 과도한 압력에 의한 구성요소의 파손 또는 유압관의 파열을 방지하기 위해 사용된다. 그림 8-44와 같이, 릴리프밸브는 압력조절 스크류(screw)에 의해 작동 최대 압력을 설정할 수 있다. 만일 계통 압력이 설정 압력을 초과하

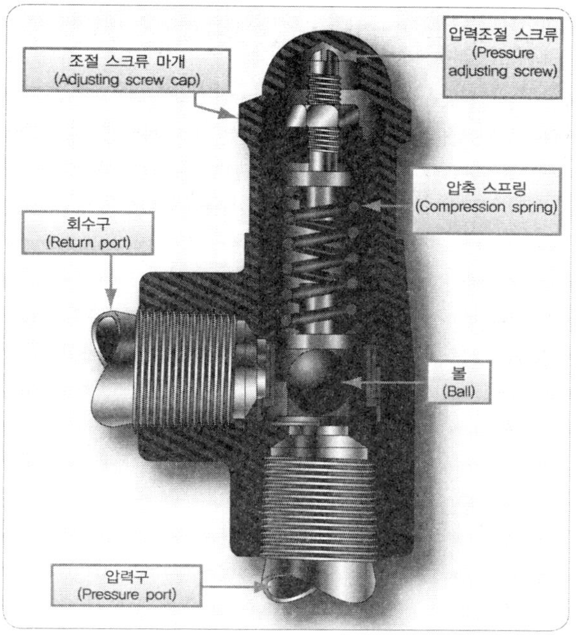

[그림 8-44] 압력 릴리프밸브(Pressure relief valves)

면 압력관의 유압유를 회수관을 통해 저장소로 되돌아가게 한다. 압력 릴리프밸브는 구조 및 용도에 따라 분류된다. 가장 일반적인 형식으로 볼형(ball-type), 슬리브형(sleeve-type), 포핏형(poppet-type)이 있다.

엔진구동펌프를 주공급원으로 하는 대형 유압계통에서는 엔진이 작동하는 한 유압펌프는 계속 압력이 걸리게 되고 이는 릴리프밸브(relief valve) 내부의 온도를 증가시켜 유압유 및 패킹(packing)의 기능을 급격히 저하시키기 때문에 압력릴리프밸브(pressure relief valves)는 압력조절기 용도로 사용될 수 없다. 그러나 소형, 저압계통, 또는 펌프가 전동식이고 간헐적으로 사용된다면 압력조절기로 사용이 가능하다.

압력릴리프밸브는 다음과 같은 용도로 사용된다.

① 계통 릴리프밸브(System relief valve)

가장 일반적인 사용은 펌프 보정기(compensator) 또는 다른 압력조절장치(pressure regulating device)의 고장을 대비한 안전장치로 쓰인다.

② 열적 릴리프밸브(Thermal relief valve)

유압유의 열팽창으로 인한 과도한 압력을 제거하는 데 사용된다.

(2) 압력조절기(Pressure regulators)

그림 8-45와 같이, 압력조절기의 목적은 미리 결정된 범위 이내로 계통작동압력을 유지하기 위해 펌프의 출력을 관리하고, 유압계통에 있는 압력이 정상작동범위 이내에 있을 때 펌프의 부하를 덜어주어 펌프가 저항 없이 돌아가게 해주는 데 있다.

(3) 압력 감소기(Pressure reducers)

그림 8-46과 같이, 감압밸브(pressure reducing valve)는 정상 계통작동압력보다 더 낮은 압력을 필요로 하는 유압계통에 사용된다. 감압 밸브의 압력이 설정되면, 공급 압력의 변화에 관계없이, 계통 부하가 설계 한계를 초과하지 않은 동안 감소된 압력이 유지된다.

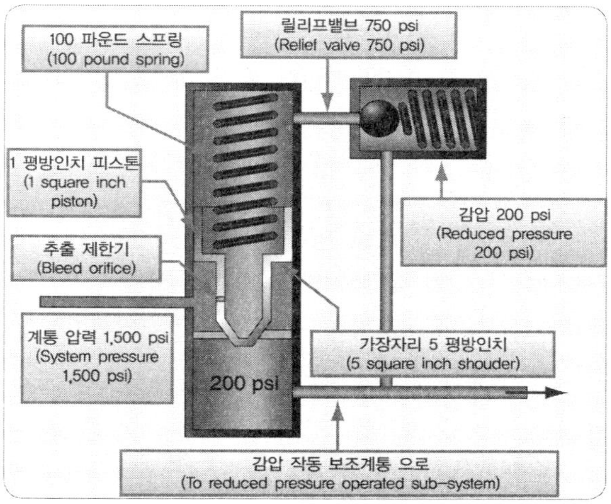

[그림 8-46] 감압 밸브의 작동 장치
(Operating mechanism of a pressure reducing valve)

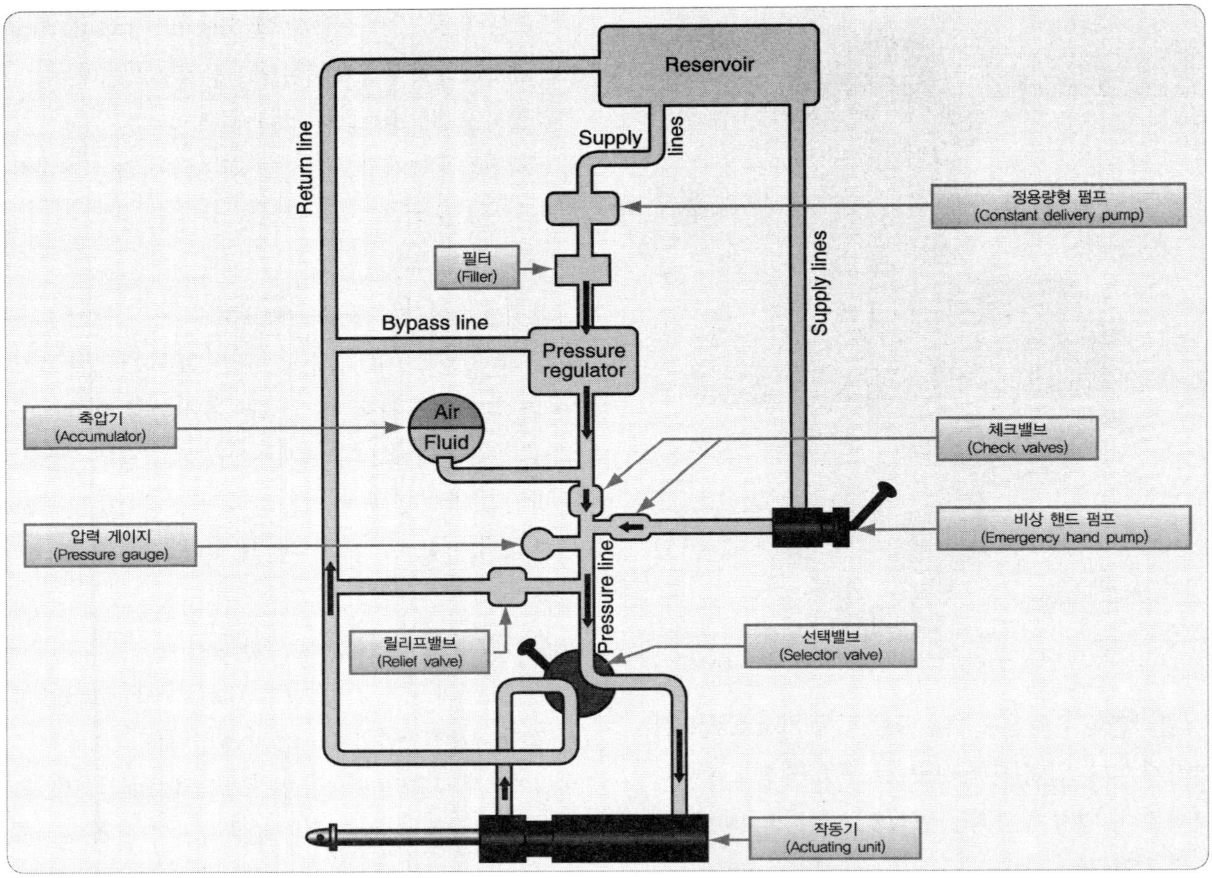

[그림 8-45] 기본 유압 계통에서 압력 조절기의 위치(The location of a pressure regulator in a basic hydraulic system)

8.5.9.3 셔틀 밸브(Shuttle valves)

유체동력계통은 하부계통으로 유압유를 공급하기 위해 1개 이상의 공급원을 갖고 있어야 한다. 일부 유압계통에서 비상용 계통(emergency system)은 정상계통이 고장 날 경우 압력의 공급원으로 사용된다. 그림 8-47과 같이, 셔틀 밸브(shuttle valve)의 주목적은 대체계통(alternate system) 또는 비상용 계통으로부터 정상 계통을 격리시키는 것이다. 셔틀 밸브는 크기가 작고 단순하지만, 매우 중요한 구성요소이다. 셔틀 밸브에는 정상계통 흡입구(inlet port), 대체계통 흡입구 또는 비상계통 흡입구, 그리고 배출구(outlet port) 등 총 3개의 포트가 있다.

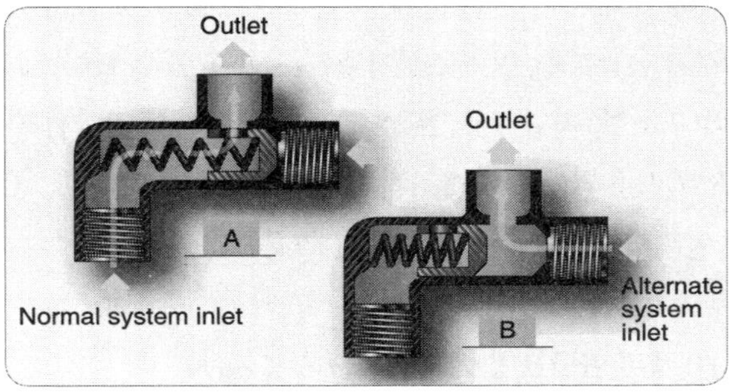

[그림 8-47] 스프링식 피스톤형 셔틀밸브
(A spring-loaded piston-type shuttle valve)

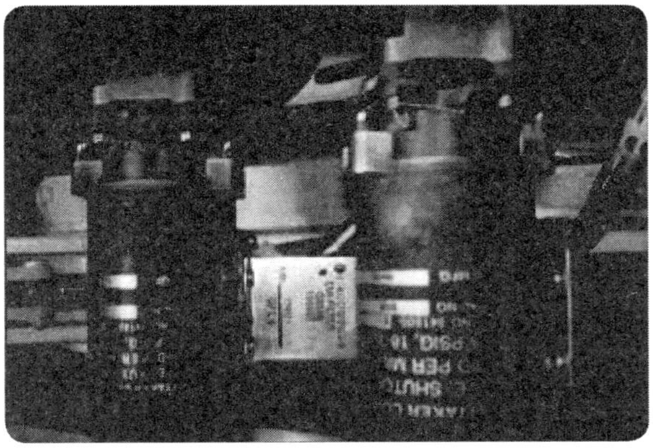

[그림 8-48] 차단 밸브(Shutoff valve)

8.5.9.4 차단 밸브(Shutoff valves)

그림 8-48과 같이, 차단밸브(shutoff valve)는 특정한 계통 또는 구성요소로 가는 유압유의 흐름을 차단하는 데 사용된다. 일반적으로 이 밸브는 전기로 작동한다.

8.5.10 축압기(Accumulators)

축압기는 대부분 합성고무 재질의 다이어프램(diaphragm)에 의해 2개의 공간으로 나누어진 강구(steel sphere)다. 위 공간(upper chamber)에는 계통압력의 유압유를 담고 있고, 반면에 아래쪽 공간(lower chamber)에는 가압된 질소(nitrogen) 또는 공기로 채워진다. 원통형(spherical type)은 고압 유압계통에서 사용된다. 많은 항공기는 유압계통에 여러 개의 축압기를 갖는다. 주 계통 축압기와 비상계통 축압기가 있게 된다. 또한 여러 가지의 하부계통에 위치한 보조축압기(auxiliary accumulator)가 있다.

축압기의 기능은 다음과 같다.

① 구성품의 작동으로 발생하는 유압계통의 압력서지(pressure surge)를 완화시켜 준다.

② 몇 개의 구성품이 동시에 작동할 때 축압기의 저장된 압력으로 동력펌프를 보조하거나 또는 보충한다.

③ 펌프가 작동하지 않을 때 유압장치의 제한적인 작동을 위해 압력을 저장한다.

④ 구성품 내부에서 미세한 유압 누출이 있을 때 이를 보상해 주어 압력 스위치의 계속적인 작동을 막아 준다.

(1) 원통형(spherical type)

원통형 축압기는 그림 8-49와 같이 고무 재질의 다이어프램형과 방광형의 2가지 형식이 있으며, 2개의 공간이 다이어프램 또는 방광으로 격리되어 있다.

다이어프램의 아래 부분에 공기압(작동유압의 약 ⅓ 작동유압이 3000psi일 때 1000psi)을 넣은 상태에서 유압이 작용하면 계통유압이 공기압력보다 높으므로 다이어프램을 밑으로 밀고 유압이 채워진다. 이때 공기압력은 유압과 같은 압력으로 된다. 이렇게 저장된 압력은 계통압력이 없는 상태에서 필요한 작동기의 선택밸브가 열리면 저장된 공기압력이 다이어프램에 작용하여 유압유를 공기압과 같은 힘으로 밀어내게 되고, 유압유는 압력이 만들어져 계통으로 공급되어 작동기를 움직이게 한다. 공기 압력이 정해진 값 이하로 떨어지면 아래쪽에 있는 가스보급밸브(gas servicing valve)를 통하여 보충할 수 있다.

(2) 실린더형(Cylindrical type)

그림 8-50과 같이, 실린더형 축압기는 원통형의 축압기에 비하여 구조가 간단하며 실용적이기 때문에 널리 사용되고 있다.

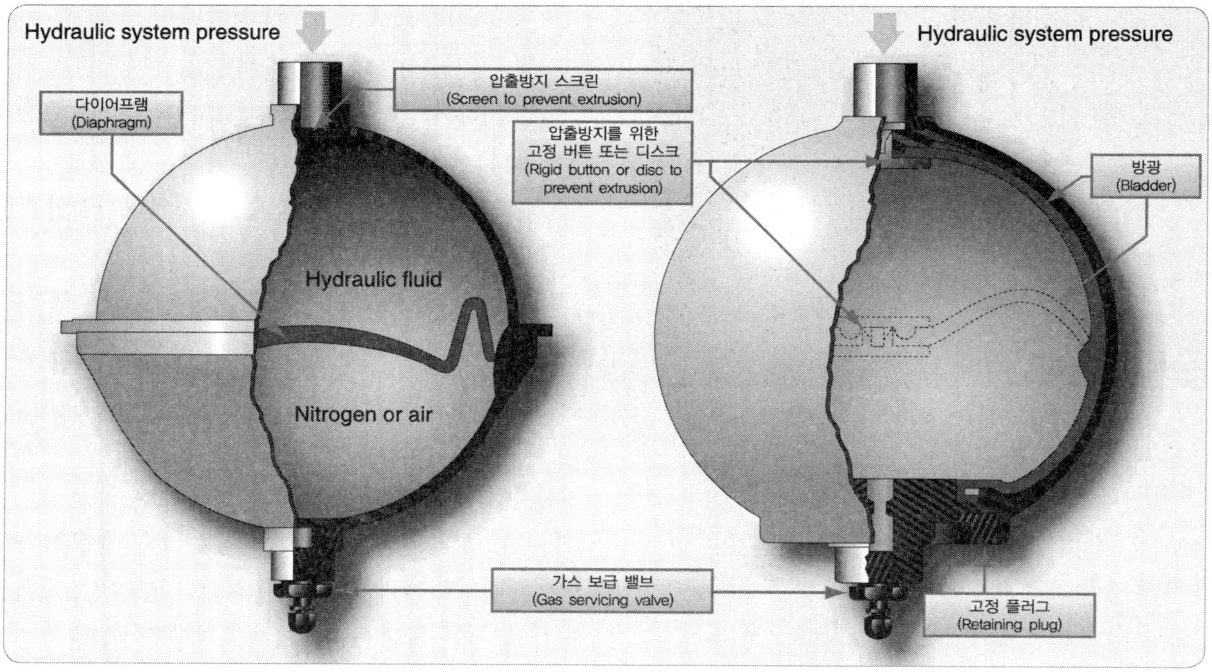

[그림 8-49] 다이어프램(왼쪽)과 방광(오른쪽)이 있는 원통형 축압기(A spherical accumulator with diaphragm(left) and bladder(right)). 오른쪽 그림의 점선은 방광을 표시. 축압기에 유압계통의 유체와 질소가 모두 충전된 상태

실린더형 축압기는 원통형의 실린더 안의 피스톤에 의하여 공기실과 유압실이 격리되어 있고 피스톤에는 2중으로 실이 장착되어 누설을 방지한다. 계통 압력이 최대일 때 공기와 유압유의 체적비가 1:2의 비율로 저장된다. 축압기의 작동 방법은 위에서 설명한 원통형 축압기와 동일하다.

(3) 축압기 정비(Maintenance of accumulators)

축압기 정비에는 검사(inspection), 소수리(minor repairs), 구성요소의 교체 그리고 시험(test)이 있다. 축압기 정비는 위험 요소가 있으므로 부상 및 항공기 손상을 방지하기 위해 준수 사항을 엄격히 따라야 한다.

축압기는 분해하기 전에, 모든 공기압은 제거되어야 한다. 공기압을 제거할 때는 제작사 지침서에 따라 공기밸브(air valve)를 작동시켜야 한다.

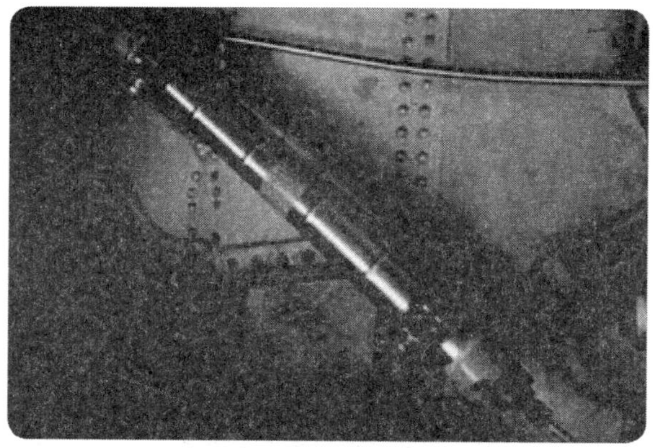

[그림 8-50] 실린더형 축압기(Cylindrical accumulator)

8.5.11 열 교환기(Heat exchangers)

그림 8-51과 같이, 운송용 항공기는 유압펌프로부터 나오는 유압유를 냉각시키기 위해 유압공급계통(hydraulic power supply system)에 있는 열 교환기

(heat exchanger)를 사용한다. 이것은 유압유와 유압 펌프의 수명을 연장시켜준다. 일반적으로 열 교환기는 항공기의 연료탱크에 장착된다. 열 교환기는 차가운 연료를 이용하여 유압유의 열을 식힌다. 따라서 유압펌프를 작동할 때는 연료 탱크 내에 일정량의 연료는 항상 유지되어야 한다.

8.5.12 유압 작동기(Actuators)

유압 작동기는 가압 된 작동유를 받아 기계적인 운동으로 변환시키는 장치로, 운동 형태에 따라 직선운동 작동기(linear actuator)와 유압모터(hydraulic motor)을 이용한 회전운동 작동기(rotary actuator)로 구분한다.

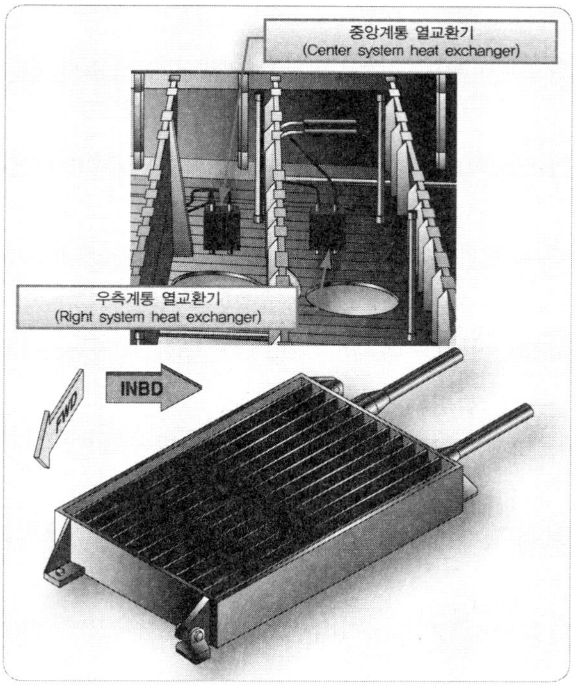

[그림 8-51] 유압유 열 교환기(Hydraulic heat exchanger)

8.5.12.1 직선운동 작동기(Linear actuators)

직선운동 작동기는 실린더와 피스톤으로 구성되어 있으며, 일반적으로 실린더는 항공기 구조에 고정되고 피스톤이 움직이는 작동기를 말한다. 직선운동 작동기는 작동방법에 따라 단방향 작동기, 양방향 작동기로 구분하며, 양방향 작동기에는 밸런스형 작동기와 언밸런스(unbalance)형 작동기가 있다.

단방향 작동기는 그림 8-52의 A에서와 같이 한쪽에는 유압이 작용하고, 다른 한쪽에는 스프링이 내장되어 유압에 의하여 피스톤이 작동하고 유압이 없을 때에는 스프링에 의하여 귀환되는 작동기의 형태이다. 3방향 제어밸브(3-way control valve)는 단방향(single-action) 작동실린더를 제어하는 데 사용된다.

그림 8-52의 B에서와 같이 양방향 작동기는 피스톤의 움직임이 양방향 모두 유압에 의하여 움직이는 작동기이다. 언밸런스형 작동기는 유압이 작용하는 피스톤 면적의 차이에 의하여 작동하는 힘이 다른 작동기이고, 밸런스형 작동기는 유압이 작용하는 피스톤의 면적이 같아 작동하는 힘도 똑같은 형태의 작동기이다. 양방향 작동기는 보통 4방향 선택밸브(4-way selector valve)에 의해서 제어된다.

그림 8-53은 양방향 작동기로 선택밸브(selector valve)의 위치에 따라 작동기 피스톤의 작동 방향이 바뀌는 것을 보여준다.

8.5.12.2 회전운동 작동기(Rotary actuators)

회전운동 작동기(rotary actuator)는 그림 8-54와 같이, 실린더 안에 치차로 되어 있는 랙(rack)이 유압에 의해 좌우로 움직이면서 출력축(output shaft)인 피니언 기어(pinion gear)을 돌려준다. 피니언기어(pinion gear)의 작동 각도는 랙과 피니언의 배열에 따라 필요

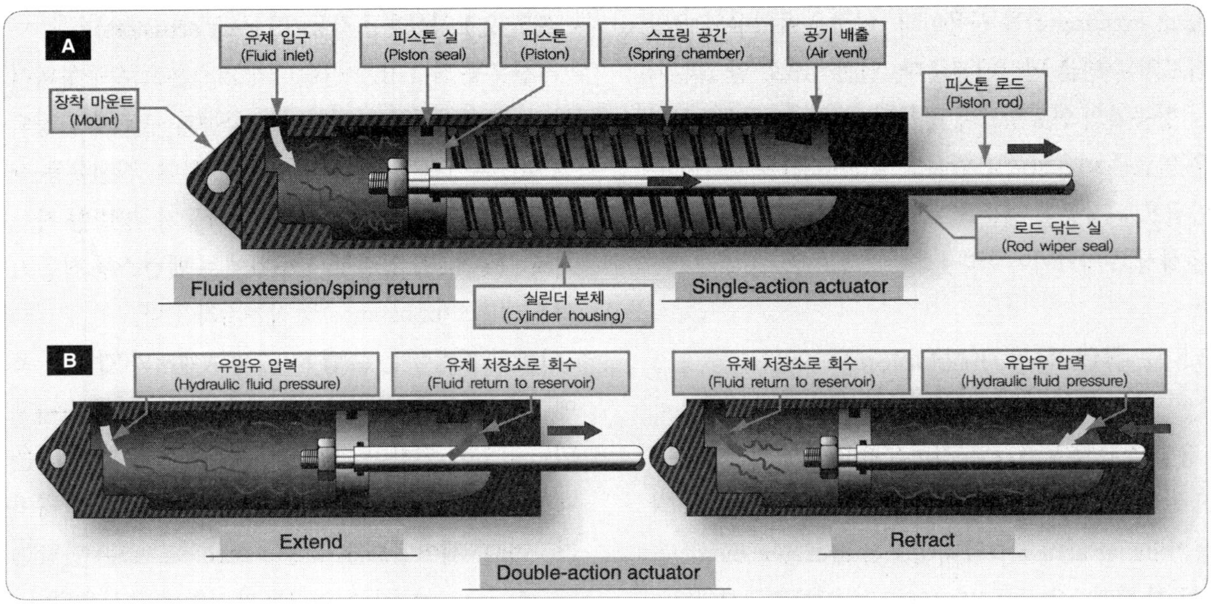

[그림 8-52] 직선 운동 작동기(Linear actuator)

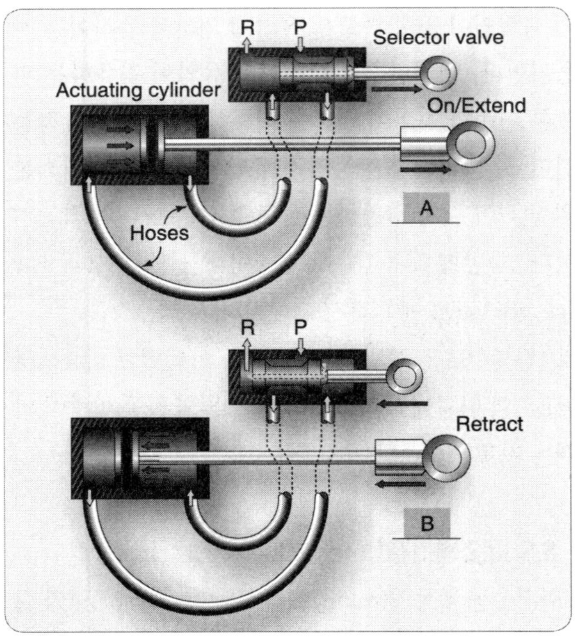

[그림 8-53] 직선 운동 작동기 작동(Linear actuator operation)

에 맞게 90°, 180°, 270°, 360°, 심지어 720°까지 다양하다.

8.5.12.3 유압 모터(Hydraulic motor)

그림 8-55와 같이, 유압 모터의 종류 중에 피스톤형(type)이 유압계통에서 가장 일반적으로 사용된다. 기본적으로 유압 모터는 유압펌프(hydraulic pump)와 같은 구조이며, 유압 에너지를 기계 에너지로 변환시켜준다. 유압 모터는 뒷전 flap, 앞전 flap, 수평안정판 트림(stabilizer trim) 작동에 사용된다. 아주 폭넓은 속도범위가 요구되는 일부 유압 계통에서는 가변용량(variable-displacement) 피스톤형을 사용한다.

기계 모터에 비해 유압 모터의 장점은 다음과 같다.

① 넓은 범위의 빠르고, 쉬운 속도조절

② 신속하고, 매끄러운 가속과 감속

③ 최대 토크(torque)와 power에 대한 제어

④ 충격하중을 감소시키는 완충효과(cushioning effect)

⑤ 운동의 매끄러운 반전

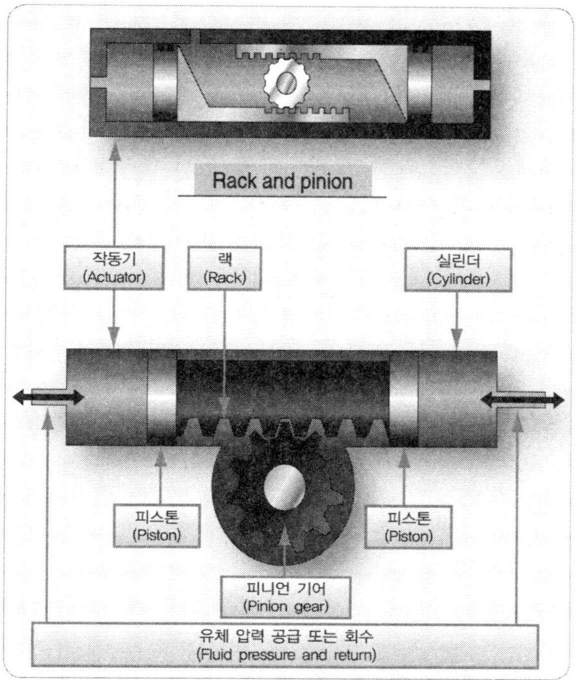

[그림 8-54] 랙과 피니언 기어(Rack and pinion gear)

8.5.13 램 에어 터빈(Ram Air Turbine-RAT)

그림 8-56과 같이, 램 에어 터빈은 항공기 동력의 일차공급원(primary source)이 상실되었을 때, 전기와 유압을 제공해 준다. 항공기가 비행할 때 빠른 외부 공기를 이용하여 터빈의 브레이드(blade)를 돌려서 유압펌프와 발전기(generator)를 작동시킨다. 터빈과 펌프 어셈블리(pump assembly)는 일반적으로 동체에 장착되고 접근 도어가 있다. 조종실에 있는 작동 레버(lever)를 당기면 터빈의 날개가 항공기 외부로 돌출하여 외부 공기(ram air)에 의해 빠른 속도로 회전한다. 일부 항공기에서, RAT는 주 유압계통(main hydraulic pressure system)이 고장 났을 때 또는 전기계통의 고장 났을 때 자동으로 펼쳐진다.

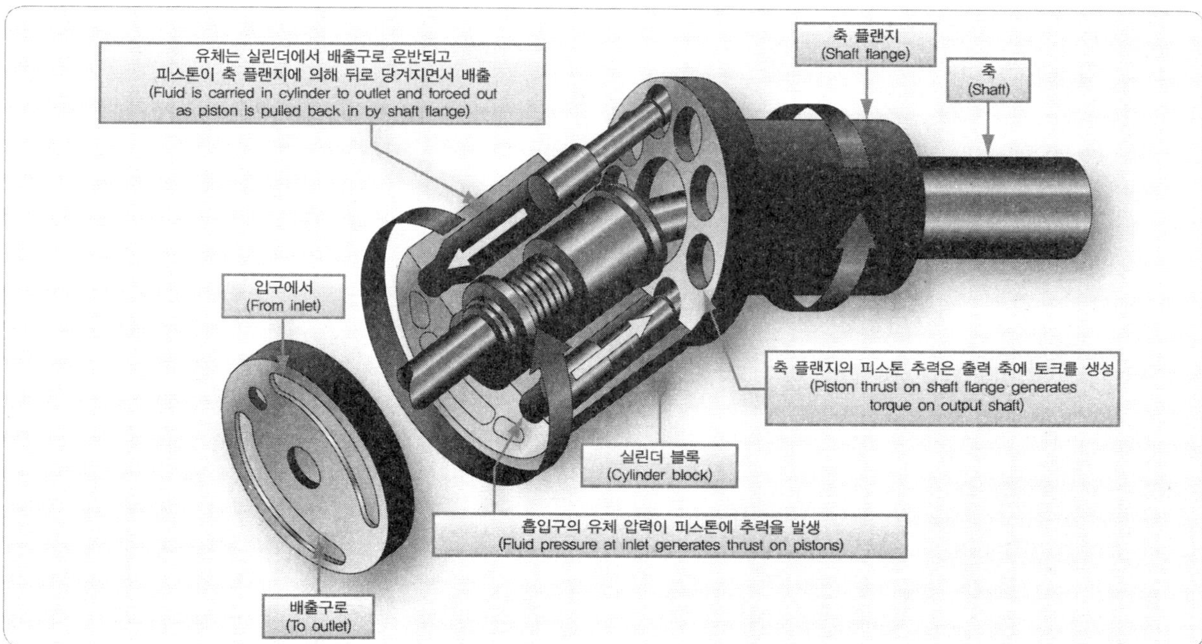

[그림 8-55] 경사 축형 피스톤 모터(Bent axis piston motor)

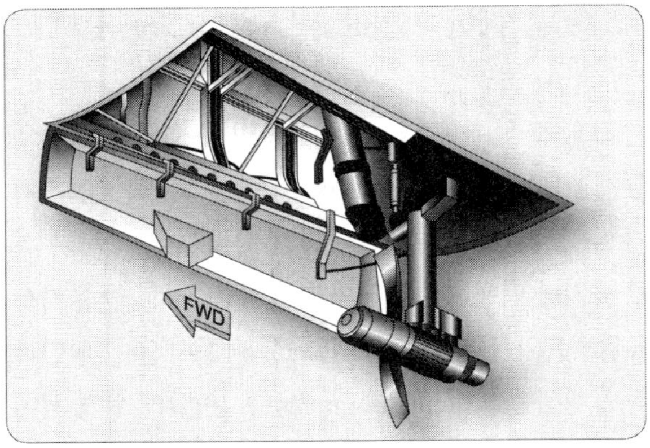

[그림 8-56] 램 에어 터빈(Ram air turbine)

8.5.14 동력전달장치 (Power Transfer Unit, PTU)

그림 8-57과 같이, 동력전달장치는 2개의 유압계통 사이에 동력을 전달한다. 구성은 유압 모터와 유압 펌프가 하나의 축으로 연결되어 있는 구조로 되어 있다. 한쪽 유압 계통에는 유압 모터가, 다른 유압 계통에는 유압 펌프가 장착되어 두 유압 계통 사이에 동력을 전달한다. 동력을 전달할 방향에 따라서 유압 모터 또는 유압 펌프로 작동할 수도 있다.

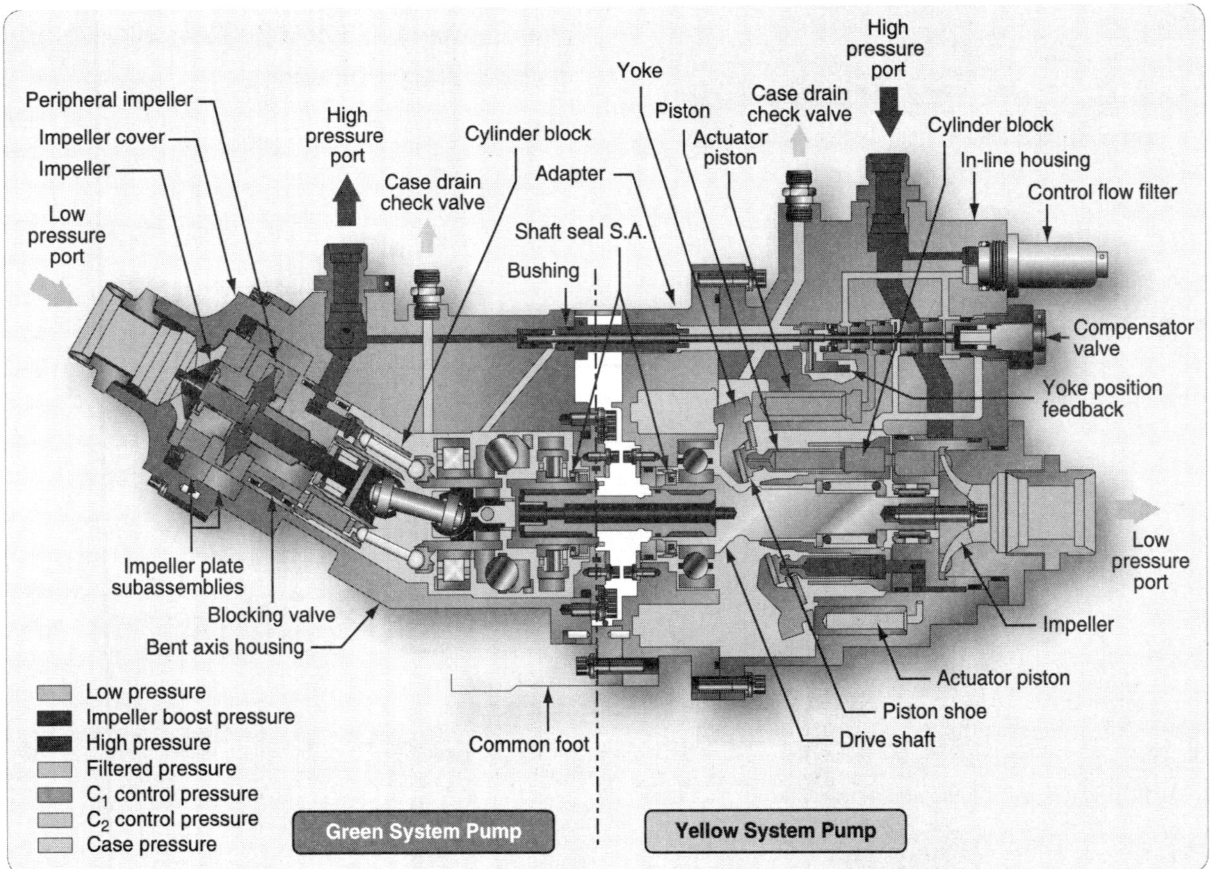

[그림 8-57] 동력 전달 장치(Power transfer unit)

8.5.15 유압전동 발전기(Hydraulic Motor-Driven Generator-HMDG)

유압전동발전기는 교류발전기가 내재된 서보 제어식(servo-controlled) 가변용량전동기(variable-displacement motor)이다. 유압전동발전기는 400Hz의 출력주파수를 유지한다. 전기 계통이 고장 났을 때, 전기의 대체공급원으로 사용된다.

8.5.16 실(Seals)

실(seal)은 유압유의 누출을 막기 위해 사용되고, 계통이 공기 또는 불순물에 노출되지 않게 한다. 항공기의 유압 계통과 공압 계통에는 작동 온도 및 속도의 변화에 충족하는 패킹(packing)과 개스킷(gasket)이 필요하다. 다양한 형상 또는 종류의 실이 필요한 이유는 다음과 같다.

① 계통의 작동 압력
② 계통에 사용되는 유압유 종류
③ 인접 부품 사이에 금속 처리 상태(finishing)와 여유 공간
④ 회전운동 또는 왕복운동 등 운동의 형태

실(seal)은 크게 세 가지로 분류되는데, 패킹, 개스킷, 그리고 와이퍼(wiper)다. 실은 한 개 이상의 O-링(ring)과 보조(backup) 링 또는 1개의 O-링과 2개의 보조 링의 조합으로 사용하기도 한다. 그림 8-58과 같이, 미끄러지는 또는 움직이는 구성품의 내부에 사용되는 실을 일반적으로 패킹이라고 부른다. 움직이지 않는 피팅(fitting)과 보스(boss) 사이에 사용되는 유

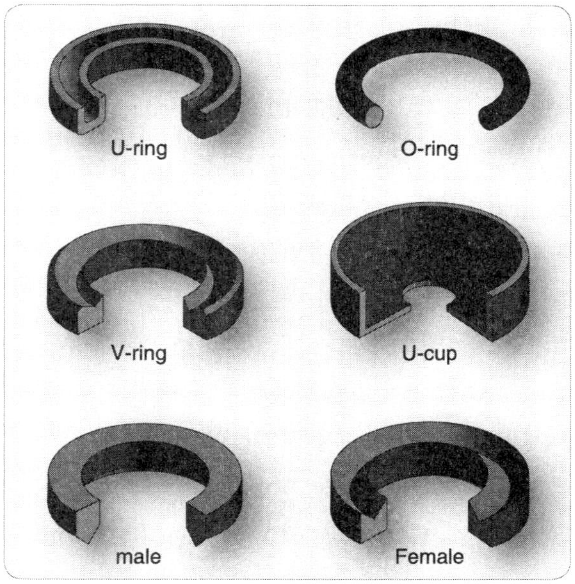

[그림 8-58] 패킹의 종류 (Packings)

압 실은 일반적으로 개스킷(gasket)이라 부른다.

8.5.16.1 V-링 패킹(V-ring packings)

V-링 패킹은 한쪽방향(one-way) 실이고 항상 V의 열린 면이 압력을 받도록 장착한다.

8.5.16.2 U-링(U-ring)

U-링 패킹과 U-컵(cup) 패킹은 브레이크 어셈블리와 브레이크 마스터 실린더(brake master cylinder)에 사용된다. 한쪽방향(one-way) 실이고 항상 패킹의 립(lip)이 압력을 받도록 장착한다. U-링은 보통 1,000psi 이하의 압력에 사용되는 저압용 패킹이다.

8.5.16.3 O-링(O-rings)

항공기에 사용되는 대부분의 패킹과 개스킷은 O-링의 형태로서 제작된다. 항공기 디자인을 충족하기 위해 고온(275℉) 및 저온(-65℉)에서 제 역할을 할 수 있

게 제작된다.

(1) O-링의 색 부호화(O-ring color coding)

색 부호화(color coding)는 크기를 나타내지는 않지만, 유압계통에 사용되는 유압유 또는 제조사를 표시해 준다. MIL-H-5606 유압유에 적합한 O-링의 색은 항상 청색이고, 스카이드롤(skydrol) 유압유에 적합한 패킹과 개스킷은 항상 녹색 줄무늬로 코드화되어 있다. 그러나 색 부호의 일부로서 청색, 빨간색, 녹색 또는 노란색 점(yellow dot)을 갖는다. 탄화수소 유압유에 적합한 O-링의 색 부호는 항상 빨간색을 함유한다. 줄무늬의 색은 사용 유체에 대한 적합성을 나타내는데, 연료에는 빨간색, 유압유에는 청색으로 표시된다.

8.5.16.4 보조 링(Backup rings)

시간 경과에 따라 기능이 저하되지 않는 테프론(teflon)으로 만들어진 보조 링은 접촉하는 유압유의 종류에 영향을 받지 않고, 고압, 고온에 견딜 수 있다. 보조 링은 O-링의 하류(downstream)에 장착되어야 한다. 그림 8-59는 보조 링의 올바른 장착을 보여준다.

8.5.16.5 개스킷(Gaskets)

개스킷은 서로 상대적인 움직임이 없는 2개의 평면(flat surface) 사이에 고정되는 실(seal)이다.

8.5.16.6 O-링의 장착(O-ring installations)

그림 8-61과 같이 O-링을 제거하거나 장착할 때는, O-링이 장착된 구성품의 표면에 긁힘이나 훼손 또는 O-링에 손상을 줄 수 있는 뾰족하거나 예리한 공구는 사용하지 말아야 한다. O-링이 장착되는 부위는 오염으로부터 깨끗한지 확인해야 한다. 새로운 O-링은 밀

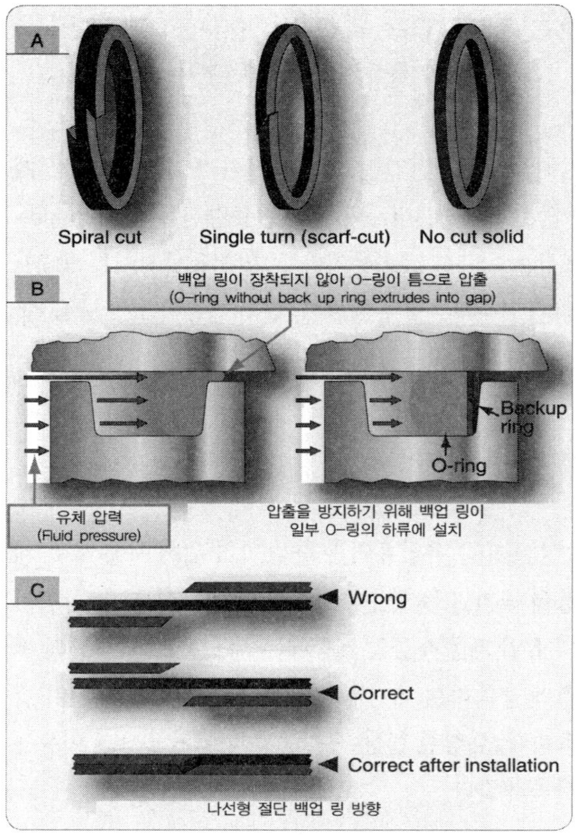

[그림 8-59] 하류에 장착된 백업 O-링
(Backup O-ring installed downstream)

봉된 패키지에 보관되어 있어야 한다. 장착하기 전에 O-링은 적절한 조명과 함께 4배율 확대경을 사용하여 흠이 있는지 검사해야 한다. 장착 전에 깨끗한 유압유에 O-링을 담근 후 장착한다. 장착 후에 O-링의 뒤틀림을 바로잡기 위해 그림 8-61과 같이, 손가락으로 O-링을 서서히 굴린다.

8.5.16.7 와이퍼(Wipers)

와이퍼는 피스톤축의 노출된 부위를 청소하고 윤활하기 위해 사용된다. 와이퍼는 불순물이 계통로 유입되는 것을 막아 피스톤 로드를 보호한다.

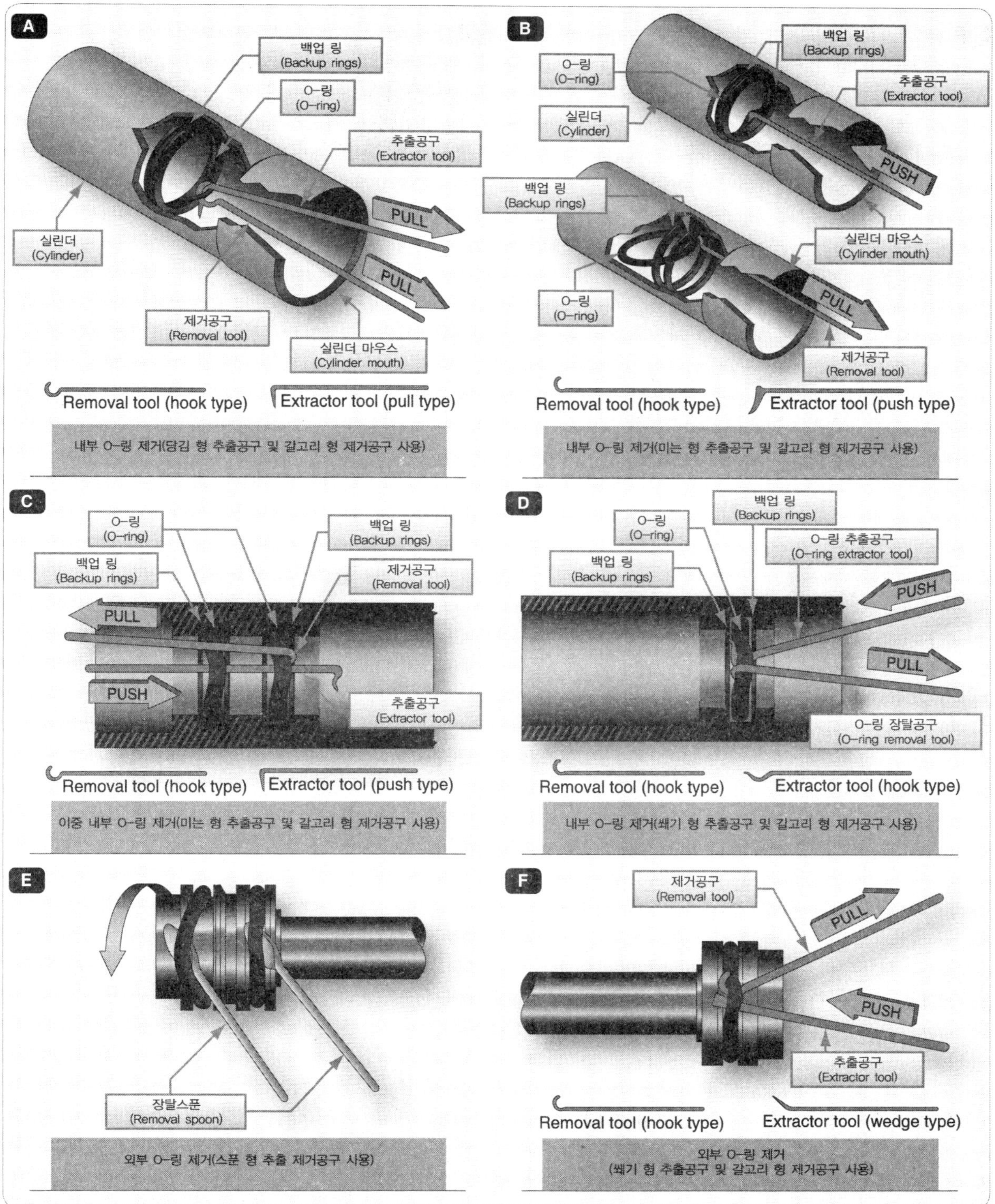

[그림 8-60] O-링 장착 기법(O-ring installation techniques)

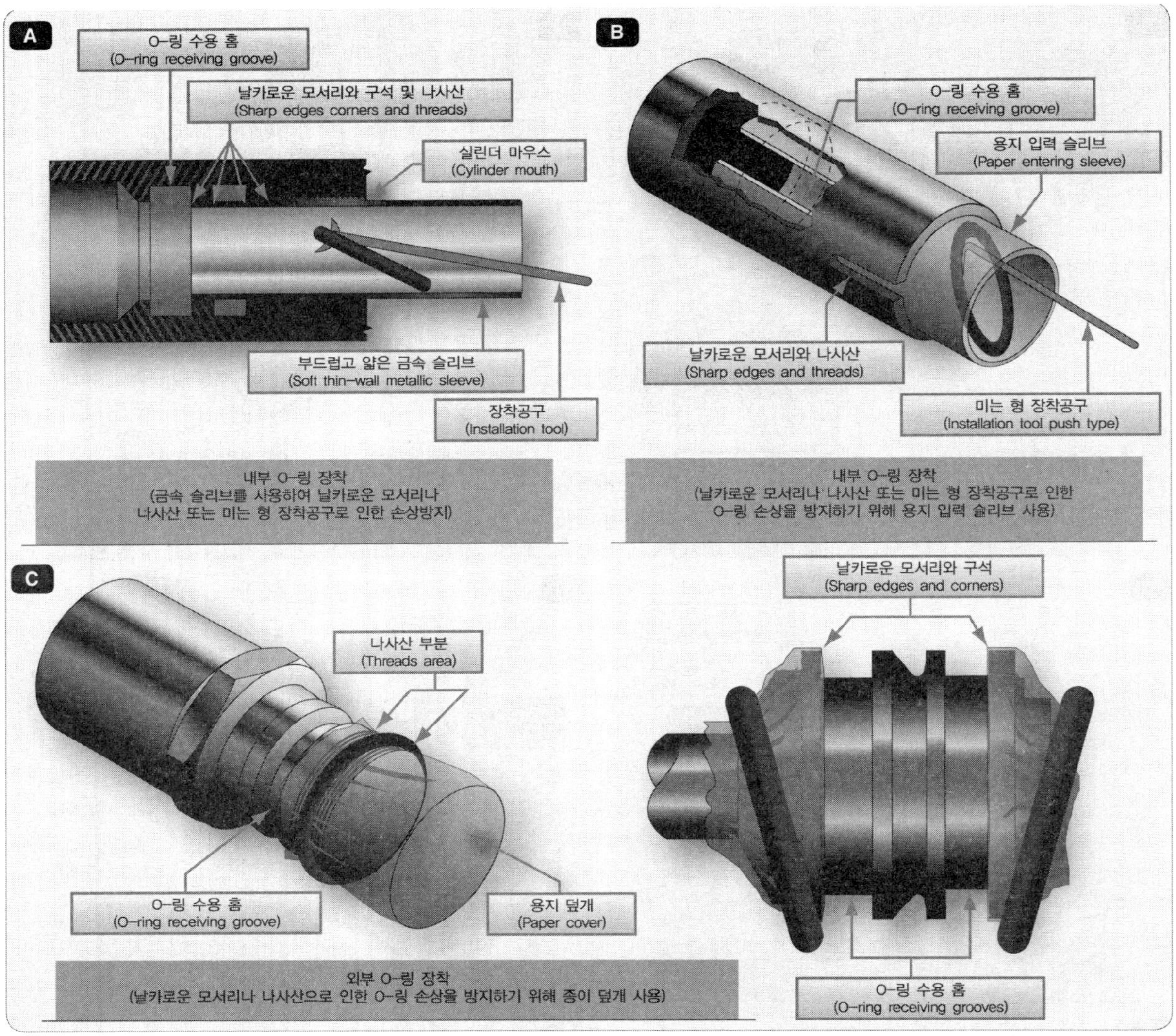

[그림 8-61] 주요 부분 O-링 장착 기술(More O-ring installation techniques)

8.6 대형 항공기 유압계통 (Large aircraft hydraulic systems)

그림 8-62에서는 대형 항공기에 있는 유압계통 전체의 구성품을 보여준다.

8.6.1 B737 NG 유압 계통

B737NG(Next Generation) 항공기는 3개의 3,000psi 유압계통을 갖추고 있는데, 계통 A(system A), 계통 B(system B), 그리고 standby이다. standby 계통은 만약 계통 A 또는 계통 B의 압력이 상실되었을 경우

사용된다. 유압계통은 다음의 항공기 계통에 동력을 공급한다.

① 비행 조종(Flight controls)
② 앞전(leading edge) flaps과 slat
③ 뒷전(Trailing edge) flaps
④ 착륙장치(landing gear)
⑤ 휠 브레이크(Wheel brakes)
⑥ 조향장치(Nose wheel steering)
⑦ 역추력장치(thrust reverser)

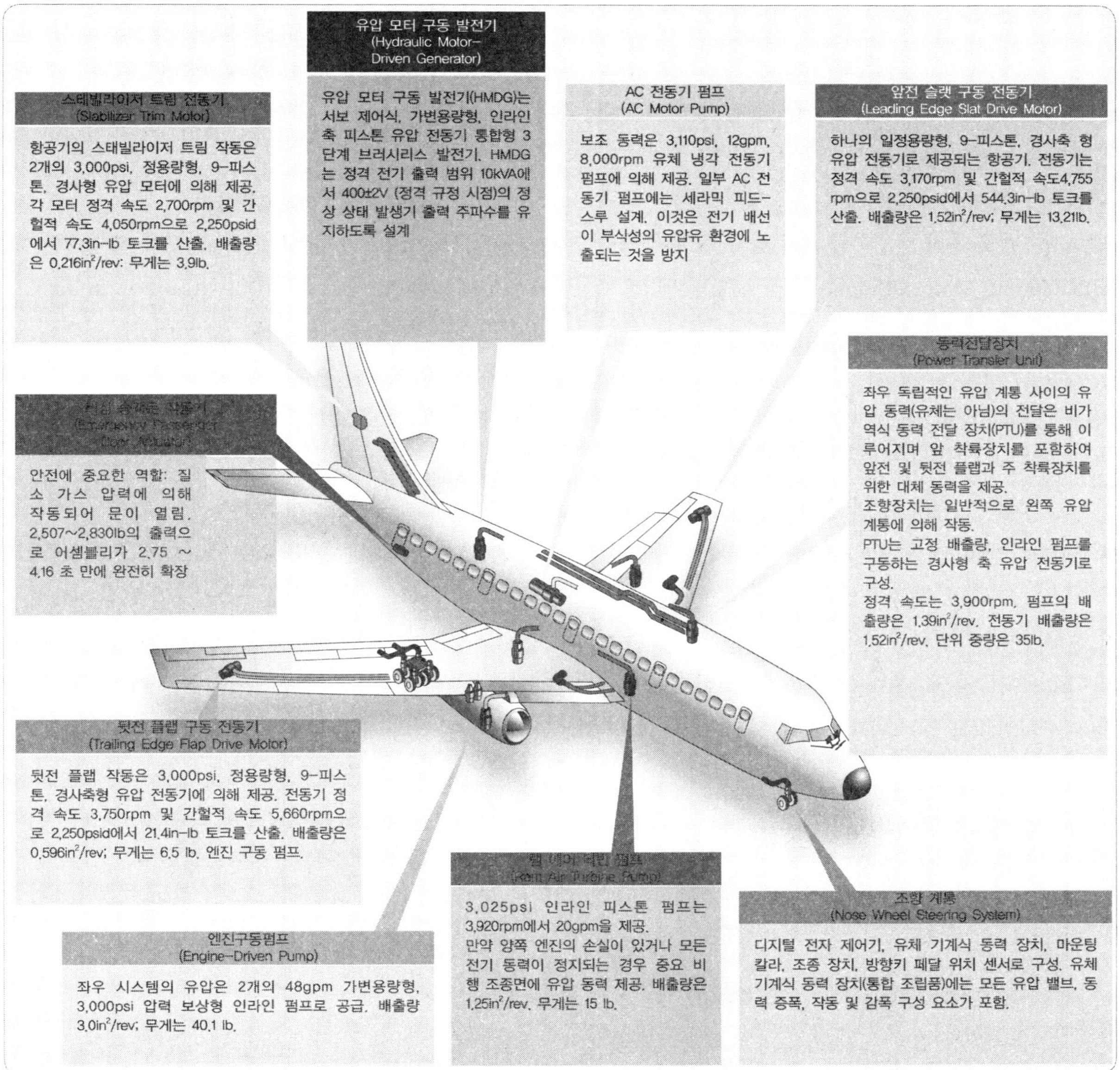

[그림 8-62] 대형 항공기 유압계통(Large aircraft hydraulic system)

⑧ 자동 조종 장치(Auto-pilots)

8.6.1.1 저장소(Reservoirs)

그림 8-63과 같이, 계통 A, B, 그리고 standby 저장소는 바퀴칸(wheel well area)에 위치한다. 저장소는 가압모듈을 통해 공기압으로 가압된다. standby 계통 저장소의 가압 및 유압유 보급은 계통 B 저장소를 통한다. 저장소의 가압은 펌프로 유압유의 흐름을 원활하게 해준다. 저장소 안에는 엔진구동펌프 또는 관련된 관에서 누설이 발생할 때 모든 유압유의 소실을 방지하는 저수탑(standpipe)을 갖추고 있다. 엔진구동펌프는 저수탑을 통해 유압유를 흡입하고, 교류동력펌프(ACMP, AC Motor Pump)는 저장소의 밑바닥으로부터 유압유를 흡입한다.

8.6.1.2 펌프(Pumps)

다음 설명에 대해서는 그림 8-64를 참조한다. 계통 A와 B는 모두 엔진구동펌프와 교류동력펌프(ACMP, AC Motor Pump)를 갖추고 있다. 계통 A 엔진구동펌프는 No.1 엔진에, 계통 B 엔진구동펌프는 No.2 엔진에 장착되어 있다. 교류동력펌프는 조종실에 있는 스위치로 제어한다. 그림 8-65와 같이, 케이스 드레인(case drain) 유압유는 펌프를 윤활하고 냉각시킨 후 연료 탱크에 장착된 열 교환기(heat exchanger)를 거쳐 저장소로 되돌아간다. 계통 A를 위한 열 교환기는 No.1 연료탱크에, 그리고 계통 B를 위한 열 교환기는 No.2 연료탱크에 장착되어 있다. 교류동력펌프의 지상운전을 위해 각 탱크에는 1,675파운드(pound) 이상의 연료가 있어야 한다. 엔진구동펌프와 교류동력펌프 송출관에 장착된 압력스위치는 펌프송출압력이 낮을 때 관련 "LOW PRESS" 등(light)이 들어오도록 신호를 보낸다.

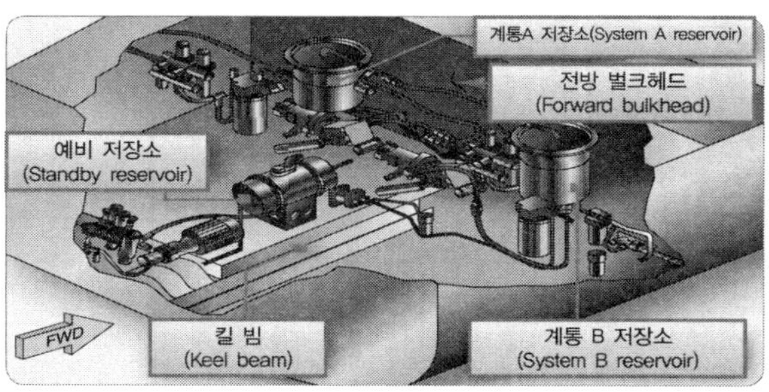

[그림 8-63] B737의 유압 저장소
(Hydraulic Reservoirs on B737)

8.6.1.3 필터 모듈(Filter module)

필터 모듈(filter module)은 유압유를 깨끗하게 하기 위해 압력관, 케이스 드레인 관(case drain line) 그리고 회수관(return line)에 장착되어 있다. 필터 모듈에는 필터에 이물질이 있거나 교체가 필요할 때 튀어 나오는(pop out) 차압 지시기(differential pressure indicator)를 갖고 있다.

8.6.1.4 동력전달장치(Power Transfer Unit-PTU)

PTU의 목적은 계통 B 엔진구동펌프가 고장 시 auto-slat과 앞전 flap/slat을 정상적으로 작동시키기 위함이다. PTU는 유압모터와 유압펌프가 하나의 축으로 연결되어 있다. PTU는 계통 A의 압력을 이용해 유압모터를 가동시키면 계통 B의 유압유를 사용하는 유압펌프를 작동시켜 계통 B의 유압을 발생시킨다. PTU는 오직 동력만 전달하며 유압유를 이동시키지는 않는다. PTU는 다음의 조건 모두가 충족할 때 자동적으로 작동한다.

① 계통 B 엔진구동펌프의 압력이 한계 이하로 떨어질 때

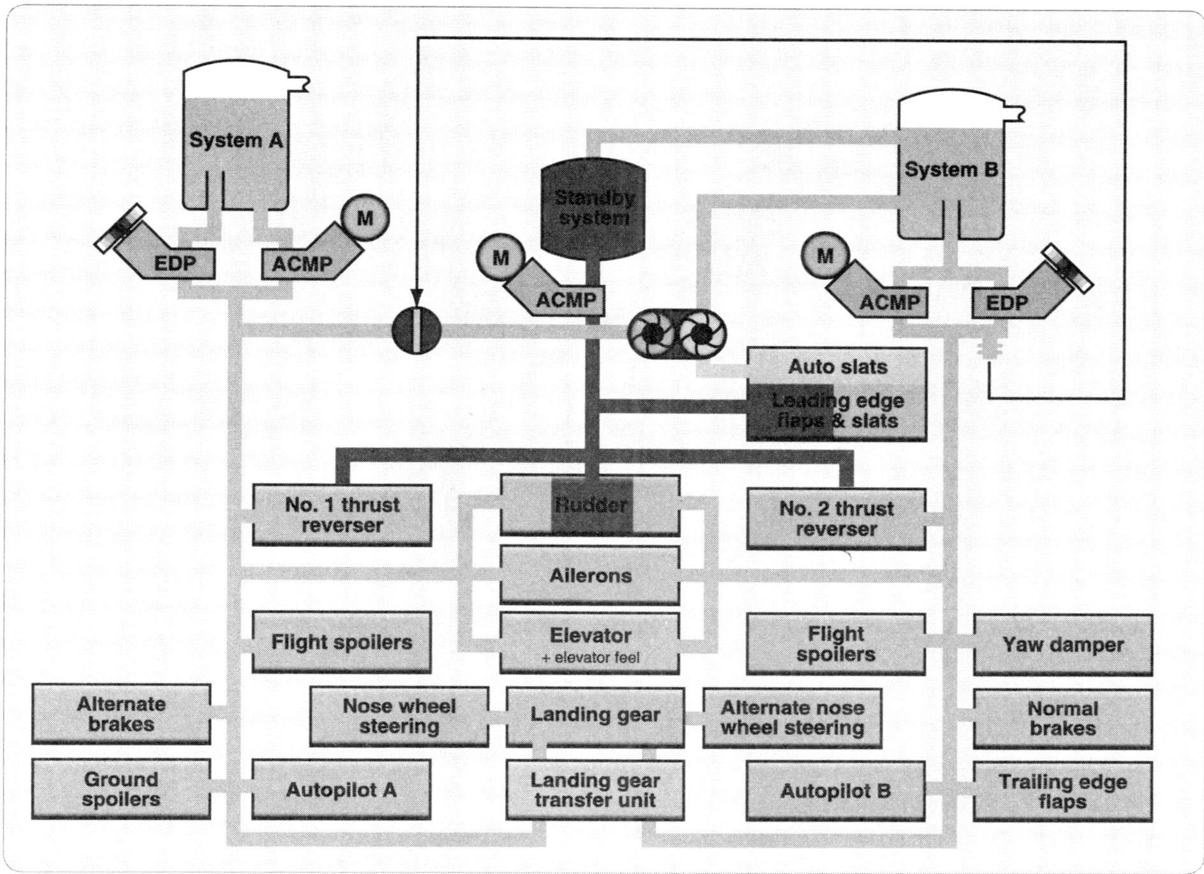

[그림 8-64] B737 유압계통(간이화한)(B737 Hydraulic system(simplified))

② 항공기가 이륙했을(airborne) 때
③ 플랩이 15° 이하 이지만 up되지 않을 때

8.6.1.5 Standby 유압 계통 (Standby hydraulic system)

Standby 유압 계통은 계통 A 또는 계통 B 압력이 상실되었을 경우 사용되는 보조(backup) 장치이다. standby 계통은 수동 또는 자동으로 작동되는 하나의 교류동력펌프(ACMP, AC Motor Pump)에 의해 다음의 장치에 유압을 공급한다.

① 역추력장치(thrust reverser)
② 러더(Rudder)
③ 앞전 flap과 slat(펼칠 때만 사용)
④ Standby yaw damper

8.6.1.6 지시(Indications)

유압유가 과열(overheat)되면 조종실에 "OVHT" 등과 “master caution” 등이 들어오고, 계통 A 또는 계통 B의 유압이 낮으면 "LOW PRESS" 등과 “master caution” 등이 동시에 들어온다.

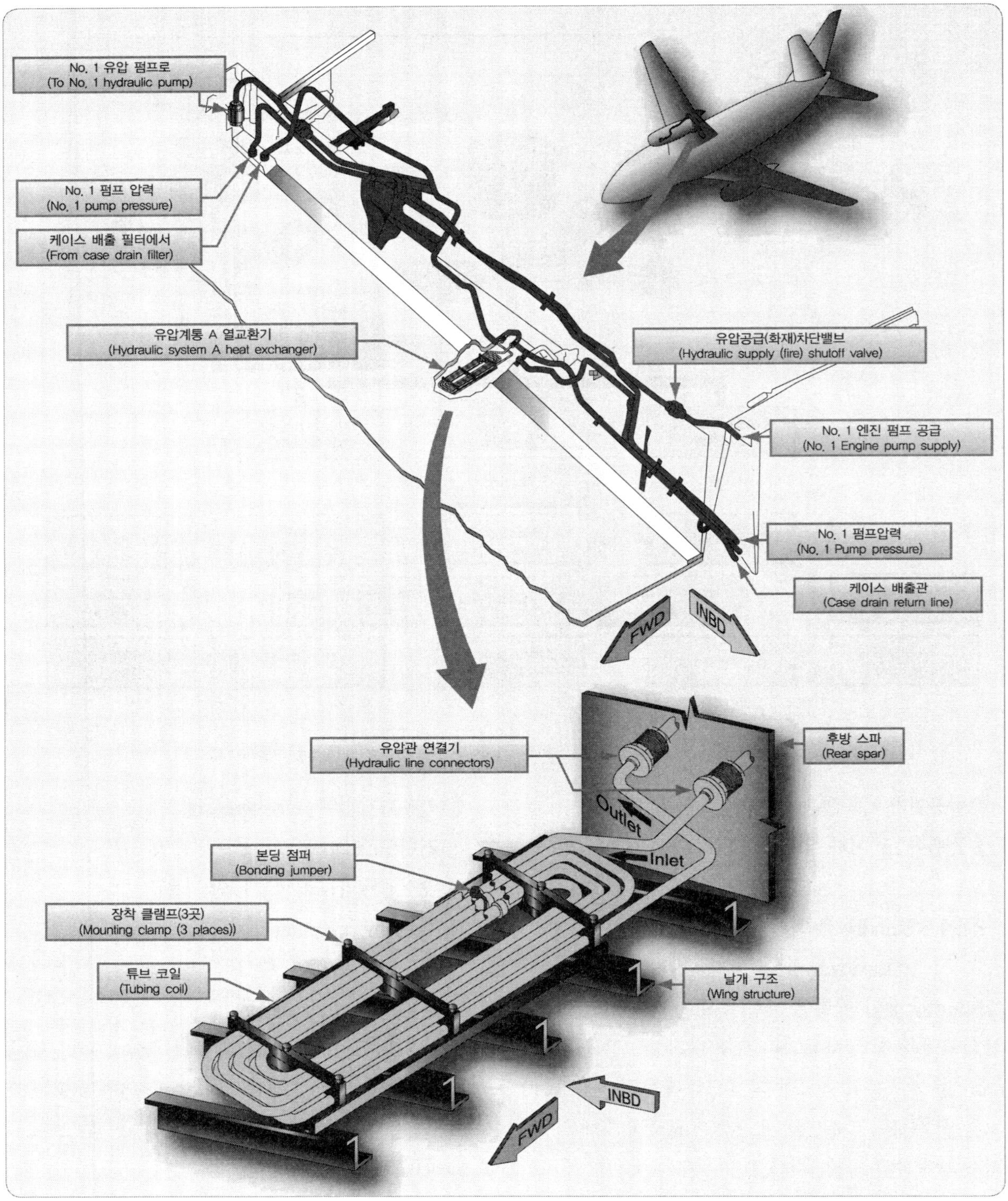

[그림 8-65] B737 유압유 열교환기(B737 Hydraulic case drain fluid heat exchanger)

8.6.2 Boeing 777 유압 계통

그림 8-66과 같이, B777 항공기는 3개의 유압계통을 갖고 있다. 좌측 유압계통(left hydraulic System), 우측 유압계통(right hydraulic system), 그리고 중앙 유압계통(center hydraulic system)은 비행조종 계통(flight control), flap 계통, 작동기(actuators), 착륙 장치(landing gear), 그리고 브레이크를 작동시키기 위해 3,000psi의 정격압력을 공급한다. 좌측 유압계통과 우측 유압계통의 주 유압 동력은 2개의 EDP에 의해 공급되고 2개의 demand ACMP가 보조한다. 중간 유압계통에 대한 주 유압 동력은 2개의 ACMP에 의해 공급되고 2개의 demand ADP(Air turbine-Driven Pump)에 의해 보조된다. 중간 유압계통은 엔진 역추력 장치(engine thrust reverser), 일차 조종면, 착륙장치, 그리고 flap/slat을 위해 사용된다. 비상 상황에서는 자동적으로 펼쳐지는 RAT(Ram Air Turbine)에 의해 유압동력이 발생되며, 중간 유압계통에 의해 작동하는 비행조종 계통에 유압을 제공한다.

8.6.2.1 좌우측 유압 계통의 설명(Left and right hydraulic system description)

그림 8-67과 같이, 좌측 유압계통과 우측 유압계통은 기능적으로 동일하다. 좌측 유압계통은 왼쪽 역추

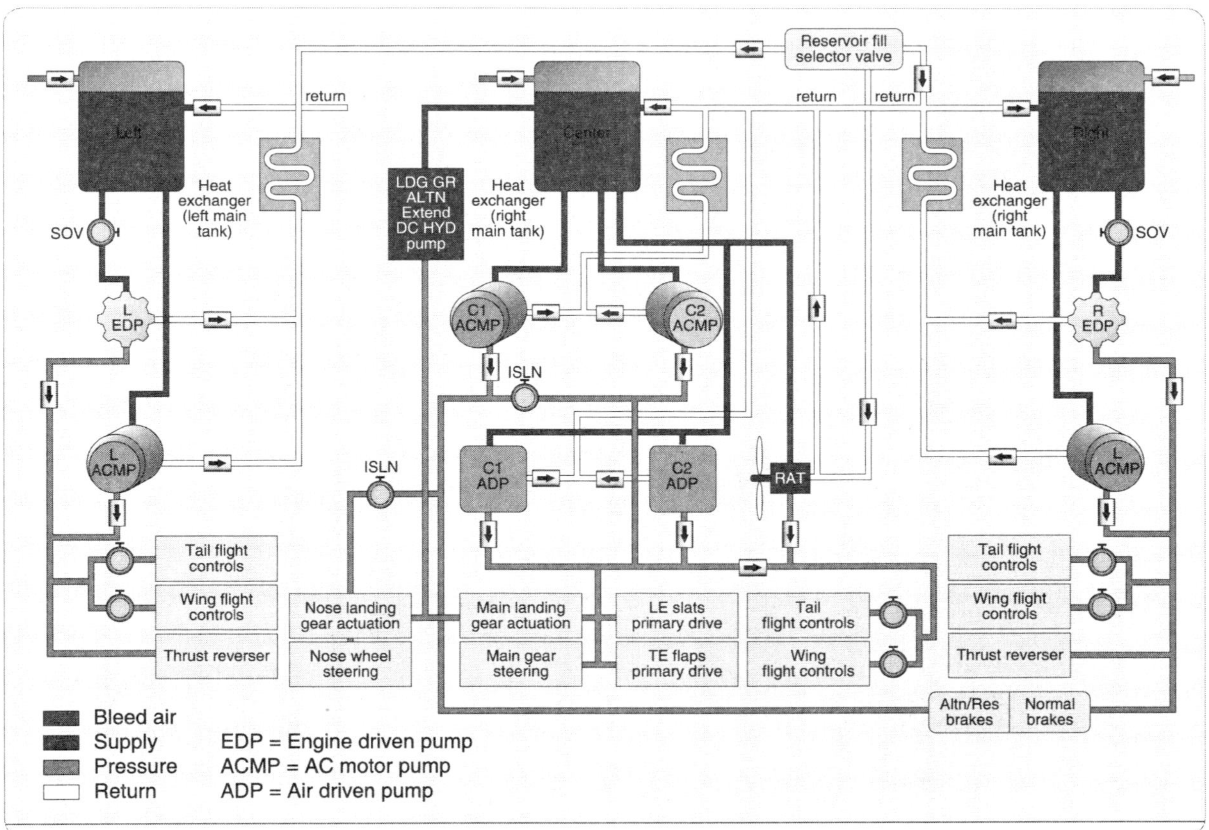

[그림 8-66] B777 유압 계통(B777 Hydraulic system)

력 장치와 비행조종 계통을 동작시키기 위해 유압을 공급한다. 우측 유압계통은 오른쪽 역추력 장치, 비행조종 계통, 그리고 정상 브레이크 계통(normal brake system)을 동작시키기 위해 유압을 공급한다.

(1) 저장소(Reservoir)

좌측 유압계통과 우측 유압계통의 저장소는 가압 모듈(module)을 통해 공기압으로 가압된다. B737과 같이 엔진구동펌프(EDP)는 저수탑(standpipe)을 통해 유압유를 흡입하고, 교류동력펌프(ACMP, Ac Motor Pump)는 저장소의 밑바닥으로부터 유압유를 흡입한다. 저수탑은 엔진구동펌프(EDP) 또는 관련된 유압관에서 누설이 발생할 때 모든 유압유의 소실을 방지하고 ACMP의 작동을 가능하게 해준다. 저장소는 항공기의 동체에 있는 중앙보급지점(center servicing point)을 통해 유압유를 보급할 수 있다. 저장소는 오염 시험을 위한 시료밸브(sample valve), 조종실에 온도지시를 위한 온도전송기(temperature transmitter), 저장소 압력을 지시해주는 압력변환기(pressure transducer), 그리고 저장소 배출을 위한 배수밸브(drain valve)를 갖고 있다.

(2) 펌프(Pumps)

엔진구동펌프(EDP)는 공급차단밸브(supply shutoff valve)를 통해 저장소로부터 유압유가 공급된다. 엔진구동펌프는 엔진이 작동될 때는 언제나 작동되

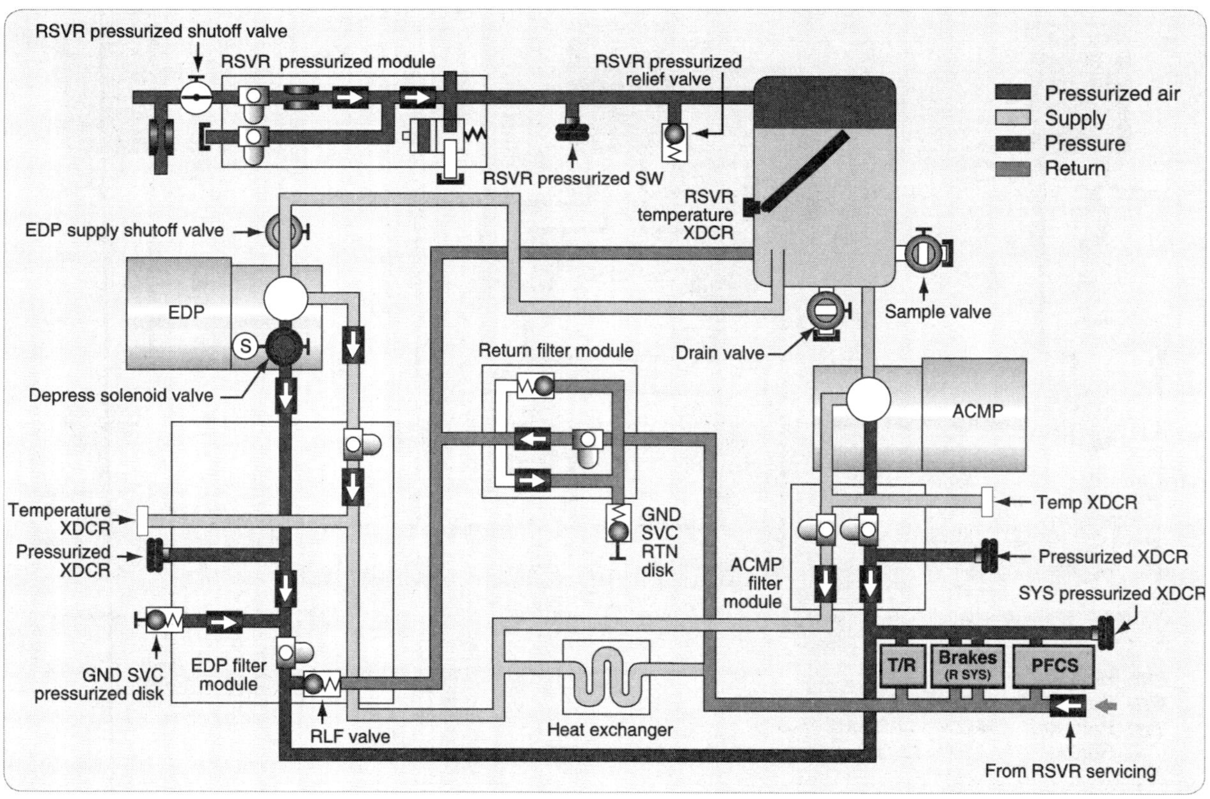

[그림 8-67] B777 우측 유압계통(Right hydraulic system of B777)

며 각각의 엔진구동펌프에 장착된 솔레노이드 밸브(solenoid valve)에 의해 펌프의 가압 및 감압이 제어된다. 펌프는 일차 임펠러(first-stage impeller)와 이차(second-stage) 피스톤펌프로 이루어진 가변용량 inline 피스톤 펌프이다. 임펠러(impeller) 펌프는 1차로 유압유를 가압하여 피스톤 펌프로 보내준다. 교류동력펌프(ACMP)는 유압계통의 사용이 정상보다 많을 때 작동한다.

(3) 필터 모듈(Filter module)

가압 필터 모듈(Pressure filter module)과 케이스 드레인 필터 모듈(case drain filter module)은 유압펌프의 가압 흐름(pressure flow)과 케이스 드레인 흐름을 깨끗하게 걸러 준다. 귀환 여과기 모듈(return filter module)은 유압 사용 계통으로부터 저장소로 귀환하는 유압유 내의 이물질을 걸러준다. 만약 필터가 막히면 유압유는 필터를 우회해서 흐르고, 시각표시기가 튀어나온다. 날개연료탱크에 장착된 열 교환기(heat exchanger)는 교류동력펌프(ACMP)와 엔진구동펌프(EDP)의 케이스 드레인 관으로부터 저장소로 가는 유압유를 냉각시킨다.

(4) 지시(Indication)

그림 8-67과 같이, 유압계통의 센서(sensor)들은 조종실로 유압유의 압력, 온도, 용량을 지시해준다. 저장소의 유압유 용량 발신기(transmitter)와 온도 변환기(transducer)는 각 저장소에 장착되어 있고, 저장소의 압력스위치는 저장소 가압모듈과 저장소 사이의 공기압관에 장착되어 있다. 교류동력펌프(ACMP)와 엔진구동펌프(EDP)의 필터 모듈(filter module)에는 펌프송출 압력을 측정하는 압력 변환기가 장착되어 있고, 온도 변환기는 각각의 필터 모듈의 케이스 드레인 관에 장착되어 케이스 드레인되는 유압유 온도를 측정한다. 계통압력 변환기는 유압계통의 압력을 측정한다. 엔진구동펌프(EDP) 필터 모듈에 장착된 압력안전밸브(pressure relief valve)는 과도한 압력이 걸렸을 때 계통을 보호한다.

8.6.2.2 중앙 유압계통(Center hydraulic system)

그림 8-68과 같이, 중앙 유압계통은 다음의 계통을 작동 시킨다.

① 앞 착륙 기어(Nose landing gear) 작동
② 앞 착륙 기어 조향 장치(Nose landing gear steering)
③ 대체 제동장치(Alternate brake)
④ 주 착륙 기어(Main landing gear) 작동
⑤ 주 착륙 기어 조향 장치(Main landing gear steering)
⑥ 뒷전(Trailing edge) flap
⑦ 앞전(Leading edge) slat
⑧ 비행조종(Flight control) 장치

(1) 저장소(Reservoir)

중앙 유압계통(Center hydraulic system)의 저장소는 다른 시스템 저장소와 동일하게 가압된다. 저장소는 저수탑(standpipe)을 통해 공기터빈구동펌프(ADP), RAT, 2개의 교류동력펌프(ACMP) 중 하나에 유압유를 공급한다. 다른 교류동력펌프(ACMP)는 저장소의 밑바닥에서 유압유가 공급된다. 또한 착륙 기어 대체 펼침 계통(landing gear alternate extension system)으로도 유압유를 공급한다.

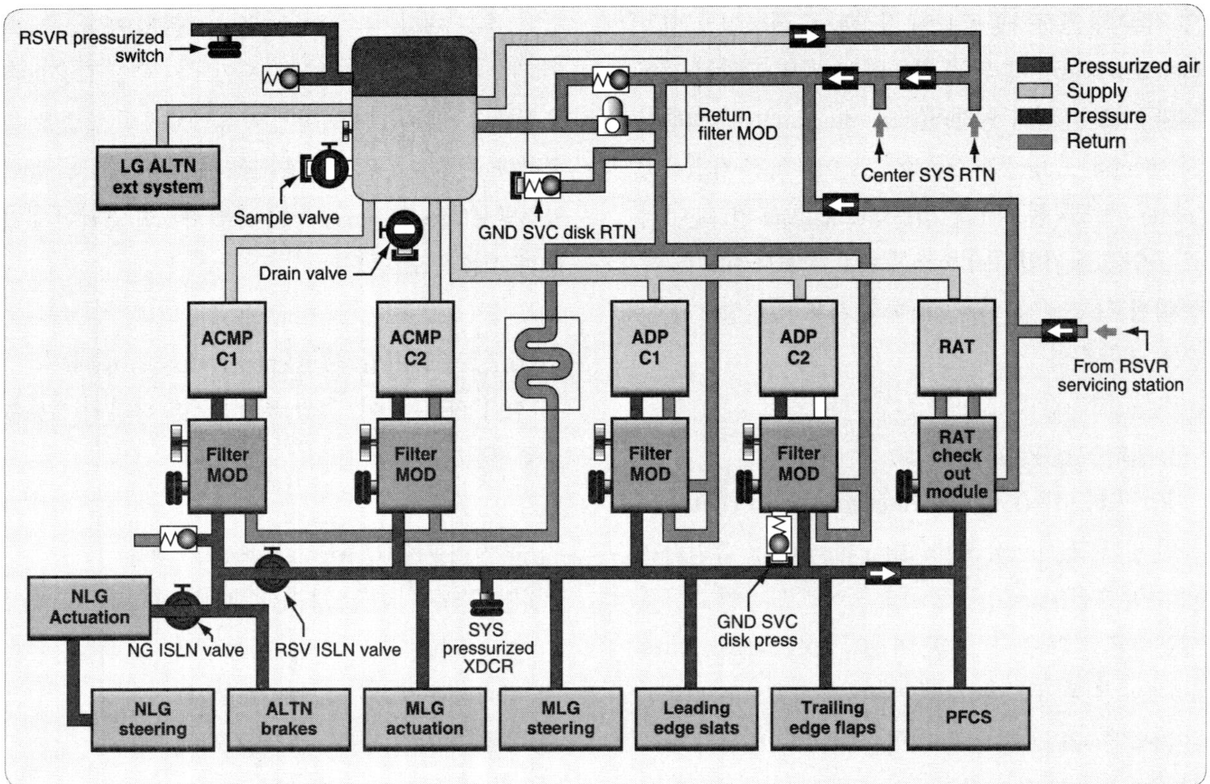

[그림 8-68] 중앙 유압계통(Center hydraulic system)

교류동력펌프(ACMP)는 중간 유압계통의 일차펌프로 사용되고, 공기터빈구동펌프(ADP)는 중앙 중간 유압계통이 정상보다 더 많은 유압을 필요로 할 때 작동한다. RAT는 중앙 유압계통이 담당하는 비행조종 계통에 필요한 유압의 비상 공급원이다. 저장소의 유압유 용량 발신기(transmitter)와 온도 변환기(transducer)는 저장소에 장착되어 있고, 저장소의 압력스위치는 저장소 가압모듈과 저장소 사이의 공기압관에 장착되어 있다.

(2) 필터(Filter)

필터는 유압펌프의 압력흐름(pressure flow)과 케이스 배수 흐름(case drain flow)을 깨끗하게 걸러 준다. 귀환 필터 모듈(return filter module)은 유압 사용 계통(user system)으로부터 저장소로 귀환하는 유압유의 흐름을 깨끗하게 한다. 만약 필터가 막히면 유압유는 필터를 우회해서 흐르고, 시각표시기가 튀어나온다. 날개연료탱크에 장착된 열 교환기(heat exchanger)는 교류동력펌프(ACMP)의 케이스 드레인관으로부터 저장소로 가는 유압유를 냉각시킨다. 공기터빈구동펌프(ADP)의 케이스 드레인되는 유압유는 열 교환기를 거치지 않고 바로 저장소로 간다.

교류동력펌프(ACMP)와 공기터빈구동펌프(ADP)의 필터 모듈에는 펌프송출압력을 측정하는 압력 변환기(transducer)와, 케이스 드레인되는 유압유의 온도를 측정하는 온도 변환기가 장착되어 있다. 하나의 계통

압력 변환기는 중앙 유압계통의 압력을 측정한다.

각각의 공기터빈구동펌프(ADP) 필터 모듈에 있는 압력 릴리프 밸브는 과도한 압력이 걸렸을 때 계통을 보호한다. 교류동력펌프(ACMP) C1 근처에 압력 릴리프 밸브는 중앙유압격리장치(CHIS, Center Hydraulic Isolation System)에 과도한 압력이 걸렸을 때 보호해 준다.

(3) 중앙유압격리장치(Center Hydraulic Isolation System–CHIS)

중앙유압격리장치(CHIS)는 엔진 파열 시 유압 시스템을 보호해주며, 예비 제동장치(brake) 및 조향(steering)장치를 작동하게 해준다. CHIS는 오로지 자동으로 작동된다. 릴레이(relay)는 역 격리 밸브(reserve isolation valve)와 앞 착륙장치 격리 밸브(nose gear isolation valve)에 있는 전기 모터를 제어한다. CHIS가 작동 중에는 유압에 의한 앞전 slat의 작동은 금지되어야 한다.

ACMP C1은 중앙 유압계통 저장소의 밑바닥에서 유압유를 빨아들인다. 저장소의 바닥부터 저수탑까지의

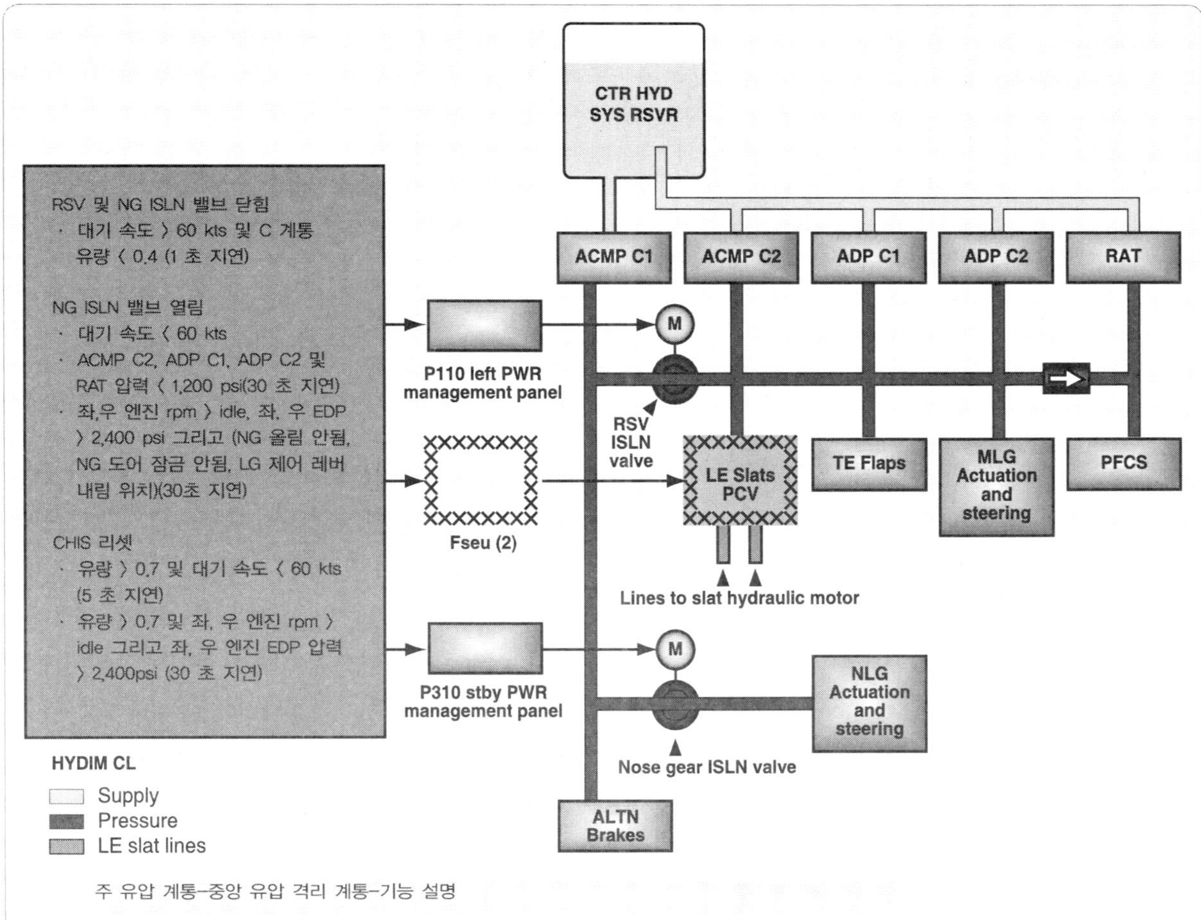

[그림 8-69] 중앙 유압-격리 계통(Center Hydraulic-isolation system)

유량은 약 4.5liter가 되며, ACMP C1은 이 예비 유량을 사용한다.

역 격리 밸브(reserve isolation valve)와 앞 착륙장치 격리 밸브는 보통 열려 있다. 이 밸브는 중간유압계통의 저장소 유량이 0.40 이하로 낮고 대기속도(airspeed)가 1초 이상 60knots 이상이면 닫힌다. CHIS가 작동되면 중앙 중간유압계통은 서로 다른 부분으로 격리된다. 앞착륙장치(nose landing gear) 작동 및 조향 장치(steering) 그리고 앞전(leading edge) slat은 중앙 유압계통으로부터 격리된다. ACMP C1의 출력은 오직 대체 제동계통(alternate brake system)으로만 간다.

다른 중앙 유압계통의 펌프 출력은 뒷전 flap, 주 착륙장치(main landing gear) 작동 및 조향 장치, 그리고 비행조종계통으로 간다. 즉, 앞 착륙장치 및 조향장치 계통 또는 앞전 slat계통의 유압관에서 누설이 있다면 더 이상 유압유의 손실을 막고, 대체 제동계통, 뒷전 flap, 주 착륙장치와 조향 장치, 그리고 PFCS를 정상적으로 작동시키기 위함이다.

(4) 중앙 유압계통(Central hydraulic system)의 리셋(reset)

그림 8-69와 같이, 양쪽 밸브는 중앙 유압계통의 유량이 0.70 이상이고 airspeed가 5초 동안 60knots 이하일 때, 또는 중앙 유압계통의 유량이 0.70 이상이고 양쪽 엔진과 양쪽 엔진구동펌프(EDP)가 30초 동안 정상적으로 작동하면 자동적으로 다시 열린다(reset).

8.7 항공기 공압 계통 (Aircraft pneumatic systems)

8.7.1 소개(Introduction)

과거에 일부 항공기 제작사는 3,000psi의 고압 공압계통(pneumatic system)을 장착하였다. 이러한 형태의 시스템을 이용한 마지막 항공기가 Fokker F-27이다. 이러한 시스템은 동력을 전달하는 데 유압유 대신 공기를 쓰는 것을 제외하고는 유압계통과 아주 흡사하게 작동한다. 공압 계통은 때때로 다음과 같은 곳에 사용된다.

① 브레이크(Brakes)
② 도어(Door)를 열고 닫을 때
③ 유압펌프, 교류발전기(alternator), 시동기(starter), 물 분사펌프(water injection pump) 등을 가동시킬 때
④ 비상장치(emergency device)를 작동할 때

밀봉된 폐쇄유로를 통해 공기나 유압유를 동력 전달매체로 사용한다. 액체와 공기 모두는 흐르기 때문에, 그들은 유체로 간주한다. 그러나 특성상 액체는 실제로 거의 비압축성인 반면, 공기는 상당히 압축할 수가 있다. 이런 차이점에도 불구하고, 공기와 액체는 모두 유체이고 동력(power)을 전달하는 데 사용된다. 공압계통에 가압공기를 공급하기 위해 사용되는 구성품의 형태는 공압계통에 필요한 공기압에 의해 결정된다.

8.7.2 고압 계통(High pressure system)

그림 8-70과 같이, 고압 시스템을 위해, 공기는 보통 1,000~3,000psi 범위의 압력으로 금속 보틀(bottle)에 저장된다. 이 형태의 공기 보틀은 2개의 밸브를 갖고 있는데, 그중 하나가 충전밸브(charging valve)이다. 지상 작동식(ground-operated) 압축기(compressor)를 이 밸브(valve)에 연결해 보틀(bottle)에 공기를 보급할 수 있다. 또 다른 하나의 밸브는 제어밸브(control valve)로, 공압계통이 작동될 때까지 보틀 내에 공기 압력을 유지하는 차단밸브(shutoff valve)로서의 기능을 한다. 비록 고압 저장 보틀은 무게에서 가벼운 장점이 있지만, 명확한 단점도 있다. 비행 중 공압계통을 재충전할 수 없기 때문에, 작동은 보틀에 넣어진 공기의 공급량으로 제한된다. 공압계통의 연속작동을 위해 사용할 수 없다. 대신 착륙장치 또는 브레이크 계통의 비상작동을 위해 사용된다. 그림 8-71과 같이, 항공기에 별도의 공기가압장치가 장착된다면 이런 형태의 공압 계통은 유용성이 더욱 증가된다.

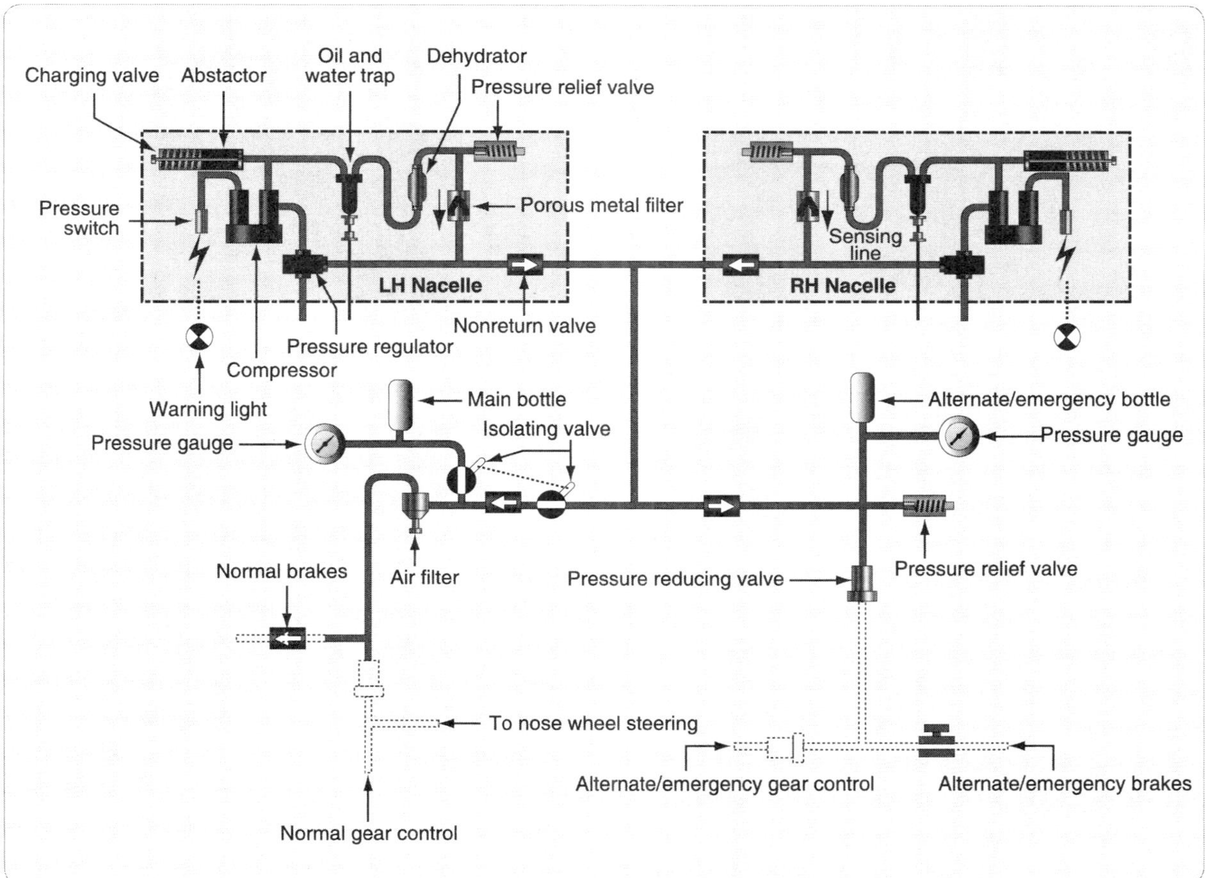

[그림 8-70] 고압 공압 계통(High-pressure pneumatic system)

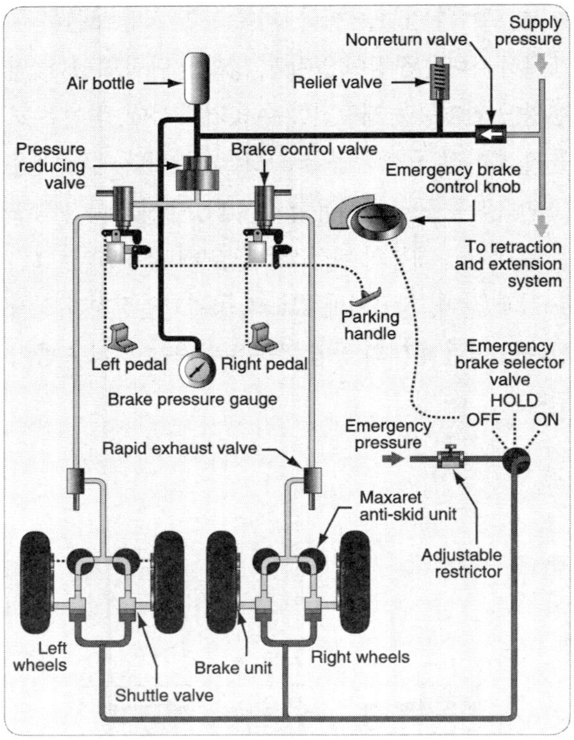

[그림 8-71] 공압 제동계통(Pneumatic brake system)

8.7.2.1 공압 계통 구성품 (Pneumatic system components)

공압 계통은 유압계통과는 달리 저장소, 핸드 펌프, 축압기, 압력조절기, 정상 압력을 발생시키는 엔진구동펌프(EDP) 또는 전기구동펌프(electrically-driven power pump)를 사용하지 않는다. 그러나 일부 구성요소에는 유사점이 있다.

8.7.2.2 공기압축기(Air compressor)

일부 항공기에는 공기압축기(air compressor)를 장착하여 부품을 작동할 때마다 공기 보틀을 재충전한다. 압축기의 형태는 최대로 사용되는 공기압에 따라 2단(two-stage) 또는 3단(three-stage)의 압축기가 있다.

8.7.2.3 릴리프밸브(Relief valves)

릴리프밸브는 계통의 손상을 방지하기 위해 사용된다. 이 밸브는 압력을 제한하는 기능을 하며, 과도한 압력으로 인한 공압관의 파열 및 실(seal)의 이탈을 막아 준다.

8.7.2.4 제어 밸브(Control valves)

제어밸브(control valve)는 전형적인 공압 계통에 필요한 구성품이다. 그림 8-72는 밸브가 비상용 공기 제동장치(emergency air brake)를 어떻게 제어하는지를

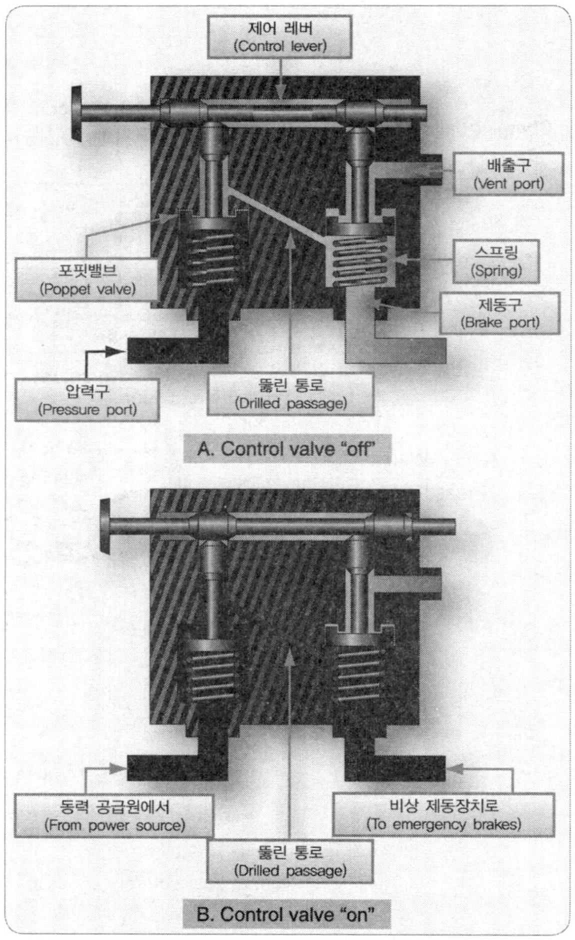

[그림 8-72] 공압 제어밸브(Pneumatic control valve)

보여준다. 제어밸브(control valve)는 3-port가 있는 틀(housing), 2개의 포핏 밸브(poppet valve), 그리고 2개의 로브(lobe)를 갖춘 조절 레버(control lever)로 이루어진다.

그림 8-72의 A는, 제어밸브가 off 위치에 있을 때, 압축공기가 브레이크로 흐를 수 없도록 닫혀 있는 상태로 이때 브레이크는 풀리게 되고, 그림 8-72의 B는 제어밸브가 on 위치에 있을 때 압축공기가 비상용 공기 제동장치로 공급되는 상태를 보여주며 이때는 브레이크가 걸리게 된다.

8.7.2.5 체크 밸브(Check valves)

체크 밸브는 유압계통 및 공압 계통 모두에 사용되는 구성품으로 한쪽 방향으로만 흐름을 가능하게 해주기 위해 사용된다. 그림 8-73은 플랩형(flap-type) 체크 밸브를 설명한다.

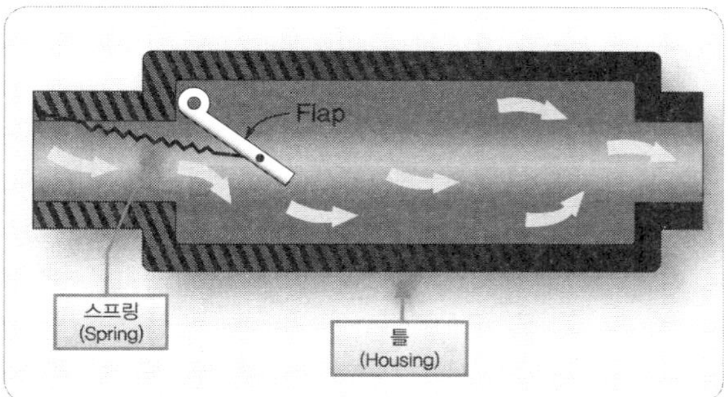

[그림 8-73] 플랩 형 공압 체크밸브
(Flap-type pneumatic check valve)

8.7.2.6 흐름제한장치(Restrictors)

흐름제한장치는 공압 계통에 사용되는 제어밸브(control valve)의 한 가지 형태이다. 그림 8-74는 큰 흡입구(inlet port)와 작은 배출구(outlet port)를 갖춘 오리피스형 흐름제한장치를 보여 준다. 작은 배출구는 공기흐름의 비율(rate)과 작동장치의 작동 속도를 줄여준다.

[그림 8-74] 공압 오리피스형 제한장치
(Pneumatic orifice restrictor)

8.7.2.7 가변 흐름제한장치(Variable restrictor)

그림 8-75는, 또 다른 형태의 속도조절장치인 가변 흐름제한장치(variable restrictor)를 보여 준다. 이 흐름제한장치는 윗부분에 장착된 조절 가능한 니들 밸브(Needle valve)로 흐름제한장치를 통과하는 공기흐름의 비율을 결정한다.

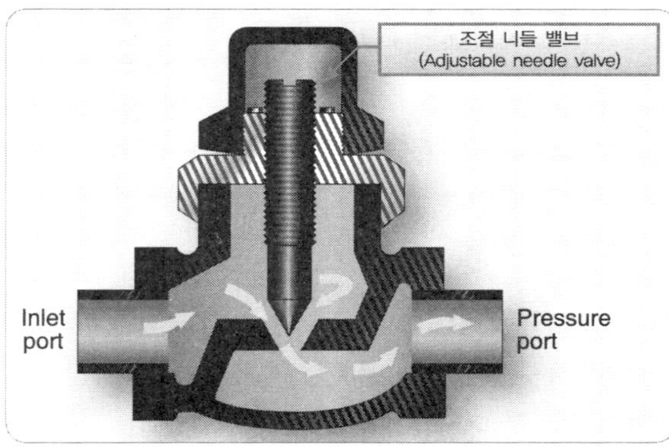

[그림 8-75] 가변 공압 흐름 제한 장치
(Variable pneumatic restrictor)

8.7.2.8 필터(Filters)

공압 계통은 여러 가지 형태의 필터에 의해 불순물로

부터 보호된다. 미크론 필터(micron filter)는 2개의 포트(port)를 갖춘 틀(housing), 교체 가능한 카트리지(cartridge), 그리고 안전밸브(relief valve)로 구성된다. 스크린형 필터는 미크론 필터와 비슷하지만, 교체 가능한 카트리지 대신에 영구적인 망사스크린 필터(wire screen filter)를 갖고 있다. 망사스크린 필터는 교환할 수 없으나 청소는 가능하다.

8.7.2.9 수분 건조기(Desiccant/Moisture separator)

공압 계통에서 수분 분리기(moisture separator) 또는 수분 건조기(desiccant)는 항상 압축기(compressor)의 하류에 장착되어 압축기에 의해 발생하는 습기를 제거한다.

8.7.2.10 화학건조제(Chemical drier)

화학건조제는 공압 계통 내 다양한 장소에 설치되어 있으며, 계통의 관과 다른 부품으로부터 모여지는 수분을 흡수한다. 화학건조제의 정상적인 색은 청색이며, 다른 색으로 변하면 습기로 오염된 것으로 간주하여 카트리지를 교체해야 한다.

8.7.3 비상용 보조 계통 (Emergency backup system)

많은 항공기는 만약 주 유압제동장치(main hydraulic braking system)가 고장 났을 경우, 착륙장치를 펼치고 브레이크를 작동하기 위해 고압의 보조 공압 동력을 사용한다. 고압의 질소 가스는 직접 착륙장치의 작동기(actuator) 또는 브레이크를 작동시키기 위해 사용하지 않고, 작동기에 유압유가 가도록 유압유를 가압한다. 이를 pneudraulic(공기압과 유압 모두 작용을 하는 기구)이라고 부른다. 그림 8-76은 사업용 제트 항공기에 사용되는 공압에 의한 착륙장치 펼침 계통(extension system)의 작동 및 구성품을 보여준다.

8.7.3.1 질소(Nitrogen) bottles

비상 착륙장치의 펼침(extension)을 위해 사용되는 2개의 질소 보틀(bottle)이 앞 바퀴실(nose wheel well)의 양쪽에 위치된다. 보틀의 질소는 출구밸브의 작동에 의해 방출된다. 질소 가스의 고갈 시, 보틀은 재충전되어야 한다. 완전히 보급된 압력은 착륙장치를 한 번 펼치는 데 충분한 약 3,100psi이다.

8.7.3.2 착륙장치 비상 펼침 케이블과 핸들(Gear emergency extension cable and handle)

출구밸브는 케이블을 통해 핸들과 연결되어 있다. 핸들은 부조종사의 콘솔(console) 옆쪽에 있으며 "EMER LDG GEAR"라는 데칼(decal)이 부착되어 있다. 핸들을 위로 당기면 출구 밸브가 열려 압축 질소가 착륙장치의 펼침 계통으로 공급된다. 핸들을 다시 아래쪽으로 밀면 출구밸브는 닫히고 비상 착륙장치의 펼침 계통에 사용된 질소는 항공기 밖으로 배출된다. 배출에 걸리는 시간은 약 30초이다.

8.7.3.3 덤프 밸브(Dump valve)

압축질소가 착륙장치의 비상 펼침을 위해 착륙장치 선택/덤프 밸브(selector & dump valve)로 방출될 때, 착륙장치계통에 사용되는 주 유압계통을 차단하기 위해 선택/덤프 밸브는 덤프(dump) 위치로 작동된다. 이때 조종실 위쪽 패널(overhead panel)에 있는 위치된, "LDG GR DUMP" 스위치에 청색 "DUMP" 등이 들어온다. 착륙장치의 비상 펼침(emergency extension)

이 수행된 후 덤프 밸브는 다음 번 사용을 위해 "LDG GR DUMP" 스위치를 눌러 리셋(reset)해야 한다.

8.7.3.4 비상 펼침(Emergency extension) 순서

(1) 착륙장치 핸들은 down 위치로 놓는다.

(2) 착륙장치 핸들에 있는 빨간색 등이 들어온다.

(3) "EMER LDG GEAR" 핸들을 완전히 바깥쪽으로 당겨준다.

(4) 압축질소는 착륙장치 선택/덤프 밸브에서 방출시킨다(released).

(5) 착륙장치 선택/덤프 밸브가 dump 위치로 작동된다.

(6) 청색 "DUMP" 등이 "LDG GR DUMP" 스위치에 들어온다.

(7) 착륙장치계통(landing gear system)의 유압계통이 차단된다.

(8) 압축질소는 착륙장치 도어 작동기(door actuator)를 open쪽으로, 착륙장치 up-lock 작동기(actuator)를 unlock쪽으로, 그리고 주 착륙 기어 side-brace 작동기와 앞 착륙 기어(nose landing gear)의 펼침/접힘(extend/retract) 작동기를 펼침 쪽으로 작동시킨다.

(9) 착륙장치도어(landing gear door)가 열린다.

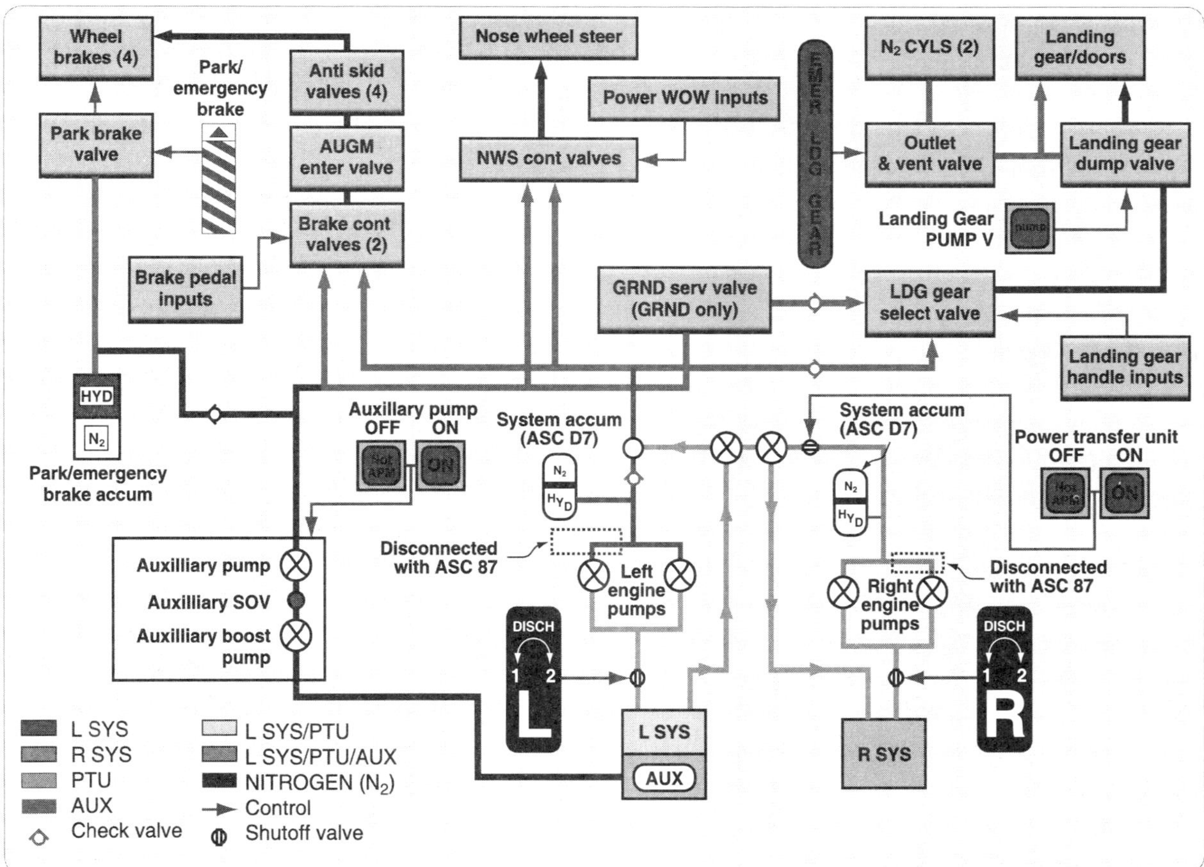

[그림 8-76] 공압 비상 착륙 장치 펼침 계통(Pneumatic emergency landing gear extension system)

(10) Up-lock 작동기의 잠금 장치가 풀린다(unlock).

(11) 착륙장치는 아래쪽으로 펼쳐진 후 잠긴다.

(12) 착륙장치 제어판에 3개의 녹색 "DOWN AND LOCKED" 등이 들어온다.

(13) 착륙장치도어(landing gear door)는 열림을 유지한다.

8.7.4 중압 계통(Medium-pressure system)

50~150psi의 중압 공압 계통은 보통 공기 보틀(bottle)을 사용하지 않고, 터빈엔진의 압축기(compressor)로부터 나오는 공기 압력을 사용한다. 이 공기를 브리드 에어(bleed air)라 부르며, 엔진시동(engine start), 엔진 제빙(engine de-icing), 날개 제빙(wing de-icing)에 사용된다. 만약 유압계통이 공기구동식 유압펌프를 갖추고 있다면 유압펌프를 구동시키는 데 사용하고, 유압계통의 저장소를 가압을 하는 데 사용한다.

8.7.5 저압 계통(Low-pressure system)

많은 왕복엔진을 장착한 항공기는 저압공기(low-pressure air)를 얻기 위해 베인형 펌프(vane-type pump)를 장착하고 있다. 이런 펌프들은 전기 모터 또는 항공기 엔진에 의해 가동된다. 그림 8-77은 2개의 배출구, 구동축(drive shaft), 그리고 2개의 베인(vane)을 가지고 있는 틀(housing)로 이루어진 베인형 펌프를 보여준다. 구동축과 날개에는 슬롯(slot)이 있어 날개는 구동축을 통해 앞뒤로 미끄러질 수 있다.

구동축은 틀 내에 편심으로 장착되어, 베인(vane)으로 하여금 A, B, C, D의 서로 다른 크기의 공간

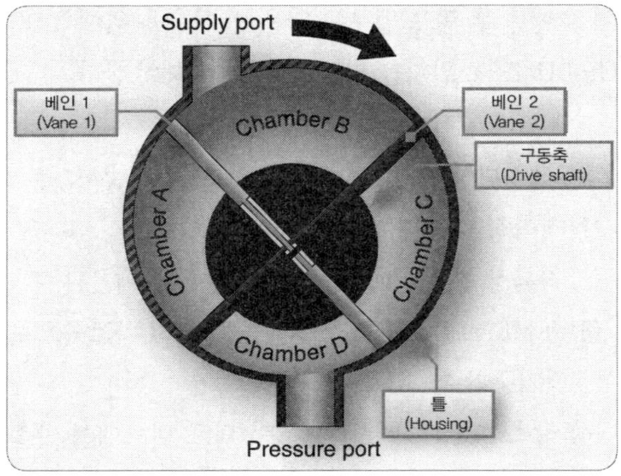

[그림 8-77] 베인형 공기 펌프 개략도
(Schematic of vane-type air pump)

(chamber)을 형성하게 한다. B는 가장 큰 공간이며 외부 공기가 들어갈 수 있는 공급포트가 있다. 펌프가 작동되면, 구동축은 회전하고 vane의 위치와 공간의 크기를 바꾼다. 가장 큰 공간 B는 회전하면서 압축되고 가장 작은 공간을 형성할 때 압축된 공기는 압력 포트로 배출된다. 이런 원리로 펌프는 110psi까지의 압축공기를 연속적으로 공압 계통에 공급한다. 저압계통은 날개제빙 부트 계통(wing deicing boot system)에서 사용된다.

8.7.6 공압 계통 정비(Pneumatic power system maintenance)

공압 계통의 정비는 보급하기(servicing), 고장탐구하기(trouble shooting), 구성품의 장탈(remove)과 장착(installation), 그리고 작동시험하기(operation testing)로 이루어진다.

공기압축기의 윤활유 유량의 수준(level)은 제작사 지침서에 따라서 매일 점검되어야 한다. 오일 수준

(oil level)은 육안게이지(sight gauge) 또는 딥스틱(dipstick)으로 표시된다. 압축기의 오일탱크(oil tank)를 채울 때는 관련 사용지침서에 명시된 종류의 오일을 사용하고, 명시된 수준 까지만 채운다. 오일을 보급한 후 보급플러그(filler plug)는 적정 값으로 토크를 해야 되고, 안전결선을 해야 한다.

공압 계통은 구성품과 공압관에 있는 오염, 습기, 또는 오일을 제거하기 위해 주기적으로 정화되어야 한다. 만약 과도한 양의 이물질, 특히 오일이 어떤 하나의 계통에서 나왔다면, 그 시스템을 구성하는 관과 구성품을 장탈하여 깨끗이 청소하거나 교체해야 한다.

공압 계통을 정화(purging)하고 모든 계통 구성품을 다시 연결한 후, 공기 보틀(bottle)안에 축적된 습기 또는 불순물을 전부 배출해야 한다. 배출한 후, 질소 또는 깨끗하고 건조한 압축공기를 보급한다. 그다음에 계통은 철저한 작동점검(operational check)과 누설(leak), 안전에 대한 검사를 실시해야 한다.

09

항공기 착륙장치 계통

Aircraft Landing Gear System

9 항공기 착륙장치 계통

Aircraft Landing Gear System

9.1 착륙장치의 형태 (Landing Gear Types)

그림 9-1에서와 같이 항공기가 이륙하거나 착륙할 때, 지상운영 시 전체 중량을 지지 할 수 있도록 항공기의 일차 구조 부재에 부착된다. 이외에도 착륙장치의 형태에 관계없이 충격 흡수 장치, 제동계통(brake system)과 접이 장치(retraction mechanism), 제어, 경고 장치 및 카울링, 페어링, 조향장치(steering system) 등이 함께 설치되어 있다. 지상에서의 원활한 이동을 위해 바퀴가 사용되고, 헬리콥터, 기구 곤돌라(balloon gondola)에서 찾아볼 수 있는 스 키드(skid) 형태와 고정익 항공기에서도 눈 및 결빙된 지역에 사용할 수 있는 스키(ski) 형태의 착륙장치, 그리고 호수와 같은 곳에 착륙하기 위한 플로트(float) 등이 있으며, 수륙 양용을 위한 플로트나 미끄러운 얼음과 육

[그림 9-1] 착륙장치 기본 형태

상에서 사용할 수 있도록 바퀴(wheel)를 부착한 형태 등 조종사의 조작에 필요한 여러 형태의 편리한 계통이 복합적으로 설치되어 있다. 일반적으로 스키(ski)는 필요할 때 바퀴(wheel)를 사용할 수 있도록 접어 넣을 수 있는 형태이며, 그림 9-2 에서는 이러한 형태(type)의 착륙장치(landing gear)를 보여준다.

NOTE 보조착륙장치(auxiliary landing gear)는 특정 항공기의 앞 착륙장치(nose gear), 꼬리 착륙장치(tail gear), 또는 꼬리날개를 받치는 지주 기어(outrigger type gear)에 적용된다. 주 착륙장치(main landing gear)는 항공기의 무게중심(center of gravity)에 가까이 위치한 2개 이상의 대형 착륙장치이다.

9.1.1 착륙장치의 배열 (Landing Gear Arrangement)

착륙장치의 세 가지 기본적인 배열(arrangement)은 장착 위치에 따라 후륜식 착륙장치(tail wheel-type landing gear), 템덤 착륙장치(tandem landing gear), 그리고 전륜식 착륙장치(tricycle-type landing gear)가 사용된다.

9.1.1.1 후륜식 착륙장치 (Tail Wheel-type Landing Gear)

그림 9-3과 같이, 후륜식 착륙장치(tail wheel-type landing gear)는 초기의 항공기가 이 형식의 배치(arrangement)를 사용하기 때문에 재래식 기어로서 알려져 있다. 주 착륙장치가 무게 중심의 앞쪽에 위치하므로 꼬리 착륙장치의 하중 지지가 요구되며, 일부 초기 항공기는 꼬리 바퀴보다는 스키드를 사용하여 항공기의 속도를 늦추고 방향 안정성을 준다. 후륜식은 구형 저출력 엔진 설계를 보상하는 긴 프로펠러를 사용할 수 있으며, 동체 전방이 들려서 생긴 여유 공간은 포장되지 않은 활주로의 불균일한 부분에 이 · 착륙 시 유리하여 초기 항공기의 착륙장치로 제작 사용하였다.

포장된 활주로(hard surface runway)의 확산은 그림 9-4와 같은 테일 스키드를 쓸모없게 만들었으며, 좌, 우 바퀴의 제동력의 차이로 방향 조종되었던 조향장치는 방향키와 함께 조종이 가능하게 되었다. 조종 가능한 꼬리 바퀴가 케이블에 의해 방향키 또는 방향키 페달에 연결되는 것도 일반적인 설계이다. 방향키와

[그림 9-2] 접이식 바퀴를 가진 수륙양용 항공기(좌측)와 스키 장착 항공기(우측)

[그림 9-3] 후륜식 착륙장치

[그림 9-4] 후륜조향장치(Pitts Special)

[그림 9-5] 항공기 세로축 방향 배열 탠덤식 착륙장치

함께 연결된 스프링은 완충작용을 한다.

9.1.1.2 텐덤식 착륙장치(Tandem Landing Gear)

그림 9-5와 같이 일부의 항공기는 텐덤식 착륙장치로 설계되었다. 명칭에서 암시하듯이 이 형태의 착륙장치는 세로축에 주 착륙장치와 꼬리 착륙장치를 가지고 있다. 고성능 활공기(sailplane)는 비록 꼬리 아래쪽에 스키드와 동체 전방에 오직 하나의 실제 착

륙장치를 갖고 있지만, 일반적으로 텐덤식 착륙장치(tandem landing gear)를 사용한다. B-47과 B-52와 같은, 일부의 군용폭격기(bomber)는 텐덤식 착륙장치를 갖추고 있으며, U2 정찰기(spy plane)도 그와 같다. 수직이착륙기(VTOL, vertical take off and landing)인 헤리어기(harrier)는 텐덤식 착륙장치를 갖추고 있으며, 날개 아래쪽에 날개를 받치는 지주기어(outrigger gear)를 사용한다. 일반적으로 동체 아래쪽에 착륙장치를 배치하면 날개의 유연성이 높아진다.

9.1.1.3 전륜식 착륙장치 (Tricycle-type Landing Gear)

그림 9-6에서와 같이, 가장 일반적으로 사용된 착륙장치(landing gear)의 배열은 전륜식 착륙장치(tricycle-type landing gear)이다. 그것은 주 착륙장치(main gear)와 앞 착륙장치(nose gear)로 이루어져 있다.

전륜식 착륙장치는 다음과 같은 장점이 있어 대형항공기 및 소형항공기에 사용된다.

1. 보다 빠른 착륙속도(landing speed)에서 제동 시 전복의 위험 없이 큰 제동력을 사용할 수 있다.
2. 착륙 및 지상 이동 시 조종사의 시계가 좋다.
3. 항공기의 무게 중심이 주 착륙장치의 앞에 있기 때문에 착륙 활주 중 그라운드 루핑(ground-looping)의 위험이 없다.

일부의 전륜식 착륙장치를 갖는 항공기들은 앞바퀴가 단순 캐스터이므로 좌, 우 브레이크의 압력 차에

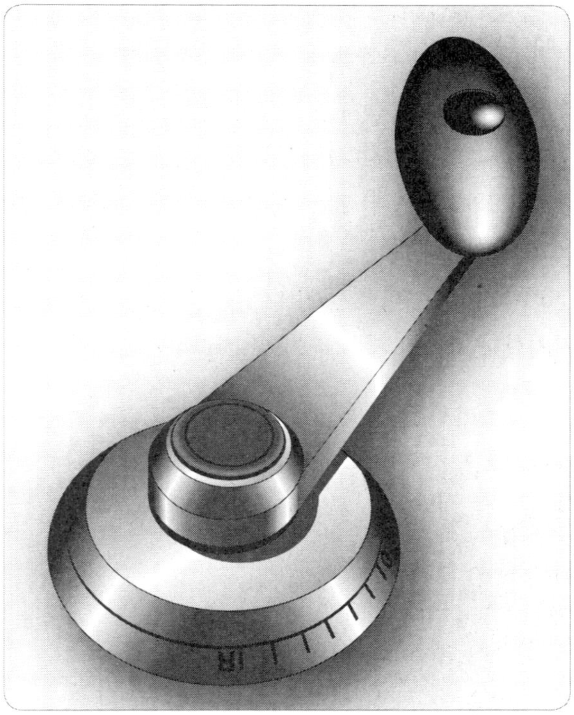

[그림 9-7] 조종실 내 전륜 조향 조종장치(steering tiller)

[그림 9-6] 전륜식 착륙장치 항공기

의해 방향을 조종한다. 그러나 대부분의 항공기는 조종할 수 있는 앞 착륙장치(steerable nose gear)를 가지고 있다. 경항공기에서, 앞 착륙장치는 기계연동장치(mechanism linkage)를 통해 조종된다. 중량형 항공기는 전형적으로 앞 착륙장치를 돌리기 위해 유압(hydraulic power)을 활용한다. 그림 9-7과 같이 조종은 조종실(flight deck)에 있는 독립된 조종 장치(tiller)를 통해 이루어진다.

그림 9-8에서 보여준 것과 같이, 전륜식 착륙장치 배열에서 주 착륙장치는 보강된 날개구조 또는 동체 구조에 부착된다. 주 착륙장치에서 바퀴의 수와 위치는 다양하다. 수많은 주 착륙장치는 2개 이상의 바퀴를 가지고 있다.

다수의 바퀴는 더 넓은 지역에 항공기의 무게를 분산 지지한다. 만약 1개의 타이어(tire)가 손상되어도 안전여유(safe margin)를 갖는다. 대형 항공기는 각각의 주 착륙장치에 4개 이상의 바퀴 어셈블리를 사용하게 되며, 2개 이상의 바퀴가 착륙장치 스트러트(landing gear strut)에 부착되었을 때, 이 부착 부위를 보기(bogie)라고 부른다. 보기에 포함된 바퀴의 수는 항공기가 총 설계중량(gross design weight)으로 착륙하기 위해 요구되는 활주로 표면의 지면 반력을 고려한다. 그림 9-9에서는 B777의 트리플 보기(triple bogie) 주 착륙장치를 보여준다.

전륜식 착륙장치 배열(arrangement)은 수많은 부품과 조립품으로 이루어진다. 이들은 공기 · 오일 완충 스트러트(air/oil shock strut), 기어정열장치(gear alignment unit), 지지대, 올림장치 및 안전장치(retraction and safety device), 바퀴 및 브레이크 어셈블리 등을 포함한다. 운송용 항공기(transport-category aircraft)의 주 착륙장치를 구성하는 수많은 부품의 명칭을 확인할 수 있도록 그림 9-10에 그림과 함께 나열되어 있다.

[그림 9-8] 이중 주착륙 장치 - 전륜식 착륙장치

[그림 9-9] B777 항공기 주착륙장치 3중 보기(bogie)

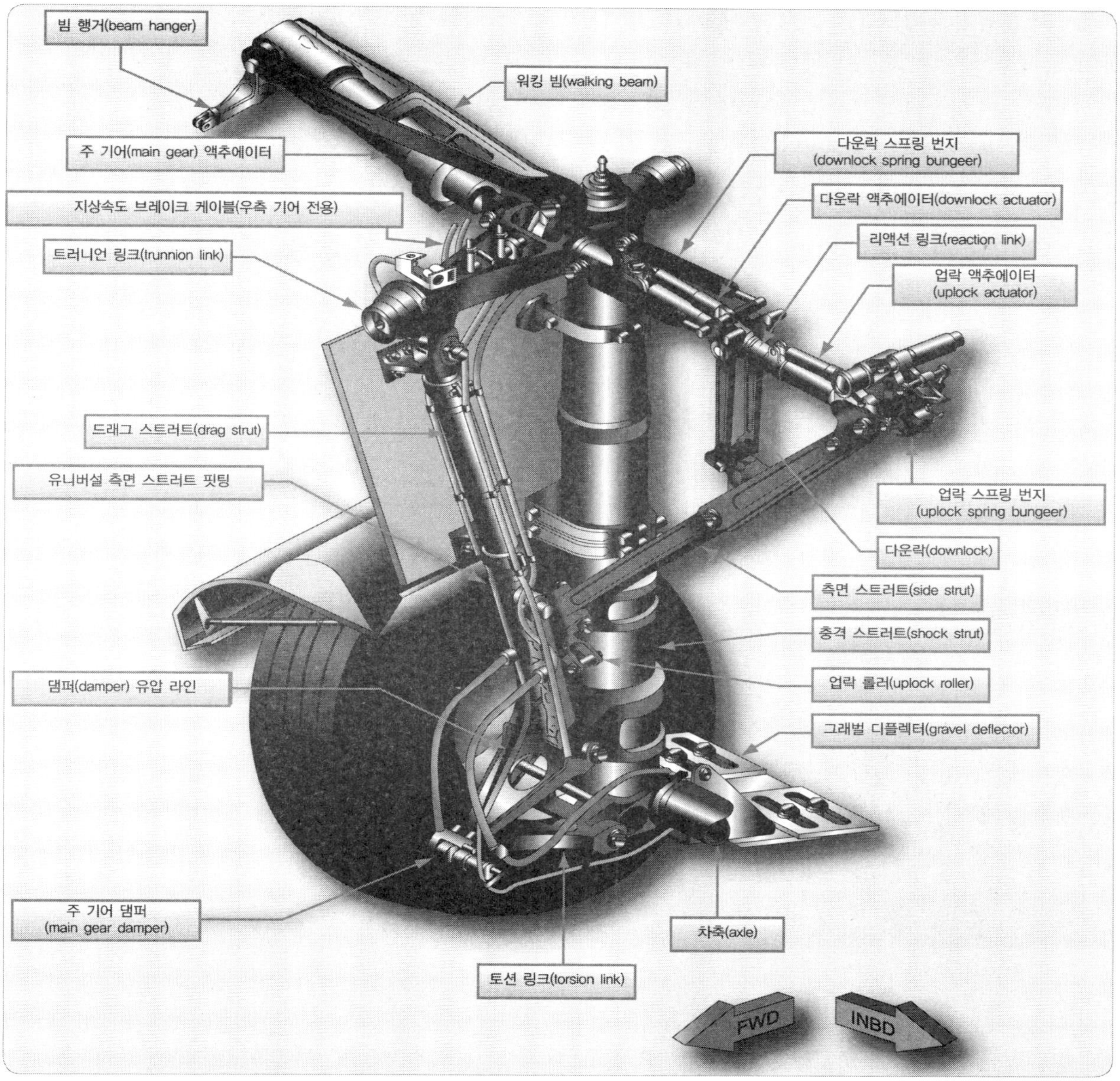

[그림 9-10] 주착륙장치 보기 트럭(bogie truck)의 명칭

9.1.2 고정식과 접이식 착륙장치 (Fixed and Retractable Landing Gear)

항공기 착륙장치(landing gear)는 장착 방법에 따라 고정식과 접이식(retractable) 두 가지로 분류될 수 있다. 많은 소형, 단발엔진 경항공기(single-engine light aircraft)는 일부의 경 쌍발항공기(light twin aircraft)처럼 고정식착륙장치(fixed landing gear)를 가지고 있다.

기체에 부착된 착륙장치는 비행 중 풍압을 받게 되고

그로 인해 항공기의 속도가 커질 때, 유해항력도 증가하며, 유해항력을 제거하기 위해 착륙장치를 접어 넣는 기계장치는 항공기의 무게를 증가시킨다. 저속항공기에서는 고정식착륙장치를 사용하기 때문에 항력을 경감시키지 못하며, 항공기의 속도증가에 따라 착륙장치에 의해 발생된 항력이 더 크게 되어 무게 증가에도 불구하고 유해 항력 감소를 위해 접이식 착륙장치가 요구 된다.

경항공기 착륙장치에 의해 발생되는 유해항력은 가능한 공기역학적인 기어를 만들고 돌출된 장치를 지나는 기류를 유선형으로 하기 위해 유선형덮개(fairing) 또는 바퀴씌우개(wheel pants)를 추가함으로써 줄일 수 있다. 맞바람으로 부터 매끄러운 외형은 착륙장치에 작용하는 유해항력을 크게 줄인다.

[그림 9-11] 낮은 착륙장치 바퀴 덮개, 팬츠 (fairing, or pants)

그림 9-11에서는 Cessna 항공기 착륙장치(landing gear)를 보여준다. 스프링강 스트러트(spring steel strut)의 얇은 단면은 유해항력을 최소화하고, 고정식 착륙장치(fixed landing gear)의 성능을 향상시키기 위해 휠 어셈블리와 브레이크어셈블리위에 유선형덮개를 씌웠다.

접이식 착륙장치(retractable landing gear)는 비행 중 동체격실(fuselage compartment) 또는 날개격실(wing compartment) 안으로 집어넣는다. 이들 바퀴실(wheel well)이 있는 경우 착륙장치는 공기 흐름으로 인한 유해항력을 벗어날 수 있다. 그림 9-12와 같이 접이식 착륙장치는 기어를 완전히 접어들일 때 기어에 부착된 꼭 맞는 판넬을 가지고 있거나 또는 기어가 들어오거나 또는 나가게 하는, 열림과 다시 닫히는 분리된 도어를 가지고 있다.

NOTE 비행 중 내려진(extended) 착륙장치에 의해 발생된 유해항력은 항공기 속력을 감소시킨다. 착륙장치의 내림(extend)과 올림(retraction)은 대부분 유압에 의해 이루어진다. 접이식 착륙장치(retractable landing gear)는 이 장의 뒷부분에 설명되어 있다.

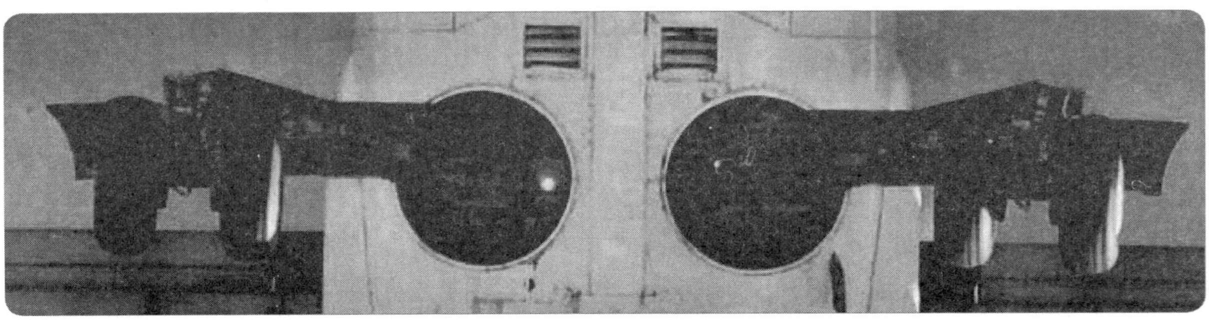

[그림 9-12] B737 항공기 접이식 착륙장치의 동체 바퀴실

9.1.3 충격흡수 및 비충격흡수 착륙장치 (Shock Absorbing and Non-shock Absorbing Landing Gear)

지상 활주 시 항공기 하중 지지와, 착륙 시 지면 충격의 힘(force)은 착륙장치에 의해 제어되어야 한다. 이것은 두 가지 방법으로 이루어지는데, (1) 충격에너지가 강한 충돌에 의해 기체 전체에 걸쳐서 전달되는 것이고, 그리고 (2) 충격은 열에너지(heat energy)로 전환되어 방출되는 것이다.

9.1.3.1 판 스프링형 착륙장치 (Leaf-type Spring Gear)

많은 경항공기는 착륙의 충격으로부터 손상되지 않는 범위에서 기체로 하중을 전달하는 유연 스프링(flexible spring) 강판 스트러트, 알루미늄 스트러트 또는 복합소재 스트러트 등을 이용한다. 그림 9-13과 같이, 착륙장치는 처음에 하중에 의해 휘어지고 재료의 탄성에 의해 원위치로 복원된다. 이것은 비 충격흡수착륙장치(non-shock absorbing landing gear) 중 가장 일반적인 형태이며, [수천대의 단발세스나항공기(single-engine cessna aircraft)에서 주로 사용한다.] 복합재료로 제작된 이 형태의 착륙장치 스트러트(landing gear strut)는 더욱 유연하고 가벼우며 부식되지 않는다.

9.1.3.2 경식(Rigid)

휘어진 스프링 강판 착륙장치(landing gear)의 개발 전에, 많은 초기의 항공기는 경식용접 강관 착륙장치 스트러트(landing gear strut)로서 견고한 용접 강관에 작용한 충격하중은 기체로 전달되도록 설계되었다. 그림 9-14와 같이, 타이어의 사용은 충격하중 완화에 도움이 된다. 스키드형의 착륙장치를 사용하는 항공기는 큰 문제없이 경식 착륙장치(rigid landing gear)를 이용한다. 예를 들어, 회전익항공기는 전형적으로 경식착륙장치, 즉 스키드를 통해 기체로 흡수되도록 하는 저 충격 착지(low impact landing)를 채택하였다.

9.1.3.3 완충고무 코드(Bungee Cord)

그림 9-15와 같이, 비충격흡수 착륙장치에 완충고무 코드(bungee code, 신축성 있는 고무 다발)의 사용

[그림 9-13] 비충격흡수 착륙장치

[그림 9-14] 경강착륙장치를 사용한 초기 항공기

[그림 9-15] 고무다발 묶음 착륙장치(좌측), 고무, 도넛 형 충격 전환 장치(우측)

은 일반적이다. 착륙장치의 구조상 스트러트 조립품(strut assembly)은 접지 충격에 휨이 발생한다. 완충 고무 코드는 충격하중을 기체에 전달하기 위해 견고한 기체구조와 유연한 착륙장치 조립품 사이에 위치한다. 완충고무는 작은 가닥 여러 개가 합쳐진 탄성고무로 구성되며, 상태 검사를 해야 한다. 일부 항공기 착륙장치에는 도넛형 고무 완충장치도 사용된다.

9.1.3.4 완충 스트러트(Shock Struts)

완충스트러트(shock strut) 착륙장치의 충격흡수(shock absorption)는 접지충격의 충격에너지를 열에너지로 전환하여 흡수한다. 이것은 항공기산업에서 접지 충격 분산의 가장 일반적인 방법이며, 모든 항공기에 사용되고 있다. 완충스트러트는 지상에 있는 동안 항공기를 지탱하고 착륙 시 구조를 보호하는 독립식 유압장치(self-contained hydraulic unit)이다. 완충스트러트는 정기적으로 적절한 작동을 보장하기 위해 검사하고 정비하여야 한다.

완충스트러트의 수많은 다른 설계가 있지만, 대부분은 유사한 방식으로 작동한다. 다음의 설명은 사실상 일반적인 것으로 항공기 완충장치의 구조와 작동 및 보급 정보에 대해, 제작사정비매뉴얼을 참조하여야 한다.

그림 9-16과 같이, 전형적인 공기 · 유압 완충스트러트(pneumatic/hydraulic shock strut)는 충격하중을 흡수하기 위해 작동유와 혼합된 압축공기 또는 압축질소가스를 사용한다. 그것은 공기 · 오일스트러트(air/oil strut) 또는 올레오 스트러트(oleo strut)라고 부른다. 완충스트러트는 2개의 삽입되는 실린더 또는 튜브로 만들어져 있으며, 외부에서 보았을 때에는 실린더와 피스톤으로 구성되어 있다. 내부에는 상하 두 개의 공방(chamber)으로 구분되어 있고, 위쪽 공방에는 압축공기 또는 질소로 채워지고 아래 쪽 공방에는 작동유가 항상 채워져 있다.

실린더 내부에는 오리피스 플레이트가 장착되어 있으며, 피스톤에는 테이퍼 미터링 핀(taper Pin)이 장착되어 오리피스 플레이트 중앙에 있는 구멍을 통하여 상하로 움직이도록 설계되어 있다.

오리피스 플레이트의 가운데 구멍은 피스톤이 압축행정에서 위로 움직일 때 테이퍼진 미터링 핀에 의하여 오리피스 플레이트의 구멍(orifice)과 간격이 좁아지면서 아래쪽의 작동유가 위로 흐를 때의 양을 조절하여 완충효과를 얻어내며 이때 착륙 충격에 따른 작동유의 압력 증가는 열을 발생 시킨다.

그림 9-17과 같이, 일부 형태의 완충스트러트에서, 미터링 튜브(metering tube)가 사용되었다. 작동 방법은 압축 시에 챔버의 하단에서 상단으로 작동유의 흐름을 제어하는 미터링 튜브와 튜브에 있는 구멍을 통하여 함께 움직이는 미터링 핀에 의해 이동하는 작동유의 량을 제어함으로써 완충을 한다.

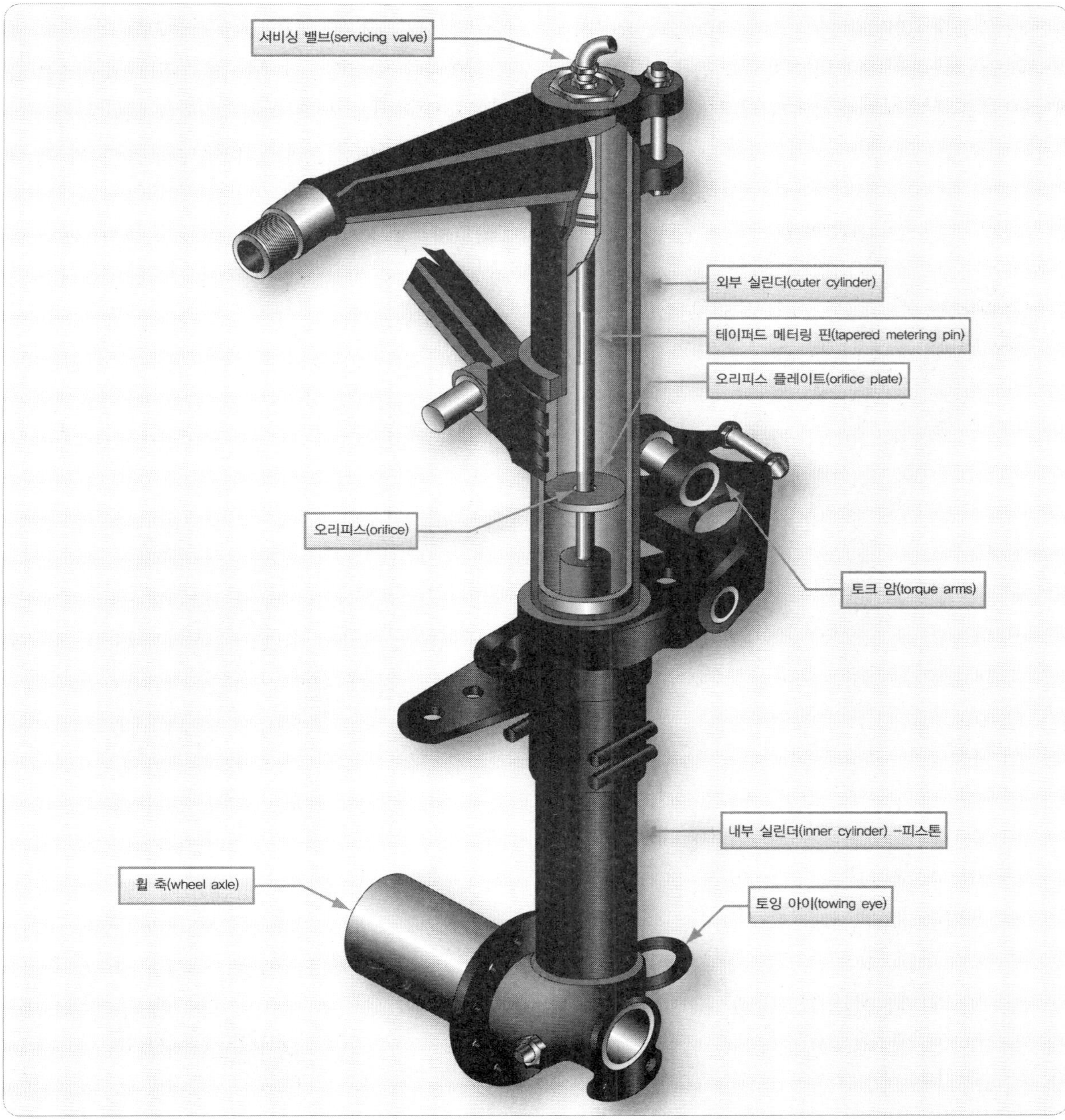

[그림 9-16] 미터링 핀 장착 완충 스트러트(shock strut)

완충스트러트 내부의 압력으로 이륙 또는 반동 시 완충스트러트가 급격히 확장되려는 경향이 있다. 이것은 행정(stroke)의 끝단에서 급격한 충격과 스트러트(strut)에 손상을 발생시킬 수 있다. 이것을 방지하기 위해 충격 흡수장치(damping device) 또는 완충장치(snubbing device)가 요구되었다. 움직임을 천천히 하여 손상시킬 충격력을 방지하기 위해 피스톤에 있는 반동밸브(recoil valve)나 반동 관(recoil tube)은 완충스트러트의 확장행정 시 작동유의 흐름을 제한한다.

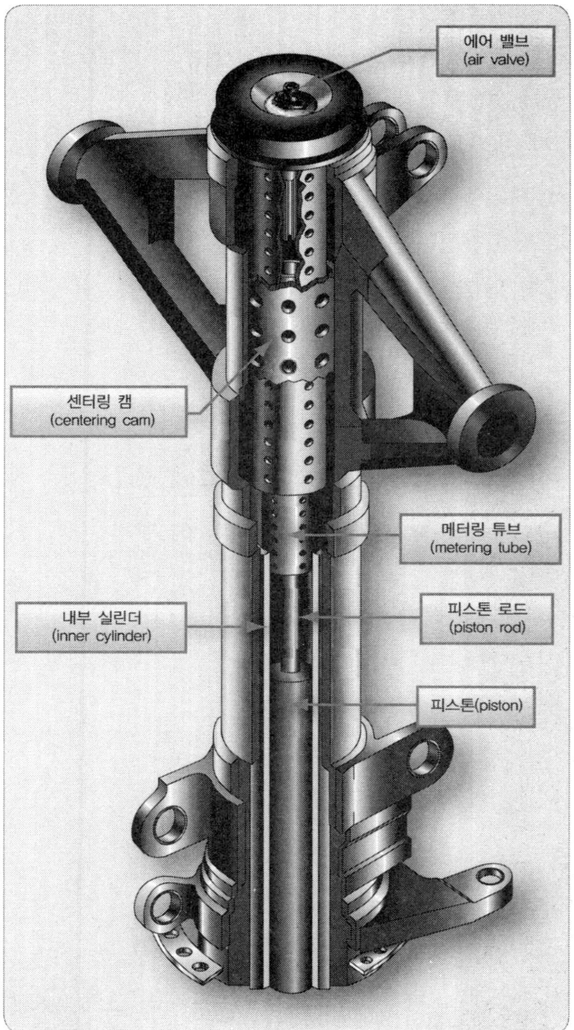

[그림 9-17] 내부 미터링 튜브(metering tube) 사용 완충 스트러트(shock strut)

그림 9-18과 같이, 대부분의 완충스트러트는 항공기 바퀴의 장착을 위해 하부실린더에 차축(axle)을 갖추고 있다. 일체형차축이 없는 완충스트러트는 차축 어셈블리를 장착하기 위해 하부실린더의 끝단에 차축 장착부를 가지고 있다. 착륙장치를 기체에 부착하기 위하여 모든 완충스트러트 상부실린더에 마운트가 장치된다.

전형적으로 완충스트러트의 상부실린더는 밸브 피팅 어셈블리를 가지고 있다. 그것은 실린더의 상부에 또는 근처에 위치한다. 밸브는 스트러트에 유압유를 채우거나 공기 또는 질소를 보급하기 위해 쓰인다.

패킹마개(packing gland)는 상부실린더와 하부실린더 사이에 슬라이딩 조인트(sliding joint)를 밀봉시키

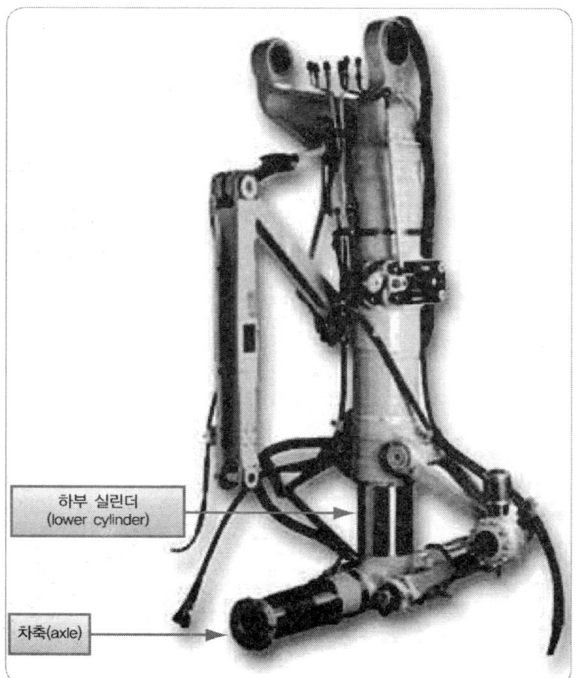

[그림 9-18] 동일 재질로 가공된 차축(axles)

기 위해 쓰이고, 외부 실린더의 끝단에 장착된다. 패킹마개 와이퍼 링(wiper ring)은 하부 베어링에 있는 홈 또는 완충스트러트에 있는 그랜드 너트에 장착된다. 그것은 패킹마개와 상부실린더 안으로 이물질, 진흙, 얼음, 그리고 눈의 유입으로부터 피스톤의 노출부를 보호하도록 설계된다. 스트러트 노출부의 정기적인 세척(cleaning)은 패킹마개의 손상을 방지하고 작동유의 누출을 감소시킨다.

그림 9-19와 같이, 정렬된 피스톤과 바퀴를 유지하기 위해, 대부분 완충스트러트는 토크 링크 또는 토크 암을 갖추고 있다. 연결부의 한쪽 끝단은 고정된 상부 실린더에 부착된다. 다른 쪽 끝단은 하부실린더(피스톤)에 부착되어 실린더가 회전할 수 없도록 정렬 시킨다. 또한 연결부는 이륙 후와 같이 스트러트 피스톤이 전개되었을 때 상부실린더의 끝단에 피스톤을 유지시킨다.

[그림 9-19] 토크 링크(Torque links)

앞 착륙장치 완충스트러트는 정렬된 기어를 유지하기 위해 센터링 캠(locating cam) 어셈블리를 갖추고 있다. 캠 돌출부는 하부실린더에 부착되고, 그리고 조합되는 메이팅 하부 캠 우묵한 곳은 상부실린더에 부착된다. 이들 캠은 완충스트러트가 완전히 확장되었을 때 바퀴와 차축어셈블리를 항공기가 진행하던 세로축 방향으로 정렬한다. 이것은 앞 착륙장치가(nose

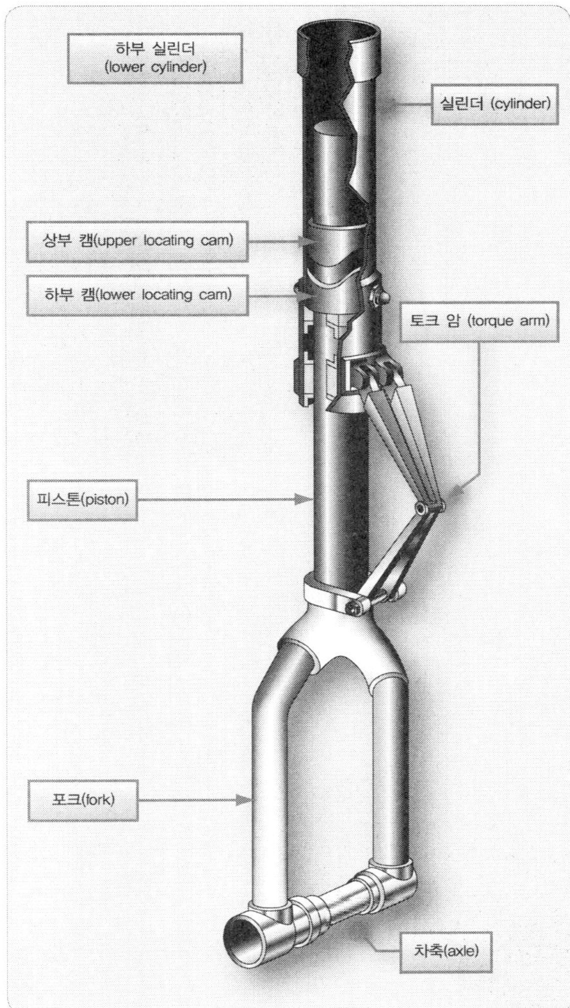

[그림 9-20] 앞 착륙장치 완충 스트러트
(Nose gear shock strut)

gear)가 접혀 들어갈 때 전륜이 바퀴 실에 들어가게 하고 항공기에 구조상의 손상을 방지한다.

그림 9-20과 같이, 그것은 또한 스트러트가 완전히 전개되었을 때 착륙 이전에 바퀴를 항공기의 세로축 방향으로 정렬시킨다.

[그림 9-21] 앞 착륙장치의 떨림을 완화하는 시미 댐퍼(shimmy damper)

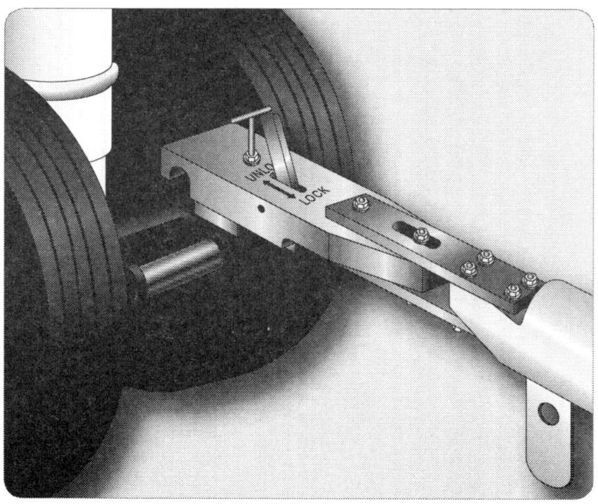

[그림 9-22] 착륙장치의 견인 고리(towing lug)

그림 9-21과 같이, 많은 앞 착륙장치 완충스트러트에 시미현상을 방지하기 위한 시미 댐퍼 부착부를 갖고 있다.

앞 착륙장치 스트러트는 때때로 주기장이나 행가에 있을 때 항공기를 견인(towing) 또는 위치 이동 시에 항공기가 빠른 회전(turning)을 할 수 있도록 잠금 핀(locking pin) 또는 분리 핀(disconnect pin)을 갖추고 있다. 이 핀의 장탈은 일부 항공기에서 휠 포크 주축이 360[°] 회전하게 하여 항공기를 좁은 반경으로 회전시킬 수 있다. 어떤 항공기의 앞바퀴라도 기체에 표시된 경계선을 넘어 회전하면 안 된다.

그림 9-22에서와 같이, 많은 항공기에 앞 착륙장치와 주 착륙장치 완충스트러트 잭킹 포인트와 토잉 러그를 갖추고 있다. 잭은 언제나 규정된 지점 아래쪽에 놓여야 한다. 토잉 러그가 장착되었을 때, 견인 봉(towing bar)은 오직 이들 러그에 부착되어야 한다.

완충스트러트는 작동유의 보충과 스트러트의 팽창 길이에 대한 내용을 기록한 플레이트가 부착되는데 작동유의 주입구나 공기 주입 밸브 근처에 부착된다. 그것은 스트러트에 사용되는 작동유와 팽창 압력을 명시하고 있으며, 작동유를 주입하거나 공기 또는 질소를 주입하기 전에 이러한 지침을 숙지하는 것이 가장 중요하다.

9.1.4 완충 스트러트의 작동 (Shock Strut Operation)

그림 9-23에서는 완충스트러트의 내부구조를 보여준다. 화살표는 스트러트의 압축과 확장 시에 작동유의 움직임을 보여준다. 완충스트러트의 압축행정

은 항공기 바퀴가 지상에 접촉되면서 시작된다. 항공기의 무게중심이 아래쪽방향으로 움직일 때, 스트러트는 압축되고, 하부실린더 또는 피스톤은 상부실린더 안에서 위쪽방향으로 이동 한다. 이때 미터링 핀(metering pin)은 오리피스를 통해서 위쪽으로 움직인다. 핀의 테이퍼는 압축행정 시에 모든 지점에서 실린더 밑에서 실린더 위쪽으로 유체흐름을 제어하며, 이 과정에서 최대한의 열이 스트러트의 벽을 통해서 발산한다.

압축 행정이 끝날 때 상부실린더에 있는 압축공기는 더욱 압축되어 스트러트의 충격을 최소화 한다. 지상활주 시에 타이어와 스트러트에 있는 공기는 지면 진동을 완화하는 역할을 한다.

불충분한 작동유 또는 스트러트에 있는 불충분한 공기압은 압축행정 시 적절하게 충격을 완화하지 못한다. 스트러트의 금속성구조물은 지면 접지 시 기체로 직접 전달되는 충격력을 완충하지 못하고 실린더의 바닥을 칠 수 있다. 적절하게 정비된 스트러트에서, 완충스트러트 작동의 확장행정은 압축행정의 끝날 때 일어난다. 상부실린더에서 압축공기에 저장된 에너지는 스트러트가 원래의 확장상태로 되돌아가려고 할 때 하부스트러트 실린더 위쪽방향에 작용하게 한다. 작동유는 제한오리피스와 완충오리피스를 통해 하부실린더 안으로 흘러들어 간다. 확장행정 시에 유체흐름의 완충은 스트러트의 반동을 완화하고, 압축공기의 스프링작동에 의해 발생한 진동을 감소시킨다. 스트러트 안의 슬리브, 스페이서, 또는 범퍼 링은 확장행정을 제한시킨다.

완충스트러트가 효율적으로 작동하기 위해 적정량의 작동유와 공기압이 유지되어야 한다. 작동유 레벨을 점검하기 위해 대부분 스트러트는 내부 압력을 제거하고 완전히 압축된 위치로 올려 압축시키는 것이 필요하다. 완충스트러트를 공기배출은 위험한 작업이므로 정비사는 스트러트의 상부실린더의 꼭대기에서 찾아볼 수 있는 고압보급밸브의 작동에 완전히 익숙해야 한다.

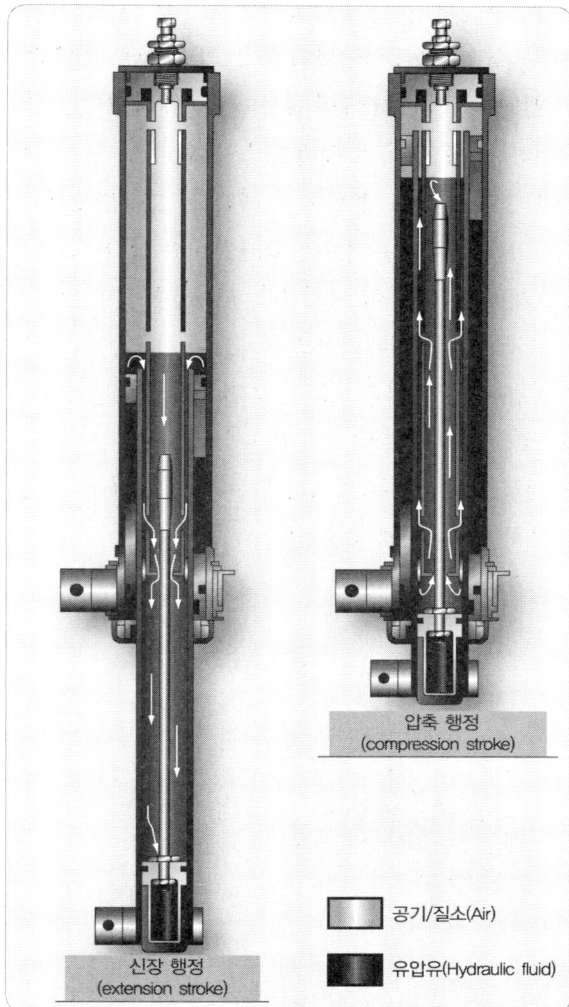

[그림 9-23] 완충 스트러트 작동 시 작동유 이동

작동유 레벨을 점검하기 위한 적절한 감압 방법은 제조업체의 지침을 참조하고 필요한 모든 안전 주의사항을 따라야 한다.

그림 9-24에서는 고압공기밸브의 두 가지 일반적인 Type을 보여준다. 그림 9-24의 A에서 AN6287-1 밸브는 밸브코어어셈블리를 가지고 있으며 3,000[psi]로 등급이 매겨진다. 그러나 코어 자체는 오직 2,000[psi]로 등급이 정해진다. 그림 9-24의 B에서 MS28889-1 밸브는 밸브코어가 없다. 그것은 5,000[psi]로 등급이 정해진다. AN6287-1 밸브에 스위블 너트는 육면체의 밸브몸체보다 더 작은 것이다. MS28889-1 스위블 너트는 육면체의 밸브본체와 같은 크기이다. 양쪽 밸브에 있는 스위블 너트는 금속시트에서 밸브스템을 풀거나 또는 단단히 끌어당기는 내부꼭지에 나사로 맞물린다.

9.1.5 완충 스트러트의 보급 (Servicing Shock Struts)

다음 절차는 완충스트러트를 감압 후 작동유를 보급하고 스트러트를 다시 확장시키는 방법이다.

1. 항공기를 지상 운행 정상위치에 놓는다. 이때 항공기 주위에 작업대나 기타 다른 장비가 스트러트를 압축시켰을 때 접촉되지 않도록 멀리 놓는다. 항공기를 들어 올릴 때는 정비 절차에 의해 항공기를 안전하게 들어올린다.
2. 그림 9-25의 A에서와 같이 스트러트상부에 장착된 고압에어 밸브로부터 노란색 밸브 캡을 장탈한다.
3. 스위블 너트(swivel nut)를 점검한다.

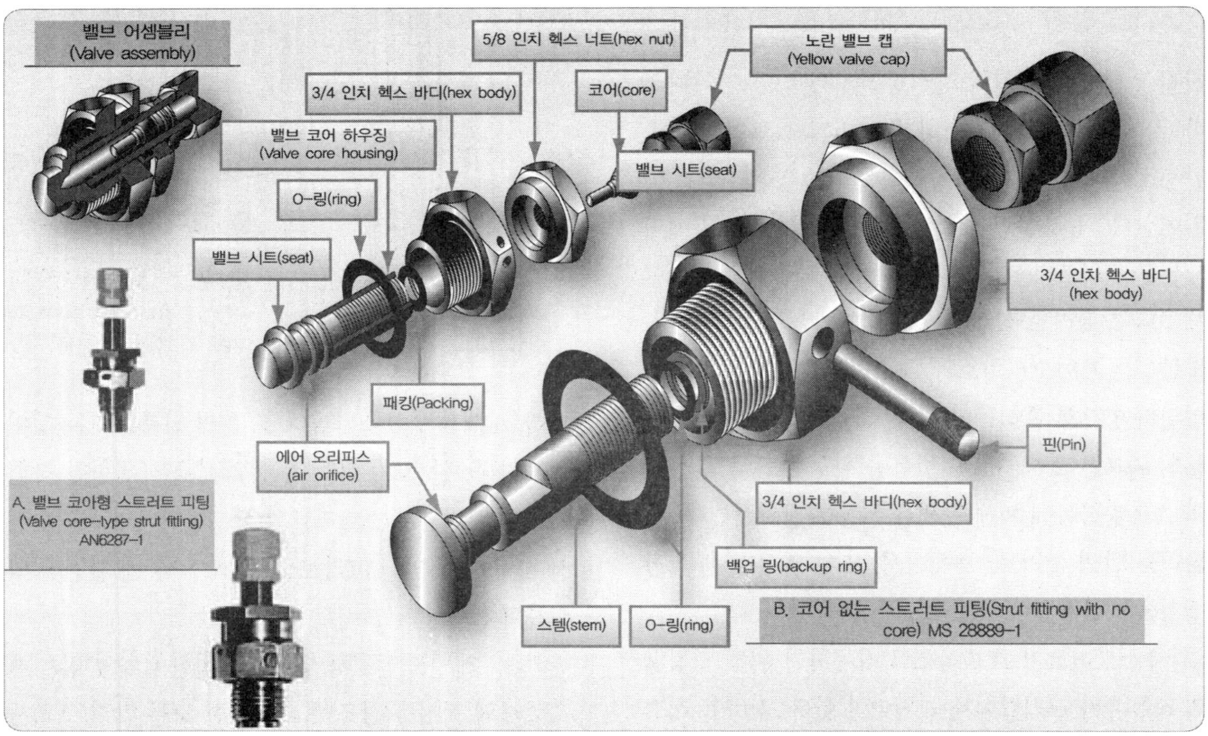

[그림 9-24] 밸브코어 형(A), 코어가 없는 밸브 핏팅(B)

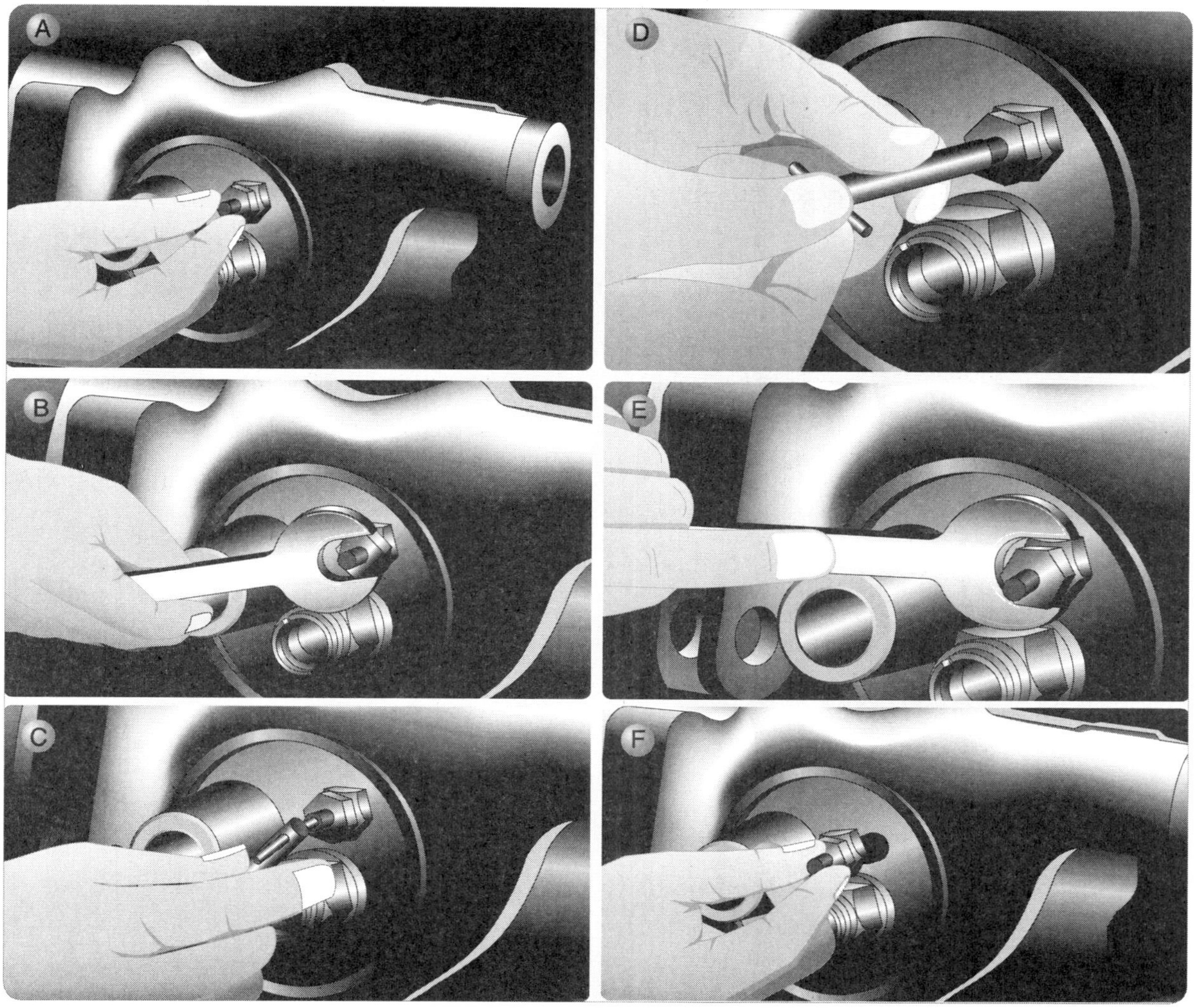

[그림 9-25] 완충 스트러트 보급 절차

4. 그림 9-25의 B와 같이, 만약 보급밸브가 밸브코어를 갖추고 있다면, 특수 공구를 이용하여 밸브코어를 눌러주어 서서히 공기 압력을 제거한다.
5. 스위블 너트(swivel nut)를 느슨하게 한다. 밸브코어 MS2687-1을 가지고 있는 밸브에 대해, 반시계방향으로 1회전 스위블 너트를 회전시킨다. 그 목적을 위해 설계된 공구를 사용하여, 스트러트에 있는 공기를 방출시키기 위해 밸브코어를 내리누른다. 밸브코어, MS28889가 없는 밸브에 대해, 공기가 배출되도록 충분히 스위블 너트를 회전시킨다.
6. 그림 9-26과 같이, 모든 공기가 스트러트에서 배출되었을 때, 완전히 압축되어야 한다. 잭킹 되어 있는 항공기 스트러트의 완전한 압축을 이루기 위해 엑서사이즈 잭으로 들어올린다.
7. 그림 9-27과 같이, 밸브코어제거공구(valve

core removal tool)를 사용하여 그림 9-25의 D에 AN6287 밸브의 밸브코어를 장탈한다. 그림 9-25의 E에서 보여준 것과 같이, 스트러트에서 밸브몸체를 장탈한다.

8. 인가된 작동유로서 보급밸브 배출구 수준까지 작동유를 채운다.
9. 새로운 O-링 패킹으로 교환하여 공기보급밸브어셈블리를 다시 장착하고, 제작사에서 요구하는 적절한 토크를 한다. 만약 AN2687-1 밸브라면, 새로운 밸브코어를 장착한다.
10. 고압공기 또는 고압질소의 제어된 공급원(source)에 의해서 스트러트(strut)를 팽창시킨다. 보급밸브 스위블 너트로 흐름을 제어한다. 정확한 양의 팽창은 일부 스트러트에서 psi로 계량한다. 다른 제작사는 하부스트러트의 확장이 어떤 크기일 때까지 팽창시키도록 스트러트에 명시한다. 제작사사용설명서에 따라 완충스트러트는 항상 과도한 가열과 과팽창(overinflation)을 피하기 위해 천천히 팽창시켜야 한다.
11. 팽창되었을 경우, 스위블 너트를 죄어주고 명시된 값으로 토크한다.
12. 보급 호스를 제거하고 밸브의 밸브마개(yellow cap)를 손으로 죄어준다.

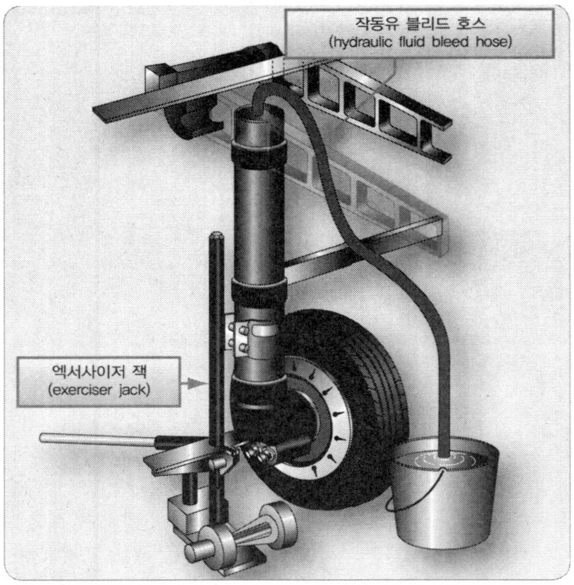

[그림 9-26] 잭(jack)을 사용한 완충 스트러트 블리딩(Bleeding)

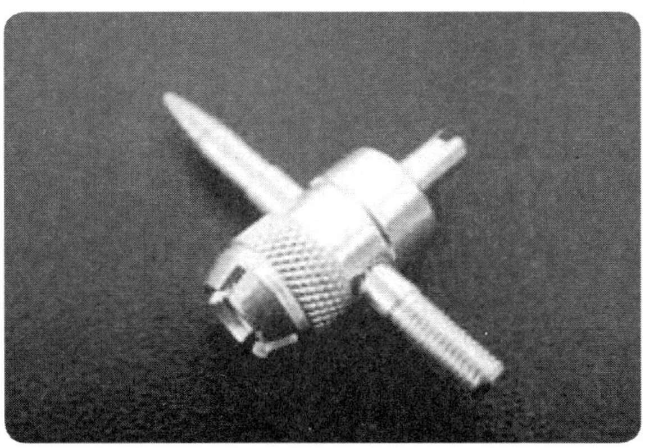

[그림 9-27] 밸브코어 장탈, 장착 공구

9.1.6 완충 스트러트의 브리딩 (Bleeding Shock Struts)

완충스트러트의 브리딩은 스트러트 내부에 적정량의 작동유와 공기압이 유지되어야 스트러트가 완충작용을 적절히 수행 할 수 있으나 계속적인 이 · 착륙으로 스트러트 내부의 작동유량이 부족하고, 공기압만 유지될 경우 브리딩이 요구된다.

실질적으로 스트러트의 브리딩은 스트러트 내의 작동유량, 즉 fluid level을 맞추기 위한 작업으로 스트러트 내부의 공기압과 잔여 작동유를 배출하기 위해 항공기를 잭킹하여 스트러트를 수축 및 신장을 반복하며 수행한다.

다음은 완충스트러트의 브리딩에 대한 절차 예시이다.

1. 브리딩 용 호스를 jack up했을 때 지상에 닿을 수 있는 충분한 길이의 호스를 준비한다. 호스의 끝에는 공기 밸브에 연결할 수 있는 피팅이 연결되어 있어야 한다.
2. 항공기를 jack을 이용하여 스트러트가 완전히 확장위치에 도달할 때까지 들어올린다.
3. 완충스트러트로부터 공기 밸브를 이용하여 압축공기를 모두 제거한다.
4. 공기보급밸브어셈블리(air service valve assembly)를 Strut로부터 장탈한다.
5. 브리드 호스를 장탈 된 공기 밸브 구멍에 장착하거나 또는 자유롭게 꼽아 적정규격의 작동유가 넘쳐 나올 때까지 보급한다.
6. 보급구에 블리드 호스의 반대쪽 끝을 깨끗한 작동유의 용기 안으로 넣는다. 호스 끝단은 작동유의 유면 아래쪽에 담겨 있어야 한다.
7. 완충스트러트 잭킹 포인트 아래쪽에 엑서사이저 잭 또는 다른 적당한 잭을 놓는다. 잭을 올리거나 내림을 반복하여 완전히 스트러트를 압축 및 확장시킨다. 작동유에 기포가 형성되지 않고 순수한 작동유가 나올 때까지 이 과정을 지속한다. 천천히 스트러트를 압축시키고 자중에 의해서 확장하게 한다.
8. 엑서사이저 잭을 제거한다. 항공기를 내리고 모든 다른 잭을 제거한다.
9. 스트러트의 보급구로부터 블리드 호스어셈블리(bleed hose assembly)와 피팅을 제거한다.
10. 공기보급밸브(air service valve)를 장착 및 토크하고, 제작사 규격에 따라 완충스트러트를 확장시킨다.

9.2 착륙장치의 정렬, 지지 그리고 올림 (Landing Gear Alignment, Support, and Retraction)

접이식 착륙장치는 몇몇의 구성요소로 이루어진다. 일반적으로, 이들 구성요소는 토크링크, 트러니언과 브라켓, 항력스트러트 링크에이지, 전기 및 유압식 기어 접이장치뿐만 아니라 잠금장치, 감지장치, 그리고 지시계통으로 되어 있다. 추가로, 앞 착륙장치는 기어(gear)에 부착된 조향장치를 갖고 있다.

9.2.1 정렬(Alignment)

그림 9-28과 같이 항공기에서 바퀴의 정렬은 제작사에 의해 설정되며, 과도한 착륙과 같은 특별한 경우에는 주의를 필요로 한다.

항공기의 주 바퀴는 적절한 토우 인 또는 토우 아웃 그리고 정확한 캠버를 유지하기 위해서는 검사와 조절이 필요하다. 토우 인과 토우 아웃은 주 바퀴가 앞쪽 방향으로 굴러가는 것이 자유롭다면 기체 세로축 또는 중심선과 비교하여 취하게 될 경로를 나타낸다. 바퀴는 (1) 세로축에 평행시키거나, (2) 세로축에서 앞쪽으로 모아지는 토우 인, 또는 (3) 세로축에서 앞쪽이 벌어지는 토우 아웃으로 굴러가게 된다.

제작사정비설명서는 토우 인 또는 토우 아웃을 점검 및 조절을 위한 절차를 제공한다. 경항공기에서 정렬 상태의 점검은 일반적 방법을 따른다.

착륙장치가 특히 스프링강관스트러트 항공기에서 토우 인/토우 아웃 시험 시 적절하게 정렬되었는지 확인하기 위해, 그리스가 칠해진 2개의 알루미늄판을 각각의 바퀴 아래쪽에 놓는다. 기어가 정렬점검을 위

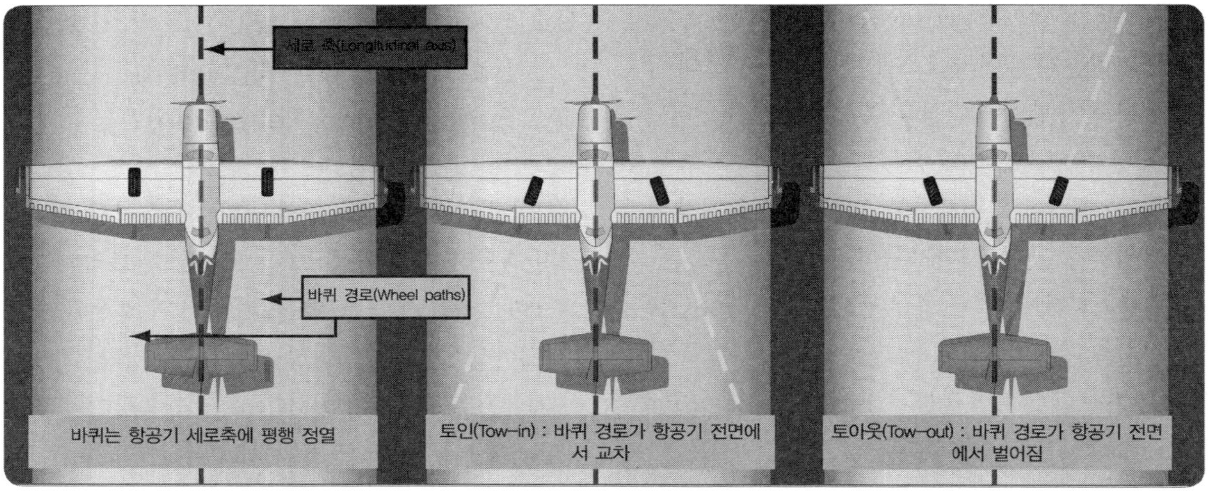

[그림 9-28] 항공기 바퀴 정열(Alignment)

해 선택한 정지위치에서 판 위에 항공기를 서서히 움직인다.

그림 9-29와 같이, 직선자는 차축 높이 바로 아래에 주 바퀴타이어의 앞쪽에 교차시켜 잡아준다. 직선자에 마주 대하여 놓인 목수용 직각자는 항공기의 세로축에 평행시켜진 수직면을 만들어낸다. 만약 타이어의 전방과 후방이 직각자에 닿는지 알아보기 위해 바

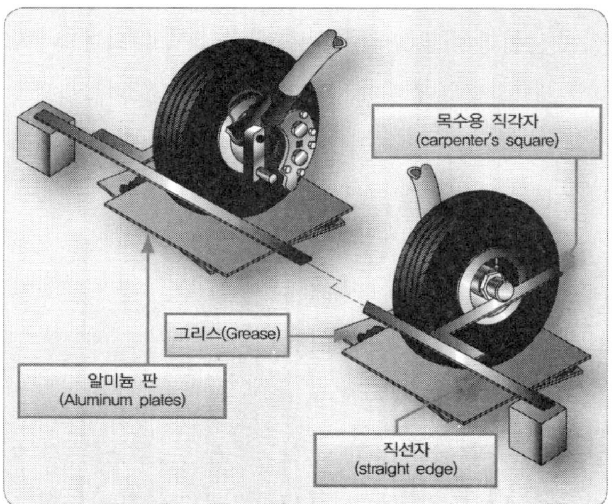

[그림 9-29] 경량 스프링 강관 버팀대 항공기 토인(tow-in), 토 아웃(tow-out) 확인

퀴어셈블리에 마주하여 직각자를 닿게 한다. 바퀴를 가리키는 앞쪽에 간격은 토우 인이다. 바퀴를 가리키는 뒤쪽에 간격은 토우 아웃이다.

그림 9-30과 같이, 캠버는 수직면에 주바퀴의 정렬이다. 그것은 바퀴어셈블리에 대하여 잡아주는 수준기로 점검할 수 있다. 바퀴 Camber는 만약 바퀴의 꼭대기가 수직선으로부터 바깥쪽방향으로 기울었다면 양(+)의 것, 즉 정(+)캠버라고 말하고, 안쪽방향으로

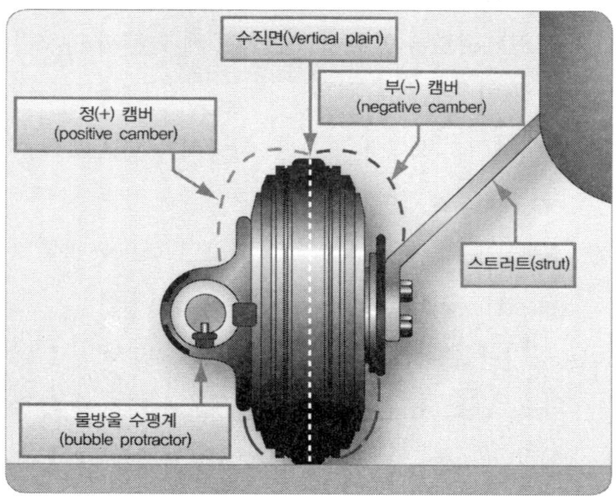

[그림 9-30] 바퀴의 캠버(Camber)

기울었다면 음(−)의 것, 즉 부(−) 캠버라고 한다.

스프링강판 구조 기어를 갖고 있는 항공기에서 바퀴의 정렬 불량은 볼트를 죄는 바퀴축과 바퀴 프랜지 사이에 테이퍼 와셔 등을 가 · 감함으로 조절이 가능하다.

그림 9-31에서와 같이 올레오 스트러트를 갖춘 항공기는 토우인과 토우 아웃의 정렬을 목적으로 토크링크 두 개의 암 사이에 테이퍼 와셔를 사용하여 조절한다. 모든 작업절차는 제작사의 설명서에 따른다.

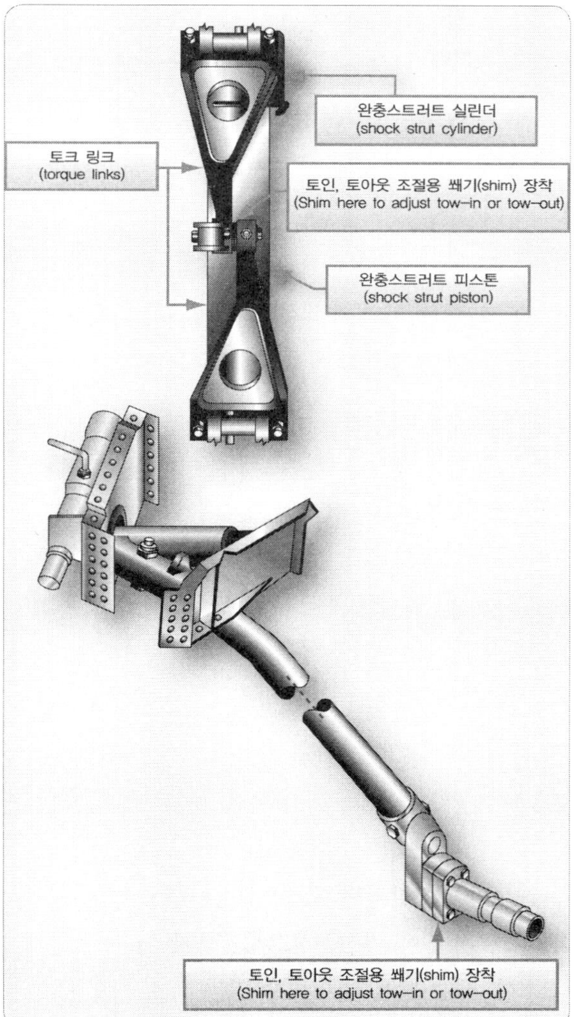

[그림 9-31] 소형항공기 토 인, 토 아웃 조절

9.2.2 지지대(Support)

그림 9-32에서와 같이, 항공기 착륙장치는 날개스파 또는 다른 구조부재에 부착되었고, 특별한 지지 방법에 따라 설계되었다. 접이식 착륙장치는 항공기에 강하게 부착되도록 설계하여야 하고 접어 들였을 때 우묵한 곳 또는 격실 안으로 접어 넣을 수 있어야 한다. 트러니언의 배치는 전형적인 것이다. 트러니언은 전체 기어어셈블리가 움직이게 하는 베어링 면과 함께 상부스트러트 실린더의 뻗어 나오는 구조의 고정부이다.

그것은 기어(Gear)가 비행 시 보관 위치에서 착륙과 활주를 위해 필요한 수직위치로 회전할 수 있도록 항공기 구조물에 부착한다.

착륙장치가 내림 위치에 있는 동안에, 트러니언은 전후운동 또는 선회축에 고정되지 않아 견고하게 항공기를 지탱할 수 없다. 트러니언 장착부에 부착된 드래그 브레이스 또는 드래그스트러트, 완충스트러트를 항공기 길이 방향으로 지지하는 역할을 하는 구조로서 항공기가 전진할 때 또는 착륙할 때 스트러트에 걸리는 하중(항력)을 전담하도록 설계되어 있다.

그림 9-33에서와 같이, 지상 작동에서, 드래그 브레이스는 지상에서 오버 센터가 바르게 되고, 기어가 내림 잠금 상태로 유지되도록 고정시킨다.

완충 스트러트, 즉 착륙장치가 앞쪽으로 접혀 들어가는 형식에서는 드래그 브레이스를 상하 두 개로 구분하고, 가운데 접히는 부분에 쥬리 스트러트를 장착하여 내림 잠금 기계장치를 연결하며 유압 작동기에 의하여 오버센터 내림 잠금으로 이용하고, 착륙장치가 옆에서 안쪽으로 접혀 들어가는 형식의 항공기의 드래그 브레이스는 한 개로 구성되어 있다.

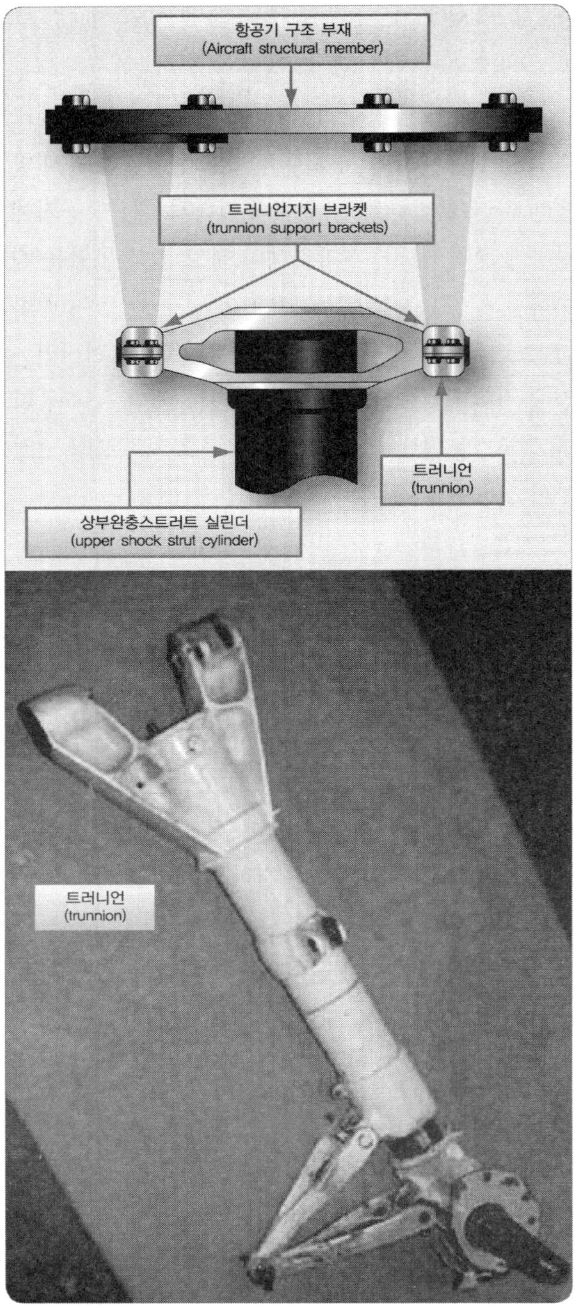

[그림 9-32] 고정된 구조 지지대, 트러니언(trunnion)

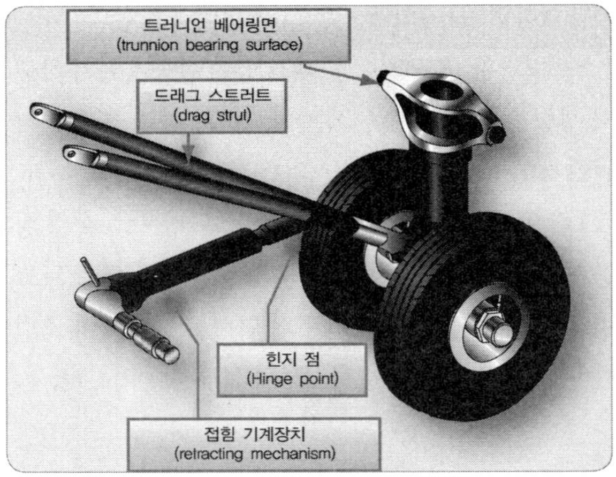

[그림 9-33] 항력 스트러트(drag strut)

9.2.3 소형 항공기의 올림 계통 (Small Aircraft Retraction Systems)

경항공기의 속도가 증가할 때, 공기 저항으로 착륙장치에 의해 생성된 유해항력이 접이식 착륙장치계통의 추가된 무게에 의해 발생한 유도항력보다 더 큰 상태에 도달한다. 그러므로 수많은 경항공기는 접이식 착륙장치를 가지고 있다. 많은 독특한 설계가 있지만 가장 간단한 것은 기어에 기계적으로 연결된 조종실에 있는 레버를 가진 것이다. 기계적 이점을 이용하여, 조종사는 레버를 조작함으로써 착륙장치를 전개하고 접어 들인다. 작동에 필요한 부하를 줄이기 위해 보편적으로 롤러체인, 톱니바퀴, 그리고 수동크랭크(hand crank)를 사용한다.

전기식 착륙장치계통은 주로 경항공기에서 찾아볼 수 있다. 전기방식은 기어를 움직이기 위해 전동기와 감속 기어를 사용한다. 전동기의 회전운동은 기어를 작동시키기 위해 직선운동으로 전환된다. 이것은 오직 소형항공기에서 찾아볼 수 있는 비교적 경량의 착륙장치에서만 가능하다. 그림 9-34에서는 전기기어 감속장치를 보여준다.

기어 접이 계통에서 일반적인 전기 사용은 수많은 Cessna와 Piper 항공기의 전기 · 유압계통에서 찾아볼 수 있다. 이는 파워 팩 계통이라고 알려져 있으며, 소형 경량의 유압파워팩은 유압계통에서 필요한 몇몇의 구성요소를 포함하고 있다. 이들은 저유기, 가역 전기모터 구동식 유압펌프, 여과기, 고 · 저압제어밸브, 써멀 릴리프밸브, 그리고 셔틀밸브를 포함한다. 일부 파워 팩은 비상수동펌프를 병용한다. 각각의 기어에 대한 유압 작동기는 파워 팩으로부터 작동유에 의해 기어를 전개하거나 또는 접어들이기 위해 가동된다. 그림 9-35에서는 기어가 내려가고 있는 동안에 파워 팩 계통을 보여주고, 그림 9-36에서는 기어가 올라가고 있는 동안에 파워 팩 계통을 보여준다.

조종실 기어선택핸들이 기어 내림 위치에 놓였을 때, 스위치는 파워 팩에 있는 전동모터를 작동시킨다. 전동모터는 작동실린더의 기어 내림 쪽으로 작동유를 공급하도록 유압기어펌프를 작동시킨다. 펌프압력은 작동유가 3개의 액추에이터 모두에 공급되도록 왼쪽으로 스프링 작동식 셔틀밸브를 움직인다. 흐름제한장치는 경량항공기 착륙장치의 작동을 느리게 하기 위해 앞바퀴 액추에이터 입구와 출구 포트에 사용된다. 작동유는 기어가 전개되도록 공급되는 동안, 액추에이터의 위쪽에서 기어 올림 체크밸브를 통해 저유기로 되돌아간다. 기어가 내림과 잠금 위치에 도달할 때, 압력은 펌프로부터 기어 내림 라인에 채워지고, 저압제어밸브는 저유기로 작동유를 귀환시키기 위해 열린다. 전기제한스위치는 3개의 기어 모두가 내림 잠금 되었을 때 펌프를 끈다.

기어를 접어 올리기 위해, 조종실 기어핸들은 기어 올림 위치로 움직인다. 이것은 작동 유압을 액추에이터의 기어 올림 쪽으로 공급되게 하는 반대방향에 있는 유압기어펌프를 가동시키는 전동기에 전류를 보낸다. 이때 펌프입구 작동유는 여과기를 통해 흐른다. 펌프로부터 작동유는 기어 올림 체크밸브를 통해 작동실린더의 기어 올림쪽으로 흐른다. 실린더가 움직이기 시작할 때, 피스톤은 지상에서 스트러트가 접히지 않도록 유지하는 기계적인 내림 잠금을 풀어놓는다. 액추에이터의 기어 내림 쪽으로부터 작동유는 셔틀밸브를 통해 저유기로 귀환된다. 3개의 기어가 완

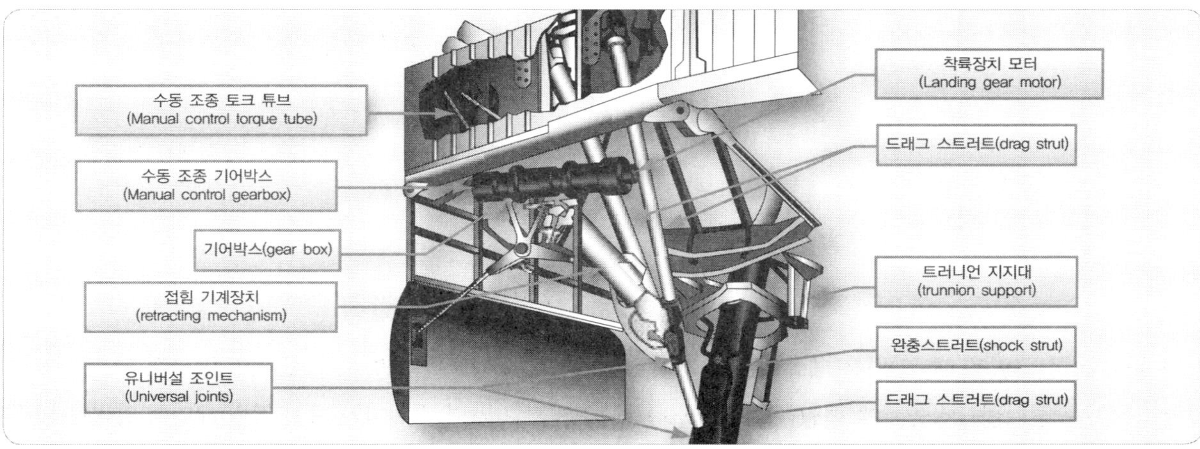

[그림 9-34] 기어형 전기 모터 착륙장치 접이 계통

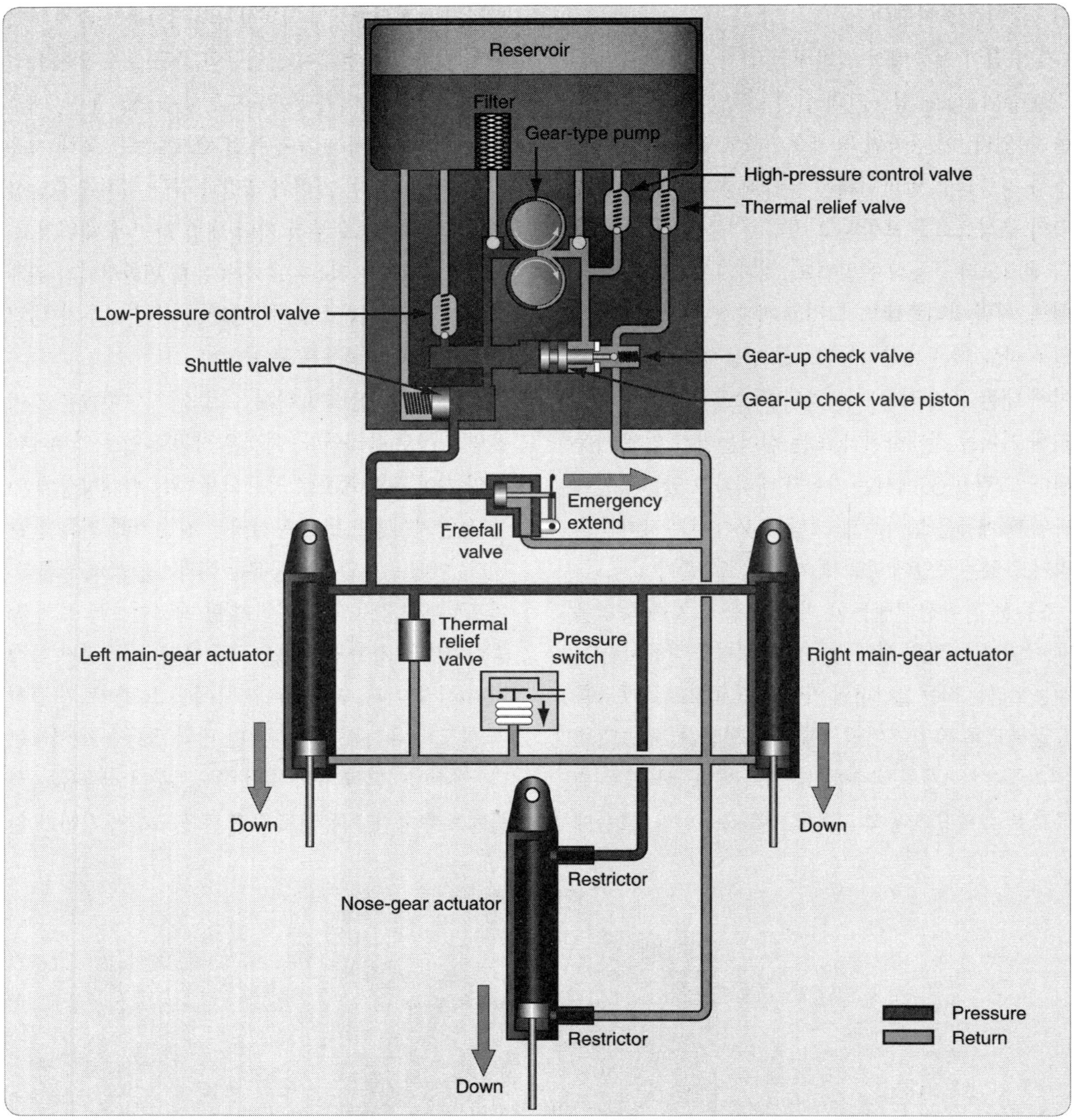

[그림 9-35] 경량 항공기 파워 팩 장착 접이식 착륙장치 - 기어 내림(gear down condition)

전히 올림 잠금 되었을 때, 압력은 계통에 채워지고, 압력스위치는 전기펌프전동기에 전원을 차단하도록 열린다. 착륙장치는 유압으로 접힌 상태를 유지한다.

압력이 감소한다면, 압력 스위치가 닫혀 펌프를 작동시키고 압력 스위치가 다시 열릴 때까지 압력을 상승시킨다.

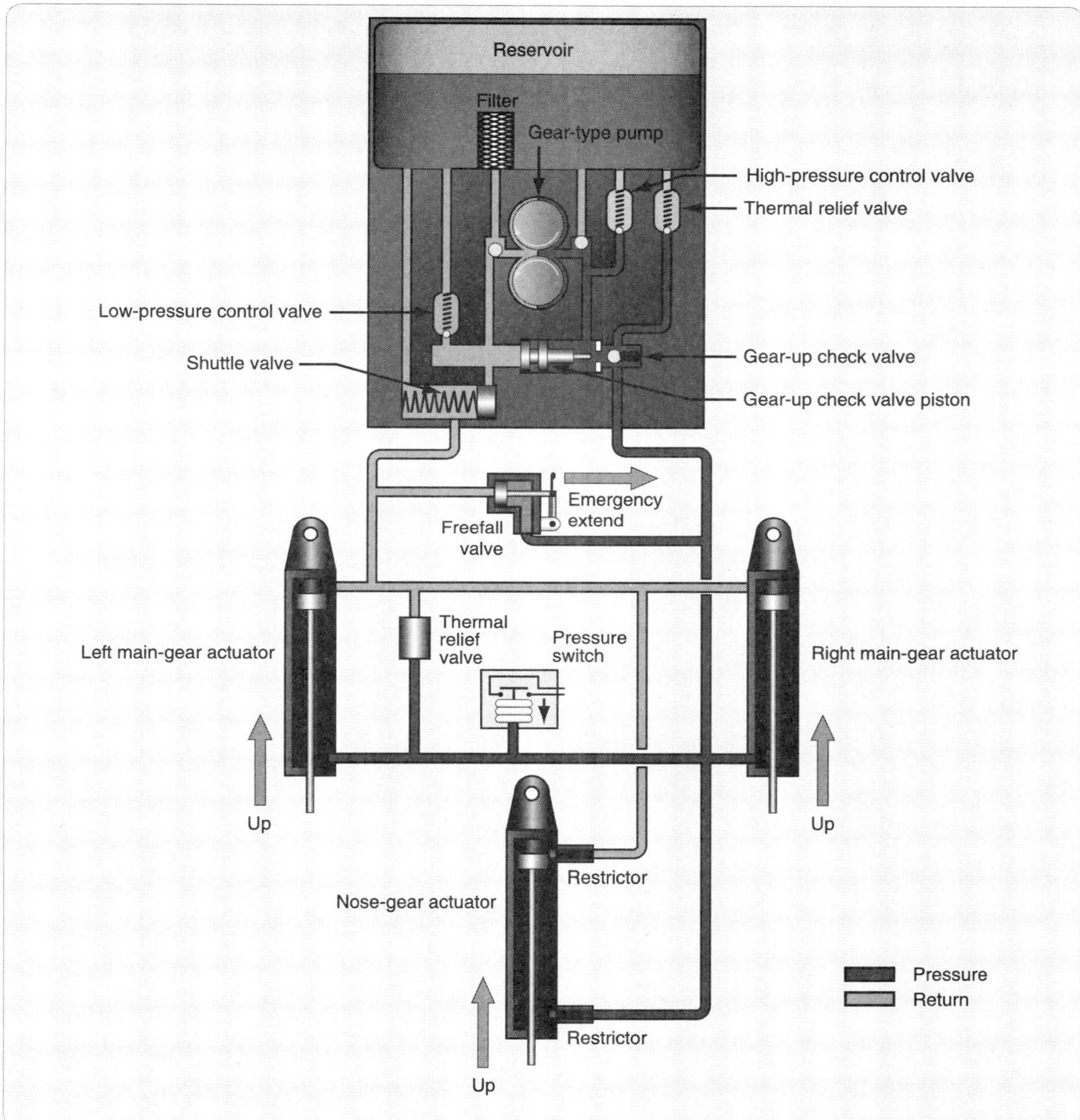

[그림 9-36] 경량 항공기 파워 팩 장착 접이식 착륙장치 - 기어 올림(gear up condition)

9.2.4 대형 항공기의 올림 계통 (Large Aircraft Retraction Systems)

대형 항공기 접이 장치는 유압에 의해 동력이 공급된다. 보편적으로 유압펌프는 엔진액세서리 구동장치에 의해 작동되고, 고장을 대비한 보조전기유압펌프가 있다. 유압식 접이 장치에서 사용된 다른 장치는 작동실린더, 선택밸브, 올림 잠금, 내림 잠금, 시퀀스밸브, 우선선택밸브, 배관, 그리고 그 외 일반적인 유압계통으로 구성된다. 이들 구성품들은 착륙장치와 착륙장치도어의 접어 올림 및 내림이 순차적인 작동이 가능하도록 서로 연결시킨다.

항공기 착륙장치 접이 계통의 정확한 작동은 아주 중요한 것이다. 그림 9-37에서는 단순한 대형항공기 유압식착륙장치계통의 예를 보여준다. 계통은 착륙장치가 내려지기 전에 열리고, 기어가 접힌 후에 닫히는 착륙장치 도어를 갖고 있다. 앞 착륙장치 도어는 기계적 연결을 통해 작동하며 유압을 필요로 하지 않는다. 여러 기종의 항공기에는 여러 방법의 착륙장치와 착륙장치 도어의 배열이 있다. 일부 항공기는 기어가 전개된 후에 휠 웰(wheel well)을 공기 역학적 외형 유지를 위해 닫히는 기어도어를 가지고 있다. 다른 항공기의 도어는 스트러트 바깥쪽에 기계적으로 부착되어 안쪽으로 접어 들일 때 동체와 잘 맞도록 기어와 함께 접혀진다.

그림 9-37에서 보여준 계통에서, 조종실 기어핸들이 기어 올림 위치로 이동되었을 때, 그것은 유압계통 다지관에서 펌프압력이 8개의 서로 다른 구성요소에 전달되도록 선택밸브의 위치를 정한다. 3개의 내림 잠금은 기어가 접히도록 압력이 가해지고, 잠금이 풀린다. 동시에, 각각의 기어(gear)에 액추에이터실린더는 또한 제한받지 않는 오리피스체크밸브(orifice check valve)를 통해 피스톤의 기어 올림 쪽으로 작동유압을 받아 휠 웰 안으로 기어를 접어 올린다. 이때 2개의 시퀀스밸브 C와 D는 유압을 받아 기어도어 작동이 Gear가 접어 올려진 후에 일어나도록 제어되어야 한다. 시퀀스밸브는 닫히고 도어 액추에이터로 흐름을 늦춘다. 기어실린더가 완전히 접어 올려 졌을 때, 시퀀스 밸브는 기계적으로 밸브를 열며, 작동유압이 도어 액추에이터 실린더의 닫힘 쪽으로 흐르게 하는 시퀀스밸브 플런저와 접촉함으로써 도어를 닫는다. 시퀀스밸브 A와 B는 접어 올릴 때 체크밸브처럼 작용한다. 그들은 작동유가 주 착륙장치 실린더의 기어 내림쪽으로 부터 선택 밸브를 통해 유압 계통 귀환 다지관 방향으로만 흐르게 한다.

기어를 내리기 위해, 기어 핸들은 기어 내림 위치에 놓인다. 작동유압은 유압 다지관에서 앞 착륙장치의 올림 잠금으로 흘러 잠금을 해제 한다. 작동유는 앞 착륙장치 액추에이터의 기어 내림 쪽으로 흐르고 기어는 전개된다. 작동유는 또한 주 착륙장치 도어 액추에이터의 열림 쪽으로 흐른다. 도어가 열리면 시퀀스 밸브 A와 B는 작동유가 주 착륙장치 올림 잠금을 해제하지 못하고 작동유가 메인 기어 작동기의 아래쪽에 도달하는 것을 방지한다. 도어가 완전히 열릴 때, 도어 액추에이터는 밸브를 열어주기 위해 양쪽 시퀀스밸브의 플런저를 맞물리게 한다. 주 착륙장치는 잠김 상태에서 작동유압에 의해 풀린다. 주 착륙장치 실린더 액추에이터는 기어를 전개하도록 열린 시퀀스밸브를 통해 기어 내림 쪽의 작동유압을 받는다. 각각의 주 착륙장치실린더 기어 올림 쪽에서 작동유는 오리피스체크밸브에 있는 흐름제한장치를 통해 유압계통 귀환 다지관으로 흐른다. 흐름제한장치는 충격손상을 방지하기 위해 기어의 전개를 느리게 한다.

다수의 유압식착륙장치는 접이장치 계통이 설계되어 있다. 기계적으로 작동하는 시퀀스 밸브 대신 우선순위 밸브를 사용하는 경우가 있다. 이것은 기어 구성품의 작동타이밍을 제어한다. 착륙장치 계통의 상세 내용은 항공기정비매뉴얼에서 찾아볼 수 있다. 항공

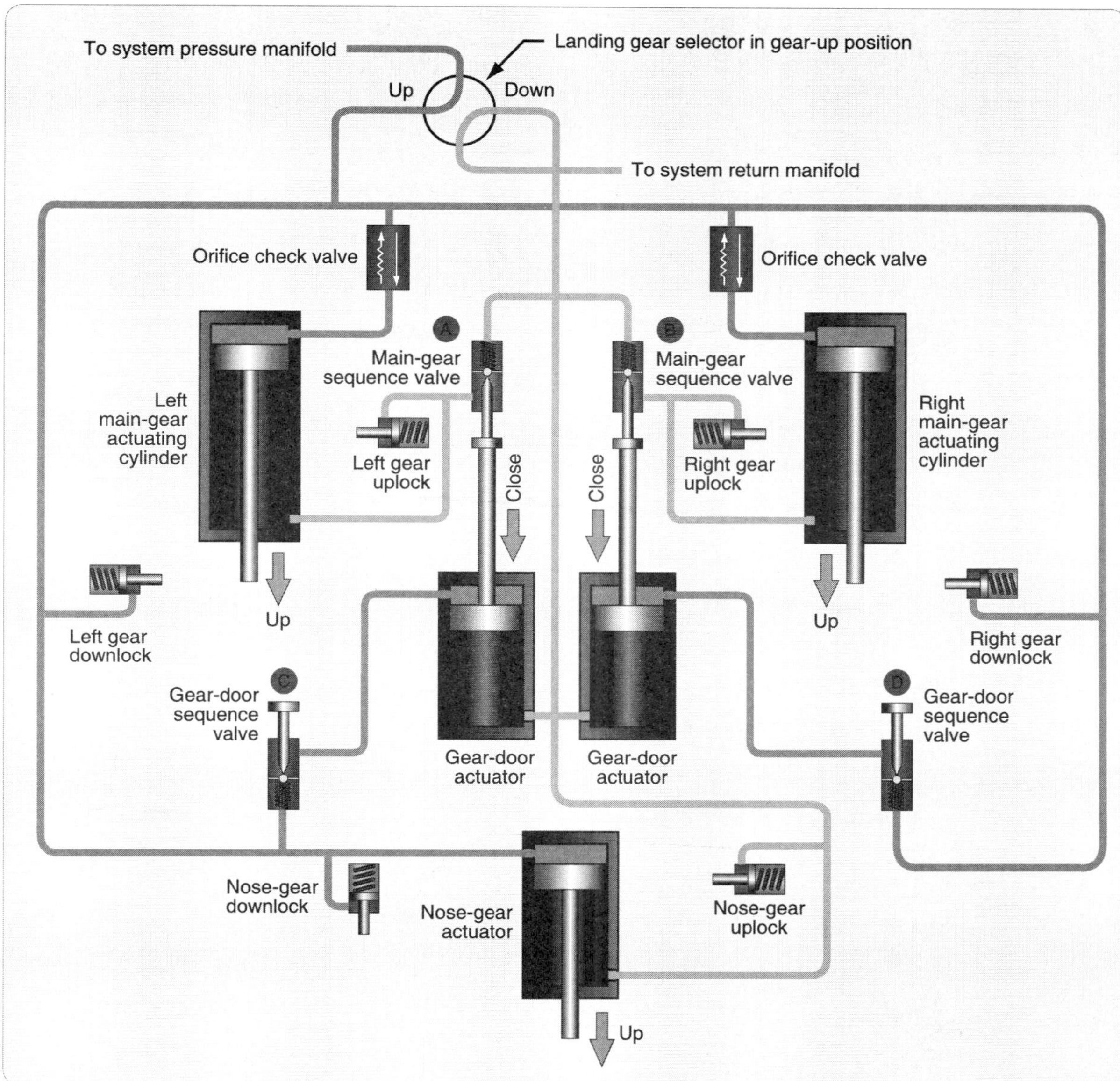

[그림 9-37] 단순 대형 항공기 유압 접이식 착륙장치

정비사는 철저히 이 중요한 계통의 작동과 정비필요 조건에 익숙해져야 한다.

9.2.5 비상 내림 계통 (Emergency Extension Systems)

비상내림장치는 주 동력장치가 고장 날 경우 착륙장치를 내린다. 이것은 항공기의 크기와 복잡성에 따라 여러 가지 방법이 쓰인다. 일부 항공기는 기어 올림 잠금에 기계식연동장치를 통해 연결된 조종석에 있는 비상 풀림 핸들을 가지고 있다. 핸들이 작동되었을 때, 그것은 올림 잠금을 풀어놓고 기어에 작용하는 자중에 의해 전개된 위치로 기어가 자유낙하하게 한다. 다른 항공기는 기어의 잠금 장치를 풀기 위해, 공기압과 같은 비기계적 대안을 사용한다.

그림 9-35와 그림 9-36에서 보여준 보편화된 소형 항공기 접이 장치는 비상착륙장치내림을 위해 자유낙하밸브를 이용한다. 자유낙하밸브(free-fall valve)가 열렸을 때, 조종실로부터 선택에 따라 파워 팩에 관계없이, 작동유는 액추에이터의 기어 올림 쪽에서 기어 내림 쪽으로 흐르도록 허용된다. 기어 올림을 유지하는 압력은 감소되고, 기어는 자체 중량으로 인하여 전개한다. 기어를 지나 이동하는 공기는 전개에 도움이 되고 내림과 잠금 위치 쪽으로 기어를 밀어준다.

그림 9-38에서와 같이, 대형 및 고성능항공기는 이중의 유압계통을 갖추고 있다. 이것은 만약 기어가 정상적인 기능(function)을 하지 않는다면 작동유압을

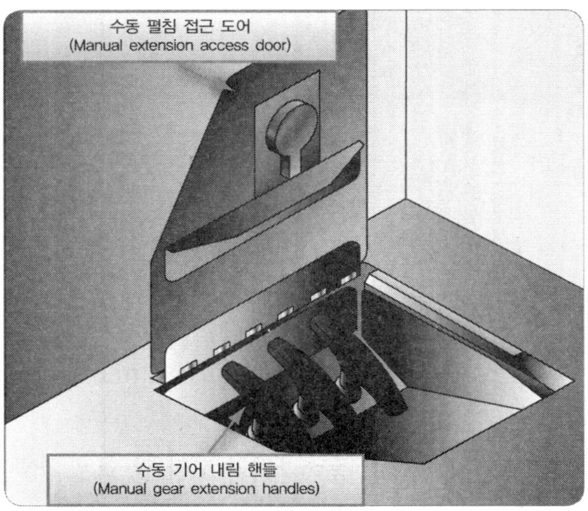

[그림 9-38] B737 항공기 착륙장치 비상 내림 핸들

선택할 수 있어 비상 내림이 일반적으로 발생하지는 안는다. 기어가 여전히 내려가지 않는다면 몇 가지 장치가 착륙장치의 올림 잠금장치를 풀어주기 위해 사용되고 기어가 자유낙하하게 한다.

일부 소형 항공기의 비상내림 설계 구성은 중력과 공기 하중만으로 기어의 비상 내림이 불가능 하거나 비실용적이다. 그런 까닭에 어떤 종류의 힘이 가해져야 한다. 그러므로 조종사가 착륙장치의 비상내림을 위해 기계적으로 크랭크를 돌려 작동시키는 수동 내림 장치는 보편적인 것이다. 필요 시 작동시험, 성능기준 시험, 그리고 필요할 경우 비상내림시험의 모든 비상 착륙장치 내림 계통에 대해 항공기정비매뉴얼을 참고한다.

9.2.6 착륙장치의 안전장치 (Landing Gear Safety Devices)

착륙장치는 몇가지 안전장치가 있다. 가장 일반적인 것은 지상에 있는 동안 기어가 접히거나 항공기가 쓰러지는 것을 방지하는 것들이다. 기어 지시계는 또 다른 안전장치이다. 그들은 항상 각각의 독립적인 착륙장치의 위치 상태를 조종사에게 알리기 위해 사용된다. 추가적인 안전장치는 이 Chapter의 앞쪽에서에서 언급한 앞바퀴 센터링(centering) 장치이다.

9.2.6.1 안전 스위치(safety switch)

착륙장치 스쿼트 스위치(squat switch) 또는 안전스위치(safety switch)는 대부분 항공기에서 찾아볼 수 있다. 그림 9-39에서 보여준 것과 같이, 이것은 주 착륙장치 완충스트러트의 신장 또는 압축에 따라 열림과 닫힘의 위치가 정해진 스위치이다. 스쿼트 스위치

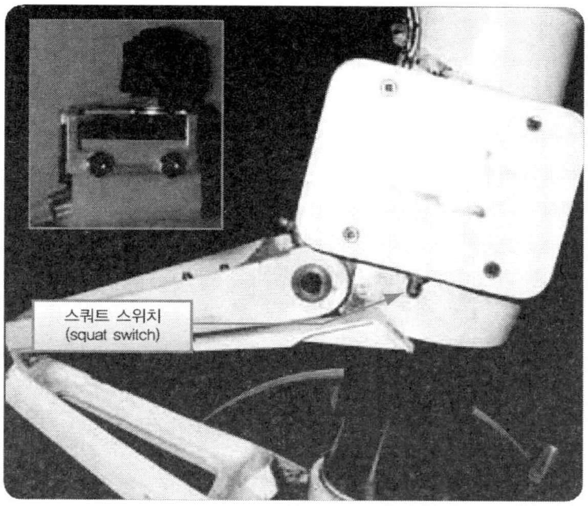

[그림 9-39] 일반적인 착륙장치 스쿼트 스위치
(squart switches)

는 여러개의 계통작동회로에 배선된다. 어떤 회로는 항공기가 지상에 있는 동안 기어가 접혀지는 것을 방지한다. 이 잠금을 이루기 위해 여러 가지 방법이 있다. 기어위치핸들을 물리적으로 막기 위해 축을 고정시키는 솔레노이드는 수많은 항공기에서 찾아볼 수 있는 방법 중 한 가지이다. 착륙장치가 압축되었을 때, 스쿼트 안전스위치는 열려지고, 그리고 솔레노이드의 중앙 축은 착륙장치 제어핸들이 올림 위치로 이동될 수 없도록 관통하여 단단한 잠금 핀을 밀어낸다. 이륙할때, 착륙장치 스트러트는 전개한다. 안전스위치는 닫히고 전류가 안전회로에 흐르게 한다. 솔레노이드는 동력을 공급하여 착륙장치 제어핸들로부터 잠금 핀을 끌어 드린다. 그림 9-40과 같이, 이것은 기어를 접어 올릴 수 있도록 한다.

그림 9-41과 같이, 고성능 항공기에서는 기어위치안전스위치에 일반적으로 근접감지기(proximity sensor)를 사용한다. 전자기 감지기(electromagnetic sensor)는 스위치에 전도성표적의 근접에 따라 기어 논리연산장치로 다른 전압을 귀환시키며 물리적 접촉이 만들어지지 않는다. 기어가 설계된 위치에 있을 때, 금속표적이 감지기 유도자에 접근하여 귀환 전압을 감소시킨다. 이 형태의 감지하기는 특히 움직이는 부품이 있는 스위치가 활주로와 유도로의 이물질과 습기에 오염되게 될 수 있는 착륙장치 환경에 유용한 것이다. 정비사는 감지기표적과 감지기가 정확한 거리에 장착되었는지 확인하는 것이 필요하다. Go-no go gauge는 가끔 간격을 조절하기 위해 사용된다.

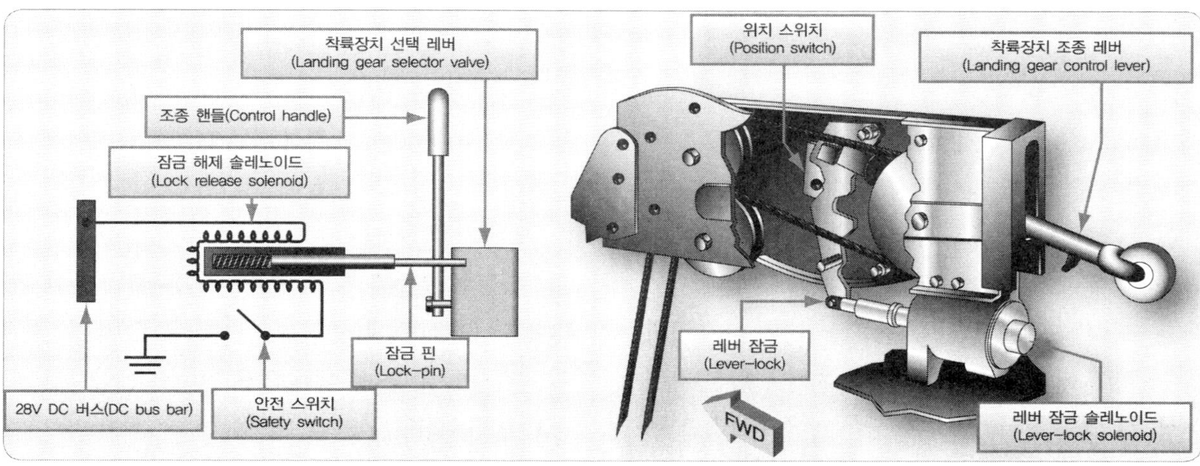

[그림 9-40] 솔레노이드 형 착륙장치 안전 회로

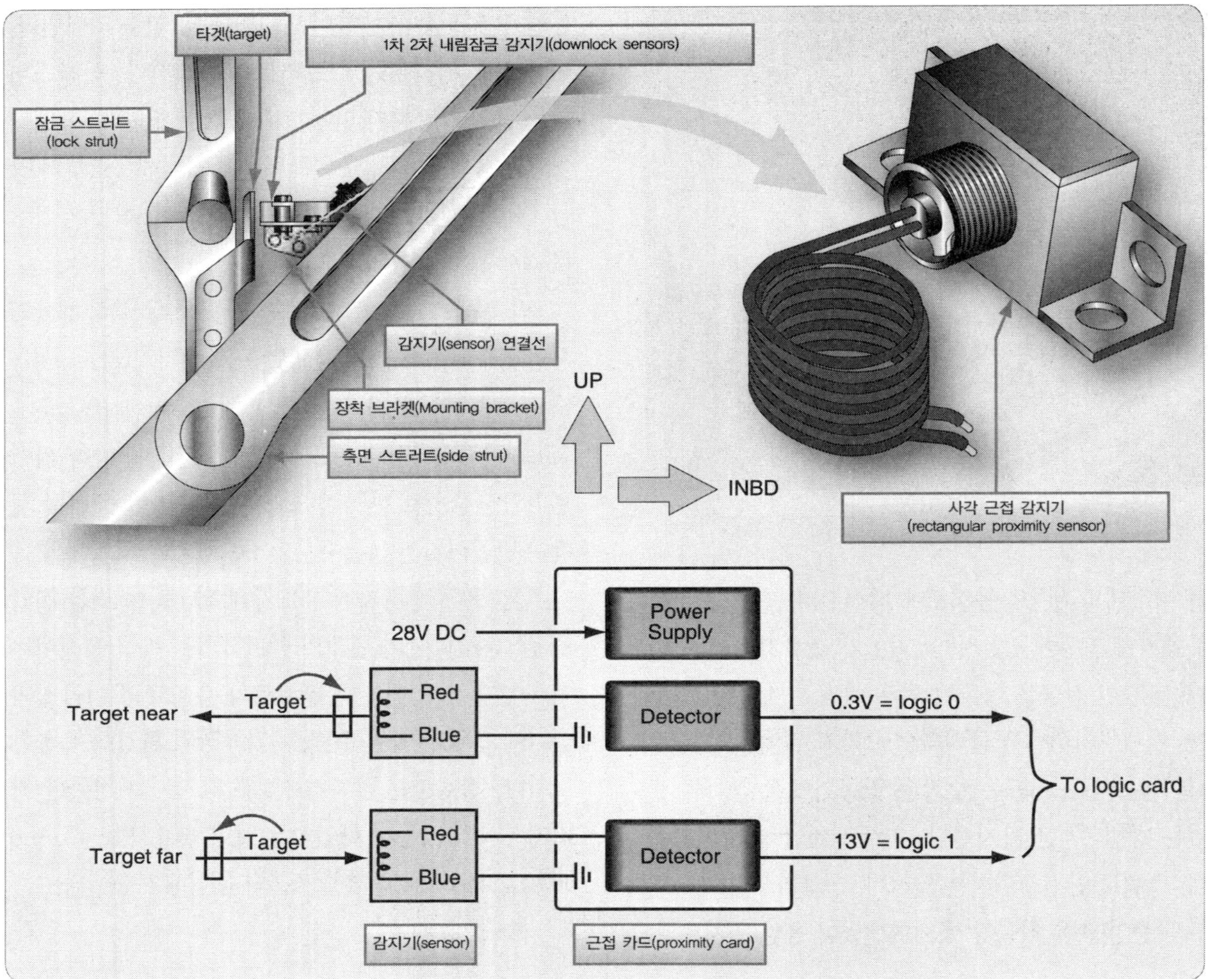

[그림 9-41] 접근감지기(Proximity sensors)

9.2.6.2 지상 잠금장치(ground Locks)

그림 9-42와 같이, 지상 잠금은 항공기가 지상에 있는 동안 착륙장치가 내림과 잠금 유지를 추가적으로 보장하기 위하여 일반적으로 항공기 착륙장치에 사용된다. 그들은 지상 잠금 움직임을 방지하기 위해 접힘 기계장치에 배치된 주변기기이다. 지상 잠금은 기어가 접히지 않도록 미리 드릴로 뚫은 기어 구성 요소 구멍에 핀처럼 간단하게 장착할 수 있는 것이다. 일반적으로 사용되는 또 다른 지상 잠금 클램프는 기어 접이 실린더의 노출된 피스톤에 고정하여 접힘을 방지한다. 모든 지상 잠금은 그들이 보일 수 있고 비행 전에 제거되도록 그들에 부착된 빨간 댕기(red streamer)를 갖추어야 한다. 지상 잠금은 전형적으로 착륙 후 순회 점검시에 운항승무원에 의해 기내로 반입하여 제 위치에 보관한다.

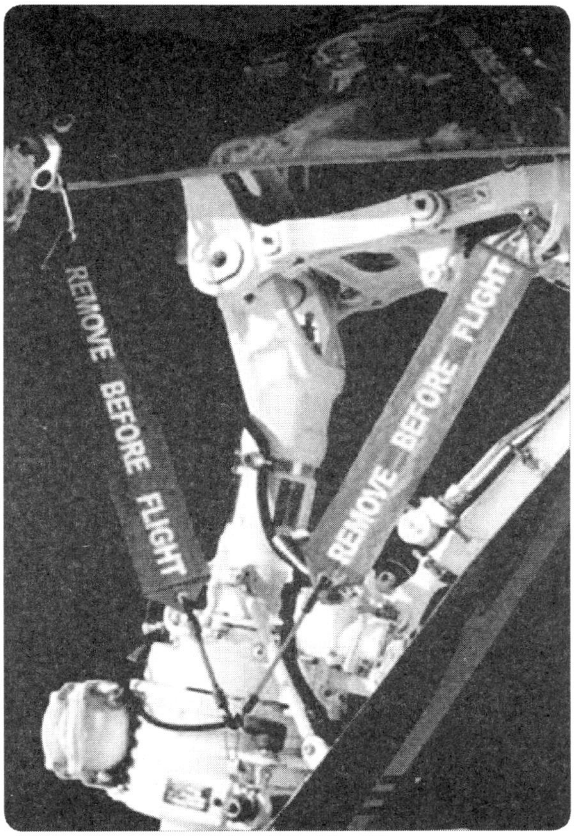

[그림 9-42] 지상 잠금장치 기어 핀(Gear pin)

9.2.6.3 착륙장치 위치 지시계 (landing gear position indicators)

그림 9-43과 같이, 착륙장치 위치지시기는 기어선택핸들에 인접한 계기판에 위치된다. 그들은 기어위치 상태를 조종사에게 알려주기 위해 사용된다. 기어지시를 위한 수많은 배열은 보통 각각의 기어에 대해 전용 등이 있다. 착륙장치가 내려져서 잠겼을 때 가장 일반적인 표시는 조명이 겨진 녹색등이다. 3개의 녹색등은 착륙장치가 안전하게 내림 잠금 되었음을 의미한다. 전형적으로 모든 등이 꺼진 것은 기어가 올라갔고, 잠겼다는 것을 지시한다. 일부 항공기에는 기어가 올라가거나 내려가지 않고, 잠기지 않았을 때 기어

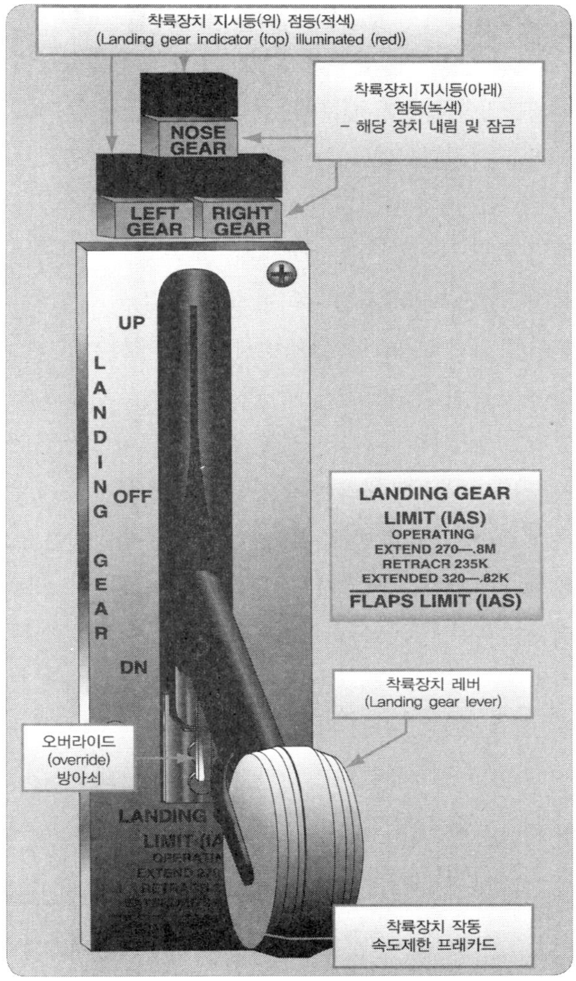

[그림 9-43] 착륙장치 선택 계기판의 착륙장치 위치 지시등

이동중 등으로 바버 폴 표시가 사용된다. 그 외 항공기에서는 작동 중이거나 잠금되지 않은 상태일 때 기어핸들에 적색등이 켜진다. 깜박이는 표시등도 작동 중의 기어를 지시한다. 일부 제조사는 착륙장치가 선택핸들과 동일 위치에 있지 않을 때 기어불일치통고를 사용한다. 수많은 항공기는 기어 자체에 추가하여 기어도어 위치를 감시한다. 착륙장치지시계통의 완전한 설명에 대해서는 항공기 제작사매뉴얼 또는 조작매뉴얼을 참고한다.

9.2.6.4 앞바퀴 중립장치(Nose wheel centering)

대부분 항공기는 활주하기 위해 조향식 앞 착륙장치 어셈블리를 갖추기 때문에, 접어들이기 전에 앞 착륙장치를 정렬시키기 위한 수단이 필요하며, 완충스트러트 구조 내부에 설치된 센터링 캠은 앞 착륙장치를 중립에 오도록 만든다. 상부 캠은 착륙장치가 완전히 전개되었을 때 하부 캠 우묵한 곳 안으로 일치시켜서 접어 올리기 위해 기어를 정렬시킨다. 착륙 후 조향식 앞 착륙장치로 되돌아갈 때, 완충스트러트는 압축되고, 그리고 하부완충스트러트, 즉 피스톤이 상부스트러트 실린더에서 센터링 캠은 분리되어 회전이 가능하게 된다. 그림 9-44와 같이, 이 회전은 항공기를 조향시키기 위해 제어된다. 소형항공기는 때때로 스트러트에 외부 롤러 또는 가이드 핀을 일치시킨다. 스트러트가 접힘 시에 휠 웰(wheel well) 안으로 접혀졌을 때, 롤러 또는 가이드 핀은 휠 웰 구조에 설치된 만곡부 또는 궤도에 맞물리게 한다. 만곡부 · 궤도는 롤러나 핀을 유도하여 앞 착륙장치가 휠 웰에 들어갈 때 똑바로 되게 한다.

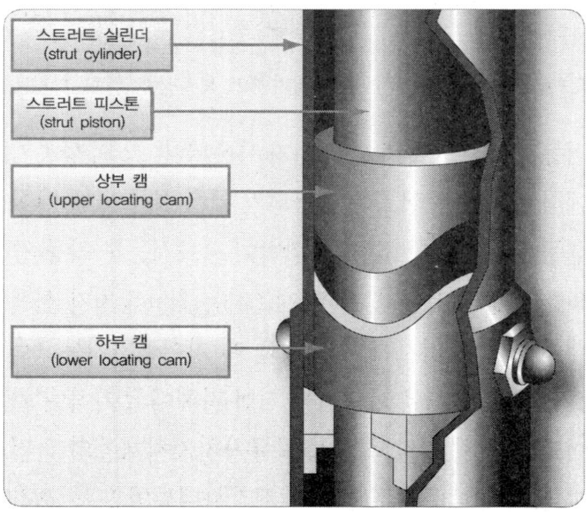

[그림 9-44] 전방 착륙장치 내부 센터링 캠(centering cam) 단면도

9.3 착륙장치 계통의 정비 (Landing Gear System Maintenance)

착륙장치의 가동부와 더러워진 환경은 정기적인 정비가 요구된다. 착륙장치에 작용하는 응력과 하중으로 인해, 검사 및 보급 그리고 기타의 정비는 일관성 있게 진행되어야 한다. 항공기 착륙장치계통의 정비에서 가장 중요한 일은 전적으로 정밀한 검사이다. 검사를 적절하게 수행하기 위해, 모든 표면은 탐지되지 않고, 고장이 잘 발생하는 부위가 없는지 확인하기 위해 항상 깨끗해야 한다.

주기적으로 완충스트러트, 트러니언과 브레이스(brace) 어셈블리, 베어링, 시미댐퍼, 바퀴, 바퀴베어링, 타이어, 그리고 브레이크의 검사가 필요하다. 착륙장치 위치지시기, 지시등, 그리고 경적등이 제대로 작동하는지 점검해야 한다. 휠 웰(wheel well)에서 모든 검사와 점검을 하는 동안 모든 지상안전장치가 장착되었는지 확인한다.

그 외 착륙장치 검사항목에는 비상제어핸들과 계통의 올바른 위치와 상태를 점검하는 것이을 포함된다. 착륙장치 바퀴의 청결, 부식 그리고 균열여부를 검사한다. 바퀴 타이 볼트의 헐거움을 점검한다. 브레이크 미끄럼방지배선(anti-skid wiring)의 노후화를 검사한다. 타이어의 마모(wear), 절단(cut), 노후화(deterioration), 그리스(grease) 또는 오일(oil)의 윤활상태, 미끄러짐 표식(slippage marks)의 정렬, 그리고 적절한 팽창여부를 점검한다. 착륙장치 기계장치(mechanism)의 상태(condition), 작동(operation), 그리고 적절한 조절에 대해 검사한다. 앞 착륙장치 조향을 포함하여, 착륙장치에 윤활을 한다. 조향장치 계통 케이블의 마모, 끊어진 가닥, 정렬, 그리고 안전성을 점검한다. 착륙장치 완충스트러트의 균열, 부식, 부서진 곳, 그리고 안전에 대해 검사한다. 해당되는 경우 브레이크 간격과 마모(wear) 상태를 점검한다.

착륙장치에서 마찰(friction)과 마모의 지점의 윤활을 위해 다양한 윤활제가 요구된다. 사용하고자 하는 특정한 제품은 정비매뉴얼이나 제작사에 의해 정해지며, 윤활은 손으로 또는 그리스 건(grease gun)으로 이루어지고, 윤활 방법은 제작사사용설명서를 따른다. 압력 그리스 주입구(nipple)에 그리스를 공급하기 전에, 피팅의 오래되어 굳어진 그리스뿐만 아니라 먼지나 이물질을 완전히 닦아냈는지 확인한다. 그리스와 혼합된 먼지와 모래는 아주 해로운 연마제혼합물을 만들어낸다. 기어에 그리스를 주입하고 여분의 그리스는 닦아낸다. 모든 노출된 스트러트실린더와 작동실린더의 피스톤로드는 언제나 청결해야 한다.

주기적으로 바퀴베어링은 장탈하여, 세척하고, 검사 후 그리스를 주입하여야 한다. 바퀴베어링을 세척할 때, 권고된 세척용제를 사용하고, 가솔린 또는 제트 연료를 사용하지 않는다. 롤러 사이에 건조공기를 분사하여 베어링을 건조시킨다. 윤활 없이 공기를 불어 베어링이 회전될 경우 베어링이 이탈되어 부상을 입을 수 있다. 그러므로 베어링은 윤활 되지 않은 상태로 사용하지 않는다. 베어링을 검사할 때, 균열, 벗겨져 떨어짐(flaking), 부서진 베어링 면, 충격압력 또는 표면마모로 인한 거침(roughness), 부식(corrosion) 또는 움푹 들어가게 하기(pitting), 과도한 열 변색(discoloration), 깨짐 또는 부서진 베어링 케이지, 그리고 차축 또는 바퀴에 적절한 안착에 영향을 주는 긁힌 자국을 낸 또는 풀린 베어링 컵 또는 콘과 같이, 사용할 수 없는 베어링의 결함에 대해 점검한다. 만약 어떤 잘못이라도 발견된다면, 사용가능한 물품으로 베어링을 교체한다. 베어링은 부식을 방지하기 위해 세척과 검사 후에 즉시 해당 그리스를 주입한다.

그림 9-45에서와 같이, 원추롤러베어링(tapered roller bearing)에 그리스 주입을 위해, 베어링윤활공구(bearing lubrication tool)를 사용하거나 또는 손바닥에 소량의 인가된 그리스를 놓는다. 다른 손으로 베어링을 잡고 베어링의 더 큰 직경 측면을 그리스에 눌러 베어링 롤러와 콘 사이의 공간을 완전히 통과하도록 한다. 롤러의 모든 부분이 그리스로서 완전히 꽉 차도록 서서히 베어링을 돌린다.

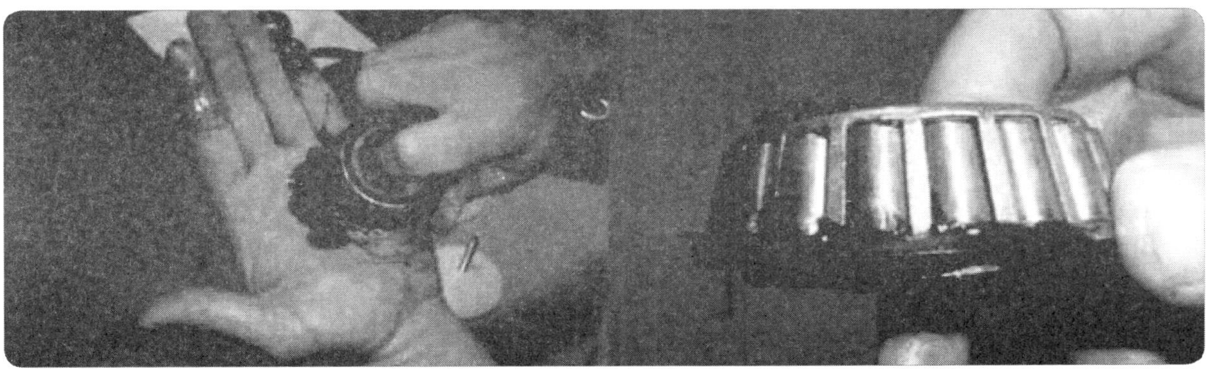

[그림 9-45] 베어링 그리스 주입

9.3.1 착륙장치의 리깅 및 조절 (Landing gear rigging and adjustment)

가끔 착륙장치계통과 Door의 적절한 작동을 보장하기 위해 착륙장치 스위치, 도어, 연동장치, 걸쇠, 그리고 잠금을 조정하는 것이 필요하다. 착륙장치 작동실린더가 교체되었을 때 그리고 길이조절의 경우, 오버트래블(over-travel)이 점검되어야 한다. 오버 트래블이란 착륙장치 내림과 접어들임에 대해 필요한 움직임을 넘어선 실린더 피스톤의 작동으로 추가조치는 착륙장치 잠금 메커니즘을 조절한다.

다양한 항공기 형식과 착륙장치계통 설계는 항공기마다 다른 긴도 조절과 조정 절차를 만든다. 정비사는 올림 잠금과 내림 잠금 간격, 연동장치 조절, 제한스위치 조절 및 기타 조정은 조치를 취하기 전에 제작사 정비자료를 확인하여야 한다. 다음의 여러 가지의 조절사례는 특정한 항공기에 대한 실제의 절차가 아닌 개념을 전달하기 위한 것이다.

9.3.1.1 착륙장치 잠금장치의 조정 (Adjusting landing gear latches)

여러 가지의 잠금장치의 조절은 항공정비사에게는 주요 관심사이다. 잠금장치는 대개 기어 올림 또는 기어 내림을 잡아주거나 기어도어를 열거나 닫을 때 사

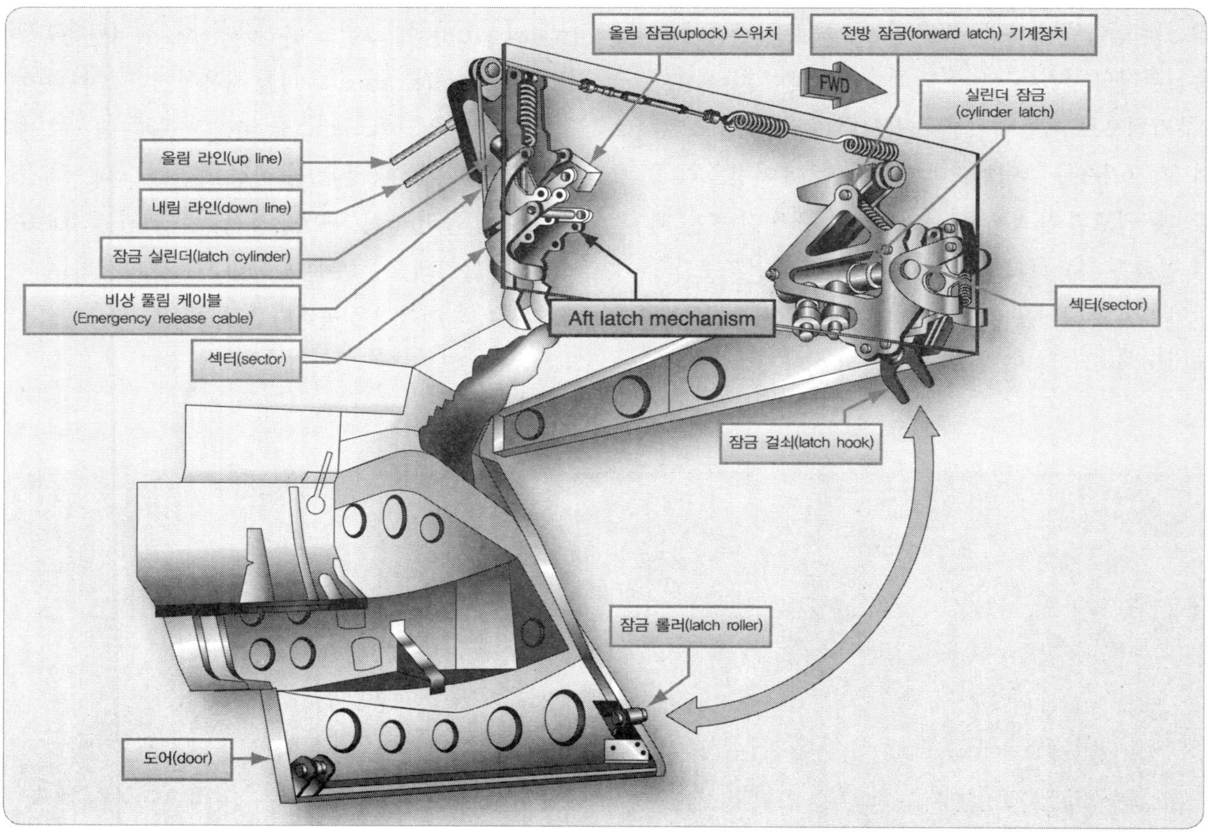

[그림 9-46] 주 착륙장치 도어 잠금 기계장치 예시

용된다. 많은 변화에도 불구하고, 모든 잠금장치는 동일한 일을 수행하기 위해 설계된다. 그들은 적절한 시간에 자동적으로 작동해야 하고, 원하는 위치에서 구성부분을 잡아주어야 한다. 다음은 일반적인 착륙장치 도어잠금장치의 점검이다. 수많은 기어 올림 잠금장치는 유사하게 작동하며, 롤러, 축, 부싱, 핀, 볼트, 등의 간격과 치수측정이 일반적이다.

특정한 항공기에서, 착륙장치도어는 2개의 잠금장치에 의해서 닫힌 상태로 유지된다. 도어가 확실하게 잠기도록 양쪽 잠금장치는 항공기 구조에 대하여 견고하게 도어를 고정하고 잡아주어야 한다. 그림 9-46에서는 각각의 잠금 기구의 주요구성요소를 보여준다. 그들은 유압 잠금 실린더 잠금 후크, 부채꼴로 되어 있는 스프링 작동식 크랭크와 레버 연동장치 그리고 잠금 후크이다.

유압이 가해졌을 때 실린더는 기어도어에 있는 롤러 또는 롤러로부터 후크를 맞물리게 하거나 또는 풀리도록 연결 장치를 작동시킨다. 기어 내림 시퀀스에서, 후크는 연결 장치에 있는 스프링힘(spring load)에 의해서 풀린다. 기어 올림시퀀스에서, 닫힌 도어가 잠금후크와 접촉되어 있을 때, 실린더는 도어 롤러와 함께 후크를 맞물리도록 연결 장치를 작동시킨다. 착륙장치 비상 내림 장치에 케이블은 잠금 롤러의 비상 풀림을 허용하기 위해 섹터에 연결된다. 올림 잠금 스위치는 각각의 잠금장치(latch)에 장착되며, 각 잠금장치에 의해 작동하여 조종실에 있는 기어 올림지시를 제공한다.

그림 9-47의 A에서 보여준 것과 같이, 착륙장치가

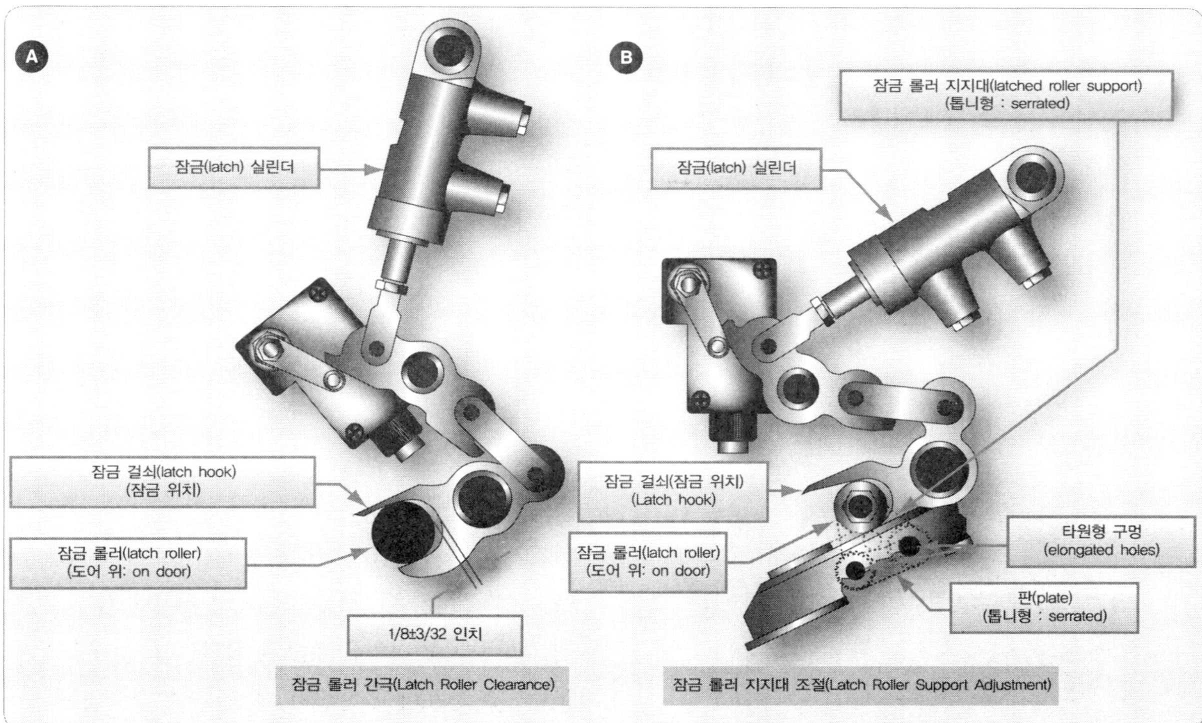

[그림 9-47] 주 착륙장치 도어 잠금 롤러 간격 측정

올라가고 도어가 잠금장치에 걸린상태에서 잠금 후크와 잠금 롤러에 적절한 간격이 있는지 검사한다. 이 장착(installation)에서, 필요한 간격은 1/8±3/32[inch]이다. 만약 롤러가 허용 오차(tolerance) 이내에 있지 않다면, 마운팅 볼트를 풀고 잠금 롤러 지지대를 끌어올리기거나 또는 내림으로써 조절한다. 그림 9-47의 B와 같이, 이것은 잠금 롤러 지지대의 타원형으로 된 구멍과 톱니모양으로 된 고정 표면 그리고 톱날 판(serrated plate)에 의해 이루어진다.

9.3.1.2 착륙장치 도어의 간격(gear door clearances)

착륙장치도어는 도어(door)와 항공기 구조 사이에 유지되어야 하는 특정한 허용 간격을 갖는다. 보편적으로 조절은 힌지 장착부 또는 도어를 지탱하고 움직이는 연결링크에서 만들어진다. 일부의 장치에서 도어 힌지는 힌지 지지 연결부에서 적당한 위치에 가늘고 긴 설치용 구멍에 톱니모양의 힌지를 위치시켜 조정한다. 톱니모양의 와셔를 사용하여, 설치용 볼트는 그 위치를 유지하기 위해 토크 된다. 그림 9-48에서는 가늘고 긴 구멍을 경유하여 일직선 조절을 허용하는 형태의 설치하기를 보여준다.

착륙장치도어가 열리거나 닫히는 거리는 도어 연결

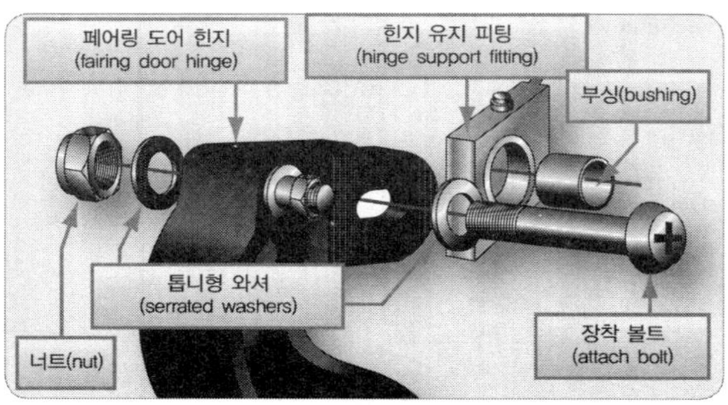

[그림 9-48] 도어 간극 설정을 위한 조정 가능한 드롭 힌지(adjustable drop hinge) 설치

장치의 길이에 따르게 되며 로드 엔드 조절은 도어를 맞추기 위한 일반적인 것이다. 도어 정지(door stop)에 대한 조절도 가능한 작업이다. 제작사정비매뉴얼은 연결 장치의 길이를 명시하고 스톱퍼 조절에 대한 절차를 제공한다. 항공기를 잭 위에 올려놓고 착륙장치를 접은 상태에서 이루어지는 모든 절차는 제작사정비매뉴얼을 따른다. 너무 죄어진 도어는 구조 손상의 원인이 될 수 있으며, 너무 풀린 도어는 비행 중에 기류의 영향을 받아 유해항력뿐만 아니라 마모와 잠재적 파손의 원인이 될 수 있다.

9.3.1.3 항력 및 측면 브레이스의 조절 (drag and side brace adjustment)

각각의 착륙장치는 의도한 대로 기어의 작동이 가능하도록 하는 제조사마다 특정한 조절과 오차 허용도를 갖는다. 착륙장치를 하향위치에서 잠그기 위해 사용된 일반적인 결합구조는 잠금 연결부의 사용을 통하여 오버 센터(over center) 위치로 전개되고 유지되는 접이식의 측면 브레이스가 포함된다. 스프링과 액추에이터는 연결 장치의 움직임에 기여하게 되며, 조절과 시험(test)은 적절한 작동을 보장하기 위해 필요하다.

그림 9-49에서는 측면 브레이스를 가지고 있는 소형항공기 착륙장치를 보여준다. 그것은 기어가 접어들여지는 경우 브레이스가 잭나이프(90[°] 이하의 각도로 꺾어 구부린 것처럼 되다)를 가능케 하는 중앙에 힌지가 있는 상부연결부와 하부연결부로 이루어져 있다. 상부끝단은 휠 웰(wheel well) 천장에 있는 구조에 부착된 트러니언을 축으로 회전한다. 하부끝단은 완충 스트러트에 부착된다. 잠금 연결 장치(locking link)는 완충 스트러트의 상부끝단과 하부견인연결부

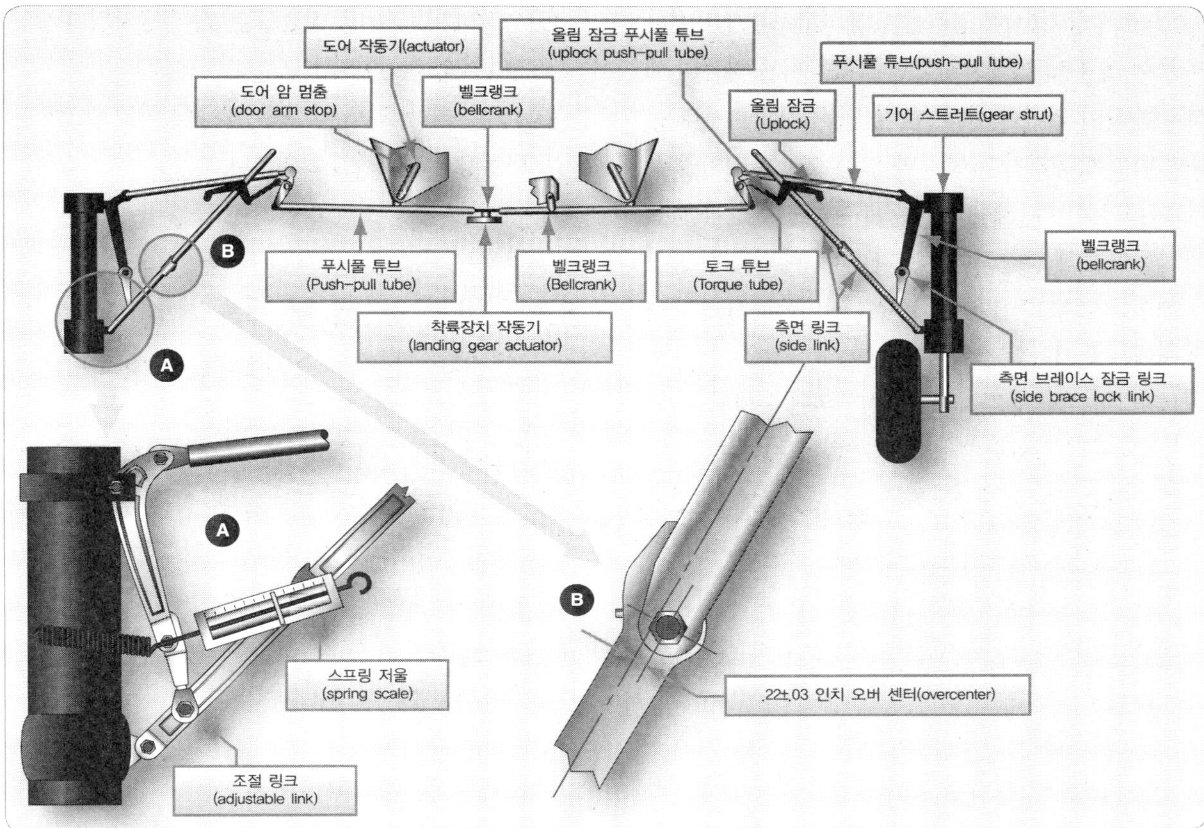

[그림 9-49] 소형 항공기 주 착륙장치 오버 센터(Over-center) 조절

사이에 통합되어 있다. 그것은 측면 브레이스연결부(side brace link)의 오버 센터 행정의 정확한 양을 마련하기 위해 조정할 수 있는 것이다. 이것은 기어가 지상에서 접히는 것을 방지하기 위해 내림 위치에서 안전하게 기어를 잠근다.

측면 브레이스(side brace) 잠금 연결부의 오버 센터 위치를 조절하려면 항공기를 잭 위에 올려야 한다. 내림 위치에 있는 착륙장치로서 고정링크 엔드 피팅은 측면 브레이스 잠금 연결부가 확고하게 오버 센터를 유지하도록 조절된다. 기어가 내림과 잠금 위치에서 안쪽방향으로 6[inch] 끌어당기고, 그 다음에 놓았을 때, 기어는 내림 고정 위치로 자유낙하를 해야 한다.

측면 브레이스연결부가 오버 센터 행정에서 조절된 양에 추가하여, 내림 잠금 스프링장력도 점검되어야 한다. 이것은 용수철저울로써 이루어진다. 이 개별적인 기어에 장력은 40~60[pound] 사이이다. 정확한 장력이 존재하고 적절한 조정이 되었는지 확인하기 위해 각각의 항공기에 대한 제작사 정비자료를 점검한다.

9.3.1.4 착륙장치의 올림 시험 (landing gear retraction test)

착륙장치계통과 구성요소의 적절한 작동은 착륙장치 올림(retraction) 시험을 수행함으로써 점검할 수 있다. 또한 이 점검은 착륙장치를 움직여 봄으로써 알

수 있다. 항공기는 이 점검을 위해 잭(jack)에 적절하게 들어 올려지고, 필요하다면 착륙장치 구성품의 세척과 윤활이 되어야 한다. 정밀육안검사가 수행되는 동안 마치 항공기가 비행 중에 있는 것처럼 기어를 끌어올리고 내린다. 계통의 모든 부분은 안전성과 적절한 작동에 대해 관찰되어야 한다. 비상 예비 접힘 장치는 기어를 비행 중에 있는 것처럼 끌어올려지고 내려질 때에는 언제나 점검되어야 한다.

접힘 시험은 연례 검사 등 여러 경우에 수행된다. 착륙장치계통의 정확한 기능에 영향을 줄 수 있는 착륙장치 구성요소는 교체 시, 착륙장치계통 성능에 영향을 주는 착륙장치 연동장치 또는 구성요소에서 조절이 수행되었을 때 접힘 시험이 뒤따라야 한다. 하드랜딩(hard landing) 또는 중량초과착륙 후에 기어를 매달아 움직여 보는 것이 필요할 수도 있다. 그것은 계통 내에서 기능불량을 찾아내기 위해 시도하는 작동도 일반적인 것이다. 모든 요구된 접힘 시험과 점검하기 위한 특정한 검사지점은 각각의 착륙장치계통에 따라 다를 수 있어 해당 항공기에 대해서는 제작사 정비매뉴얼을 참고한다.

착륙장치를 올림과 펼침(retraction & extend)하는 동안 수행하고자 하는 전반적인 검사항목은 다음과 같다.

(1) 착륙장치의 적정한 내림과 올림에 대해 점검한다.
(2) 모든 스위치, 등(light) 및 경고장치(warning device)의 적절한 작동을 점검한다.
(3) 착륙장치도어의 간극과 접착에서 분리된 것을 점검한다.
(4) 착륙장치 연동장치의 적절한 작동, 조절, 및 일반적인 상태를 점검한다.
(5) 알터네이트/ 비상 펼침 또는 접이 장치의 적절한 작동을를 점검한다.
(6) 마찰, 접착, 벗어짐, 또는 진동에 의해 발생하는 비정상적인 소리를 확인한다.

9.4 앞바퀴 조향장치 계통 (Nose Wheel Steering Systems)

대부분의 항공기에 앞바퀴는 조종실에서 조종할 수 있는 앞바퀴조향장치를 갖고 있다. 이를 통해 지상 운용 중에 항공기를 조종할 수 있다. 몇몇 단순한 항공기는 캐스터를 가지고 있는 앞바퀴 어셈블리를 가지고 있다. 그러한 항공기는 지상이동 중 주 바퀴의 좌, 우 차동제동(differential braking)에 의해 조향된다.

9.4.1 소형 항공기(Small Aircraft)

그림 9-50에서와 같이, 대부분 소형항공기는 방향키 페달에 연결된 기계식연동장치 계통의 사용을 통한 조향 능력을 가지고 있다. 푸시-풀 튜브는 하부스

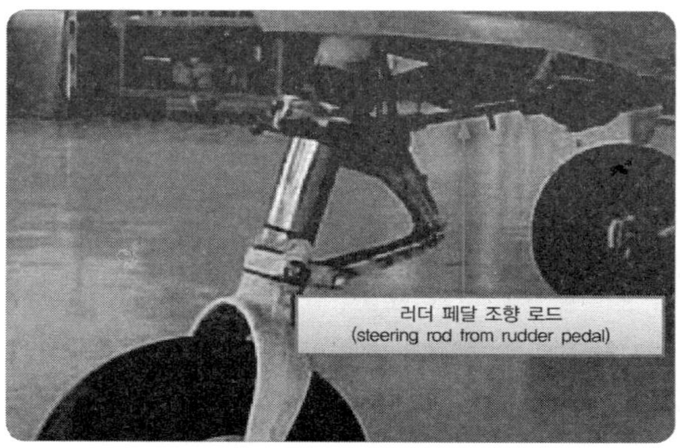

[그림 9-50] 전륜 조향 푸시-풀 로드(push-pull rod)

트러트 실린더에 페달 혼으로 연결된다. 페달을 밀었을 때, 움직임은 스트러트 피스톤 축과 바퀴어셈블리로 전달되며, 이 어셈블리는 왼쪽 또는 오른쪽으로 회전 한다.

9.4.2 대형 항공기(Large Aircraft)

대형기는 무게와 수동 조종에 대한 필요성으로 인하여, 앞바퀴 조향에 동력원을 이용하며, 유압동력원이 우세하다. 대형항공기 앞바퀴 조향계통에 다양한 설계가 있다. 대부분은 유사한 특징과 구성요소를 갖고 있으나, 조향제어장치는 일반적으로 조종실 왼쪽 측면 벽에 장착되는 작은 휠, 틸러 또는 조이스틱을 사용하여 조종실에서 조종한다. 일부 항공기에서는 계통을 켜고 끄는 스위치를 갖고 있기도 하다. 기계식연결, 전기식연결, 또는 유압식연결은 조종기의 움직임을 조향제어장치의 유압 미터링 밸브 또는 조절 밸브에 전달한다. 그것은 조향장치를 작동시키기 위해 다양한 링크로 설계된 하나 또는 두 개의 작동기로 작동유를 공급하여 하부 스트러트(strut)를 회전 시킨다. 압력에 의해 작동하는 액추에이터 등은 축압기와 릴리프밸브 등의 보기품을 갖고 있다. 이것은 조향 작동 실린더가 시미 댐퍼처럼 작동할 수 있게한다. 팔로우업 기계장치는 여러 가지의 기어, 케이블, 로드, 드럼, 그리고 벨 크랭크 등으로 이루어진다. 조향각도에 도달하면 미터링(metering) 밸브가 센터링 케이블에 의하여 중립 위치로 되돌린다. 수많은 계통은 이륙과 착륙 시에 또는 고속에서 항공기가 활주하는 동안 작은 각도의 회전을 위한 방향키 페달의 입력 서브계통으로 통합하여 작동한다. 안전밸브는 유압계통 손상 시에 앞바퀴가 회전할 수 있도록 압력을 경감시킨다.

다음의 설명은 대형항공기 앞바퀴 스티어링 계통과 구성요소를 보여준 그림 9-51, 그림 9-52, 그리고 그림 9-53과 함께한다. 이들 그림과 설명은 오직 교육을 위한 것이다.

앞바퀴 조향 휠(steering wheel)은 조종실 페데스탈 안쪽에 위치한 조향드럼으로 축을 통해 연결한다. 이 드럼(drum)의 회전은 케이블과 풀리의 도움으로 디

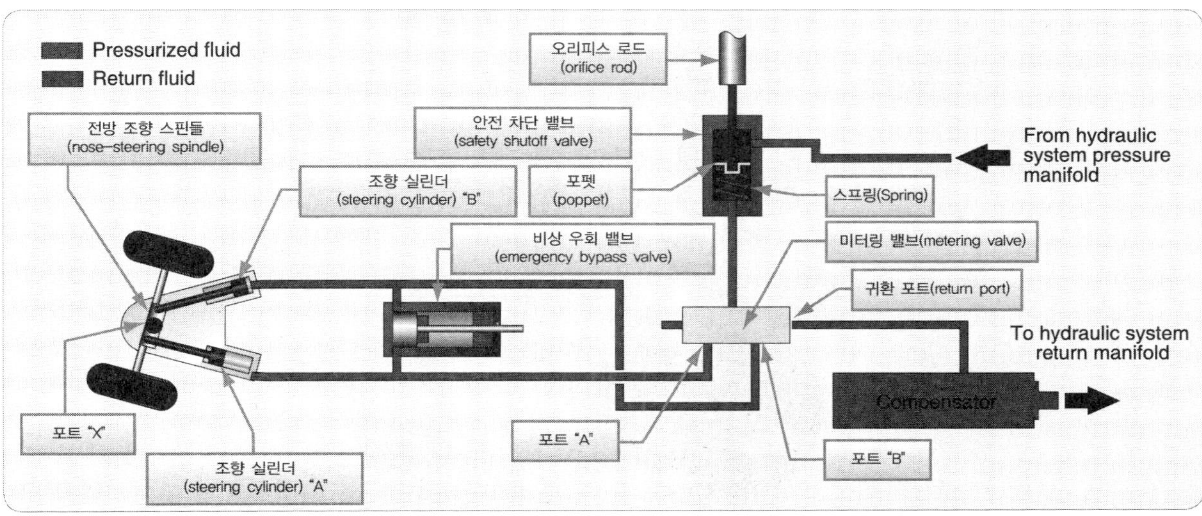

[그림 9-51] 항공기 앞 착륙장치 유압식 조향장치 흐름도

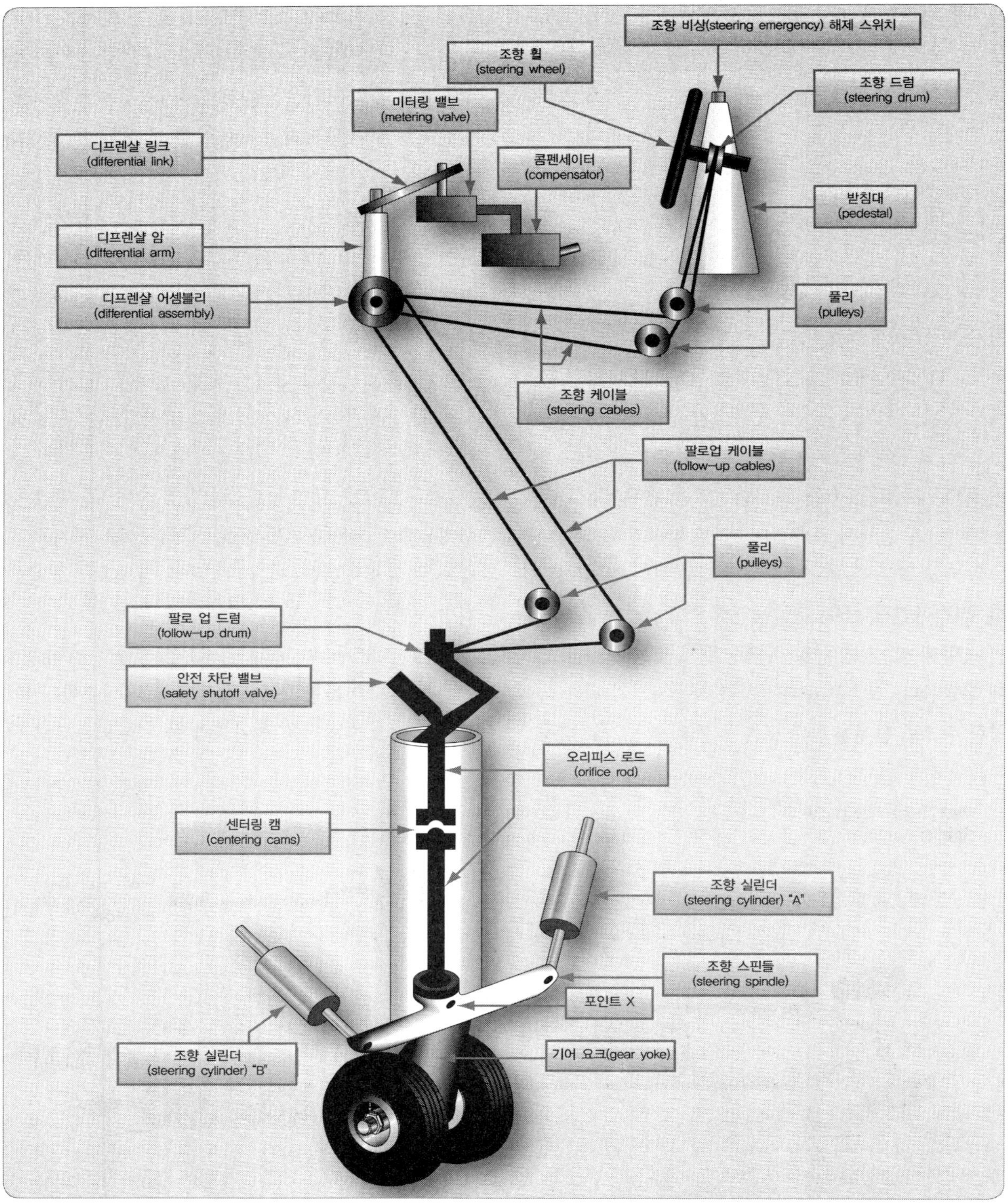

[그림 9-52] 대형항공기 앞착륙장치 유압 조향 계통

프렌셜 어셈블리(differential assembly)의 조종드럼으로 조향신호를 보내고, 디프렌셜 어셈블리의 움직임은 선택된 위치로 선택밸브를 움직이는 미터링 밸브를 통해 디프렌셜 링크에 전달함으로써 앞바퀴 계통을 회전시키는 유압을 공급한다.

그림 9-51과 같이, 항공기 유압계통에서 압력은 안전차단밸브를 통해 미터링 밸브로 전달된다. 미터링 밸브는 우 선회 알터네이트 링크를 통해 조향실린더 A쪽으로 Port A를 통해 가압된 압력을 전달한다. 이것은 단일배출구실린더이며, 압력은 피스톤을 밀어낸다. 이 피스톤의 로드는 X지점에서 주축으로 회전하는 앞착륙장치 완충스트러트에 앞 조향 주축에 연결하기 때문에, 피스톤의 작동은 점차적으로 오른쪽을 향하도록 조향주축을 돌린다. 앞부분기어가 돌아갈 때, 작동유는 좌 선회 알터네이트 라인을 통해 미터링 밸브의 Port B쪽으로 조향실린더 B의 작동유를 밀어낸다. 미터링 밸브는 항공기 유압계통귀환다기관 쪽으로 유압을 전달하는 보정기 안으로 이 작동유를 보낸다.

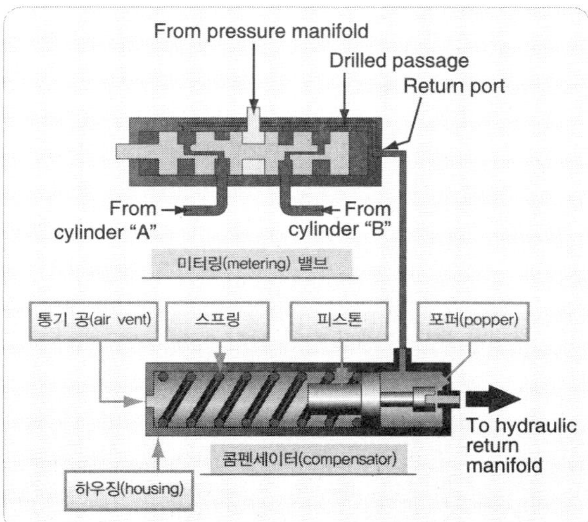

[그림 9-53] 항공기 앞바퀴 조향계통 유압 흐름도

설명한 바와 같이, 유압에 의해 앞착륙장치의 방향 전환이 이루어진다. 그러나 기어를 너무 많이 돌리면 안 된다. 앞 착륙장치 스티어링 계통은 선택된 각도의 선회에서 기어를 정지시키는 장치를 포함하며, 이것은 팔로우 업(follow up) 링크에이지에 의해서 이루어진다.

명시된 바와 같이, 앞 착륙장치는 실린더 A의 피스톤이 전개할 때 스티어링 스핀들에 의해서 선회된다. 그림 9-52와 같이, 주축의 뒤쪽은 오리피스 로드의 하부 기어와 톱니바퀴가 맞물리는 톱니를 갖고 있다. 앞 착륙장치와 스핀들이 선회할 때, 오리피스 로드도 반대 방향으로 돌아간다. 이 회전은 오리피스 로드의 두 부분에 의해 앞 착륙장치 스트러트의 상부에 위치된 시이소 팔로우 업 링크로 전달된다. 팔로우 업 링크가 되돌아올 때, 디프렌셜 어셈블리에서 케이블과 풀리에 의한 움직임을 전달하고, 팔로우 업 드럼을 회전시킨다. 디프렌셜 어셈블리의 작동은 디프렌셜 암과 링크로 하여금 중립위치로 향하여 본래의 위치로 미터링 밸브를 이동하게 한다.

그림 9-53에서는 앞 착륙장치 조향 계통의 미터링 밸브와 콤펜세이터(compensator)를 보여준다. 콤펜세이터계통은 언제나 가압된 조향실린더에 있는 작동유압을 유지시킨다. 이 유압장치는 스프링작동식피스톤과 포핏을 에워싼 세 개(three) 포트(port) 하우징의 구조이다. 왼쪽 배출구는 피스톤의 움직임을 방해하는 피스톤의 뒤쪽에서 갇힌 공기를 방지하는 에어벤트(air vent)이다. 보정기의 상부에 위치한 두 번째 포트는 미터링 밸브 귀환 포트까지 라인을 통해서 연결된다. 세 번째 Port는 콤펜세이터의 오른쪽에 있다. 이 Port는 유압계통 귀환 매니폴드까지 연결된다. 그것은 포핏 밸브가 열렸을 때 다기관 안으로 조향장치

귀환 압력을 전달한다.

콤펜세이터 포펫은 피스톤에 작용하는 압력이 스프링을 압축시키기에 충분히 높게 되었을 때 열린다. 이 계통에서, 100[psi]가 요구된다. 따라서 미터링 밸브 리턴 라인에 있는 작동유는 그 압력으로 제한된다. 또한 100[psi] 압력은 미터링 밸브 전체에 걸쳐서 존재하고 실린더 리턴 라인을 통해 되돌아온다.

이것은 언제나 조향(steering) 실린더를 가압하고 시미 댐퍼처럼 작동하도록 한다.

9.4.3 시미 댐퍼(Shimmy Dampers)

앞바퀴 스트러트의 고정식상부실린더에서 하단가동실린더까지 또는 스트러트의 피스톤까지 부착된 토크 링크(torque Link)는 어떤 속도에서 빠르게 진동하거나 흔들거리는 경향에서 앞 착륙장치를 보호하기에 충분하지 못하다. 이 진동은 시미 댐퍼의 사용을 통하여 제어되어야 한다. 시미 댐퍼는 유압감쇠를 통해 앞바퀴 시미를 제어한다. 댐퍼는 앞 착륙장치 내에 장착할 수 있지만, 그러나 대부분 상부완충스트러트와 하부완충스트러트 사이에 부착한다. 그것은 앞 착륙장치 조향계통이 정상적으로 작동할 수 있도록 지상조작의 모든 단계 내내 활성화 된다.

9.4.3.1 스티어링 댐퍼(steering damper)

위에서 설명한 바와 같이, 유압식조향장치를 구비한 대형항공기는 필요한 감쇠를 마련하기 위해 조향실린더에 압력을 유지하며, 이것을 스티어링 댐핑이라고 한다. 일부 구형 운송용 항공기는 베인 형으로 되어 있는 스티어링 댐퍼를 가지고 있으며, 그들은 진동을 감쇠할 뿐만 아니라 앞바퀴를 조향하기 위해 작동한다.

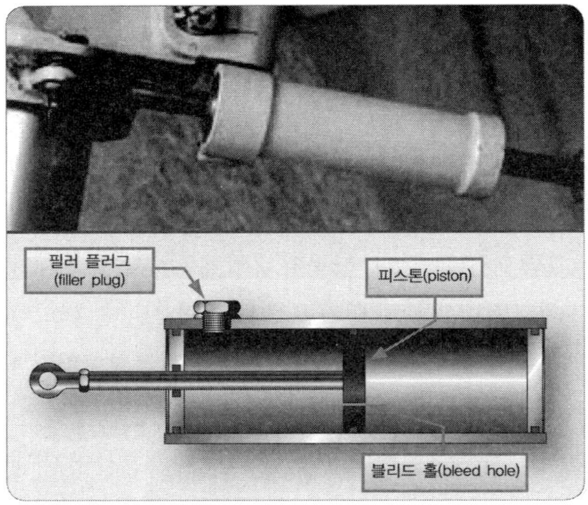

[그림 9-54] 소형 항공기 앞바퀴 시미 댐퍼 (shimmy damper)

9.4.3.2 피스톤 형(Piston-type)

그림 9-54와 같이, 유압식전륜조향을 갖추지 않은 항공기는 추가의 외부 시미 댐퍼 유닛을 활용한다. 케이스는 상부 완충스트러트 실린더에 부착하고, 축은 하부 완충스트러트 실린더와 시미 댐퍼 안쪽 피스톤에 부착한다. 하부 스트러트 실린더가 몹시 흔들리려 할 때, 유압유는 피스톤에 있는 브리드 홀(bleed hole)을 통해 밀어 넣는다. 브리드 홀을 통한 제한된 흐름은 요란된 진동을 흡수한다.

피스톤 형 시미 댐퍼는 작동유를 보충하기 위한 충진구를 포함하거나 또는 밀봉된 상태이다. 그러므로 댐퍼 유닛(unit)는 정기적으로 누출에 대해 점검되어야 한다. 적절한 작동을 확인하기 위해 피스톤 형 시미 댐퍼는 최대용량으로 채워져야 한다.

9.4.3.3 베인 형(vane-type)

그림 9-55와 같이, 베인 형 시미 댐퍼가 사용되기도 한다. 그것은 중앙축에 있는 베인 오리피스에 의해 분

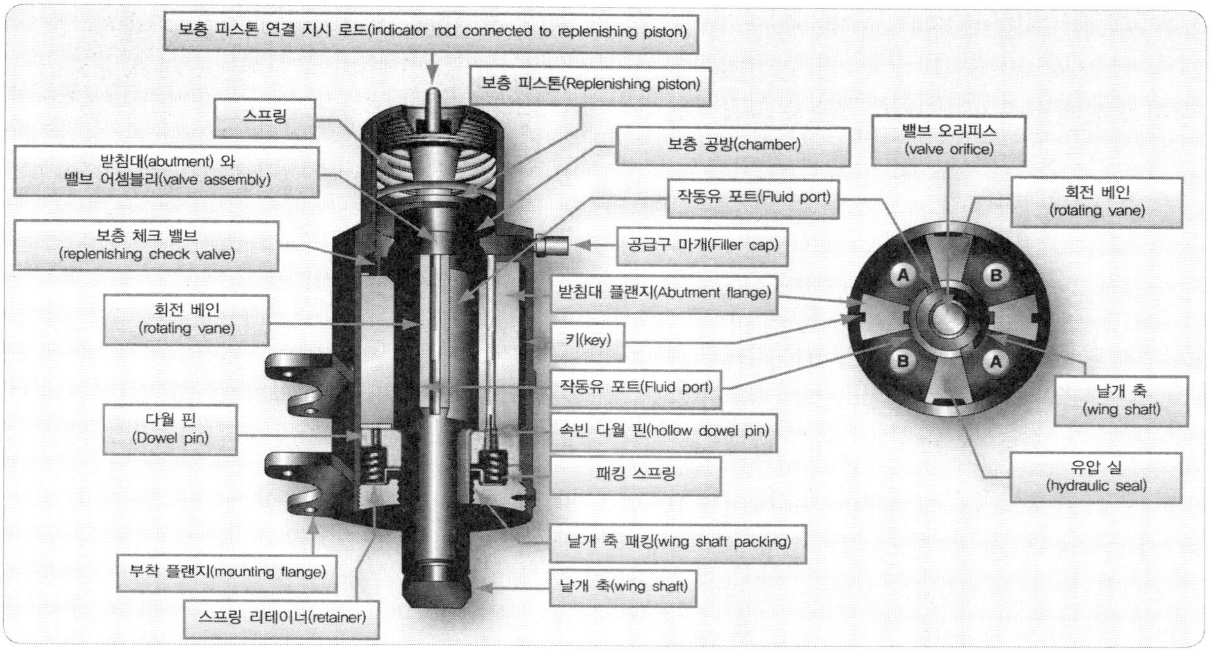

[그림 9-55] 베인 형 시미 댐퍼(shimmy damper)

리된 베인에 의해 작동유 챔버를 이용하며, 앞 착륙장치에 시미현상이 발생할 때 베인은 회전하여 작동유로 채워진 내부 챔버의 크기를 변화시킨다. 챔버 크기는 오직 작동유가 오리피스를 통해 밀어낼 수 있는 만큼 빠르게 변화시킬 수 있다. 그러므로 앞 착륙장치의 시미는 유체흐름의 비율에 의해 소멸된다. 내부 스프링 작동식 보충저장소는 작동실에 유압을 유지시키고 오리피스 크기의 열 보상이 포함된다. 피스톤 형 시미 댐퍼와 마찬가지로, 베인 형 댐퍼는 누출에 대해 검사되어야 하며 보급되어야 한다. 작동유량 지시기는 저장소 외부에 돌출되어 장착된다.

9.4.3.4 비 유압식 시미 댐퍼 (non-hydraulic shimmy damper)

비 유압식 시미 댐퍼는 현재 수많은 항공기에서 공인되었다. 그들은 피스톤 형 시미 댐퍼처럼 비슷하게 조립되지만 내부에 작동유를 담고 있지 않다. 금속피스톤 대신에, 고무피스톤은 앞바퀴의 시미 움직임이 샤프트를 통해 받아들였을 때 댐퍼 하우징의 내경에 대하여 바깥쪽으로 밀어준다. 고무피스톤은 그리스의 아주 얇은 피막을 타고 피스톤과 틀 사이에 마찰작용이 감쇠를 해준다.

그림 9-56과 같이, 이것은 표면효과제동이라고 알려져 있다. 재료는 구성부분에 전혀 추가적인 작동유의 필요성 없이 오랜 사용기간을 제공한다.

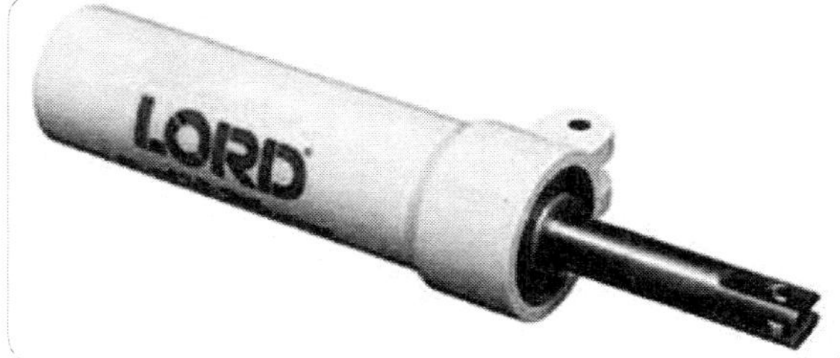

[그림 9-56] 비 유압식 시미 댐퍼(shimmy damper)

9.5 항공기 휠(Aircraft Wheels)

항공기 휠은 착륙장치계통의 중요한 구성요소이다. 항공기에 설치된 타이어는 지상 활주, 이륙, 그리고 착륙 시에 항공기의 무게를 지탱한다. 항공기 휠(wheel)은 튼튼하고 가벼우며, 일부 마그네슘합금 휠이 사용되기도 하지만 일반적으로 항공기 알루미늄합금으로 만들어진다. 초기 항공기 휠은 최신의 자동차 휠과 동일한 일체형구조의 것이었다. 항공기 타이어가 제공하는 그 목적을 위해 개선되어, 펑크 또는 림(rim)으로부터 분리 없이 착륙에서 하중을 더욱 많이 흡수하기 위해 더 견고한 것으로 만들었다. 일체형차륜 림 위에 타이어를 장착하는 것은 손쉬운 일이 아니었기에 두 쪽 휠이 개발되었다. 초기에 두 쪽 휠은 본질적으로 타이어에 대해 설치접근을 허용하도록 분리식 림(rim)을 가지고 있는 휠이었다. 그림 9-57과 같이, 이들은 구형 항공기에서 아직도 찾아볼 수 있다. 후에 2개의 거의 대칭적인 반쪽을 가지고 있는 휠이 개발되었다. 그림 9-58과 그림 9-59와 같이, 거의 모든 최신의 항공기 휠은 이러한 투피스(two-piece) 구조이다.

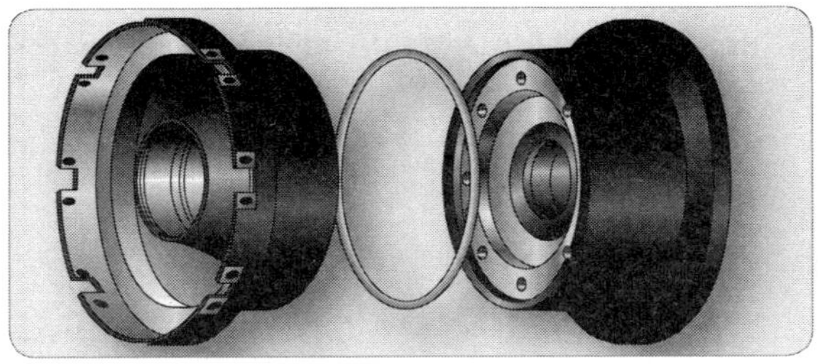

[그림 9-58] 현대 경량 항공기의 2부분 분할 휠 (Two-piece split-wheel)

9.5.1 휠의 구조(Wheel Construction)

전형적인 최신의 두 쪽 항공기 휠은 알루미늄합금 또는 마그네슘합금으로써 주조되거나 또는 단조 된다. 양쪽은 함께 볼트로 조여지고 가장 최신의 항공기는 튜브리스타이어를 사용하기 때문에 림을 밀봉시키는

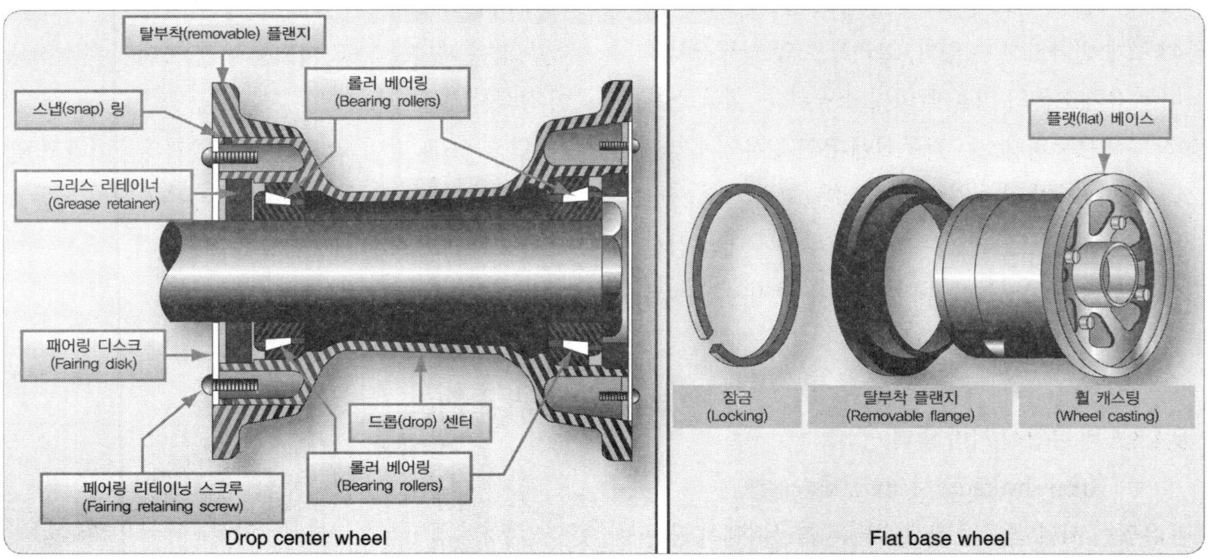

[그림 9-57] 이전 항공기의 장탈식 플랜지 휠(flange wheels)

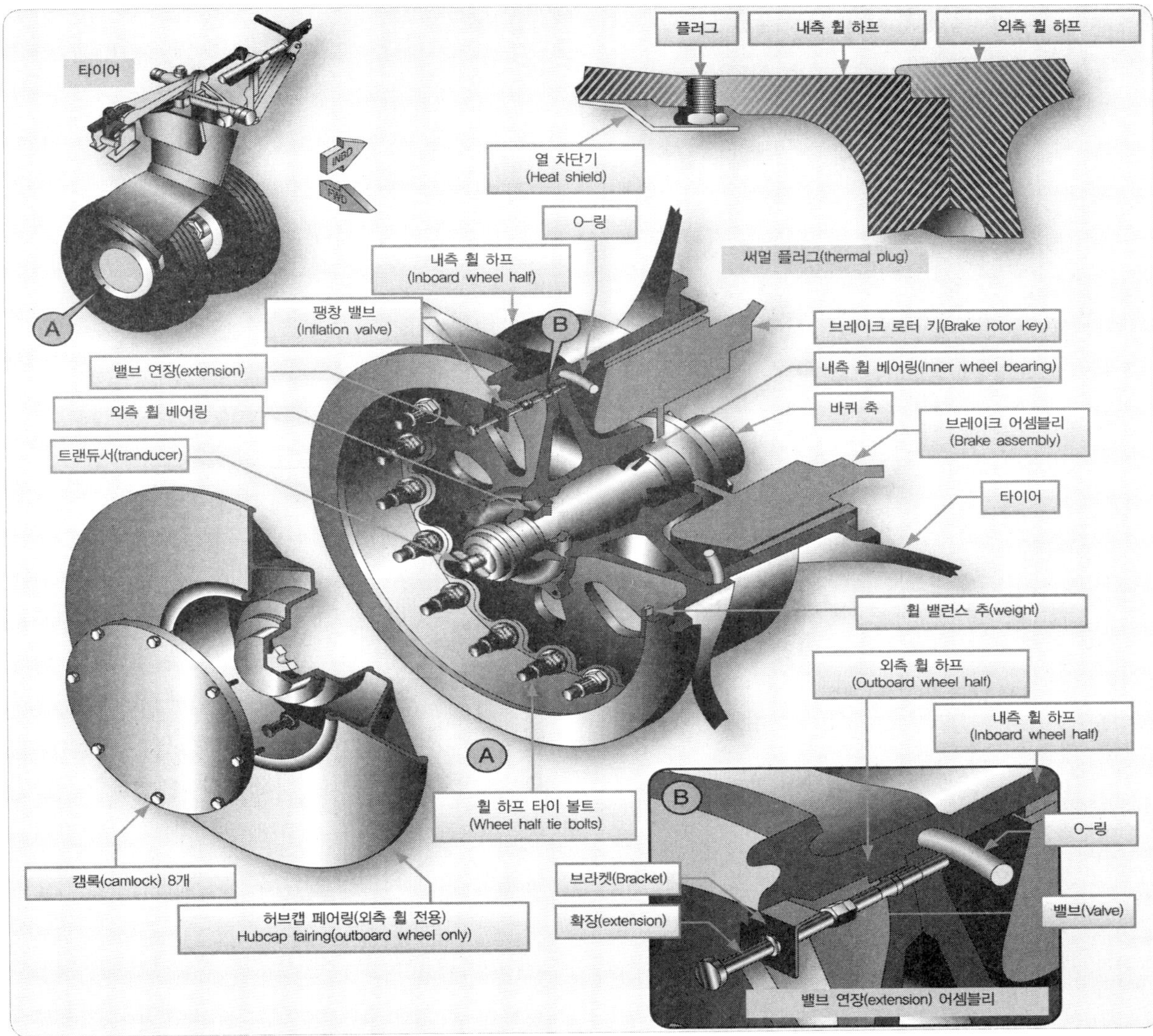

[그림 9-59] 현대 여객기 2부분 항공기 휠 특징(two piece aircraft wheel)

접합면에 O-링을 위한 홈을 갖고 있다. 휠의 비드시트지역은 타이어가 실제로 휠에 접촉하는 곳이다. 그것은 착륙 시에 타이어로부터 충분한 인장하중을 받아들이는 임계영역이다. 제작 시에 이 임계영역을 강화하기 위해, 비드시트지역은 전형적으로 압축응력 하중을 견딜 수 있도록 압연 가공된다.

9.5.1.1 안쪽 휠(inboard wheel half)

그림 9-60과 같이, 휠 절반은 안, 밖이 일치하는 것은 아니다. 이것에 대한 일차적인 이유는 안쪽 휠은 양쪽 주 바퀴에 설치된 항공기 브레이크의 로터를 장착하여 가동시키기 위한 수단을 갖추어야 한다는 것이다. 로터의 탕(tang) 부분은 많은 휠 내경부에 보강된 키 웨이(keyway)에 장착된다. 다른 바퀴는 안쪽 휠 절

[그림 9-60] 항공기 휠, 내부 절반 휠의 키(key)

반에 볼트로 조여진 스틸 키(steel key)를 가지고 있다. 이들은 브레이크로터의 둘레에 있는 가늘고 긴 홈(slot)에 맞도록 제작된다. 일부 소형항공기 바퀴는 안쪽 휠에 브레이크로터를 볼트로 장착하기 위한 설비를 가지고 있다. 안쪽 휠은 브레이크 설치 특징에 의해 바깥쪽 휠과 구별할 수 있는 것이다.

양쪽 휠에는 중앙에 형성된 베어링 공간(cavity)이 있어 광택을 낸 강제 베어링 컵, 테어퍼롤러 베어링, 그리고 일반적인 휠 베어링 셋업의 그리스 리테이너가 수용 된다. 홈은 또한 휠 어셈블리를 장탈했을 때 그곳에 베어링어셈블리 잡아주기 위한 리테이닝 클립을 장착하도록 기계로 가공되어 있다. 휠 베어링은 휠 어셈블리의 아주 중요한 부품이며, 이 목록의 후반 부분에서 설명된다.

그림 9-61에서 보여준 것과 같이, 고성능항공기에서 사용된 휠의 안쪽 휠 절반은 1개 이상의 열 플러그를 갖춰야 한다. 급제동 시 타이어온도와 타이어압력이 휠어셈블리와 타이어어셈블리의 파열을 가져올 정도로 높아질 수 있다. 열 플러그 중심부는 저용융점 합금으로써 채운다. 타이어온도와 바퀴온도가 파열의

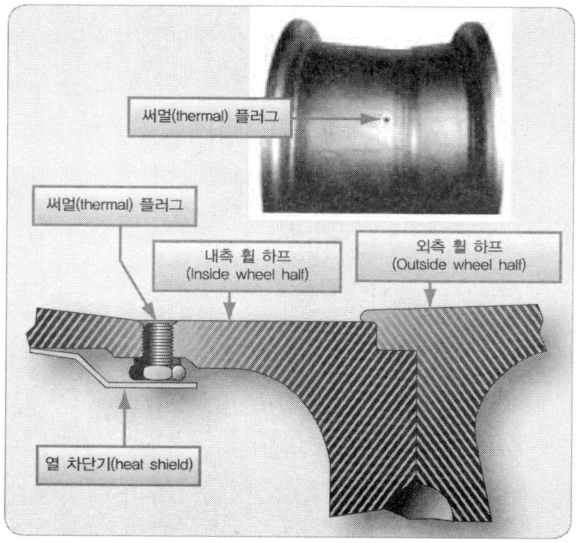

[그림 9-61] 브레이크 과열 안전 장치

지점에 도달하기 전에 중심부가는 녹아 타이어는 공기가 빠진다. 타이어는 장탈되어야 하고, 바퀴는 만약 열 플러그가 녹았다면 사용되기 전에 휠제작사 사용법에 따라 검사되어야 한다. 인접한 휠어셈블리도 손상의 징후에 대해 검사하여야 한다. 열 차폐는 일반적으로 과열로부터 휠 · 타이어어셈블리를 보호하기 위해 브레이크로터에 맞물리도록 설계된 삽입물 아래쪽에 장착된다.

과팽창 안전플러그는 안쪽 휠에도 장착할 수 있다. 이것은 플러그의 파열로 너무 팽창된 타이어에 있는 공기의 모두를 방출시키기 위해 설계되었다. 충전밸브는 때때로 부풀림과 공기빼기를 위한 진입로를 허용하기 위해 안쪽 휠에 설치되어 바깥쪽 휠 구멍을 통과하는 공기 꼭지를 가지고 있다.

9.5.1.2 바깥쪽 휠(Outboard Wheel Half)

타이어가 장착된 휠어셈블리를 구성하기 위해 바깥쪽 휠과 안쪽 휠을 볼트로 조인다. 센터 보스(center

boss)는 안쪽 휠과 같이 베어링 컵과 베어링어셈블리를 수용하도록 조립된다. 외측베어링과 차축의 끝단은 외부로부터의 오염을 방지하기 위해 마개를 하였다. 일반적으로 미끄러짐방지 브레이크 계통을 가지고 있는 항공기는 여기에 바퀴회전변환기(wheel-spin transducer)를 설치한다. 그림 9-59의 그림에서 B-737 바깥쪽 휠은 전체 휠 위에 허브 캡 유선형덮개를 가지고 있다. 이는 항공기의 기어 도어가 바깥 바퀴 부분이 닫히지 않기 때문에 외기 흐름으로부터 유선형을 유지하기 위한 것이다. 허브 캡은 또한 고정식기어 항공기에서 찾아볼 수 있다.

밸브꼭지의 편리한 장소를 마련해주는 외측 휠은 튜브리스타이어를 팽창시키고 수축시키기 위해 사용되었다. 대안으로, 이는 튜브형 타이어가 사용되는 경우 밸브 스템 연장 부가 안쪽 휠로부터 통과 할 수있는 구멍통과 하거나 밸브 스템 자체가 그러한 구멍을 통해 끼워 질 수있다.

9.5.2 휠의 검사(Wheel Inspection)

항공기 휠 어셈블리는 가능할 때마다 항공기에 있는 동안 검사한다. 더 정밀한 검사와 시험이나 수리는 항공기로부터 휠 어셈블리를 분리한 상태에서 이루어지게 된다.

9.5.2.1 항공기에 장착된 휠의 검사 (On Aircraft Inspection)

항공기 휠어셈블리의 일반적인 상태는 항공기에 장착되어 있는 동안 검사될 수 있다. 항공기로부터 휠 어셈블리를 분리하야 할 수 있는 것으로 의심되는 손상의 징후는 조사되어야 한다.

9.5.2.2 적절한 장착(Proper Installation)

착륙장치 지역은 가능한 언제든지 정비사가 휠, 타이어, 그리고 브레이크를 포함하는 착륙장치를 검사해야 하는 유해한 환경이다. 휠이 적절하게 장착되어 있다고 믿지 말아야 한다. 모든 휠 타이 볼트와 너트는 휠에 고정되어 있어야 한다. 분실된 볼트는 장탈의 근거가 되며, 볼트 손상이 발생시킨 응력 때문에 휠 제조사 절차에 따라 휠의 철저한 검사가 수행되어야 한다. 휠 허브 더스트 캡과 미끄러짐방지감지기도 단단히 고정시켜야 한다. 안쪽 휠은 마찰(chafing) 또는 과도한 움직임의 징후 없이 로터와 조화되어야 한다. 휠의 모든 브레이크 키는 제자리에 고정되어야 한다.

휠의 균열, 벗겨져 떨어진 페인트, 그리고 과열흔적을 검사한다. 녹아버린 용융합금의 용융된 징후가 없는지 확인하기 위해 열 플러그를 검사한다. 타이어에서 압력손실을 가능케 한 열 플러그는 검사를 위해 차륜어셈블리를 장탈한다. 브레이크와 열 플러그를 구비한 모든 다른 휠도 과열 여부를 판단하기 위해 항공기에서 면밀히 검사되어야 한다. 각각의 휠은 이례적으로 기울어지지 않았는지 확인하기 위해 전체적으로 관찰되어야 한다. 플렌지는 어떠한 조각이라도 분실한 것이 없어야 하고, 그리고 중대한 충격손상지역이 없어야 한다.

(1) 액슬 너트의 토크(axle nut torque)

액슬 너트 토크는 항공기 휠 장착에서 극히 중요한 것이다. 만약 너트가 너무 느슨하게 장착된다면, 베어링과 바퀴 어셈블리는 과도한 움직임을 갖게 된다. 베어링 컵이 풀리고 공전되면 휠이 손상될 수 있다. 그림 9-62에서 보여준 것과 같이, 롤러 베어링으로부터 충격손상이 발생하여 베어링의 파손으로 이어질 수 있

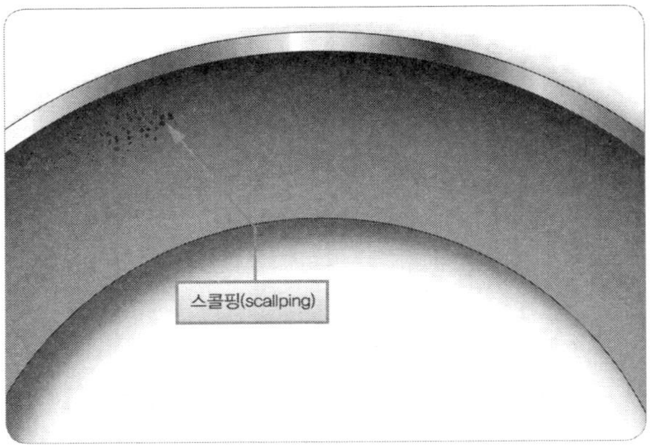

[그림 9-62] 액슬 너트의 느슨한 토크(loose torque)로 인한 스콜핑(Scallping)

다. 과 토크 된 액슬 너트는 베어링이 항공기의 하중을 적절하게 견딜 수 없도록 한다. 열을 흡수하기 위한 충분한 윤활 없는 베어링의 회전은 더 큰 마찰을 일으키며, 이것은 역시 베어링파손으로 이어진다. 모든 항공기 액슬 너트는 기체 제작사 정비절차에 따라 장착되어야 하고 토크 되어야 한다.

9.5.2.3 항공기에서 장탈 된 휠의 검사 (off aircraft wheel inspection)

항공기에 장착 휠을 검사하는 동안 발견된 결함은 휠을 항공기로부터 떼어낸 후 더 많은 검사를 요하게 된다. 베어링상태와 같은 다른 항목은 오직 떼어낸 휠어셈블리에서만 수행될 수 있다. 휠의 검사는 타이어가 휠 림으로부터 분리되어야 하며, 항공기로부터 휠어셈블리를 장탈할 때 다음의 주의사항을 준수한다.

CAUTION 항공기로부터 휠어셈블리 장탈 절차를 시작하기 전에 먼저 타이어의 공기를 뺀다. 휠어셈블리는 특히 고압, 고성능 타이어를 취급할 때, 액슬 너트를 제거하는 동안 파열의 위험이 있는 것으로 알려져 있다. 너트의 토크는 결함 있는 휠 또는 부러진 타이 볼트가 있는 휠을 함께 잡아주는 유일한 힘일 수 있다. 풀렸을 때, 타이어의 고압의 압력은 정비사에게 치명적인 손상이 될 수 있으며, 돌발고장을 일으킬 수 있다. 항공기 타이어는 장탈 전에 냉각시키는 것은 또한 중요한 것이다. 냉각을 위해 3시간 이상의 시간이 요구된다. 측면이 아닌, 앞쪽 또는 뒤쪽에서 휠어셈블리에 접근한다. 타이어로부터 공기를 제거할 때 공기가 밸브꼭지로부터 방출 시 정비사에게 심각한 손상이 될 수 있는 것처럼 방출된 공기와 밸브코어 궤적의 경로에 서있지 않는다.

NOTE 예방책으로서 한 번에 한 쌍의 타이어 휠 어셈블리에서 한 개의 타이어 휠 어셈블리만 제거 한다. 한 개의 타이어 휠 어셈블리가 제자리에 있으므로, 항공기가 잭(jack)으로부터 이탈 되어도 항공기의 손상과 인명피해를 줄일 수 있다.

(1) 휠과 타이어의 분리(loosing the tire from the wheel rim)

항공기 타이어는 팽창과 조립 장착 후에, 휠에 달라붙는 경향을 갖고 있으므로 비드부분은 타이어의 장탈을 위해 분리되어야 한다. 이 목적을 위해 설계된 기계식압축기와 유압식압축기가 있다. 그림 9-63과 같이, 작업을 위해 특별히 제작된 장치가 없을 경우에 아버 압축기를 비드에 가능하면 가까이 휠 주위에 연속하여 작업하는 데 사용할 수 있다. 위에서 설명한 바와 같이, 휠에서 눌려지고 있는 동안 타이어에 압력이 없어야 한다. 휠은 비교적 연질이므로 절대로 스크루드라이버 또는 다른 공구로 림과 타이어 사이를 떼어내지 말아야 한다. 휠의 흠집(nick) 또는 변형은 휠이 파

[그림 9-63] 기계적 분리 도구(A), 유압 프레스(B), 아버 프레스(arbor press)(C)

손될 수 있는 응력집중의 원인이 된다.

(2) 휠의 분해(disassembly of the wheel)

휠의 분해는 테이블과 같은, 평편한 면과 깨끗한 곳에서 수행한다. 먼저 휠베어링을 떼어 세척과 검사를 위해 곁에 놓는 후 타이 볼트를 장탈할 수 있다. 항공기 휠은 비교적 부드러운 알루미늄합금과 마그네슘합금으로 제작되어 있으므로 타이 볼트를 분해하기 위해 충격공구를 사용하지 않는다. 그들은 충격공구의 반복된 사용은 휠을 손상시킬 것이다.

(3) 휠 어셈블리의 세척(cleaning the wheel assembly)

휠 제조사에 의해 권고된 연한 브러시를 사용하여 용제로써 휠 부위를 세척한다. 마무리 작업 시 스크랩퍼(scraper)와 같은, 연마 재료나 공구를 피한다. 부식은 빠르게 발생할 수 있고 만약 마무리 상태에서 마멸이 있다면 휠을 약화시킨다. 휠의 세척 후 압축공기로써 건조시킬 수 있다.

(4) 휠 베어링의 세척(cleaning the wheel bearings)

베어링은 바솔, 나프타, 또는 스토다드® 용제와 같은, 권고된 용제로써 세척하기 위해 휠로부터 장탈되어야 한다. 베어링을 용제에 담그는 것은 굳어진 그리스의 용해에 사용될 수 있다. 베어링은 부드러운 강모 브러시(bristle)로써 깨끗하게 솔질이 되고, 압축공기로 건조된다. 절대로 압축공기로 건조시키는 동안 베어링을 회전시키지 않는다. 마찰되는 베어링 면과 베어링 롤러의 빠른 회전으로 인한 금속 간 마찰은 금속 표면이 마찰열에 의한 손상의 원인이 되며, 베어링 부품이 분해될 경우 인명피해의 원인이 될 수 있다. 항상 베어링의 증기세척을 피한다. 금속 표면 마감이 손상되어 조기 고장으로 이어질 수 있다.

(5) 휠 베어링의 검사(wheel bearing inspection)

세척 후 휠 베어링을 검사한다. 베어링과 베어링 컵의 받아들일 수 없는 많은 상태가 있으며 이는 폐기의 근거가 된다. 실제 베어링어셈블리에서 검출된 거의 모든 흠(flaw)은 교체의 근거가 될 수 있다.

폐기되어야 할 원인이 있는 베어링의 일반적인 상태는 다음과 같다.

① 마모손상(galling)

그림 9-64와 같이, 마모손상(galling)은 접합면의 문지름에 의해 일으킨다. 금속은 마찰로 용접될 정도로 너무 뜨겁게 되고, 그리고 표면금속은 운동이 지속적인 문지름으로 인해 파괴된다.

② 쪼개짐(spalling)

그림 9-65와 같이, 쪼개짐(spalling)은 Bearing Roller 또는 마찰되는 면(race)의 경화표면의 부분(portion)을 조금씩 깎아낸 형태이다.

③ 과열(overheating)

그림 9-66과 같이, 과열은 금속표면에 푸른빛을 띤(bluish) 엷은 색깔(tint)로 변색된 것으로 윤활(lubrication)의 결핍에 의해 발생한다. 금속으로 하여금 변색뿐만 아니라 물결모양으로 변색된 과열시킨 롤러의 끝단(end)을 보여준다. 베어링 컵 레이스 웨이(raceway)도 변색된다.

④ 압흔(brinelling)

그림 9-67과 같이, 압흔(brinelling)은 과도한 충격에 의해 나타난다. 그것은 베어링 컵 레이스 웨이

[그림 9-64] 마모손상(Galling)

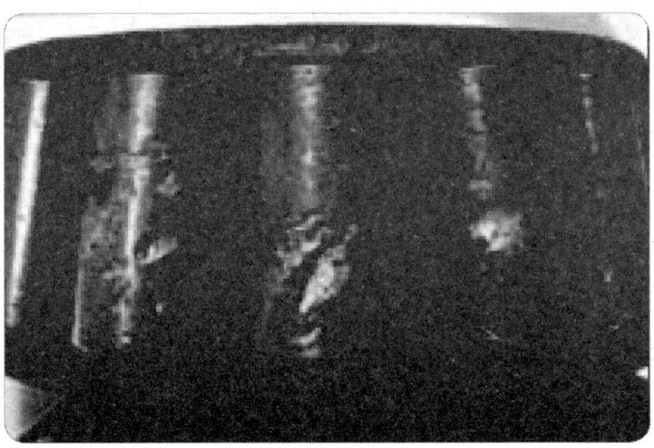

[그림 9-65] 쪼개짐(Spalling)

[그림 9-66] 과열(Overheating)

[그림 9-67] 압흔(Brinelling)

(raceway)에서 톱니모양처럼 나타난다. 어떠한 정적 과부하 또는 강한 충격은 진동과 노화의 베어링파손으로 이어지는 실질적 압흔(true brinelling)의 원인이 될 수 있다.

⑤ 유사 압흔(false brinelling)

그림 9-68과 같이, 유사 압흔은 정적상태에 있는 동안 베어링의 진동에 의해 일으켜진다. 정적과부하로, 윤활제는 롤러와 레이스 웨이 사이로부터 밀려나올 수 있다. 금속간접촉의 지점에서 제거된 극 미소입자는 산화하여, 손상을 확산시키는 더 많은 입자를 제거

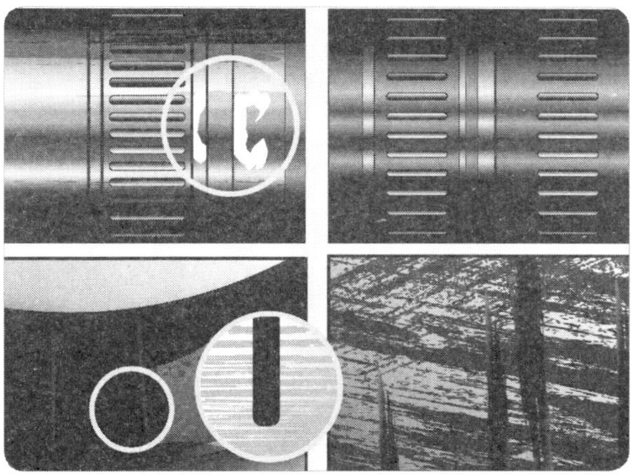

[그림 9-68] 유사 압흔(false brinelling)

[그림 9-69] 착색과 표면 자국 (staining and surface marks)

시키기 위해 작용한다. 마찰부식이라고 알려져 있으며, 윤활제의 녹슨 색에 의해 식별할 수 있다.

⑥ 착색과 표면 자국(staining and surface marks)

그림 9-69와 같이, 착색과 표면자국은 롤러와 마찬가지로 일정한 간격으로 줄무늬를 넣은 어두운 회색빛으로 베어링 컵에 나타나고 베어링에 들어간 물에 의해 발생한다. 그것은 그다음에 더 깊은 부식의 첫 번째 단계이다.

⑦ 식각과 부식(etching and corrosion)

그림 9-70과 같이, 식각(etching)과 부식(corrosion)은 물과 물에 의해 발생한 손상이 베어링 엘리먼트(element)의 표면처리 된 부분에 침투할 때 발생한다. 그것은 불그스레한(reddish)/갈색의 변색으로서 나타난다.

⑧ 거친 표면(bruising)

그림 9-71과 같이, 상처자국은 어쩌면 불량한 시일 또는 베어링 청결의 부적절한 정비로부터 미립자 오염에 의해 나타난다. 그것은 베어링 컵에 거친 표면을 남긴다.

[그림 9-70] 식각과 부식(etching and corrosion)

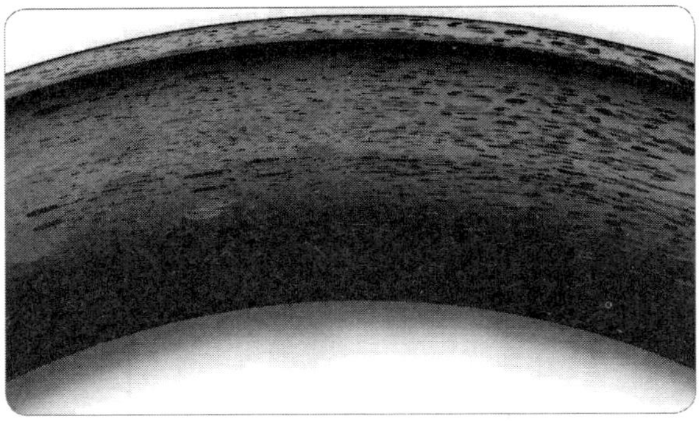

[그림 9-71] 거친 표면(Bruising)

베어링 컵은 검사를 위해 제거하지 않으나, 바퀴 보스에 견고하게 부착되어야 한다. 그림 9-72와 같이, 컵이 풀리거나 또는 겉돌지 않도록 하여야 한다. 컵은 보통 제어식오븐에서 휠을 가열한 후 압력으로 밀어내거나 또는 비금속천공기로 가볍게 쳐내서 제거한다. 장착절차는 유사하며 휠은 가열하고 컵은 드라이아이스(dri ice)로 수축시킨 후 비금속 해머 또는 비금속 천공기로 그곳을 가볍게 두드린다. 마찰되는 면의 바깥쪽은 삽입 전에 프라이머를 분사한다. 특정한 사용법 설명서에 대해서는 휠 제조사 정비매뉴얼을 참고한다.

[그림 9-72] 베어링 컵(Bearing cups)의 부적절한 부착으로 풀려서 겉돌아 발생

(6) 베어링의 취급과 윤활(bearing handling and lubrication)

베어링의 취급은 매우 중요한 것 중 하나이다. 오염, 습기, 그리고 진동, 심지어 베어링이 정적상태에 있는 동안에도 이와 같은 조건들은 베어링을 못 쓰게 할 수 있다. 이들이 베어링에 영향을 줄 수 있게 하는 여건을 피하고 제조사사용법설명서에 따라 요구되는 곳에 베어링을 장착하고 토크를 확실히 한다.

그림 9-73과 같이, 적당한 윤활은 베어링을 손상시킬 수 있는 조건으로부터 보호하기 위한 것이며, 제조

[그림 9-73] 가압식 베어링 윤활 도구

사에 의해 권고된 윤활제를 사용한다. 압력 베어링 패킹 툴 또는 어댑터의 사용은 또한 세척 후에 남아있게 되는 베어링 안쪽으로부터 어떠한 오염이라도 제거하기 위한 최상의 방법으로서 권고된다.

(7) 휠의 검사(Inspection of the wheel halves)

각각의 분해된 휠의 철저한 육안검사는 휠 제조사정비자료에서 명시된 불일치에 대해 고려되어야 하며, 확대경의 사용이 권고된다. 부식은 휠을 검사하는 동안 나타나는 가장 일반적인 문제점 중 한 가지이며, 습기가 침투된 장소는 면밀히 점검되어야 한다. 제조사 사용설명서에 따라 일부 부식처리를 하는 것은 가능하다. 인가된 보호표면처리와 적절한 윤활은 휠에 조립 전에 수행되어야 한다. 명백히 규정 한계를 넘어서는 부식은 휠 사용을 할 수 없는 원인이다.

부식에 추가하여, 휠의 어떤 위치에 균열에 대한 검사는 특히 널리 행해지는 것이며, 그림 9-74와 같이,

[그림 9-74] 경량 항공기 비드 시트(bead seat) 구역

그러한 부분은 비드시트구역이다. 착륙의 큰 응력(stress)은 이 접촉면적에서 타이어에 의해 휠로 전달된다. 무리한 착륙(hard Landing)은 검출하기 아주 어려운 비틀어짐 또는 균열을 생기게 한다. 이것은 모든 휠에 대한 관심사이고 고압, 단조식 휠에서 가장 문제가 되는 것이다.

침투탐상검사는 일반적으로 비드지역에서 균열에 대해 점검할 때는 효과가 없다. 타이어가 분리되고 금속에서 응력이 제거되면 균열이 단단히 닫히는 경향이 있어 비드시트구역의 와전류탐상검사가 요구된다. 와전류점검을 수행할 때 휠 제조사사용법설명서를 따른다.

그림 9-75에서와 같이, 휠 브레이크 디스크 드라이브 키 구역은 균열이 발생하는 또 다른 구역이다. 브레이크의 제동력으로 인한 디스크의 작동이 키에 높은 충격을 준다. 일반적으로 염색침투탐상시험은 이 지역에서 균열을 확인하기에 충분하다. 모든 드라이브 키는 가능한 움직임 없도록 장착해야 하며, 이 부분의 부식은 허용되지 않는다.

(8) 휠 타이 볼트의 검사(Wheel tie bolt inspection)

휠 타이 볼트는 사용 중 큰 응력을 받으므로 점검이 필요하다. 타이 볼트는 보통 나사와 볼트 헤드 아래쪽이 늘어남 및 균열이 발생하는 가장 일반적인 지역이

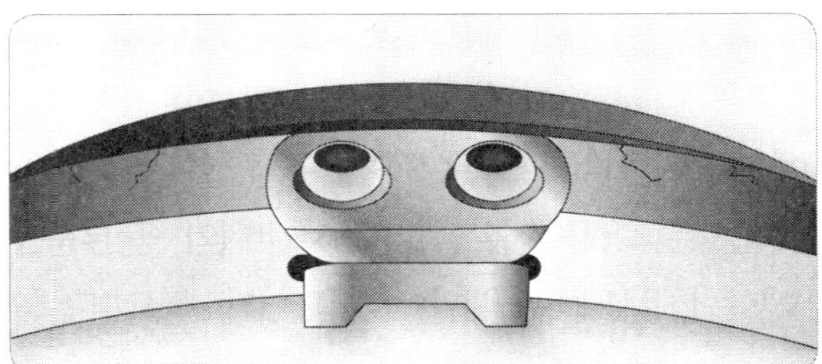

[그림 9-75] 휠 디스크 드라이브 키 구역 균열 점검

다. 자분탐상검사(magnetic particle inspection)는 이 균열을 찾아낼 수 있다. 볼트 검사에서 정비매뉴얼절차를 따른다.

(9) 키와 키 스크류의 검사(Key and key screw inspection)

대부분 항공기 안쪽 휠에서, 키(key)는 브레이크 디스크(brake disc)를 가동시키기 위해 휠에 나사로 조립되거나 또는 볼트로 고정된다. 드라이브 키는 브레이크가 작동되었을 때 과도한 힘을 받는다. 그러므로 휠과 키 사이에 움직임이 없어야 한다. 볼트는 안전성에 대해 점검되어야 하고, 그리고 키 주위에 균열에 대해 검사되어야 한다. 또한 너무 많은 마모는 과도한 움직임을 허용하기 때문에 키가 얼마나 닳았는지에 한계가 있다. 타이어 휠 제조사 사용설명서는 이 중요한 영역의 검사를 수행하기 위해 사용되어야 한다.

(10) 퓨즈 플러그의 검사(fusible plug inspection)

그림 9-76과 같이, 퓨즈플러그 또는 열 플러그(thermal plug)는 시각적으로 검사되어야 한다. 이들 나사식플러그는 플러그의 외부 구성부분보다 더 저온에서 녹아버리는 중심부를 가지고 있으며, 이것은 지면 마찰과 제동 열로 온도가 위험수준으로 올라가는 경우 타이어로부터 공기를 방출시키기 위한 것이다. 정밀검사는 퓨즈의 중심부가 고온으로 인하여 녹아 사용되었는지 확인한다. 만약 검출되었다면, 휠에 있는 모든 열 플러그는 새로운 플러그로 교체되어야 한다.

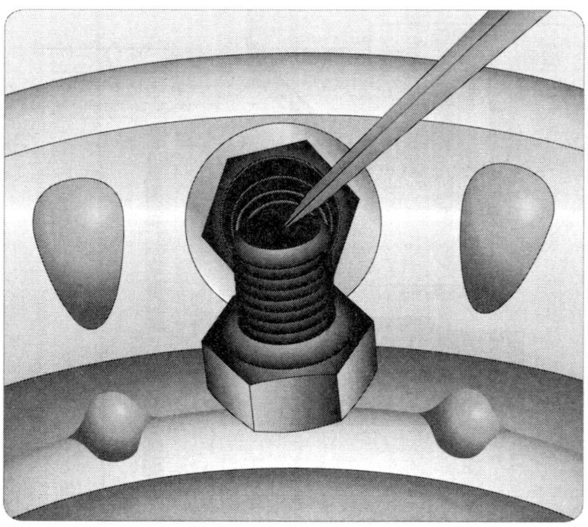

[그림 9-76] 퓨즈 중심부 플러그 육안검사

(11) 무게 평형(balance weights)

그림 9-77과 같이, 항공기 바퀴어셈블리의 평형은 중요하다. 제작되었을 때, 각각의 휠 세트는 정적으로 균형이 잡혀진다. 필요하면 균형을 위해 무게를 추가한다. 그들은 휠어셈블리의 영구부품이며 타이어 휠을 사용하기 위해 장착되어야 한다. 무게의 평형은 휠 중심에 볼트로 고정되고 휠을 세척하고 검사할 때를 장탈 될 수 있으며, 완료 후 그들은 원위치에 다시 고정되어야 한다. 타이어가 휠에 설치되었을 때, 휠 · 타이어어셈블리의 평형잡기는 부가중량이 더해지는 것이 필요하게 된다. 이들은 보통 바퀴의 바깥쪽 원주 주위에 장착되고 출고 시 휠 세트의 무게 평형을 위한 대체품으로 사용되지 말아야 한다.

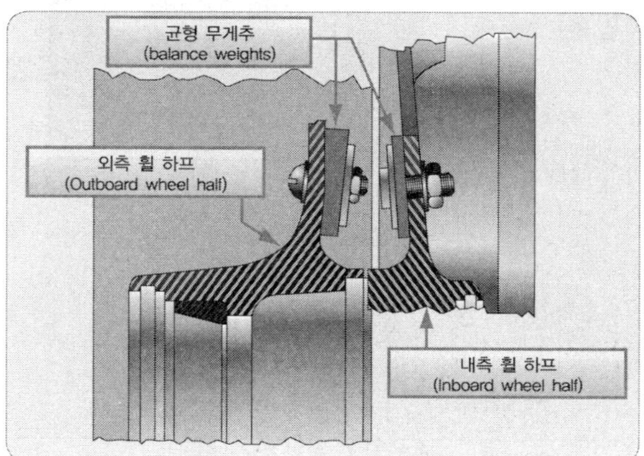

[그림 9-77] 두 부분 항공기 휠 무게 평형(balance weights)

9.6 항공기 브레이크(Aircraft Brakes)

아주 초기의 항공기는 지상에서 있는 동안 항공기의 속력을 늦추고 정지시키기 위한 브레이크 계통을 갖추지 않았다. 대신에 그들은 서행, 충격이 가벼운 비행장 활주로, 그리고 지상 활주 시에 속도를 경감시키기 위한 테일 스키드에 의해 발생한 마찰에 의존했다. 항공기를 위해 설계된 브레이크 계통은 항공기의 속도와 관련성이 증가되었고 급격히 늘어난 매끄럽고, 포장된 활주로면의 사용이 제1차 세계대전 이후에 보편화되었다. 모든 최신의 항공기는 브레이크를 갖추고 있으며, 그들의 적절한 작동은 지상에서 항공기의 안전한 운영에 대해 신뢰되었다. 브레이크는 항공기의 속력을 늦추고 적당한 시기에 정지시킨다. 그들은 엔진 런 업(run up) 시에 항공기를 정지상태로 유지하고, 대부분의 경우에서, 활주 시에 항공기를 조향시킨다. 대부분 항공기에서, 주 바퀴는 각각 브레이크장치를 갖추고 있다. 앞바퀴 또는 꼬리 바퀴는 브레이크를 갖추지 않는다.

일반적으로 브레이크 계통에서, 방향키 페달에 기계식연동장치 또는 유압식연동장치를 통해 조종사가 브레이크를 제어하게 한다. 오른쪽 방향키 페달을 밟으면, 오른쪽 주 바퀴에 브레이크를 작동시키고, 왼쪽 방향키 페달을 밟으면, 왼쪽 주 바퀴에 브레이크를 작동시킨다. 브레이크의 기본 작동은 마찰을 통한 운동에너지를 열에너지로 전환한다. 다량의 열이 발생하고 브레이크 계통 구성요소에 마찰력이 요구된다. 브레이크의 효과적인 작동을 위해 적절한 조절, 검사, 그리고 정비가 필수적이다.

9.6.1 항공기 브레이크의 형식과 구조 (Types and Construction of Aircraft Brakes)

일반적으로 최신의 항공기는 디스크브레이크를 사용한다. 디스크가 회전 휠 어셈블리와 함께 회전하는 동안 고정자(stationary caliper)는 브레이크 작동 시 디스크에 대하여 마찰을 일으켜 회전에 저항한다. 항공기의 크기, 무게, 그리고 착륙속도는 브레이크 계통의 설계와 복잡성에 영향을 미친다. 단일디스크브레이크, 이중디스크브레이크, 그리고 멀티디스크브레이크는 일반적인 형태의 브레이크이다. 세그먼트로터브레이크(segmented rotor brake)는 대형 항공기에서 사용된다. 팽창튜브브레이크(expander tube brake)는 구형 대형 항공기에서 찾아볼 수 있다. 카본디스크(carbon disc)의 사용은 최신의 항공 산업에서 증가하고 있다.

9.6.1.1 단일 디스크 브레이크(Single-disc Brakes)

대체로 소형, 경항공기는 각각의 바퀴에 키로 고정시키거나 볼트로 고정시킨 단일디스크를 사용하여 효율적인 제동을 얻었다. 바퀴가 돌아갈 때, 디스크의 제동은 착륙장치 차축플랜지(바퀴의 불룩한 테두리)에 볼트로 고정된 고정부에서 디스크의 양쪽으로 마찰을 가함으로써 이루어진다. 유압 압력 하에 고정부에 있는 피스톤은 브레이크가 가해졌을 때 디스크를 향하여 마찰력을 제공하는 브레이크 패드 또는 브레이크라이닝을 밀어 넣는다. 방향키 페달에 연결된 유압마스터실린더는 방향키 페달을 밟았을 때 압력을 공급한다.

(1) 플로팅 디스크 브레이크(floating disc brakes)

그림 9-78에서는 플로팅 디스크브레이크(floating disc brake)를 보여준다. 그림 9-79에서는 이 형태의 브레이크의 더욱 자세한 분해도를 보여준다. 하우징에 구멍을 통해 설치된 3개의 실린더를 갖지만 다른 브레이크에서는 이 숫자가 달라질 수 있다. 각각의 실린더는 주로 피스톤, 리턴스프링, 그리고 자동 조정 핀으로 구성된 작동 피스톤 어셈블리가 수용 된다. 각각의 브레이크어셈블리는 6개의 브레이크라이닝 또는 브레이크 퍽을 가지고 있으며, 3개는 캘리퍼(caliper)의 바깥쪽 피스톤의 끝단에 위치한다. 그들은 피스톤과 함께 안쪽으로 그리고 바깥쪽으로 움직이도록 설계되고 디스크의 바깥쪽으로 압력을 가한다. 나머지 3개의 라이닝은 캘리퍼(caliper)의 안쪽에 있는 이들 퍽(puck)의 반대쪽에 고정되어 있다.

[그림 9-78] 플로팅 디스크 브레이크(floating-disc brake)

브레이크 디스크(brake disc)는 휠에 키로 고정된다. 그것은 키 통로(slot)에서 측면으로 움직이는 것이 자유로운 것이다. 플로팅 디스크라고 알려져 있다. 제동력이 가해졌을 때, 피스톤은 바깥쪽 실린더에서 움직이고 퍽은 디스크에 접촉한다. 디스크는 내측 고정식

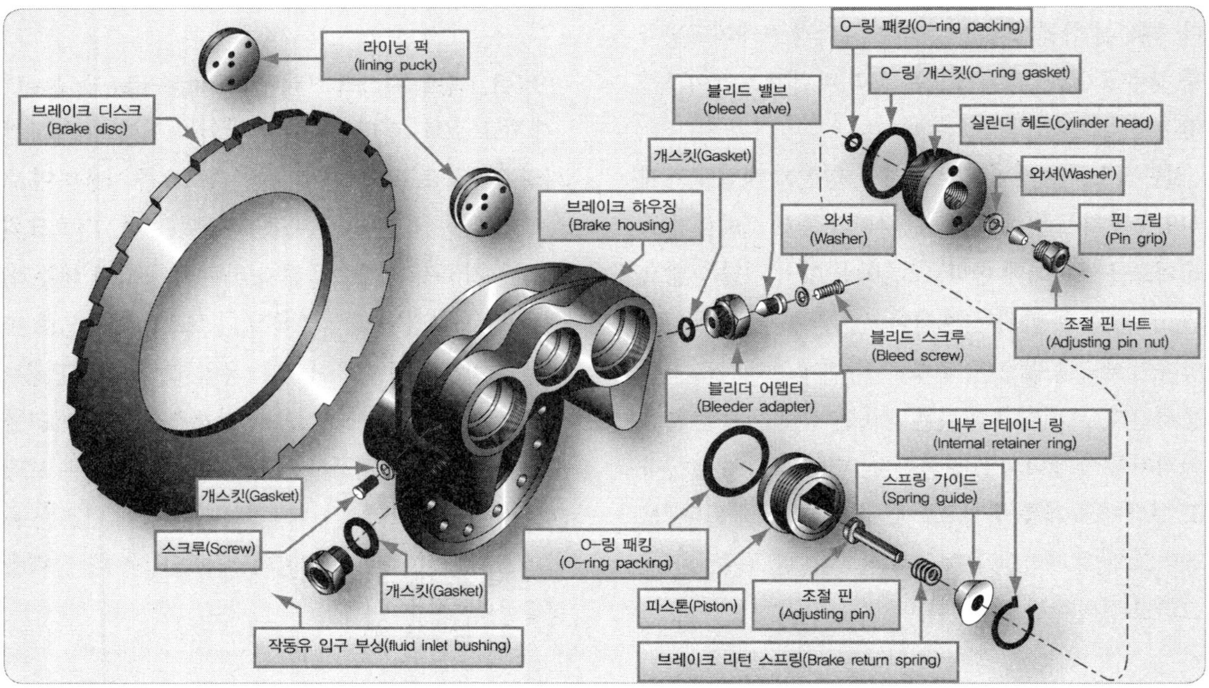

[그림 9-79] 단일 디스크 브레이크 어셈블리 분해도

퍽이 디스크에 접촉될 때까지 키 통로에서 약간 미끄러진다. 결과는 디스크의 양쪽에 가해진 마찰의 균형 잡힌 힘으로 회전이 느려진다.

그림 9-80에서와 같이, 제동압력이 풀려졌을 때, 각각의 피스톤어셈블리에 있는 귀환 스프링에 의해 피스톤에 가해졌던 압력은 디스크에서 물러난다. 스프링은 각각의 퍽과 디스크 사이에 미리 설정된 간격을 마련한다. 브레이크의 자동조절기는 브레이크 퍽에 마모의 양에 관계없이, 동일한 간격을 유지시킨다. 각각의 피스톤의 뒤쪽에 조정 핀(adjusting pin)은 마찰식 핀 그립(pin grip)을 통해 피스톤과 함께 움직인다. 제동압력이 풀려졌을 때, 귀환 스프링의 힘은 피스톤을 브레이크 디스크에서 물러나게 하기에는 충분하나, 핀 그립의 마찰에 의해 고정된 조정 핀을 움직이기에는 충분치 않다.

피스톤은 그것이 조정 핀의 상부에 접촉할 때 정지한다. 그러므로 마모의 양에 관계없이, 브레이크 작동하기 위해서는 피스톤의 동일한 이동이 요구된다. 실린더헤드를 통해 불쑥 나온 핀의 스템은 마모지시기의 역할을 한다. 제작사정비정보는 감항성을 고려하고자 브레이크에서 돌출되어야 하는 핀의 최소길이를 지정한다.

브레이크 캘리퍼는 브레이크가 작동할 때 작동유의 움직임과 압력의 작용을 촉진하기 위해 내부에 기계로 가공된 유로를 가지고 있다. 캘리퍼 하우징은 정비사가 계통으로부터 기포를 제거하기 위해 사용하는 공기배출구(bleed port)를 갖고 있다. 브레이크 브리딩은 제조사 사용설명서에 따라 수행되어야 한다.

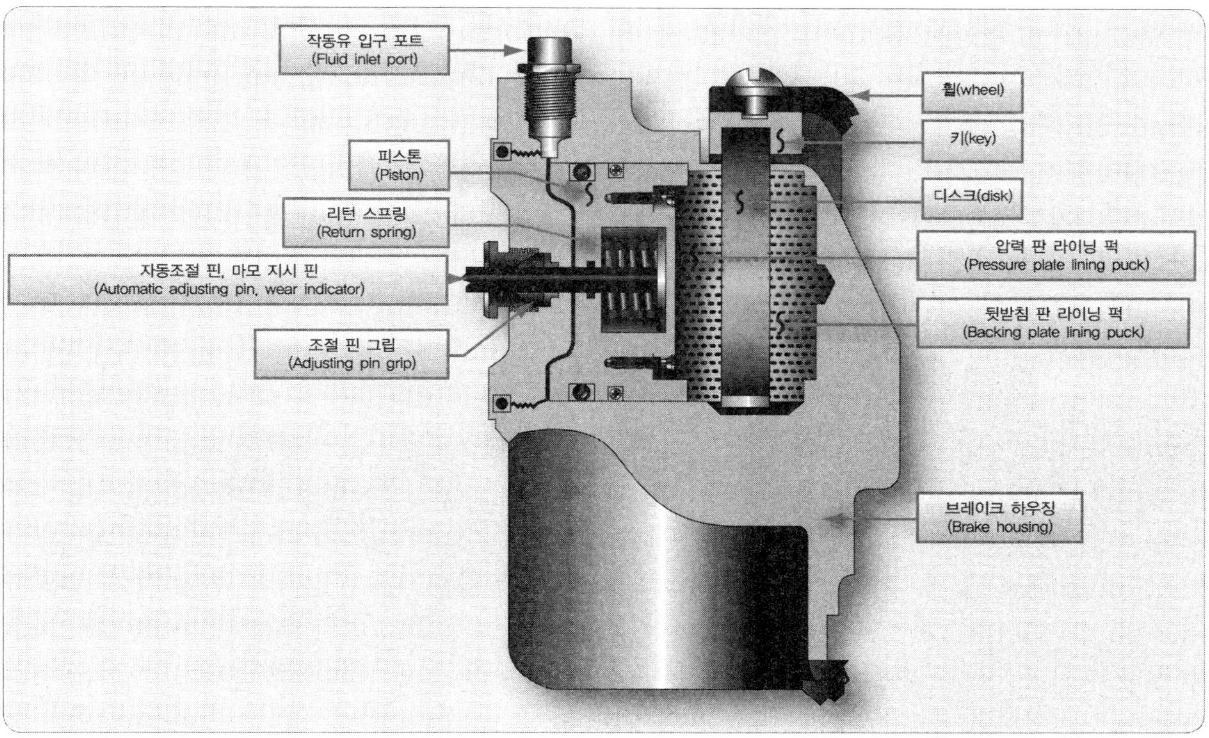

[그림 9-80] 굳이어 사 단일 디스크 브레이크 캘리퍼(Goodyear single-disc brake caliper) 단면도

(2) 고정 디스크 브레이크(fixed-disc brakes)

브레이크 디스크의 양쪽에 균일한 압력을 가하여 필요한 마찰을 일으키고 브레이크 라이닝으로부터 일정한 마모특성을 얻어야 한다. 플로팅 디스크는 위에서 설명한 것과 같이 이 작업을 수행한다. 그것은 휠에서 빠르게 디스크로 밀착되고 그리고 브레이크 캘리퍼와 라이닝에 압력이 가해졌을 때 측면으로 밀착함으로써 이루어질 수 있다. 이는 경항공기에서 사용되었던 일반적인 고정식디스크브레이크의 형식이다. 그림 9-81에서는 Cleveland Brake Company에 의해 제작된 브레이크를 보여준다. 그림 9-82에서는 동일한 형태의 브레이크의 분해상세도를 보여준다.

고정식디스크, 플로팅 캘리퍼의 설계는 브레이크 캘리퍼와 라이닝이 디스크 사이에서 위치를 조정할 수 있도록 한다. 라이닝은 압력판과 받침판에 리벳으로 고정된다. 압력판(pressure plate)을 거쳐지나가는 2개의 앵커 볼트(anchor bolt)는 실린더어셈블리에 장착되어 액슬 플렌지(axle flange)에 볼트로 장착된 토크 플레이트(torque plate)에 있는 부싱부분을 자연스럽게 미끄러지게 하여 움직이게 되어 있다. 실린더어셈블리는 디스크 주위에 어셈블리를 장착하도록 백플레이트(backplate)와 볼트로 장착된다. 압력이 가해졌을 때, 캘리퍼와 라이닝은 토크 플레이트 부싱을 통과하는 앵커 볼트에 의해 디스크의 움직임을 중심에 정렬시킨다. 이것은 바퀴의 회전을 느리게 하도록 디스크의 양쪽에 동일한 압력을 제공한다. Cleveland Brake의 유일한 특징은 바퀴를 장탈하지 않고 라이닝을 교체될 수 있다는 것이다. 백플레이트(backplate)에서 실린더어셈블리에 볼트를 장탈함으로써 앵커볼트(anchor bolt)가 토크 판 부싱(bushing)의 밖으로 빠지게 한다. 그다음에 전체의 캘리퍼 어셈블리는 분해되어 라이닝의 교환을 가능케 한다.

모든 단일 디스크 브레이크에서 정비 요구 사항은 모든 유형의 브레이크 계통과 유사하다. 라이닝과 디스크의 어떤 손상이나 그리고 마모에 대해 정기검사가 요구된다. 한계를 초과하여 마모된 부품의 교체후에는 항상 작동점검을 수행한다. 점검은 항공기가 택싱(taxiing)하는 동안 수행된다. 각각의 주 바퀴에 대한 제동은 페달압력의 동일한 작동으로서 같아져야 한다. 페달은 작동되었을 때 안정되어야 하고, 푹신하거

[그림 9-81] 경량항공기용 클리브랜드 사 브레이크

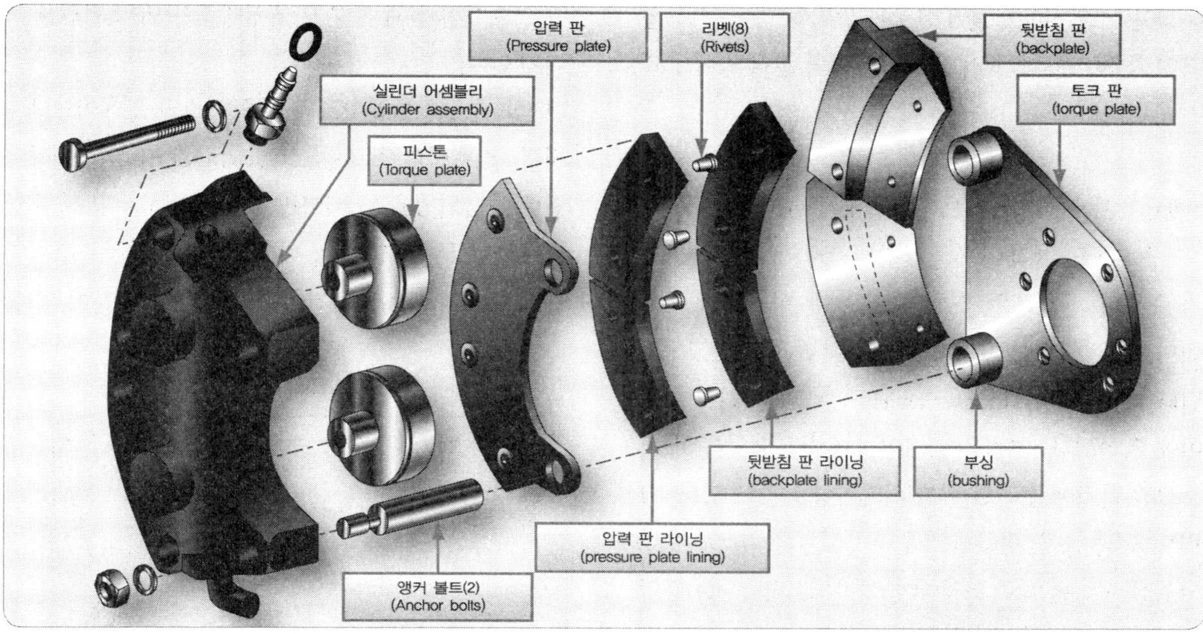

[그림 9-82] 클리브랜드 사 이중 피스톤 브레이크 분해도

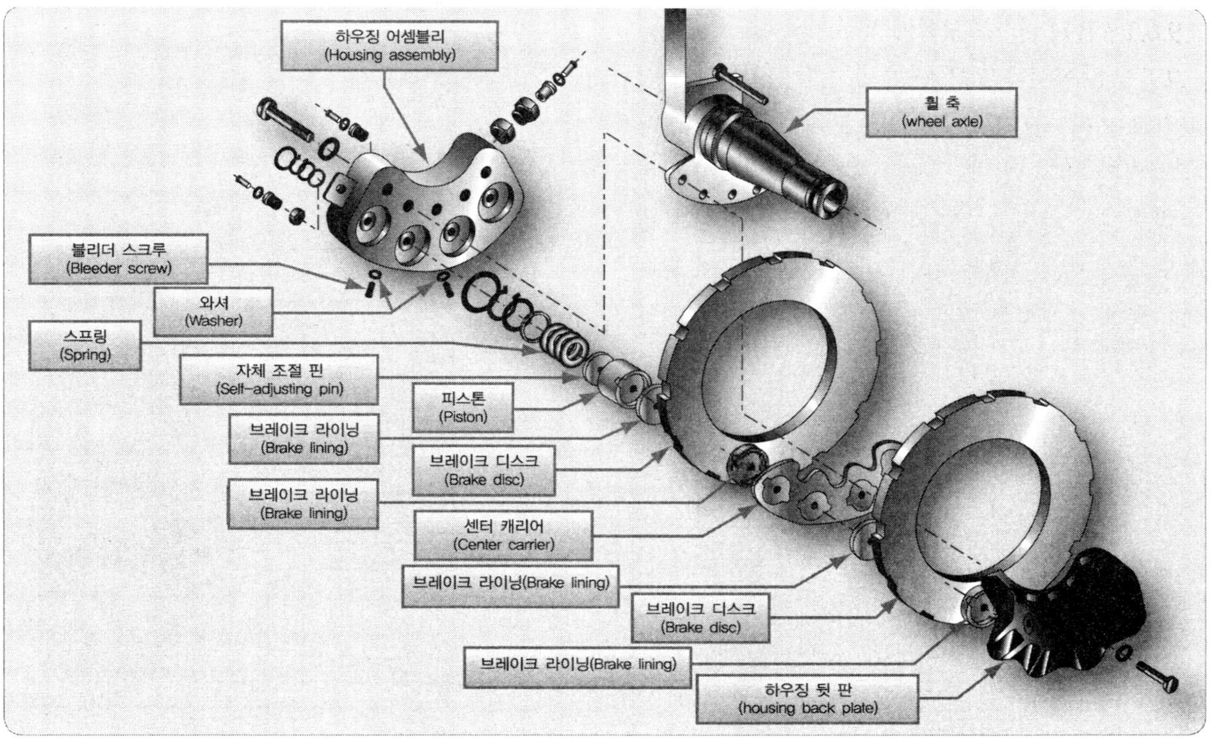

[그림 9-83] 단일 디스크 브레이크(single-disc brake)와 유사한 이중 디스크 브레이크(dual-disc brake)

나 또는 스펀지(spongy) 현상이 없어야 하며, 제동압력이 풀려졌을 때, 브레이크는 끌림의 흔적 없이 풀려져야 한다.

9.6.1.2 이중 디스크 브레이크(dual-disc brakes)

이중 디스크 브레이크는 각각의 바퀴에 단일 디스크가 충분한 제동력을 공급하지 못하는 항공기에 사용되며, 1개 대신에 2개의 디스크가 바퀴에 키로 고정시킨다. 센터 캐리어(center carrier)는 2개의 디스크 사이에 위치된다. 그것은 브레이크가 작동되었을 때 디스크의 각각에 접촉하는 양쪽 라이닝을 갖고 있다. 그림 9-83과 같이, 캘리퍼 마운팅 볼트는 길어서 하우징 어셈블리에 볼트로 조인 백플레이트(backplate)뿐만 아니라 센터 캐리어를 거쳐 장착된다.

9.6.1.3 멀티 디스크 브레이크(multiple-disc brakes)

그림 9-84에서와 같이, 대형 및 중형 항공기는 멀티 디스크 브레이크의 사용을 필요로 한다. 이 장 후반에 설명된, 멀티 디스크 브레이크는 파워브레이크 제어밸브 또는 파워 부스터 마스터실린더와 함께 사용하도록 설계된 강력브레이크이다. 브레이크어셈블리는 액슬 플랜지를 볼트로 장착한 토크튜브 형태와 유사한 익스텐디드 베어링 캐리어(extended bearing carrier)의 구조이다. 그것은 원추형실린더와 피스톤, 구리 또는 청동동 도금 디스크와 번갈아 사용된는 강제디스크, 백플레이트(backplate) 및 백 플레이트 리테이너를 포함하는 여러 가지의 브레이크 패드를 지탱한다. 강제(steel)고정자는 베어링 캐리어에 키로 고정시켜졌고, 구리 또는 청동도금로터는 회전하는 휠에 키로 고정된다. 피스톤에 가해진 유압은 스테이터(stator)와 로터(rotor) 전체를 압축되게 한다. 이것은 거대한 마찰과 열을 만들어내고 바퀴의 회전을 느리게 한다.

단일 디스크 브레이크와 이중 디스크 브레이크에서처럼, 리트랙팅 스프링(retracting spring)은 제동유압이 경감되었을 때 베어링 캐리어의 하우징 챔버 안으로 피스톤을 귀환시킨다. 작동유는 자동조절기를 통해 리턴라인으로 나간다. 그림 9-85와 같이, 자동

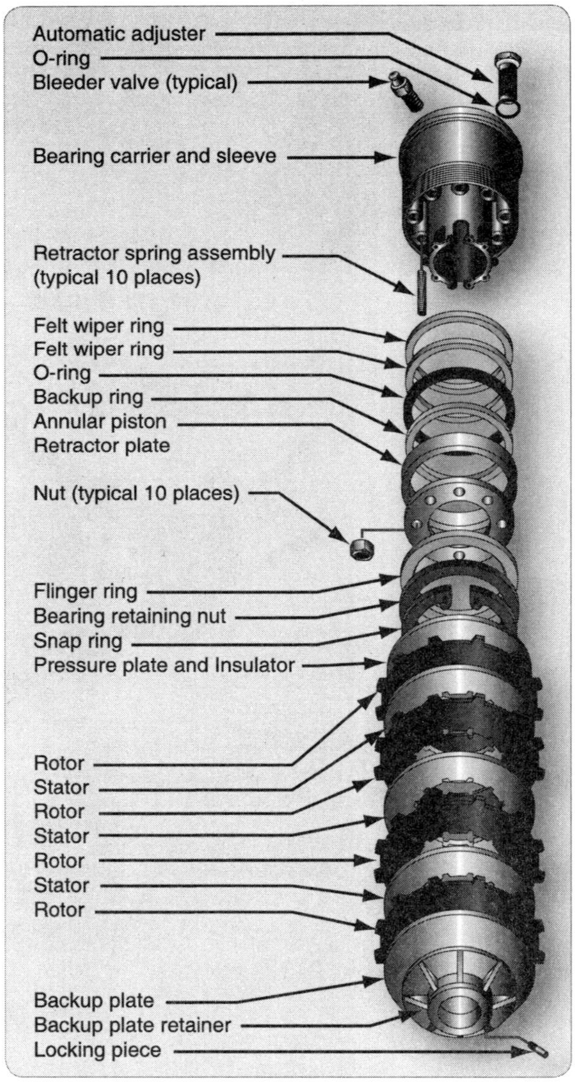

[그림 9-84] 멀티 디스크 브레이크(multiple disc brake)

조절기는 로터와 스테이터 사이에 정확한 여유 공간을 마련하기 위해 브레이크에 정해진 양의 작동유를 잔류시킨다. 브레이크마모는 전형적으로 브레이크어셈블리의 부품이 아닌 마모게이지로서 측정된다. 이들 형태의 브레이크는 일반적으로 오래된 구형 운송용 항공기에서 찾아볼 수 있다. 로터와 스테이터는 단

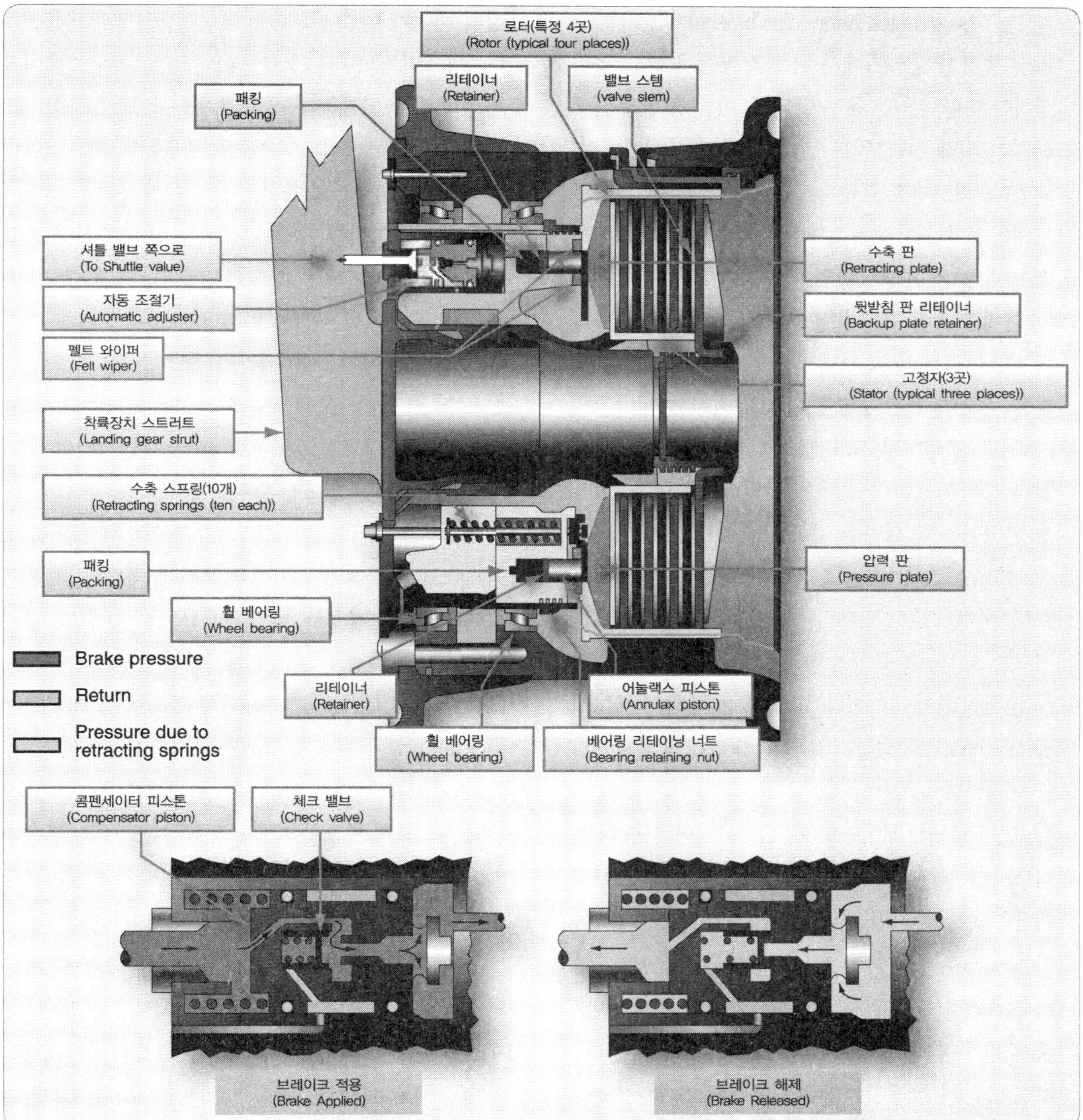

[그림 9-85] 멀티 디스크 브레이크의 자동 조절기(automatic adjuster) 상세도

지 약 ⅛인치[inch] 두께로 비교적 얇은 것이다. 그들은 열을 아주 잘 발산하지 못하고 뒤틀리는 경향이 있다.

9.6.1.4 세그먼트 로터 디스크 브레이크 (segmented rotor-disc brakes)

대형, 중량형 항공기에서 바퀴의 제동을 하는 동안 발생하는 대량의 열은 문제가 된다. 이 열을 더욱 많이 발산하기 위해, 세그먼트 로터디스크브레이크가 개발되었다. 세그먼트 로터디스크브레이크는 멀티디스크브레이크이나 이전에 설명했던 형태보다 더 최신의 설계이며, 많은 변화가 있었는데, 대부분은 열의 제어와 발산에 도움이 되는 내용들이다. 세그먼트 로터디스크브레이크는 파워 브레이크 계통의 고 유압계통 사용을 위하여 특별히 조합시킨 강력한 브레이크이다. 제동은 로테이팅 시그멘트와 접촉하는 고정의 고 마찰형 브레이크라이닝 세트에 의해서 이루어진다. 열을 발산하는 데 도움을 주고 브레이크 자체의 명칭을 부여하는 로터는 가늘고 긴 홈 또는 그들 사이에 공간으로 된 형태로 조립된다. 세그먼트 로터디스크브레이크는 고성능항공기와 항공운송용 항공기에 사용된 기본적인 브레이크이다. 그림 9-86에서는 세그먼트 로터브레이크어셈블리의 한 가지 형태의 분해조립도를 보여준다.

세그먼트 로터브레이크의 개요는 이전에 설명한 멀티디스크형 브레이크와 매우 유사한 것이다. 브레이크어셈블리는 캐리어, 피스톤과 피스톤 컵 시일, 압력판(pressure plate), 보조스테이터(auxiliary stator plate), 로터 시그멘트, 스테이터 플레이트, 자동조절기, 그리고 뒤 받침판(backing plate)로 이루어져 있다.

대형, 중량형 항공기에서 바퀴의 제동을 하는 동안 발생하는 대량의 열은 문제가 된다. 이 열을 더욱 많이 발산하기 위해, 세그먼트 로터디스크브레이크가 개발되었다. 세그먼트 로터디스크브레이크는 멀티디스크브레이크이지만 그러나 이전에 설명했던 형태보다 더 최신의 설계이며, 많은 변화가 있었는데, 대부분은 열의 제어와 발산에 도움이 되는 여러 가지 내용들이다. 세그먼트 로터디스크브레이크는 파워 브레이크 계통의 고 유압계통 사용을 위하여 특별히 조합시킨 강력한 브레이크이다. 제동은 로테이팅 세그먼트와 접촉하는 고정의 고 마찰형 브레이크라이닝 세트에 의해서 이루어진다. 열을 발산하는 데 도움을 주고 브레이크 자체의 명칭을 부여하는 로터는 가늘고 긴 홈 또는 그들 사이에 공간으로 된 형태로 조립된다. 세그먼트 로터디스크브레이크는 고성능항공기와 항공운송용 항공기에 사용된 기본적인 브레이크이다. 그림 9-86에서는 세그먼트 로터브레이크어셈블리의 한 가지 형태의 분해조립도를 보여준다.

세그먼트 로터브레이크의 개요는 이전에 설명한 멀티디스크형 브레이크와 매우 유사한 것이다. 브레이크어셈블리는 캐리어, 피스톤과 피스톤 컵 시일, 압력판(pressure plate), 보조스테이터판(auxiliary stator plate), 로터 시그멘트, 스테이터 플레이트, 자동조절기, 그리고 뒤 받침판(backing plate)로 이루어져 있다.

토크튜브를 가지고 있는 캐리어어셈블리 또는 브레이크하우징은 세그먼트 로터브레이크의 기본구성단위이다. 캐리어어셈블리는 착륙장치 완충스트러트플랜지에 부착하는 부품이다. 그림 9-86과 같이, 일부 브레이크에서, 2개의 홈 또는 실린더는 피스톤 컵과 피스톤을 갖추기 위해 캐리어에 기계로 가공된다. 개개의 실린더를 갖는 대부분 세그먼트 로터디스크브레이크는 작동피스톤의 동일한 수를 고정시키는 곳에서 브레이크하우징 안에 기계로 가공되었다. 가끔 실린

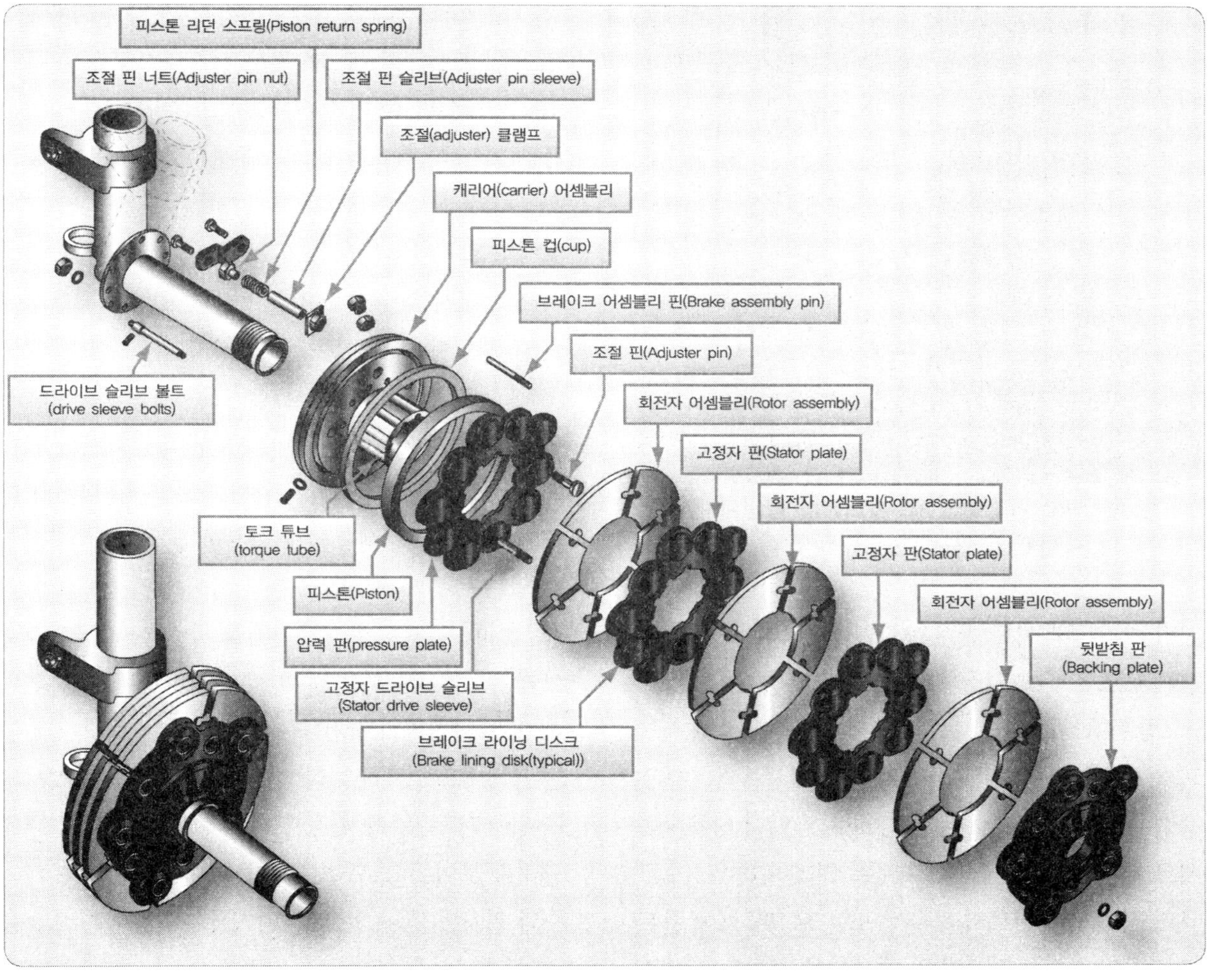

[그림 9-86] 세그먼트 로터 브레이크(segmented rotor brkaes) 분해 상세도

더는 하나의 공급원으로부터 매번 다른 실린더를 교번하는, 2개의 서로 다른 유압에 의해 공급된다. 그림 9-87과 같이, 만약 하나의 공급원이 고장 시 브레이크는 다른 쪽 공급원에서 충분하게 작동시킨다. 캐리어 또는 브레이크하우징에 있는 외부 피팅은 유압유의 공급을 수용할 수 있으며, 에어 브리드 포트(bleed port)로 쓰인다.

압력 플레이트는 편평한 원형의 고장력강 스테이터 드라이브 슬리브 또는 토크튜브에 고정시키기 위해 내면 원주에 노치가 있는 고정 플레이트이며, 브레이크작동피스톤이 압력플레이트를 밀게 된다. 일반적으로 절연체는 브레이크 디스크로부터 열전도를 막기 위해 피스톤헤드와 압력플레이트 사이에 사용된다. 압력플레이트는 바퀴를 제동하기 위해 압축시키는 로터와 스테이터들을 피스톤으로 밀착시킨다. 그림 9-86과 같이, 대부분 설계에서, 압력플레이트에 직접 부착된 브레이크라이닝재료는 피스톤의 작동을 디스크 라이닝 뭉치에 전달하기 위해 첫 번째 로터에 접촉

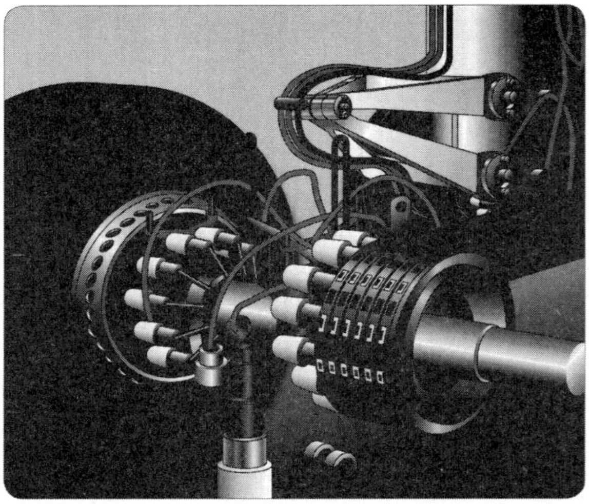

[그림 9-87] 현대 세그먼트 로터 디스크 브레이크 (segmented rotor disc brakes)

한다. 압력플레이트 반대쪽에 브레이크라이닝재료와 함께 보조 스테이터 플레이트 또한 사용할 수 있다.

그림 9-86과 같이, 로터와 스테이터를 번갈아 장착되어 브레이크가 작동될 때 브레이크어셈블리의 배킹 플레이트(backing plate)에 대하여 유압이 작용하여 서로 밀착된다. 배킹 플레이트는 캐리어 하우징으로부터 정해진 치수로서 하우징 또는 토크튜브에 볼트로 장착된 무거운 강판이다. 대부분의 경우에서, 배킹 플레이트는 그것에 부착된 브레이크라이닝재료를 가지며 한 묶음으로 되어 있는 마지막 로터에 접촉한다.

스테이터는 토크튜브 돌출 키에 의해 고정되며, 그것은 내부원주에 키홈으로 축 방향으로만 움직이는 평판이다. 그들은 마모성 브레이크 소재를 리벳으로 고정하거나 부착하여 인접 로터와 접촉한다. 그림 9-86과 같이, 라이너는 일반적으로 여러 개의 분리된 블록의 것으로 조립된다. 라이너 블록 사이에 공간은 열의 발산에 도움을 준다. 라이닝재료의 성분은 서로 다르며, 강제가 가끔 사용된다.

로터는 회전하는 바퀴에 키로 고정시키는 외부원주에 노치 또는 탕(tang)을 갖는 간격디스크 또는 분할식 디스크이다. 로터 사이에 가늘고 긴 홈 또는 공간을 통해 열을 더 빠르게 발산하게 하는 시그멘트 형태를 사용한다. 그림 9-86과 같이, 그들은 또한 팽창을 허용하고 뒤틀기를 방지한다. 로터는 보통 마찰 면이 양쪽으로 접착되는 강제이다. 일반적으로 소결합금은 로터 접촉면을 만들어내는 데 사용된다.

세그먼트 멀티 디스크 브레이크는 제동압력이 제거되었을 때 로터와 스테이터 뭉치에서 떨어져서 백플레이트로 부터 끌어당기기 위해 자동간격조절기와 함께 수축스프링어셈블리를 사용한다. 이것은 회전할 수 있는 바퀴가 브레이크 부분 사이에 접촉마찰에 의해 방해받지 않도록 여유간격을 마련하지만, 그러나 브레이크가 작동되었을 때 신속한 접촉과 제동을 위해 아주 근접하여 장치를 유지시킨다. 수축장치의 수는 브레이크 설계에 따라 다양하다. 그림 9-88에서는 Boeing 737 운송용 항공기에서 사용된 브레이크어셈블리를 보여준다. 단면도에서, 자동간격 조절장치의 수와 위치를 볼 수 있으며, 기계장치의 세밀한 모습을 보여준다.

자동조절기에서 핀 그립 어셈블리를 사용하는 대신에, 조절기 핀, 볼, 그리고 관(tube)은 동일한 방식으로 작동한다. 그들은 제동압력이 가해졌을 때 밖으로 움직이지만, 그러나 관에 있는 볼은 관(tube)에 끼여 브레이크라이닝 마모에 해당하는 만큼 리턴거리를 제한한다. 그림의 브레이크에는 두 개의 독립적인 마모 표시기가 사용된다. 지시기 핀은 캐리어를 통과하여 압력판에 부착되었다. 브레이크를 밟은 상태에서 돌출되는 지시기의 길이는 새로운 라이닝(lining)이 요구되는지 확인하기 위해 측정된다.

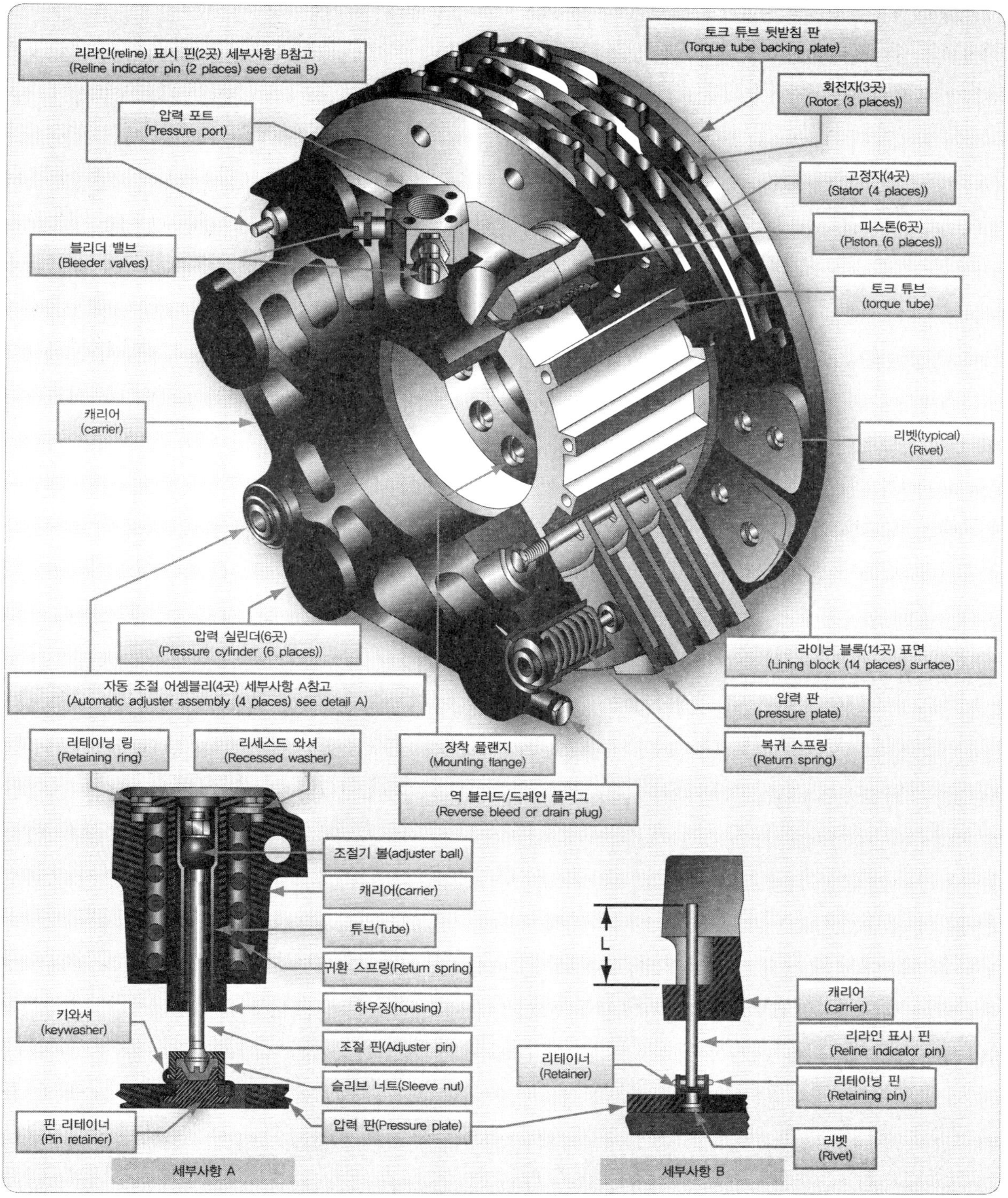

[그림 9-88] B737 항공기 멀티 디스크 브레이크 상세도

NOTE 다른 분할식 멀티디스크브레이크는 압력플레이트의 귀환과 마모지시에 대해 약간 서로 다른 기술을 사용할 수 있다. 마모지시기가 정확하게 나타내는지를 확인하기 위해서는 제조사 정비정보를 참고한다.

9.6.1.5 카본 브레이크(carbon brakes)

그림 9-89에서 보여준 것과 같이, 분할식 멀티디스크브레이크는 항공 산업에서 수년 동안 신뢰성 있는 서비스를 제공해 왔다. 그것은 경량화와 마찰열을 빠르고 안전하게 발산시키기 위한 많은 시간과 노력으로 발전되었다. 멀티디스크브레이크의 가장 마지막 최신판은 카본디스크브레이크이다. 그것은 현재 고성능항공기와 운송용 항공기에서 찾아볼 수 있다. 카본브레이크는 탄소섬유재료가 브레이크 로터에 사용되었기 때문에 그렇게 이름이 붙여졌다.

카본브레이크는 전통적인 브레이크보다 약 40[%] 정도 더 가벼우므로 대형운송용 항공기의 경우에는 항공기 무게를 수백 파운드 이상을 줄일 수 있다. 탄소섬유디스크는 소결강제 로터(rotor)보다 두껍지만 아주 가벼운 것이 특징이며, 강제부품브레이크보다 50[%] 정도의 더 높은 온도를 극복할 수 있다. 최대설계 작동온도는 인접한 구성요소의 능력에 의해 제한되는데 카본브레이크는 비항공기 적용에서 강제브레이크의 2~3배의 열에 견딜 수 있는 것으로 나타났다. 또한, 탄소 로터는 강제로터보다 더 빠르게 열을 발산시킬 뿐만 아니라 20~50[%] 정도 수명이 길어서 정비를 줄일 수 있다.

단지 모든 항공기에 사용되고 있는 카본브레이크에서 단점은 높은 제조비용이다. 가격은 기술력이 향상되고 더 많은 항공기 운영자가 구매할 때 더 낮아질 것으로 기대된다.

[그림 9-89] B737 항공기 카본 브레이크(carbon brake)

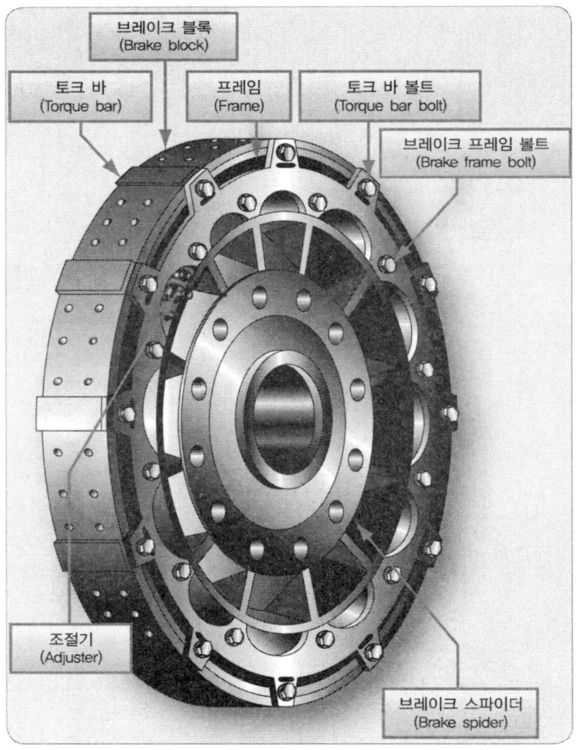

[그림 9-90] 팽창 튜브 브레이크(expander tube brakes)

9.6.1.6 팽창 튜브 브레이크(expander tube brakes)

그림 9-90과 같이, 팽창튜브브레이크는 1930~1950년도에 생산된 모든 크기의 항공기에 사용되었던 브레이크의 다른 접근법이다. 그것은 철제브레이크드럼 안쪽에 액슬플랜지에 볼트로 장착된 경량 저압브레이크이다. 편평한 직물보강 네오플랜튜브는 바퀴 토크플랜지의 원주 주위에 조립된다. 팽창튜브의 노출된 평면은 브레이크라이닝재료와 유사한 브레이크 블록에 정렬되어 있다. 2개의 편평한 프레임(frame)은 토크플랜지 쪽에서 볼트로 조인다. 프레임의 탭에는 관을 포함하고 각 브레이크 블록 사이의 튜브에 일정한 간격을 유지하는 토크 바를 볼트로 조이게 한다. 이들은 플랜지 상의 관의 원주 이동을 방지한다.

팽창튜브는 내부표면에서 금속노즐을 장착한다. 압력 하에 유압유는 브레이크가 작동되었을 때 이 피팅을 통해 관의 안쪽으로 향하게 된다. 튜브는 바깥쪽방향으로 팽창하고, 브레이크블록은 바퀴에 제동을 거는 휠(wheel) 드럼과 접촉한다. 유압이 증가하면 마찰이 커진다. 토크 바 아래쪽에 위치된 반타원형스프링은 유압이 제거되었을 때 팽창튜브를 플렌지 주변의 평평한 위치로 되돌린다. 팽창튜브와 브레이크드럼 사이에 간격은 일부 팽창튜브브레이크에 조절기를 통하여 조정할 수 있다. 정확한 간격 설정에 대해서는 제작사 정비매뉴얼을 참고한다. 그림 9-91에서는 팽창튜브 브레이크의 분해조립도를 보여주고 있으며, 그 구성요소를 자세히 보여주고 있다.

팽창튜브 브레이크는 작동은 원활한 편이지만 추울 때는 제대로 작동하지 않는 경향이 있으며, 온도에 따

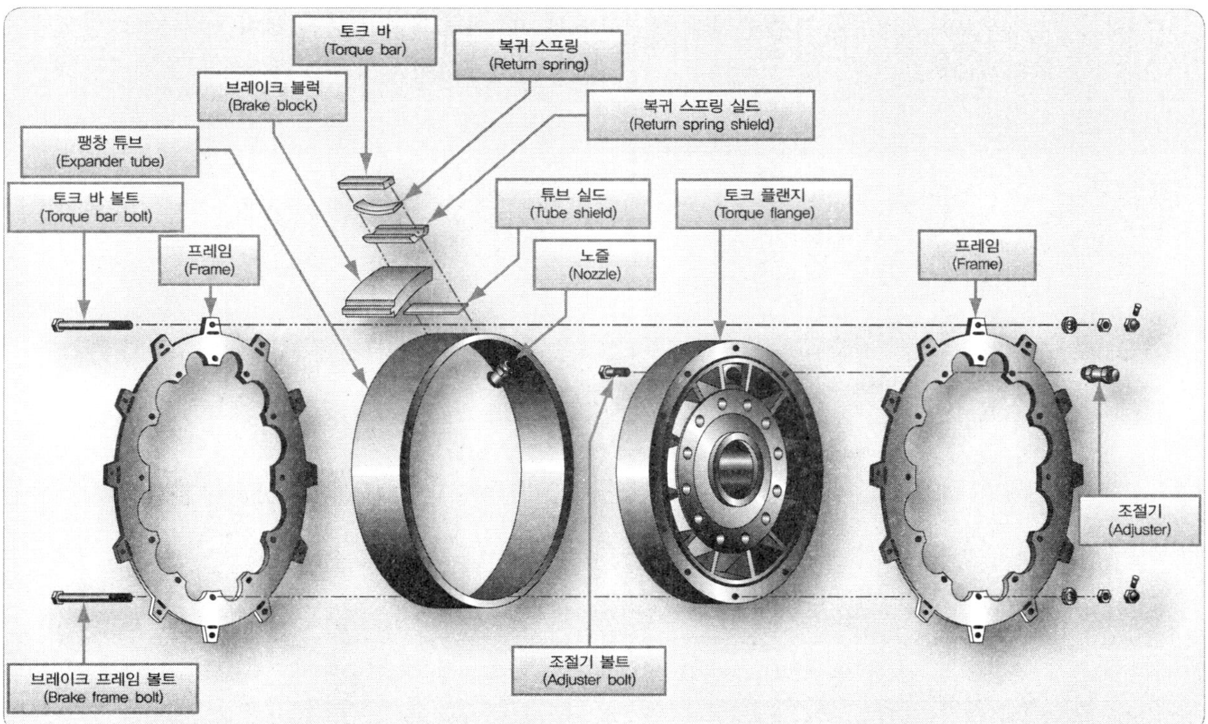

[그림 9-91] 팽창 튜브 브레이크(expander tube brakes) 분해도

라 부풀어 오르거나 누출되는 경우가 있다. 이러한 경우 드럼 안쪽에서 끌리게(drag)되므로 결국 팽창튜브 브레이크보다는 디스크브레이크를 사용하게 되었다.

9.6.2 브레이크 작동 계통 (Brake Actuating Systems)

전술한바와 같이 브레이크 어셈블리는 작동하기 위해 유압동력(hydraulic power)을 사용한다. 브레이크 어셈블리에 필요한 유압유 압력을 전달하는 기본적인 작동장치는 다음과 같다.

(1) 항공기 주 유압계통의 일부가 아닌 독립적 장치
(2) 필요할 때 간헐적으로 항공기 유압계통을 사용하는 승압계통
(3) 압력의 공급원으로서 오직 항공기 주 유압계통을 사용하는 파워 브레이크 계통

9.6.2.1 독립된 마스터 실린더 (Independent master cylinders)

일반적으로, 소형 경항공기와 유압계통이 없는 항공기는 독립된 브레이크 계통을 사용한다. 독립적 브레이크 계통은 항공기 유압계통에 어떤 방법으로도 연결되지 않는다. 브레이크를 작동시키기 위해 필요한 유압은 마스터 실린더가을 발생시킨다. 이것은 자동차의 브레이크 계통과 유사하다.

대부분 조종사는 브레이크작동장치에서 브레이크를 작동시키기 위해 방향키 페달을 밟는다. 그림 9-92와 같이, 각각의 브레이크에서 마스터 실린더는 해당하는 방향키 페달, 즉 오른쪽 주 브레이크는 오른쪽 방향키 페달, 왼쪽 주 브레이크는 왼쪽 방향키 페달에 기계적으로 연결된다. 페달을 밟았을 때, 마스터 실린더에 있는 밀봉식 유동체로 채워진 챔버(chamber) 안쪽의 피스톤은 브레이크어셈블리에 있는 피스톤으로 유로를 형성하여 유압유를 밀어낸다. 브레이크 피스톤

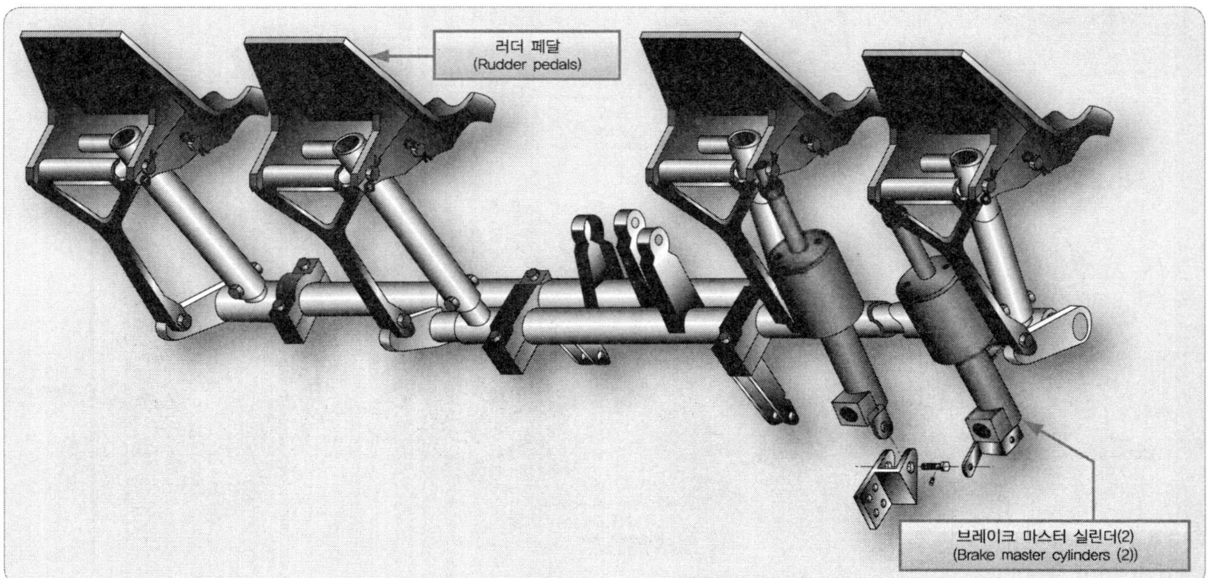

[그림 9-92] 독립된 브레이크 계통 마스터 실린더(Master cylinders)

은 브레이크 라이닝을 브레이크 로터에 밀어 휠 제동을 위한 마찰을 일으킨다. 페달을 세게 밟으면 전체 브레이크 계통 및 로터에 대한 압력이 증가된다.

대부분의 마스터 실린더는 브레이크 유압유를 위해 저장소를 가지고 있다. 그림 9-93과 같이, 일부 항공기는 2개의 마스터 실린더의 양쪽을 공급하는 하나의 원격저장소를 가지고 있다. 전륜조향을 가지고 있는 몇몇 경항공기는 양쪽 주륜브레이크를 작동시키는 단 하나의 마스터실린더를 가지고 있다. 이것은 활주 시에 항공기 조향이 서로 다른 제동을 필요로 하지 않기 때문에 가능한 것이다. 구성에 관계없이, 제동을 위해 필요한 압력을 형성하는 것은 마스터실린더이다.

그림 9-94에서는 원격저장소와 함께 사용되는 마스터 실린더를 보여준다. 이 특별한 모델은 굿 이어(good year) 마스터 실린더이다. 실린더는 항상 저장소와 둘을 연결하는 라인과 같이 공기가 없고 오염 물질이 없는 유압 유체로 채워진다. 방향키 페달을 밟았을 때, 피스톤 암은 마스터 실린더 안에 앞쪽방향으로 기계적으로 움직인다. 그것은 피스톤으로 유체를 라인을 통해 브레이크로 밀어 넣어 준다. 페달 압력이 제거 되면 브레이크어셈블리에 있는 리턴 스프링은 브레이크 피스톤을 브레이크 하우징 안으로 후퇴시킨다. 피스톤 뒤쪽의 작동유는 마스터 실린더로 복귀해야 한다. 그것이 이루어지면, 마스터 실린더에 있는

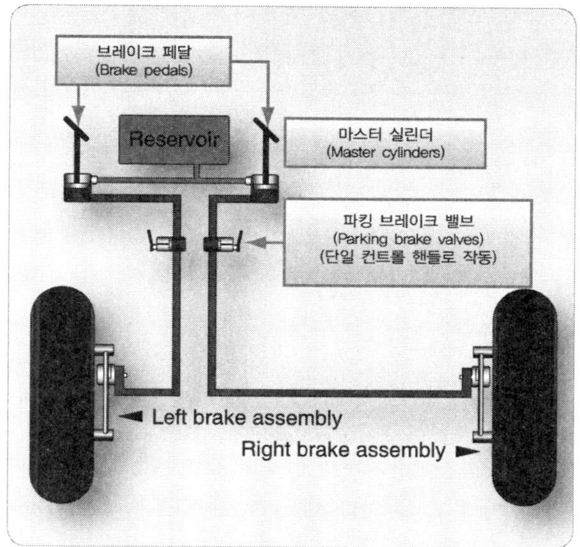

[그림 9-93] 원격 저유소와 마스터 실린더 (Master cylinders)

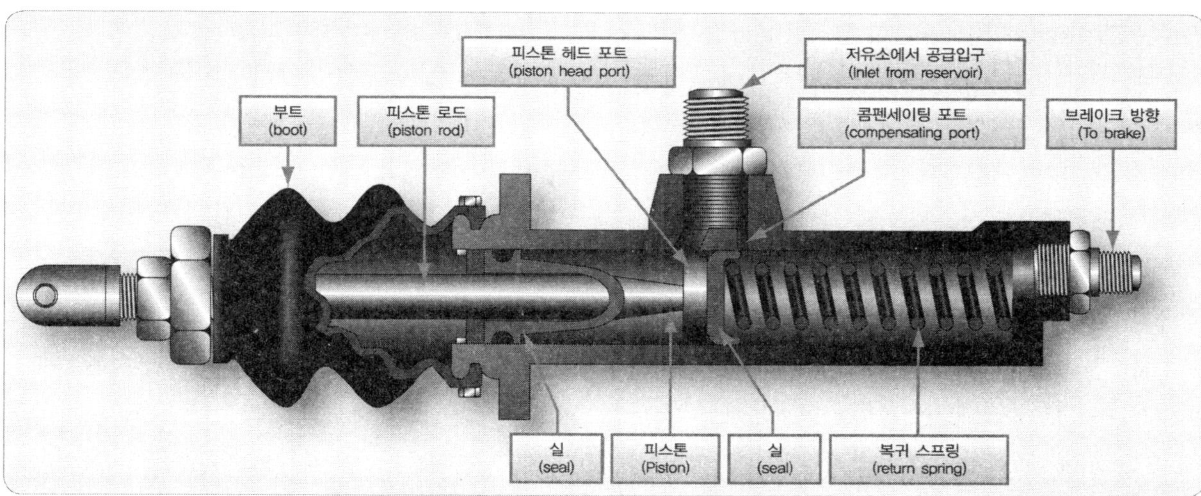

[그림 9-94] 굿 이어 사 독립된 브레이크 실린더(brake cylinder)

리턴 스프링은 피스톤을 움직이고, 피스톤 로드와 러더 페달은 브레이크 오프, 즉 페달이 원위치로 돌아간다. 마스터 실린더 피스톤에 작용했던 작동유는 저유기로 귀환되고 브레이크는 다시 작동되도록 준비한다.

작동유는 온도가 증가할 때 팽창하며, 밀폐 공간의 작동유는 브레이크가 로터에 대해서 끌리려가게 할 수 있고, 그 결과 누설도 발생할 수 있다. 브레이크가 작동되지 않았을 때, 작동유는 이런 문제를 발생시키지 않고 안전하게 팽창하도록 허용하여야 한다. 콤펜세이션 포트는 이것을 도와주기 위해 대부분 마스터 실린더에 포함된다. 그림 9-94의 마스터 실린더에서, 이 배출구는 피스톤이 완전히 수축되었을 때 열려진다. 브레이크 계통에 있는 작동유는 여분의 작동유량을 받아들이는 능력을 갖춘 저유기 안으로 팽창되도록 한다. 일반적으로 저유기는 또한 작동유를 정압상태로 공급하도록 벤트(vent)된다.

피스톤 헤드의 앞쪽방향 쪽은 압력이 확립될 수 있도록 브레이크가 작동되었을 때 보상배출구를 차단시키는 시일을 포함한다. 시일은 오직 전진 순방향으로만 유효한 것이다. 피스톤이 복귀하고 있을 때, 또는 오프 포지션으로 완전히 수축되었을 때, 피스톤의 뒤쪽의 작동유는 마스터 실린더의 하류 부문에서 손실되는 작동유를 다시 채우기 위해 피스톤 헤드 배출구를 통해 흐르는 것이 자유롭다. 마스터 실린더의 뒤쪽 끝단은 언제나 누출을 방지하는 시일을 포함하고 있다. 고무 부트(boot)는 피스톤 로드와 마스터 실린더의 뒤쪽에 부착되어 오염을 방지한다.

이 원격저장소 마스터 실린더 브레이크 계통을 위한 파킹브레이크는 마스터 실린더와 방향키 페달 사이에 래칭(ratcheting)되는 기계 장치이다. 브레이크가 작동된 상태로 래칫(ratchet)은 파킹 브레이크 핸들을 잡아당김으로써 맞물린다. 브레이크를 풀기 위해, 래칫이 풀리게 하려면 러더 페달은 더 밟으면 풀릴 수 있다. 파킹 브레이크가 설정된 상태에서 온도로 인한 작동유의 어떤 팽창이라도 기계식연동장치에 있는 스프링에 의해 경감된다.

모든 브레이크 계통의 일반적인 필요조건은 작동유에 공기가 들어가 혼합되지 않아야 한다. 공기는 압축성이고 작동유는 비압축성이기 때문에, 브레이크가가 작동되었을 때 압력이 가해지는 공기는 스펀지(spongy) 브레이크의 원인이 된다. 페달은 공기 압축하기로 인하여 꽉 누를 때 단단한 느낌이 없다. 브레이크 계통내에서 모든 기포를 제거하기 위해 빼내야 한다. 브레이크의 에어 브리딩에 대한 사용법설명서는 제조사정비정보에 있다. 굿 이어(good year) 마스터 실린더를 갖춘 브레이크 계통은 마스터 실린더 계통 뒤에 갇혀있는 어떠한 공기라도 제거되었는지 확인하기 위해 중력식으로 빼내야 한다.

그림 9-95와 같이, 독립된 브레이크 계통의 대체식 배열은(alternative common arrangement) 각각 자체 일체형작동유저장소를 가지고 있는 2개의 마스터 실린더를 합체시킨다. 저유기 위치를 제외하고 브레이크 계통은 기본적으로 위에서 설명한 것과 동일한 것이다. 마스터 실린더는 이전에 설명한 것과 같이 방향키 페달에 기계적으로 연결되어진다. 페달을 밟으면 피스톤 로드가 피스톤을 실린더로 밀어 작동유가 브레이크 어셈블리로 밀려 나오도록 한다. 피스톤 로드는 보정기 슬리브를 통해 로드가 앞쪽 방향으로 움직였을 때 로드를 피스톤에 씰링(seal)시키는 O-링이 장착되어 있어 보상 배출구를 막는다. 풀렸을 때, 스프링에 의해 피스톤이 제자리로 리턴 되고 저유기는 재충전 된다. 로드 엔드 시일은 피스톤 헤드에서 떨어져

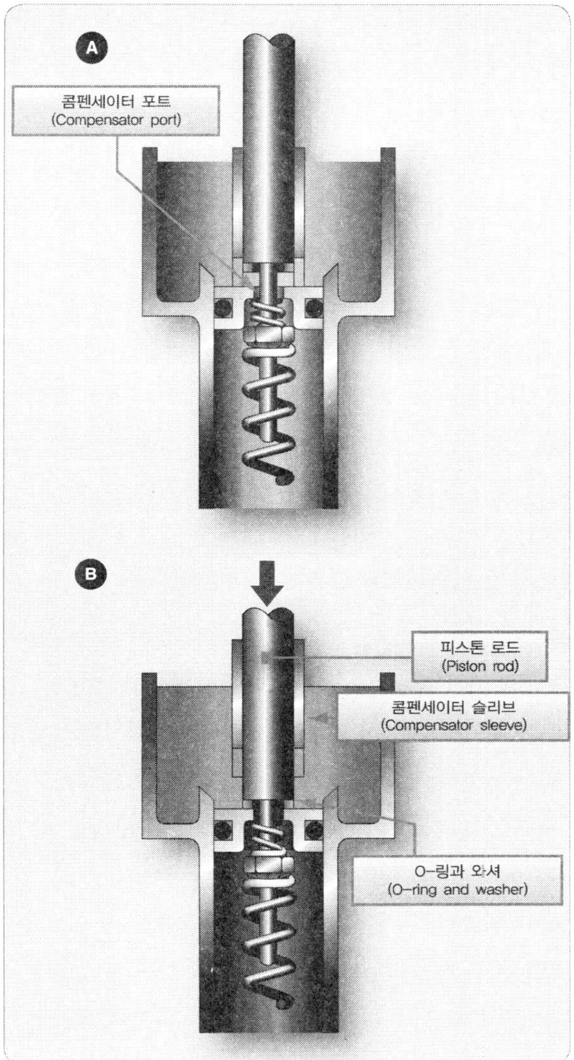

[그림 9-95] 저유소 일체형 마스터 실린더(master cylinder)

피스톤에 있는 보상배출구를 통해 실린더에서 저유기로 작동유의 자유흐름을 허용한다.

파킹 브레이크 기계장치는 설명한 것처럼 작동하는 래칫형(ratcheting)이다. 보급구는 마스터 실린더 저유기의 꼭대기에서 공급된다. 일반적으로 배기 플러그(vented plug)는 작동유를 정압상태로 공급하기 위해 배출구에 장착된다.

9.6.2.2 승압된 브레이크(Boosted Brakes)

독립된 브레이크 계통(independent braking system)에서, 브레이크에 가해진 압력은 오직 발에 의한 압력이 러더 페달을 밟음으로써 가해진 만큼 큰 것이다. 승압식 브레이크작동장치(boosted brake actuating system)는 필요할 때 유압계통 압력이 조종사에 의해 발생한 힘을 증가시킨다. 승압은 오직 급제동 시 쓰이며, 그것은 조종사가 단독으로 공급할 수 있는 것보다 더 큰 압력이 브레이크에 가해진다. 승압식 브레이크는 전체 파워 브레이크작동장치를 필요로 하지 않는 중형항공기와 대형항공기에서 사용된다.

그림 9-96과 같이, 각각의 브레이크를 위한 승압식 브레이크 마스터 실린더는 러더 페달에 기계적으로 부착된다. 그러나 승압식 브레이크 마스터 실린더는 다르게 작동한다.

브레이크가 작동되었을 때, 기계식연동장치를 통해 조종사의 발로부터 압력은 브레이크에 작동유를 밀어 넣기 위한 방향으로 마스터 실린더 피스톤을 움직인다. 초기이동은 브레이크가 작동되지 않았을 때 열팽창 경감을 주기 위해 사용된 콤펜세이터 포핏(compensator poppet)을 막는다. 조종사가 페달을 더 세게 밟았을 때, 스프링이 장착된 토글은 실린더에 있는 스풀밸브를 움직인다. 항공기 유압계통 압력은 피스톤의 뒤쪽으로 밸브를 통해 흐른다. 브레이크를 작동하기 위해 형성된 힘이 있는 만큼 압력이 증대된다.

페달이 풀렸을 때, 피스톤로드는 반대방향으로 이동하고, 피스톤은 피스톤 스톱으로 되돌아간다. 콤펜세이터 포핏은 다시 열리고, 토글은 링키지를 통해 스풀에서 빠져 나오고 유체는 스풀을 뒤로 밀어 계통 리턴 매니 폴드 포트를 노출시킵니다. 토글은 링크에이지를 거쳐 스풀로부터 물러나며, 작동유는 스풀을 밀어

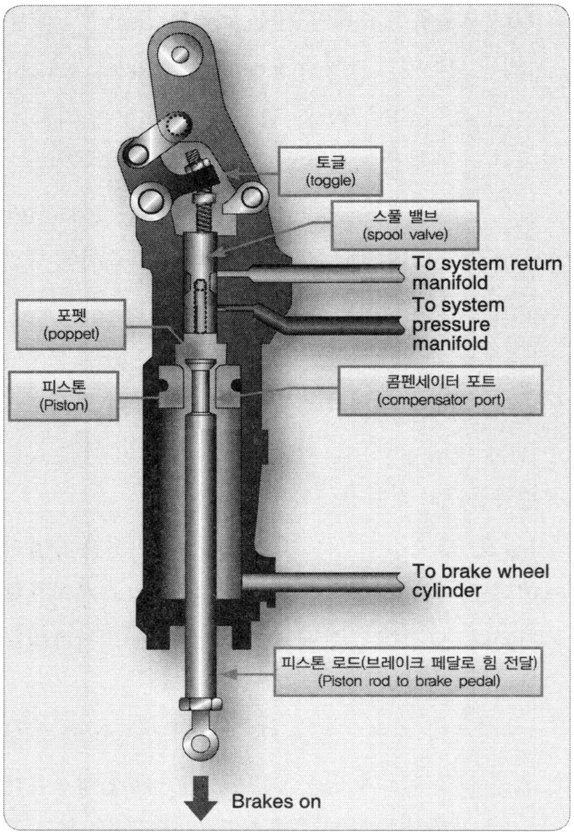

[그림 9-96] 승압된 브레이크(boosted brake)의 마스터 실린더(master cylinder)

올려 계통 리턴 매니폴드 포트를 열어 준다. 브레이크 압력을 승압시키기 위해 사용된 계통 작동유는 배출구를 통해 되돌아간다.

9.6.2.3 파워 브레이크(Power Brakes)

대형항공기와 고성능항공기는 속도를 줄이고, 정지시키고, 유지하기 위해 파워브레이크를 갖추고 있다. 파워 브레이크 작동 계통(power brake actuating system)은 브레이크를 작동시키기 위해 동력의 공급원으로 항공기 유압계통을 이용한다. 조종사는 다른 작동계통에서와 같이 제동을 위해 방향키 페달을 밟는다. 필요한 작동유의 체적과 압력은 마스터 실린더에 의해 생산될 수 없다. 대신에 파워 브레이크제어밸브 또는 브레이크 미터링 밸브는 직접 또는 링크에이지를 통해 브레이크 페달 입력을 받는다. 밸브는 페달에 가해진 압력과 직접 비교하여 해당하는 브레이크어 셈블리에 작동유를 계량한다.

수많은 파워 브레이크 계통 설계가 사용 중에 있다. 대부분은 그림 9-97의 A에서 보여준 간단한 계통과 유사한 것이다. 파워 브레이크 계통은 단계식 제동압력 조종 장치, 브레이크페달 느낌, 그리고 유압계통 파손의 경우에 요구된 필요한 중복성을(redundancy) 용이하게 하도록 조립된다. 대형 항공기 브레이크 계통은 미끄러짐방지 탐지장치와 보정장치를 결합시킨다. 이들은 바퀴 미끄러짐을 감지기 없이 조종실에서 탐지하기가 어려운 것이기 때문에 필요한 것이다. 그러나 미끄러짐은 신속하게 브레이크에 작동유의 압력 제어를 통해 자동적으로 제어될 수 있다. 유압 퓨즈는 파워 브레이크 계통에서도 일상적으로 찾아볼 수 있다. 착륙장치 주위의 위험한 환경은 작동유가 브레이크 어셈블리로 가는 도중에 라인의 파손, 절단, 피팅 고장으로 작동유 손실 또는 기타 유압 계통 오작동을 발생시킬 가능성이 높다. 퓨즈는 닫힘으로써 탐지되었을 때 유압계통에 있는 잔여 작동유를 존속시키기 위해 과도한 흐름을 정지시킨다. 셔틀밸브는 다중계통에서 또는 비상 브레이크 계통 공급원의 사용 시와 같이, 선택 공급원으로부터 작동유의 흐름을 유도하는 데 사용된다. 그림 9-97의 B에서는 여객기 파워 브레이크 계통을 보여준다.

(1) 브레이크 제어 밸브와 브레이크 미터링밸브 (brake control valve/brake metering valve)

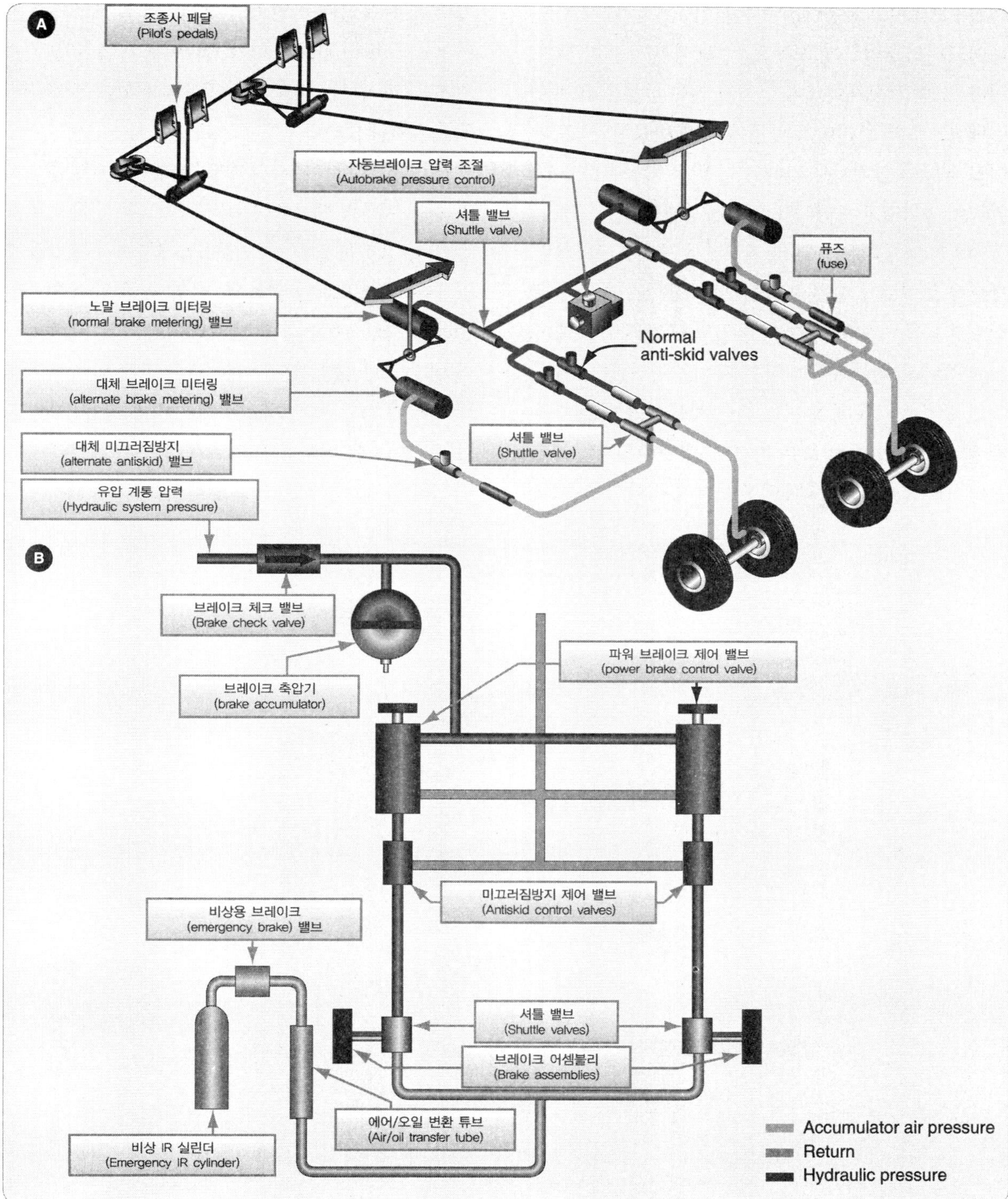

[그림 9-97] 기본 파워 브레이크 계통(power brake system) 구성품

파워 브레이크 계통에서 기본적인 요소는 때때로 브레이크미터링밸브라고 부르는, 브레이크 제어 밸브이다. 그것은 브레이크에 항공기 계통 작동유 유로를 선택함으로서 브레이크 페달에 의해 반응한다. 브레이크 페달에 압력이 증가하면 더 많은 작동유가 흘러 압력이 높아지고 브레이크 작동이 강해진다.

그림 9-98에서는 Boeing 737에서 브레이크미터링 밸브를 보여준다. 그림 9-99에서는 장착된 계통이 그림으로 나타내졌다. 두 가지 유압 공급원은 이 브레이크 계통에서 비상시를 대비한 기능을 마련한다. 기계적인 연결 장치를 통해 러더 페달/브레이크 페달에 연결된 브레이크 입력 축은 미터링 밸브에 위치입력을 준다. 대부분 브레이크 제어 밸브에 있어서, 브레이크 입력 축은 유압계통 압력이 브레이크로 흐르도록 테이퍼 스풀 또는 밸브에 있는 슬라이드를 움직인다. 동시에, 슬라이드는 필요 시 유압계통 귀환 포트에 진입로를 덮거나 벗긴다.

그림 9-98과 같이, 러더 페달/브레이크 페달을 밟으면 계통 미터링 밸브에 있는 슬라이드는 왼쪽으로 움직인다. 그것은 압력이 브레이크 계통에서 확립될 수 있도록 리턴 포트를 덮는다. 유압 공급 압력 챔버는 슬라이드의 움직임에 의해 브레이크 계통 압력 챔버에 연결되며, 슬라이드의 테이퍼로 인해 두 계통 사이의 통로가 차단된다. 페달이 더욱 깊게 밟혔을 때, 밸브 슬라이드는 더욱 왼쪽으로 움직인다. 이것은 슬라이드의 좁아지는 모양으로 인하여 브레이크로 더 많

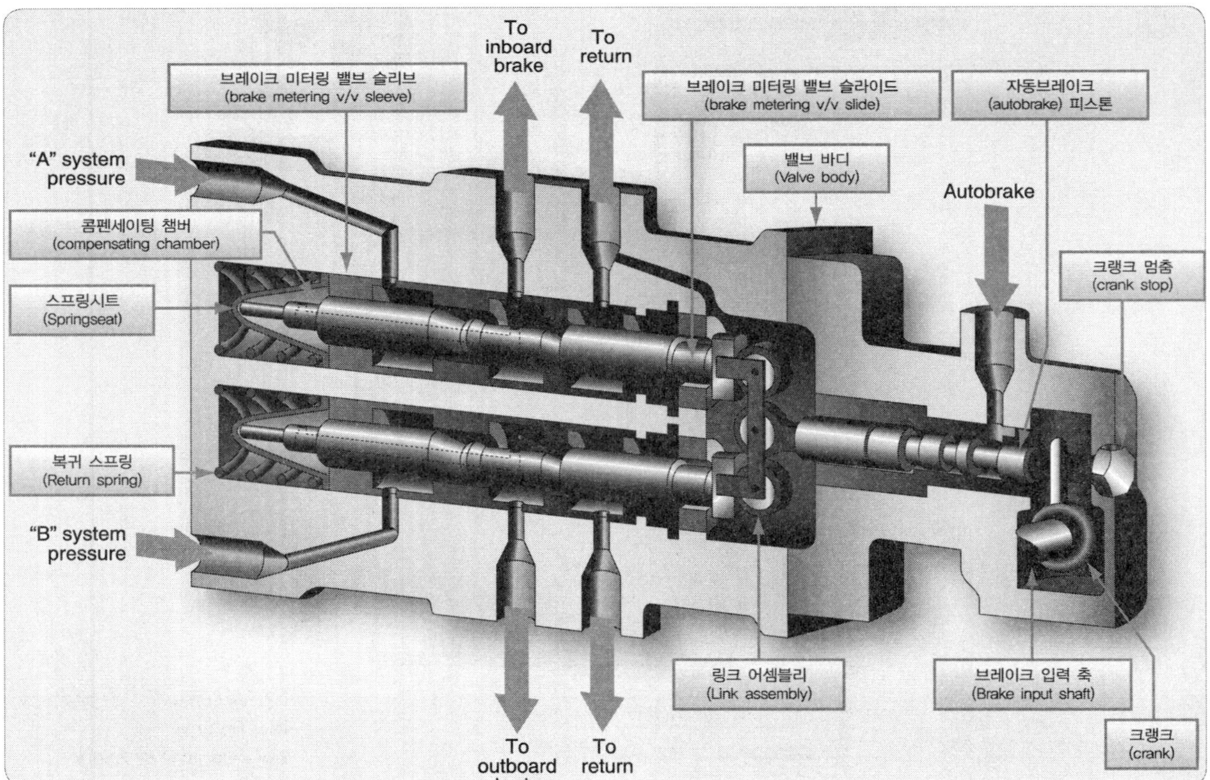

[그림 9-98] B737 항공기 브레이크 미터링 밸브(brake metering valve)

은 작동유를 흐르게 한다. 브레이크 압력은 작동유가 추가됨으로써 증가한다. 슬라이드에 있는 통로는 슬라이드 끝에서 보상실 안으로 브레이크 압력이 향하게 한다. 이것은 슬라이드 끝에 작용하여 초기 슬라이드 이동에 반응하고 브레이크 페달에 느낌을 주는 반발력을 창출한다. 결과적으로, 압력 및 귀환포트는 닫히고 페달에 발 압력에 비례하는 압력은 브레이크에서 계속 유지된다. 페달이 풀려졌을 때, 리턴 스프링과 보상 챔버 압력은 귀환 포트가 열리고, 서로 봉쇄된 압력 챔버가 브레이크 압력 챔버에 공급하여, 원래의 위치로 오른쪽으로 슬라이드를 가동시킨다.

그림 9-98과 같이, 미터링 밸브는 내측 브레이크와 외측 브레이크에 대해 설명한 것처럼 동시에 작동한다. 링크 어셈블리의 설계는 다른 쪽이 고장 났다고 하더라도 미터링 밸브의 한쪽이 작동할 수 있다. 대부분 브레이크 제어밸브와 미터링 밸브는 오직 하나의

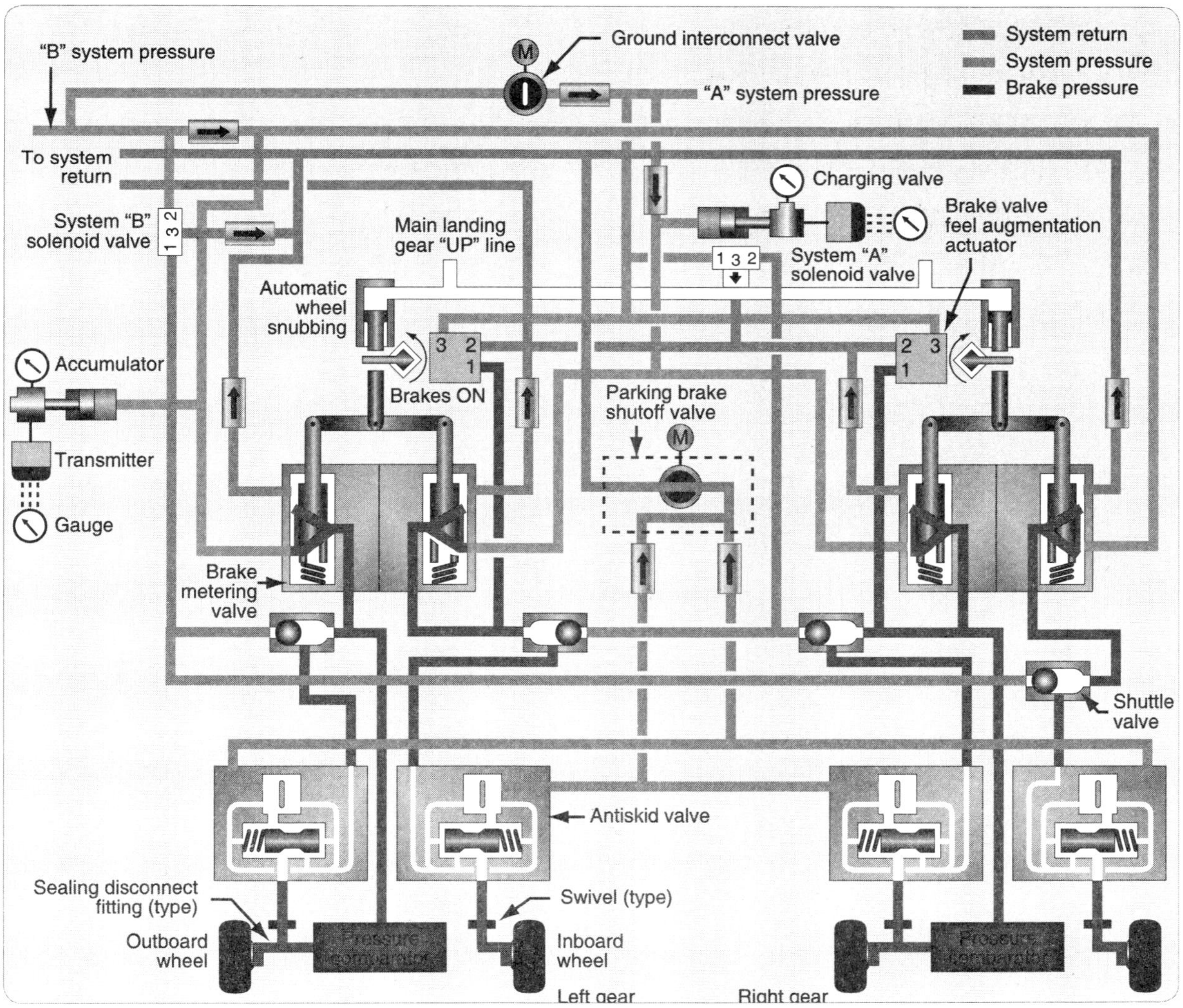

[그림 9-99] B737 항공기 동력 브레이크 계통(power brake system)

브레이크 어셈블리를 공급하는 단일구성 부분(single unit)이지만, 유사한 방식으로 작용한다.

미터링 밸브 그림에서 참조되는 오토 브레이크는 착륙장치 접힘 유압 라인에 연결된다. 가압 작동유는 이 포트로 들어가고 이륙(takeoff) 후에 자동적으로 브레이크를 작동시키기 위해 약간 왼쪽으로 슬라이드를 구동시킨다. 이것은 휠 웰(wheel well)안으로 접어 들였을 때 바퀴의 회전을 정지시킨다. 자동 브레이크장치는 착륙장치가 완전히 집어넣었을 때 접이 계통이 감압되어지기 때문에 이 포트로부터 차단된다.

그림 9-100과 같이, 러더 페달/브레이크 페달 감각의 대부분은 파워 브레이크에 있는 브레이크 제어 밸브 또는 브레이크 미터링 밸브에 의해 공급된다. 수많은 항공기는 추가의 감각장치로 페달의 감각을 정교하게 한다. 파워 브레이크 계통에 있는, 브레이크 밸브 감각증강장치는 브레이크 입력축 움직임에 힘을 만들어내기 위해 일련의 내부스프링과 여러 가지 크기의 피스톤을 사용한다. 이것은 가해진 러더 페달/브레이크 페달의 양과 일치하는 기계적인 연결 장치를 통해 감각을 준다. 약간의 페달 내리누름으로써 가벼운 제동에 대한 요구는 페달에서 약한 느낌으로 그리고 급제동 시에 페달이 더욱 강하게 밟혔을 때 강한 저항감이 느껴진다.

9.6.3 비상 브레이크 계통 (Emergency Brake Systems)

그림 9-99와 같이, 브레이크 미터링 밸브는 2개의 개별 유압계통으로부터 유압을 공급 받을 뿐만 아니라 2개의 별도의 브레이크 어셈블에 공급한다. 각각의 주 바퀴 어셈블리는 2개의 바퀴를 가지고 있다. 그들 각자의 바퀴 림에 위치된, 안쪽 바퀴 브레이크와 바

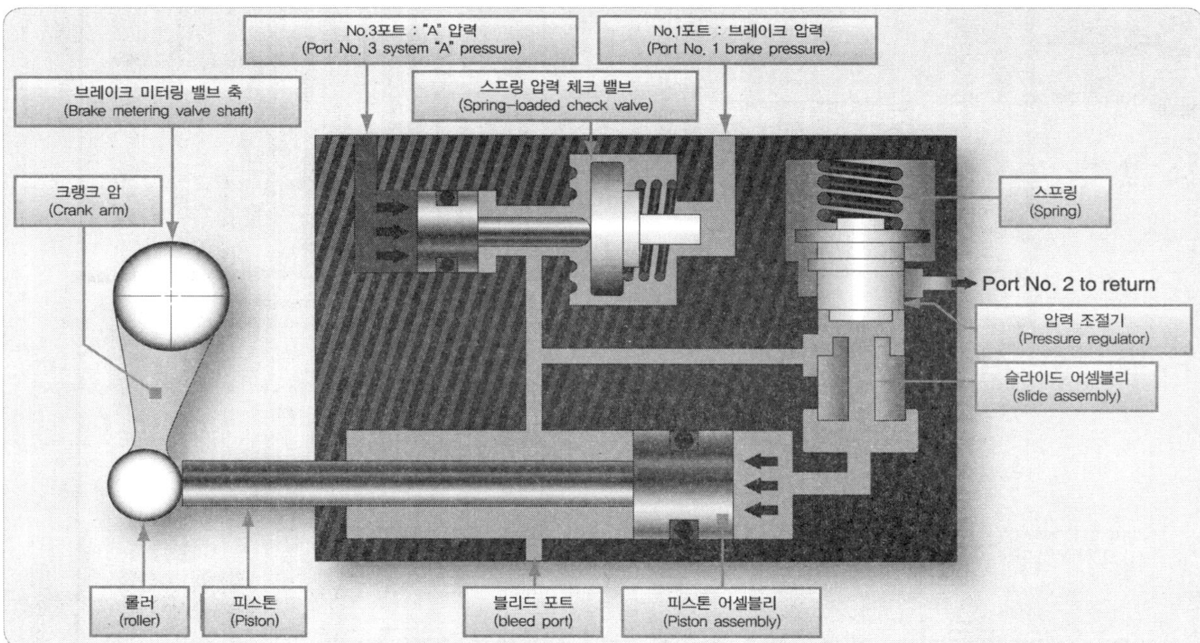

[그림 9-100] B737 항공기 동력 브레이크 계통 감각증강장치

깥쪽 바퀴 브레이크는 서로로부터 독립적인 것이다. 유압계통 파손 또는 브레이크파손의 경우에, 각각은 독립적으로 유압이 공급되어 다른 계통없이 항공기를 충분히 감속시키고 정지시킨다. 아주 복잡한 항공기는 대체를 위해 또 다른 유압계통을 연계하고 유압계통 또는 브레이크파손의 경우에 제동력을 유지하기 위해 공급원과 브레이크 어셈블리의 유사한 대안을 이용하게 된다.

NOTE 위의 시그멘트 로터 디스크 브레이크에서, 브레이크 어셈블리는 독자적 유압원에 의해 공급된 대체 피스톤을 갖추었다는 것을 설명하였다. 이것은 단일 주 바퀴 항공기에서 특히 알맞으나 단일 주 바퀴 항공기에 국한되지 않는 중복성(redundancy)의 또 다른 방법이다.

그림 9-101과 같이, 공급 계통 중복성에 추가하여, 브레이크 축압기는 또한 수많은 파워 브레이크 계통에서 브레이크를 위한 동력의 비상공급원이다. 축압기는 그것의 내부 다이어프램 중 한쪽에 공기 또는 질소로 미리 충전된다. 충분한 작동유는 비상의 경우에 브레이크를 작동시키기 위해 다이어프램의 다른 쪽에 들어가게 된다. 그것은 항공기 속도를 감속하도록 충분히 저장된 압력 하에서 계통 라인을 통해 브레이크로 이송되도록 축압기 밖으로 밀어낸다. 일반적으로 축압기는 브레이크 제어 밸브/미터링 밸브의 상류부문에 위치하여 밸브가 제공하는 제어에 따른다.

일부 더 간단한 파워 브레이크 계통은 브레이크 어셈블리로 직접 전달되고 브레이크 계통의 나머지를 우회하는 브레이크 동력의 비상공급원을 사용하게 된다. 브레이크 유닛의 상류 부문에 있는 셔틀밸브는 제1공급원으로부터 압력이 상실되었을 때 이 공급원을 받아들이기 위해 이동시킨다. 때때로 압축공기 또는 질소가 사용된다. 미리 충전된 유체 소스는 대체 유압 공급원으로서 사용할 수 있다.

[그림 9-101] 비상브레이크 유압유 축압기(accumulators)

9.6.3.1 파킹 브레이크(Parking Brake)

파킹 브레이크장치 기능은 결합된 작동 방식이다. 그림 9-102와 같이 브레이크는 러더 페달로서 작동되고 래칫 계통은 조종실에 파킹브레이크레버가 끌어당겨졌을 때 그 상태를 계속 유지한다. 동시에 브레이크에서 유압계통 리턴 라인에서 차단 밸브가 닫힌다. 이것은 정지된 로터를 잡고 있는 브레이크에 있는 작동유를 갇히게 한다. 파킹 브레이크의 풀림은 더욱 페달을 밟으면 페달 래칫이 풀리고 귀환 라인 밸브가 열린다.

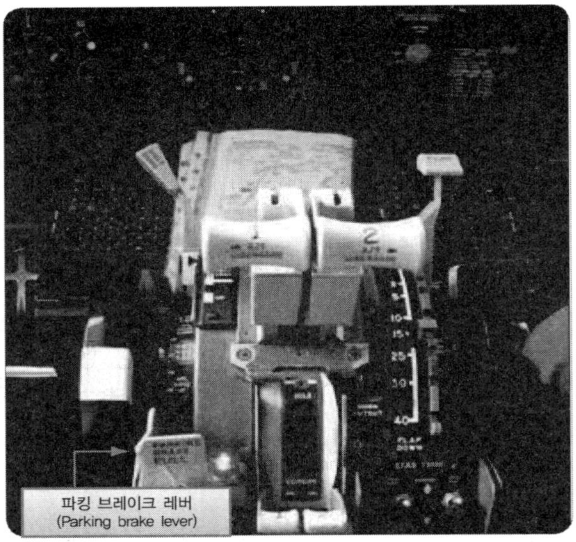

[그림 9-102] B737 항공기 파킹 브레이크 레버

9.6.3.2 브레이크의 감압(brake de-boosters)

항공기 유압계통 압력에 작동하는 일부 항공기 브레이크어셈블리는 그런 고압을 위해 설계되지 않았다. 그들은 파워 브레이크 계통을 통해 효과적인 제동을 마련하지만 최대 유압 계통압력보다 더 적게 요구한다. 그림 9-103과 같이, 더 저압을 공급하기 위해, 브레이크감압장치 실린더는 제어밸브와 미끄러짐방지 밸브의 출구 쪽에 장착된다. 감압장치는 제어밸브로부터 브레이크어셈블리의 작동범위 이내로 모든 압력을 줄인다.

그림 9-104와 같이, 브레이크감압장치(brake de-booster)는 압력을 줄이기 위해 크기가 서로 다른 피

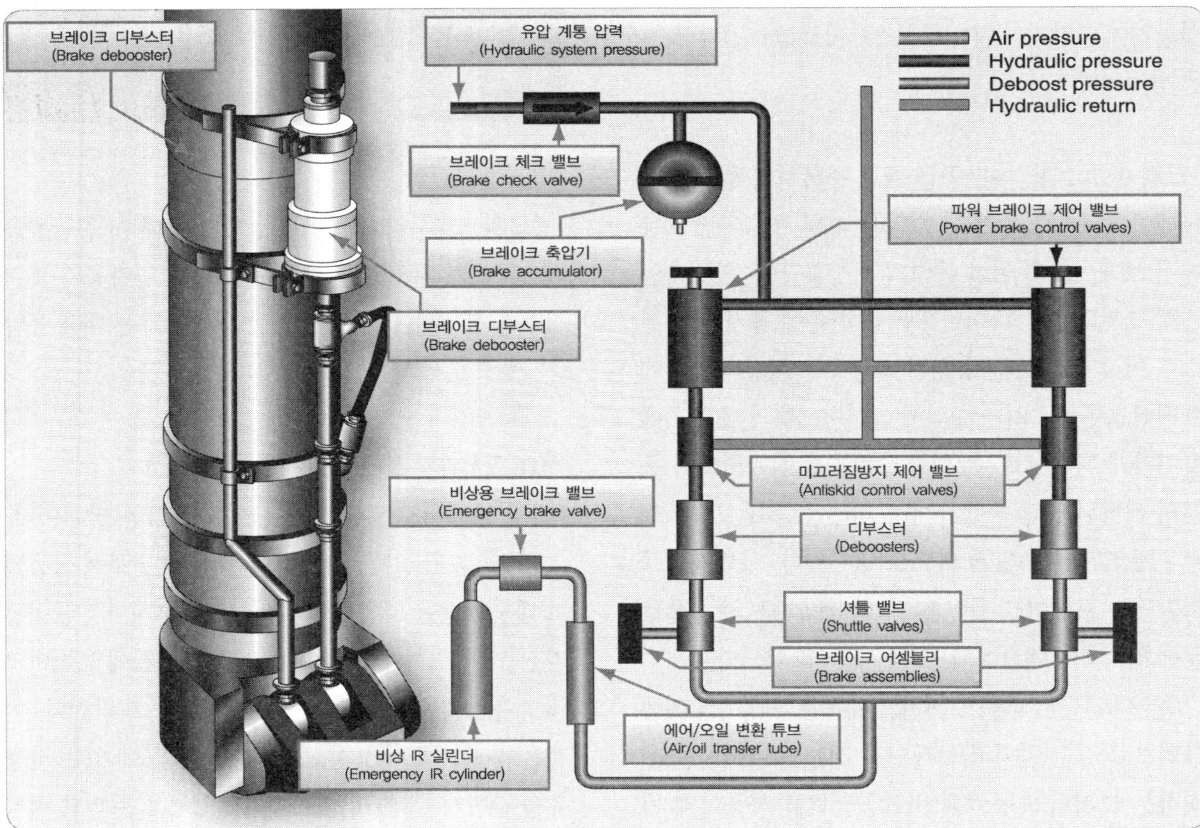

[그림 9-103] 착륙장치의 브레이크 감압 실린더(de-booster cylinder)

스톤을 통하여 힘의 적용을 이용하는 간단한 장치이다. 그들의 작동은 다음의 방정식을 적용하여 이해할 수 있다.

$$\text{Pressure}=\frac{\text{Force}}{\text{Area}} \qquad (\text{압력}=\frac{\text{힘}}{\text{단면적}})$$

고압 유압계통 주입압력(input pressure)은 피스톤의 작은 끝단에 작용한다. 이것은 피스톤헤드의 단면적에 비례하는 힘을 발생시킨다. 피스톤의 반대쪽 끝단은 더 크고 분리된 실린더에 들어가 있다. 더 작은 피스톤헤드로부터의 힘은 피스톤의 반대쪽 끝단의 더

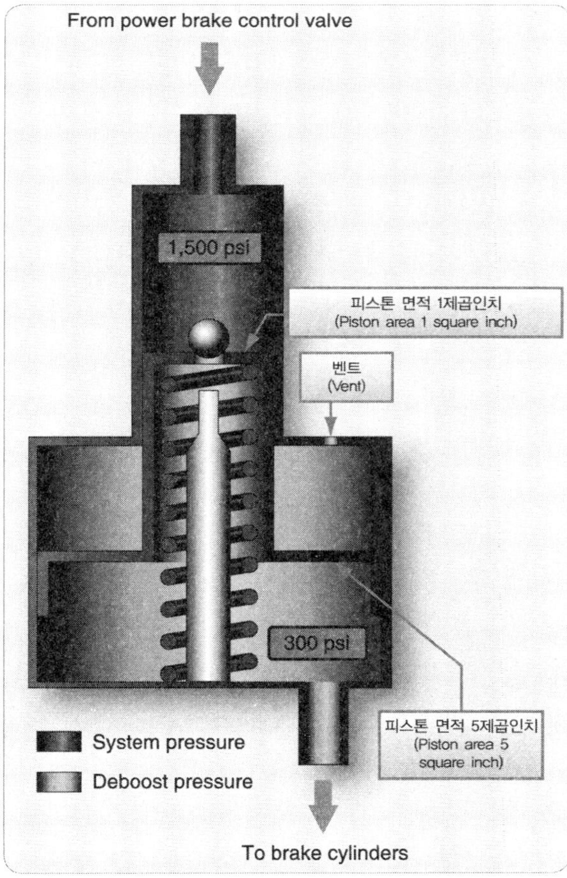

[그림 9-104] 브레이크 감압장치(Brake de-boosters)

큰 면적으로 이동된다. 피스톤의 더 큰 끝단에 의해 전달된 압력의 양은 힘이 전개되는 더 큰 면적으로 인하여 줄어든다. 송출유압의 체적은 더 큰 피스톤과 실린더가 사용되었기 때문에 증가한다. 감소된 압력은 브레이크어셈블리로 전달된다.

감압장치에 있는 스프링은 피스톤을 귀환 시키는 데 도움이 된다. 만약 작동유가 감압장치실린더의 출구 쪽에서 상실되었다면, 피스톤은 브레이크가 작동되었을 때 실린더 안에서 더욱 아래쪽으로 이동한다. 핀은 볼을 탈착시키고 하부실린더 안에 작동유는 낮아진 압력으로 바꾸게 한다. 다시 채워졌을 경우, 피스톤은 압력형성으로 인하여 실린더에서 위로 상승한다. 볼은 피스톤이 핀 위로 움직일 때 다시 안착하고 정상제동은 회복된다. 이 기능은 브레이크어셈블리에서 누출을 가능케 한다는 것을 의미하지 않는다. 발견된 어떤 누출이라도 정비사에 의해 수리되어야 한다.

폐쇄감압장치는 감압장치와 유압 퓨즈처럼 작용한다. 만약 작동유가 피스톤이 실린더에서 아래쪽으로 움직일 때 마주치지 않아진다면, 브레이크로 작동유의 흐름은 멈춘다. 이것은 감압장치의 출구 쪽 흐름에 손상이 일어난다고 하더라도 모든 계통 작동유의 손실을 방지한다. 폐쇄감압장치는 그것이 퓨즈처럼 차단된 후 장치를 재가동하기 위한 핸들을 가지고 있다. 만약 리셋(reset)되지 않는다면, 제동동작은 가능하지 않다.

9.6.4 미끄러짐 방지(Anti-Skid)

파워 브레이크를 가지고 있는 대형항공기는 미끄러짐 방지장치를 필요로 한다. 특히 멀티플 휠 주 착륙장치 어셈블리를 가지고 있는 항공기에서, 바퀴가 회전

을 멈추고 미끄러짐을 시작할 때 조종실에서 즉시 확인하는 것은 가능한 일이 아니다. 수정되지 않은 미끄러짐은 빠르게 타이어 펑크가 일어나 항공기에 손상을 줄 수 있으며, 항공기의 제어 상실로 이어질 수 있다.

9.6.4.1 계통 작동(system operation)

미끄러짐방지장치는 바퀴 미끄러짐을 탐지할 뿐만 아니라 바퀴 미끄러짐에 임박한 경우에도 탐지하여 자동적으로 유압계통 귀환라인으로 가압 브레이크 압력을 잠깐씩 끊어 연결함으로써 해당 바퀴의 브레이크 피스톤에서 압력을 경감시켜서 바퀴를 회전하게 하여 미끄러짐을 피하게 한다. 그다음 바퀴로 하여금 미끄러지지 않게 하고 바퀴에 속도를 떨어뜨리게 하는 수준으로 브레이크의 압력은 낮게 유지된다.

최대제동효율은 바퀴가 최대비율로서 감속하고 있지만 미끄러지지 않을 때 나타난다. 만약 바퀴가 너무 빠르게 감속한다면, 그것은 브레이크의 너무 큰 제동력이 미끄러짐의 원인이 되는 징조이다. 이것이 일어나지 않는지 확인하기 위해, 각각의 바퀴는 사전 설정 비율보다 더 빠른 감속비율에 대해 모니터링 된다. 과도한 감속이 탐지되었을 때, 유압은 그 바퀴의 브레이크 압력을 감압시킨다. 그림 9-105에서 보여준 것과 같이, 미끄러짐방지장치를 작동시키기 위해, 조종실 스위치는 켜짐(on) 위치에 있어야 한다. 항공기가 착륙한 후, 조종사는 러더 브레이크 페달에 최대압력을 가하고 유지한다. 그때 미끄러짐방지장치는 항공기의 속도가 약 20[mph]으로 떨어질 때까지 자동적으로 작동한다. 미끄러짐방지장치는 느린 활주와 지상 방향조종을 위해 수동제동 모드로 복귀한다.

대부분의 미끄러짐 방지장치는 바퀴속도감지기, 미끄러짐 방지 제어밸브 및 제어장치 등으로 세 가지의 중요한 형태의 구성요소로 이루어져 있다. 이들 구성부분은 인간의 간섭 없이 함께 작동한다. 일부 미끄러짐 방지장치는 완전한 자동제동을 마련한다. 그림 9-106과 같이, 조종사는 오직 자동브레이크 계통을 켜기만 하고, 미끄러짐 방지 구성요소는 페달입력 없이 항공기의 속도를 감속한다. 지상안전스위치는 미끄러짐 방지와 자동 브레이크 계통을 위한 회로로서

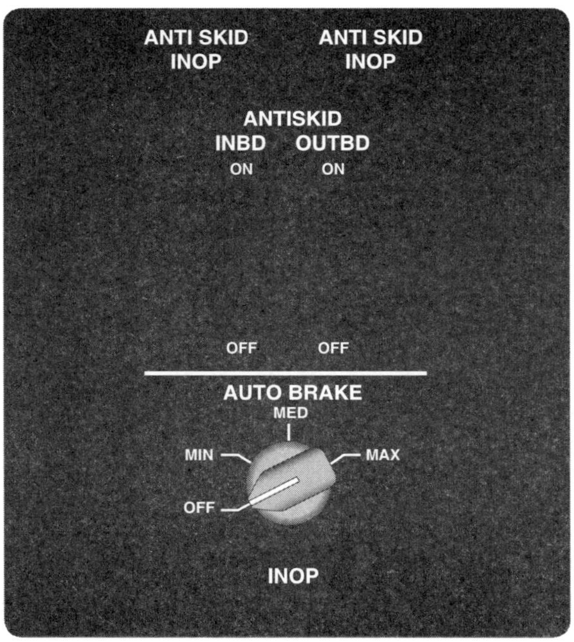

[그림 9-105] 조종실 내 미끄러짐 방지장치 스위치

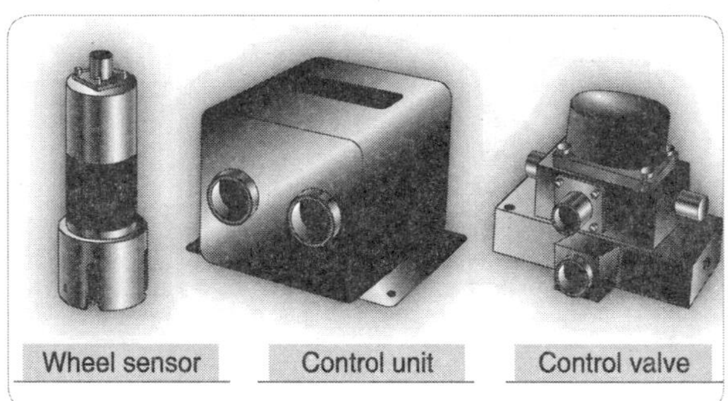

[그림 9-106] 바퀴속도 감지기(wheel sensor)(좌측), 제어장치(control unit)(중앙), 제어 밸브(control valve)(우측)

배선된다. 속도 감지기는 브레이크 어셈블리를 갖춘 각각의 휠에 위치한다. 각각의 브레이크는 자체 미끄러짐 방지 제어밸브도 가지고 있다. 그림 9-106과 같이, 일반적으로 단일 제어 박스는 항공기 브레이크의 모두에 대해 미끄러짐 방지 비교 회로소자를 포함한다.

9.6.4.2 바퀴 속도 감지기(wheel speed sensors)

그림 9-107과 같이, 바퀴 속도 감지기는 변환기이며, 교류 또는 직류 기전력이다. 전형적인 교류 차륜 속도 감지기는 바퀴 축에 설치된 고정자를 가지고 있다. 그것을 둘러싼 코일은 동력을 공급했을 때, 고정자가 전자석이 되도록 제어식직류공급원에 연결된다. 고정자 안쪽에서 돌아가는 회전자는 그것이 바퀴의 속도로서 회전하도록 구동커플링을 통해 회전하는 바퀴 허브어셈블리에 연결된다. 회전자와 고정자의 로브(lobe)는 회전 시 2개의 구성요소 사이에 거리를 지속적으로 변화시킨다. 이것은 회전자와 고정자 사이에 자기결합 또는 자기저항을 바꾼다. 전자기장이 변화할 때, 고정자 코일에 가변주파수 교류가 유도된다. 주파수는 바퀴의 회전속도에 정비례한다. 교류신호는 자료처리를 위해 제어장치로 들어간다. 직류 바퀴 속도 감지기는 직류가 바퀴 속도에 정비례하는 직류의 크기로 생산되었다는 것을 제외하고 유사한 것이다.

9.6.4.3 제어 유닛(control units)

그림 9-108과 같이, 제어장치는 미끄러짐 방지장치의 두뇌로 생각할 수 있다. 그것은 바퀴 감지기의 각각으로부터 신호를 받는다. 비교회로는 만약 미끄러

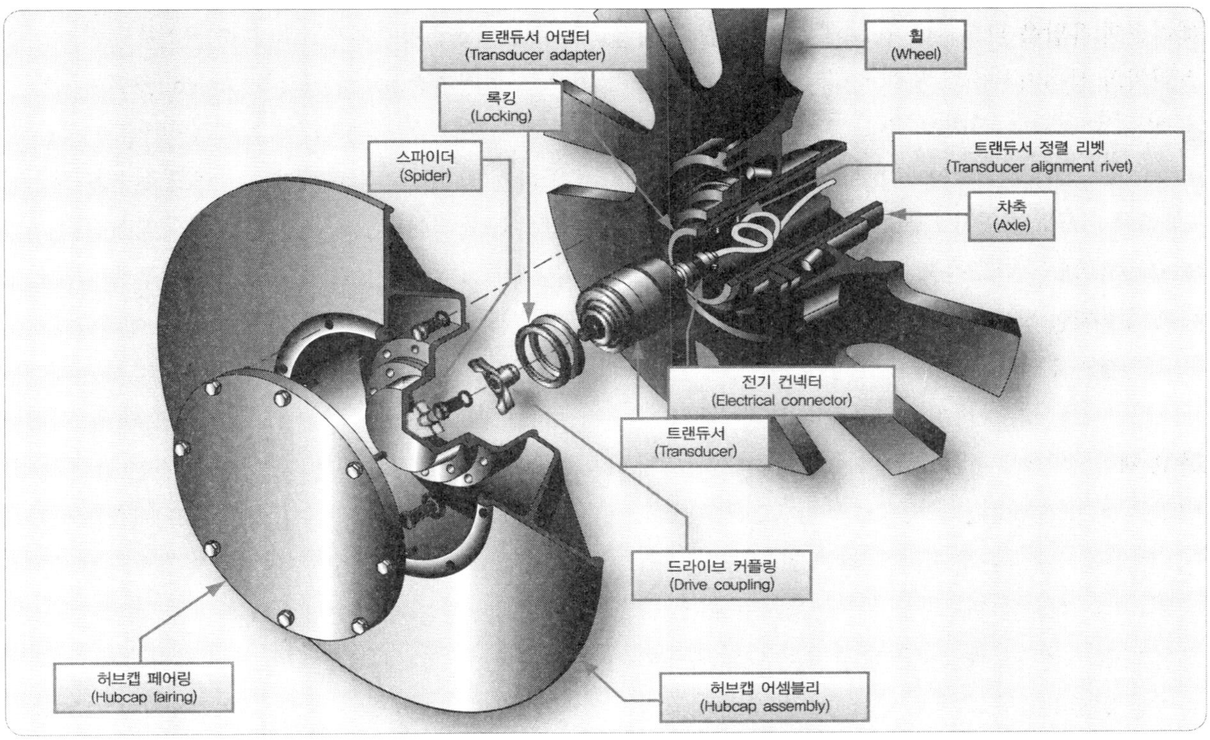

[그림 9-107] 미끄러짐 방지장치 바퀴속도감지기 고정자(stator)

[그림 9-108] 여객기 미끄러짐 방지 제어장치

짐을 지시하는 신호 중 어떤 것이 임박한 것인지 또는 특정한 바퀴에서 발생하는 것인지 판단하기 위해 사용된다. 만약 그렇다면, 바퀴의 제어밸브로 신호를 보내는 미끄러짐을 방지하거나 또는 완화시키도록 브레이크의 유압을 완화시킨다. 제어장치는 외부시험 스위치와 상태지시등을 가지고 있거나 아니면 가지고 있지 않게 된다. 그것은 항공기의 항공전자장비실(avionics bay)에 위치하는 것이 일반적이다.

그림 9-109의 보잉사(boeing) 미끄러짐 방지 제어밸브 블록선도는 미끄러짐 방지 제어장치의 기능에서 더욱 세부적인 정보를 제공한다. 일부 항공기는 유사한 최종결과를 이루기 위해 서로 다른 논리를 갖는 것도 있다. 직류장치는 바퀴 감지기로부터 직류를 수신하고 제어장치회로는 주로 직류로 작동하기 때문에 입력 컨버터(converter)를 필요로 하지 않는다.

그림 9-109에서는 단지 하나의 바퀴 브레이크 어셈블리마다 하나의 회로카드에 기능을 보여준다. 각각의 바퀴는 동시조작을 촉진하기 위해 그것 자체의 동일한 회로카드를 가지고 있다. 모든 카드는 보잉(boeing)이 컨트롤 실드(control shield)라고 부르는 단일 제어장치 안에 들어가게 된다.

컨버터(converter)는 바퀴 감지기로부터 받은 교류 주파수를 바퀴 속도에 비례하는 직류전압으로 변경한다. 출력은 감속과 속도기준회로를 포함하는 속도기준루프에서 이용된다. 또한 컨버터(converter)는 이 부분의 말미에서 설명되는 스포일러 계통과 잠금 바퀴 계통(locked wheel skid system)을 위해 입력을 제공한다. 속도 기준 루프 출력 전압은 항공기의 순간 속도를 나타낸다. 이것은 속도비교측정기에서 컨버터(converter) 출력과 비교된다. 전압의 비교는 본질적으로 바퀴 속도와 항공기 속도의 비교이다. 속도비교측정기에서 출력은 주어진 항공기 속도에 대해 최적의 제동효율을 위해 바퀴 속도가 너무 빠른지 또는 너무 느린지에 상응하는 양 또는 음의 오차 전압(positive or negative error voltage)이다.

속도비교측정기에서 오차출력전압은 압력 바이어스 모듈레이터(pressure bias modulator)회로에 들어간다. 이것은 브레이크에 압력이 최적의 제동을 제공하는 임계값을 확립시키는 기억회로이다. 오차전압는 모듈레이터(modulator)가 모듈레이터 임계값을 유지하기 위해 브레이크에서 압력을 증가시키거나 또는 감소시키게 한다. 그것은 써밍 앰플리파이어(summing amplifier)에 보내지는 전압출력을 생산한다. 비교측정기에서 선도출력(lead output)은 타이어가 브레이크에서 압력을 감소시키는 전압으로서 미끄러지려고 할 때를 예상한다. 그것은 또한 써밍 앰플리파이어에도 이 전압을 보내준다. 갑작스러운 미끄러짐이 일어났을 때 신속한 압력 배출을 위해 설계된 비교측정기로부터의 순간적인 제어 출력 또한 써밍 앰플리파이어에 전압을 보낸다. 명칭에서 암시하듯이, 앰플리파이어(amplifier)에서 입력전압은 합계되고

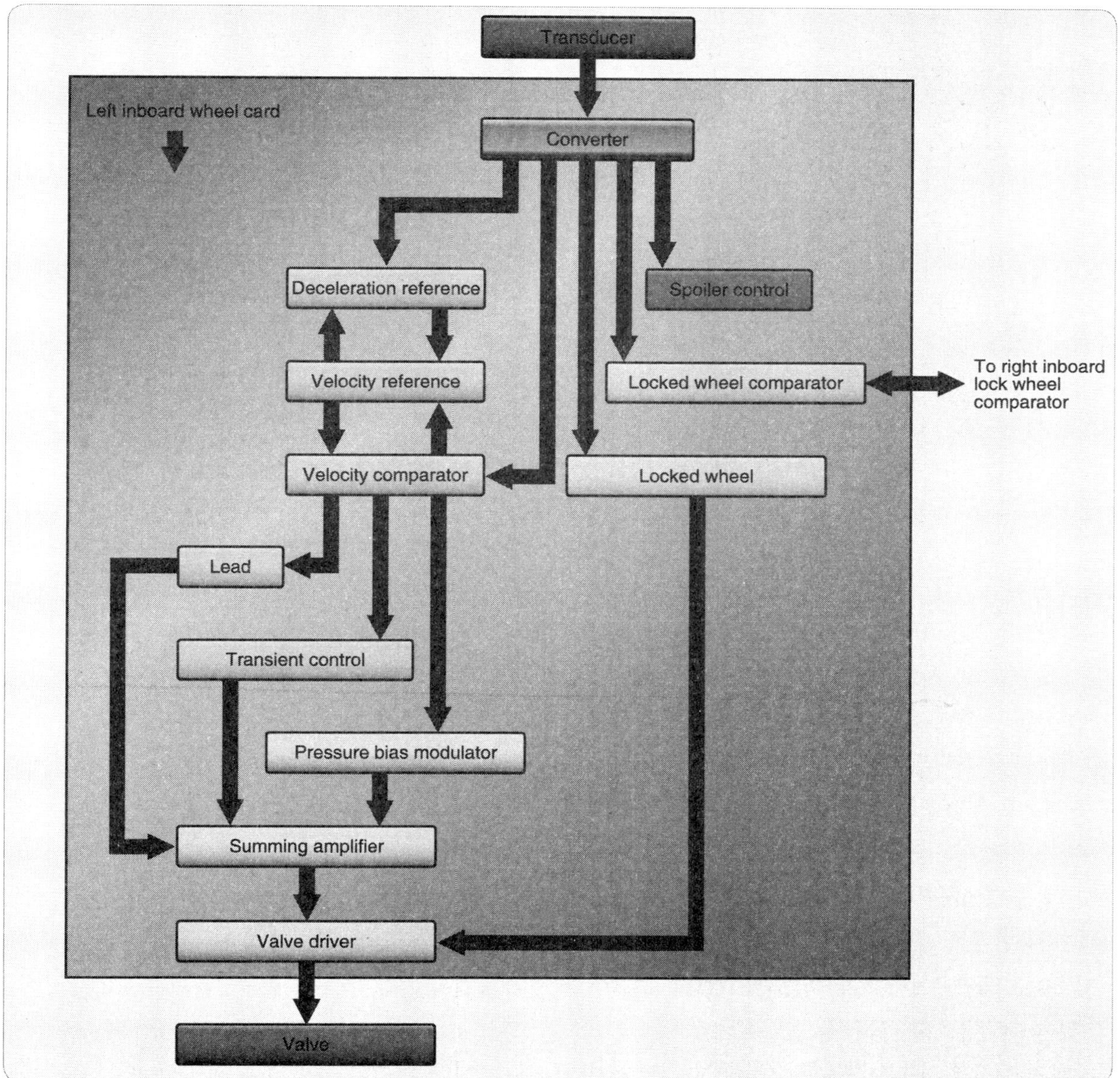

[그림 9-109] B737 항공기 미끄러짐 방지 제어장치 내부 구성도

중첩전압(composite voltage)은 밸브동력전달부로 보내게 된다. 동력 전달부는 밸브의 위치를 조정하기 위해 제어밸브로 보내고자 필요한 전류를 준비한다. 제동압력은 이 값에 따라 증감하거나 유지한다.

9.6.4.4 미끄러짐 방지 제어 밸브 (anti-skid control valves)

그림 9-110에서 보여준 것과 같이, 미끄러짐 방지 제어밸브는 미끄러짐 방지 제어장치의 입력에 반응하는 빠른 전기제어식 유압밸브이다. 각각의 브레이

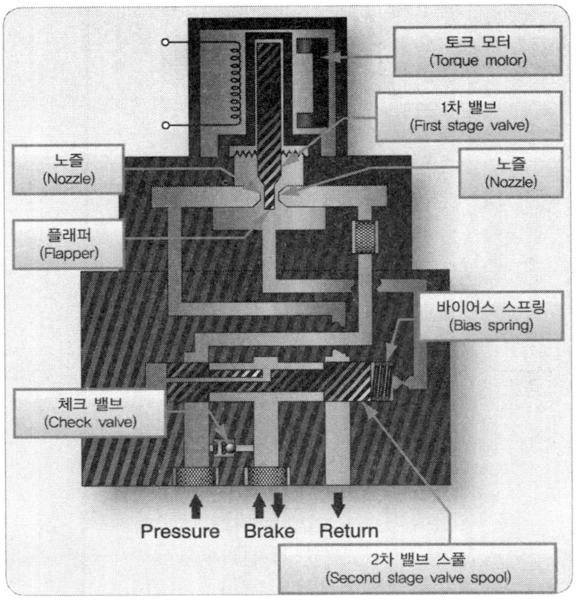

[그림 9-110] 미끄러짐 방지 제어 밸브(control valve)

크 어셈블리마다 하나의 제어밸브(control valve)가 있다. 토크 모터는 벨브 드라이버의 입력을 사용하여 2개의 노즐 사이에 플래퍼(flapper)의 위치를 조정한다. 플래퍼를 하나의 노즐이나 다른 노즐에 더 가깝게 움직임으로써 밸브의 두 번째 단계에서 압력이 발생한다. 이들 압력은 유체 포트를 열고 막으며 브레이크에 압력을 형성하거나 줄이기 위해 위치를 정하는 스풀에 작용한다.

압력이 브레이크에서 조정되었을 때, 감속은 미끄러짐 없이 가장 유효제동을 주는 범위 이내로 느리게 한다. 바퀴 감지기 신호는 바퀴 속도를 조정하고, 제어장치는 변화를 처리한다. 출력은 제어밸브에서 바뀐다. 제어밸브 플래퍼 위치는 조정되고, 안정된 제동은 필요할 때까지 수정 없이 계속된다. 그림 9-111과 같이, 미끄러짐방지 제어밸브는 일반적으로 브레이크 휠 어셈블리 뿐만 아니라 유압과 리턴 매니폴드에 정밀한 접근을 위해 주 바퀴에 위치한다. 체계적으로,

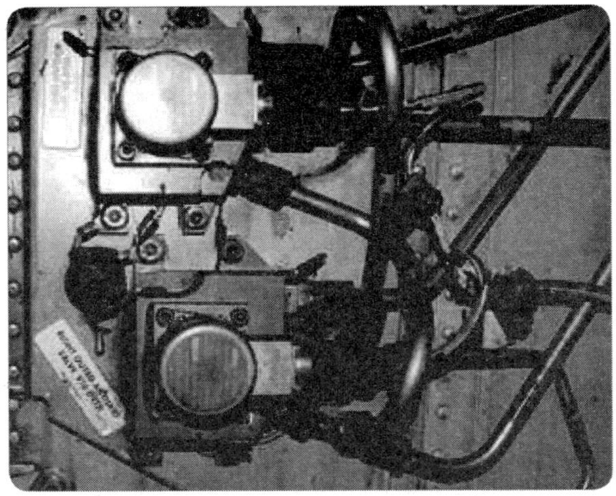

[그림 9-111] 두 개의 미끄러짐방지 제어밸브와 관련 배관 및 배선(plumbing and wiring)

그들은 파워브레이크 제어밸브의 출구 쪽 흐름 부위에 배치되지만, 만약 항공기가 9-103과 같이 구비되었다면 감압장치 실린더의 상류부문 입구 쪽에 배치된다.

9.6.4.5 착지와 휠 고정에 따른 보호 (touchdown and lock wheel protection)

항공기가 착륙 중에 활주로와 접촉할 때 브레이크가 작동되면 타이어 펑크의 원인이 될 수 있으므로 착지 보호 모드가 대부분의 항공기 미끄러짐 방지장치에 내장되어 있다. 그것은 일반적으로 착륙장치스트러트에 바퀴 속도 감지기와 공중 · 지상 안전스위치, 즉 스쿼트 스위치(squat switch)와 함께 작용한다. 항공기가 바퀴에 무게가 실릴 때까지, 탐지기 회로는 미끄러짐 방지 제어 밸브에 신호를 보내 브레이크와 유압계통 리턴 유로 사이에 통로를 열어주어 브레이크의 압력형성과 적용을 막는다. 스쿼트 스위치가 열릴 경우, 미끄러짐방지 제어장치는 차단하도록 제어밸브에 신호를 보내고 제동압력형성을 가능하게 한다. 예

비 장치로 항공기가 스쿼트 스위치를 열기에 충분히 압축되지 않은 스트러트로서 지상에 있을 때, 최소차륜속도감지기 신호는 무시(override)할 수 있으며 제동을 허용한다. 바퀴는 항공기가 지상에 있을 때 제동을 확실히 하기 위해 스쿼트 스위치에 의존하거나 또는 바퀴 속도 감지기의 출력에 따르는 것으로 구분지어 진다.

잠금 휠 보호 기능은 만약 바퀴가 회전하지 않는 사항을 인지하였을 때 미끄러짐방지 제어밸브는 완전히 열리도록 신호를 보낸다. 그림 9-110에서 보여준 보잉(boeing) 737과 같이, 일부 항공기 미끄러짐방지 제어논리는 잠금 휠 기능을 확장시킨다. 비교측정기회로는 한 쌍으로 된 그룹의 바퀴 중에 하나의 바퀴가 다른 것보다 25[%] 더 느리게 회전할 때 압력을 경감시켜주기 위해 사용된다. 내측과 외측 한 쌍은 그 중 하나가 어떤 속도로서 회전한다면, 한 쌍의 다른 쪽도 회전해야 하기 때문에 사용된다. 만약 그것이 아니라면 미끄러짐은 시작하고 있거나 또는 발생된 것이다.

이륙 시, 미끄러짐 방지계통은 미끄러짐 방지계통을 차단하는 기어레버에 위치한 스위치를 통해 입력을 받는다. 이것은 바퀴가 접혀져 있는 동안에 회전하지 않도록 접어 올릴 때 브레이크를 작동되게 한다.

9.6.4.6 자동 브레이크(auto brakes)

일반적으로 자동브레이크를 구비한 항공기는 브레이크 제어밸브 또는 브레이크미터링밸브를 우회하고, 이 기능을 제공하기 위해 독립된 자동브레이크제어밸브를 사용한다. 제공된 중복성(redundancy)에 추가하여, 자동브레이크는 곧 발생될 미끄러짐으로 인하여 브레이크에 압력을 조정하기 위해 미끄러짐방지장치에 의지한다. 그림 9-112에서는 이 8개의 주 바퀴 계통에 있는 주 미터링 밸브와 미끄러짐방지밸브와 비교하여 자동브레이크밸브를 가지고 있는 보잉(boeing) 757 브레이크 계통의 간단한 도면을 보여준다.

9.6.4.7 미끄러짐 방지 계통의 시험 (anti-skid system tests)

착륙 또는 이륙중단 시에 그것을 사용하기 전에 미끄러짐 방지장치의 상태를 아는 것은 중요하다. 자체고장진단회로와 제어 기구는 계통구성요소의 시험을 허용하고 만약 계통의 특정한 구성요소 또는 부품이 가동되고 있지 않게 된다면 경고를 제공한다. 작동되지 않는 미끄러짐 방지계통은 정상브레이크작동에 영향을 주지 않도록 차단할 수 있다.

(1) 지상 시험(ground test)

지상시험은 항공기별로 약간씩 다르다. 항공기에서 특정한 시험절차에 대해서는 제작사 정비매뉴얼을 참고한다.

미끄러짐방지 계통 시험 중 많은 것은 미끄러짐방지 제어장치에 있는 시험회로에서 일어난다. 자체고장진단회로는 끊임없이 미끄러짐방지 계통을 감시하고 만약 고장이 발생할 경우 경고를 제공한다. 운용시험은 비행 전에 수행할 수 있다. 미끄러짐방지 제어스위치 또는 미끄러짐방지 시험스위치는 계통이 이상없음을 판단하기 위해 계통표시기(system indicator light)와 함께 사용된다. 시험은 먼저 움직이지 않는 항공기로서 수행하고 그런 다음에 전기식 모의 미끄러짐방지 제동조건에서 수행된다. 일부 미끄러짐방지 제어장치는 정비사에 의해 사용되는 계통 및 구성요소시험스위치, 그리고 표시등(light)을 포함한다. 이것은 동일한 작동 검증을 수행하지만 추가적인 고

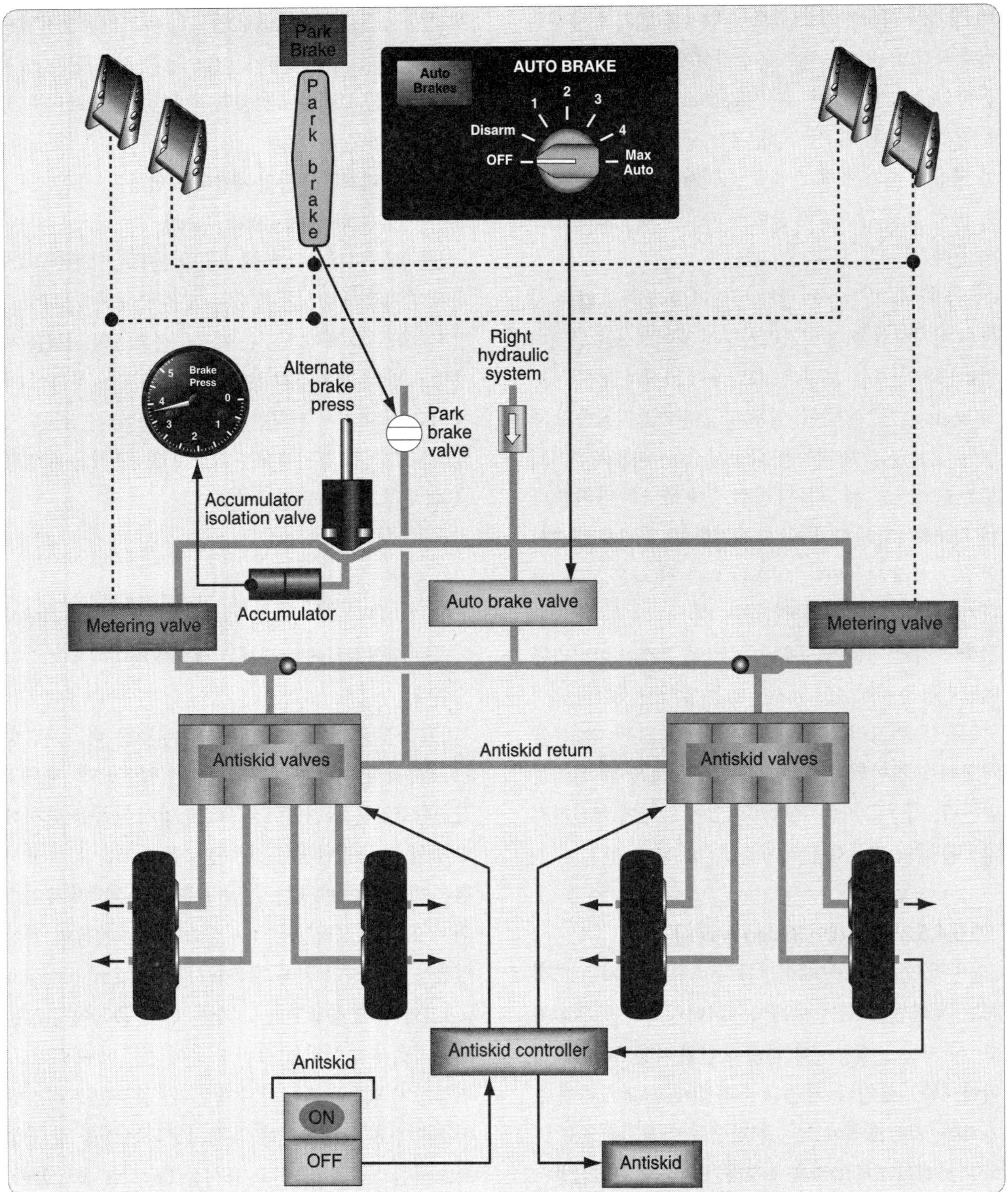

[그림 9-112] B737 항공기 브레이크 계통(normal brake system)의 자동 브레이크와 미끄러짐 방지 계통

장탐구가 있을 수 있다. 시험 세트(test set)는 바퀴 변환기(wheel transducer)의 속도 출력, 감속률 그리고 비행 · 지상매개변수를 시뮬레이션(simulation)하는 전기신호를 만들어 내는 미끄러짐방지계통에 이용할 수 있다.

(2) 비행 중 시험 (In-flight test)

미끄러짐방지 계통의 비행 중 시험은 조종사가 착륙 전에 계통 성능을 확인하는 것이 바람직한 것이고 착륙전점검표의 일부분이다. 지상시험과 마찬가지로 스위치 위치와 표시등의 조합은 항공기운영매뉴얼에 있는 정보에 따라 이용된다.

9.6.4.8 미끄러짐 방지 계통의 정비 (anti-skid system maintenance)

미끄러짐 방지 부품은 적은 정비를 필요로 한다. 미끄러짐 방지 계통 결함의 고장탐구는 시험회로를 거쳐 수행되거나 또는 계통의 3가지 주요작동 구성요소 중 하나로 결함을 분리하여 수행할 수 있다. 미끄러짐 방지 구성요소는 일반적으로 현장에서 수리되지 않는다. 그들은 작업이 필요할 때 제조사 또는 보증된 수리소로 보낸다. 미끄러짐 방지 계통 기능불량의 보고 때때로 브레이크 계통 또는 브레이크 어셈블리의 기능불량 이다. 미끄러짐 방지 계통에서 문제점을 분리시키기 전에 브레이크 어셈블리가 블리딩 되고 정상적으로 누설 없이 작동하는지 확인한다.

(1) 바퀴 속도 감지기(wheel speed sensor)

바퀴 속도 감지기는 확실히 그리고 정확하게 축에 설치되어야 한다. 실란트(sealant) 또는 허브 캡(hub cap)과 같은, 감지기의 오염 방지의 수단으로 제자리에서 양호한 상태에서 있어야 한다. 감지기에 배선은 가혹한 상황에 직면하게 되고 완전무결과 안전에 대해 검사되어야 한다. 만약 손상되었다면 제작사사용법설명서에 따라 수리되어야 하고 또는 교체되어야 한다. 브레이크가 미끄러짐방지계통을 거쳐 작동시키고 풀어놓는지 확인하기 위해 바퀴 속도 감지기에 접근하여 손으로써 또는 다른 권고된 장치로써 그것을 공전시키는 것은 일반적인 방법이다.

(2) 제어 밸브(control valve)

미끄러짐방지 제어밸브와 유압계통 여과기는 정해진 간격에 청소되어야 하고 교체되어야 한다. 이 정비를 수행할 때 제작사 사용설명서를 따른다. 밸브에 배선은 고정시켜야 하고 작동유 누출이 없어야 한다.

(3) 제어장치(control unit)

제어장치는 확실히 설치되어야 한다. 만약 시험스위치와 표시기가 있는 경우 제자리에 있어야 하고 작동되는 것이어야 한다. 제어장치에 배선이 고정되어야 하는 것은 기본적인 것이다. 이들 구성부분에서 정비를 수행하기 위해 검사를 시도할 때 항상 제작사 사용설명서를 따른다.

9.6.5 브레이크 검사와 취급 (Brake Inspection and Service)

브레이크 검사와 정기점검은 중대한 항공기 구성요소가 항상 완전히 기능하도록하기 위해 필요한 것이다. 항공기에 다양한 브레이크 계통이 있다. 브레이크 계통 정비는 브레이크가 항공기에 장착되어 있는 동안 그리고 브레이크가 장탈 되었을 때 모두 수행된다.

제작사 사용설명서는 적절한 정비를 보장하기 위해 항상 준수하여 한다.

9.6.5.1 항공기 장착 상태의 점검 (on aircraft servicing)

항공기에 장착된 동안 항공기 브레이크의 점검과 정비가 요구된다. 전체의 브레이크 계통은 제작사사용법설명서에 따라 검사하여야 한다. 일부 일반적인 검사항목은 브레이크라이닝 마모, 브레이크 계통에 있는 기포, 유량, 그리고 적절한 볼트 토크를 포함한다.

9.6.5.2 라이닝의 마모(lining wear)

브레이크라이닝 재료는 브레이크의 적용 시에 마찰을 일으키며 마모되도록 제작된다. 이 마모는 한계를 넘어서 닳지 않았는지 확인하기 위해 감시되어야 하고 효과적인 제동을 위해 충분한 라이닝을 사용하여야 한다. 항공기 제작사는 그것의 정비정보에서 라이닝 마모에 대한 규격(specification)을 제공한다. 브레이크가 항공기에 장착된 동안 마모 정도를 확인할 수 있다.

그림 9-113과 같이, 수많은 브레이크어셈블리는 내장형마모지시기 핀을 포함한다. 일반적으로 노출된 핀 길이는 라이닝이 닳아질 때 줄어들고, 그리고 최소 길이는 라이닝이 교체되어야 하는 것을 지시하기 위해 사용된다. 서로 다른 어셈블리는 다른 방법으로 핀 측정을 하므로 주의를 기울여야 한다. 위에서 설명된 굳 이어(good year) 브레이크에서, 마모 핀은 피스톤 실린더의 뒤쪽에 자동조절기의 너트를 통해 돌출되는 곳에서 측정된다.

그림 9-88에서 보여준 보잉(boeing) 브레이크는 브레이크가 작동되었을 때 압력플레이트의 뒤쪽에서 핀의 길이를 측정한다. 다른 항공기에 브레이크 마모 핀 표시기를 올바르게 확인하기 위해 제조사 정비정보를 참조해야 한다.

그림 9-114와 같이, 대부분의 브레이크 어셈블리의 라이닝 마모는 마모 핀을 통해 측정되지 않는다. 브레이크가 작동되었을 때 디스크와 브레이크 하우징 사

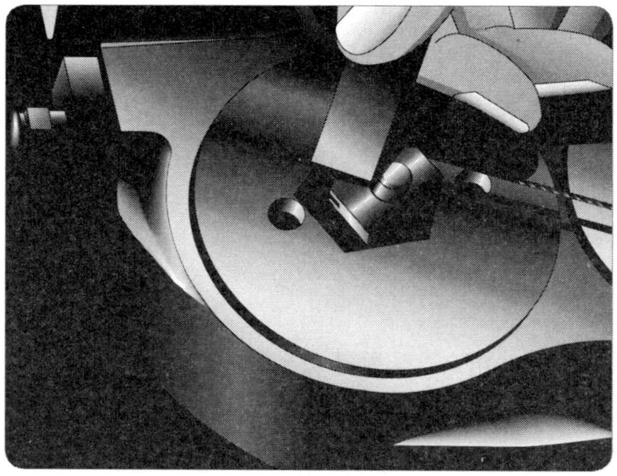

[그림 9-113] 굿이어 사 브레이크 라이닝 마모 점검

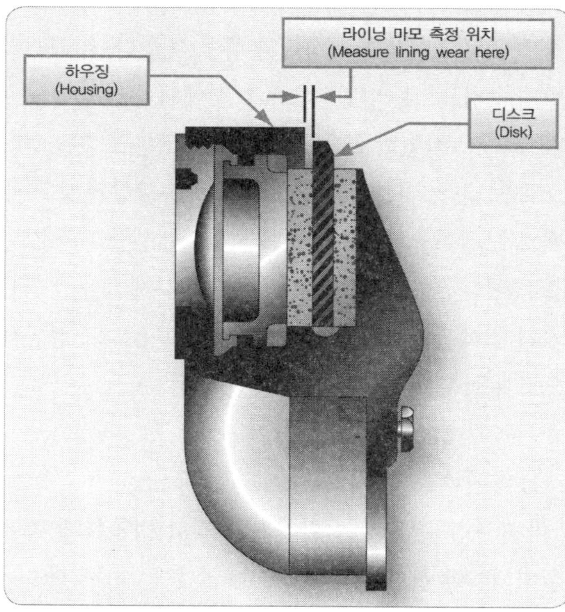

[그림 9-114] 브레이크 디스크와 하우징의 틈새간격 측정

이의 틈새 간격이 사용되기도 한다. 라이닝이 마모되었을 때 이 틈새 간격은 증가한다. 제작사는 라이닝을 얼마의 틈새 간격에서 교체되어야 하는지를 명시하고 있다.

그림 9-115와 같이, 클리브랜드(cleveland) 브레이크에서, 라이닝의 일부가 노출되었기 때문에 라이닝 마모를 직접 측정할 수 있다. No.40 트위스트 드릴의 직경은 허용된 최소 라이닝 두께와 거의 동일한 것이다.

그림 9-116과 같이, 멀티디스크브레이크는 전형적으로 브레이크를 작동시켜서 압력플레이트의 뒤쪽과 브레이크하우징 사이에 거리를 측정함으로써 라이닝 마모에 대해 점검한다. 각각의 브레이크에서 특정한 방법에 관계없이, 브레이크 마모에 대한 정기적인 모니터링 및 측정은 라이닝을 서비스불가 시 교체되도록 보장한다. 한계를 넘어서 마모된 라이닝은 보통 교체를 위해 브레이크어셈블리를 장탈할 필요가 있다.

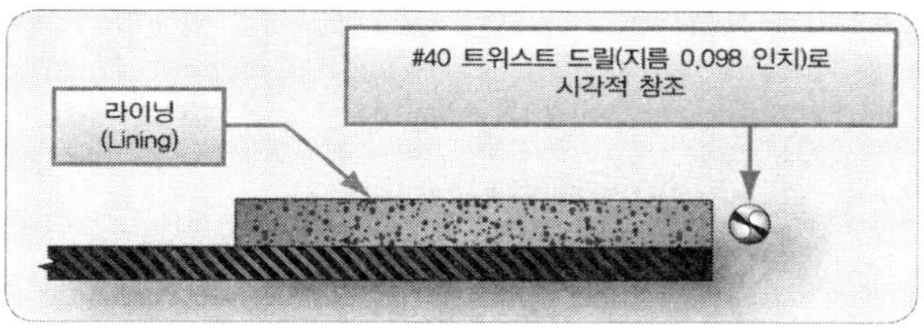

[그림 9-115] 클리브랜드 사 브레이크 라이닝 점검

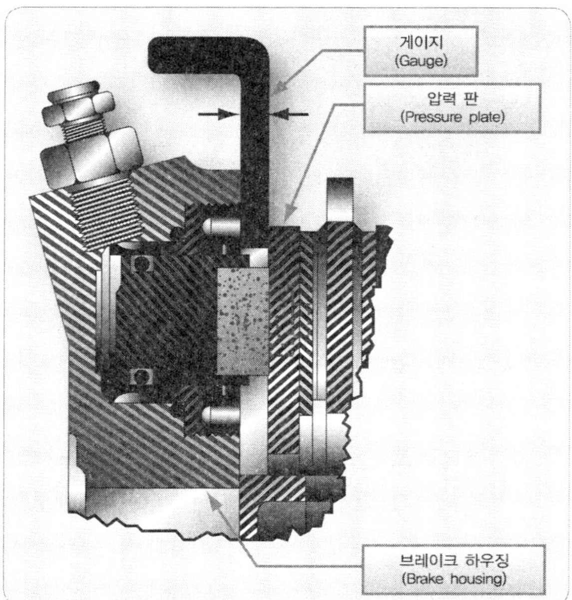

[그림 9-116] 브레이크 하우징과 압력 플레이트 사이의 직경 점검

9.6.5.3 브레이크 계통의 기포 (air in the brake system)

브레이크 계통 작동유에 기포가 있으면 브레이크페달을 밟았을 때 스펀지를 밟는 것과 같은 느낌을 준다. 단단한 브레이크페달 느낌을 복원하기 위해서는 블리딩(bleeding)을 통해서 기포(공기)를 제거하여야 한다. 브레이크 계통은 제작사 지침에 따라 블리딩을 하여야하며, 일반적인 방법으로는 중력식 블리딩과 압력식 블리딩 두 가지 방법이 있다. 브레이크는 페달이 스펀지처럼 느껴질 때 또는 브레이크 계통의 도관이 분리되었을 때에는 반드시 블리딩을 실시하여야 한다.

9.6.5.4 마스터 실린더 브레이크 계통의 기포 배출 (bleeding master cylinder brake system)

마스터실린더를 가지고 있는 브레이크 계통은 중력식 블리드(bleed)방법 또는 압력식 블리드 방법에 의해서 빼내게 되며, 항공기 정비매뉴얼에 있는 방법을 따른다. 그림 9-117과 같이, 상향식에서 브레이크 계통의 압력식 블리드는 압력포트가 사용된다. 이것은 압력 하에 브레이크 작동유를 공급하는 이동형 탱크이다. 탱크로부터 작동유를 분리시킬 때, 공기 없는 순수한 작동유는 그 위쪽의 공기압으로 탱크 바닥 가까이까지 유면을 가압 한다. 브레이크어셈블리에서 블리드 포트 출구에 부착한 배출호스는 차단밸브를

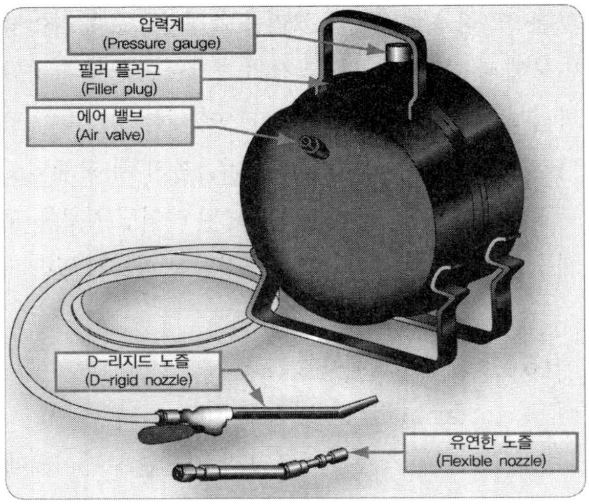

[그림 9-117] 브레이크 블리더 포트, 탱크
(brake bleeder pot or tank)

포함한다. 더럽혀지지 않은 가압작동유의 유사한 공급원은 일부 행거에서 찾아볼 수 있는 수동 펌프형 장치와 같은, 압력탱크로 대용된다는 것에 주목한다.

그림 9-118에서는 전형적인 압력식 블리드가 이루어지는 것을 보여준다. 압력탱크의 호스는 브레이크 어셈블리에서 블리드 포트에 부착된다. 투명한 호스는 항공기 브레이크액 저장소의 환기 포트 또는 마스터 실린더가 저장소를 포함하는 경우 마스터 실린더에 부착된다. 이 호스의 다른 쪽 끝은 호스 끝을 덮는 깨끗한 브레이크액이 공급되는 수집용기에 놓인다. 브레이크어셈블리 블리드 포트가는 열리고 그다음에 공기 없는 순수한 작동유가 브레이크 계통에 들어가게 하는 압력탱크호스에 밸브가 열린다. 갇힌 공기를 담고 있는 작동유는 저장소의 배출구에 부착된 호스를 통해 방출된다. 투명한 호스는 기포를 모니터링할 수 있다. 그들이 없었을 때 블리드 포트와 압력탱크 차단기(pressure tank shutoff)는 닫히고 압력탱크호스는 제거되고, 저장소에서 호스도 제거된다. 유량은 저장소가 넘치지 않았는지 확인하기 위해 조정하는 것

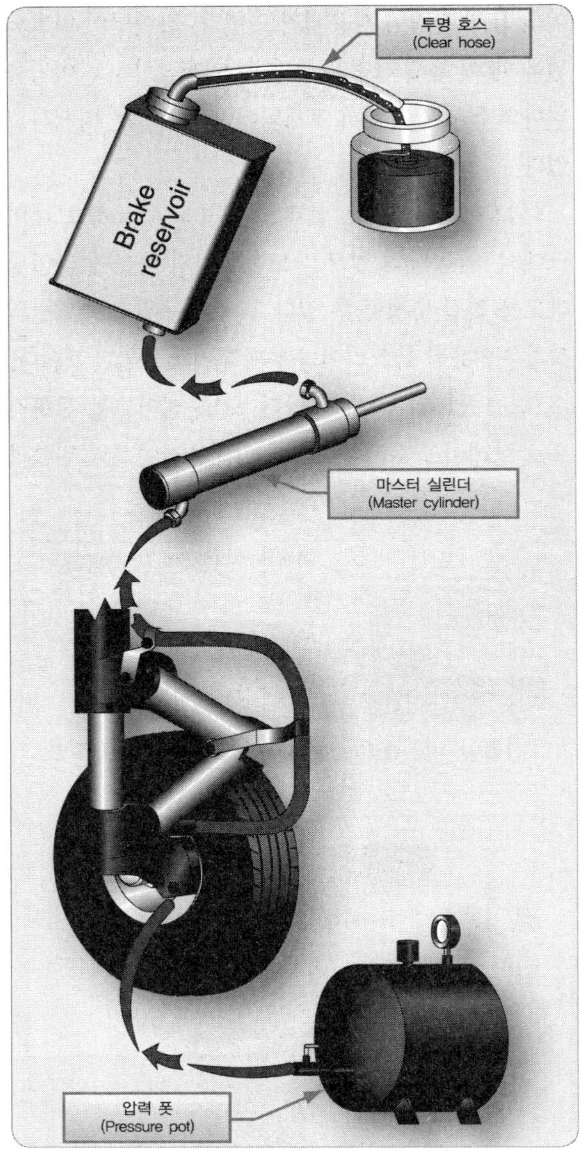

[그림 9-118] 항공기 브레이크 상향 압력 블리딩 방법

이 필요하게 된다. 브레이크 라인으로부터 공기를 뺄 때를 포함하여 브레이크 계통에 적절한 오일을 사용해야 한다는 점에 유의해야 한다.

마스터실린더를 가지고 있는 브레이크는 하향식으로부터 빼내는 중력식이 쓰인다. 그림 9-119와 같이,

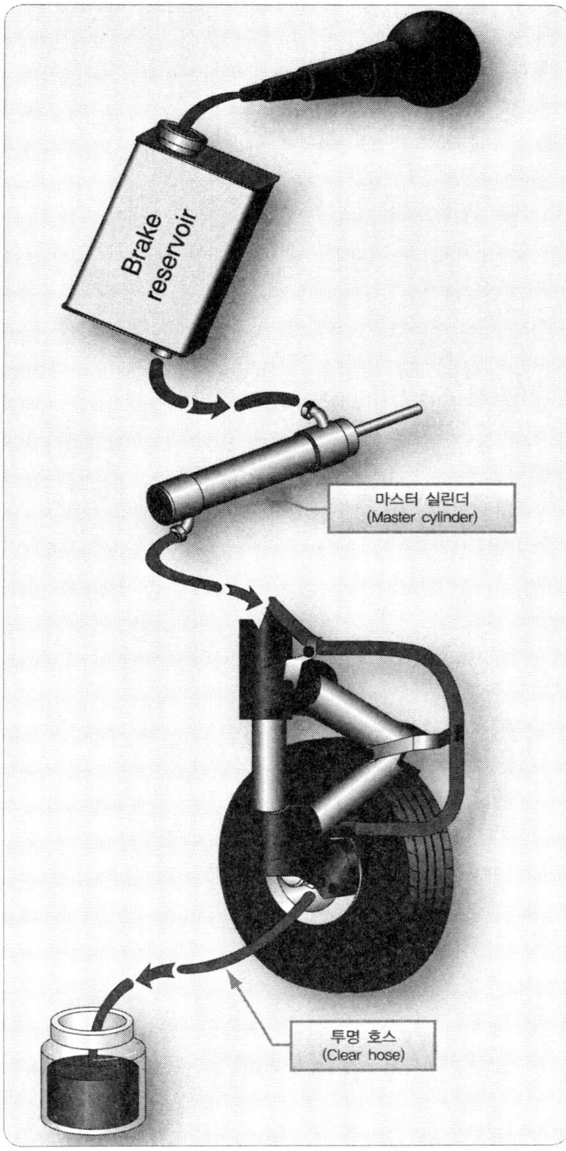

[그림 9-119] 항공기 브레이크의 하향 또는 중력 블리딩 방법

이것은 자동차에서 사용되었던 것과 유사한 과정이다. 블리딩 중에 오일이 소진되지 않도록 추가 오일이 항공기 브레이크 탱크에 공급되는 것은 계통에 더 많은 공기가 다시 유입될 수 있다. 투명한 호스는 브레이크어셈블리의 블리드 포트(bleed port)에 연결된다. 다른 쪽 끝단은 블리딩(bleeding)과정 시에 배출된 작동유를 담기에 충분히 큰 용기에 있는 깨끗한 작동유에 잠긴다. 브레이크페달을 밟아 브레이크어셈블리 블리드 포트를 개방한다. 마스터실린더에 있는 피스톤은 실린더 끝까지 이동하여 블리드 호스에서 용기 안으로 공기 · 작동유 혼합물을 밀어낸다. 페달이 계속 밟혀진 상태로 블리드 포트를 닫는다. 마스터실린더에 있는 피스톤의 앞에 저장소로부터 더 많은 작동유를 공급하기 위해 브레이크페달을 펌핑을 한다. 페달을 밟은 상태로 유지하고, 브레이크어셈블리에 블리드 포트를 연다. 더 많은 작동유와 공기는 호스를 통해 용기 안으로 배출된다. 호스를 통해 브레이크에서 나오는 작동유가 어떠한 공기라도 더 이상 함유하고 있지 않을 때까지 이 과정을 반복한다. 블리드 포트 피팅을 조여주고 저장소가 적절한 높이로 채워졌는지 확인한다.

브레이크를 블리딩(bleeding)할 때마다 프로세스 중에 저장소와 블리드 탱크(bleed tank)가 여전히 가득 채워진 것을 확인한다. 깨끗한 명시된 작동유만 사용한다. 항상 브레이크의 적절한 작동 여부와 블리딩이 완료 될 때 누출이 있는지 점검하고, 그리고 유량이 정확한 것인지 확인한다.

9.6.5.5 동력 브레이크 계통의 기포 배출 (bleeding power brake system)

하향식 브레이크 블리딩(bleeding)은 파워브레이크 계통에서 사용되며, 파워브레이크는 항공기 유압계통으로부터 작동유가 공급된다. 유압계통 브레이크 계통은 항상 작동유에 공기혼입 없이 작동해야 한다. 그런 까닭에 압력식 블리딩은 파워브레이크에서 선택할 수 있는 것이 아니다. 제동계통에 섞인 기포는 주 유압계통으로 밀고 들어갈 수 있으므로 허용되지 않는다.

파워브레이크 계통을 가지고 있는 수많은 항공기는 블리딩을 위해 계통에서 압력 확보를 위해 이용될 수 있는 보조유압의 연결을 받아들인다. 그럼에도 불구하고 항공기 계통은 파워브레이크 계통의 기포 제거를 위해 가압되어야 한다. 브레이크어셈블리에서 브레이크 블리드 포트 피팅에 투명한 호스를 부착시키고 깨끗한 작동유의 용기에 호스의 다른 쪽 끝을 집어넣는다. 블리드밸브가 열린 상태로 항공기 작동유가 브레이크 계통에 들어가게 하도록 신중히 브레이크를 작동시킨다. 작동유는 용기 안에서 블리드 호스를 통하여 밖으로 공기로 오염된 작동유를 배출한다. 공기가 호스에서 더 이상 볼 수 없을 때, 블리드 밸브를 닫고 정상작동상태로 유압계통을 복귀시킨다.

또 다른 항공기에 파워브레이크 계통은 따라야 하는 적절한 블리딩 기술에 영향을 주게 되는 수많은 변화와 구성요소의 광범위한 배열을 갖고 있다. 각각의 항공기에 대한 정확한 블리딩 절차에 대해 제조사 정비정보를 참고한다. 필요할 때 적절한 작동을 확보하기 위해 정상브레이크 계통을 블리딩 할 때 보조 제동장치와 비상브레이크 계통의 공기를 빼도록 한다.

(1) 작동유의 유량과 형식(fluid quantity and type)

전술한 바와 같이, 정확한 작동유가 각각의 브레이크 계통에서 사용되는 것은 절대 필요한 것이다. 브레이크 계통에 있는 시일은 특정한 작동유를 위해 설계되었다. 기능저하와 파손은 그들이 다른 작동유에 노출되었을 때 일어난다. 절대로 MIL-H-5606(red oil)과 같은, 광물질계 작동유는 스카이드롤®과 같은 인산염 에스테르계 합성유와 혼합되어는 안 된다. 오염된 브레이크/유압계통은 항공기가 비행을 위해 투입되기 전에 배출시키고 모든 시일을 교체하여야 한다.

유량 또한 중요하다. 정비사는 브레이크와 유압계통이 완전히 보급되었는지 확인을 위해 사용된 방법과 이 레벨에서 작동유의 유지보수를 결정할 책임을 져야 할 것이다. 이런 정보에 대해서는 제작사 명세서를 참고한다.

(2) 누설의 검사(inspection for leaks)

그림 9-120과 같이, 항공기 브레이크 계통의 라인 및 구성요소 내부의 모든 작동유를 보존해야 하고 누설이 없어야 한다. 어떤 누설의 흔적은 그것의 원인에 대해 조사되어야 한다. 누설은 수리될 수 있는 더 중대한 손상에 전조일 수 있으므로 준사고 또는 사고를 피할 수 있는 것이다.

브레이크 계통의 피팅에서 많은 누설을 확인할 수 있는데, 이러한 누설은 풀린 피팅을 조임으로써 누설을 방지할 수 있는 반면에, 정비사는 피팅을 과도하게 조이지 않도록 주의해야 한다. 브레이크 계통으로부터 유압을 제거한 후 피팅을 분리하고 점검하는 것이 권

[그림 9-120] 항공기 브레이크 유압유 누설(leaks)

고된다. 피팅의 과도한 조임은 손상의 원인이 되고 악화된 누설을 만든다. MS 플레어리스 피팅은 특히 과도한 조임에 민감한 것이다. 손상에 의심되는 모든 피팅을 교체한다. 어떠한 누설이 수리되었을 경우, 브레이크 계통은 다시 가압시켜야 하고 누설이 더 이상 존재하지 않는지 확인하는 것뿐만 아니라 기능에 대해서도 시험되어야 한다. 이따금 브레이크 하우징은 하우징 몸체를 통해 작동유가 누설되므로 그 한계에 대해서는 제작사 정비매뉴얼을 참고하고 과도하게 누설되는 모든 브레이크어셈블리는 장탈 한다.

(3) 적절한 볼트 토크(proper bolt torque)

착륙장치와 브레이크 계통에 의해 발생하는 응력은 모든 볼트가 적절하게 토크 되는 것을 필요로 한다. 전형적으로 스트러트에 브레이크를 부착하기 위해 사용된 볼트는 제작사 정비매뉴얼에서 명시한 필요한 토크를 한다. 모든 착륙장치와 브레이크 볼트에 대해 정해진 토크 규격을 점검하고, 그리고 그들이 적절하게 죄었는지를 확인한다. 항공기에서 볼트에 토크를 가할 때에는 언제나 교정된 토크 렌치의 사용이 요구된다.

9.6.5.6 항공기에서 장탈 된 브레이크의 보급 및 정비 (off aircraft brake servicing and maintenance)

항공기 브레이크어셈블리의 특정 서비스와 정비는 항공기로부터 장탈 된 동안에 수행된다. 어셈블리와 그것의 수많은 부품의 정밀검사는 이때에 수행되어야 한다. 일반적인 어셈블리에서 일부 검사항목은 다음과 같다.

(1) 볼트와 나사 연결(bolt and threaded connections)

모든 볼트와 나사 연결이 검사된다. 그들은 마모의 징후 없이 양호한 상태에 있어야 한다. 자체 고정 너트(self-locking nut)는 그들의 잠금 특성을 계속 유지해야 한다. 하드웨어는 브레이크제조사부품매뉴얼에 명시된 것이어야 한다. 예를 들어, 수많은 항공기 브레이크볼트는 표준 하드웨어가 아니고 더 작은 오차허용범위이거나 또는 다른 재료로 제작하게 된다. 브레이크가 작동하는 곳에서 높은 응력 환경의 요구사항은 부적절한 대체의 하드웨어가 사용되었다면 브레이크파손의 원인이 된다. 반드시 하우징 안에서 기계가공된 모든 나사와 O-링 수용부위의 상태를 점검한다. 하우징 안에서 나사를 낸 피팅도 상태에 대해 점검되어야 한다.

(2) 디스크(discs)

브레이크 디스크의 상태에 대해 검사되어야 하며, 멀티디스크 브레이크에 있는 로터와 스테이터 디스크 모두는 마모될 수 있다. 균일하지 않은 마모는 자동조절기가 디스크 뭉치에서 모든 압력을 경감시킬 만큼 멀리 뒤쪽으로 압력플레이트를 잡아당기지 않는다는 표시일 수 있다.

스테이터는 균열에 대해 검사되고, 만약 균열이 발생했다면 보통 경감슬롯에서 확대된다. 멀티디스크 브레이크에서 토크튜브에 디스크를 채우는 슬롯(slot)은 또한 마모와 확장에 대해 검사되어야 한다. 디스크는 얽매임 없이 토크튜브에 맞물리게 해야 한다. 슬롯의 최대 폭은 정비매뉴얼에서 주어진다. 균열 또는 과도한 키 홈 마모는 교환되어야 한다. 브레이크마모패드 또는 라이닝은 브레이크어셈블리가 항공기에서 장탈되어 있는 동안에 마모에 대해 검사되어야 한다. 균일하지 않은 마모의 징후는 조사되어야 하고 문제점은 수정되어야 한다. 패드는 만약 그들이 검사에 합격하여 설치된 곳 위에 스테이터 만큼 큰 한계를 넘어 닳았다면 교체하게 된다. 검사에 대해서는 그리고 패드 교체에 대해서는 제조사절차를 따른다.

로터 디스크는 마찬가지로 검사되어야 하며, 디스크의 일반상태는 관찰되어야 한다. 광택현상(glazing)은 디스크 또는 디스크의 일부가 과열되었을 때 일어날 수 있다. 그것은 브레이크가 끽끽거림과 딱딱 맞부딪쳐 소리 나게 하는 원인이 된다. 그것은 만약 제조사가 그것을 허용한다면 광택현상이 나타난 디스크의 표면처리를 다시 하는 것이 가능하다. 로터 디스크는 드라이브 키 홈 또는 드라이브 탕(tang) 지역에서 마모 및 변형여부가 검사되어야 한다. 교체가 요구되기 전에 사소한 손상은 허용된다.

멀티디스크브레이크에 압력플레이트와 뒤 플레이트(back plate)는 자유로운 이동, 균열, 일반상태, 그리고 뒤틀림에 대해 검사되어야 한다. 오래된 라이닝이 마모되고 플레이트의 상태가 양호하다면 새 라이닝은 플레이트에 리벳으로 고정될 수 있다. 리벳 작업에 의해 브레이크패드와 라이닝을 교체하여 안전한 장착을 확인하기 위해 정비매뉴얼에서 설명된 특수공구와 기술이 필요할 수 있음을 주의 하여야 한다. 일부 브레이크어셈블리에서 경미한 뒤틀림을 바로 잡을 수 있다.

(3) 자동 조절기 핀(automatic adjuster pins)

기능불량인 자동조절기어셈블리는 브레이크가 완전히 풀어놓지 못함으로써 디스크에서 떨어지게 라이닝을 당겨주지 못함하여 회전디스크에 끌리게 한다. 이것은 과도하고 균일하지 않은 라이닝 마모와 디스크 광택현상(glazing)으로 이어질 수 있다. 리턴 핀은 표면 손상이 없고 직선이어야 구속 없이 그립을 통과할 수 있다. 헤드 아래에 손상은 핀을 약화시킬 수 있고 파손의 원인이 될 수 있다. 자력검사는 때때로 균열에 대해 검사하기 위해 사용된다.

그립(grip) 및 튜브어셈블리의 구성요소는 양호한 상태에 있어야 한다. 제작사정비사용법설명서에 따라 청소하고 검사한다. 그립은 명시된 하중으로 움직여야 하고 이동의 전체 범위 사이를 움직여야 한다.

(4) 토크 튜브(torque tube)

토크튜브는 착륙장치에서 견고한 브레이크어셈블리를 유지하기 위해 필요한 것이다. 일반적인 육안검사는 마모, 깔죽깔죽함(burr)과 긁힘에 대해 수행되어야 한다. 자분탐상검사는 균열에 대해 점검하기 위해 이용된다. 키 지역은 치수와 마모에 대해 점검되어야 한다. 손상의 모든 한계는 제조사정비자료를 참고한다. 토크튜브는 만약 한계가 초과되었다면 교체하여야 한다.

(5) 브레이크 하우징과 피스톤 상태
(brake housing and piston condition)

브레이크 하우징은 철저히 검사해야 한다. 긁힘, 홈(gouge), 부식, 또는 다른 흠을 드레싱하고 표면을 처리하여 부식을 방지하여야 한다. 최소의 재료는 그렇게 수행할 때 제거되어야 한다. 가장 중요한 것은 하우징 안에 균열이 없어야 한다는 것이다. 형광염료침투는 전형적으로 균열에 대해 검사하기 위해 이용된다. 만약 균열이 발견되었다면, 하우징은 교체되어야 한다. 하우징의 실린더 지역은 마모에 대해 치수를 측정하여 점검되어야 한다. 한계는 제조사 정비매뉴얼에 명시되어 있다.

하우징에 있는 실린더 안에 조립한 브레이크피스톤

은 또한 부식, 긁힘(scratch), 깔죽깔죽함(burr), 등에 대해 점검하게 된다. 피스톤은 또한 정비자료에서 명시된 마모한계에 대해 치수를 측정하여 점검된다. 일부 피스톤은 밑바닥에 절연체를 갖추고 있다. 그들은 균열되지 않아야 하고 최소한 두께의 것이어야 한다. 줄(file)은 보다 작은 요철을 제거하기 위해 사용될 수 있다.

(6) 시일 상태(seal condition)

브레이크 시일의 상태가 불량하면 브레이크 작동이 불안정 하거나 브레이크 손상의 원인이 될 수 있으므로 브레이크 시일 상태는 매우 중요하다. 저장한계시간초과, 과열 및 과압은 시일 홈 안에 시일을 변형시키고 재료를 경화시킨다. 결국 탄성이 줄게 되어 시일은 누설된다. 브레이크 어셈블리에 있는 모든 시일을 교체할 때는 새로운 시일을 사용하여야하며, 불량 시일을 사용하지 않기 위해서는 정상적인 경로의 공급자로부터 밀봉된 포장재에 부품번호가 표시된 시일을 확보하고 해당 브레이크 어셈블리에 적합한 시일인지를 확인하여야 한다. 또한, 새로운 시일은 일반적으로 3년 이내의 저장한계를 초과하지 않았는지 확인하여야 한다.

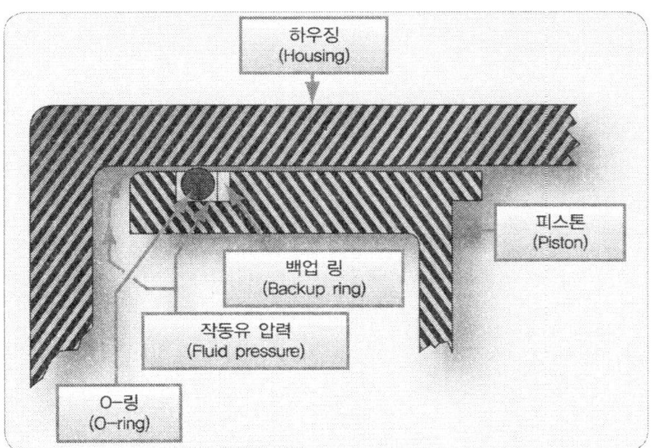

[그림 9-121] 백업 링(Back-up rings)

수많은 브레이크는 O-링 시일을 지탱하기 위해 Seal 홈 안에 백업 링 시일을 사용하여 밀폐된 공간 안에서 밀려나려는 시일의 경향을 줄인다. 이들은 가끔 테프론® 또는 유사한 재료로 만들어진다. 그림 9-121에서 보여준 것과 같이, 백업 시일은 O-링 옆쪽에 장착된다. 그들은 종종 재사용할 수 있다.

9.6.5.7 브레이크 라이닝의 교환 (replacement of brake linings)

대부분 항공기에서, 브레이크 라이닝의 교체는 일반적으로 격납고에서 수행된다. 두 가지 브레이크 어셈블리에서는 일반적 방법이 주어진다. 어떤 항공기 브레이크어셈블리에서라도 브레이크라이닝을 교환 할 때 유효한 제작사 사용설명서에 따른다.

(1) 굿이어 브레이크(Goodyear brakes)

그림 9-122와 같이, 굳 이어 싱글 디스크 브레이크 어셈블리에서 라이닝을 교체하기 위해, 항공기는 들어 올려야 하고 지탱되어야 한다. 액슬(axle)로부터 휠(wheel)을 장탈하기 전에 휠에 있는 디스크 중앙에 달그락거림 방지클립(anti-rattle clip)을 분리한다. 디스크는 휠이 장탈 되었을 때 내부라이닝과 외부라이닝 사이에 남아있다. 낡은 라이닝 퍽(puck)에 접근을 마련하기 위해 디스크를 뽑아낸다. 이들은 하우징에 있는 공간으로부터 장탈 될 수 있으며 새로운 퍽으로 교체될 수 있다. 디스크에 접촉한 퍽의 매끄러운 제동 면을 확인한다. 라이닝 사이에 디스크를 다시 삽입한다. 바퀴와 달그락거림 방지클립을 재장착한다. 제작사사용법설명서에 따라 액슬 너트를 조인다. 코터핀으로 고정시키고 잭으로부터 항공기를 내린다.

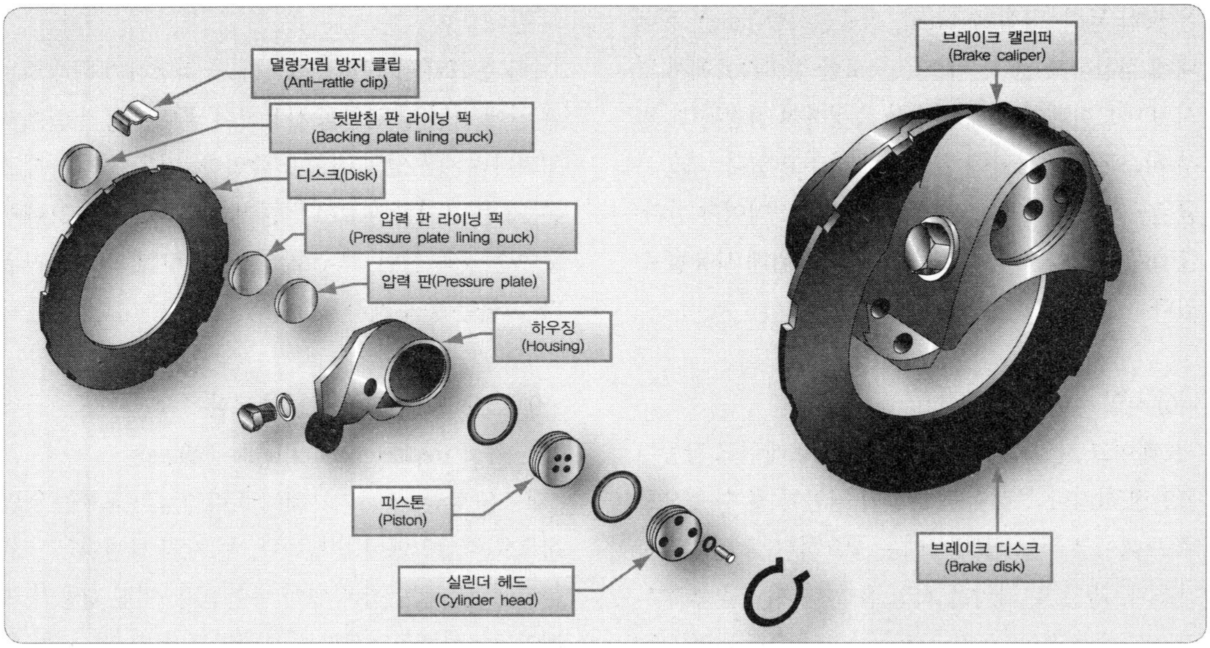

[그림 9-122] 굿이어 사 브레이크 라이닝

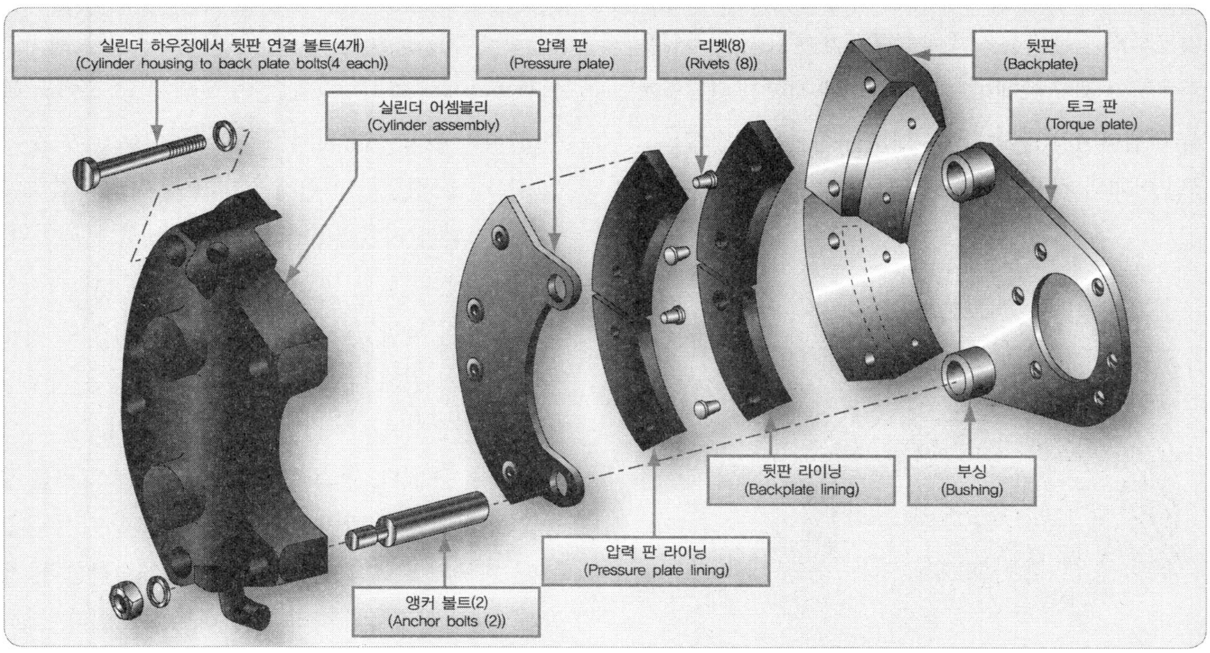

[그림 9-123] 클리브랜드 사 브레이크 분해도

(2) 클리브랜드 브레이크(Cleveland brakes)

그림 9-123과 같이, 광범위하게 사용하고 있는 클리브랜드 브레이크는 독특하게 항공기 잭킹 없이 또는 바퀴 장탈 없이 브레이크 라이닝을 교환이 가능하다. 브레이크 어셈블리의 토크 플레이트는 스트러트에 볼트로 고정되고 나머지 브레이크는 앵커 볼트에 조립된다. 디스크는 압력 플레이트와 뒷받침 플레이트 사이에 얽혀 있으며, 라이닝은 양쪽 플레이트에 리벳으로 고정된다. 뒤받침 플레이트로부터 실린더 하우징 볼트를 풀면 뒤받침 플레이트는 토크 플레이트로부터 떨어져 자유롭게 된다. 어셈블리의 나머지는 움직이기 시작하고, 압력 플레이트는 토크볼트에서 미끄러져 내린다.

압력 플레이트와 뒤받침 플레이트에서 라이닝을 잡아주는 리벳은 녹아웃 펀치(knockout punch, 유압에 의해 철판에 구멍을 뚫는 공구)로써 제거한다. 그림 9-124와 같이, 철저한 검사 후, 새로운 라이닝은 리벳

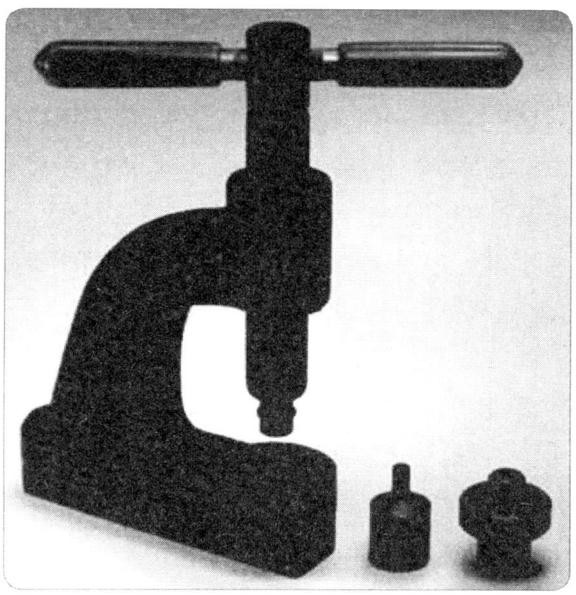

[그림 9-124] 리벳 작업 도구(Rivet setting tool)

크린칭 툴(rivet clinching tool)을 사용하여 압력판과 뒷받침 플레이트에 리벳으로 고정된다. 키트는 작업을 수행하기 위해 필요한 모든 것들을 제공해 주는 것으로 판매되고 있다. 브레이크는 역순으로 재조립시킨다. 필요한 경우 심(shim)을 포함해야 한다. 뒷받침 플레이트(backplate)를 실린더 어셈블리에는 고정하는 볼트는 제작사 명세서에 따라 토크 되어야 하고, 안전장치를 해야 한다. 제작사 자료는 또한 초기고장 배제(burn in) 절차를 제공한다. 항공기는 명시된 속도로서 활주되고, 그리고 브레이크는 부드럽게 작동시키게 된다. 냉각기간 후에 과정은 반복되고, 이런 방식으로 사용을 위해 라이닝을 준비하는 것이다.

9.6.6 브레이크 고장과 손상 (Brake Malfunctions and Damage)

항공기 브레이크는 극도의 응력과 다양한 환경에서 운영되므로 기능불량과 손상에 영향을 받기 쉽다. 본 장에서는 일반적인 브레이크 문제점에 대해서 설명한다.

9.6.6.1 과열(overheating)

항공기 브레이크는 운동에너지를 열에너지로 변화시켜 항공기 속력을 늦추는 반면, 브레이크의 과열은 바람직한 것이 아니다. 과도한 열은 브레이크 부품을 손상시키고 고장이 날 정도로 브레이크 부품을 변형시킬 수 있다. 브레이크 사용법에서 프로토콜(protocol)은 과열을 방지하도록 설계된다. 브레이크가 과열의 흔적을 보일 때, 그것은 항공기로부터 장탈되어야 하고 손상에 대해 검사되어야 한다. 항공기가 이륙중단이 수반되었을 때, 브레이크는 장탈 되어야 하고 그들이 이 고수준의 용도를 잘 견디었는지 확인

하기 위해 검사되어야 한다.

일반적인 과열 후 브레이크 검사는 항공기로부터 브레이크의 장탈과 브레이크의 분해를 수반한다. 모든 시일은 교체되어야 하며, 브레이크 하우징은 정비매뉴얼에 의거 균열, 뒤틀림, 그리고 경도에 대해 점검되어야 한다. 열 발산조치(heat treatment)가 없거나 미약할 경우 브레이크가 고압 제동에서 고장을 일으킨다. 브레이크 디스크도 검사되어야 한다. 그들은 뒤틀리지 않아야 하고, 그리고 표면처리는 손상되지 않아야 하며, 인접한 디스크로 옮겨지지 않아야 한다. 재조립된 경우에, 항공기에 장착하기 전에 브레이크는 누설과 작동을 위한 압력 점검이 벤치테스트(bench test)로 수행 되어야 한다.

9.6.6.2 끌림(dragging)

브레이크 끌림(drag)은 브레이크가 더 이상 작동되고 있지 않을 때 라이닝이 브레이크 디스크로부터 수축되지 않아 일으켜진 상황이다. 그것은 몇몇의 다른 요인에 의해 일으켜질 수 있다. 브레이크의 끌림은 언제나 부분적으로 있는 것이다. 이것은 과도한 라이닝 마모 그리고 과열로 인한 디스크에 손상의 원인이 될 수 있다.

브레이크는 복귀 장치가 적절하게 작용하지 않을 때 끌리게 된다. 이것은 약한 복귀스프링, 자동조절기 핀 그립에서 귀환 핀의 미끄러짐, 또는 유사한 기능불량으로 인하여 발생될 수 있다. 끌림이 보고되었을 때 브레이크에서 자동조절기와 복귀 장치를 검사한다. 디스크를 뒤틀어버린 과열된 브레이크는 또한 브레이크 끌림의 원인이 된다. 브레이크를 장탈하고 이전 부분에서 설명한 완벽한 검사를 수행한다. 브레이크 작동유 라인에 있는 공기는 또한 브레이크 끌림의 원인이 될 수 있다. 열은 공기를 팽창시켜 브레이크 라이닝을 디스크에 너무 일찍 밀어 넣는다. 열은 공기를 팽창시켜 브레이크라이닝을 디스크에 너무 일찍 밀어 준다. 만약 손상이 보고되지 않는다면, 끌림을 제거하기 위해 브레이크 블리딩을 통해 계통에서 공기를 제거 한다.

정비사는 언제나 적절한 부품이 브레이크어셈블리에 사용되었는지 확인하기 위해 검사를 수행해야 한다. 특히 수축 · 조절기어셈블리에서 부적절한 부품은 브레이크가 끌리게 할 수 있다.

9.6.6.3 타격음 또는 마찰음(chattering or squealing)

브레이크는 라이닝이 디스크를 따라 부드럽고 고르게 타고가지 않을 때 딱딱 맞부딪쳐 소리 나게 하거나 끼익 소리를 낸다. 멀티디스크브레이크 뭉치에서 뒤틀린 디스크는 브레이크가 실제로 작동되고 분당 여러 번 그곳에 상황을 발생시킨다. 이것은 고주파로서 딱딱 맞부딪쳐 소리 나게 하는 타격음의 원인이 되고, 그리고 끼익 소리를 내는 마찰음의 원인이 된다. 일률적이지 않는 디스크뭉치의 어떤 정렬불량은 동일한 현상의 원인이 된다. 과열된 적이 있는 디스크는 디스크의 표면층에 손상을 입게 된다. 이런 조합 중 일부는 또한 딱딱 맞부딪쳐 소리 나게 하거나 또는 끼익 소리를 내는 균일하지 않은 디스크표면으로부터 인접한 디스크에 전달된다. 브레이크의 딱딱 맞부딪쳐 나는 소리 그리고 끼익 소리에 의해 만들어지는 잡음에 추가하여, 진동은 브레이크 계통과 착륙장치계통의 더 많은 손상으로 이끌게 하는 것의 원인이 된다. 정비사는 딱딱 맞부딪쳐 소리 나게 하고 끼익 소리를 내는 브레이크의 모든 보고서를 조사해야 한다.

9.7 항공기 타이어와 튜브 (Aircraft Tires and Tubes)

항공기 타이어는 튜브형과 튜브리스형으로 구분한다. 타이어는 지상에 있는 동안 항공기의 무게를 지탱하고 제동과 정지를 위해 필요한 마찰을 제공한다. 타이어는 또한 착륙의 충격을 흡수할 뿐만 아니라 이륙, 착륙 후의 활주, 그리고 활주시 진동을 완화시키는 데 도움을 준다. 항공기 타이어는 요구되는 성능을 수행하도록 세심하게 유지되어야 하며, 다양한 정적응력과 동적응력을 수용하고 광범위한 운전조건에서 신뢰할 수 있어야 한다.

9.7.1 타이어 분류(Tire Classification)

항공기 타이어는 형식(type), 플라이 등급(ply rating), 튜브 타입(tube-type)과 튜브리스(tubeless), 바이어스 플라이(bias ply)와 레이디얼 플라이(radials ply) 등 다양한 방식으로 분류되며, 사이즈(size)로 타이어를 식별하기도 한다. 이러한 분류는 다음과 같다.

9.7.1.1 형식(types)

항공기 타이어의 일반적인 형식(type)별 분류는 미국 타이어 · 림 협회(tire and rim association)의 분류 절차에 따라 아홉 가지 형식의 타이어가 있지만, 3부분 명칭 타이어(three-part nomenclature tire)로 알려진 형식 I, III, VII 및 VIII형 만이 생산되고 있다.

형식 I 타이어는 생산은 되었으나, 더 이상 사용하지 않는다. 고정식기어(fixed gear) 항공기에서 사용되었고 오직 인치(inch) 단위로 전체 직경을 표시한다. 최신의 항공기에서 사용하지 않는 매끄러운 형태 타이어(smooth profile tire)로서 오래된 구형 항공기에서 찾아볼 수 있다.

그림 9-125와 같이, 형식 III 타이어는 일반적인 항공용 타이어로서 160마일[mph] 이하의 착륙속도를 가진 경항공기에 사용된다. 형식 III 타이어는 타이어

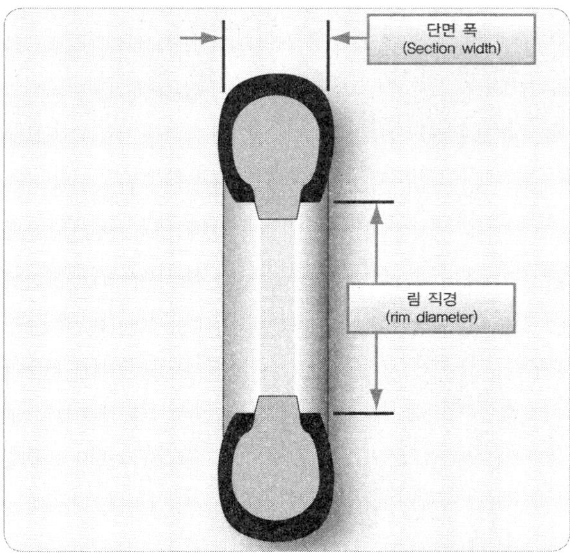

[그림 9-125] 형식 III 항공기 타이어(Type III aircraft tires)

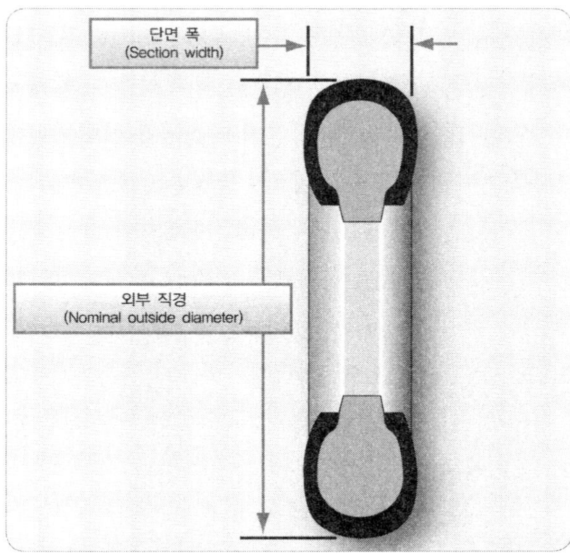

[그림 9-126] 형식 VII 2 번호체계 항공기 타이어
(A Type VII aircraft tire is identified by its two number designation)

의 전체 직경에 비하여 작은 림(rim) 직경을 갖는 비교적 저압 타이어이며, 착륙시 비교적 큰 타이어 접지면으로 충격에 대한 저항력을 가지도록 설계되었다. 형식 Ⅲ 타이어는 2번호체계 (two-number system)로 표시된다. 첫 번째 숫자는 타이어의 단면 폭 넓이(section width)이고 두 번째 숫자는 타이어가 장착되도록 설계된 림(rim)의 직경이다.

그림 9-126과 같이, 형식 Ⅶ 타이어는 제트항공기에서 찾아볼 수 있는 고성능타이어로서 고압으로 팽창되어 매우 높은 하중 지지능력을 갖는다. 형식 Ⅶ 타이어의 단면 폭 넓이는 일반적으로 형식 Ⅲ 타이어보다 더 좁다. 형식 Ⅶ 항공기 타이어의 형식은 2번호 체계(two-number system)로 되어 있다. "×"는 두 개의 숫자 사이에서 사용된다. 첫 번째 숫자는 타이어의 외부 직경 을 표시하고 두 번째 숫자는 단면 폭을 표시한다.

그림 9-127과 같이, 형식 VIII 항공기 타이어는 3 부분 명칭 타이어이다. 고압으로 팽창되어 고성능 제트항공기에 사용된다. 일반적인 타입 VIII 타이어는 비교적 낮은 외형을 가지며 매우 빠른 속도와 매우 높은 하중에서 작동 할 수 있다. 모든 타이어 유형 중 가장 현대적인 형식이다. 세 부분으로 된 명칭은 전체 타이어 직경, 단면 폭 및 림 직경이 타이어를 식별하는데 사용되는 유형 III 및 유형 VII 명명법의 조합이다. X 및"-"기호는 부호에서 동일하게 사용된다.

바이어스타이어는 지정명칭을 따르고 레이디얼타이어는 문자 R로서 "-"를 대체한다. 예를 들어, 30×8.8R15는 15[inch] 휠 림에 설치하고자 하는, 30인치[inch] 타이어 직경, 8.8인치[inch] 단면 폭으로 된 형식 Ⅷ 레이디얼 항공기 타이어를 명시한다.

항공기 타이어의 경우 몇 가지 특수 부호가 있다. B가 형식 표시 앞에 나타날 때 타이어의 휠 림 대비 단

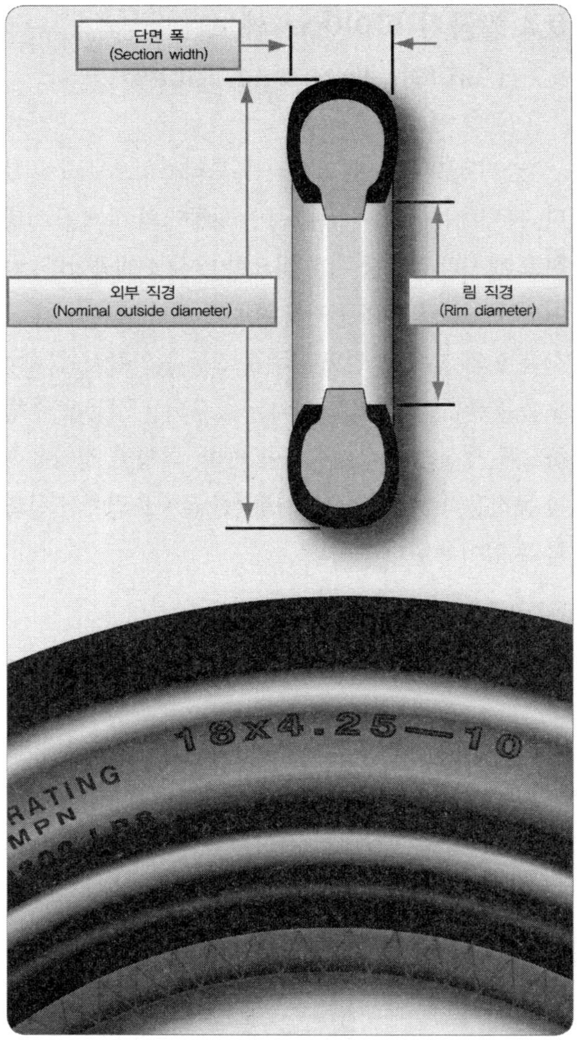

[그림 9-127] 형식 VIII 또는 3 부분 명칭 타이어는 3 가지 요소로 식별(A Type VIII or three-part nomenclature tire is identified by 3 parameters)

면 폭 비율은 60~70[%]이며 비드 테이퍼는 15[°]도이다. 식별숫자 앞에 H가 표시되면 타이어의 휠 림 대비 단변 폭 비율은 60 ~ 70 %이지만 비드 테이퍼는 5[°]에 불과하다.

9.7.1.2 플라이 등급(ply rating)

타이어 플라이는 강도를 강화하기 위해 타이어에 덮

여진 고무로 싸인 직물 층이다. 초기 타이어에 사용된 플라이 수는 타이어가 담당할 수 있는 하중과 직접 관련이 있었다. 오늘날 타이어 제조 기술을 개선하고 최신의 재료를 사용하면서 타이어의 강도를 결정하는데 플라이 수는 관련이 적어졌다. 그러나 플라이 등급은 항공기 타이어의 강도를 담당하는 부분이다. 플라이 등급이 높은 타이어는 구조에 사용된 실제 플라이 수에 관계없이 높은 하중을 견딜 수 있는 고강도 타이어이다.

9.7.1.3 튜브 형식과 튜브리스(tube-type or tubeless)

앞에서 기술한 바와 같이, 항공기 타이어는 튜브형 또는 튜브리스형이 있다. 이는 타이어 분류의 수단으로서 사용되기도 한다. 내부에 튜브를 삽입하지 않고 사용하도록 제작된 타이어는 공기를 수용하기 위해 특별히 설계된 안쪽 라이너를 갖는다. 튜브형 타이어는 튜브가 타이어에서 공기가 새어나오는 것을 막아주기 때문에 이 안쪽 라이너가 필요 없다. 튜브 없이 사용하고자 하는 타이어는 측면 벽에 "tubeless" 라 표기되어 있다. 이 표시가 없다면, 튜브가 필요한 타이어이다. 허용 가능한 타이어 손상과 튜브리스타이어에서 튜브의 사용에 대해서는 항공기제작사 정비정보를 참고해야 한다.

9.7.1.4 바이어스 플라이 또는와 레이디얼 (bias ply or radial)

그림 9-128과 같이, 항공기 타이어를 분류하는 또 다른 수단은 바이어스타이어 또는 레이디얼타이어로 타이어의 구조에서 사용된 플라이의 방향에 의한 구분이다. 전통적인 항공기 타이어는 바이어스플라이 타이어이다. 플라이는 타이어를 형성하고 강도를 주기 위해 감싸는 구조이다. 타이어의 회전의 방향에 대하여 플라이의 각도는 30~60[°] 사이에 변화를 준다. 이 방식에서, 플라이는 타이어 회전 방향과 타이어를 가로지르는 방향으로 구성되는 직물의 편향(bias)을 갖는다. 그래서 바이어스타이어라고 부른다. 결과적으로 편향(bias)되어 가로 놓인 직물 플라이로 인해 측면 벽이 굽혀질 때 유연성을 가질 수 있다.

그림 9-129와 같이, 일부 최신의 항공기 타이어는 레이디얼 타이어이다. 레이디얼타이어에 있는 플라이는 타이어의 회전 방향에 90[°] 각도로 가로 놓인다. 측면 벽과 회전 방향에 수직으로 플라이의 비신축성 섬유를 배치하는 구조는 타이어의 강도를 형성하여 적은 변형으로 고 하중을 견디게 한다.

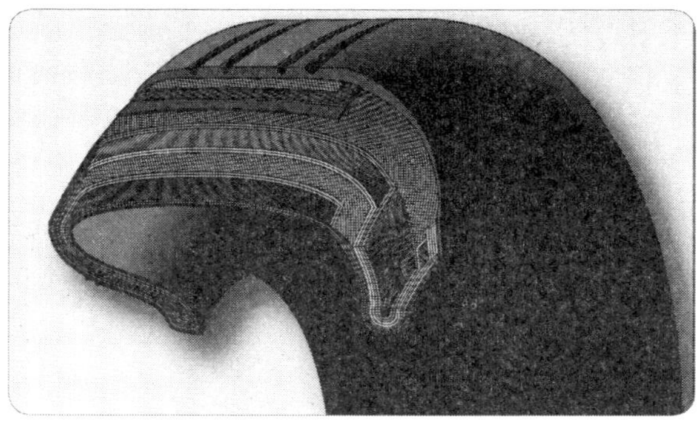

[그림 9-128] 바이어스 플라이 타이어(bias ply tire)

[그림 9-129] 레이디얼 타이어(radial tire)

9.7.2 타이어의 구조(Tire Construction)

항공기 타이어는 용도에 맞게 제작되었다. 자동차 또는 트럭 타이어와 달리 장시간 연속작동을 위해 하중을 전달할 필요가 없다. 그러나 항공기 타이어는 높은 충격의 착륙하중을 흡수하고 단시간이라도 고속으로 작동할 수 있어야한다. 항공기 타이어의 내재된 굽힘(deflection)은 자동차 타이어보다 2배 이상 높다. 이를 통해 착륙 중 가해지는 힘을 손상시키지 않고 처리할 수 있다. 제조업체가 지정한 항공기용으로 설계된 타이어만 사용해야한다.

타이어의 다양한 구성 요소와 타이어의 전반적인 특성에 기여하는 기능을 식별하기 위해 타이어 구조를 이해하여야 한다. 타이어 구조의 명칭은 그림 13-130을 참조한다.

9.7.2.1 비드(bead)

타이어비드는 항공기 타이어의 중요한 부분으로, 타이어 카카스를 고정시키고 휠 림에 타이어의 크기에 알맞은 단단한 장착 면을 마련한다. 타이어 비드는 튼튼하며, 일반적으로 고무에 싸인 고강도 탄소강 와이어다발로 제작된다. 타이어의 크기와 용도에 따라 설계된 하중에 따라 타이어의 각 측면에 1개, 2개, 또는 3개의 비드다발을 찾아볼 수 있다. 레이디얼타이어는 타이어의 양쪽에 단일 비드다발을 갖고 있으며, 비드는 휠 림으로 충격하중과 편향력을 전달한다. 비드 토우는 타이어 중심선에 가장 가까운 곳이며 비드 힐은 휠 림의 플랜지에 맞도록 장착된다.

에이픽스 스트립(apex strip)은 플라이를 감아 붙인 부분을 정착시키기고 윤곽을 주기 위해 비드 주위에 성형된 추가의 고무제품이다. 플래퍼(flipper)라고 부

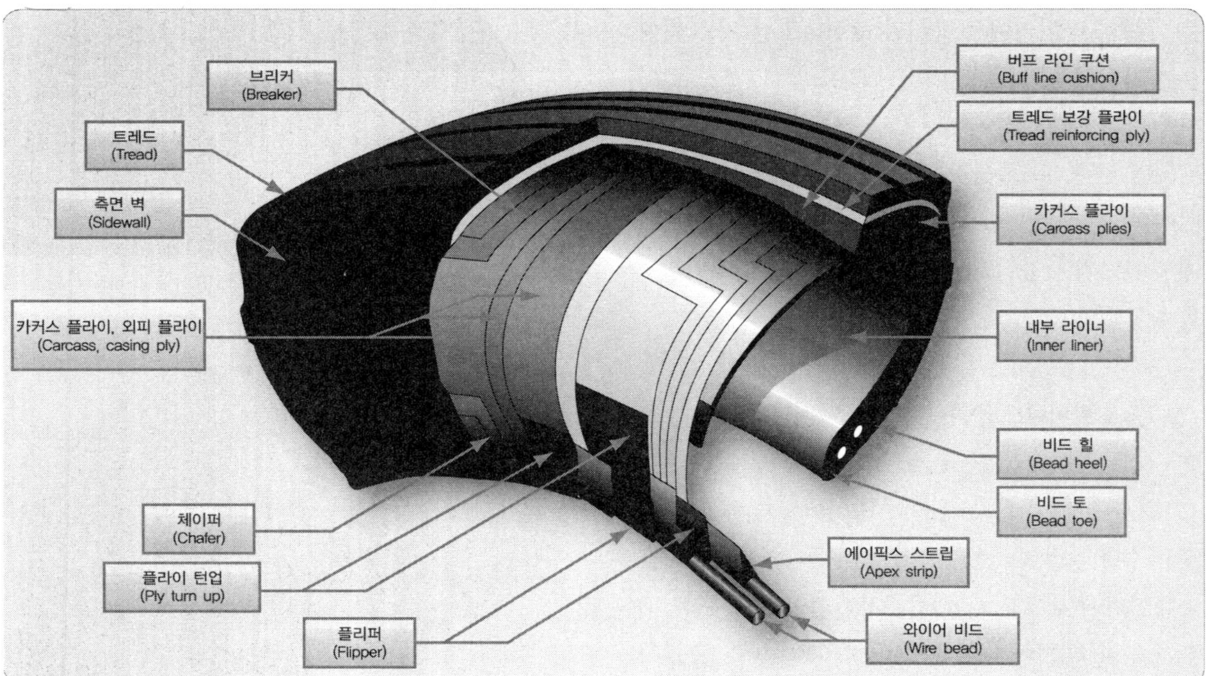

[그림 9-130] 항공기 타이어 구조 명칭(Construction nomenclature of an aircraft tire)

르는 직물과 고무의 층은 비드로부터 뼈대를 격리하고 타이어 내구성을 향상시키기 위해 비드 주위에 놓인다. 체이퍼(chafer) 또한 이 부분에서 사용된다. 직물 또는 고무로 제작된 체이퍼 스트립은 플라이가 비드 주위에 감싸여진 후 외부 카커스 플라이 위에 놓여진다. 체이퍼는 타이어의 장착과 장탈 시에 손상으로부터 뼈대를 보호하며, 특히 동적운영 시에 휠 림과 타이어 비드 사이에 마모와 마찰의 영향을 줄이는 데 도움을 준다.

9.7.2.2 카커스 플라이(carcass plies)

카커스 플라이 또는 케이싱 플라이(casing ply)는 타이어 형상을 만드는데 사용된다. 각 플라이는 두 층의 고무 사이에 끼워진 직물(fiber), 보통 나일론으로 구성된다. 플라이는 타이어 강도를 제공하고 타이어의 카커스 보디(carcass body)를 형성하기 위해 층으로 적층된다. 각 플라이의 끝은 플라이 끝을 접어주기(turn-up)위해 타이어 양쪽의 비드 주위를 감싸서 고정된다. 언급한 바와 같이, 플라이에서 직물의 각도는 바이어스 타이어 또는 레이디얼 타이어의 형식에 따라 원하는 방식으로 제작된다. 일반적으로 레이디얼 타이어는 바이어스 타이어보다 플라이 가 적다.

플라이가 제 자리에 놓이면 바이어스타이어와 레이디얼타이어는 각각 플라이의 상단 그리고 타이어의 활주면의 트레드 아래에 고유한 형태의 보호층이 있다. 바이어스타이어에서는 이러한 나일론과 고무의 단일 또는 다중의 층을 트레드 보강플라이(reinforcing plie)라고 부른다. 레이디얼타이어에서, 언더트레드(under tread)와 보호장치 플라이(protector ply)는 동일한 임무를 수행한다. 이러한 추가 플라이는 타이어의 중앙부분(crown area)을 안정시키고 강화시키며, 하중 상태에서 트레드 비틀어짐을 줄이고 고속에서 타이어의 안정성을 증대시킨다. 보강 플라이와 보호 플라이는 타이어의 카커스 바디(carcass body)를 보호하며 펑크와 절단을 견디는 데 도움을 준다.

9.7.2.3 트레드(tread)

항공기 타이어 트레드는 지면과 접촉하도록 설계된 타이어의 중앙부분으로, 마모, 긁힘, 절단(cutting)과 균열에 견디도록 제조된 고무배합물(rubber compound)이다. 또한 열 축적을 방지하도록 만들었다. 대부분의 현대적인 항공기 타이어 트레드는 타이어 리브를 만드는 원주형 홈(groove)이 있다. 홈은 습한 조건에서 타이어의 냉각을 제공하고 지표면에 접지력을 증대하기 위해 타이어 아래에서 물 배출에 도움을 준다. 자주 비포장표면에서 운영되는 항공기를 위해 설계된 타이어는 일부 형태의 크로스트레드(cross-tread) 패턴을 갖고 있다.

그림 9-131과 같이 항공기 타이어 트레드는 다양한 용도로 설계된다. A는 포장된 활주로 표면에 사용하도록 설계된 가장 일반적인 리브 트레드(rib tread)이다. B는 비포장 활주로용으로 설계된 다이아몬드 트레드(diamond tread)이다. C는 리브 중심 트레드와 가장자리의 다이아몬드 트레드 패턴을 결합한 전천후 트레드(weather tread)이다. D는 정지용으로 설계된 브레이크가 없는 구형의 저속 항공기에서 적용되는 매끄러운 트레드(smooth tread) 타이어이다. E는 동체에 장착 된 제트 엔진 항공기의 앞 착륙장치(nose landing gear)에 사용되는 차인 타이어(chine tire)로서 활주 중에 엔진 흡입구로 물이 흡입되는 것을 방지한다.

[그림 9-131] 항공기 타이어 트레드(treads)는 다양한 종류 설계(Aircraft tire treads are designed for different uses)

트레드는 작동표면에서 항공기를 안정시키도록 설계되었고 사용할수록 마모된다. 수많은 항공기 타이어는 위에서 설명한 바와 같이 보호용 언더트레드 층(undertread layer)으로 설계된다. 추가 트레드 보강은 때때로 브리커(breaker)로서 완성된다. 이들은 트레드 아래의 나일론 코드 직물 층으로 트레드를 강화시키며 카커스 플라이를 보호한다. 강화형 트레드가 구비된 타이어는 가끔 트레드가 한계를 넘어서 마모됐을 경우 재생하여 다시 사용되도록 설계되었다. 특정한 타이어에서 허용 트레드마모와 재생 가능성에 대해서는 타이어제조사 자료를 참고한다.

9.7.2.4 측면 벽(sidewall)

항공기 타이어의 측면 벽은 카커스 플라이를 보호하도록 설계된 고무의 층이다. 타이어에 대한 오존의 부정적 효과를 방지하도록 설계된 화합물을 함유하며, 타이어에 관한 정보가 표시된 지역이다. 타이어 측면 벽은 코드 바디(cord body)에 작은 강도를 전하며, 주 기능은 보호에 있다.

타이어의 내측 벽은 타이어 안쪽 라이너에 의해 덮여 있다. 튜브형 타이어는 카커스 플라이에 채핑(chafing)으로부터 튜브를 보호하기 위해 내부표면에 점착된 얇은 고무 라이너를 가지고 있다. 튜브리스타이어는 더 두껍고 투과성이 적은 고무로서 나란히 세워졌다. 이는 튜브를 대신하고 타이어 내에 질소 또는 팽창 공기를 담고 있으며, 카커스 플라이를 통해 스며들지 못하도록 한다.

그림 9-132와 같이, 안쪽 라이너는 100[%] 팽창가스를 담고 있지 않는다. 소량의 질소 또는 공기는 카커스 플라이 안으로 라이너를 통해 누설되어 타이어의 하부외측 벽에 있는 벤트 홀을 통해 배출된다. 이들은 일반적으로 녹색 또는 백색 도트(dot)의 페인트로서 표시되고, 막히지 않도록 하여야 한다. 플라이에 갇힌

[그림 9-132] 측면 벽 벤트(vent) 색 표시
(A sidewall vent marked)

가스는 온도변화에 의해 팽창되어 플라이를 분리시키며, 타이어를 약화시켜 타이어파손의 원인이 될 수 있다. 튜브형 타이어역시 튜브와 타이어 사이에 갇힌 공기가 배출될 수 있는 삼출구멍(seepage holes)을 측면벽에 가지고 있다.

유색 점으로 표시된 측면 벽 통풍구는 타이어의 카커스 플라이에서 갇힌 공기 또는 질소가 빠져 나오도록 방해물이 없어야한다.

9.7.3 항공기에 장착된 타이어의 검사 (Tire Inspection on the Aircraft)

타이어 상태는 항공기에 장착된 동안 정기적으로 검사되어야 한다. 타이어 압력, 트레드 마모와 상태, 그리고 측면 벽 상태는 적절한 타이어 성능을 보장하기 위해 지속적으로 모니터링되어야 한다.

9.7.3.1 팽창(inflation)

설계된 대로 사용하기 위해, 항공기 타이어는 적절하게 팽창 되어야 한다. 특정한 항공기 타이어의 정확한 타이어압력을 확인하기 위해 항공기 제작사 정비자료를 참고한다.타이어의 측면 벽 또는 타이어 외부에 표시된 압력으로 팽창시키지 않는다. 타이어 공기압은 하중을 받는 상태에서 점검되고 측정된다. 하중이 걸릴 때와 하중이 걸리지 않을 때 압력지시는 최대 4[%] 정도 변화할 수 있다. 타이어 공기압은 항공기가 잭(jack)으로 올려지거나 타이어가 장탈된 상태에서 측정되면 타이어 내부의 팽창가스 공간이 증가하여 낮게 측정된다. 160[psi]로 팽창되도록 설계된 타이어에서 6.4[psi] 오차가 발생할 수 있다. 그림 9-133의 디지털압력계와 다이얼식압력계는 타이어압력을 측정하기 위해 사용된다. 항상 교정된 정밀한 압력계가 사용되어야 한다.

항공기 타이어는 착륙, 활주, 주행 그리고 이륙으로

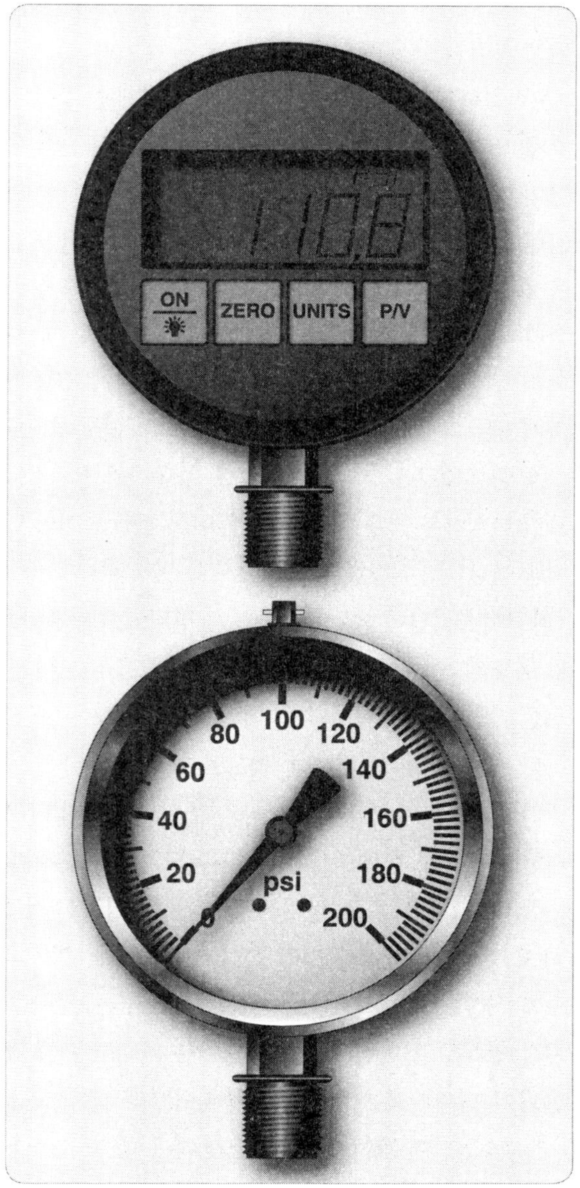

[그림 9-133] 교정된 부르동관(bourdon tube) 다이얼형과 디지털 압력계(A calibrated bourdon tube dial-type pressure gauge or a digital pressure gauge)

부터 발생된 에너지를 열의 형태로 분산시킨다. 타이어가 마찰할 때, 열은 발생하고 타이어비드를 통한 바퀴 림뿐만 아니라 대기로도 전달된다. 제동으로부터의 열은 외부에서도 타이어를 가열한다. 초과되면 타이어의 구조상 손상을 발생시킬 수 있는 제한된 양의 열은 처리될 수 있다.

부적절하게 팽창한 항공기 타이어는 쉽게 눈에 보이지 않으며, 타이어파손으로 이어질 수 있는 내면적 손상이 발생할 수 있다. 착륙에서 타이어파손은 항상 위험한 것이다. 항공기 타이어는 유연하고 착륙의 충격을 흡수하도록 설계되었으나 그 결과로 온도가 상승한다. 충분하게 공기가 들어가지 않은 타이어는 타이어의 설계한계를 넘어 눌리게 되고, 카커스 구조를 약화시키는 과도한 열 축적의 원인이 된다. 타이어온도가 한계 이내로 유지되도록 하려면, 항공기가 정기적으로만 비행하는 경우 매일 또는 매 비행 전에 타이어 압력을 점검하여 적절한 범위 내에서 유지되어야 한다.

타이어공기압은 외기온도에서 측정되어야 한다. 주변 온도의 변동은 타이어 압력에 큰 영향을 미치며 안전한 작동을 위해 허용 범위 내에서 압력 유지는 복잡하다. 타이어공기압은 일반적으로 매 5[℉]의 온도변화마다 1[%]씩 변화한다. 항공기가 한곳의 환경에서 다른 환경으로 비행했을 때, 외기온도가 크게 차이날 수 있다. 그런 이유로, 정비사는 타이어공기압이 적절히 조정되었는지 확인해야 한다. 예를 들어, 외기온도가 100[℉]인 애리조나주 피닉스(phoenix, arizona)를 출발하는 정확한 타이어공기압을 가지고 있는 항공기가 외기온도가 50[℉]인 콜로라도주 베일(vail, colorado)에 도착한다면, 외기온도에서 50[℉] 차이는 타이어공기압서 10[%] 감소로 나타난다. 그런 까닭에 항공기는 위에서 설명한 바와 같이 설계한계를 넘어서는 변형으로 과열되어 손상을 입을 수 있는 공기압이 충분하지 않은 타이어로 착륙할 수 있다. 애리조나주 피닉스(phoenix, arizona)에서 이륙 전에 정비자료에서 제공된 허용한계를 넘지 않는 타이어 추가 공기압이 이 문제를 예방할 수 있다.

타이어공기압을 점검할 때, 타이어가 외기온도에서 냉각 되었는지 확인하기 위해 착륙 후 3시간[hour]이 경과하게 한다. 매 외기온도 대해 정확한 타이어공기압은 일반적으로 표 또는 그래프로 제조사에 의해 제공된다.

과열에 더하여, 공기압이 낮은 타이어는 불균일하게 마모되어 교체 시기보다 빠른 타이어교체로 이어진다. 또한 응력 하에 있을 때 또는 브레이크가 작동되면 휠 림에서 미끄러져 나가거나 빠지게 된다. 과팽창 된 항공기 타이어는 림과 활주로 사이의 측면 벽이 끼여 측면 벽과 림 손상의 원인이 될 수 있다. 비드와 하부 측면 벽 지역에 손상도 발생할 수 있다. 과도한 압력과 같은 형태의 오용은 타이어 본래의 성능을 손상시켜 교체되어야 한다. 두 개의 타이어가 페어로 장착된 경우 한쪽 타이어의 충분하지 않은 공기압은 양쪽 타이어에 영향을 주어 양쪽 다 교체되어야 한다.

그림 9-134와 같이, 항공기 타이어의 과팽창도 바람직하지 않은 상태이다. 과열로 인하여 카커스의 손상은 발생하지 않으나 착지면(landing surface)에 마찰이 줄어든다. 오랜 기간 동안 타이어가 과 팽창상태로 운영되면 트레드가 조기에 마모되어 타이어교체 주기가 짧아진다. 타이어가 상처(bruise), 절단(cutting), 충격 손상(shock damage) 및 파열(blowout)에 더 취약 해진다.

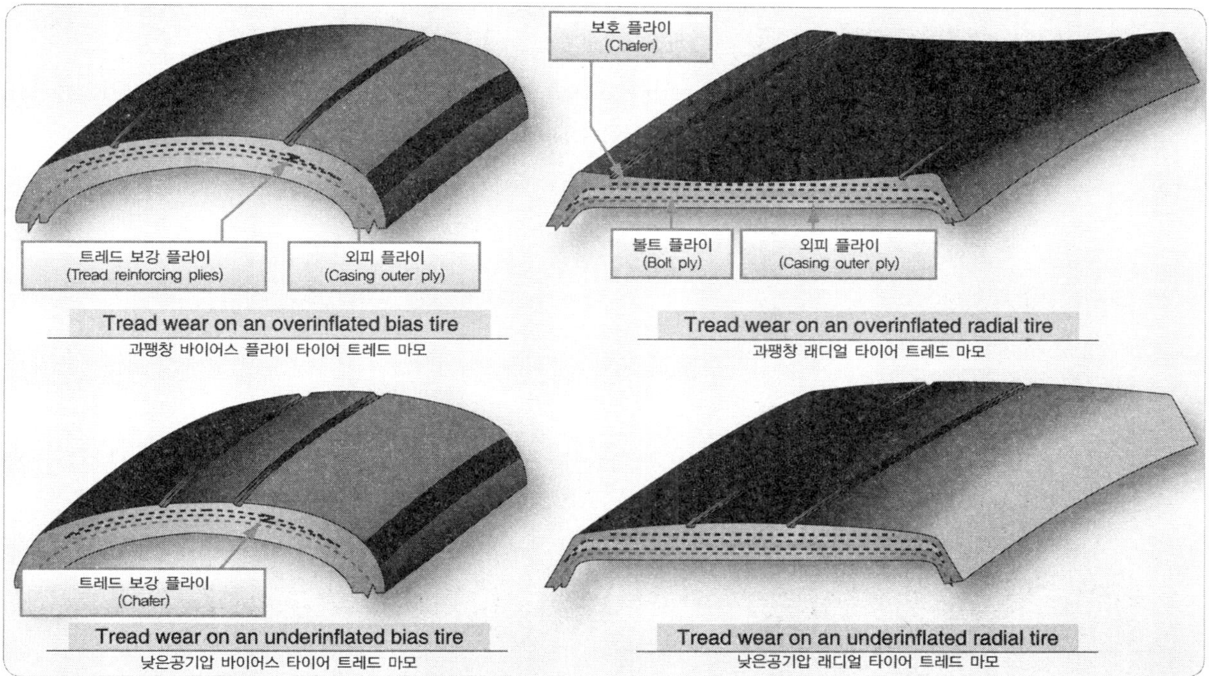

[그림 9-134] 과팽창과 저팽창에 따른 트레드 비정상 마모

9.7.3.2 트레드 상태(tread condition)

항공기 타이어 트레드의 상태는 타이어가 팽창되고 항공기에 장착되는 동안 판단할 수 있다. 다음은 정비사가 타이어를 검사하는 동안 마주치게 되는 트레드 상태와 손상 종류에 대한 설명이다.

(1) 트레드 깊이와 마모 패턴
(tread depth and wear pattern)

그림 9-135와 같이, 균일하게 마모된 트레드는 적절하게 타이어가 정비 되었다는 표시이다. 고르지 못한 트레드 마모는 원인을 조사하고 수정되어야 한다. 마모된 타이어의 정도와 내구성을 판단할 때 항공기와 관련된 모든 제작사 사용설명서에 따라야 한다. 이 정보가 없을 때에 타이어의 트레드 홈의 밑바닥에서 원주의 ⅛ 이상 마모된 타이어는 장탈 한다. 만약 레이디얼 타이어에 보호 플라이 또는 바이어스 타이어에 보강플라이가 타이어의 원주의 ⅛이상에서 노출되었다면 타이어는 장탈 되어야 한다. 적절하게 유지되고 균일하게 마모된 타이어는 보통 타이어의 중심선이 마모한계에 도달한다.

비대칭 트레드마모는 정렬을 벗어난 바퀴에 의해 발생한다. 이 상태를 수정하기 위해 캐스터, 캠버, 토우-인, 그리고 토우-아웃을 점검할 때 제작사 사용설명서를 따른다. 때때로 비대칭 타이어마모는 수정할 수 없거나 또는 부적절한 착륙장치 외형의 결과이다. 단일 엔진에서 일상적인 주행(taxing) 또는 주행 시에 고속으로 코너를 돌 때 발생한다.

휠 림에서 분리하여 회전시킨 후 타이어가 내구성에 대한 모든 검사 기준을 통과한다면 트레드마모를 균일하게 하도록 다시 장착하는 것이 허용된다.

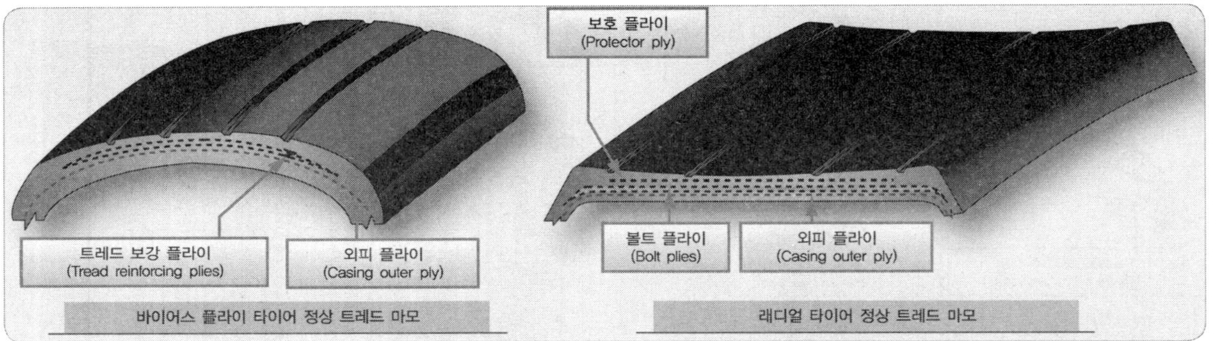

[그림 9-135] 정상적인 타이어 마모(Normal tire wear)

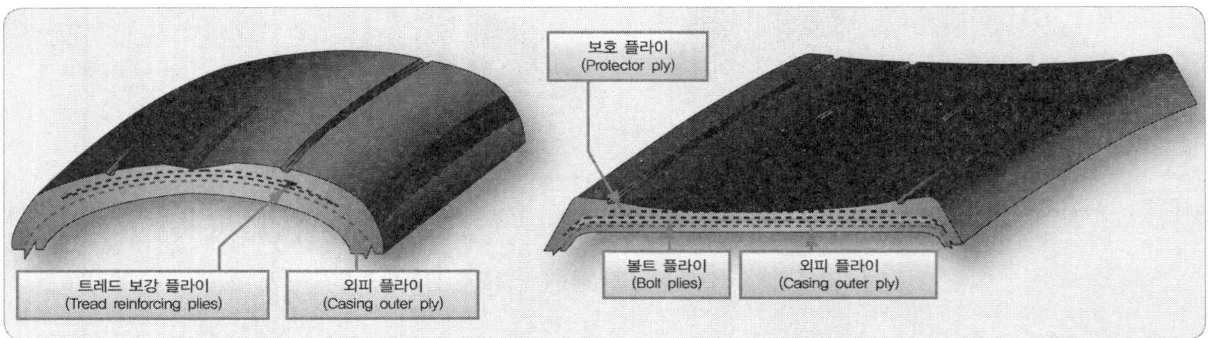

[그림 9-136] 바이어스 타이어 트레드 마모(좌측), 레이디얼 타이어 트레드 마모(우측)

타이어의 재생(retreading)을 위해 마모 한계 전에 장탈하는 것은 비용 효율적인 면에서 좋은 정비 습관이다. 그림 9-136과 같이, 타이어 트레드가 심하게 마모되면 제동마찰력이 상실되므로 타이어 상태 점검 시에 고려해야한다. 마모 및 재생 한계에 대해서는 기체 제조업체 및 타이어 제조업체 명세서를 참고한다.

(2) 트레드의 손상(tread damage)

그림 9-137과 같이, 트레드마모에 추가하여, 항공기 타이어는 손상에 대해 검사되어야 한다. 절단, 상처자국, 부풀어 오름, 박힌 이물질, 깎아낸 부스러기 및 기타 손상은 타이어를 계속 사용하기 위해 한계 이내에 있어야 한다. 이런 유형의 손상에 대한 허용 가능한 조치 방법은 다음에서 설명된다. 모든 손상, 의심가는 손상 및 누설을 가지고 있는 지역은 타이어의 공기가 빠지기 전이나 장탈되기 전에 분필, 왁스 마커, 페인트 스틱 및 다른 장치로서 표시되어야 한다. 가끔 타이어의 공기가 빠졌을 경우 이들 지역을 다시 확인하는 것은 불가능한 것이다. 타이어 재생을 위해 떼어

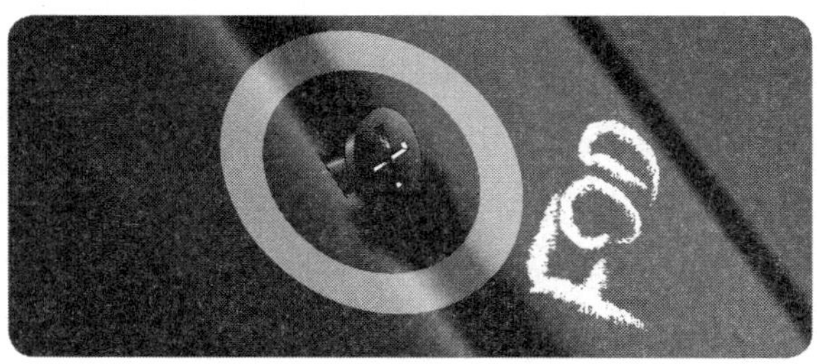

[그림 9-137] 면밀한 검사를 위한 손상부위 표시
(Marking of damaged area to enable closer inspectio)

낸 타이어는 새로운 트레드가 입혀지기 전에 손상 정도의 정밀검사를 할 수 있도록 손상영역에 표시되어야 한다.

타이어의 트레드에 박혀진 이물질은 트레드를 넘어 박혀지지 않았을 때 제거되어야 한다. 의심스러운 깊이의 물체는 반드시 타이어의 공기를 뺀 후 제거되어야 한다. 무딘 송곳 또는 적당히 크기로 된 스크루드라이버는 트레드로부터 이물질을 제거하는 데 사용할 수 있다. 그림 9-138과 같이, 장탈 공구로서 손상영역을 확대시키지 않도록 주의하여야 한다. 이물질 제거

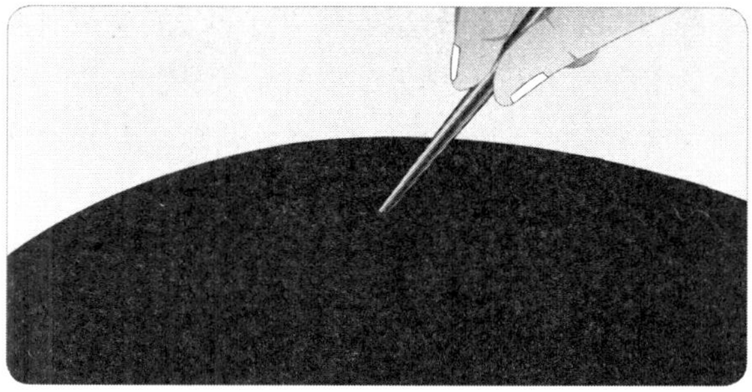

[그림 9-138] 이물질 제거 또는 점검하기 전에 타이어 감압
(Deflate a tire before removing or probing any area where a foreign object is lodged)

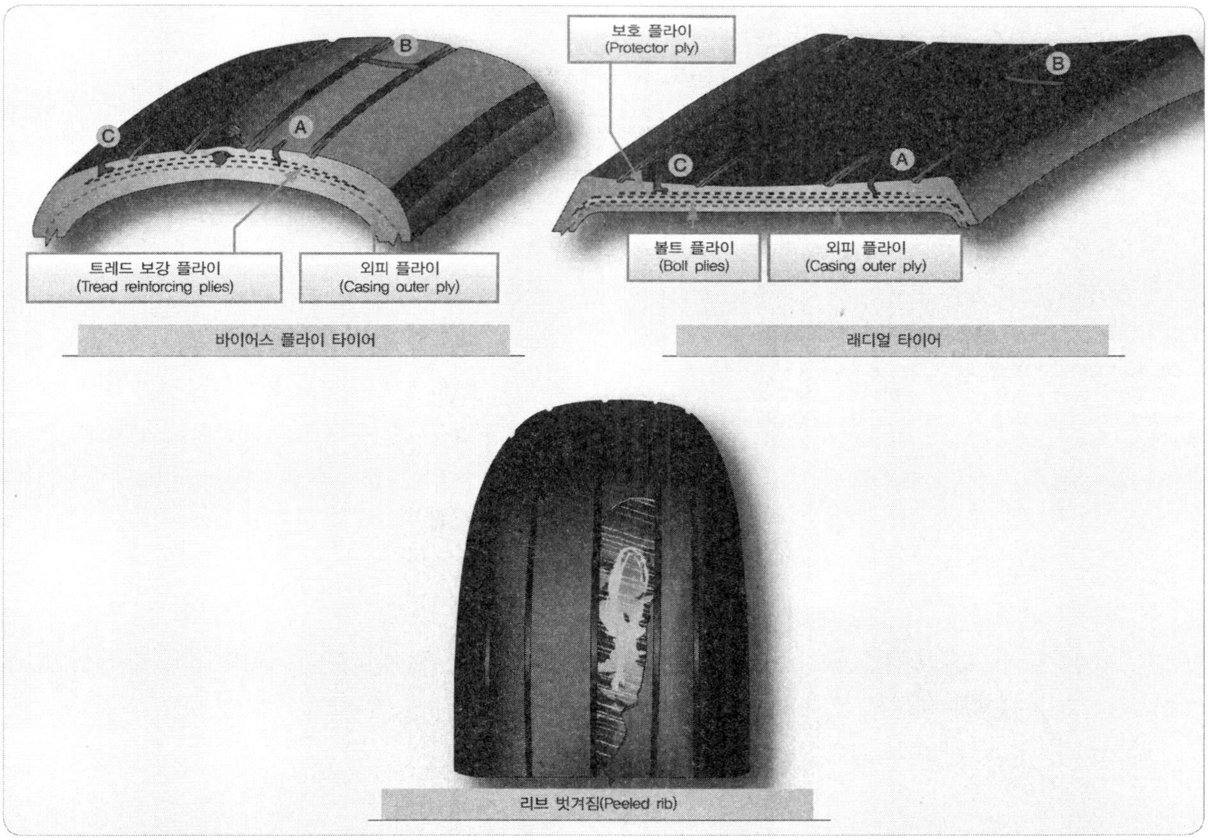

[그림 9-139] 절단 깊이가 바이어스 플라이 타이어의 케이싱 외부 플라이 또는 레이디얼 타이어 (A)의 외부 벨트 층에 노출 될 때 항공기 타이어 사용금지. 트레드 리브가 전체 폭에 걸쳐 절단 (B). 또는 언더컷이 컷의 베이스에서 발생할 때 (C). 이러한 조건은 리브가 벗겨 질 수 있다.(Remove an aircraft tire from service when the depth of a cut exposes the casing outer plies of a bias ply tire or the outer belt layer of a radial tire (A); a tread rib has been severed across the entire width (B); or, when undercutting occurs at the base of any cut (C). These conditions may lead to a peeled rib)

후 타이어가 사용할 수 있는지 판단하기 위해 남아있는 손상을 평가한다. 이물질에 의해 발생된 라운드 홀은 지름이 ⅜[inch] 이하일 경우에만 허용된다. 바이어스 플라이 타이어의 타이어 외피 코드 바디 또는 레이디얼 타이어의 트레드 벨트 층을 관통하거나, 노출시키는 물체가 박힌 타이어는 감항성이 상실되어 사용하지 않아야 한다.

절단이나 트레드 하부를 도려낸 것 같은 손상은 타이어의 감항성을 상실하게 할 수 있다. 트레드 리브를 가로질러 연장된 절단은 타이어 장탈의 원인이 된다. 그림 9-139와 같이, 이런 결함은 때때로 리브의 일부가 타이어에서 벗겨지는 경우로 이어질 수 있다. 해당 항공기 타이어에 적용되는 항공기정비매뉴얼, 항공사 운영매뉴얼, 또는 다른 기술문서를 참고한다.

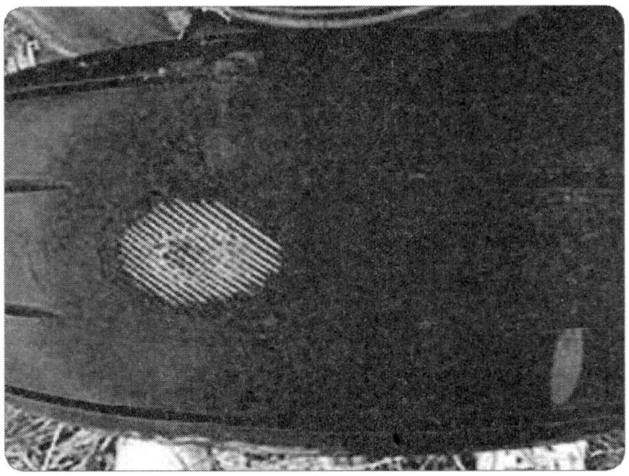

[그림 9-140] 브레이크 작동 상태에서 착륙시 타이어에 플래시 스폿(flat spot) 발생, 언더 트레드가 노출되어 타이어 교체 (Landing with the brake on causes a tire flat spot that exposes the under tread and requires replacement of the tire)

그림 9-140과 같이, 타이어에 플랫스폿(flat spot)은 타이어가 회전하지 않는 상태로 활주로 면에 끌린 결과이다. 이는 일반적으로 항공기가 이동하는 동안 브레이크가 잠길 때 발생한다. 만약 플랫스폿 손상이 바이어스타이어의 보강플라이 또는 레이디얼타이어의 보호 플라이를 노출시키지 않는다면 계속 사용할 수 있다. 그러나 플랫스폿이 진동의 원인이 된다면, 타이어는 장탈 되어야 한다. 브레이크를 밟은 상태에서 착륙 시 타이어 하부트레드를 노출시키는 격심한 플랫스폿의 원인이 될 수 있다. 이는 펑크의 원인도 될 수 있다. 두 가지 모두 타이어는 교체되어야 한다.

그림 9-141과 같이, 타이어카커스(tire carcass)로부터 트레드의 부풀어 오름 또는 분리는 곧바로 타이어의 장탈과 교체의 원인이다. 타이어에 공기가 없으면 쉽게 확인할 수 없으므로 공기를 빼기 전에 손상 부

[그림 9-141] 타이어 교체의 원인인 부풀어 오름(Bulges)과 트레드 분리(tread separation)

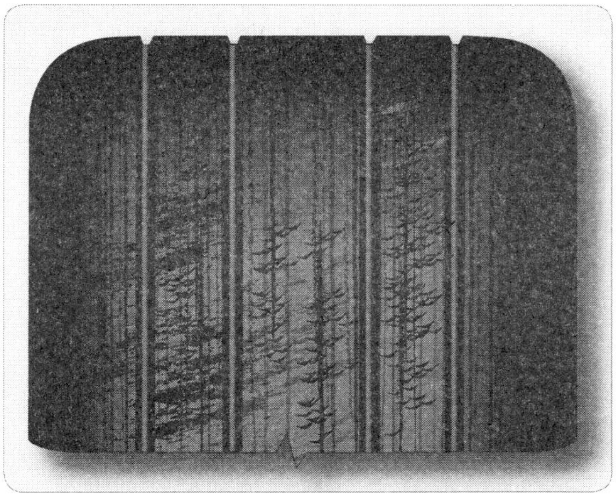

[그림 9-142] 세브론 절단(Chevron cuts)

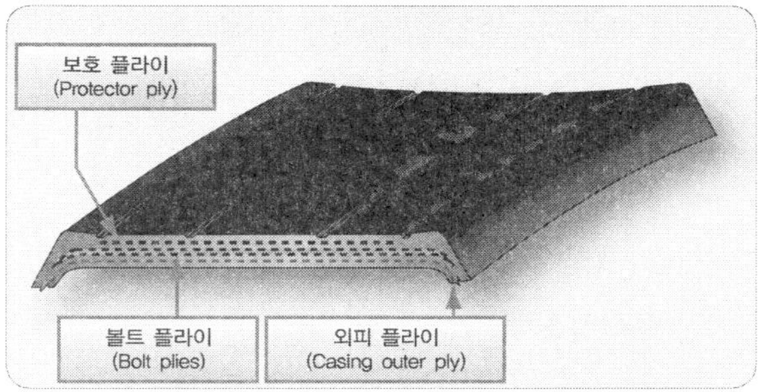

[그림 9-143] 타이어의 트레드 부스러기와 조각은 강화 플라이 또는 보호 플라이의 1 평방 인치 이상 노출되면 타이어 사용금지(Tread chipping and chunking of a tire requires that the tire be removed from service if more than 1 square inch of the reinforcing ply or protector ply is exposed)

위를 표시한다.

그림 9-142와 같이, 홈이 있는 활주로(grooved runway)에서 운영은 항공기 타이어 트레드로 하여금 얕은 셰브론(chevron, V형 무늬모양) 절단을 발생하게 할 수 있다. 이들 절단은 타이어의 코어 물질에 손상을 시키지 않는 한 지속적으로 사용이 가능하다. 트레드의 두꺼운 조각으로 벗겨지게 하는 깊은 셰브론(chevron)은 보강플라이 또는 보호 플라이의 1제곱인치[inch^2] 이상 노출시키지 않아야 한다. 해당 검사 파라미터를 참조하여 허용가능한 셰브론 절단 범위를 판단한다.

그림 9-143과 같이, 트레드의 떨어져 나감(chipping and chunking)은 때때로 트레드 리브의 가장자리에서 발생한다. 이렇게 손상된 소량의 고무는 허용할 수 있다. 보강플라이 또는 보호 플라이의 1제곱인치[inch^2] 이상 노출되면 타이어를 장탈 하여야 한다.

그림 9-144와 같이, 항공기 타이어의 트레드 홈(groove)의 균열(cracking)은 보강플라이 또는 보호 플라이의 1/4인치[inch] 이상의 노출은 허용되지 않는다. 홈(groove)의 균열은 트레드의 언더컷으로 이어져 결국 트레드 전체가 타이어에서 떨어져 나갈 수 있다.

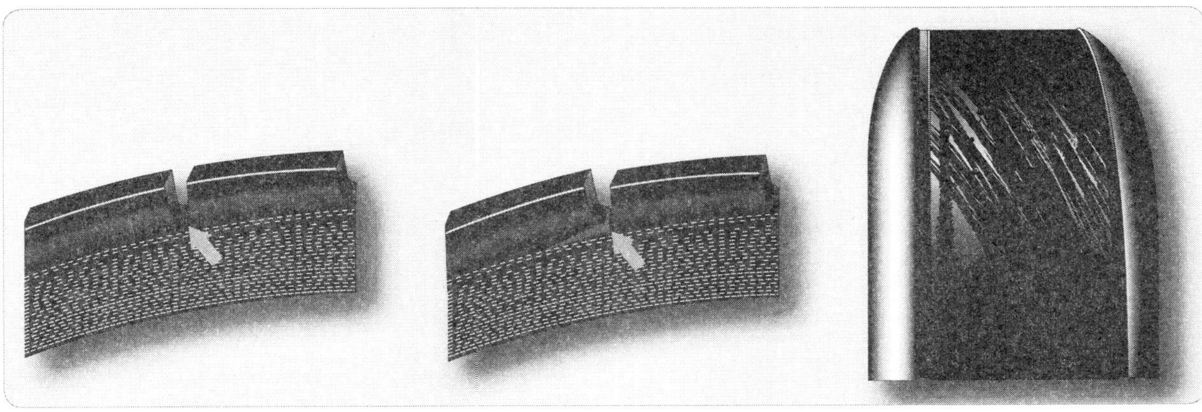

[그림 9-144] 홈 균열 또는 트레드 언더컷(groove crack or tread undercutting)

[그림 9-145] 유해물질로부터 타이어 보호 커버
(harmful chemicals and from the elements)

오일, 작동유, 솔벤트, 및 다른 탄화수소물질은 타이어 고무를 오염시키고, 연하게 하여 스펀지로 만든다. 오염된 타이어는 사용할 수 없다. 만약 어떠한 휘발성 유체가 타이어와 접촉하고 있다면, 변성알코올에 이어 비누와 물로써 타이어 또는 타이어 지역을 씻어내는 것이 최선이다. 착륙장치 부분 정비 시 타이어를 커버함으로써 해로운 유체와 접촉으로부터 타이어를 보호한다.

타이어는 오존과 기후로부터 퇴화의 영향을 받는다. 오랫동안 외부에 주기된 항공기 타이어는 오존과 기후로부터 보호하기 위해 그림 9-145와 같이, 감싸 놓는다.

9.7.3.3 측면 벽의 상태(sidewall condition)

항공기 타이어 측면 벽의 주 기능은 타이어 카커스(tire carcass)의 보호다. 만약 측면 벽 코드가 절단, 흠, 걸림, 또는 다른 손상으로 인하여 노출되었다면, 타이어는 교체되어야 한다. 타이어의 제거 전에 문제

[그림 9-146] 측면 벽 점검
(Cracking and checking in the sidewall)

부위를 표시한다. 코드에 도달하지 않은 측면 벽의 손상은 일반적으로 사용이 허용된다. 측면 벽에서 원주 균열(circumferential crack) 또는 갈라진 틈은 허용되지 않는다. 타이어 측면 벽에서 부풀어 오름은 측면 벽 카커스 플라이에서 일어날 수 있는 박리를 나타낸다. 타이어는 곧바로 장탈 되어야 한다.

기후와 오존은 측면 벽의 금과 갈라지는 원인이 될 수 있다. 이것이 측면 벽 코드로 연장되었다면, 타이어는 제거되어야 한다. 반면에 그림 9-146과 같이 측면 벽의 갈라짐은 타이어의 성능에 영향을 주지 않으므로 사용할 수 있다.

9.7.4 타이어의 장탈(Tire Removal)

모든 타이어어와 휠 어셈블리의 장탈은 항공기 제작사 사용설명서에 따른다. 안전 절차는 정비사의 보호와 사용 가능한 항공기 부품의 정비를 위해 설계된다. 항공기 부품과 어셈블리로 부터 인명피해와 손상을 방지하기 위해 모든 안전 절차를 따라야 한다.

항공기 타이어와 휠 어셈블리, 특히 손상과 과열 흔적이 있는 고압 타이어는 파열에 대비하여 조심스럽게 취급해야 한다. 온도가 외기온도 이상으로 계속 상승되고 있는 동안 절대로 타이어에 접근하지 않는다. 냉각된 후 타이어의 양옆 가장자리 쪽 방향으로 그림 9-147과 같이, 전진방향의 사선 각도에서 손상 타이어와 휠 어셈블리에 접근한다.

수리 불가능하거나 손상된 타이어를 항공기로부터 장탈하기 전에 타이어의 모든 공기를 뺀다. 타이어의 공기를 빼기 위해 밸브코어/공기빼기공구를 사용한다. 밸브코어 장탈시 튀어 오르면서 인명에 심각한 손상을 주는 원인이 될 수 있다. 완전히 공기가 빠졌을 경우 밸브코어를 장탈한다. 감항성이 있는 타이어와 휠 어셈블리는 정비를 위해 다른 부품 접근할 수 있도록 타이어의 공기 제거 없이 항공기에서 장탈할 수 있다. 이는 브레이크의 점검을 마친 후 휠어셈블리가 곧바로 재 장착되었을 때와 같이 일반적인 관행이다. 정확한 수리 위치와 수리 정도를 확인하기 위해 타이어의 손상부분을 공기배출 이전에 표시되었는지 확인한다. 수리 불가능한 타이어에 대해 알려진 모든 정보를 기록하고 재생타이어 수리소에서 사용할 수 있도록 타이어에 부착시킨다.

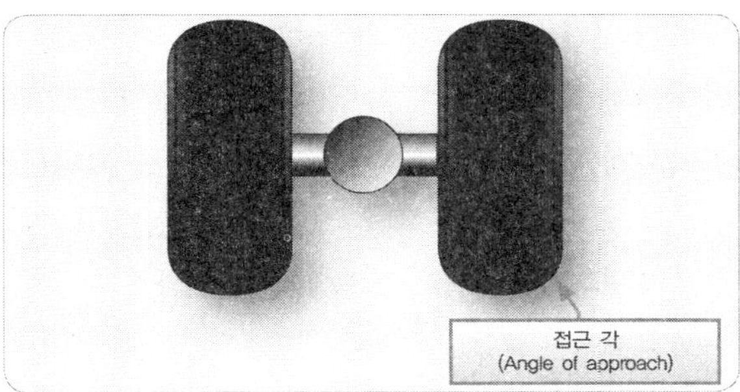

[그림 9-147] 타이어/휠 어셈블리 접근 주의 (approaches tire/wheel assembly)

항공기로부터 장탈 된 경우, 타이어는 장착된 휠 림으로부터 분리시켜야 한다. 타이어와 휠의 손상을 방지하기 위해 적절한 장비와 기술을 준수해야 한다. 휠 제조사 정비정보는 분해를 위한 주요 자료이다.

타이어의 비드지역은 림 양옆가장자리에 대하여 단단하게 안착하고 자유롭게 분리되어야 한다. 이 목적을 위해 항상 적당한 비드 분리장비를 사용한다. 휠의 손상을 피할 수 없는 경우에 절대로 휠 림으로부터 타이어를 분리하지 않는다. 휠 타이 볼트는 비드가 림에서 분리될 때 계속 장착되어 있어야 하고 완전히 조여져 있어야 휠 절반의 접합면 손상을 방지할 수 있다.

비드 분리 프레스 접촉면이 타이어에 전체 압력을 가하는 동안 타이어에 닿지 않고 가능하면 휠 가까이에 있어야 한다. 서로 크기가 다른 타이어와 림은 타

[그림 9-148] 타이어 밸브 코어(The tire valve core)

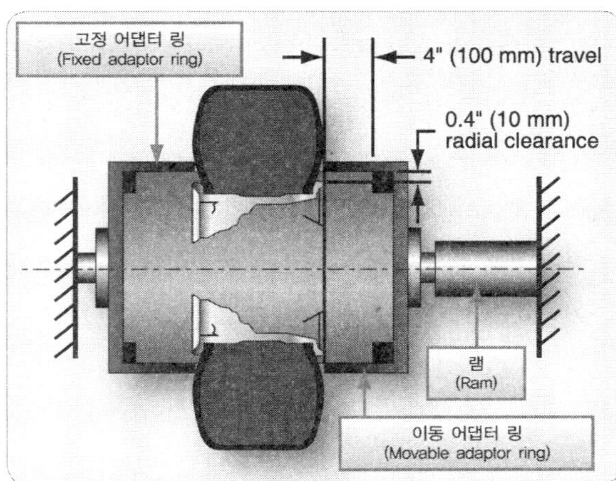

[그림 9-149] 링 어댑터(ring adapter)

[그림 9-150] 대형 타이어에 사용되는 전기 유압식 타이어 비드 분리기(왼쪽)와 소형 타이어에 사용되는 수동 타이어 비드 분리기 (오른쪽)
(An electrohydraulic tire bead breaker (left) used on large tires and a manual tire bead breaker (right) used on small tires)

이어에 적절한 접촉패드를 필요로 한다. 수동압착기와 유압압착기는 이용할 수 있다. 비드가 림에서 움직이게 하도록 압력을 가하고 유지한다. 타이어비드가 이탈될 때까지 림 주위에 서서히 압력을 가한다. 그림 9-149와 같이, 링 형태 비드분리기는 전체의 측면 벽의 원주 주위에 압력을 가하기 때문에 회전이 필요하지 않다. 그림 9-150과 같이, 비드가 이탈되었을 경우 휠 절반은 분해될 수 있다. 레이디얼타이어는 타이어의 양쪽에 오직 하나의 비드다발을 갖고 있으며, 측면벽은 바이어스 플라이 타이어보다 더 유연하다. 적당한 공구가 사용되어야 하고 측면 벽의 격렬한 비틀어짐을 방지하기 위해 천천히 압력이 가해야 한다. 윤활하여 타이어 · 휠 접촉면이 충분히 적셔지게 한다. 비누 같은 타이어 용제만 사용되어야 한다. 타이어를 구성하는데 사용되는 고무혼합물을 오염시킬 수 있는 탄화수소계 윤활유를 사용하지 말아야 한다. 튜브형 타이어와 튜브리스타이어의 비드도 유사한 방식으로 분리 된다.

9.7.5 항공기로부터 장탈 된 타이어의 검사 (Tire Inspection off of the Aircraft)

타이어를 휠 림으로부터 분리한 후에 상태를 검사하여야 한다. 인가된 수리소에서 타이어를 재생할 수 있으며 서비스가능 상태로 전환된다. 순차적인 검사절차는 타이어의 모든 부분을 빠짐없이 확인하는 데 도움이 되며 모든 손상의 정도를 표시하고 기록한다. Advisory Circular(AC) 43.9-1은 타이어 검사와 수리에 대해 일반지침을 제시한다. 타이어는 반드시 경험과 장비를 갖춘 사람만 수리하여야 한다. 대부분 타이어 수리는 인가된 타이어 수리시설에서 이루어진다.

항공기로부터 장탈 된 타이어를 검사할 때는 휠 림에 밀봉된 시일을 장착하고 타이어에서 림으로 힘을 전달해야 하기 때문에 비드지역에 특별한 주의를 기울여야 한다. 타이어 작동 시에 열이 집중된 곳이므로 면밀히 비드지역을 검사한다. 체이퍼(chafer)의 표면손상은 허용되며, 타이어가 재생될 때 수리될 수 있다. 비드지역에서 다른 손상은 보통 부적합의 원인이 된다. 접어올린 단의 손상, 비드 플라이분리, 또는 비틀린 비드는 타이어를 폐기할 수 있는 비드지역 손상의 예이다. 타이어의 비드지역은 손상, 과열에 의한 변형 및 질감(texture)의 변화를 가져올 수 있다. 정밀하게 점검한 후 손상이 의심된다면 인가된 타이어 수리소의 결정에 따른다. 휠 림도 손상에 대해 검사되어야 하며, 특히 튜브리스타이어에서 미끄러짐 없는 효과적인 시일은 비드시트지역에서 휠의 상태와 본래의 외형에 의존한다.

타이어의 과열은 비록 명백한 손상이 아니라고 할지라도 타이어를 약화시킨다. 타이어는 이륙중단(aborted takeoff), 무리한 제동, 또는 휠에 있는 열 플러그가 파열 전에 타이어의 공기를 빼기 위해 사용되었을 경우에는 장탈 되어야 한다. 플라이분리와 같은 내부손상이 발생할 수 있으며, 과열손상을 겪은 이력이 있는 타이어는 전부 폐기시켜야 한다.

타이어가 항공기에서 떨어져 있는 동안 손상되거나 손상이 의심되는 부분은 다시 검사되어야 한다. 절단(cut)은 트레드 아래에 손상의 깊이와 정도를 확인하기 위해 면밀히 조사할 수 있다. 일반적으로 타이어플라이의 40[%]을 초과하지 않는 손상은 타이어가 재생할 때 수리할 수 있다. 타이어 내부 표면의 직경이 ⅛ 인치[inch] 미만이고 외부 표면의 직경이 1/4[inch] 미만인 작은 펑크는 수리될 수 있으며, 재생될 수 있다. 플라이분리에 의해 부풀어 오른 타이어는 폐기해야 한다. 그러나 타이어카커스(tire carcass)로부터 트레드분리에 의해 발생한 부풀어 오름은 재생하는 동안에 수리할 수 있다. 노출된 측면 벽 코드의 손상은 허용되지 않으며 수리되거나 또는 재생될 수 없다. 타이어 손상에 대한 명확한 설명은 제조사 또는 인가된 타이어재생업자의 의견을 듣는다.

9.7.6 타이어의 수리와 재생 (Tire Repair and Retreading)

정비사는 타이어의 수리 가능 여부를 판단하기 위해 기체제작사 사용설명서와 타이어제조사 사용설명서를 따라야 한다. 이 부분에서도 많은 예시와 지침이 제시 되어있다. 거의 모든 타이어 수리는 승인된 수리를 수행하기 위한 능력을 갖춘 인가된 타이어 수리시설에서 수행되어야 한다. 비드 손상, 플라이분리, 그리고 측면 벽 코드 노출 시 타이어는 모두 폐기되어야 한다. 튜브리스타이어의 안쪽라이너 상태역시 중요한 것이다. 튜브형 타이어의 튜브 교체는 모든 유형의 항공기 타이어를 장착하고 균형을 유지하는 것처럼 정비사에 의해 수행된다.

항공기 타이어는 아주 비싸며, 대단히 튼튼한 것이다. 타이어의 카커스(carcass)가 여전히 튼튼하고 손상이 수리한계 이내에 있다면 트레드를 교체하여 타이어의 수명을 연장하고 비용을 줄일 수 있다. 미연방항공청(FAA, Federal Aviation Administration)으로 부터 인가받은 타이어 재생 수리업체가 이 작업을 수행하고, 때때로 원생산업체(original equipment manufacturer)가 수행한다. 정비사는 타이어를 검사하여 재생할 수 있는지 미리 확인하여 재생이 불가하면 재생 수리시설로 선적하는 비용을 발생시키지 않도록 한다. 타이어 재생업체는 행거 또는 현장정비사의 역량을 넘어서는 수준으로 타이어마다 검사하고 시험한다. 타이어의 내부 무결함에 관하여 자세한 정보를 제공하는 광학비파괴검사법인 시어라그래피(shearography)는 타이어 카커스가 지속적으로 사용가능한지 확인하기 위해 타이어 재생수리 시설에서 사용한다.

타이어를 재생할 수 있는 횟수에는 제한이 없다. 이는 타이어 카커스의 구조적인 결함이 없을 때 가능하다. 적절하게 유지되고 수리된 주 착륙장치(main landing gear) 타이어는 피로로 인하여 카커스에 공기가 스며들지 않았다면 몇 번 재생 될 수 있다. 일부 앞 착륙장치(nose landing gear) 타이어는 거의 12번 재생할 수 있다.

9.7.7 타이어의 저장(Tire Storage)

항공기 타이어는 부적절하게 저장된다면 손상될 수 있다. 타이어는 항상 트레드 표면에 놓여있도록 수직으로 저장되어야 한다. 타이어의 가로 겹쳐쌓기는 권고되지 않는다. 트레드의 손상방지를 위해 최소 3~4인치[inch] 평평한 표면을 가진 타이어 랙(rack)에 타이어를 보관하는 것이 이상적이고 타이어의 비틀어짐을 피할 수 있다.

만약 타이어의 가로 겹쳐쌓기가 필요하다면, 오직 짧은 시간 동안만 허용 된다. 아래쪽의 타이어는 위쪽 타이어의 무게로 인해 비틀어져 튜브리스타이어를 설치할 때 비드가 안착하기 어려울 수 있다. 그림 9-151과 같이, 튀어나온 트레드는 리브(rib) 홈을 압박하고 이 부분에 오존의 공격으로 고무가 퇴화된다. 절대로 6개월[month] 이상 가로로 항공기 타이어를 겹쳐쌓지 않는다. 만약 타이어의 직경이 40인치[inch] 미만인 경우 타이어를 4개 이하로 쌓고 직경이 40인치[inch] 이상이라면 타이어를 3개 이하로 쌓는다. 항공기 타이어가 저장된 곳의 환경은 중요하다. 항공기 타이어를 저장하기 위한 이상적인 장소는 통풍이 잘되고 이물질이 없는, 서늘하고, 건조하며 어두운 곳이다.

항공기 타이어는 화학약품에 의한 것과 햇빛으로 인하여 질적 저하가 쉬운 천연고무 화합물을 함유하고 있다. 오존(O_3, ozone)과 산소(O_2, oxygen)는 타이어 화합물의 질적 저하의 원인이 된다. 타이어는 지속적으로 이들 가스 중 한 가지 또는 모두의 영향을 받는 강한 기류로부터 떨어져서 저장되어야 한다. 형광등, 수은등, 전동기, 배터리충전기, 전기용접장비, 발전기, 그리고 오존을 생산하는 유사한 공장설비는 항공기 타이어 근처에서 작동시키지 말아야 한다. 장착된 팽창한 타이어는 오존공격으로부터 취약성을 줄이기 위해 작동압력보다 25[%] 적은 압력에서 저장될 수 있다. 나트륨등은 허용되며, 어두운 곳에서 항공기 타이어의 저장은 자외선 등으로부터 질적 저하를 최소화하기 위해 저장된다. 만약 이것이 불가능하다면, 오존 방벽을 설치 하고 자외선 등에 노출을 최소로 하도록 어둡게 폴리에틸렌 또는 종이로 감싼다.

연료, 오일 및 솔벤트와 같은, 일반적인 탄화수소화학제품은 타이어와 접촉시키지 말아야 한다. 행거 또는 작업장바닥에 유출된 부분을 통과하여 타이어를 이동하는 것을 피하고 만약 타이어가 오염되었다면 곧바로 세척 한다. 타이어를 건조시키고 고무화합물에 퇴화영향을 주는, 어떠한 습기로부터 떨어진 건조

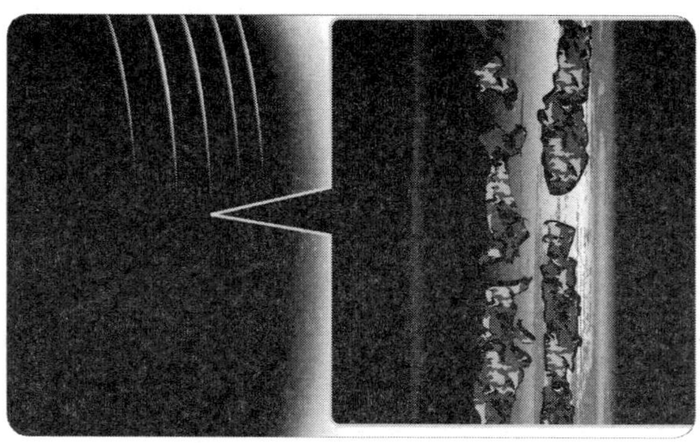

[그림 9-151] 타이어 트레드 홈의 오존 균열
(Ozone cracking in a tire tread groove)

한 곳에 모든 타이어를 저장한다. 외부요소로서 습기는 타이어의 고무와 직물을 더욱 손상시키게 되며, 더러운 지역은 피해야 한다.

타이어는 광범위한 온도에서 운영되도록 제작되었으나 질적 저하를 최소로 하도록 서늘한 온도에서 저장되어야 한다. 안전한 항공기 타이어의 저장을 위한 일반적인 범위는 32~104[℉]이다. 이 이하의 온도는 허용되나 더 고온은 피해야 한다.

9.7.8 항공기 튜브(Aircraft Tubes)

항공기 타이어는 팽창 공기의 누설을 방지하기 위해 안쪽에 튜브를 수용한다. 튜브형 타이어는 튜브리스 타이어와 유사한 방식으로 취급되고 저장된다.

9.7.8.1 튜브의 구조와 선택 (tube construction and selection)

항공기 타이어튜브는 천연고무 화합물로 제작된다. 그들은 팽창 공기의 누설을 최소화한다. 무보강식(un-reinforced)과 특별한 보강식(reinforced) 강력튜브를 이용할 수 있다. 강력튜브는 마찰(chafing)에 견디기 위한 강도를 마련하고 제동 시와 같이 열에 대하여 보호하기 위해 고무 안에 나일론 보강 직물 층을 가지고 있다.

튜브는 다양한 크기로 되어 있다. 해당 타이어 크기에 대해 지정된 튜브만 사용되어야 한다. 너무 작은 튜브는 튜브 구조에 스트레스를 가한다.

9.7.8.2 튜브의 저장과 검사 (tube storage and inspection)

항공기 타이어튜브는 환경요소에 노출을 통한 노후화를 피하기 위해 사용되기 전까지 원래의 상자에 보관되어야 한다. 만약 원래의 상자가 이용될 수 없다면, 튜브는 여러 겹의 종이로 싸서 보호할 수 있다. 오직 짧은 기간 동안, 튜브를 올바른 크기의 타이어로 보관할 수 있으며, 튜브는 둥글게 팽창되게 할 수 있다. 타이어의 안쪽과 튜브의 바깥쪽에 활석(talc)의 사용은 접착을 방지한다. 영구적으로 튜브어셈블리를 조립하기 전에 튜브와 타이어를 검사한다. 저장방법에 관계없이 항상 오존 생산 장비가 없는 통풍이 잘되고, 선선하고, 건조하며, 어두운 곳에 항공기 튜브를 저장한다.

항공기 타이어튜브를 취급과 저장할 때, 접히어 금(crease)이 생기지 않게 한다. 이들은 고무를 약화시키고 결국 튜브파손의 원인이 된다. 접힌 금과 주름(wrinkle)은 타이어 안쪽에 설치되었을 때 튜브의 마찰 점이 되는 경향이 있다. 절대로 저장을 위해 못 또는 나무못 위에 튜브를 걸어두지 말아야 한다.

항공기 튜브는 누설과 손상에 대해 검사되어야 한다. 누설에 대해 점검하기 위해 타이어로부터 튜브를 제거한다. 튜브가 모양은 갖추나 늘어나지 않을 만큼 팽창시킨다. 용기안의 물속에 작은 튜브를 가라앉히고 기포의 발생에 대해 주시한다. 대형 튜브는 튜브 위쪽에 물을 가해지는 것이 필요하게 된다. 역시 기포의 발생에 대해 주시한다. 밸브코어도 적셔서 누설 여부를 검사해야 한다.

항공기 타이어튜브에 대한 강제적인 수명제한은 없으나, 사용을 고려하기 위해 균열 또는 접힌 금(crease)이 없이 탄력성 있어야 한다. 밸브 지역은 손상되기 쉬우므로 철저히 검사되어야 한다. 밸브를 구부려 타이어에 접합된 베이스(base) 또는 휠 림에 있는 홀을 거쳐 지나가는 지역에서 균열이 없는지 확인

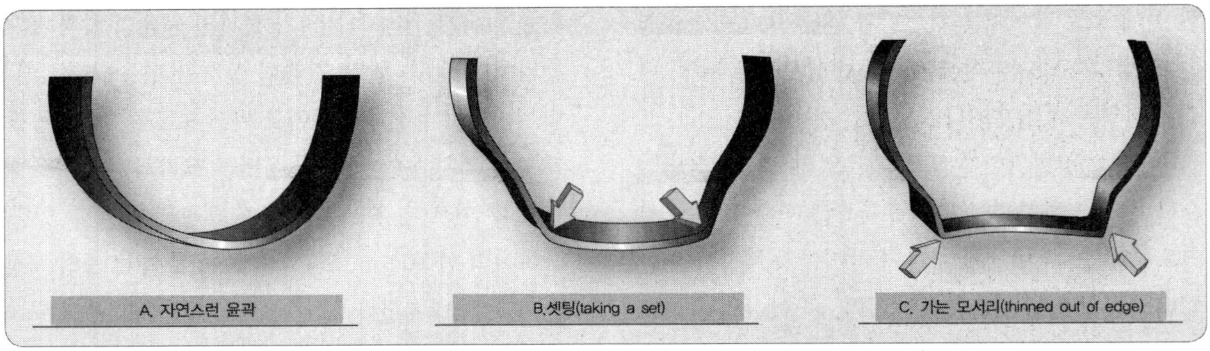

[그림 9-152] 검사 중, 타이어 자연스러운 윤곽 유지(During inspection, an aircraft tire tube should retain its natural contour)

하여야 한다. 밸브코어가 탄탄한지와 새어나오지 않는지 확인하기 위해 검사한다.

그림 9-152와 같이, 만약 튜브의 고무가 약하게 될 정도로 마찰(chafing) 되었다면, 튜브는 폐기시켜야 한다. 튜브의 안지름은 타이어 비드의 토우와 접촉으로 닳지 않았는지 확인하기 위해 검사되어야 한다. 비정상적으로 배치되었던 튜브는 폐기시켜야 한다.

9.7.8.3 타이어의 검사(tire inspection)

운항을 위해 튜브를 장착하기 전에 튜브형 타이어의 안쪽을 검사하는 것은 중요하다. 어떠한 돌출이나 거친 지역은 튜브를 문질러 닳게 하려는 경향이 있어 조기 고장의 원인이 될 수 있다. 항공기 타이어와 튜브를 검사할 때 타이어, 튜브 및 항공기 제작사 검사기준을 따른다.

9.7.9 타이어의 조립(Tire Mounting)

정비사는 가끔 운항을 위한 준비에서 휠 림 위에 항공기 타이어를 설치하여야 한다. 튜브형 타이어의 경우에, 튜브도 설치되어야 한다. 다음의 부분은 튜브형 타이어와 튜브리스타이어를 사용하는 일반적 방법을 제공한다. 제작사 사용설명서에 따라 작업을 수행하기 위해 적절한 장비와 훈련을 반드시 받아야 한다.

9.7.9.1 튜브리스타이어(tubeless tires)

항공기 타이어와 휠 어셈블리는 사용 중에 큰 응력을 받는다. 적절하게 장착되었다면 타이어는 설계의 한계까지 성능을 보장한다. 볼트 토크, 윤활과 밸런스 작업(balancing) 요구조건 및 팽창절차를 포함하는 모든 제작사 서비스정보를 참고하고 따른다.

언급한 바와 같이, 타이어를 장착해야 하는 휠어셈블리는 사용 가능한 것인지 확인하기 위해 철저히 검사되어야 한다. 매끄럽고 결점이 없어야 하는, 비드시트지역에 특별히 주의해야 한다. 휠 절반 접합면은 양호한 상태에 있어야 한다. O-링은 타이어의 전체의 수명과 휠의 밀봉을 보장하기 위해 윤활이 되어야 하고 양호한 상태에 있어야 한다. 그림 9-153과 같이, 이 목록에 초반에 제공된 휠과 팁(tip)을 검사할 때 제작사 사용설명서를 따른다.

설치하고자 하는 타이어의 최종검사가 수행되어야 한다. 가장 중요한 것은 타이어가 항공기에 사용할 수 있도록 지정되었는지 확인하는 것이다. 이는 타이어 측면 벽에 튜브리스임이 표시되고, 부품번호, 크기,

[그림 9-153] 튜브리스 타이어 휠 어셈블리의 휠 절반 O-링은 타이어의 전체 수명 동안 밀봉 상태를 유지하고 윤활 상태를 유지해야한다. 휠 절반의 결합 표면도 양호한 상태이어야 한다.(The wheel half O-ring for a tubeless tire wheel assembly must be in good condition and lubricated to seal for the entire life of the tire. The mating surfaces of the wheel halves must also be in good condition)

플라이등급, 정격속도 및 기술표준규칙(TSO) 번호 또한 측면 벽에 있어야 하고 항공기 장착을 위해 승인되어야 한다. 선적과 취급으로부터 손상에 대해 타이어를 시각적으로 점검한다. 타이어의 영구적인 변형은 없어야 한다. 그것은 이 목록의 이전 부분에서 설명되었던 절단과 다른 손상에 대한 모든 검사를 통과해야 한다. 깨끗한 타올과 비눗물 또는 변성알코올로써 타이어비드 지역을 청소한다. 타이어 내부 상태를 검사한다. 타이어 안쪽에 이물질이 없어야 한다.

타이어비드는 알루미늄 휠에 설치될 때 윤활이 되기도 한다. 제작사 사용설명서에 따르고 오직 명시된 비탄화수소윤활제를 사용한다. 어떤 타이어 비드에도 그리스를 윤활하지 말아야 한다. 절대로 마그네슘합금 휠에 윤활제를 사용하지 말아야 한다. 대부분 레이디얼타이어는 윤활제 없이 설치된다. 기체제작사는 약간의 사례에서 레이디얼타이어에 대해 윤활을 명시한다. 휠과 타이어가 설치하고자 준비되었을 때, 타이어 방향과 휠의 밸런스 마크가 휠 절반과 타이어에 표시되어야 한다. 일반적으로 타이어 일련번호는 어셈블리의 바깥쪽에 마킹한다. 각각의 휠의 절반 면에 가벼운 부분을 지시하는 표지는 서로 반대의 것이어야 한다. 적색표지로서 지시되는, 휠어셈블리의 무거운 지점을 지시하는 표지는 타이어에서 가벼운 지점과 일치하도록 설치되어야 한다. 만약 휠에 무거운 지점을 지시하는 표지가 없다면, 휠에 밸브 장착 위치와 타이어에 적색지점, 즉 가벼운 지점에 정렬시킨다. 적절하게 균형을 이룬 타이어와 휠의 조립은 타이어의 전반적 성능을 향상시킨다. 균일한 트레드마모로 귀착되고 타이어수명을 연장시키면 진동이 없는 부드러운 작동을 만든다.

휠을 조립할 때, 타이 볼트 조임 순서와 토크 규격에 대해서는 제작사 사용설명서를 따른다. 고착 방지 윤활제와 토크(wet-torque) 값(고착방지윤활제를 바르고 최소값으로 토크)은 휠어셈블리 시 일반적이다. 교정된 핸드 토크 렌치를 사용한다. 절대로 항공기 타이어어셈블리에서 충격렌치를 사용하지 말아야 한다.

그림 9-154와 같이, 항공기 타이어와 휠어셈블리의 초기 팽창에서, 타이어는 타이어 팽창 안전케이지에 놓여있어야 하고, 휠 또는 타이어파손으로 인하여 파열될 수 있다는 전제로 다룬다. 팽창 호스는 타이어 밸브꼭지에 부착되어야 하고, 타이어압력은 멀리 안전거리에서 조절되어야 한다. 최소 30[feet]의 이상이 권고된다. 공기 또는 질소는 명시된 대로 점진적으로 공급되어야 한다. 부식을 방지하는 데 도움을 주는, 건조 질소는 타이어 안으로 물의 유입을 최소한으로 막는다. 팽창되는 동안 휠 림에서 타이어 안착과정을 관찰한다. 관찰된 문제를 조사하기 위해 타이어에 접근하기 전에 타이어를 감압한다.

[그림 9-154] 현대 타이어 팽창 케이지(Modern tire inflation cages)

항공기 타이어는 일반적으로 명시된 작동압력으로 충분히 팽창된다. 그다음에 12시간[hour] 동안 가해진 하중 없이 두도록 한다. 이 시간 동안, 타이어는 늘어나고 타이어공기압은 감소하며, 5~10[%] 감소는 정상이다. 다시 전압력까지 타이어를 팽창시키면, 압력은 일일 5[%] 이하의 손실은 허용할 수 있다. 더 많을 경우에는 조사되어야 한다.

9.7.9.2 튜브형 타이어(tube-type tires)

휠과 타이어 검사는 튜브형 타이어를 포함하여 타이어 장착 전에 선행되어야 한다. 장착하고자 하는 튜브도 검사를 통과해야 하고 타이어에 대해 정확한 크기이어야 하며 타이어는 항공기에 대해 명시되어야 한다. 그림 9-155와 같이, 타이어 활석(talc)은 팽창될 때 튜브와 타이어 사이에 손쉽게 설치하고 자유이동을 보장하기 위해 튜브형 타이어를 장착할 때 사용된다. 정비사는 타이어의 안쪽과 튜브의 바깥쪽을 가볍게 활석으로 문질러야 한다. 일부 튜브는 튜브의 바깥쪽 위에 옅은 활석코팅 상태로 공장으로부터 온다. 최소압력으로서 모양을 바로 갖추도록 타이어를 부풀린다. 타이어 안쪽에 튜브를 장착한다. 튜브는 전형적으로 튜브의 무거운 지점에 표시를 하여 생산된다. 이 밸런스 마크가 없을 때는 밸브는 튜브의 가장 무거운 부분에 위치한다고 가정한다. 그림 9-156과 같이, 적당한 균형을 위해, 튜브의 무거운 부분을 타이어에 적색으로 표시된 가벼운 부분과 정렬시킨다.

그림 9-157과 같이, 휠 균형이 표시되고 튜브 균형표지와 타이어 균형표지가 모두 정확하게 배치되었을 경우, 튜브의 밸브꼭지가 밸브꼭지 열린 구멍을 거쳐 지나가도록 외측 휠을 장착한다. 휠 림 사이에 튜브가 끼지 않도록 조심하여, 내측 휠을 합치시킨다. 타이 볼트를 장착하여 조이고, 명시된 토크를 한다. 타이어 팽창케이지에서 어셈블리를 팽창시킨다. 튜브형 타이어에 대한 팽창절차는 튜브리스타이어와 약간 다르다. 어셈블리는 서서히 완전한 작동 압력에 도달시켜진다. 그다음, 완전히 공기를 빼낸다. 명시된 작동압

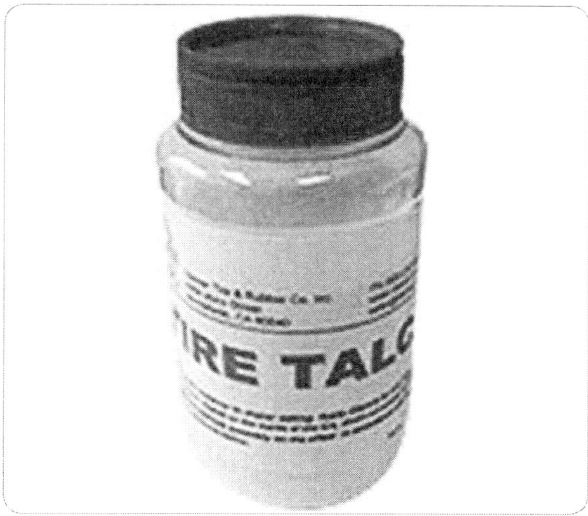

[그림 9-155] 튜브형 다이어 내부에 타이어 활석 사용

[그림 9-156] 튜브에 무거운 균형(heavy balance) 표시

력까지 타이어/튜브 어셈블리를 다시 팽창시키고 그것이 12시간[hour] 동안 무 하중에서 유지되게 한다. 이것은 튜브에 있는 어떠한 주름이라도 펴지게 하고, 비드 아래쪽에 튜브가 끼이는 것을 방지할 수 있으며, 일반적으로 튜브가 타이어 안에 어떻게 놓여 있든 튜브가 늘어나거나 얇아지는 것을 피할 수 있다. 유지시간은 튜브와 타이어 사이에 갇힌 공기가 일반적으로 타이어 측면 벽 또는 밸브꼭지 주위를 통해 어셈블리

[그림 9-157] 튜브 타이어에 튜브 밸브 스템 (tube valve stem) 장착

를 빠져나갈 수 있도록 한다.

9.7.10 타이어의 밸런싱(Tire Balancing)

항공기 타이어가 설치되고, 팽창되고, 운항이 허용되면 성능을 향상시키기 위해 균형을 잡아야 한다. 진동은 불균형한 타이어와 휠어셈블리의 주요 결과이다. 앞바퀴는 불균형 되었을 때 객실에 큰 소란을 일으킬 수 있다.

정적균형은 대부분 항공기 타이어와 휠에서 요구되는 모든 것이다. 균형대(balance stand)는 일반적으로 중심부에 어셈블리를 끼우게 한다. 휠은 자유롭게 회전하게 되어 있다. 그림 9-158과 같이, 무거운 쪽은 밑바닥으로 움직인다. 임시 무게 추는 휠의 무거운 쪽이 아래로 회전하고 내려가는 것을 막도록 추가된다. 균형이 잡히면, 영구 무게 추를 장착한다. 수많은 항공기 휠에 영구 무게 추를 고정시키기 위해 설비를 가지고 있다. 휠 림에 접착시키고자 설계된 접착제를 가지고 있는 무게 추도 쓰이고 있다. 이따금 타이어의 안

[그림 9-159] 타이어 밸런싱 패치(왼쪽), 접착 휠 웨이트(중앙) 및 볼트 휠 웨이트(오른쪽)는 모두 제조업체의 지침에 따라 항공기 타이어와 휠 어셈블리의 균형을 맞추는 데 사용(A tire balancing patch (left), adhesive wheel weights (center), and a bolted wheel weight (right) are all used to balance aircraft tire and wheel assemblies per the manufacturer's instructions)

[그림 9-158] 항공기 타이어와 휠 밸런싱 스탠드
(A typical aircraft tire and wheel balancing stand)

쪽에 접착시킨 패치 형태의 무게 추가 요구된다. 그림 9-159와 같이, 모든 제작사 사용설명서를 따르고 오직 휠어셈블리에 대해 지정된 무게 추를 사용한다.

일부 항공시설은 항공기 타이어와 휠어셈블리의 동적균형을 제공한다. 이것은 제작사에 의해 드물게 명시된 반면에, 잘 균형이 잡힌 타이어와 휠어셈블리는 진동 없는 작동을 제공하는 데 도움을 주고 브레이크와 토크 링크와 같은, 착륙장치 구성요소에 마모를 줄인다.

9.8 작동과 취급 팁 (Operation and Handling Tips)

항공기 타이어는 마모를 줄이고 손상을 최소로 할 수 있는 방식으로 작동된다면 수명이 길어진다. 손상에 저항력뿐만 아니라 타이어성능과 마모에 나쁜 영향을 주는 가장 중요한 요인은 적절한 팽창이다. 항상 최대 성능과 최소손상을 위해 비행 전에 명시된 수준으로 타이어를 팽창시킨다. 부적절하게 부풀어진 타이어는 착륙 중 큰 충격하중으로 인하여 고장 가능성이 증대된다. 다음 절에는 항공기 타이어에 대한 수명과 투자를 연장할 수 있는 다른 제안이 포함된다.

9.8.1 지상 주행(Taxing)

불필요한 타이어 손상이나 과도한 마모는 지상주행 시 항공기의 적절한 취급으로써 방지할 수 있다. 항공기 총 중량의 대부분은 주 착륙장치 바퀴에 걸려있다. 항공기 타이어는 자동차 타이어에서 찾아볼 수 있는 것보다 2배 내지 3배만큼의 측면 벽의 굴절에 의해 착륙의 충격을 흡수하도록 설계되고 팽창된다. 이로 인해 타이어는 무거운 하중을 처리할 수 있는 반면에, 트레드의 더 많은 작동을 유발하고 트레드의 외측가장자리를 따라 끌림 현상을 일으켜 더 빨리 마모된다. 또한 이 굴절 중에 트레드 화합물이 눌려지는 동안 타이어가 손상되기 쉽다.

패임, 돌 또는 어떤 이물질에 부딪치는 항공기 타이어는 자동차 타이어보다 더 유연한 성질로 인하여 절단, 어짐, 또는 상처가 쉽게 발생할 수 있다. 또한 타이어가 유도로의 포장된 지면을 벗어날 때 타이어 내부 손상에 대한 위험을 증가시킨다. 이러한 경우는 피해야 한다. 이중 휠(dual wheel) 또는 다중 휠의 착륙장치는 항공기의 무게를 공평하게 분산시키기 위해 모든 타이어가 포장된 표면에 접지하도록 운영되어야 한다. 파킹(parking)을 위해 주기장에서 항공기가 후진할 때, 주 바퀴가 포장된 지면을 벗어나지 않게 항공기를 멈추도록 하는 것에 주의해야 한다.

장거리 또는 고속 지상주행은 항공기 타이어의 온도를 상승시킨다. 이것은 그들을 마모와 손상에 더욱 취약하게 만든다. 적정속력에서 짧은 지상주행 거리가 권고된다. 또한 지상주행 중 브레이크를 밟지 않도록 주의가 필요하며 이는 타이어에 불필요한 열을 가하게 된다.

9.8.2 제동과 회전하기(Braking and Pivoting)

항공기 브레이크의 격렬한 사용은 타이어로 열을 전파시킨다. 급격한 선회 반경은 타이어의 트레드 마모와 측면하중을 증대시킨다. 이러한 조건을 피하기 위해 항공기가 급제동 없이 속력을 늦추고 이들 손상을 방지하기 위해 큰 반경으로 선회 할 수 있도록 미리 계획한다. 타이어 아래에 물체는 선회하는 동안 트레드에서 갈아진다. 수많은 항공기는 주로 차동 제동(differential braking)을 거쳐 지상에서 기동하므로 고정된 주 바퀴타이어의 잠긴 브레이크를 사용하여 항공기를 회전하기보다는 오히려 선회 시에 내측바퀴의 움직임을 유지하도록 만들어야 한다.

9.8.3 활주로 면과 격납고 바닥의 상태 (Landing Field and Hangar Floor Condition)

항공기 타이어의 좋은 상태유지를 위한 주요 공헌 중 한 가지는 모든 주기장 지역과 격납고 바닥뿐만 아니라 공항 활주로 면과 유도로 면을 양호한 상태로 유지하는 것이다. 정비사는 주기장과 격납고바닥은 타이어 손상의 원인이 되게 하는 모든 이물질이 없도록 유지시켜야 한다. 따라서 항공종사자는 모든 부분에서 끊임없는 근면성이 필요 하다. 이물질에 의한 손상(FOD, foreign object damage)을 묵과하지 않으며, 발견되었을 때는 그것을 제거하도록 조치를 취해야 한다. 엔진과 프로펠러의 이물질에 의한 손상(FOD, foreign object damage)은 큰 위험요소지만 주기장 지역과 격납고바닥이 청결하게 유지된다면 타이어에 대한 많은 손상은 막을 수 있다.

9.8.4 이륙과 착륙(Takeoff and Landings)

항공기 타이어는 이륙과 착륙 시에 심하게 변형된다. 타이어의 적절한 관리와 정비로써 이들 응력을 견뎌 낼 수가 있고 설계된 대로 작동할 수 있다.

그림 9-160과 같이, 대부분 타이어파손은 이륙 중에 발생하며 몹시 위험한 것일 수 있다. 이륙 시 타이어 손상은 가끔 어떤 이물질로 인한 손상 결과이다. 격납

[그림 9-160] 이륙이 중단 시 급제동으로 인한 타이어 불량 유발(Heavy braking during an aborted takeoff caused these tires to fail)

고에서 정비와 이물질이 없는 주기장 표면뿐만 아니라 타이어와 휠의 완벽한 비행 전 검사는 이륙 중 타이어파손 예방의 열쇠이다. 활주로 이동 중 발생된 플랫스폿은 이륙 시에 타이어파손으로 이어질 수 있다. 이륙중단(aborted takeoff) 시 급제동도 이륙 시 타이어 파손의 일반적인 원인이다.

착륙 시 타이어파손은 몇 가지 원인이 있다. 착륙 중 브레이크 사용은 그중 하나이다. 이것은 미끄럼방지장치를 가지고 있는 항공기에서는 완화되지만, 그렇지 않은 항공기에서는 발생할 수 있다. 활주로에서 너무 멀리 착륙하고 심하게 브레이크를 작동시키는 것과 같은 판단상의 다른 착오는 과열이나 미끄러짐을 일으킬 수 있다. 이것은 타이어의 플랫스폿 발생으로 이어질 수 있거나, 펑크가 날 수 있다.

9.8.5 수막현상(Hydro-Planing)

젖거나, 얼음이 덮인, 또는 건조한 활주로에서 미끄러짐은 열 축적과 빠른 타이어 마모 손상으로 인하여 타이어파손의 위험을 동반한다. 젖은 활주로에서 수막현상(hydro-planing, 물기 있는 길을 고속으로 달리는 차가 옆으로 미끄러지는 현상)은 타이어 손상조건으로 간과될 수 있다. 타이어의 앞쪽에 고인 물은 활주로 면 위에 표면 막을 만들어 타이어와 활주로 면의 접촉이 상실된다. 이것은 동적 수막현상으로 알려져 있다. 조향 능력과 제동 작동도 상실된다. 브레이크를 밟고 있으면 미끄러짐이 발생한다.

점성의 수막현상은 오염물질과 혼합되어 매우 미끄러운 상태를 만드는 물의 얇은 막으로 활주로에서 일어난다. 또한 매우 평탄한 활주로 면에서도 일어날 수 있다. 점성의 수막현상 시에 브레이크 잠김이 있는 타이어는 리버티드 러버(reverted rubber, 브레이크 잠김으로 열이 발생하여 고무가 녹는 상태로 타이어 아래 물은 스팀으로 변하여 미끄러지는 상태) 또는 트레드에서 스키드 번(skid burn) 지역을 형성할 수 있다. 타이어는 만약 손상이 너무 격심하지 않다면 계속 사용 중에 있는 반면에, 만약 보강트레드 또는 보호 플라

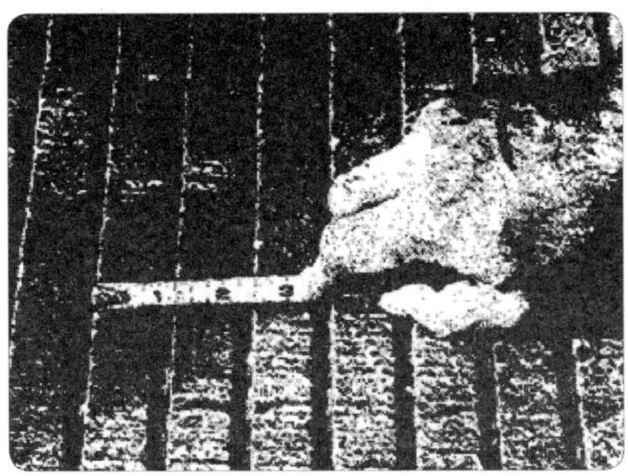

[그림 9-161] 크로스 컷 활주로는 배수에는 유리하나 타이어 마모 유발(Cross-cut runway surfaces drain water rapidly but increase tire wear)

이가 관통되었다면 교체의 원인이 될 수 있다. 얼음 위에서 미끄러지는 동안 동일한 손상이 일어날 수 있다.

최신의 활주로는 신속하게 물을 배출시키도록 설계되었고 젖은 상태에서 타이어에 대해 양호한 제동마찰을 제공한다. 그림 9-161과 같이, 크로스 컷(cross-cut) 활주로와 질감 처리된(textured) 런 웨이 표면의 조합은 타이어로 하여금 매끄러운 활주로보다 더 빨리 마모 시킨다. 부드러운 착륙은 어떠한 타이어에서라도 큰 이점 중 하나이다. 많은 항공기 타이어 취급과 배려는 조종사의 책임이다. 그러나 정비사는 타이어 파손의 원인을 알고 이 지식을 운항승무원에게 전달하여 이러한 원인을 피하기 위해 운영절차(operating procedures)를 개정할 수 있다.

10

항공기 연료 계통

Aircraft fuel systems

10 항공기 연료 계통

Aircraft fuel systems

10.1 연료 계통의 기본적인 필요 요건 (Basic fuel system requirements)

모든 동력 항공기는 엔진(engine)을 작동시키기 위해 연료의 탑재를 필요로 한다. 일반적으로 항공기 연료계통은 저장 탱크(storage tank), 펌프(pump), 필터(filter), 밸브(valve), 연료관(fuel line), 계량 장치(metering device) 및 감시 장치(monitoring device)등으로 구성된다.

각각의 연료계통은 항공기의 자세에 관계없이 오염물질이 없는(contaminant-free) 연료를 중단 없이 공급해야한다. 연료하중(fuel load)은 항공기 무게에 있어서 중대한 부분이기 때문에 기체는 충분히 튼튼하게 설계되어야 한다. 그림 10-1과 같이 기동(maneuver)으로 발생하는 연료하중과 무게의 변화

[그림 10-1] 공군 블랙이글 항공기 기동비행 장면. 항공기 연료계통은 기동 중 연료 공급이 가능하여야 한다.(Aircraft fuel system must deliver fuel during any maneuver)
※ 출처: 공군본부 홈페이지 공군홍보활동 블랙이글(http://rokaf.airforce.mil.kr/airforce/343/subview.do)

(shift)는 항공기의 조종에 부정적인 영향을 주지 않아야 한다.

10.1.1 연료 계통의 독립성 (Fuel system independence)

각각의 연료계통은 연료저장(fuel storage)계통과 공급계통(supply system)간의 독립성을 제공하도록 설계 및 배치되어야한다. 한 계통(one system)에서 하나의 구성품(one component)에 고장이 발생하더라도 다른 연료 저장계통과 공급계통의 고장으로 이어지지 않아야 한다.

10.1.2 연료 계통 낙뢰 방지 (Fuel system lightning protection)

그림 10-2와 같이, 연료계통은 번개가 직접 발생하거나 번개가 발생할 가능성이 높은 지역에서 코로나(corona)가 연료 배출구를 통해 연료의 발화를 방지하도록 설계되고 구성품의 배치가 이루어져야한다. 코로나는 항공기와 주변 지역의 전위차로 인해 발생하는 발광 방전(luminous discharge)이다.

10.1.3 연료 흐름(Fuel flow)

연료계통은 각각의 엔진과 보조동력장치(auxiliary

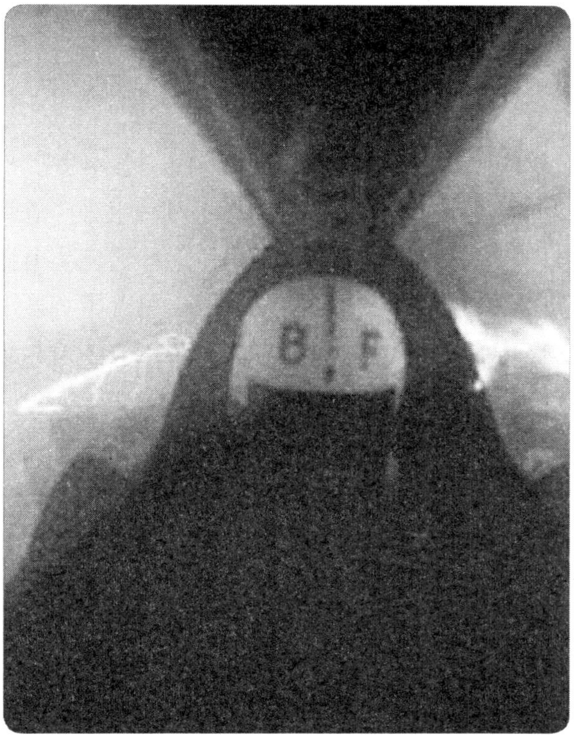

[그림 10-2] 제트 전투기의 날개 끝에서 발생한 번개
(Lightning streamering at the wingtips of a jet fighter)

power unit)가 모든 가능한 작동 조건에서 올바르게 작동하는데 필요한 연료를 공급할 수 있는 능력과 각각의 엔진과 보조동력장치에 공급되는 연료에서 불필요한 오염물질을 제거할 수 있어야 한다.

연료계통은 비행 승무원(flight crew)에게 사용 가능한 총 연료를 결정하고 계통이 올바르게 작동 할 때 연료의 변동을 고려하여 연료의 중단 없는 공급을 제공하는 수단을 제공해야한다. 또한 비행기에서 계통에 저장된 연료를 안전하게 제거하거나 격리할 수 있는 수단을 제공해야하며 모든 가능한 작동 조건에서 연료를 유지하고 생존 가능한 비상 착륙시 탑승자의 위험을 최소화하도록 설계해야한다. 또한 각각의 항공기 종류별 착륙계통의 과부하로 인한 고장을 고려해야한다.

10.2 연료 저장계통(Fuel Storage System)

각각의 연료 탱크(fuel tank)는 모든 작동 조건하에서 고장 없이 작용하는 하중을 견딜 수 있어야한다. 또한 각 탱크는 별도의 격실에 격리되어야하며 의도하지 않은 온도의 영향으로 인한 위험으로부터 보호되어한다. 연료 저장계통은 최대 연속출력 또는 추력에서 최소 30분 동안 연료를 공급할 수 있어야하며, 그림 10-3과 같이 착륙시 필요한 경우 연료를 안전하게 투하(jettison)할 수 있어야한다. 그림 10-4는 연료투하 패널을 보여준다. 연료 투하계통(jettison system)

[그림 10-3] 운송용 항공기 기체에서 투하되는 연료

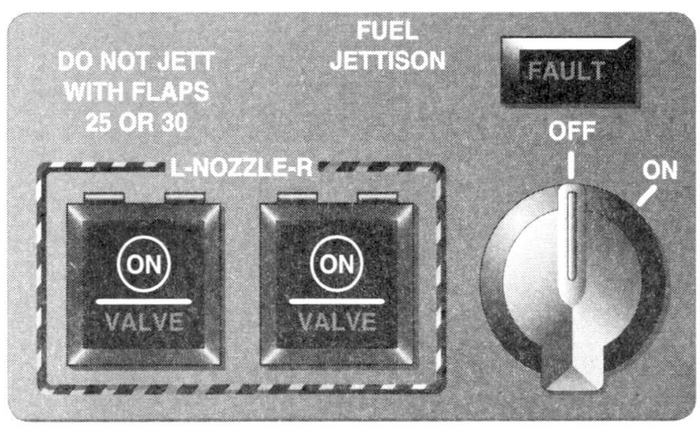

[그림 10-4] B767 연료 투하패널
(The fuel jettison panel on a boeing 767)

은 연료 덤프계통(dump system)이라고도 한다.

연료 저장 또는 공급계통간의 연료 전달로 인하여 또는 배출계통의 작동조건하에서 저장된 연료가 크게 손실되지 않도록 설계해야한다.

10.2.1 연료 저장보급 또는 재충전계통(Fuel Storage Refilling or Recharging System)

각각의 연료 저장보급(storage refuel) 또는 재충전(recharge) 계통은 부적절한 보급과 재충전을 방지하도록 설계되어야하며, 보급 또는 재충전 중에 저장된 연료의 오염(contamination)을 방지할 수있어야하고, 비행기와 사람에게 위험이 발생하지 않도록 하여야한다.

10.3 항공유의 종류 (Types of aviation fuel)

각각의 항공기 엔진은 오직 제작사에 의해 명시된 연료를 사용해야 한다. 혼합연료는 허용되지 않는다. 항공유에는 두 가지 기본적인 종류가 있는데, 가솔린(gasoline) 또는 항공용 가솔린(AVGAS, aviation gasoline)이라고 알려진 왕복엔진연료와, 제트연료(jet fuel) 또는 케로신(kerosene)이라고 알려진 터빈엔진연료(turbine-engine fuel)이다.

항공유의 특징은 다음과 같다.

- 발열량이 커야 하고, 휘발성이 좋으며 증기폐쇄(vapor lock)을 일으키지 않아야 한다.
- 안티 노킹(anti-knocking)값이 커야 한다.
- 안정성이 좋아야 하고, 부식성이 적어야 한다.
- 저온에 강해야 한다.

10.3.1 왕복엔진 연료 (Reciprocating engine fuel- avgas)

왕복엔진은 AVGAS라고 알려진 가솔린을 사용한다. AVGAS는 터빈동력 항공기가 사용하는 정제된 연료와 다르다. AVGAS는 휘발성이 큰 인화성 물질이다. 반면 터빈 연료는 인화점(flash point)이 높기 때문에 인화성이 상대적으로 낮은 케로신형 연료를 사용한다.

10.3.1.1 휘발성(Volatility)

왕복엔진은 휘발성이 좋은 연료가 요구된다. 액체 가솔린은 엔진에서 연소가 잘 되도록 기화기(carburetor)에서 기화시켜야 한다. 저 휘발성 연료는 느리게 기화되어 엔진시동을 힘들게 하며 불충분한 가속의 원인이 될 수 있다. 그러나 휘발성이 너무 높으면 이상폭발(detonation)과 증기폐쇄(vapor lock)의 원인이 될 수 있다.

AVGAS는 서로 다른 비등점(boiling point)과 휘발성을 갖는 여러 탄화수소 화합물의 혼합물이다.

10.3.1.2 증기폐쇄(Vapor lock)

증기폐쇄는 가솔린이 연료관 또는 연료탱크와 기화기사이의 다른 구성 요소에서 기화되는 상태이다. 대부분 탱크에서 연료를 흡입하는 엔진 구동 연료 펌프(EDP)가 장착 된 항공기가 따뜻한 기온에서 비행중 쉽게 발생한다. 증기폐쇄는 연료계통을 통과하는 연료의 과열, 저압 등으로 인해 발생할 수 있다. 각각의 경우에, 액체 연료는 조기에 기화되어 기화기로의 연료흐름을 차단한다. 증기폐쇄를 방지하기 위한 가장 일반적인 방법은 연료탱크에 승압펌프를 장착하여 엔진으로 연료를 압송하는 것이다.

10.3.1.3 기화기 결빙(Carburetor icing)

그림 10-5와 같이, 연료가 기화할 때 주위로부터 에너지를 흡수한다. 이때 연료 · 공기혼합가스(fuel-air mixture)에 포함되어 있는 물은 기화기와 연료흡입계통 내부에서 결빙될 수 있다. 연료방출노즐, 스로틀밸브(throttle valve), 벤츄리(venturi), 또는 흡입계통의 어느 곳에서나 결빙이 발생할 수 있다. 결빙은 연료 공기 흐름을 제한시키고 엔진동력 손실의 원인이 된다. 심한 경우엔 엔진이 정지된다.

그림 10-6과 같이, 대부분 항공기는 기화기 결빙을 방지하기 위해 뜨거운 엔진 배기가스를 이용하는 기화기 가열기(carburetor heating)를 구비하였다.

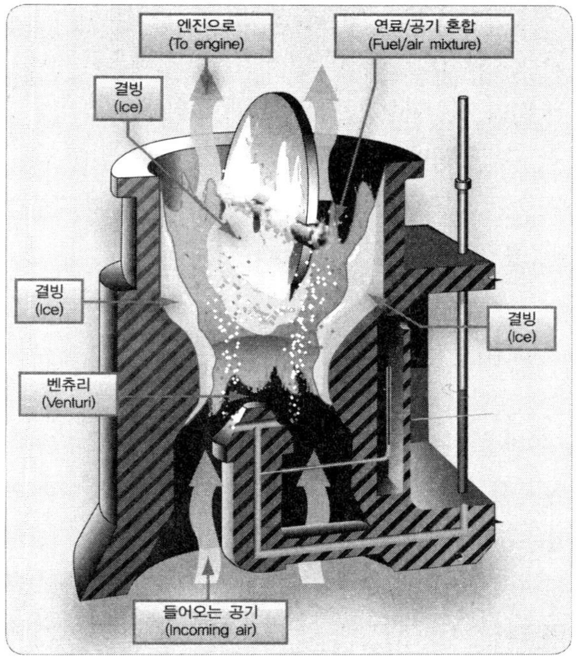

[그림 10-5] 기화기에서 얼음이 형성 될 수 있는 일반적인 영역의 예(An example of common areas where ice can form on a carburetor)

10.3.1.4 이상폭발(Detonation)

이상폭발(detonation)은 왕복엔진의 실린더 내부에서 발생하는 폭발의 일종으로 실린더 내의 연료-공기 혼합기의 압력과 온도가 임계점을 초과하면 나타나는 폭발 현상이다. 실린더 내부에서 압력이 상승하면 불

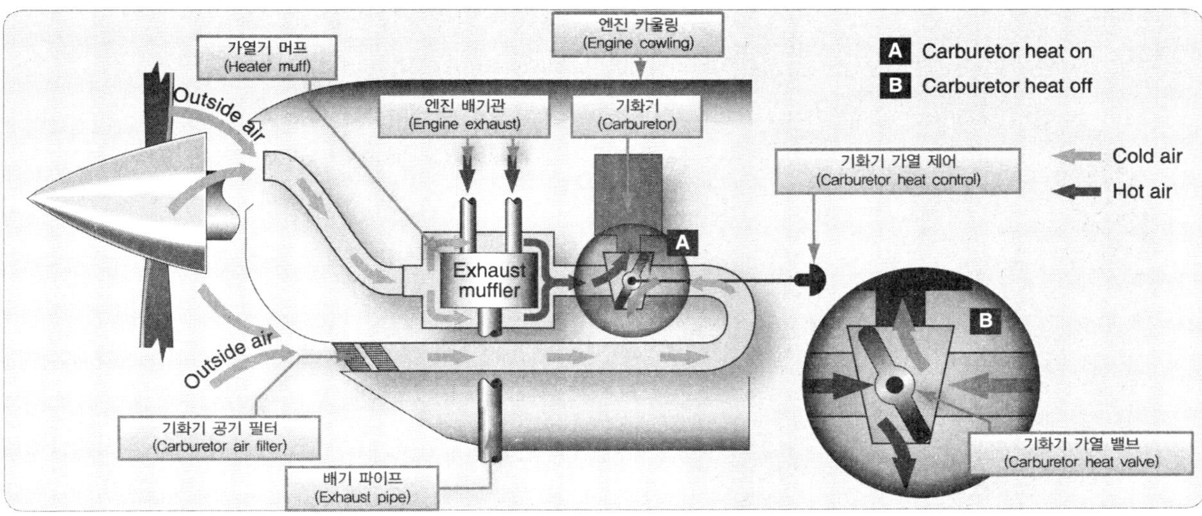

[그림 10-6] 배기 매니폴드에 의해 가열된 공기는 기화기로 공급
(The air preheated by the exhaust manifold is directed into the carburetor)

꽃이 실린더 헤드 쪽으로 움직이며, 미연소된 연료-공기 혼합가스가 폭발하면서 거의 순간적으로 에너지가 떨어지는 현상으로 실린더 헤드의 온도가 상승하고, 피스톤이나 헤드에 파손을 일으키는 원인이 되며, 이 순간 속도가 음속을 초과하면서 큰 소음이 발생한다. 이 소리를 노킹(knocking)현상이라 한다.

10.3.1.5 표면 점화와 조기 점화 (Surface ignition and pre-ignition)

표면점화는 조기점화(pre-ignition)라고 하며, 연소실 내부의 국부적 또는 전체 표면이 과열에 의하여 연료-공기 혼합가스가 점화시기 이전에 연소를 시작하는 형태를 말하며, 이러한 현상은 일반적으로 점화플러그의 전극, 배기밸브의 과열 또는 탄소찌꺼기가 어떤 부품에 붙어 미세한 불씨를 가지고 있는 상태에서 흡입행정으로 새로운 혼합가스가 들어올 때 발생한다. 그림 10-7, 8과 같이, 반복되는 조기점화는 중대한 엔진손상과 엔진고장의 원인이 될 수 있다.

정비사는 올바른 연료가 사용되고 있는지, 그리고 엔진은 올바르게 작동되고 있는지 확인해야 한다.

[그림 10-7] 조기점화 또는 이상폭발로 인한 엔진 손상
(Preignition can cause detonation and damage to the engine)

10.3.1.6 옥탄과 성능지수 (Octane and performance number rating)

옥탄과 성능지수는 엔진 실린더 안으로 들어가는 연료 혼합가스의 안티녹크 값(antiknock value)이라 할 수 있다. 항공기 엔진에 사용하는 연료는 높은 출력을 내야 하기 때문에 폭발이 일어나지 않는 상태에서 최대의 출력을 얻기 위하여 높은 옥탄의 연료를 사용하게 된다.

항공연료의 등급은 grad 100/130과 같이 두 가지 숫자로 나타내며 첫 번째 숫자 100은 희박-혼합비 등급(lean-mixture rating)이고, 두 번째 숫자 130은 농후-혼합비 등급(rich-mixture rating)을 의미한다. 항공연료를 다른 등급으로 표시하는 방법은 100까지는 옥탄 번호로 나타내고 있으며, 옥탄번호 계통은 연료 속에 함유된 이소 옥탄(iso-octane/C8H18)과 정 헵탄(normal heptane/C7H16)의 혼합비율을 기초로 하고 있다.이소 옥탄만으로 이루어진 표준 연료의 안티노크성을 옥탄(octane) 100으로 정하고, 정 햅탄(normal heptane) 만으로 이루어진 표준연료의 안티노크성을 옥탄 0으로 하여 표준 연료 속의 이소 옥탄의 체적비율을 백분율로 표시한 것을 옥탄값이라 한다.

예로서 어떤 연료의 옥탄가가 97이라 할 때 이 연료 중에 이소옥탄이 97%가 혼합되었다는 것이 아니라 97%의 이소옥탄과 3%의 정 햅탄이 혼합된 시험연료가 표준연료의 압축비와 동일한 압축비에서 노킹이 발생했다면 이 연료를 옥탄가 97이라 한다.

연료의 성능지수란 어떤 엔진이 순수한 이소옥탄만으로 노킹 없이 100% 출력에서 1,000마력이었다고 했을 경우에, 100옥탄의 연료를 사용했을 경우 노킹 발생 없이 1.3배의 출력(1,300마력)을 얻었다고 하면 이 연료는 성능지수 130의 연료라 한다.

이러한 항공연료에는 연료성능지수를 증가시키기 위한 안티 노크(anti-knock)제를 사용하며, 이 성분은 일반적으로 4에틸 납(TEL: tetraethyl lead)을 사용하고 있다. 그러나 납 성분의 인체에 미치는 영향이 크기 때문에 주의가 필요하다.

10.3.1.7 연료의 식별(Fuel identification)

항공기 제작사와 엔진 제작사는 각각의 항공기와 엔진에 대해 인가된 연료를 명시한다. 가솔린은 4에틸 납(lead)이 함유되었을 때에는 색으로 표시하도록 법으로 규정하고 있다. AVGAS 100LL은 납 성분이 적은(low-lead) 항공용 가솔린으로 청색이며, AVGAS 100은 납 성분이 많은(high-lead) 가솔린으로 녹색이다. 80/87 AVGAS는 사용되지 않으며, 82UL(unleaded) AVGAS는 보라색이다.

등급 115/145 AVGAS는 2차 세계대전 시에 대형, 고성능 왕복엔진을 위해 설계된 연료이다. 115/145의 가솔린을 사용하려면 먼저 사용하던 모든 호스를 교환해야 하고, 기체연료계통 및 엔진연료계통의 부분품을 플러시(flush)해야 한다.

모든 등급(grade)의 제트연료는 무색이거나 담황색(straw color) 으로 AVGAS와 구별된다. 그림 10-8은

Fuel Type and Grade	Color of Fuel	Equipment Control Color	Pipe Banding and Marking	Refueler Decal
AVGAS 82UL	Purple	82UL AVGAS	AVGAS 82UL	82UL AVGAS
AVGAS 100	Green	100 AVGAS	AVGAS 100	100 AVGAS
AVGAS 100LL	Blue	100LL AVGAS	AVGAS 100LL	100LL AVGAS
JET A	Colorless or straw	JET A	JET A	JET A
JET A-1	Colorless or straw	JET A-1	JET A-1	JET A-1
JET B	Colorless or straw	JET B	JET B	JET B

[그림 10-8] 연료 공급 장비에 사용되는 칼라 코드 부호표시 및 마킹(Color coded labeling and marking used on fueling equipment)

칼라코드 연료 부호표시(color-coded fuel labeling)의 예를 보여준다.

10.3.1.8 순도(Purity)

항공연료는 오염되지 않아야 한다. 그렇지 않으면 연료 흡입계통의 작동에 지장을 주기 때문이다. 항공기 연료계통에서 제일 중요한 오염은 공기 중에 함유되어 있는 수분이다. 탱크의 바닥이나 계통의 제일 하부에 집결되었다가 연료와 함께 흘러 계통 내부로 들어가 연료 계량(metering) 계통의 작동을 방해하는 요소로 작용한다. 이러한 이유로 연료 탱크부분은 점검할 때마다 일정량을 배수(water drain)하여야 한다.

그림 10-9와 같이, 연료 방빙 첨가제(fuel anti-ice additive)는 일반적으로 항공기 연료 보급(refueling) 시에 직접 첨가한다. 기본적으로 부동액으로 작용하는 디에틸렌 글리콜용액(di-ethylene glycol solution)으로 연료에 용해되어 물의 빙점을 낮춘다.

[그림 10-9] 연료에 함유된 물에 대하여 부동액 기능을 하는 연료 방빙제품(Fuel anti-icing products act as antifreeze for any free water in fuel)

10.3.2 터빈 엔진 연료(Turbine engine fuels)

터빈엔진(turbine engine)을 장착한 항공기는 왕복항공기 엔진과 다른 연료를 사용한다. 일반적으로 제트연료라고 알려진 터빈엔진연료는 터빈엔진을 위해 제조 되었고 절대로 항공가솔린(AVGAS)과 혼합되거나, 왕복항공기 엔진 연료계통에 사용되지 않아야 한다.

터빈엔진연료의 특성은 항공가솔린과 매우 다르다. 터빈엔진연료는 AVGAS보다 아주 더 낮은 휘발성, 더 높은 비등점(boiling point)과 점성을 가지고 있는 탄화수소 화합물이다. 그림 10-10은 원유를 증류할 때의 과정을 보여준다. 제트연료로 제조되는 케로신 컷(kerosene cut-석유정제 등에 의한 유분)은 나프타(naphtha)나 가솔린 컷(gasoline cut)보다 더 높은 온도에서 만들어진다.

10.3.2.1 터빈 엔진의 연료 종류 (Turbine engine fuel types)

기본적인 터빈엔진연료 종류에는 jet A, jet A-1, jet B가 있다. jet A는 미국에서 일반적으로 쓰인다. 전 세계적으로는 jet A-1이 대중적으로 많이 사용된다. jet A와 jet A-1 모두 기능적으로 케로신 종류에서 증류된다. 이들은 저 휘발성과 저 증기압을 갖는다. 인화점(flash-point)은 110℉~150℉의 범위에 있다. jet A의 어는점은 -40℉이고, jet A-1은 -52.6℉에서 빙결된다. 대부분 엔진운영 매뉴얼은 jet A나 jet A-1의 사

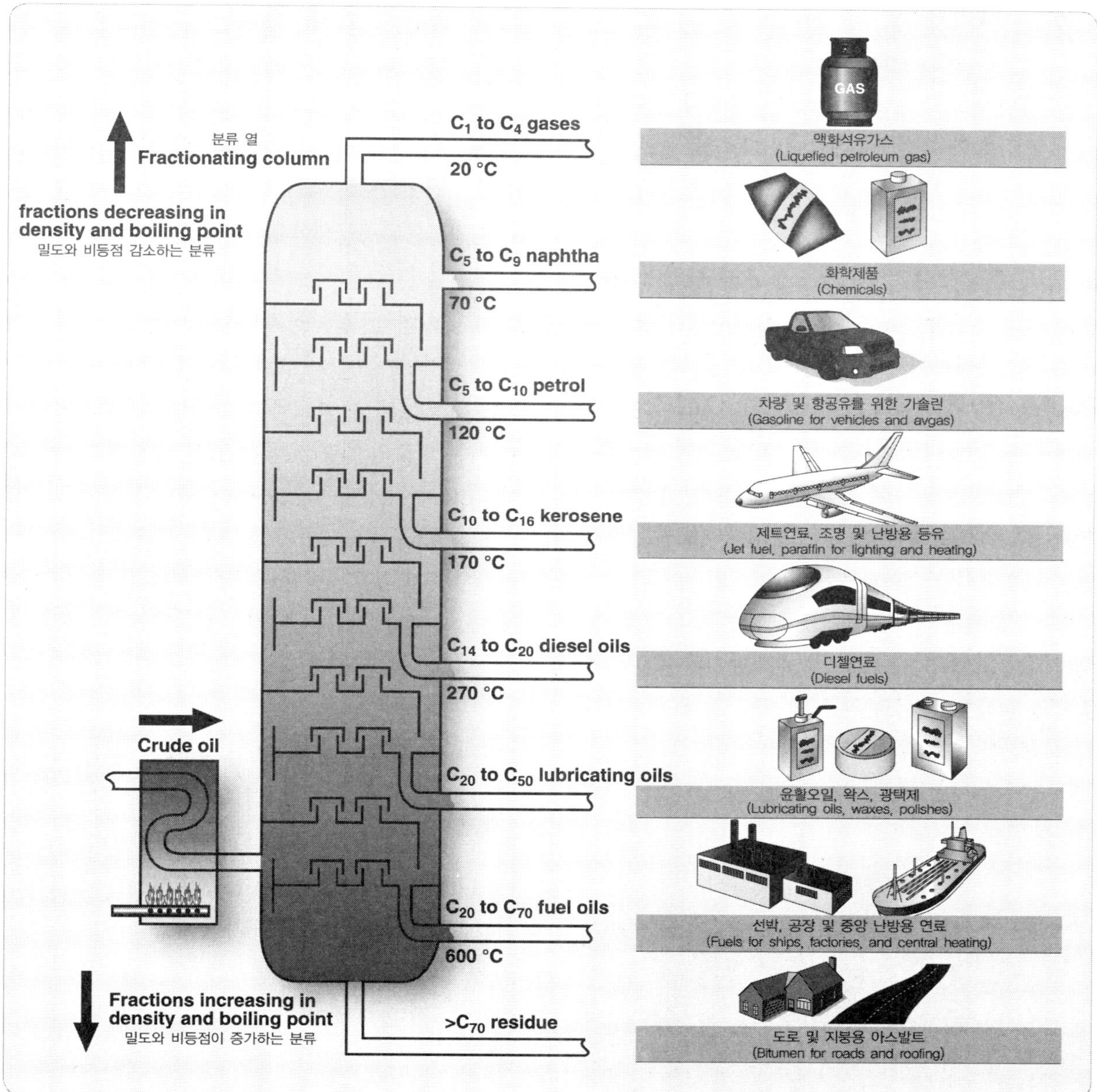

[그림 10-10] 증류에 의해 생산되는 석유제품(Petroleum products are produced by distillation)

용을 허용한다.

세 번째 type은 jet B이다. jet B는 기본적으로 케로신과 가솔린의 혼합물인 와이드-컷 연료(wide-cut fuel)이다. jet B의 휘발성과 증기압은 jet A와 AVGAS 사이에 있다. jet B는 어는점이 낮아(약 -58℉) 주로 알래스카와 캐나다에서 이용된다.

10.3.2.2 터빈엔진연료의 문제점 (Turbine engine fuel issues)

터빈엔진 연료의 순도(purity)에 영향을 주는 요소는 물과 연료 속의 미생물(microbe)이다. 제트연료에 있는 다량의 물은 미생물을 결집하게 하고, 성장하게 한다.

터빈엔진 연료는 항상 물을 함유하고 있기 때문에, 미생물 오염은 늘 위협적인 요소이다. 이들 미생물은 여과장치를 막히게 할 수 있고, 탱크의 피복제(coating)를 부식시킬 수 있다. 그리고 연료의 질을 떨어트릴 수 있는 미생물 막을 형성한다. 그림 10-11과 같이, 미생물은 연료에 살균제(biocide)를 추가하여 어느 정도 제어할 수 있다. 그러나 최상의 방법은 연료에 물의 함유를 최소화하는 것이다.

연료를 오랫동안 저장탱크에 놔두는 것은 피한다. 탱크 내에 고여 있는 물은 배수하고 배수된 물은 주기적으로 검사한다. 연료 취급절차와 연료계통 정비에 대한 제작사 지침서를 따라야 한다.

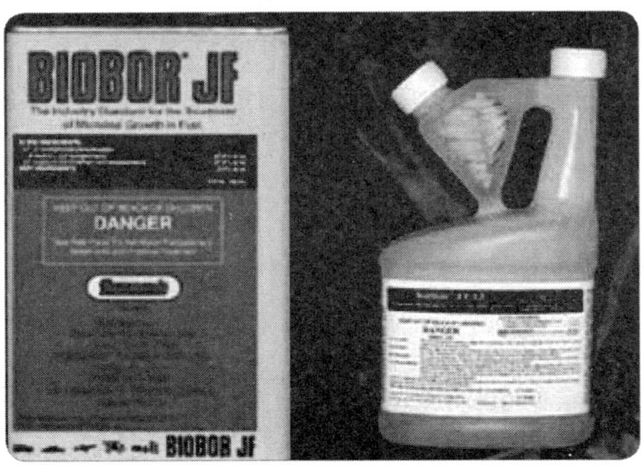

[그림 10-11] 미생물을 죽이기 위해 제트연료에 살균제 첨가
(Biocides are often added to jet fuel to kill microbes)

10.4 항공기 연료 계통 (Aircraft fuel system)

항공기 연료계통은 비행조건에 관계없이 정상적인 비행이 가능하도록 적당한 압력과 유량의 깨끗한 연료를 엔진으로 공급해야 한다.

10.4.1 소형 단발항공기 연료 계통 (Small single-engine aircraft fuel systems)

소형 단발항공기 연료계통은 탱크의 위치와 엔진으로 가는 연료의 계량(metering) 방법에 따라 다양하다. 고익기(high-wing aircraft)의 연료계통은 저익기(low-wing aircraft)와 다르게 설계될 수 있다. 기화기를 가지고 있는 항공기 엔진은 연료분사장치(fuel injection)를 가지고 있는 항공기와 다른 연료계통을 갖는다.

10.4.1.1 중력식 공급 시스템(Gravity-feed system)

높은 날개에 각각의 연료탱크가 있는 고익기는 일반적으로 중력에 의해 엔진으로 연료를 공급한다. 그림 10-12에서는 간단한 중력공급 연료계통을 보여준다. 연료위의 공간은 유면에 대기압이 유지하도록 벤트(vent)된다. 양쪽 탱크의 연료를 엔진으로 공급할 때 탱크에 동일한 압력이 걸리도록 각 탱크는 서로 벤트관(vent line)이 연결되어 있다. 각 탱크의 공급관은 연료차단밸브(fuel shutoff valve) 또는 다중 위치 선택밸브(multi-position selector valve)로 연료를 공급한다. 차단밸브는 연료공급(fuel on)과 연료차단(fuel off)의 2개 위치가 있다. 만약 4way 선택밸브(selector valve)가 장착되었다면, 엔진으로 가는 연료차단, 오른쪽 탱크로부터 연료공급, 왼쪽 탱크로부터 연료공급, 양쪽

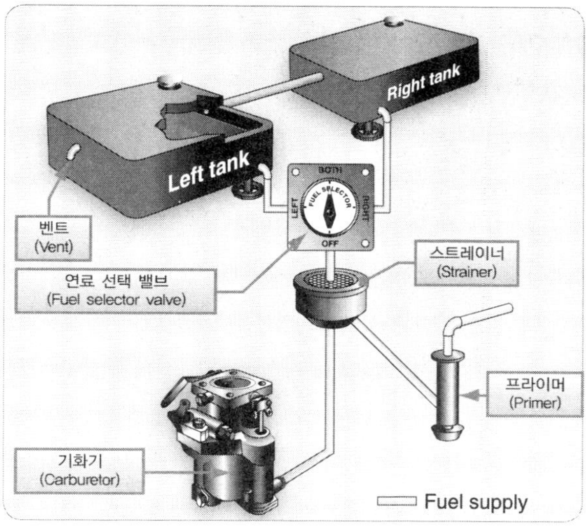

[그림 10-12] 고익 단발엔진 항공기 중력 공급 연료계통(The gravity-feed fuel system in a single-engine high-wing aircraft)

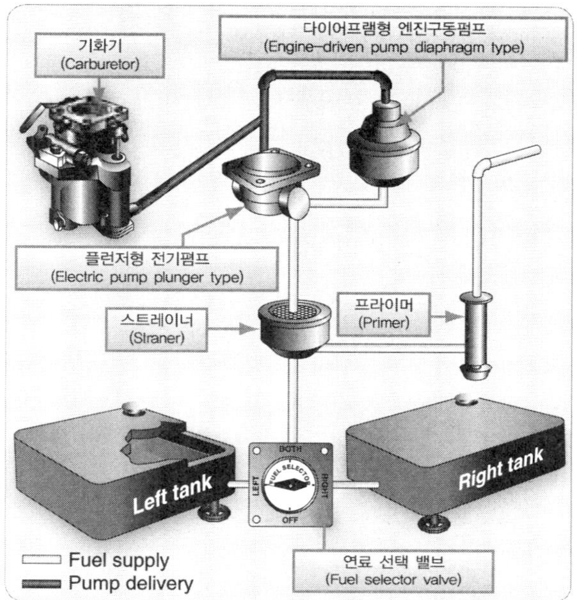

[그림 10-13] 단발 왕복 엔진 항공기 펌프 공급 연료계통(The pump-feed fuel system in a single reciprocating engine aircraft)

탱크로부터 연료공급과 같이 4가지 선택을 할 수 있다. 선택밸브의 하류에는 침전물과 물을 제거할 수 있는 주 계통(main system) 스트레이너(strainer)가 있다. 연료는 스트레이너를 거쳐 기화기나 프라이머 펌프(primer pump)로 공급된다. 연료펌프가 없는 중력공급은 가장 간단한 항공기 연료계통이다.

10.4.1.2 펌프 공급 계통(Pump-feed system)

저익 또는 중익 단발왕복엔진 항공기는 연료탱크가 엔진 위쪽에 있지 않기 때문에 중력으로 연료를 공급할 수 없다. 대신에 1개 이상의 펌프가 공급관에 장착되어 엔진으로 연료를 보낸다. 그림 10-13은 일반적인 펌프공급계통을 보여준다. 서로 병렬로 연결된 두 개의 연료펌프(electric pump와 engine driven pump)는 탱크로부터 선택 밸브, 필터, 연료펌프, 기화기 순으로 연료를 공급한다. 선택 밸브를 통해 공급할 탱크를 선택할 수 있다. 펌프연료공급계통은 탱크를 연결시켜주는 벤트관이 필요 없다.

2개의 펌프는 중복 기능(redundancy)이 있다. 엔진구동 연료펌프(engine-driven fuel pump)가 주 펌프이고, 전기펌프(electric pump)는 주 펌프가 고장 나면 작동한다. 전기펌프는 또한 엔진을 시동하는 동안이나 고고도로 비행 시 증기폐쇄를 방지하기 위해 사용된다.

10.4.1.3 고익 항공기의 연료분사계통(High-wing aircraft with fuel injection system)

일부 고익의 고성능 단발항공기는 기화기대신 연료분사(fuel injection) 장치가 있는 연료계통을 갖추고 있다. 이것은 연료펌프의 사용과 중력식공급을 결합시킨 것이다. 그림 10-14는 연료 분사기능을 가진 텔레딘 컨티넨탈(teledyne-continental) 연료계통의 예이다.

연료분사식이란 압력이 걸린 연료를 엔진 입구 또는

실린더 내부로 직접 뿌려주는 방식으로, 연료에 공기는 혼합되지 않는다.

각 탱크의 연료는 중력에 의해 연료탱크로부터 2개의 소형 저장용기 탱크(reservoir tank)로 간다. 그다음 연료는 좌, 우측 또는 차단(off)의 3way 선택밸브를 통하여 연료 필터를 거쳐 엔진구동 연료펌프로 간다. 그리고 연료펌프에서 분리된 공기는 선택밸브로 되돌

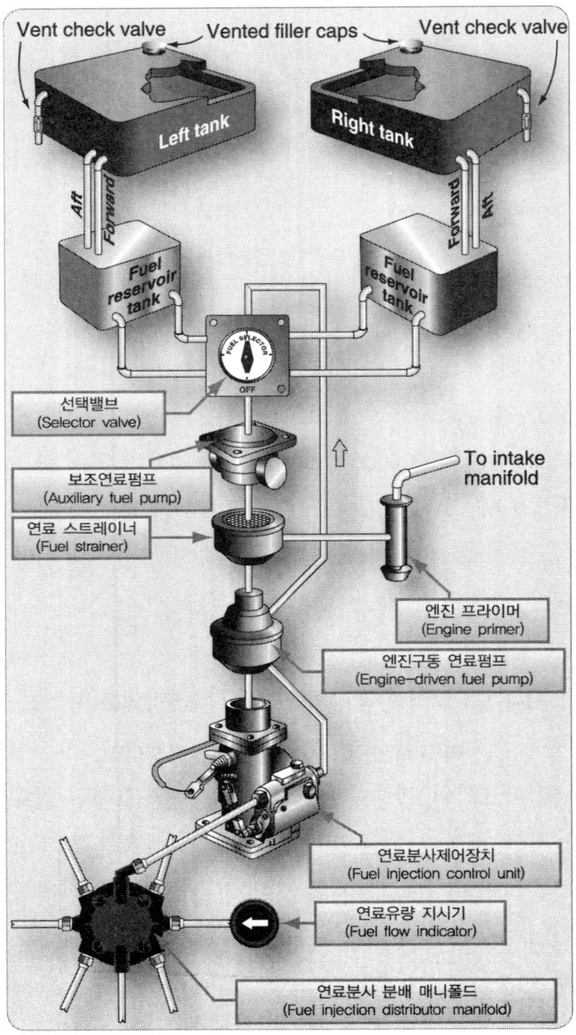

[그림 10-14] 연료 분사기능의 텔레딘 컨티넨탈 연료계통
(A teledyne-continental fuel system featuring fuel injection)

[그림 10-15] 연료분사엔진에 장착된 연료분배 매니폴드
(A fuel distribution manifold for a fuel-injected engine)

아감으로 선택밸브는 공기 분리기 역할을 한다.

선택밸브의 하류에 있는 전기 보조연료펌프(electric auxiliary fuel pump)는 엔진을 시동할 때 그리고 엔진 구동펌프가 고장 났을 때 사용한다. 이 펌프는 조종실에 있는 스위치에 의해 제어된다.

연료제어장치(fuel control unit)는 엔진 회전수와 조종석으로부터의 혼합비 제어(mixture control) 입력에 따라서 연료를 계량한다.

그림 10-15와 같이, 연료제어장치(fuel control)는 연료를 나누는 분배 매니폴드(distribution manifold)로 연료를 인도하고 각각의 실린더에 있는 개개의 연료분사기(fuel injector)로 균등하고 일관된 연료 흐름을 제공한다. 분배 매니폴드에 장착된 연료유량지시기(fuel flow indicator)는 조종실에 시간당 흐르는 연료량(gallon/hour)을 지시해준다.

10.4.2 소형 다발왕복엔진 항공기의 연료 계통 (Small multiengine reciprocating aircraft fuel systems)

10.4.2.1 저익 쌍발 엔진(Low-wing twin engine)

소형 다발항공기의 연료계통은 단발기보다 더 복잡하지만 많은 동일한 구성품을 사용한다. 그림 10-16은 저익기에 사용되는 연료계통을 예로 보여준다. 날개 끝의 주 연료탱크와 날개구조물에 보조탱크가 있다. 승압펌프(boost pump)는 각각의 주 탱크 배출구에 위치하고 탱크에서 분사장치(injector)까지 전체의 연료계통에 압력을 가한다. 승압펌프는 엔진구동 분사펌프(engine-driven injector pump)가 고장 났을 경우에 바로 작동된다. 일반적으로 승압펌프는 엔진을 시동하기 위해 사용된다.

2개의 선택밸브는 양쪽 주 탱크에서 연료를 공급 받을 수 있고 각각 자기 쪽 엔진으로 연료를 공급한다. 또한, 한쪽 주 탱크에서 반대쪽 엔진으로 연료를 공급

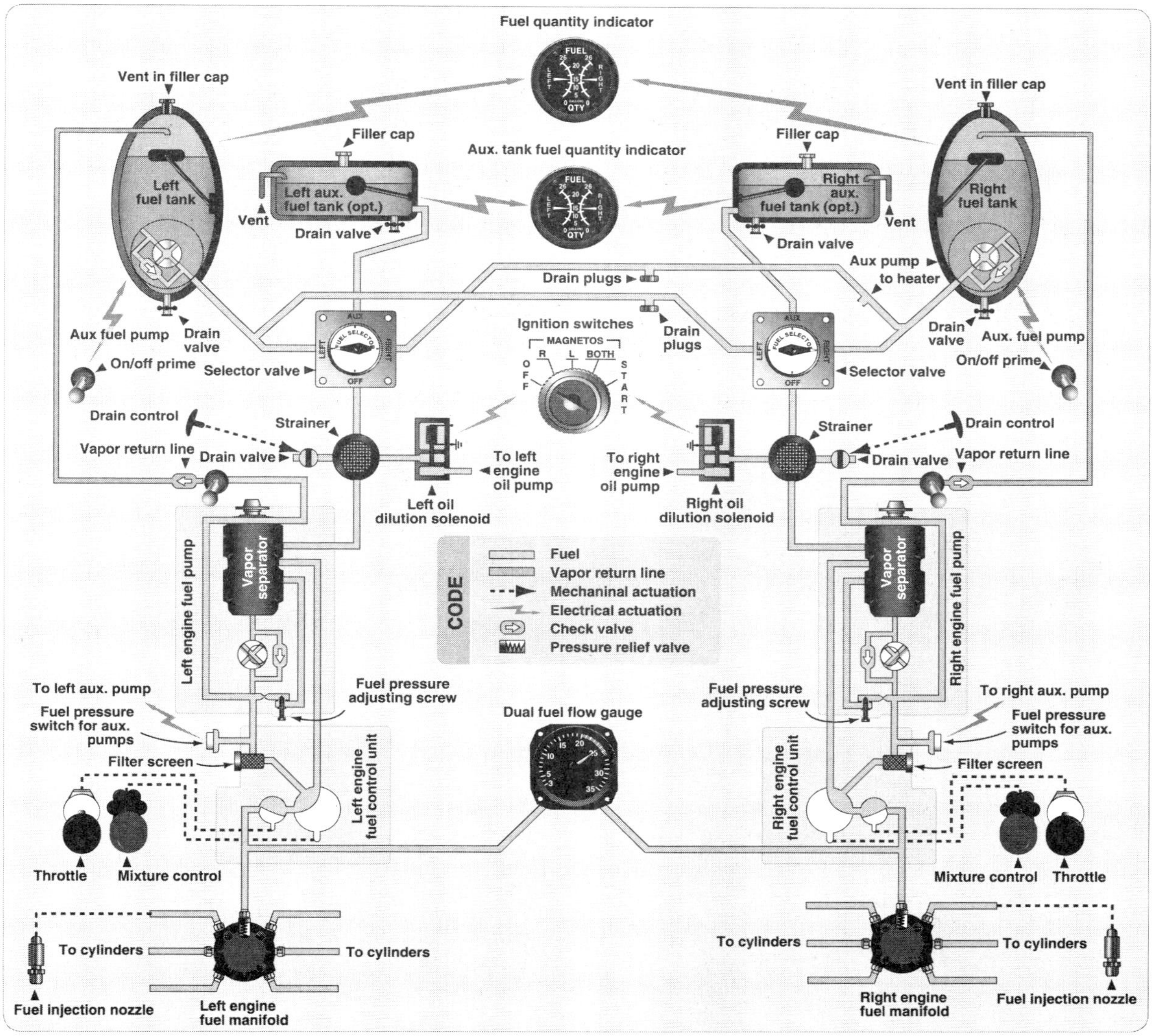

[그림 10-16] 저익 쌍발엔진 경항공기 연료계통(A low-wing, twin-engine, light aircraft fuel system)

할 수 있게 해준다(cross feed). 선택밸브는 또한 보조 탱크에서 자기 쪽에 있는 엔진으로 연료를 보낼 수 있게 한다. 그러나 보조탱크로부터 연료의 크로스피드(cross feed)는 불가능하다.

엔진구동식 연료펌프는 증기분리기(vapor separator)와 조절 나사(screw)를 구비한 압력조절밸브(pressure regulating valve)를 포함하고 있다. 증기분리기는 연료에서 공기를 제거해 주 연료탱크로 다시 보낸다. 조종실에서 제어되는 연료제어장치(fuel control)는 각 엔진마다 하나씩 있으며, 스로틀(throttle)이 혼합비를 제어하여 연료 매니폴드로 적당한 양의 연료를 공급한다. 매니폴드는 연료를 분배하고 각각의 실린더에 있는 분사장치(injector)로 보낸다.

10.4.2.2 고익 쌍발 엔진(High-wing twin engine)

그림 10-17은 전기펌프와 함께 중력공급(gravity-feed)을 결합한 고익 쌍발기의 기본적인 연료계통을 보여준다. 이 펌프는 선택된 탱크로부터 연료를 흡입하여 연료분사 계량장치(fuel injection metering system)의 입구로 가압된 연료를 보낸다. 각각의 엔진에 대한 계량장치(metering unit)는 분배 매니폴드로 적당한 량의 연료를 공급한다.

10.4.3 대형왕복엔진항공기 연료계통 (Large reciprocating-engine aircraft fuel systems)

왕복성형엔진(reciprocating radial engine)에 의해 동력이 공급되는 대형, 다발 운송용 항공기는 더 이상 생산되지 않는다. 그러나 아직도 이런 형태의 항공기가 운영되고 있다. 그림 10-18에서는 DC-3의 연료계통을 보여준다. 각각의 엔진에 대한 선택밸브는 엔진구동 펌프가 주 탱크 또는 보조탱크로부터 연료를 빨아들이게 한다. 연료는 필터를 거쳐 펌프로 간다. 펌프의 배출구는 조종석에서 제어되는 밸브에 의해 크

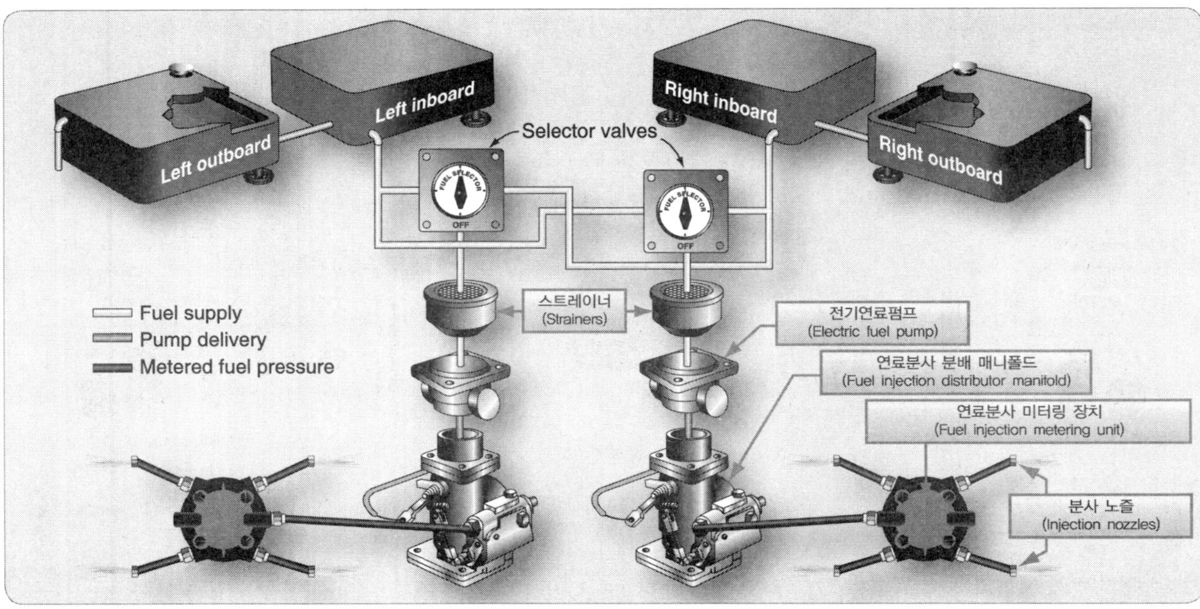

[그림 10-17] 단순한 고익 쌍발엔진 연료분사 연료계통(A simple high-wing fuel injection fuel system)

로스피드 관(cross feed line)을 통하여 어느 엔진이든지 공급할 수 있다. 필터의 상류부문에 위치한 수동식 보조 연료펌프(hand-operated wobble pump)는 엔진을 시동할 때, 또는 계통에 연료를 처음으로 공급하기(prime)위해 사용된다. 연료증기관(fuel vapor line)은 압력 기화기(pressure carburetor)에서 주 탱크와 보조탱크에 있는 벤트 공간(vent space)으로 연결되어 있다.

엔진에 의해 구동되는 연료펌프(engine-driven fuel pump)의 하류부문에서 분리된 연료압력 경고등은 연료압이 감소하면 승무원에게 경보를 준다.

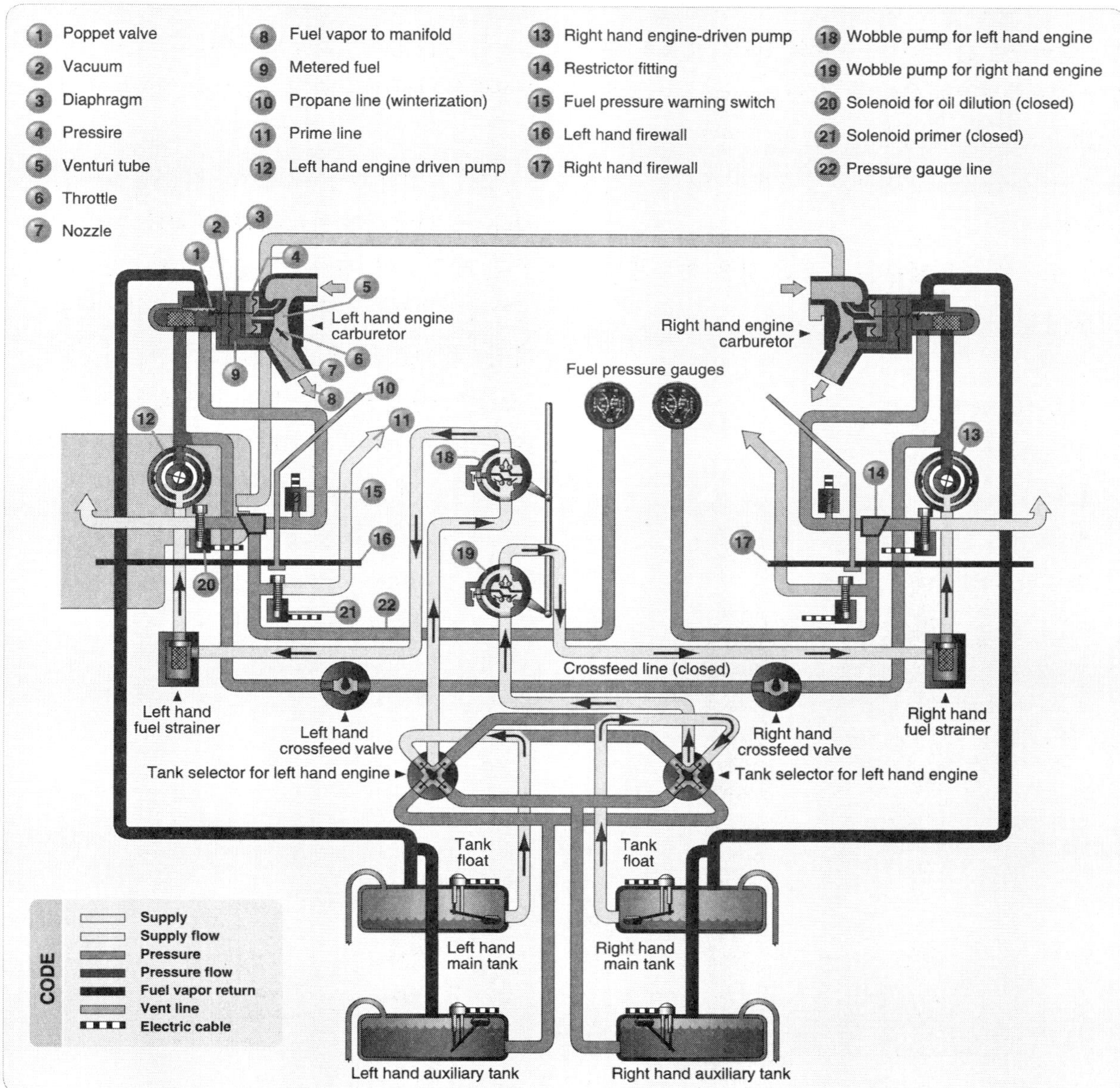

[그림 10-18] DC-3 연료계통(DC-3 fuel system)

10.4.4 운송용 항공기 연료 계통 (Transport aircraft fuel systems)

운송용 제트항공기(transport-category jet aircraft)의 연료계통은 복잡하며, 구성요소가 왕복엔진항공기의 연료계통과는 크게 다르다. 일반적으로 더 많은 중복기능(redundancy)을 갖고 있고 승무원이 항공기의 연료하중을 관리하면서 다수의 선택을 이용할 수 있다. 보조동력장치(APU, auxiliary power unit), 가압급유(pressure refueling), 그리고 연료투하장치(fuel jettison system)와 같은 장치가 여객기 연료계통에 추가된다.

제트운송용 연료계통은 다음과 같은 하부계통(subsystem)으로 이루어진다.

① 저장(storage)
② 벤트(vent)
③ 급유(fueling)
④ 공급(feed)
⑤ 지시(indicating)

대부분 운송용 항공기(transport-category aircraft)의 연료계통은 매우 비슷하다. 일체형 연료탱크(integral fuel tank)는 연료탱크로 사용 가능하도록 밀폐된 각각의 날개 구조물을 이용한다. 중앙날개구간(center wing section) 또는 동체 구조도 일부 연료탱크로 사용된다. 대부분 밀폐된 구조형(structure-type) 또는 부낭형(bladder-type)이다. 제트운송용 항공기는 많은 양의 연료를 탑재한다. 그림 10-19는 탱크용량을 나타내는 B777 연료탱크 배치도를 보여준다.

동일한 모델의 정기운송용 항공기 연료탑재량은 운행하는 노선에 따라 연료탱크의 배치를 다르게 할 수 있다. 예를 들어, 장거리 운항을 위해서 보조탱크를 장착해 더 많은 연료를 탑재할 수 있다. 이런 보조탱크의 장착은 연료계통을 더욱 복잡하게 만든다.

제트운송용 항공기에는 또한 주 연료탱크와 보조 연료탱크에 추가하여, 서지탱크(surge tank)가 있다. 주날개탱크의 맨 바깥쪽에 위치하며 비어 있는 것이 정상이다. 이들은 연료 보급 시나 운항 중 발생할 수 있는 연료범람(fuel overflow)을 위해 사용된다. 서지탱

Tank	Gallons	Pounds*
Left main tank	9,560	64,000
Right main tank	9,560	64,000
Center tank	26,100	174,900
Total	45,200	302,900

* 수평 자세에서 사용 가능한 연료
연료 밀도 = 미국 갤런 당 6.7 파운드

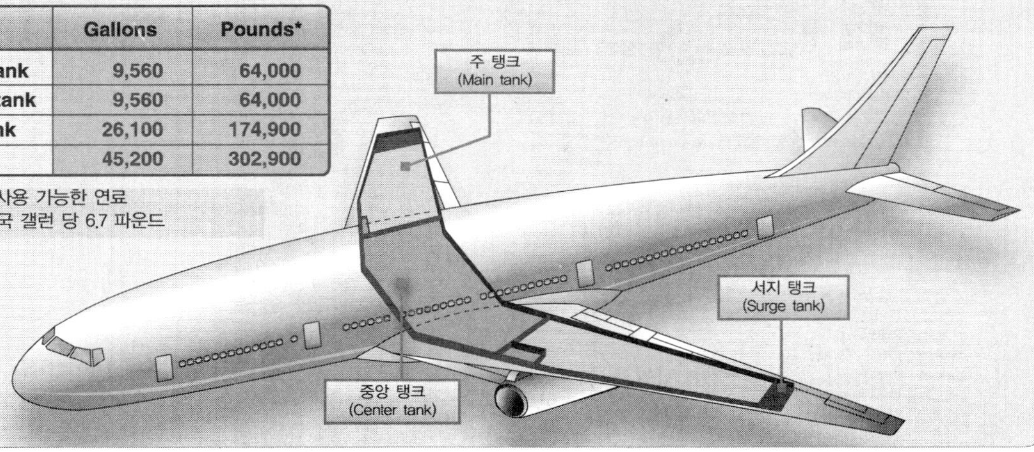

[그림 10-19] B777 연료탱크 위치와 용량(B777 fuel tank locations and capacities)

크로 범람한 연료는 체크 밸브(check valve)를 통해 주 날개탱크로 다시 보내진다. 서지탱크는 또한 통기구(naca intake)가 장착되어 외부 공기가 각각의 탱크로 통할 수 있게 하여 압력차로 인한 연료탱크의 손상을 방지한다.

제트운송용 항공기 연료탱크는 왕복엔진 항공기 연료계통과 유사한 벤트(venting)를 필요로 한다. 각 탱크 안에는 일련의 벤트 튜브(vent tube)와 벤트 채널(vent channel)이 설치되어 서지탱크와 연결되어 있다. 연료탱크를 안전하게 하기 위해 항공기의 자세나 탑재된 연료의 양에 관계없이 서지탱크를 통하여 외부와 연결 된다. 벤트 계통에는 플로트(float) 밸브 및 체크 밸브와 같은 구성품이 있다. 플로트 밸브는 항공기의 자세 변화 시 연료가 벤트관(vent tube)을 통해 서지탱크로 가는 것을 방지하며, 체크 밸브는 서지탱크에 모인 연료를 주 연료탱크로 보내주는 역할을 한다. 그림 10-20은 boeing 737의 연료 벤트 계통(vent systen)을 보여준다.

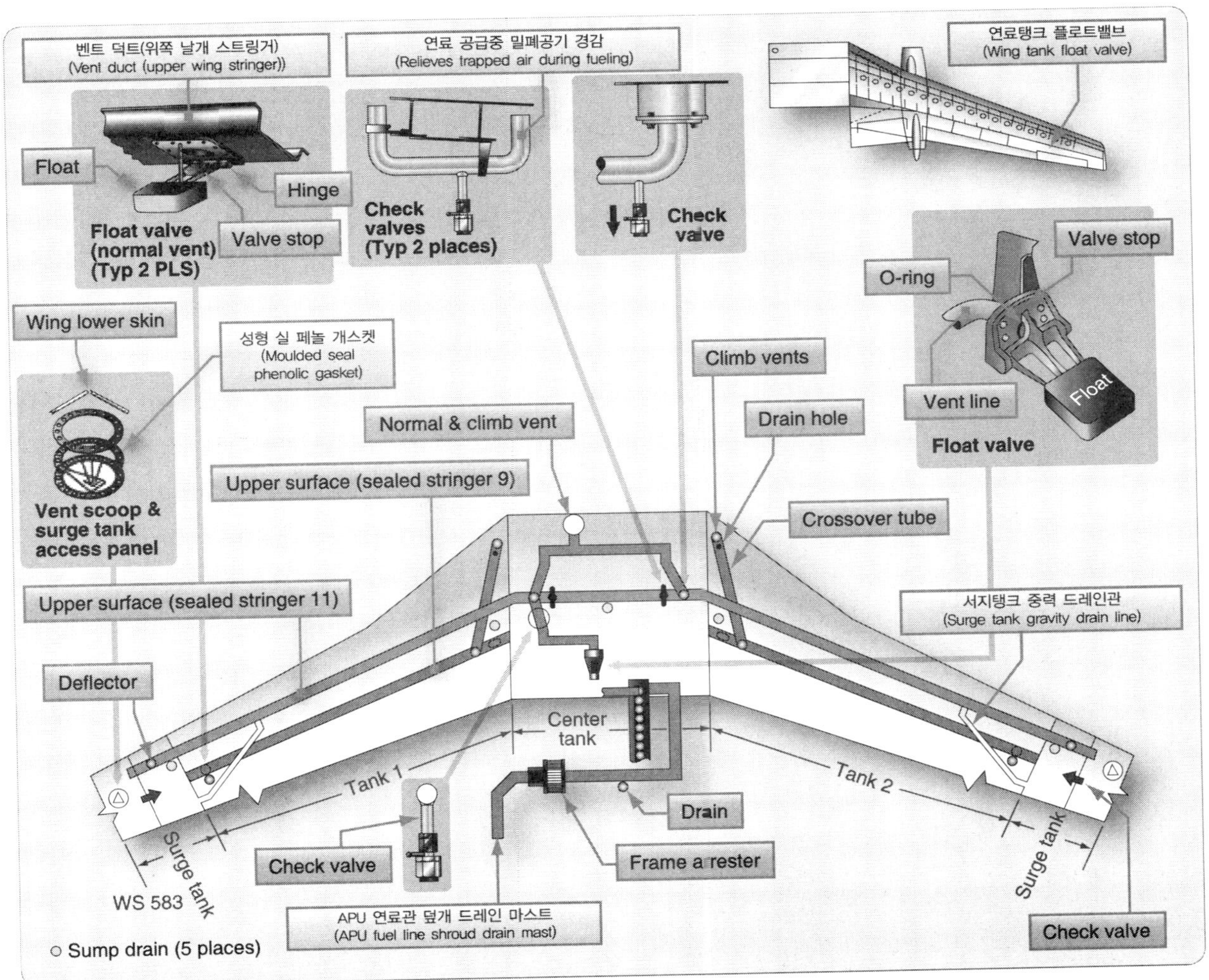

[그림 10-20] 플로트 및 체크 밸브와 관련된 연료 벤트계통(A fuel vent system with associated float and check valves)

연료 보급은 급유트럭이나 주기장에 설치된 하이드란트(hydrant) 장치를 이용하여 급유구(fueling station)에서 압력급유(pressure fueling)에 의해 모든 연료탱크로 연료를 채우게 된다. 보통 날개의 앞전(leading edge)과 동체 하부에 연료 보급구가 있다. 그림 10-21에서는 연료를 보급 중인 정기여객기 연료 보급구를 보여준다.

압력급유(pressure refueling) 절차는, 급유할 탱크의 급유밸브(refuel valve) 스위치를 open 위치로 하고 연료차의 호스를 연결한다. 연료차의 가압 펌프를 작동시켜 연료압을 가하면 각 탱크의 급유밸브가 열려 탱크로 연료가 보급된다. 제시한(set) 연료량에 도달하거나 최대 탱크용량에 도달하면 급유 밸브(refuel valve)는 자동으로 닫히게 된다. 급유패널(refueling panel)의 계량기를 통해 각 탱크의 연료량을 확인할 수 있다.

배유(defueling)는 탱크 내의 연료를 외부의 연료 보급트럭으로 빼내는 절차로, 탱크 내부의 검사 또는 수리, 항공기 무게측정(weighing), 항공기 jack-up을 위해 요구된다. 절차는 연료 보급구에 연료트럭의 호스를 연료 보급 때 사용하는 동일한 연결구(receptacle)에 연결한다. 그 다음 배유밸브(defueling valve)를 수동으로 열고 비워야 할 탱크의 승압펌프(boost pump)를 작동시키거나, 연료트럭의 배유용 펌프를 작동시키면 연료트럭으로 연료가 배유 된다. 경우에 따라서 크로스피드(crossfeed) 밸브를 열어야 한다.

[그림 10-21] 운송용 항공기 중앙 압력 급유구(A central pressure refueling station on a transport category aircraft)

연료이송장치(fuel transfer system)는 하나의 탱크에서 다른 탱크로 연료를 이동시키는 것을 말한다. 절차는, 받는 쪽 탱크의 급유밸브를 열고 보내는 쪽 탱크의 승압펌프를 작동시키면 된다. 경우에 따라 크로스피드 밸브를 열어야 한다. 이때 급유판의 계량기를 통해 받는 쪽 탱크의 연료량이 최대치를 초과하지 않도록 감시해야 한다.

그림 10-22는 DC-10에 대한 연료 계통도를 보여준다. 전용의 연료 이송 펌프(transfer boost pump)는 이송 매니폴드(transfer manifold) 안으로 연료를 이동시킨 후 원하는 탱크의 급유 밸브(refuel valve)를 열어 그 탱크 안으로 연료를 이송시킨다. 이송 매니폴드와 연료 이송 펌프는 연료를 기체외부로 버리는(jettison) 계통을 위해서도 사용된다.

연료공급계통(fuel feed system)은 엔진으로 연료를 공급하기 때문에 연료계통의 심장이라고 할 수 있다. 제트 운송용 항공기는 각 탱크 내에 엔진으로 연료를 공급하는 연료승압펌프(boost pump)가 보통 2개 있다. 그들은 각각의 엔진 차단밸브(shutoff valve)를 통해 가압 연료를 보낸다. 크로스피드 밸브를 사용하여 한 탱크에서 모든 엔진으로 연료를 공급할 수 있다. 한 탱크의 승압펌프가 다 고장 날 경우 바이패스 밸브(bypass valve)를 통하여 연료를 엔진으로 공급할 수 있다. 대부분 제트 운송용 항공기는 엔진으로 보낸 차가운 연료를 뜨거운 엔진 오일로 서로 열교환을 시

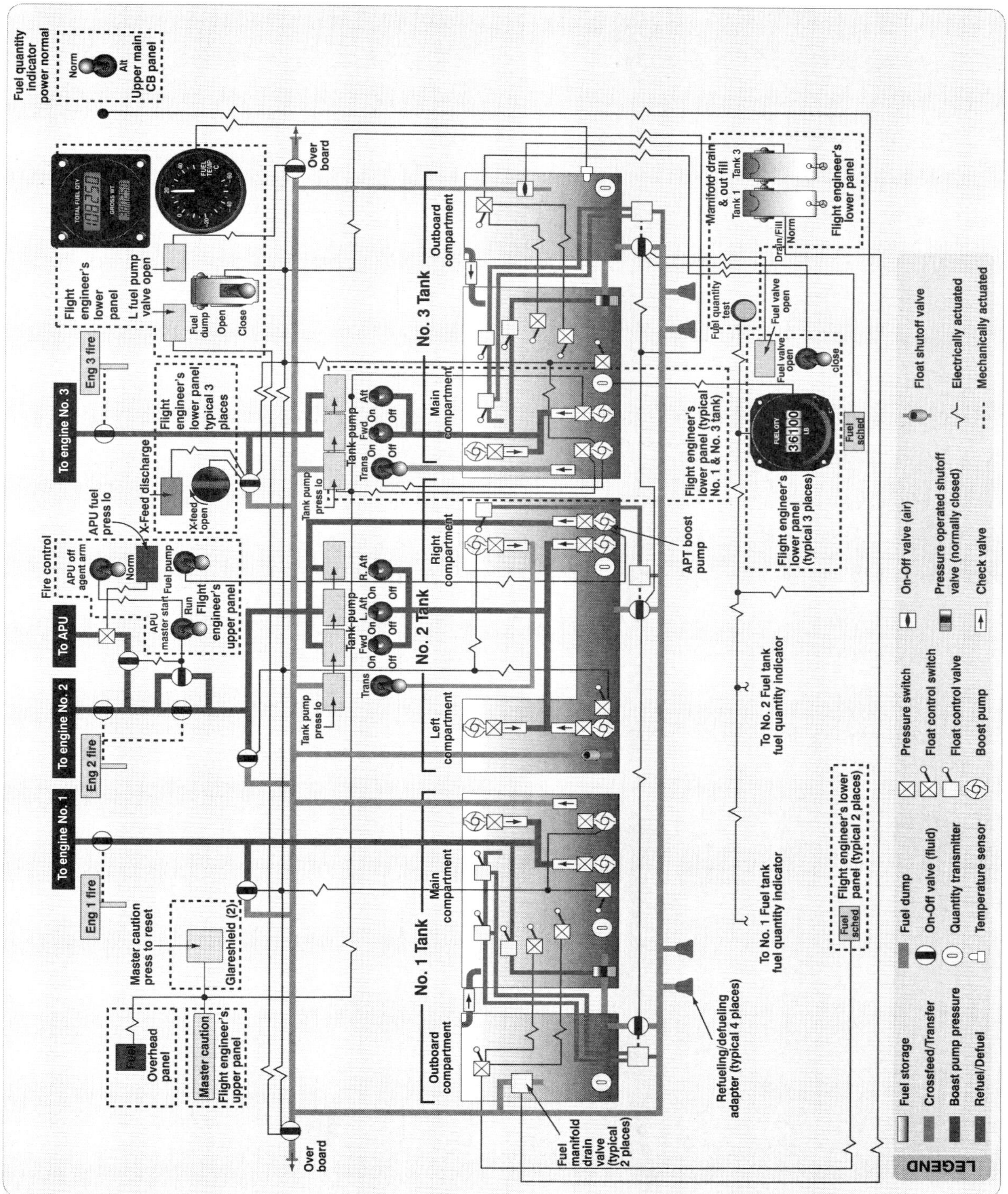

[그림 10-23] DC-10 여객기의 연료 분배계통, 구성 요소 및 조종석 제어
(The fuel distribution systems, components, and cockpit controls of a DC-10 airliner)

켜 연료의 온도는 높여주고 오일은 냉각시킨다. 그림 10-23은 에서는 연료를 가열하는 것뿐만 아니라 엔진 오일을 차게 하는 롤스로이스(rolls royce) RB211 엔진의 연료냉각식 오일냉각기(FCOC, fuel-cooled oil cooler)를 보여준다.

제트 운송용 항공기의 연료지시장치(fuel indicating system)는 여러 가지의 변수(parameter)를 모니터(monitor)한다. 각각의 엔진에 대한 연료유량지시기(fuel flow indicator)는 엔진으로 공급되는 연료를 감시하는 주요 수단으로 사용된다.

연료의 온도는 주 연료탱크에 장착된 온도센서에 의해 조종실 계기판(instrument panel)에 또는 다기능화면표시기(MFD, multi-function display)에 나타난다. 이들은 혹한의 상황에서 고고도 비행 시에 승무원에게 연료의 결빙 위험성을 알려준다. 연료필터(fuel filter)가 만약 막혔다면 조종실에 표시되고, 연료는 필터를 우회하여 흐르게 된다.

제트 운송용 항공기에서 일반적인 저 연료압력(low fuel pressure) 경고를 위한 센서는 승압펌프 출구관에 위치되어 승압펌프의 고장을 지시해 준다.

연료량계(fuel quantity gauge)는 각 탱크의 연료량을 지시하며 항공기 형식에 따라 조종실에 지시하는 형태가 다르다.

10.4.5 헬리콥터 연료계통 (Helicopter fuel systems)

헬리콥터 연료계통은 다양하다. 전형적으로 헬리콥터는 메인 로터 마스트(main rotor mast) 근처인 항공기의 무게중심 근처에 위치한 1개 또는 2개의 연료탱크를 갖는다. 그러므로 탱크는 보통 후방동체 안쪽 또는 근처에 위치한다. 일부 헬리콥터 연료탱크는 중력식 연료공급(gravity fuel feed)을 고려하여 엔진 위쪽에 설치된다. 그 외의 헬리콥터는 연료펌프와 압력공급계통(pressure feed system)을 사용하여 엔진에 연료를 공급한다.

그림 10-24와 같이, 일반적으로 헬리콥터 연료계통

[그림 10-24] RB211 엔진의 연료 냉각식 오일 냉각기(The fuel-cooled oil cooler of RB211 engine)

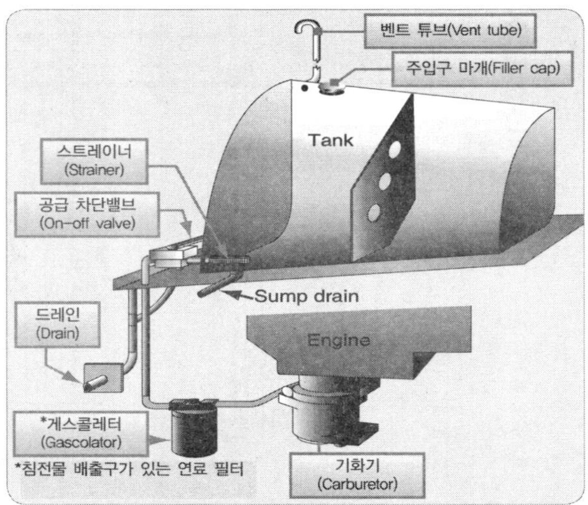

[그림 10-24] 로빈슨 헬리콥터의 간단한 중력 공급 연료계통 (A simple, gravity-feed fuel system on a robinson helicopter)

은 고정익기와는 약간 다르다. 중력 공급식 장치는 탱크배출구에 필터와 차단밸브를 가지고 있는 벤트 연료탱크(vented fuel tank)를 갖추고 있다. 탱크로부터 나온 연료는 주 필터(main filter)를 거쳐 기화기로 흐른다.

그림 10-25는 경량 터빈동력 헬리콥터(light turbine-powered helicopter)에 대한 연료 계통을 보여준다. 탱크 내의 2개의 전기 승압펌프는 차단밸브(shutoff valve)를 통해 연료를 공급한다. 연료는 기체 필터(airframe filter)와 엔진 필터(engine filter)를 거쳐 엔진구동 연료펌프로 흐른다. 연료탱크 위쪽에는 벤트관이 있으며, 밑면에는 전기로 작동되는 섬프드레인밸브(sump drain valve)가 장착되어 있다. 압력스위치는 승압펌프의 배출구의 압력을 감지하고, 차압스위치(differential pressure switch)는 연료 필터의 막힘을 알린다. 연료량은 탱크 내 2개의 연료 프로브(fuel probe)와 트랜스미터(transmitter)에 의해 지시된다.

더형의 다발 운송용 헬리콥터는 제트 운송용 고정익기와 유사한 복잡한 연료계통을 갖고 있다. 2개 이상의 연료탱크, 크로스피드 계통(crossfeed system), 압력 급유(pressure refueling)의 특징을 갖고 있다.

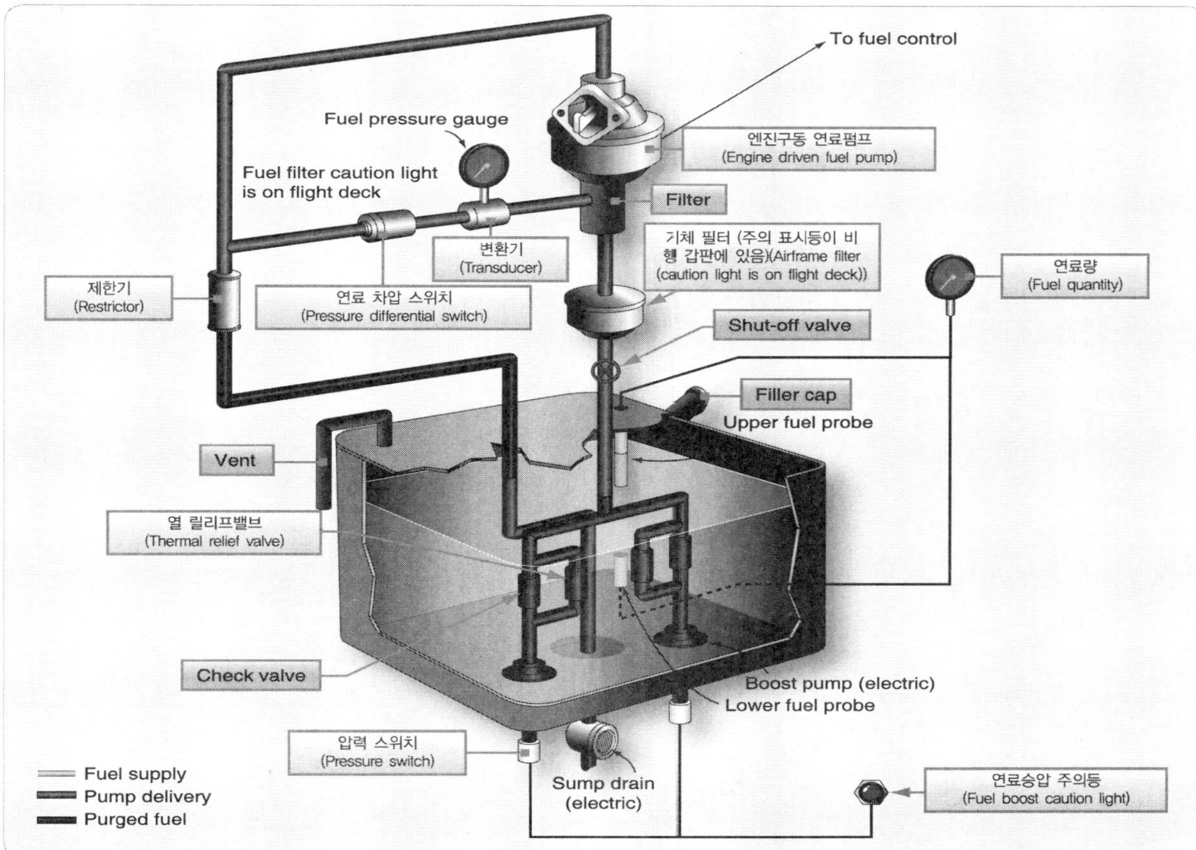

[그림 10-25] 경량 터빈 동력 헬리콥터 압력 공급 연료계통(A pressure-feed fuel system on a light turbine-powered helicopter)

10.5 연료 계통 구성품 (Fuel system components)

항공기 연료계통과 그 구성품의 작동에 대한 이해를 돕기 위해, 항공기 연료계통을 구성하는 여러 가지의 구성요소에 대해 알아본다.

10.5.1 연료 탱크(Fuel tanks)

항공기 연료탱크에는 세 가지 기본적인 형태가 있는데, 경식 분리형 탱크(rigid removable tank), 부낭형 탱크(bladder tank), 그리고 일체형 연료탱크(integral fuel tank) 이다. 대부분 탱크는 부식방지 재료로 조립된다. 일반적으로 벤트관(vent line)을 통하여 통풍이 되도록 제작된다. 연료탱크의 밑면에는 침전된 오염물질과 물을 배출하는 섬프(sump)가 있다. 그림 10-26과 같이, 섬프는 비행 전 walk-around 검사 시 불순물 및 물을 제거하기 위해 사용되는 드레인 밸브(drain valve)를 갖추고 있다. 대부분 항공기 연료탱크 내에는 항공기의 자세 변화에 의한 연료의 자유로운 이동을 막기 위한 배플(baffle)이 장착되어 있다.

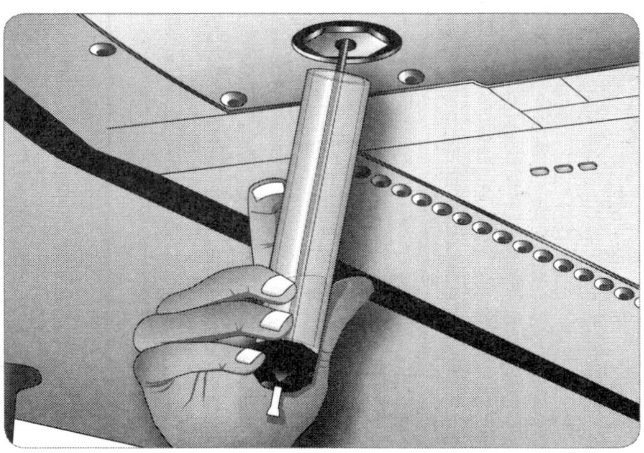

[그림 10-26] 연료탱크의 섬프 드레인(Sump drain on fuel tank)

10.5.1.1 경식 분리형 연료탱크 (Rigid removable fuel tank)

많은 구형 항공기의 연료탱크는 다양한 경식재료로 제작되어 기체구조에 고정 시킨다. 탱크는 일반적으로 3003 또는 5052 알루미늄 합금 또는 스테인리스 강으로 만들어지며 연료의 누설을 방지하기 위해 리벳작업 및 용접한다. 많은 초기 탱크는 턴플레이트(terneplate)라고 불리 우는 납/주석 합금으로 코팅 된 얇은 강판으로 만들어졌다. 그림 10-27은 전형적인 경식 분리형 연료 탱크의 주요부품을 보여준다.

경식 분리형 탱크는 금속의 구조와 상관없이 기체 구조에 의해 지지되고 비행 중 견딜 수 있도록 일종의 패드를 댄 끈(padded strap)으로 고정된다. 그림 10-28은 날개 안쪽에 있는 연료탱크의 장착공간(fuel tank bay)을 보여준다. 연료탱크는 전기저항 용접으로 조립하고 합성 밀폐제(compound)로 밀폐한다. 그림 10-29와 같이, 동체탱크(fuselage tank)도 많이 사용한다.

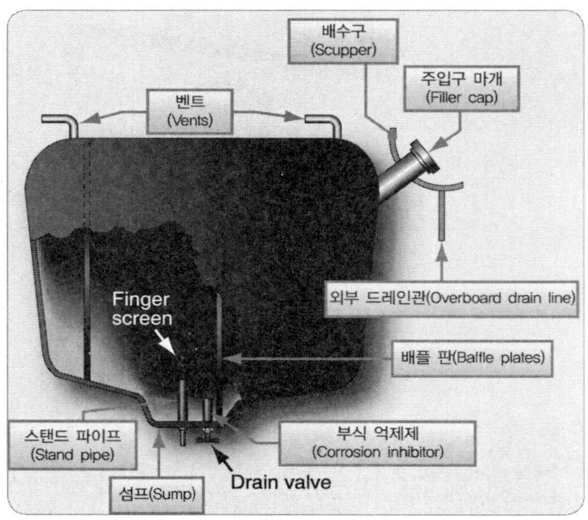

[그림 10-27] 경식 분리형 연료탱크의 주요 부품
(A typical rigid removable aircraft fuel tank and its parts)

신형 항공기의 연료탱크는 알루미늄, 강, 스테인리스강 외에 새로운 재질로 제작된다. 그림 10-30은 수지(resin)와 복합재료(composite)로 제작된 초경량 항공기의 경식 분리형 연료탱크를 보여준다. 이런 종류의 탱크는 이음매가 없는 경량구조로 앞으로 많은 사용이 예상된다.

경식 분리형 연료탱크는 만약 탱크의 연료 누출이나 고장이 일어나면 장탈하여 수리할 수 있어 편리한 장점이 있다.

[그림 10-28] 경항공기 날개 안쪽 연료탱크 장착 공간
(A fuel tank bay in the root of a light aircraft wing)

[그림 10-29] 경항공기 동체 탱크
(A fuselage tanks for a light aircraft)

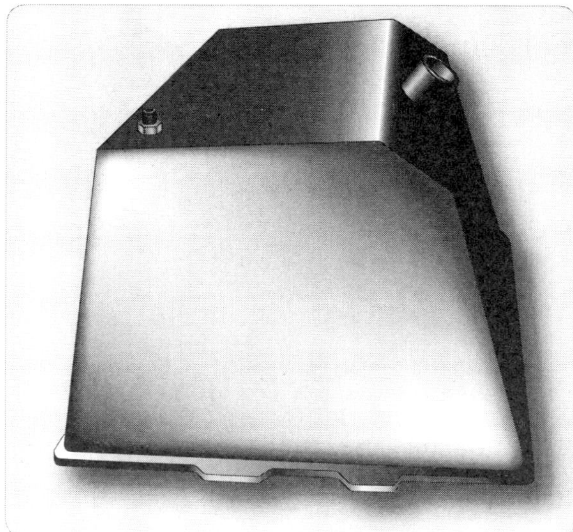

[그림 10-30] 초경량 항공기의 복합재료 연료탱크
(A composite tank from a challenger ultralight aircraft)

10.5.1.2 부낭형 연료 탱크(Bladder fuel tank)

그림 10-31과 같이, 부낭형 탱크는 강화 열가소성재료로 만들며 경식 탱크를 대신하여 사용되기도 한다. 부낭형 탱크는 경식 탱크의 기능과 구성 요소가 대부분 포함되어 있지만 탱크를 설치하기 위해 항공기 외부에 큰 개구부를 설치할 필요가 없다. 탱크를 접거나 말아서 동체나 날개의 작은 개구부를 통해 밀어 넣은 다음 안에서 전체 크기로 부풀릴 수 있다. 이 탱크는 클립(clip)이나 다른 고정장치(fastening device)로 기체 구조물에 부착한다. 탱크 장착 공간에서 주름이 펴진 상태로 매끈하게 놓여야 한다. 주름은 탱크 안에 연료 오염물질이 침전되는 원인이 되기 때문이다.

부낭형 연료 탱크는 모든 크기의 항공기에 사용된다. 탱크 벤트, 섬프 드레인, 보급구(filler spout) 등의 설치 부분은 특히 강하게 제작되어야 한다. 부낭형 탱크에

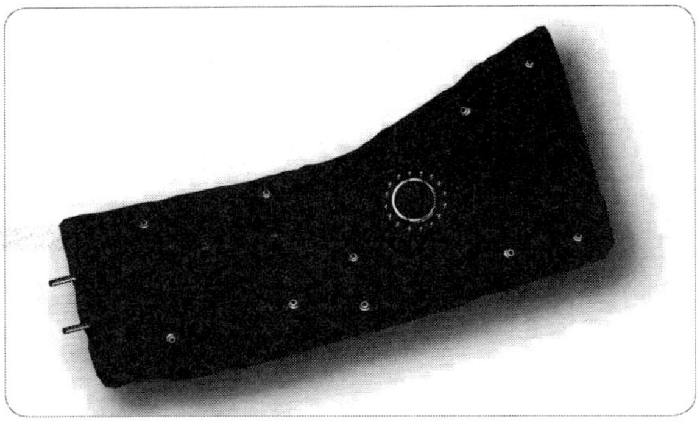

[그림 10-31] 경항공기에 사용하는 부낭형 연료탱크
(A bladder fuel tank for a light aircraft)

누출이 발생하면 제조업체의 지침에 따라 패치(patch) 수리할 수 있다. 부낭형 연료 탱크의 유연한 성질을 유지하기 위해서 연료 탱크에는 항상 연료가 가득 차 있어야한다. 일반적으로 연료가 없는 부낭형 탱크를 장기간 보관해야하는 경우 깨끗한 엔진 오일(clean engine oil)로 탱크 내부를 코팅(coating)한다. 건식으로 보관하기 위해서는 제조업체의 지시에 따른다.

10.5.1.3 일체형 연료탱크(Integral fuel tank)

많은 항공기, 특히 운송용 고성능 항공기는 날개 또는 동체 구조의 일부분을 연료탱크로 사용하기 위해 혼합 실란트(two-part sealant)로 밀봉되어 있다. 밀봉된 스킨(skin)과 기체구조물은 가장 적은 중량으로 가장 많은 공간을 제공한다. 이러한 유형의 탱크는 기체 구조부재가 하나의 탱크를 형성하기 때문에 일체형 연료 탱크라고 부른다.

날개 내부의 공간에 내장된 연료 탱크가 가장 일반적이다. 날개에 연료 탱크가 내장된 항공기를 습식날개(wet wing)라고 부른다. 일체형 탱크는 서지 탱크(surge tank) 또는 오버플로우 탱크(overflow tank)를 포함할 수 있다. 이 탱크는 일반적으로 비어 있지만 필요할 때 연료를 저장할 수 있도록 밀봉된다.

항공기가 기동 할 때 일체형 날개 탱크의 긴 수평 특성으로 인해 연료가 출렁이는 현상(sloshing)을 막기 위해 배플(baffle)이 필요하다. 날개 리브(rib) 및 박스 빔(box beam) 구조 부재는 배플 역할을 하며 특별히 그림 10-32와 같은 배플 체크밸브가 일반적으로 사용된다. 이 밸브는 연료가 날개 탱크의 가장 낮은 부분으로 이동할 수 있도록 하며, 위 부분으로 역류하는 것을 방지한다. 탱크 하단에 위치한 연료 승압펌프(boost pump)는 연료 섬프(sump)의 가장 낮은 지점에 장착되어 항공기의 비행 자세에 관계없이 연료를 공급한다.

그림 10-33A와 같이 일체형 연료 탱크는 내부 검사와 수리를 위해 점검 패널(access panel)을 갖추고 있

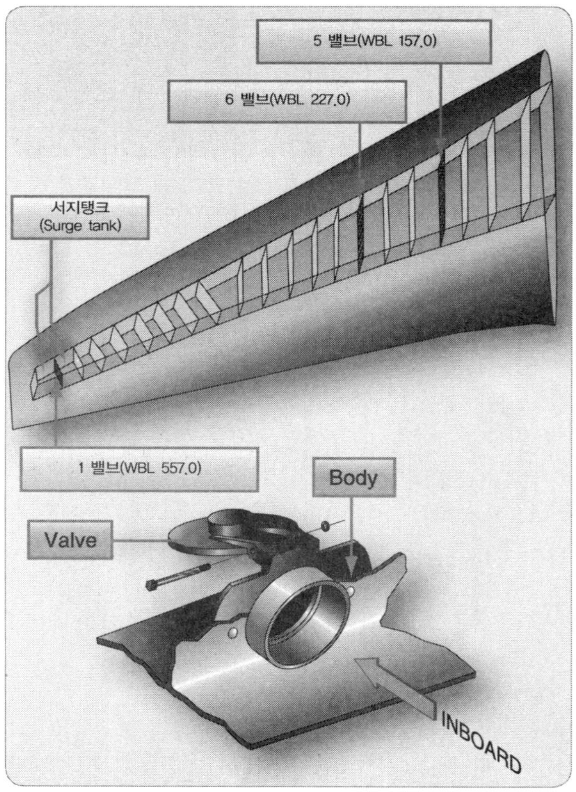

[그림 10-32] B737에 장착된 배플 체크밸브
(Baffle check valves are installed on a boeing 737)

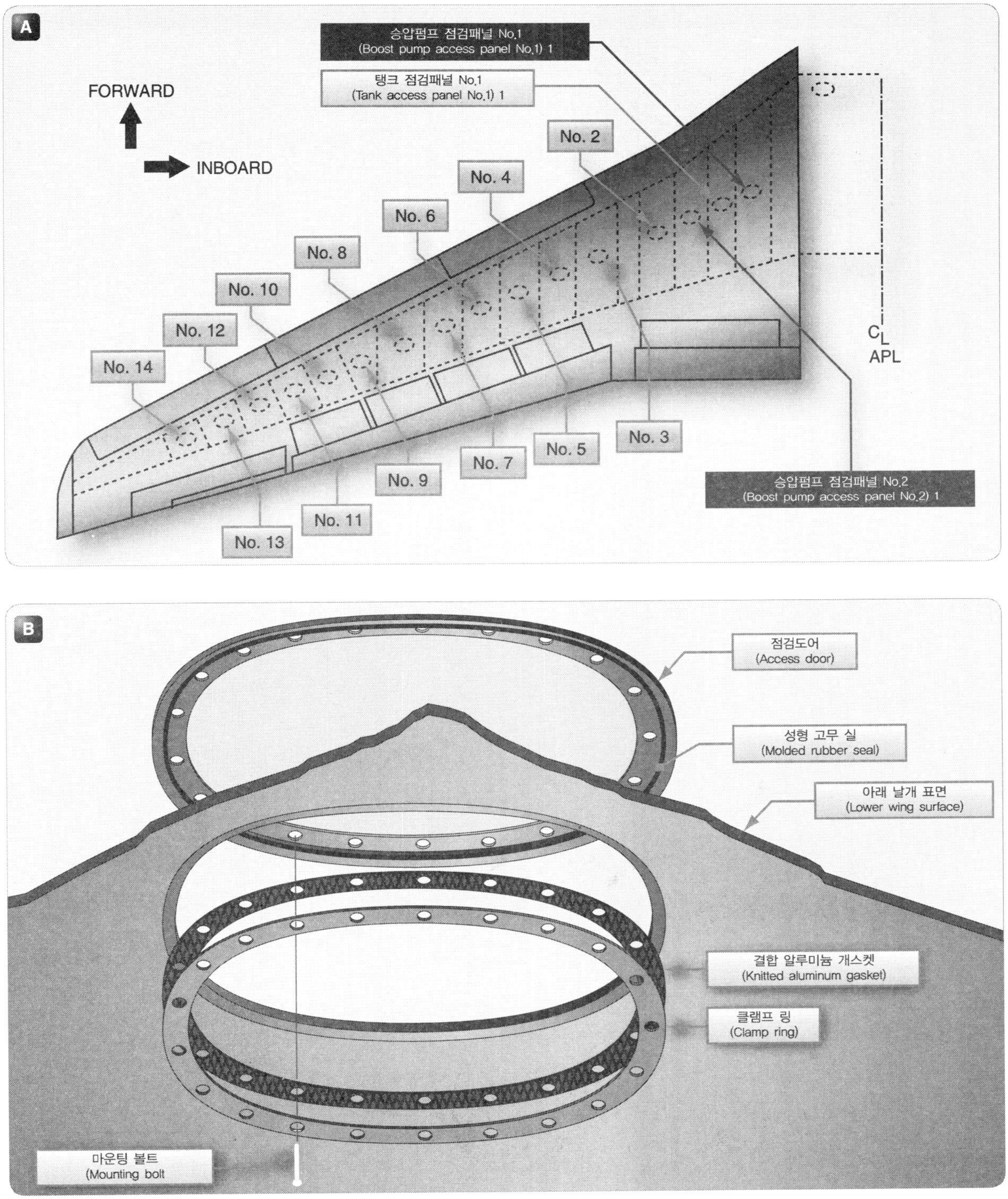

[그림 10-33] B 737의 연료탱크 점검패널 위치(Fuel tank access panel locations on a boeing 737)

다. 대형 항공기에서는 정비사가 정비를 위해 점검패널을 통하여 탱크에 들어간다. 그림 10-33B와 같이 점검패널은 O-링과 정전기 방지를 위한 알루미늄 개스켓(gasket)으로 각각 밀봉되어 있다. 바깥 클램프링(clamp ring)은 스크류로 안쪽 패널에 장착한다.

일체형 연료 탱크의 내부를 수리하기 위해서는 탱크 내부의 모든 연료를 비우고 엄격한 안전절차를 따라야한다. 연료증기는 탱크 밖으로 배출(purging)시켜야 하며 정비사는 호흡 장비(respiratory equipment)를 사용해야한다. 감시자는 탱크 밖에서 정비사의 작업이 완료될 때까지 관찰하여야 한다.

일체형 연료 탱크를 사용하는 항공기는 일반적으로 탱크 내부에 승압펌프가 포함된 고기능의 연료계통이다. 일반적으로 2개 이상의 펌프가 어느 조건하에서도 엔진으로 연료 공급이 가능하다. 다양한 항공기에서 탱크내의 승압펌프는 연료를 다른 탱크로 이송하고 연료를 투하(jettison)하거나 항공기에서 배유(defuel)할 때에도 사용한다.

10.5.2 연료관 및 피팅(Fuel lines and fittings)

항공기 연료관은 위치 및 용도에 따라 경식이거나 유연성(rigid or flexible)이 있다.

경식관은 일부 알루미늄 합금으로 만들어지며 미 공군/해군규격(AN) 또는 미군 표준규격(MS) 피팅(fitting)과 연결된다. 부스러기(debris), 마모, 열에 의한 손상이 있을 수 있는 엔진 부위나 바퀴칸(wheel well) 내부의 연료관은 스테인리스강(stainless steel)관을 사용한다. 그림 10-34와 같은 유연성 연료 호스(flexible fuel hose)는 합성외피로 덮혀진 강화 섬유 외장재(reinforcing fiber braid wrap)와 합성 고무 내장재(synthetic rubber interior)로 구성되어 있다. 그림 10-35와 같이, 일부 스테인레스강 와이어로 외부를 감은(braided) 연료관은 진동이 있는 부위에 사용한다.

제작사는 마모 및 화재로부터 연료관을 보호할 필요가 있는 위치에 있는 연료관을 그림 10-36의 고무 또

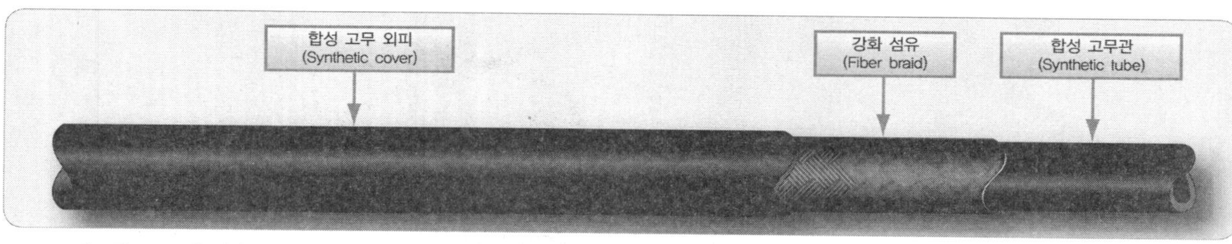

[그림 10-34] 강화 섬유 외장재의 유연성 항공기 연료관(A typical flexible aircraft fuel line with braided reinforcement)

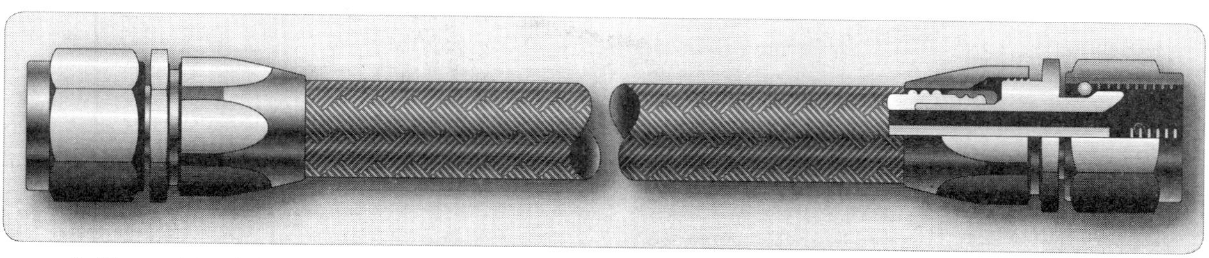

[그림 10-35] 스테인레스 강 와이어로 감은 피팅이 있는 연료관(A braided stainless steel exterior fuel line with fittings)

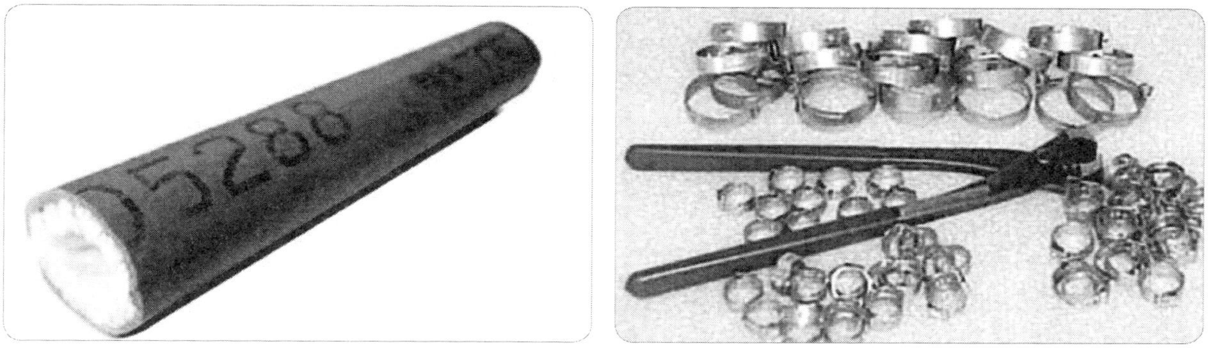

[그림 10-36] 클램프 및 플라이어와 함께 연료 호스 설치시 사용되는 화재 및 마모를 방지하는 외부 연료 호스 랩
(Exterior fuel hose wrap that protects from fire, as well as abrasion, shown with the clamps and pliers used to install it)

는 강 클램프(steel clamp)와 같은 보호재로 감싸준다.

항공기 연료관 피팅(fitting)은 플레어 피팅(flared fitting)과 플레어리스 피팅(flareless fitting) 모두 사용된다. 피팅에서 연료의 누설을 방지하기 위해 과도하게 조이지(over-torqued) 않아야 한다. 호스는 비틀림 없이 장착되어야 하며, 모든 연료호스와 전기배선 사이에 일정한 간격이 유지되어야 한다. 연료관에 전선을 절대로 고정시키면 안 된다. 간격 유지가 불가능할 경우에는 항상 전기배선 아래쪽에 연료관이 위치하게 해야 한다. 경식 연료관과 모든 항공기 연료계통 구성요소는 항공기 구조물에 정전기를 방지하도록 접지시키는 것이 필요하다. 특수한 완충제 부착 클램프(bonded cushion clamp)를 사용하여 그림 10-37에서 지정한 간격으로 고정시킨다.

10.5.3 연료 밸브(Fuel valves)

항공기 연료계통에는 많은 종류의 연료 밸브가 연료 흐름을 차단하거나 연료를 원하는 경로로 공급하고 또는 섬프 드레인 하는데 사용된다. 경 항공기 연료계통은 하나의 차단 및 선택 기능을 가진 선택밸브를 사용한다. 대형 항공기 연료계통은 차단 밸브, 이송 밸브(transfer valve), 크로스 피드 밸브(crossfeed

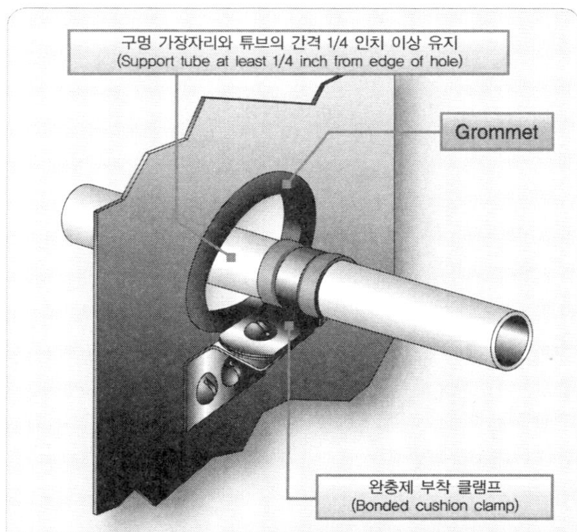

튜브 외경(인치) (Tubing OD (inch))	지지대 사이의 대략적인 거리(인치) (Approximate distance between supports (inches))
1/8 to 3/16	9
1/4 to 5/16	12
3/8 to 1/2	16
5/8 to 3/4	22
7 to 1 1/4	30
1 1/2 to 2	40

[그림 10-37] 경식 금속 연료관의 지정된 클램프 간격
(Rigid metallic fuel lines clamped at specified intervals)

valve) 등과 같은 다양한 연료 밸브를 사용한다. 연료 밸브는 수동 작동, 솔레노이드(solenoid)작동 또는 전기 모터(electric motor)로 작동할 수 있다.

모든 항공기 연료 밸브의 특징은 밸브의 위치를 항상 정확하게 식별할 수 있는 장치가 있다. 그림 10-38과 같이 수동식 밸브는 밸브의 위치를 시각적으로 식별이 가능하며, 전기 모터 및 솔레노이드 작동식 밸브는 위치 표시등(position annunciator light)을 사용하여 스위치와 밸브의 위치를 나타낸다. 그림 10-39는 정비사나 조종사가 비행관리장치(FMS, Flight Management System)에 저장된 연료 페이지를 평면 스크린 모니터를 통해 그래픽(graphically)으로 식별할 수 있도록 표시해주고 있다. 그림 10-40과 같이 많은 밸브에는 밸브 위치를 나타내는 외부 위치 핸들 또는 레버가 있으며, 정비사가 이 핸들이나 레버를 이용하여 밸브를 열거나 닫을 수 있다.

[그림 10-38] 연료 밸브 위치 식별 가능 연료밸브
(Detents for each position of the fuel valve)

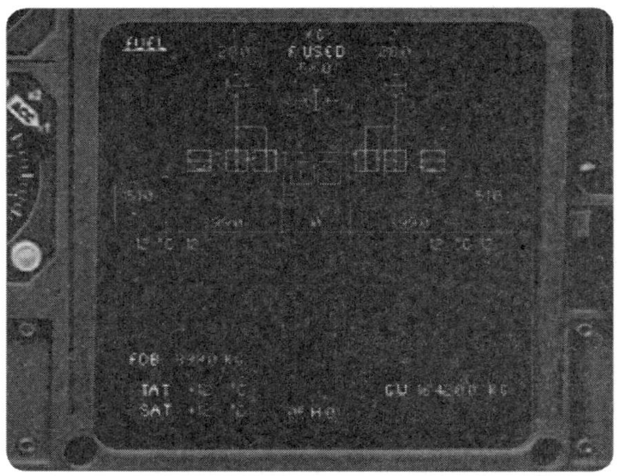

[그림 10-39] ECAM의 연료계통 그래픽 표시(The graphic depiction of the fuel system on this ECAM)

[그림 10-40] 위치 표시 레버가 있는 모터 작동식 게이트 밸브
(This motor-operated gate valve has a red position indicating lever)

10.5.3.1 수동식 밸브(Hand-operated valves)

항공기 연료계통에 사용되는 수동식밸브는 기본적으로 세 가지 종류가 있다. 콘형 밸브(cone-type valve)와 포핏형밸브(poppet-type valve)는 일반적으로 연료 선택밸브로서 경항공기에서 사용되고, 게이트밸브(gate valve)는 차단밸브로서 운송용 항공기에 사용된다.

10.5.3.2 콘형 밸브(Cone valves)

플러그밸브(plug valve)라고도 부르는 콘형 밸브(cone-type valve)는 그림 10-41과 같이, 구멍이 가공되어 있는 콘(cone)에 핸들이 부착되어 있고, 조종사에 의해 수동으로 회전시킨다. 구멍이 연료 포트(port)와 일직선이 되었을 때가 열림(open) 위치이다.

10.5.3.3 포핏형 밸브(Poppet valves)

그림 10-42와 같이, 포핏형 밸브는 핸들이 회전할 때, 축에 부착된 캠(cam)은 선택된 배출구의 포핏을 눌러 배출구를 열고 다른 배출구들은 닫힘 상태를 유지한다.

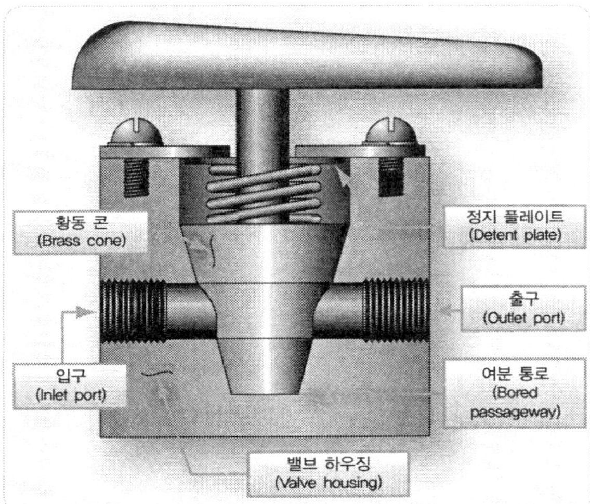

[그림 10-41] 콘형 밸브(A cone valve)

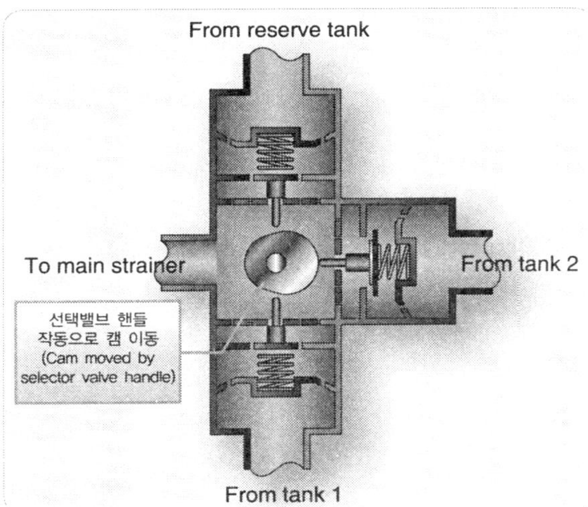

[그림 10-42] 포핏형 연료 선택 밸브의 내부 구조
(The internal mechanism of a poppet-type fuel selector valve)

10.5.3.4 수동식 게이트밸브 (Manually-operated gate valves)

수동식 게이트밸브(gate valve)는 특히 비상 화재핸들(emergency fire handle)이 당겨졌을 때 연료유량을 차단하기 위해 전기 동력이 필요 없는 화재제어밸브(fire control valve)로 사용된다. 일반적으로 밸브는 각각의 엔진으로 가는 연료 공급관에 장착된다. 그림 10-43에서는 전형적인 수동식 게이트밸브를 보여준다. 핸들을 회전시키면 밸브 안쪽에서 움직이는 암(arm)은 아래쪽으로 게이트 블레이드(blade)을 움직여 유로를 차단한다. 열 릴리프밸브(thermal relief valve)는 게이트가 닫힌 상태에서 온도 증가로 인한 과도한 압력증대를 경감시키기 위해 부착되었다.

10.5.3.5 전동식 밸브(Motor-operated valves)

전기모터의 사용은 연료계통 밸브의 작동을 위해 조

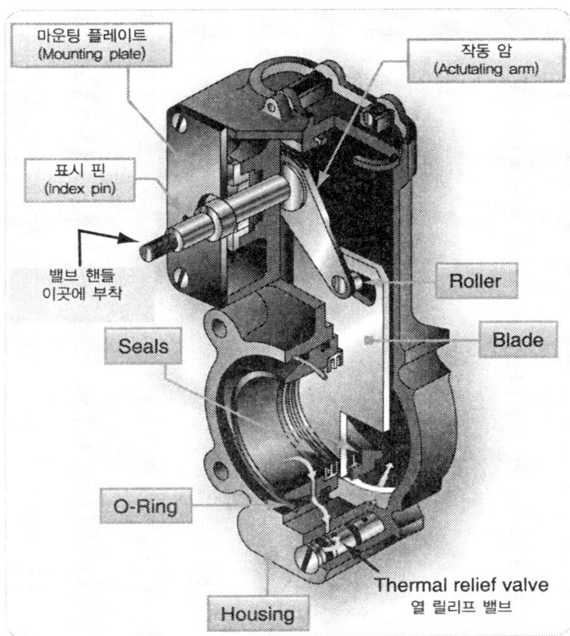

[그림 10-43] 수동식 게이트 밸브(A hand-operated gate valve)

종실에서 스위치를 이용하여 원격으로 제어할 수 있기 때문에 대형 항공기에서 일반적으로 쓰인다. 일반적으로 전동식 연료밸브(motor-operated fuel valve)에는 게이트형 밸브(gate valve)와 플러그형 밸브(plug-type valve) 두 가지가 있다.

전동식 게이트밸브(gate valve)는 연료의 경로를 결정해주는 밸브의 작동 암(actuating arm)을 전기 모터로 돌려 연료게이트를 움직인다. 그림 10-44와 같이, 밸브에 장착된 수동 오버라이드 레버(manual override lever)는 정비사에게 밸브의 위치를 알려주고, 또한 수동으로 밸브를 open/close할 수 있게 해준다. 전동식 플러그형 밸브는 플러그(plug) 또는 드럼(drum)을 전기 모터로 회전시켜 밸브를 open/close한다. 밸브의 종류와 관계없이 전동식 연료밸브는 대형 항공기 연료계통에서 차단 기능 밸브로 사용된다.

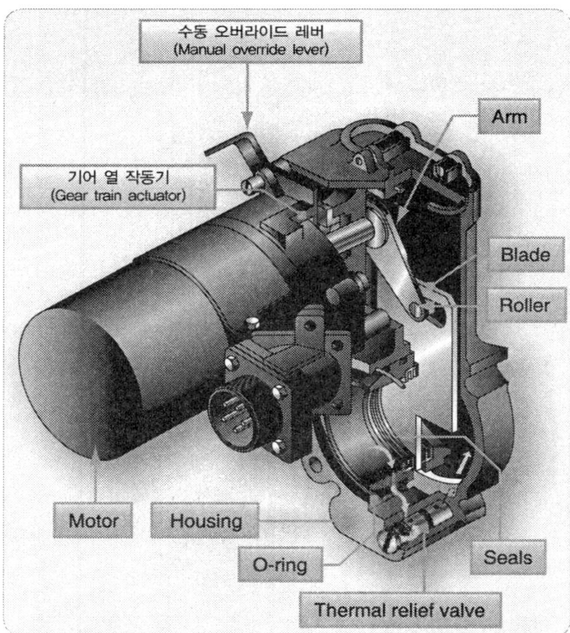

[그림 10-44] 전기모터 구동 게이트 밸브
(An electric motor-driven gate valve)

10.5.3.6 솔레노이드 작동식 밸브 (Solenoid-operated valves)

그림 10-45와 같이, 조종실 또는 연료 보급위치(fueling station)에서 밸브 스위치를 조작해 연료밸브를 동작시키기 위해 전기 솔레노이드(solenoid)를 사용한다. 포핏형 솔레이드밸브는 열림 솔레노이드(opening solenoid)에 전압이 가해졌을(energized) 때 발생하는 자기력에 의해 스프링 힘을 이기고 밸브가 열린다. 이때 열림 위치로 밸브를 고정시키기 위해 포핏의 축에 있는 노치(notch) 안으로 고정축(locking stem)이 들어간다. 반대로 연료 흐름을 차단하기 위해 닫힘 솔레노이드(closing solenoid)에 전압을 공급하면 고정축은 자기력에 의해 당겨지고 밸브는 포핏의 스프링에 의해 닫힌다. 솔레노이드 작동식 연료밸브의 특성은 밸브가 매우 빠르게 열리고 닫히는 장점이 있다.

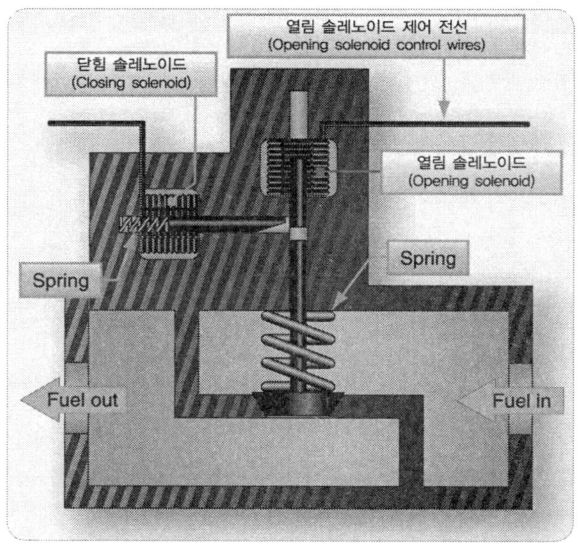

[그림 10-45] 자력을 사용하는 솔레노이드 작동 연료 밸브
(A solenoid-operated fuel valve uses the magnetic force)

10.5.4 연료 펌프(Fuel pumps)

중력공급식 연료계통을 구비한 항공기를 제외하고, 모든 항공기는 각각의 엔진마다 가압된 깨끗한 연료를 연료계량장치(fuel metering device)로 이송시키기 위해 적어도 하나 이상의 연료펌프를 갖는다. 엔진구동펌프(engine-driven pump)는 1차 공급 장치이다. 일반적으로 가압펌프 또는 승압펌프라고도 알려진, 보조펌프(auxiliary pump)는 엔진구동펌프로 압력이 걸린 연료를 공급하기 위해 그리고 시동하는 동안 엔진구동펌프가 충분한 연료를 공급할 수 있을 때까지 사용된다. 보조펌프는 또한 이륙 시에 그리고 고고도에서 증기폐쇄를 방지하기 위해 사용된다. 많은 대형 항공기에서는 한곳의 탱크에서 다른 탱크로 연료를 이동시키기 위해서 사용되기도 한다. 많은 종류의 보조 연료펌프가 전기 작동식(electrically-operated)이지만, 일부 수동식펌프(hand-operated pump)도 구형 항공기에서 사용된다. 다음은 일반적으로 사용되는 보조펌프에 대한 설명이다.

10.5.4.1 수동식 연료펌프(Hand-operated fuel pumps)

일부 구형 왕복엔진 항공기에는 수동식 연료펌프가 장착되어 있다. 이는 엔진구동펌프를 보조하고, 탱크에서 탱크로 연료를 이동시키기 위해 사용된다. 보조수동연료펌프(wobble pump)는 펌프 핸들의 행정마다 연료를 펌핑(pumping)하는 복식펌프(double-acting pump)이다. 이 펌프는 연료를 펌핑하기 위해 앞뒤로 움직이는 베인(vane)과 펌프의 중심에 구멍이 난 통로를 갖고 있는 베인형 펌프(vane-type pump)이다.

그림 10-46에서는 보조수동연료펌프(wobble pump)의 기계장치를 보여준다. 핸들이 아래쪽으로 움직일 때, 펌프의 왼쪽 베인(vane)은 위쪽으로 움직이고, 펌프의 오른쪽 날개는 아래쪽으로 움직인다. 왼쪽 베인이 위쪽으로 움직일 때, 공간(chamber) A 안으로 연료를 빨아들인다. 공간 A와 D는 구멍을 통해 연결되기 때문에, 연료는 또한 공간 D 안으로 흡입된다. 동시에, 오른쪽 베인은 공간 B의 밖으로, 펌프의 중심에 구멍을 통해 공간 C 안으로 연료를 밀어내고 공간 C의 체크 밸브(check valve)를 통해 연료배출구로 밀어낸다. 핸들이 다시 위쪽으로 움직일 때 왼쪽 베인은 아래쪽으로 움직이고, 공간 A의 체크 밸브가 연료입구를 통해 연료의 유입을 막고 공간 A와 D의 밖으로 연료를 배출하며, 오른쪽 베인은 동시에 위쪽으로 움직여 공간 B와 C 안으로 연료를 흡입한다.

그림 10-47과 같은 수동식펌프는 펌프가 조종실에 장착되어 있어 조종실까지의 연료관을 필요로 한다. 이 펌프는 고장 나는 것이 거의 없는 간단한 구조이지만, 조종실까지의 연료관은 전동펌프에서는 없는 잠

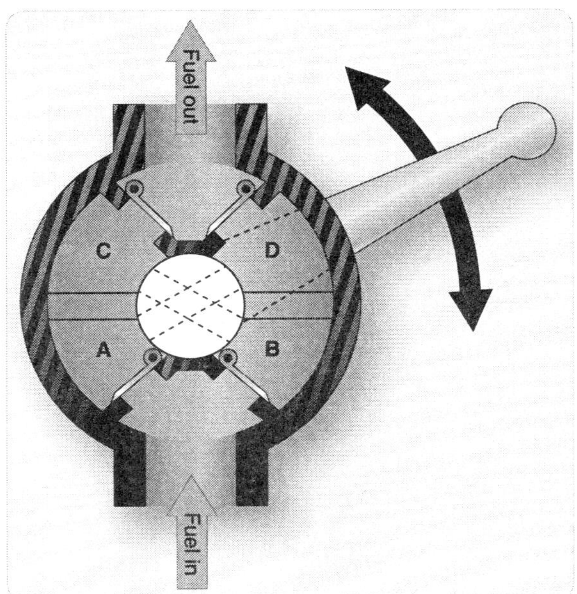

[그림 10-46] 수동 연료 펌프(A hand-operated wobble pump)

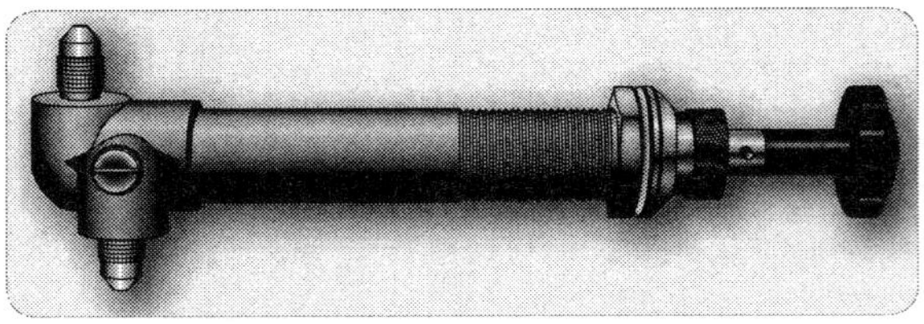

[그림 10-47] 수동식 피스톤형 프라이머 펌프
(This engine primer pump is a hand-operated piston type)

재위험이 될 수 있다. 최신의 왕복엔진을 장착한 경항공기는 보통 전기보조펌프(electric auxiliary pump)를 사용하지만 가끔 시동 시, 엔진에 가솔린을 주입하기(priming) 위해 간단한 수동펌프(hand pump)를 활용하기도 한다. 이 수동펌프는 프라이머 손잡이(primer knob)를 뒤쪽으로 당겼을 때 펌프실린더 안으로 연료를 끌어당기는 단식 피스톤펌프(single-acting piston pump)이다. 앞쪽 방향으로 밀 때 연료는 관을 통해 엔진 실린더로 공급된다.

10.5.4.2 원심승압펌프(Centrifugal boost pumps)

그림 10-48과 같이 대형 고성능 항공기에 사용되는 가장 일반적인 유형의 보조 연료펌프는 원심 펌프이다. 전기모터로 구동되며 대부분 연료탱크 내부의 가장 아래 부분에 위치하여 연료에 잠겨 있거나 탱크의 외부 밑 부분에 장착되어 있다. 탱크의 외부에 장착 된 경우 일반적으로 펌프장탈밸브(pump removal valve)가 설치되어 연료 탱크를 비우지 않고 펌프 장탈이 가능하다.

그림 10-49와 같이, 원심승압펌프(centrifugal boost pump)는 가변용량형펌프(variable displacement pump)이다. 임펠러(impeller)의 중심에서 연료를 끌어들이고 임펠러가 돌아갈 때 바깥으로 연료를 방출한다. 배출구 체크밸브(outlet check valve)는 배출된 연료가 펌프로 다시 역류하는 것을 막는다. 연료이송관(fuel feed line)은 펌프배출구에 연결된다. 바이패스 밸브(bypass valve)는 만약 연료 탱크에 있는 승압

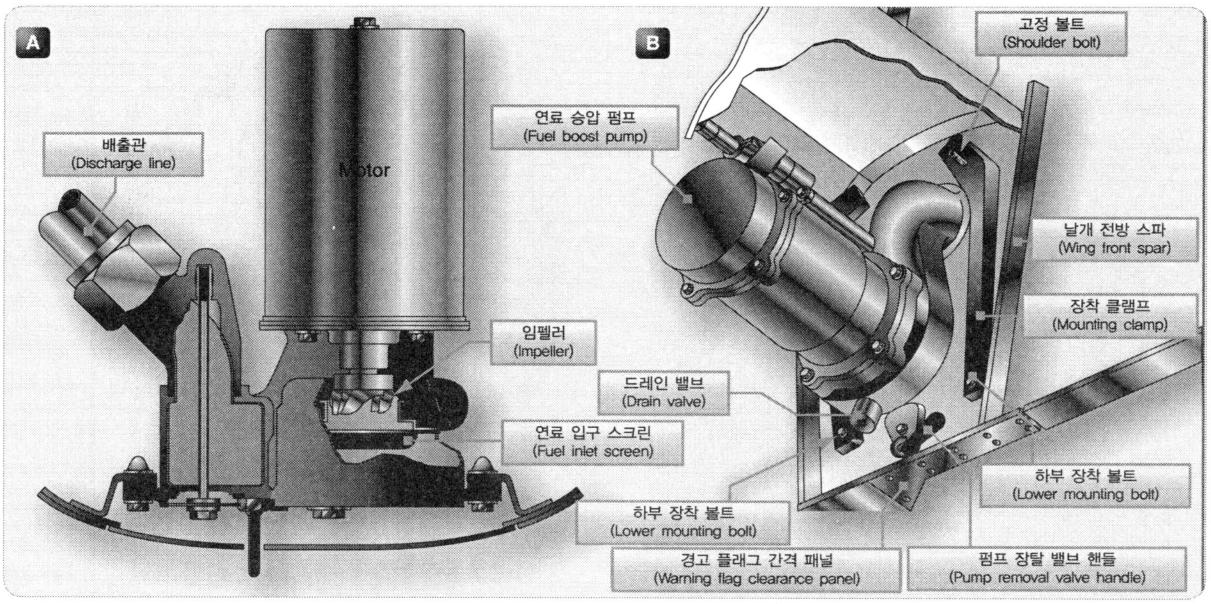

[그림 10-48] 원심 연료 승압 펌프(A centrifugal fuel boost pump)

펌프가 작동하고 있지 않을 경우 엔진구동펌프가 탱크로부터 연료를 끌어당길 수 있게 해주며 연료이송장치(fuel feed system)에 장착되어 있다. 원심 승압펌프는 가압된 연료를 엔진구동 연료펌프로 공급해 주고, 엔진구동 연료펌프를 보조하며, 탱크에서 탱크로 연료를 이동시키기 위해 사용된다.

항공기의 비행단계에 따라, 일부 원심연료펌프는 한 가지 이상의 속도로 작동하기도 하지만 단일 속도로 작동하는 펌프가 일반적이다. 연료탱크 안에 장착된 원심연료펌프는 온도, 고도, 또는 비행자세에 관계없이 증기폐쇄를 방지하도록 연료계통 전체에 정압(positive pressure)을 공급하며, 전기 모터내로 연료가 침투하지 못하도록 연료방지 덮개를 갖추고 있다.

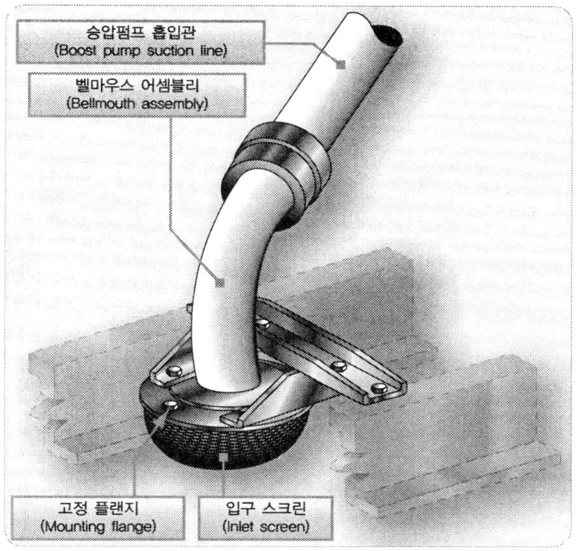

[그림 10-50] 원심형 연료 승압펌프의 흡입구에 설치된 스크린(A typical fuel boost pump inlet screen installation for a centrifugal pump)

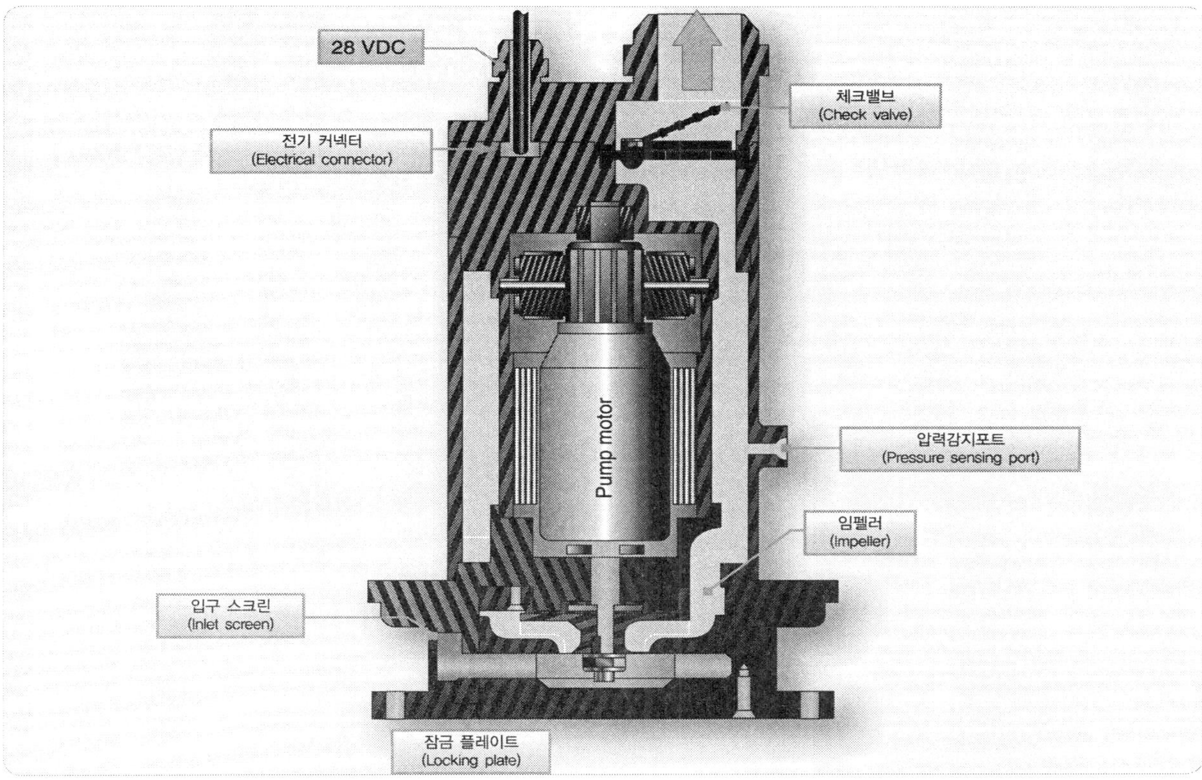

[그림 10-49] 원심 연료 승압펌프의 내부 작동(The internal working of a centrifugal fuel boost pump)

그림 10-50과 같이 원심펌프의 흡입구는 이물질의 흡입을 방지하기 위해 스크린으로 덮여 있다.

10.5.4.3 배출펌프(Ejector pumps)

원심펌프(centrifugal pump)는 연료탱크 내부에 장착되어 항상 연료에 잠겨 있도록 설계된다. 이것은 펌프가 연료 없이 공회전하는 현상(cavity)을 방지하며, 펌프가 연료에 의해 냉각되도록 해준다. 펌프가 장착된 공간은 플래퍼 밸브(flapper valve) 형태의 체크 밸브가 위치하여 칸막이 역할을 하는 배플(baffle)과 함께 항공기가 어떠한 비행자세에도 펌프가 장착된 공간에서 연료가 빠져나가지 못하게 해준다.

그림 10-51과 같이, 일부 항공기는 펌프 흡입구에 연료가 항상 잠겨 있도록 해주는 배출펌프(ejector pump)를 사용한다. 배출펌프는 벤투추리(venturi) 효과를 이용하여 펌프의 흡입구가 장착된 공간으로 연료를 보내주는 역할을 한다. 벤츄리 효과를 위해 연료압이 공급되어야 하는데 이 압력은 탱크에 장착된 승압 펌프(boost pump)가 제공해 준다. 배플 체크 밸브(baffle check valve)와 함께 펌프의 흡입구가 항상 연료에 잠겨 있도록 해주는 장치이다.

10.5.4.4 맥동전기펌프(Pulsating electric pumps)

이 펌프는 왕복엔진을 장착한 경항공기에서 많이 사용된다. 그림 10-52A에서 보여주는 바와 같이, 펌프 스위치를 on하면, 펌프 내의 솔레노이드 코일(solenoid coil)이 자화되어 플런저(plunger)를 코일의 아래쪽으로 당겨지게 하여 교정된(calibrated) 스프링으로 하여금 플런저를 위로 밀게 해주는 전기 접점을 open시킨다. 플런저가 위로 올라가면서 연료를 펌핑

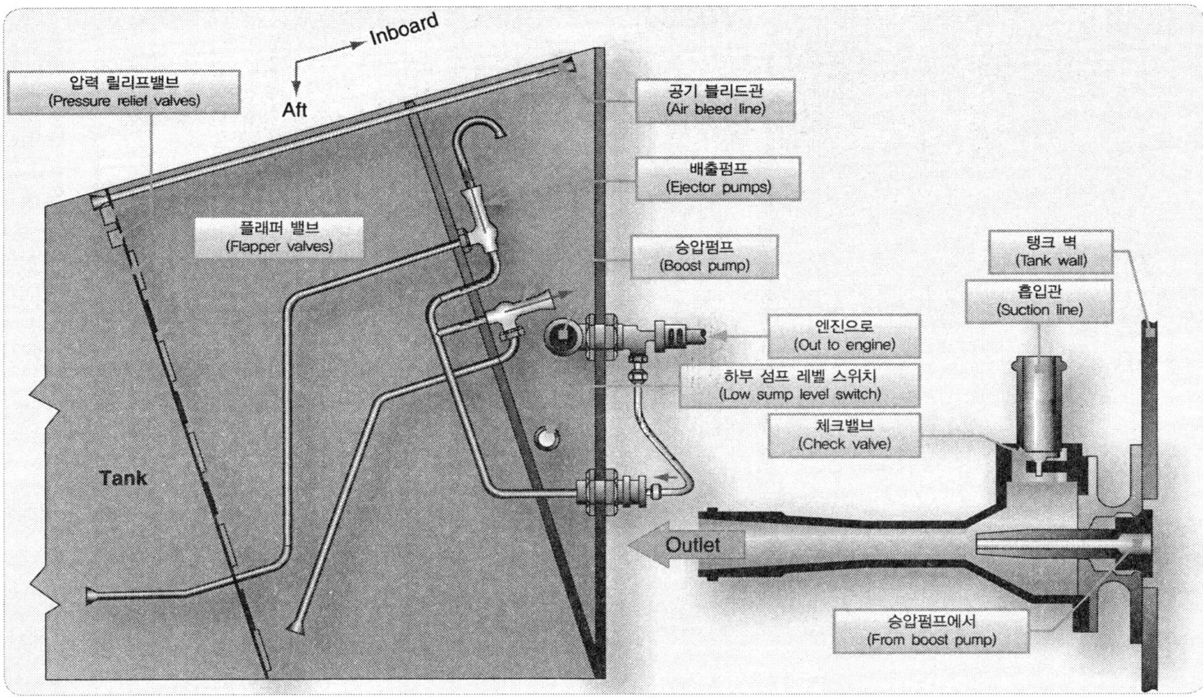

[그림 10-51] 배출펌프는 벤투리를 사용하여 연료를 추출(An ejector pump uses a venturi to draw fuel)

한다. 그림 10-52B와 같이 플런저가 위로 올라가면 전기 접점이 close되어 솔레노이드 코일이 자화된다. 이 동작은 펌프 배출구에 연료 압력이 정상 압력에 도달할 때까지 반복된다. 이 펌프는 엔진구동펌프와 병렬로 배관되어, 시동 시에 엔진구동펌프가 정상적인 펌프 기능을 할 수 있을 때까지 연료를 공급하고, 이륙 시에 예비 펌프로서 사용된다. 그것은 또한 증기폐쇄를 방지하기 위해 고고도에서 사용된다. 플런저의 중심에 있는 스프링은 플런저의 운동을 완충시킨다. 공간 D 연료와 펌프 상부의 공기층 사이에 다이어프램(diaphragm)은 배출된 연료의 파동을 완충시킨다.

10.5.4.5 베인형 연료펌프(Vane-type fuel pumps)

베인형 연료펌프(vane-type fuel pump)는 왕복엔진 항공기에 적용되는 가장 일반적인 형태의 연료펌프이다. 이 펌프는 엔진구동 1차 연료펌프(engine-driven primary fuel pump)로서 그리고 보조연료펌프 또는 승압펌프(boost pump)로서 사용된다. 베인형 펌프는 펌프의 회전마다 일정한 부피의 연료를 공급하는 정용량형펌프(constant displacement pump)이다. 보조펌프로 사용될 때는 전기 모터로 펌프축을 회전시키며, 엔진구동펌프로 사용될 때는 엔진의 액세서리 기어 박스(accessory gear box)에 의해 구동된다.

그림 10-53과 같이, 모든 베인형 펌프의 편심로터(eccentric rotor)는 실린더 내부에서 가동시킨다. 로터에 가늘고 긴 틈(slot)은 베인(vane)을 안쪽과 바깥쪽으로 미끄러지게 하고 중앙 부양 스페이서 핀(central floating spacer pin)에 의해 실린더 벽에 붙

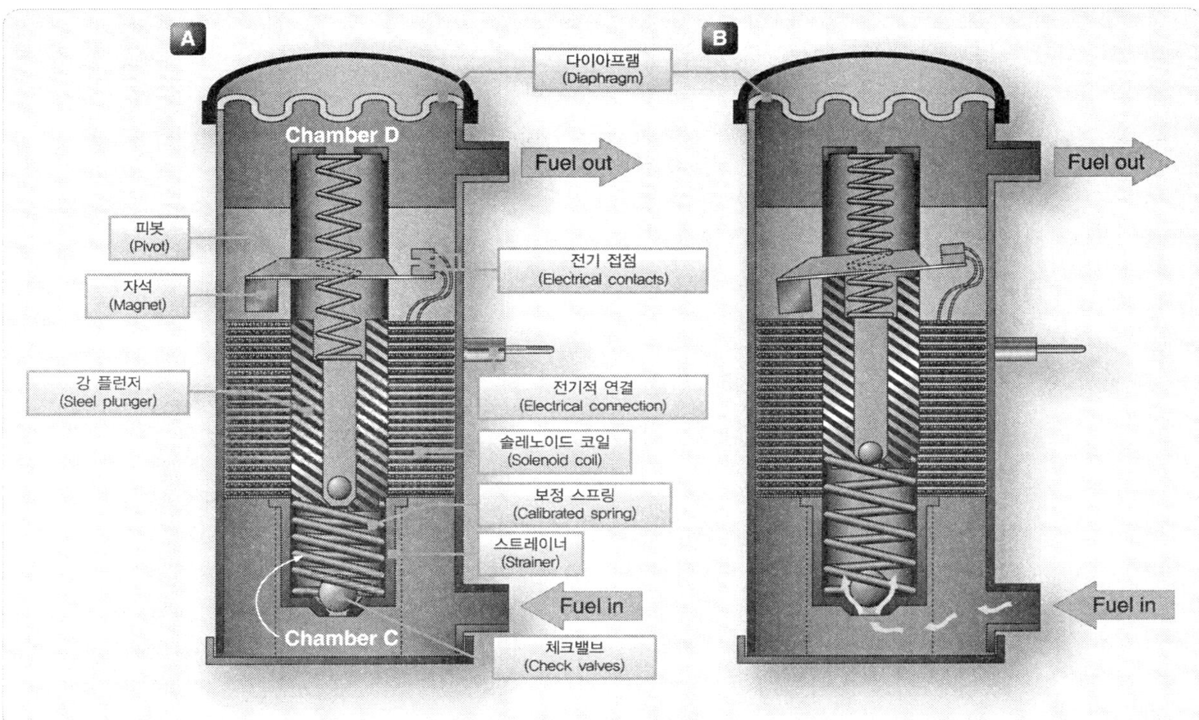

[그림 10-52] 맥동 전기 보조 연료펌프(A pulsating electric auxiliary fuel pump)

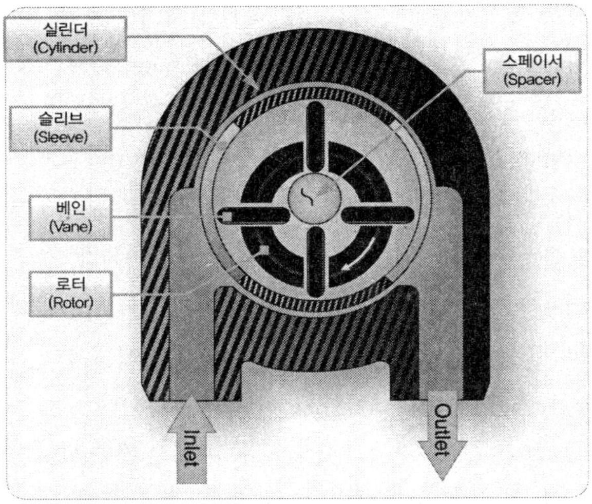

[그림 10-53] 베인형 연료펌프의 기본 구조
(The basic mechanism of a vane-type fuel pump)

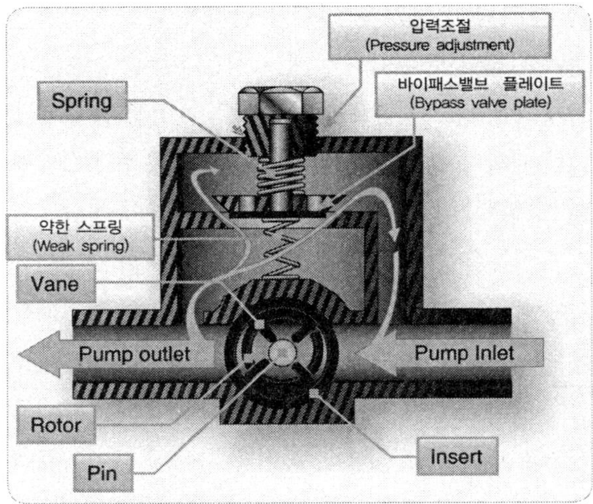

[그림 10-54] 베인형 연료펌프의 압력 릴리프 밸브
(The pressure relief valve in a vane-type fuel pump)

게 만든다. 베인이 편심로터와 함께 회전할 때 실린더 벽, 로터, 그리고 베인에 의해 생성된 체적공간은 증대하다가 감소한다. 흡입구(inlet port)는 체적공간이 증대해지는 곳에 있고 연료를 펌프로 끌어들인다. 회전하면서 공간은 더욱 작게 되며 작은 공간의 연료는 출구로 밀려 나가게 된다.

엔진의 연료계량장치(fuel metering device)는 일반적으로 작동에 필요한 양보다 더 많은 연료를 보낸다. 그러나 베인형 펌프가 공급하는 연료의 양이 너무 과도할 경우 흐름을 조절하기 위해, 대부분 베인형 펌프는 조절할 수 있는 압력 릴리프(pressure relief) 기능을 갖는다. 그림 10-54에서는 조절 가능한 압력 릴리프 기능을 가지고 있는 전형적인 베인형 펌프를 보여준다. 압력 릴리프는 릴리프 밸브 스프링의 인장력을 조절하는 압력조절 스크류(screw)로 설정할 수 있다.

그림 10-55와 같이, 엔진 시동 시 또는 베인형 펌프가 작동하지 않는 경우에도 연료는 펌프의 내부에 있는 바이패스 밸브(bypass valve)를 통해 연료계량장치로 흘러갈 수 있다. 릴리프 밸브 아래쪽에 용수철이 달린 바이패스 밸브판(bypass valve plate)은 펌프의 입구 연료압력이 배출구 연료압력보다 클 때에는 언제나 아래쪽으로 움직이고 연료는 펌프를 통해 흐를 수 있다.

그림 10-56과 같이, 보상 베인형 연료펌프(compensated vane-type fuel pump)는 엔진구동 1차 연료펌프로 사용된다. 연료계량장치의 흡입 공기압(inlet air pressure)은 펌프의 벤트 공간(vent chamber)으로 연

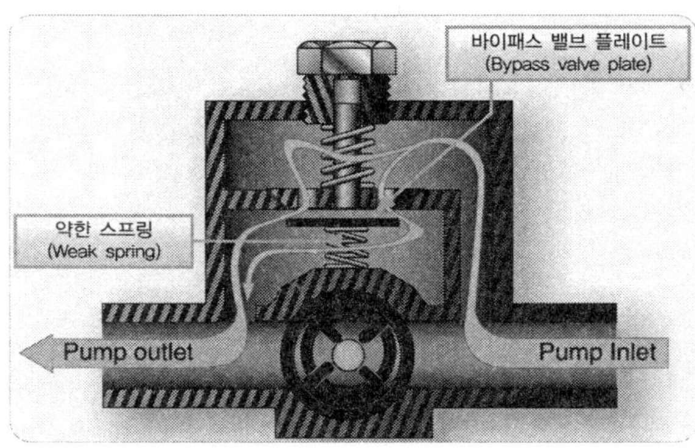

[그림 10-55] 베인형 연료펌프의 바이패스 기능
(The bypass feature in a vane-type fuel pump)

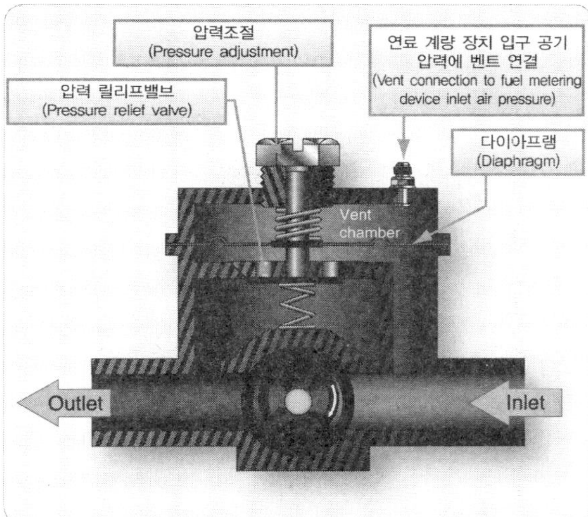

[그림 10-56] 엔진구동에 적용된 보정형 베인 펌프
(A compensated vane pump is used in engine-driven applications)

결되어 있다. 벤트 공간의 다이어프램은 벤트 공간에서 감지한 압력에 따라 릴리프 밸브의 스프링 압력을 증가시키거나 감소시킨다.

10.5.5 연료 필터(Fuel filters)

항공기에 사용되는 연료정화장치(fuel cleaning device)는 주로 두 가지 형태가 있다. 연료 스트레이너(fuel strainer)는 보통 비교적 굵은 철망으로 조립되어 큰 조각의 부스러기를 걸러내어 연료계통을 보호한다. 연료 스트레이너는 물의 흐름을 방해하지는 않는다. 일반적으로 연료 필터(fuel filter)는 보통 정밀격자로 조립되어 있고, 수천분의 1inch 직경의 상당히 미세한 이물질을 걸러낼 수 있으며 또한 물도 추출하는 데 도움을 준다. 스트레이너(strainer)와 필터(filter)는 때때로 혼용하여 사용된다. 미크론 필터(micronic filter)는 일반적으로 터빈동력 항공기에서 사용된다. 이것은 10~25micron의 범위로 극히 미세

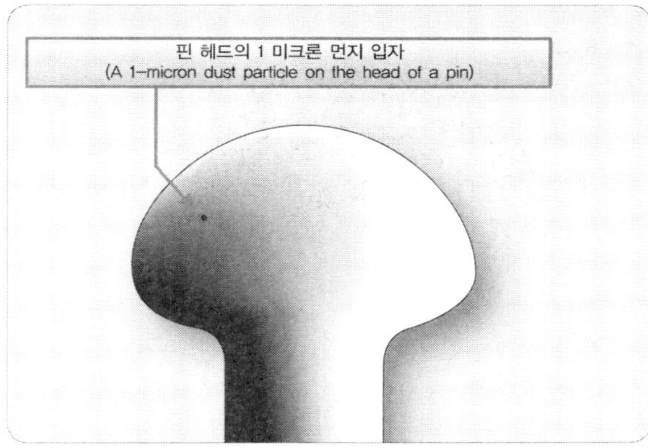

[그림 10-57] 1 [미크론] 먼지 입자와 핀 헤드의 크기 비교
(Size comparison of 1[micron] dust particle and pin head)

한 미립자를 걸러주는 필터이다. 미크론(micron)은 백만분의 1㎜이다. 그림 10-57은 1 micron의 먼지 입자와 핀 헤드의 크기 비교이다.

모든 항공기 연료계통은 스트레이너(strainer)와 필터(filter)를 사용해 오염되지 않은 연료를 엔진으로

[그림 10-58] 경항공기에 사용되는 연료 탱크 배출구 핑거 스트레이너(Fuel tank outlet finger strainers are used in light aircraft)

공급한다. 그림 10-58은 경항공기에 사용하는 연료 탱크 배출구 핑거 스트레이너를 보여준다.

그림 10-51과 같이, 탱크 내 승압펌프가 사용될 때 탱크배출구 여과기는 승압펌프의 흡입구에 위치한다. 넓은 스크린(screen)은 펌프 작동을 위한 충분한 연료 흐름을 가능하게 하면서 큰 조각의 이물질을 걸러준다. 이들 여과기는 정기적인 검사와 청소가 요구된다.

그림 10-59와 같이, 항공기 연료계통에서 또 다른 주 연료 스트레이너(main strainer)는 연료탱크 배출구와 기화기 또는 연료계량장치(fuel metering device)와 연료분사장치 사이에 장착된다. 일반적으로 연료탱크와 엔진 구동 연료펌프 사이의 낮은 곳에 위치하고 비행전 연료샘플링(prefight sampling) 및 드레인(draining)을 위한 드레인포트(drain port)가 장착되어 있다.

경항공기의 주 연료 스트레이너는 개스콜래이터(gascolator)의 형태로 되어 있다. 개스콜래이터는 침전물 수집통을 합체시킨 연료 스트레이너이다. 통(bowl)은 전통적으로 오염물질에 대해 육안점검을 할 수 있는 투명한 유리제품이지만, 불투명한 통을 갖기

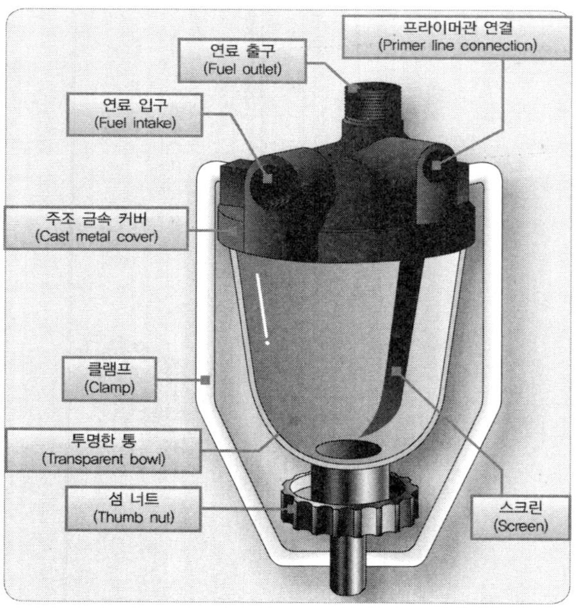

[그림 10-59] 개스콜래이터 주 연료 스트레이너
(A gascolator is the main fuel strainer)

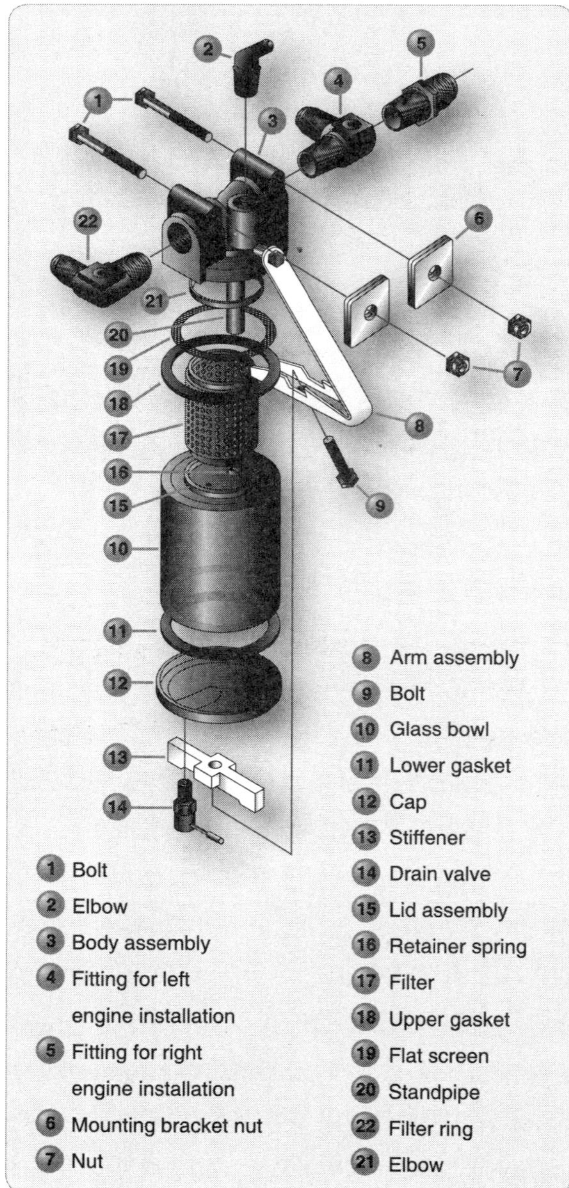

[그림 10-60] 쌍발 왕복엔진 경항공기 필터 조립품(A filter assembly on a light twin reciprocating-engine aircraft)

도 한다. 개스콜래이터는 드레인포트를 갖고 있고, 통은 검사를 위해 장탈할 수 있으며, 걸러진 부스러기와 물을 버릴 수 있다.

주 연료필터는 일부 엔진방화벽(engine firewall)의 낮은 지점에 설치된다. 드레인포트는 점검패널(access panel)을 통해 쉽게 접근할 수 있거나, 또는 엔진 카울(cowl) 밑면까지 연장되어 있다. 그림 10-60과 같이, 쌍발경항공기는 한 개의 주 연료필터를 갖기도 한다. 보통 쌍발항공기는 각각의 엔진에 주 필터가 있다. 단발 항공기에서 필터는 각각의 나셀(nacelle)에 있는 엔진방화벽의 낮은 곳에 장착되기도 한다.

[그림 10-61] 큰 면적 이중 스크린 필터
(A large-area double-screen filter)

그림 10-61과 같이, 다른 큰 면적 연료 필터는 이중망 구조를 갖춘다. 원통형 구조망은 정밀격자 재료로 감싸여 있고, 안쪽 실린더에는 추가의 원추형 망(cone-shaped screen)이 있다. 연료는 원뿔을 통과하여 위쪽으로 지나 배출구(outlet)로 빠져 나간다. 밑바닥으로 모인 오염물질은 드레인밸브(drain valve)를 통해 배출시킨다.

터빈엔진 연료제어장치(fuel control unit)는 아주 정밀한 장치로 미크론 필터(micronic filter)를 사용하여

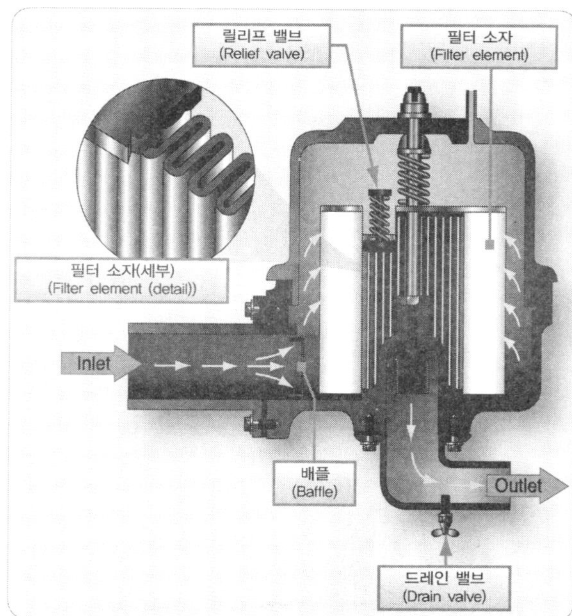

[그림 10-62] 교환 가능한 셀룰로스 필터 소자의 일반적인 미크론 연료 필터(A typical micronic fuel filter with changeable cellulose filter element)

깨끗하고 오염물질 없는 연료가 공급되어야 한다. 그림 10-62에서 보여준 격자형(mesh-type) 셀룰로스 필터(cellulose filter)는 10~200micron 크기의 입자를 차단할 수 있고 물을 흡수할 수 있으며, 필터 소자(filter element)는 교환이 가능하다. 오염 물질에 의해 필터가 막혔을 경우 필터 소자를 우회하여 흐를 수 있게 해주는 릴리프 밸브(relief valve)가 장착되어 있다.

연료필터는 왕복엔진항공기와 터빈엔진항공기의 엔진구동 연료펌프와 연료계량장치 사이에 사용된다. 주로 미크론 필터가 사용되며, 그림 10-63과 같이, 미세한 원판 격자를 여러 겹 겹쳐서 만든 필터이다. 이런 종류의 필터는 엔진구동펌프의 하류부문에서 사용되며 고압에 잘 견딜 수 있다.

그림 10-64와 같이, 바이패스 작동 스위치(bypass-activated switch) 또는 차압스위치(pressure differential switch)를 사용하여 필터의 막힘을 조종실에 지시한다. 바이패스작동 스위치는 필터가 막혀서 연료가 바이패스 밸브(bypass valve)를 통해 흐를 때 지시 회로가 접속되어 조종실에 신호를 보내준다. 차압식 지시기(differential pressure type indicator)는 연료 필터의 입구 압력과 배출구 압력을 비교하여 설정 값을 초과하면 지시 회로가 접속된다. 연료온도계를 통해 연료 온도를 확인함으로써 필터가 결빙된 물에 의해 막혔는지 알 수도 있다.

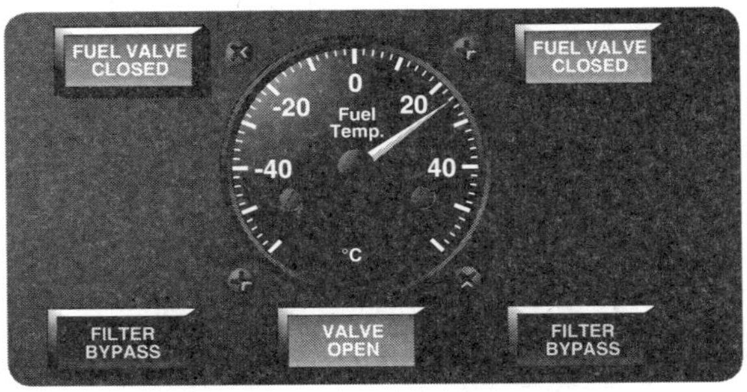

[그림 10-64] B737 조종실 연료 패널
(A boeing 737 cockpit fuel panel)

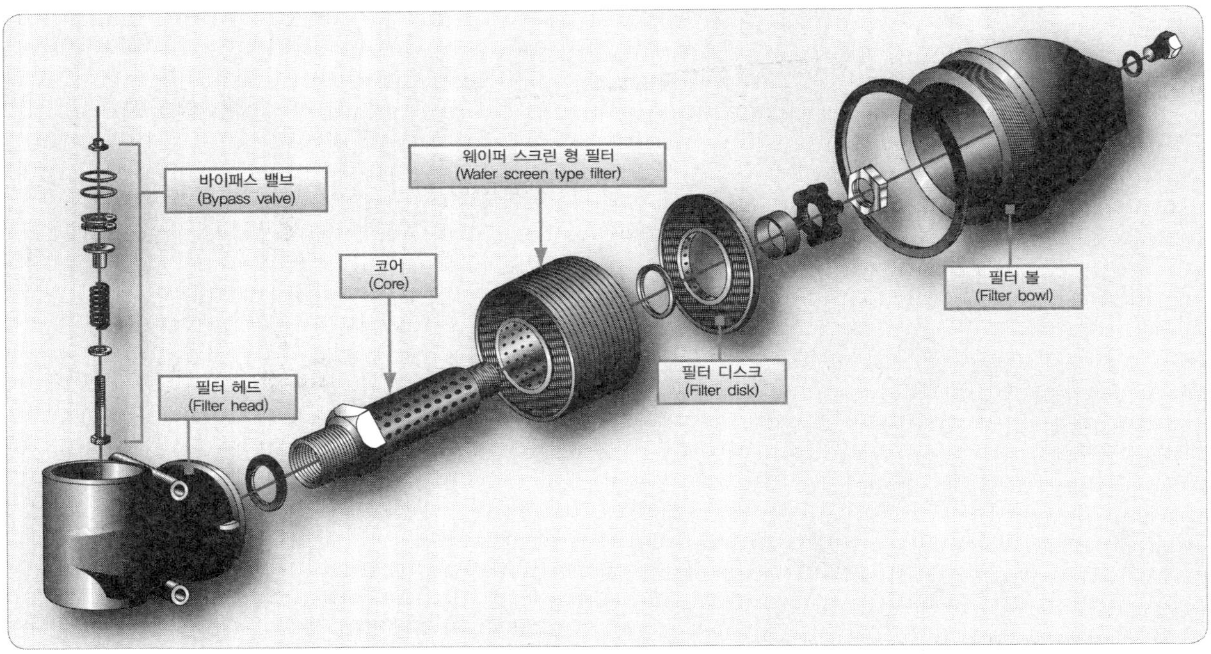

[그림 10-63] 다중 스크린 웨이퍼 사용 미크론 웨이퍼 필터(A micronic wafer filter uses multiple screen wafers)

10.5.6 연료 히터와 연료 결빙 방지 (Fuel heaters and ice prevention)

터빈동력 항공기는 온도가 아주 낮은 고고도에서 운영한다. 연료탱크에 있는 연료의 온도가 빙점 이하가 되면 연료에 들어있는 물은 결빙된다. 결빙된 물을 포함한 연료는 필터를 막히게 하여 연료의 흐름을 막는다. 연료 히터(heater)는 얼음이 형성되지 않도록 연료를 따뜻하게 하는 데 사용한다. 이들 열교환기(heat exchanger unit)는 이미 형성된 어떠한 얼음도 녹일 수 있도록 충분히 연료를 가열한다.

연료 히터의 가장 일반적인 종류는 공기/연료 히터(air/fuel heater)와 오일/연료 히터(oil/fuel heater)이다. 공기/연료 히터는 연료를 가열하기 위해 뜨거운 엔진 브리드 에어(bleed air)를 사용한다. 오일/연료 히터는 뜨거운 엔진오일로 연료를 가열시킨다. 그림 10-23과 같이, 오일/연료 열교환기(exchanger)는 연료 냉각식 오일냉각기(FCOC, fuel-cooled oil cooler)라고도 부른다. 즉, 차가운 연료는 덥히고, 뜨거운 오일은 냉각한다.

연료 히터(fuel heater)는 필요할 때 간헐적으로 작동한다. 조종석에 있는 스위치에 의해 연료 히터로 가는 뜨거운 공기 또는 오일을 제어할 수 있다. 그림 10-64와 같이, 운항승무원은 필터 바이패스 지시등(filter bypass indicating light)과 연료 온도계를 보고 연료의 가열 필요성을 알 수 있다. 연료 히터는 또한 자동으로 작동할 수도 있다. 그림 10-65와 같이, 내장 온도조절 장치(built-in thermostatic device)는 연료의 온도가 정해진 값 이하로 떨어지면 뜨거운 공기 또는 뜨거운 오일을 공급해주는 밸브를 자동으로 열리거나 닫히게 한다.

일부 항공기는 연료탱크 중 한곳에 유압유 냉각기(hydraulic fluid cooler)를 갖추고 있어 뜨거운 유압유가 냉각되면서 연료의 온도는 높여주는 기능을 한다.

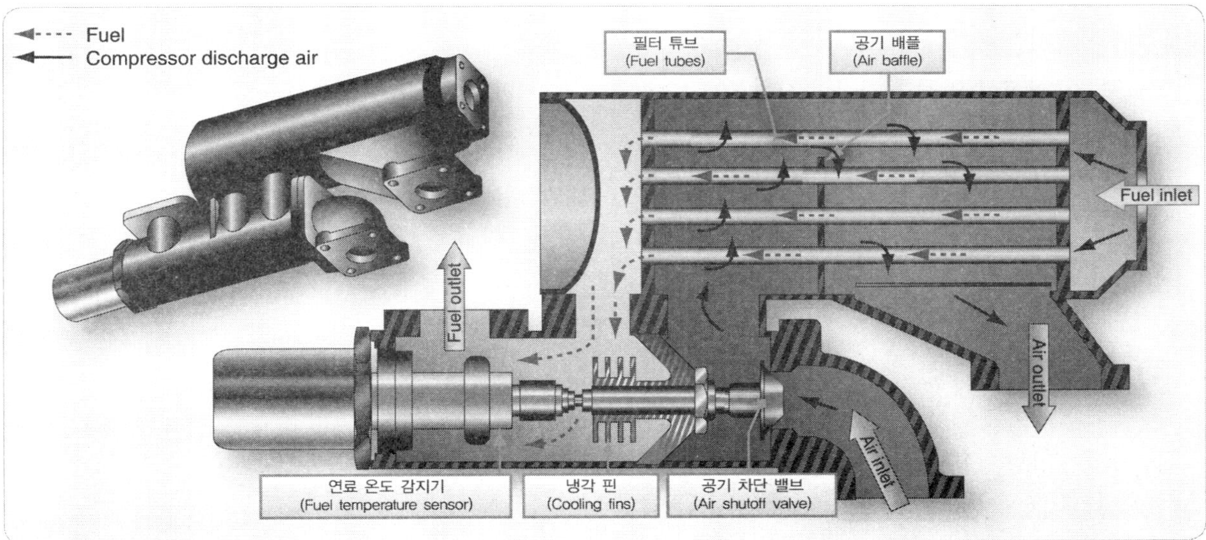

[그림 10-65] 공기-연료 열교환기는 엔진 압축기 블리드 공기 사용(An air-fuel heat exchanger uses engine compressor bleed air)

10.5.7 연료 계통 지시기 (Fuel system indicators)

항공기 연료계통은 다양한 지시기(indicator)를 사용한다. 모든 계통에는 연료량(fuel quantity) 지시기가 있어야하며, 대부분의 항공기에서 연료 흐름(fuel flow), 압력 및 온도가 모니터링 되고, 밸브 위치지시기와 다양한 경고등(warning light) 및 신호표시기(annunciator)가 사용된다.

10.5.7.1 연료량 지시 계통 (Fuel quantity indicating systems)

그림 10-66과 같이 모든 항공기 연료계통에는 일정한 형태의 연료량 지시기(fuel quantity indicator)가 있어야한다. 이러한 지시기는 연료계통의 복잡성과 항공기의 형식에 따라 크게 다르다. 전력을 필요로 하지 않는 간단한 지시기는 가장 초기의 유량 지시기였으며 오늘날에도 여전히 사용되고 있다. 이러한 직독식 지시기(direct-reading indicator)는 연료 탱크가 조종석에 가까이 있는 경항공기 등에서 사용된다. 다른 경비행기와 대형 항공기는 전기식 지시기(electric indicator) 또는 전자 용량식 지시기(electronic capacitance-type indicator)가 사용된다.

[그림 10-66] 파이퍼 컵 항공기 연료량 지시기
(The fuel quantity indicator on this piper cub)

그림 10-67과 같은 사이트 글라스(sight glass)는 연료탱크에 있는 연료량을 직접 눈으로 확인할 수 있게 노출된 투명한 유리 또는 플라스틱 튜브이다. 그것은 조종사가 쉽게 읽을 수 있도록 갤런(gallon) 또는 풀탱크(full tank)의 분수로 눈금이 표시되어 있다. 다른 유형의 사이트 게이지는 지시 막대가 부착된 플로트(float)를 사용한다. 플로트가 탱크의 연료량과 함께 위아래로 움직일 때, 연료 캡을 통해 연장된 막대 부분은 탱크의 연료량을 나타낸다. 이 두 가지 기계장치는 또 다른 간단한 연료량 표시기에 결합되어 있는데, 여기에서 플로트는 교정된 실린더에서 위 또는 아래로 움직이는 로드에 부착된다.

그림 10-68과 같이, 일반적으로 더 정교한 기계식 연료량지시기계가 쓰인다. 연료면을 따라 움직이는 플룻(float)에 연동하는 기계장치를 설치해 계기(instrument) 눈금판의 지침(pointer)과 연결시켜 연료량을 지시하게 한다. 지침(pointer)은 기어(gear)장치나 자기결합(magnetic coupling)에 의해 움직인다.

그림 10-69와 같이, 전기식 연료지시기(electric fuel quantity indicator)는 최신의 항공기에서 일반적으로 사용된다. 전기식 연료량지시기계의 대부분은 직류

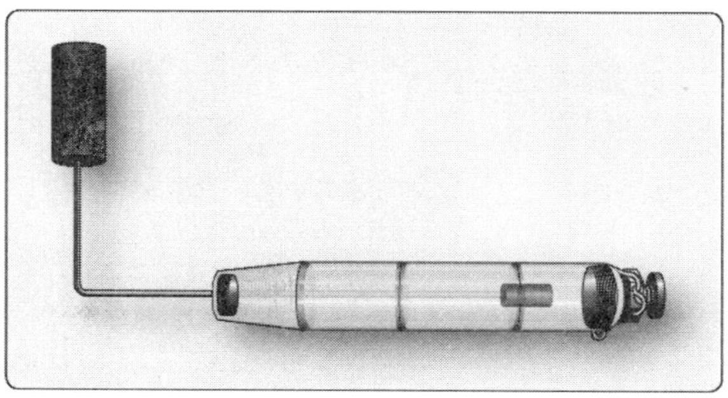

[그림 10-67] 플로트형 사이트 게이지 연료량 지시기
(A float-type sight gauge fuel quantity indicator)

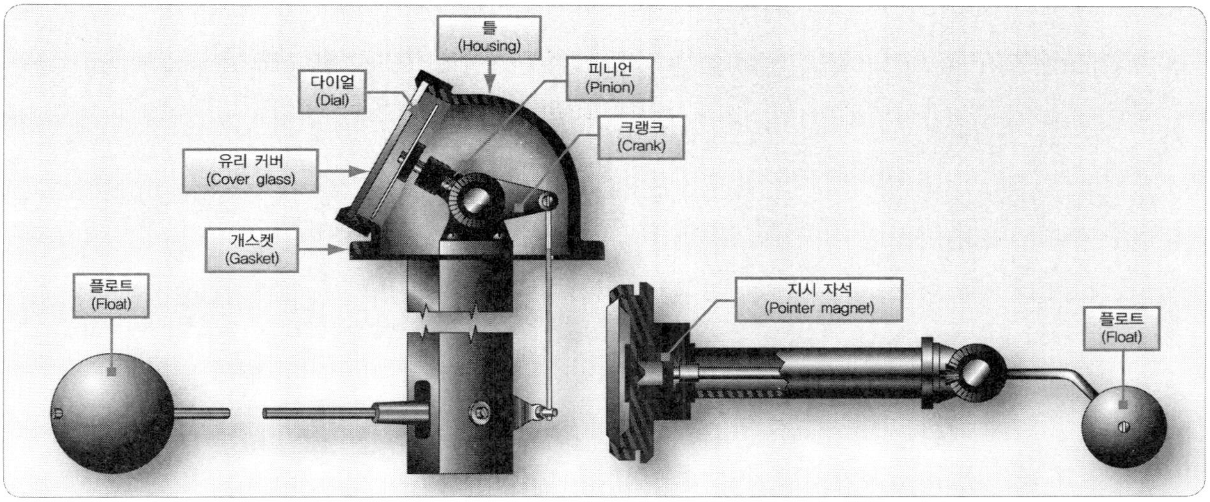

[그림 10-68] 간단한 기계식 연료지시기(Simple mechanical fuel indicators)

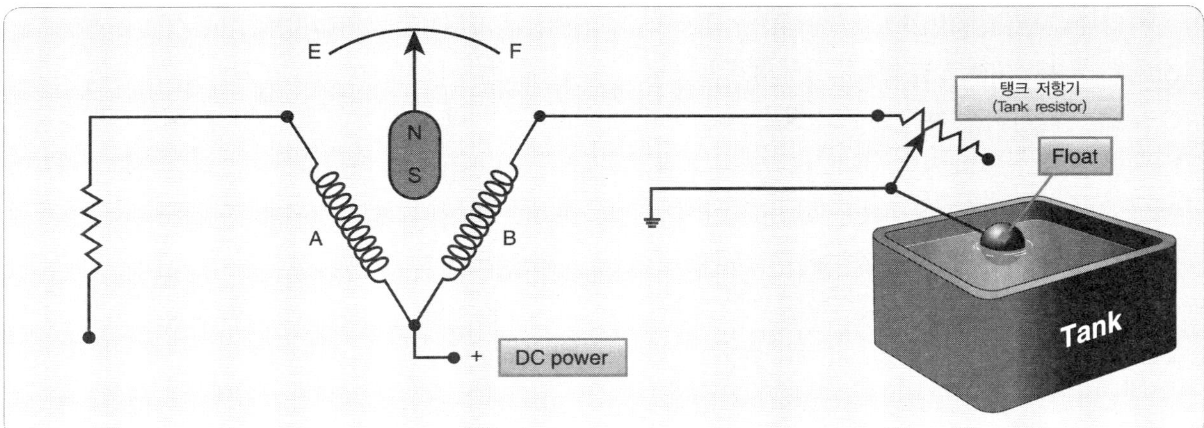

[그림 10-69] 가변저항을 사용한 직류전원 연료량 지시기(A dc electric fuel quantity indicator uses a variable resistor)

(DC)로 작동하고 비율계형 지시기(ratiometer-type indicator)를 구동시키는 회로에 가변저항을 이용한다. 탱크에서 플롯의 움직임은 컨넥팅 암(connecting arm)을 거쳐 가변저항기에 와이퍼가동자(wiper)를 움직인다. 가변 저항기를 통해 흐르는 전류의 변화는 지시기에 있는 코일을 통해 흐르는 전류를 변화시킨다. 이것은 지시 바늘(pointer)을 움직이게 하는 자기장을 바꾼다. 지시 바늘은 교정식 눈금판(calibrated dial)에 상응하는 연료량을 지시한다.

디지털 지시기(digital indicator)는 탱크 유닛(tank unit)으로부터의 동일한 가변저항신호를 이용한다. 그림 10-70과 같이, 조종석 계기판에서 가변저항을 수치로 변환하여 지시된다. 자동화된 조종실을 갖는 항공기는 완전한 디지털 계측시스템(digital instrumentation system)에 의해 가변저항을 컴퓨터에서 처리하기 위한 디지털 신호로 변환하여 평면 스

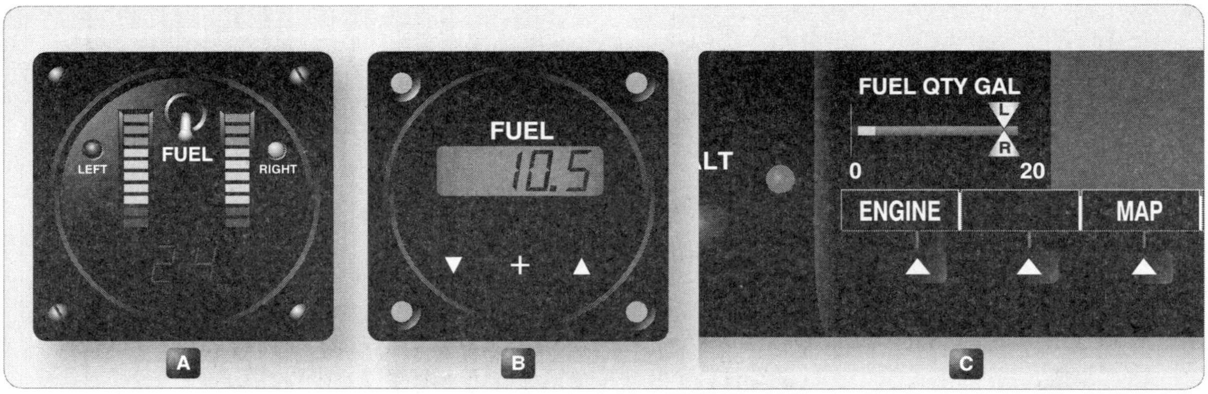

[그림 10-70] 디지털 연료량 게이지와 Garmin G-1000 평면 스크린 디스플레이
(Digital fuel quantity gauge and garmin G-1000 flat screen display)

크린에 지시된다.

대형 항공기와 고성능 항공기는 전형적으로 전자식 연료량 시스템을 사용한다. 이 시스템은 탱크 내에 연료량 계측을 위해 가변저항과 같이 움직이는 구성품이 없는 이점을 갖는다. 이 시스템은 여러 개의 가변용량 전송기(variable capacitance transmitter)가 탱크 바닥에 수직으로 장착되어 탱크에 적재된 연료 레벨을 측정하여 컴퓨터로 전송한다. 그림 10-71과 같이, 탱크 유닛(tank unit) 또는 연료 프로브(fuel probe)라고 부르는 가변용량 전송기가 대형탱크 안에 여러 개 장착되어 있다. 그들은 서로 병렬로 연결되어 있다. 연료의 높이가 변화할 때, 각각의 탱크 유닛의 정전용량(capacitance)은 변화한다. 탱크에 있는 모든 프로브(probe)에 의해 전송된 정전용량은 컴퓨터에서 합계되고 서로 비교된다. 항공기의 자세가 변할 때 일부 프로브가 다른 프로브보다 더 많은 연료에 잠기게 되더라도, 모든 프로브에서 전송된 전체 정전용량(capacitance)은 동일하게 유지되기 때문에 연료량 지시는 변동되지 않고 정확한 양을 지시한다. 트리머(trimmer-미세조정용 가변소자)는 교정된 연료량 지시기(pre-calibrated quantity indicator)와 정전용량의 출력(capacitance output)을 조화시키기 위해 사용된다.

축전기(capacitor)는 전기를 저장하는 장치이다. 저

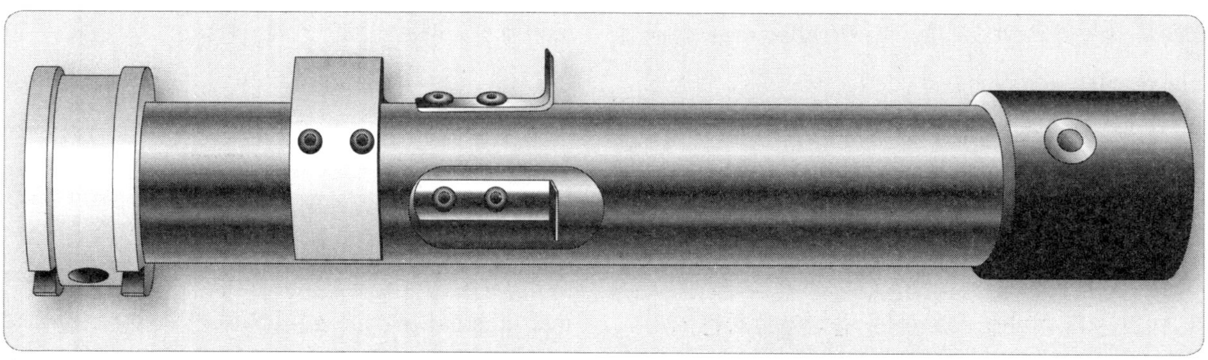

[그림 10-71] 연료탱크 전송기(A fuel tank transmitter)

장할 수 있는 양은 세 가지 인자에 따르는데, 캐패시터의 판(plate)의 면적, 판 사이의 간격, 그리고 판을 분리하는 재료의 유전율(dielectric constant)이다. 탱크 유닛 또는 탱크 프로브는 서로 거리를 두고 고정된 간격을 유지하는 2개의 동심판(concentric plate)을 갖고 있다. 그런 까닭에 탱크 유닛의 정전용량은 만약 판(plate)을 분리하는 재료의 유전율이 바뀐다면 변화할 수 있다. 탱크 안에 있는 연료의 높이에 따라 탱크 유닛의 내부는 그만큼의 연료와 나머지 공기로 채워지며, 연료와 공기의 비율에 따라 유전율에도 변화가 생긴다. 이러한 유전율의 변화로 연료량을 측정한다. 그림 10-72에서는 이 구조의 간략한 그림을 보여준다.

탱크 유닛의 정전용량을 측정하는 브리지회로(bridge circuit)는 비교를 위해 기준 커패시터(reference capacitor)를 사용한다. 전압이 브리지(bridge)에서 유도될 때, 탱크 유닛의 용량성 리액턴스(capacitive reactance)와 기준 커패시터는 동등하거나 다르게 된다. 두 정전용량의 차이가 무게(pound)로 환산되어 연료량으로 지시된다. 그림 10-73에서는 비교 브리지회로의 특성을 보여준다.

연료량지시기(fuel quantity indicator)에서 탱크 유닛 커패시터(capacitor), 기준 커패시터, 그리고 마이크로칩 브리지(microchip bridge) 회로의 사용은 연료의 유전율에 영향을 주는 연료의 온도에 의해 복잡하게 된다. 항상 연료에 잠기도록 탱크의 가장 낮은 곳에 장착된 보정장치(compensator unit)는 브리지 회로로 배선되어 있다. 그림 10-74와 같이, 연료 온도가 연료비중(fuel density)과 탱크 유닛의 정전용량(capacitance)에 영향을 주는 것을 감안하여 보정장치(compensator unit)는 연료의 온도변화를 반영하도록 전류흐름을 수정한다.

연료합산장치(fuel summation unit)는 정전 용량식(capacitance-type) 연료량 지시시스템의 일부분이다. 그것은 모든 지시기로부터 각 탱크 연료량을 더하기 위해 사용된다. 이 전체 연료량은 항공기가 상승, 순항 및 하강 등을 할 때 최적의 대기속도와 엔진성능한계를 계산하는 비행관리 컴퓨터(flight management computer)를 위해 사용되며, 또한 조종

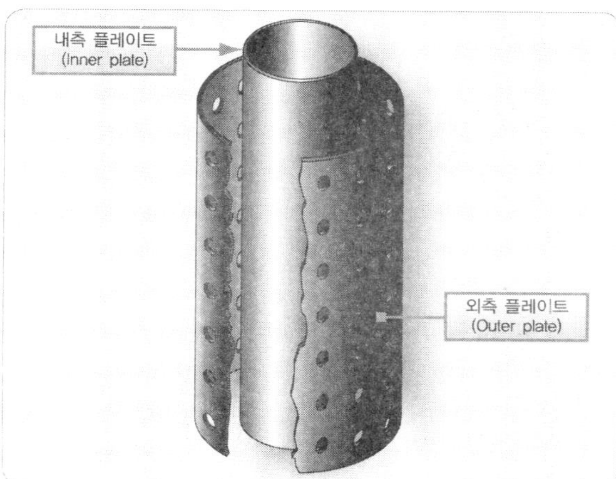

[그림 10-72] 정전용량 탱크 프로브
(The capacitance of tank probe)

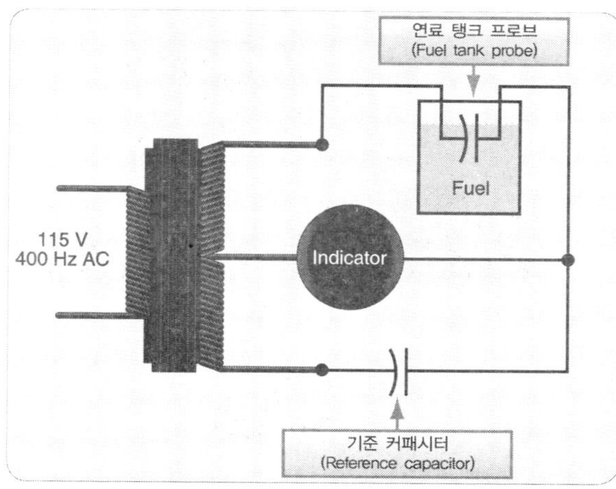

[그림 10-73] 연료량 시스템을 위한 단순화된 정전 용량 브리지
(A simplified capacitance bridge for a fuel quantity system)

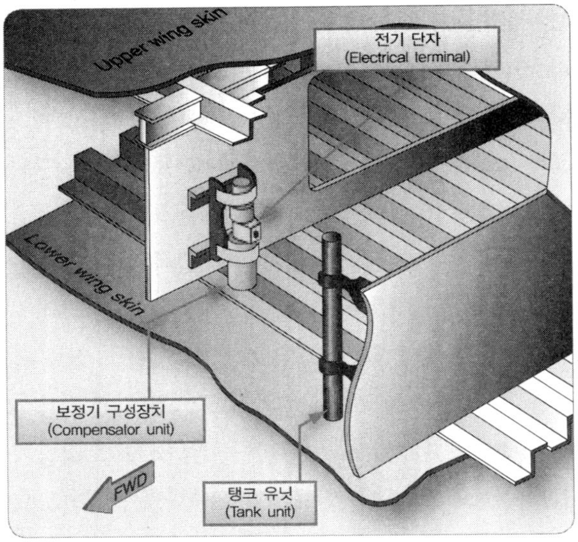

[그림 10-74] 연료량 탱크 유닛과 보정기 유닛
(A fuel quantity tank unit and compensator unit)

사에게 정보를 제공한다. 정전용량식 연료량시스템의 테스트 장치는 고장탐구와 기능을 확인하기 위해 그리고 지시장치 구성요소의 보정(calibration)을 위해 이용한다.

그림 10-75와 같이, 정전용량식 연료량 지시시스템을 가지고 있는 많은 항공기는 탑재된 연료량의 중

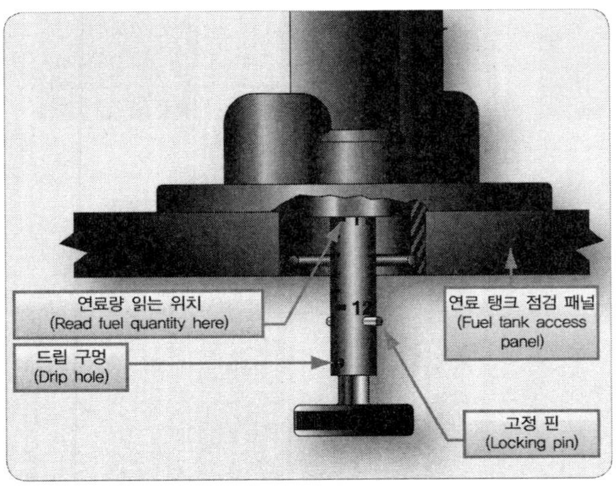

[그림 10-75] 연료 탱크 바닥에서 내려오는 연료 드립 스틱
(A fuel drip stick is lowered from the fuel tank bottom)

복 확인을 위해 또는 항공기가 전기 동력을 이용할 수 없을 때 연료량을 확인하기 위해 기계식 지시장치를 사용한다. 연료량 드립 스틱(drip stick 또는 fuel measuring stick)은 각각의 탱크에 일정한 개수가 설치되어 있다. 드립스틱(drip stick)에 장착되어 있는 플롯(float)은 항상 연료면에 떠있고, 스틱(stick)은 플롯의 중심에 있는 구멍을 따라 자유롭게 움직이며 스틱의 끝단에 있는 자성체가 플롯의 자성체와 일치될 때 움직임이 멈추게 된다. 측정 막대는 밑면을 누르고 회전시키면 탱크의 연료면에 떠있는 플롯에 걸릴 때까지 밑으로 내려온다. 측정 막대의 밑으로 내려온 길이와 항공기 자세, 연료 비중을 측정하여 제작사에서 제공된 도표를 이용하여 각 탱크에 있는 연료의 양을 확인할 수 있다.

10.5.7.2 연료 유량계(Fuel flowmeters)

연료유량계(fuel flowmeter)는 실시간으로 엔진의 연료 사용량을 지시한다. 이것은 조종사가 엔진성능을 확인하고, 비행 계획(flight planning)을 계산하기 위해 사용한다. 항공기에 사용된 연료유량계의 종류는 사용되고 있는 엔진과 관련된 연료계통을 고려하여 정한다.

연료의 무게는 온도에 따라 또는 터빈엔진에서 사용된 연료의 종류에 따라 변화하기 때문에 정확한 연료유량을 측정하는 데 복잡하다. 왕복엔진이 장착된 경항공기의 연료 유량계는 연료의 부피를 측정하도록 고안되었다. 엔진으로 흐르는 연료의 실제 무게는 단위체적당 연료의 평균중량의 추정에 기초한다.

그림 10-76과 같이, 연료압력을 이용하는 유량표시기(flow indicator)는 만일 분사장치(injector)가 막히면 연료유량은 감소된다.

그러나 압력계는 더 높은 연료압력과 더 큰 연료유량을 지시한다. 조종사나 정비사는 연료 압력의 상승이 어떤 이유로 발생하는지 관찰하기 위해 배기가스온도(EGT)와 연료유량계(flowmeter)를 비교 점검해야 한다.

대형왕복엔진 연료계통은 엔진에 의해 소모된 연료의 체적을 측정하는 베인형 연료 유량계(vane-type fuel flowmeter)를 사용한다. 연료유량장치는 일반적으로 엔진구동 연료펌프와 기화기 사이에 장착된다. 기화기로 가는 연료는 유량계(flowmeter)를 거쳐 지나간다. 그림 10-77과 같이, 내부에 교정스프링(calibrated spring)을 가지고 있는 유량계의 베인 축

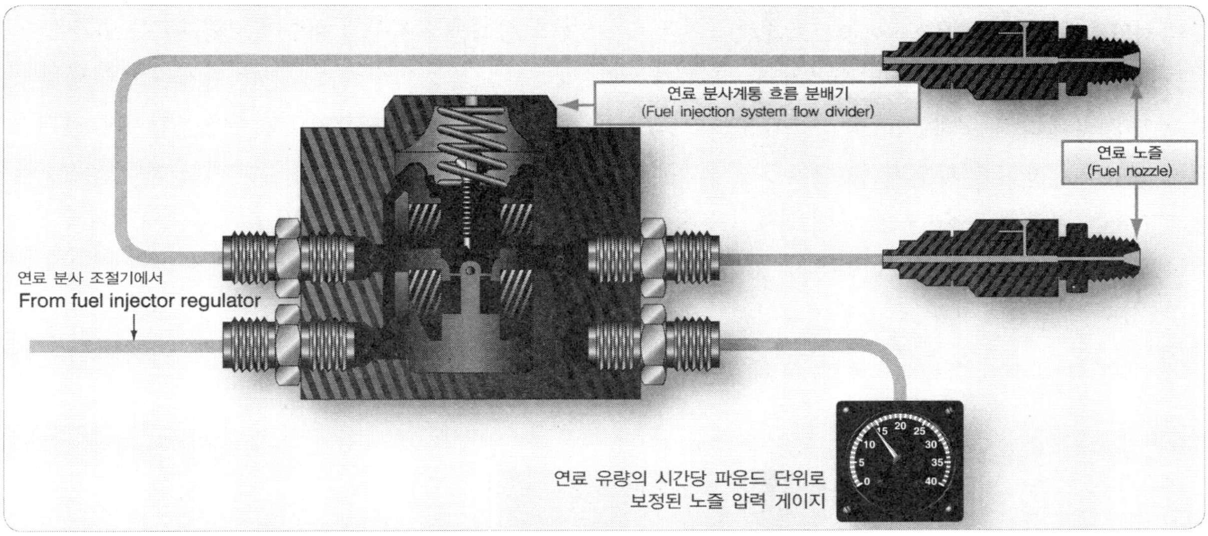

[그림 10-76] 연료 분사 노즐의 압력 강하(The pressure drop across the fuel injector nozzle)

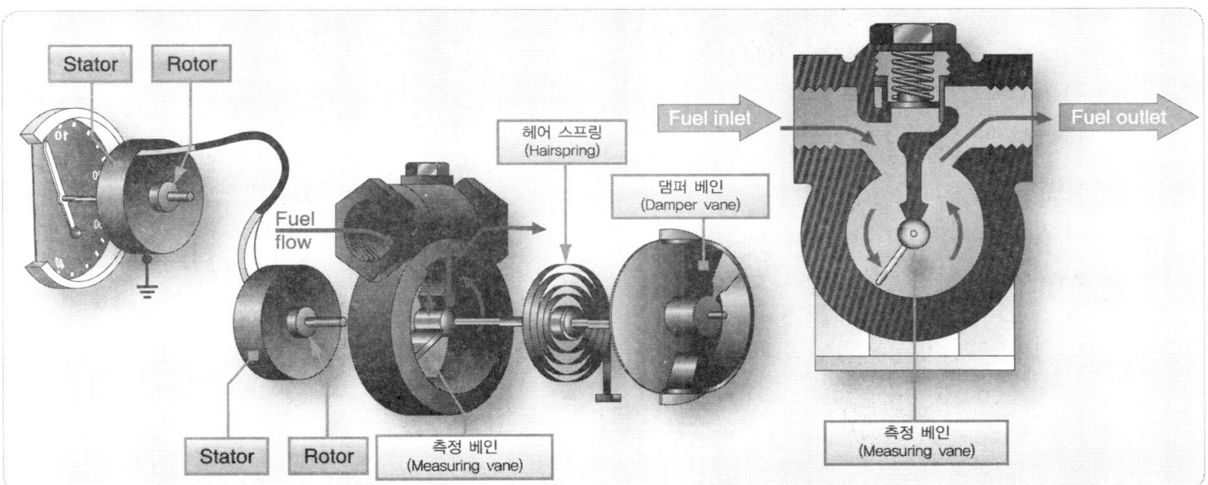

[그림 10-77] 베인형 연료유량계(A vane-type fuel flow meter)

(vane shaft)은 연료 흐름율에 따라 회전량이 변한다. 회전량은 전송기에 의해 조종실에 있는 연료유량게이지(fuel flow gauge)의 바늘로 지시된다. 게이지의 눈금은 시간당 갤런(gallon per hour) 또는 시간당 파운드(pound per hour)로 눈금이 매겨져 있다. 유량계장치(flowmeter unit)를 거쳐 엔진으로 공급되는 연료는 유량계장치가 고장 나거나 정상적인 연료흐름이 방해될 때 릴리프 밸브에 의해 우회하여 흐르도록 되어 있다.

그림 10-78과 같이, 터빈엔진 항공기는 온도변화와 연료 성분에 의해 변하는 연료 비중이 고려된 정교한 연료유량장치가 사용된다. 연료는 고정속도로 회전하는 원형 임펠러(impeller)에 의해 소용돌이친다. 유출량(outflow)은 임펠러의 바로 하류부문의 터빈(turbine)을 움직인다. 터빈에는 교정식 스프링(calibrated spring)이 연결되어 있다. 임펠러 모터는 고정비율로 연료를 소용돌이치게 하므로, 터빈의 움직인 변위량은 연료의 체적과 점성에 의해 변한다. 터빈의 움직인 변위량은 교류 동기장치(AC synchro system)를 통해 시간당 파운드(pound per hour)로 눈금이 매겨진 조종석 연료 유량계의 지시기에 바늘로 지시된다.

정밀한 연료유량의 계산은 조종사로 하여금 현재 항공기 상태를 인지하게 해주며 비행계획을 도와준다. 대부분 고성능 항공기는 사용된 전체연료량, 항공기에 남아 있는 전체 잔류연료량, 전체운항거리, 현재의 대기속도로 비행할 때 남아 있는 비행시간, 연료 소비율 등과 같은 정보를 전자적으로 계산하고 나타내는 연료 통합기(fuel totalizer)를 갖고 있다. 그림 10-79와 같이, 연료계통 컴퓨터 중 일부는 위성항법장치(GPS) 위치정보가 통합되어 있다. 완전히 디지털화되

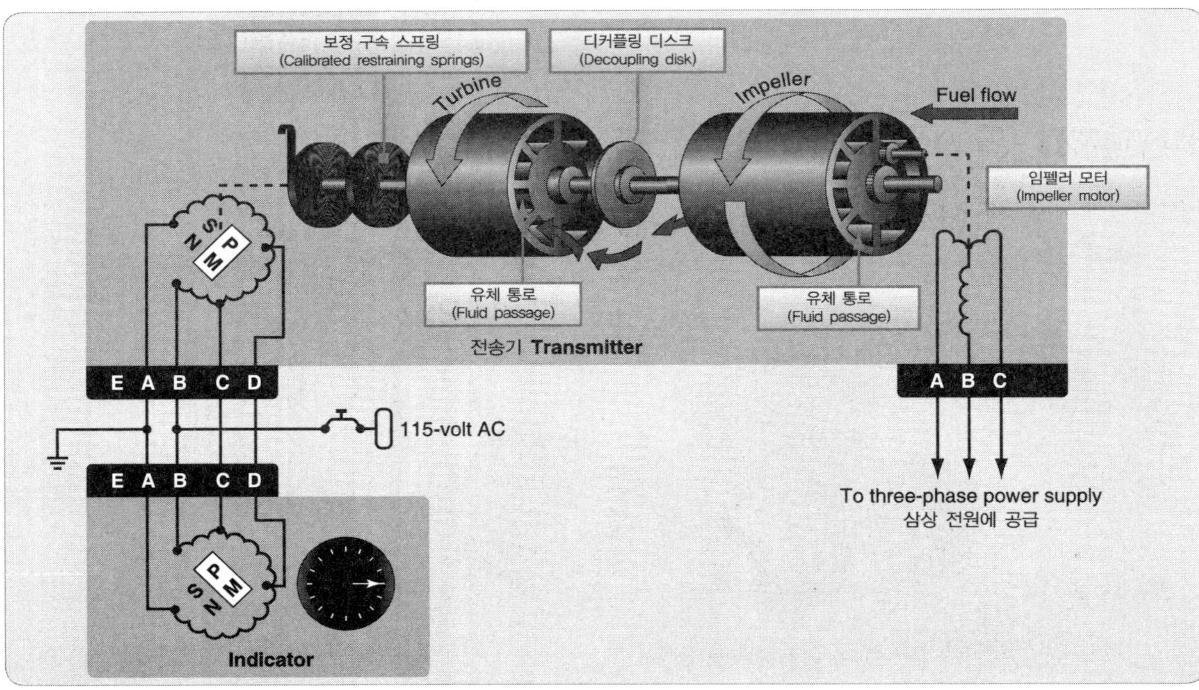

[그림 10-78] 질량흐름 연료지시계통(A mass flow fuel flow indicating system)

[그림 10-79] 현대식 연료관리 게이지
(A modern fuel management gauge)

어 있는 조종실을 가지고 있는 항공기는 컴퓨터에서 연료유량 자료를 처리하고, 조종사나 정비사에게 연료유량에 대한 관련 정보를 폭넓게 보여준다.

그림 10-80과 같이, 새로운 종류의 연료유량 감지기(fuel flow sensor) 또는 연료유량전송기(fuel flow transmitter)는 신형 항공기에서 사용된다. 그중 한 가지 타입은 연료흐름으로 회전하는 터빈을 이용한다. 유량이 크면 클수록 터빈은 더 빠르게 회전한다. 홀 효과 변환기(hall effect transducer-길이의 방향으로 전류가 흐르는 길쭉한 금속판을 자장에 수직으로 놓으면 이 금속판에 전류 및 자장에 대해 수직방향으로 기전력이 생기는 현상)는 터빈의 속도를 전기신호로 전환하여 많은 계산된 수치정보와 경고를 만드는 향상된 연료게이지로 보내준다. 이 연료유량감지기에 있는 터빈은 연료흐름과 일직선에 놓여 있고, 만일 연료유량 감지기가 고장 날 경우 연료 흐름이 방해받지 않고 흐르도록 설계되어 있다.

주로 경항공기에서 사용하는 또 다른 연료유량감지기(fuel flow sensor)는 연료의 흐름경로에 있는 터빈의 회전속도를 감지한다. 이것 역시 터빈이 고장 났을 경우 정상적인 연료흐름을 보장해주는 페일세이프설

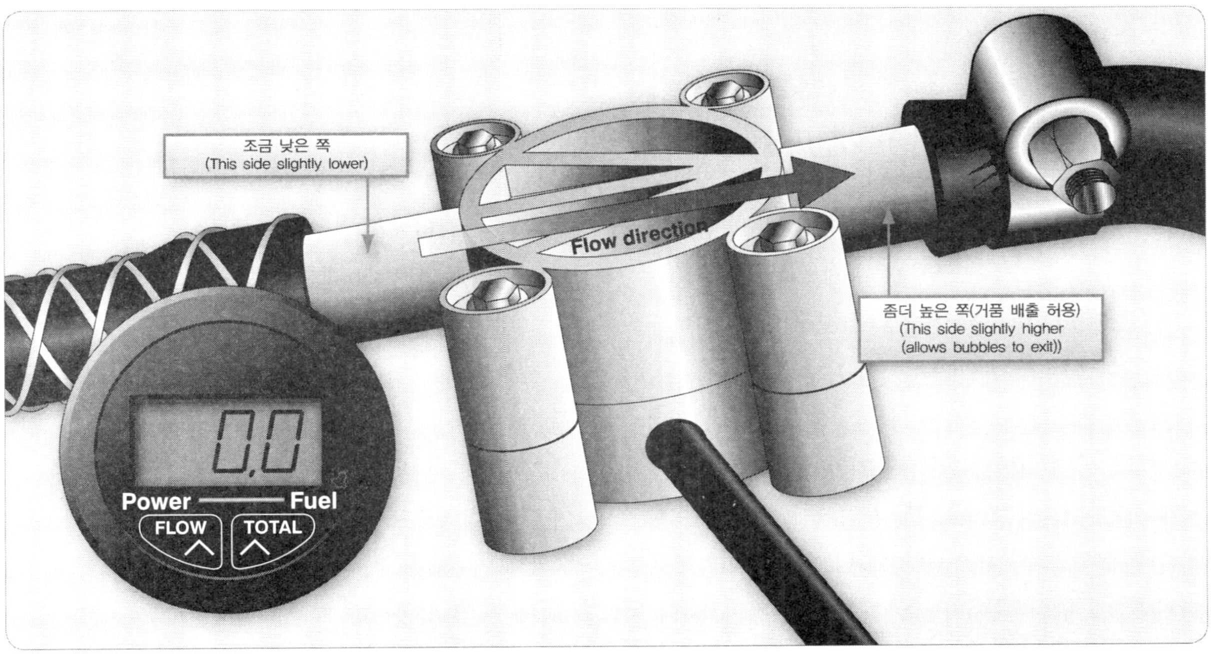

[그림 10-80] 제어 기능의 변환기와 마이크로 프로세서(A transducer and microprocessor for control function)

[그림 10-81] 연료유량감지기의 터빈 연료흐름 변환기 (A turbine flow transducer in this fuel flow sensor)

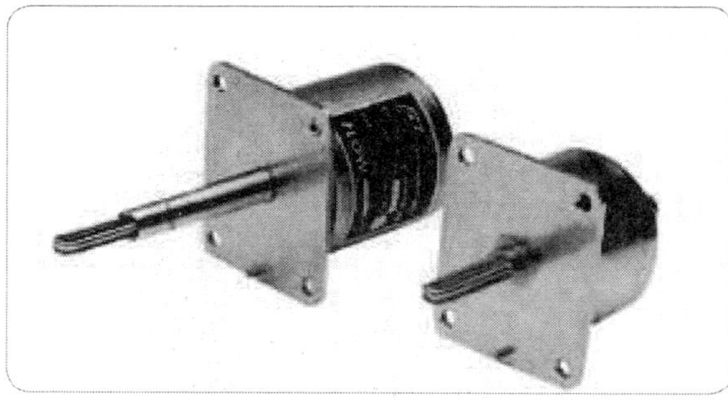

[그림 10-82] 열 분산을 사용하는 연료 유량 감지 장치기술은 움직이는 부분이 없고 디지털 신호를 출력(Fuel flow sensing units using thermal dispersion technology have no moving parts and output digital signals.)

계(fail safe design)방식이다. 그림 10-81과 같이, 이 연료유량 감지기의 로터(rotor)에 있는 노치(notch)은 연료흐름의 양에 비례하는 신호를 생성하는 광 트랜지스터와 발광다이오드(LED) 사이에 적외선 광을 차단한다. 이 종류의 감지기는 전자지시기와 연결되어 있다.

항공기에 마이크로 프로세서(microprocessor)와 컴퓨터의 사용증가로 연료온도와 다른 보정 요소의 통합이 가능해져 더욱 정밀한 연료유량정보를 산출할 수 있게 되었다. 열분산(thermal dispersion) 기술은 가동부 없이 디지털 출력신호로 연료흐름을 감지하게 해준다. 감지기(sensor)는 2개의 저항온도검출기(RTD, resistance temperature detector)로 이루어진다. 하나는 연료의 온도를 측정하는 기준(reference) 저항온도 검출기이고, 다른 하나는 실제 저항온도 검출기이다. 실제 저항온도 검출기는 연료보다 더 높은 온도로 인접한 소자에 의해 가열된다. 연료가 흐를 때, 활동소자(active element)는 연료유량에 비례하여 냉각된다. 2개의 저항온도검출기 사이에 온도 차이는 흐름이 없을 때 가장 높다.

그림 10-82와 같이, 저항온도검출기는 히터에 전원을 공급하는 전자부품에 연결되어 있다. 전자부품은 감지회로(sensing circuitry)와, 가열되는 RTD와 가열되지 않은 RTD 사이에 온도 차이를 일정하도록 제어해주는 마이크로 프로세서를 사용한다. 히터에 공급되는 전류는 연료의 흐름양에 비례한다. 기준 저항온도검출기(RTD)는 온도출력을 제공하고, 유량측정에 온도에 대한 보상을 해주는 온도감지기로 사용된다.

10.5.7.3 연료 온도 게이지(Fuel temperature gauges)

연료온도의 모니터링은 연료온도가 연료계통에서 특히 연료 필터에서 결빙될 만큼 낮을 때 조종사에게 이를 알려 준다. 많은 대형고성능 터빈항공기는 이 목적을 위해 주 연료탱크에 저항식 전기 연료온도 송신기(resistance-type electric fuel temperature sender)를 사용한다. 연료 온도는 전통적인 아날로그 게이지에 지시되거나 컴퓨터에서 처리되어 그림 10-65와 같이 디지털 화면표시기에 표시된다. 연료가열기(fuel heater)의 사용으로 낮은 연료온도를 높일 수 있다. 연료유량 감지정밀도에 영향을 주는 연료온도 변화에 의한 점성의 차이는 마이크로 프로세서와 컴퓨터를 거쳐 수정된다.

10.5.7.4 연료 압력 게이지(Fuel pressure gauges)

연료압력의 모니터링은 연료계통의 관련 구성품의 기능불량에 대한 조기경보를 조종사에게 제공한다. 연료가 정상적으로 연료계량장치(fuel metering device)로 공급되는지 확인하는 것은 중요하다. 왕복엔진 경항공기는 전형적으로 단순한 직독식 부르동관 압력계를 사용한다. 그것은 연료계량장치의 연료입구에 연결된 관이 조종석 계기판으로 연결되어 있다. 그림 10-83과 같이, 더욱 복잡한 항공기는 연료계량장치의 연료입구에 변환기(transducer)와 센서를 장착하여 조종실 게이지로 전기신호를 보내준다. 엔진을 시동할 때 사용하는 보조펌프(auxiliary pump)를 갖춘 항공기의 연료압력계는 엔진 시동이 완료될 때까지 보조펌프의 압력을 지시한다. 보조펌프가 off 되었을 때 게이지는 엔진구동펌프에 의해 발생한 연료압력을 지시한다.

그림 10-84와 같이, 더욱 복잡한 대형왕복엔진 항공기는 연료계량장치 입구의 연료압력과 공기압력을 비교하는 차압 연료압력계를 사용한다. 주로 벨로즈형 압력계(bellows-type pressure gauge)가 사용된다.

그림 10-85와 같이, 현대 항공기는 무접점식(solid-state types)을 포함하는 여러 가지 센서와 디지털출력신호 또는 디지털출력으로 전환되는 신호를 가지고 있는 센서가 장착되어 있다. 이들 센서가 보낸 신호는 게이지의 마이크로 프로세서나 컴퓨터에서 처리되어 화면표시장치(display unit)로 보낸다.

[그림 10-83] 계량 변환기의 연료 흡입구 압력을 표시하기 위해 감지 변환기의 신호를 사용하는 일반적인 연료 게이지
(A typical fuel gauge that uses a signal from a sensing transducer to display fuel inlet pressure at the metering device.)

[그림 10-84] 복잡한 고성능 왕복 엔진 항공기에 사용되는 차압 연료 압력 게이지는 연료 계량 장치의 연료 흡입구 압력과 공기 흡입구 압력을 비교(A differential fuel pressure gauge used on complex and high-performance reciprocating-engine aircraft compares the fuel inlet pressure to the air inlet pressure at the fuel metering device)

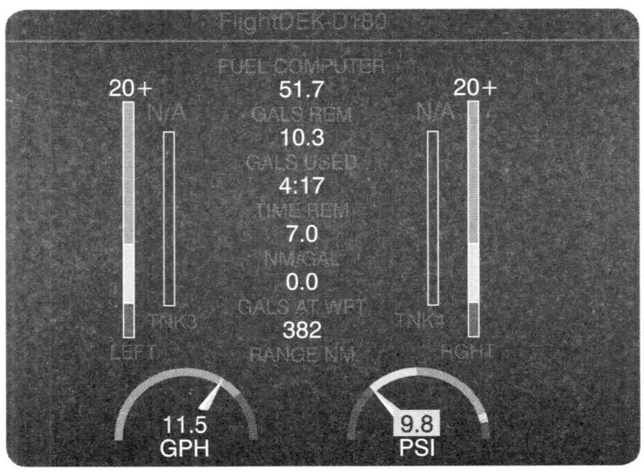

[그림 10-85] 연료압력을 포함한 연료 매개 변수의 전자 표시장치
(An electronic display of fuel parameters, including fuel pressure)

10.5.7.5 압력 경고 신호(Pressure warning signal)

모든 항공기에는 어떤 상황에서도 조종사의 주의를 끌기 위해 게이지 지시(gauge indication)와 함께 시각 경고장치(visual warning device)와 가청 경고장치(audible warning device)를 사용한다. 연료압력은 정상동작범위에서 벗어날 때 경고신호가 있어야 하는 중요한 요소(parameter)이다. 그림 10-86과 같이, 저 연료압력 경고등은 간단한 압력감지스위치를 사용하여 작동할 수 있다. 스위치의 접촉(contact)은 다이아프램(diaphragm)에 작용하는 연료압력이 불충분할 때 open되어 전류가 조종석에 있는 신호표시기(annunciator) 또는 경고등(warning light)으로 흐르게 한다.

그림 10-87과 같이, 대부분 터빈동력 항공기는 각각의 연료승압펌프(fuel boost pump)의 배출구에 저압 경고 스위치가 장착되어 있고 조종실의 각 펌프에 대한 신호 표시기는 일반적으로 조종실 연료 패널의 승압 펌프(boost pump) on/off 스위치에 또는 스위치에 인접하여 설치되어 있다.

10.5.7.6 밸브 작동중 지시등 (Valve-in-transit indicator lights)

여러 개의 연료탱크를 가지고 있는 항공기는 연료를 이동시키기 위해 그리고 엔진이나 특정 탱크로 연료를 보내기 위해 또는 연료 투하(jettison) 시 항공기 밖으로 연료를 버리기 위해 밸브와 펌프를 사용한다. 연료계통에 있는 밸브의 기능은 매우 중요하다. 일부 항공기는 작동 중(valve-in-transit), 열림(open), 그리고 닫힘(close)인 3가지 밸브의 상태를 조종사에게 등(light)으로 표시해 준다. 밸브에 있는 접점은 밸브가 완전 열림일 때 또는 완전 닫힘일 때 등이 꺼지도록 제어한다. 번갈아 열림 또는 닫힘으로 밸브위치를 보여주는 신호표시기도 또한 사용된다. 그림 10-88과 같이, 밸브 작동 중(valve-in-transit) 표시기와 밸브위치표시기(valve position indicator), 또는 저 연료압력

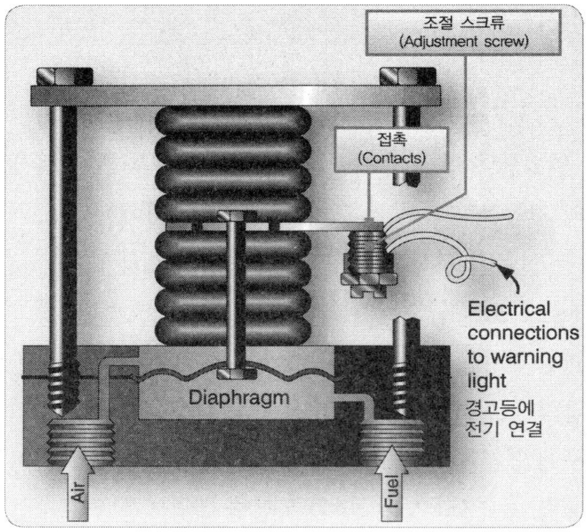

[그림 10-86] 연료압력 경고신호는 스위치로 제어
(A fuel pressure warning signal is controlled by a switch)

[그림 10-87] 저압 경고등이 장착 된 운송용 항공기 연료 패널
(A transport-category aircraft fuel panel with low pressure warning light)

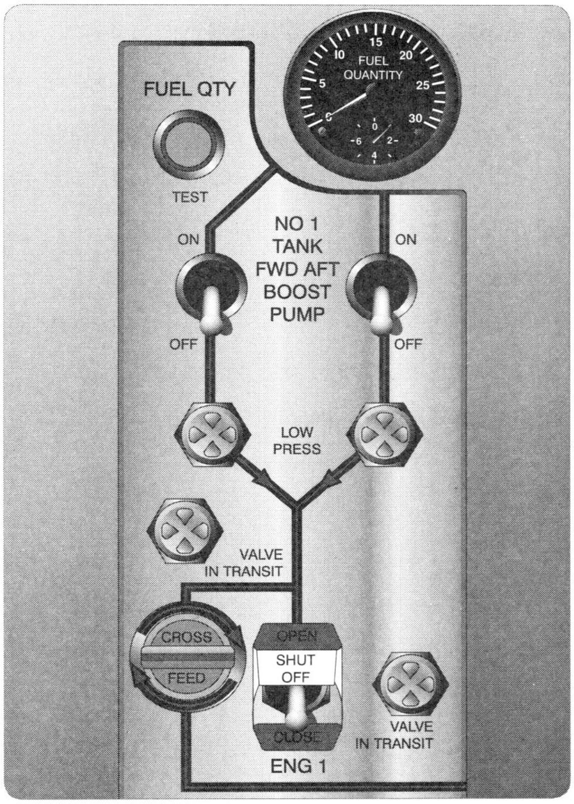

[그림 10-88] 운송용 항공기 연료패널에 사용하는 밸브작동 중 라이트(Valve-in-transit lights are used on transport-category aircraft fuel panel)

등은 조종석에 있는 연료 패널상의 밸브 on/off 스위치에 인접한 곳에 설치되어 있다. 디지털 표시장치는 도표로 표시화면에 밸브위치를 지시한다.

10.6 연료 계통의 수리 (Fuel system repair)

항공기 연료계통의 보전은 매우 중요한 것이며 절차에 따라 처리되어야 한다. 연료계통의 기능불량 또는 연료 누출의 흔적이 발견되면 항공기가 비행 인가를 받기 전에 수정 작업이 이뤄져야 한다. 비행 중 화재, 폭발, 또는 연료부족의 위험은 연료계통의 비정상으로 인해 일어날 수 있는 매우 절박한 상황이다. 정비사는 연료 계통이 감항성(airworthiness)을 유지하도록 제작사 정비 지침서와 작동 지침서에 의해 정비를 수행해야 한다.

10.6.1 연료 계통의 고장 탐구 (Troubleshooting the fuel system)

연료계통에 대한 지식과 그것이 어떻게 작동하는지를 이해하는 것이 고장탐구에서 가장 중요한 것이다. 정비 매뉴얼은 정비사가 고장탐구를 논리적 순서에 따라 할 수 있도록 고장탐구도표(troubleshooting chart) 또는 흐름도를 보여준다. 정비 매뉴얼의 순서에 따라 고장탐구를 하다 보면 구성요소 또는 결함의 위치가 점점 좁혀져 결국 결함의 원인을 찾아 낼 수 있다.

10.6.1.1 누출과 결함의 위치 (Location of leaks and defects)

연료계통에서 누출(leak) 또는 결함이 의심되면 근접육안검사를 실시해야 한다. 누출은 종종 2개의 연료관 또는 연료관과 구성요소의 연결지점에서 발견할 수 있다. 이따금 연료 누출은 연료탱크나 구성요소 자체 내부에서 일어난다. 새어 나오는 연료는 자국을 만들고 냄새를 유발한다. 가솔린은 색깔에 의해 육안으로 확인할 수 있다. 제트연료는 처음에는 탐지하기 어렵지만, 낮은 증발률을 갖고 있으므로 주변보다 더 많은 불순물과 먼지로 확인할 수 있다.

연료 증기가 있는 곳에서 연료가 새어나올 때 화재

또는 폭발의 잠재력이 있어 비행 전에 수리되어야 한다. 점화의 위험이 없는 외부누출(external leak)에 대한 수리(repair)는 다음으로 미뤄질 수 있다. 그러나 누출의 근원을 알아야 하고, 악화될 가능성이 없는지 확인해야 하며, 계속 감시하여야 한다. 연료 누출의 수리와 감항성이 유지되기 위한 필요조건은 항공기 제작사 지침서를 따른다. 정밀육안검사로 결함을 확인할 수도 있다.

10.6.1.2 연료 누출의 분류(Fuel leaks classification)

그림 10-89와 같이, 항공기 연료 누출에는 기본적으로 네 가지로 분류되는데, 얼룩이 진 누출(stain), 스며 나오는 누출(seep), 다량의 스며 나오는 누출(heavy seep), 그리고 흐르는 누출(running leak)이 있다. 분류 기준은 30분간 누출된 연료의 표면적이 사용된다. 면적이 직경으로 3/4inch 이하의 누출을 얼룩(stain)이라고 말한다. 면적이 직경으로 3/4~1$\frac{1}{2}$inch인 누출을 스며 나옴(seep)으로 분류한다. 다량 스며 나옴(heavy seep)은 직경으로 1$\frac{1}{2}$~4inch 면적을 형성할 때이고, 흐르는 누출(running leak)은 실제로 항공기로부터 연료가 떨어지는 상태를 말한다.

10.6.1.3 개스킷, 실 및 패킹의 교체(Replacement of gaskets, seals, and packings)

누출은 가끔 개스킷(gasket) 또는 실(seal)을 교체하여 수리할 수 있다. 또한, 연료 계통의 구성요소를 교체하거나 재조립할 때에도 새로운 개스킷, 실, 또는 패킹(packing)이 장착되어야 한다. 항상 매뉴얼에 표시된 정확한 부품번호(part number)로 교체를 하였는지 확인한다. 또한, 대부분 개스킷, 실, 그리고 패킹은 제한된 유통기한(shelf life)을 갖는다. 오직 포장지에 날인된 사용기간(service life) 이내에 있는 경우에만

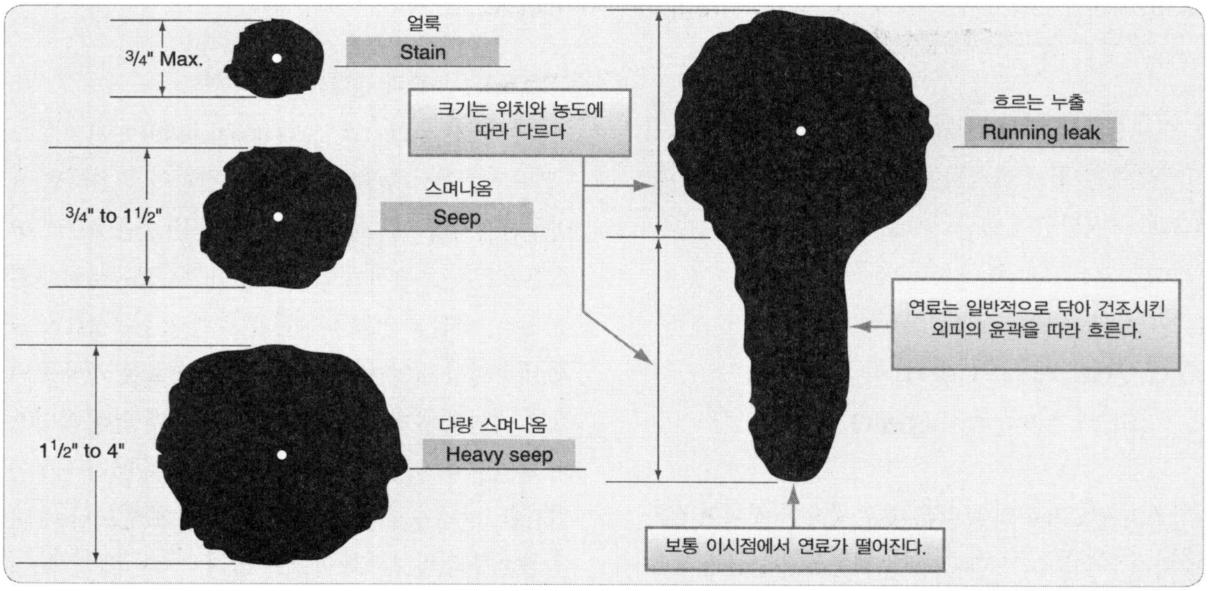

[그림 10-89] 누출로 표시된 연료의 표면 면적은 누출범주를 분류하는데 사용
(The surface area of collected fuel from a leak is used to classify the leak into the categories shown)

사용해야 한다.

원래의(old) 개스킷을 완전히 떼어내고, 모든 접합면을 깨끗이 하고 검사한다. 새로운 개스킷과 실에 흠이 없는지 검사한다. 세정절차와 교체 시에 어떠한 밀봉제를 바르는 것이 필요한지는 제작사 지침서에 따른다. 개스킷과 실을 교체한 후 구성품을 장착할 때에는 장착 볼트들을 동일한 토크(torque)로 장착하여 개스킷 또는 실이 손상되지 않도록 해야 한다.

10.6.2 연료 탱크 수리(Fuel tank repair)

경식 분리형탱크(rigid removable tank), 부낭형 탱크(bladder tank), 또는 일체형 연료탱크(integral fuel tank)등의 모든 연료탱크는 누출의 잠재성을 갖고 있다. 모든 종류의 탱크를 수리할 때에는 수리된 사항을 기록하고, 철저한 검사가 이루어져야 한다. 물과 미생물에 의해 발생하는 부식은 비록 그것이 누출의 원인이 아니더라도 탱크 수리 시에 확인되어야 하고 처리되어야 한다.

경식 분리형탱크는 리벳이 사용되거나 용접이나 납땜이 사용될 수 있다. 누출은 이음매(seam)에서 나타날 수 있거나 또는 탱크의 다른 곳에서 생길 수 있다. 일반적으로 수리는 탱크의 구조와 기술적으로 조화되게 수행해야 한다.

심각하지 않은 연료의 스며 나오는 누출(seepage)이 발생하는 일부 금속 연료탱크는 액면요동절차(sloshing procedure)로 수리할 수 있다. 인가된 액면요동 화합물(sloshing compound)을 탱크에 쏟아 부어 화합물이 탱크의 내부 표면을 덮도록 탱크를 움직인다. 그다음에 불필요한 화합물은 따라내고 탱크에 있는 화합물을 명시된 시간 동안 경화시킨다. 탱크 이음매(seam)의 작은 틈새와 탱크의 간단한 수리는 이 방식으로 수리된다. 화합물은 일단 마르면 연료에 내성을 갖는다.

10.6.2.1 용접 탱크(Welded tanks)

용접탱크(welded tank) 수리는 보통 용접에 의해 이루어진다. 이들 탱크는 강(steel)이나 3003S 또는 5052SO와 같이 용접할 수 있는 알루미늄으로 제작된다. 수리를 위해 항공기에서 탱크를 장탈 한 후 용접되기 전에 탱크에 남아있는 연료증기는 완전히 제거되어야 한다. 연료증기가 점화되어 폭발을 방지하기 위함이다. 탱크를 정화(purging)시키는 일반적인 방법에는 증기 크리닝(steam cleaning), 뜨거운 물로 정화(hot water purging), 그리고 불활성가스 정화(inert gas purging)가 있다. 대부분 절차는 일정한 시기 동안 탱크를 증기, 물, 또는 가스로 가득 채우는 것이 필요하다. 탱크의 정화는 제작사의 절차를 따른다.

이음매 또는 손상된 부분이 용접된 후, 탱크 안에 떨어진 용제(flux)나 부스러기는 물 세척과 산 용액(acid solution)을 사용하여 완전히 제거해야 한다. 수리 후 누출점검(leak check)은 용접된 부위를 따라 두드려서 소리로 확인한다. 또는, 탱크를 일정한 공기로 가압하여 모든 이음매(seam)와 수리된 부분에 비누용제를 사용하여 누출점검을 수행한다. 거품형성은 공기가 새어 나오는 것을 의미한다. 누출점검을 위한 공기압은 매우 낮으며, 1.5~3.5psi가 일반적이다. 탱크를 변형시킬 수 있거나 또는 손상시킬 수 있는 과도한 공기압을 방지하기 위해 정밀한 압력 조절기(regulator)와 압력계(pressure gauge)를 사용한다. 대개 장착될 때 항공기 기체 구조물에 의해 지지되는 탱크는 가압 전에 기체에 지지시키거나 장착되어야 한다. 그림

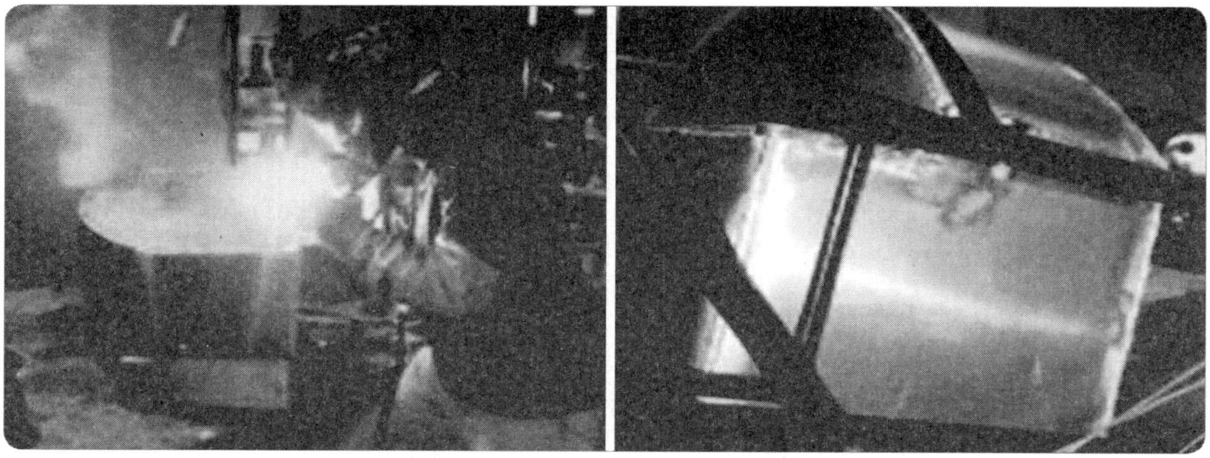

[그림 10-90] 용접작업으로 수리하는 용접 이음매가 있는 경식분리형 연료탱크
(A rigid removable fuel tank with welded seams is repaired by welding)

10-90은 항공기의 프레임(frame)에 장착된 경식 분리형 탱크가 용접되고 수리되고 있는 모습을 보여준다.

10.6.2.2 리벳작업 탱크(Riveted tanks)

리벳작업 탱크(riveted tank)는 리벳을 사용하여 수리한다. 이음매와 리벳(rivet)은 연료 누출을 없애기 위해 조립 시에 연료에 강한 화합물로 덮는다. 이는 패치수리(patch repair) 시나, 또는 이음매에서 리벳을 교체하는 수리를 할 때 수행된다. 일부 심각하지 않은 누출수리는 단지 화합물을 덧대어 수리한다. 사용된 화합물은 열에 민감할 수 있으므로 뜨거운 물이나 증기로 정화할 때 일어날 수 있는 화합물의 퇴화를 방지하기 위해 불활성 가스 정화를 사용한다. 모든 수리는 감항성을 보증하기 위해 제작사 지침서에 따라 해야 한다.

10.6.2.3 납땜 탱크(Soldered tanks)

납땜(soldering)으로 조립된 턴플레이트(terneplate, 주석 1, 납 4 비율의 합금을 입힌 강판)로 된 항공기 연료탱크는 납땜으로 수리된다. 모든 패치(patch)는 손상 부위를 최소한으로 겹치게 해야 한다. 납땜할 때 사용된 용제(flux)는 용접탱크에서 사용되었던 것과 유사한 기법으로 수리 후 탱크에서 제거시켜야 한다. 수리 절차는 제작사 지침서를 따른다.

10.6.2.4 부낭형 탱크(Bladder tanks)

부낭형 연료탱크(bladder fuel tank)의 연료 누출은 수리할 수 있다. 가장 많이 사용하는 수리방법은 패치(patch)와 접착제를 사용하여 제작사에 의해 승인된 방법으로 패치를 대어 수리한다. 납땜탱크처럼, 패치는 손상영역과 필요한 만큼의 겹쳐진 부분을 가져야 한다. 부낭(bladder)을 완전히 관통한 손상은 내부패치뿐만 아니라 외부패치로 수리한다.

합성 부낭형 탱크는 제한된 사용기간(service life)을 갖는다. 부낭형 탱크는 보통 부낭재료의 건조와 크랙(crack)을 방지하기 위해 항상 연료가 채워져 있어야 한다. 일반적인 탱크의 보존과 수리에 대해서는 제작사 지침서를 따른다.

10.6.2.5 일체형 탱크(Integral tanks)

일반적으로 일체형탱크(integral tank)는 점검판(access panel)에서 누출이 발생한다. 이때는 점검판을 장탈하여 실을 교체할 수 있도록 점검판이 장착된 연료 탱크의 연료를 다른 탱크로 이송시켜야 한다. 점검판을 장착할 때는 적절한 밀봉제(sealing compound)와 장착 볼트에 적정 토크가 필요하다.

일체형탱크에서 다른 형태의 누출은 탱크이음매를 밀봉하기 위해 사용된 밀폐제(sealant)가 그것의 효능을 상실할 때 발생하며 이러한 누출은 누출의 위치를 찾는 데 어려움이 있고 더 많은 시간이 걸리기도 한다. 수리하기 위해서는 연료를 다른 탱크로 이송시키거나, 연료 트럭으로 연료를 빼내야 한다(defueling). 수리를 위해 운송용 항공기의 대형 탱크에 들어갈 수도 있다. 제작사 지침서에 따라 출입이 안전하도록 준비해야 한다. 탱크를 건조시켜야 하며 위험한 연료 증기를 배출해야 한다. 그 다음에 탱크 안이 안전한지를 가연성 가스표시기(combustible-gas indicator)로 점검해야 한다. 정전기(static electricity)를 일으키지 않는 피복과 방독면을 착용한다. 그림 10-91과 같이, 탱크 안에 있는 정비사를 보조하기 위해 탱크의 바깥쪽에 감시자가 배치되어야 한다. 탱크 안은 항상 통풍이 되도록 연속적인 공기흐름을 만들어준다. 그림 10-92에서는 수리나 점검을 위해 탱크 안으로 들어 갈 때 지켜야 할 운송용 항공기의 정비매뉴얼에 있는 점검표를 보여준다. 세부적인 절차 또한 매뉴얼에 따른다.

누출의 위치가 확인되면, 탱크 내의 밀폐제(sealant)를 제거하고 새로운 밀폐제를 발라야 한다. 밀폐제를 제거할 때는 비금속 스크래퍼(scraper)를 사용하고, 알루미늄 모직물(wool)을 사용하여 남아 있는 밀폐제를 완전히 제거한다. 권장된 솔벤트로 구역을 청소 후, 제작사가 인가한 새로운 밀폐제를 바른다. 탱크에 연료를 보급하기 전에 밀폐제의 경화시간(cure time)과 누출점검(leak check)을 준수해야 한다.

10.6.2.6 화재 안전(Fire safety)

연료증기(fuel vapor), 공기(air), 그리고 점화원(source of ignition)은 연료 화재의 필요조건이다. 연

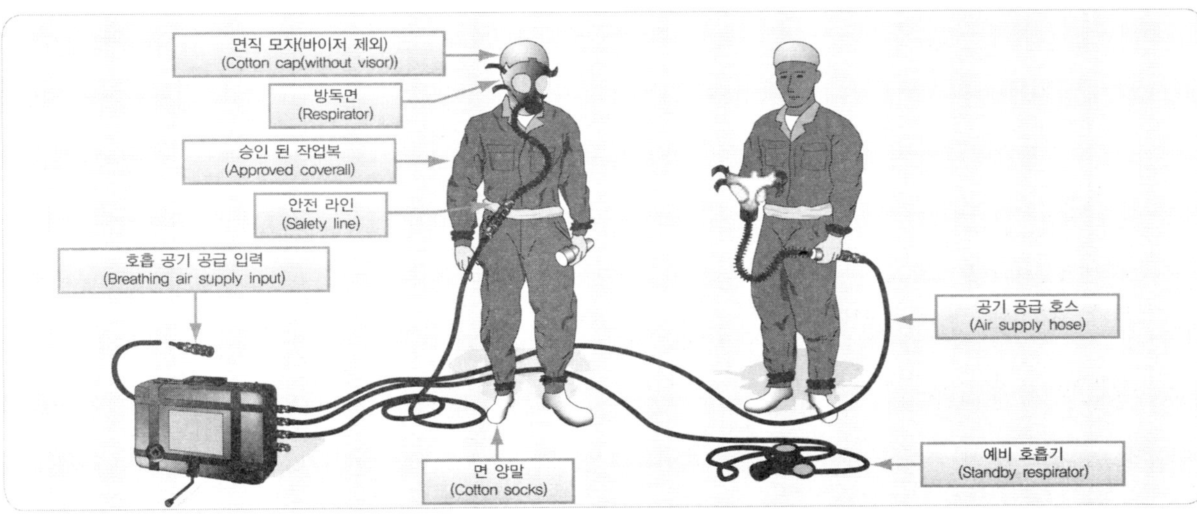

[그림 10-91] 검사 또는 수리를 위해 일체형 연료 탱크에 들어갈 때는 정전기 방지 보호복과 방독면을 착용
(Wear a nonstatic protective suit and respirator when entering an integral fuel tank for inspection or repair)

Wet Fuel Cell 출입 전 또는 이전 작업조에 의해 시작된 탱크작업의 지속을 위한 작업지시 전에 본 Check List가 점검되어야 한다.
Wet Fuel Cell 출입위치
건물 또는 지역: ____________구역: ___________항공기:___________ Tank:________ 작업조:____________________일시: ___________________ 감독자:_______________

○ 1. 항공기 및 주변 장비의 적절한 접지 확인
○ 2. 작업구역 안전 및 경고 표지 설치 확인
○ 3. Boost Pump 스위치가 off, 회로차단기(Circuit Breaker)가 뽑히고 플래카드 설치 확인
○ 4. 항공기 전원 공급 여부(Battery 분리, 외부 전원코드가 항공기로부터 분리되고 외부전원 Receptacle에 플래카드가 설치되었는가?)
○ 5. 통신 및 Radar 장비 off(이격거리 기준참조)
○ 6. Fuel Cell 출입 시 승인된 폭발방지 장비와 공구 사용(점검등, 송풍기, 압력 점검장비 등)
○ 7. 적절한 인명 보호 장비를 포함한 열거된 요구사항이 확인된 후 제한된 공간 출입허가 승인 (최소한 OSH 110 등급의 마스크, 승인된 작업복, 면 모자 및 발 덮개 그리고 눈 보호용품)
○ 8. 작업자의 트레이닝 기록과 모든 Wet Fuel Cell 출입 시 요구되는 로그시트 기록 여부
○ 9. 통풍장치의 사용 전 청결 여부 확인
○ 10. 잔류 연료 제거를 위한 스펀지 유무 확인
○ 11. 사용되는 모든 플러그의 스트리머 부착 여부
○ 12. 모든 열린 Fuel Cell에 자동 환기장치 장착 여부

Note: 환기장치는 Fuel Cell이 열려져 있는 동안 항상 작동해야 한다. 환기장치의 고장, 현기증, 가려움 또는 과도한 악취와 같은 부작용이 인지된다면 모든 작업을 중지하고 Fuel Cell에서 철수해야 한다.

○ 13. Shop 정비사의 Cell 출입과 대기 관찰자는 유효한 "Fuel Cell Entry(연료 셀 출입)" 자격카드를 소지해야 한다. 자격은 다음 훈련이 요구된다.

- 항공기 제한구역 출입안전
- 마스크의 사용과 정비
- Wet Fuel Cell 출입

○ 14. 소방서 통지

계기 지시

○ 15. 산소 지시(%): ______________________ 점검자:________________
○ 16. 연료 증기 수준 지시(ppm):______________ 점검자:________________
○ 17. 인화성 가스 미터(LEL) 지시: ___________ 점검자:________________

출입 전 모든 요구사항이 충족되었습니다.

____ ____________________

감독자 또는 지명자의 서명 일시

[그림 10-92] 연료탱크 내부 작업 전 체크 리스트(Fuel tank checklist entry)

료 보급이나 연료계통 구성요소를 작업할 때에는 정비사는 항상 화재 또는 폭발을 일으키는 요소를 제거해야 한다. 점화원은 거의 제거할 수 있다. 작업영역 내의 모든 점화원 제거에 추가하여, 정전기(static electricity)에 대하여 주의하도록 교육되어야 한다. 정전기는 쉽게 연료증기를 발화시킬 수 있다. 연료관을 통해 흐르는 연료의 이동은 정전기 형성의 원인이 될 수 있다. 항상 작업영역을 평가하고, 잠재적인 정전기 점화원을 제거하기 위한 절차를 취해야 한다.

항공용 가솔린(AVGAS)은 특히 휘발성이 강하다. AVGAS는 높은 증기압으로 인하여 빠르게 기화하고 아주 쉽게 발화될 수 있다. 터빈엔진 연료는 휘발성이 덜 하지만 그러나 발화할 수 있다. 이것은 특히 가압된 연료호스나 더운 날에 고온의 엔진에서 연료가 새어나올 때 발화 가능성이 높다. 모든 상황에서 화재위험의 가능성을 대비하여 연료를 처리해야 한다. 비어있는 연료탱크는 점화와 폭발에 대한 극도의 잠재력을 갖는다. 비록 액체연료가 제거되었어도 발화성 연료증기는 장기간 동안 남아있을 수 있다. 그러므로 수리가 시작되기 전에 연료탱크 안에 연료 증기를 배출하기 위한 공기정화(purging)는 반드시 필요하다.

연료계통을 정비하거나 연료를 취급할 때에는 작업장 가까이에 소화기를 비치해야 한다. 연료화재는 전형적으로 이산화탄소 소화기(CO_2 fire extinguisher)로 끌 수 있다. 화염원에 소화기노즐을 겨누고 산소를 없애기 위해 연소운동(sweeping motion)으로 분사하여 화재를 진화한다. 연료에 대해 인가된 분말소화기도 사용할 수 있다. 분말소화기의 사용은 잔존물을 남기기 때문에 잔존물을 청소하는 데 많은 비용이 들 수도 있다. 물소화기(water-type extinguisher)는 화재를 더 키울 수 있어 사용하지 않는다.

10.7 연료 계통의 유지 (Fuel system servicing)

엔진으로 깨끗한 연료를 공급하기 위한 허용조건으로 항공기 연료계통을 유지하는 것은 항공 산업에서 주요한 안전요인(safety factor)이다. 연료를 취급하거나 연료계통을 유지/보수하는 사람은 적절하게 훈련되어야 한다.

10.7.1 연료 계통의 오염 점검(Checking for fuel system contaminations)

항공기 연료계통의 오염에 대한 점검은 지속적으로 수행되어야 한다. 필터와 섬프(sump)의 일일 드레인(daily draining)은 주기적인 필터의 교환과 연료에 오염물질이 없는지 확인하는 검사와 함께 이뤄진다. 터빈동력 엔진은 시간당 수백 파운드(pound)의 연료가 흐르는 매우 정확한 연료제어계통(fuel control system)을 갖는다. 섬프작업(sumping) 만으로는 충분한 오염방지가 되지 않는다. 미립자는 그것의 점성으로 인하여 제트연료에서 오랫동안 포함되어 있다. 그래서 이물질을 걸러내기 위해 연료계통 안에 일련의 여과장치가 장착되었고, 정비사는 엔진으로 깨끗한 연료가 공급되도록 주의 절차와 육안검사를 해야 한다.

연료계통을 청결하게 유지하려면 먼저 오염의 일반적인 종류를 인지해야 한다. 물은 가장 일반적인 오염물질이다. 고체입자, 계면활성제(surfactants), 그리고 미생물도 또한 일반적인 것이다. 인가되지 않은 다른 연료의 사용으로 인한 오염이 가장 나쁜 종류의 오염이다.

10.7.1.1 물(Water)

물은 연료 속으로 분해되거나 또는 연료와 함께 이동할 수 있다. 물이 섞인 연료는 혼탁해지기 때문에 탐지될 수 있다.

물은 응축상태를 거쳐 연료계통에 들어갈 수 있다. 연료탱크에 있는 액체 연료위의 증기공간에 있는 수증기는 온도가 변화될 때 응축한다. 그림 10-93과 같이, 연료 속의 물은 시간이 지나면서 연료탱크의 밑바닥으로 내려가 비행 전에 배출시키는 섬프(sump) 안으로 가는데, 그렇게 되기까지는 어느 정도 시간이 걸린다.

만약 항공기가 정기적으로 비행하고 있고, 비행 후에 곧바로 연료를 보급했다면, 일상의 섬프 드레인(sump drain) 시에 나오는 물 이외의 오염은 거의 없다. 연료탱크에 연료를 채운 상태로 장기간 주기되어 있던 항공기는 오염의 원인이 될 수 있다.

이미 물을 함유한 연료를 급유하는 동안 항공기 연료하중에 물이 포함될 수 있다. 만약 계속해서 물로 인한 문제가 발생한다면 연료 공급자를 교체하는 것도 필요하다. 결빙온도 이하의 연료는 녹을 때까지 섬프(sump) 안에서 침전하지 않는 얼음 형태로 부유되어 이동하는 물을 포함하게 된다. 이를 대비하여 연료탱크에 방빙 용액을 넣어 비행 중 얼음의 상태로 필터를 막히게 하는 것을 방지한다.

그림 10-94와 같이, 연료 방빙 첨가제는 탱크용량에 따라 권고된 양을 사용하도록 해야 한다. 연료보급을 반복하면서 방빙 첨가제의 사용 레벨(level)이 불분명하게 될 수 있으므로 현장휴대용 시험기(field hand-field test unit)로 연료하중에 포함된 방빙 첨가제의 양을 점검할 수 있다.

엔진으로 공급되는 연료에 포함된 소량의 물은 보통 문제가 되지 않는다. 그러나 다량의 물은 엔진작동을 중단시킬 수 있다. 탱크에 침전된 물은 부식의 원인이 될 수 있다. 이것은 연료와 물의 경계면에 살고 있는 미생물에 의해 확대될 수 있다. 연료에 있는 많은 양의 물은 또한 연료량 프로브(fuel quantity probe)의 지시를 부정확하게 만드는 원인이 될 수 있다.

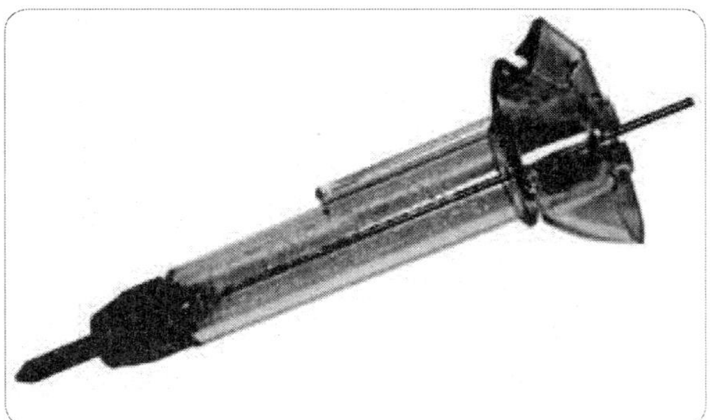

[그림 10-93] 연료계통 섬프를 열고 연료 및 오염 물질을 수집하는데 사용되는 섬프 드레인 도구. 일일 섬프 드레인은 엔진으로 전달될 연료에서 물을 제거하는데 필요한 절차의 일부
(A sump drain tool used to open and collect fuel and contaminants from the fuel system sumps. Daily sump draining is part of the procedures needed to remove water from fuel that is to be delivered to the engine)

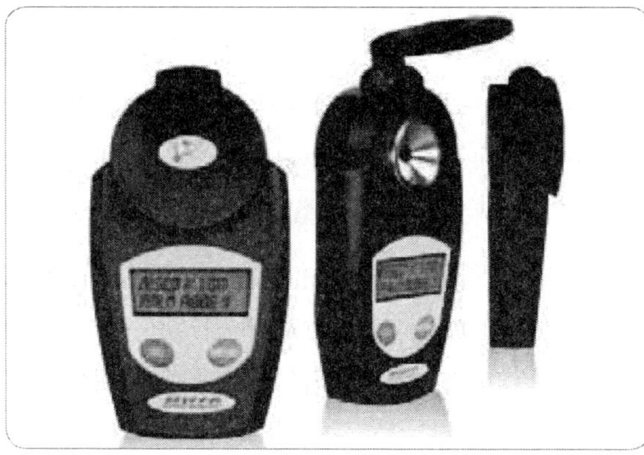

[그림 10-94] 디지털 디스플레이가 장착된 휴대용 굴절계는 연료 하중에 포함된 연료 방빙 첨가제의 양을 측정(A hand-held refractometer with digital display measures the amount of fuel anti-ice additive contained in a fuel load)

10.7.1.2 고체 입자 오염물질 (Solid particle contaminants)

연료에 용해되지 않는 고체입자가 일반적인 오염물질이다. 연료탱크가 열려 있을 때 불순물(dirt), 녹(rust), 먼지(dust), 금속입자 등이 탱크 안으로 들어갈 수 있다. 이런 오염물질들은 필터에서 추출되며 일부는 섬프에 모인다. 연료 탱크 내에는 잘려진 밀폐제(sealant), 필터 소자의 조각, 부식으로 인한 부스러기의 조각 또한 축적된다.

연료 안으로 고체 오염물질의 유입을 방지하는 것은 중요하다. 연료계통이 열려있을 때에는 언제나 이물질이 들어가지 않도록 조심해야 한다. 연료 관은 즉시 마개로 막아야 하며, 연료탱크 주입구 마개는 급유가 끝나면 바로 닫아야 한다.

거친 침전물은 육안으로 볼 수 있다. 그들이 시스템 여과장치를 통과하면 연료계량장치의 오리피스(orifice), 슬라이딩 밸브(sliding valve), 그리고 연료 노즐이 막힐 수 있다. 고운 침전물은 실제로 개개의 입자는 볼 수 없다. 그들은 연료 속에서 아지랑이처럼 탐지되거나 또는 연료를 시험할 때 빛을 굴절시키게 한다. 연료제어장치(fuel control device)와 계량장치(metering device)에서는 거무스름한 셀락(shellac/니스를 만드는 데 쓰이는 천연수지)과 같은 자국으로 나타난다.

고체입자 오염의 허용 최대량은 왕복엔진 연료계통보다 터빈엔진 연료계통이 훨씬 적다. 필터 소자를 정기적으로 교체하는 것과 필터에 걸러진 고체입자를 조사하는 것이 특히 중요하다. 필터에서 금속입자의 발견은 필터의 상류부문에 있는 구성품의 결함을 알리는 신호일 수 있으므로 시험실 분석이 필요하다.

10.7.1.3 계면활성제(Surfactants)

계면활성제(surfactants)는 연료에서 자연히 일어나는 액체화학 오염물질이다. 이것은 급유공정 또는 연료 취급공정 시에 유입될 수 있다. 이들 계면활성제는 보통 대용량일 때 짙은 황갈색 액체(tan)로 나타난다. 심지어 비누 같은 농도를 갖게 된다. 적은 양의 계면활성제는 피할 수 없는 것이며 연료계통 기능에는 거의 영향이 없다. 다량의 계면활성제는 문제점을 일으킨다. 특히, 그들은 물과 연료 사이에 표면장력을 떨어뜨리고, 물과 심지어 작은 불순물이 배수조 안에 침전되지 않게 한다. 계면활성제는 필터 소자에 모여 필터의 기능을 떨어뜨리기도 한다.

그림 10-95와 같이, 계면활성제는 보통 그것이 탱크

[그림 10-95] 계면 활성제 제거가 가능한 점토필터 소자는 연료가 항공기로 들어가기 전에 연료 분배계통에서 사용(Clay filter elements remove surfactants. They are used in the fuel dispensing system before fuel enters the aircraft)

안으로 유입되었을 때 연료 속에 있다. 과도한 양의 불순물과 포함하고 있는 물 또는 필터와 섬프에 거품 같은 찌꺼기는 그들의 존재를 지시하는 것이다. 가장 바람직한 연료 취급자는 연료 급유 트럭과 연료 저장소 그리고 분배장치에 점토필터(clay filter) 소자를 갖추고 있다. 이들 필터를 적절한 간격으로 교환한다면 대부분 계면활성제를 제거할 수 있다. 항공기 연료 계통에서 계면활성제가 발견되면 연료공급원과 필터의 사용 및 상태를 추적 검사해야 한다.

10.7.1.4 미생물(Microorganisms)

그림 10-96과 같이, 터빈엔진연료에서 미생물(micro organism)의 존재는 중대한 문제점이다. 연료탱크에 있는 물과 연료의 경계에 있는 자유수(free water)에는 수백 종의 생물형태가 있다. 그들은 짙은 갈색, 회색, 적색 또는 검정색의 점액을 형성한다. 이 미생물은 빠르게 번식할 수 있으며 필터 소자와 연료량계(fuel quantity indicator)의 기능을 방해할 수 있다. 더군다나 연료탱크 표면과 접촉하는 끈적끈적한 물/미생물 층은 탱크의 전기분해 부식(electrolytic corrosion)을 위한 매질을 제공한다.

미생물은 연료의 자유수를 먹고 살기 때문에, 가장 강력한 대책은 물이 연료에 축적되지 못하게 하는 것이다. 물이 없는 100% 연료는 있을 수 없다. 항공기에 급유하기 위해 사용된 연료비축탱크의 관리와 더불어, 섬프 드레인(sump drain)과 필터 교환은 항공기 연료탱크에 물이 축적될 가능성을 줄일 수 있다. 급유 때 연료에 살생제(biocide)를 첨가하면 존재하는 미생물을 없애는 데 도움을 준다.

10.7.1.5 외부 연료로 인한 오염 (Foreign fuel contamination)

그림 10-97과 같이, 항공기 엔진은 오직 적절한 연료를 사용해야 효과적으로 작동한다. 부적합한 연료의 사용으로 인한 오염은 항공기에 비참한 결과를 가져올 수 있다. 각각의 연료탱크 연료 주입구(receptacle) 또는 연료마개가 있는 주위에는 필요한 연료의 종류가 명확하게 표시되어 있다.

만약 잘못된 연료가 항공기에 들어간다면, 비행 전에 수정되어야 한다. 만약 연료펌프가 작동하기 전에 그리고 엔진이 시동되기 전에 발견되었다면, 부적당한 연료로 채워진 모든 탱크는 배유되어야 한다. 적합

[그림 10-96] 연료-물 샘플의 두 액체 경계면에서 미생물 성장
(This fuel-water sample has microbial growth at the interface of the two liquids)

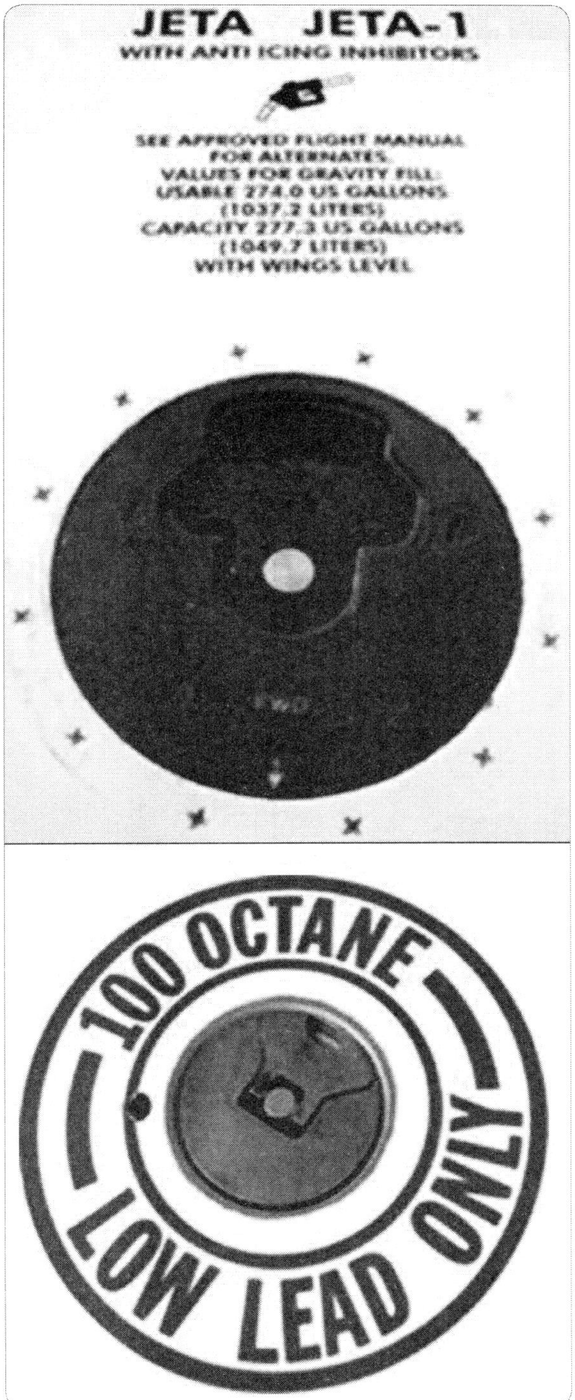

[그림 10-97] 항공기의 모든 연료 주입구에는 사용할 연료 종류가 표시. 지정된 연료 이외의 다른 연료를 기체에 보급하지 말 것 (All entry points of fuel into the aircraft are marked with the type of fuel to be used. Never introduce any other fuel into the aircraft other than that which is specified)

한 연료로 탱크와 관을 씻어 내고 그다음에 적합한 연료로 탱크를 다시 채운다. 그러나 만약 엔진이 시동되거나 또는 시동이 시도된 후에 발견했다면, 절차는 더욱 심도 있게 수행되어야 한다. 모든 연료관, 구성요소, 계량장치, 그리고 탱크를 포함하는 전체의 연료계통은 배유되어야 하고 씻어 내어야 한다. 만약 엔진이 작동되었다면, 압축시험이 이루어져야 하고 연소실과 피스톤은 보어스코프(borescope) 검사를 해야 한다. 엔진오일은 배출되어야 하고 모든 스크린(screen)과 필터는 손상 유무를 검사해야 한다. 모든 절차가 끝난 후에는 적합한 연료로 탱크를 채운 후, 비행 전에 완전한 엔진 작동 점검(full engine run-up check)을 수행해야 한다.

소량의 부적합한 연료의 유입으로 인해 오염된 연료는 육안 검사로는 확인하기 어렵고, 항공기 상태를 더욱 위험하게 만들 수 있다. 이런 실수를 인지하면 누구라도 항공기의 비행을 막아야 한다.

10.7.1.6 오염물질의 탐지(Detection of contaminants)

연료의 육안검사는 항상 깨끗하고 밝게 보여야 한다. 연료의 불투명함은 오염의 신호일 수 있고, 더욱 조사가 필요함을 의미한다. 급유할 때 정비사는 항상 급유의 공급원과 연료의 형태를 알고 있어야 한다. 오염이 의심스러우면 조사되어야 한다.

위에서 설명한 각 종류의 오염 검출방법에 추가하여, 항공기 연료에 대한 여러 가지의 현장시험과 시험실 시험은 연료 오염을 밝히기 위해 수행될 수 있다. 수질오염(water contamination)에 대한 일반적인 현장시험은 연료탱크에서 뽑아낸 시료에 물에는 녹고 연료에는 녹지 않는 염료(dye)를 첨가해서 수행한다. 연료에 존재하는 물이 많으면 많을수록, 염료는 더 크게 흩어지고 시료를 물들인다.

상업적으로 이용할 수 있는 또 하나의 일반적인 시험 장치(test kit)는 연료시료의 함유량이 30ppm(parts per million) 이상의 물을 함유할 때 분홍색 또는 진홍

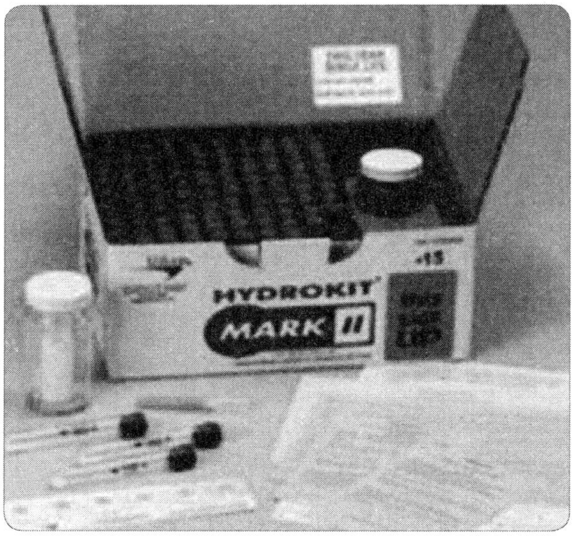

[그림 10-98] 연료의 물을 주기적으로 테스트 할 수 있는 키트(This kit allows periodic testing for water in fuel)

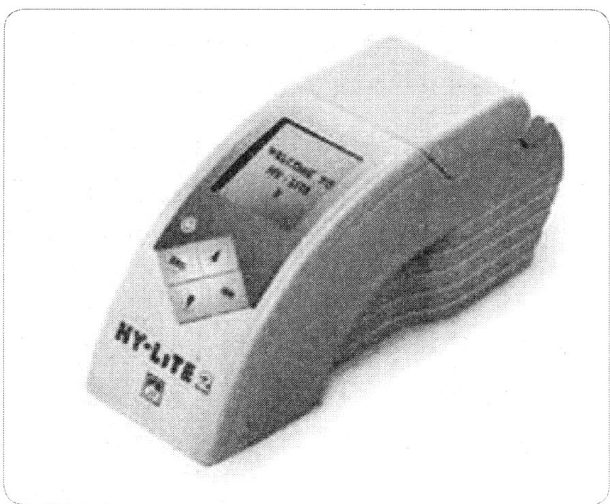

[그림 10-99] 포집 용액을 1 리터의 연료 샘플에 넣고 흔든 다음 연료에 있는 미생물의 수준을 결정하기 위해 용액을 표시된 분석기에 넣는다(A capture solution is put into a 1 liter sample of fuel and shaken. The solution is then put into the analyzer shown to determine the level of microorganisms in the fuel)

색으로 색이 바뀌는 회색 화학약품 분말이다. 15ppm 시험은 터빈엔진연료에 대해 사용할 수 있다. 그림 10-98과 같이, 이런 수준의 물은 일반적으로 허용하기 어려운 것으로 간주되고 항공기의 운용에 안전한 것은 아니다. 만약 이런 양 이상의 물이 발견되었다면, 탱크 밑에 침전하도록 충분히 기다린 후 물을 배수하거나, 아니면 연료를 전부 배유하고 적합한 연료로 다시 급유해야 한다.

연료 탱크내의 미생물의 존재 및 수준은 또한 그림 10-99와 같은 현장장비(field device)로 측정할 수 있다. 이 시험은 박테리아의 대사활동, 효모 및 곰팡이의 대사 활동을 감지한다. 또한 연료에 첨가되는 항균제의 양을 결정하는데 사용될 수 있다.

그림 10-100과 같이, 세균 시험 장비(bug test kit)는 특히 박테리아와 균의 종류에 균류에 대해 연료를 시험한다. 다른 종류의 미생물에 대해서는 시험할 수 없지만, 이 시험은 수행이 빠르고 용이하다. 이 제품으로 연료시료를 처리하고, 박테리아와 균류의 양이 어느 수준인지는 도표에서 시료의 색에 맞는 것을 찾아 알아낸다. 만약 균류와 박테리아의 성장수준이 기준이내라면, 연료는 사용할 수 있다.

그림 10-101과 같이, 연료트럭과 연료저장시설은 레이저 오염물질 인식기술을 이용한다. 연료 저장탱크를 떠나 보급호스에 들어가는 모든 연료는 분석장치(analyzer unit)를 거쳐 지나간다. 레이저 감지기술은 수질오염과 고체입자 오염을 판단한다. 두 가지 중 하나라도 과도한 수준의 것이 탐지되면, 장치는 자동적으로 연료보급 노즐로의 흐름을 차단한다. 그러므로 항공기는 오직 깨끗하고 수분이 없는 연료로 보급된다. 계면활성제 여과장치가 오염물질 인식기술과 미생물탐지와 결합되면, 더욱 깨끗한 연료를 항공기

엔진으로 공급할 수 있다.

그림 10-102와 같이, 여러 가지의 시험 장치(test kit)가 개발되기 전에, 시험실은 항공종사자에게 완전한 연료성분분석표를 제공했고 지금도 제공하고 있다. 시료(sample)는 살균된 용기에 넣어 시험실로 보낸다. 그것은 물, 미생물성장, 인화점, 비중, 연소성과 연소특성의 측정단위인 세탄지수(cetane index) 등을 포함하는 수많은 요소에 대해 시험할 수 있다. 세균 시험은 연료에 있는 모든 유기체의 성장환경을 포함한다.

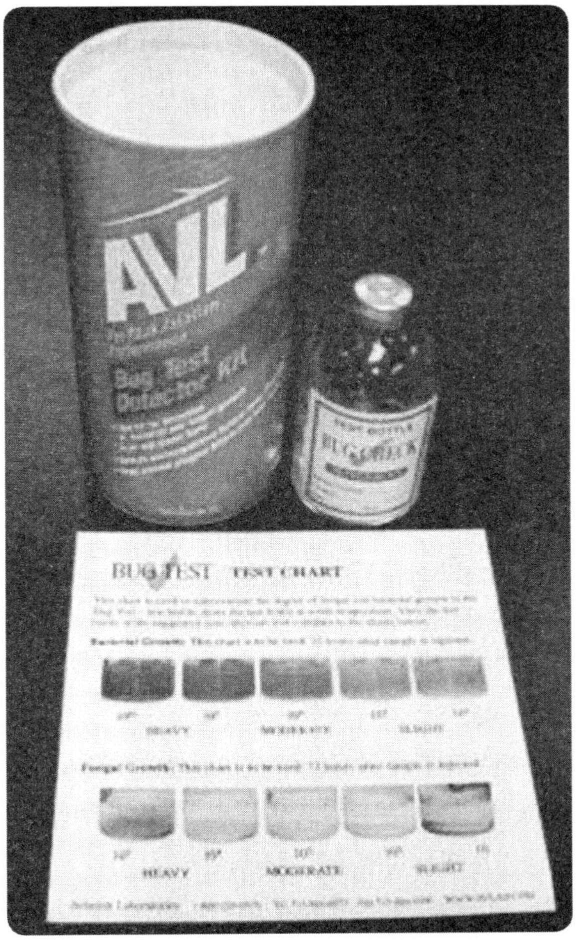

[그림 10-100] 연료 세균시험 키트는 처리 된 샘플의 색상을 컬러 차트와 비교하여 연료하중에 존재하는 박테리아 및 곰팡이의 수준을 식별(Fuel bug test kits identify the level of bacteria and fungus present in a fuel load by comparing the color of a treated sample with a color chart)

10.7.1.7 연료 오염 관리(Fuel contaminant control)

오염관리를 위해 수많은 표준 석유산업 안전장치가 가동 중이다. 여러 가지의 여과장치, 시험, 그리고 오염의 처리는 연료를 오염 없이 효과적으로 유지하고, 오염이 발견되었을 경우 여러 가지의 오염을 제거한

[그림 10-101] 이 오염 물질 분석장치는 급유 트럭과 같은 연료 공급원의 유출부분에 위치하여 레이저 식별 기술로 물과 고체 오염물질 수준을 탐지한다. 보급 호스의 밸브는 어느 한 수준이 허용 한계를 초과하면 자동으로 닫힌다.(This contaminant analyzer is used on fuel supply source outflow, such as that on a refueling truck. Water and solid contaminant levels are detected using laser identification technology. The valve to the fill hose is automatically closed when levels of either are elevated beyond acceptable limits)

[그림 10-102] 실험실에서 연료 샘플의 테스트가 가능
(Laboratory tests of fuel samples are available)

다. 모든 저장탱크와 연료트럭의 상태를 관리해야 한다. 모든 여과장치의 검사와 교체는 정기적으로 그리고 제 시간에 수행해야 한다.

항공기 연료계통은 제작사 명세서(manufacturer's specification)에 따라 유지되어야 한다. 모든 배수관으로부터 시료는 정기적으로 취하고 검사해야 한다. 여과장치는 명시된 주기로 교환되어야 한다. 연료무게는 이따금 또는 잠재오염이 있을 때 육안 검사와 시험을 해야 한다. 여과장치에서 발견된 입자는 입자의 성분을 확인하고 조사해야 한다.

가장 중요한 것은 항공기가 사용하는 정확한 연료로 급유하는 것이다. 연료취급에 관련된 사람은 적절하게 훈련되어야 한다.

10.8 급유 및 배유 절차(Fueling and de-fueling procedures)

연료보급절차는 항공기마다 다를 수 있다. 기체 구조물의 손상을 방지하기 위해 규정된 순서로 탱크에 연료가 보급되어야 한다. 익숙하지 않은 항공기에 연료를 보급할 때는 보급 전에 적절한 보급 절차를 확인해야 한다.

10.8.1 급유(Fueling)

일반적으로 급유과정은 날개 위 급유(over-wing)와 가압급유(pressure refueling) 두 가지 종류가 있다. 날개 위 급유는 날개 윗면 또는 동체에 탱크가 장착되었다면 동체의 윗면에 있는 주입구 마개를 열고 연료 보급노즐을 연료 주입구 안으로 삽입하여 탱크 안으로 주입한다. 이 과정은 자동차 연료탱크에 급유하는 과정과 유사하다.

가압급유는 연료탱크 밑면의 앞쪽 또는 뒤쪽에 있는 연료 주입구(fueling station)에 장착된 연료보급 포트(port)로 가압급유노즐을 연결시켜 연료 트럭의 연료 펌프에 의해 가압된 연료를 탱크로 보급한다. 연료 주입구에 장착된 게이지는 각 탱크의 연료량을 지시하며 원하는 연료량에 도달했는지 확인해야 한다. 그림 10-103과 같이 각 탱크에 장착된 플롯 스위치(float switch)는 탱크가 가득 보급되었을 때 급유 밸브(fueling valve)를 닫히게 하여 연료 보급을 중단시키는 자동차단장치의 일부분이다.

연료보급 시에는 예방 조치를 취해야 한다. 가장 중요한 것은 항공기에 적합한 연료를 보급하는 것이다. 사용되는 연료의 종류는 중력식 날개 위 급유(over-wing) 방식에서는 주입구 근처에 그리고 가압 급유식 항공기는 연료 주입구에 게시되어 있다. 만약 사용하려는 연료에 어떤 문제점이 있다면, 기장, 전문가, 또는 제작사 정비매뉴얼, 제작사 운영매뉴얼에 따라 급유를 진행하기 전에 수정되어야 한다. 터빈엔진연료에 대한 날개 위 급유(over-wing)의 급유노즐은 가솔

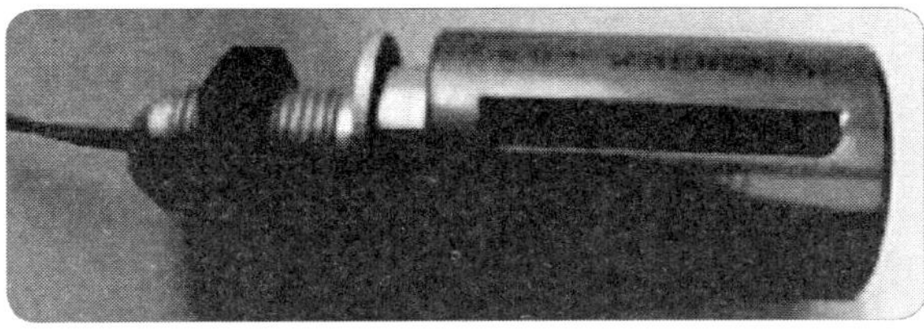

[그림 10-103] 연료 탱크에 설치된 플로트 스위치는 항공기의 가압급유 중 탱크가 가득 차면 급유 밸브를 닫는다. 더 정교한 다른 자동 차단 장치도 있다(A float switch installed in a fuel tank can close the refueling valve when the tanks are full during pressure fueling of an aircraft. Other more sophisticated automatic shutoff systems exist)

린을 사용하는 항공기의 연료 주입구에 들어갈 수 없도록 아주 커야 한다.

날개 위에서 급유할 때는 주입구 주변을 깨끗하게 하고, 연료노즐도 또한 깨끗한지 확인해야 한다. 그림 10-104와 같이, 항공연료노즐은 연료마개를 열기 전에 항공기에 접지되어야 하는 정전기 접지 선(bonding wire)을 갖추고 있다. 연료를 분사할 준비가 된 후에 마개를 연다. 주의 깊게 주입구 안으로 노즐을 삽입한다. 연료 노즐은 탱크 밑면을 칠 정도로 깊게 삽입하지 않는다. 만약 일체형 연료 탱크라면 탱크, 또는 항공기 외피(skin)를 움푹 들어가게 할 수도 있다. 무거운 연료호스에 의해 기체 표면에 손상을 방지하기 위해 주의사항을 훈련한다. 그림 10-105와 같이, 어깨 위에 호스를 걸치거나 또는 페인트를 보호하기 위해 급유 매트(mat)를 사용한다.

가압급유 시, 항공기 연료 주입구(receptacle)는 급유 밸브 어셈블리(fueling valve assembly)의 일부분이다. 연료보급노즐을 적절하게 연결하여 고정시키면 플런저(plunger)는 연료가 밸브를 통해 주입될 수 있도록 항공기 밸브를 열어준다. 정상적으로 모든 탱크는 한 지점에서 연료가 보급될 수 있다. 그림 10-106과 같이, 항공기 연료계통에 있는 밸브는 연료가 적절하게 탱크 안으로 들어가도록 연료 주입구에서 제어된다. 연료 트럭의 급유펌프가 발생하는 압력은 연료를 주입하기 전에 항공기에 적합한 압력인지 확인한다. 가압 급유판(pressure refueling panel)과 그들의 조작은 항공기에 따라 차이가 있으므로 급유 작업자는 각 급유패널(panel)의 정확한 사용법을 알고 사용해야 한다.

연료트럭으로부터 연료를 보급할 때 예방조치가 취해져야 한다. 만약 트럭을 지속적으로 사용하지 않았다면, 모든 섬프(sump)는 트럭이 이동하기 전에 배출되어야 하고, 연료가 투명하고 깨끗한지 육안으로 검

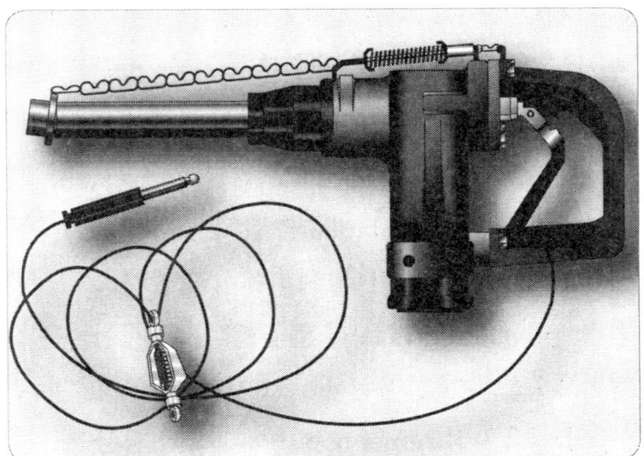

[그림 10-104] 정적 본딩 접지선이 있는 항공유 연료보급 노즐(An avgas fueling nozzle with static bonding grounding wire)

[그림 10-105] 세스나 항공기의 날개위 연료보급 (Over-wing refueling a cessna)

[그림 10-106] 압력급유구의 패널
(The panel at the pressure refueling station)

사해야 한다. 터빈연료는 만약 연료트럭의 탱크가 방금 채워졌거나, 또는 트럭이 공항의 울퉁불퉁한 도로를 주행했다면 연료가 안정되도록 몇 시간 정도 기다려야 한다. 연료트럭은 항공기로 천천히 접근해야 하며, 급유를 위한 위치로 맞추어 놓는다. 트럭은 날개에 나란히 그리고 가능하면 동체의 앞쪽에 주기되어야 한다. 항공기 정면 방향으로의 접근은 피한다. 파킹 브레이크(parking brake)를 잡고 바퀴(wheel)를 고임목(chock)으로 고인다. 트럭에서 항공기로 정전기 접지 선(bonding cable)을 연결한다. 이 케이블은 전형적으로 트럭에 설치된 릴(reel)에 비치되어 있다.

만약 급유지점(refuel point)이 지상에 서서 접근할 수 없다면 사다리를 사용한다. 항공기의 날개 위에서 걸을 필요가 있다면 오직 지정된 구역에서만 가능하다.

주입기 노즐은 중요하게 다루어져야 할 하나의 도구다. 에이프런(apron)에 떨어뜨리거나 또는 끌리지 않아야 한다. 대부분 노즐에는 먼지 마개가 부착되어 있는데 실제 연료를 보급하는 동안에는 제거해야 하고 연료 보급이 완료되면 즉시 마개를 닫아야 한다. 노즐은 연료의 오염을 방지하기 위해 깨끗해야 하며, 누출되면 안 된다. 연료보급 시에 주입기 노즐은 주입구의 목 부분에 일정하게 접촉이 유지되도록 해야 한다. 연료보급이 완료되면 모든 연료마개의 상태를 이중점검하고 접지선이 제거되었는지 확인한다.

10.8.2 배유(De-fueling)

때때로 정비, 검사 또는 오염으로 인해 연료 탱크의 연료를 제거해야 하는 경우가 생긴다. 또는 비행계획이 변경되어 배유가 필요하게 된다. 배유에 대한 안전절차는 급유 절차와 동일하다. 배유는 항상 행거(hangar) 안이 아닌 외부에서 수행해야 한다. 소화기는 가까이에 비치해야 하고, 접지선을 설치해야 한다. 배유는 경험자에 의해 수행되어야 하며, 비경험자는 수행 전에 배유 절차에 대하여 점검해야 한다.

기체구조의 손상을 방지하기 위해 연료보급 시와 마찬가지로 배유 시에도 탱크에 따라 순서가 있다. 의심스러우면 제작사 정비매뉴얼, 제작사 운영매뉴얼을 참고한다.

가압 연료보급식 항공기는 정상적으로 가압 연료 주입구를 통해 연료를 배유한다. 배유 방법에는 두 가지 방법이 있다. 항공기의 탱크 내 승압펌프(boost pump)를 이용하여 밖으로 연료를 배유하는 가압식(pressure) 배유와, 연료트럭의 펌프를 이용하여 연료를 밖으로 뽑아내는 흡입(suction) 배유가 있다. 그 외 날개 위로 연료를 보급하는 소형 항공기는 정상적으로 탱크 섬프 드레인(tank sump drain)을 통해 배유하며, 이 방법은 대형기에는 시간이 많이 걸려 비실용적이다.

탱크에서 배유한 연료를 어떻게 처리해야 하는지는 몇 가지 절차에 따른다. 첫 번째, 만약 탱크가 연료오염 또는 의심스러운 오염으로 인하여 배유되었다면 다른 연료와 혼합되지 않도록 격리된 용기에 저장되어야 한다. 두 번째, 제작사는 배유된 정상적인 연료를 재사용할 수 있는지 그리고 어떤 종류의 저장용기를 사용해야 하는지에 대한 필요조건을 명시한다. 무엇보다도, 항공기에서 제거된 연료는 어떤 다른 종류의 연료와 혼합되지 않아야 한다.

대형 항공기는 정비 목적으로 배유가 필요할 때는 배유 과정을 피하기 위해 정비를 요하는 탱크의 연료를 다른 탱크로 이송(transfer)시킬 수 있다.

10.8.3 급유나 배유 시 화재 위험 (Fire hazard when fueling or de-fueling)

항공용가솔린(AVGAS)과 터빈엔진연료의 가연성 성질 때문에 급유나 배유 시에 화재에 대한 예방 조치를 확실히 해야 한다. 격납고(hangar) 안에서 급유나 배유는 금한다. 급유 작업자가 입은 옷은 정전기를 발생시키지 않도록 나일론과 같은 합성섬유는 피하고 면직물(cotton)로 된 옷을 입는다.

화재를 유발하는 세 가지 조건 중 가장 제어할 수 있는 것은 점화원(source of ignition) 이다. 연료보급 또는 배유 시에 항공기 주위에 점화원이 없도록 해야 한다. 어떤 전기장치도 작동해선 안 된다. 전파(radio)와 레이더(radar) 사용은 금지되어야 한다.

엎지른 연료는 빠르게 기화하기 때문에 화재위험이 크다. 소량의 유출은 곧바로 닦아 내야 한다. 램프에 엎지른 연료를 쓸어 한곳으로 모으지 말아야 한다.

급유 시나 배유 시에 class B 소화기를 가까운 곳에 비치하고, 연료 작업자는 소화기가 어디에 있고 어떻게 사용하는지 정확하게 알아야 한다. 비상시에 연료 트럭은 빨리 항공기로부터 멀리 이동할 수 있도록 항공기 주변의 정확한 위치에 주기 되어야 한다.

11
제빙 및 제우계통

Ice and Rain Protection System

11 제빙 및 제우 계통

Ice and Rain Protection System

11.1 결빙 제어계통(Ice Control Systems)

항공기의 비행 고도가 상승함에 따라 날개와 조종면(control surface), 엔진흡입구 등의 앞전 표면에 결빙현상이 발생할 수 있다. 이러한 현상은 공기 중의 작은 물방울이 빙점 이하로 과냉(supercooled)되고 항공기에 의해 교란될 때, 작은 물방울은 즉시 항공기 표면에서 결빙된다.

항공기 표면 결빙의 유형은 비 또는 적운형구름에 의해 형성되는 투명얼음과 약한 이슬비 또는 성층운에 의해 형성되는 거친얼음으로 나누어지며 거친얼음은 투명얼음에 비해 가볍고 제거가 쉬운 반면 불규칙한 모양과 거친 표면 때문에 양력을 감소시키고 항력을 증가시켜 날개골(airfoil)의 공기역학적 효율을 감소시킨다.

[그림 11-1] 항공기 날개 앞전 결빙 현상
(Formation of ice on aircraft leading edge)

항공기에서 결빙 또는 서리의 형성은 다음과 같은 위험요소가 있다.

(1) 양력의 부분적 감소로 인한 양력불균형
(2) 결빙으로 인한 무게의 증가와 불균형으로 항공기 조종을 어렵게 만드는 항공기 불안정

항공기 비행안전의 위험요소가 되는 결빙은 매우 단시간에 형성될 수 있기 때문에 결빙 방지 또는 제거를 위한 장치의 구비가 요구된다.

11.1.1 결빙의 영향(Icing Effects)

결빙은 항공기의 항력을 증가시키고 양력을 감소시켜 유해 진동의 원인이 되며 또한 정확한 계기 판독을 방해한다. 비행 조종면(flight control surface)이 불균형 또는 고착되게 되며 고정식슬롯은 얼음으로 채워지고 가동식 슬롯은 고착된다. 또한, 무선수신이 방해되고 엔진 성능이 떨어진다. 더욱이 얼음, 눈, 그리고 슬러쉬(slush)는 양력의 감소, 이륙거리의 증가, 그리고 항공기 기동성의 둔화와 같이 비행안전에 직접적인 영향을 미치게 된다. 만약 두꺼운 얼음 조각이 비행 중 떨어져 나간다면 엔진고장 및 기골손상의 원인이 될 수도 있다. 특히 후방동체고정식 엔진은 외부물질 손상(FOD:foreign object damage)이 발생하기 쉽다.

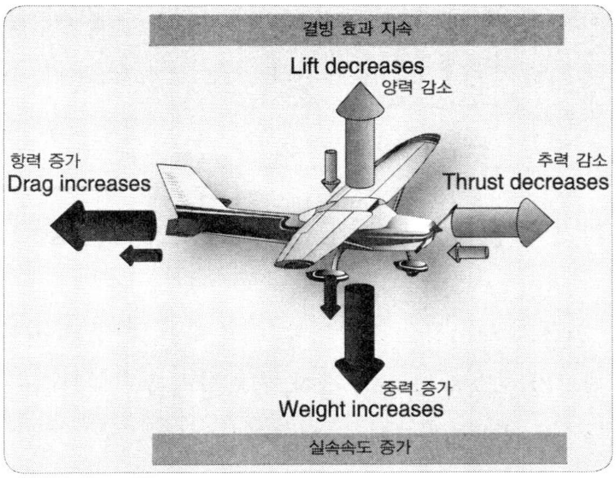

[그림 11-2] 결빙의 누적영향(Effects of structural icing.)

물론 날개고정식엔진이라고 할지라도 손상이 없는 것은 아니다. 얼음은 항공기의 어떠한 부분에도 존재할 수 있고, 떨어져 나갔을 때, 엔진 내부로 흡입될 수 있는 충분한 가능성이 있다. 최악의 경우는 항공기 이륙 시 양력에 의한 날개의 굽힘으로 얼음이 떨어져 나가면서 엔진으로 유입되어 엔진의 서지(surge), 진동, 그리고 완전한 추력손실의 원인이 될 수도 있다.

그림 11-2에서와 같이, 결빙조건에서 항공기의 성능특성이 누적되어 저하되는데 공기역학적 항력의 증가는 항공기의 항속거리를 줄이고 속도 유지를 어렵게 만들며, 연료소비량을 증가시킨다. 또한, 날개와 꼬리부분(empennage)의 결빙으로 인한 상승률 감소뿐만 아니라 프로펠러의 효율 감소와 총중량의 증가로 인한 상승률의 감소도 예상된다. 항공기가 얼음 축적으로 인해 명시된 것보다 더 높은 속도에서 실속되

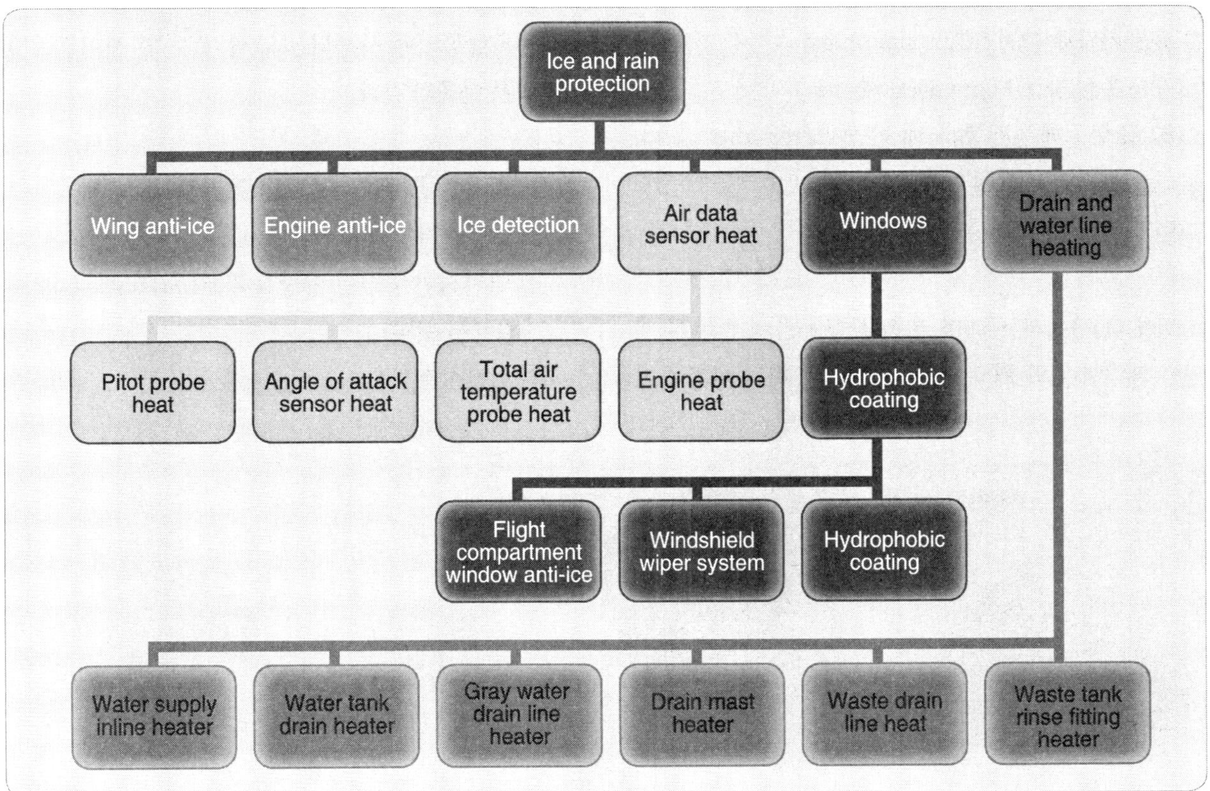

[그림 11-3] 제빙 및 제우계통(Ice and rain protection system)

기 때문에 저속에서 갑작스러운 기동이나 급격한 선회는 피해야 한다. 착륙 시에는 증가된 실속속도를 보정하도록 대기속도를 증가시켜야 한다. 또한 얼음축적으로 인한 무게증가는 착륙속도를 증가시켜 착륙거리가 2배까지 길어질 수 있다.

항공기 제빙 · 제우계통은 다음과 같은 항공기 구성품에 결빙 형성을 방지한다.

(1) 날개 앞전(Wing leading edge)
(2) 수평 및 수직안정판 앞전(Horizontal and vertical stabilizer leading edge)
(3) 엔진 카울 앞전(Engine cowl leading edge)
(4) 프로펠러(Propeller)
(5) 프로펠러 스피너(Propeller spinner)
(6) 공기자료 감지기(Air data probe)
(7) 조종실 창문(Flight deck window)
(8) 급수 · 폐수계통과 배출구(Water and waste system lines and drain)
(9) 안테나(Antenna)

그림 11-3에서는 대형 운송용 항공기에 설치된 제빙 · 제우계통의 개요도를 나타낸다. 최신 항공기에서 이들 계통은 대부분 결빙탐지계통과 탑재 컴퓨터에 의해 자동적으로 제어 된다.

11.2 결빙 탐지계통(Ice Detector System)

얼음은 시각적으로 발견할 수 있지만, 대부분 최신 항공기는 그림 11-4와 같이, 결빙상태를 탐지하여 운항승무원에게 경고하는 결빙탐지센서를 갖추고 있고, 결빙탐지계통은 결빙이 탐지되었을 때 날개 방빙계통을 자동으로 작동시킨다.

11.2.1 결빙 방지(Ice Prevention)

현대 항공기에 사용되는 결빙 방지 및 제어를 위한 방법은 다음과 같다.

(1) 뜨거운 공기를 사용한 표면 가열
(2) 발열소자(heating element)를 사용한 가열
(3) 일반적인 방식인 팽창식 부트(inflatable boot)를 활용한 제빙
(4) 화학식 처리(chemical application)

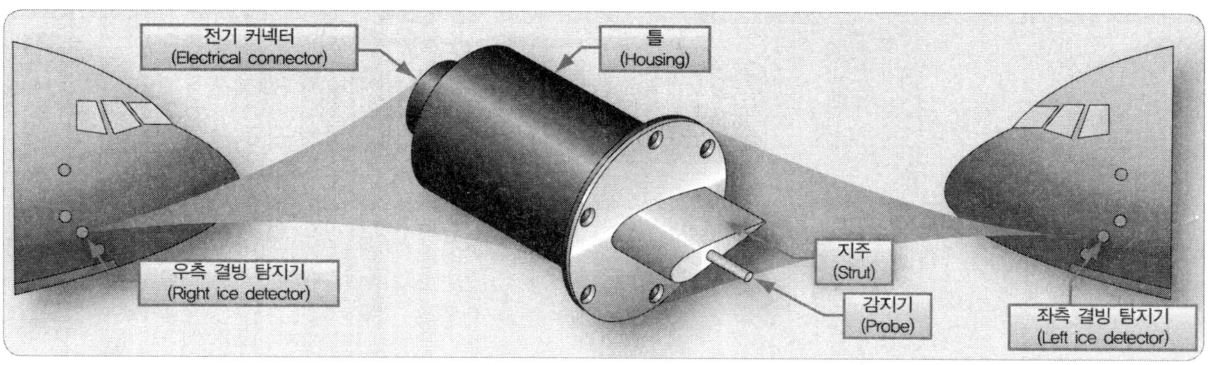

[그림 11-4] 비행 승무원에게 결빙상태 경고하는 결빙 탐지장치(An ice detector alerts the flight crew of icing conditio)

[표 11-1] 항공기 위치별 결빙 제어방식
(Typical ice control methods)

결빙 위치	제어 방법
날개 앞전	열공압식, 열전기식, 화학약품식 방빙/공기식 제빙
수직안정판 및 수평안정판 앞전	열공압식, 열전기식 방빙/공기식 제빙
윈드실드, 창	열공압식, 열전기식, 화학약품식 방빙
가열기 및 엔진 공기 흡입구	열공압식, 열전기식 방빙
피토 정압관 및 공기자료 감지기	열전기식 방빙
프로펠러 깃 앞전과 스피너	열전기식, 화학약품식 방빙
기화기	열공압식, 화학약품식 방빙
화장실 배출 및 이동용 물 배관	열전기식 방빙

방빙장치(anti-icing equipment)는 결빙조건에 들어가기 전에 작동되어 얼음이 형성되는 것을 방지하는 것으로, 결빙을 방지할 정도로 가열하여 물이 흘러가도록 하는 방식과 가열에 의해 수분을 완전히 증발시키는 방식이 있다. 제빙장치(de-icing equipment)는 날개와 안정판 앞전 등에 축적된 얼음을 제거하도록 하는 방식이다.

11.3 날개, 수평 및 수직 안정판 방빙계통 (Wing, Horizontal and Vertical Stabilizer Anti-icing Systems)

대부분 항공기의 날개 앞전, 또는 앞전 슬랫, 그리고 수평안정판과 수직안정판 앞전 등의 구성품에 얼음의 형성을 방지하기 위해 방빙계통을 장비하고 있다. 가장 일반적으로 사용되는 방빙계통은 열공압식(thermal pneumatic), 열전기식(thermal electric), 그리고 화학적(chemical) 방식이 있다.

대부분 항공기는 결빙조건에서 비행이 가능하도록 공기식제빙부츠 계통이나 화학적방빙계통을 장비하고 있다. 그러나 현대의 고성능항공기는 나노기술의 적용이나 화학적으로 얼음이나 물의 고임을 방해하는 삼출날개(weeping wing) 방식을 적용하고 대형 운송용 항공기는 얼음의 형성을 방지하기 위해 자동적으로 제어되는 최신의 열공압식 또는 열전기식 방빙계통을 적용한다.

11.3.1 열공압식 방빙 (Thermal Pneumatic Anti-icing)

날개 앞전 결빙방지 및 제빙을 위해 일반적으로 열공합식 방빙장치가 사용되는데 에어포일 앞전 내부에 설치된 덕트를 관통한 고온의 공기가 덕트의 앞쪽 구멍을 통해 날개 앞전의 내부표면에 분사되어 방빙 또는 제빙을 한다. 열공압식 방빙계통은 터빈압축기, 엔진배기가스 또는 연소기에 의해 가열된 공기(hot air)와 외부에서 유입된 램에어(ram air)를 활용하여 날개 앞전, 앞전 슬랫, 수평안정판과 수직안정판 앞전, 엔진 흡입구 등의 방빙에 사용한다.

11.3.1.1 날개 방빙 장치 (Wing Anti-ice(WAI) System)

상용제트와 대형운송용항공기에서 날개 열방빙계통 또는 꼬리부분 열방빙계통은 대용량의 아주 고온 공기를 충분하게 공급해야 하기 때문에 일반적으로 엔진압축기로부터 블리드(bleed)된 뜨거운 공기를 사용한다. 공급된 뜨거운 공기는 덕트, 매니폴드(manifold), 그리고 밸브를 통해 방빙이 요구되는 구성품에 공급된다.

그림 11-6에서는 상용제트 항공기에 적용된 전형

[그림 11-5] 열공압식 날개방빙(WAI) 계통 항공기
(Aircraft with thermal WAI system)

적인 날개 방빙계통 개략도를 보여준다. 블리드공기는 각각의 날개 내부구역에 있는 배출기에 의해 각각의 날개 앞전으로 공급되고 분배를 위해 피콜로관(piccolo tube) 안으로 블리드공기를 방출시킨다. 대기공기의 유입은 날개뿌리(wing root)와 날개끝(wing tip) 근처에 매립설치식(flush-mounted) 램공기스쿠프(ram air scoop)에 의해 날개앞전 안으로 유입된다. 배출기(ejector)는 대기공기를 혼합하여 흡입하고, 블리드공기의 온도 감소와 피콜로관에서 대량의 공기흐름을 가능하게 한다.

그림 11-7과 같이, 날개앞전은 좁은 통로에 의해 분리된 2장의 표피층으로 구성되며 앞전을 향하여 분출된 공기는 날개 끝의 밑바닥에 있는 벤트를 통해 외부로 배출된다.

날개방빙(WAI) 스위치가 켜지면 압력 조절기에 전

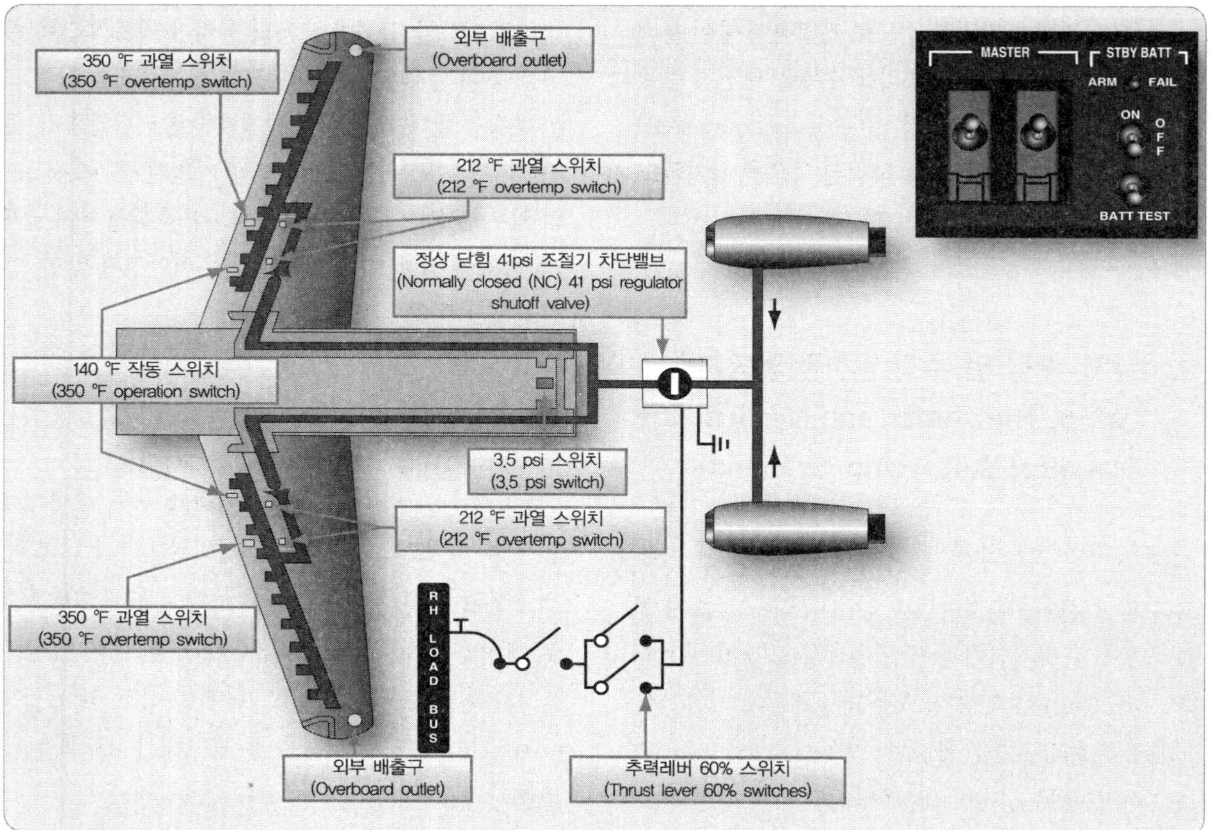

[그림 11-6] 열공압식 날개 방빙계통(Thermal WAI system)

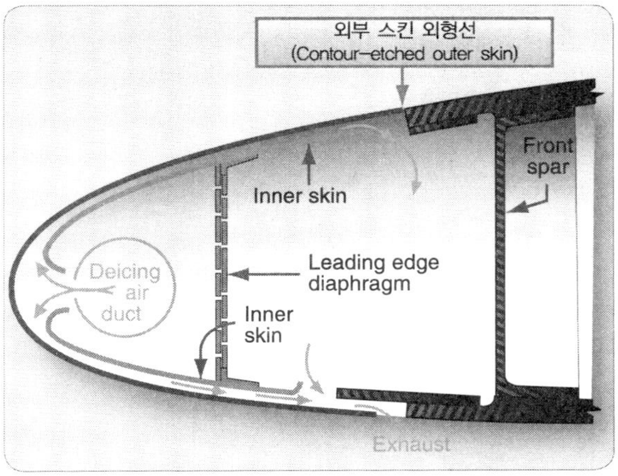

[그림 11-7] 열공압식 날개 앞전(Heated wing leading edge)

원이 공급되고 차단 밸브가 열린다. 날개 앞전 온도가 약 +140 ° F에 도달하면 온도 스위치가 작동 표시등을 "ON" 시킨다.

날개 앞전의 온도가 약 +212 ° F (외부) 또는 +350 ° F (내부)를 초과하면 신호 표시기 패널(annunciator panel)의 빨간색 "WING OVHT" 경고표시등(warning light)이 켜진다.

WAI 계통의 덕트는 일반적으로 알루미늄 합금, 티타늄, 스테인리스 스틸 또는 유리섬유(fiberglass) 튜브로 구성되어있다. 튜브 또는 덕트부분(duct section)은 볼트, 플랜지(flange) 또는 밴드형 V-클램프로 서로 연결된다. 덕트에는 유리섬유와 같은 내화성 단열재가 포함되어 있다. 일부 항공기에서 얇은 스테인리스 스틸의 확장형 벨로우즈가 사용된다. 벨로우즈는 온도 변화로 인해 발생할 수 있는 덕트의 왜곡이나 팽창을 흡수할 수 있는 곳에 위치한다. 덕트의 결합 부분은 밀봉 링(sealing ring)으로 밀폐된다. 이 실(seal)은 덕트 접합면의 고리형 홈에 장착한다.

덕트부분을 설치할 때 실(seal)이 인접한 접합면에 고르게 지지되고 압축되는지 확인하여야한다. 지정된 경우 덕트는 관련 항공기 제조업체가 권장하는 압력에서 압력시험을 받아야한다. 가열된 공기가 새어나가는 덕트의 결함을 감지하기 위해 누출시험(leak check)을 실시한다. 주어진 압력에서의 누출양은 항공기 정비 매뉴얼에서 권장하는 양을 초과해서는 안된다.

공기 누출은 종종 청각적으로 감지 될 수 있으며 때로는 보온 피복 또는 단열재의 구멍에 의해 드러난다. 그러나 누출 위치를 찾는데 어려움이 있으면 비눗물 용액을 사용할 수 있다. 모든 덕트는 보온 피복 또는 단열 재료가 안전한 상태인가를 점검해야하며 오일 또는 유압유와 같은 가연성 유체와의 접촉이 없어야 한다.

11.3.1.2 날개 앞전 슬랫 방빙장치 (Leading Edge Slat Anti-ice System)

앞전 슬랫을 사용하는 항공기는 이들 표면에 서리의 형성을 방지하기 위해 일반적으로 엔진압축기로부터 블리드 공기(bleed air)를 공기압계통에서 조절하여 공급한다. 날개 방빙밸브는 공기압계통에서부터 날개 방빙덕트까지의 공기흐름을 제어하고 날개 방빙덕트는 슬랫으로 공기를 이송시켜 준다. 방빙에 사용되는 각각의 슬랫 밑바닥에 있는 구멍으로 배출된다.

그림 11-8과 같이, 에어포일 및 카울 방빙계통(ACIPS, airfoil and cowl ice protection system) 컴퓨터 카드는 날개 방빙밸브를 제어하고 압력센서가 덕트 공기압 데이터를 컴퓨터로 보낸다. 항공기승무원은 날개방빙 선택 스위치를 사용하여 자동 또는 수동 모드를 선택할 수 있다. 자동 모드에서 시스템은 결빙탐지계통이 얼음을 감지했을 때 작동한다. OFF와 ON 위치는 날개 방빙계통의 수동 조작을 위해 사용

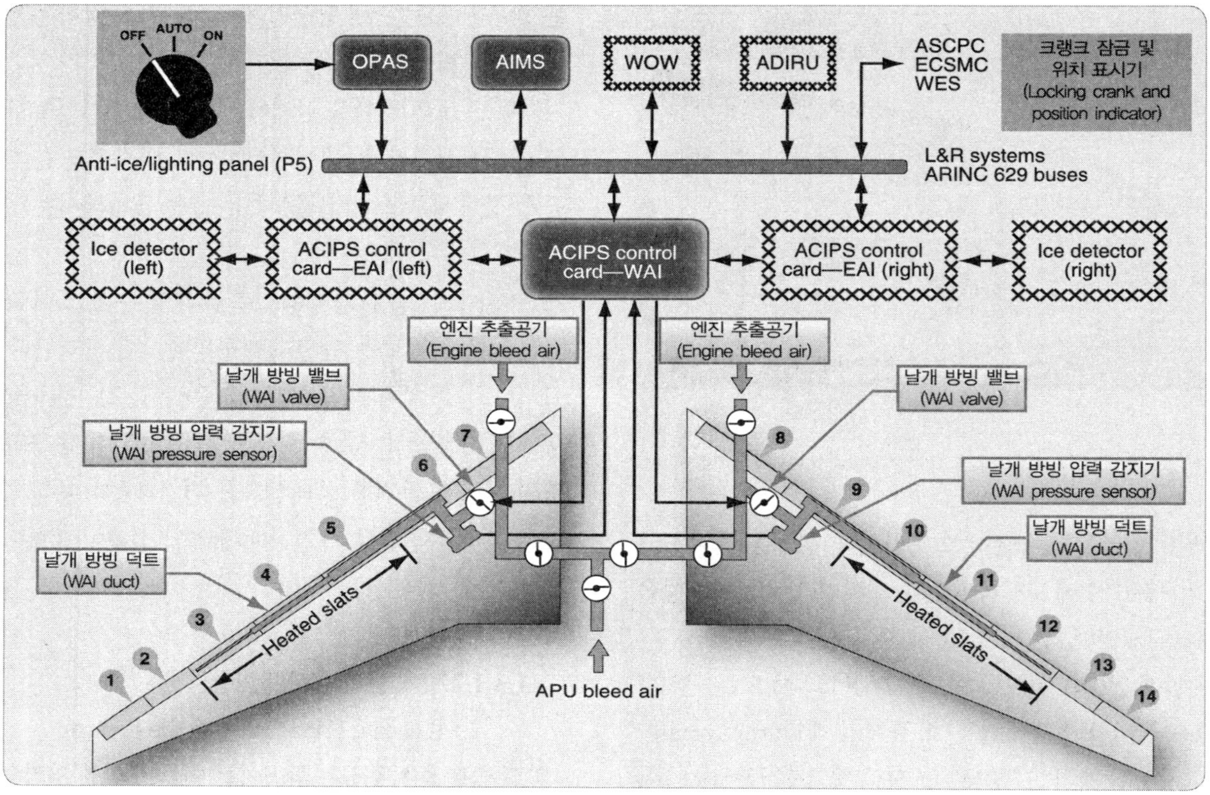

[그림 11-8] 날개 앞전 슬랫 방빙계통(Wing leading edge slat anti-ice system)

된다. 날개 방빙계통은 지상 테스트를 제외하고 오직 비행 중에만 사용된다. WOW 계통(weight on wheel system)과 대기속도자료는 항공기가 지상에 있을 때 화재예방을 위해 시스템이 작동되지 않도록 정지시킨다.

(1) 날개 방빙밸브(Wing Anti-icing Valve)

그림 11-9와 같이, 날개 방빙밸브는 공기압계통에서 날개 방빙덕트로 추출공기의 흐름을 제어해 준다. 밸브는 토크 모터(torque motor)에 의해 전기적으로 제어되고 공기압으로 작동된다. 토크 모터에 전원이 없을 때 작동장치의 한쪽 공기압이 밸브의 닫힘 상태를 유지시킨다. 토크 모터를 통과한 전류는 공기압이 밸브를 열도록 해준다. 토크 모터에 전류가 증가되면

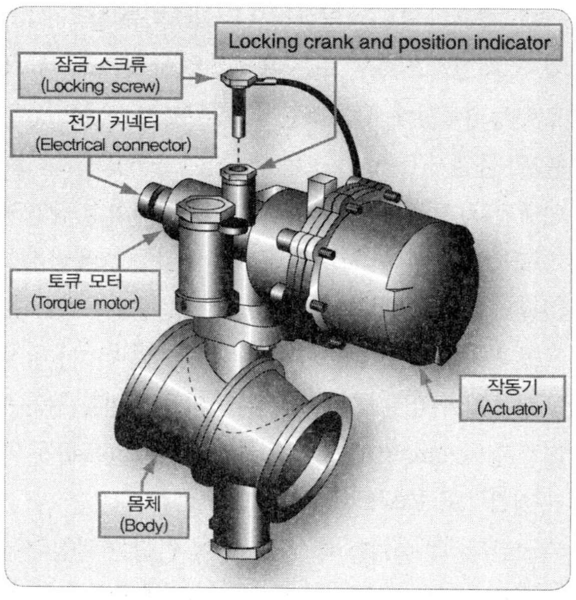

[그림 11-9] 날개 방빙 밸브(A wing anti-ice valve)

밸브가 더 많이 열린다.

(2) 날개 방빙 압력감지기(WAI Pressure Sensor)

날개 방빙 압력감지기는 날개 방빙밸브를 지나 날개 방빙덕트에 있는 공기압력을 감지한다. 에어포일 및 카울 방빙계통(ACIPS, airfoil and cowl ice protection system) 카드는 날개 방빙계통을 제어하기 위해 압력 정보를 활용한다.

(3) 날개 방빙 덕트(WAI Ducts)

그림 11-10과 같이, 날개 방빙덕트는 공기압계통에서 공급된 공기를 날개앞전을 통과하여 앞전 슬랫으로 이송시킨다. 그림 11-8과 같이 날개방빙 계통에서 좌측 날개에 앞전 날개 앞전 슬랫 섹션(section) 3, 4, 그리고 5와 우측 날개 앞전 슬랫 섹션(section) 10, 11, 그리고 12에 블리드공기를 공급한다. 날개 방빙덕트의 각 구역은 공기가 앞전 슬랫 안쪽의 공간으로 흐르게 하기 위해 구멍이 뚫려 있다. 공기는 각각의 슬랫 하부에 있는 구멍을 통해 빠져나간다.

(4) 날개 방빙 제어 장치(WAI Control System)

날개 방빙계통은 ACIPS 컴퓨터 카드에 의해 제어된다. ACIPS 컴퓨터 카드는 양쪽 날개 방빙밸브를 제어한다. 날개 방빙밸브의 선택 위치와 고도의 변화에 따라 블리드공기의 온도가 변경된다. 좌측과 우측 밸브는 양쪽 날개를 동일하게 가열하기 위해 동시에 작동한다. 이것은 결빙조건에서 공기역학적으로 안정된 비행자세를 유지시킨다. 날개방빙 압력센서(WAI pressure sensor)는 날개방빙밸브 제어와 위치표시를 위해 날개방빙 ACIPS 컴퓨터 카드로 피드백 정보를 제공한다. 만약 하나 이상의 압력센서가 고장 난다면, WAI ACIPS 컴퓨터 카드는 완전히 열리거나 또는 완전히 닫히도록 설정해 준다. 만약 어느 한쪽 밸브에서 결함이 발생하여 닫히면 날개방빙 컴퓨터 카드는 다른 쪽 밸브를 닫는다.

그림 11-11과 같이, 날개방빙계통 선택기(selector)는 AUTO, ON, 그리고 OFF 이렇게 세 가지 선택 모드를 가지고 있는데, 선택기가 AUTO 모드로 선택되면 날개방빙 ACIPS 컴퓨터 카드는 결빙탐지기가 얼음을 감지하면 날개방빙밸브를 열도록 신호를 보낸다. 밸브는 결빙탐지기가 더 이상 얼음을 감지하지 않을 때 3분 지연 후에 닫힌다. 시간지연은 간헐적인 결빙조건 시에 빈번한 ON/OFF의 반복을 방지한다. 선택기가 수동 모드인 ON 위치에 있으면 날개방빙밸브는 열리고 선택기가 OFF 위치에서는 날개방빙밸브는 닫힌다. 날개방빙밸브에 대한 작동모드는 다른 설정에 의해 제한될 수 있다.

작동모드는 다음 조건이 모두 발생하면 제한된다.

① AUTO 모드가 선택되었을 때
② 이륙 모드가 선택되었을 때
③ 비행기가 10분 이하로 공중에 있을 때

AUTO 또는 ON 선택 시, 작동모드는 아래의 조건 중 하나라도 발생하면 제한된다.

① 비행기가 지상에 있을 때(초기 또는 주기적 내장 테스트 장비(BITE, built-in test equipment) 시험 중 제외)
② 기체표면온도(TAT, total air temperature)가 50℉(10℃) 이상이고 이륙 이후 5분 이내
③ 자동슬랫 작동

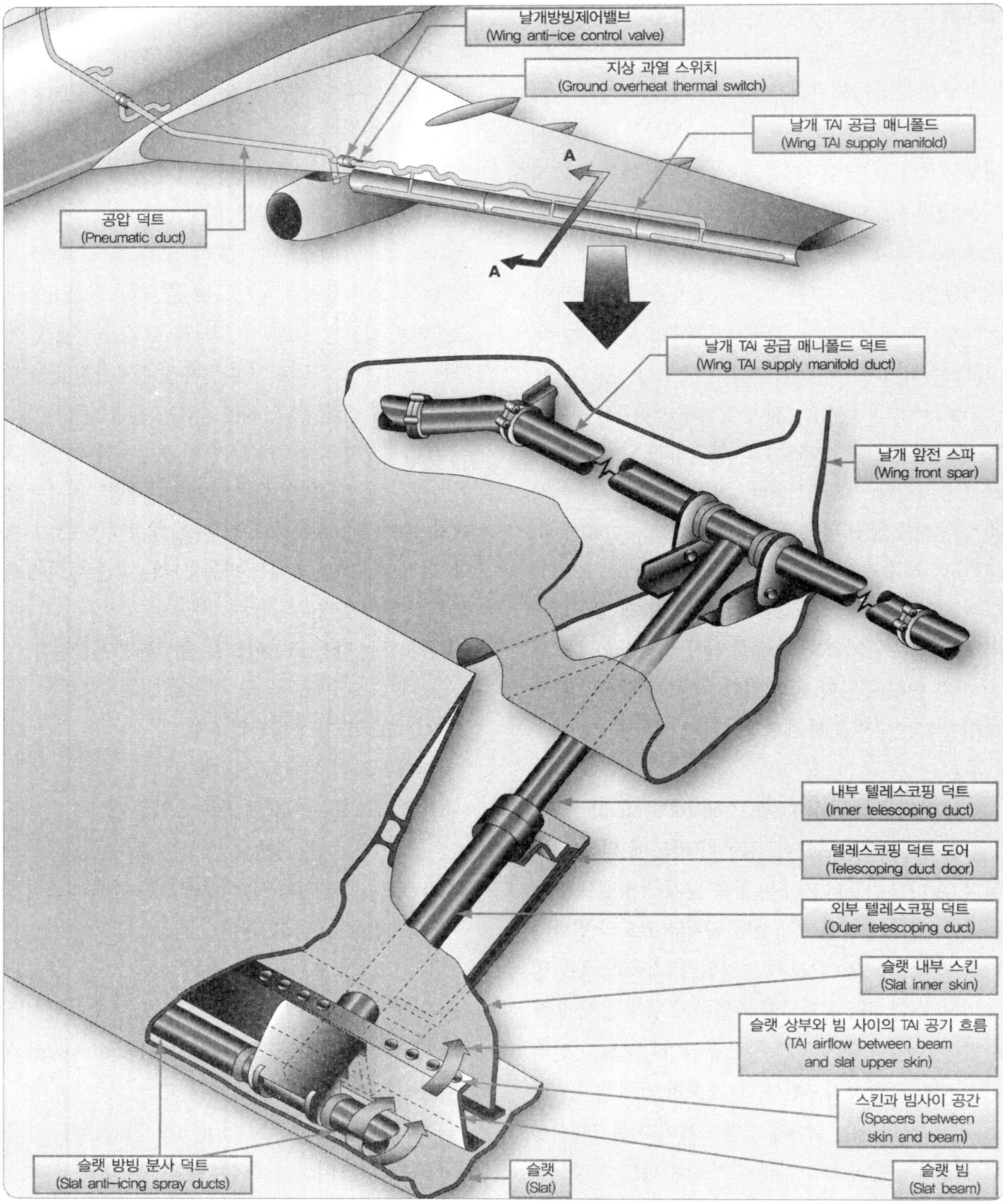

[그림 11-10] 날개 방빙 덕트(WAI ducting)

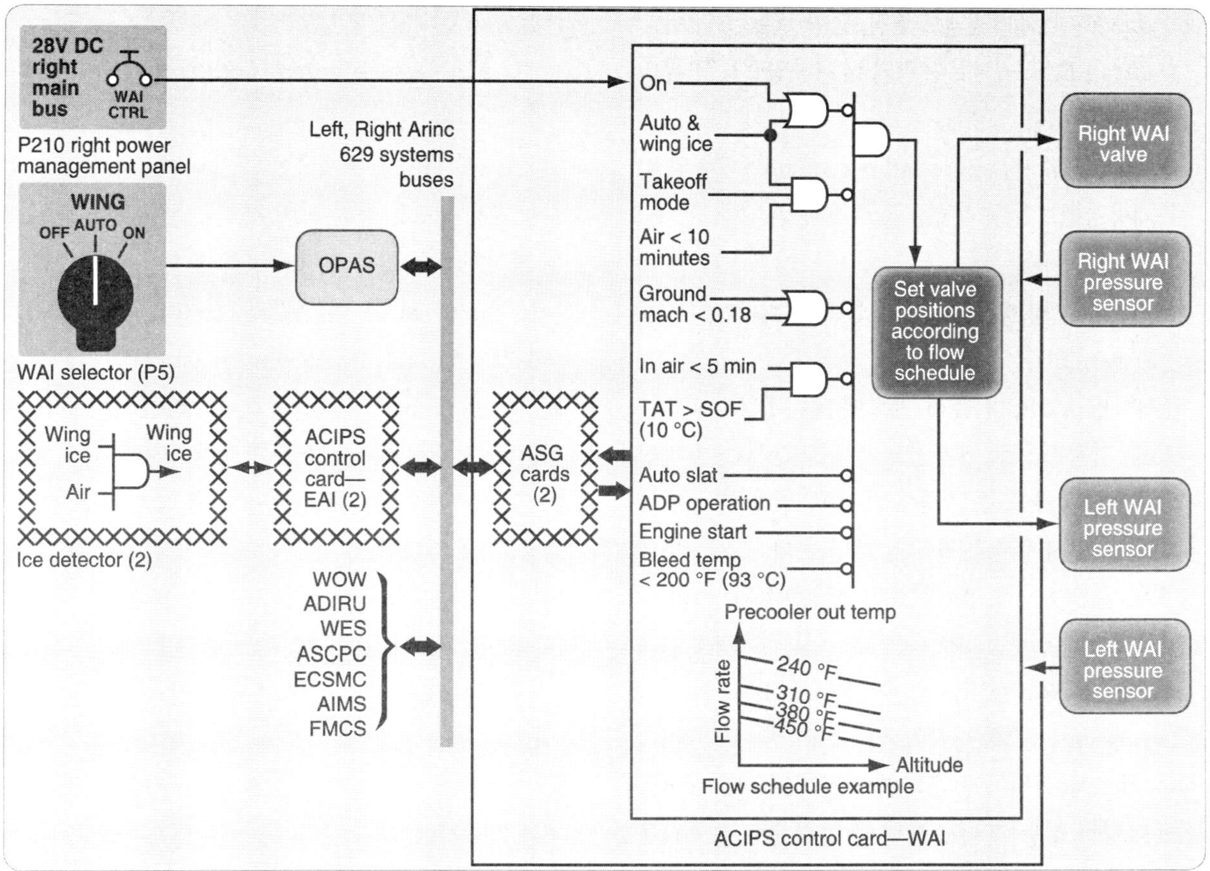

[그림 11-11] 날개 방빙 제어회로 계통도(WAI inhibit logic schematic)

④ 공기구동유압펌프 작동

⑤ 엔진시동

⑥ 블리드공기 온도가 200[℉](93[℃]) 이하일 때

(5) 날개 방빙 지시 장치(WAI Indication System)

그림 11-12와 같이, 항공기 승무원은 탑재 컴퓨터 정비 페이지에서 날개방빙계통을 식별할 수 있으며 아래와 같은 정보가 시현된다.

① WING MANIFOLD PRESS – psig 단위의 공압덕트압력

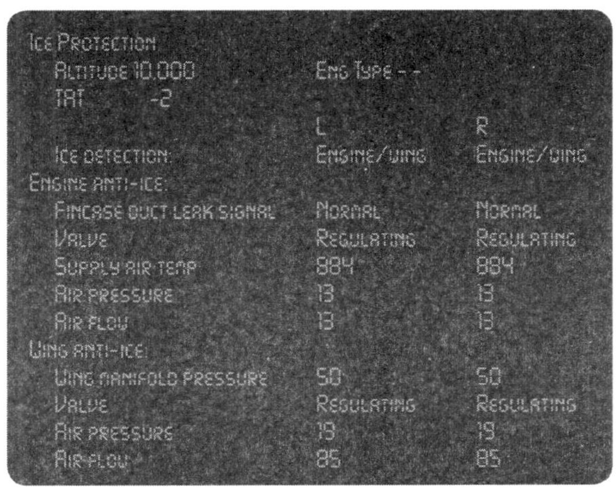

[그림 11-12] 컴퓨터 탑재 결빙방지 정비 페이지
(Ice protection onboard computer maintenance page)

② VALVE – 날개방빙밸브 열림, 닫힘, 또는 중간 위치
③ AIR PRESS – psig 단위의 날개방빙밸브 하류의 압력
④ AIR FLOW – ppm(pound per minute) 단위의 날개방빙밸브를 통과하는 공기 흐름양

(6) 날개 방빙계통 내장 테스트 장비 점검(WAI System BITE Test)

날개방빙 ACIPS 컴퓨터 카드에 있는 BITE 회로는 비행중 지속적으로 날개방빙계통을 감시하며 항공기 운항에 영향을 주는 중대한 결함 발생시 상태메시지를 시현시켜 승무원에게 알려 준다. 그 외의 일상적인 결함은 중앙정비컴퓨터계통(CMCS, central maintenance computer system)에서 정비메시지를 시현시킨다. WAI ACIPS 컴퓨터 카드의 BITE는 파워업(power up) 점검과 정기점검을 수행한다. 파워업 점검은 카드에 전원이 공급되면 시작되고 하드웨어와 소프트웨어 성능 그리고 밸브와 압력센서 상호작용 점검을 수행한다.

정기점검은 아래의 조건일 때 실행된다.

① 비행기가 1~5분 사이에 지상에 있었을 때
② 날개방빙 선택기가 AUTO 또는 ON으로 선택 시
③ 공기구동유압펌프가 지속적으로 작동할 때
④ 블리드압력이 날개방빙밸브를 열기에 충분할 때
⑤ 최근 정기점검이 수행 후 24시간 경과 시
⑥ 점검 시에 날개방빙밸브는 열림과 닫힘을 반복하며 밸브 작동불량을 감지한다.

11.3.2 열전기식 방빙 (Thermal Electric Anti-icing)

항공기의 다양한 구성품을 전기로 가열하여 얼음이 형성되지 않도록 한다. 일반적으로 높은 전류가 흐르는 열전기식 방빙은 소형 구성품에 사용이 적합하다. 동압 관(pitot tube), 정압구(static air port), 총량공기 온도감지기(total air temperature probe)와 받음각 감지기(AOA probe), 얼음 검출기, 그리고 엔진 P2/T2 센서와 같은 대부분 공기자료 감지기의 방빙을 위해 열전기식을 사용한다. 일부 항공기의 터보프롭 흡입구 카울(inlet cowl)의 방빙을 위해 전기식이 사용되기도 한다. 또한, 운송용항공기와 고성능항공기는 윈드실드(windshield)에 열전기식 방빙장치를 사용한다.

열전기식 방빙 장치에서, 전류는 일체성형전도성소자(integral conductive element)를 통해 흐르면서 열을 방생시켜 구성품의 온도가 빙점 이하로 내려가는 것을 방지한다.

대기의 공기흐름에 돌출된 공기자료감지기는 비행중 결빙형성에 특히 영향을 받기 쉽다. 그림 11-13에서는 여객기에서 열전기식 장치를 사용하는 감지기의 종류와위치를 보여준다.

대형 운송용 항공기는 단순한 회로를 작동하고 보호하기 위한 스위치와 회로차단기가 설치된 감지기열회로(probe heat circuit)가 장치되어 있으며 최신 항공기는 컴퓨터에 의해 제어되는 더 복잡한 계통을 가지고 있으며 열전기식 히터가 작동하기 전에 항공기 비행상태를 반영한다. 그림 11-14에서는 동압관(pitot tube) 회로를 보여준다. 주 비행 컴퓨터(PFC, primary flight computer)는 대기자료컴퓨터(ADC, air data computer)에 신호를 보내 감지기 열 작동을 위한 전원

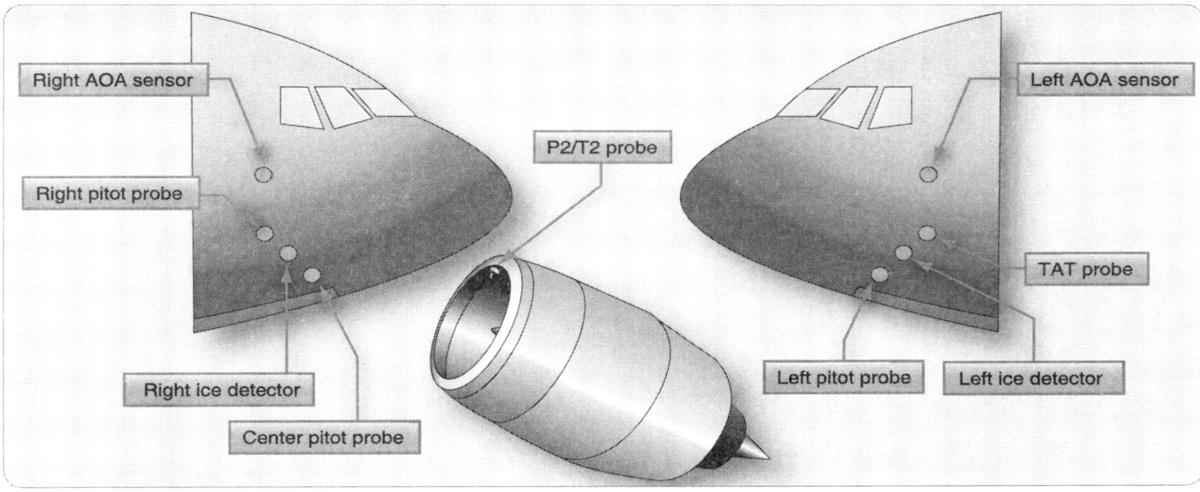

[그림 11-13] 대형 운송용 항공기 열전기식 감지기(Probes with thermal electric anti-icing on one commercial airliner)

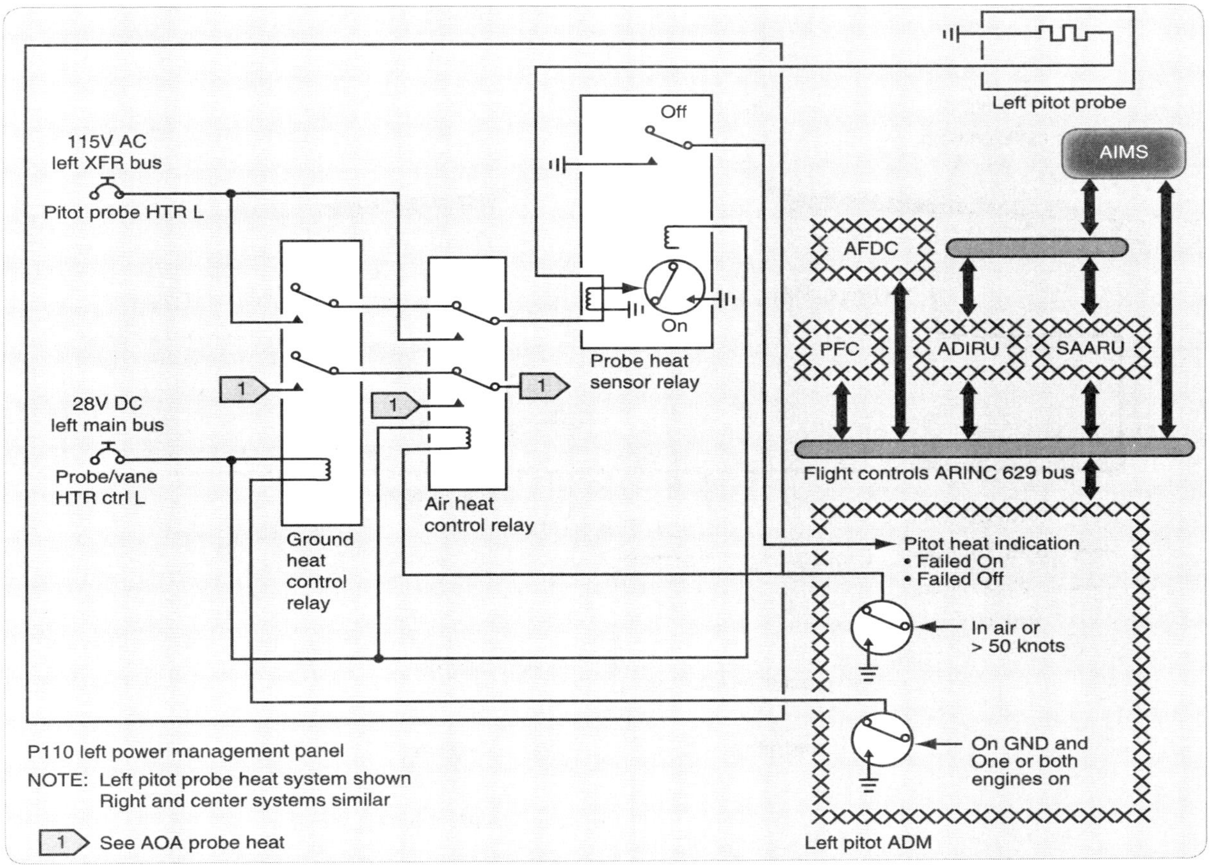

[그림 11-14] 동압관 가열 계통(Pitot probe heat system)

을 계전기(relay)에 공급한다. 항공기가 공중 또는 지상에서 엔진을 가동하고 있다면, 항공기 속도는 대기자료컴퓨터에 의해 계통에 반영된다. 다른 감지기 가열기(probe heater)를 위해서도 이와 유사한 방식의 제어가 사용된다.

11.3.3 화학식 방빙(Chemical Anti-icing)

화학식 방빙은 날개, 안정판(stabilizer), 윈드실드, 그리고 프로펠러의 앞전을 방빙하기 위해 일부 항공기에 사용된다. 날개와 안정판은 때로 나노기술을 적용하여 화학적으로 얼음이나 물의 고임을 방해하는 삼출날개방식(weeping wing system)을 사용한다. 조종석에 있는 스위치에 의해 작동된 계통은 부동액을 저장소(reservoir)로부터 날개와 안정판 앞전의 미세한 망을 통해 주입하고 부동액은 얼음의 생성을 방지하기 위해 날개와 안정판 표면으로 흐른다. 부동액은 구름 속의 과냉된 물과 섞여 물의 빙점을 낮추고 혼합물이 결빙되지 않은 상태로 항공기로부터 흘러내리게 한다. 화학식 방빙은 방빙을 목적으로 설계되었지만

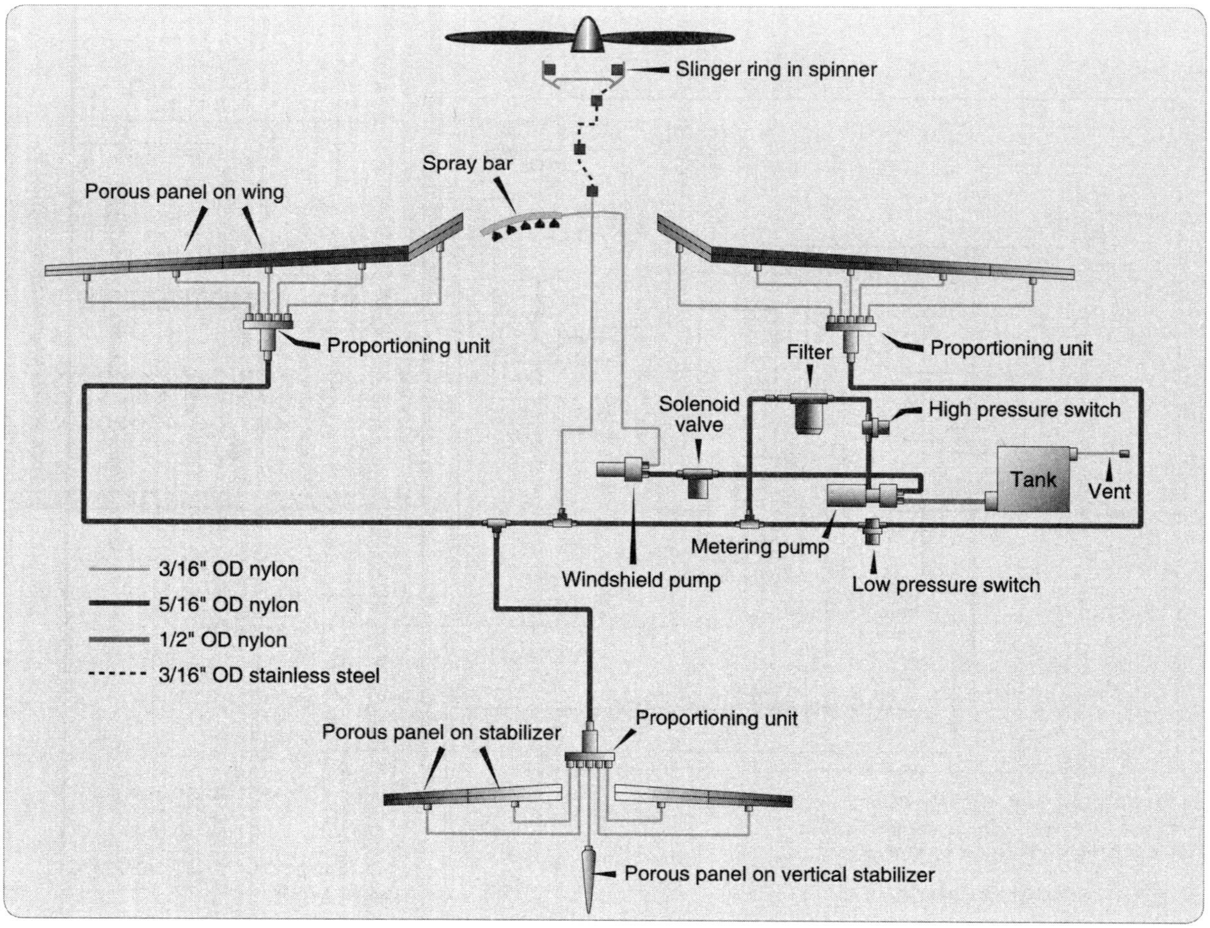

[그림 11-15] 화학식 제빙계통(Chemical deicing system)

제빙이 가능하다. 얼음이 앞전에 결빙되었을 때, 부동액(antifreeze solution)은 화학적으로 얼음과 기체 사이의 접착을 약화시켜서 공기력이 얼음을 멀리 날려버리게 한다. 그림 11-15에서는 화학식 방빙 계통을 보여준다.

삼출날개장치는 직경이 0.0025inch이하의 미세한 레이저 구멍이 1인치당 800개 이상 뚫린 성형티타늄판이 비천공(non-perforated) 스테인리스강 재질의 후면판(rear panel)과 결합되어 있고 날개와 안정판 앞전에 사용된다. 부동액이 펌프에 의해 중앙저장탱크로부터 공급되어 미세 구멍을 통해 스며 나오면 공기력에 의해 부동액이 에어포일의 윗면과 아랫면의 표면을 코팅하게 한다. 글리콜계 부동액은 항공기 구조물에 얼음이 형성되는 것을 방지한다.

11.4 날개 및 안정판 제빙계통(Wing and Stabilizer Deicing Systems)

대형 운송용 항공기와 터보프롭 여객기는 때로는 얼음이 앞전 표면에 형성되면 얼음을 떨어지게 하는 공기압제빙방식(pneumatic deicing system)을 이용한다. 날개와 안정판의 앞전에 부착된 팽창식부츠는 결빙된 얼음을 깨트려 날려버린다. 부츠는 공기압에 의해 약 6~8초간 팽창되었다가 진공감압에 의해 공기가 빠지고 부츠가 사용되지 않을 때는 형상유지를 위해 진공을 유지한다.

11.4.1 작동 공기 공급원 (Sources of Operating Air)

제빙부츠계통 작동을 위한 작동 공급원은 항공기에 장착된 동력장치의 유형에 따라 다양하다.

11.4.1.1 엔진구동펌프 공기(Engine-driven Pump Air)

왕복엔진항공기는 엔진의 액세서리구동기어박스(accessary drive gear box)에 설치된 전용 엔진구동공기펌프(engine-driven air pump)를 이용한다. 펌프 흡입구의 부츠가 사용되지 않을 때 항공기 날개 또는 안정판에 제빙부츠를 진공으로 단단히 잡아주기 위해 사용된다. 펌프 압력구의 양압은 날개와 안정판 앞전에 형성되었던 얼음을 깨트리기 위해 제빙부츠에 공기를 공급한다. 밸브, 조절기(regulator) 그리고 조종석에 있는 스위치는 계통에 공급되는 공기의 흐름을 제어하기 위해 사용된다.

11.4.1.2 터빈 엔진 추출 공기 (Turbine Engine Bleed Air)

터빈엔진항공기의 제빙부트 작동공기는 일반적으로 엔진압축기로부터 공급된 블리드공기이다. 부츠를 작동하기 위해 요구되는 공기량이 비교적 저체적이기 때문에 간헐적인 공기 공급이 요구된다. 독립된 엔진구동공기펌프를 추가하는 것 대신에 블리드공기를 사용하기 때문에 엔진동력에 미세한 영향을 준다. 조종석에 있는 스위치에 의해 제어된 밸브는 부츠에 공기를 공급한다.

11.4.2 공압식 제빙 부트계통 (Pneumatic Deice Boot System)

대형 운송용 항공기, 특히 쌍발엔진 모델은 일반적으로 공기압제빙장치방식을 갖추고 있다. 고무부트는

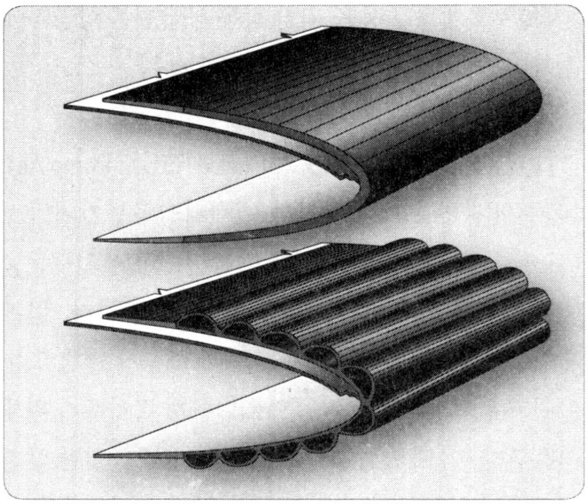

[그림 11-16] 공압식 제빙 부트 수축(상부)과 팽창(하부)
(A pneumatic deicing boot uninflated(top) and inflated(bottom)

날개와 안정판의 앞전에 접착제로 부착되고 일련의 팽창튜브로 구성된다. 그림 11-16과 같이 작동 시, 튜브는 팽창과 수축을 반복하여 얼음에 균열이 생겨 떨어져나가게 하고 떨어져 나간 얼음은 기류에 의해 휩쓸려간다. 대형 운송용 항공기에 사용되는 부트는 일반적으로날개의 길이방향을 따라 팽창하고 수축한다.

11.4.2.1 제빙 부트계통 작동 (Deice Boot System Operation)

그림 11-17에서는 왕복엔진을 장착한 대형 운송용 쌍발항공기에 사용된 제빙계통을 보여준다. 정상비행을 하는 동안 제빙계통의 모든 구성품의 전원은 끊어지며 건식공기펌프에서 생성된 공기는 제빙제어밸브를 통해 외부 배출된다. 진공조절기는 에어포일 날개골 표면에 부츠가 완전히 흡착될 수 있도록 해준다.

그림 11-18에서 스위치가 ON 되었을 때, 각각의 나

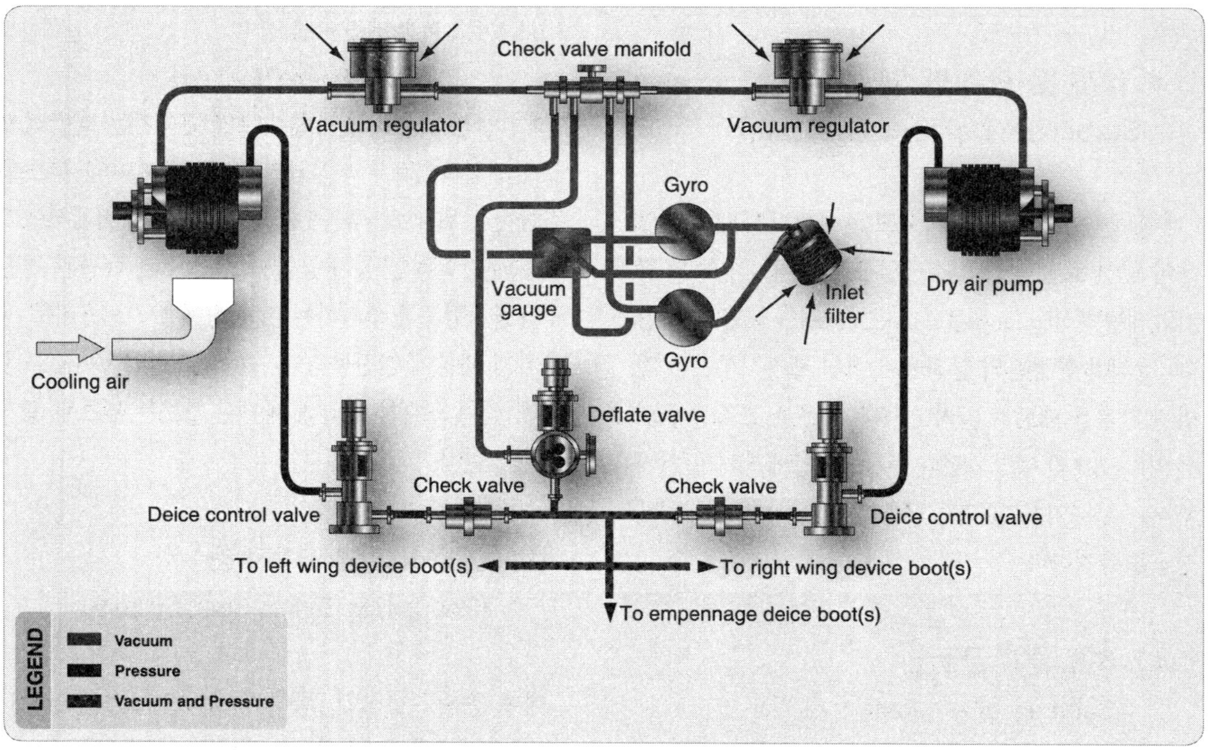

[그림 11-17] 쌍발 항공기 공압 제빙계통(Pneumatic deicing system for a twin engine GA aircraft)

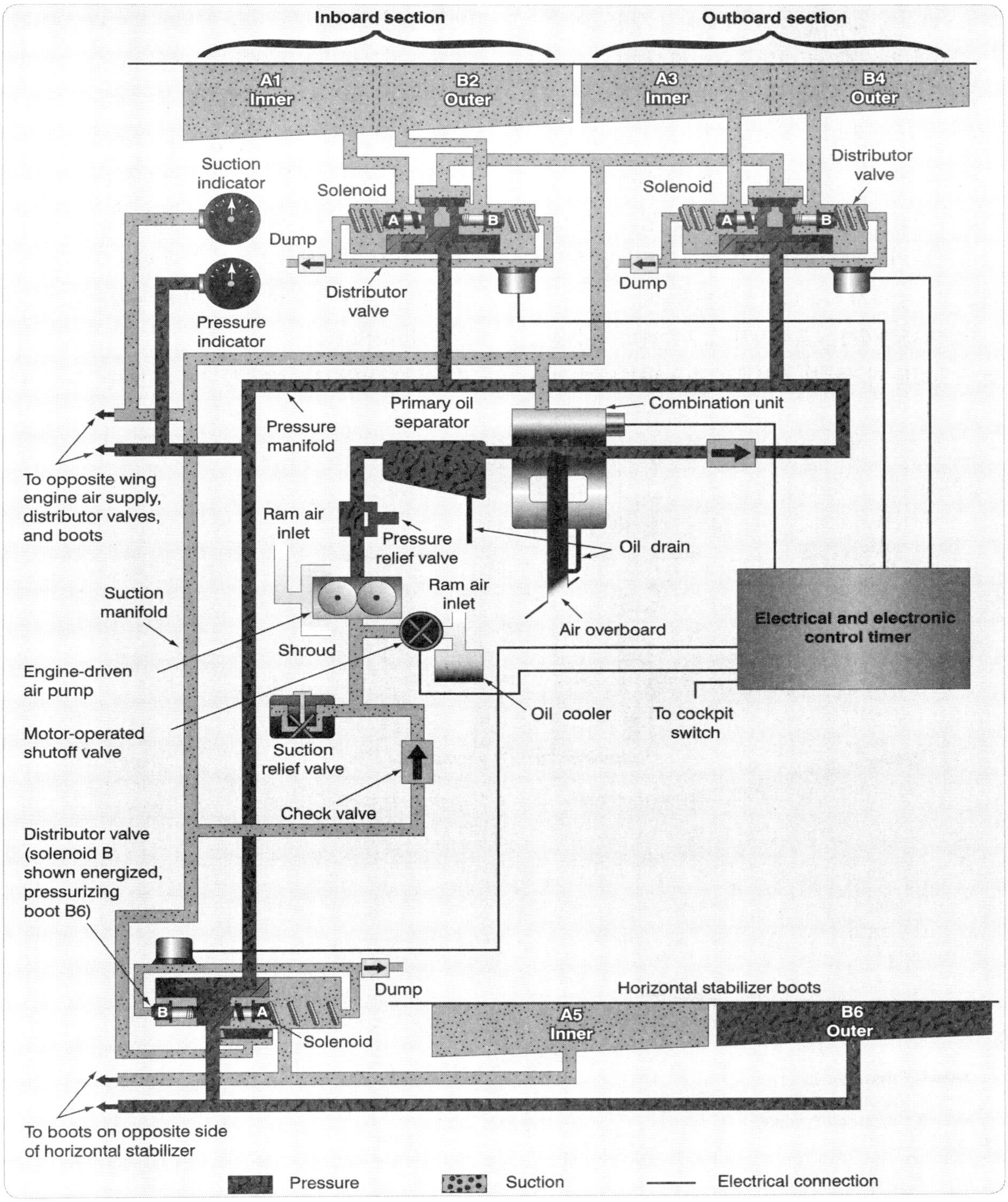

[그림 11-18] 대형 항공기 우측 제빙 부트 계통(좌측 동일)(Right-side deice boot system on a large aircraft(left side similar)

셀(nacelle)에 있는 솔레노이드작동식 제빙제어밸브는 열리고 수축밸브에 전원을 공급해 닫힌다. 펌프의 방출 쪽으로부터 공급된 가압공기는 제어밸브를 통해 제빙부트로 공급된다. 계통이 17psi에 도달할 때, 수축밸브에 위치한 압력스위치는 제빙제어밸브 솔레노이드의 전원을 차단해 밸브가 닫히고 펌프에서 생산된 공기는 외부로 방출된다. 그 후 다시 수축밸브는 열리고 부츠는 다시 진공 라인으로 연결된다.

단순한 계통에서는 조종사가 요구될 때마다 수동으로 스위치를 작동해서 팽창과 수축을 반복해야 하나 대형 항공기에 장착된 자동 계통은 타이머가 수축과 팽창을 반복해서 작동시킨다. 또한, 얼음이 항공기에서 떨어져 나갈 때 공기역학상의 불균형을 최소화 하도록 제빙부츠에 공기를 공급한다. 부츠는 비행 중에 항공기가 조종력을 유지하기 위해 동체의 양쪽에 대칭적으로 팽창된다. 배전기밸브(distributor valve)는 솔레노이드 작동식이고 팽창 후에 펌프의 진공 쪽으로 제빙부츠를 다시 연결하기 위해 팽창밸브 기능과 연동되어 작동한다.

그림 11-18에서는 대형 항공기 우측 제빙부츠 계통

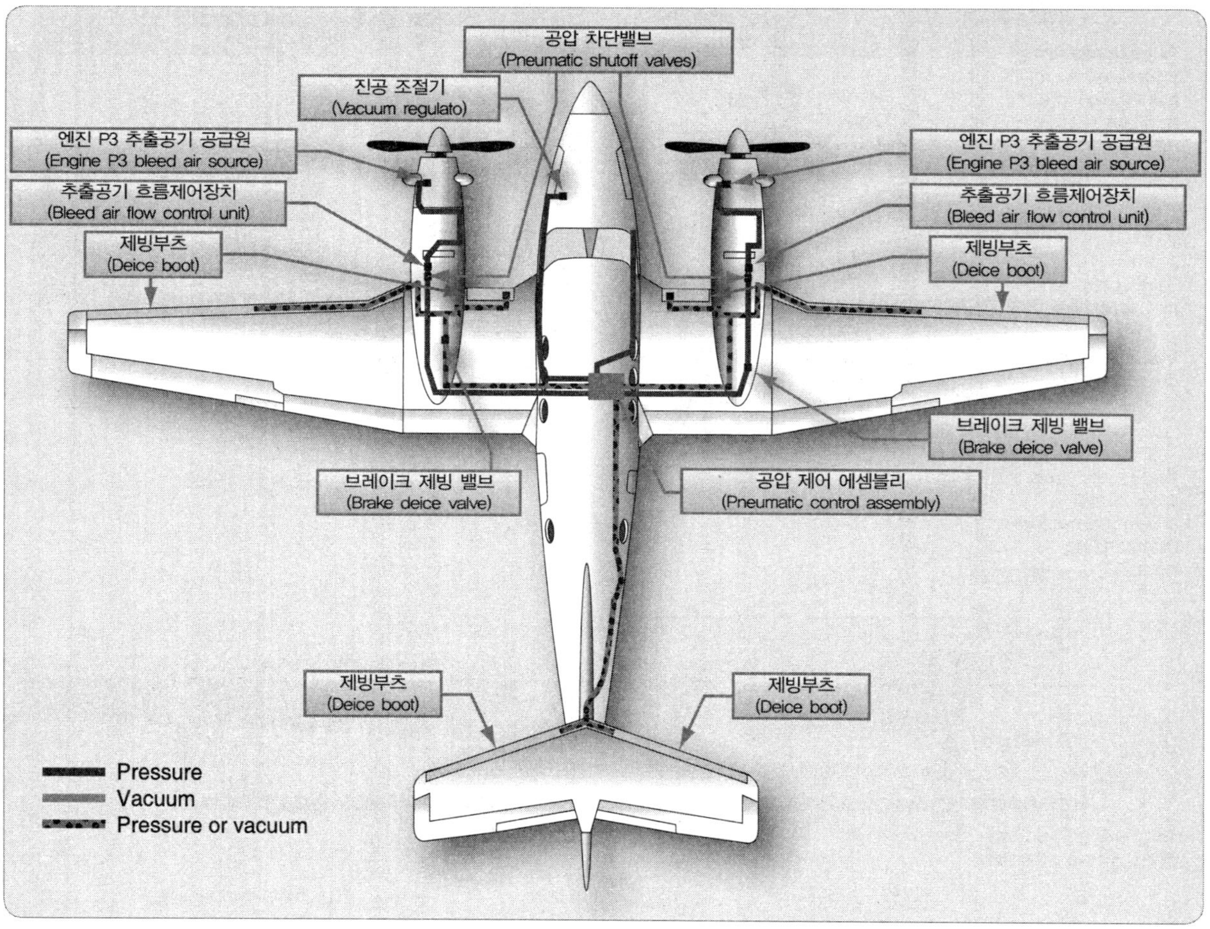

[그림 11-19] 터보프롭 항공기 제빙계통(Wing deice system for turboprop aircraft)

을 보여주며 좌측은 동일하다.

11.4.3 터보프롭 항공기 제빙계통 (Deice System for Turboprop Aircraft)

그림 11-19에서는 터보프롭 항공기에 사용되는 공기압제빙계통을 보여준다. 2개의 내측날개부츠와 2개의 외측날개부츠, 그리고 수평안정판 부츠를 팽창시키기 위해 사용되며 엔진 블리드공기를 사용한다. 여분의 블리드공기는 브레이크 제빙밸브를 위해 브레이크로 공급된다. 그림 11-19와 같이, 얼음이 축적되었을 때, 엔진 압축기로부터 블리드공기 유량제어장치와 공기압차단밸브를 통해 날개부츠를 팽창시키는 공기압제어어셈블리로 공기를 공급한다. 날개부츠가 전기 타이머에 의해 6초간 팽창 후에 조절 어셈블리에 있는 배전기(distributor)를 통해 다시 4초간 수평안정판 부츠가 팽창하기 시작한다. 이렇게 부츠가 팽창하고 수축하면 한 주기(cycle)가 완성된 것이고 모든 부츠는 다시 진공에 의해 날개와 수평안정판에 흡착된다.

계통 작동을 보장하기 위해 각각의 엔진은 블리드공기 매니폴드(manifold)에 공기를 같이 공급하고 만약 하나의 엔진이 작동하지 않으면, 유량제어장치의 체크밸브(check valve)가 압력 손실을 방지한다.

11.4.4 제빙계통 구성품 (Deicing System Components)

제빙계통 구성품은 항공기에 따라 계통 내에서 명칭과 위치가 조금씩 다르고 공간과 무게를 경감시키기 위해 기능을 결합하기도 한다. 체크밸브는 계통에서 역류를 방지하기 위해 장착한다. 다발항공기에서 양쪽 엔진 펌프로부터 저압공기의 공급을 허용하도록 매니폴드가 사용된다. 공기펌프 압력은 공기압이 필요 없을 때 외부로 방출되고 터빈엔진 항공기의 추출공기는 제빙부츠 작동 계통에 필요하지 않을 때 밸브에 의해 차단된다. 타이머 또는 자동모드를 가지고 있는 조절기는 주기적으로 제빙순환(deice cycle)을 반복시키기 위해 사용된다.

11.4.4.1 습식 엔진구동 공기펌프 (Wet-type Engine-driven Air Pump)

그림 11-20과 같이, 제빙부츠 작동을 위해, 구형 항공기는 엔진의 보기품 구동 기어 케이스에 장착된 습식엔진구동공기펌프를 사용한다. 일부 최신의 항공기는 내구성 때문에 습식공기펌프를 사용하기도 한다.

11.4.4.2 건식 엔진구동 공기펌프 (Dry-type Engine-driven Air Pump)

최신의 대형 운송용 항공기는 건식 엔진구동 공기펌프를 갖추고 있다. 보기품 구동 기어 케이스에 장착되고, 펌프는 탄소 로터 베인(carbon rotor vane)과 베어

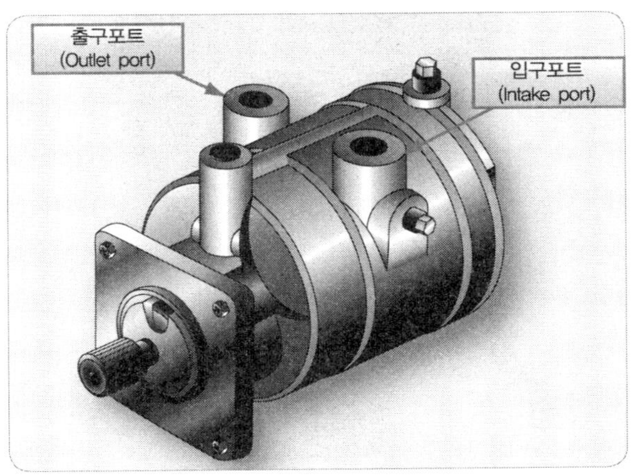

[그림 11-20] 오일 윤활 포트가 있는 습식 엔진구동 공기펌프
(A wet-type air pump with engine oil lubrication ports)

[그림 11-21] 건식 엔진구동 공기펌프
(Dry-type engine-driven air pump)

링으로 구성되며 탄소재료는 오일 윤활을 수행할 필요가 없다. 습식펌프는 건식펌프보다 더 오랜 기간 동안 결함 없이 사용할 수 있지만 건식펌프는 제빙계통에 사용되는 공기가 오일에 오염되지 않는 장점이 있다.

11.4.4.3 오일 분리기(Oil Separator)

[그림 11-22] 습식 엔진구동 공기펌프의 오일 분리기(An oil separator used with a wet-type engine-driven air pump)

그림 11-22와 같이, 오일 분리기는 습식공기 펌프를 사용하는 계통에서 공기로부터 오일을 분리하기 위해 장착한다. 습식공기 펌프에 의해 생산된 공기는 분리기를 통과하면서 대부분의 오일이 제거되고 분리된 오일은 배유관을 거쳐 엔진으로 다시 보낸다. 일부 계통은 제빙계통으로 공급되는 공기의 오일을 완전히 제거시키기 위해 분리기를 한 개 더 추가하는 경우도 있다.

11.4.4.4 제어 밸브(Control Valve)

그림 11-23과 같이, 제어밸브는 펌프로부터 공급된 공기가 계통으로 공급되도록 제어하는 솔레노이드 작동식 밸브이다. 조종석에 있는 제빙스위치에 의해 전

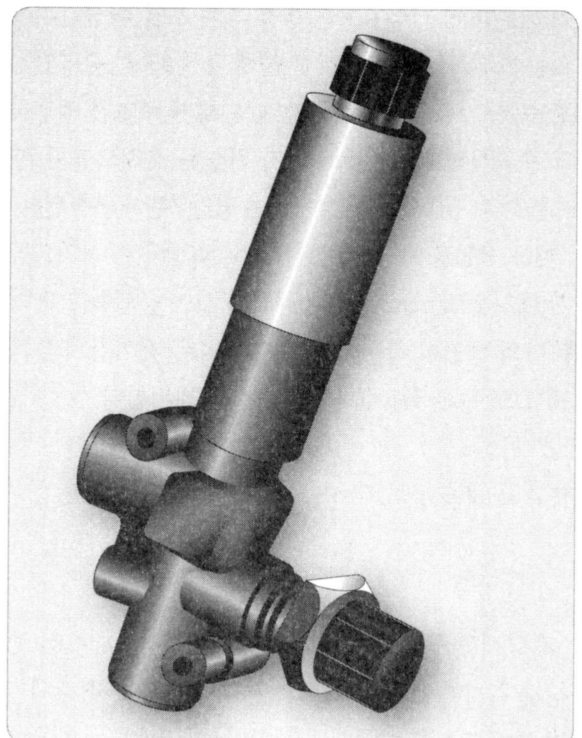

[그림 11-23] 솔레노이드 작동 제어 밸브
(A solenoid operated device control valve)

원이 공급될 때 밸브는 열리고 사용 중에 있지 않을 때 외부로 펌프 공기를 내보낸다. 대부분 조절밸브는 정상 압력보다 높은 압력으로부터 제빙계통을 안전하게 보호하기 위해 대부분의 조절밸브는 내부에 압력 릴리프 밸브(pressure relief valve)를 내부에 장착하고 있다.

11.4.4.5 수축 밸브(Deflate Valve)

모든 제빙부츠계통은 부츠가 사용 중이지 않을 때 부트의 진공상태가 요구된다. 이는 얼음을 제거하기 위해 필요한 만큼 팽창한 부츠를 항공기 구조물에 압착하여 주는 역할을 한다. 수축밸브는 솔레노이드 작동식이며 닫힘 시 공기가 부츠로 공급되고 열림 시 진공이 형성된다. 때때로 수축기능은 배전기 밸브와 같은 다른 구성품에 장착되기도 한다.

11.4.4.6 배전기 밸브(Distributor Valve)

조절 밸브의 한 가지 유형인 배전기 밸브는 비교적 복잡한 제빙부트계통에서 사용된다. 타이머 또는 조절기에 의해 제어되는 전기작동식 솔레노이드밸브이며 일부 계통에서 배전기 밸브는 제빙부츠와 한 쌍으로 구성되어 있으나 배전기 밸브의 기능을 내부에 장착하고 있는 조절 밸브와 다르다. 그러므로 적당한 팽창시간이 경과되면 펌프의 압력 쪽에서 진공 쪽으로 부츠의 연결을 전환하며 불필요한 공기를 외부로 배출한다.

11.4.4.7 타이머(Timer)/제어 장치(Control Unit)

모든 부츠의 작동을 보장하기 위해 배전기 밸브의 작동을 제어하는 이 장치는 적절한 순서와 시간 동안 팽창을 가능하게 하며 축적된 얼음이 떨어지게 하기 위해 6초간 팽창시키고 팽창된 상태로 얼음이 고착되지 않도록 곧바로 수축시킨다. 최신 현대항공기 제빙부츠 계통에서는 제빙부츠의 팽창을 지시하기 위해 압력 스위치를 사용하여 압력이 설정 값만큼 형성되었을 때 조절 밸브에 닫힘을 지시하고 부츠에 진공 라인을 연결한다.

11.4.4.8 조절기와 릴리프밸브 (Regulators and Relief Valve)

공기 펌프에 의해 생성된 압력과 진공은 제빙부트계통에서 사용하기 위해 조절되어야 한다. 일반적인 부트팽창 공기 압력은 15~20psi이고 정상 진공압력은 4.5~5.5inHg이다.

제빙부트계통 공기 압력은 압력 조절 밸브에 의해 제어된다. 스프링작동식 밸브는 계통에 설계된 한도를 초과할 때 항공기 외부로 공기를 배출하여 압력을 경감시킨다.

11.4.4.9 매니폴드 어셈블리(Manifold Assembly)

쌍발항공기에서 양쪽의 엔진구동펌프로부터 공급된

[그림 11-24] 진공 조절기(A vacuum regulator)

[그림 11-25] 다발항공기 제빙계통에 사용되는 매니폴드 조립품
(A manifold assembly used in multiengine aircraft deice system)

공기를 병합시키며 한 쪽 펌프의 고장 시 백업을 제공한다. 체크 밸브는 한쪽 펌프가 고장 시 공기의 역류를 방지하며 위치는 설계 시 결정되나 다른 계통 구성품에 내장되기도 한다.

11.4.4.10 흡입구 필터(Inlet Filter)

제빙부트방식에서 사용되는 공기는 외부공기이며 이 공기는 자이로를 공전시키고 제빙부츠를 팽창시키기 때문에 오염물질이 없어야 한다. 흡입구 필터

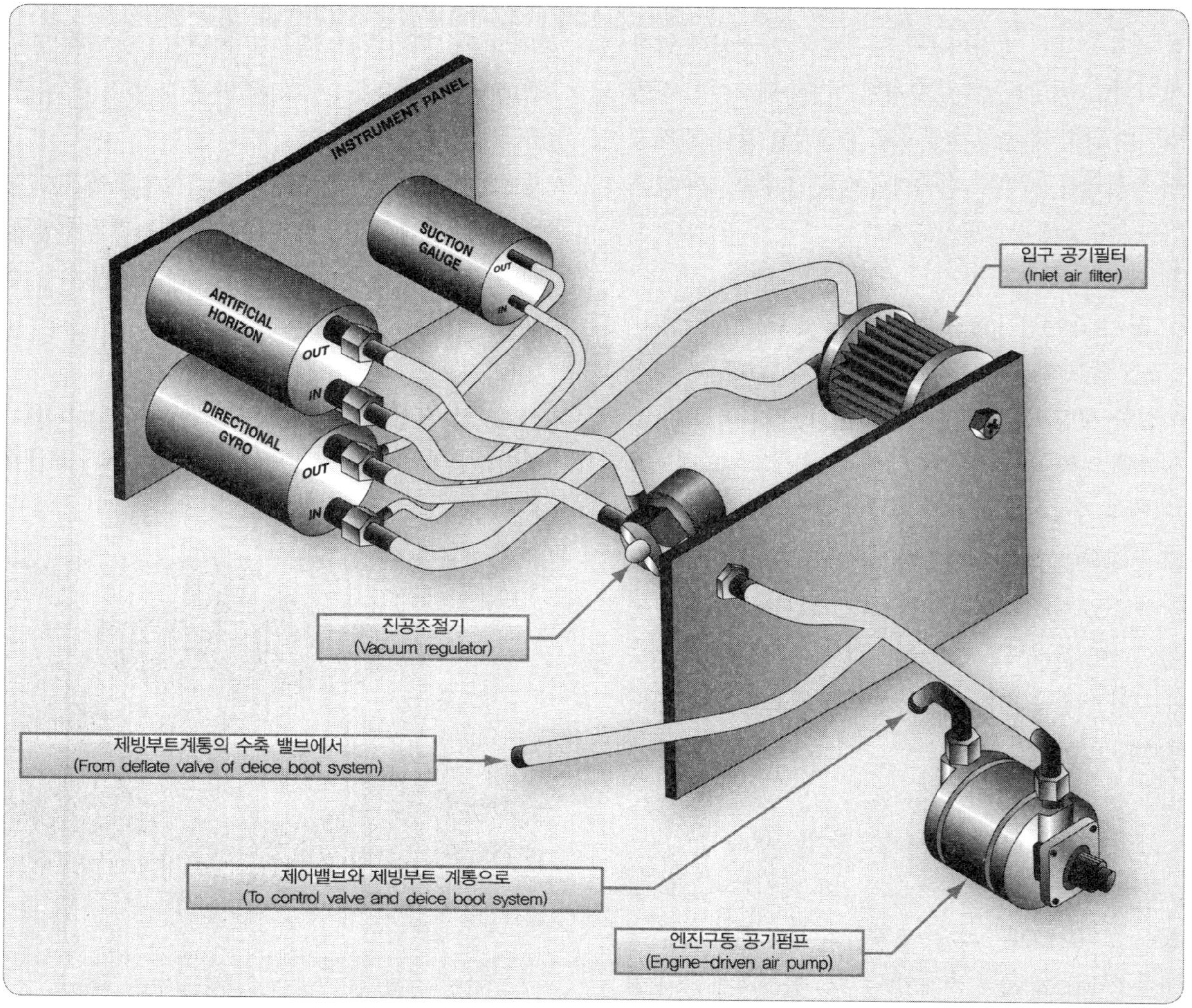

[그림 11-26] 흡입구 공기 필터 위치(Location of the inlet air filter)

[그림 11-27] 진공계통 공기 필터(Air filter vacuum system)

는 계통의 공기 흡입구 지점에 장착되며 제작사 사용법설명서에 의해 정기적으로 정비되어야 한다. 그림 11-26에서는 계통 구성품에서 진공 조절기와 흡입구 필터의 연결 상태를 보여주고 그림 11-27에서는 일반적인 흡입구 필터를 보여준다.

11.4.5 제빙부츠 구성과 장착(Construction and Installation of Deice Boots)

그림 11-28과 같이, 제빙장치부츠는 부드럽고, 유연한 고무, 또는 고무 직물(fabric)으로 만들어지고 관모양의 공기셀(air cell)을 가지고 있다. 외부층은 환경요소와 수많은 화학약품에 의한 변질을 방지하기 위해 전도성 네오프렌(conductive neoprene, 합성고무의 일종)으로 제작된다. 정전기 전하의 제거를 위해 전도성 시트를 부착하여 무선설비의 전파방해간섭을 제거한다.

현대 항공기에서 제빙부츠는 날개와 꼬리 표면의 앞전에 접착제로 접착된다. 뒷전에 장착되는 부트는 매끄러운 에어포일을 형성하기 위해 테이퍼 형태를 가지고 있다. 제빙부트 공기 셀(air cell)은 비틀리지 않는 유연호스에 의해서 계통 압력 라인과 진공 라인에 연결된다.

11.4.6 고무 제빙부트계통 점검, 정비 및 고장탐구(Inspection, Maintenance, and Troubleshooting of Rubber Deicer Boot Systems)

정비는 항공기 모델에 따라 상이하므로 제작사 사용설명서를 따라야 한다. 일반적으로 정비는 작동점

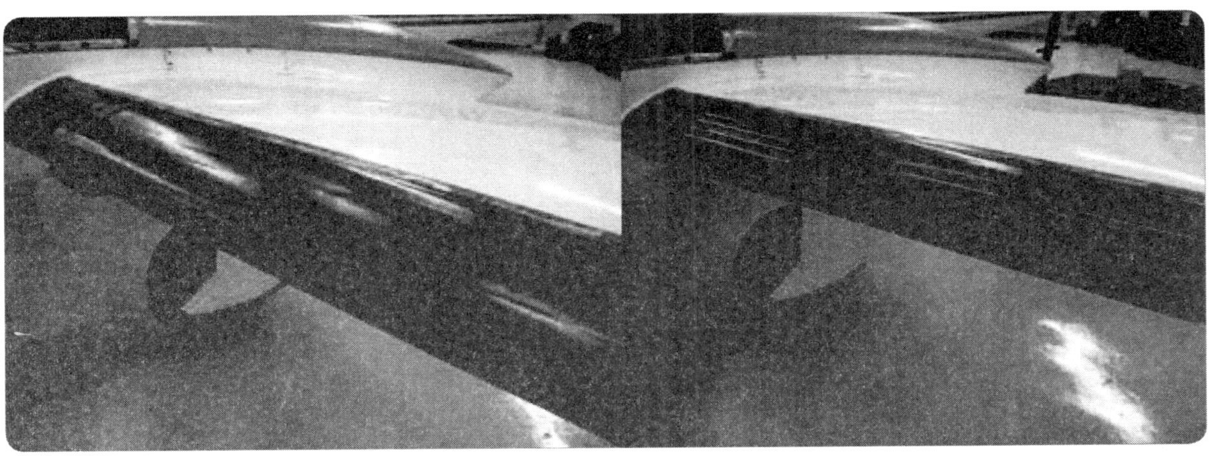

[그림 11-28] 제빙 부트의 팽창(좌측)과 수축(우측)(Deicing boots inflated(left) and deflated(right))

[그림 11-29] 시험장비(좌측)/ 항공기에 장착된 시험장비(우측)(Test equipments(left), and test equipment installed in the aircraft(right))

[표 11-2] 날개 제빙장치 고장탐구 절차(Troubleshooting guide for wing deice system)

결함	원인(343 시험장비로 식별)	수정 작업
부트가 팽창되지 않음	· 회로차단기 열림	· 회로차단기 리셋
	· 팽창밸브 결함 – 솔레노이드 부작동 1. 솔레노이드 전압 부적합 2. 솔레노이드 공기 배출 막힘 3. 플런저(plunger) 작동불가 – 다이어프램 안착 불가 1. 다이어프램 중심 하부 리벳에 위치하는 배출 제한기(orifice) 막힘 2. 다이어프램 시일 주변 오염 3. 다이어프램 파손	· 팽창밸브 점검 – 솔레노이드 부작동 1. 전기계통 수정작업 2. 알코올세척 또는 교환 3. 알코올세척 또는 교환 – 다이어프램 안착 불가 1. 직경 0.01 inch 와이어와 알코올 이용한 세척 2. 무딘 도구와 알코올 이용한 세척 3. 다이어프램 교환
	· 2단계 조절기 제빙 제어기 밸브의 두 가지 결함	· 지시에 의거 밸브 세척 또는 교환
	· 체크 밸브 결함	· 체크 밸브 교환
	· 릴레이 작동불가	· 전기선 점검 또는 릴레이 교환
	· 부트계통 누설	· 요구에 따라 수리
부트가 느리게 팽창	· 도관 막힘 또는 분리	· 도관 점검 및 교환
	· 공기펌프 용량 부족	· 공기펌프 교환
	· 하나 이상의 제빙제어밸브 불량	· 밸브 조립품 세척 또는 교환
	· 수축밸브 완전 닫힘 안 됨	· 밸브 조립품 세척 또는 교환
	· 수축밸브의 볼 체크 밸브 부작동	· 체크 밸브 세척 또는 수축밸브 교환
	· 계통 또는 부트 누설	· 요구에 따라 수리
계통이 반복되지 않음	· 계통 압력이 압력스위치를 작동하기 위한 압력에 도달하지 못함	· 제빙 제어 밸브 세척 또는 교환 · 제빙밸브 세척 또는 교환
	· 계통 또는 부트 누설	· 요구에 따른 수리 또는 호스 연결 조임 상태 확인
	· 수축밸브 압력스위치 작동 불능	· 스위치 교환
느린 수축	· 진공 약함	· 요구에 따른 수리
	· 수축밸브 결함(흡입 게이지의 일시적인 감소로 인지)	· 밸브 조립품 세척 또는 교환
부트압착을 위한 진공 불량	· 수축밸브 또는 제빙밸브 오작동	· 밸브 조립품 세척 또는 교환
	· 계통 또는 부트 누설	· 요구에 따른 수리
부트가 수축 않됨 (팽창은 가능)	· 수축밸브 결함	· 밸브 점검 후 교환
항공기 상승 시 부트 팽창	· 부트 압착을 위한 진공력 부작동	· 수축밸브의 볼 체크 밸브 작동점검
	· 진공된 좌석을 통과하는 도관의 풀림 또는 분리	· 진공 도관의 풀림 또는 분리 점검 및 수리

검(operational check), 조정(adjustment), 고장탐구(trouble shooting), 그리고 검사(inspection)로 구성된다.

작동점검은 그림 11-29와 같이 항공기 엔진의 작동 또는 외부 공기의 공급으로 수행된다. 대부분의 항공기는 작동점검이 가능하도록 테스트 플러그(test plug)를 가지고 있다. 점검 시 인증된 테스트 압력을 초과하지 않는지 확인해야 하며 점검 전 진공식계기의 작동여부를 확인해야 한다. 만약 게이지 중 어떤 하나가 작동한다면 1개 이상의 체크밸브가 닫히지 않아 계기 계통으로 역류 현상이 일어나고 있음을 나타낸다. 점검 시 팽창순서가 항공기정비매뉴얼에서 지시한 순서와 일치하는지 점검하고 몇 번의 완전한 순환을 통하여 계통의 작동시간을 점검한다. 또한 부트의 수축은 그다음 팽창 이전에 완료되는지 관찰해야 한다.

조정이 요구되는 작업의 예는 조종 케이블 링케이지, 계통 압력 릴리프밸브와 진공 릴리프밸브 즉 흡입 릴리프밸브 등이 있으며 세부절차는 해당 항공기 정비매뉴얼에 따른다. 주요 결함은 표 11-2에서 나열하고 있으며 결함내용, 원인, 그리고 수정작업으로 구성되고 고장탐구를 위해 필요시 작동점검이 요구된다.

비행 전 점검(preflight inspection)에서 제빙장치계통의 절단(cut), 찢어짐(tear), 변질(deterioration), 구멍 뚫림(puncture), 그리고 안전상태(security)를 점검하고, 계획정비(scheduled inspection)에서는 비행 전 점검 항목에 추가하여 부츠의 균열(crack) 여부를 세밀하게 점검해야 한다.

11.4.7 제빙부트 정비(Deice Boot Maintenance)

사용하지 않을 때 적절한 보관과 아래의 절차를 준수하여 제빙장치의 사용수명을 연장한다.

(1) 제빙장치 위에서 연료호스를 끌지 않는다.
(2) 가솔린, 오일, 윤활유, 오물, 그리고 기타 변질물질이 없도록 유지한다.
(3) 제빙장치 위에 공구를 올려놓거나 정비용 장비를 기대어 놓지 않는다.
(4) 마멸(abrasion) 또는 변질(deterioration)이 발견되었을 때 신속하게 제빙장치를 수리하거나 표면재처리(resurface)를 수행한다.
(5) 미사용 보관 시 종이 또는 천막(canvas)으로 제빙장치를 포장한다.

지금까지 예방정비(preventive maintenance)에 대해 설명하였다. 제빙장치의 실제 작업은 세척, 표면 재처리(resurfacing)와 수리(repairing.)로 구성된다. 보통 비누와 수용액(water solution)을 사용하여 기체 표면 세척과 함께 세척작업을 수행한다.

나프타(naphtha)와 같은 세정제로 그리스와 오일을 제거한 후 비누와 물 세척을 할 수 있다. 제빙장치 표면의 마모 수준이 전기 전도성(electrical conductivity)가 손상되었음을 나타내는 정도가 되었을 때, 제빙장치의 표면 재처리 작업을 실시한다.

표면 재처리 재료는 흑색의 전도성 네오프렌 시멘트(conductive neoprene cement)이다. 표면 재처리 재료를 사용하기 전에 제빙장치를 철저히 세척하고 표면을 거칠게(surface roughened)하는 작업을 해야 한다. 손상된 제빙장치를 콜드 패치(cold patch) 수리할 수 있다. 패치를 적용하기 전에 제빙장치에 작용하는 장력을 풀어야한다. 패치 할 부분의 표면을 세척하고 약간 거칠게 다듬어 주어야 한다. 그리고 패치를 손상 부위에 접착제로 붙인다. 모든 수리절차는 제조업체의 지침을 따른다.

11.4.8 전열식 제빙부츠(Electric Deice Boots)

몇몇 최신 항공기는 날개와 수평안정판에 전열식제빙부츠를 장비하고 있다. 앞전에 접착된 전기열소자를 포함하고 있어서 작동 시 부츠가 뜨거워져 얼음을 녹인다. 전기열소자는 제빙 조절기에 있는 순차 타이머(sequence timer)에 의해 제어되며 공기역학적 균형을 유지하기 위해 대칭적으로 순환 작동을 한다. 또한, 항공기가 지상에 있는 동안에는 과열로 인한 손상을 방지하기 위해 작동하지 않는다. 전열식 장치의 이점은 엔진 추출공기를 사용하지 않아 엔진효율을 높이고 작동 시에만 전원을 공급해 효율적이다.

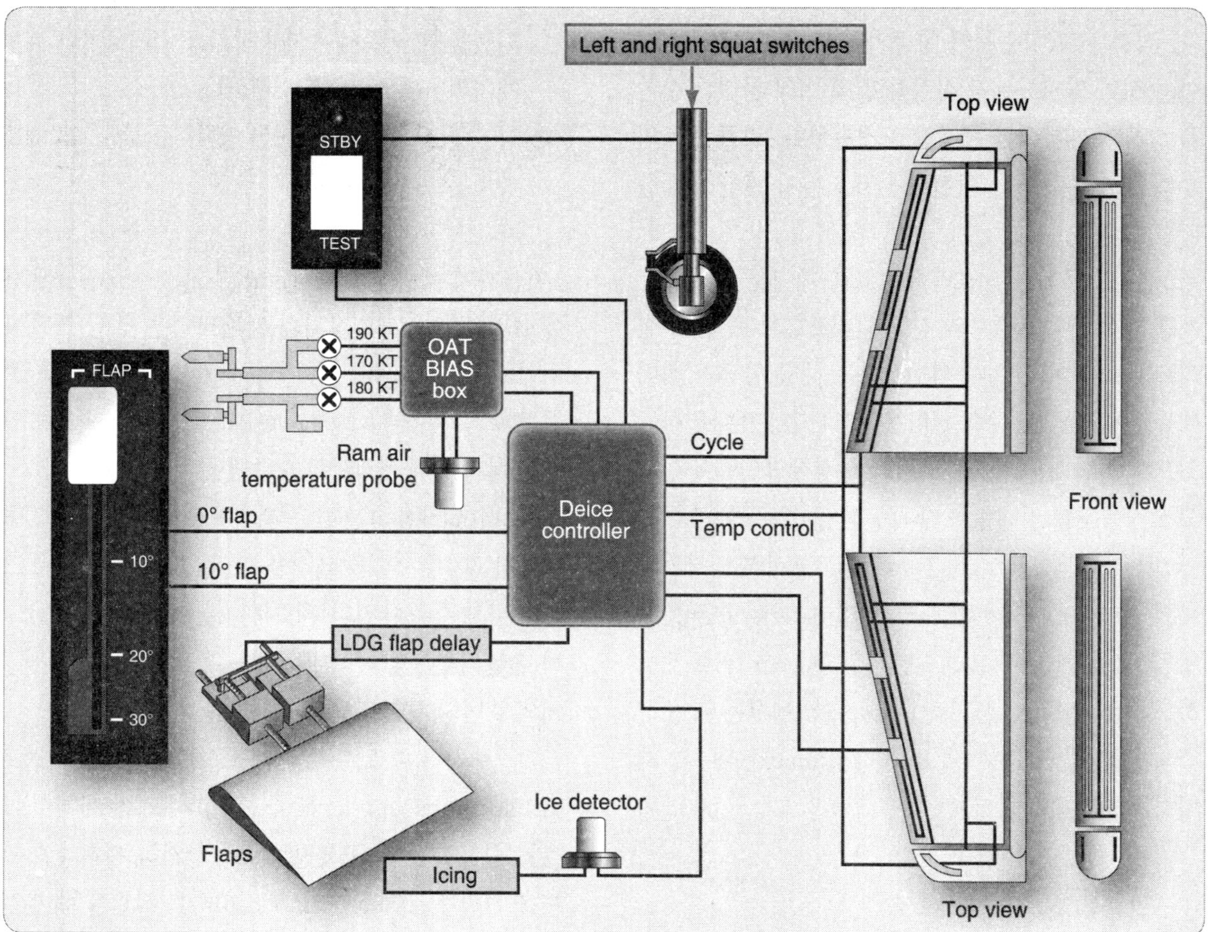

[그림 11-30] 수평안정판 전열식 제빙계통(Electric stabilizer deice system)

11.5 프로펠러 제빙계통 (Propeller Deice System)

프로펠러 앞전(propeller leading edge), 커프(cuff), 그리고 스피너(spinner)의 얼음 생성은 동력장치계통의 효율을 감소시키므로 이를 방지하기 위해 전기식 제빙계통과 화학식제빙계통을 사용한다.

11.5.1 전열식 프로펠러 제빙계통 (Electrothermal Propeller Deice System)

대부분 항공기에 장착된 전기식 프로펠러 제빙계통은 프로펠러의 블레이드(blade)에서 전기가열식 부트에 의해 제빙된다. 견고하게 접착된 부트는 스피너 벌크헤드(spinner bulkhead)에 슬립 링(slip ring)과 브러쉬 조립체(brush assembly)로부터 전류를 공급받으며 슬립링은 제빙부츠로 전류를 보낸다. 프로펠러의 원심력과 분사기류는 가열된 블레이드로부터 떨어지는 얼음입자를 날려버린다.

그림 11-32와 같이 일부 항공기는 전열식 부트에 미리 설정된 순서대로 가열되며 타이머로 제어되는 자

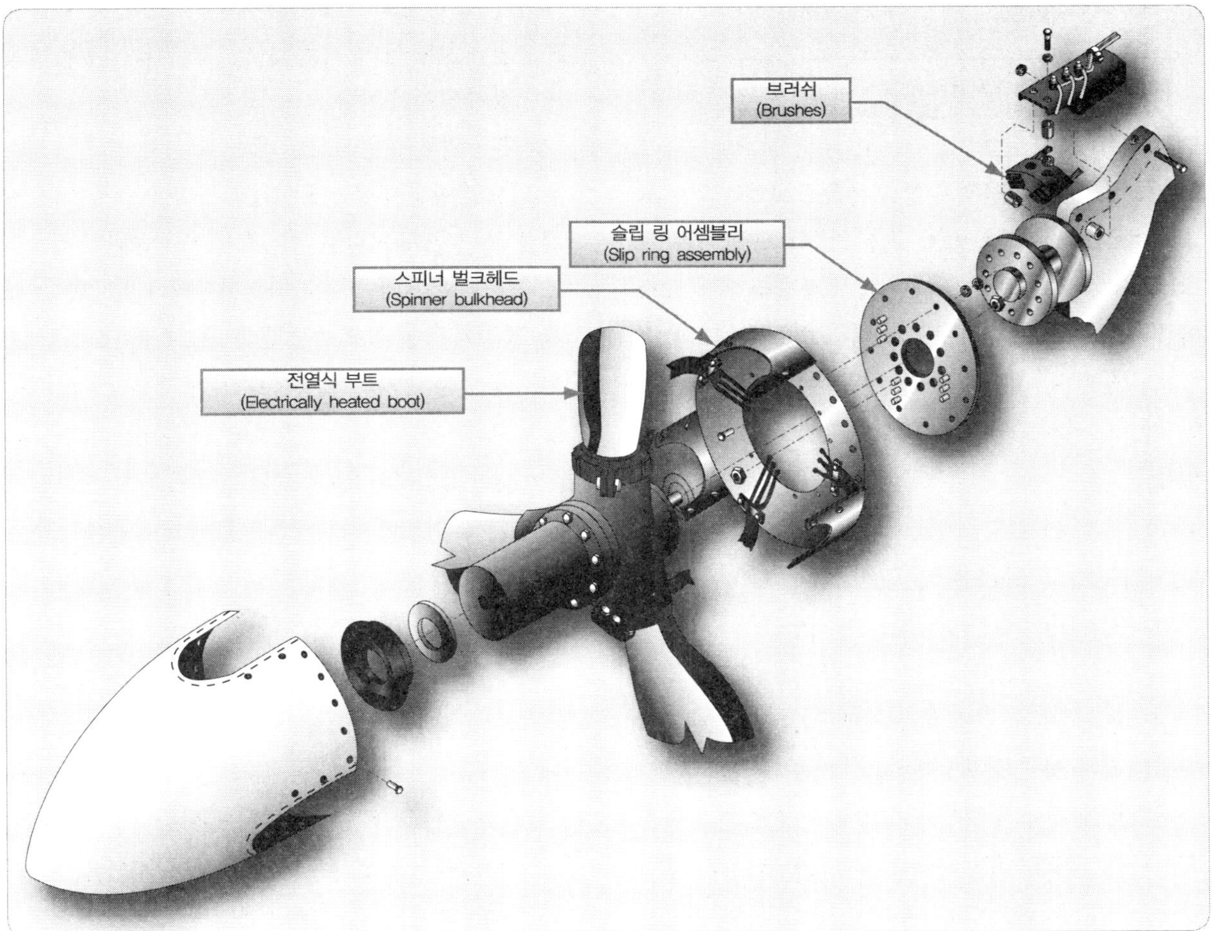

[그림 11-31] 프로펠러 전열식 제빙계통 구성품(Electro thermal propeller deice system components)

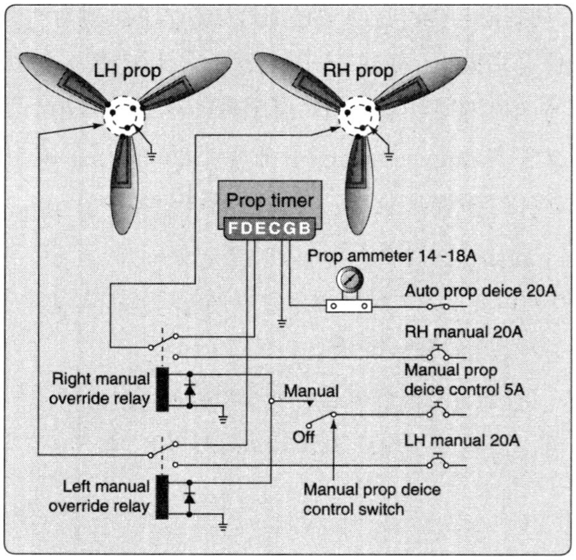

[그림 11-32] 프로펠러 전열식 제빙계통 개략도
(Propeller electrical deice system schematic)

동 기능이 있다. 다음과 같이 오른쪽 프로펠러 외부 요소(outer element)에 30초, 오른쪽 프로펠러 내부 요소(inner element)에 30초, 왼쪽 프로펠러 외부 요소에 30초 그리고 왼쪽 프로펠러 내부 요소에 30초의 순서로 작동한다. 시스템을 켜면 계통이 자동으로 작동한다. 타이머의 수동 바이 패스 장치가 함께 장치되어 있다.

11.5.2 화학식 프로펠러 제빙 (Chemical Propeller Deice)

일부 항공기 특히 단발 운송용 항공기는 프로펠러의 제빙을 위해 화학식 제빙계통을 사용한다. 얼음은 일반적으로 날개에서 형성되기 전에 프로펠러에 먼저 형성된다. 글리콜계(glycol-based, 글리세린과 에틸알코올과의 중간물질) 부동액이 소형 전기구동펌프에 의해 탱크로부터 미세여과기(micro-filter)를 거쳐 프로펠러 허브에 분사된다. 화학식 프로펠러 제빙계통은 독립적인 계통으로 구성되거나 삼출계통(weeping system)과 같이 사용되기도 한다.

11.6 지상 항공기 제빙작업 (Ground Deicing of Aircraft)

강우 또는 강설과 고고도에서 장시간 비행 시 연료탱크의 서리생성 또는 눈 위를 활주 시 항공기 바퀴다리에 얼음이 존재할 수 있다. 항공기 이륙 이전에 날개, 조종면 프로펠러, 엔진 흡입구 또는 중요 작동면에 결빙물질이 없어야 한다.

항공기 외부에 얼음, 눈, 또는 서리가 적층된 상태로 있으면 항공기 성능에 심각한 영향을 주게 된다. 날개골 표면 위에 교란된 공기흐름으로 양력이 감소하고 항공기 무게의 증가로 불평형상태가 발생한다. 또한, 항공기 작동 시 조종장치, 힌지, 밸브, 마이크로스위치에 있는 습기의 결빙으로 인한 작동불능과 엔진내부로의 얼음 흡입으로 인해 F.O.D(foreign object damage) 가능성이 있다. 격납고 내에서 눈 또는 서리를 제거 후 건조 전에 영하의 온도에서 이동하면 재 결빙된다. 따라서 흘러내린 물의 재 결빙 방지조치를 취해야 한다.

11.6.1 서리 제거(Frost Removal)

서리 적층물은 따뜻한 격납고에 항공기를 위치시키거나 서리제거제 또는 제빙액(deicing fluid)을 사용하여 제거할 수 있다. 제빙액은 일반적으로 에틸렌글리콜(ethylene glycol)과 이소프로필알코올(isopropyl

[그림 11-33] 공항에서 제빙되는 항공기
(An aircraft being deiced at airport)

alcohol)을 함유하고 있고 분무 또는 손으로 제거할 수 있고 비행하기 전 2시간 이내에 사용되어야 한다. 제빙액은 창문 또는 항공기 도장에 악영향을 미치게 되므로 제작사에서 권고된 제빙액이 사용되어야 한다. 운송용항공기는 주기장 또는 공항의 전용제빙장소에서 제빙된다. 그림 11-33은 제빙트럭을 활용하여 항공기 표면에 제빙액을 분사하는 장면이다.

11.6.1.1 운송용 항공기 제빙 및 방빙(Deicing and Anti-icing of Transport Type Aircraft)

[표 11-3] 미연방 항공청(FAA) 제빙 지속시간(HOT) 지침(FAA deice holdover time guidelines)

FAA Type IV 제빙 지속시간 지침										
OAT와 기상조건에 따른 SAE Type IV 혼합물의 예상 지속시간 지침 CAUTION: 본 Table은 이륙계획을 위한 것이며 이륙 전 점검 절차와 함께 적용되어야 한다.										
OAT		Type IV 농도/맑은물	다양한 기상상태에 따른 대략적인 지속시간(시간:분)							
℃	℉	(vol.%/ vol.%)	서리*	결빙성 안개	눈△	결빙성 이슬비**	가벼운 결빙성 비	차가운 비에 젖은 날개	기타*
0이상	32이상	100/0	18:00	1:05~2:15	0:35~1:05	0:40~1:10	0:25~0:4	0:10~0:50	CAUTION: 제빙 지속 시간 지침 없음
		75/25	6:00	1:05~1:45	0:30~1:05	0:35~0:50	0:15~0:3	0:05~0:35	
		50/50	4:00	0:15~0:35	0:05~0:2	0:10~0:20	0:05~0:10	CAUTION: 출발확인을 위해 결빙 세척이요구될 수 있다.	
0~-3	32~27	100/0	12:00	1:05~2:15	0:30~0:55	0:40~1:10	0:15~0:40		
		75/25	5:00	1:05~2:15	0:25~0:50	0:35~0:50	0:15~0:30		
		50/50	3:00	1:15~0:35	0:05~0:15	0:10~0:20	0:05~0:15		
-3~-14	27~7	100/0	12:00	0:20~0:50	0:20~0:40	**0:20~0:45	**0:10~0:25		
		75/25	5:00	0:25~0:50	0:15~0:25	**0:15~0:3	**0:10~0:20		
-14~-25	7~-13	100/0	12:00	0:15–0:4	0:15~0:30				
-25 이하	-13 이하	100/0	SAE type IV 액체의 어는점이 외기보다 최소 7 ℃(13 ℉) 이하이고 공기역학적인 허용기준을 충족할 때 -25 ℃(-13 ℉) 이하에서 사용할 수 있다. SAE type IV 액체가 사용불가할 때는 SAE type I 사용을 검토하라.						

℃ = Celsius 온도
℉ = Fahrenheit 온도
OAT = 외부공기 온도
VOL = 부피

본 자료의 적용에 관한 책임은 사용자에게 있다.
* 활동성 서리를 위한 항공기 보호에 적용되는 상황
** -10 ℃ (14 ℉) 이하에서는 제빙 지속시간을 위한 가이드라인이 없음
*** 결빙성 진눈깨비의 명확한 식별이 불가하면 가벼운 얼음비의 제빙 지속시간을 적용하라.
‡‡ 눈알갱이, 싸락눈, 대설, 중간 또는 강한 얼음비, 우박
△ 눈은 싸락눈을 포함한다.
CAUTIONS:
- 강한 강수 또는 강한 수분함량과 같은 악천후 상황에서 지속시간은 줄어든다.
- 강풍 또는 엔진후류는 지속시간을 가장 낮은 시간 범위로 줄인다.
- 항공기 Skin 온도가 외부공기 온도보다 낮으면 지속시간이 감소할 수 있다

(1) 제빙액(Deicing Fluid)

제빙액의 사용은 지속시간, 공기역학적 성능, 그리고 재료적합성에 의해 허용되어야 한다. 또한, 제빙액의 색상은 표준화되어 있다. 일반적으로 글리콜(glycol)은 무색이며 Type-Ⅰ 제빙액은 오렌지, Type-Ⅱ 제빙액은 백색/엷은 황색, Type-Ⅳ 제빙액은 녹색이며 Type-Ⅲ 제빙액의 색상은 미정이다.

(2) 지속시간(HOT, Holdover Time)

지속시간은 서리 또는 얼음의 생성과 눈의 축적을 방지할 수 있는 제빙 · 방빙액의 효능이 지속되는 예상시간이다. 표 11-3에서는 Type-Ⅳ 제빙액에 대한 지속시간표를 보여준다.

(3) 중요 표면(Critical Surfaces)

기본적으로 공기역학적 성능, 제어기능, 감지기능, 작동기능, 또는 측정기능을 갖는 모든 표면은 청결해야 한다. 제빙절차는 항공기 제한사항에 따라서 다르게 적요되어야 하며 바퀴다리 또는 프로펠러 등을 제빙하기 위해 고온의 공기가 요구될 수 있다.

그림 11-34에서는 항공기에 제빙 · 방빙액의 직접 분무가 제한되는 중요 구역을 나타낸다.

① 전선 다발(wiring harness)과 리셉터클(receptacle), 정션박스(junction box)와 같은 전기부품(electrical component), 제동장치(brake), 바퀴(wheel), 배기구(exhaust), 또는 역추력장치(thrust reverser)에 직접 분무되지 않아야 한다.

② 동압관, 정압공(pitot static port)의 오리피스(orifice) 내부, 공기흐름 방향 탐지 감지기(detector probe), 받음각 공기흐름 센서(angle of attack airflow sensor)에 직접 향하지 말아야 한다.

③ 엔진, 그 외의 다른 입 · 출구, 그리고 조종면(control surface)의 구멍(cavity) 내부로 유입되는 제빙/방빙액을 최소하기 위해 적절한 예방조치를 취해야 한다.

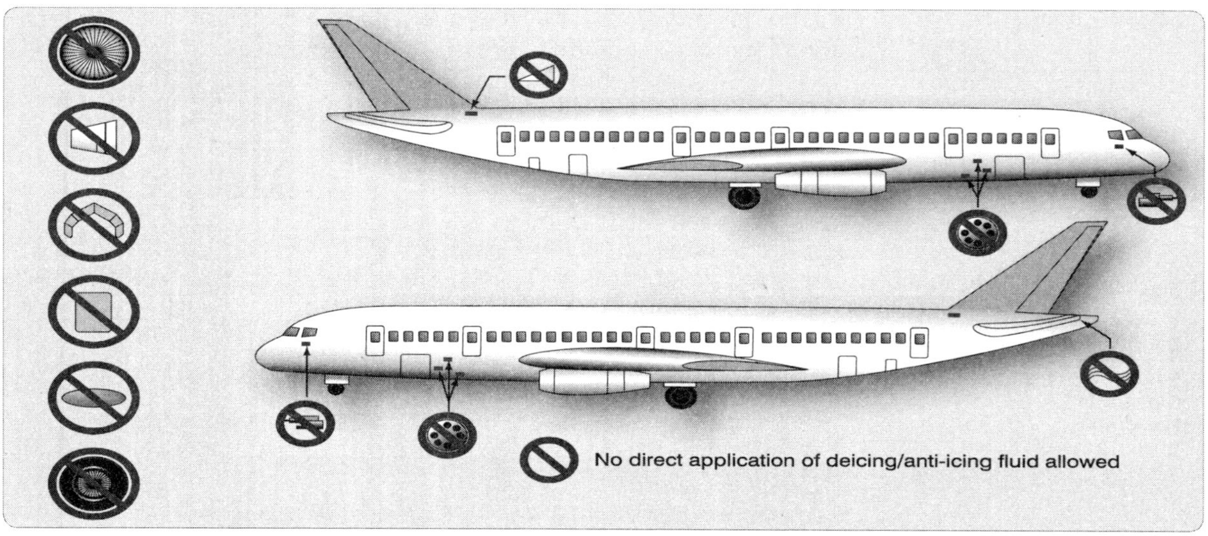

[그림 11-34] 제빙/방빙액 직접 분무 금지 구역(No direct application of deicing/anti-icing fluid allowed)

④ 제빙/방빙액은 아크릴의 잔금 또는 창문 실(window seal)을 통한 침투의 원인이 될 수 있기 때문에 조종실 또는 객실창으로 향하지 않게 한다.

⑤ 활주 또는 이륙 시에 창문 칸막이(wind screen)로 제빙/방빙액이 바람에 날릴 수 있는 전방구역은 출발 이전에 잔여 유체를 제거해 준다.

⑥ 만약 Type-Ⅱ, -Ⅲ, 또는 -Ⅳ 제빙/방빙액이 사용되었다면, 조종실 창문에서 제빙/방빙액의 모든 흔적은 출발 이전에 제거되어야 하며 특히 와이퍼가 장비된 창문에 특별한 주의를 기울여야 한다.

⑦ 바퀴다리와 바퀴격실(wheel bay)은 슬러시(slush), 얼음의 적층, 또는 눈의 축적이 없는지 확인해야 한다.

⑧ 항공기 표면에서 얼음, 눈, 슬러시 또는 서리를 제거 할 때는 보조 흡입구(auxiliary intake) 또는 조종면 힌지 부위에 눈이 들어가거나 쌓이지 않도록 주의해야한다.(예 : 날개와 수직, 수평안정판 표면의 앞전 가장자리를 향해 눈을 수동으로 제거하고 다시 도움날개와 승강키 뒷전 가장자리로 제거한다.)

11.6.2 얼음과 눈 제거(Ice and Snow Removal)

가장 다루기 어려운 침전물(deposit)은 주변 온도가 어는점보다 약간 높을 때 깊게 젖은 눈이다. 이 유형의 침전물은 부드러운 솔이나 고무청소기(squeegee)로 제거해야한다. 눈에 보이지 않을 수 있는 안테나, 배출구(vent), 실속 경고 장치(stall warning device), 와류 발생장치(vortex generator) 등이 손상되지 않도록 주의하여야한다. 영하의 온도에서 가볍고 건조한 눈은 가능할 때마다 날려 보내야한다. 뜨거운 공기를 사용하는 것은 권장하지 않는다. 눈이 녹아 얼어붙어 추가 작업이 필요하기 때문이다. 제빙액으로 찌꺼기 눈(residual snow)과 무거운 얼음, 잔여 눈 침전물을 제거해야한다. 얼음 침전물이나 붙어있는 얼음을 강제로 제거하려고 시도해서는 안 된다.

제빙 작업을 완료 한 후 기체를 검사하여 비행에 적합한 상태인지 확인한다. 모든 외부 표면 특히 비행 조종면 사이(control gap) 및 힌지 부위에서 눈이나 얼음이 남아 있는지 확인해야한다. 배수(drain) 및 압력 감지 포트(pressure sensing port)에 장애물이 없는지 확인한다. 쌓여있는 눈을 물리적으로 제거해야하는 경우 모든 돌출부와 통풍구에 손상 징후가 있는지 검사해야한다. 조종면은 완전하고 자유롭게 움직일 수 있어야 한다. 착륙장치, 도어와 격실(doors and bay) 및 휠 브레이크(wheel brake)는 눈 또는 얼음 침전물이 있는지 점검하고 업락(up-lock) 및 마이크로 스위치 작동을 점검해야한다.

눈이나 얼음이 터빈 엔진 흡입구로 들어가서 압축기에서 얼 수 있다. 이러한 이유로 압축기(compressor)를 손으로 돌릴 수 없는 경우 회전 부품(rotating part)이 자유롭게 회전할 수 있을 때까지 엔진을 통해 뜨거운 공기를 불어넣어야 한다.

11.7 제우 제어계통(Rain Control Systems)

일반적으로 항공기 윈드실드(windshield)에서 강우(rain)를 제거하기 위해 다음과 같은 계통를 사용하는데 경우에 따라 몇 가지 조합하여 사용하기도 한다. 윈드실드 와이퍼(windshield wiper), 화학식 강우 발수제(chemical rain repellent), 공기압강우제거(pneumatic rain removal), 즉 제트분사(jet blast), 또는 소수성 표면 실코팅(hydrophobic surface seal coating)으로 처리된 윈드실드이다.

11.7.1 윈드실드 와이퍼 계통 (Windshield Wiper Systems)

그림 11-35와 같이, 전기식 윈드실드 와이퍼 계통에서, 와이퍼 블레이드(wiper blade)는 항공기의 전기계통으로부터 전원을 받는 전기모터에 의해서 작동한다. 일부 항공기에서, 만약 한 개의 계통이 고장 나더라도 깨끗한 시야를 확보하기 위해 조종사와 부조종사의 윈드실드 와이퍼가 분리된 계통에 의해 작동한다. 각각의 윈드실드 와이퍼 조립체는 와이퍼, 와이퍼 암(arm), 그리고 와이퍼 모터/컨버터(converter)로 이루어져 있다. 대부분의 항공기 윈드실드 계통은 전기모터를 이용한다. 그러나 일부 구형 항공기는 유압식 와이퍼 모터를 장착하고 있다.

윈드실드 와이퍼계통에서 수행되는 정비는 작동점검, 조정, 그리고 고장탐구로 이루어지고 작동점검은 계통 구성품이 교체되었을 때 또는 계통이 적절하게 작동하고 있지 않을 때 수행한다. 조정 작업은 와이퍼 블레이드 장력, 블레이드 작동 각도, 그리고 와이퍼 블레이드의 적절한 위치의 정지로 구성된다.

11.7.2 화학적 강우 차단 (Chemical Rain Repellent)

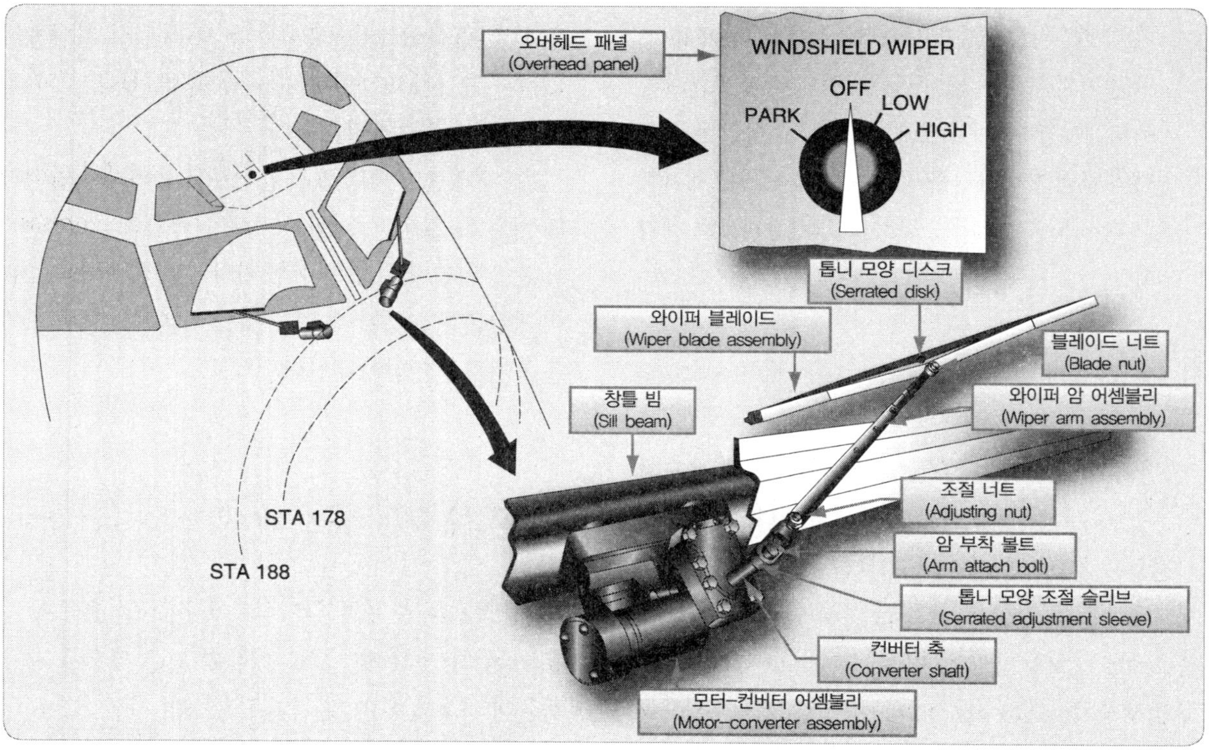

[그림 11-35] 운송용 항공기의 윈드실드 와이퍼 어셈블리(Windshield wiper assembly/installation on a transport category aircraft)

깨끗한 유리 위의 물은 평평하게 널리 펴진다. 그러나 유리가 특정 화학약품으로 처리되었을 때, 물은 유리 위에서 표면장력으로 인해 수은과 같이 물방울 모양을 형성하여 고속의 후류를 만나면 표면에서 쉽게 떨어져 나간다.

화학식 강우 차단계통은 조종석에 있는 스위치 또는 푸쉬 버튼(push button)에 의해서 화학 발수제가 뿌려진다. 화학식 강우 발수계통은 희석되지 않은 차단제가 창문에 뿌려지기 때문에 건조한 상태의 창문에 적용되면 시야를 방해한다. 건조한 날씨 또는 아주 약한 비에서 적용된 강우차단제의 잔존물은 항공기 외피의 오염 또는 경미한 부식의 원인이 될 수 있다. 이것을 방지하기 위하여, 차단제 또는 잔존물은 신속하고 완전하게 물로 제거되어야 한다. 차단제가 뿌려진 후에 차단제 피막은 계속적인 강우와의 충돌로 서서히 차단효과가 저하되기 때문에 주기적인 재도포가 요구된다. 그림 11-36은 화학적 강우 차단제 구성품을 보여준다.

11.7.2.1 윈드실드 표면 밀폐 코팅 (Windshield Surface Seal Coating)

그림 11-37과 같이, 일부 항공기는 윈드실드 외부에 소수성코팅(hydrophobic coating)이라고 부르는 표면 밀폐코팅을 한다. 소수성이라는 용어는 물을 튀기는 또는 흡수하지 않는 것을 의미한다. 윈드실드 소수성 코팅은 창문 또는 윈드실드의 외측 표면에 적용되며 와이퍼의 사용 필요성을 감소시키고 큰 비가 내려도 운항승무원에게 우수한 시야를 제공한다.

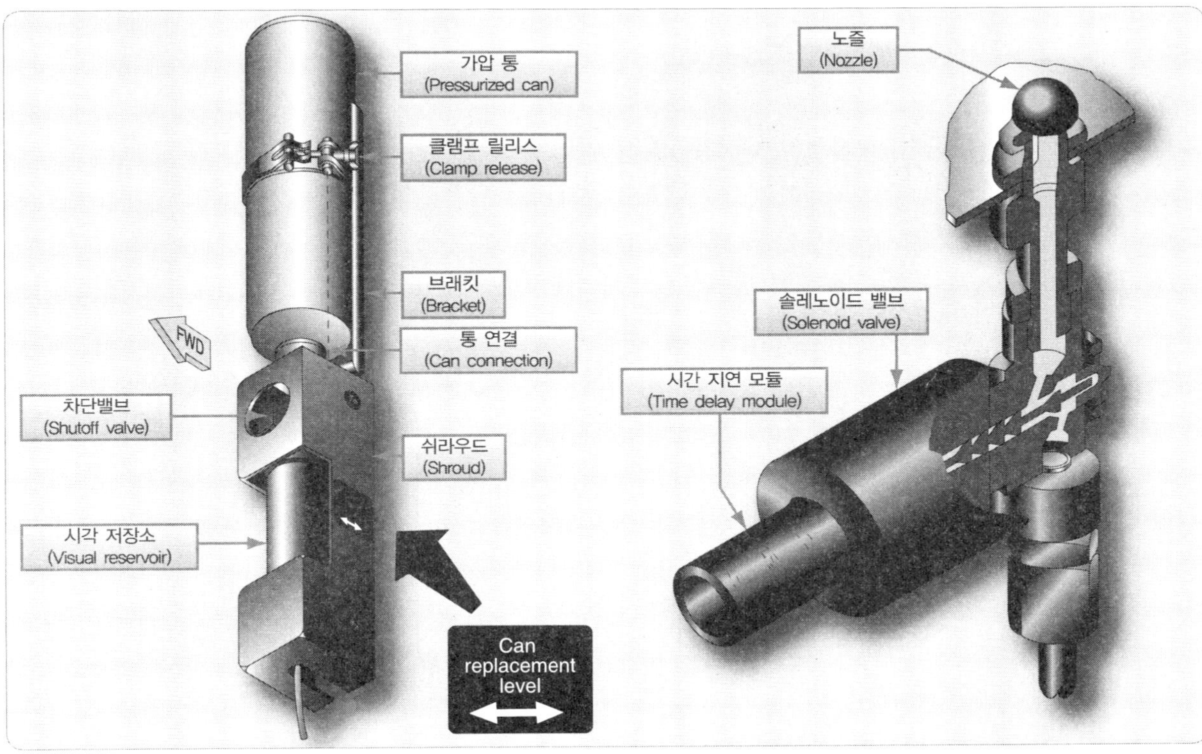

[그림 11-36] 조종실 강우 차단 용기와 저장소(Cockpit rain repellent canister and reservoir)

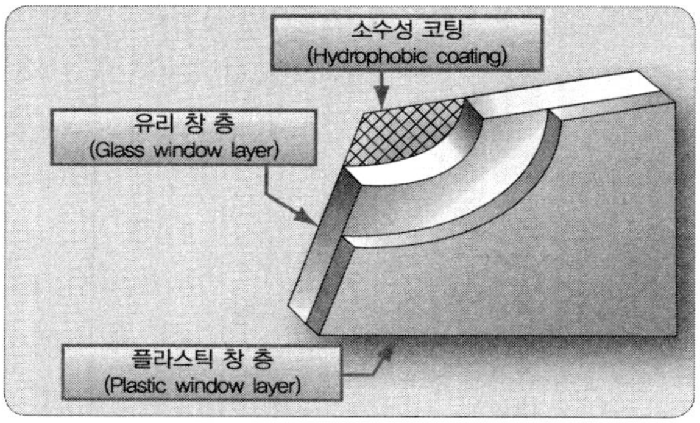

[그림 11-37] 소수성 코팅 윈드실드
(Hydrophobic coating on windshield)

대부분 신형 항공기의 윈드실드는 표면 밀폐코팅 처리되어 있다.

11.7.3 공압 제우계통(Pneumatic Rain Removal Systems)

윈드실드 와이퍼의 두 가지의 본질적인 문제가 있는데 한 가지는 후류의 공기력에 의한 와이퍼 블레이드

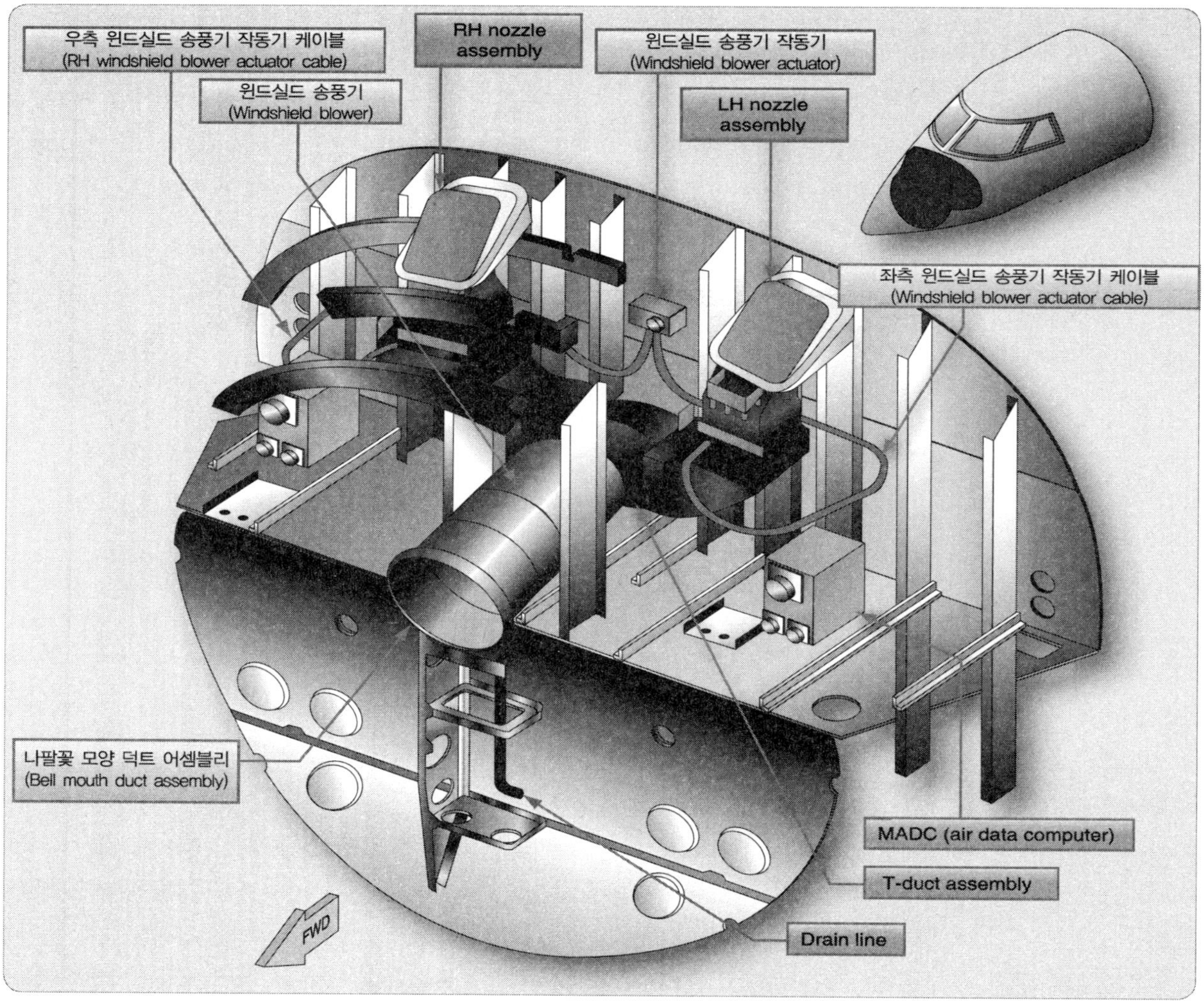

[그림 11-38] 윈드실드 강우 및 서리제거계통(Windshield rain and frost removal system)

의 하중압력 감소로 비효율적인 와이퍼작동(wiping)과 탈색(streaking)이며 다른 한 가지는 매우 많은 비가 내리는 동안 강우를 효율적으로 제거하여 안전한 시야를 확보하기 위해 와이퍼 신속하게 작동하도록 하는 것이다.

그림 11-38의 강우제거장치는 윈드실드 결빙을 제어하고 윈드실드 위에 가열공기의 흐름을 향하게 하여 강우를 제거한다. 이 가열공기는 두 가지의 기능을 제공하는데, 첫 번째, 공기가 빗방울을 작은 입자로 쪼개어 날려버리고 두 번째로 따듯한 공기는 결빙을 방지하기 위해 윈드실드를 가열한다. 공기는 전기식 송풍기로 생산하거나 엔진 추출 공기가 사용된다.

11.8 윈드실드 서리, 연무 및 결빙 제어계통(Windshield Frost, Fog, and Ice Control Systems)

윈드실드에서 얼음, 서리(frost), 그리고 연무가(fog) 없는 상태를 유지하기 위해, 창문 방빙 및 제빙계통 그리고 서리제거장치(defogging system)가 이용된다. 항공기에 따라 전기식, 공압식, 또는 화학식 계통이 장착된다.

11.8.1 전열식(Electric)

고성능항공기와 운송용항공기 윈드실드는 전형적으로 얇은 겹유리(laminated glass), 폴리카보네이트(polycarbonate), 또는 이와 유사한 적층재료(similar ply material)로 제작된다. 일반적으로 성능향상을 위해 투명 비닐판(clear vinyl plies)이 포함된다. 광범위한 온도와 압력에 견딜 수 있는 강도와 내충격성을 가지도록 적층하여 제작한다. 또한, 순항속도에서 4pound(약 1.8kg)의 조류 충돌의 충격을 극복해야 한다. 얼음, 서리, 그리고 연무로부터 깨끗한 윈드실드를 유지하기 위해 적층구조는 유리층 사이에 전열소자(electric heating element)를 장착한다. 저항선(resistance wire) 또는 투명전도재료(transparent conductive material)의 형태인 소자는 창문 층(window ply) 중 하나로 사용된다. 충분한 가열을 보장하기 위해서, 발열소자는 외부유리판의 안쪽에 위치한다. 윈드실드는 전형적으로 접착제의 사용 없이 압력과 열의 적용으로서 함께 접착된다. 그림 11-39에서는 일반적인 운송용항공기 윈드실드에 있는 유리와 비닐 층을 보여준다.

저항선 또는 성층전도피막이 사용된 항공기 창문가열계통은 전원을 공급하기 위한 변압기와 허용한도 이내에서 작동온도를 유지하기 위해 창문온도제어장치(window heat control unit)와 서미스터(thermistor)와 같은, 피드백 기구(feedback mechanism)를 갖추고 있다.

일부 계통은 자동(automatic)인 반면에 다른 계통은 조종석(cockpit) 스위치에 의해 제어된다. 기능불량(malfunction)의 경우에 시야(visibility)를 확보하기

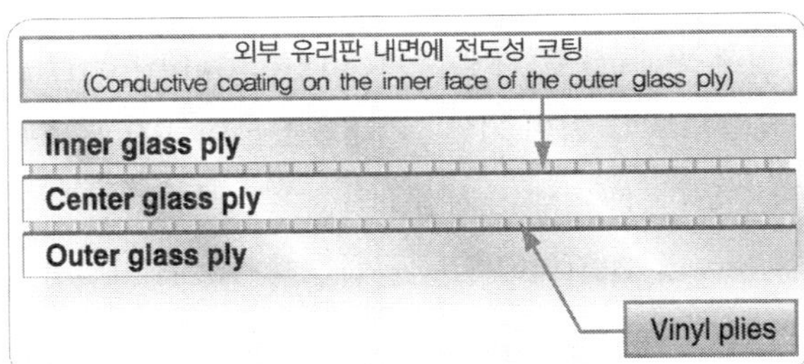

[그림 11-39] 운송용 항공기 윈드실드 단면
(Cross-section of a transport-category windshield)

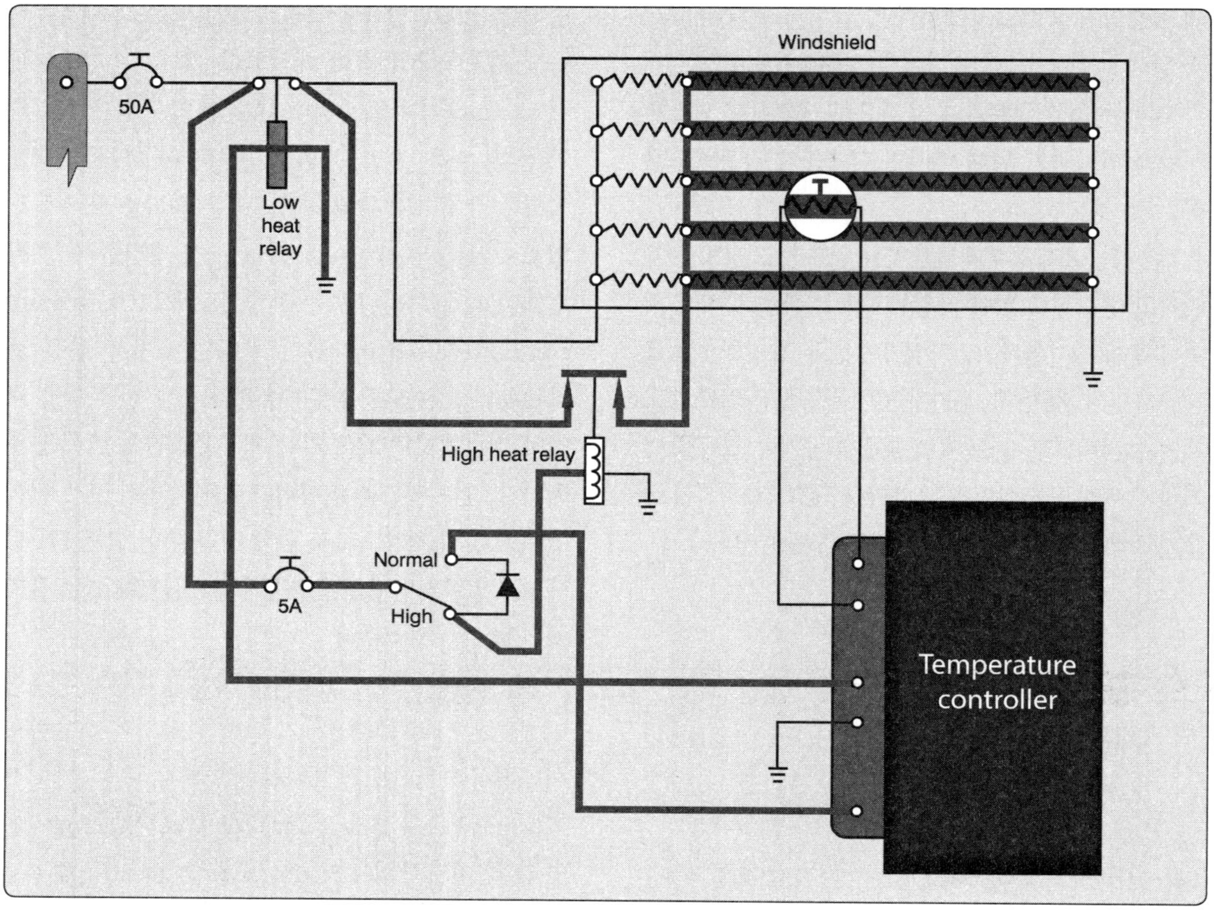

[그림 11-40] 전기 윈드실드 가열 회로도(Electric windshield heat schematic)

위해 조종사와 부조종사(copilot) 계통을 서로 분리하였다. 특정한 창문 온도제어장치의 자세한 사항에 대해서는 제작사정비정보(manufacturer's maintenance information)를 참고한다.

일부 윈드실드 가열장치(windshield heating system)는 두 가지 가열수준(heating level)으로 조작할 수있다. NORMAL 가열하기는 윈드실드의 가장 넓은(broadest) 지역에 열을 공급한다. HIGH 가열하기는 좁은 지역의 정확한 시야를 확보가기 위해 열을 공급한다. 일반적으로 이 창문가열장치는 항상 켜져 있고 NORMAL 위치에 설정한다. 그림 11-40에서는 간단한 윈드실드 가열장치를 보여준다.

11.8.2 공압식(Pneumatic)

일부 구형 항공기의 적층 윈드실드에 뜨거운 공기의 흐름이 유리 사이로 흐르게 하여 온도 유지와 서리를 제거한다. 공기의 공급원은 엔진 추출공기 또는 환경조절계통으로부터 조절된 공기를 사용하며 자동차에서 사용하는 것과 유사하다.

11.8.3 화학식(Chemical)

화학식 방빙계통은 대개 소형 항공기에 적용한다. 이 유형의 방빙은 윈드실드에 사용되며 윈드실드 외부 노즐(nozzle)을 통해 분무된다. 화학약품은 이미 형성된 윈드실드의 얼음을 제빙할 수 있다. 계통은 액체 탱크, 펌프, 조절 밸브, 필터, 그리고 경감 밸브를 갖추고 있다. 그림 11-41에서는 항공기 윈드실드에 화학약품의 도포를 위한 분사도관(spray tube)을 보여준다.

[그림 11-41] 화학식 제빙 분사도관
(Chemical deicing spray tubes)

11.9 급수와 폐수계통 결빙 예방(Water and Waste Tank Ice Prevention)

운송용 항공기에는 급수와 폐수계통이 탑재되어 있으며 전기 가열기는 이러한 계통의 수로에 얼음이 형성되는 것을 막기 위해 사용된다. 급수관은 식수 탱크에서 화장실(lavatories) 및 주방(galley)로 물을 운반한다. 폐수(waste water) 탱크는 주방과 화장실에서 중수(gray water, 정수 처리를 한 재이용 가능한 물)을 수집한다. 가열기 덮개(heater blanket), 직렬 가열기(in-line heater) 또는 가열기 부트(heater boot)는 급수관, 물 탱크 배출 호스, 폐수 배출관, 폐수 탱크 린스 피팅(waste tank rinse fitting) 및 드레인 마스트(drain mast)를 가열하는데 사용된다. 급수관의 온도 조절 장치(thermostat)는 전기 가열기 작동에 필요한 온도자료를 제어장치(control unit)에 공급한다. 온도가 영하로 떨어지면 전기 가열기가 작동을 시작하여 안전한 온도에 도달할 때까지 계속 켜진 상태가 된다. 그림 11-42는 폐수 탱크 및 가열기 덮개의 위치를 보여 주고 그림 11-43은 급수관 가열기 계통의 개략도이다.

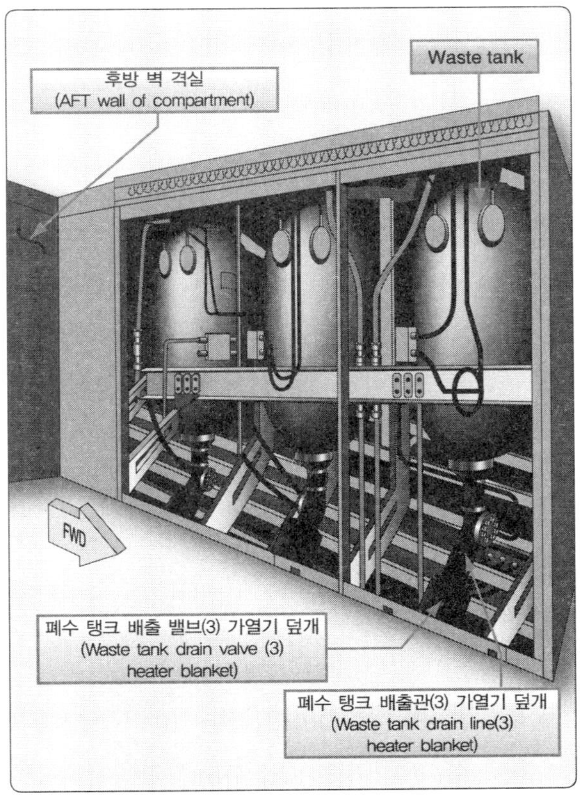

[그림 11-42] 폐수 탱크 가열기 덮개
(Waste water tanks and heater blankets)

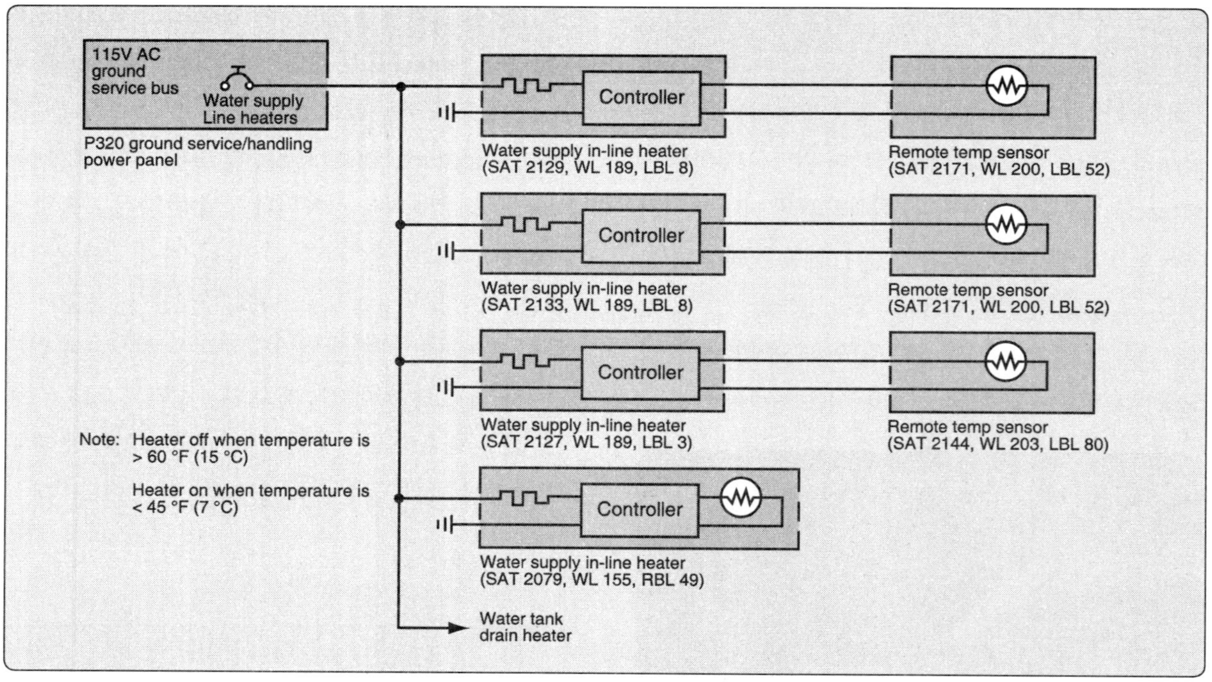

[그림 11-43] 급수관 가열기 계통(Water supply line heater system)

12 객실 환경 제어계통

Cabin Environmental Control Systems

12 객실 환경 제어계통

Cabin Environmental Control Systems

12.1 비행 생리현상(Physiology of Flight)

12.1.1 대기의 구성 (Composition of the Atmosphere)

지구 대기를 구성하는 가스 혼합물을 일반적으로 공기라고 한다. 주로 78%의 질소와 21%의 산소로 구성되어 있다. 나머지 1%는 적은 량의 다양한 가스로 구성되어있다. 이 중 일부는 이산화탄소, 수증기 및 오존(ozone)과 같은 인간의 삶에 중요한 요소이다. 그림 12-1은 대기를 구성하는 각 기체의 양에 대한 백분율을 나타낸다.

고도가 증가하면 대기가스의 전체 양이 급격히 감소하나 질소와 산소의 비율은 지표에서 약 50mile까지는 변하지 않고 유지된다. 또한, 이산화탄소의 분포는 적절하게 안정되는 데 반해 수증기와 오존의 양은 변화한다.

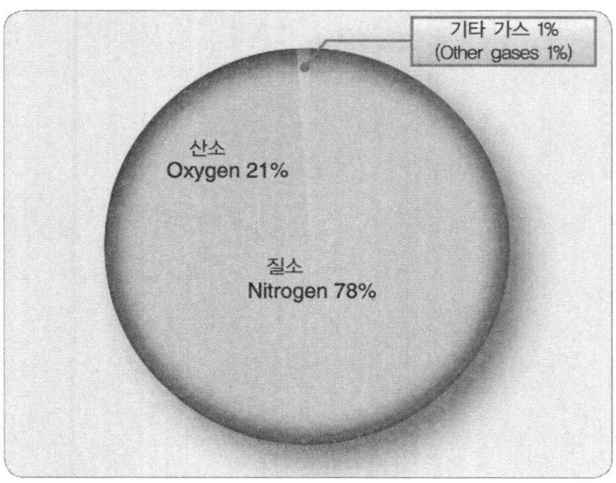

[그림 12-1] 대기의 기체(The gases of the atmosphere)

질소는 직접 생명체의 삶의 과정에서는 사용되지 않는 불활성가스이지만, 그러나 질소를 함유한 수많은 혼합물은 모든 생명체에 필수적이다. 대기 중에 있는 소량의 이산화탄소는 광합성 시에 식물계에서 활용되고 이렇게 생성된 음식은 그것에 의존하는 인간을 포함한 모든 동물에게 공급된다. 이산화탄소는 또한 인간과 다른 동물의 호흡조절을 도와준다. 대기 중에 있는 수증기의 양은 일정치 않지만 해수면(sea-level)에서 습한 상태일지라도 수증기는 5%를 초과하지 않는다. 또한, 수분은 얼음결정 상태로 대기에서 존재할 수 있다. 대기 중에 수분은 다른 가스가 태양으로부터 흡수하는 에너지보다 더 훨씬 더 많은 에너지를 흡수하며 기상현상에 영향을 주는 가장 중요한 역할을 수행하고 있다.

오존(O_3)은 산소(O_2)의 형태인 산소원자 2개보다 많은 분자당 3개의 산소원자를 담고 있다. 대기에 존재하는 대부분 오존은 산소와 오존층에 충돌하는 태양광선의 상호작용에 의해서 형성된다. 오존층은 태양 자외선의 대부분을 걸러주기 때문에 유기체(organism)의 삶에 중요하다. 일부 오존은 벼락과 같은 방전에 의해 생성되고 약한 염소(chlorine)와 같은, 독특한 냄새를 가지고 있다. 오로라(aurora)와 우주광선(cosmic rays) 역시 오존을 만들게 된다.

12.1.2 인간의 호흡과 순환(Human Respiration and Circulation)

12.1.2.1 산소와 저산소증(Oxygen and Hypoxia)

대기에서 두 번째로 흔한 기체인, 산소는 생명체의 가장 중요한 기본 요건이다. 산소 없이는 사람 또는 다른 동물이 살아갈 수 없다. 산소의 정상 공급량 감소는 신체기능, 사고능력, 그리고 자각능력 변화의 원인이 된다. 불충분한 산소의 공급으로 인해 발생하는 신체와 정신의 이완된 상태를 저산소증이라고 부른다.

이는 고고도에서 허파에 있는 산소압력 감소에 의해 일어난다. 공기는 일반적으로 21%의 산소를 유지하 지만 혈액에서 흡수될 수 있는 산소의 비율은 산소압 력에 따라 다르다. 높은 압력상태에서는 신체활동에 충분한 양의 산소가 혈액으로 흡수되나 낮은 압력상태에서는 충분한 양의 산소가 흡수되지 못한다. 해수면에서, 허파의 산소압력은 약 3[psi]이며 이는 산소를 혈액에 삼투시키기 충분한 압력이고 신체와 의식이 정상적으로 기능하게 된다. 그러나 고도가 증가함에 따라 압력이 감소한다.

[표 12-1] 고도에 따른 대기 산소압력(Oxygen pressure in the atmosphere at various altitudes)

Altitude MSL (feet)	Oxygen pressure (psi)
0	3.08
5,000	2.57
10,000	2.12
15,000	1.74
20,000	1.42
25,000	1.15
30,000	0.92
35,000	0.76
40,000	0.57

해수면에서 7,000[feet] 이하까지는 대기 중의 산소량과 산소압력으로 산소의 혈액 포화도를 충분히 유지시킨다. 그러나 7,000[feet] 이상에서 산소압력은 혈액을 포화시키기에 점점 불충분하게 된다. 평균해발고도 1만 feet에서 산소의 혈액 포화도는 정상의 약 90%에 그친다. 이 고도에서 장시간 체류 시 저산소증의 증상인, 두통과 피로를 경험할 수 있다. 평균해발고도 1만 5,000[feet]에서 산소의 포화도는 81%로 떨어지고 졸음, 두통, 입술과 손톱이 파랗게 질리게 되고, 그리고 맥박과 호흡이 가파르게 증가하며 더욱이 시력이 악화되고 판단력이 흐려져 항공기의 안전운항이 위태롭게 된다. 고도가 높아질수록, 감소하는 압력에 의해 혈액의 산소 포화도도 감소되는데 고도 2만 2,000[feet]에서는 약 68%의 산소 포화도에 머문다. 혈액으로 삼투되는 산소가 약 50%로 줄어드는 2만 5,000[feet] 고도에서 5분 이상 체류 시 의식불명의 원인이 된다.

12.1.2.2 과호흡증(Hyperventilation)

비행사에게 또 다른 생리적인 관심사항은 과호흡이다. 증상은 저산소증과 매우 유사하다. 산소와 영양소가 신체의 다양한 세포에 공급될 때 이산화탄소가 부산물로 발생하고 혈액은 발생한 이산화탄소를 허파로 운반하여 신체 외부로 배출을 돕는다.

이산화탄소는 호흡의 깊이와 회수를 조절하기 위한 역할을 수행하는데 높은 이산화탄소의 포화는 신체에서 그것을 분출하기 위해 가파르고 깊은 호흡을 하게 한다. 또한, 활성세포가 필요로 하는 산소를 공급하기 위해 더 많은 양의 산소 흡입을 촉진하다. 반대로 낮은 이산화탄소 포화는 부족한 산소 흡입의 원인이 된다. 그러므로 산소와 이산화탄소균형이 혈액에서 유지되어야 한다.

때로는 두려움, 공황(panic), 또는 고통이 인체의 지나치게 가파른 호흡을 자극시키는데 그로 인해 혈액에 있는 이산화탄소의 감소를 불러오게 한다. 낮은 이산화탄소 포화도는 신체에 산소가 충분하다는 신호를 보내고 혈관 수축의 원인이 되며 이로 인해 불충분한 산소가 세포에 이송되어 저산소증 같은 증상을 유발한다. 저산소증의 발병이 가파른 호흡 없이 발생 할 수 있는 것에 주의해야 한다. 과호흡은 흔히 사람을 진정시킴으로써 완화시킬 수 있는데 혈류량(bloodstream)에서 산소와 이산화탄소의 균형을 복원시켜 평소와 같이 호흡을 하게 한다.

12.1.2.3 일산화탄소 중독(Carbon Monoxide Poisoning)

무색, 무취 가스인 일산화탄소는 항공용으로 사용되는 탄화수소연료의 불완전한 연소에 의해 발생한다. 인간의 신체에서는 일산화탄소를 필요로 하지 않으며 신체에서 유지되어야 하는 충분한 산소의 수준을 방해하여 저산소증을 초래하는 이러한 증상을 일산화탄소중독이라고 한다. 산소 부족의 모든 형태와 마찬가지로 일산화탄소에 계속된 노출은 의식불명과 죽음을 초래할 수 있다.

헤모글로빈(hemoglobin)은 허파에서 산소를 흡착하여 신체의 세포로 순환시키는 혈액 내 물질인데 일산화탄소는 산소보다 헤모글로빈의 흡착률이 더 높아서 만약 일산화탄소가 허파에 존재한다면, 헤모글로빈에 산소가 아닌 일산화탄소가 흡착되어 저산소증 같은 증상을 초래한다.

소량의 일산화탄소에 장시간 노출 시 단시간의 농축 일산화탄소의 노출과 같이 쉽게 산소결핍의 결과를 초래할 수 있다.

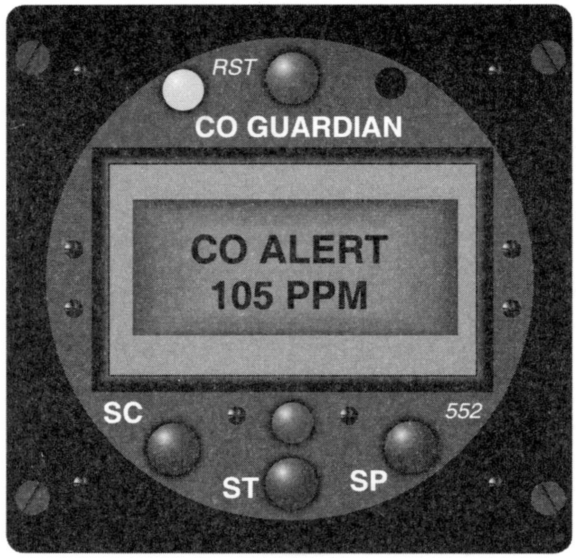

[그림 12-2] 일반적인 일산화탄소 검출기(An example of a carbon monoxide detector sold in the aviation market)

그림 12-2와 같이, 조종사에게 경고를 주기 위해 다양한 종류의 일산화탄소 검출기가 사용되는데 계기판에 영구적으로 장착되거나 휴대용 또는 조종석에 부착되는 화화 식별표(chemical tab) 방식도 있다. 화학 식별표 방식은 일산화탄소가 존재할 때 화학반응으로 색이 변화되며 정교한 검출기는 일산화탄소를 ppm(parts per million) 단위로 디지털출력 또는 라이트가 들어오게 하고 가청경보음을 제공한다.

12.2 항공기 산소계통 (Aircraft Oxygen Systems)

신체활동에 부족한 산소가 혈액에 공급되는 비행고도에서, 감소된 주위압력의 부정적인 영향을 극복하기 위해 일반적으로 수행하는 두 가지 수단은 산소의 압력을 증가시키거나 또는 공기혼합물에서 산소의 양을 증가시키는 것이다.

대형운송용항공기와 고성능여객기는 객실에 있는 공기를 가압시켜 정상상태의 21% 산소를 더 많이 혈액에 삼투(saturation)시킨다. 여압은 이 장의 후반에 수록되어 있다. 산소의 비율은 같고 오직 압력만 증가되는데, 허파에서 이용할 수 있는 산소의 양을 증가시킴으로써 낮은 압력으로 혈액을 포화시킬 수 있다. 이것은 항공기 산소계통의 기본 역할이다. 21% 이상의 산소 수준은 고도가 증가할 때 감소된 압력을 상쇄시킬 수 있으며 혈액의 산소포화도를 위해 공기의 산소를 조절할 수 있다. 정상적인 정신활동과 신체활동은 100% 산소의 사용으로 약 4만 [feet] 이상의 고도까지 유지될 수 있다.

객실여압 없이 설계된 소형 또는 중간 크기의 항공기에서 산소의 양을 증가시키기 위해 산소계통이 사용된다. 여압이 되는 항공기는 여압 계통 고장 시 여분의 수단으로 산소계통을 활용하며 휴대용 산소장구는 또한 응급처치 목적을 위해 탑재된다.

12.2.1 산소의 종류와 특성 (Forms of Oxygen and Characteristics)

12.2.1.1 기체 산소(Gaseous Oxygen)

산소는 정상대기온도와 정상대기압에서 무색, 무취, 그리고 무미 가스이며 비등점(boiling point)인 −183℃에서 액체로 전환된다. 산소는 대부분 원소와 결합하고 이를 산화(oxidation)라고 부른다. 전형적으로 산화는 열을 발생시키는데 어떤 것이 연소될 때, 그것은 실제로 급격히 산소와 결합하는 것이다. 산소 또는 오존을 형성하는 것을 제외하고 산소 자체는 자신들과 결합하지 않기 때문에 연소되지 않는다. 그러나 순수산소는 석유제품과 격렬하게 결합하여 심각한 위험을 일으킨다. 그렇지만 산소와 다양한 석유연료는 내연기관에서 에너지를 만들기 위해 인위적으로 결합된다.

그림 12-3과 같이 순수기체산소는 일반적으로 녹색으로 도색된 고압실린더에 저장되어 운반된다. 정비사는 연소 방지를 위해 연료, 오일, 그리고 그리스로부터 순수산소를 멀리 보관해야 한다. 용기에 저장된 모든 산소가 동일한 것은 아니다. 조종사의 호흡용 산소는 수분의 포함 여부를 시험하는데, 이것은 밸브와 조절기의 작은 통로에서 결빙의 가능성을 방지하기 위해 수행된다. 얼음은 산소의 이송을 방해할 수 있으며 항공기는 때로는 결빙(icing)의 가능성을 증가시키는 영하의 온도에서 운영된다. 수분의 함량은 산소 1ℓ 당 최대 0.02㎖ 이하이어야 한다. 조종사 호흡용 산소는 산소실린더에 "Aviator's Breathing Oxygen"이라

[그림 12-3] "조종사 호흡용 산소"라고 명시된 산소 실린더
("Aviator's breathing oxygen" is marked on all oxygen cylinder)

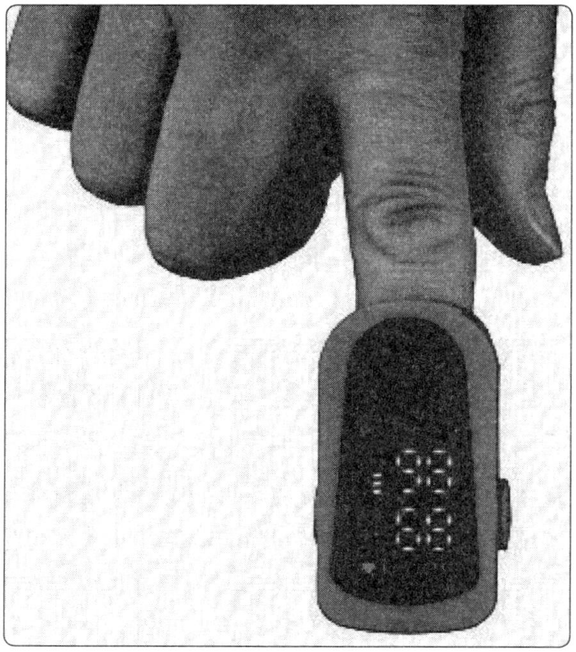

[그림 12-4] 휴대용 산소포화도 측정기
(A portable pulse-type oximeter)

고 명확히 표시되어야 한다.

대부분 항공기 기체산소의 생산은 공기의 액화 처리를 거쳐 생성되는데 온도와 압력 조절을 통해 공기에 있는 질소를 증발시켜 대부분 순수산소만을 남기게 된다. 또한, 산소는 물의 전기분해에 의해서 생산되는데 물속에 전류를 흐르게 하면 수소(hydrogen)로부터 산소를 분리시킨다. 또 다른 기체산소 생성 방법은 분자여과기의 사용을 통하여 공기에서 질소와 산소를 분리함으로써 생성되는데 얇은 막(membrane)은 공기로부터 순수산소를 제외한 질소와 다른 가스들을 걸러낸다. 산소발생기(oxygen concentrator)라고 부르는 탑재산소발생장치는 일부 군용기에서 사용되고 있으며 민간 항공기에서도 사용될 예정이다.

휴대용 산소포화도 측정기(portable pulse oximeter)는 혈액의 산소포화농도(oxygen saturation level)를 측정한다. 측정값을 확인하여 탑재된 산소장비의 산소유량을 조정하여 사전에 저산소증을 방지할 수 있다.

12.2.1.2 액체 산소(LOX, Liquid Oxygen)

액체산소는 엷은 파랑색(pale blue), 투명 액체이며, 기체산소를 −183℃ 이하로 온도를 낮추거나 추가적으로 고압을 가해 액체로 만들 수 있다. 액체산소는 이중병(dewar bottle) 사이가 진공인 특수한 용기에서 생성되며 액체산소를 저장하고 운반하는 데 사용된다. 그림 12-5와 같이, 저온에서 정격 압력의 액체산소를 보관하도록 설계된 진공 이중벽식 용기이다. 액체산소 1[L]가 기체산소 798[L]로 확산되기 때문에 기체산소에 비해 적은 저장 공간이 요구된다는 장점이 있으나 액체산소 취급의 난해함과 운용비용으로 민간 항공기에서는 기체산소를 보편적으로 사용한다. 그러나 공간이 협소한 군용기에서는 액체산소를 주로

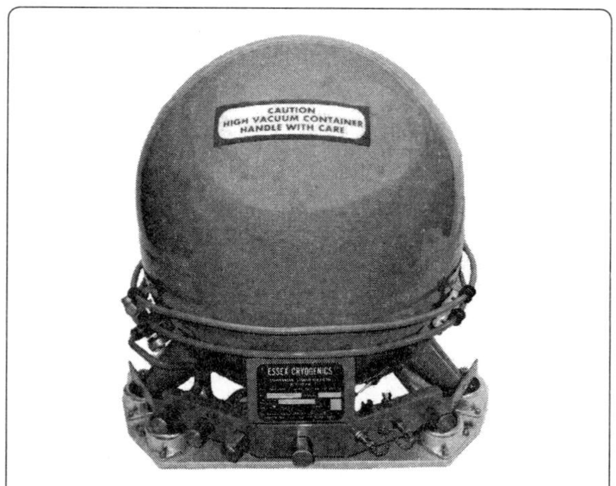

[그림 12-5] 군용기에 사용되는 반구형 액체산소 탑재용기
(A spherical liquid oxygen onboard container used by the military)

사용한다.

12.2.1.3 화학 또는 고체 산소(Chemical or Solid Oxygen)

염소산나트륨(sodium chlorate)은 독특한 특성을 갖고 있는데 점화되었을 때 연소하면서 산소를 발생시킨다. 생성된 산소는 필터에 의해 걸러져 호스를 통해 마스크로 이송되어 사용자에 의해 흡입된다. 그림 12-6과 같이 고체산소 캔들(candle)은 활성화될 때 발생하는 열을 제어하기 위해 격리된 스테인리스강 하우징(housing) 내부에 포장된 염소산나트륨 덩어리로 구성된다. 스프링 작동식 점화핀 점화 방식과 유도전기 고열 전기점화 방식이 있으며 일단 점화가 되면 고체염소 산소발생기는 소화시킬 수 없고 일반적으로 10~20분 동안 호흡할 수 있는 산소를 발생시킨다.

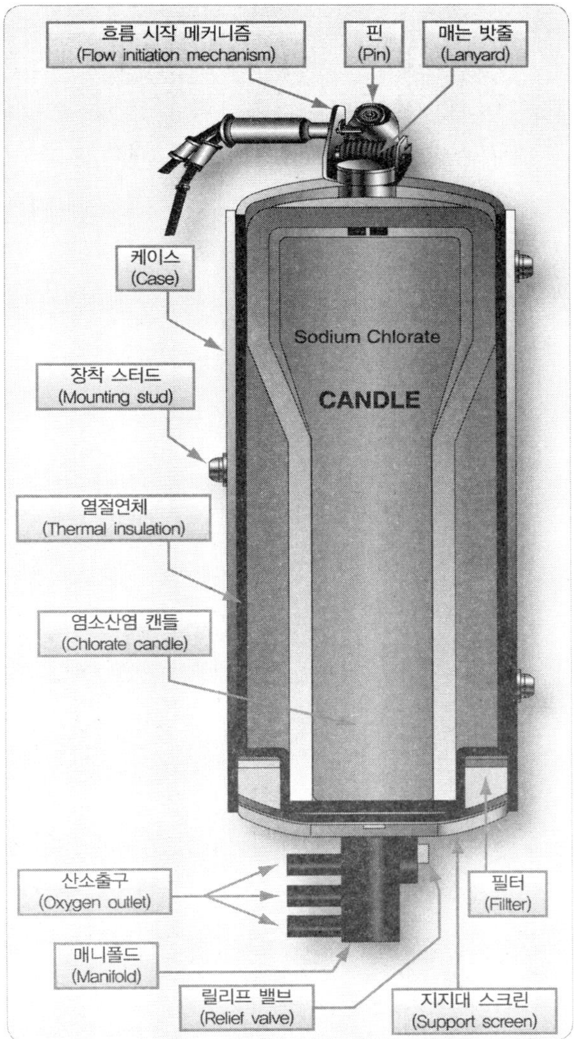

[그림 12-6] 화학식 산소발생기의 염소산나트륨 고체산소 캔들(A sodium chlorate solid oxygen candle of a chemical oxygen generator)

고체산소발생기는 여압이 되는 항공기의 예비 산소장치로서 사용되며 동일한 양의 기체산소장치 저장탱크 무게의 1/3 정도를 차지한다. 또한, 염소산나트륨 화학적 산소발생기는 유통기한이 길어서 예비 산소 형태로서 사용 가능하며 400°F 이하에서 비활성이며 사용 또는 유효기간이 도달할 때까지 정비와 검사로 계속 저장할 수 있다. 고체산소의 사용은 한 번 사용하면 교체해야 하기 때문에 비용을 크게 증가시킬 수 있다. 더욱이 화학적산소 캔들은 위험물질로 특별한 주의를 기울여야 하며 이동 시 적절하게 포장되어야 하고 점화장치는 불활성화시켜야 한다.

12.2.1.4 탑재용 산소 발생장치(Onboard Oxygen Generating Systems(OBOGS))

공기중의 다른 가스로부터 산소를 분리시키는 분자

[그림 12-7] 탑재용 산소발생장치
(The onboard oxygen generating system)

여과방법(molecular sieve method)은 지상뿐만 아니라 비행 중에도 적용되는데 무게가 비교적 가볍고 산소공급을 위해 지상지원업무를 경감시켜준다. 특히 군용기에서 많이 사용되며 터빈엔진으로부터 공급된 추출공기가 체(sieve)를 거쳐 호흡용 산소를 분리시킨다. 분리된 산소 중 일부는 체 정화를 위해 질소와 다른 잔류 가스를 날려버린다. 민간 항공기에서 이러한 유형의 산소 생산이 사용될 것으로 예상된다.

12.2.2 산소계통의 구성품 (Oxygen Systems and Component)

민간항공에서는 고정식 또는 휴대형산소장치가 주로 사용되는데 용도와 항공기에 따라 기체산소, 고체산소 또는 고체산소발생기가 사용된다. 액체산소장치와 분자여과산소장치는 현재 민간 항공기에서 적용이 제한적이다.

12.2.2.1 기체 산소계통(Gaseous Oxygen Systems)

민간 항공기에서는 기체산소의 사용이 일반적이나 그 적용은 다양하다. 경항공기에서는 보틀(Bottle)에 장착된 조절기에 호스가 연결되고 이를 경유하여 개별 마스크로 산소가 공급되는 소형 휴대형실린더가 주로 사용되고 항공기에 따라 대형 휴대형실린더는 2~4명에게 산소를 분배할 수 있도록 설비된다. 고성능 항공기와 경쌍발항공기에 내장형 산소계통(built-in oxygen system)은 일반적으로 산소실린더가 배관과 조절기를 경유하여 분배계통에 공급된다. 여객용 항공기에는 필요에 따라 산소를 공급하도록 개개의 승객에게 개별적으로 호스와 마스크에 연결되어 있는 멀티플 브리딩 스테이션(multiple breathing station)을 갖추고 있으며 중앙조절기는 일반적으로 독립적인 조절기와 산소실린더를 갖추고 있는 운항승무원에 의해 제어된다. 운송용항공기는 객실여압 백업계통으로서 내장형 산소계통을 사용할 수 있다. 이 경우, 산소는 대기온도에서 고압실린더에 가스 형태로 저장되고 여러 개의 구성품과 함께 계통으로 분배된다.

(1) 산소저장 실린더(Oxygen Storage Cylinders)

기체산소는 일반적으로 고압실린더에 저장되고 운반되며 1,800~1,850[psi]의 압력에 견디는 중량의 강철 탱크(steel tank)에 저장되어 최고 2,400[psi] 이상

[그림 12-8] 산소실린더의 수압테스트에 사용되는 점검장비(This test stand is used for hydrostatic testing of oxygen cylinders)

의 압력을 유지할 수 있다. 일부는 고압에 견디는 경량 탱크가 사용되는데 Kevlar® 복합소재에 의해 감싸여 있는 경량알루미늄 쉘(shell)로 구성되어 강철탱크와 동일한 압력에서 동일한 양의 산소를 저장할 수 있지만 무게는 아주 가볍다. 또한, 경항공기에서 사용되는 휴대형산소저장 장치는 외벽이 두껍고(heavy-walled) 전체가 알루미늄으로 제작된 실린더(all-aluminum cylinder)가 사용된다.

일반적으로 산소 저장실린더는 녹색으로 도색되어 있지만 노랑 또는 다른 색이 도색되기도 하며 내구성 보장을 위해 실린더는 주기적으로 수압 테스트가 수행되어야 한다. 수압 테스트는 물을 용기에 채우고 산소 저장실린더에 인가된 압력의 167%압력으로 가압하여 누설, 파열, 또는 변형이 없는지 확인한다.

표 12-2와 같이, 대부분의 실린더는 유효 수명 기간 이상 사용할 수 없다. 지정된 횟수의 충전주기 또는 사용 기간이 지나면 실린더를 제거해야 한다. 항공에 사용되는 가장 일반적인 고압 강철 산소 실린더는 3AA와 3HT이다. 크기는 다양하지만 동일한 사양으로 인증되었다. DOT-E-8162 인증을 받은 실린더는 매우 가벼운 것이 특징이다. 이 실린더에는 일반적으로 Kevlar®를 감싸는 알루미늄 코어가 있다. DOT-E-8162 인증 실린더는 DOT-SP-8162 사양에 따라 승인되었다. SP 인증은 규정수압 시험 소요 기간을 5년(이전 3년)으로 연장했다.

제작일자와 인증번호(certification number) 그리고 차기 수압시험일자가 각각의 실린더 목(neck) 부위에 낙인된다. 복합재료 실린더는 낙인보다는 꼬리표(placard)를 이용한다. 꼬리표는 새로운 수압시험일자와 같은 추가적인 기록사항 발생 시 에폭시(epoxy)로 덧칠하여 새로운 정보를 기록한다.

산소실린더는 내부 압력이 50[psi] 이하로 떨어질 때 공병(empty)으로 간주되는데 이것은 수증기를 함유한 공기가 실린더에 들어가지 않았다는 것을 보증한다. 수증기는 탱크 내부에 부식뿐만 아니라 얼음 생성으로 인한 실린더밸브(cylinder valve) 또는 산소계통에 있는 좁은 통로 차단의 원인이 될 수 있다. 이 압력 이하로 떨어진 탱크는 정화작업을 수행해야 한다.

(2) 산소계통과 조절기(Oxygen Systems and Regulators)

산소계통의 설계는 항공기 형식, 운용 요구 조건 및 항공기에 여압계통이 있는지 여부에 따라 크게 달라진다. 산소를 분배하는데 사용되는 조절기(regulator) 형식인 연속흐름(continuous-flow) 및 수요공흐름(demand flow)으로 구분된다. 일부 항공기에서는 승객과 승무원 모두에게 연속 흐름 산소계통이 설치된다. 압력 수요계통은 승무원 산소계통, 특히 대형 운

[표 12-2] 항공기에 사용되는 일반적인 실린더(Common cylinders used in aviation)

인증 형식 (Certification Type)	재질 (Material)	정격압력((psi)) (Rated pressure(psi))	규정 수압 시험 (Required hydrostatic test)	유효 수명(년수) (Service life(years))	유효 수명 (충전주기) (Service life(fillings))
DOT 3AA	강(steel)	1,800	5	제한 없음	해당 없음
DOT 3HT	강(steel)	1,850	3	24	4,380
DOT-E-8162	복합재료	1,850	3	15	해당 없음
DOT-SP-8162A	복합재료	1,850	5	15	해당 없음
DOT 3	알루미늄	2,216	5	제한 없음	해당 없음

송 항공기에서 널리 사용된다. 대다수 항공기는 휴대용 장비를 설치하여 두 계통의 조합으로 강화된 복합계통을 가지고 있다.

(3) 연속 흐름 계통(Continuous-Flow Systems)

간단한 형태의 연속 흐름 산소 계통은 산소가 밸브를 통해 저장탱크를 빠져나와 탱크 상단에 부착된 조절감압기(regulator/reducer)를 통과 하도록 한다. 고압산소의 흐름은 산소의 압력을 감소시키는 조절기 부분을 통과하여 사용자가 착용하는 마스크에 부착된 호스로 공급된다. 밸브가 열리면 산소 흐름이 계속 유지된다. 사용자가 숨을 내쉬거나 마스크를 사용하지 않을때에도 탱크 밸브가 닫힐 때까지 미리 설정된 산소 흐름이 계속된다. 일부 계통에서는 마스크에 맞춰 호스에 설치된 조절식 유량 지시기(flow indicator)를 사용하여 유량을 미세하게 조정할 수 있다. 그림 12-9에서는 경항공기용 휴대용 산소계통을 보여준다.

그림 12-10과 같이, 최신의 연속 흐름 산소계통은 고도가 상승함에 따라 증가하는 산소요구량에 맞춰 다양한 양의 산소 흐름을 제공할 수 있는 조절기를 사

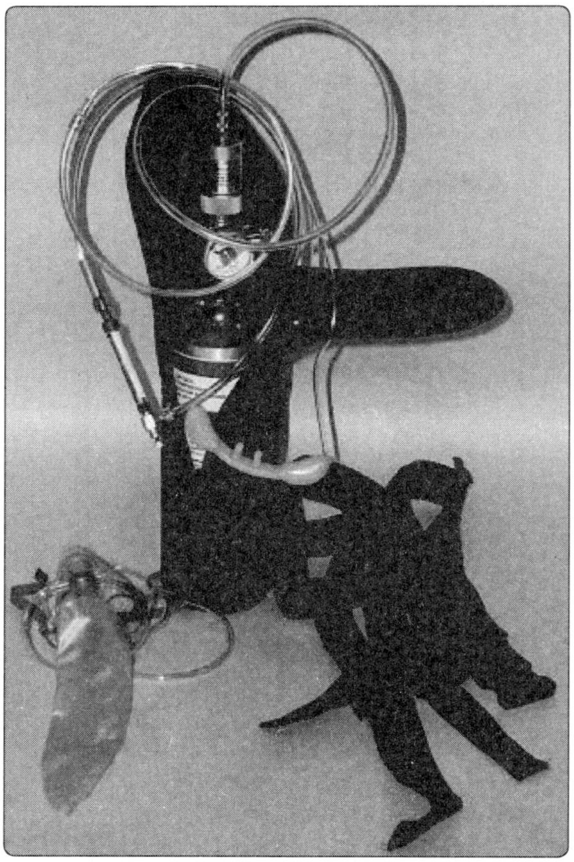

[그림 12-9] 밸브, 압력계, 조절감압기, 호스, 조절식 유량 지시기 및 산소호흡기 캐뉼라가 장착된 일반적인 휴대용 기체산소 실린더. 패딩 처리된 휴대용 케이스/가방은 인증 및 테스트 규격을 충족하기 위해 객실의 시트 뒷면에 고정될 수 있다.(A typical portable gaseous oxygen cylinder complete with valve, pressure gauge, regulator/reducer, hose, adjustable flow indicator, and rebreather cannula. A padded carrying case/bag can be strapped to the back of a seat in the cabin to meet certification and testing specifications)

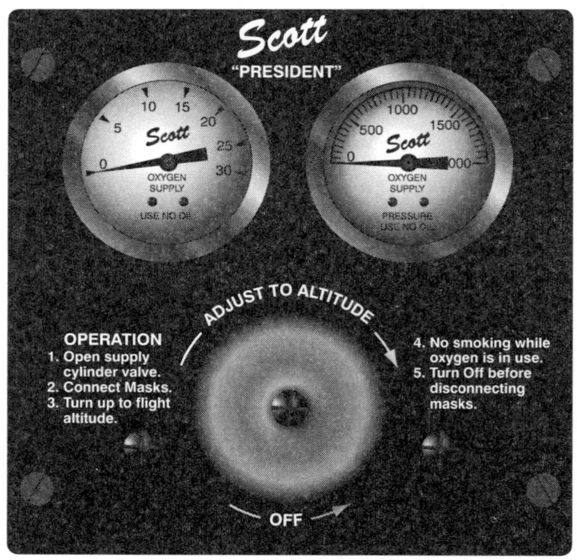

[그림 12-10] 수동 연속 흐름 산소계통에는 고도가 변함에 따라 조종사가 조정하는 조절기가 있을 수 있다. 손잡이를 돌리면 게이지가 비행고도와 좌측 게이지를 만들 수 있으므로 고도가 변화함게 따라 유량이 증가 또는 감소한다.(A manual continuous flow oxygen system may have a regulator that is adjusted by the pilot as altitude varies. By turning the knob, the left gauge can be made to match the flight altitude thus increasing and decreasing flow as altitude changes.)

용하는데, 수동 또는 자동으로 작동된다. 수동 연속 유량 조절기는 고도가 변경될 때 승무원에 의해 조절되며 자동 연속 흐름 조절기에는 아네로이드(aneroid)가 내장되어 있어서 아네로이드가 고도에 따라 팽창하고 조절기 내부 장치는 사용자에게 더 많은 산고를 공급한다.

대부분의 연속 흐름계통에는 객실의 모든 승객 및 승무원에게 상시 공급되는 배관을 포함한 산소 실린더의 고정위치를 포함된다. 대형 항공기에서는 일반적으로 승무원과 승객을 위한 개별 보관 실린더가 있다. 완전 통합형 산소계통은 일반적으로 압력을 줄이고 흐름을 원거리에서 조절 가능한 별도의 구성품이 장착되어 있다. 릴리프밸브는 일반적으로 저장 실린더에 남아 있는 산소 압력의 양을 나타내는 게이지와 일종의 필터 역할을 하도록 계통에 설치된다. 그림 12-11은 중소형 항공기에 설치된 연속 공급계통의 형태이다.

내장된 연속 흐름 가스 산소계통은 각 마스크에서 보정된 오리피스를 사용하여 개인별 사용자에 대한 최종 유량을 결정한다. 큰 직경의 오리피스는 일반적으로 승무원 마스크에 사용되어 승객보다 더 큰 흐름을 제공한다. 특수 산소 마스크는 산소로 혈액을 완전히 포화시켜야 하는 의학적 상태로 여행하는 승객에게 더 큰 오리피스를 통해 더 많은 산소를 공급한다.

저장 실린더에서 산소가 계속하여 흐르는 것은 낭비일 수 있다. 산소호흡기(rebreather) 장치의 사용으로 사용량을 최소로 유지할 수 있다. 내쉬는 산소와 공기에는 여전히 사용 가능한 산소를 함유하고 있어서 이 기체를 그림 12-12와 같이, 백(bag) 또는 산소 흡수 저장소(oxygen absorbing reservoir)가 있는 캐뉼라

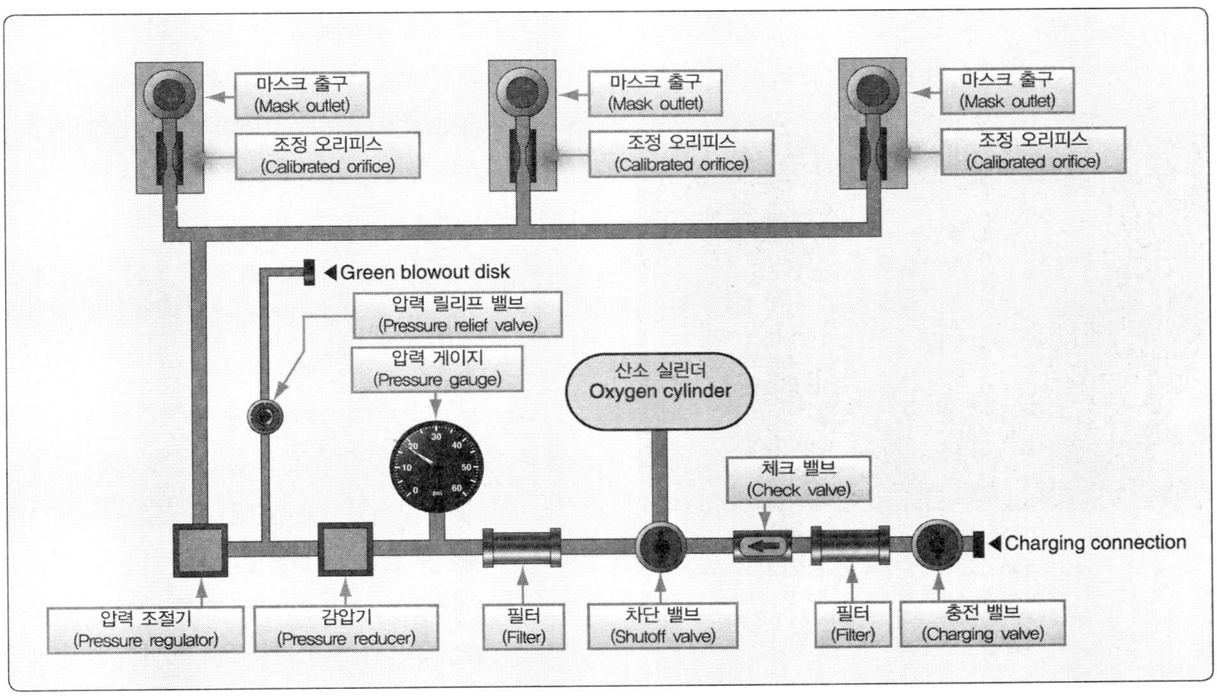

[그림 12-11] 중소형 항공기에 장착된 연속 흐름 산소계통
(Continuous flow oxygen system found on small to medium size aircraft)

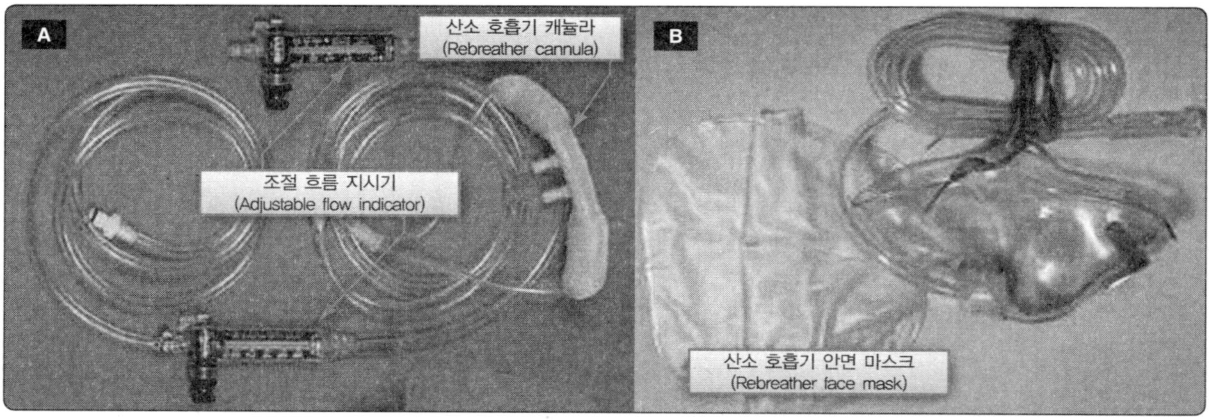

[그림 12-12] 산소호흡기 캐뉼라(A)와 산소호흡기 백(B)은 다음 호흡의 흡입을 위해 내 뱉는 산소를 포획한다. 이것은 연속 흐름 산소계통에서 산소의 낭비를 막는다. 적색 및 녹색 장치는 사용자가 산소 유량을 모니터링할 수 있는 선택적인 유량 지시기이다. 표시된 유형에는 각 사용자에게 유량을 최종적으로 조절하기 위한 니들 밸브도 포함되어 있다.(A rebreather cannula (A) and rebreather bag (B) capture exhaled oxygen to be inhaled on the next breath. This conserves oxygen by permitting lower flow rates in continuous flow systems. The red and green devices are optional flow indicators that allow the user to monitor oxygen flow rate. The type shown also contains needle valves for final regulation of the flow rate to each user)

(cannula)에 담아서 다음 호흡용으로 재 사용하여 낭비를 줄일 수 있다.

연속 흐름 산소계통의 승객 위치에는 산소 마스크를 연결할 수 있는 승객의 인접한 객실 벽에 장착된 일련

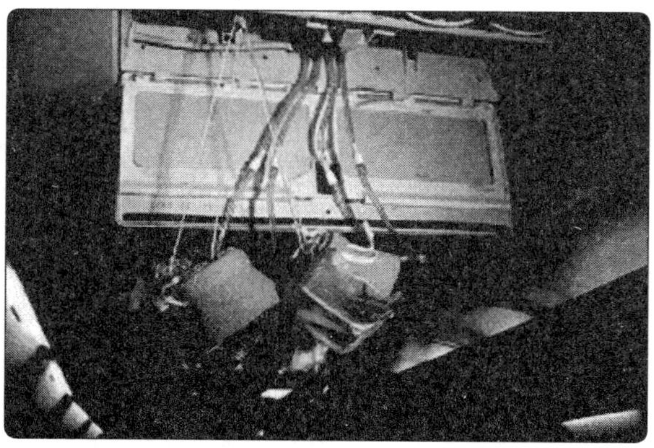

[그림 12-13] 승객 서비스 장치(PSU)가 여객기 각 좌석 열의 좌석 위에 매달려 있다. 4개의 노란색 연속 흐름 산소 마스크가 배치되어 있으며 일반적으로 마스크는 별도의 힌지 패널 뒤에 저장되어 마스크를 PSU에서 떨어뜨려 사용할 수 있다.(A passenger service unit (psu) is hinged over each row of seats in an airliner. Four yellow continuous flow oxygen masks are shown deployed. They are normally stored behind a separate hinged panel that opens to allow the masks to fall from the PSU for use)

의 플러그 접속식(plug-in) 공급 소켓으로 구성되어 있다. 승객이 수동으로 플러그를 꽂을 때 흐름이 시작된다. 여압 항공기의 비상 계통으로 사용될 경우 감압 시 각 승객석의 산소 연속 공급 마스크를 자동으로 제공한다. 마스크에 부착된 랜야드(lanyard)를 사용을 위해 승객을 향해 당길 때 산소흐름이 시작된다. 그림 12-13과 같이, 마스크는 일반적으로 머리위의 승객 서비스 유닛(passenger service unit, PSU)에 보관된다. 비상 연속 공급 승객 산소마스크의 전개 역시 승무원에 의해 제어될 수 있다.[그림 12-14]

그림 12-15와 같은, 연속 흐름 산소 마스크는 착용자의 코와 입으로 직접 흐르게 하는 간단한 장치이다. 사용자에게 잘 맞지만 밀폐되지는 않는다. 벤트홀(vent holes)은 실내 공기와 산소가 혼합될 수 있도록 하고 숨을 내쉬기 위해 배기구로 사용된다. 호흡용 마스크의 벤트홀은 배출된 혼합물이 호흡용 백에 가두어지지 않도록 한다. 왜냐하면 이렇게 하여 폐에 가장

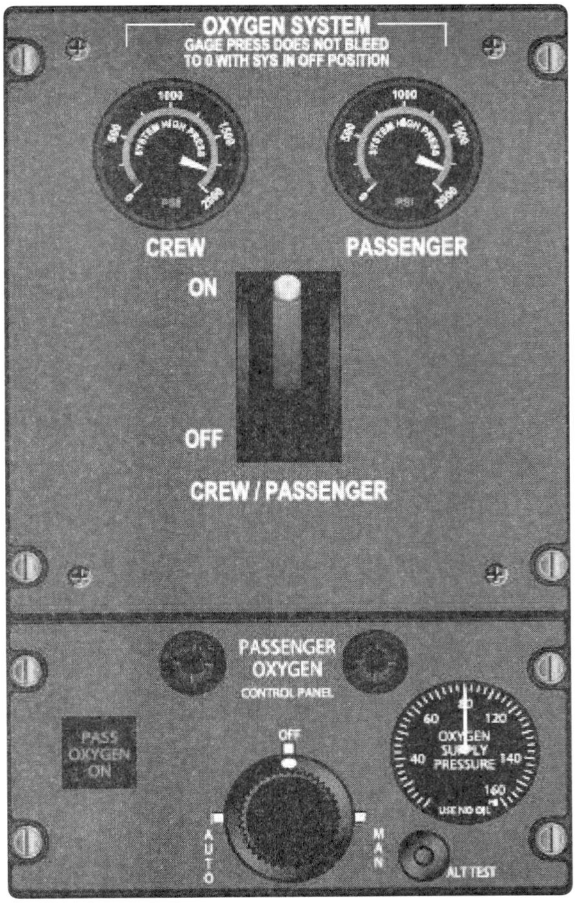

[그림 12-14] 승무원은 좌석에서 승객 비상 연속 공급 산소 마스크를 전개하고 산소를 공급할 수 있다.(The crew can deploy passenger emergency continuousflow oxygen masks and supply with a switch in the cockpit)

오래 있었고 재 호흡할 수 있는 산소량이 적은 공기-산소 혼합물을 배출시키기 때문이다.

(4) 수요 흐름 계통(Demand-Flow Systems)

그림 12-16과 같이, 사용자가 흡입하거나 주문형으로 산소를 공급할 때 이를 수요 흐름 계통이라고 한다. 호흡이 멈추거나 숨을 내쉬는 동안 산소공급이 중단되기 때문에 산소가 낭비되지 않고 지속시간이 길어진다. 수요 흐름 계통은 고성능 및 항공 운송용 항공기

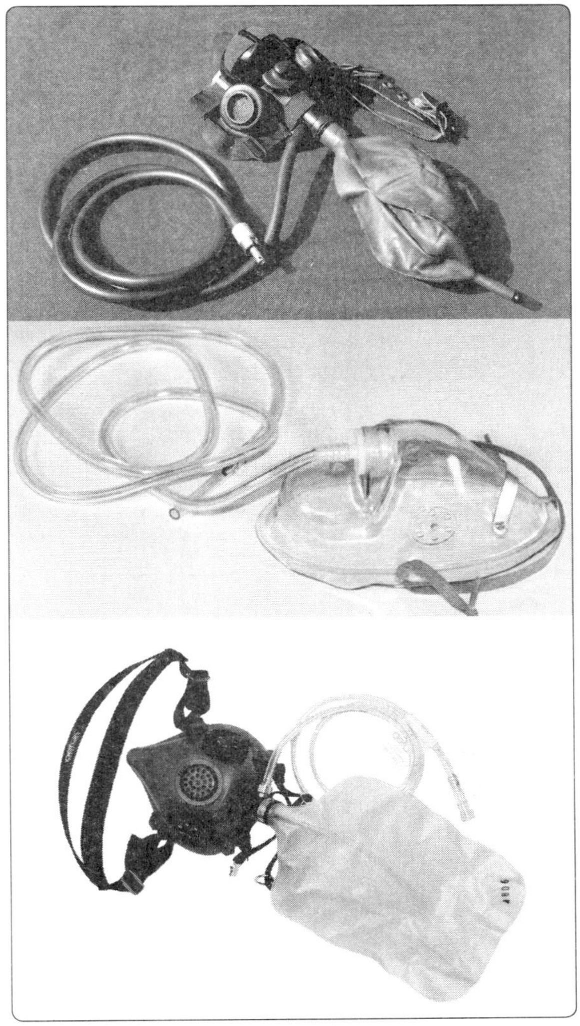

[그림 12-15] 다른 형태의 연속 흐름 산소 마스크 (Examples of different continuous-flow oxygen masks)

승무원이 주로 사용한다.

그림 12-17과 같이, 수요 공급계통은 실린더가 열린 밸브를 통해 산소를 공급한다는 점에서 연속 공급계통과 유사하다. 항공기에 장착된 실린더를 재충전하기 위한 배관, 탱크 압력 게이지(tank pressure gauge), 필터(filter), 압력 릴리프 밸브(pressure relief valve)는 모두 연속 공급 계통과 유사하다. 고압산소

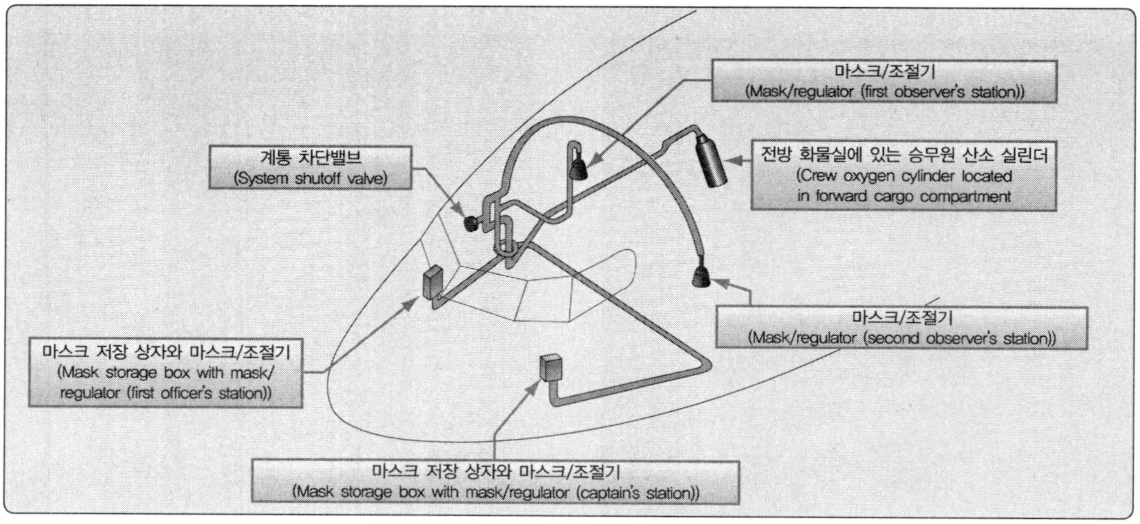

[그림 12-16] 운송 범주 항공기의 수요 흐름 산소구성품의 위치
(Location of demand –flow oxygen components on a transport category aircraft)

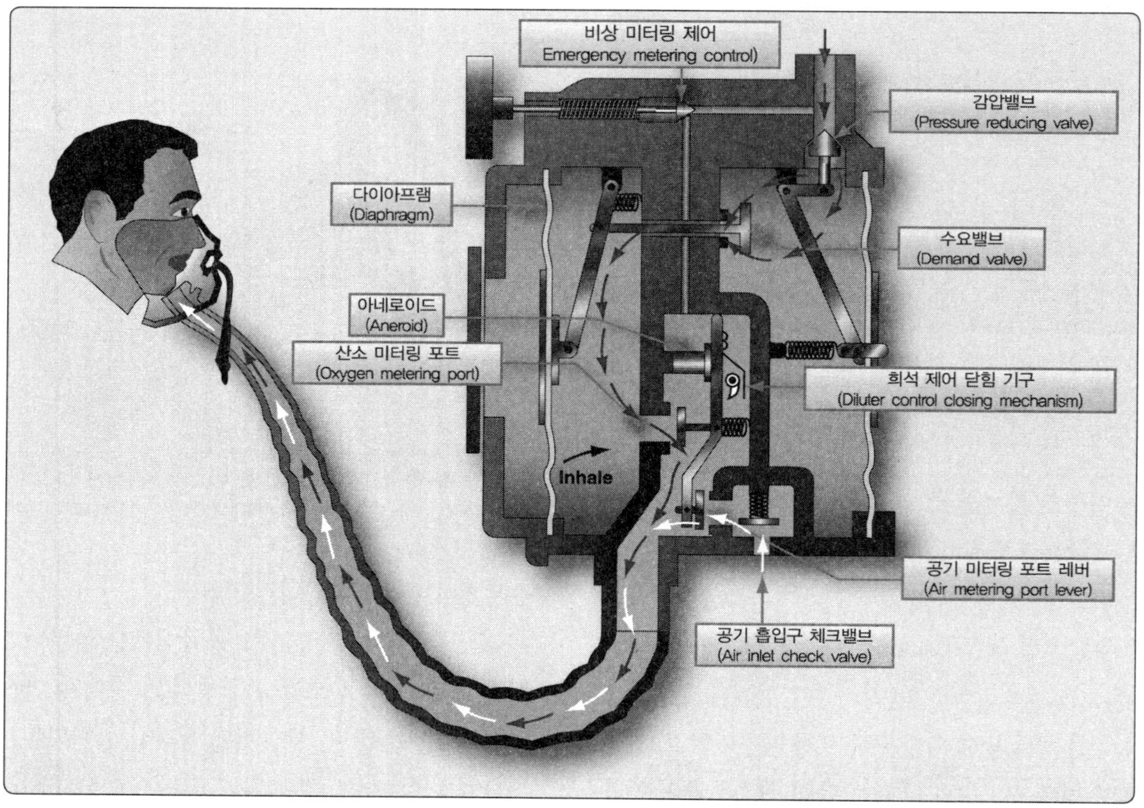

[그림 12-17]. 수요 조절기와 수요형 마스크는 흐름을 제어하고 산소를 보존하기 위해 함께 작동한다. 수요 마스크는 사용자가 흡입할 때 조절기에 저압이 생성되어 산소가 흐를 수 있도록 밀착되어 있다. 배출된 공기는 마스크의 포트를 통해 빠져나가고 조절기는 다음 흡입 때까지 산소의 흐름을 중단한다.(A demand regulator and demand–type mask work together to control flow and conserve oxygen. Demand–flow masks are close fitting so that when the user inhales, low pressure is created in the regulator, which allows oxygen to flow. Exhaled air escapes through ports in the mask, and the regulator ceases the flow of oxygen until the next inhalation)

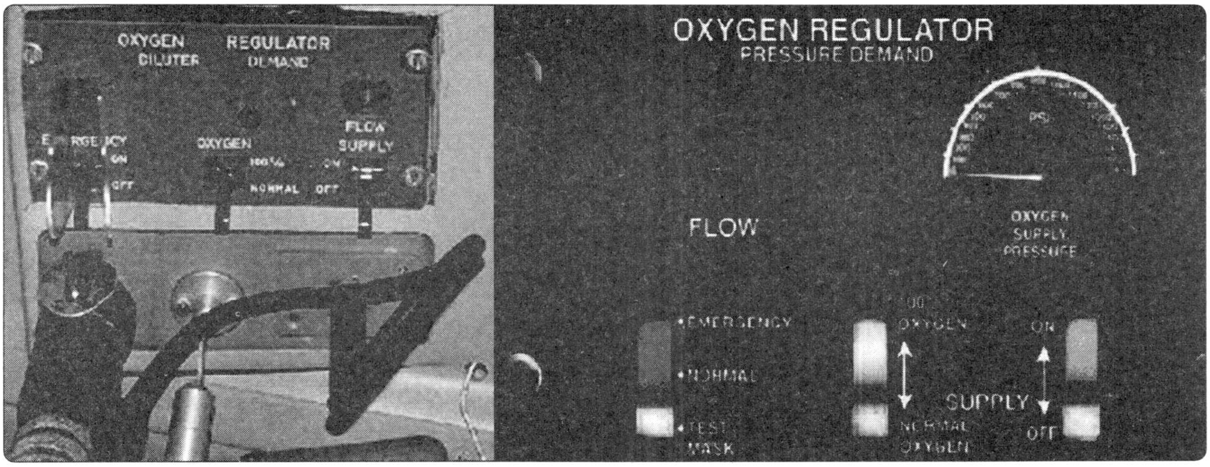

[그림 12-18] 수요 공급 산소계통에 사용되는 두 가지 유형의 조절기. 왼쪽의 희석- 수요 조절기 패널 하부에 마스크 호스 플러그 인(왼쪽), 비상 마스크 행거(가운데), 마이크 플러그 인(오른쪽)을 사용할 수 있다. 대부분의 고성능 수요형 마스크에는 마이크가 내장되어 있다.(The two basic types of regulators used in demand flow oxygen systems. The panel below the diluter demand regulator on the left is available for mask hose plug in (left), lanyard mask hanger (center), and microphone plug in (right). Most high performance demand type masks have a microphone built-in)

가 감압기(pressure reducer)와 조절기(regulator)를 통해 사용자 마스크의 압력 및 유량을 조절한다. 그러나 수요 공급 산소조절기는 밀착식 수요형(demand-type) 마스크와 연계해 산소 흐름을 조절한다는 점에서 연속 공급 산소조절기와 많이 다르다.

수요 공급 산소계통에서는 계통 감압밸브(system pressure-reducing valve)를 압력조절기(pressure regulator)라고 부르기도 한다. 이 장치는 저장 실린더의 산소 압력을 약 60-85[psi]로 낮추어서 각 사용자를 위한 개별 조절기에 공급한다. 또한 오리피스(orifice)의 크기를 제한함으로써 개별 조절기의 입구에서도 압력 감소가 발생한다. 그림 12-18과 같은, 개별 조절기는 희석-수요형(diluter-demant type)과 압력-수요형(pressure-demand type) 두 가지 유형이 있다.

희석 요구 형 조절기는 사용자가 요구 형 산소 마스크로 흡입할 때까지 산소의 흐름을 억제한다. 조절기는 호흡이 이루어질 때마다 실내 공기와 순수한 산소를 희석하여 공급한다. 그림 12-19와 같이, 토글 스위치(toggle switch)를 정상(normal)으로 설정하면 희석량은 기내 고도에 따라 달라진다. 고도가 증가함에 따라, 아네로이드는 계량 밸브를 통과하는 유량을 조정하여 더 많은 산소와 더 적은 실내 공기를 혼합하여 사용자에게 공급한다. 약 34,000 피트에서 희석 요구 조절기는 100% 산소를 설정하지만 여압이 실패하지 않는 한 작동하지 않는다. 또한 사용자는 조절기에 산소 선택레버(selection lever)를 배치하여 언제든지 100% 산소 공급을 선택할 수 있다. 내장된 비상 스위치(emergency switch)는 100% 산소가 요구 기능을 우회하여 계속하여 공급되도록 한다.

압력 산소계통은 산소가 고압하에서 개인별 압력 조절기를 통해 전달된다는 점을 제외하면 희석 계통과 유사하게 작동한다. 수요 밸브가 장착되어 있지 않으면 압력을 받는 산소가 사용자의 폐로 들어간다. 수요 기능이 작동하여 연속 흐름 계통의 공급 방식과 같이 전체 산소계통으로 공급한다. 객실 고도가 34,000 피

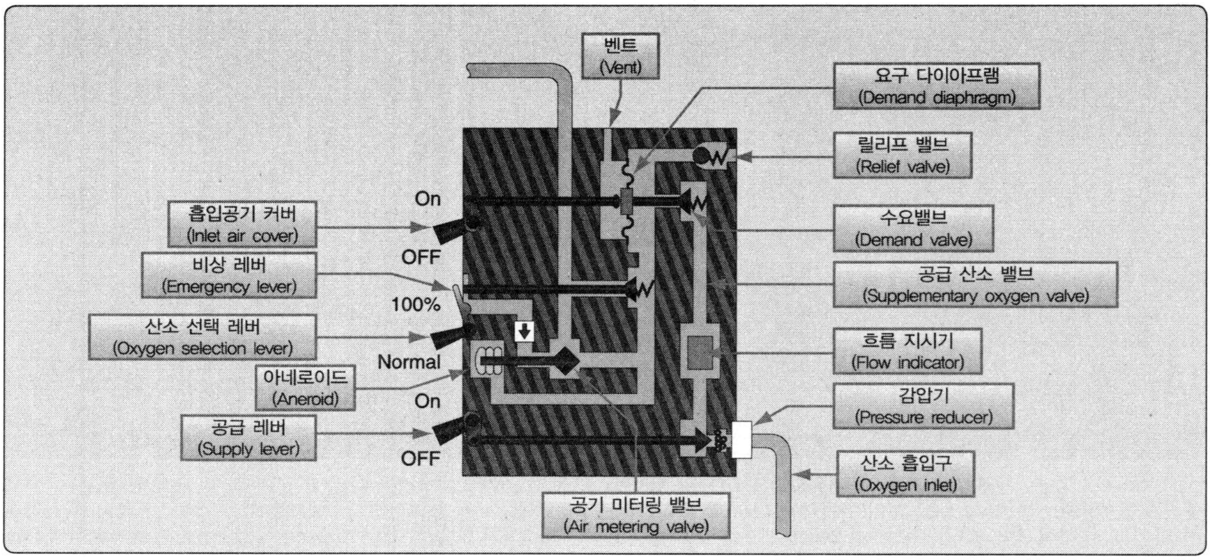

[그림 12-19] 희석-수요 조절기는 흡입으로 인한 저압이 수요 다이어프램을 이동할 때 작동한다. 다이어프램에 연결된 수요 밸브가 열려 계량 밸브를 통해 산소가 흐르게 한다. 계량 밸브는 실내 고도에 따라 아네로이드의 연결 링크를 통해 실내 공기와 순수 산소의 혼합비를 조절한다.(A diluter-demand regulator operates when low pressure caused by inhalation moves the demand diaphragm. A demand valve connected to the diaphragm opens, letting oxygen flow through the metering valve. The metering valve adjusts the mixture of cabin air and pure oxygen via a connecting link to an aneroid that responds to cabin altitude)

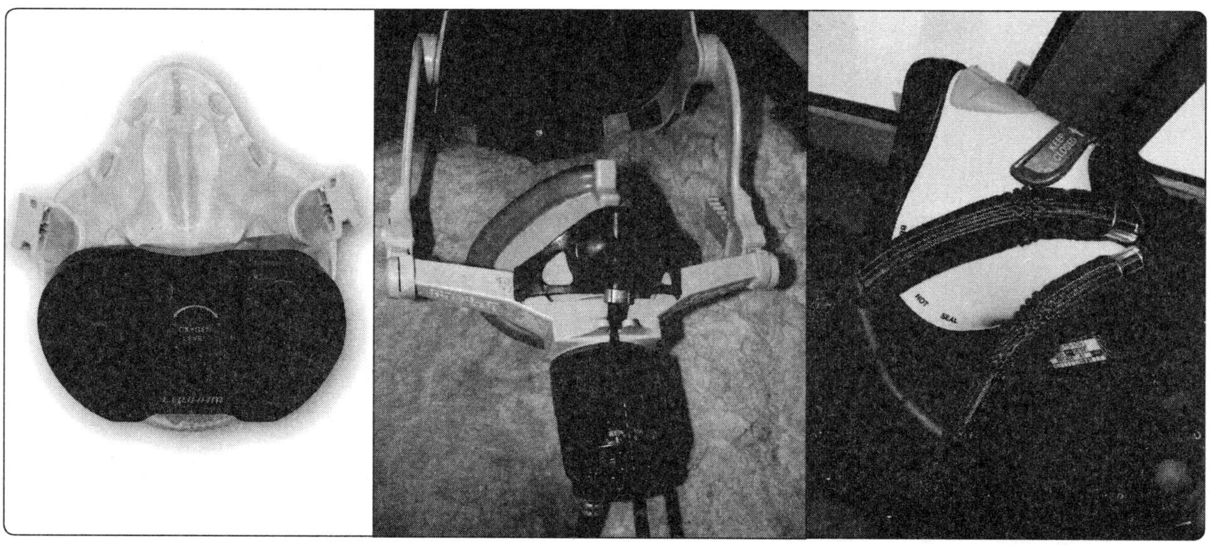

[그림 12-20] 소형 희석-수요 조절기가 장착된 일반 항공용 마스크(좌측), 마스크와 조절기에 장착된 기계식 신속착용 희석-수요 마스크(가운데), 공기팽창식 신속착용 마스크(우측).(A mask-mounted version of a miniature diluter-demand regulator designed for use in general aviation (left), a mechanical quick-donning diluter-demand mask with the regulator on the mask (center), and an inflatable quick-donning mask (right). Squeezing the red grips directs oxygen into the hollow straps)

트 미만인 경우 객실 공기로 희석된다.

압력 조절기는 40,000 피트 이상에서 정기적으로 비행하는 항공기에 사용된다. 또한 일반적으로 그렇게 높이 비행하지 않는 많은 여객기와 고성능 항공기에 적용된다. 여압 상태에서 폐로 산소를 공급하면 고도 또는 기내 고도에 관계없이 혈액의 포화 상태가 보장된다.

그림 12-20과 같이, 희석-수요형 및 압력-수요형 조절기 모두 마스크 장착 버전으로 제공된다. 작동은 본질적으로 패널 장착 조절기와 같다.

(5) 유량 지시기(Flow Indicators)

유량 지시기(flow indicator), 즉 유량계(flow meters)는 모든 산소계통에서 흔히 볼 수 있으며 일반적으로 산소 흐름에 의해 움직이는 가벼운 물체나 기구로 구성되어 있다. 흐름이 있을 때, 이 움직임은 어떤 식으로든 사용자에게 신호를 보낸다. [그림 12-21] 연속공급 산소계통의 대부분의 유량계 역시 유량조절기로 유량이 두 배가 된다. 유량 지시기 틀(housing)에 내장된 니들 밸브(needle valves)는 산소 공급 속도를 미세하게 조절할 수 있다. 수요-공급 산소계통은 일반적으로 각 사용자 위치에서 개별 조절기에 내장된 유량 지시기를 가지고 있다. 일부 장치에서는 사용자가 숨을 들이쉬고 산소가 공급될 때 활성화되는 깜박이는 장치가 있다. 대부분의 장치에서는 유색의 피스(pith) 물체를 창에서 확인할 수 있다. 그림 12-21과 같이, 유량 지시기를 통해 산소 계통이 작동하고 있는지 신속하게 확인할 수 있다.

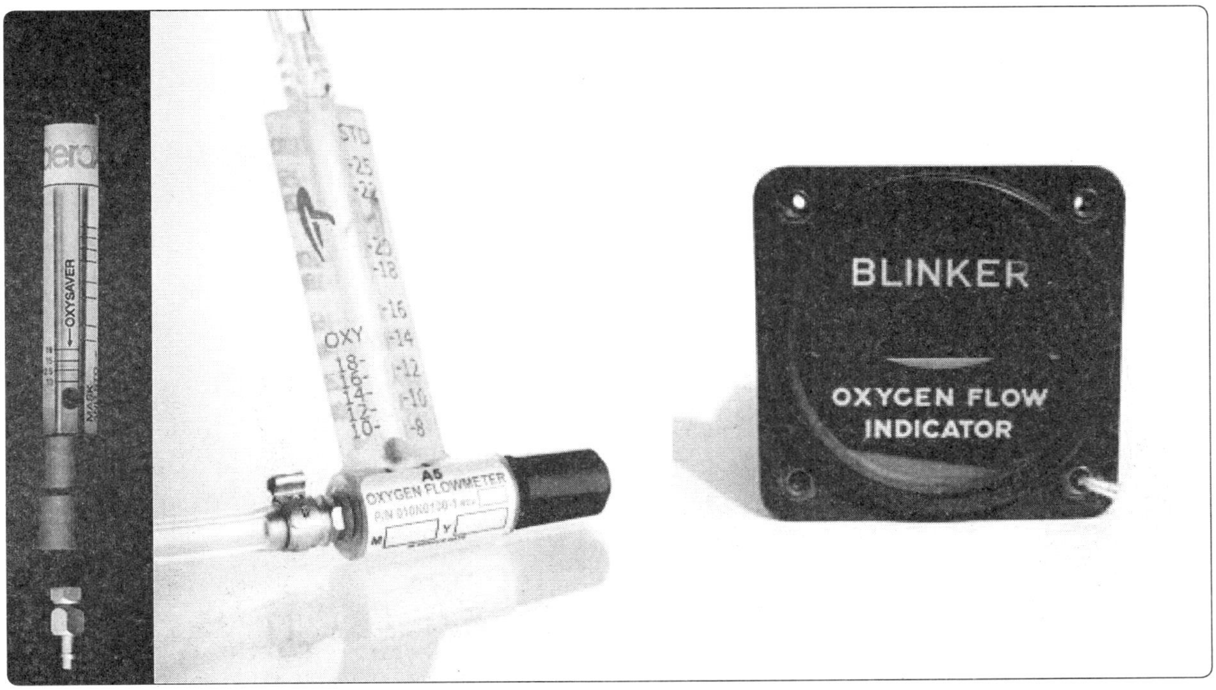

[그림 12-21] 산소계통이 작동하는지 검증하기 위해 다양한 유량 지시기가 사용된다. 연속 공급, 인라인(좌측), 연속 공급, 인라인 밸브 조절기(가운데), 구형 수요 공급(우측).(Different flow indicators are used to provide verification that the oxygen system is functioning: continuous-flow, in-line (left); continuous-flow, in-line with valve adjuster (center); and old style demand flow (right))

산소계통이 작동하고 있는지 확인하기 위해 다른 유량 지시기가 사용되기도 한다. 어떤 형태의 수요 공급 지시기는 산소 조절기에 내장되어 있다. [그림 12-21]

그림 12-22와 같이, 일반 항공용 산소계통의 최근 신제품은 전자 맥박 수요 산소 공급 계통(electronic pulse demand oxygen delivery system, EDS)이다. 소형 휴대용 EDS 장치는 연속 공급 산소계통에서 산소 공급원과 마스크 사이에 연결되어 맥박 주기에 적당량의 산소를 수요에 맞추어 착용자에게 제공하여 호흡을 멈출 때와 내뱉을 때 산소의 유실을 감소시킨다.

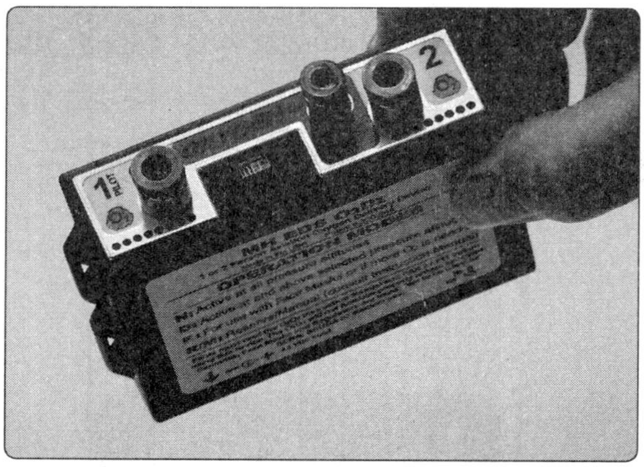

[그림 12-22] 휴대용 2인 전자 펄스 요구(EPD) 산소 조절 장치(A portable two-person electronic pulse-demand (EPD) oxygen regulating unit)

첨단 압력 감지 및 프로세스는 흡입이 시작될 때만 산소를 공급할 수 있게 해준다. 또한 사용자의 호흡 주기 및 생리적 차이를 감지하여 그에 따라 산소의 흐름을 조정할 수 있으며 내장된 압력 감지 장치는 고도변화에 따라 방출되는 산소의 양을 조절한다.

그림 12-23과 같이, 영구적으로 장착된 EPD (electronic pulse demand metering system)도 사용할 수 있다. 일반적으로 산소 실린더의 전자 밸브/조절기(electronic valve/regulator)와 통합되며, 계통이 오작동할 경우 연속 공급 산소를 제공하기 위해 비상 바이패스 스위치(emergency bypass switch)를 사용한다. 액정 디스플레이(LCD) 모니터/제어 패널은 다양한 계통의 작동 매개 변수를 표시하고 자동 설정을 조절할 수 있다. 이러한 유형의 산소 전자 계량기는 여객기의 승객 비상 산소 사용을 위해 개발되었다.

(6) 산소계통 배관과 밸브(Oxygen Plumbing and Valves)

튜브 및 피팅은 대부분의 산소계통 배관을 구성하고 다양한 구성품을 연결한다. 대부분의 배관은 금속으로 영구 설치된다. 고압관은 일반적으로 스테인레스

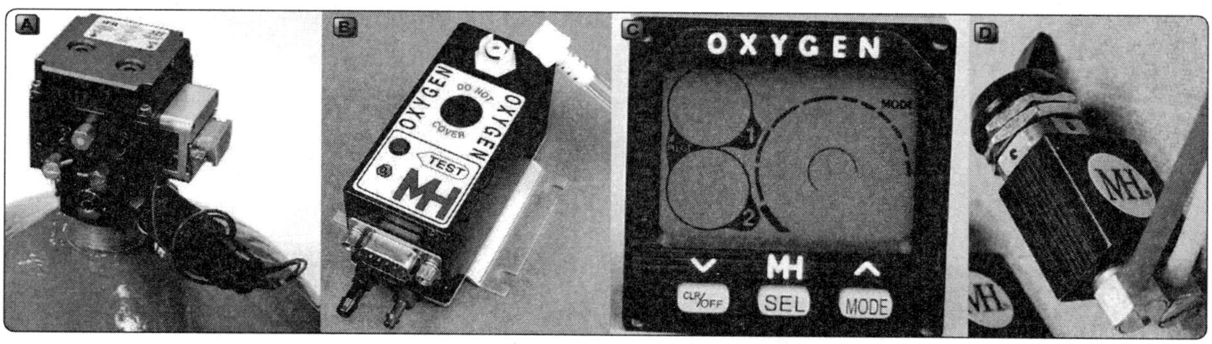

[그림 12-23] 내장형 전자 맥박 수요 산소계량 계통의 주요 구성품 : (A) 전기 조절기, (B) 산소 스테이션 분배기, (C) 명령/디스플레이 장치, (D) 비상 바이패스 스위치(The key components of a built-in electronic pulse demand oxygen metering system: (A) electronic regulator, (B) oxygen station distributer unit, (C) command/display unit, (D) emergency bypass switch)

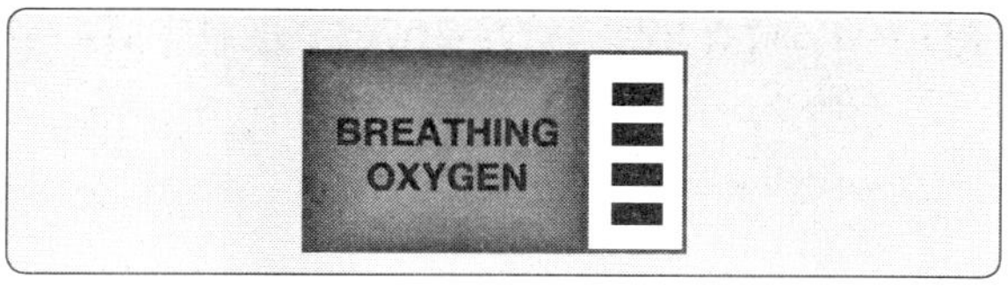

[그림 12-24] 산소 튜브 식별 칼라코드 테이프
(Color-coded tape used to identify oxygen tubing)

강이다. 산소계통에 주로 사용되는 저압 튜브는 일반적으로 알루미늄이며 마스크에 산소를 공급하기 위해 유연성 고무호스가 사용되는데 무게 감량을 위해 사용이 증가되고 있다.

산소계통에 사용되는 튜브 식별을 위해 끝단에 칼라코드 테이프가 부착되는데그림 12-24와 같이, "BREATHING OXYGEN(호흡용 산소)"라는 단어가 녹색밴드(green band)에 인쇄되고 백색 바탕에 검은색 장방형의 기호로 구성된다.

튜브 연결 피팅은 보통 플레어 튜브(flared tube) 연결을 위해 직선나사로 연결된다. 튜브 연결에서 구성품 연결 피팅은 보통 구성품에 부착시키도록 튜브의 한쪽 끝에는 직선나사 그리고 다른 한쪽 끝에는 외부 파이프 나사를 갖고 있다. 피팅은 일반적으로 알루미늄 또는 강철 튜브(steel tube)와 같은 재료로 제작된다. 계통에 따라 플레어 피팅과 플레어리스 피팅(flareless fitting)을 사용한다.

고압 기체산소계통에서는 일반적으로 다섯 가지 유형의 밸브가 사용되는데 주입기 밸브(filler valve), 체크밸브, 차단밸브, 감압기밸브(pressure reducer valve), 그리고 압력릴리프밸브이다. 특별히 차단밸브는 천천히 열리도록 설계된 것을 제외하고 각각의 밸브 기능은 다른 계통과 동일하다.

어떠한 물질의 발화점은 공기에서보다 순수산소에서 더 낮은데 고압산소가 저압구역으로 배출될 때 속도는 음속에 도달할 수 있고 음속의 산소가 밸브입

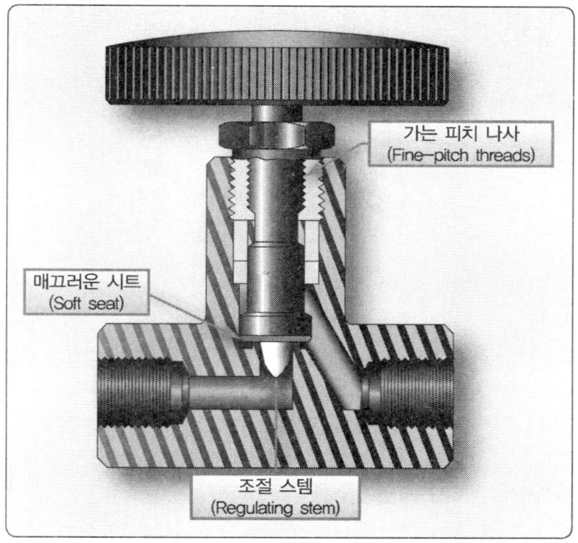

[그림 12-25] 고압산소계통 차단밸브
(The high-pressure oxygen system shutoff valve)

구, 엘보(elbow), 오염 조각 등과 같은 차단물에 급속히 막힌다면 산소는 압축되어 단열압축(adiabatic compression)이 발생하여 고온에 도달할 수 있다. 압력 하에서라면 이 고온은 산소가 마주하는 어떤 재료의 발화점을 넘어 화재 또는 폭발을 초래할 수 있다. 예를 들면 100% 산소가 사용되는 고압, 고온에서, 스테인레스 강도 발화될 수 있다.

그림 12-25와 같이, 모든 산소 차단밸브는 속도를 감소하도록 설계된 저속개폐 밸브이며 또한 정비사는 항상 모든 산소밸브를 천천히 열어야 한다. 특히 차압이 큰 산소압력을 열 때 더 큰 주의를 기울여야 한다.

산소실린더 밸브와 고압장치는 때때로 요구되는 압력을 초과하기 때문에 릴리프밸브와 함께 장착된다. 밸브는 일반적으로 파열판(blowout disk)을 통해 압력을 배출하며 동체 외피와 같이 눈에 쉽게 띠는 곳에 위치한다. 그림 12-26과 같이, 대부분 파열판은 녹색이며 녹색 디스크의 손상이나 결여는 릴리프밸브가 열렸다는 것을 의미하고 차기비행 이전에 원인이 규명

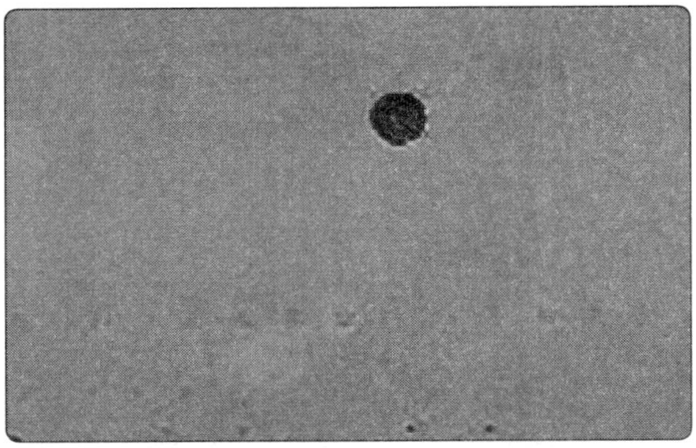

[그림 12-26] 동체에 장착된 산소 파열판
(An oxygen blowout plug on the side of the fuselage)

되어야 한다.

12.2.2.2 화학용 산소계통 (Chemical Oxygen Systems)

그림 12-27과 같이 화학적 산소장치는 보통 두 가지로 분류되는데 휴대형 기체산소실린더와 여압계통 손상 시 보조로 사용되는 완전통합식 보충산소장치(fully integrated supplemental oxygen system)이다. 완전통합식 보충산소장치의 사용은 정기여객기에서 일반적인데 항공기에 탑승한 모든 승객을 위한 호스와 마스크가 머리 위에 승객서비스장치(PSU, passenger service unit)에 보관되어 있어서 감압 발생 또는 운항승무원이 스위치를 작동시킬 때 격실 문(compartment door)이 열리고 마스크와 호스가 승객의 앞쪽에 매달린 채 떨어진다. 마스크를 아래 방향으로 잡아당기면 전류 또는 점화 해머(ignition hammer)를 작동시켜 산소 캔들(oxygen candle)이 점화되고 산소의 흐름이 시작되어 일반적으로, 10~20분간의 산소가 사용자에게 공급된다. 이 시간은 항공기가 자력으로 호흡이 가능한 안전고도로 하강하는 데 충분한 시간이다.

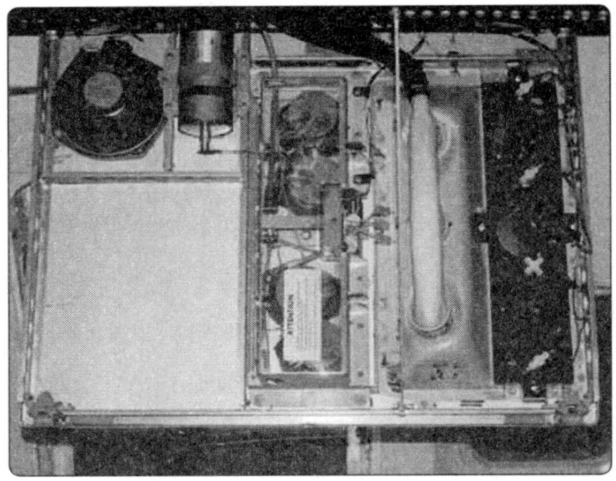

[그림 12-27] 항공 운송용 항공기의 승객 머리 위 승객 서비스 유닛에 장착된 산소 발생기(An oxygen generator mounted in place in an overhead passenger service unit of an air transport category aircraft)

화학적 산소장치는 사용하고자 하는 시점이 될 때까지 산소를 발생하지 않는 것이 장점이며 적은 정비행위로 산소공급의 이송을 보장한다. 또한, 기체산소장치에 비해 적은 공간과 적은 중량이 요구되고 튜브, 피팅, 조절기, 그리고 다른 구성품의 배관이 훨씬 짧다. 각각 승객들의 그룹별로 완전히 독립적인 화학적 산소발생기를 갖추고 있다. 1pound 이하의 발생기는 차폐되어 있어 고열 발생 없이 완전히 연소될 수 있다.

12.2.2.3 액체 산소계통(LOX Systems)

액체산소(LOX) 장치는 민간 항공에서 거의 사용되지 않으며, 주로 군용 항공기에서 사용한다. 액체산소 저장에는 특수 컨테이너 장치가 필요하다. 액체를 사용 가능한 가스로 변환하는 특별한 용기가 필요하다. 기본적으로 튜브와 밸브의 제어식 열교환 장치로 구성된다. 외부 압력 릴리프 밸브는 과도한 고온 상황에서 계통 외부로 압력을 배출시킨다. 일단 기체 상태가 되면, 액체산소 장치는 다른 기체산소 전달 계통과 동일하다. 압력 조절기 및 마스크를 사용하는 것이 일반적이다. 액체산소 계통이 있는 경우 자세한 내용은 제조업체의 유지 정비 설명서를 참조한다.

12.2.3 산소계통 서비싱 (Oxygen Systems Servicing)

12.2.3.1 기체산소 보급

기체산소장치는 개인 및 법인 항공기 그리고 여객용 항공기에서 널리 사용된다. 경량 알루미늄 및 복합재료 저장실린더의 사용으로 계통을 단순화시키고 신뢰도를 향상시켰다. 기체산소계통은 정기적인 보급과 정비를 필요로 한다.

(1) 기체산소 계통 누설 점검

연속 흐름 산소계통(continuous-flow oxygen system)에서의 누설은 계통의 끝단에서 압력이 차단되지 않기 때문에 탐지하기에 어렵다. 그러므로 흐름을 차단하여 압력이 상승하게 하여 고압 누설 점검절차와 유사하게 수행할 수 있다. 그림 12-28과 같은, 누설의 탐지는 산소안전 누설 점검용액으로 수행하여야 하는데 이것은 순수산소와 반응할 염려가 없고 계통 오염의 염려가 없는 비누액체이다. 팽창한 타이어 또는 배관 연결부에서 누설검출과 같이, 산소누설 검출용액을 피팅과 접착면의 외부에 적용해 거품의 생성 여부를 확인해야 한다.

[그림 12-28] 산소계통 누설 점검 용액
(Oxygen system leak check solution)

산소계통 구성품 조립 시 과도한 조임 또는 느슨한 조임이 되지 않도록 주의해야 하고 피팅에서 누설이 발견되면 적절한 토크의 적용 여부를 점검해야 한다. 만약 피팅이 적절하게 토크 되었는데 아직도 누설이 있다면 계통에서 압력을 배출하고 피팅의 흠집 또는 오염 여부를 점검하여 필요 시 피팅이 교체되어야 한다. 배관, 그리고 피팅를 포함한 모든 계통 구성품은 규정된 제품으로 교체되어야 하고 장착 전에 완전히 세척 및 점검되어야 한다. 제작사 정비메뉴얼을 따르며 작업완료 시 누설점검을 반복 수행한다.

고압 계통을 정비 시 특별한 주의를 기울여야 하는데 열린 탱크밸브는 최고 1,850[psi]의 산소 압력을 배관과 구성품에 공급하기 때문에 주의해야 한다. 또한, 계통이 충전되고 있는 동안 누설되는 산소 피팅을 조이면 안 된다. 산소공급은 실린더와 격리되어 수행되어야 한다.

(2) 산소계통 드레인작업(Draining an Oxygen System)

산소계통을 드레인하는 가장 큰 이유는 안전이다. 산소는 화재, 폭발 또는 위험을 일으키지 않도록 대기중으로 드레인되어야 한다. 그러므로 외부에서 드레인하는 것을 적극 권장한다. 정확한 드레인 방법은 산소계통마다 다양할 수 있으나 기본적인 절차는 계통이 비어 있을 때까지 안전한 지역에서 연속적으로 흐르면서 드레인 되도록 하는 것이다.

실린더 밸브를 닫아 실린더의 산소 공급을 차단하고 라인(line)과 구성품을 드레인시켜서 작업을 마무리할 수 있다. 이렇게 계통을 분해하지 않고 공급 지점에서 산소가 흘러 나가도록 한다. 주변 환경이 안전하다면 수요-공급 조절기를 비상모드(emergency setting)로 설정하여 마스크 연결시 연속으로 산소가 드레인 될 수 있도록 한다. 계통이 드레인되는 동안 마스크를 창 밖으로 걸어두어서 외부로 산소가 배출 될 수 있도록 하고 연속 공급 산소계통에서 산소가 배출되도록 모든 마스크를 연결하라. 체크밸브(check valve)가 없는 계통은 리필밸브(refill valve)를 열어 드레인할 수 있다.

(3) 산소계통 보급(Filling an Oxygen System)

산소계통을 위한 보급 절차는 다양하다. 대부분의 일반 항공기는 빈 실린더(empty cylinder)를 완전히 충전된 실린더로 교체하는 보급절차가 수행된다. 휴대용 산소계통도 역시 실린더 교체로 절차가 수행된다. 그러나 일부 고성능 및 운송용 항공기는 산소 실린더를 교체하지 않고 장착된 상태로 재충전되도록 설계된 내장 산소계통을 가지고 있다. 이러한 산소계통 유형을 보급하기 위한 일반적인 절차는 다음과 같다.

산소계통을 충전하기 전에 항공기 제조업체의 정비 매뉴얼을 참조하라. 사용할 산소 종류, 안전 주의사항, 사용할 장비, 계통 충전 및 테스트 절차를 준수해야 한다. 또한 기체 산소계통을 정비할 때 몇 가지 일반적인 예방 안전조치를 준수해야 한다. 산소 밸브는 천천히 열어야 하며, 충전은 과열을 피하기 위해 천천히 진행되어야 한다. 재충전원에서 항공기의 산소 충전 밸브로 가는 호스는 산소를 계통으로 전달하는 데 사용하기 전에 호스 내부의 공기를 제거해야 한다. 재충전 시 압력도 반복 점검해야 한다.

항공사 및 고정 기지의 운영정비소는 산소계통을 보급하기 위해 산소 주입카트(filler carts)를 주로 사용한다. 여기에는 주입카트 매니폴드에 연결된 대형 산소 공급 실린더가 여러 개 연결된다. 이 매니폴드는 항공기에 부착되는 충전 호스를 포함하고 있으며 밸브와 압력 게이지를 통해 산소 분배 절차를 인지하고 제어할 수 있다. 그림 12-29와 같이, 카트에 있는 모든 실린더가 항공용 호흡산소(aviator's breathing oxygen)인지, 그리고 모든 실린더에 최소한 50[psi]의 산소압력이 남아 있는지 확인하라. 또한 각 실린더는 수압점검(hydrostatic test) 차기날짜 내에 있어야 한다. 카트 실린더가 산소를 보급한 후 남은 압력을 기록해야 하는데 일반적으로 분필로 실린더의 외부에 기입되거나 카트와 함께 보관되는 실린더 압력 로그(cylinder pressure log)에 기록하여 정비사가 각 산소병의 상태를 한눈에 알 수 있도록 한다.

[그림 12-29] 항공기 계통에 산소를 보급하는데 사용되는 일반적인 산소 서비스 카트(Typical oxygen servicing cart used to fill an aircraft system)

충전카트 매니폴드에서 항공기 계통으로 산소를 압송하기 위해 펌프 또는 기계 장치를 사용해서는 안된다. 압력이 가해지는 물체가 고압에서 저압으로 흐른다. 그런 방식으로 카트를 항공기에 연결하고 점점 더 높은 압력의 산소 실린더를 서서히 열면서 항공기의 산소계통을 보급할 수 있다.

다음은 일반적인 산소보급 카트를 사용하여 항공기 산소계통에 안전하게 보급하기 위한 절차 목록이다.

1. 모든 실린더, 특히 항공기에 보급될 실린더의 수압검사 일자를 확인하라. 실린더가 기한이 지난 경우에는 사용 가능한 실린더로 분리하여 교체한다.
2. 카트와 항공기의 모든 실린더의 압력을 점검한다. 압력이 50[psi] 미만인 경우 실린더를 교체하라. 항공기에서 50[psi] 미만의 압력으로 작업이 수행되었을 때 계통의 정화작업이 요구된다. 카트에 있는 저압 또는 빈 실린더는 발견시 장탈하여 교체 한다.
3. 항공기 주위의 안전한 환경을 보장하기 위해 모든 산소 취급 주의사항을 준수하라.
4. 리필 카트를 항공기에 접지한다.
5. 카트 매니폴드에서 항공기 충전 포트에 카트 호스를 연결한다. 항공기의 리필 밸브를 열기 전에 리필 호스의 내부 공기를 산소로 정화하라. 일부 호스는 호스가 항공기에 안전하게 장착되어 퍼지 밸브(purge valve)를 사용하여 정화작업을 수행한다. 어떤 호스는 리필 피팅에 부착된 상태에서 정화해야 하지만 완전히 조여서는 안 된다.
6. 보급될 항공기내 실린더 병(bottle)에 가해지는 압력을 주시하면서 밸브를 열어라. 리필 카트에서 항공기 실린더의 압력을 초과하여 가장 근접한 압력의 리필 카트 실린더를 열어라.
7. 항공기 산소 계통 리필 밸브를 열어라. 산소는 카트 실린더(매니폴드)에서 항공기 실린더로 보급된다.
8. 실린더 압력이 균일해지면 카트의 실린더를 닫고 다음으로 높은 압력의 카트 실린더를 열어라. 압력이 균일해지고 흐름이 멈출 때까지 항공기 실린더로 보급되도록 하라. 카트 실린더를 닫고 다음으로 높은 압력의 카트 실린더로 보급 작업을 진행하라.

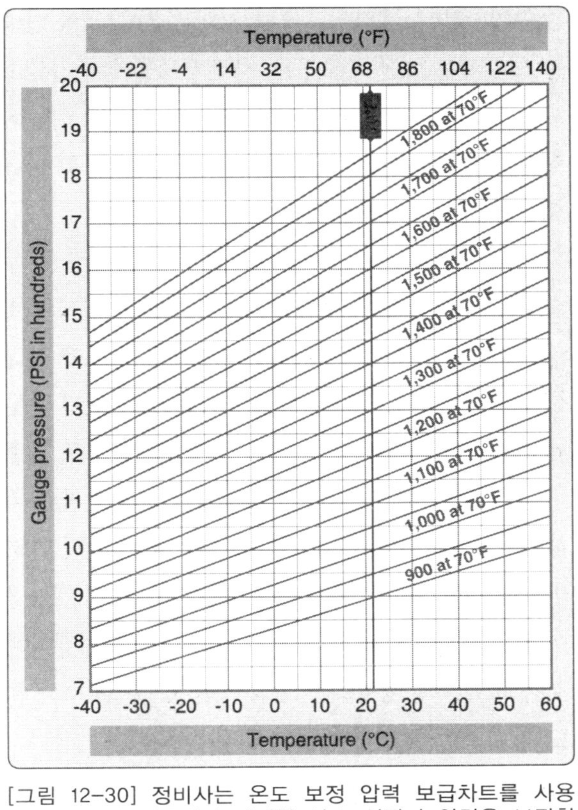

[그림 12-30] 정비사는 온도 보정 압력 보급차트를 사용하여 항공기 계통에서 적절한 산소 실린더 압력을 보장한다.(A temperature-compensating pressure refill chart is used by the technician to ensure proper oxygen cylinder pressure in the aircraft system)

9. 항공기 실린더에 원하는 압력이 보급될 때까지 절차 8을 반복 수행하라.
10. 항공기 리필 밸브를 닫고 카트의 모든 실린더를 닫는다.
11. 항공기 산소 실린더 밸브는 정상 작동을 위해 적절한 위치에 있어야 한다. 원거리에 장착된 실린더는 일반적으로 열려 있다.
12. 항공기의 리필 포트로부터 리필 라인을 분리한다. 양쪽 모두에 캡 또는 커버를 장착하라.
13. 접지 스트랩을 제거하라.

온도는 기체 산소의 압력에 큰 영향을 미친다. 그림 12-30과 같이, 제작사는 일반적으로 온도/압력 변화를 보상하는 충전 차트 또는 플랜카드를 항공기산소 보급 장소에 제공하여 정비사에게 지침을 제공한다. 정비사는 차트를 참조하여 현재 주변 온도의 최대 압력으로 실린더를 보급하라.

고온에서 산소 실린더는 대부분의 고압 항공기 산소 실린더의 표준 최대 압력인 1,800 [psi] 또는 1,850 [psi]이상의 압력으로 보충된다. 이것은 고도에 따라 산소의 온도와 압력이 현저하게 감소할 수 있기 때문에 허용된다. 실린더를 온도 보정된 압력 값으로 보충하는 것은 필요할 때 충분한 산소를 공급할 수 있도록 해준다. 추운 날에 실린더를 보급할 때 온도 및 압력 변화에 대한 보상은 온도가 상승할 때 압력이 팽창할 수 있도록 실린더를 최대 정격 용량 이하로 보급하는 것을 요구한다. 항공기 산소의 안전한 보관을 위해 온도/압력 보정 차트 값을 엄격히 준수해야 한다.

일부 항공기는 리필 밸브에 온도 보정 기능이 내장되어 있다는 점을 유의하라. 밸브 다이얼에 주변 온도를 설정한 후, 항공기 실린더에 적정양의 산소 압력이 보충되면 밸브가 닫힌다. 정확한 서비스를 보장하기 위해 차트가 사용될 수 있다.

(4) 산소계통 정화작업(Purging an Oxygen System)

산소계통 내부는 사용 중에 산소로 가득 차 있어야 한다. 이는 조종사에게 깨끗한 무취의 산소를 공급하고 오염으로 인한 부식을 방지한다. 산소계통은 열린 상태로 2시간 이상 압력이 완전히 배출되었거나 계통이 오염된 것으로 의심되면 오염 물질을 배출하고 계통 내부의 산소 포화도를 회복하기 위해 정화작업을 수행한다.

산소계통 오염의 주요 원인은 습기인데 매우 추운 날씨에는 호흡 산소에 존재하는 소량의 습기 ㅏ으로도 응축될 수 있으며 반복되는 충전으로 인해 응축할 정도의 습기가 유입된다. 또한 열린 계통에는 유입된 공기로부터 습기가 포함되어 유입되며 충전장치의 덤프(dump) 또는 불충분한 재충전 절차 또한 계통 내부에 습기를 유입시킨다. 산소계통의 정비, 재충전, 정화작업을 수행할 때는 항상 제작사 정비매뉴얼에 따른다.

산소계통에 응축되는 수분을 완전히 피할 수 없기 때문에 정화작업이 주기적으로 요구된다. 제거 절차는 항공기 모델에 따라 약간 다를 수 있다. 일반적으로 산소는 주어진 압력에서 수 분 동안 완전한 산소(sound oxygen) 장치를 통해 정화작업을 실시한다. 정상 공급 압력에서는 10 분 정도 소요될 수 있다. 다른 계통은 고압에서 최대 30 분의 흐름이 필요할 수 있다. 어쨌든, 오염물 제거 및 계통 내부의 산소 재 포화는 정화작업의 기본이다. 유지 정비를 수행할 때 질소 또는 건조한 공기를 사용하여 라인과 구성품에 공급한다. 그러나 계통을 사용할 수 있으려면 순수한 산소로 최종 정화작업을 수행해야 한다.

정화작업 과정 중에 저장 실린더를 사용하는 경우 저장 실린더의 충전상태를 확인하는 것이 중요하다. 항공기를 수리하기 전에 개방된 라인이 없고 모든 안전 마개가 설치되어 있는지 확인한다.

12.2.3.2 액체산소 보급(Filling LOX Systems)

액체산소장치 충전을 위한 안전하고 일반적인 방법은 충전된 저장장치로 간단히 교체하는 것이다. 그러나 항공기에서 액체산소를 직접 보급하는 것도 가능하다.

액체산소 보급 시 휴대형 충전카트(fill cart)가 사용되고 고압기체산소 보급 시의 모든 예방책이 준수되어야 하며 추가적으로 저온연소에 대한 예방책 요구된다. 보급 시에 배출되는 많은 양의 기체산소로 인해 재충전은 실외에서 수행되어야 한다. 서비싱 카트는 충전밸브를 통해 항공기 계통에 장착되고 액체산소 저장용기의 내장형 벤트(buildup/vent)밸브는 밴트 위치로 놓는다. 그 이후 서비싱카트의 밸브를 열어 액체산소를 항공기 계통에 보급하는데 약간의 기체산소가 기화되어 배출밸브를 통해 외부로 배출된다.

12.2.3.3 마스크(Mask)와 호스(Hose) 점검

항공용으로 사용되는 다양한 산소마스크는 정기검사가 요구된다. 비상상황에서는 작은 누설, 구멍, 그리고 찢어짐도 허용되지 않으며 대부분 이러한 결함은 손상된 부품의 교체로 수정될 수 있다.

일부 산소마스크는 일회용품으로 고안되었으며 항공기에 탑승 가능한 인원수만큼의 마스크 유무를 확인하라. 재사용하도록 제작된 마스크는 전염병 예방을 위해 청결하게 관리되어야 하고 세척을 통해 마스크의 수명이 연장 가능하다. 세척 시는 다양한 무알코올 중성세제와 살균제를 사용할 수 있다. 스트랩(strap)과 피팅은 마스크가 사용자의 얼굴에 안정되게 착용 되도록 고정해야 한다.

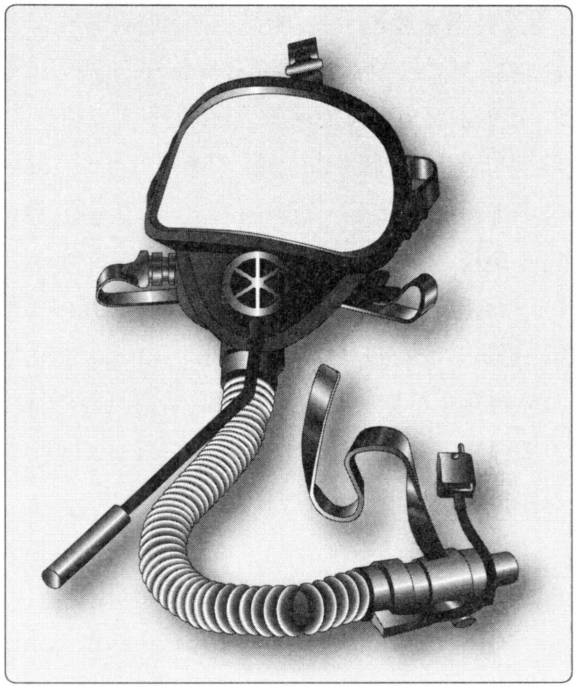

[그림 12-31] 사용자의 눈,코, 입을 보호하는 방연 마스크 (Smoke masks cover the eyes as well as the nose and mouth of the user)

방연마스크(smoke mask)는 운송용항공기에서 주로 사용되나 일부 소형 항공기에서도 사용되는데 그림 12-31과 같이 사용자의 눈, 코, 그리고 입까지도 덮어 연기를 동반한 화재 시 산소호흡을 원활하게 해주며 보통 승무원의 손에 쉽게 미치는 거리 이내에 위치해야 한다. 대부분 방연마스크는 고정식 마이크로폰(microphone)이 장착되고 일부 휴대형산소장치와 연결 가능하다.

12.2.3.4 튜브, 밸브 및 피팅 교환작업 (Replacing Tubing, Valves, and Fittings)

항공기 산소계통 튜브, 밸브, 그리고 피팅의 교체는 다른 항공기 계통에 있는 동일한 구성품의 교체와 같으나 오염방지를 위해 청결하게 작업해야 하며 적합한 밀폐제(sealant)를 사용해야 한다. 모든 산소계통 구성요소는 장착하기 전에 완전히 청결해야 한다. 세척은 비석유계 세제로 수행하여야 한다. 새로운 튜빙을 세척하기 위해 트리클로로에틸렌(trichloroethylene), 아세톤(acetone), 그리고 이와 유사한 세제가 사용될 수 있으며 세척 후 튜브를 장착하기 전에 완전히 건조시켜야 한다. 그 외의 산소계통 구성품 세척은 제작사 정비 매뉴얼을 따른다.

12.2.4 산소의 화제 또는 폭발 방지작업 (Preventing of Oxygen Fires or Explosions)

순수산소 자체 또는 그 주위에서 작업할 때는 주의를 기울여야 하는데 순수산소는 쉽고, 격렬하게 그리고 폭발적으로 다른 물질과 결합한다. 그래서 순수산소와 석유제품 사이에 일정한 거리를 유지하는 것이 아주 중요하다.

산소계통 정비 시에는, 적당한 소화기를 준비해야 하며 저지선을 치고 "금연"("NO SMOKING") 표지판을 붙여놓는다. 모든 공구와 보급용 장비는 청결해야 하고 점검 시에는 항공기 전원을 OFF해야 한다.

12.2.4.1 산소계통의 점검과 정비(Oxygen System Inspection and Maintenance)

산소계통을 점검 시 안전을 위해 작업장 주위를 청결하게 유지해야 한다. 깨끗하고 그리스가 묻지 않은 손과 의복을 착용하고 작업을 수행하며 깨끗한 공구를 사용해야 한다. 작업구역에서 최소 50[feet] 이내에는 절대로 금연하고 개방된 화염이 없어야 한다. 산소실린더, 계통 구성품, 또는 배관을 작업할 때 항상 엔드캡(end cap)과 보호용 마개(protective plug)를 사용해야 하며 접착테이프(adhesive tape)를 사용해서는 안된다. 산소실린더는 석유제품 또는 열원으로부터 이격된 거리에, 격납고 안에 정해진 구역에, 시원하고, 그리고 환기가 잘되는 구역에 저장하여야 한다.

산소공급실린더의 압력이 완전히 계통으로부터 배출될 때까지 정비작업을 수행하여서는 안 되며 피팅은 잔류압력이 완전히 사라지도록 천천히 나사를 풀어야 한다. 모든 산소계통 배관은 작동부위, 전기배선, 그리고 다른 유체 라인으로부터 적어도 2inch의 여유 공간이 있어야 하며 산소를 가열할 수 있는 뜨거운 덕트(hot duct)와 열원으로부터 적당한 여유 공간이 있어야 한다. 정비를 위해 계통이 열렸을 때마다 압력점검과 누설점검이 수행되어야 하며 산소계통을 위해 특별히 인가된 것이 아니라면 윤활제, 밀폐제, 세제 등을 사용하지 말아야 한다.

12.3 항공기 여압계통 (Aircraft Pressurization Systems)

12.3.1 대기 압력(Pressure of the Atmosphere)

대기, 즉 공기의 가스는 비록 보이지는 않지만 무게를 갖고 있다. 그림 12-32와 같이 해수면에서 1inch^2 기둥의 공기가 확장된 공간의 무게는 14.7pound이다. 그러므로 해수면에서 대기의 압력, 즉 대기압은 14.7[psi]이라고 한다.

대기압은 또한 기압(barometric pressure)이라고 알

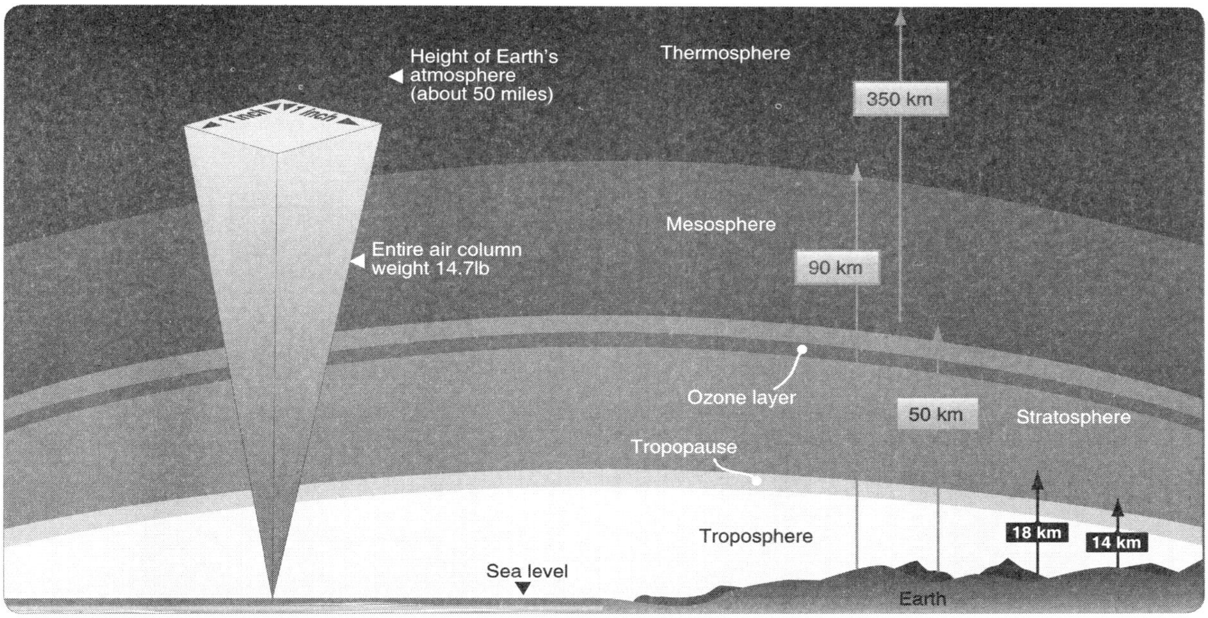

[그림 12-32] 해수면에서 대기의 정상까지 1 평방 인치의 열이 가하는 무게는 대기압이 14.7 파운드 / 인치와 같다고 측정된 것이다.(The weight exerted by a 1 square inch column of air stretching from sea level to the top of the atmosphere is what is measured when it is said that atmospheric pressure is equal to 14.7 pounds per square inch)

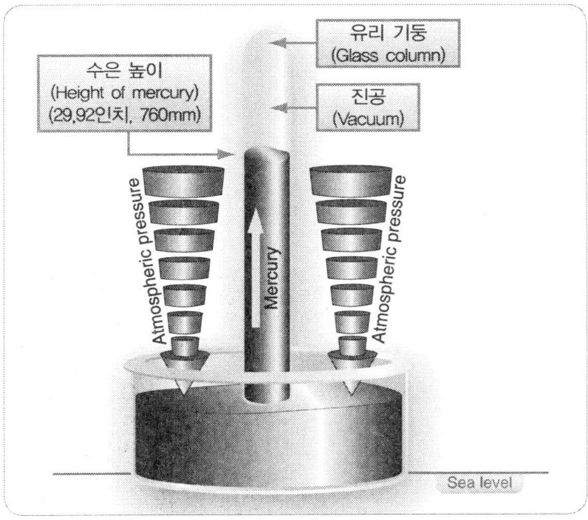

[그림 12-33] 대기의 무게는 기압계 저장소의 수은을 아래로 밀어내어 수은이 컬럼에서 상승하게 한다. 해수면에서 수은은 약 29.92 인치의 기둥이다. 따라서 기압은 해수면에서 29.92 인치 수은이라고 한다.(The weight of the atmosphere pushes down on the mercury in the reservoir of a barometer, which causes mercury to rise in the column. At sea level, mercury is forced up into the column approximately 29.92 inches. There fore, it is said that barometric pressure is 29.92 inches of mercury at sea level)

려져 있으며 기압계로 측정한다. 인치 수은계(inch mercury) 또는 밀리미터 수은계(millimeter mercury)와 같이 여러 가지 단위를 사용하며 측정은 압력변화에 따른 눈금이 매겨진 수은 기둥의 높이 변화를 관찰함으로써 할 수 있다. 수은 기둥이 진공을 유지해 공기가 내부의 수은 상승에 저항하지 않는다. 그림 12-33과 같이, 해수면에서 대기의 꼭대기까지의 공기의 무게는 동일한 단면적을 가지는 수은 기둥 29.92inch 무게와 동일하다.

표 12-3과 같이, 비행기 조종사는 대기 압력을 인치 수은계와 같은 직선의 변위를 psi와 같은 힘의 단위로 환산시킨다. 오늘날 기상학 분야에서 대기압의 단위로 힘의 단위가 보편화되었다. 그러나 기상학에서 대기압을 나타내기 위해 사용되는 국제단위(SI, international system of unit)는 헥토파스칼

[표 12-3] 해수면 대기압력의 다양한 동등표기(Various equivalent representation of atmospheric pressure at a sea-level)

Atmospheric Pressure (대기 압력)

해수면의 표준 대기압력은 1 기압, 다음 표준 대기압 측정 값은 모두 동일하다. (Standard atmospheric pressure at sea level is also known as 1 atmosphere, or 1 atm. The following measurements of standard atmospheric pressure are all equal to each other)

1 atm (atmosphere)	=	14.7 psi (prounds per square inch)	=	29.92 in Hg (inches of mercury)	=	1013.2 hPa (hectopascals or newtons per square meter	=	1013.2 mb (millibars)	=	760 mm Hg (millimeters of mercury)

(hectopascal[hPa])이며 1013.2[hPa]은 14.7[psi]와 같다.

대기압은 고도가 증가함에 따라 감소한다. 그 이유는 아주 간단하다. 즉, 공기 기둥은 고도가 증가할수록 공기의 무게에 대한 원주높이가 더 짧아지기 때문이다. 그림 12-34에서 보여주는 것은 주어진 고도에 대한 압력 변화이다. 그림에서 보는 바와 같이 고도가 증가하면 압력은 급격히 내려가게 된다. 고도 5만 [feet]에서의 대기압은 해수면에서의 압력 차이의 1/10 정도로 떨어진다.

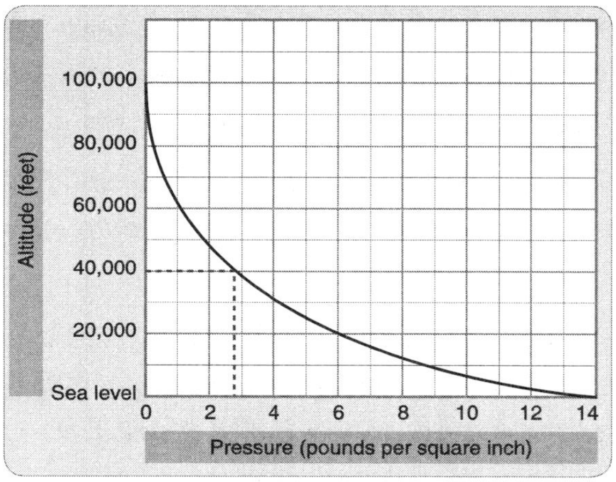

[그림 12-34] 고도가 증가하면 대기압이 감소한다. 해수면에서 압력은 14.7psi이고, 점선으로 표시된 것처럼 40,000피트에서는 압력이 2.72psi에 불과하다.(Atmospheric pressure decreasing with altitude. At sea level the pressure is 14.7 psi, while at 40,000 feet, as the dotted lines show, the pressure is only 2.72 psi)

12.3.2 고도와 온도(Temperature and Altitude)

대기의 온도는 대부분 비행기 조종사에게 영향을 미치며 조종사에 관계되며 고도의 변화에 따라 변화된다. 대류권(troposphere)은 대기의 가장 낮은 층이며 평균적으로 지구의 표면에서 위로 약 3만 8,000[feet]까지의 범위이다. 극지에서 대류권은 2만 5,000~3만[feet]이고, 적도에서 대류권은 6만 [feet] 정도로 증가된다. 그림 12-35에서는 대류권의 타원형 형상을 잘 보여준다.

대부분 민간 항공기는 대류권에서 비행을 하며 이 권역에서는 고도가 증가할 때 온도가 감소되는데 고도 1,000[feet] 마다 약 -3.5[℉](-2[℃])씩 변화한다.

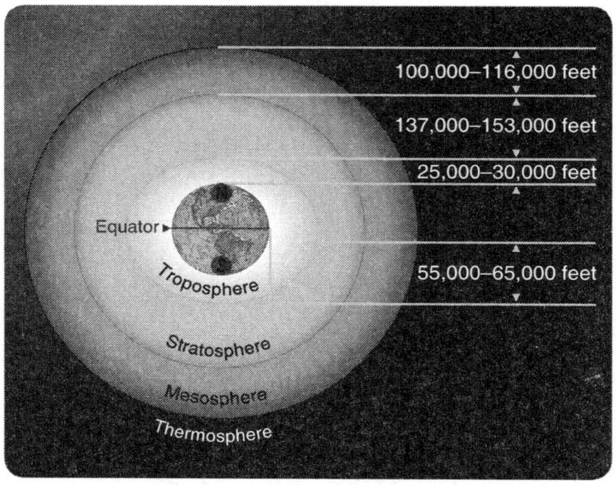

[그림 12-35] 대기권의 구성(The troposphere extends higher above the earth's surface)

대류권의 위쪽 영역은 대륙권계면(tropopause) 이며 −69[℉](−57[℃])의 일정한 온도를 갖는다.

대륙권계면 위쪽은 성층권(stratosphere)이며 고도의 증가에 따라 온도가 증가하여 거의 0[℃]까지 증가된다. 또한 성층권은 유해한 자외선(UV, ultraviolet ray)으로부터 지구의 생명체를 보호하는 오존층(ozone layer)을 포함하며 일부 민간 비행과 대부분의 군용 비행이 이 권역에서 수행된다. 그림 12-36에서는 대기의 서로 다른 층에서 온도변화를 보여준다.

항공기가 고고도로 비행 시 저고도에서 동일한 속도로서 비행하는 것보다 연료를 덜 연소시킨다. 이것은 공기밀도의 감소로 인해 항력이 감소하기 때문이다. 또한, 대류활동이 발생하는 저고도를 피해 비행함으로써 악기상과 난류(turbulence) 그리고 폭풍우를 피할 수 있다. 항공기가 고고도를 비행함에 따라 극한의 온도와 저기압을 극복하기 위해 환경제어계통이 요구되며 추가적인 산소와 충분한 난방을 유지하고 안락한 고고도 비행을 위해 항공기 여압과 공기조화계통(air conditioning system)이 발전하여 왔다. 표 12-4에서는 고도에 따른 온도와 압력의 변화를 보여준다.

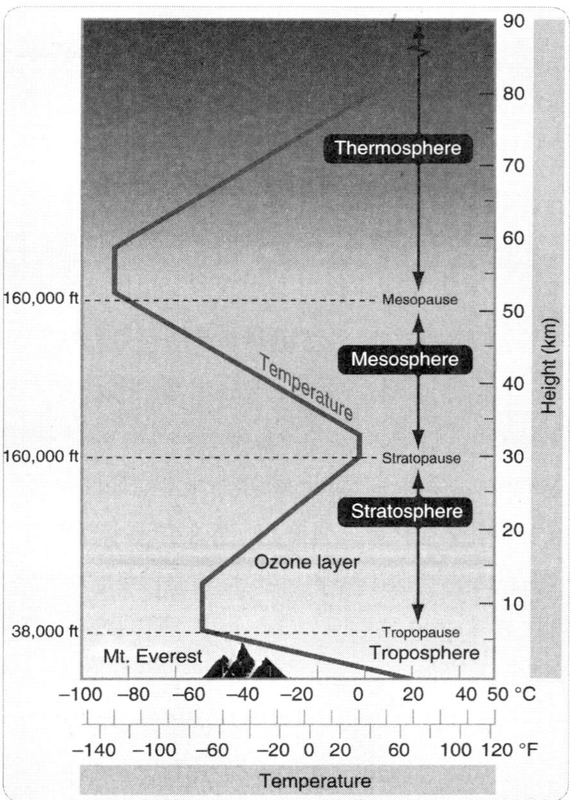

[그림 12-36] 온도 변화가 있는 대기층은 적색 선으로 표시 (The atmospheric layers with temperature changes depicted by the red line)

[표 12-4] 고도에 따른 대기의 온도와 압력(The temperature and pressures at various altitudes in the atmosphere)

Altitude	Pressure			Temperature	
feet	psi	hPa	in Hg	°F	°C
0	14.69	1013.2	29.92	59.0	15
1,000	14.18	977.2	28.86	55.4	13
2,000	13.66	942.1	27.82	51.9	11
3,000	13.17	908.1	26.82	48.3	9.1
4,000	12.69	875.1	25.84	44.7	7.1
5,000	12.23	843.1	24.90	41.2	5.1
6,000	11.77	812.0	23.98	37.6	3.1
7,000	11.34	781.8	23.09	34.0	1.1
8,000	10.92	752.6	22.23	30.5	−0.8
9,000	10.51	724.3	21.39	26.9	−2.8
10,000	10.10	696.8	20.58	23.3	−4.8
12,000	9.34	644.4	19.03	16.2	−8.8
14,000	8.63	595.2	17.58	9.1	−12.7
16,000	7.96	549.2	16.22	1.9	−16.7
18,000	7.34	506.0	14.94	−5.2	−29.7
20,000	6.76	465.6	13.75	−12.3	−24.6
22,000	6.21	427.9	12.64	−19.5	−28.6
24,000	5.70	392.7	11.60	−26.6	−32.5
26,000	5.22	359.9	10.63	−33.7	−36.5
28,000	4.78	329.3	9.72	−40.9	−40.5
30,000	4.37	300.9	8.89	−48.0	−44.4
32,000	3.99	274.5	8.11	−55.1	−48.4
34,000	3.63	250.0	7.38	−62.2	−52.4
36,000	3.30	227.3	6.71	−69.4	−56.3
38,000	3.00	206.5	6.10	−69.4	−56.5
40,000	2.73	187.5	5.54	−69.4	−56.5
45,000	2.14	147.5	4.35	−69.4	−56.5
50,000	1.70	116.0	3.42	−69.4	−56.5

12.3.3 여압 관련 용어(Pressurization Terms)

(1) 객실 고도(Cabin Altitude)

객실 내부의 공기압이며 객실에 있는 것과 같은 동일한 압력을 갖는 표준일(standard day)에서의 고도이다.

(2) 객실 차압(Cabin Differential Pressure)

객실 내부에 공기압과 객실 외부에 공기압 사이에 차이이다. 단위는 [psid] 또는 Δ[psi]로 표기된다.

(3) 객실 상승률(Cabin Rate of Climb)

객실 내부에 공기압 변화의 비율, feet per minute[fpm]로 표기된다.

12.3.4 여압계통 쟁점(Pressurization Issues)

항공기 여압의 정도와 비행 고도는 임계설계요소(critical design factor)에 의해서 제한된다. 객실여압장치는 승객이 안전하고 안락하게 비행하도록 다음과 같은 기능을 수행할 수 있어야 한다. 항공기의 순항고도에서 객실압력고도를 약 8,000[feet]로 유지할 능력이 있어야 한다. 이것은 승객과 승무원이 충분한 산소혈액포화도를 유지하기 위해 요구된다. 여압장치는 승객과 승무원에게 불쾌감 또는 건강에 해로움을 끼칠 수 있는 객실고도의 급격한 변화가 생기지 않도록 설계되어야만 된다. 또한, 여압장치는 항공기 객실 내부의 악취 또는 신선하지 못한 공기를 제거할 수 있는 성능이 있어야 한다. 객실공기는 가압된 항공기에서 가열 또는 냉각되어야 하며 일반적으로 여압원 안에서 이루어진다.

외부 대기압보다 더 높은 압력으로 가압되는 부분은 밀봉되어야 한다. 도어 주위에 압축성의 실(seal)과 그로밋(grommet), 그리고 밀폐제(sealant)는 기본적으로 항공기를 밀폐시켜주는데 보통 객실, 조종실, 그리고 화물칸을 포함한다. 여압은 외부의 주위압력과 비

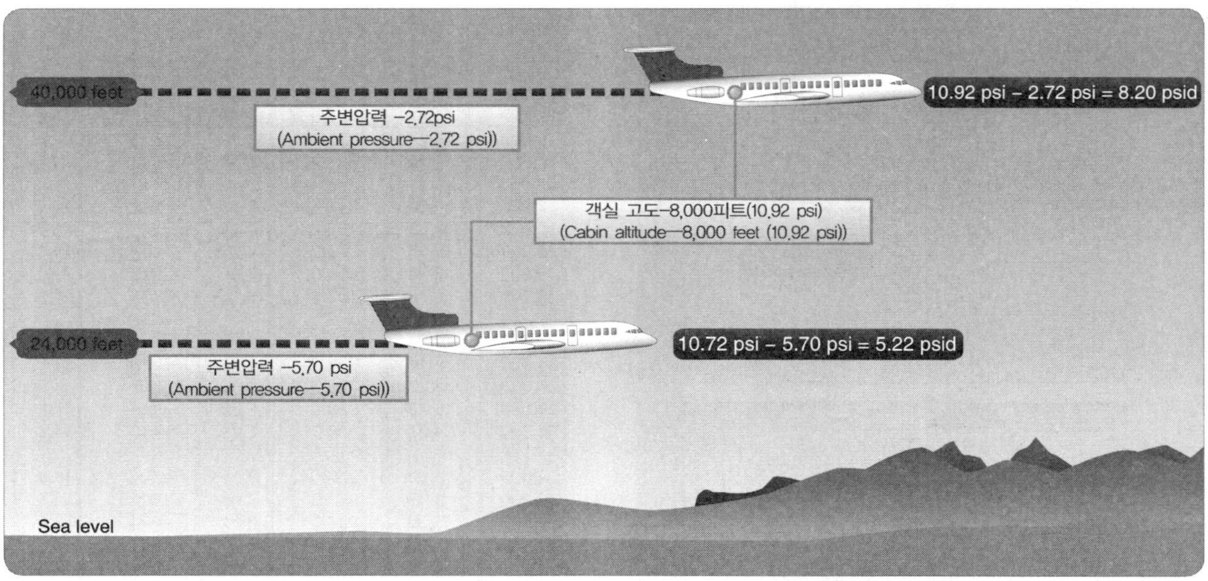

[그림 12-37] 차압(psid)은 객실 공기압력에서 비행고도의 공기압력을 빼서 측정(Differential pressure (psid) is calculated by subtracting the ambient air pressure from the cabin air pressure)

교하여 항공기 내부압력을 견디기 위한 동체의 능력이다. 그림 12-37과 같이, 차압은 단발왕복항공기는 3.5[psi], 고성능제트항공기에서 약 9[psi]까지 다양한 범위를 가지고 있다. 만약 항공기의 무게를 고려하지 않는다면, 이것은 문제점이 되지 않지만 가벼우면서 여압에 견딜 수 있도록 항공기를 튼튼하게 제작하는 것은 1930년도 이래 기술적 도전을 해 왔으며 오늘날 항공기 구조물에 복합재료의 확산으로 이 기술 도전을 이어간다.

객실 내부 공기와 외부 공기 사이에 압력차와 반복되는 가압과 감압으로부터의 금속피로(metal fatigue)는 기체를 급속히 약화시킨다. 초기 항공기 구조물은 이로 인해 결함이 발생하고 치명적인 사고를 초래했다.

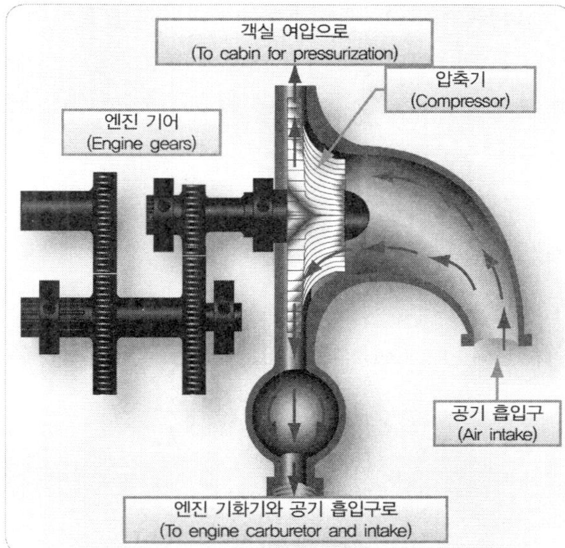

[그림 12-38] 왕복 엔진 과급기는 기화의 상류에 있을 경우 가압원으로 사용될 수 있다.(A reciprocating engine supercharger can be used as a source of pressurization if it is upstream of carburetion)

12.3.5 압축공기 공급원 (Sources of Pressure Air)

항공기를 가압하기 위한 공기의 공급원은 주로 엔진 종류에 따라 다르다. (또한) 공기의 압축은 공기의 온도를 올라가게 한다는 것에 주목해야 한다. 여압 공기를 냉각하기 위한 수단은 대부분 여압장치에서 이루어지며 열교환기(heat exchanger)의 활용으로 가능하게 된다. 팽창터빈(expansion turbine)을 구비한 완전 공기순환식 공기조화계통(full air cycle air conditioning system) 또한 사용된다.

12.3.5.1 왕복엔진 항공기 (Reciprocating Engine Aircraft)

왕복엔진 항공기의 전형적인 세 가지 공기 공급원은 과급기(supercharger), 터보과급기(turbocharger), 그리고 엔진구동식압축기(engine-driven

[그림 12-39] 성형엔진 과급기는 과급기 임펠러가 공기를 압축하기 전에 연료가 공급되기 때문에 사용할 수 없다.(The radial engine supercharger cannot be used since fuel is introduced before the supercharger impeller compresses the air)

compressor)이다. 과급기와 터보과급기는 흡입계통에서 공기의 양과 압력을 증가시켜 고고도에서 더 좋은 성능을 하도록 왕복엔진에 장착하며 생산되는 공기의 일부는 가압을 위해 객실로 공급된다.

그림 12-38과 같이, 과급기는 기계적으로 엔진에 의해 가동되며 구형 왕복엔진 항공기에서 주로 찾아볼 수 있다.

그림 12-40, 그림 12-41과 같이, 터보과급기는 엔진배기가스에 의해 구동되며 최신 왕복엔진 항공기에서 여압 공기의 가장 일반적인 공급원이다.

과급기는 엔진흡기계통의 일부분이고 터빈과급기는 엔진배기계통의 일부분이며 과급기와 터빈과급기는 오일에 의해 윤활된다. 그렇기 때문에 이들 공기공급원은 오일, 연료 또는 배기가스로부터 객실공기가 오염될 가능성이 있다.

왕복항공기에서 객실을 가압하기 위한 공기의 세 번

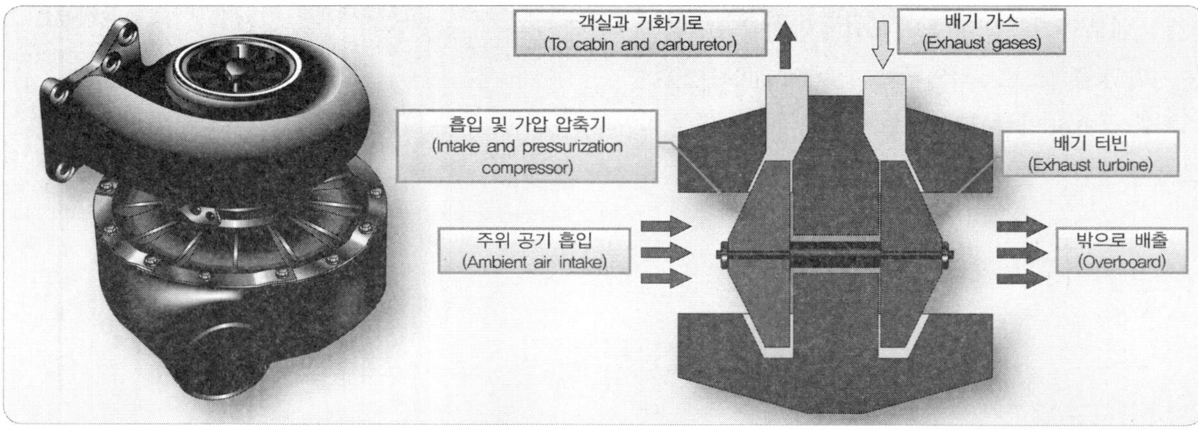

[그림 12-40] 객실여압과 엔진의 흡기공기 공급원으로 사용되는 터보과급기
(A turbocharger used for pressurizing cabin air and engine intake air on a reciprocating engine aircraft)

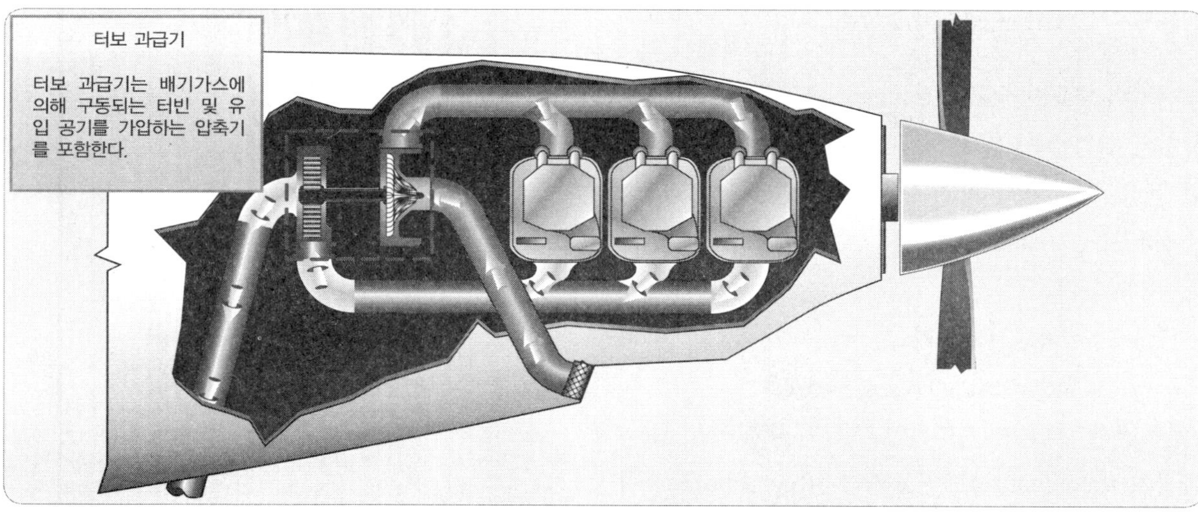

[그림 12-41] 왕복엔진 항공기에 장착된 터보과급기(A turbocharger installation on a reciprocating aircraft engine)

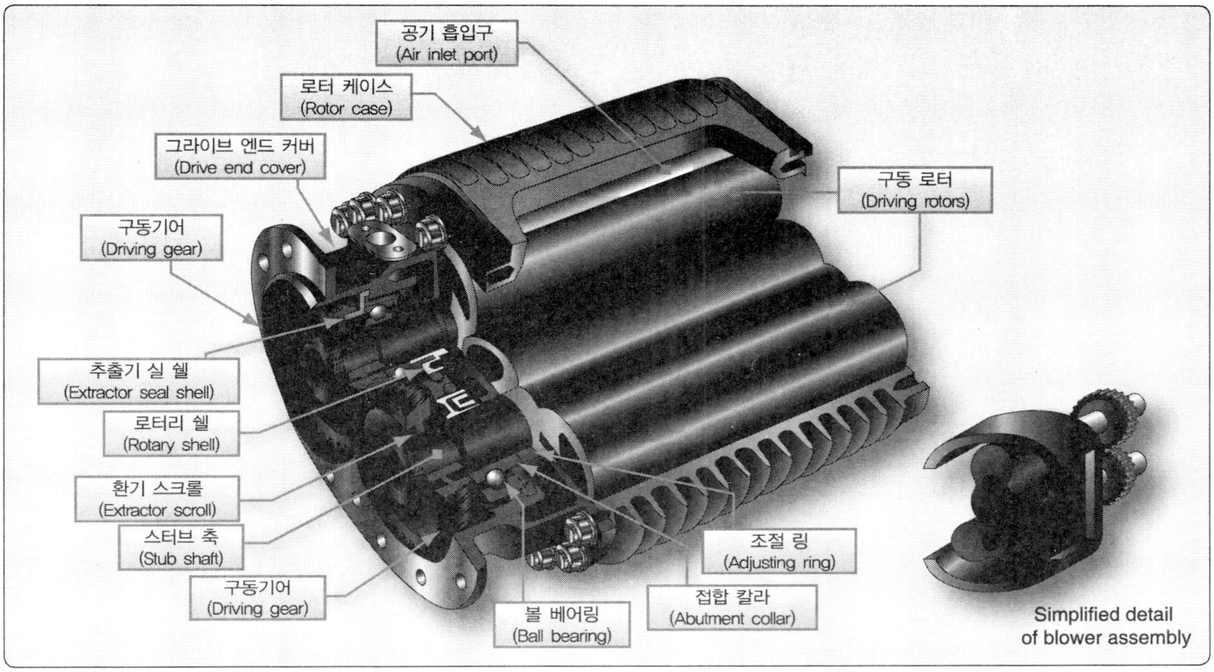

[그림 12-42] 구형 여압 항공기에서 사용되는 루트 블로워는 엔진에 의해 구동되는 기어이다. 그것은 로터가 서로 접촉하지 않은 상태로 근접회전하며 공기를 가압한다.(A roots blower found on older pressurized aircraft is gear driven by the engine. It pressurizes air as the rotors rotate very close to each other without touching)

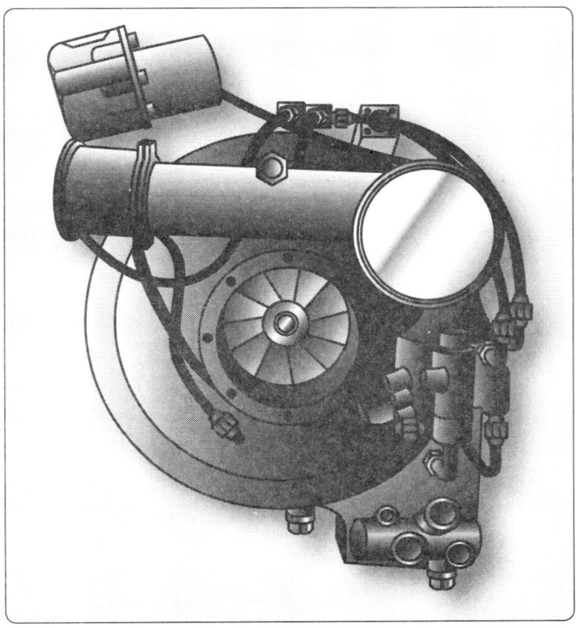

[그림 12-43] 원심형 객실 과급기
(A centrifugal cabin supercharger)

째 공급원은 엔진구동압축기이다. 액세서리 구동장치에 의해 구동되는 여압 전용의 압축기이며 벨트 구동식 또는 기어 구동식이 있다. 과급기와 터보과급기의 단점인 객실공기 오염 가능성이 없는 반면, 항공기 무게를 크게 증가시키고 또한 엔진구동이기 때문에 엔진출력이 낭비된다.

12.3.5.2 터빈엔진 항공기(Turbine Engine Aircraft)

오염되지 않은 엔진의 압축기에서 추출된 공기는 객실여압을 위한 공기의 주공급원이다. 그러나 엔진출력생산을 위한 공기의 체적이 감소되나 연소를 위해 압축된 공기와 비교해 여압을 위해 사용되는 공기의 양은 비교적 적다. 그러나 여압을 위해 사용하는 공기는 최소화되어야 한다.

소형터빈항공기는 주로 제트펌프(jet pump) 흐름배율기(flow multiplier)를 사용하는데 그림 12-44와 같이, 이 유형의 장점은 작동부분이 없다는 것이다. 단점은 이 방식으로 가압할 수 있는 공간의 체적이 비교적 작다는 것이다.

그림 12-45와 같이, 터빈엔진 압축기 블리드 공기를 이용하여 항공기를 가압시키는 또 다른 방법은 외기 공기흡입구를 갖춘 독자적인 압축기를 추출공기를 이용하여 가동시키는 것이다.

그림 12-46과 같이, 터빈항공기를 가압하는 가장 일반적인 방법은 공기순환식 공기조화계통이다. 추출공기는 열교환기, 압축기, 그리고 팽창터빈을 포함하는 계통을 거쳐 사용되고, 객실여압과 가압되는 공기의 온도는 정밀하게 제어된다.

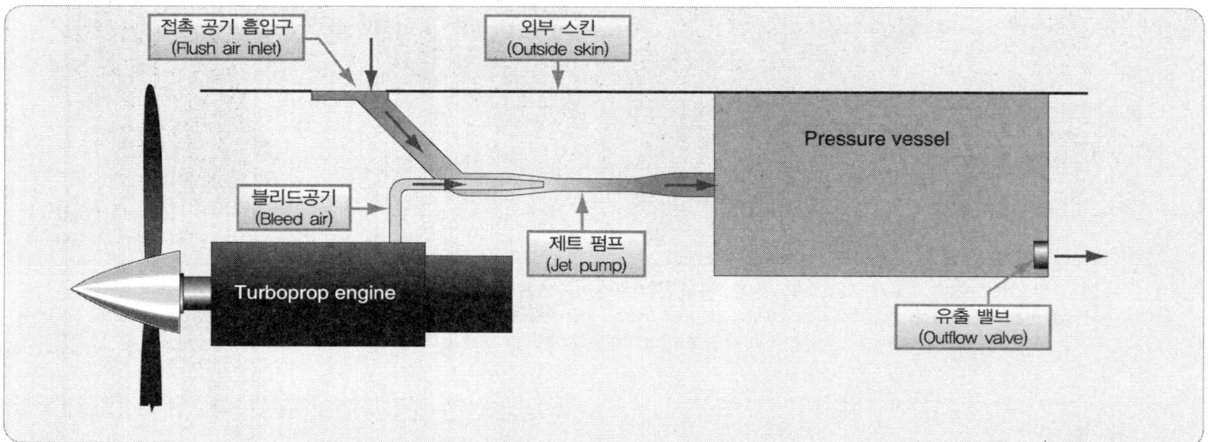

[그림 12-44] 제트 펌프 흐름 배율기는 블리드 공기를 압력차를 이용하여 항공기 외부에서 가압 할 공기를 끌어온다.
(A jet pump flow multiplier ejects bleed air into a venturi which draws air for pressurization from outside the aircraft)

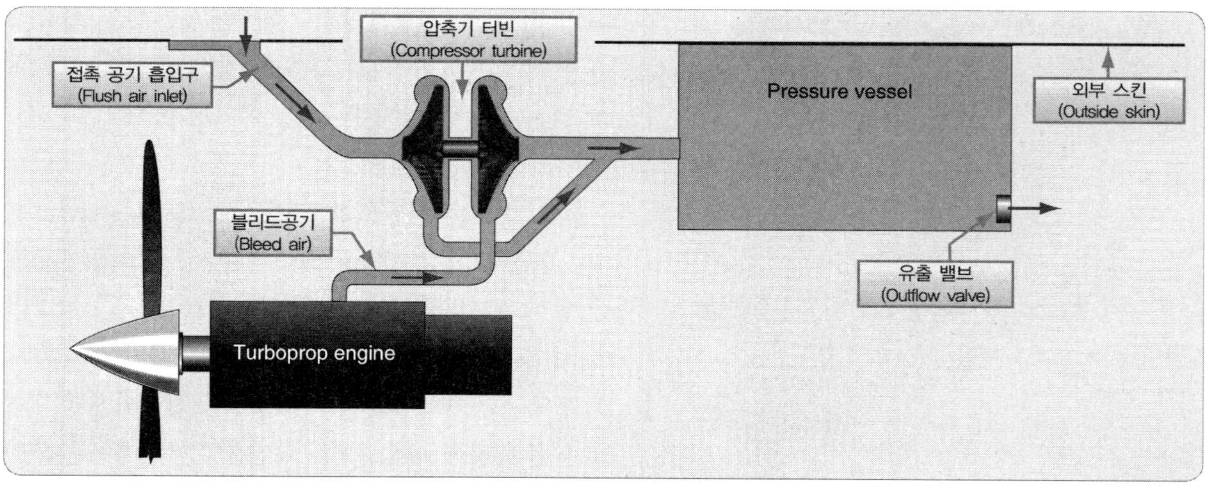

[그림 12-45] 터보압축기를 객실 여압에 사용하는 터보프롭 항공기
(A turbo compressor used to pressurize cabin mostly in turboprop aircraft)

[그림 12-46] 비즈니스 제트기의 객실 여압에 사용되는 공기 순환 공기조화계통
(An air cycle air conditioning system used to pressurize the cabin of a business jet)

12.3.6 객실 압력제어 (Control of Cabin Pressure)

12.3.6.1 여압 모드(Pressurization Modes)

항공기 객실여압은 두 가지 작동 모드에 의해 제어할 수 있다. 첫 번째는 변화하는 고도에도 불구하고 단 하나의 압력에서 객실고도를 유지하는, 등압모드(isobaric mode)이다. 두 번째 모드는 항공기 고도변경에 관계없이, 객실 내부에 공기압과 외기압 사이에 지속적인 차압을 유지하여 객실압력을 제어하는 정차동 모드(constant differential mode)이다.

12.3.6.2 객실압력제어기(Cabin Pressure Controller)

그림 12-47과 같이, 객실압력제어기는 객실공기압을 제어하기 위해 사용되는 장치이다. 구형 항공기는 객실압력을 제어하기 위해 공기압을 사용한다. 요구

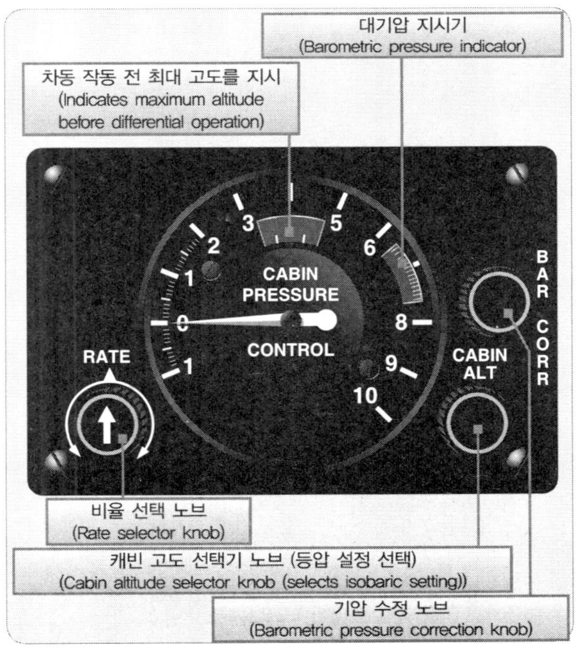

[그림 12-47] 객실공기압력 제어를 위한 객실압력제어기
(A pressure controller for an all pneumatic cabin pressure control system.)

되는 객실압력, 객실고도 변화율, 그리고 기압 설정은 조종석에 있는 여압패널의 압력제어기로 조절한다.

최신의 항공기는 여압을 제어하기 위해 공기압, 전기, 그리고 전자적으로 제어한다. 객실고도, 객실고도 변화율, 그리고 기압 설정은 조종석에 있는 여압패널의 객실압력선택기(cabin pressure selector)에 의해 수행된다. 전기신호는 선택기에서 압력조절기 역할을 하는 객실압력제어기로 보낸다. 신호는 전기에서 디지털로 전환되고 제어기에 의해 사용된다. 그림 12-48과 같이, 또한 제어기뿐만 아니라 객실압력과 주위압력은 다른 입력값으로 입력된다. 이 정보를 사용하는 컴퓨터인 제어기는 여러 가지 비행 상태에 대한 여압 논리회로를 제공하며 다양한 소형 운송용 항공기와 사업용 제트기에서, 제어기의 전기출력신호는 일차 유량 밸브(primary outflow valve)에 있는 토크모터를 가동시킨다. 여압 스케줄을 유지하기 위해 밸브의 위치를 정하고 밸브를 통해 공기압 흐름을 조정한다.

그림 12-49와 같이 대부분 운송용 항공기에서 2개의 객실압력제어기 또는 여분의 회로를 구비한 1개의 제어기가 사용되는데 전자장비실에 위치해 있고 패널선택기로부터 전기입력뿐만 아니라 주위압력 입력과 객실압력을 입력을 받는다. 비행고도와 착륙장고도 정보는 여압제어패널에서 승무원이 직접 선택한다. 객실고도, 상승률, 그리고 기압은 내장논리회로(built-in logic) 그리고 대기자료컴퓨터(ADC, air data computer)와 비행관리시스템(FMS, flight management system)이 함께 교신을 통해 자동적으

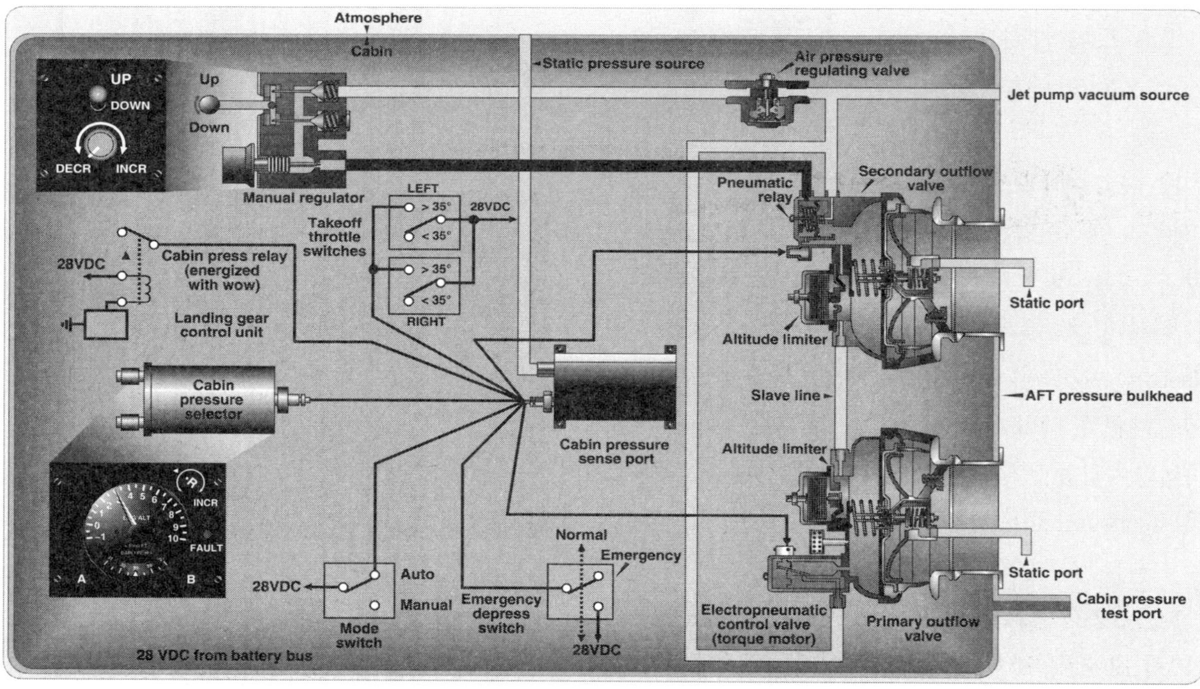

[그림 12-48] 대다수의 소형 운송 및 사업용 제트기의 여압 제어 계통은 전자식, 전기식 및 공압식 제어 요소의 조합을 사용한다.(The pressurization control system on many small transports and business jets utilizes a combination of electronic, electric, and pneumatic control elements)

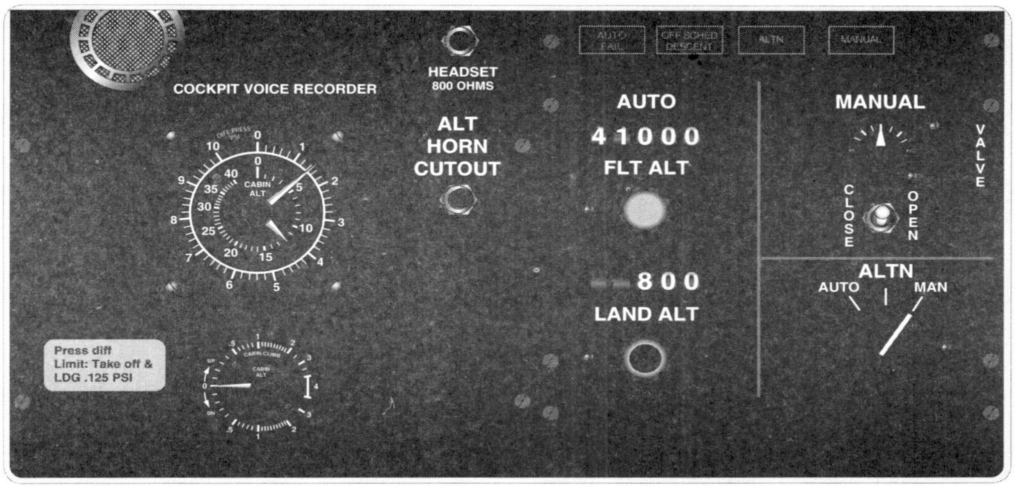

[그림 12-49] B737 800계열 여압 패널의 비행고도 및 착륙고도의 입력 선택(This pressurization panel from an 800 series Boeing 737 has input selections of flight altitude and landing altitude)

로 제어한다. 제어기는 정보를 처리하고 유량밸브를 직접 작동시키는 토크모터로 전기신호를 보내준다.

모든 여압계통은 자동제어보다 우선시되는 수동모드를 갖추고 있다. 이것은 비행 중 또는 정비 시에 지상에서 사용 가능한데 여압제어패널에서 수동 모드를 선택하여 수동 모드로 작동 가능하다. 각각의 스위치는 객실압력을 제어하기 위해 유량밸브의 OPEN 또는 CLOSE 위치 선택이 가능하다. 그림 12-49에서는 스위치뿐만 아니라 밸브의 위치를 지시하는 작은 계기를 보여준다.

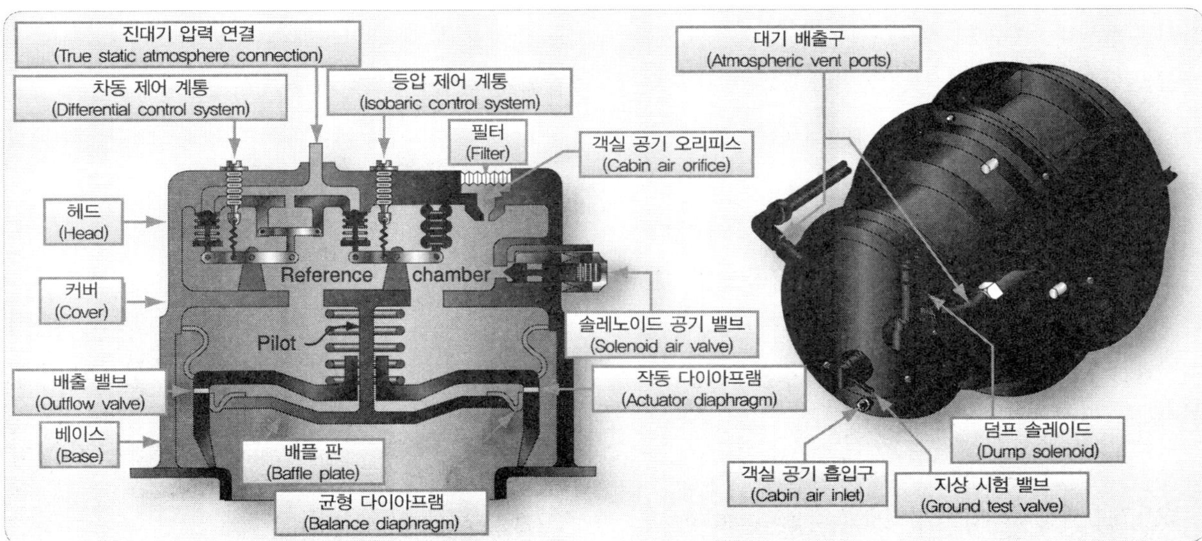

[그림 12-50] 공압식 객실압력 조절기 및 유량 밸브(An all-pneumatic cabin pressure regulator and outflow valve)

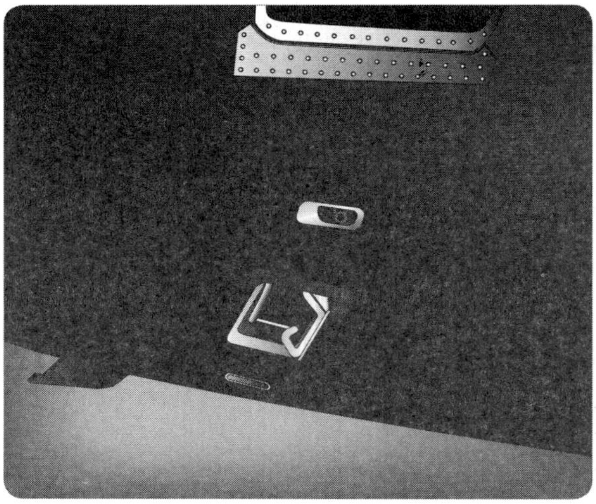

[그림 12-51] 운송용 항공기의 유량 밸브는 일반적으로 전자장비실의 압력 조정에 의해 제어되는 AC 모터에 의해 작동된다. 밸브의 두 번째 AC 모터는 대기모드에 있을 때 사용된다. 밸브의 DC 모터도 수동 작동에 사용된다.(This outflow valve on a transport category aircraft is normally operated by an ac motor controlled by a pressure controller in the electronics equipment bay. A second ac motor on the valve is use when in standby mode. A dc motor also on the valve is used for manual operation)

12.3.6.3 객실 압력 조절기 및 유량밸브(Cabin Air Pressure Regulator and Outflow Valve)

객실여압 제어는 객실에서 빠져나가는 공기를 조절하여 수행된다. 그림 12-50과 같이, 객실 유량밸브는 객실 기압을 안정시키기 위해 열거나 닫히게 하고 또는 조정된다. 일부 유량밸브는 압력조절과 밸브기계장치를 포함하고 있다.

압력조정기계장치는 또한 독자적인 장치로 구성되어 있다. 그림 12-51과 같이, 대부분 운송용 항공기는 객실공기압제어기로부터 보내온 신호를 이용하며 전기적으로 동작하고 원거리에서 압력조절기 역할을 수행하는 유량밸브를 갖추고 있다.

12.3.6.4 객실 공기압력 안전밸브 작동(Cabin Air Pressure Safety Valve Operation)

항공기 여압계통은 오작동 또는 작동불가 시 구조물 손상과 인명의 상해를 방지하기 위한 다양한 백업기능을 포함한다. 과여압(over-pressurization)을 방지하기 위한 수단은 항공기의 구조건전성을 보장한다. 객실공기 안전밸브는 미리 정해진 차압 발생 시 열리도록 설정된 압력릴리프밸브이며 공기가 설계제한(design limitation)을 초과하는 내부압력을 방지하기 위해 객실 외부로 배출된다. 그림 12-52에서는 대형 운송용 항공기에서 객실공기 안전밸브를 보여준다. 대부분 항공기에서, 안전밸브는 8~10[psid]에서 열리도록 설정된다.

또한, 객실 고도제한기는 객실 내에 압력이 정상객실고도범위 이하로 떨어졌을 때 유량밸브를 닫는다. 부압릴리프밸브(negative pressure relief valve)는 항공기 외부에 기압이 객실공기압을 초과하지 않도록 하기 위해 사용된다. 일부 항공기는 여압덤프밸브(pressurization dump valve)를 갖추고 있다. 이들은 기본적으로 조종석에 있는 스위치에 의해 자동 또는 수동으로 작동되는 안전밸브이며 보통 비정상 상태 또는 결함 발생시, 또는 비상사태에서 객실로부터 부압을 신속하게 제거하기 위해 사용된다.

[그림 12-52] B747 항공기에 장착된 2개의 여압 안전밸브(Two pressurization safety valves are shown on a Boeing 747)

비상여압 모드는 일부 항공기에서 사용된다. 공기조화장치(air conditioning pack)가 고장 났을 때 또는 비상여압이 선택되었을 때 밸브가 열린다.

12.3.6.5 여압 계기(Pressurization Gauges)

대부분 여압계통은 객실고도계(cabin altimeter), 객실상승속도계(cabin rate of climb indicator) 또는 승강계(vertical speed indicator), 그리고 객실차압계(cabin differential pressure indicator)에 관한 경고(warning), 주의(alert) 그리고 권고(advise) 사항을 라이트를 시현시켜 승무원에게 알려준다. 이 라이트들은 단독으로 지시하거나 2개 이상 게이지의 기능이 합쳐져서 시현될 수 있다. 때로는 다른 위치에 있기도 하지만 일반적으로 여압패널에 위치한다. 현대의 항공기는 엔진표시 및 승무원경고장치(EICAS, engine indicating and crew alerting system) 또는 전자집중식 항공기감시장치(ECAM, electronic centralized

[그림 12-53] 이 객실여압 게이지는 3중 조합 게이지이다. 가장 긴 포인터는 게이지의 왼쪽에 동일한 배율로 수직 속도 지시기와 동일하게 작동한다. 객실 압력 변화율을 나타낸다. 주황색 PSI 포인터는 오른쪽 눈금의 차압을 나타낸다. ALT 표시기는 PSI 포인터와 동일한 축척을 사용하지만 ALT 표시기가 PSI 포인터를 이동할 때 객실 고도를 나타낸다.(This cabin pressurization gauge is a triple combination gauge. The long pointer operates identically to a vertical speed indicator with the same familiar scale on the left side of the gauge. It indicates the rate of change of cabin pressure. The orange PSI pointer indicates the differential pressure on the right side scale. The ALT indicator uses the same scale as the PSI pointer, but it indicates cabin altitude when ALT indicator moves against it)

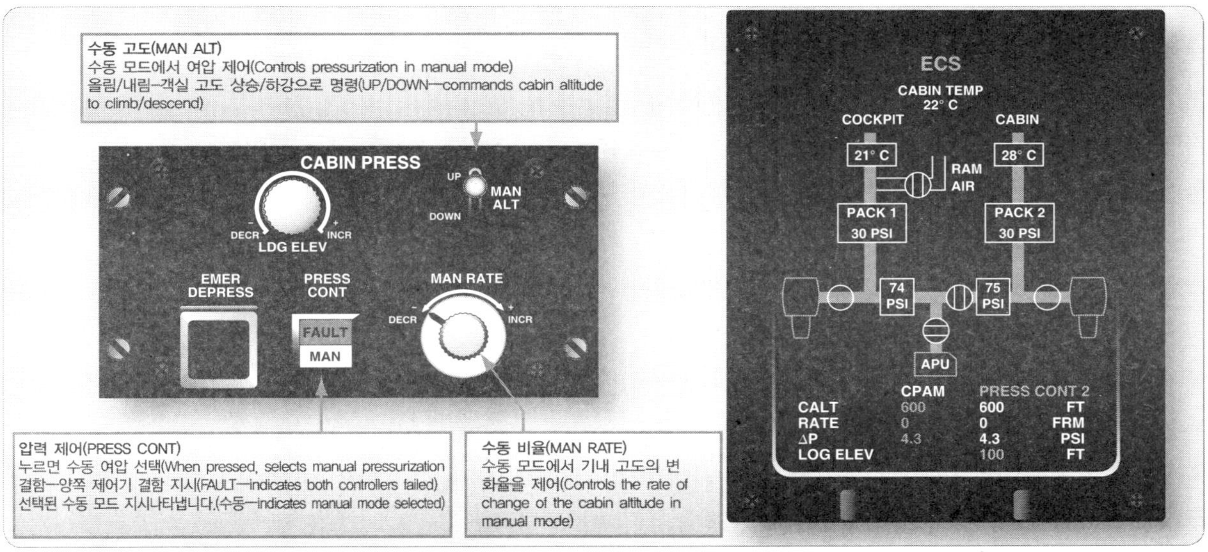

[그림 12-54] Bombardier CRJ200 50 여객기의 여압 패널 및 환경 제어 시스템 페이지에는 게이지가 없다. 전통적인 여압 데이터는 페이지 하단에 디지털 형식으로 표시된다.(The pressurization panel and environmental control system page on a Bombardier CRJ200 50 passenger jet have no gauges. Traditional pressurization data is presented in digital format at the bottom of the page)

aircraft monitoring system)와 같은 액정화면 시현으로 된 디지털 항공기 지시계통을 가지고 있어서 여압패널에는 계기가 없다. 그중 환경제어시스템(ECS, environmental control system) 페이지에서는 계통에 필요한 정보를 시현해 준다. 논리회로(logic)의 사용으로 인해 여압계통의 작동은 단순화 및 자동화되었다. 그러나 객실여압패널은 수동제어를 위해 조종석에 남아 있다.

12.3.6.6 여압 작동(Pressurization Operation)

대부분 여압제어장치를 위한 작동 모드는 정상 모드와 자동 모드가 있으며 예비 모드 또한 선택할 수 있다. 예비 모드에서 역시 다른 입력, 예비제어기, 또는 예비 유량밸브 작동으로서 여압의 자동제어가 가능하다. 수동 모드는 일반적으로 자동 모드와 예비 모드가 고장 났을 때 사용한다. 이것은 승무원이 직접 계통에 따라 공기압제어 또는 전기제어를 통해 유량밸브의 위치를 선택한다.

비행을 하는 동안 모든 스위치와 라이트 등이 여압 구성품의 작동과 일치하는 것이 필수적이다. 착륙장치에 부착된 WOW(weight-on-wheel) 스위치와 스로틀 위치스위치는 수많은 여압제어장치의 필수적인 입력 요소이다. 지상작동 시 그리고 이륙에 앞서, WOW 스위치는 일반적으로 항공기가 이륙 때까지 여압 안전밸브의 위치를 열림 위치로 제어한다. 최신의 계통에서, WOW 스위치는 모든 여압 구성품의 위치와 작동을 번갈아 제어하는, 여압제어기로 입력을 제공하게 된다. 어떤 계통에서는 WOW 스위치는 안전밸브 또는 공기압원밸브(pneumatic source valve)를 바로 제어하게 한다.

스로틀 위치스위치는 객실이 비여압에서 여압으로 매끄럽게 이동하도록 사용한다. WOW 스위치가 공중 상태를 감지하고 스로틀이 점진적으로 전진되었을 때 유량밸브가 부분적으로 닫히게 되고 여압이 시작된다. 이륙 이후 여압 스케줄은 유출밸브가 완전히 닫히도록 요구된다.

비행 중에, 여압제어기는 자동적으로 항공기가 착륙할 때까지 여압 구성품의 작동 순서를 제어한다. WOW 스위치가 항공기 착륙으로 지상상태를 감지할 때, 안전밸브는 열린다. 일부 항공기에서, 유량밸브) 자동 여압모드에서 지상에서도 여압이 가능하게 한다. 계통의 작동점검은 수동 모드에서 수행하며 정비사가 조종석 패널에서 판넬에서 모든 밸브의 위치를 제어할 수 있다.

12.3.6.7 공기 분배(Air Distribution)

가압된 항공기에서 객실공기는 여압원에서부터 객실 내부와 전체에 걸쳐서 배관된 공기덕트에 의해 분배된다. 일반적으로, 공기는 천정에 배관되어 천정

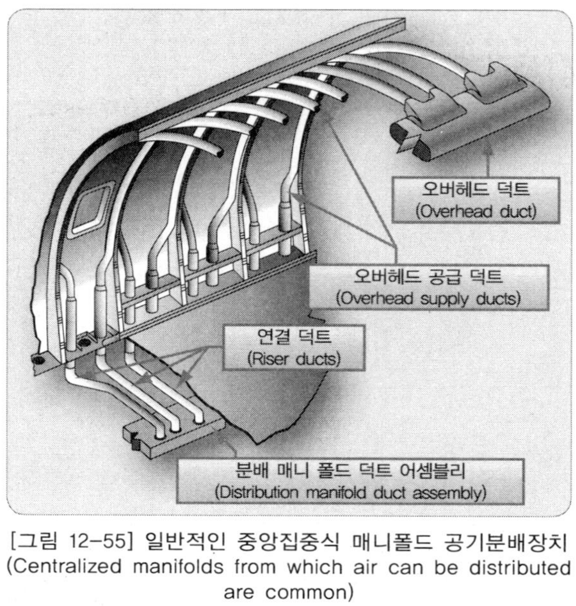

[그림 12-55] 일반적인 중앙집중식 매니폴드 공기분배장치 (Centralized manifolds from which air can be distributed are common)

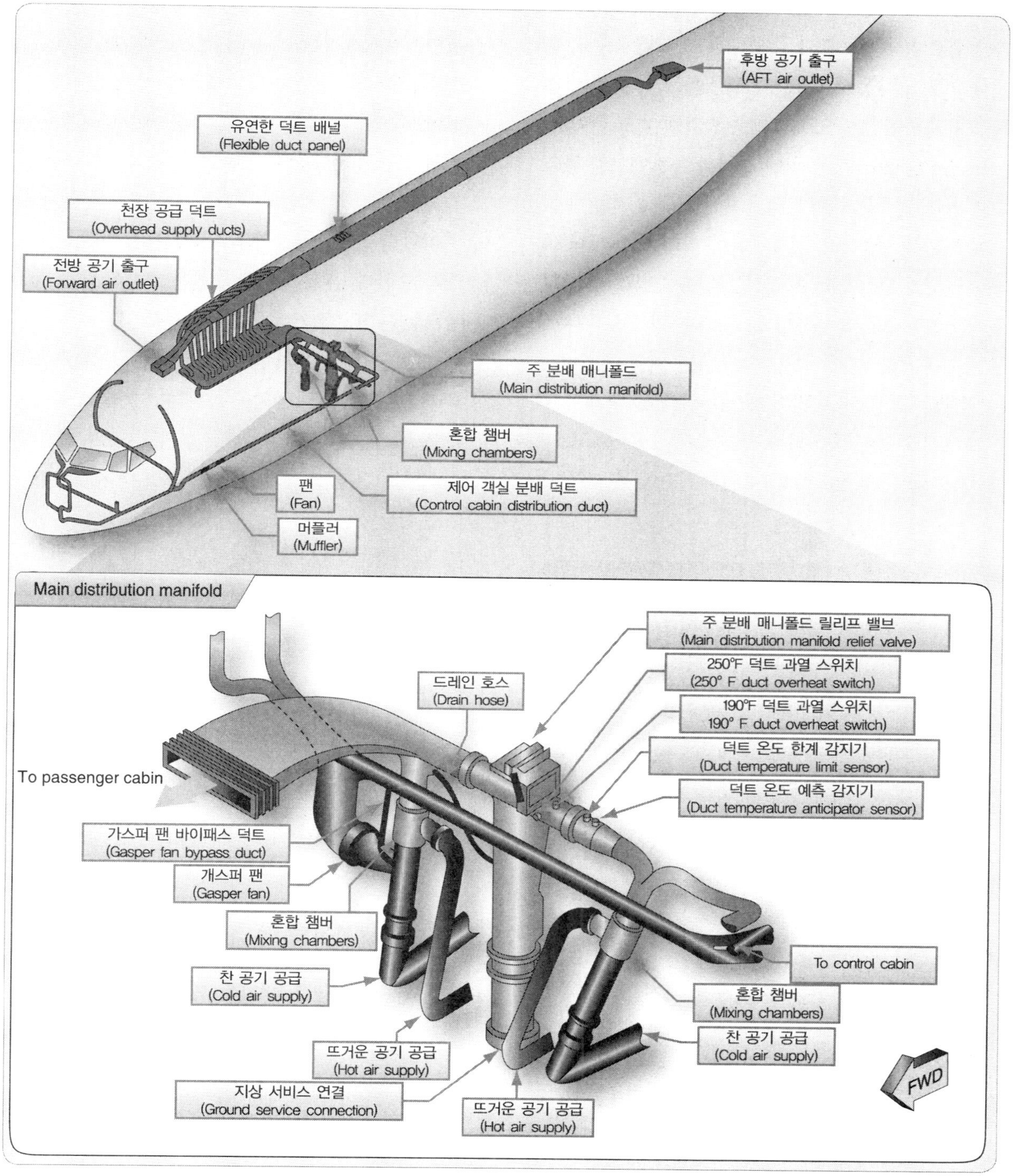

[그림 12-56] B737의 공기 분배계통. 주 분배 매니폴드는 객실 바닥 아래에 있다. 라이저 덕트는 수평으로 흐르고 매니폴드에서 수직으로 덕트에 공급된다. 이는 덕트에서 조절된 공기를 운반하여 동체에서 방출되도록 한다.(The conditioned air distribution system on a Boeing 737. The main distribution manifold is located under the cabin floor. Riser ducts run horizontally then vertically from the manifold to supply ducts, which follow the curvature of the fuselage carrying conditioned air to be released in the cabin)

배출구로부터 방출되고 순환되어 바닥배출구로 빠져나간다. 그다음에 공기는 화물칸과 바닥 부분 아래쪽을 통과하여 후방으로 흘러 후방압력 벌크헤드(aft pressure bulkhead) 주위에 설치된 유량밸브를 통과하여 외부로 나간다. 공기의 흐름은 거의 감지할 수 없으며 배관은 항공기와 계통설계에 따라 객실 바닥 아래쪽 그리고 객실 벽과 천장 판넬 뒤쪽에 감춰져 있다. 공기분배장치(air distribution system)의 구성품은 여압 공기공급원, 환기공기, 온도트림공기들을 선택하는 밸브뿐만 아니라 인라인 팬(in-line fan)과 객실 일부의 흐름을 증진하기 위한 제트펌프(jet pump)가 있다. 온도센서, 과열스위치, 그리고 체크밸브 또한 구성품이며 공통적으로 사용되는 품목이다.

[그림 12-57] 이 여객기에 설치된 덕트 호스는 항공기 자체의 공기 분배 계통 덕트를 사용하여 기내의 지상 소스로부터의 따듯하거나 차가운 공기를 분배한다.(A duct hose installed on this airliner distributes hot or cold air from a ground-based source throughout the cabin using the aircraft's own air distribution system ducting

터빈항공기에서, 공기조화계통(air conditioning system)으로부터 공급된 온도 조절된 공기를 객실을 가압하기 위해 사용된다. 덕트 또는 혼합실 내부의 공기는 블리드 공기와 함께 공기의 온도를 조절한 혼합공기이며 승무원이 객실에서 요구되는 정확한 온도를 조절하게 한다. 혼합을 위한 밸브는 조종석 또는 객실에 위치한 온도조절기에 의해 제어된다.

대형 항공기는 각각의 독립된 공기분배 구역으로 구분하게 된다. 각각의 구역은 독자적인 온도가 유지될 수 있도록 조화공기와 추출공기를 혼합하기 위한 밸브를 가지고 있다. 그림 12-56과 같이, 대부분 항공기 공기분배장치는 전자 장비실로 냉각공기를 공급하기 위한 배관과 순환장치를 예비로 장착한다.

항공기가 지상에 있을 때, 공기조화계통에 공기를 공급하기 위해 엔진 또는 보조동력장치(APU)를 작동시키는 것은 항공기 운영유지 비용을 증가시키는데 고가 구성품의 사용시간을 증가시키고 명시된 시간간격에 반드시 수행되어야만 하는 오버홀(overhaul) 정비 주기를 가속화시킨다. 대부분 고성능, 대형 터빈항공기는 공기분배장치에 리셉터클(receptacle)을 갖추어 조화된 공기를 지상에서 공급한다. 객실은 지상공급원으로부터 공급된 공기를 이용하여 가열하거나 또는 냉각할 수 있다. 비행 전 점검과 승객 탑승이 완료된 경우, 배관 호스는 비행을 위해 분리되어야 한다. 공기조화계통의 상류방향으로 지상공급된 공기가 역으로 흐르는 것을 방지하기 위해 체크밸브가 사용된다.

12.3.6.8 객실 여압 고장탐구 (Cabin Pressurization Troubleshooting)

대부분 항공기의 여압계통이 유사한 구성품이 장착

되고 유사하게 동작하나 완전히 동일하게 작동하지는 않는다. 심지어 이들 계통이 하나의 제작사에 의해 조립되었다고 할지라도 다른 항공기에 장착되었을 때 조금씩은 차이가 있다. 그렇기 때문에 여압계통의 고장을 탐구하기 위해 항공기 제작사가 제공하는 정보를 확인하는 것이 중요하다. 압력공급 실패 또는 여압유지 실패와 같은 결함은 수많은 다른 원인을 가질 수 있다. 제작사 고장탐구절차에 있는 단계의 준수는 일어날 수 있는 가능 원인을 순차적으로 수행하기 위해 권고된다. 항공기는 고장탐구 시에 여압계통 점검키트(test kit)를 이용하거나 정상공급원에 의해 가압될 수 있으며 정비 완료 후 시험비행이 요구될 수도 있다.

12.4 공기 조화계통 (Air Conditioning Systems)

일반적으로 항공기에 사용되는 두 가지 유형의 공기 조화계통이 있다. 공기순환식 공기조화(air cycle air conditioning)는 대부분 터빈항공기에 사용되는데 조화과정 시에 엔진 블리드 공기(engine bleed air) 또는 보조동력장치(APU) 공기압력을 사용한다. 증기순환식 공기조화계통(vapor cycle air conditioning system)은 가끔 왕복항공기에 사용되는데 이 유형의 계통은 가정이나 자동차에서 찾아볼 수 있는 것과 유사하며 또한 일부 터빈항공기 역시 증기순환식 공기조화 계통을 사용한다.

12.4.1 공기순환 공기 조화계통 (Air Cycle Air Conditioning)

그림 12-58과 같이, 공기순환식 공기조화는 항공기 객실에 압력을 가하기 위하여 엔진 블리드 공기를 사용한다. 공기의 온도와 압력은 모든 고도와 지상에서 안락한 객실 환경을 유지하기 위해 제어되어야 한다. 공기순환방식은 가끔 공기조화패키지(air conditioning package) 또는 공기조화팩(air conditioning pack)이라고도 부르며 보통 동체의 하반부에 또는 터빈항공기의 꼬리구역(tail section)에 위치한다.

12.4.1.1 계통 작동(System Operation)

고고도에서 겪게 되는 혹한의 온도에서조차도, 블리

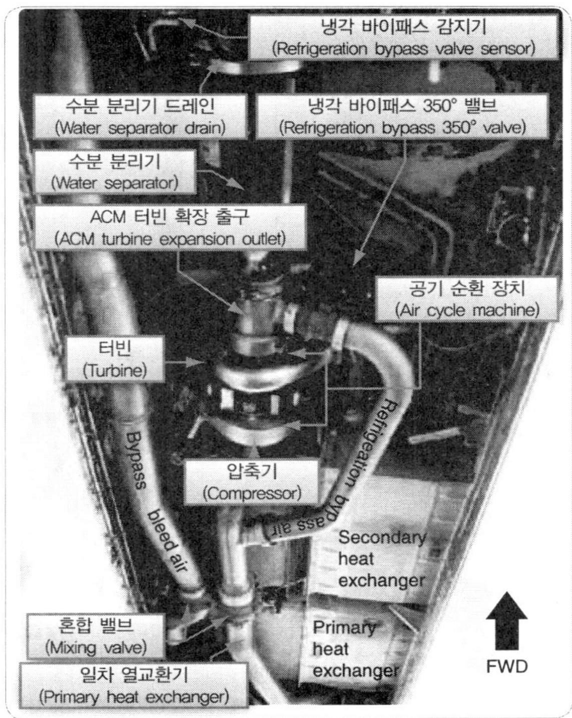

[그림 12-58] B737 공기순환계통. 사진은 항공기 각 측면의 동체 하단에 있는 공기순환 베이를 올려 본 장면이다.(Boeing 737 air cycle system. The photo is taken looking up into the air conditioning bay located in the lower fuselage on each side of the aircraft)

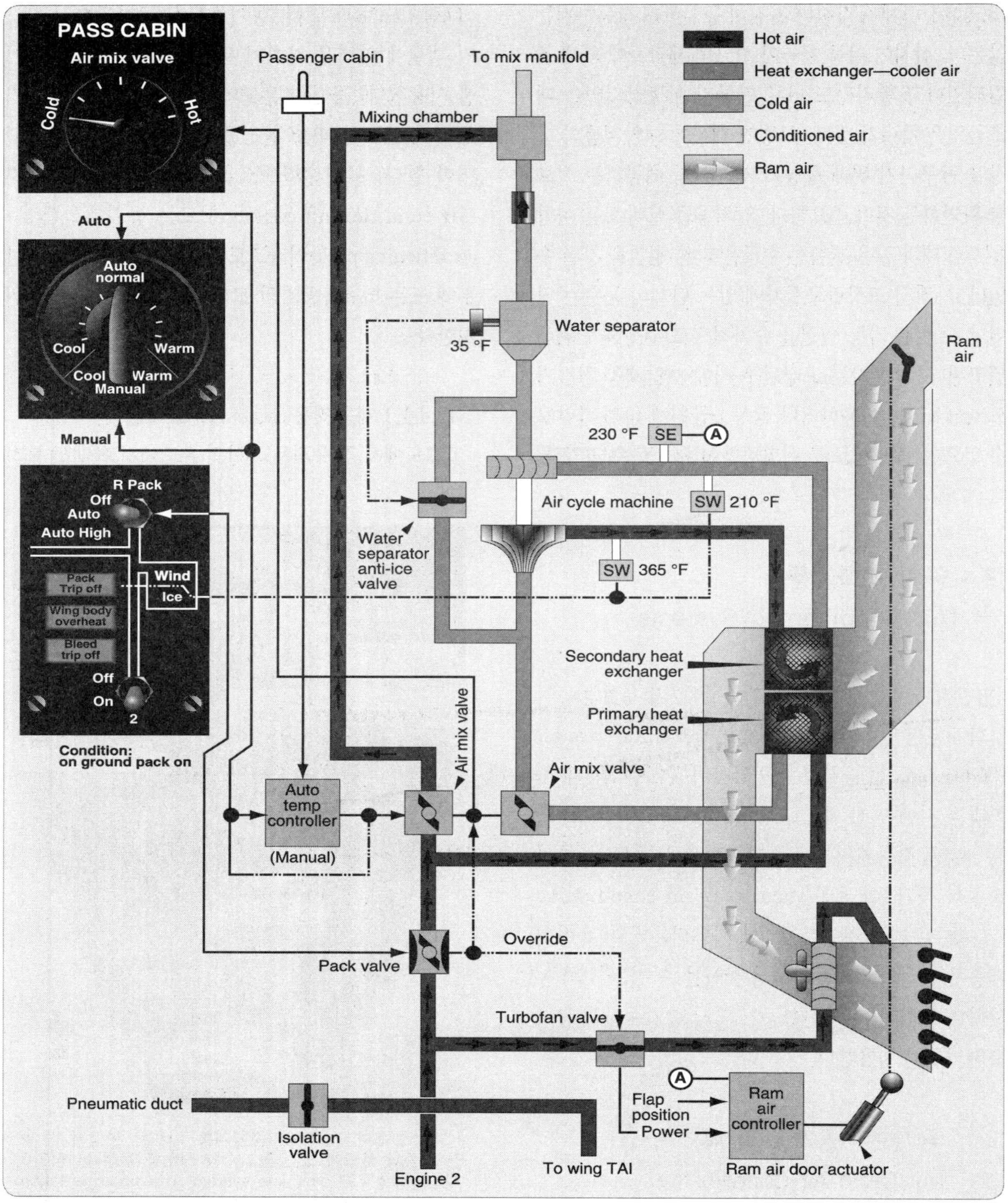

[그림 12-59] B737 공기순환식 공기조화계통(The air cycle air conditioning system on a Boeing 737)

드 공기는 냉각절차 없이 객실에서 사용되기에 너무 뜨겁다. 그래서 블리드 공기를 공기순환계통으로 유입시켜 램공기(ram air)로 냉각시키기 위해 열교환기(heat exchanger)를 경유하게 한다. 이렇게 냉각된 블리드 공기는 공기순환장치 내부로 유입되게 된다. 거기에서 1차 냉각된 공기를 압축하여 냉각시키는 2차 열교환기로 유로를 형성시키는데 2차 냉각 역시 램공기에 의해 냉각된다. 2차 냉각된 블리드 공기는 팽창터빈을 경유하여 더욱 더 냉각된다. 그때 수분이 제거되고 공기는 최종 온도조정을 위해 바이패스된 블리드 공기와 혼합된다. 이렇게 최종 온도 조절된 공기는 공기분배장치를 통해 객실로 보낸다. 공기순환과정에서 각각의 구성품의 작동을 세부적으로 확인하여, 객실 사용을 위해 조절된 블리드 공기가 어떻게 전개되는지 확인할 수 있다. 그림 12-59에서는 B737의 공기순환식 공기조화 계통을 그림으로 나타내었다.

12.4.1.2 공압계통 공급(Pneumatic System Supply)

공기순환식 공기조화계통은 항공기 공기압계통에 공기를 공급한다. 결과적으로, 공기압계통은 각각의 엔진압축기 구역에서 제공된 블리드 공기 또는 보조동력장치 공기압공급원으로부터 공급된다. 또한 외부공기압 공급원은 항공기가 지상에 정지된 동안 연결된다. 항공기가 정상비행 시에서, 공기압매니폴드(pneumatic manifold), 밸브, 조절기, 그리고 배관의 경유를 통해 엔진블리드공기가 공급된다. 공기조화팩은 방빙계통(anti-ice system)과 유압계통과 같은, 다른 주요 기체계통처럼 매니폴드에 의해서 공급된다.

12.4.1.3 구성품 작동(Component Operation)

(1) 팩밸브(Pack Valve)

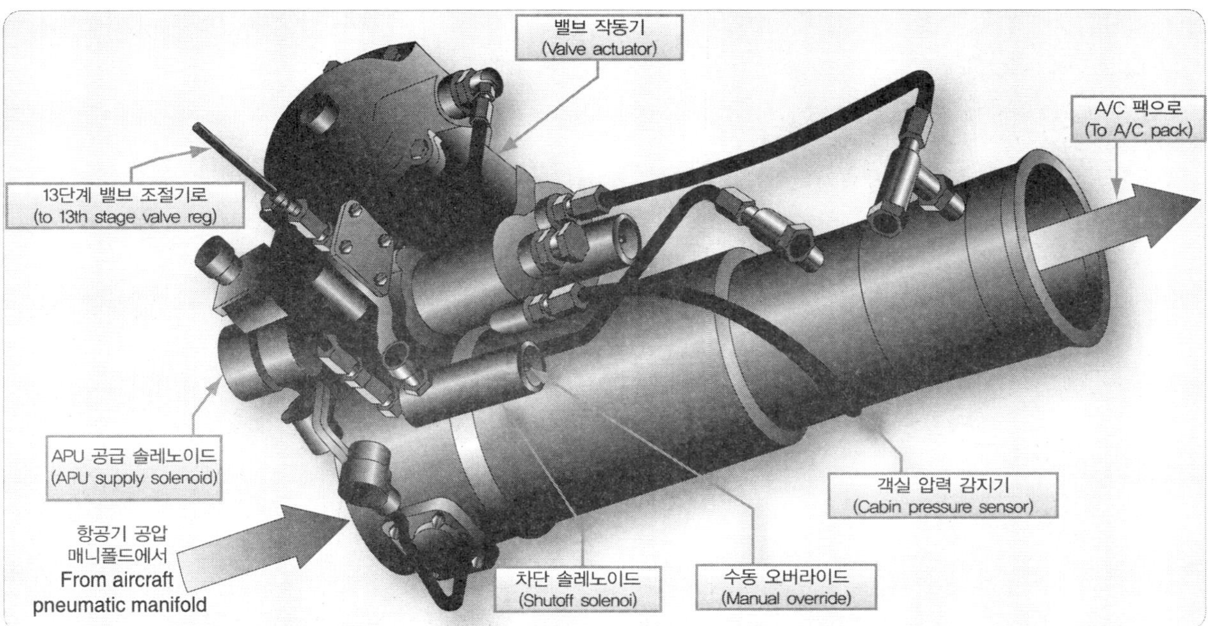

[그림 12-60] 팩 밸브 그림은 밸브가 열리고 닫히고 조절되는 복잡성을 보여준다. 조종실에서 수동으로 작동되며 공급 및 공기 순환 계통 매개 변수 입력에 자동으로 반응한다.(This pack valve drawing illustrates the complexity of the valve, which opens, closes, and modulates. It is manually actuated from the cockpit and automatically responds to supply and air cycle system parameter inputs)

팩밸브(pack valve)는 공기압매니폴드로부터 공기순환식 공기조화계통 내부로 추출공기를 조절하는 밸브이며 조종석에 있는 공기조화패널 스위치의 작동에 의해 제어된다. 대부분 팩밸브는 전기적 또는 공기압으로 제어되는 방식이다. 또한 그림 12-60과 같이 팩밸브는 공기순환식 공기조화계통이 설계상 요구되는 온도와 압력의 공기량을 공급하도록 열리고, 닫히고, 그리고 조절한다. 과열 또는 다른 비정상 상황으로 공기조화패키지가 정지가 요구될 때, 팩밸브가 닫히도록 신호를 보낸다.

(2) 블리드 공기 바이패스(Bleed Air Bypass)

공급된 공기 중 일부는 공기순환식 공기조화계통을 우회하여 계통에 공급되어 최종 온도를 조절한다. 따뜻한 우회공기는 객실로 제공되는 공기가 쾌적한 온도가 되도록 공기순환방식에 의해 생성된 냉각공기와 혼합되며 자동온도 제어기의 요구조건에 부합하도록 혼합밸브에 의해 제어된다. 또한 수동 모드에서 객실 온도조절기에 의해 수동으로 제어할 수 있다.

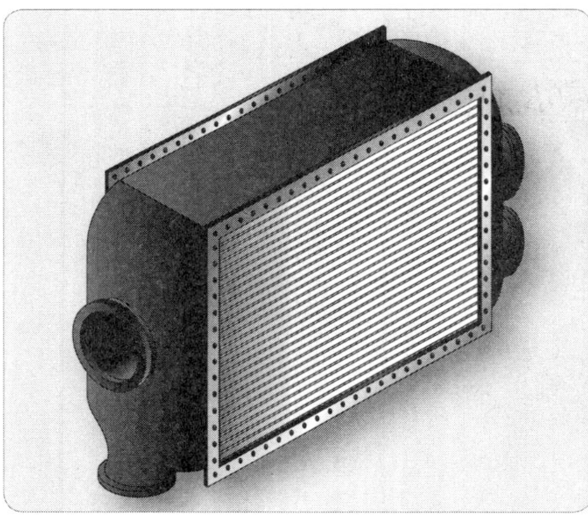

[그림 12-61] 공기 순환 공조 계통의 1 차 및 2 차 열교환기는 유사한 구조로 되어 있다. 램 에어가 교환기 코일과 핀을 지나갈 때 블리드 에어를 냉각시킨다.(The primary and secondary heat exchangers in an air cycle air conditioning system are of similar construction. They both cool bleed air when ram air passes over the exchanger coils and fins)

(3) 1차 열교환기(Primary Heat Exchanger)

그림 12-61과 같이, 대개 공기순환계통을 거쳐 지나가도록 독립적으로 제공된 따뜻한 공기는 우선 1차 열교환기를 통과하는데 그것은 자동차의 방열기(radiator)와 유사한 방식으로 냉각 작용을 한다. 계통 내부에 공기의 온도를 낮추기 위해, 램공기의 제어된 흐름은 교환기 외부 그리고 교환기 내부를 통과하여 덕트로 연결된다. 팬에 의해 강제로 유입된 공기는 항공기가 지상에서 정지되어 있을 때에도 열교환이 가능하도록 한다. 그림 12-62와 같이, 비행 중에 램공기 도어는 날개플랩의 위치에 따라 교환기로 유입되는 램공기 흐름을 증가시키거나 또는 감소시키도록 조절된다. 플랩이 펼쳐져 항공기가 저속으로 비행 시에 도

[그림 12-62] 램 에어 도어는 1차 및 2차 열교환기를 통과한 공기 흐름을 제어한다.(A ram air door controls the flow of air through the primary and secondary heat exchangers)

어는 열려 요구되는 공기의 양을 보충해 주고 플랩이 수축되어 고속으로 비행 시에는 도어는 교환기로 제공되는 램공기의 양을 줄여 요구되는 공기의 양을 조절한다.

(4) 냉각 터빈장치, 공기순환장치 또는 2차열교환기 (Refrigeration Turbine Unit or Air Cycle Machine and Secondary Heat Exchanger)

그림 12-63과 같이, 공기순환식 공기조화계통의 핵심은 공기순환장치로 알려진 냉각터빈장치이다. 공기순환장치는 터빈에 의해 구동되며 공동축으로 연결된 압축기로 구성된다. 계통공기는 1차열교환기로부터 공기순환장치의 압축기 내부로 유입된다. 공기가 압축되었을 때, 공기의 온도는 올라가는데 이때 가열된 공기를 2차열교환기로 보낸다. 공기순환장치에서 압축된 공기의 상승된 온도를 램공기를 이용하여 열에너지를 쉽게 전환시킨다. 공기순환장치 압축기로부터 가압된 냉각계통공기는 2차열교환기를 빠져나와 공기순환장치의 터빈으로 향한다. 공기순환장치 터빈의 가파른 로터블레이드(rotor blade) 피치각

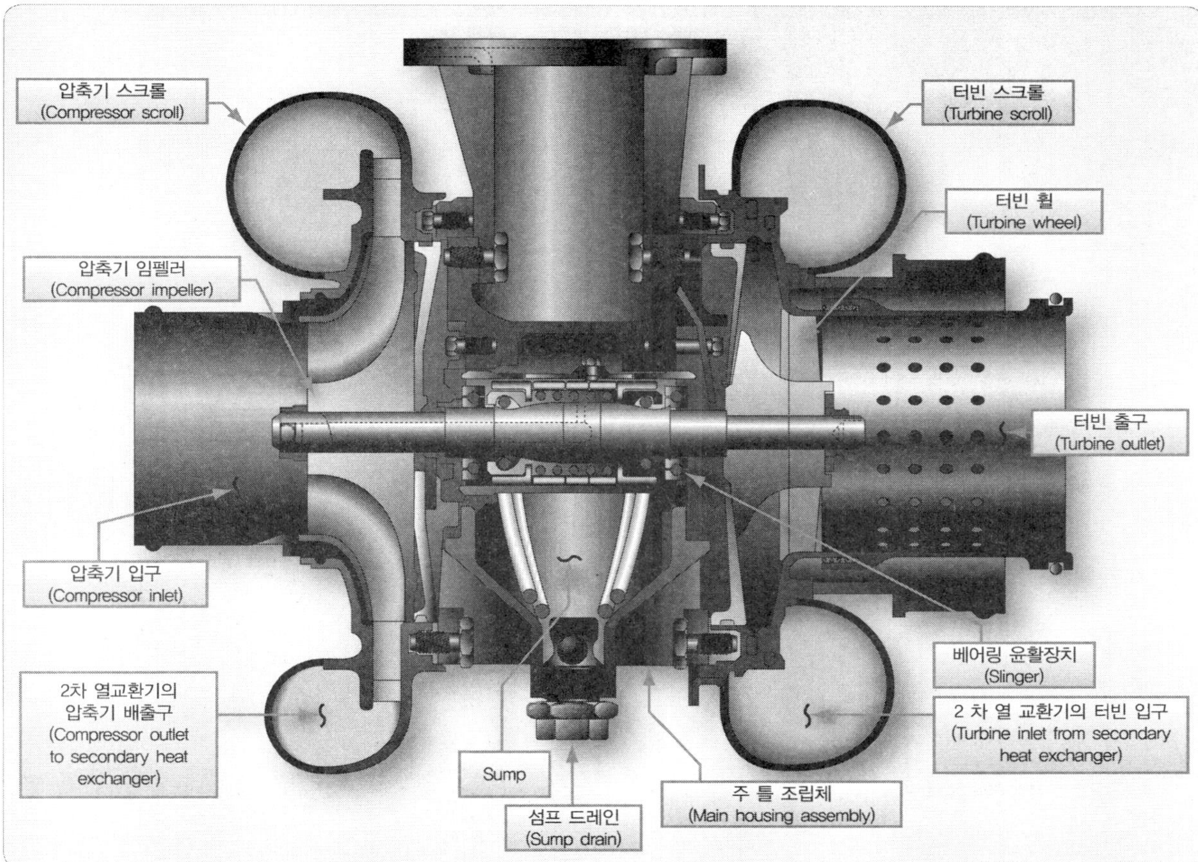

[그림 12-63] 공기순환장치의 단면도. 메인 하우징은 압축기와 터빈이 부착된 단일 샤프트를 지지한다. 오일이 샤프트 베어링을 윤활 및 냉각(A cutaway diagram of an air cycle machine. The main housing supports the single shaft to which the compressor and turbine are attached. Oil lubricates and cools the shaft bearings)

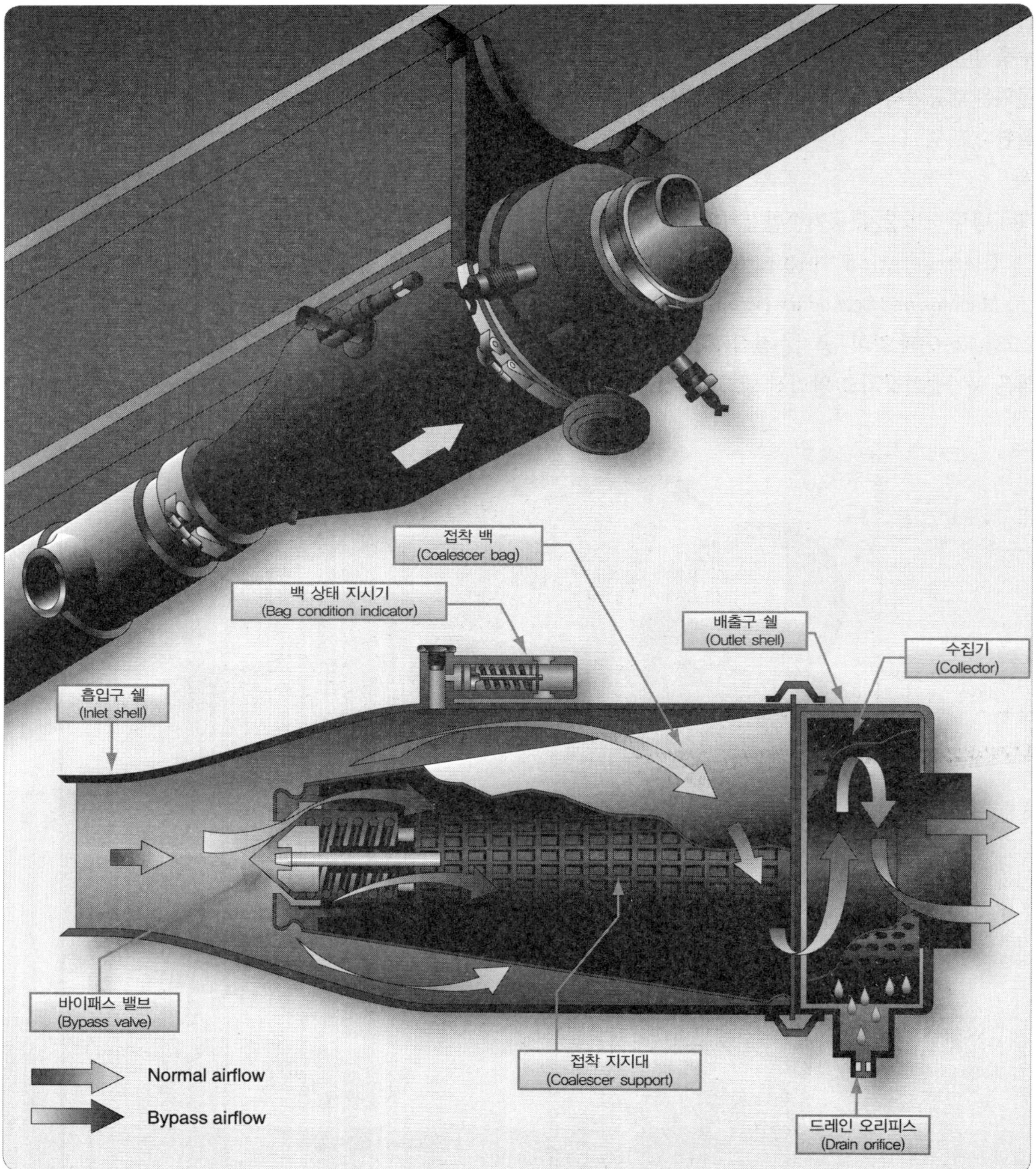

[그림 12-64] 수분 분리기는 ACM 팽창 터빈에서 배출된 공기/물 혼합물을 소용돌이쳐서 물을 제거한다. 원심력은 물을 수집기의 벽으로 보내어 장치에서 배출된다.(A water separator coalesces and removes water by swirling the air/water mixture from ACM expansion turbine. Centrifugal force sends the water to the walls of the collector where it drains from the unit)

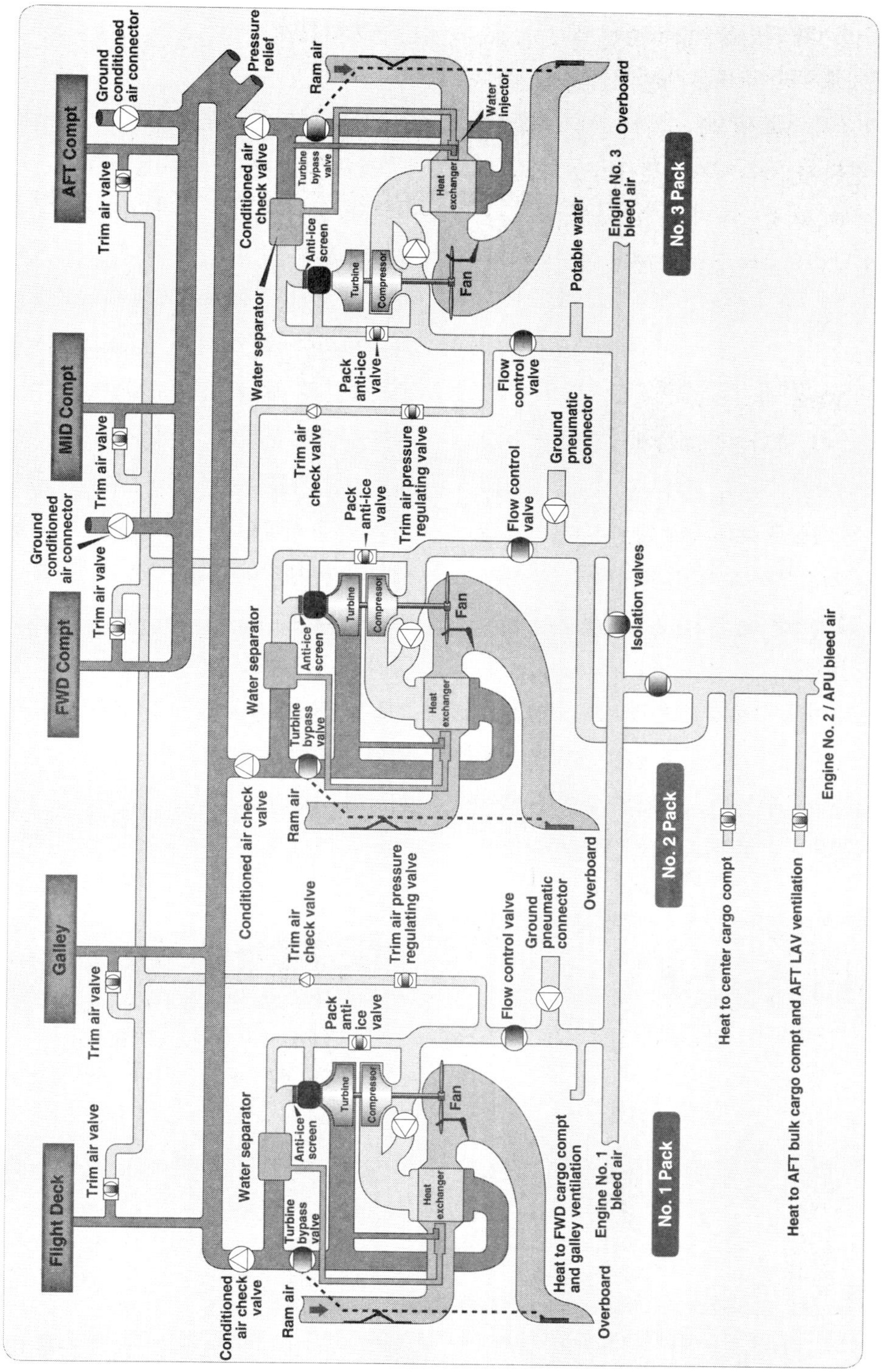

[그림 12-65] DC-10항공기 공기순환식 공기조화 계통
(The air cycle air conditioning system of a DC-10 aircraft)

(pitch angle)은 공기가 터빈을 거쳐 지나가고 터빈을 구동시킬 때 공기로부터 더 많은 에너지를 추출해낸다. 터빈을 통과하여 더욱 냉각된 공기는 공기순환장치 출구에서 팽창된다. 처음에는 터빈을 구동하고 그 다음에 터빈 출구에서 팽창하며 결빙에 근접하도록 계통공기온도를 낮춤으로써 열과 운동의 복합에너지가 낮아진다.

(5) 수분 분리기(Water Separator)

그림 12-64와 같이, 공기순환장치에서 냉각된 공기는 다시 고온 상태만큼 수분을 포화시킬 수 없기 때문에 공기를 항공기 객실로 보내기 전에 수분 분리기를 이용하여 포화공기로부터 수분을 제거한다. 분리기는 작동부 없이 작동하는데 공기순환장치로부터 공급된 수증기가 포함된 공기가 섬유유리 삭(sock)을) 통해 강제 유입되고 이때 수증기가 응축되어 물방울이 형성된다. 분리기 나선형 내부구조물은 공기와 수분을 소용돌이치게 하여 수분은 분리기의 옆쪽에 모이고 아래쪽으로 흘러 외부로 배출되고 반면에 건조공기는 통과된다.

(6) 냉각 바이패스밸브(Refrigeration Bypass Valve)

공기순환장치 터빈 내부에 있는 공기는 팽창하고 냉각된다. 공기가 너무 차가워져서 수분분리기에서 분리된 수분을 결빙시켜 공기흐름을 억제하거나 또는 막을 수 있다. 수분분리기에 위치한 온도센서는 공기가 결빙온도 이상에서 흐르도록 유지해주는 냉각바이패스밸브를 제어하며 온도제어밸브, 35[°] 밸브, 방빙밸브 등으로 불린다. 열렸을 때 공기순환장치 주위에 따뜻한 공기를 우회시킨다. 우회된 공기는 수분분리기의 바로 상류인 팽창도관으로 이입되어 공기를 가열시킨다. 냉각바이패스밸브는 공기가 수분분리기를 거쳐 지나갈 때 결빙하지 않도록 공기순환장치 방출 공기의 온도를 조절한다.

모든 공기순환식 공기조화계통은 추출공기로부터 열에너지를 제거하기 위해 팽창터빈과 함께 적어도 하나의 램공기 열교환기와 공기순환장치를 사용한다. 그러나 개별 항공기마다 조금씩 차이는 있을 수 있다.

[그림 12-66] 운송용 항공기 온도 조종실 제어 패널(좌측)과 사용제트기(우측)의 일반적인 온도 선택기. 대형 항공기의 경우 온도 선택기는 특정 객실 공기 분배 구역에 있는 제어 패널에 위치할 수 있다.(Typical temperature selectors on a transport category aircraft temperature control panel in the cockpit(left) and a business jet(right). On large aircraft, temperature selectors may be located on control panels located in a particular cabin air distribution zone)

그림 12-65에서는 DC-10 항공기 계통을 보여준다.

12.4.1.4 객실온도 제어계통 (Cabin Temperature Control System)

(1) 일반적인 계통 작동

대부분 객실온도 제어계통은 유사한 방식으로 작동

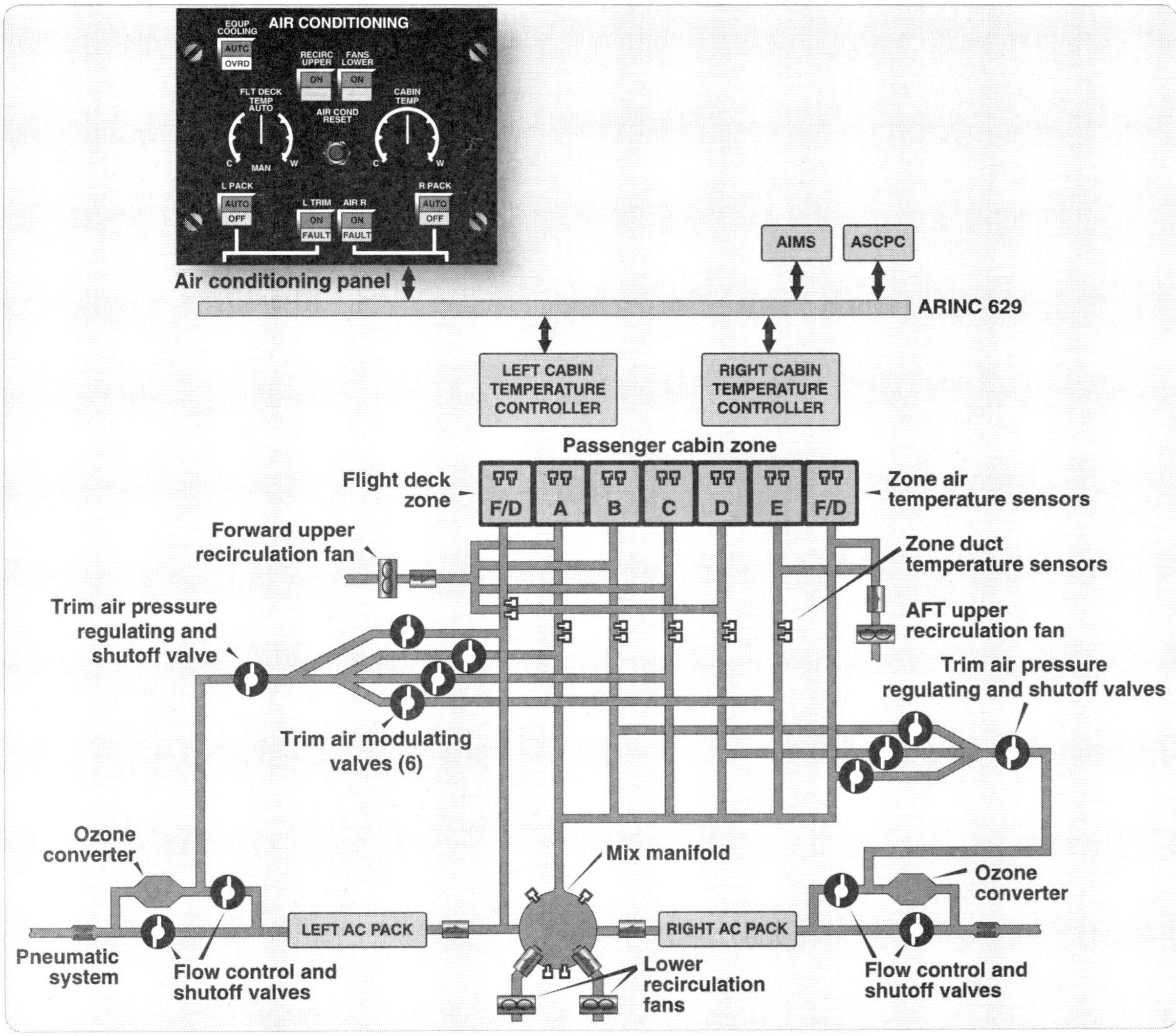

[그림 12-67] B777의 온도 제어계통은 구역 및 덕트 온도 감지기와 각 구역의 트림 공기 조절 밸브를 결합하여 사용한다. 여분의 디지털 좌/우 객실 온도 제어는 조종실 패널의 감지기와 온도 선택기 그리고 항공기 전체의 온도 입력신호를 처리하여 밸브를 조정한다.(The temperature control system of a Boeing 777 combines the use of zone and duct temperature sensors with trim air modulating valves for each zone. Redundant digital left and right cabin temperature controllers process temperature input signals from the sensors and temperature selectors on the cockpit panel and throughout the aircraft to modulate the valves)

한다. 온도는 객실, 조종석, 조화공기덕트, 그리고 분배공기덕트에서 감지되어 전자 장비실에 위치한 온도제어기 또는 온도제어조절기로 입력된다. 그림 12-66과 같이, 조종석에 있는 온도선택기는 요구되는 온도를 입력하기 위해 조정할 수 있다. 온도제어기는 설정 온도입력과 함께 여러 가지의 센서로부터 수신된 실제온도신호를 비교한다. 선택된 모드에 대한 논리회로는 이들 입력신호를 처리하고 출력신호는 공기순환식 공기조화계통에 있는 밸브로 보낸다. 생산된 냉각공기와 공기순환식 냉각과정을 우회한 따뜻한 추출공기를 혼합하여 온도제어기로부터 신호에 상응하여 밸브를 조절하고 온도 조절된 공기는 공기분배장치를 통해 객실로 보낸다.

그림 12-67과 같이, 온도제어계통에 사용된 객실온도 감지기는 서미스터(thermistor)이다. 온도변화에 따라 저항값이 변하며 온도선택 스위치 회전에 따라 저항값이 변화하는 가감저항기이다. 온도조절기내에서 저항값은 브리지회로와 비교되고 브리지 출력값은 온도조절 기능을 피드백하는데 전기적인 출력이 밸브로 보내지면 뜨거운 공기와 찬 공기가 혼합 된다.

12.4.2 증기순환 공기 조화계통 (Vapor Cycle Air Conditioning)

증기순환식 공기조화계통은 터빈항공기가 아닌니면서 공기조화계통을 갖추고 있는 대부분 항공기에 사용된다. 증기순환방식은 여압을 제외한 오직 객실 냉각만을 시킨다. 만약 증기순환식 공기조화계통을 갖추고 있는 항공기가 여압된다면, 그것은 이전에 여압 부분에서 설명했던 공급원 중 하나를 별도로 사용하고 있다. 증기순환식 공기조화는 객실 내부에서 외부로 열의 전환을 위해 사용되는 폐쇄식계통에 가까우며 지상과 비행 중에 작동할 수 있다.

12.4.2.1 냉각 이론(Theory of Refrigeration)

그림 12-68과 같이, 에너지는 생성되거나 또는 소멸할 수도 있지만 변환되거나 이동할 수 있다. 이것이 바로 증기순환식 공기조화의 기본 원리이다. 객실공기의 열에너지는 액체냉매로 이동되고 추가적인 에너지로 인하여, 액체는 증기로 변환하여 증기는 다시 압축되고 뜨겁게 가열된다. 이렇게 압축 가열된 뜨거운 증기냉매는 외부공기에서 열에너지를 전환시킨다. 그런 다음, 냉매는 액체로 다시 냉각 응축되어. 에너지 이동의 순환을 반복하기 위해 객실로 되돌아간다.

에너지의 한 형태인 열은 일반적으로 온도에 의해 측

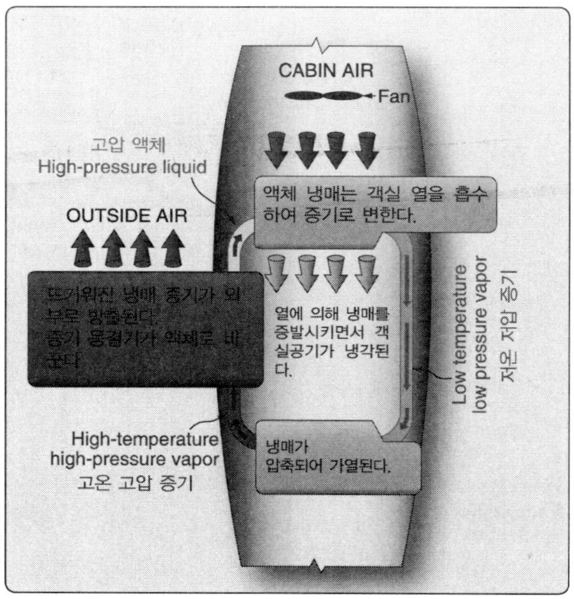

[그림 12-68] 증기 순환 공기조화계통에서 열은 액체를 증기로 변화 시키고 다시 되돌아오는 냉매에 의해 기내에서 외부 공기로 전달된다.(In vapor cycle air conditioning, heat is carried from the cabin to the outside air by a refrigerant which changes from a liquid to a vapor and back again)

정되며 온도가 높으면 높을수록, 더 많은 에너지를 포함한다. 또한, 열은 항상 뜨거운 것에서 차가운 것으로 흐른다. 뜨거운 것과 차가운 것은 두 가지 물질에 존재하는 에너지의 상대적인 양으로 표시되며 열의 절대량을 표시하지는 않는다. 또한 에너지 수준의 차이 없이, 에너지, 즉 열의 이동은 없다.

물질에 열을 가한다고 해서 항상 온도가 올라가지는 않는다. 액체가 증기로 변화할 때처럼, 물질이 상태를 변경할 때 열에너지는 흡수하지만 온도의 변화는 없으며 이것을 잠열(latent heat)이라고 부른다. 또한 증기가 액체로 응축될 때 열에너지가 발산된다. 이렇게 어떤 물질이 상태가 변화하는 동안에는 온도가 일정하다. 흡수 또는 발산된 모든 에너지 즉, 잠열은 변화과정을 위해 사용된다. 물질이 증기상태로 변화이후 증기는 추가적인 과열(superheat)로 온도가 상승하게 된다.

물질에 열이 가해졌을 때 액체에서 증기로 변화하는 온도를 그 물질의 비등점(boiling point)이라고 한다. 이것은 같은 물질의 증기가 냉각될 때 액체로 응축하는 온도와 동일하다. 어떤 물질의 비등점은 압력

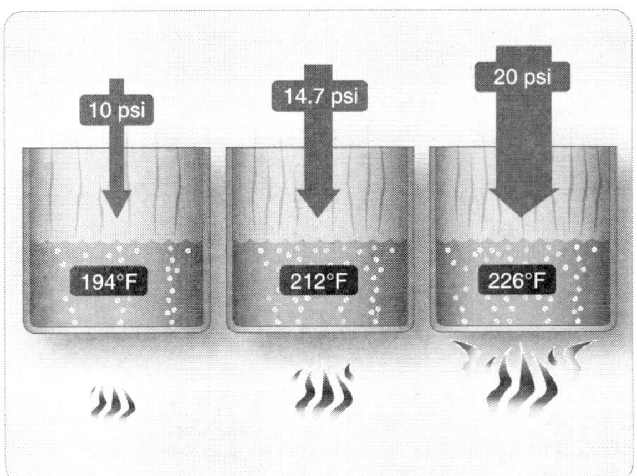

[그림 12-69] 압력변화에 따른 물의 비등점 변화(Boiling point of water changes as pressure changes)

의 변화에 따라 직접적인 영향을 받는다. 액체의 압력이 증가되었을 때, 그것의 비등점은 올라가고, 액체의 압력이 감소되었을 때, 그것의 비등점은 또한 내려간다. 예를 들어 물은 표준대기압력인 14.7[psi]일 때 212[°F]에서 끓는다. 물의 압력이 20[psi]로 증가되었을 때, 212[°F]의 온도에서 비등되지 않는다. 압력의 증가를 극복하기 위해 더 많은 에너지가 요구되는 것이며 약 226.4[°F]에서 끓는다. 물은 또한 압력을 낮추면 아주 낮은 온도에서 끓일 수 있다. 물의 압력을 10[psi]로 낮추면 194[°F]에서 끓는다.

증기압은 어떤 주어진 온도에서 밀폐된 용기 내부의 증기 압력이다. 휘발성이라고 말하는 물질은 표준일 온도, 즉 59[°F]에서 높은 증기압을 조성하는데 이것은 물질의 비등점이 낮기 때문이다. 대부분 항공기 증기순환식 공기조화계통에서 사용되는 냉매(refrigerant)인 테트라플루오로에탄(tetrafluoroethane, R134a)의 비등점은 약 -15[°F]이며 59[°F]에서 증기압은 약 71[psi]이다. 어떤 물질의 증기압은 온도에 따라 직접 변화한다.

(1) 기본적인 증기 순환(Basic Vapor Cycle)

증기순환식 공기조화 계통은 냉매가 다양한 배관과 구성품을 통해 순환되는 폐쇄계통이며 목적은 항공기 객실로부터 열을 제거하기 위함이다. 순환하는 동안에, 냉매의 상태가 변화한다. 이렇게 잠열을 이용하여, 항공기 객실의 뜨거운 공기는 냉각공기로 대체된다.

먼저 R134a 냉매는 여과되어 리시버드라이어(Receiver Dryer)라고 알려진 저장소에서 압력 하에 액체 형태로 저장된다. 이 액체는 리시버드라이어로부터 배관을 거쳐 팽창밸브로 흐른다. 밸브 내부의 작

은 오리피스(orifice) 형태에 의해 제한된 냉매는 대부분 차단되는데 압력 하에 있기 때문에, 냉매의 일부는 오리피스를 통해 압송된다. 밸브의 배관 하류에서압송된 냉매는 분무된 조그마한(tiny) 물방울 형태로 존재한다. 증발기라고 부르는 방열기 어셈블리(radiator-type assembly)에 배관이 감겨져 있으며 증발기의 표면에 객실공기를 불어주기 위한 팬이 위치한다. 팬이 작동할 때, 액체에서 증기로 상태를 변화하는데, 이때 객실공기의 열은 냉매에 의해 흡수된다. 팬에 의해 공급된 공기가 증발기를 통과하면서 상당

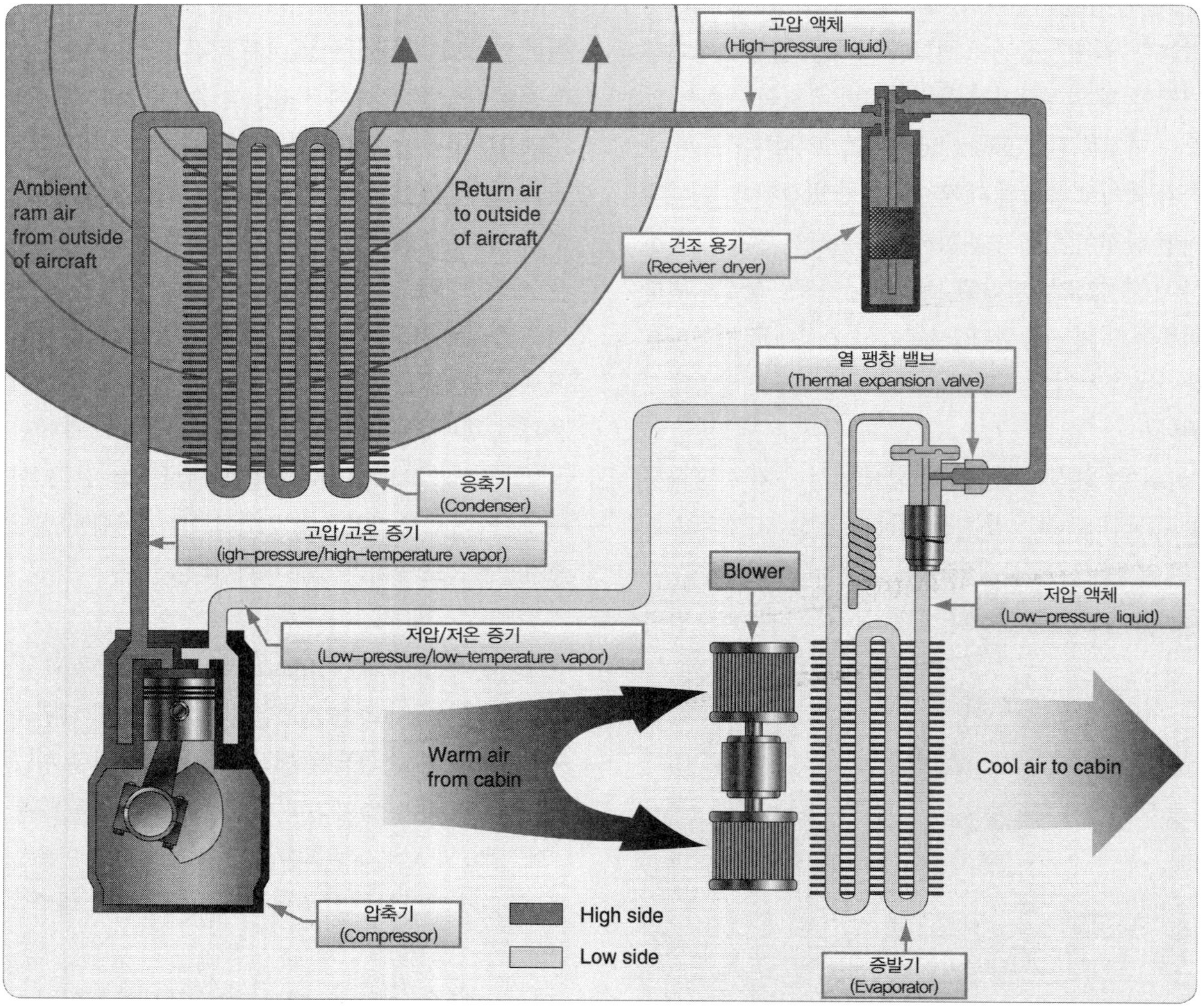

[그림 12-70] 기본 증기 순환 공기조화계통. 압축기와 팽창밸브는 순환하는 동안 높은 쪽과 낮은 쪽을 분리하는 두 가지 기능의 구성품이다. 그림은 이 구분을 보여준다. 낮은 쪽은 저압과 저온의 그리고 높은 쪽은 고압과 고온의 특징이 있다.(A basic vapor cycle air conditioning system. The compressor and the expansion valve are the two components that separate the low side from the high side of the cycle. This figure illustrates this division. Refrigerant on the low side is characterized as having low pressure and temperature. Refrigerant on the high side has high pressure and temperature)

히 많은 양의 열을 흡수하여 객실의 온도를 낮춘다.

증발기를 빠져나온 기화된 냉매는 압축기로 흡입되어 냉매의 압력과 온도는 증가한다. 고온, 고압 가스 냉매는 배관을 통해 응축기로 흐른다. 응축기는 열전달을 용이하게 하기 위해 핀이 부착되고 길이가 긴 배관이며 방열기의 역할을 한다. 차가운 외기가 응축기로 향하게 된다. 내부 냉매의 온도가 외기의 온도보다 높기 때문에 열이 냉매에서 외기로 전달된다. 발산된 열은 냉매를 냉각시키고 원래의 고압 액체로 냉매를 응축시킨다. 마지막으로 냉매는 배관을 통해 흘러 리시버드라이어로 귀유 되며 증기순환을 완료하게 된다.

증기순환식 공기조화계통에서 두 가지 진영이 있다. 한쪽 진영은 온도가 낮아 열을 받아들이고 다른 한쪽 진영은 온도가 높아 열을 준다. 낮은 것과 높은 것은 냉매의 온도와 압력에 관련되어 있다. 압축기와 팽창밸브는 계통의 낮은 편 진영에 속한다. 낮은 편 진영에 있는 냉매는 저압, 저온도의 특성을 가지며 높은 쪽 진영의 냉매는 고압, 고온을 가지게 된다.

12.4.2.2 증기순환 공기 조화계통 구성품(Vapor Cycle Air Conditioning System Component)

(1) 냉매(Refrigerant)

여러 해 동안에, 디클로로디플루오로메탄(dichlorodifluoromethane, R12)은 항공기 증기순환식 공기조화계통에 사용되었던 표준냉매이었으며 이들 계통 중 일부는 오늘날까지도 사용되고 있다. R12는 환경에 부정적 효과를 갖는다고 알려져 있는데, 특히 R12는 지구의 보호오존층을 손상시킨다. 그래서 환경에 더욱 안전한, 테트라플루오로에탄(tetrafluoroethane, R134a)으로 대체되었다. 하지만 R12와 R134a가 혼합되어 사용되는 것은 금기시되어 있다. 또한, 어떤 냉매라도 다른 냉매로 설계된 계통에서 사용되어서도 안 된다. 호스와 실(실(seal)) 같은, 부드러운 성분의 손상이 발생할 수 있으며 누출 또는 기능불량의 원인이 될 수 있다. 증기순환식 공기조화계통을 보급하기 위해 명시된 냉매를 사용한다. R12와 R134a는 아주 유사하게 반응하고 따라서 R134a 증기순환식 공기조화계통과 구성품의 설명은 또한 R12 계통과 구성품에 적용할 수 있다.

R134a는 할로겐화합물(halogen compound, Cf_3CfH_2)이며 약 −15[℉]의 비등점을 갖는다. 소량을 흡입하는 것은 유독하지는 않다. 그러나 산소를 대치하기 때문에 많은 양을 흡입하면 질식할 수 있다. 듀폰사(dupont company) 소유권의 상표명인, Freon®(프레온)이라고 주로 부른다. 냉매를 취급할 때에는 반드시 주의를 기울여야 한다. 저 비등점 때문에, 액체냉매는 표준 대기온도와 대기압에서 격렬하게 끓는다. 비등하면서 모든 주위에 물질로부터 열에너지를 빠르게 흡수한다. 만약 피부에 묻는다면, 냉각으로 인한 화상의 결과를 초래할 수 있으며 만약 사람의 눈에 들

[그림 12-71] 증기 순환 공기조화계통에 사용되는 작은 R134a 냉매 캔(A small can of R134a refrigerant used in vapor cycle air conditioning systems)

어가면 조직손상의 결과를 초래할 수 있다. 그렇게 때문에 장갑과 피부 보호복뿐만 아니라 작업 전에 반드시 안전보호안경을 착용해야 한다.

(2) 건조 용기(Receiver Dryer)

그림 12-72와 같은 건조 용기는 증기 순환 계통의 저장장치 역할을 하며 응축기(condenser)의 하류 및 팽창밸브의 상류에 위치한다. 날씨가 매우 더울 때는 보통의 온도에서 보다 더 많은 냉매가 사용되는데 이 때를 위해 건조 용기에 여분의 냉매가 저장된다.

응축기에서 온 액체 냉매가 건도 용기로 흘러와 내부에서 필터와 건조제를 통과한다. 필터는 계통 내에 있을 수 있는 모든 이물질을 제거하고 건조제는 냉매의 수분을 흡수한다. 냉매의 수분은 두 가지 중요한 문제의 원인이 되는데 첫째, 냉매와 수분이 결합하여 산(acid)을 형성한다. 구성품과 튜브의 내부와 접촉하게 두면 산(acid)은 접촉물이 만들어지는 물질들을 산화시킨다. 수분의 두 번째 문제는 결빙을 형성하고 계통 주위의 냉매의 흐름을 차단하여 작동을 방해할 수 있다는 것이다. 결빙이 순환계통 중 가장 저온 지점인 팽창밸브의 오리피스에서 형성될 경우 특히 문제가 심각해지게 된다.

때로는 가스 냉매가 응축기에서 액체로 완전히 바뀌지 않는 경우 증기상태의 냉매가 건조 용기로 유입될 수 있다. 스탠드 튜브는 건도 용기에서 증기상태의 냉매를 제거하기 위해 사용되며 액체가 인출되어 팽창밸브로 전달되도록 하기 위해 장치 바닥으로 흐른다. 스탠드 튜브의 상단에 정비사가 육안으로 확인 가능한 글라스를 통해 냉매를 확인할 수 있다.

계통에 충분한 냉매가 있을 때, 사이트 글래스(sight glass)로 액체가 흐른다. 냉매가 부족한 경우, 건조 용기에 존재하는 모든 증기가 스탠드 튜브 위로 빨려 올라가서 사이트 글래스에 거품이 보일 수 있다. 따라서 사이트 글래스의 거품은 계통에 더 많은 냉매가 보충되어야 함을 의미한다.

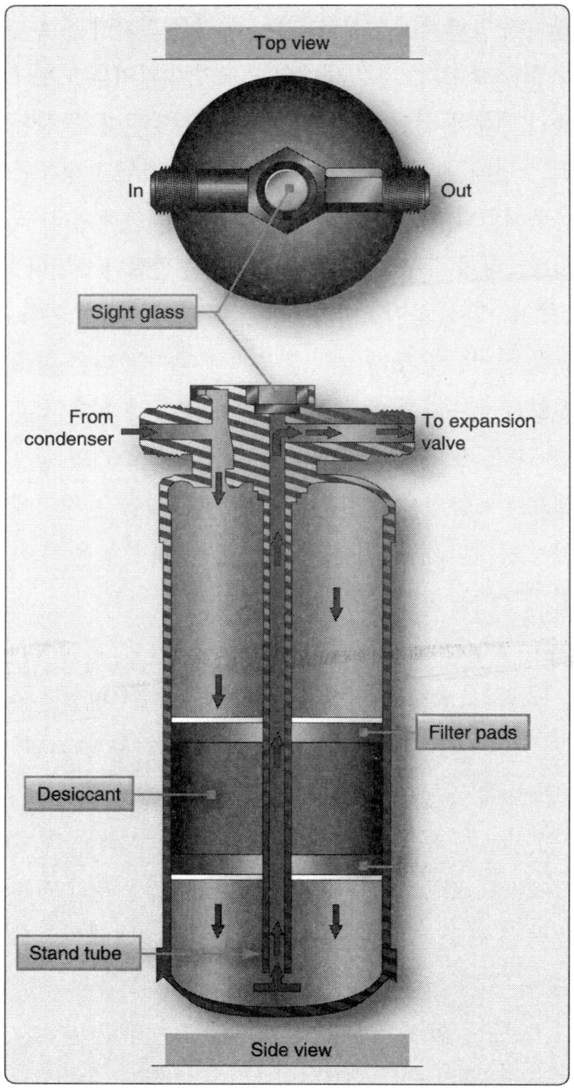

[그림 12-72] 건조 용기는 증기순환계통에서 저장장치와 필터 역할을 한다. 사이트 글래스에서 보이는 거품은 계통의 냉매가 부족하여 보충이 필요함을 의미한다.(A receiver dryer acts as reservoir and filter in a vapor cycle system. Bubbles viewed in the sight glass indicate the system is low on refrigerant and needs to be serviced)

(3) 팽창 밸브(Expansion Valve)

냉매는 건조 용기를 빠져나와 그림 12-73의 팽창 밸브로 흐른다. 온도 조절 팽창 밸브는 조절 가능한 오리피스를 가지고 있으며, 이를 통해 정확한 양의 냉매를 계량하여 최적의 냉각을 얻는다. 이는 순환계통의 다음 구성 요소인 증발기의 배출구에 있는 기체 냉매의 온도를 모니터링함으로써 수행된다. 이상적으로 팽창 밸브는 증기로 완전히 전환될 수 있는 냉매를 분무해야 한다.

냉각될 객실 공기의 온도는 팽창 밸브가 증발기(evaporator)로 분사해야 하는 냉매의 양을 결정한다. 냉매의 상태를 액체에서 증기로 완전히 바꾸기 위해서 꼭 필요한 양만큼이 요구된다. 냉매가 너무 적으면 증발기에서 가스 냉매가 나올 때 과열된다. 이것은 비효율적이다. 냉매의 상태를 액체에서 증기로 바꾸는 것은 이미 변환된 증기(과열)에 열을 가하는 것보다 훨씬 더 많은 열을 흡수한다.

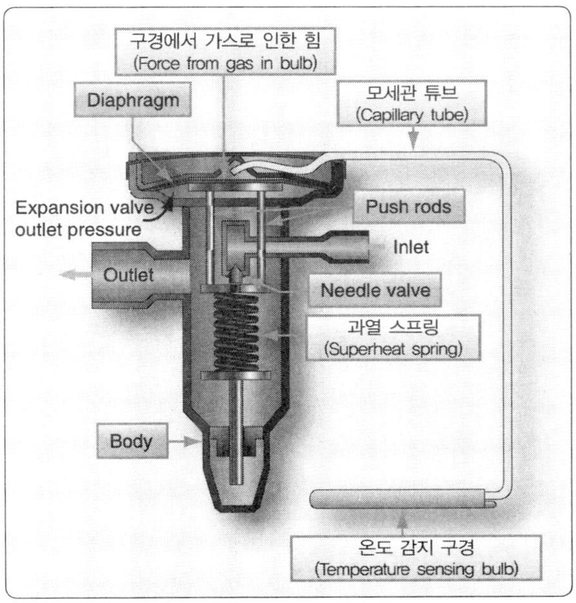

[그림 12-73] 내부 평형을 이룬 팽창 밸브
(An internally equalized expansion valve)

과열된 증기가 증발기를 통해 흐를 경우 증발기 위로 부는 객실 공기는 충분히 냉각되지 않는다. 팽창 밸브에 의해 너무 많은 냉매가 증발기로 방출되는 경우 일부는 증발기에서 나올 때 액체 상태로 유지된다. 다음에 압축기로 흐르기 때문에, 이것은 위험할 수 있다. 압축기는 증기만 압축하도록 설계되었으며 액체가 빨려 들어가 압축을 시도하면 액체는 본질적으로 압축되지 않기 때문에 압축기가 파손될 수 있다.

과열 증기의 온도는 완전히 증발하지 않은 액체 냉매보다 높다. 내부에 휘발성 물질이 있는 코일 모세관은 이 차이를 감지하기 위해 증발기 출구에 위치한다. 온도 변화에 따라 내부 압력이 증가하거나 감소한다. 튜브의 코일된 끝부분이 닫혀 증발기 출구에 연결된다. 다른 쪽 끝은 팽창 밸브의 압력 다이어프램 위 영역에서 끝이 난다. 과열된 냉매 증기가 코일된 튜브 끝에 도달하여 온도가 상승하면 튜브 내부와 다이어프램 위 공간에 압력이 증가한다. 이 압력의 증가는 다이어프램이 밸브의 스프링 장력을 극복하게 한다. 그것은 밸브에 의해 방출되는 냉매의 양을 증가시키는 니들 밸브(needle valve)를 위치시킨다. 냉매의 양이 증가하여 냉매는 증발만 하고 냉매 증기는 과열되지 않는다.

팽창 밸브에 의해 너무 많은 액체 냉매가 배출되면 저온 액체 냉매가 증발기 출구에 도달한다. 그 결과 온도 구경(temperature bulb) 내부와 팽창 밸브 다이어프램 위쪽에 저압이 발생한다. 밸브의 과열 스프링은 니들 밸브를 닫힘 위치(close position)로 이동시켜 스프링이 다이어프램 위의 낮은 압력을 극복함에 따라 증발기로 들어가는 냉매의 흐름을 감소시킨다.

대형 증발기가 있는 증기순환 공기조화계통은 냉매

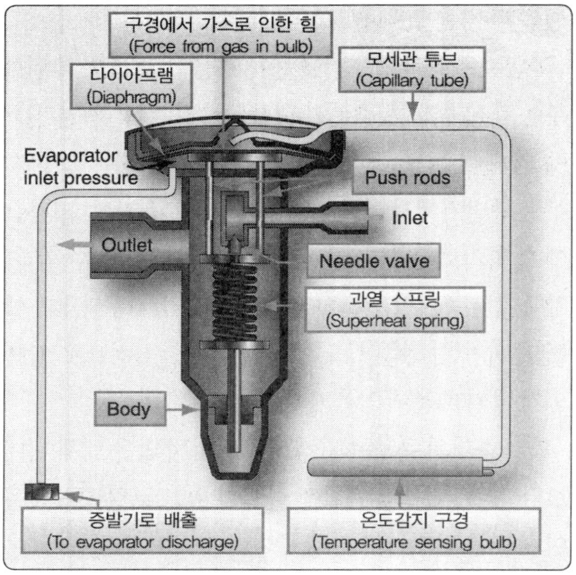

[그림 12-74] 외부 평형을 이룬 팽창 밸브는 증발기 배출 온도와 압력을 사용하여 밸브를 통과하여 증발기로 들어가는 냉매의 양을 조절한다.(An externally equalized expansion valve uses evaporator discharge temperature and pressure to regulate the amount of refrigerant passing through the valve and into the evaporator)

가 흐르는 동안 상당한 압력 하락을 경험한다. 그림 12-74와 같은, 외부 평형 팽창 밸브는 증발기 출구에서 나오는 압력 탭을 사용하여 과열 스프링이 다이어프램의 균형을 유지하도록 돕는다. 이 타입의 팽창 밸브는 증발기에서 밸브(2개)로 들어오는 추가 소형 직경 라인으로 쉽게 식별할 수 있다. 효율적인 제어를 위한 냉매의 적정량은 증발기 냉매의 온도와 압력을 모두 고려하여 밸브를 통해 허용된다.

(4) 증발기(Evaporator)

대부분의 증발기는 코일형태의 구리 또는 알루미늄 관으로 구성되어 있다. 핀(fin)은 표면적을 증가시키기 위해 부착되며, 팬(fan)과 냉매로 증발기 바깥쪽으로 불어오는 객실 공기 사이의 빠른 열전달을 용이하게 한다. 증발기 입구에 위치한 팽창 밸브는 고압 고온의 액체 냉매를 증발기로 방출한다. 냉매는 객실 공기로부터 열을 흡수하면서 저압 증기로 변한다. 이것은 증발기 출구에서 증기순환계통인 다음 구성품인 압축기(compressor)로 방출된다. 팽창 밸브를 조절하는 온도 및 압력 픽업(temperature and pressure pickups)은 증발기 출구에 위치한다. 그림 12-75와 같이, 증발기는 팬으로 객실 공기를 흡입할 수 있는 위치에 있다. 팬은 증발기 위로 공기를 불어 넣고 냉각된 공기를 다시 객실로 내보낸다.

이러한 방출은 증발기가 실내벽(cabin wall)에 위치할 때 직접적일 수 있다. 원거리에 위치한 증발기는 실내에서 증발기로, 그리고 증발기에서 다시 실내로 도관이 필요할 수 있다. 때때로 생산된 차가운 공기는 공기분배 계통(air distribution system)으로 공급되어 개별 공급 통풍구를 통해 탑승자에게 직접 차가운 공기를 제공할 수 있다. 이러한 방식으로 전체 증기순환 공기조화계통은 실내의 앞이나 뒤쪽에 위치할 수 있다. 조종사는 제어 가능한 다목적 팬 스위치를 일반

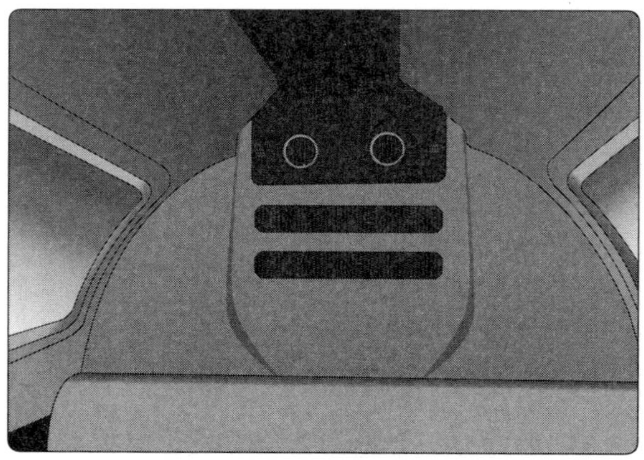

[그림 12-75] 이 항공기의 증기순환 공기조화계통의 증발기는 전방 좌석 우측 러더 페달(rudder pedal) 후방 사이드월(sidewall)에서 확인 가능하다.(The evaporator of this aircraft's vapor cycle air conditioning system is visible in the forward cabin sidewall behind the right rudder pedal)

적으로 사용할 수 있다. 그림 12-76은 세스나 무스탕(cessna mustang)과 같은 매우 가벼운 제트기의 증기순환 공기조화계통의 계통도이다. 냉각기에 공유하는 두 개의 증발기를 가지고 있으며, 분배계통과 통합된 배출구가 있으며, 조종석에 위치한 팬작동 스위치는 마찬가지로 계통을 작동 및 정지할 수 있다.

실내 공기가 증발기 위로 흘러 냉각될 때, 공기가 더 높은 온도에서 포화할 수 있는 수분을 더 이상 유지할 수 없다. 그 결과 증발기 외부에 응축되어 외부로 수거해 드레인해야 한다. 여압 항공기는 여압을 유지하면

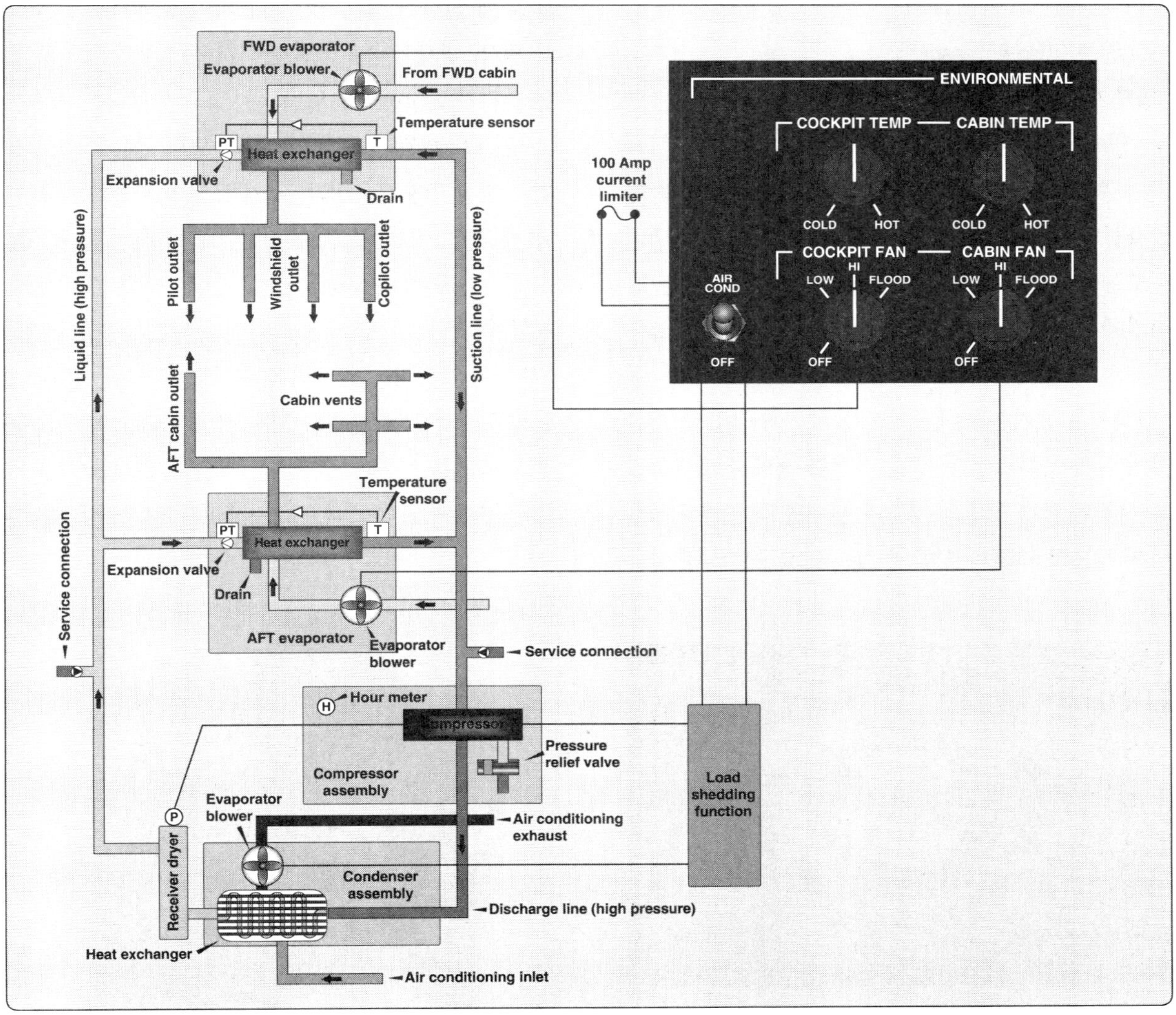

[그림 12-76] 세스나 무스탕의 증기순환 공기조화계통에는 두 개의 증발기가 있는데, 하나는 조종석용이고 하나는 객실용이다. 각 증발기 어셈블리는 증발기, 송풍기, 열팽창 밸브 및 증발기 출구에서 팽창 밸브까지의 온도 피드백 라인을 포함한다.(The vapor cycle air conditioning system on a Cessna Mustang has two evaporators, one for the cockpit and one for the cabin. Each evaporator assembly contains the evaporator, a blower, a thermal expansion valve and the temperature feedback line fromthe outlet of the evaporator to the expansion valve)

서 수분을 배출하기 위해 증발기 드레인 라인에 주기적으로 열리는 밸브를 장착할 수 있다. 공기의 흐름을 방해하지 않도록 증발기의 핀이 손상되지 않도록 해야 한다. 핀 주변의 따뜻한 실내 공기가 계속 움직이면서 응축수가 얼지 않게 한다. 증발기의 결빙은 냉매로의 열 교환 효율을 감소시킨다.

(5) 압축기(Compressor)

압축기는 증기순환 공기조화계통의 심장 역할을 한다. 냉매를 증기순환 공기조화계통의 주위로 순환시키며 증발기 출구로부터 저압 저온 냉매 증기를 받아 압축한다. 압력이 높아질수록 기온도 높아지며 냉매 온도는 외부 공기 온도보다 높게 상승한다. 냉매는 압축기에서 외부 공기로 열을 발산하는 응축기로 흐른다.

압축기는 증기순환 계통의 저압 측면과 고압 측면 사이의 압력 구분점이다. 종종 계통에 냉매를 공급하도록 설계된 연결 라인의 피팅과 일체화된다. 서비싱을 위해 계통의 저압과 고압의 접근이 요구되는데 이는 압축기의 하류와 상류의 피팅을 통해 수행가능하다.

그림 12-77과 같이, 현대식 압축기는 엔진 또는 전기 모터에 의해 구동된다. 때때로 유압 구동식 압축기를 사용한다. 자동차에서 사용되는 것과 유사한 전형적인 엔진 구동식 압축기는 엔진 나셀에 위치하며 엔진 크랭크축의 구동 벨트에 의해 작동된다. 냉각이 필요할 때 전자기 클러치가 체결되어 압축기가 작동하게 된다. 냉각이 충분하면 클러치 전원이 차단되고 구동 풀리가 회전하지만 압축기는 그렇지 않다.

그림 12-78과 같은, 전용 전기 모터 구동식 압축기 역시 항공기에 사용된다. 전기 모터를 사용하면 전선과 해당 버스(bus)를 통해 제어판 및 압축기를 구동할 수 있으므로 압축기를 항공기의 거의 모든 위치에 배치할 수 있다.

유압식 압축기도 원거리에 위치할 수 있다. 유압 매니폴드의 유압 라인은 스위치 작동 솔레노이드를 통해 압축기로 흐른다. 솔레노이드는 압축기에 작동유를 공급하거나 바이패스(bypass) 시킨다. 이러한 방

[그림 12-77]. 일반적인 벨트로 구동되는 엔진 구동식 압축기 전면의 전자기 클러치 풀리 어셈블리는 냉각 필요에 따라 압축기를 시동하고 정지시킨다.(A typical belt drive engine driven compressor. The electromagnetic clutch pulley assembly in the front starts and stops the compressor depending on cooling demand)

[그림 12-78] 전기 모터 구동 증기순환 공기조화계통 압축기 (Examples of electric motor driven vapor cycle air conditioning compressors)

식으로 유압 구동식 압축기의 작동을 제어한다.

증기순환 공기조화계통 압축기가 구동되는 방식과 무관하게 유압식 압축기는 피스톤형 펌프가 주로 사용된다. 장치를 윤활하고 밀봉하려면 경량 오일(light weight oil)을 사용해야 한다. 오일은 냉매에 혼입되어 계통 주위를 순환한다. 압축기의 크랭크케이스는 정비사가 점검하고 조정할 수 있는 오일 공급량을 유지한다. 오일 공급이 진행되는 동안 압축기를 나머지 증기순화 계통에서 분리하여 닫을 수 있는 일부 압축기 장치에는 밸브가 존재한다.

(6) 응축기(Condenser)

그림 12-79와 같은, 응축기는 증기 순환의 마지막 구성품이다. 외부 공기가 그 위로 흐르며 압축기에서 받은 고압 고온 냉매의 열을 흡수하는 라디에이터와 같은 열교환기 장치이다. 팬은 일반적으로 지상작동 중에 압축기를 통해 공기를 흡입하기 위해 사용된다.

[그림 12-79] 지상작동 중 외부 공기를 유입시키는 증기순환 공기조화계통 응축기 어셈블리(A vapor cycle air conditioning condenser assembly with an integral fan used to pull outside air through the unit during ground operation)

일부 항공기에서는 외부 공기가 압축기로 덕트를 통해 유입된다. 또 다른 일부 항공기는 스로틀 레버의 스위치에 의해 힌지가 달린 패널을 열어 동체로 외부 공기흐름을 유입시켜 압축기 수명을 증가시키고 고속에서 항공기 동체의 스트림라인(stream line)을 유지시킨다.

외부 공기는 응축기를 통해 흐르는 냉매의 열을 흡수하고 열 손실로 인해 냉매는 다시 액체 상태로 변하게 된다. 고압 액체 냉매는 응축기에서 건조 용기로 흐른다. 적절히 설계된 정상작동 계통은 응축기를 통과하는 모든 냉매를 완전히 응축시킨다.

(7) 보급 밸브(Service Valves)

모든 증기순환 공기조화계통은 폐쇄형 계통이지만 서비스를 위해서는 접근이 필요한데 이것은 두 개의 서비스 밸브를 사용하여 수행된다. 밸브 하나는 계통의 높은 쪽에, 다른 하나는 낮은 쪽에 위치한다. R12 냉매와 함께 작동하는 증기순환 계통에 사용되는 일반적인 유형의 밸브는 슈레이더 밸브(schrader valve)이다. 이것은 타이어에 공기를 주입하는 데 사용되는 밸브와 유사하다. 그림 12-80과 같이, 중앙 밸브 코어의 스템(stem)을 눌러서 열고 닫는다. 서비스 호스 피팅의 핀은 밸브의 외부 나사산에 나사가 고정될 때 이 작업이 수행하도록 설계된다. 모든 항공기 서비스 밸브는 사용하지 않을 때 캡을 씌워야 한다.

R134a 시스템은 기능, 작동 및 위치에서 슈레이더 밸브와 매우 유사한 밸브를 사용한다. R134a 밸브 피팅은 냉매의 부주의한 혼합을 방지하기 위한 안전장치가 있어서 슈레이더 밸브 피팅과 다르며 슈레이더 밸브 나사산에 부착되지 않는 신속 분리형(quick-disconnect type)이다.

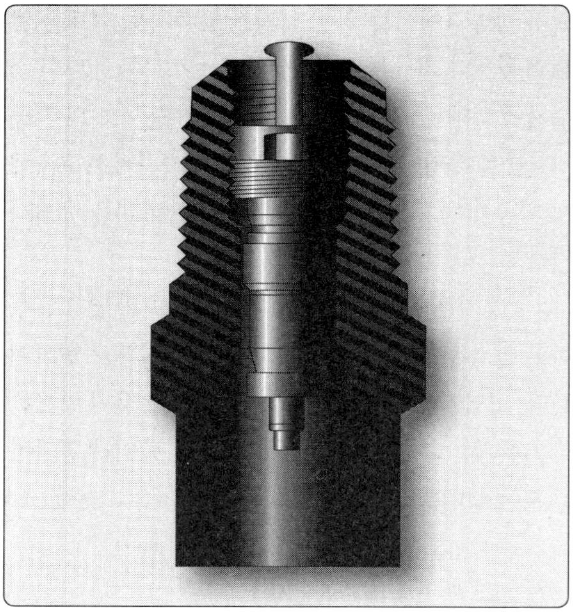

[그림 12-80] R12 냉매 서비스 밸브의 단면(Cross-section of an R12 refrigerant service valve)

일부 항공기에서는 압축기 격리밸브(compressor isolation valve)라고 불리는 다른 유형의 밸브가 사용되는데 두 가지 목적을 가지고 있다. 슈레이더 밸브처럼 냉매를 사용하여 계통을 서비스할 수 있다. 또한 압축기를 격리하여 전체 계통을 개방하지 않아 충전된 냉매의 유실 없이 오일 레벨을 점검하고 보충할 수 있다. 이러한 밸브는 보통 압축기의 입구 및 출구에 견고하게 장착된다.

그림 12-81의 압축기 격리밸브는 세 개의 위치를 가지고 있는데 백시트(back seated) 위치에서 완전히 열리면 증기 순환 계통에서 냉매가 정상적으로 흐를 수 있다. 완전히 닫히거나 앞쪽(front seated)에 있으면 밸브가 압축기를 시스템의 나머지 부분으로부터 격리시켜서 오일 서비스 또는 압축기를 교체할 때 냉매의 유실 없이 작업을 수행할 수 있다. 중간 위치(intermediate position)에 있을 때 밸브는 서비스를 위해 계통에 접근할 수 있다. 계통은 밸브를 이 위치에 두고 작동할 수 있지만 정상 작동을 위해 다시 백시트(back seated) 위치에 있어야 한다. 서비스가 완료되면 밸브 핸들 및 서비스 포트에 캡을 씌워야 한다.

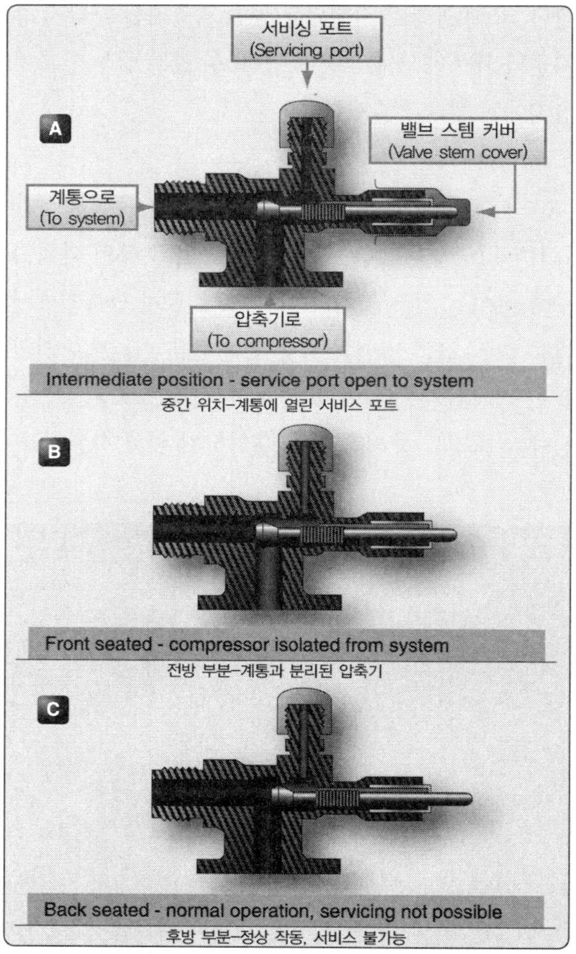

[그림 12-81] 압축기 격리밸브는 정비 또는 교체를 위해 압축기를 격리한다. 또한 냉매를 이용한 증기순환 공기조화 계통의 정상 작동 및 서비스도 가능하게 한다.(Compressor isolation valves isolate the compressor for maintenance or replacement. They also allow normal operation and servicing of the vapor cycle air conditioning system with refrigerant)

12.4.2.3 증기순환 공기 조화계통 서비싱 장비(Vapor Cycle Air Conditioning Servicing Equipment)

특별한 보급장비가 증기순환식 공기조화계통에서 사용되며 환경에 해로울 수 있기 때문에 장비는 보급 과정 시에 냉매를 재수거하도록 설계되었다. 정비사는 보급되고 있는 계통에 대해 인가된 냉매가 사용되는지 항상 주의를 기울여야 하고 모든 제작사 정비매뉴얼을 준수해야 한다.

(1) 매니폴드 세트게이지, 호스 및 피팅(Manifold Set, Gauges, Hoses, and Fittings)

증기순환식 공기조화계통에 대한 주 보급장치는 매니폴드 세트이며 3개의 호스 피팅, 2개의 밸브, 그리고 2개의 계기가 장착되어 있다. 기본적으로 계기, 피팅, 그리고 밸브가 부착된 매니폴드이다.

매니폴드 세트가 그림 12-82에 나타나 있으며 호스는 오른쪽과 왼쪽 매니플드 세트 피팅에 장착되고 이들 호스의 반대쪽 끝단은 증기순환식 공기조화 계통에 있는 밸브에 장착한다.

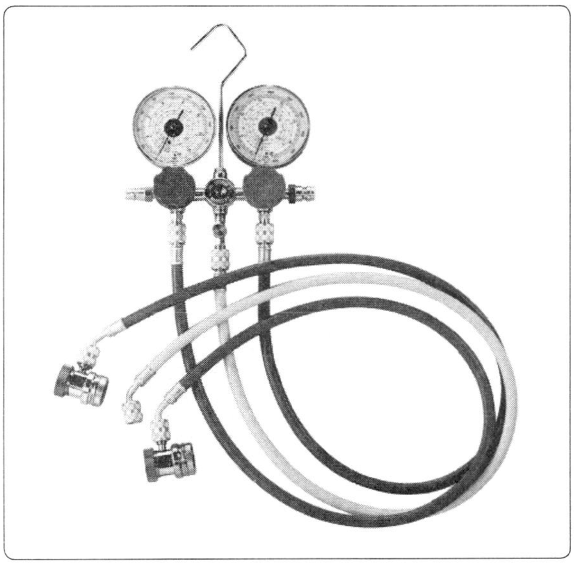

[그림 12-82] 증기순환식 공기조화계통 서비싱 매니폴드 (A basic manifold set for servicing a vapor cycle air conditioning system)

(2) 냉매 복구, 제생, 배출 및 재충전 장비(Refrigerant Recovery, Recycling, Evacuation, and Recharging Units)

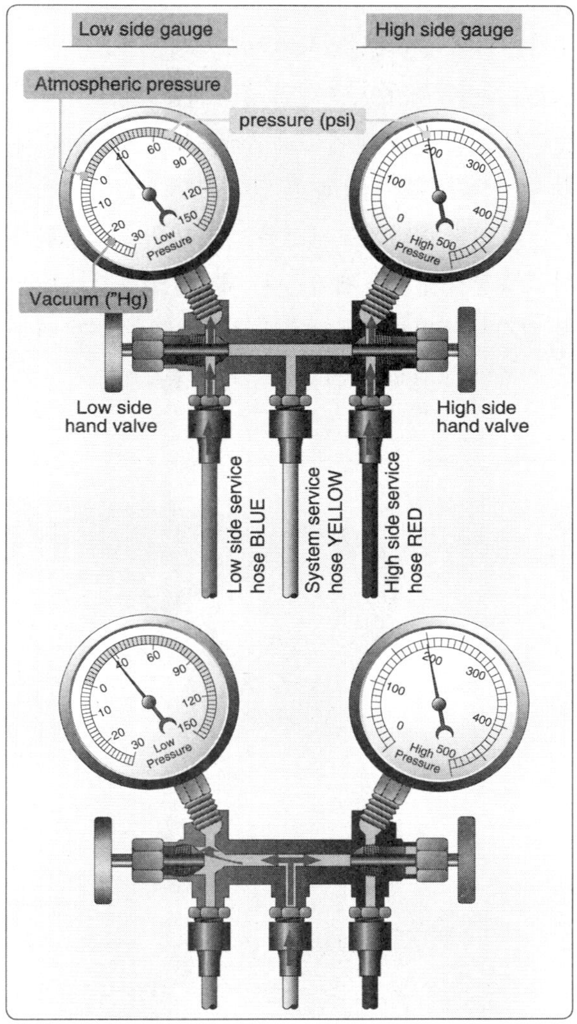

[그림 12-83] 센터 피팅이 분리된 매니폴드 세트의 내부 작업(상부). 밸브를 열면 중앙 호스가 시스템 측면과 게이지에 연결(하부)(The internal workings of a manifold set with the center fitting isolated (top). Opening a valve connects the center hose to that side of the system and the gauge (bottom))

냉매용기는 중앙호스에 부착하고 매니폴드 세트 밸브가 요구 시 계통의 낮은 쪽 또는 높은 쪽으로 흐름을 허용하도록 조작된다. 그러나 계통의 냉매를 비우고 냉매를 수집하기 위해 제작된 서비싱 장비를 필요로 한다. 냉매가 중앙호스에 부착된 수집용기 내부 압력과 계통 압력이 같아지면 더 이상 냉매가 흘러가지 않아서 냉매 전체를 수거하지는 못한다. 완전한 냉매의 수거를 위해 독자적인 압축기와 수집계통이 요구된다.

그림 12-84와 같이, 최신의 냉매 재충전장치와 증기순환식 공기조화계통에서 요구되는 모든 서비싱 기능을 수행하기 위해 사용될 수 있다. 일체형의 서비스카트는 내장된 매니폴드 세트를 가지고 있고 컴퓨터화된 조종장치에 의해 제어된다. 내장된 압축기는 냉매를 완전히 정화시키고 내장된 진공펌프는 계통 배출을 수행한다. 냉매를 위한 용기와 재활용여과기 그리고 윤활유는 냉매의 전체 재활용과 재순환이 가능하도록 한다.

(3) 냉매 소스(Refrigerant Source)

용기 내부의 R134a는 냉매의 무게로 계량되며 소용량 캔(12[ounce] ~ $2\frac{1}{2}$[pound])은 냉매를 보충하기 위해 일반적으로 사용된다. 그림 12-85와 같이, 대용량(30[pound] ~ 50[pound]) 실린더는 차단밸브를 갖추고 있으며 계통을 초도 충전하기 위해 사용되거나 증기순환방식을 보급하는 작업장과 같이 빈번하게 보급을 하는 업체에서 사용한다.

(4) 진공 펌프(Vacuum Pumps)

매니폴드 세트와 함께 또는 서비스카트의 일부로 사용되는 진공펌프는 증기순환방식에 연결되어 계통압

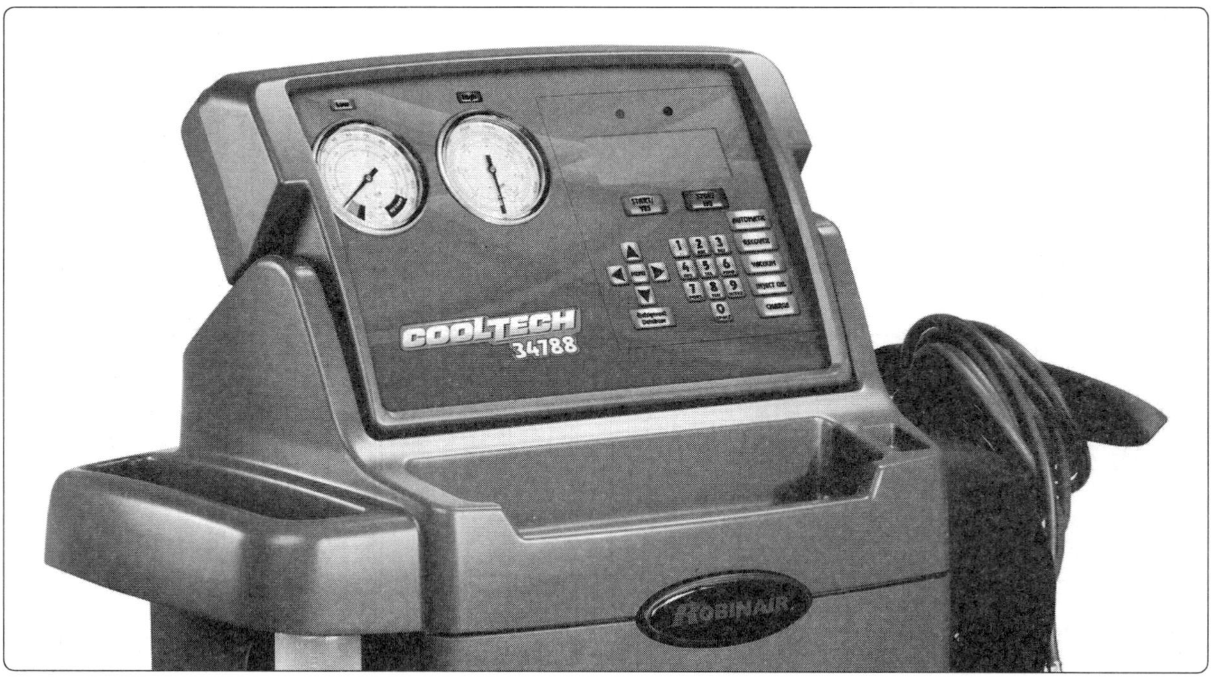

[그림 12-84] 현대식 냉매 정화/재생/충전 서비싱 장비(A modern refrigerant recovery/recycle/charging service unit)

[그림 12-85]이중 피팅의 30pound R134a 냉매(A 30[pound] R134a refrigerant container with dual fittings)

력이 완전진공에 근접하도록 한다. 이렇게 완전진공을 시키는 이유는 계통에 있는 수분을 완전히 제거하기 위한 것이다.

점진적으로 계통에서 압력을 낮추면 계통에 있는 수

[표 12-5] 수분 증발을 위해 필요한 진공압력(A amount of vacuum is needs to boil off and remove any water)

하부 게이지의 진공 인치 (inches of vacuum on low side gauge(inches Hg))	물이 끓는 온도 (Temperature at which water boils (°F))	대기압(psi) (Absolute pressure (psi))
0	212	14.696
4.92	204.98	12.279
9.23	194	10.152
15.94	176	6.866
20.72	158	4.519
24.04	140	2.888
26.28	122	1.788
27.75	104	1.066
28.67	86	0.614
28.92	80.06	0.491
29.02	75.92	0.442
29.12	71.96	0.393
29.22	69.08	0.344
29.32	64.04	0.295
29.42	59	0.246
29.52	53.06	0.196
29.62	44.96	0.147
29.74	32	0.088
29.82	21.02	0.0049
29.87	6.08	0.00245
29.91	−23.98	0.00049

[그림 12-86] 진공 펌프는 증기 순환 공기조화계통의 압력을 낮추는 데 사용된다. 이것은 계통에서 물의 끓는점을 감소시켜 펌프에 의해 기화되고 배출된다.(A vacuum pump is used to lower the pressure in the vapor cycle air conditioning system. This reduces the boiling point of water in the system, which vaporizes and is drawn out by the pump)

[그림 12-87] 이 전자 적외선 누출 감지기는 연간 1/4 온스 미만의 냉매 누출을 감지할 수 있다.(This electronic infrared leak detector can detect leaks that would lose less than $\frac{1}{4}$ ounce of refrigerant per year)

분의 비등점 또한 내려간다. 수분은 감압 하에서 끓어서 제거되거나 또는 기화되고 진공 펌프에 의해 계통에서 빠져나가고 다시 냉매로 재충전되어 계통에 습기가 없어진다.

그림 12-86과 같이 진공펌프의 세기와 효율은 제작사에서 명시한 감압으로 계통을 진공시키는 시간에 따라 변한다. 일반적으로 계통에서 수분을 완전히 제거하고 최상의 진공상태를 얻기위해 15~30분 동안 진공상태를 유지하여야 한다. 증기순환식 공기조화계통의 진공상태를 해지하기 위해 제작사 정비매뉴얼을 따른다.

(5) 누설 탐지기(Leak Detectors)

증기순환식 공기조화계통에서 미세한 누설이라도 냉매의 손실의 원인이 될 수 있으며 정상적으로 작동하면 냉매 손실이 전혀 없으므로 만약 냉매의 보충을 필요로 한다면 계통의 누설을 의심해야 한다. 그림 12-87과 같이, 전자식 누설탐지기는 안전하고, 효과적인 누설 탐지 장치이며 미소한 양의 냉매 누설 조차도 검출할 수 있다. 탐지기는 누설이 발생 가능한 구성품이나 호스연결 부위에 가까이 위치되어 누설 탐지 시 음성경보와 시각경보로 냉매의 누설을 알린다. 계통에 사용되는 냉매의 종류에 따라 인가된 탐지기를 사용하여야 한다.

또 다른 누설 탐지방법은 비누액을 누설 의심 부위에 적용하여 거품의 생성 여부를 육안으로 확인할 수 있다. 또한, 증기순환방식계통 내부에 특수한 누설 검출염료를 주입하여 누출 시 외부에서 육안으로 쉽게 확인 가능하다. 대부분 누설검출염료는 자외선등(ultraviolet light)의 사용으로 확인 가능하도록 고안되었다. 때때로 심한 누출은 근접 육안검사로도 검출할 수 있다.

일반적으로 피팅의 하부에 오일찌꺼기 흔적이 남아있는 것은 오일을 사용하는 계통의 오일 누설을 의미한다. 또한 장시간 사용된 호스는 표면에 아주 미세한 구멍들이 생기는데 이런 구멍을 통해 장시간에 걸쳐 상당양의 냉매가 유실된다. 이 유형의 누출은 검출하기 어렵고, 심지어 누설검출방법조차 뚜렷하지 않다. 따라서 노후된 호스는 교체하여야 한다.

12.4.2.4 계통 서비싱(System Servicing)

증기순환식 공기조화계통은 신뢰성이 높아서 일반적으로 수리행위 없이 오랜 시간동안 사용 가능하다. 단지 정기적인 육안검사, 시험, 그리고 냉매수준과 오일 수준 점검이 요구되며 검사기준과 검사간격에 대해서는 제작사 정비매뉴얼을 따른다.

(1) 육안 점검(Visual Inspection)

증기순환방식의 모든 구성품이 안전하게 장착되었는지 점검되어야 하며 어떠한 손상, 조정불량, 또는

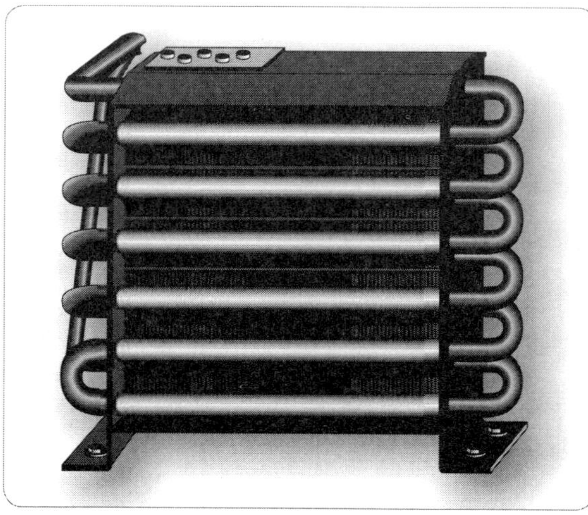

[그림 12-88] 응축기의 핀손상 여부 점검
(Damaged fins on a condenser)

누설의 시각적인 흔적에 주의를 기울여야 한다. 그림 12-88과 같이, 증발기와 응축기 핀(fin)은 깨끗하고 막히지 않았는지, 그리고 충격으로 인해 접혀지지 않았는지 확인 점검해야 한다. 핀 사이에 있는 오염물로 인해 정체된 공기흐름은 냉매의 효율적인 열교환을 방해할 수 있기 때문에 요구된다면 물세척이 수행되어야 한다. 응축기는 덕트로 연결되어 외기로부터 램 공기를 직접 받아들이기 때문에 공기흐름을 제한하게 되는 결빙 또는 오염물의 유무를 점검해야 하며 힌지가 장착된 구성품은 안전성과 마모 여부를 점검해야 한다. 응축기는 공기를 끌어당기기 위한 팬을 갖고 있는데 지상작동 시에 팬의 원활한 작동 여부를 점검해야 한다.

증발기 출구에 팽창밸브의 모세관 온도 피드백센서가 단단하게 고정되었는지 확인하라. 또한, 계통에 장착되어 있다면, 압력센서와 온도조절 센서(thermostat sensor)의 안전성 여부를 점검한다. 증발기의 외부가 결빙되지 않아야 하는데 결빙이 있으면 따뜻한 객실공기와 냉매 간에 원활한 열교환을 방해한다. 송풍기는 자유롭게 회전하는지 점검되어야 한다. 계통에 따라, 냉각스위치의 선택에 의해 회전 속도가 변화되어야 하며 증기순환식 공기조화계통의 외부의 결빙 생성은 원인이 규명되고 결함이 수정되어야 한다.

압축기의 안전성과 정열은 중요한 점검항목이므로 철저히 점검하여야 한다. 벨트에 의해 구동되는 압축기는 적절한 벨트장력 여부를 확인해야 한다. 벨트의 상태 점검과 장력 점검을 위해 제작사 정비매뉴얼을 참고하라.

(2) 누설점검(Leak Test)

증기순환식 공기조화계통에서 누설은 명백히 고장탐구되고 수리되어야 한다. 누설의 가장 명백한 징후는 냉매 감소이다. 계통이 작동하고 있는 동안에 리시버 드라이어의 싸이트 그라스(sight glass)에 거품이 생성되어 있는 것은 더 많은 냉매가 필요하다는 것을 지시한다. 증기순환방식은 정상적으로 매년 소량의 냉매가 유실된다는 것을 주목해야 한다. 그러나 연간

[그림 12-89] 원인규명이 요구되는 증발기 결빙(Ice on the evaporator coils is cause for investigation)

유실되는 양이 한도 이내라면 별도의 정비행위가 요구되지 않는다.

누설 위치를 알아내기 위해 계통 누설 탐지방법을 사용할 수 있으며 냉매가 완전히 누설되었다면 냉매의 부분적인 충전이 요구된다. 냉매가 고압에서 저압으로 누설되는지 점검하기 위해 약 50[psi]의 압력이 요구된다.

증기순환식 공기조화계통에서 냉매가 모두 유실되었을 때 공기가 계통 내부에 유입되고 이로 인해 공기에 함유된 수분 역시 계통으로 들어가게 된다. 그러므로 계통의 수분 제거가 요구된다.

(3) 성능 테스트(Performance Test)

증기순환 공기조화계통의 정상작동 검증은 성능 테스트의 일부인 경우가 많으며 여기에는 계통 작동 및 매개 변수 점검이 포함된다. 성능 테스트의 주요 지표는 증발기에 의해 냉각된 공기의 온도다. 이것은 증발기에서 나오는 공기 흐름이나 부근의 덕트 배출구에서 측정할 수 있으며 계통을 몇 분 동안 작동하여 완전히 차가워지도록 제어된 후 측정되어야 하며 정상 온도범위는 40~50[°F]로 판독되어야 하며 제조사의 정비매뉴얼에는 온도계의 설치위치와 정상 성능을 나타내는 온도 범위에 대한 정보가 수록되어 있다.

압력 역시 정상적인 계통 성능을 확인하기 위해 관찰된다. 일반적으로 정상적으로 작동하는 증기순환 공기조화계통의 저압 측면 압력(low side pressure)은 주변 온도에 따라 10~50[psi]이다.

고압 측면 압력(high side pressure)은 주변 온도와 시스템 설계에 따라 125~250[psi]사이에 있다. 모든 계통 성능 테스트는 지정된 엔진 rpm(안정된 압축기 속도)에서 수행되며, 증기 사이클의 작동을 안정화하기 위한 시간을 포함한다. 세부 사항은 제조사의 정비매뉴얼을 참조하라.

(4) 필 테스트(Feel Test)

증기순환 공기조화계통에서 현장에서 신속한 참고 테스트를 수행하여 상태를 예진할 수 있다. 특히(압축기에서 팽창 밸브까지) 고압 측면(high side)의 구성품과 라인은 접촉 시 따뜻하거나 뜨거워야 한다. 건조 용기의 양쪽 라인은 동일한 온도여야 한다. 저압 측면(low side) 라인 및 증발기는 냉각되어야 하고 계통 외부에 얼음이 보이지 않아야 한다. 만약 정상적이지 않다면 추가적인 점검이 요구된다. 고온 다습한 날에는 증발기의 물 응축량 때문에 증기순환 계통의 냉각 효율이 약간 저하될 수 있다.

(5) 계통 정화(Purging the System)

계통을 정화하는 것은 보급된 냉매 전체를 비우는 것을 의미한다. 냉매를 포집해야 하므로 이 기능이 있는 서비스 카트를 사용해야 하며 호스를 고압 측면 및 저압 측면 서비스 밸브에 연결하고 회수(recover)를 선택하면 카트 솔레노이드 밸브가 작동하여 계통 정화 압축기(system purging compressor)가 냉매를 증기순환 계통에서 회수 탱크(recovery tank)로 펌핑한다.

증기순환 계통은 정비 또는 구성품 교체를 위해 개방 전에 적절히 정화되어야 한다. 개봉 후에는 오염물질이 계통에 유입되지 않도록 주의하여야 하며 부품에 치명적인 고장이 발생한 경우와 같이 계통이 오염된 경우 계통을 깨끗하게 플러싱(flushing)해야 하는데 증기 순환 공기조화계통을 위해 제조된 특수 플러싱 액체를 사용해야 한다. 건도 용기는 플러싱을 위해 계통에서 분리되고 새 필터가 포함된 새로운 부품으로 장착되어야 한다. 세부 사항은 항공기 제조사의 정비매뉴얼을 준수하라.

(6) 압축기 오일 점검(Checking Compressor Oil)

압축기는 오일로 윤활되는 증기순환 계통의 밀봉된 장치이다. 계통이 열릴 때마다 압축기 크랭크케이스의 오일량을 점검할 수 있는 기회가 되며 때로는 주입구 플러그(filler plug)를 열고 딥 스틱(dip stick)을 사용하여 수행된다. 오일량은 제조사가 권장하는 오일을 사용하여 적절한 범위 내에서 유지되어야 한다. 그림 12-90과 같이, 오일을 점검하거나 보충한 후에는 반드시 주입구 플러그를 재장착하라.

(7) 계통 진공배출 작업(Evacuating the System)

몇 방울의 수분만으로도 증기순환 공기조화계통 전체를 오염시킬 수 있는데 이 수분이 팽창 밸브에서 동결되면 냉매 흐름을 완전히 차단할 수 있기 때문에 진공배출(evacuation) 작업에 의해 계통에서 물이 제거될 수 있다. 계통 냉매 충전압이 대기압 아래로 떨어지거나, 냉매가 유실되거나, 계통이 개방될 때마다 재충전 전에 진공배출 작업을 해야 한다.

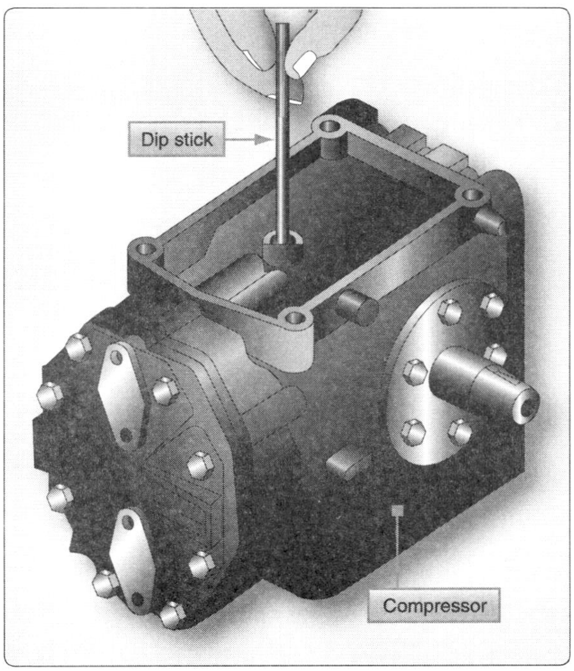

[그림 12-90] 계통 개방시 압축기 오일 점검(Checking the compressor oil when the system is open)

증기순환 공기조화계통의 진공배출은 계통을 펌핑다운(pumping down)시키는 것으로도 알려져 있다. 진공 펌프가 연결하여 계통 내부의 압력을 감소시켜 존재하는 수분을 증발시키고 진공 펌프를 지속적으로 작동하여 수증기를 계통에서 빼낸다. 공기조화계통의 진공배출에 사용되는 일반적인 펌프는 계통 압력을 약 29.62[inch Hg]로 줄일 수 있고 이 압력에서 물은 화씨 45[°F]에서 끓는다. 권장되는 게이지 압력을 달성하기 위해 진공 펌프를 지속적으로 작동하고 제조사가 지시한 시간동안 진공 상태를 유지하라.

증기순환 공기조화계통이 대기압보다 높은 충전압을 유지하는 한 누설은 냉매를 계통에서 배출하고 계통 압력은 공기(및 수증기)의 유입을 방지한다. 따라서 대기압 이하로 떨어지지 않은 계통의 진공배출 작업 없이 냉매를 재충전하거나 보충할 수 있다.

(8) 계통 충전작업(Charging the System)

증기순환 공기조화계통의 충전 용량은 중량으로 측정된다. 항공기 제조사의 정비매뉴얼은 이 양과 충전 시 계통에 넣을 오일양과 종류를 명시한다. 정해진 무게의 냉매를 사용하거나 냉매 무게를 서비스 카트에 입력하면 계통의 정해진 최대 용량으로 충전된다.

증기순환 공기조화계통의 충전은 계통의 진공배출 완료된 후 즉시 수행되어야 한다. 호스가 여전히 고압 및 저압 측면 서비스 밸브에 연결되어 있는 상태에서 서비스 카트 패널의 솔레노이드 작동 밸브를 충전(charge)으로 선택하여 냉매를 공급하라. 먼저 냉매가 계통의 고압 측면으로 보급되는데 저압 측면 게이지를 관찰하라. 저압 측면 게이지가 압력을 나타내기 시작하면, 냉매가 팽창 밸브의 작은 오리피스를 통과하고 있는 것이다. 고압 측면에서 압력이 형성되면 계통으로 유입되는 냉매의 흐름이 중단된다.

계통 충전을 완료하기 위해 압축기로 냉매를 흡입해야 한다. 이때 중대한 고려사항은 액체 냉매를 압축기 입구로 유입시켜 압축기가 손상되지 않도록 하는 것이다. 냉매를 고압 측면으로 처음 충전한 후 고압 측면 서비스 밸브를 닫고 나머지 충전량은 저압 측면 서비스 밸브를 통해 충전된다. 엔진을 일반적으로 높은 공회전 속도(high idle speed)인 지정된 rpm으로 시동하여 작동하라. 완전한 냉각은 조종석의 에어컨 컨트롤 패널에서 선택되는데 압축기가 작동하면서 계통에 적정량의 냉매가 유입될 때까지 증기를 끌어들인다. 충전 작업은 완전 성능 테스트로 완료된다.

매니폴드 세트로 충전하는 작업도 같은 방식으로 이루어진다. 매니폴드 센터 호스를 계통을 충전하는 냉매 소스에 연결하고 용기의 밸브를 연 후(또는 작은 캔의 씰에 구멍을 낸 후), 매니폴드 세트의 센터 호스 연결부를 느슨하게 풀어 호스의 공기가 빠져나갈 수 있도록 한다. 호스에서 공기가 배출되면 냉매는 개방된 서비스 밸브를 통해 계통에 유입될 수 있다. 순서는 위와 동일하며 제조사의 모든 지침을 준수해야 한다.

계통에 추가된 오일양은 제조사에 의해 명시된다. 오일을 미리 혼합한 냉매를 사용할 수 있으며 이것은 오일을 따로 첨가할 필요가 없게 한다. 그렇지 않다면 계통에 넣을 오일양을 서비스 카트에서 선택할 수 있다. 표준 오일양은 냉매 1파운드당 약1/4온스의 오일을 첨가해야 하는데 세부사항은 제조사의 지시를 따라야 한다.

12.4.2.5 기술 자격증명(Technician Certification)

EPA는 증기순환 공기조화계통 냉매 및 장비의 현행 규정을 준수하는 정비사의 기술 자격증명을 요구하고 있다. 항공정비사 자격증명을 취득하거나 증기순환 공기조화계통을 전문으로 정비하는 작업장에 문의하라.

12.5 항공기 가열기(Aircraft Heaters)

12.5.1 추출 공기계통(Bleed Air Systems)

항공기가 운용되는 고고도에서 온도는 0[°F]보다 상당히 낮을 수 있으며 계절적인 냉온과 더해지면 평소보다 객실을 많이 가열하는 것이 요구된다. 공기조화계통을 사용하는 여압항공기는 객실에서 따뜻한 공기를 얻기 위해 공기순환장치 팽창터빈에 의해 생성된 냉각된 공기와 블리드 공기를 혼합한다. 공기순환식 공기조화를 갖추지 않은 항공기는 다른 방법 중 한 가지에 의해 난방하게 된다.

공기순환방식을 갖추지 않은 일부 터빈항공기는 아직도 객실을 가열하기 위해 엔진압축기 블리드 공기를 이용한다. 블리드 공기는 외기, 또는 객실순환공기와 혼합되고, 그리고 도관을 경유하여 항공기 전체에 걸쳐서 분배된다. 공기의 혼합은 여러 가지의 다양한 방법으로 수행할 수 있다. 혼합공기밸브(mixing air valve), 유량제어밸브(flow control valve), 차단밸브(shutoff valve), 그리고 다른 여러 가지의 제어밸브가 조종석에 있는 제어스위치에 의해 제어된다. 블리드

공기 난방계통은 객실공기와 블리드 공기를 혼합시켜 사용하는데 블리드공기 난방계통은 밸브, 도관, 그리고 계통이 작동조건에 있는 한 간단하고 효과적인 장치이다.

12.5.2 전기 가열기 계통 (Electric Heating Systems)

때때로 항공기를 가열하기 위해 전기난방장치를 사용한다. 발열소자를 통해 흐르는 전기에 의해 가열되며 소자의 열을 객실 내부로 보내기 위해 팬을 사용한다. 객실바닥 또는 개실측벽은 객실을 따뜻하게 하도록 열을 방사한다.

다른 전기장치의 작동보다 효율이 높은 전열소자식 가열기는 대용량의 발전기 출력을 필요로 한다. 그렇기 때문에 전기난방장치는 일반적으로 사용되지는 않는다. 그러나 지상 전원에 의해 동력이 공급될 때 지상에서 전기난방장치의 사용은 승객이 탑승하기 전에 객실을 예열하기 위해 이용되며 전기 계통에 무리를 주지 않는다.

12.5.3 배기관 덮개식 가열기 (Exhaust Shroud Heater)

그림 12-91과 같이, 대부분 단발경항공기는 객실을 가열하기 위해 배기관덮개식 가열기를 사용한다. 외기는 엔진의 배기계통의 도관을 감싸고 있는 금속덮개, 또는 금속외피 내부로 흐르게 된다. 외부의 공기는 배기가스에 의해 따뜻하게 되고 방화벽(firewall) 난방밸브를 통해 객실 내부로 향하게 된다. 이러한 방법은 비교적 간단하면서 전력 또는 엔진동력을 필요

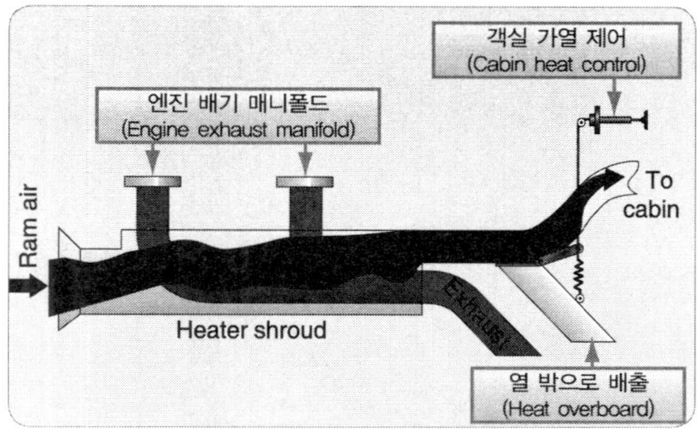

[그림 12-91] 배기관 덮개식 가열기의 기본방식(The basic arrangement of an aircraft exhaust shroud heater)

로 하지 않고 오히려 낭비되는 열에너지를 재활용한다.

배기관덮개식 가열기의 주요결함 가능성 중 하나는 배기가스가 객실공기를 오염시킬 수 있다는 것이다. 배기 매니폴드의 미세한 균열(crack)로도 치명적인 결과를 초래할 수 있을 정도로 충분한 일산화 탄소(CO)를 객실 내부로 보낼 수 있다. 엄격한 검사절차가 반드시 요구된다. 검사 방법은 공기를 이용하여 배기계통을 가압하고 가압된 계통을 비누액으로 누출 여부를 검사한다. 경우에 따라 누출을 탐지하기 위해 배기관을 장탈하여 가압된 상태로 물속에 넣는 방법이 요구되기도 한다. 배기관 덮개식 가열기 누설점검은 100시간마다 수행되어야 한다.

그림 12-93과 같이, 때때로 배기계통은 배기관덮개 가열 장치를 위해 부분적으로 개조된다. 예를 들어, 배기가스소음기(exhaust muffler)는 객실공기로 이동하는 열을 증가시키기 위해 다수의 스터드(stud)를 부착하기도 한다. 하지만 한편으로는 용접된 스터드 부위는 누출 가능성이 높은 곳이 되기도 한다.

항공기의 연식 또는 상태에 관계없이, 배기관덮개식 난방장치를 가지고 있는 항공기는 조종석에 일산화탄소 탐지장치를 반드시 장착해야 한다.

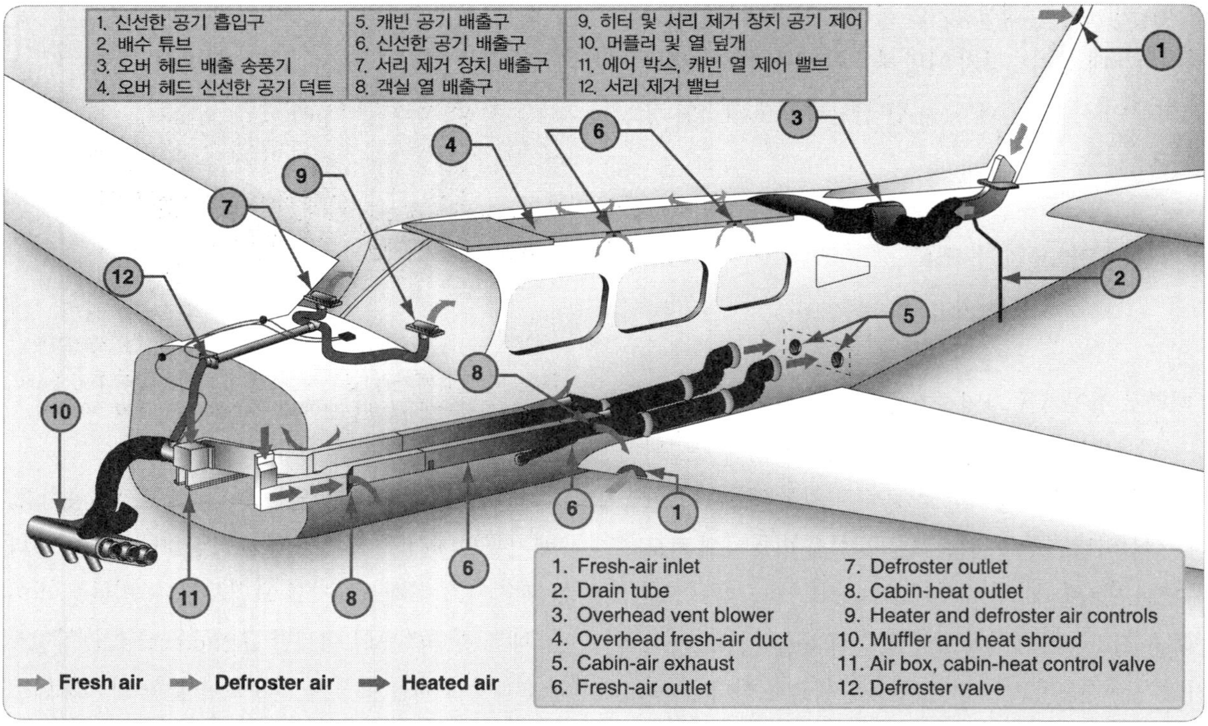

[그림 12-92] 단발 엔진 파이퍼(Piper) 항공기의 환경제어계통(The environmental system of a single-engine Piper aircraft)

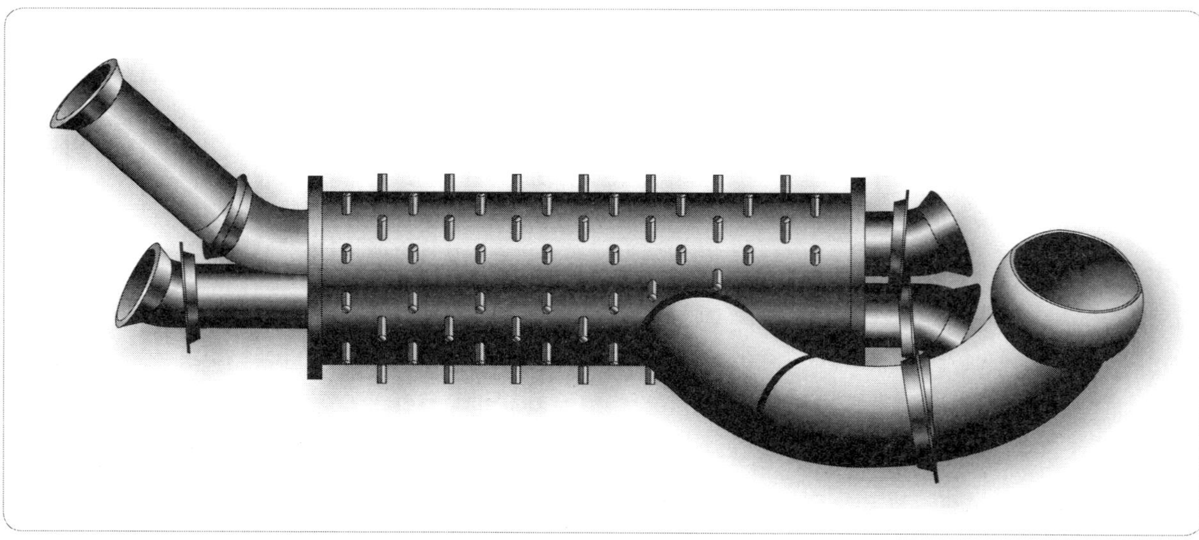

[그림 12-93] 배기관 덮개가 제거된 배기 매니폴드는 배기관을 통과하여 객실로 가는 공기의 열을 증가시키는데 사용되는 수많은 용접 스터드를 보여준다.(An exhaust manifold with its shroud removed showing numerous welded studs used to increase heat transfer from the exhaust to the ambient air going to the cabin)

12.5.4 연소식 가열기(Combustion Heaters)

그림 12-94와 같은 항공기 연소식 가열기는 대부분 소형 또는 중형 항공기에 사용된다. 비록 항공기의 주 연료계통으로부터 연료를 사용하지만, 항공기 엔진과는 독자적인 열원이다. 가장 최신의 가열기는 전자 점화장치와 온도제어스위치를 갖추고 있다.

연소식 가열기는 외부 공기를 가열하여 객실로 보낸다는 점에서 배기관덮개식 가열기와 유사하다. 열의 공급원은 난방기의 원통형 외부측판 안쪽에 위치한 독자적인 연소실이다. 정확히 계측된 양의 연료와 공기가 밀폐된 연소실 내부에서 발화된다. 연소실 배기 장치는 깔때기 모양을 하고 있으며 항공기 외부에 돌출되어 있다. 외기는 연소실과 외부측판 사이로 유입되어 대류에 의해 연소열을 흡수하고 객실 내부로 열에너지를 전달한다. 연소식 가열기 하부계통과 난방장치 작동에 대한 설명은 그림 12-95를 참고한다.

[그림 12-94] 최신 연소식 가열기
(A modern combustion heater)

12.5.4.1 연소 공기 계통(Combustion Air System)

연소과정에서 사용되는 공기는 항공기 외부로부터 유입되거나 연소식 가열기가 설치된 격실로부터 들어오는 외부 공기이다. 송풍장치는 정확한 양과 압력의 공기를 연소실내부로 보내게 한다. 일부 장치는 공

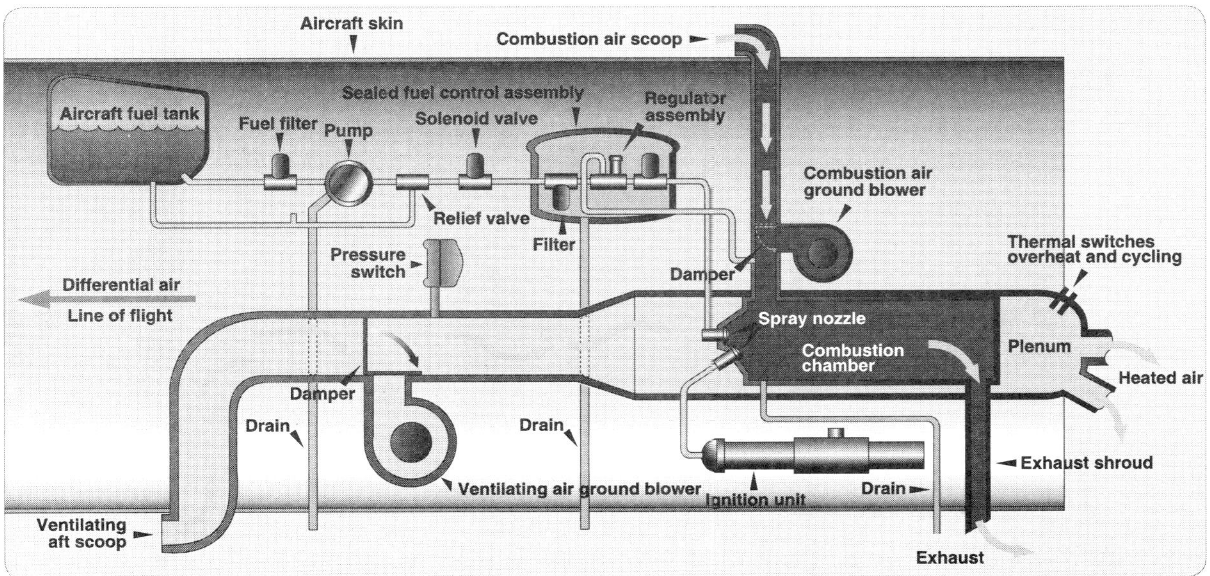

[그림 12-95] 일반적인 연소식 가열기 구성품 및 계통 도해(A diagram of a typical combustion heater and its components)

기의 양과 압력을 정확하게 조절하기 위해 조절기 또는 릴리프밸브를 장비하고 있다. 난방된 외부 공기는 연소가스로부터 완전히 분리되며 객실 내부로 보내게 된다.

12.5.4.2 환기 공기 계통(Ventilating Air System)

환기공기는 따뜻하게 된 공기를 의미하며 객실 내부로 보내진다. 일반적으로 램공기 흡입구를 통해 연소식 가열기 내부로 들어온다. 착륙장치 스쿼트스위치(squat switch)에 의해 제어되는 환기공기송풍기는 항공기가 지상에 있을 때 대기에서 공기를 끌어당기기 위해 작동한다. 비행 중에는 램공기 흐름이 충분하다면 팬이 작동하지 않는다. 환기공기는 연소실과 연소식 가열기의 외부측판 사이로 흘러가면서 열을 흡수해 객실 내부로 보낸다.

12.5.4.3 연료 계통(Fuel System)

연소식 가열기를 위한 연료는 항공기 연료탱크에서 공급된다. 릴리프밸브가 있는 정압연료펌프는 여과기를 통해 연료를 흡입한다. 주 솔레노이드 밸브 하류는 연료를 구성품으로 공급하는데 솔레노이드는 조종석에 있는 객실난방 스위치와 3개의 안전스위치에 의해 제어된다. 첫 번째 안전스위치는 작동온도범위 이내에서 환기공기흐름이 충분하지 않다면 주 솔레노이드 밸브를 닫힌 상태로 유지하는 덕트 제한스위치(duct limit switch)이다. 두 번째는 연소용 공기팬으로부터 압력을 감지해야 하는 압력스위치이다. 마지막으로, 과열스위치 또한 주 솔레노이드 밸브를 제어하는데 과열상태가 발생했을 때 연료의 공급을 멈추기 위해 솔레노이드를 닫는다.

두 번째 솔레노이드는 주 솔레노이드 밸브의 하류부문에 위치하며 또한 압력조절기와 추가적인 연료여과기를 장비하는 연료제어장치의 일부분이다. 밸브는 연소식 가열기 온도조절장치(thermostat)에서 작동명령에 의해 열리고 닫힌다. 정상작동 시에, 가열기는 연소실 입구에서 이 솔레노이드를 개방과 접속하여 ON과 OFF를 반복한다. 그림 12-96과 같이, 개방 시 연료는 연소실 내부로 공급되어 노즐(nozzle)을 통해 분사된다.

12.5.4.4 점화계통(Ignition System)

대부분 연소식 가열기는 항공기 전압을 받도록 설계된 점화장치를 가지고 있으며 연소실에 장착된 점화플러그를 점화하도록 전압을 승압시킨다. 구형 연소

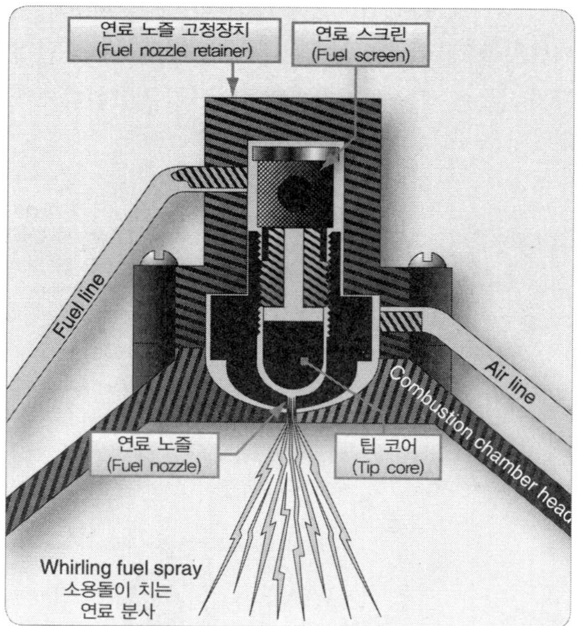

[그림 12-96] 연소실의 끝에 위치한 연료 노즐은 항공기 연료를 분사하며, 이는 연속 스파크 점화계통의 스파크 플러그에 의해 점화된다.(The fuel nozzle located at the end of the combustion chamber sprays aircraft fuel, which is lit by a continuous sparking ignition system spark plug)

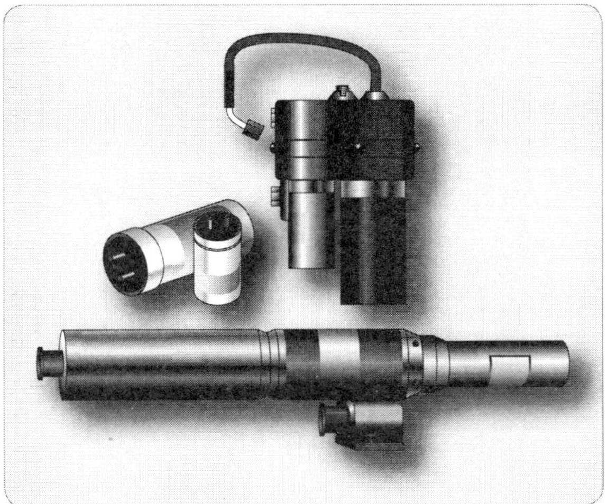

[그림 12-97] 연소식 가열기 점화장치(Example of ignition units used on combustion heaters)

식 가열기는 진동기형 점화장치를 사용한다. 최신의 장치는 전자식 장치를 구비하고 있으며 점화가 활성화되었을 때 지속적으로 작동한다. 조종석에서 가열기 스위치를 ON 위치로 놓았을 때, 점화가 발생하며 연소용 공기송풍기는 연소실 내부에 충분한 공기압을 형성하도록 한다. 그림 12-97과 같이, 연소실에 적절한 점화플러그의 사용은 필수적인 요소이며 제작사의 정비매뉴얼을 확인하라.

12.5.4.5 작동(Control)

연소식 가열기는 객실가열스위치와 온도조절기로 이루어진다. 객실가열스위치는 연료펌프를 구동시키고, 주 연료공급 솔레노이드를 개방하고 연소용 공기팬뿐만 아니라 만약 항공기가 지상에 있다면 환기공기팬을 구동시킨다. 연소용 공기팬이 압력을 형성하는 동안 점화장치가 작동된다. 온도조절기는 난방이 요구될 때 연료제어솔레노이드를 개방하도록 전원을 보낸다. 이것은 가열기의 연소실 내부에 폭발을 일으키게 하여 열에너지를 객실로 보내준다. 미리 설정된 온도에 도달되었을 때, 온도조절기는 연료제어솔레노이드의 전원을 차단하여 연소를 중지시킨다. 환기공기는 순환을 지속하여 열에너지를 운반한다. 설정된 온도 이하로 떨어졌을 때, 연소식 가열기는 다시 작동을 시작한다.

12.5.4.6 안전 특성(Safety Feature)

자동 연소식 가열기 제어는 위험한 상황에서 작동을 중지한다. 덕트 제한스위치는 미리 설정한 온도 이하로 가열기 덕트가 유지되도록 충분한 공기흐름이 없을 때 가열기에서 연료를 차단한다. 이러한 상황은 보통 환기공기흐름의 부족에 의해 일어난다. 과열스위치는 덕트 제한스위치보다 더 고온으로 설정되어 있으며 어떠한 종류의 과열에 대해서도 작동되며 화재가 일어나기 전에 연소식 가열기로 공급되는 연료를 차단하도록 설계되었다. 과열스위치가 작동되었을 때, 조종석의 경고등이 들어오고 가열기를 정비하여 원인을 규명할 때까지 재작동할 수 없다. 일부 가열기는 점화계통이 작동하고 있지 않다면 연소실로 공급되고 있는 연료를 차단하도록 설계되어 있다.

12.5.4.7 정비와 점검(Maintenance and Inspection)

연소식 가열기의 정비 항목은 여과기 세척, 점화플러그 마모 여부 점검, 그리고 입구 막힘 여부 점검과 같은 통상적인 항목으로 이루어진다. 연소식 가열기의 모든 정비와 검사는 항공기 제작사 정비매뉴얼에 따라 수행되어야 한다. 또한, 연소식 가열기의 제조사가 별도로 있다면 제조사의 정비지침 역시 준수되어야 한다. 가열기의 적절한 작동을 보장하기 위해 정비수행 항목과 점검주기 그리고 오버홀(overhaul) 주기가 반드시 준수되어야 한다.

연소식 가열기의 검사는 제조사에 의해 제시된 일정 또는 작동불량이 예상되었을 때에는 즉시 수행되어야 한다. 입구와 출구는 청결해야 하며 모든 조종 장치의 완전한 작동과 기능이 점검되어야 한다. 연소실 또는 덮개에서 연료누출 또는 균열 여부를 철저하게 관찰해야 하며 모든 구성품은 안전하게 고정되어야 한다. 요구된다면 작동점검을 수행할 수 있다.

13 화재방지 계통

Fire Protection System

13 화재방지 계통

Fire Protection System

13.1 소개(Introduction)

화재는 항공기에서 가장 위험한 위협요소이기 때문에, 최신의 다발 항공기는 고정된 화재방지계통에 의해 보호된다. 방화구역은 화재감지장비와 소화 장치, 그리고 고도의 내화성을 필요로 하도록 제작사에 의해서 설계된 부분 또는 지역이다. "고정된(Fixed)"이라는 용어는 휴대 가능한 할론 또는 물 소화기와 같은 휴대용 소화 장치와는 달리 영구히 장착된 계통을 말한다.

최신의 항공기와 많은 구형 항공기의 완벽한 화재방지계통은 화재감지계통과 소화계통으로 구성된다. 화재감지계통과 소화계통이 고정된 항공기의 대표적인 구역은 다음과 같다.

(1) 엔진과 보조 동력 장치(APU)
(2) 화물실과 수화물실(cargo and baggage compartments)
(3) 운송용 항공기의 화장실
(4) 전자 장비실(electronic bays)
(5) 휠웰(wheel wells)
(6) 블리드 에어 덕트(bleed air ducts)

화재 또는 과열상태를 탐지하기 위해서, 감지기(detector)는 감시하고자 하는 여러 방면의 지역에 배치된다. 다음에 열거하는 한 가지 이상을 사용하여 왕복엔진항공기와 소형 터보 프롭 항공기 화재를 감지한다.

(1) 과열 감지기(overheat detector)
(2) 온도 상승율 감지기(rate-of-temperature-rise detector)
(3) 화염 검출기(flame detector)
(4) 조종사에 의한 관찰

이들 방법 이외에, 다른 형식의 감지기가 항공기 화재방지계통에 사용되지만, 엔진화재 감지에는 드물게 사용된다. 예를 들어, 연기감지기는 물질이 서서히 연소하거나 연기가 나는 화물과 수화물실과 같은 지역을 감시하기에 더욱 적합하다. 이 범주에 있는 다른 형식의 감지기에는 일산화탄소 검출기와 폭발성가스의 축적으로 이어질 수 있는 가연성 혼합물을 검출할 수 있는 화학 시료채취 장치가 포함된다.

대부분 대형 터빈엔진항공기의 완벽한 항공기 화재방지계통은 몇몇의 다른 감지방법을 병용한다.

(1) 온도상승율 감지기(rate of temperature detectors)
(2) 복사열 감지기(radiation sensing detectors)
(3) 연기감지기(smoke detectors)
(4) 과열 감지기(overheat detectors)
(5) 일산화탄소 검출기(carbon monoxide detectors)
(6) 가연혼합물 검출기(combustible mixture

detectors)

(7) 섬유광학 감지기(fiber-optic detectors)

(8) 승무원 또는 승객에 의한 관찰

화재(fire)의 빠른 감지를 위해 가장 일반적으로 사용된 감지기의 형식은 상승율, 광센서, 공압루프와 전기저항장치가 있다.

13.1.1 화재의 등급(Classes of Fires)

국제화재방지협회(NFPA, national fire protection association) 표준(standard) 10, 휴대용소화기(portable fire extinguishers, 2007 edition)에 정의된 바와 같이 기내에서 발생할 가능성이 있는 화재의 등급은 다음과 같다.

(1) A급 화재(Class A Fires)

목재, 직물, 종이, 고무제품, 그리고 플라스틱과 같은, 통상의 가연재료에 발생하는 화재

(2) B급 화재(Class B Fires)

가연성액체, 석유계 오일, 그리스, 타르, 유성도료, 락카, 솔벤트, 알코올, 그리고 인화성가스에서 발생하는 유류화재

(3) C급 화재(Class C Fires)

비전도성인 소화용재의 사용이 중요한 전기장치에서 발생하는 전기화재

(4) Class D

마그네슘, 티타늄, 지르코늄, 나트륨, 리튬, 그리고 포타슘과 같은, 가연성 금속에서 발생하는 금속 화재

13.1.2 과열과 화재방지 계통의 요구사항 (Requirements for Overheat and Fire Protection Systems)

현대 항공기의 화재방지계통은 화재감지의 기본적인 방법으로서 승무원에 의한 관찰에 의존하지 않는다. 이상적인 화재감지기계통은 가능한 한 다음과 같은 많은 특징을 표함 한다.

(1) 비행이나 지상 조건에서 잘못된 경고를 울리지 말 것.

(2) 화재가 발생했을 때 발생장소를 정확하고 신속하게 표시할 것

(3) 화재가 꺼졌을 때 정확히 표시

(4) 화재가 다시 발생(re-ignited)했음을 표시

(5) 화재가 계속될 때 지속 표시

(6) 조종실에서 화재감지계통을 전기적으로 시험을 할 수 있을 것

(7) 기름, 물, 진동, 극한 온도 또는 취급에 대한 노출로 인한 손상에 내구성이 있을 것.

(8) 무게가 가볍고 설치가 용이할 것

(9) 인버터 없이 항공기 전원 계통으로부터 직접 전원을 공급받는 회로,

(10) 화재를 지시하지 않을 때 전기소모가 적을 것

(11) 화재 위치를 표시할 수 있는 조종실 경고등과 경고음이 작동할 것.

(12) 각 엔진별 분리된 감지 계통을 설치할 것.

13.2 화재 탐지와 과열 계통 (Fire Detection/Overheat Systems)

화재 감지 계통은 화재가 있음을 알리는 신호를 보내야 한다. 화재의 발생 가능성이 큰 장소에 계통 유닛을 설치한다. 일반적으로 사용되는 3 가지 감지계통 유형은 열 스위치, 열전대 및 연속 루프이다.

13.2.1 열 스위치 계통(Thermal Switch System)

다수의 감지기나 검출장치가 필요한 구형 항공기는 열 스위치 계통이나 열전쌍 계통 등의 장비를 가지고 있다. 열 스위치 계통은 표시등(light)의 작동을 제어하는 항공기 전력 계통과 열 스위치로 작동되는 하나 이상의 표시등(light)을 가지고 있다. 이들 열 스위치는 정해진 온도에서 전기회로를 완성하는 열 감지 장치이다. 그림 13-1과 같이, 열 스위치는 서로 병렬로 연결되나 표시등과는 직렬로 연결된다. 회로의 어떤 하나의 구간에서 온도가 설정값 이상으로 상승한다면, 열 스위치가 닫히고 표시등 회로를 형성하여 화재 또는 과열상태를 지시한다. 열 스위치의 수는 정해져 있지 않고, 정확한 수는 보통 항공기제작사에 의해서 결정된다. 일부 장치에서는 모든 온도 감지기는 하나의 등에 연결되거나, 각각의 표시등(indicator light)에 대해 하나의 열 스위치가 있는 경우도 있다.

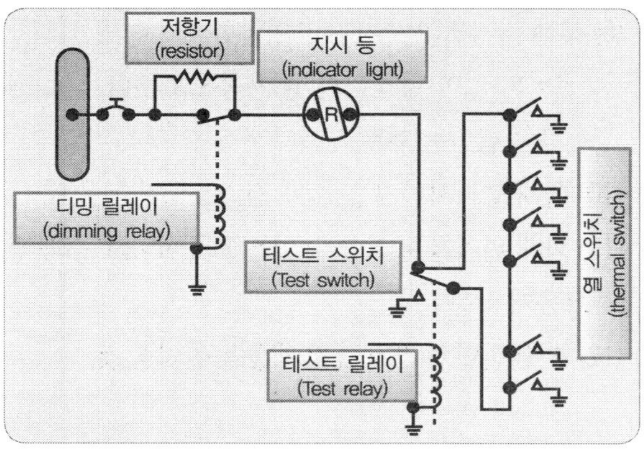

[그림 13-1] 열 스위치(Thermal switch) 화재감지 회로

일부 경고등은 눌러 시험(push-to-test)할 수 있는 등(light)이다. 전구는 보조시험회로를 점검하기 위하여 안으로 전구를 눌러 시험한다. 그림 13-1에서는 시험릴레이를 포함한 회로를 보여준다. 표시된 위치에 릴레이접점이 있는 경우 열 스위치로부터 램프(lamp)까지 전류흐름은 두가지 가능한 경로가 있다. 이것은 추가적인 안전특성이다. 시험릴레이에 전압을 가해 직렬회로를 완성하고 모든 배선과 백열전구를 점검한다. 또한 그림 13-1의 회로에 포함된 것은 디밍 릴레이(dimming relay)이다. 디밍 릴레이(dimming relay)에 전압을 가하면 회로는 등(light)과 직렬로 연결된 저항기를 통과하도록 변경된다. 일부 장치에서, 몇 개의 디밍 릴레이(dimming relay)를 통하여 배선되고, 모든 경고등(warning light)은 동시에 흐려지게 된다.

13.2.2 열전쌍 계통(Thermocouple Systems)

열전쌍 화재 경고 계통은 열 스위치계통과는 다른 원리로 작동한다. 열전쌍은 온도의 상승 비율에 의존하고 엔진이 서서히 과열되거나 단락이 발생할 때 경고를 주지 않는다. 이 계통은 릴레이(relay) 박스, 경고등, 그리고 열전쌍으로 이루어진다. 이들 유닛의 배선 방식은 다음의 회로로 나누어지게 된다.

(1) 감지기회로(detector circuit)
(2) 경보회로(alarm circuit)
(3) 시험회로(test circuit)

그림 13-2에서는 이들 회로를 보여준다. 릴레이 박스에는 2개의 릴레이, 즉 감도릴레이(sensitive relay)와 종속릴레이(slave relay)와 열 시험 장치가 포함된다. 이러한 박스는 잠재적인 방화구역의 수에 따라 1개부터 8개의 동일한 회로를 포함하게 된다. 릴레이는 경고등을 제어한다. 차례로 열전쌍은 릴레이의 작동을 제어한다. 이 회로는 서로 직렬로 연결된 몇 개의 열전쌍과 감도릴레이로 구성된다.

열전쌍은 크로멜과 콘스탄탄과 같은 2개의 이종금속으로 조립된다. 이 금속이 접합되고 화재의 열에 노출된 지점은 열 접점이라고 부른다. 또한, 2개의 절연블록 사이에 단열공기층으로 둘러싸인 기준접점이 있다. 금속 틀이 열전쌍을 둘러싸서 열 접점으로 공기의 자유이동을 방해하지 않고 기계적으로 보호 한다. 만약 온도가 빠르게 상승한다면, 열전쌍은 기준접점과 열 접점 사이에 온도차이 때문에 전압을 생산한다. 만약 양쪽 접점이 같은 비율로 가열된다면 전압은 발생하지 않는다.

엔진 작동에서 완만한 온도의 상승으로, 양쪽 접점은 동일비율로 뜨거워지므로 경고신호는 주어지지 않는다. 그러나 화재가 발생한다면, 열 접점은 기준접점

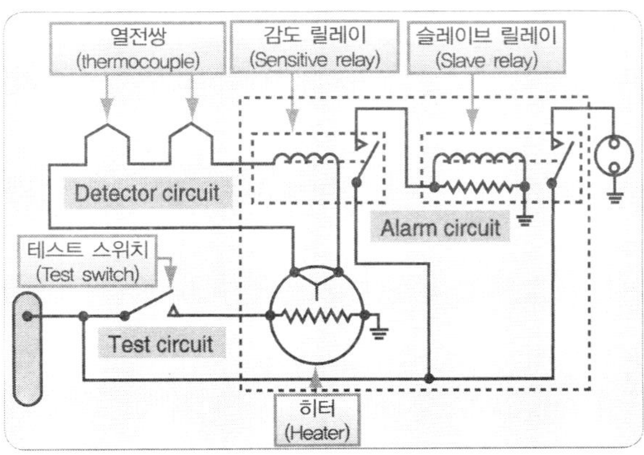

[그림 13-2] 열전쌍(Thermocouple) 화재 경보 회로

보다 빠르게 더 뜨거워지고, 발생한 열기전력은 전류를 감지기회로 내로 흐르게 한다. 전류가 4[mA]보다 크면 감도릴레이가 닫힌다. 이는 항공기 전력계통으로부터 종속릴레이의 코일까지 회로를 형성한다. 그다음에 종속릴레이는 닫히고 시각적인 화재경고를 제공하기 위해 경고등으로 회로가 연결된다.

13.2.3 연속 루프 계통 (Continuous-loop Systems)

운송용 항공기는 엔진과 휠 웰(wheel well)보호를 위해 거의 독점적으로 연속열수감부(continuous thermal sensing element)를 사용한다. 이들 계통은 우수한 감지성능과 적용범위를 제공하고 최신의 터보팬엔진의 가혹한 환경에서 견디기 위해 증명된 견고성을 갖추고 있다.

연속 루프 감지기 또는 수감 계통은 스폿 형식 온도검출기의 어떤 형태보다 더 많은 화재위험지역을 완전하게 커버할 수 있다. 광범위하게 사용되는 두 가지 형식은 연속 루프 계통인 키드(kidde)와 펜웰(fenwal) 계통 같은 서미스터형감지기(thermistor-type detector)와 린드버그(lindberg) 계통과 같은, 공기압 감지기이다. 또한 린드버그(lindberg) 계통은 시스트론-도너(systron-donner)로 알려져 있고 최근에는 메깃(meggitt) 안전계통으로도 알려져 있다.

13.2.3.1 펜웰 계통(Fenwal System)

그림 13-3과 같이, 펜웰(fenwal) 계통은 열에 민감한 공융염제와 니켈 와이어 중심 도선으로 채워진 가느다란 인코넬 관(inconel tube, 니켈 80%, 크롬 14%, 철 6%로 이루어진 고온 · 부식에 강한 합금의 상품명)

을 사용한다. 이들 수감부(sensing element)는 길이 방향으로 제어장치에 직렬로 연결되어 있다. 수감부의 길이는 동일하거나 다양할 수 있으며 온도 설정도 같거나 다를 수 있다. 전력공급원으로부터 직접 작동하는 제어장치는 수감부에 적은 전압을 감지한다. 수감부 길이를 따라 어느 지점에서 과열상태가 발생하면 수감부 내의 공융염제(eutectic salt)의 저항이 급격히 낮아져 외부피복과 중심도체(center conductor) 사이에 전류를 흐르게 한다. 이 전류흐름은 출력릴레이를 작동시키고, 경보를 작동시키기 위해 신호를 발생하는 제어장치에 신호를 준다. 화재가 소화되었거나 또는 임계온도가 설정값 아래로 내려가졌을 때, 펜웰(fenwal) 계통은 자동적으로 대기 경계로 되돌아가고, 차후의 화재상황 또는 과열상태를 감지하기 위해 대기상태가 된다. 펜웰(fenwal) 계통은 루프회로를 형성할 수 있도록 배선된다. 이 경우 개방회로가 발생하면, System은 화재 또는 과열을 계속 신호한다. 만약 여러 곳에서 개방회로가 발생하면 끊김 사이의 구간만이 작동하지 않는다.

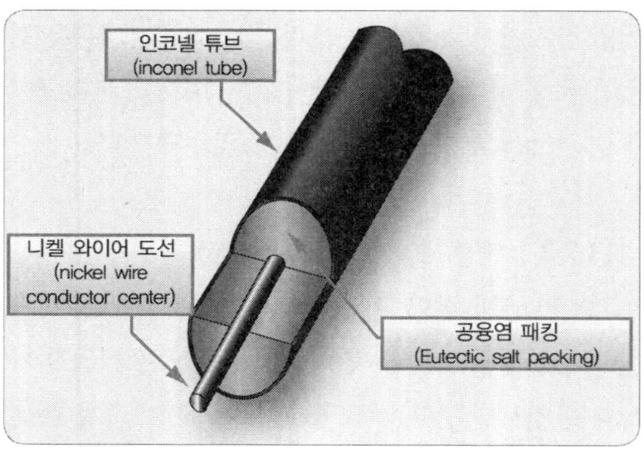

[그림 13-3] 펜웰 수감부(Fenwal sensing element)

13.2.3.2 키드 계통(Kidde System)

그림 13-4와 같이, 키드(kidde) 연속 루프 계통은 인코넬 관에 끼워 넣어진 2개의 전선과 코어재료인 서미스터(thermistor)로 채워져 있다. 2개의 전기도체는 중심부를 길이방향으로 통과한다. 하나의 도체는 튜브에 접지 연결되며 다른 하나의 도체는 화재감지제어장치에 연결된다. 중심부의 온도가 상승할 때 접지로 전기저항은 감소한다. 화재감지제어장치는 이 저항을 감시한다. 만약 저항이 과열 설정 값으로 감소한다면, 조종실에 과열 표시가 나타난다. 전형적으로 과열 지시까지 10초[sec]의 시간지연릴레이가 포함되어 있다. 만약 저항이 화재 설정값 이하로 감소한다면, 화재경고가 일어난다. 화재 또는 과열상태가 사라지면 코어재료의 저항은 초기 값으로 증가하고 조종실 지시는 사라진다. 저항의 변화율은 전기의 단락 또는 화재를 식별한다. 전기 단락으로 인한 저항 하락은 화재로 인한 것보다 더 빠르다. 일부 항공기에서, 화재감지와 과열감지에 추가하여 키드 연속 루프 계통(kidde continuous-loop system)은 항공기운항감시장치(AIMS, aircraft in-flight monitoring system)의 비행기 상황 감시기능(airplane condition monitoring function)으로 나셀온도자료(nacelle temperature data)를 제공할 수 있다.

(1) 수감부(Sensing Element)

감지기가 가열되었을 때 반대로 저항은 변화하는데, 감지기온도가 증가되면 저항은 감소한다. 각각의 감지기는 서미스터물질에 내장된 두 개의 와이어로 구성되며, 높은 온도에서 고강도를 위해 두툼한 인코넬 튜브에 싸여 있다. 감지기의 양쪽 끝단에 있는 전기 도체는 절연된 세라믹이다. 인코넬 관은 구멍 난 스테인

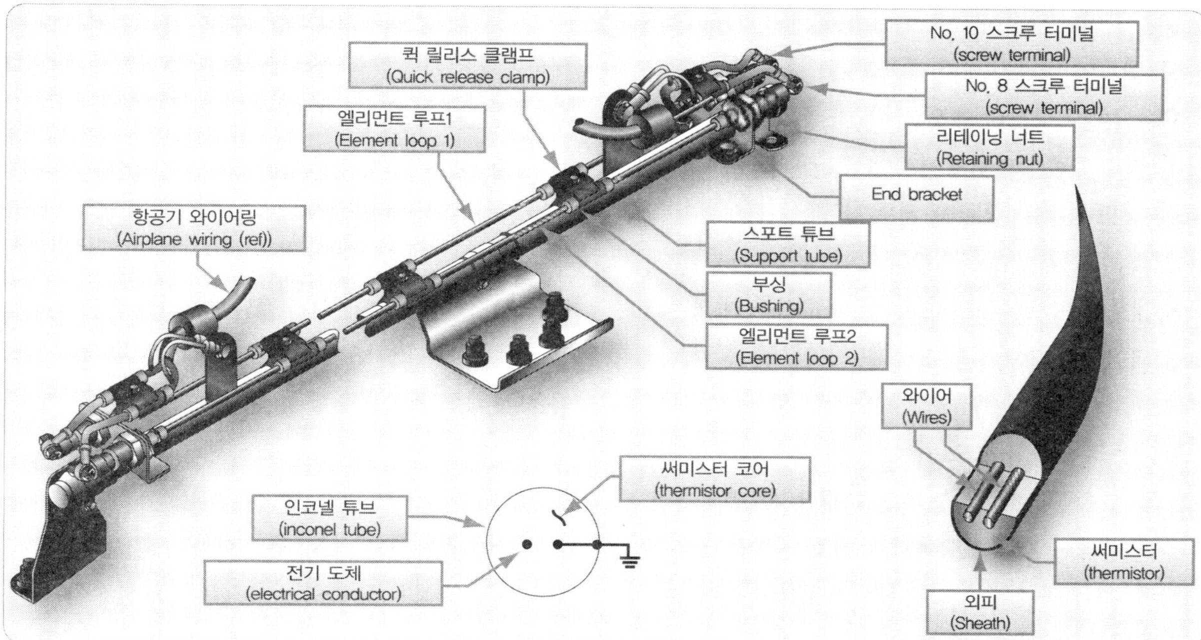

[그림 13-4] 키드 연속루프 계통(Kidde continuous-loop system)

리스 튜브로 싸여지고 군데군데에 테프론 함유 석면 부싱에 의해 지탱된다. 보호덮개는 진동으로 인하여 파괴, 비행기 구조물과 접촉에 의한 마모와 정비활동으로인한 손상으로부터 감지기를 보호한다.

감지기의 저항은 그 길이에 반비례하며, 길이의 증가는 병렬로 저항이 된다. 주어진 길이를 벗어난 길이가 짧은 감지기를 가열하려면 짧은 길이를 온도 경보 지점 이상으로 가열해야 하므로 감지기의 총 저항은 경보 지점까지 감소한다. 이 특성은 오직 가장 높은 장소의 온도를 감지하기보다는 오히려 장착된 길이 전체에 걸쳐서 모든 온도의 종합을 가능케 한다. 각각의 인코넬 관의 서미스터물질 안에 싸인 2개의 전선은 그들 자체 사이, 감지기 전선과 인코넬 관 사이, 그리고 감지기 각각의 인접한 증가된 길이 사이에 가변저항 회로망을 형성한다. 이들의 가변저항 회로망은 감지기제어장치로부터 감지기 전선으로 28[V] DC의 적용으로서 감시된다.

(2) 화재와 과열의 결합된 경고(Combination Fire and Overheat Warning)

서미스터 수감부(thermistor-sensing element)로부터 아날로그신호는 동일한 수감부 루프로부터 두 단계(과열/화재)의 응답을 제공하도록 제어회로를 배치할 수 있다. 첫 번째 경고는 엔진실 안으로 뜨거운 블리드에어(bleed air) 또는 연소가스(combustion gas)의 누출에 의해 일으켜지는 것과 같은 일반적인 엔진실 온도상승을 지시하는 화재경고보다 낮은 온도에서의 과열경고이다. 또한 초기에 화재의 경고가 있을 수 있고 승무원이 엔진실 온도를 낮추기 위한 적절한 조치를 취하도록 경고 한다. 두 번째 수준 대응은 새어나오는 뜨거운 가스에 의해 발생한 것 이상의 수준에서 화재경고이다.

(3) 온도 변화의 지시(Temperature Trend Indication)

온도변화에 따라 수감부 루프가 생성하는 아날로그 신호는 정상온도보다 엔진실온도가 증가했음을 지시하기 위해 조종실화면표시기에 적당한 신호로 변환시킨다. 또한, 각각의 루프 계통으로부터 지시의 비교는 2개의 루프가 정상적으로 똑같이 나타내기 때문에, 화재감지계통(fire detection system)의 상태점검이 제공 되어야 한다.

(4) 계통의 시험(System Test)

그림 13-5와 같이, 연속 루프 화재감지계통의 완전무결한 상태는 제어회로에서 화재로 인하여 수감부 저항변화의 모의실험을 하는 제어장치에 만들어 넣은 시험회로로 수감부 루프의 한쪽 끝단을 전환하는 조종실에 있는 시험스위치를 작동시켜서 시험하게 된다. 만약 수감부 루프가 파손되지 않았다면, 제어회로에 의해 감지된 저항은 모의실험으로 인한 화재로 경보는 활성화 된다. 시험은 수감부 루프의 연속성 외에도 경보 표시기 회로의 무결점 및 제어회로의 적절한 상태를 보여준다. 수감부의 열적 특징은 수감부 수명

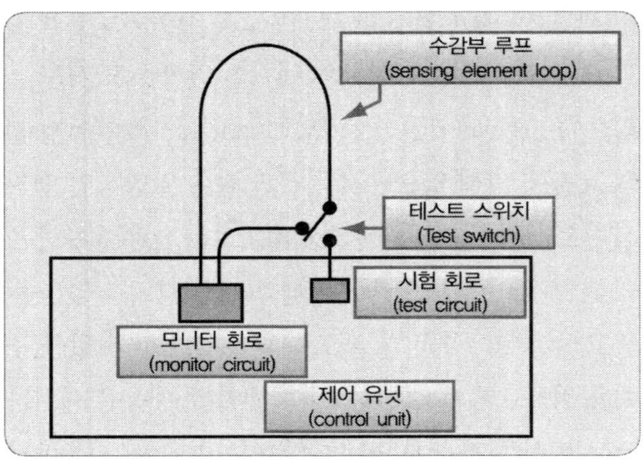

[그림 13-5] 연속 루프 화재감지 계통 시험 회로
(Continuously loop fire detection system test circuit)

동안 변하지 않는다(가열 시 되돌릴 수 없는 변화는 일어나지 않음): 수감부는 제어장치에 전기적으로 연결되어 있는 한 적절하게 작동한다.

(5) 결함지시(Fault Indication)

제어 장치는 단락판별기회로가 수감부 루프에서 단락을 감지할 때에는 언제나 결함지시기를 작동시키는 결함신호를 출력하도록 만든다. 단락은 화재감지계통을 무력화 시키므로 운송용 항공기에는 이런 제어장치가 요구된다.

(6) 이중 루프 계통(Dual-loop Systems)

이중루프계통은 각 출력 신호가 연계된 완전한 두 개의 기본 화재 감시 계통으로, 화재 경고가 발생하기 위해서 둘 다 신호를 보내야 한다. AND 로직(logic)이라고 부르는, 이 배열은 어떠한 원인이든 거짓화재경고에 대하여 신뢰도를 증가 시킨다. 2개의 루프 중 하나가 비행전 완전성시험(preflight integrity test)에서 작동하고 있지 않는 것이 발견되면, 조종실 선택스위치는 그 루프를 분리하고 화재경고를 작동시키기 위해 단독으로 다른 루프로부터 신호를 받게 한다. 단일작동루프(single operative loop)는 모든 화재감지기 필요조건에 부합하므로 항공기는 안전하게 출항 시킬 수 있고 정비는 가능한 시간까지 연기할 수 있다. 그러나 2개의 루프 중 하나가 비행 중에 작동하고 있지 않게 되고 화재가 그 후에 일어난다면, 화재신호 루프는 화재의 발생을 확인하기 위해 단일루프 작동을 선택하도록 운항승무원에게 경계시키는 조종석 결함신호(fault signal)를 작동시킨다.

(7) 자동 자체 호출 신호
(Automatic Self-Interrogation)

이중루프계통은 자동 자체 호출신호라 부르는 기능이 있어 조종실의 결함 표시에 따라 운항승무원에게 요구되는 루프전환 및 의사결정기능을 자동적으로 수행한다. 자동 자체 호출신호는 결함지시를 제거하고 이중루프계통 중 적어도 하나의 루프가 작동하는 동안 화재가 발생하면즉시 화재가 표시될 수 있도록 보장 한다. 단일루프의 제어회로에서 화재 신호가 발생되면 자동 자체 호출신호회로는 자동적으로 다른 루프의 작동을 시험한다. 만약 제어회로가 작동여부를 시험할 때, 작동하는 루프에 화재(fire)가 존재한다면 화재 신호를 보낼 수 있기 때문에 회로는 화재신호를 억제한다. 그러나 만약 다른 루프가 작동하고 있지 않는 것으로 확인 된다면, 회로는 화재신호를 출력한다. 호출신호의 결정은 순간(milliseconds)에 이루어져 만약 화재가 실제로 존재한다면 경고는 지연없이 발생한다.

(8) 수감부 지지 튜브의 고정
(Support Tube Mounted Sensing Elements)

수감부를 엔진 또는 항공기 구조물에 설치해야 하는 경우, 수감부가 장착된 지지튜브에 충분한 지지점을 제공하고는 문제를 해결하고 엔진 또는 계통 정비를 위한 수감부의 제거와 재장착을 손쉽게 할 수 있어야 한다.

대부분의 현대적 장치는 보다 좋은 유지관리 및 향상된 신뢰성을 위해 수감부를 설치하는 지지튜브 개념을 적용한다. 수감부는 밀접한 클램프 배치와 부싱으로 미리 구부린(prebent) 스테인리스 튜브에 부착되며, 진동손상으로부터 지탱되고 끼여 찌그러짐 및 과도한 구부리기로부터 보호된다. 지지튜브에 장착된 수감부는 단일 수감부 또는 이중 수감부 모두 설치할 수 있다.

설계된 배치(configuration)에 맞추어 미리 구부린 것은 설계 위치의 항공기에 정확히 설치되며, 엔진 또는 항공기 구조물과 수감부의 마찰 가능성으로부터 자유롭게 하는 필요한 간격을 유지할 수 있다. 이 어셈블리는 몇 개의 부착점만 필요하며, 엔진정비를 위해 제거가 필요한 경우 빠르고 쉽게 이루어 질 수 있어야 한다. 어셈블리가 수리 또는 정비를 필요로 하면, 공장(Shop)으로 수리를 보내야 하므로 다른 어셈블리로 쉽게 교체하여야 한다. 수감부가 손상된 것은 어셈블리에서 쉽게 교체 될 수 있다.

(9) 화재 감지 제어 장치(Fire Detection Control Unit(Fire Detection Card))

계통(system) 중 가장 간단한 유형(Type)을 위한 제어장치는 필요한 전자저항감시 및 경보출력회로(alarm output circuit)가 부착부 브래킷과 전기 연결재로 설비된 용접 밀폐된 알루미늄 케이스에 수용된다. 더욱 정교한 계통의 경우 개별 위험 영역 및 고유한 기능을 위한 회로가 있는 분리식 제어카드가 포함된 제어모듈을 사용한다. 가장 개선된 애플리케이션(application) 감지회로소자는 엔진, APU, 화물실 및 배출공기 계통에 대한 화재감지와 소화를 포함하는 모든 항공기 화재방지기능을 제어한다.

13.2.4 압력형 감지 반응 계통 (Pressure Type Sensor Responder Systems)

일부 소형 터보 프롭 항공기는 공압 단일지점 감지

기가 장착되었다. 이들 감지기의 설계는 가스법칙의 원리에 근거한다. 수감부는 한쪽 끝이 응답 어셈블리에 연결된 밀폐된 헬륨충전관으로 이루어진다. 수감부가 가열되었을 때, 튜브 내부에 가스압력은 경보임계값에 닿을 때까지 증가한다. 이 지점에서, 내부스위치는 닫히고 조종석으로 경보를 통보하고, 계속적인 결함감시도 포함된다. 이런 형식의 감지기는 단일감지기 감지계통으로 설계되고 제어장치를 필요로 하지 않는다.

13.2.4.1 공압 연속 루프 계통 (Pneumatic Continuous-loop System)

공압 연속 루프 계통은 또한 제조자의 이름인 린드버그, 시스트론-도너 및 메깃(lindberg, systron-donner, and meggit) 안전 계통이라고도 알려져 있다. 이들 계통은 운송용 항공기의 엔진화재감지를 위해 사용되고 키드(kidde) 계통과 같은 기능을 갖는데 서로 다른 원리로 작동한다. 그들은 계통의 신뢰도를 증진시키기 위해 이중루프설계를 사용한다.

그림 13-6과 같이, 공압 감지기는 2개의 감지기능을 갖고 있다. 그것은 종합평균온도임계값 그리고 충돌화염 또는 뜨거운 가스에 의해 발생된 불연속온도 증가에 반응한다. 평균온도와 불연속온도 모두는 제작 시 설정(factory set)되며 현장에서 조절할 수 있는 것은 아니다.

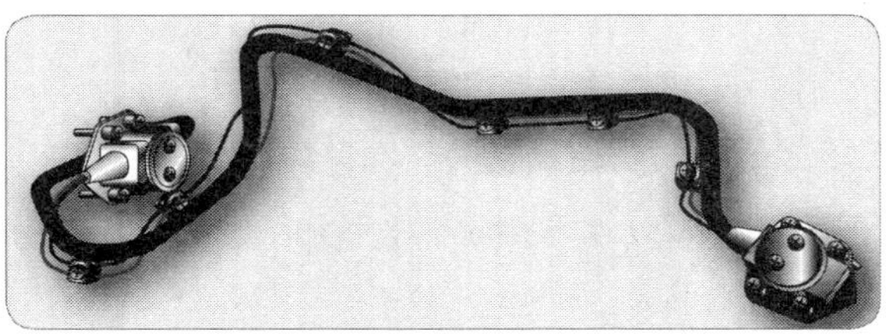

[그림 13-6] 공압 이중 화재/과열 감지 어셈블리
(Pneumatic dual fire/overheat detector assembly)

(1) 평균화 기능(Averaging Function)

화재 · 과열 감지기는 헬륨가스로 채워진 고정용량 장치 역할을 한다. 탐지기 내부에 헬륨가스압력은 절대온도에 비례하여 증가하고 경보회로를 발생시키는 전기접점을 접속하는 압력 다이어프램을 작동시킨다. 반응기 어셈블리내의 압력 다이어프램은 전기경보접점의 한쪽 대용이 되고 탐지기에서 유일한 가동부이다. 경보스위치는 평균온도로서 미리 조절된다. 평균온도로 설정하기 위한 전형적인 온도범위는 200[°F]~850[°F] (93[°C]~454[°C])이다.

(2) 불연속 기능(Discrete Function)

그림 13-7과 같이, 화재 · 과열 감지기의 감지관은 수소충전 코어(core)재료를 담고 있다. 튜브의 작은 구간이 미리 조절한 불연속온도 이상으로 가열될 때마다 감지기 중심부로부터 다량의 수소 가스가 배출된다. 중심부에서 배출된 기체로 인해 감지기 내부에 압력을 증가시키고 경보스위치를 작동시킨다. 감지관이 냉각 되었을 때, 평균가스압력은 낮아지고 불연속수소가스는 핵심재료로 되돌아간다. 전기경보회로를 열어주는, 내부압력의 감소는 경보스위치를 원위치로 되돌아가게 한다.

그림 13-8에서는 제어 모듈이 각각 4개의 공압 감지기가 병렬로 연결된 2개의 루프를 모니터링하는 전형적인 항공기화재감지계통을 보여준다. 제어모듈은 경보조건에 직접 반응하고 각각의 루프의 배선과 완전무결한 상태를 끊임없이 모니터링 한다. 정상적으로 열려 있는 경보스위치는 과열 또는 화재 상태에서 닫히므로 단자 A와 단자 C 사이에 단락이 발생한다. 정상작동 시 정상적으로 닫힌 보존스위치에 의해 단자 전체에 걸쳐 저항값이 유지된다. 감지기 가스압력

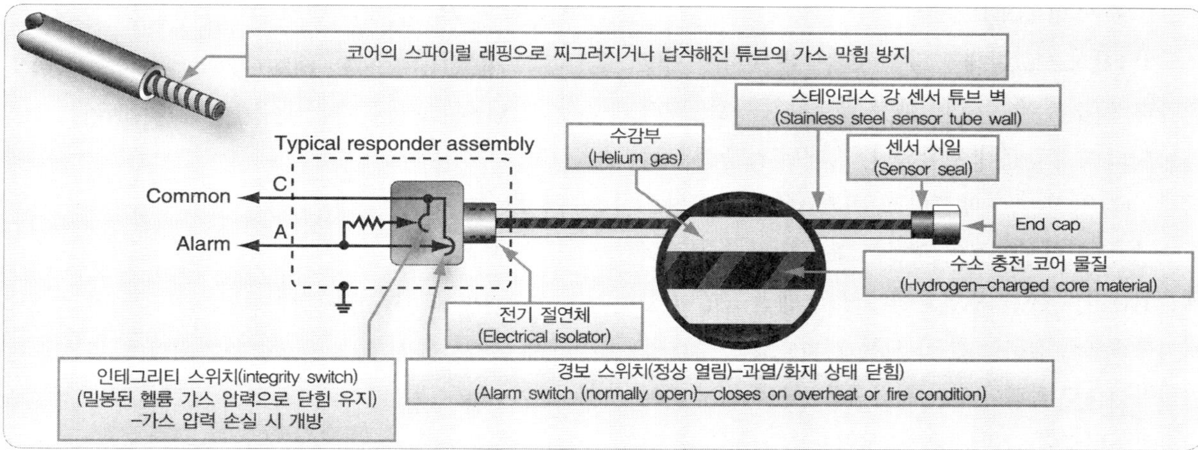

[그림 13-7] 공압 루프 탐지 계통(Pneumatic pressure loop detector system)

의 손실은 보존스위치를 열어 고장 감지기의 단자에 개방 회로가 형성된다. 압력작동식 경보스위치에 부가하여, −65[℉](−54[℃]) 이하의 모든 온도에서 평균 가스압력에 의해 닫힌 것을 유지하는 이차 보전스위치가 있다. 만약 감지기가 누설된다면, 가스압력의 손실은 보존스위치를 열리도록 허락하고, 감지기 보존의 결여를 신호로 알린다. 그때 계통은 시험에 작동하지 않는다.

13.2.5 화재 구역(Fire Zones)

동력장치실은 이를 통과하는 공기흐름에 따라 구역으로 분류된다.

(1) A급 구역(Class A Zone)

유사하게 형체를 이룬 장애물의 규칙적인 배열을 지나 대량의 공기흐름 지역. 왕복엔진의 동력 부분은 보통 이 형식이다.

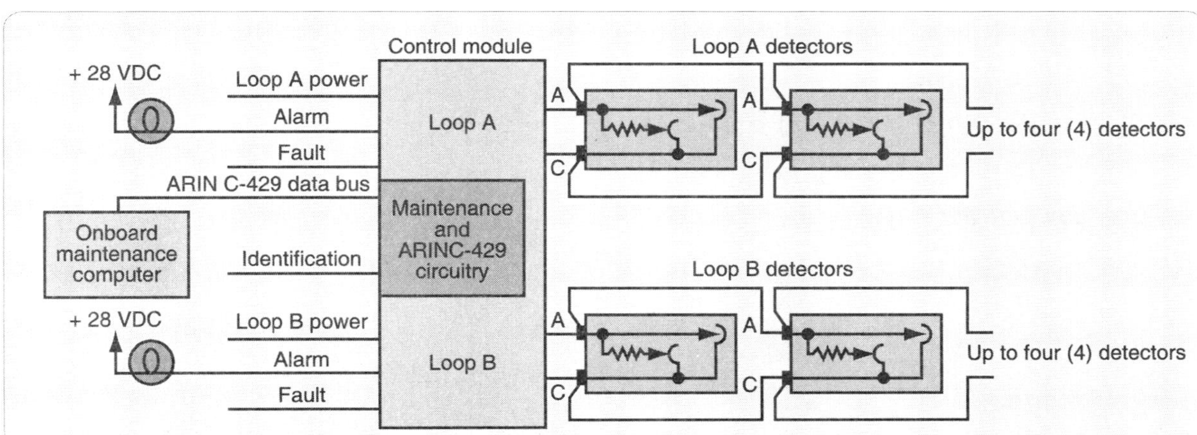

[그림 13-8] 항공기 감지 계통 제어 모듈(Aircraft detection system control module)

(2) B급 구역(Class B Zone)

공기역학적으로 방해가 없는 장애물을 지나는 대량의 공기흐름 지역. 이 형식에는 열교환기 덕트, 배기 매니폴드 보호덮개가 포함되며, 밀폐된 카울링 또는 다른 마감의 내부가 매끄럽고, 포켓(pocket)이 없으며 누설된 인화성물질이 적절히 고이지 않고 적절히 배출되는 곳이다. 터빈엔진실은 만약 엔진 표면이 공기역학적으로 결점이 없고, 모든 기체구조 동체는 공기역학적으로 결점이 없는 접합면을 만들어내기 위해 내화라이너로써 감싼 경우 이 등급으로 고려될 수 있다.

(3) C급 구역(Class C Zone)

비교적 느린 공기흐름의 지역. 동력부문으로부터 격리된 엔진액세서리 구성부분은 이 형식의 구역의 예이다.

(4) D급 구역(Class D Zone)

아주 적거나 또는 거의 공기흐름이 없는 지역. 이 지역은 약간의 환기가 마련된 날개 구성품과 바퀴실을 포함한다.

(5) X급 구역(Class X Zone)

대량의 공기흐름과 특이한 구조로 인해 소화제의 균일한 분사가 까다롭다. 대형 구조형상 사이에 깊이 우묵 들어 간 곳을 만든 공간과 포켓(pocket)을 포함하는 지역. 시험결과 Class A 구역에 비해 2배의 소화제가 요구된다.

13.3 연기, 화염 그리고 일산화탄소 감지 계통(Smoke, Flame, and Carbon Monoxide Detection Systems)

13.3.1 연기 감지기(Smoke Detectors)

연기감지계통은 화재상태의 표시인 연기의 존재에 대해 화장실과 화물, 수화물실을 감시한다. 견본을 위해 공기를 수집하는 연기감지기구는 전략적 장소에 설치된다. 연기감지계통은 온도 상승으로 인해 열 감지장치가 작동되기 이전에 화재의 유형상 상당히 많은 양의 연기가 발생할 것이 예상되는 경우에 사용된다. 사용되는 두 가지 일반적인 형식은 광 반사(light reflection)와 이온화(ionization)이다.

13.3.1.1 빛 반사형(Light Refraction Type)

연기감지기의 빛 반사식은 연기입자에 의해 반사된 빛을 감지하는 광전지(photoelectric cell)를 포함한다. 연기입자는 광전지에서 빛(light)을 반사하고, 이 빛을 충분히 감지할 때 경고등(warning light)을 가동시키는 전류를 일으킨다. 이런 유형의 연기 감지기를 광전 장치라 한다.

13.3.1.2 이온화형(Ionization Type)

일부 항공기는 이온화식 연기감지기를 사용한다. 객실 내에서 연기로 인한 이온밀도에 변화를 감지하여 혼(horn)과 표시기 모두에 경보신호를 발생시킨다. 계통은 항공기로부터 공급된 28[V] DC 전기 동력에 연결된다. 경보출력과 감지기 감도점검은 제어패널에 있는 시험스위치로 간단히 수행된다.

13.3.2 화염 감지기(Flame Detectors)

가끔 화염감지기라고 부르는 빛 감지기는 탄화수소화염으로부터 복사에너지방사의 두드러진 존재를 감지할 때 경보를 발하도록 설계된다. 적외선(infrared, IR)과 자외선(ultra-violet, UV)을 이용할 수 있는 광 감지기의 두 가지 형식은 그들이 감지하도록 설계된 특정한 방사 파장에 기반을 둔다. 적외선 식(infrared-based) 광 화염 검출기(optical flame detector)는 주로 가벼운 터보프롭엔진항공기와 헬리콥터엔진에서 사용된다. 이들 감지기의 적용을 위해 매우 신뢰할 수 있고 경제적이라는 것이 입증되었다.

그림 13-9와 같이, 화재에 의해 방출된 복사에너지가 화재와 감지기 사이에 공기층을 통과할 때 감지기 앞면과 창문에 충돌한다. 창문은 광범위한 복사에너지가 검출장치필터에 맞부딪친 감지기에 넘어가도록 한다. 필터는 적외선(IR) 주파수대의 4.3마이크로미터[micrometer]를 중심으로 한 좁은 주파수대의 복사에너지를 검출장치의 복사에너지 민감표면으로 전달한다. 끊임없이 검출장치에 맞부딪치는 복사에너지는 온도를 미세하게 상승시켜 적은 열전전압이 생성된다. 이들 전압은 출력이 다중분석 전자처리회로로 연결되는 증폭기에 공급된다. 처리되는 전자는 알려진 모든 탄화수소 화염원의 타임 시그니쳐(time signature)에 정확하게 맞춰져 있으며 백열광과 햇빛과 같은, 거짓 경보원(false alarm source)을 무시한다. 경보 감도 수준은 디지털회로에 의해 정밀하게 제어된다.

13.3.3 일산화탄소 감지기 (Carbon Monoxide Detectors)

일산화탄소는 불완전연소에 의해 생성되는 무색, 무취의 가스이다. 살아있는 인간의 호흡공기에 존재할

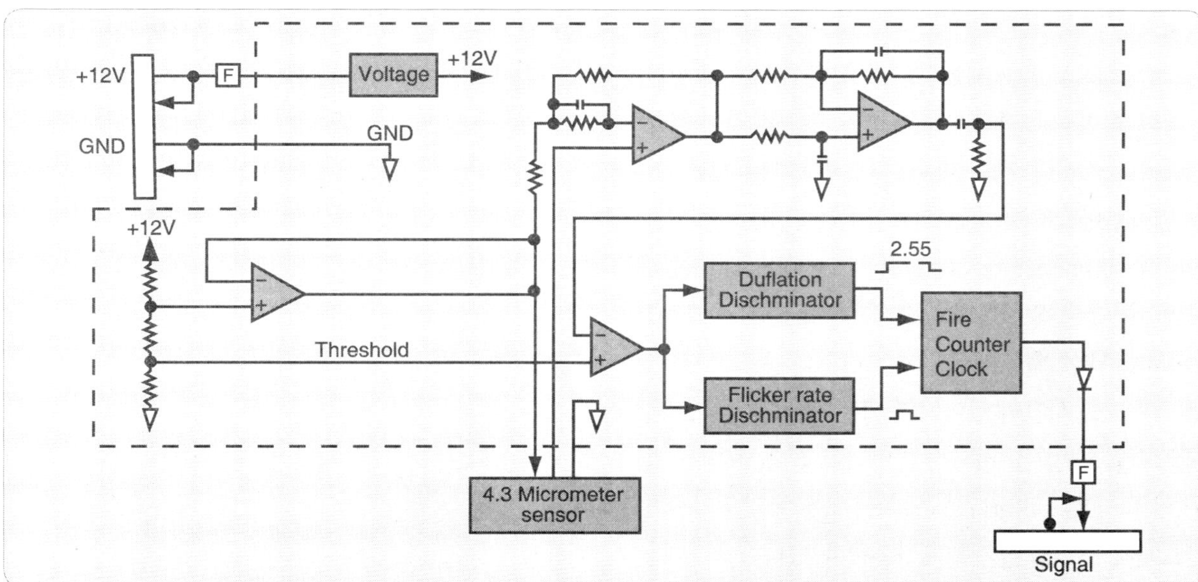

[그림 13-9] 적외선 기반 광학 화염감지기(Infrared(IR) based optical flame detector)

경우 치명적인 것이 될 수 있다. 승무원과 승객의 안전을 보장하기 위해, 일산화탄소 감지기는 항공기 객실과 조종석에서 사용된다. 일산화탄소는 대부분 배기 보호덮개 가열기를 갖춘 왕복엔진 항공기와 연소가열기를 구비한 항공기에서 찾아볼 수 있다. 객실 가열용으로 사용되는 터빈 블리드에어(bleed air)는 연소실 상류 엔진에서 추출된다. 그러므로 일산화탄소 존재의 위협은 제기되지 않는다.

일산화탄소 가스는 연소하는 탄화수소 물질의 모든 연기와 연무에서 다양한 수준으로 발견되며, 소량의 가스도 흡입했다면 위태로운 것이다. 1만분의 2 정도의 적은 양의 농도는 몇 시간 이내에 두통, 정신적인 답답함과 신체의 무기력을 일으키게 한다. 장시간 노출되거나 농도가 높을 경우 사망할 수 있다.

일산화탄소 감지기는 여러 종류가 있으며, 전자 감지기가 일반적인 것이다. 일부는 패널에 설치되어 있고 어떤 것은 휴대용 이다. 화학적인 채색변화형도 일반적인 것이며, 대부분 휴대용이다. 일부는 표면에 화학물질을 바른 단순 버튼, 카드, 또는 뱃지(badge)이다. 정상적으로 화학제품의 색은 황갈색이다. 일산화탄소에 직면하면 화학제품은 회색 또는 심지어 검정색으로 흐려진다. 색을 바꾸는 데 요구되는 전이시간은 일산화탄소(CO)의 농도에 반비례 한다. 일산화탄소(CO) 50[ppm]에서, 그 표시는 15~30[min] 내에서 곧 알 수 있다. 일산화탄소(CO) 100[ppm]의 농도는 2~5[min] 내에 화학제품의 색을 바꾼다. 농도가 증가되거나 노출 시간이 길어지면 색은 회색에서 짙은 회색으로 검정색으로 서서히 변화되어 간다. 오염될 경우 새 표시제(indicating element)를 장착하면 일산화탄소 휴대용 시험 장치를 재사용할 수 있다.

13.4 소화용제와 휴대용 소화기 (Extinguishing agents and portable fire extinguishers)

조종사가 착석한 상태에서 쉽게 접근할 수 있는 곳에 조종실에서 사용하기 위해 한손으로 잡고 쓸 수 있는 적어도 한개의 휴대용소화기가 있어야 한다. 6명 이상 30명 미만의 승객을 수용하는 비행기의 객실에는 편리하게 배치된, 적어도 한개의 휴대용 소화기가 있어야 한다. 객실에서 사용을 위한 각각의 소화기는 유독가스 농도의 위험을 최소로 하도록 설계되어야 한다. 표 13-1에서는 운송용 항공기를 위한 휴대용 소화기의 수를 보여준다.

13.4.1 할로겐 탄화수소 (Halogenated Hydrocarbons)

45년 이상, 할로겐화탄화수소(halogenated hydrocarbon), 즉 할론(halon)은 민간 운송용 항공기에서 사용된 실질적으로 유일한 소화제였다. 그러나 할론은 오존층

[표 13-1] 운송용 항공기 휴대용 소화기 요구량(Hand held fire extinguisher requirement for transport aircraft)

Passenger capacity	No. of extinguishers
7 through 30	1
31 through 60	2
61 through 200	3
201 through 300	4
301 through 400	5
401 through 500	6
501 through 600	7
601 through 700	8

파괴와 지구온난화 화학물질로 국제 협정에 의해 생산이 금지되었다. 할론 취급은 전 세계 중 일부에서 금지되었지만, 항공기산업은 독특한 운영 및 화재 안전성 요건 때문에 제제의 면제가 인가되었다. 할론은 광범위한 항공기 환경조건을 넘어 단위 무게당 아주 효과적인 것이기 때문에 민간 항공기산업에서 소화제로 선택 되었다. 찌꺼기가 없는 깨끗한 소화제이고, 전기적으로 부전도성이며, 비교적 독성이 낮다.

항공업계에서는 두 가지 종류의 할론이 사용되며 ; 할론 1301(CBrF3) 은 일시 방출제(total flooding agent)이며 할론 1211(CBrClF2)는 지속 방출제(streaming agent)이다. Class A, B, 또는 C 화재는 할론으로 적당히 억제된다. 그러나 Class D 화재에는 할론을 사용할 수 없다. 할론은 뜨거운 금속에 활발하게 반응할 수 있다.

NOTE 할론이 여전히 사용되고 화재의 등급에 대해 적합한 소화제인 반면에, 이들 오존층파괴 물질의 생산은 제한되었다. 비록 필수적인 것은 아니나, 사용되었을 때 할론의 대체 소화기로서 교체를 고려해야 한다. 현재까지 적합한 것으로 판명된 할론 대체 제는 할론-카본 HCFC Blend B, HFC-227ea, 그리고 HFC-236fa 등이 있다.

13.4.2 비활성 냉각 가스(Inert Cold Gases)

이산화탄소(CO_2)는 효과적인 소화제이다. 엔진 또는 APU 화재와 같은 항공기의 외부에서 화재를 진화하기 위해 램프에서 이용할 수 있는 소화기로 가장 많이 사용된다. 이산화탄소는 수년 동안 가연성액체 화재와 전기장치를 포함하는 화재에 사용되었다. 이산화탄소는 불연성이고 대부분 물질을 상대로 반응을 일으키지 않는다. 계통의 방한을 위해 질소의 가압충전이 추가되게 하는 몹시 추운 기후를 제외하고, 저장기에서 배출을 위해 자체 압력을 마련한다. 보통 이산화탄소는 기체이지만, 그것은 압축과 냉각에 의해 쉽게 액화된다. 액화 이후, 이산화탄소는 액체와 가스로 밀폐용기에 남아 있다. 그다음에 이산화탄소가 대기로 배출되었을 때, 액체의 대부분은 기체로 팽창한다. 증발 시 기체에 의해 열이 흡수되어 -110[°F]로 잔여액체를 차게 하고 미세하게 분리된 흰색고체, 드라이아이스 스노우가 된다.

이산화탄소는 공기보다 약 1.5배 무겁기 때문에 연소면 위의 공기를 대체하고 질식대기를 유지할 수 있다. 이산화탄소(CO_2)는 공기를 희박하게 하고 산소함유량을 줄여 연소가 더 이상 지원되지 않기 때문에 소화제로서 효가적인 것이다. 어떤 조건에서, 약간의 냉각효과도 실현된다. 이산화탄소는 단지 약한 독성으로 간주되지만, 만약 희생자가 20~30[min] 동안 소화농도에서 이산화탄소를 호흡한다면 질식에 의해 무의식과 죽음의 원인이 될 수 있다. 이산화탄소는 일부 항공기 페인팅에 사용된 질산 셀롤로오스(cellulose nitrate)와 같이 자체의 산소 공급을 함유한 화학제품과 관련된 화재에 대한 소화제로서 유용한 것은 아니다. 또한, 마그네슘과 티타늄을 수반하는 화재는 이산화탄소에 의해 소화될 수 없다.

13.4.3 건조 분말 소화제(Dry Powders)

A급(class A), B급(class B), 또는 C급(class C) 화재는 분말소화제에 의해 억제될 수 있다. 오직 모든 목적, 즉 A급, B급, C급의 분말소화약제 소화기는 인

산 모노-암모늄(mono-ammonium phosphate)을 함유한다. 모든 다른 분말소화약제는 오직 Class B, C U.S-UL 내화정격을 갖는다. 건조분말화학소화기(dry powder chemical extinguisher)는 Class A, B, 그리고 C 화재에 가장 좋게 억제하지만, 잔존물로 사용이 제한되고 사용 후 청소해야 한다.

13.4.4 물 소화제(Water)

A급 형식 화재는 발화온도 이하로 재료를 냉각시키고, 재 발화를 방지하기 위해 재료를 적시기에 의해 물로서 가장 좋게 억제된다.

13.4.5 조종실과 객실 내부 (Cockpit and Cabin Interiors)

조종석과 객실에서 사용되는 모든 재료는 화재를 방지하기 위해 엄격한 기준에 부합되어야 한다. 화재의 경우에, 휴대용소화기의 몇몇의 형식은 화재를 진화하는 데 유용한 것이다. 가장 일반적인 형식은 할론 1211과 물이다.

13.4.5.1 소화기 형태(Extinguisher Types)

휴대용소화기는 객실과 조종실에 화재를 소화시키는 데 사용된다. 그림 13-10에서는 범용 항공기에서 사용하는 할론 소화기를 보여준다. 할론 소화기는 전기와 가연성액체화재에 사용된다. 일부 운송용 항공기는 또한 비 전기화재에 사용을 위해 물소화기를 사용한다.

다음은 적절한 소화제 및 유형(등급) 화재의 목록 이다.

(1) 물(Water- Class A)

물은 그것의 발화온도 이하로 재료를 차게 하고 재발화를 방지하기 위해 재료를 적신다.

(2) 이산화탄소(Carbon Dioxide- Class B 또는 C)

이산화탄소(CO_2)는 차폐제(blanketing agent)로서 작용한다.

(3) 건조화학 분말(Dry Chemical- Class A, B, 또는 C)

분말화학제품은 이들 형식의 화재에 대해 최상의 억제제이다.

(4) 할론(Halon- only Class A, B, 또는 C)

(5) 할로카본 크린 소화제(Halocarbon Clean Agent- only Class A, B, 또는 C)

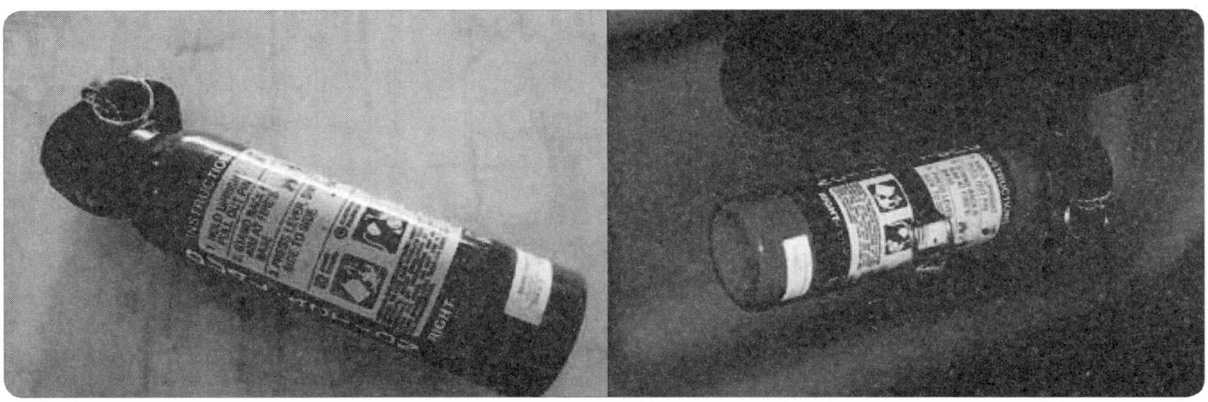

[그림 13-10] 휴대용 소화기(Portable fire extinguisher)

(6) 특수건조 분말(Specialized Dry Powder– Class D)

연소 금속과 소화제 사이에 일어날 수 있는 화학반응 때문에 소화기제조사의 권고에 따른다.

다음의 휴대용 소화기는 객실 또는 조종석장치로서 부적당하다.

① 이산화탄소CO_2
② 분말화학제품, 전자장치에 부식손상에 대한 잠재력으로 인하여, 만약 소화제가 조종실 지역에 사용된다면, 시각적 제한 가능성과 사용 후 청소문제로 인하여 사용이 제한된다.
③ 특별한 건성분말은 지상 작동에서 사용을 위해 적당한 것이다.

13.5 화재 소화 장치의 장착 (Installed Fire Extinguishing System)

운송용 항공기는 다음의 장소에 고정식 소화계통이 설치되어 있다.

(1) 터빈엔진실(turbine engine compartment)
(2) APU 격실
(3) 화물과 수화물 격실
(4) 화장실

13.5.1 이산화탄소 화재 소화 계통 (CO_2 Fire Extinguishing System)

왕복엔진을 장착한 구형 항공기는 소화제로서 이산화탄소를 사용했으나 터빈엔진으로 설계된 모든 신형 항공기는 할로카본무공해약품과 같거나 할론 또는 동등한 소화제를 사용한다.

13.5.2 할로겐 탄화수소화재 소화계통 (Halogenated Hydrocarbons Fire Extinguishing Systems)

대부분 엔진화재와 화물실 화재방지계통에 사용된 고정식 소화기장치는 연소를 억제하는 불활성가스로서 대기를 희박하게 하도록 설계된다. 수많은 계통은 소화제를 살포하기 위해 구멍 난 배관 또는 배출노즐을 사용한다. 고 유량장치(high rate of discharge, HRD)는 1~2[sec]에 소화제의 양을 살포하기 위해 열린 튜브를 사용한다.

오늘날까지 계속 사용되는 가장 일반적인 소화제는 효과적인 진화작업 능력과 비교적 저독성, 즉 UL 등급 그룹 6이기 때문에 할론 1301을 사용한다. 비부식성의 할론 1301은 그것이 접촉한 재료에 영향을 주지 않고 배출되었을 때 대청소를 필요로 하지 않는다. 할론 1301은 사업용 항공기를 위한 현재의 소화제이지만, 대체품이 개발 중에 있다. 할론 1301은 그것이 오존층을 감소시키기 때문에 더 이상 생산될 수 없다. 할론 1301은 적당한 대체품이 개발될 때까지 사용될 것이다. 일부 군용기는 HCL–25를 사용하고 미연방항공청(FAA)은 사업용 항공기에서 사용을 위해 HCL–125를 시험 중에 있다.

13.5.3 소화 용기(Containers)

그림 13–11 및 13–13과 같이, 소화기 용기, 즉 HRD 통은 액체 할로겐화 소화제와 가압가스, 즉 질소를 저

장한다. 용기는 보통 스테인리스 스틸로 제조되며, 설계고려사항에 따라 티타늄을 함유한 대체재료도 이용할 수 있다. 용기도 다양한 용량으로 이용할 수 있다. 그들은 미국 교통부(DOT) 규격이나 면제규정에 의거 생산된다. 대부분 항공기 용기는 가능한 가장 가벼운 무게를 마련하는 설계로서 구의 형태이다. 그러나 공간적 제한이 있는 경우 원통형모양을 사용할 수 있다. 각각의 용기는 만약 과도한 온도에 노출될 경우 용기압력이 용기시험압력을 초과를 방지하는 온도 · 압력 감지 안전 릴리프 다이어프램이 포함되어 있다.

[그림 13-11] 고정식(장착) 소화기(HRD bottles)

13.5.4 방출 밸브(Discharge Valves)

그림 13-12와 같이, 방출밸브는 용기에 장착된다. 카트리지 또는 스퀴브(cartridge or squib)는 부서지기 쉬운 디스크 형태의 방출밸브 어셈블리 출구에 장착된다. 솔레노이드식 또는 수동식 시트 형태의 밸브를 갖춘 특별한 어셈블리도 이용할 수 있다. 카트리지 디스크 릴리스기법의 두 가지 형식이 사용된다. 표준의 릴리스 형식은 분절식 폐쇄디스크를 파열하기 위해 폭발에너지에 의해 구동되는 금속의 작은 구슬(slug)를 사용한다. 고온 또는 밀폐된 장치에서 직접폭발 충격식 카트리지는 압축 응력식 내식강 다이어프램을 파열하기 위해 파쇄충격을 가하는 데 사용한다. 대부분 용기는 방출에 따른 재생을 쉽게 하는 전통적인 금속개스킷봉인을 사용한다.

13.5.5 압력 지시계(Pressure Indication)

그림 13-13와 같이, 다양한 진단이 소화기의 소화제 충전상태를 검증하는 데 활용된다. 간단히 시각 지시 게이지는 전형적으로 내진동인 헬리컬 버든 타입 지

[그림 13-12] 방출(discharge) 밸브 - 좌측, 카트리지 또는 스퀴브 - 우측(cartridge or squib)

시계를 이용할 수 있다. 조합게이지스위치는 실제의 용기 압력을 시각적으로 지시하고 또한 만약 용기 압력이 상실되었다면 전기신호를 제공 하므로 방출 표시기가 필요하지 않다. 지상 점검할 수 있는 다이어프램형 저압스위치는 일반적으로 밀폐된 용기에 사용된다. 키드(kidde) 계통은 밀폐된 기준 챔버를 사용함으로써 온도와 함께 용기 압력 변이를 추적하는 온도보상 형 압력스위치를 갖추고 있다.

13.5.6 양방향 체크 밸브(Two-way Check Valve)

두 번 방출되는 계통에서 두 번째 용기에서 방출되는 소화제가 이전에 비운 주 용기에 들어가는 것을 방지하기위해 양방향 체크 밸브가 필요하다. 두 방향체크 밸브는 MS33514 또는 MS33656 피팅으로 장착된다.

13.5.7 방출 지시계(Discharge Indicators)

그림 13-14와 같이, 방출지시기는 소화 계통에 대한 용기 방출시 시각적으로 표시한다. 지시기의 두 가지 종류가 설비될 수 있는데, 서멀과 방출이다. 두 가지 형식은 항공기 및 스킨에 장착되도록 설계된다.

13.5.7.1 열 방출 지시기 (Thermal Discharge Indicator(Red Disk))

열 방출지시기는 화재 용기 릴리프 피팅에 연결되고 용기 함유량(contents)이 과도한 열로 인하여 용기 밖으로 방출되었을 때 보이도록 적색 디스크를 밀어낸

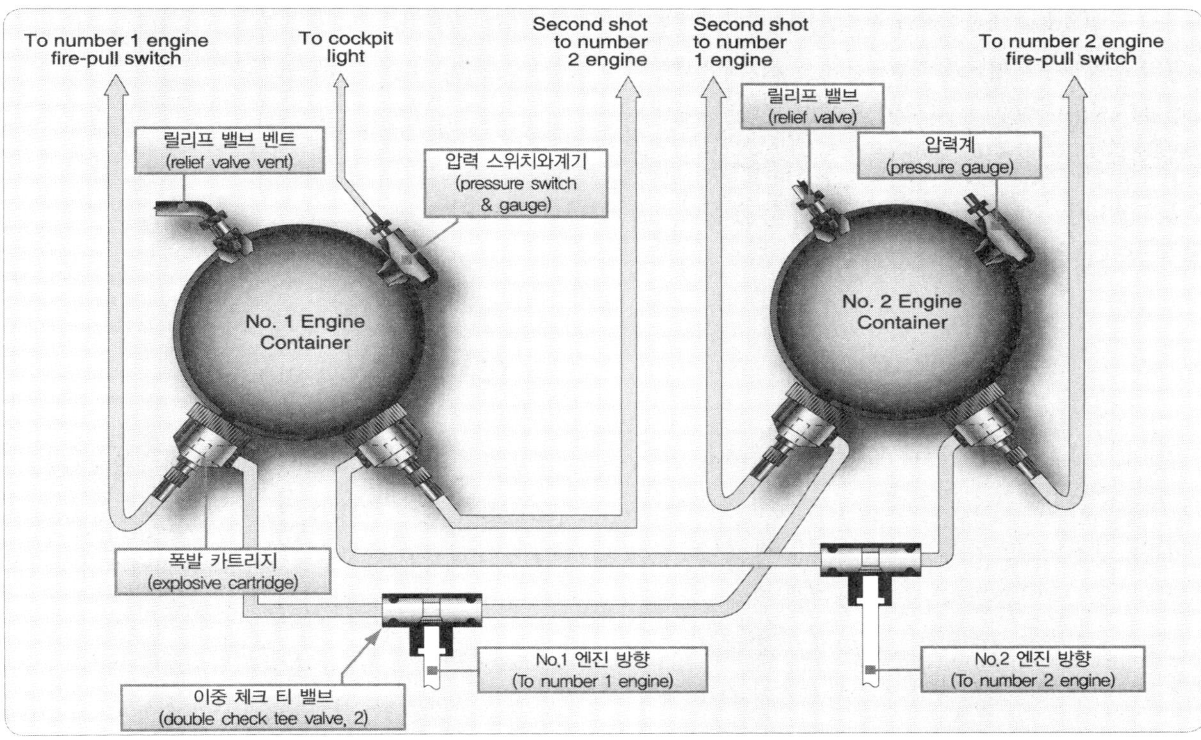

[그림 13-13] 소화기 용기의 계통도(Diagram of fire extinguisher containers – HRD bottles)

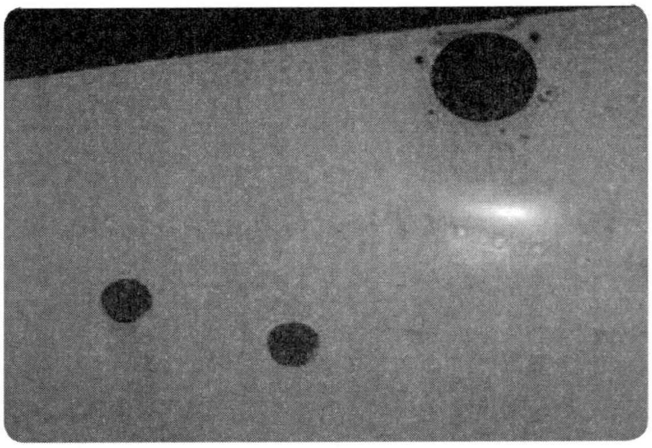

[그림 13-14] 방출 지시계(Discharge indicators)

다. 소화제는 디스크가 분출할 때 열려있는 쪽을 통해 방출된다. 이것은 소화기 용기가 다음 비행 이전에 교체될 수 있도록 운항승무원과 정비사에게 알려 준다.

13.5.7.2 황색 디스크 방출 지시기 (Yellow Disk Discharge Indicator)

만약 운항승무원이 소화 장치를 작동시킨다면, 황색 디스크(yellow disk)를 항공기 동체의 표면으로부터 밀어내게 된다. 이는 소화계통이 운항승무원에 의해 작동되었다는 것을 정비사에게 알려 주는 것이며, 소화 용기가 다음 비행 이전에 교체되어야 한다.

13.5.8 화재 스위치(Fire Switch)

그림 13-15과 같이, 엔진과 APU 화재스위치는 일반적으로 조종실에 중심 상부 패널 또는 중앙 콘솔에 장착된다. 엔진화재스위치가 작동되었을 때, 연료조정장치는 엔진의 연료를 차단하여 엔진이 정지하고, 엔진은 항공기 계통으로부터 격리되며, 소화계통이 작동된다. 일부 항공기는 계통을 작동시키기 위해 끌어당겨지고 돌려지는 것을 필요로 하는 화재스위치를

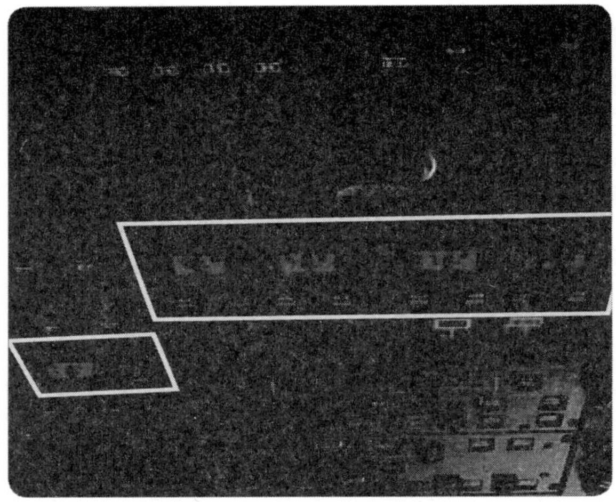

[그림 13-15] 엔진과 APU 화재 스위치 (center overhead panel)

사용하지만, 반면에 다른 스위치는 가드(guard)가 달린 누름형 스위치를 사용한다. 화재스위치의 우발적인 활성화를 방지하기 위해, 오직 화재가 감지되었을 때 화재스위치를 풀어놓는 안전장치가 장착된다. 그림 13-16과 같이, 이 안전장치는 화재감지계통이 오작동하는 경우 운항승무원이 수동으로 해제할 수 있다.

13.6 화물실의 화재 탐지 (Cargo Fire Detection)

운송용 항공기는 각각의 화물과 수화물실에 대해 다음의 설비를 갖추어야 할 필요가 있다.

(1) 감지계통은 화재발생 후 1[min] 이내에 운항승무원에게 시각적인 지시를 제공해야 한다.
(2) 계통은 비행기의 구조적인 완전성이 현저히 저하되는 온도보다 상당히 낮은 온도에서 화재를 감지할 수 있어야 한다.

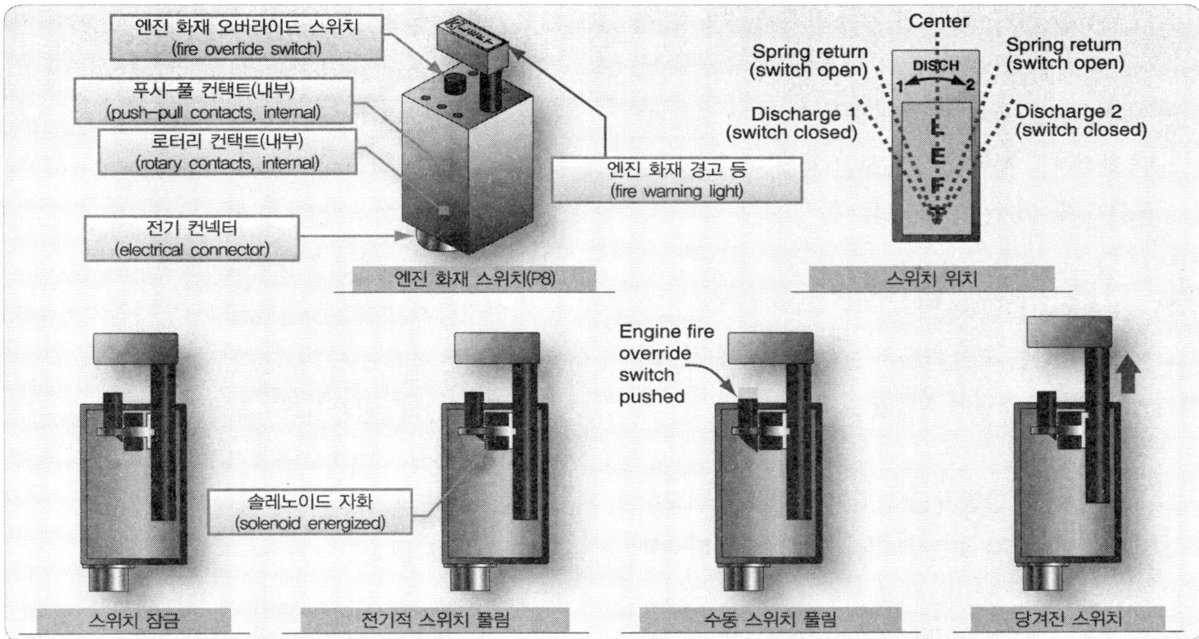

[그림 13-16] 엔진 화재 스위치 작동(Engine fire switch operation)

(3) 운항승무원이 비행 중에 각각의 화재감지기회로의 작동상태를 점검할 수 있는 수단이 있어야 한다.

13.6.1 화물실의 등급 (Cargo Compartment Classification)

13.6.1.1 등급 A(Class A)

class A 화물실 또는 수화물실은 화재발생 여부가 운항승무원에 의해 쉽게 발견되고, 객실의 각 부분은 비행 중에 쉽게 접근할 수 있는 곳이다.

13.6.1.2 등급B(Class B)

class B 화물실, 또는 수화물실은 비행 중에 승무원이 수동 소화기의 소화제로 어느 부분이라도 효과적으로 접근이 가능한 화물실이다. 준비된 장치가 사용될 때, 위험한 양의 연기, 화염, 또는 소화제가 승무원 또는 승객에 의해 점유된 어떤 객실로도 들어오지 않아야 한다. 조종사 또는 항공기관사 위치에 경고를 주기 위해 연기감지기장치 또는 화재감지기장치기가 별도로 인가된다.

13.6.1.3 등급C(Class C)

class C 화물실 또는 수화물실은 class A 또는 B 격실에 대한 필요조건에 적합하지는 않지만 다음과 같은 조건에 합치되는 곳이다.

(1) 조종사 또는 항공기관사 위치에 경고를 주도록 연기감지기장치 또는 화재감지기 장치를 따로따로 승인된 곳
(2) 조종석으로부터 제어할 수 있는 붙박이 소화계통 또는 소화설비 승인이 된 곳
(3) 승무원 또는 승객에 의해 점유된 어떤 격실로부

터 위험한 연기, 화염, 또는 소화제의 양을 못 들어오게 차단되는 곳

(4) 사용된 소화제가 격실 내에서 시작하게 되는 어떤 화재라도 제어할 수 있도록 격실 내에 환기와 통풍을 제어하는 장치가 있는 곳

13.6.1.4 등급 E(Class E)

class E 화물실은 오직 화물의 운송만이 사용되는 비행기이고 다음의 조건에 적합한 곳이다.

(1) 조종사 또는 항공기관사 위치에 경고를 주도록 연기감지기장치 또는 화재감지기장치를 따로따로 승인된 곳

(2) 격실로, 또는 격실 내에서 환기의 공기흐름을 차단하기 위한 통제수단에 승무원실에 있는 운항승무원이 접근할 수 있는 것

(3) 승무원실로부터 위험한 양의 연기, 화염, 또는 유독가스가 못 들어오게 하는 장치가 있는 곳

(4) 규정된 승무원비상구는 어떤 화물선적조건에서도 접근할 수 있는 곳

13.6.2 화물실과 수화물실 화재 감지와 소화계통(Cargo and Baggage Compartment Fire Detection and Extinguisher System)

그림 13-17와 같이, 화물실 연기감지계통은 화물실에서 연기가 있다면 조종실에 경고를 준다. 각각의 격실은 연기감지기가 설치되어 있다. 연기감지기는 화물실에 있는 공기 중의 연기를 감시한다. 팬(fan)은 연기감지기 안으로 화물실에서 공기를 가져온다. 그림 13-18과 같이, 공기가 연기감지기 안으로 가기 전에, 내부도관 수분분리기는 응결된 수분을 제거하고 가열기는 공기온도를 높인다.

13.6.2.1 연기 감지 계통(Smoke Detector System)

광학 연기 감지기(optical smoke detector)는 발광 다이오드, 강도 모니터 포토다이오드(photodiode), 산란검출기 포토다이오드로 구성된다. 연기감지실 내부 공기는 광원, 즉 LED와 산란검출기 포토다이오드 사이에 흐른다. 보통 LED로부터 소량의 빛만이 산란검출기에 전달된다. 만약 공기 안에 연기를 갖는다면, 연기입자는 산란검출기에 더욱 많은 빛을 반사한

[그림 13-17] 화물실 화재 감지 계통(Cargo fire detection system)

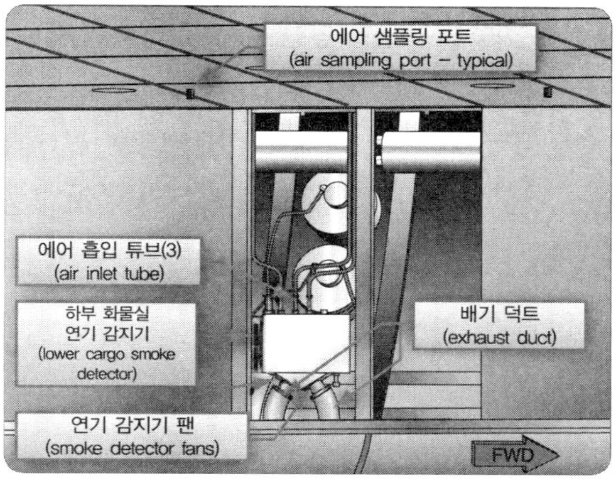

[그림 13-18] 연기 감지기 장착
(Smoke detector installation)

다. 이것은 경보신호의 원인이 된다. 강도검출기 포토다이오드는 광원 LED가 켜져 있는지 확인하고 광원 LED의 출력을 일정하게 유지하는지 확인한다. 이런 구성은 또한 LED와 포토다이오드의 오염을 찾아낸다. 결점이 있는 다이오드, 또는 오염은 감지기로 하여금 다른 다이오드 세트로 옮겨가게 한다. 감지기는 오류메시지를 보낸다.

그림 13-19와 같이, 연기감지기에는 여러 개의 샘플링 포트가 있다. 팬은 샘플링 포트로부터 연기감지기로 수분분리기와 가열장치를 거쳐 공기를 흡입한다.

13.6.2.2 화물실 소화 계통 (Cargo Compartment Extinguishing System)

화물실 소화계통은 만약 연기감지기가 화물실에 있는 연기를 감지한다면 운항승무원은 소화계통을 작동시킨다. 일부 항공기는 두 가지 형태의 소화기 용기가 장착된다. 첫 번째 계통은 화물실 화재배출스위치가 작동시켜졌을 때 소화제를 직접 배출하는 덤프(dump)장치로 화재를 진화한다.

두 번째 계통은 미터 계통(metered system)이다. 시간이 지연된 후, 미터 보틀(metered bottle)은 필터 조절기를 통해 천천히 그리고 제어된 비율로 배출한다. 미터 보틀(metered bottle)로부터의 할론은 화물실로부터 빠져나가는 소화제의 양을 대체한다. 이것은 180분[min] 동안 화재를 진화된 상태로 유지하기 위해 화물실에 소화제의 정확한 농도를 유지한다.

소화 용기는 할론 1301 또는 질소로 가압된 동등한 소화제를 함유한다. 배관은 화물실 천정에 있는 배출 노즐로부터 보틀을 연결한다.

그림 13-20와 같이, 소화 용기는 스퀴브(squib)가 설치되어 있다. 스퀴브는 전기 작동식 폭발장치이다. 그것은 깨뜨릴 수 있는 용기의 다이어프램에 인접해 있다. 다이어프램은 정상적으로 가압된 통을 밀봉한다.

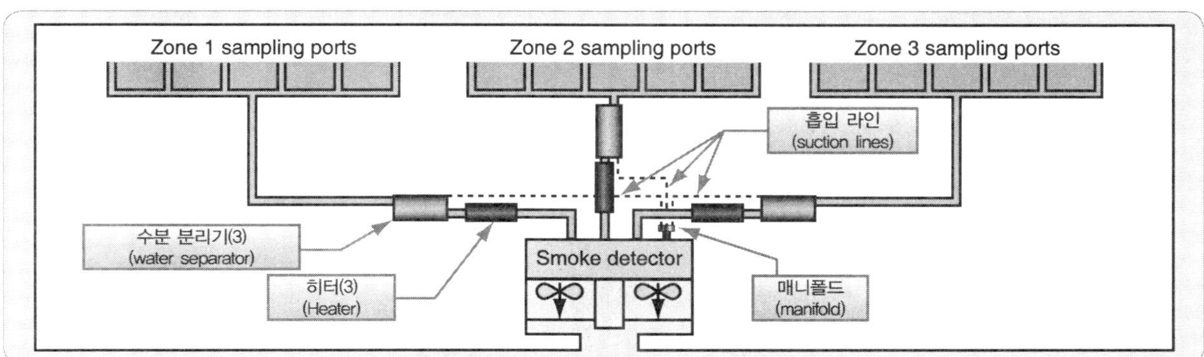

[그림 13-19] 연기 감지 계통(Smoke detector system)

소화제 배출스위치를 작동시켰을 때, 스퀴브는 점화하고 폭발은 다이어프램을 깨뜨린다. 용기 내부의 질소압력은 배출구를 통해 화물실로 할론을 밀어낸다. 용기가 배출되면 압력스위치는 용기가 배출되었음을 조종실에 표시한다. 용기가 다수의 격실에서 배출될 수 있다면 유압조절밸브가 통합된다. 유량제어밸브는 선택된 화물실로 소화제를 향하게 한다.

만약 화물실에 연기가 존재한다면 조종석에 다음과 같은 지시가 일어난다.

①마스터경고등이 들어온다.
②화재 경고음이 작동한다.
③화물실 경고 메시지가 나타난다.
④화물실화재경고등이 들어온다.

마스터경고등과 화재경고음은 이륙조작 시 작동이 제한된다.

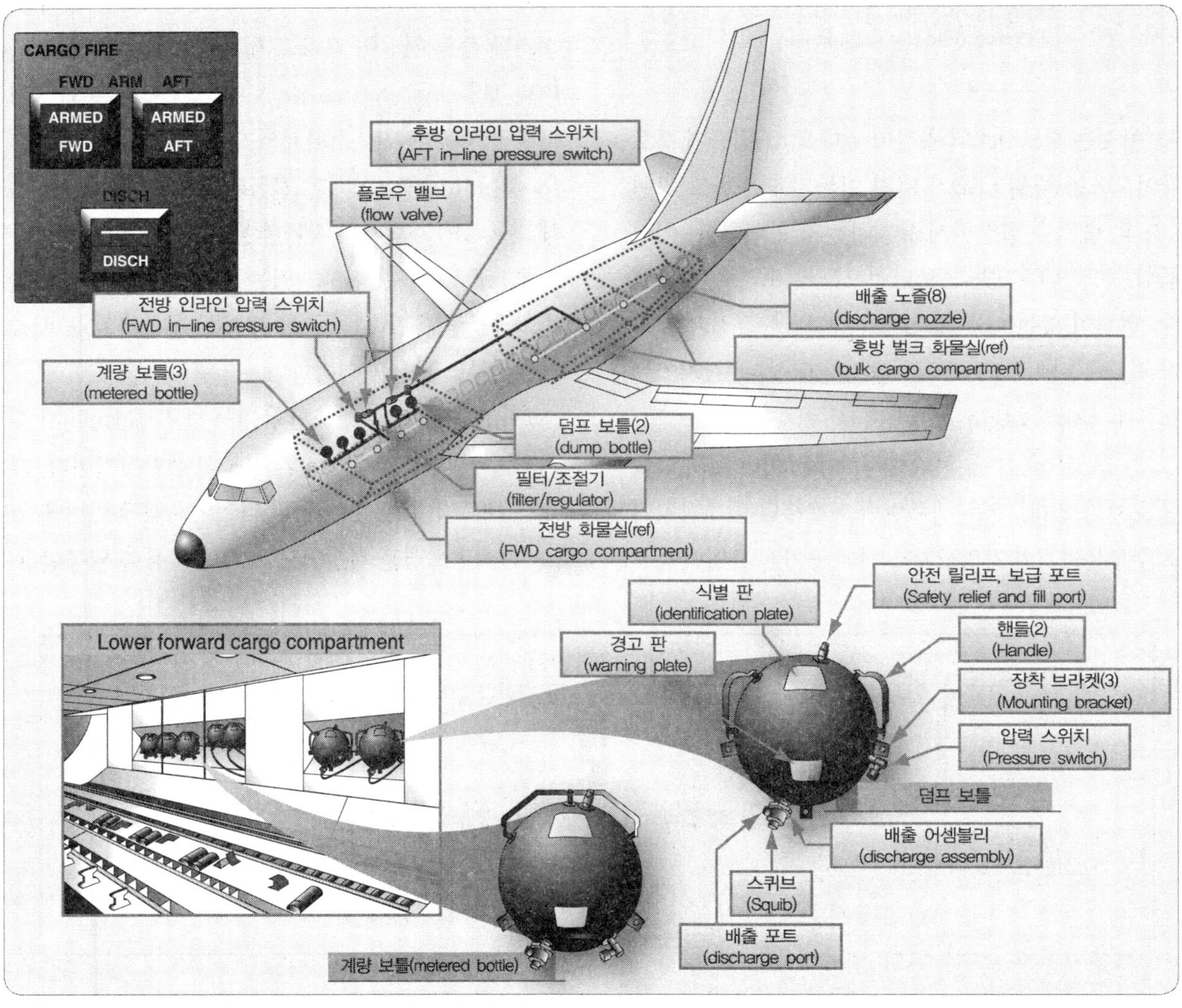

[그림 13-20] 화물실과 수화물실 소화 계통(Cargo and baggage compartment extinguishing system)

13.7 화장실 연기 감지기 (Lavatory Smoke Detectors)

20명 이상의 승객정원을 갖는 비행기는 연기에 대해 화장실을 감시하는 연기감지 계통을 구비한다. 연기 지시는 조종석에 경고등을 장치하거나 객실승무원에 의해 쉽게 알아차릴 수 있는 화장실과 객실승무원 위치에서 경고등 또는 청각의 경고를 제공한다. 각각의 화장실은 자동적으로 배출하는 붙박이 소화기를 갖추어야 한다. 그림 13-21과 같이, 연기감지기는 화장실의 천정에 위치한다.

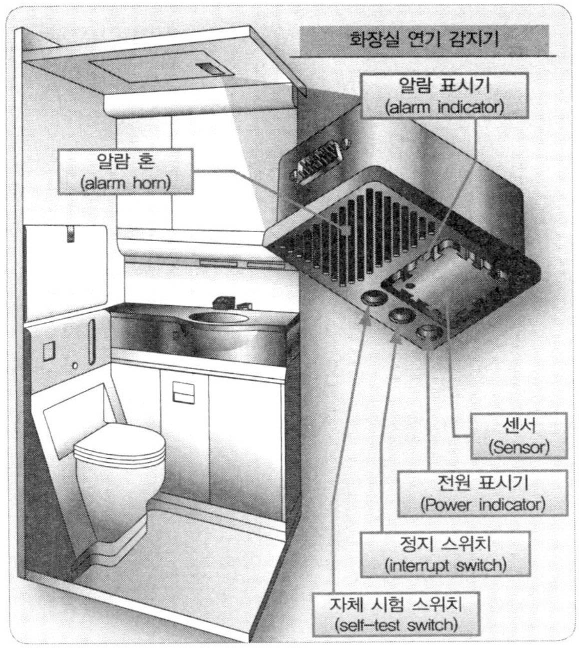

[그림 13-21] 화장실 연기 감지기
(Lavatory smoke detector)

13.7.1 화장실 연기 감지 계통 (Lavatory Smoke Detector System)

그림 13-22를 참조한다. 화장실 연기감지기는 28[V] DC left/right main DC bus에 의해 동력이 공급된다. 만약 연기감지기의 감지실에 연기가 있다면, 경보 LED(red)가 들어온다. 타이밍회로는 간헐적인 접지를 만들어낸다. 경적과 화장실호출 등(lavatory call light)은 간헐적으로 작동한다. 연기감지회로는 릴레이(relay)에 대해 접지를 만들어낸다. 전압이 가해진 릴레이는 중앙 감시 장치(CMS)의 상부 전자 유닛(OEU)에 대해 접지신호를 만들어낸다. 이 인터페이스(interface)는 다음과 같은 표시를 제공한다: 마스터 호출 등이 점멸하고, 객실장치 제어패널(CSCP)과 객실지역 제어패널(CACP) 팝업창이 표시되며 화장실 호출 차임이 작동한다. 연기지시를 취소하기 위해 화장실호출 리셋스위치 또는 연기 감지기 일시정지 스위치를 누른다. 만약 화장실에 여전히 연기가 있다면, 여전히 경보 LED(red)는 들어온다. 모든 연기지시는 연기가 사라질 때 자동적으로 경보가 사라진다.

13.7.2 화장실 소화 계통 (Lavatory Fire Extinguisher System)

그림 13-23과 같이, 화장실구획은 쓰레기통에서 화재를 진화하기 위해 소화기 용기가 설치되어 있다. 소화기는 2개의 노즐이 달린 보틀(bottle)이다. 보틀은 가압된 할론 1301 또는 동등한 소화제가 들어있다. 쓰레기통의 온도가 약 170[°F]에 도달할 때, 노즐을 밀봉한 땜납은 녹고 할론이 배출된다. 보틀의 무게 측정은 통이 비어있는 것인지 또는 가득 채워진 것인지 확인하기 위한 유일한 방법이다.

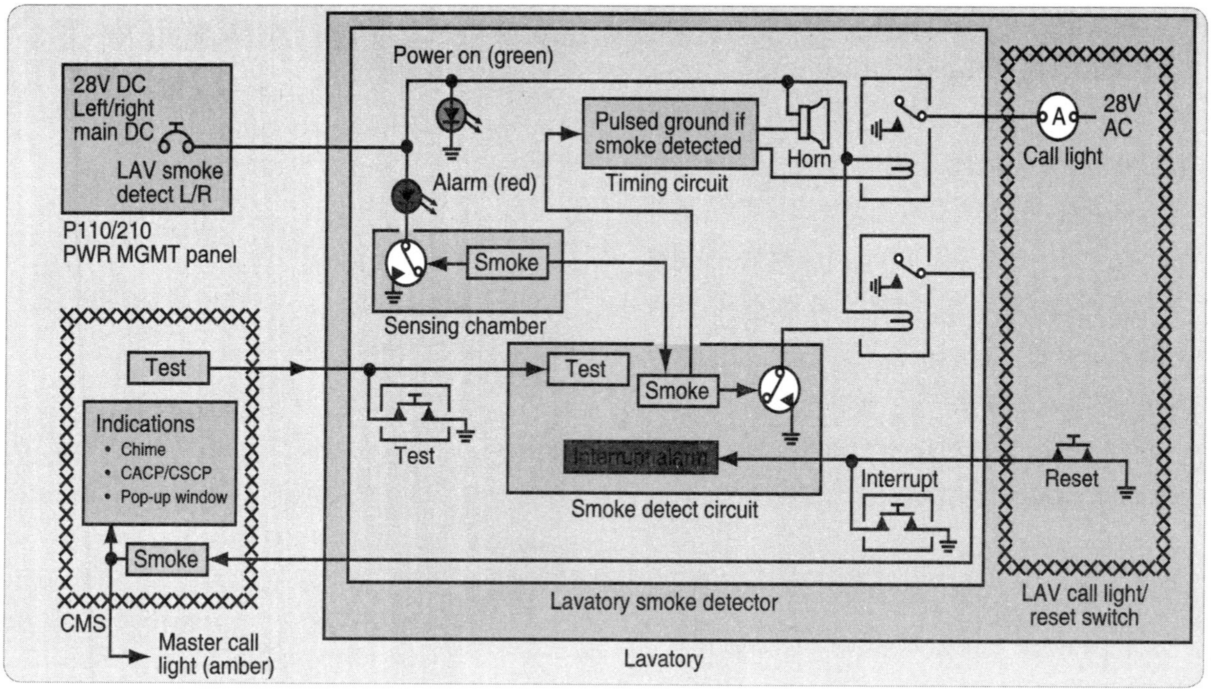

[그림 13-22] 화장실 연기 감지기 계통도(Lavatory smoke detector diagram)

13.8 화재 감지 계통의 정비 (Fire Detection System Maintenance)

화재감지기 수감부는 항공기 엔진 주위에 수많은 활동이 많은 구역에 위치한다. 그들의 위치는 작은 크기와 함께 정비 시에 수감부에 대한 손상 가능성이 높다. 화재 감지 계통의 일반적인 정비에는 일반적으로 손상된 부분의 검사 및 관리, 감지기 단자가 단락 될 수 있는 느슨한 자재의 고정, 연결 조인트 및 보호장치의 수정, 손상된 감지기의 교환이 포함 된다. 모든 형식의 연속 루프 계통에 대한 검사계획표와 정비프로그램은 다음과 같은 육안점검을 포함해야 한다.

NOTE 이들 절차는 예이고 적용할 수 있는 제작사 사용설명서를 대체하기 위해 사용해서는 안 된다.

연속 루프 계통의 수감부는 다음 사항에 대해 검사하

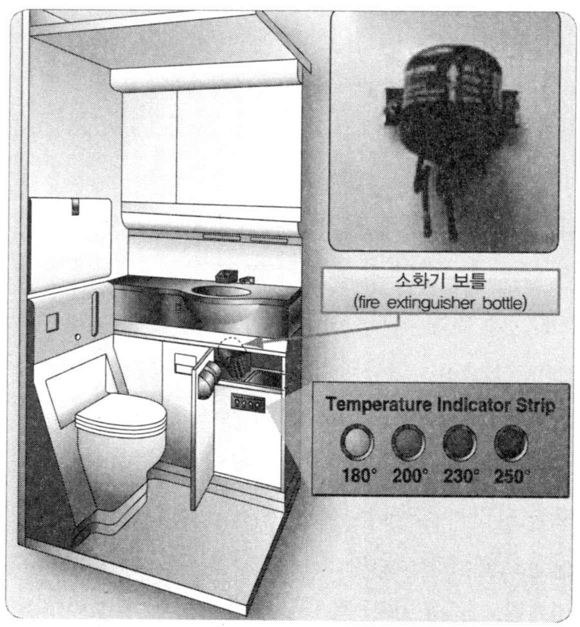

[그림 13-23] 화장실 소화 계통 (Lavatory fire extinguishing system)

여야 한다.

(1) 검사 플레이트(plate), 카울 패널, 또는 엔진구성 부분 사이에 압착 또는 압착에 의한 균열 또는 파손된 부분
(2) 카울링, 액세서리, 또는 구조부재의 마찰에 의해 발생된 마모
(3) 스폿 감지기(spot-detector) 단자를 단락시키게 하는 안전결선(safety wire) 조각이나 또는 다른 금속입자
(4) 오일에 노출로 인하여 부드러워지거나 과도한 열에 의해 경화된 마운트 클램프에 있는 고무 그로밋(grommet)의 상태
(5) 그림 13-24와 같이, 수감부 구간에서 덴트(dent)와 꼬임(kink). 수감부 직경에 한도, 허용할 수 있는 덴트(dent)와 꼬임, 그리고 튜브(tube) 윤곽의 부드러움 정도는 제조자에 의해서 명시된다. 튜브 파손의 원인이 될 수 있는 응력(stress)의 형성할 수 있으므로 허용 가능한 덴트나 꼬임(kink)이라도 똑바르게 펴기위한 시도를 하지 않는다.
(6) 그림 13-25과 같이, 수감부의 끝단에 있는 너트(Nut)는 조임과 안전결선에 대해 검사되어야 한다. 풀린 너트는 제작사 사용설명서에 의해 명시된 값으로 다시 토크 되어야 한다. 일부 형식의 수감부 연결 조인트는 쿠퍼 크러시 개스킷(copper crush gasket, AN900)의 사용을 필요로 한다. 이런 개스킷은 연결이 분리될 때마다 교체되어야 한다.
(7) 만약 감싸진 연성의 도선이 사용되었다면, 짜여진(braid) 외부 감싸개가 닳아 풀어지게 된 것에 대해 검사되어야 한다. 짜여진 외피는(braided sheath) 내부 절연 와이어를 둘러싸는 보호덮개 짜여진 많은 가는 금속가닥으로 이루어져 있다. 케이블의 연속적 구부리기 또는 거친 취급은 특히 연결기 근처에 이들 가는 와이어를 끊어지게 할 수 있다.
(8) 그림 13-26과 같이, 수감부 배선과 클램핑(clamping)은 신중히 검사되어야 한다. 지지되지 않는 긴 구간은 파손의 원인이 될 수 있는 과도한 진동이 발생할 수 있다. 일반적으로 약8~10인치[inch] 간격인, 곧은 도관의 클램프 사이에 간격은 각각의 제작사에 의해 명시된다. 연결부 끝단에서, 첫 번째 지지 클램프는 보통 끝단 연결부 피팅

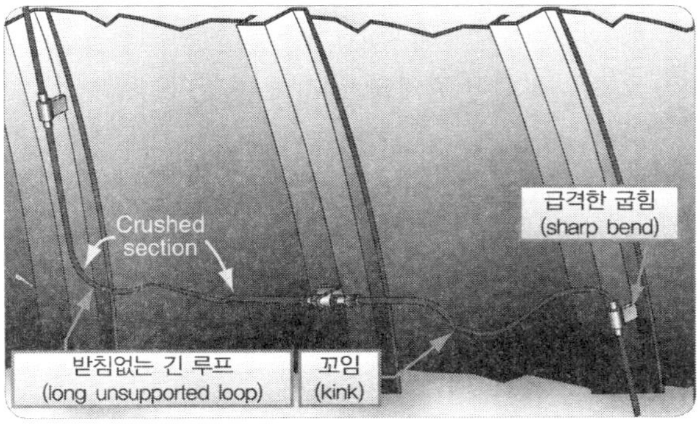

[그림 13-24] 수감부 결함(Sensing element defects)

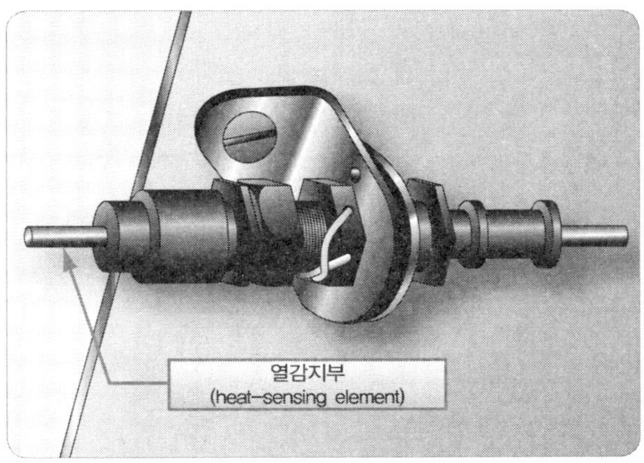

[그림 13-25] 기체 부착 커넥터 조인트 피팅 (Connector joint fitting attached to the structure)

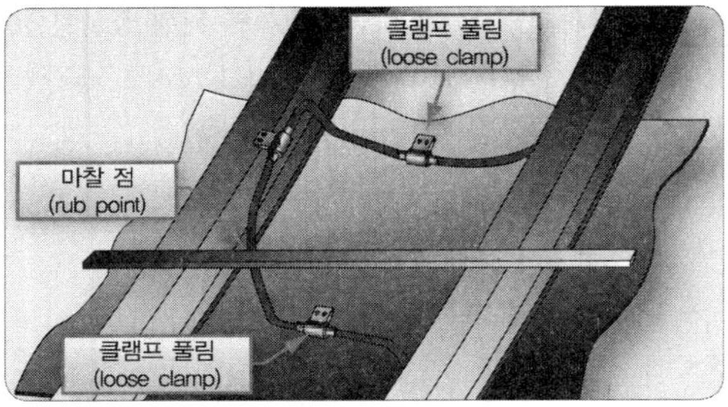

[그림 13-26] 마찰 간섭(Rubbing interference)

으로부터 4~6인치[inch]에 위치한다. 대개의 경우, 굽힘이 시작되기 전에 모든 연결부로부터 1인치[inch]의 곧은 연결이 유지되고, 3인치[inch]의 최적 굽힘 반지름이 일반적으로 지켜져야 한다.

(9) 카울 브레이스(cowl brace)와 수감부 사이의 간섭은 마찰의 원인이 될 수 있다. 이 간섭은 수감부가 마모되거나 단락의 원인이 될 수 있다.

(10) 그림 13-27와 같이 그로밋은 양쪽 끝이 클램프의 중심에 오도 수감부에 장착된다. 그로밋의 갈라진 끝단은 가장 가까운 굽힘의 바깥으로 향하게 해야 한다. 클램프와 그로밋은 잇기 편하게 수감부를 고정시켜야 한다.

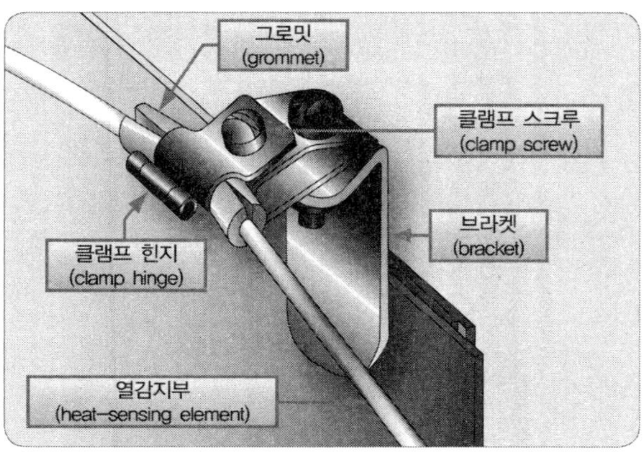

[그림 13-27] 화재 감지기 루프 크램프 점검
(fire detector loop clamp)

13.9 화재 감지 계통의 고장탐구 (Fire Detection System Troubleshooting)

다음 고장탐구절차는 엔진 화재감지계통에서 겪는 가장 일반적인 어려움을 나타낸다.

(1) 간헐적 경보는 자주 감지기장치 배선에서 간헐적 단락(short)에 의해 발생된다. 그런 단락은 이따금 가까운 단자에 닿는 풀린 전선, 구조물을 스치고 지나가는 마모된 전선, 또는 절연체를 통해 마모될 정도로 오랫동안 구조부재에 접촉하는 수감부에 의해 발생한다. 간헐적 결함은 가끔 단락(short)을 확인하기 위해 전선을 움직여서 위치를 찾아낼 수 있다.

(2) 화재경보와 화재경고등은 엔진화재 또는 과열 상태가 존재하지 않을 때에도 일어날 수 있다. 그런 거짓경보는 제어장치로부터 엔진 감지 루프 연결을 분리하여 가장 쉽게 위치를 찾아낼 수 있다. 만약 거짓경보가 엔진 감지 루프가 분리되었을 때 멈춘다면, 결함은 분리된 감지 루프에 있으며, 이 루프는 엔진의 뜨거운 부분과 접촉된 안쪽에 구부러진 지역이 있는지 조사하여야 한다. 만약 구부러진 수감부가 발견될 수 없었다면, 단락된 구간은 전체 루프 주위에서 연결하는 수감부를 순차적으로 분리하여 위치를 찾아낼 수 있다.

(3) 수감부에서 꼬임과 격심한 굽힘은 내부 전선이 외부배관에 간헐적으로 단락시키는 원인이 될 수 있다. 결함은 단락을 만들어내는 예상지역 있는 수감부를 가볍게 치는 동안에, 전기저항계로서 수감부를 점검하여 위치를 찾아낼 수 있다.

(4) 화재감지계통에서 습기는 드물게 거짓화재경보

의 원인이 된다. 그러나 습기가 경보의 원인이 된다면, 경고는 오염이 제거되었거나, 또는 끓어 증발하여 루프의 저항이 정상값에 되돌아올 때까지 경보가 지속된다.

(5) 시험스위치가 작동되었을 때 경보신호를 얻는데 실패하는 경우는 결점이 있는 시험스위치 또는 제어장치, 전력의 결여, 작용하고 있지 않은 표시등, 또는 수감부와 연결배선의 개방에 의해 발생한다. 시험스위치가 경보를 주는 데 실패할 때, 이선 식(two-wire) 수감부의 연속성은 루프를 열고 저항을 측정함으로써 판정할 수 있다. 단선 식(single wire) 연속 루프 계통에서는 중앙도체를 접지해야 한다.

13.10 소화기 계통의 정비 (Fire Extinguisher System Maintenance)

소화 장치의 정기적인 정비는 일반적으로 소화기 보틀, 즉 용기의 검사와 보급하기, 카트리지와 배출밸브의 장탈과 재장착, 누출에 대해 배출배관의 시험하기, 그리고 전기배선 도통시험과 같은 항목을 포함한다. 다음 내용은 가장 일반적인 정비절차 중 일부 세부 사항을 담고 있다.

13.10.1 용기의 압력 점검 (Container Pressure Check)

소화 용기는 압력이 규정된 최저한계와 최고한계 사이에 있는지 판단하기 위해 주기적으로 점검된다. 외기온도에 따라 압력의 변화는 또한 규정된 한계 범위

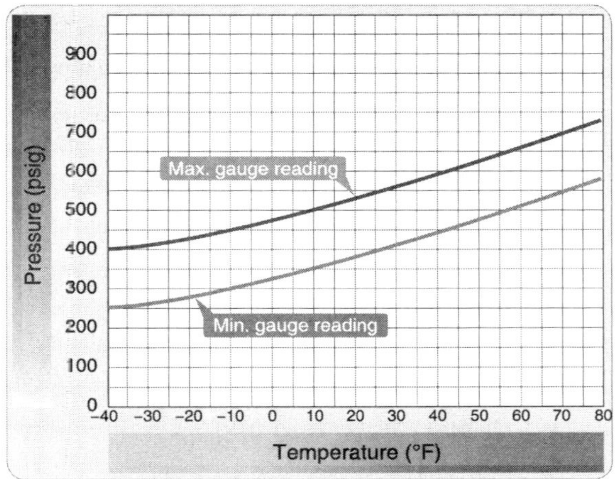

[그림 13-28] 소화기 용기 압력-온도 차트
(Fire extinguisher container pressure-temperature chart)

에 들어가야 한다. 그림 13-28에서는 최대와 최소 게이지 지시치를 규정하는 압력-온도곡선도표의 전형적인 것이다. 만약 압력이 도표의 범위에 들어가지 않는다면, 소화 용기는 교체된다.

13.10.2 방출 카트리지(Discharge Cartridges)

소화기 방출 카트리지의 사용 수명은 보통 카트리지의 면에 부착된 제조일자 스탬프에서 계산된다. 제작사에 의해 권고된 카트리지 사용 수명은 보통 년(year) 단위로 한다. 카트리지는 약 5년[year] 이상의 사용 수명으로 이용할 수 있는 것이다. 배출 카트리지의 미사용 수명을 결정하기 위해, 보통 소화 용기로부터 장탈될 수 있는 플러그 바디로부터 전기도선과 배출 관을 분리하는 것이 필요하다.

13.10.3 용액 용기(Agent Containers)

그림 13-29와 같이, 카트리지와 배출밸브의 교환은

주의를 해야 한다. 대부분 새로운 소화 용기는 카트리지와 배출밸브가 분리되어 공급된다. 항공기에 장착 전에, 카트리지는 배출밸브에 적절하게 조립되어야 하고 밸브는 패킹 링 개스킷(packing ring gasket)에 의하여 조이는 스위블 너트로 용기에 연결된다.

만약 카트리지가 어떤 이유로 배출밸브로부터 장탈 된다면, 그것은 접점의 돌출부 거리가 각각의 유닛에 의하여 변하기 때문에, 다른 배출밸브어셈블리를 사용해서는 안 된다. 그러므로 긴 접점의 플러그가 더 짧은 접점의 배출밸브에 장착되면 연결성이 결여될 수 있다.

NOTE 이 장의 이전 자료는 대부분 일반적으로 적용되는 원리로서 작동되는 일반 원칙과 절차를 갖고 있다. 실제로 정비를 수행할 때, 항상 적용할 수 있는 정비매뉴얼과 특정한 항공기에 관련된 간행물(publication)을 참고한다.

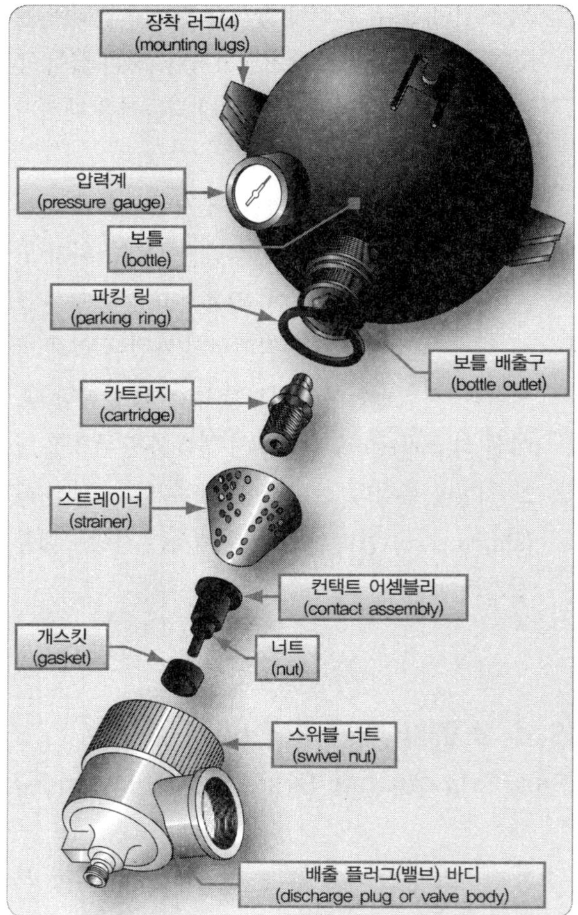

[그림 13-29] 소화기 용기 콤퍼넌트
(Components of fire extinguisher container)

13.11 화재 방지(Fire Prevention)

연료, 유압유, 제빙 액, 또는 윤활유의 누설은 항공기에서 화재의 근원이 될 수 있다. 이 상황은 주의 되어야 하고, 항공기 계통을 검사할 때 시정 조치를 취해야 한다. 이들 유체의 미세한 압력 누설은 빠르게 폭발성의 대기상태를 조성하므로 특히 위험한 것이다. 연료 탱크의 외부누설의 징후에 대해 주의하여 연료탱크 설비를 검사한다. 인테그럴 연료탱크에서 외부흔적은 연료가 실제로 새고 있는 곳에서 얼마간 떨어져서 일어나게 된다. 다수의 유압유는 인화성물질이고 구조물에 고이게 해서는 안 된다. 만약 방음재와 보온재를 어느 종류의 오일에 적신다면 고도의 인화성물질이 된다. 연소가열기(combustion heater) 부근에서 인화성유체의 어떤 누출 또는 유출이라도 각별히 유의해야 한다. 만약 어떤 증기라도 가열기 안으로 빨려 들어가 뜨거운 연소실을 통과하는 경우 중대한 화재 위험이 된다.

산소계통 장비는 압력 하에 산소와 접촉할 때 자연스럽게 발화하기 때문에, 미량의 오일이나 그리스의 접촉도 없어야 한다. 산소보급실린더의 정비운용 시 이런 실수의 결과로 폭발이 발생 하였으므로 공기 또는 질소를 담고 있는 실린더와 바뀔 수 없도록 명확히 표시되어야 한다.

14 비행 조종 계통

Flight Control System

14 비행 조종 계통

Flight Control System

14.1 비행조종계통 일반 (Flight Control System General)

비행 조종계통은 항공기가 비행 중 운동(motion)을 제어(control)하고, 정해진 항로를 따라 안전하게 비행하도록 하는 장치이다. 그 주요 기능을 정리하면, 항공기의 공중 기동(maneuver the airplane)과 날개의 양력 제어(control lift on the wing) 그리고 비행 안정 트림(trim out steady-state control loads) 등이 있다.

일반적으로 항공기의 비행조종계통은 주 조종면(primary control surface)과 보조 조종면(secondary control surface)으로 구분되며 도움날개(aileron), 승강키(elevator), 방향키(rudder)는 주 조종면으로, 뒷전 플랩(trailing edge flap) 과 앞전 플랩(leading edge flap) 그리고 스포일러(spoiler)와 각종 탭(tab) 등은 보조 조종면으로 구분한다.

조종면은 항공기의 무게중심(center of gravity)을 교차하는 세로축(longitudinal axis), 가로축(lateral axis) 및 수직축(vertical axis)을 기준으로 하여 옆놀이 운동(rolling motion), 키놀이 운동(pitching motion), 및 빗놀이 운동(yawing motion)을 하기 위하여 사용된다.

조종면을 작동시키기 위한 각종 레버(lever), 스위치(switch) 및 조종 휠(control wheel) 등은 조종실 내의 중앙에 있는 조종 스탠드(control stand)나 천정 패널(over-head panel), 비행 엔지니어 패널(flight engineer panel)에 마련되어 있다.

소형 저속 항공기는 케이블(cable)과 기계장치(mechanism)에 의하여 비행 조종면을 직접 움직여 주고, 대형 및 고속 항공기는 조종사의 힘을 덜어주기 위하여 각 조종면 마다 유압 작동기(hydraulic actuator) 또는 유압 동력 제어 장치(hydraulic power control unit)를 장착하여 조종사의 작동 신호(signal)가 작동기(actuator)의 제어 밸브(control valve)만 작동시키고 제어 밸브에서 선택된 유압 압력(hydraulic pressure)에 의하여 조종면이 움직이도록 되어 있다.

기계장치로 직접 작동시에는 조종면의 움직이는 각도에 따라 조종사가 공기력에 의한 하중(air load)를 직접 느낄 수 있으나 유압 압력(hydraulic pressure)으로 작동할 때는 조종사가 공기력에 의한 하중을 느끼지 못하므로 제어 장치에 인위적 감각장치(feel unit)를 부착하여 조종면의 움직임에 대한 공기력에 의한 하중을 인위적으로 느끼게 한다.

그림 14-1은 B737 항공기 비행조종면의 위치를 나타낸다. 보통 대형 상업용 항공기의 비행조종면을 다음과 같이 7개의 구역(section)으로 구분하기도 한다.

① 도움날개 조종계통(aileron control system, roll control)

② 스포일러 조종계통(spoiler control system(roll & speed brake control)

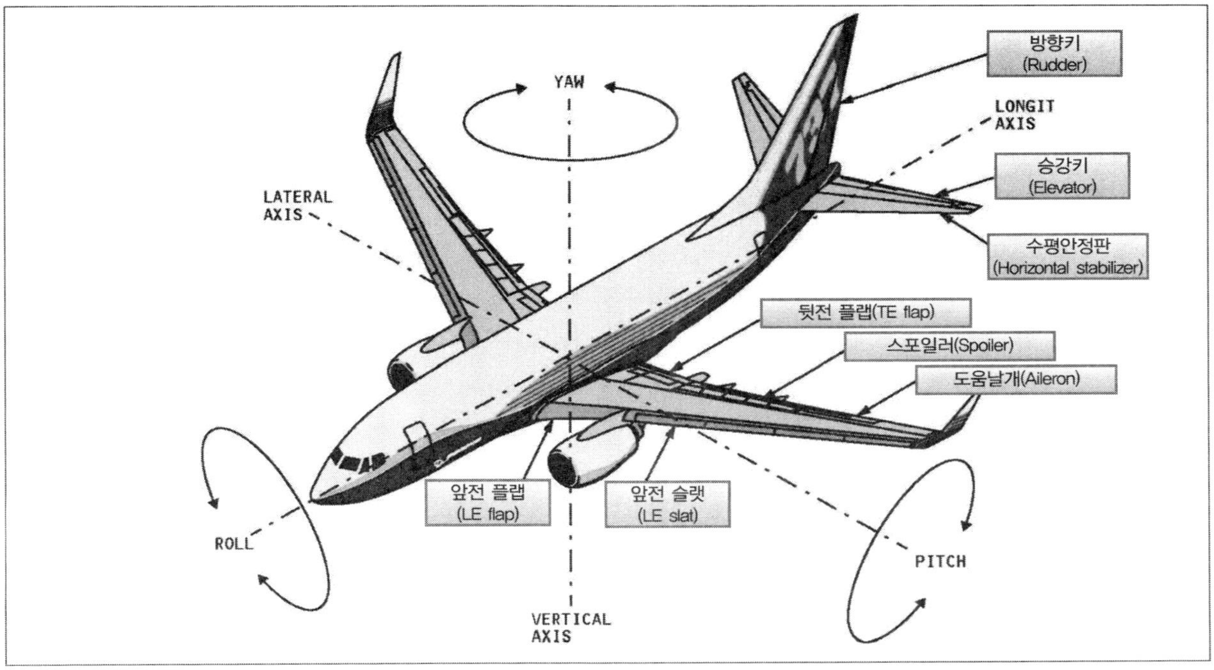

[그림 14-1] B737 항공기 비행 조종면 위치(B737 Aircraft Flight Control Surface Location)

③ 승강키 조종계통(elevator control system, pitch control)

④ 방향키 조종계통(rudder control system, yaw control)

⑤ 수평 안정판 조종계통(horizontal stabilizer control system, pitch trim)

⑥ 뒷전 플랩 조종계통(trailing edge flap control system)

⑦ 앞전 플랩 조종계통(leading edge flap control system)

14.2 항공기 3축 운동 (Aircraft Three Axes Motion)

그림 14-2와 같이, 비행 중에 항공기의 자세가 변화될 때마다 항공기는 3축 중의 하나 또는 그 이상 축에 대해서 선회한다. 이 3축은 항공기의 무게중심(center of gravity)을 통과하는 상상적인 직선으로 생각할 수 있다.

그림 14-3과 같이, 세로축(longitudinal axis)은 항공기 동체의 앞에서 꼬리 부분까지 세로로 연장된 축으로 항공기 세로축에 대하여 옆놀이 운동(rolling motion)을 하며, 옆놀이 운동은 날개 끝전에 장착된 도움날개(aileron)로 조종한다.

그림 14-4와 같이, 가로축(lateral axis)은 한쪽 날개

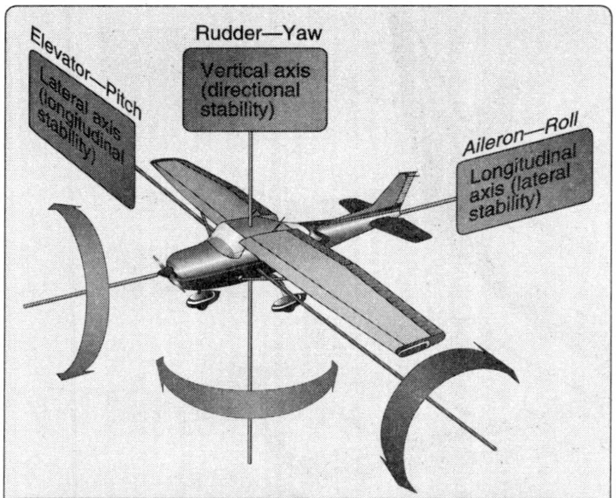

Primary Control Surface	Airplane Movement	Axes of Rotation	Type of Stability
Aileron	Roll	Longitudinal	Lateral
Elevator/ Stabilator	Pitch	Lateral	Longitudinal
Rudder	Yaw	Vertical	Directional

[그림 14-2] 항공기 3축 운동과 비행조종면
(Flight control surfaces move the aircraft around the three axes of flight)

끝에서 다른 한쪽 날개 끝까지 가로로 연장한 축으로 가로축에 관한 운동을 키놀이 운동(pitching motion)이라 하며, 키놀이 운동은 수평 꼬리날개에 장착된 승강키(elevator)로 조종한다.

그림 14-5의 수직축(vertical axis)은 항공기 무게중심의 상부에서 하부로 통과하는 축으로 항공기 수직

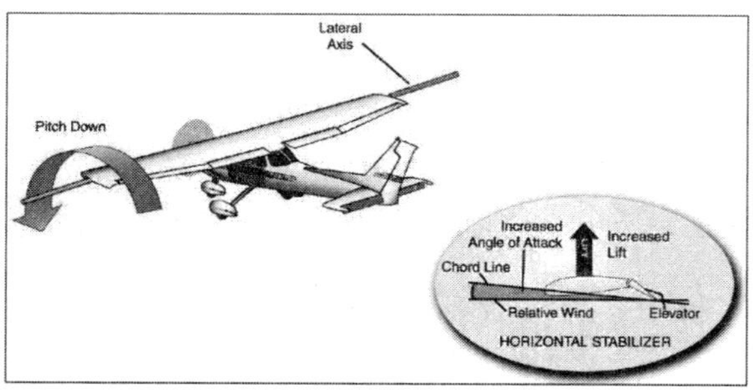

[그림 14-4] 가로축을 기준으로 한 키놀이 운동
(Pitching Motion)

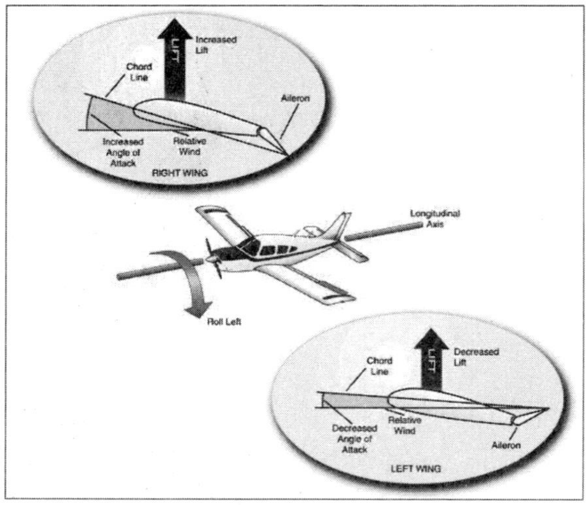

[그림 14-3] 세로축을 기준으로 한 옆놀이 운동
(Rolling Motion)

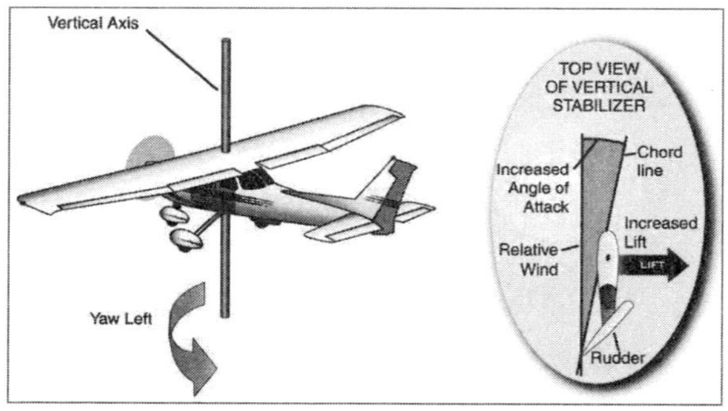

[그림 14-5] 수직축을 중심으로 한 빗놀이 운동
(Yawing Motion)

축에 관한 운동을 빗놀이 운동(yawing motion)이라 하며, 빗놀이 운동은 수직 꼬리날개에 장착된 방향키(rudder)로 조종한다.

14.3 비행 조종면(Flight Control Surface)

비행조종면은 비행 조종성을 제공하기 위하여 마련된 구조로서, 조종면을 움직이면 조종면 주위의 공기 흐름을 바꾸어 조종면에 작용하는 힘의 크기와 방향

이 바뀌게 되며, 이로 인해 항공기의 자세가 변하게 된다. 기본적으로 조종사가 조종 요크(control yoke) 또는 방향키 페달(rudder pedal)을 조작함으로써 조종면이 작동되지만, 현대항공기에 적용되는 자동 조종계통에서는 입력된 신호에 따라 작동되기도 한다. 비행기 조종면의 종류에는 도움날개(aileron), 승강키(elevator), 그리고 방향키(rudder)가 있다. 이들을 작동시키는 기구를 주 조종면 또는 일차 조종면이라 부르며, 고 양력 장치(high lift device) 및 스포일러 등을 부 조종 면 또는 이차 조종면이라 부른다.

14.3.1 1차 비행조종면 (Primary Flight Control Surface)

1차 비행조종면의 구조부재는 대부분 비슷하게 제작된다. 일부 크기, 모양, 그리고 장착 방법만이 다를 뿐이다. 알루미늄 항공기 비행조종면의 구조부재는 전금속날개의 구조부재와 비슷하다. 1차 비행조종면은 날개보다 더 단순하고 작게 제작된 공기역학적 장치이다. 일반적으로 조종면은 1개의 부재로 된 날개보(wing spar) 또는 토크 튜브(torque tube)의 주위에 알루미늄 구조부재로 만들어 부착하였다. 대다수 경

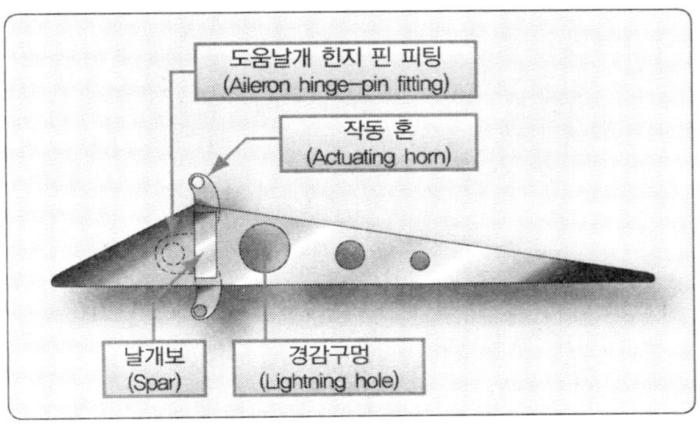

[그림 14-6] 대표적인 알루미늄 1차 비행조종면 구조

항공기 리브(rib)는 평평한 알루미늄 판재를 프레스로 찍어내어 제작한다. 리브에 있는 구멍을 라이트닝 홀(lightning hole)이라 하는데, 이것은 리브의 무게를 감소시킬 뿐만 아니라 강성을 증가시킨다. 알루미늄 외피는 리브 또는 세로지(stringer) 등에 리벳으로 결합한다. 그림 14-6에서는 경항공기뿐만 아니라 중형항공기와 대형항공기의 1차 비행조종면에서 찾아볼 수 있는 형태의 구조부재를 보여준다. 복합재료로 조립된 1차 비행조종면도 일반적으로 사용된다. 금속 구조부재보다 더 큰 무게 대비 강도의 이점이 있으며 여러 가지 재료와 기술이 다양하게 사용된다.

14.3.1.1 도움날개(Aileron)

도움날개는 세로축에 대해 항공기를 움직이는 1차 비행조종면이다. 비행 중에 도움날개의 움직임은 항공기가 옆놀이(rolling)를 하도록 한다. 도움날개는 보통 양쪽 날개 끝(wing tip) 뒷면(trailing edge)에 위치한다.

도움날개는 항공기의 조종석에 있는 조종 요크(control yoke)의 회전운동에 의해서 조종된다. 한쪽

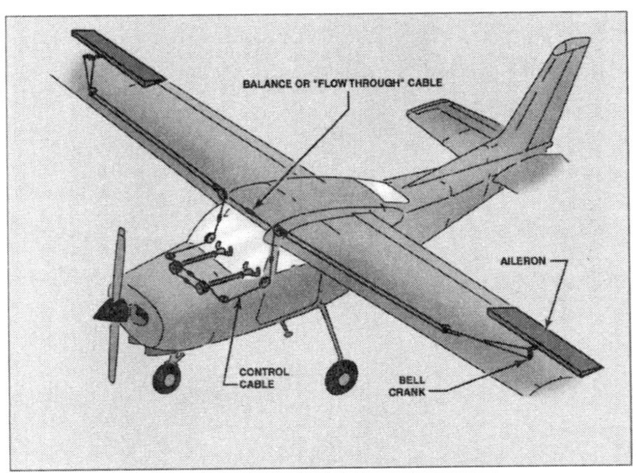

[그림 14-7] 경항공기 도움날개 조종계통 (Light Aircraft Aileron Control System)

날개에 있는 도움날개는 아래쪽으로 내려갈 때, 반대쪽 날개에 있는 도움날개는 위쪽으로 올라간다. 이것은 세로축 주위에 항공기의 움직임을 증폭시킨다. 그림 14-7은 경항공기 도움날개 조종계통을 보여준다.

도움날개의 상하 작동과 옆놀이에 대한 조종사의 요구는 항공기 특성에 따른 다양한 방법으로 조종석에서 조종면으로 전달된다. 조종케이블(control cable)과 풀리(pulley), 푸시풀 튜브(push-pull tube), 유압, 전기 또는 이들을 조합한 복잡한 기계장치를 사용할 수 있게 된다. 그림 14-8에서는 조종간(control stick)에서 조종면으로의 조종력 전달구조를 보여주고 있다.

차동비행조종계통(differential flight control system)은 왕복 행정에 차이가 있는 조종계통으로 주로 도움날개 조종계통에 쓰인다. 도움날개를 조작했을 때의 공기 저항은 작동각이 동일해도 상승 조작 쪽보다는 하강 조작 쪽이 크다. 그 때문에 비행기가 선회하려고 할 때 기울어진 방향과는 역방향으로 기수가 흔들린다. 이 상태를 선회 방향과는 역 빗놀이(adverse yaw) 모멘트가 생겼다고 한다. 이 상태로는 균형 선회가 불가능하다. 이 문제를 해결하기 위해 보통의 비행기에는 도움날개의 작동 범위를 상승측이 크고 하강측이 작아지도록 왕복 행정에 차이가 있는 차동 기구를 장치한 차동비행조종계통 방식을 채택하고 있다.

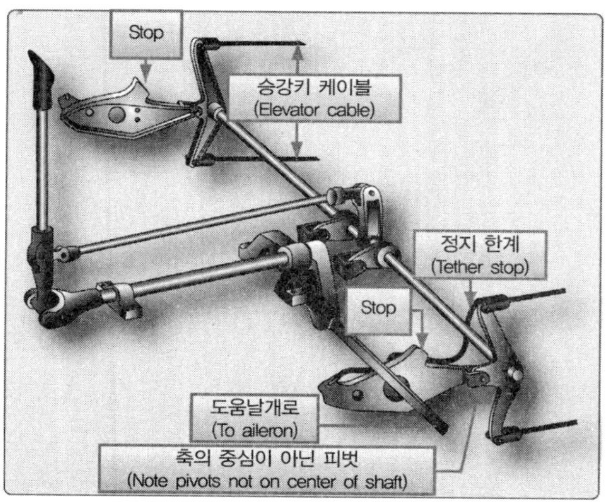

[그림 14-8] 조종실에서 조종면으로의 조종력 전달 구조

14.3.1.2 승강키(Elevator)

승강키는 수평축 또는 가로축을 기준으로 항공기의 기수가 피치업(pitch up) 또는 피치다운(pitch down)이 되도록 조종하는 1차 비행조종면이다. 승강키는 수평안정판의 뒷전에 힌지로 연결되어 있다. 조종석에서 컨트롤 요크를 앞쪽방향 또는 뒤쪽방향으로 밀어주거나 또는 당겨줌으로써 조종된다. 그림 14-9에서는 경항공기의 승강키 조종계통을 보여주고 있다. 경항공기는 조종케이블과 풀리 또는 승강키를 움직이기 위해 조종석 입력을 전달해 주는 푸시풀 튜브의 기계장치를 사용한다. 고성능항공기와 대형 항공기는 승강키를 움직이기 위해 좀 더 복잡한 계통의 유압을 사용한다. 플라이바이와이어(fly-by-wire) 조종계통을 구비한 항공기에서는 전기와 유압의 힘을 조합하여 사용한다.

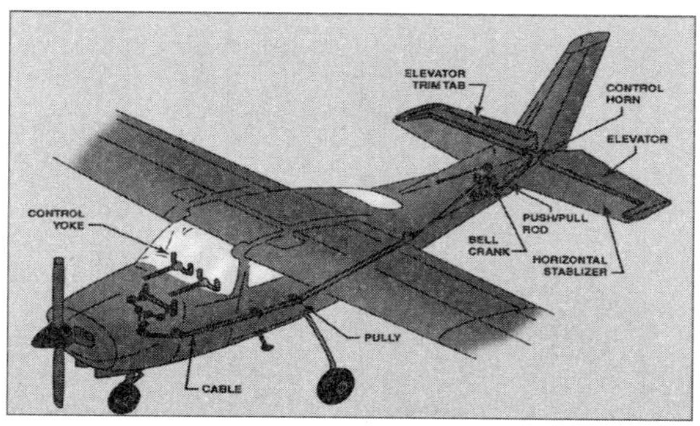

[그림 14-9] 경항공기 승캉키 조종계통
(Light Aircraft Elevator Control System)

14.3.1.3 방향키(Rudder)

방향키는 항공기가 빗놀이 또는 수직축에 대해 움직이도록 하는 1차 비행조종면이다. 이것은 방향의 조종을 제공해 주어 항공기의 기수를 요구하는 방향으로 향하게 한다. 하나의 방향키를 갖추고 있는 항공기 대부분은 수직안정판의 뒷면에 힌지로 연결되어 있으며, 조종석에 있는 한 쌍의 발로 움직이는 방향키페달에 의해 조종된다. 오른쪽 페달이 앞쪽방향으로 밀었을 때 오른쪽으로 항공기의 기수가 이동하도록 오른쪽으로 방향키를 편향시킨다. 왼쪽 페달은 동시에 뒤쪽방향으로 이동한다. 방향키페달을 조작하여 다른 기계적 조종장치를 작동시키는 방법은 항공기의 특성에 따라 다르다. 대부분 항공기는 지상 활주 시 방향키 조종장치로 전륜 또는 후륜의 방향 움직임을 사용한다. 이것은 대기속도가 조종면에 대하여 충분한 영향을 미치지 못하기 때문에 조작자가 활주 시에 방향키 페달로서 항공기를 조향(steering)하도록 해준다. 그림 14-10에서는 경항공기의 방향키 조종계통을 보여주고 있다.

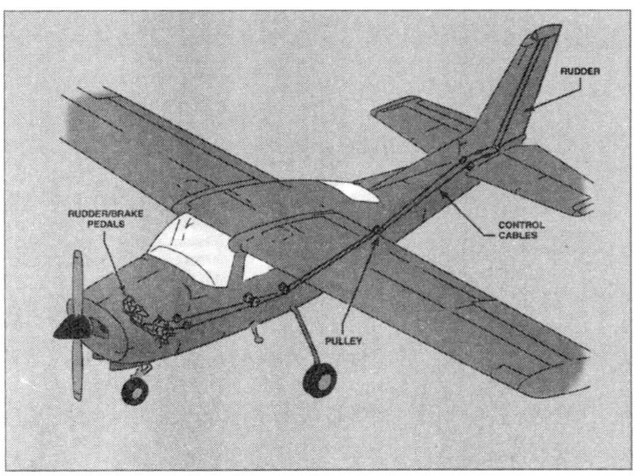

[그림 14-10] 경항공기 방향키 조종계통
(Light Aircraft Rudder Control System)

14.3.1.4 복합 비행 조종면 (Dual Purpose Flight Control Surface)

도움날개, 승강키, 그리고 방향키는 일반적인 1차 비행조종면으로 간주된다. 그러나 일부 항공기는 이중 목적을 제공하는 조종면으로 설계되었다. 예를 들어, 그림 14-11에서 엘레본(elevon)은 도움날개와 승강키의 기능을 복합하여 수행한다.

그림 14-12와 같이, 스테빌레이터(stabilator)라고 부르는 움직이는 수평안정판은 수평안정판과 승강키

[그림 14-11] F-117 항공기 엘레본(Elevon)

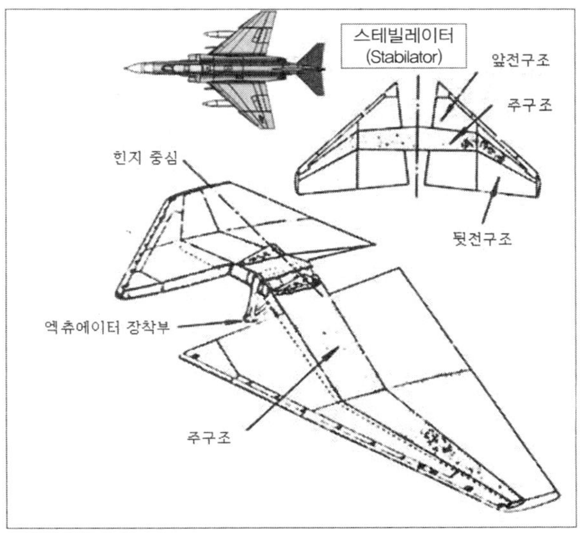

[그림 14-12] F-4 항공기 스테빌레이터(Stabilator)

[그림 14-13] 경항공기 러더베이터(Ruddervator)

[그림 14-14] F-16 항공기 플래퍼론(Flaperon)

양쪽의 작용을 복합시킨 조종면이다. 기본적으로 스테빌레이터는 항공기의 피치에 영향을 주기 위해 수평축에 대하여 상승 및 하강을 조종한다.

그림 14-13에서와 같이 러더베이터(ruddervator)는 전통적인 수평안정판과 수직안정판이 설치되지 못하는 곳인 브이테일(V-tail)로 된 항공기에서 가능하다. 2개의 안정판 각도는 "V" 배치로, 위쪽방향으로 향하고 그리고 후방 동체로부터 바깥쪽 방향으로 향한다. 러더베이터의 움직임은 수평축 또는 수직축을 주위로 항공기의 움직임을 변화시킬 수 있다.

그림 14-14에서와 같이, F-16항공기에서 찾아볼 수 있는 플레퍼론(flaperon)은 착륙장치가 내려와 있을 때는 양쪽 플레퍼론이 동시에 작동하여 플랩의 기능을 수행하고, 착륙장치가 올라가 있을 때는 좌우측 플래퍼론이 반대로 작동하여 도움날개의 기능을 수행한다.

14.3.2 2차 또는 보조 비행 조종면(Secondary or Auxiliary Flight Control Surface)

항공기 마다 몇 가지의 2차 또는 보조 비행조종면이 있다. 표 14-1은 대부분의 대형 항공기에서 찾아볼 수 있는 보조 비행조종면의 명칭, 위치, 그리고 기능의 목록이다.

14.3.2.1 날개 플랩(Wing Flap)

날개 플랩(wing flap)은 항공기가 이륙하거나 착륙시에 날개 캠버(camber)와 날개 면적을 증가시킴으로써 고 양력이 발생하여 항공기의 이 · 착륙 거리를 단축시킨다. 그러나 항력도 증가된다. 대부분의 저속 경항공기에서는 뒷전플랩(trailing flap)만 장착하였으나 대형 상업용항공기와 초음속 전투기에서는 양력증가를 극대화시키기 위하여 앞전 플랩(leading flap)

[표 14-1] 2차 비행 조종면((Secondary Flight Control Surface)의 위치와 기능

명 칭	위 치	기 능
플랩 (flap)	날개의 내측 뒷전	· 양력증가 위해 날개 캠버 증가, 저속비행가능 · 단거리 이착륙 위해 저속에서 조작 허용
트림 탭 (trim tab)	1차 조종면 뒷전	· 1차 조종면 작동에 필요한 힘 감소
밸런스 탭 (balance tap)	1차 조종면 뒷전	· 1차 조종면 작동에 필요한 힘 감소
안티 밸런스 탭 (anti-balance tab)	1차 조종면 뒷전	· 1차 조종면의 효과와 조종력 증가
서보 탭 (servo tab)	1차 조종면 뒷전	· 1차 조종면을 움직이는 힘 제공 또는 보조
스포일러 (spoiler)	날개 뒷전/날개 상부	· 양력 감소, 에어론 기능 증대
슬랫 (slat)	날개 앞전 중간 외측	· 양력증가 위해 날개 캠버 증가, 저속비행가능 · 단거리 이착륙을 위해 저속에서 조작 허용
슬롯 (slot)	날개 앞전의 외부 도움날개의 전방	· 고받음각시 공기가 날개 상부 표면 흐름 · 낮은 실속속도와 저속에서의 조작을 제공
앞전플랩 (leading flap)	날개 앞전 내측	· 양력증가 위해 날개 캠버 증가, 저속비행가능 · 단거리 이착륙을 위해 저속에서 조작 허용

비고: 2차 또는 보조 조종면이 없거나 하나 또는 여러 개의 조합이 항공기에 있을 수 있다.

도 장착되어 있다.

이러한 뒷전 플랩과 앞전플랩은 조종 스탠드(control stand)에 있는 플랩 레버(flap lever)에 의하여 유압 동력으로 작동한다. 대형 항공기의 플랩은 안쪽 플랩(in board flap)과 바깥쪽 플랩(out board flap)으로 구분되어 있으며 하나의 조종 레버에 의하여 2개의 독립된 유압 압력으로서 작동한다. 또한 앞전플랩은 뒷전플랩 작동 각도에 따라 순차적으로 작동한다. 즉 뒷전플랩이 일정한 각도만큼 내려가거나 올라가면 이에 따라 앞전플랩이 작동하며, 항공기 종류에 따라 유압 동력(hydraulic power), 공압 동력(pneumatic power) 또는 전기 동력(electrical power)으로 작동된다.

뒷전플랩의 펼쳐진 크기와 날개와 이루는 각도의 크기는 조종석에서 선택할 수 있다. 대표적으로 플랩은 45°~50° 정도로 확장할 수 있다. 그림 14-15에서는 뒷전플랩의 확장 위치를 보여준다.

[그림 14-15] 다양한 항공기 플랩 확장 위치

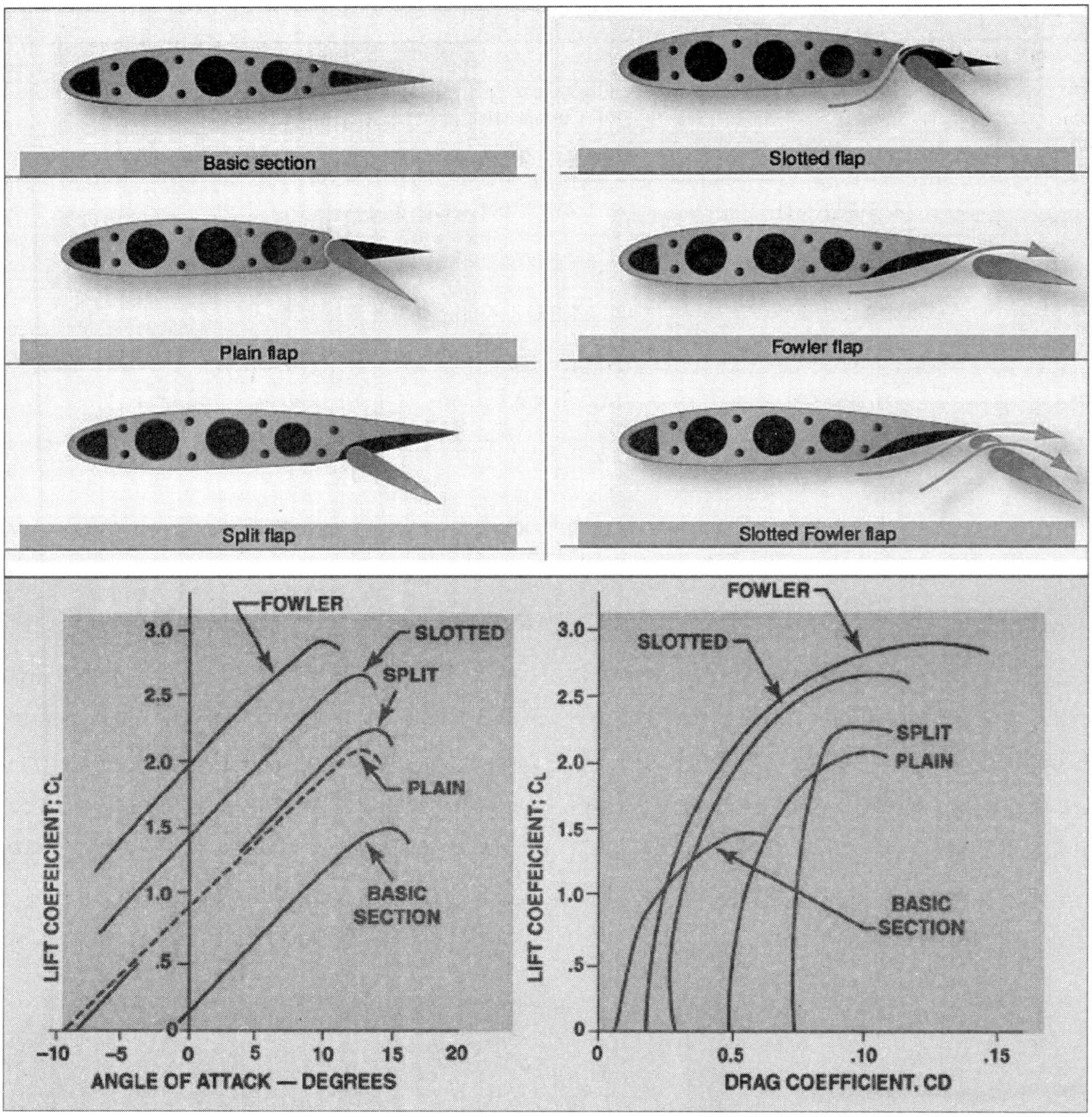

[그림 14-16] 뒷전플랩의 종류와 양력과 항력 발생 비교

다양한 종류의 뒷전플랩이 있다. 그림 14-16은 여러 종류의 뒷전플랩 작동으로 발생하는 양력과 항력의 변화를 보여준다.

플레인 플랩(plain flap)은 날개 뒷전과 같이 작동되며 플랩을 내림으로써 날개의 캠버를 변화시켜 주며 양력 및 항력의 두 가지를 다 증가시켜 준다.

분할 플랩(split flap)은 날개 뒷전 밑면의 일부를 내림으로서 날개 윗면의 흐름을 강제적으로 빨아들여 흐름의 떨어짐을 지연시키는 것이다. 따라서 항력증가의 영향이 커지는 단점이 있으나 조종 훈련에 사용

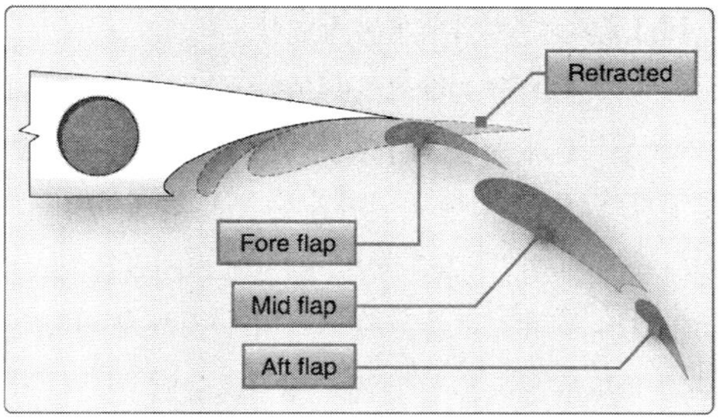

[그림 14-17] 삼중 슬롯 플랩(Triple Slot Flap)

되는 항공기에서 학생 조종사가 착륙 조종시에 보다 안전하게 착륙할 수 있도록 한다.

슬롯 플랩(slotted flap)은 트랙(track)을 따라 날개 뒤쪽으로 움직이고 플랩 앞전에 공기 흐름을 허용하여 실속각이 커지는 효과를 얻을 수 있다. 그러므로 불필요한 실속 특성을 제거하고 항공기의 승강키 조종을 보다 좋게 하여 준다.

파울러 플랩(fowler flap)은 다른 형식의 플랩과 유사하게 작동하며 플랩이 작동되었을 때 날개의 면적도

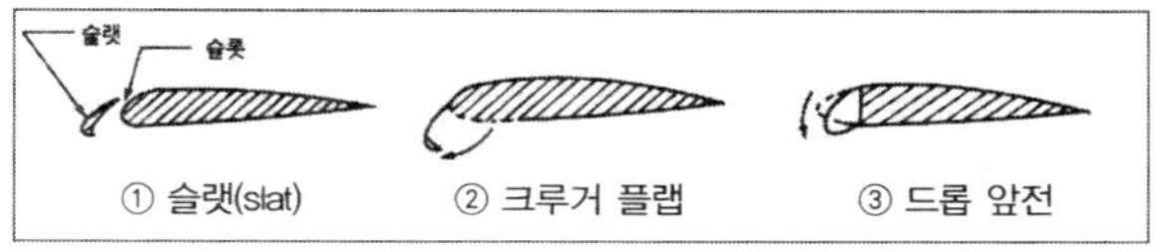

[그림 14-18] 앞전 플랩의 종류

증가시킨다. 그림 14-17과 같이, 파울러 플랩은 슬롯 플랩을 개량한 것으로 이중 또는 삼중 슬롯 플랩이 있다. 이것은 플랩 앞쪽의 틈에 베인(vane)을 설치하여 틈이 두 개, 또는 세 개 생기도록 한 것이다.

그림 14-18과 같이, 일부 대형항공기와 고성능 항공기는 뒷전플랩과 함께 사용되는 앞전플랩(leading edge flap)을 갖추고 있다. 앞전플랩은 가공된 마그네슘으로 제작하거나 알루미늄 또는 복합재료구조재로 제작한다. 앞전플랩과 뒷전플랩이 함께 적용되는 날개는 캠버와 양력을 더 크게 증가시킬 수 있다. 앞전플랩은 뒷전플랩이 작동 시 자동적으로 앞전에서 빠져나와 날개의 캠버를 증가시켜 주는 아래쪽방향으로 펼쳐지게 한다. 앞전플랩의 종류에는 슬랫(slat), 크루

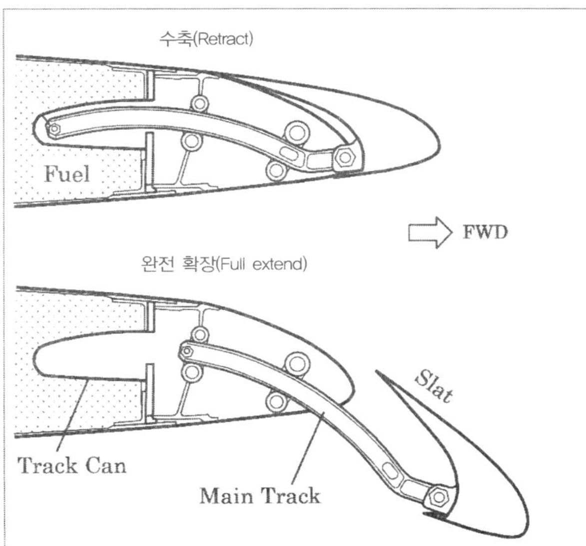

[그림 14-19] 슬랫(Slat)의 공기 통로인 슬롯(Slot)

거플랩(krueger flap) 그리고 노스드롭(nose drop) 등이 있다.

날개의 캠버를 증가시켜 주는 슬랫은 조종석의 작동 스위치로 슬랫이 독립적으로 작동하게 할 수 있다. 그림 14-19와 같이, 슬랫은 오직 캠버와 양력을 증가시키도록 날개의 앞전을 펼쳐지게만 하는 것이 아니라 슬랫의 뒷면과 날개의 앞전 사이에 슬롯(slot)이 생기도록 완전히 펼쳐질 때도 있다. 이것은 항공기 날개에서 경계층이 박리되지 않고 계속 흐를 수 있도록 실속 받음각을 증가시켜주어 항공기는 더 적은 속도에서 더 큰 양력증가 효과를 얻을 수 있다.

그림 14-20에서와 같이 크루거 플랩은 대형 여객기와 같이 날개의 두께가 큰 날개 앞전에 장착되는 고양력장치이다. 날개 앞전 하부의 일부분이 앞으로 튀어나와 캠버를 증가시킨다.

고속 전투기 등과 같이 날개의 두께가 얇은 날개에서 주로 사용되는 형식으로, 날개의 앞전을 단순하게 밑으로 구부려서 캠버를 증가시키는 앞전플랩, 즉 노스드롭(nose drop) 형식도 있다.

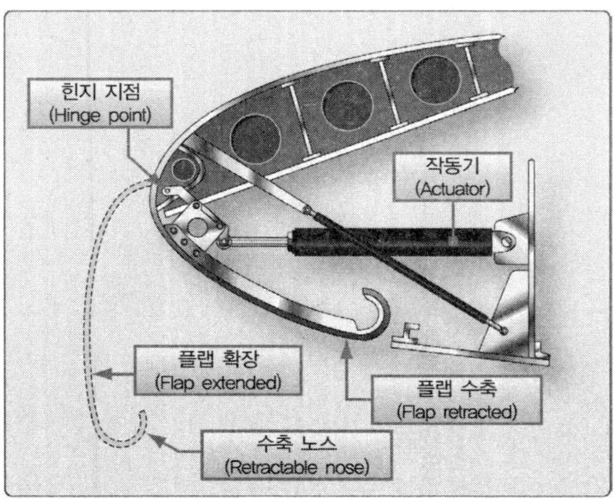

[그림 14-20] 크루거 플랩(Krueger Flap)

14.3.2.2 스포일러와 속도 제동기 (Spoiler and Speed Brake)

스포일러(spoiler)는 대부분 대형항공기와 고성능 항공기의 날개윗면에서 찾아볼 수 있는 장치이며, 날개의 윗면에 일치되도록 집어넣는다. 펼쳐졌을 때 스포일러는 기류의 흐름을 방해하여 급격하게 위쪽으로 흐르도록 함으로써 날개의 층류흐름이 이탈하면서 결국 양력은 감소하고 항력은 증가한다. 스포일러는 항공기의 다른 비행조종과 유사한 구성품의 재료와 기술로 제작된다. 일부 스포일러는 벌집구조패널(honeycomb-core panel)이다. 그림 14-21과 같이, 저속에서 스포일러는 도움날개가 항공기의 옆놀이 운동과 가로안정성을 돕기 위하여 작동될 때 인위적으로 올리게 된다. 도움날개가 올라간 날개에서 스포일러도 함께 올라간다. 그러므로 그 날개에서 양력의 감소는 증폭된다. 도움날개의 편향이 아래쪽방향으로 된 날개에서 스포일러는 집어넣어지게 된다. 항공기의 속도가 빨라지면 도움날개의 작동 효과가 커지므로 스포일러는 작동하지 않는다.

스포일러는 속도제동기의 기능을 수행하기 위해 양쪽 날개에서 동시에 완전히 펼쳐진다. 감소된 양력과 증가된 항력은 비행 중에 항공기의 속도를 신속하게 감소시킬 수 있다. 비행 스포일러와 유사한 속도 제동기(speed brake)는 일명 공기 제동기(air brake)라 하며, 고속 전투기에서 찾아볼 수 있다. 전용 속도 제동기는 펼쳐졌을 때 항력을 증가시키고 항공기의 속도를 감소시키도록 특별하게 설계된 것이다. 이들의 속도 제동기 패널은 저속에서 도움날개와 달리 작동하지 않는다. 조종석에서 제어하는 속도 제동기는 작동되었을 때 모든 스포일러와 속도 제동기를 동시에 완전히 펼쳐지게 할 수 있으며, 지상에서 엔진 역추진장

[그림 14-21] 운송용 항공기 스포일러 작동 장면

치(thrust reverser)가 작동되었을 때 자동적으로 펼쳐지도록 설계되어 있는 항공기도 있다.

14.3.2.3 탭(Tab)

항공기가 고속 비행 중에 조종면에 대한 공기의 힘은 조종면을 움직이는 데 그리고 편향된 위치에서 조종면을 유지하는 데 어렵게 만든다. 조종면도 유사한 이유로 너무 민감하게 된다. 여러 형태의 탭이 이들의 문제점을 보조하기 위해 사용된다. 표 14-2에서는 여러 가지 탭의 종류와 작동 영향을 요약하였다.

14.3.2.3.1 트림 탭(Trim Tab)

조종사의 손과 발로 조종하는 기계적 조종장치인 가역식 조종장치를 가진 항공기가 등속 수평비행시 그 상태를 유지하지 못하고 어느 한 방향으로 계속 편향될 때 조종사는 계속적으로 조종간을 잡고 조종력을 유지하여야 한다. 트림탭은 편향되는 항공기의 비행방향을 제어하여 등속 수평비행이 가능하도록 설계되어 있다. 그림 14-22와 같이, 대부분의 트림탭은 1차 비행조종면의 뒷전에 위치한다. 비행 조종면의 방향과 반대방향으로 움직이는 트림탭에 의해 발생되는 공기역학적 힘은 항공기의 비행 자세에 영향을 주어 조종사가 계속 조종력을 유지하지 않아도 되도록 조종력을 "0"으로 하여 등속 수평비행이 가능하게 하여 준다.

일부 단순한 경항공기는 그림 14-23에서 보여주는 것과 같이 1차 비행조종면, 보통 방향키의 뒷전에 부착된 고정금속판의 지상조절 트림탭(ground adjust trim tab)을 갖추고 있다. 직선 수평비행 시에 조종력이 없는 상태에서 항공기를 트림하도록 지상에서 각도를 약간 조정할 수 있다. 굽혀주는 각도의 정확한 크기는 조정한 후에 오직 항공기를 비행함으로써 확인할 수 있다.

[표 14-2] 여러 종류의 탭과 기능

타 입	작동방향 (조종면에 대해)	작 동	영 향
트림 (trim)	반대	· 조종사에 의해 작동 · 독립된 연결장치 사용	· 비행 중 움직임 없는 균형상태 · 비행 상태는 hand off로 유지
밸런스 (balance)	반대	· 조종사가 조종면 작동시킬 때 작동 · 조종면 연결 장치에 결합	· 조종사가 조종면 작동에 필요한 조종력 극복을 지원
서보 (servo)	반대	· 비행조종 입력장치에 직접 연결 · 1차/백업 조종수단으로 작동가능	· 수동으로 작동하기에 많은 힘이 요구되는 조종면을 공기역학적으로 위치
스프링 (spring)	반대	· 서보탭에 직접 연결되는 라인에 위치 · 고속시 조종력 클 때 스프링이 보조	· 조종력 클 때 조종면 작동 가능 · 저속 비행에서는 동작하지 않음
안티-밸런스 (anti-balance) 안티-서보 (anti-servo)	동일	· 비행조종 입력장치에 직접 연결	· 비행 조종면 위치 변경을 위해 조종사가 요구되는 조종력 증가 · 비행 조종이 둔감해진다.

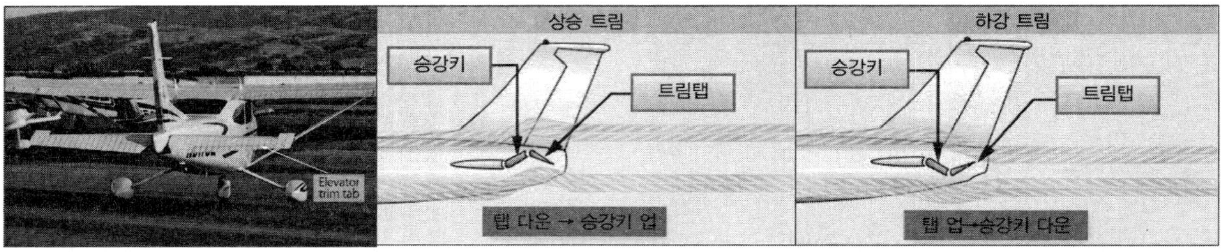

[그림 14-22] 항공기 승강키에 장착된 트림탭(Trim Tab)과 조종

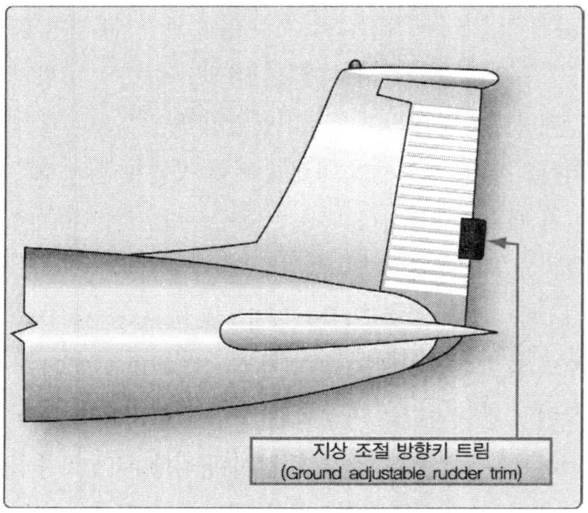

[그림 14-23] 지상조절 탭(Ground Adjust Trim Tab)

14.3.2.3.2 조종력 경감 장치

조종장치가 기계적으로만 연결된 수동식 조종장치는 고속으로 비행시 조종사가 조종면에 작용하는 공기력을 감당하기가 쉽지 않을 수 있다. 고속 비행시 조종면에 가해지는 큰 공기력을 경감시키기 위한 장치의 종류에는 밸런스 탭(balance tab), 서보 탭(servo tab), 스프링 탭(spring tab), 그리고 밸런스패널(balance panel)이 있다.

그림 14-24와 같이, 밸런스 탭(balance tab)은 조종사가 일차 조종면을 작동시키면 조종면이 움직이는 방향과 반대 방향으로 움직일 수 있도록 기계적으로 연결되어 있다. 탭이 위쪽으로 올라가면 탭에 작용하는 공기력 때문에 조종면이 아래로 내려오게 된다. 즉, 탭이 올라감에 따라 조종면에는 조종면을 아래로 내려오게 하는 힘이 생기게 되어 조종력이 경감된다.

그림 14-25의 서보탭(servo tab)은 위치와 효과 면에서 밸런스탭과 유사하지만, 조종석의 조종장치와 직접 연결되어 탭만 작동시켜 조종면을 움직이도록 설계된 것이다. 이 탭을 사용하면 조종력이 감소되며, 대형 항공기 비행조종면의 일차조종을 보조하기 위한 수단으로서 주로 사용되었다. 대형항공기에서 대형 조종면을 수동으로 움직이기 위해서는 너무 많은 힘이 요구되며, 보통 유압작동기에 의해 중립에서 편향시킨다. 이들 전원제어장치는 요크에 연결된 유압밸브의 형식과 방향키 페달에 신호를 준다. 플라이바이와이어(fly-by-wire) 항공기에서 비행 조종면을 움직

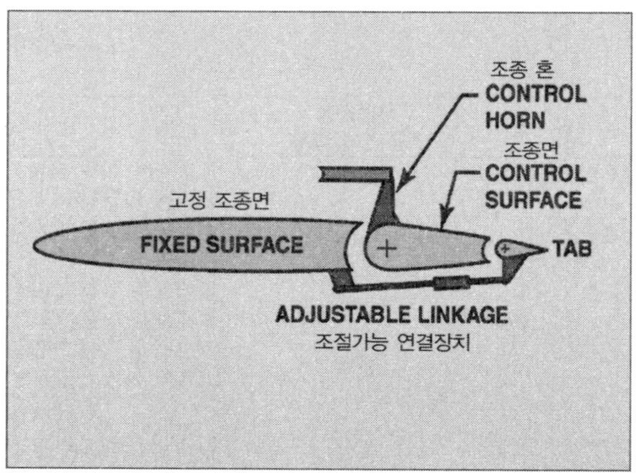

[그림 14-24] 밸런스 탭(Balance Tab)

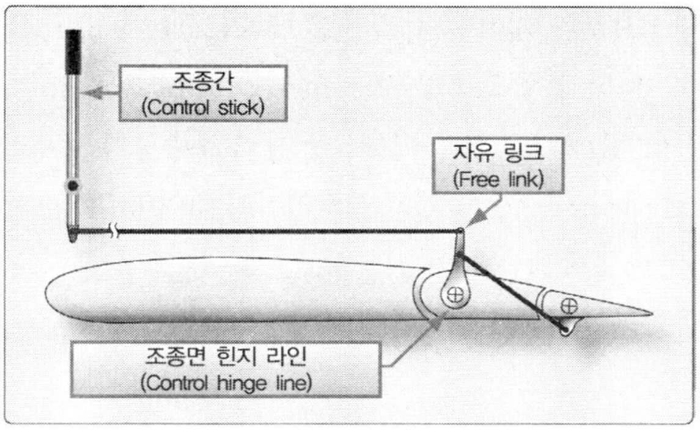

[그림 14-25] 서보 탭(Servo Tab)

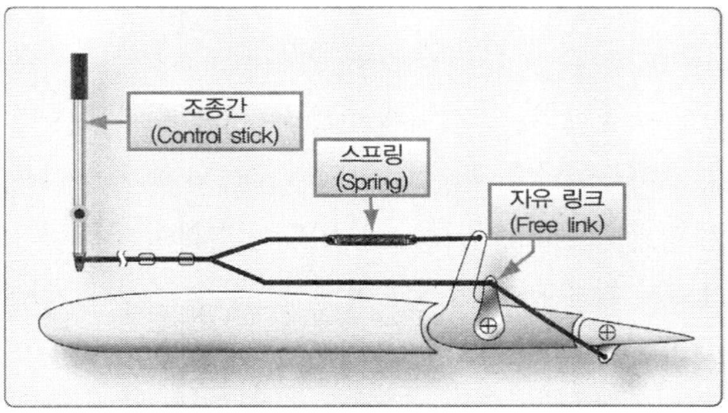

[그림 14-26] 스프링 탭(Spring Tab)

이는 유압 작동기는 전기입력으로 신호를 받는다. 유압계통이 고장 난 경우에 서보탭의 수동 연동장치는 서보탭을 편향시켜 1차 조종면을 움직이는 공기역학적인 힘을 발생시킨다.

조종면은 비행조종계통의 최종 단계에서 작동하는데 과도한 힘을 필요로 하게 된다. 이런 경우일 때 그림14-26의 스프링탭(spring tab)을 사용할 수 있다. 이것은 기본적으로 조종면에 작용하는 공기력이 어느 한계를 넘어도 작동하지 않는 서보탭의 일종이다. 조종력이 어느 한계에 도달되었을 때 조종연동장치에 일치된 스프링이 늘어나면서 조종면을 움직이는 데 도움을 준다.

그림 14-27에서는 대형 항공기에서 도움날개의 움직임을 보조하는 또 다른 장치인 밸런스패널(balance panel)을 보여준다. 항공기 날개에서 도움날개와 힌지로 연결되어 연동된다. 밸런스패널은 일반적으로 알루미늄 재질의 외피 프레임 조립체 또는 알루미늄 허니컴구조물로 구성되어 있다. 도움날개 앞전 바로 앞쪽방향과 날개의 뒷전을 연결하는 균형패널이 위치하며, 힌지지역의 안쪽과 바깥쪽으로 제어된 공기흐름이 흐르도록 밀봉되어 있다. 도움날개가 중립에서 움직일 때 차압이 균형패널의 한쪽에서 조성된다. 이 차압은 도움날개 움직임을 도와주는 방향으로 균형패널에 작용한다.

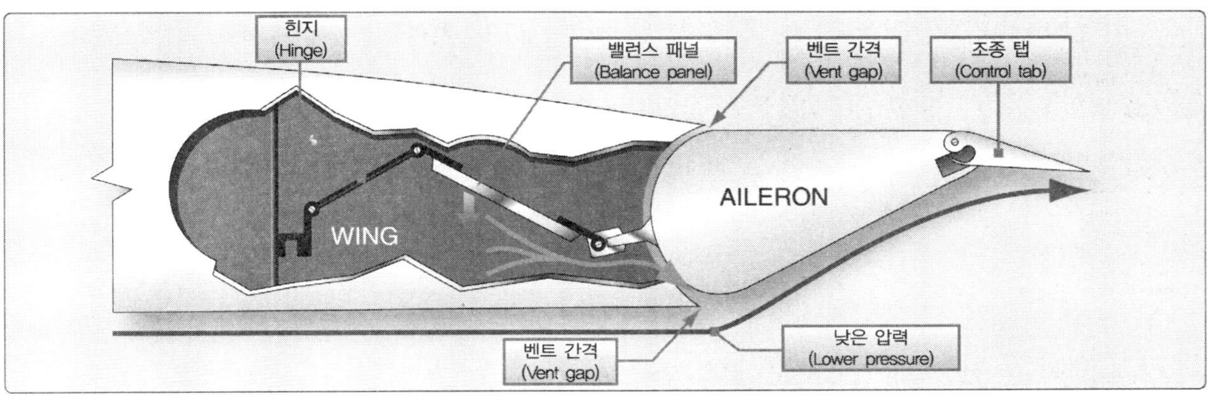

[그림 14-27] 도움날개의 밸런스패널(Balance Panel)

14.3.2.3.3 안티서보 탭(Antiservo Tab)

명칭에서 예상되듯이 안티서보탭(antiservo tab)은 서보탭과 같지만 1차 조종면과 같은 방향으로 움직인다. 특별히 가동식수평안정판(moveable horizontal stabilizer)으로 된 일부 항공기에서 조종면의 작동은 너무 예민할 수 있다. 조종연동장치를 통해 결합된 안티서보탭은 조종면을 움직이는 데 필요한 작용력을 증가시켜 주는 공기역학적인 힘을 발생시킨다. 이것은 조종사에게 더욱 안정된 비행을 하게 만든다. 그림 14-28에서는 거의 중립에 있는 안티서보탭을 보여준다. 스테빌레이터(stabilator)의 움직임을 필요로 할 때 동일한 방향으로 편향되며 요구되는 조종면의 조종 입력을 증가시켜 준다.

14.4 운동 전달 방식에 의한 분류 (Classification Based on Force Delivery Means)

일반적으로 사용되고 있는 조종계통의 운동 전달 방식으로는 케이블식, 푸시풀 로드(push-pull rod)식, 등의 수동 조종장치(manual control system)와 유압 및 전기 동력을 이용하는 동력 조종장치(power control system), 그리고 플라이바이 와이어(fly-by-wire) 조종계통 등이 있으며, 실제로는 이들을 서로 조합하여 사용하기도 한다.

[그림 14-28] 안티 서보 탭(Antiservo Tab)

14.4.1 수동 조종 장치(Manual Control System)

그림 14-29와 같은 수동 조종장치는 조종사가 조작하는 조종간 및 방향키 페달(rudder pedal)과 조종면을 케이블이나 풀리(pulley) 또는 로드와 레버를 이용한 링크 기구(link mechanism)로 연결하여 조종사가 가하는 힘과 조작 범위를 기계적으로 조종면에 전하는 방식이다. 이 장치는 값이 싸고, 제작 및 정비가 쉬우며, 무게가 가볍고 동력원이 필요 없다. 또, 신뢰성이 높다는 등의 장점이 많아 소 · 중형기에 널리 이용되고 있다. 그러나 항공기가 고속화 및 대형화되어 큰 조종력이 필요해지면서 수동 조종장치에 의한 조종이 한계가 있게 되었다. 수동 조종장치는 케이블 조종계통, 로드 조종계통으로 구분한다.

14.4.1.1 케이블 조종계통(Cable Control System)

케이블 조종계통(cable control system)은 그림 14-30과 같이, 케이블을 이용하여 조종면을 움직이게 하는 계통이다. 항공기 구조상 굽은 통로에 대해서도 원활한 작동이 가능하며, 신뢰성이 높고 조종계통 중 가장 기본적인 것으로, 소형 항공기에서부터 중형 항공기에 이르기까지 널리 사용되고 있다. 케이블 조종계통에 사용되는 부품으로는 케이블(cable), 케이블 장력 조절기(cable tension regulator) 그리고 계통의

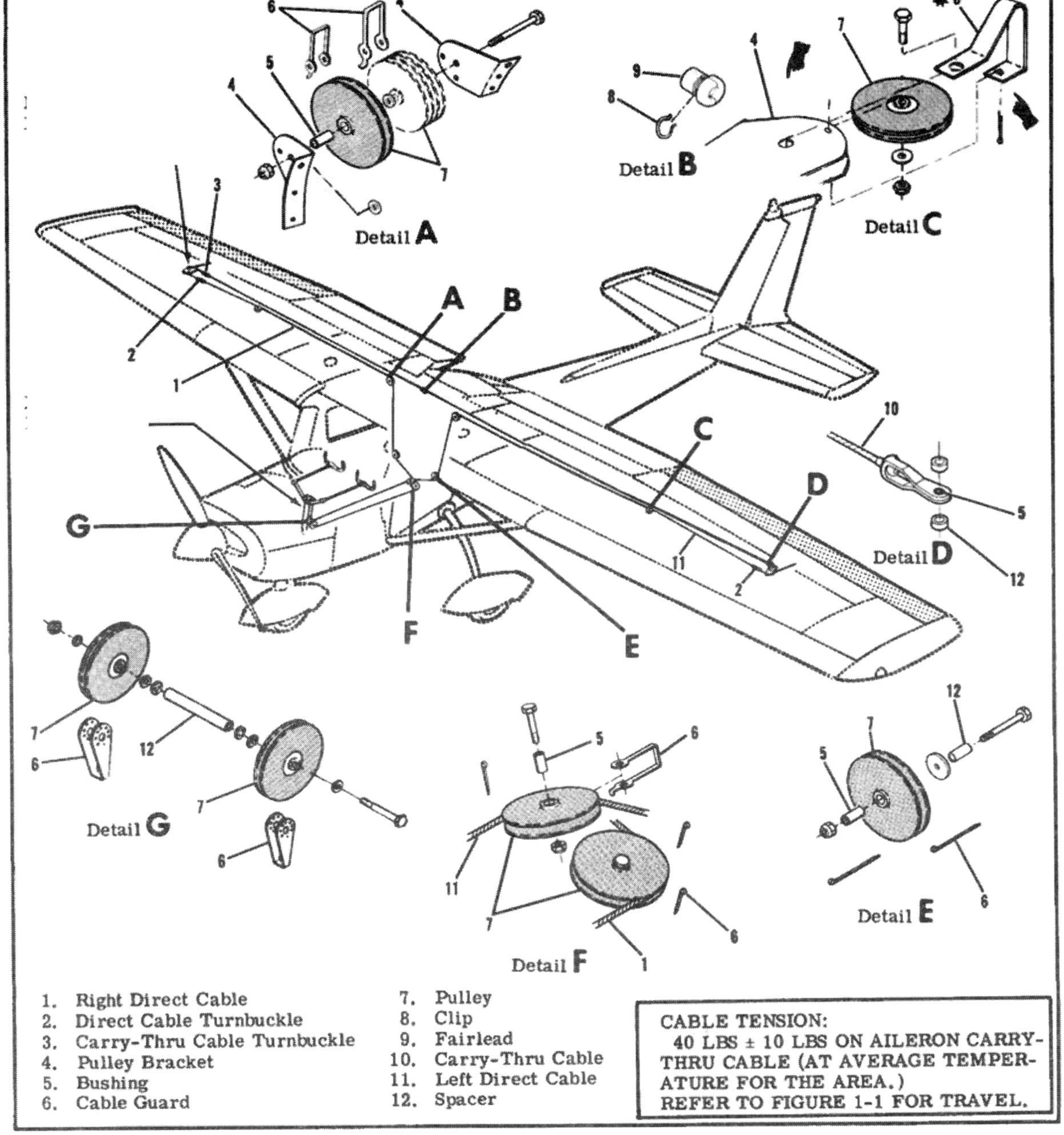

[그림 14-29] 세스나 항공기 도움날개 수동비행 조종계통

여러 부분에 장착된 풀리(pulley), 페어리드(fairlead), 케이블 가드(cable guard), 케이블 드럼(cable drum) 등이 있다.

케이블 조종계통의 장점은 무게가 가볍고, 느슨함이

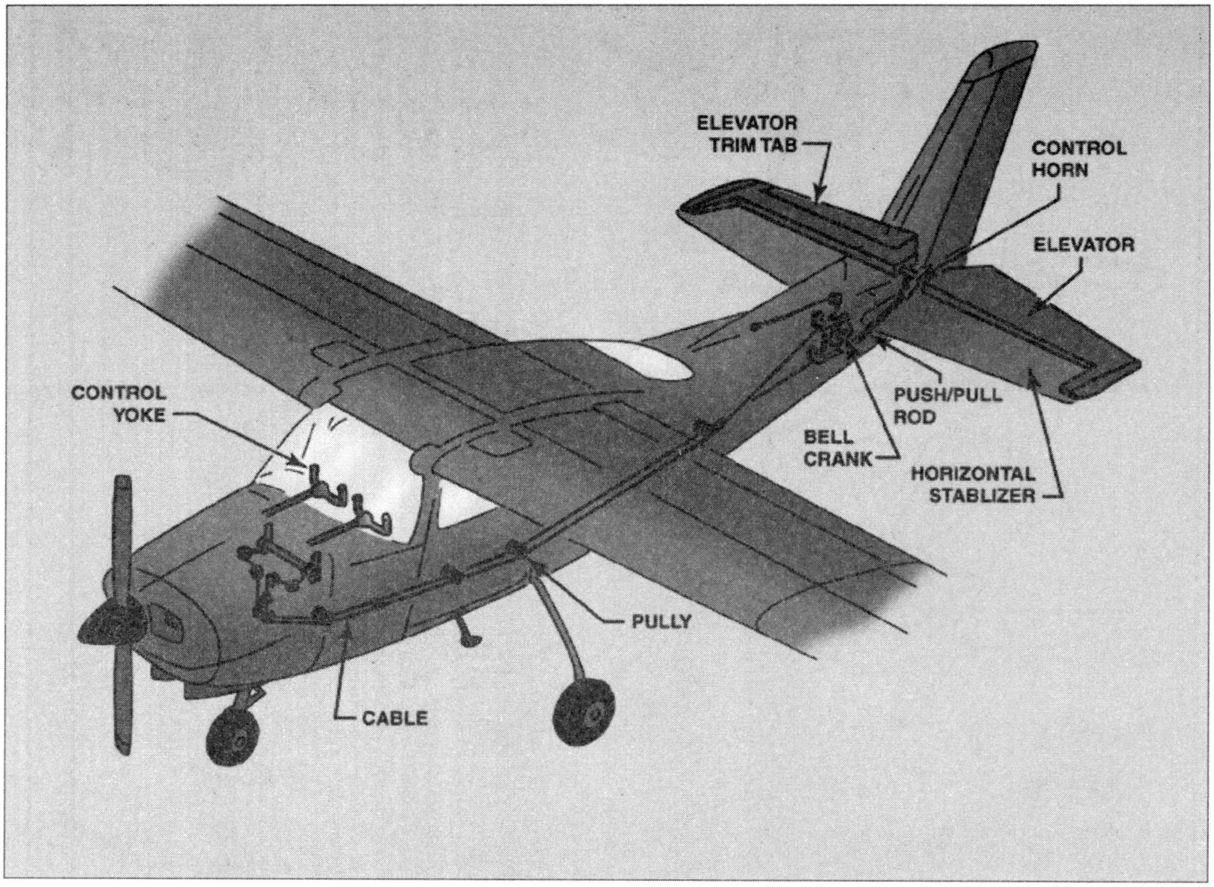

[그림 14-30] 경항공기 승강키 케이블 조종계통(Cable Control System)

없으며, 방향 전환이 자유롭고 가격이 싸다는 것이다. 그러나 마찰이 크고, 마모가 많으며, 케이블에 주어져야 할 공간이 필요하고(cable의 간격이 3 [inch] 이상 떨어져야 한다.) 큰 장력이 필요하며, 케이블이 늘어나는 단점이 있다.

14.4.1.2. 푸시풀 로드 조종계통 (Push-Pull Rod Control System)

푸시풀 로드 조종 계통(push-pull rod control system)은 사용되는 부품들이 대부분 케이블식과 비슷하다. 케이블 조종계통과의 차이점은, 그림 14-31과 같이 케이블 대신에 로드가 사용된다는 점이다. 이 계통은 케이블 조종계통에 비해 마찰이 적고, 늘어나지 않으며, 온도 변화에 의한 팽창 등의 영향을 거의 받지 않는 등 관리하기가 쉬운 장점이 있다. 반면에, 무겁고 관성력이 크며, 느슨함이 있을 수 있고, 값이 비싼 단점을 지니고 있다. 따라서, 조종력의 전달 거리가 짧은 소형 항공기에 주로 쓰이고 있다.

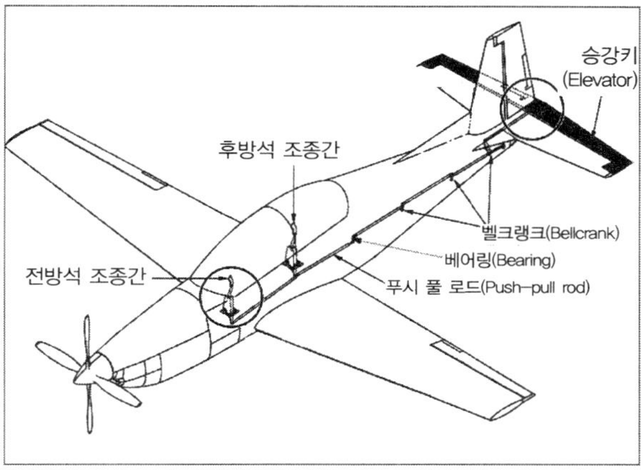

[그림 14-31] 경항공기 푸시풀 로드 조종 계통
(Push-Pull Rod Control System)

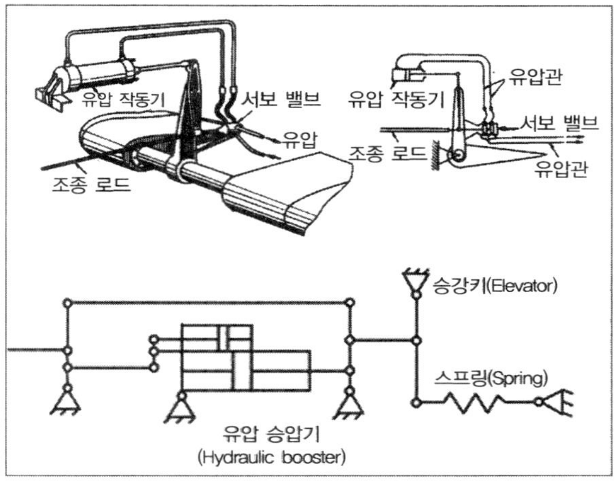

[그림 14-32] 가역식 승압 조종 장치(Flight Control System by Reversible Type Booster)

14.4.2 가역식 승압 비행조종계통 (Flight Control System by Reversible Type Booster)

유압의 힘을 이용한 유압 승압(hydraulic booster) 또는 가역식(reversible type) 조종계통의 장점은, 조종력을 사람의 힘보다 몇 배로 크게 할 수 있고, 유압계통에 고장이 생겨도 인력으로 조종면의 조종이 가능하므로 비상 상태인 경우에도 조종 불능이 되는 일이 없다. 그림 14-32와 같이, 조종간이 작동하면 조종면이 움직이게 되고, 그 움직임에 따라 조종간에 조종력이 전달되도록 되어 있다. 승압 비행 조종계통은 가역식 비행 조종계통으로 조종간을 작동하여 조종면을 움직일 수도 있고, 반대로 조종면을 작동시키면 조종면에 작용하는 힘이 조종간으로 피드백(feedback)되어 조종간이 조종면과 함께 움직인다. 이러한 가역식 비행 조종계통에서는 항공기의 자세를 트림(trim) 하거나 조종력을 경감시키기 위하여 탭(tab)을 사용한다.

단점으로는, 부스터 비(booster ratio)를 마음대로 크게 할 수 없고, 유압 계통에 고장이 생겼을 때에 이를 인력으로 움직일 경우를 고려하여 몇 배 정도의 힘의 이득밖에 얻지 못한다. 또 가역식으로 되어 있기 때문에, 초음속기가 아음속과 초음속의 영역을 비행할 때에는 조종면에 작용하는 공기력의 큰 차이로 좋은 조종 감각을 얻기가 곤란하다.

14.4.3 비가역식 동력 비행조종계통 (Flight Control System by Non Reversible Type)

비가역식 조종 방식은 유압의 힘만으로 조종면을 작동시키는 비행 조종계통으로 조종면에 작용하는 힘이 조종간으로 피드백되지 않기 때문에 항공기를 트림하기 위하여 별도의 탭을 장착하지 않고 조종면을 유압 작동기가 직접 작동시킨다. 그림 14-33과 같이 스프링, 밥 웨이트(bob weight) 등을 사용하거나, 동압에 따라 연결기구(link mechanism) 힘의 전달비를 변화시켜 조종간이 움직이는 양과 조종면에 작용하는 힘을 인공적으로 조종사가 느끼도록 되어 있다.

대형기에는 주로 인공 감각 장치(artificial feeling

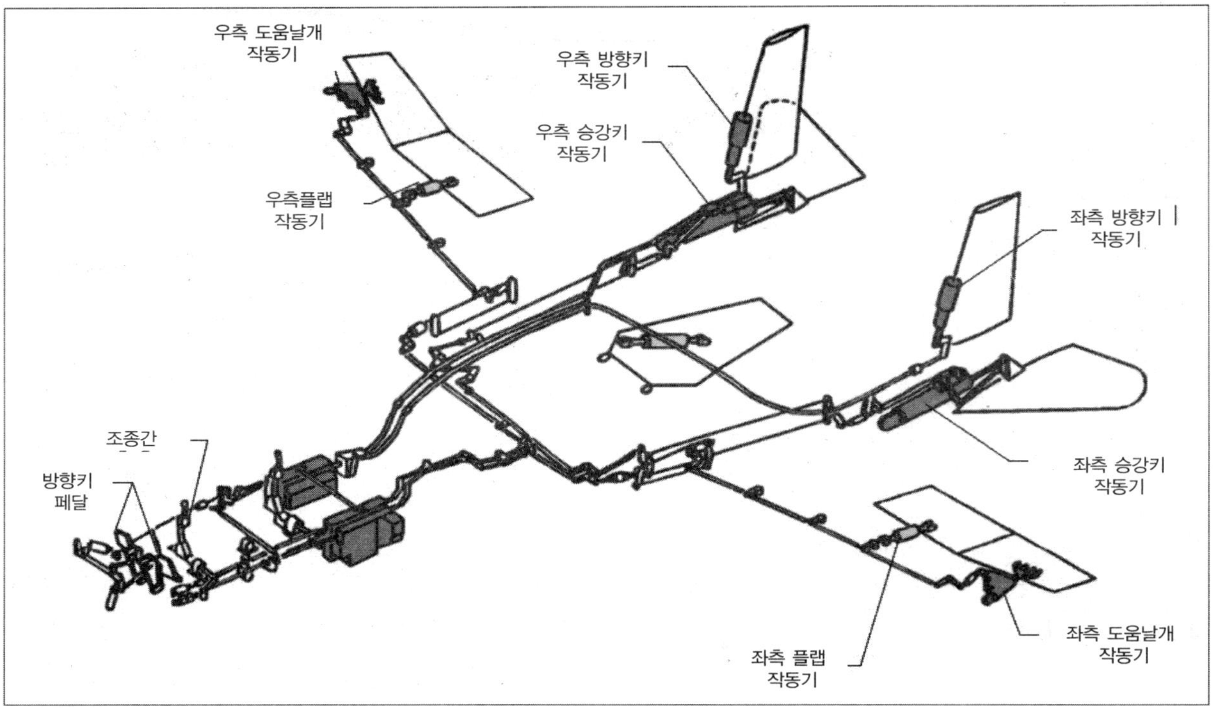

[그림 14-33] 고성능 항공기 비가역식 동력 조종 장치(Flight Contetrol System by Non Reversible Type)

device)로 조종 감각을 얻고 있다. 인공 감각 장치는 그림 14-34와 같이, 속도를 하나의 변화 요소로 간주하고 있으며, 감지 스프링에 의한 감각은 주로 저속에서의 기능이나 승강키의 작동에 따라 저항이 증가하고, 고속에서는 스프링의 힘으로는 대처할 수 없기 때문에 유압의 힘을 사용하고 있다. 인공 감각 장치는 조종장치를 중립 위치로 유지시키는 데에도 사용된다. 예를 들어, 승강키의 중립 위치는 승강키가 수평 안정판의 수평면과 일치되는 위치로서, 뒤쪽의 승강키 조작 쿼드런트(quadrant)에 있는 이중 캠이 승강키에 인공 감각을 입력하는 부분이 되고, 승강키를 중립 위치로 유지하는 작용을 한다. 그래서 조종사가 조종간을 움직이려면, 스프링을 압축해서 유압 피스톤에 작용하는 힘보다 스프링의 압축력이 커야 한다. 감지 컴퓨

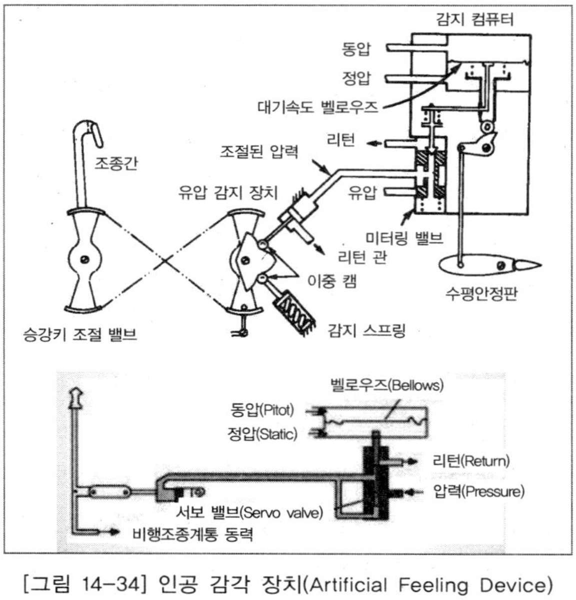

[그림 14-34] 인공 감각 장치(Artificial Feeling Device)

터(feel computer)는 대기속도와 수평 안정판의 위치를 함수로 해서 유압 감각 피스톤에 유압을 작용시킨다. 피토압은 대기속도 벨로우(bellow)의 한 쪽에 가해지고, 정압은 다른 쪽에 가해진다. 이 결과, 벨로우는 항공기의 속도에 비례해서 움직이고, 이 움직임이 스프링에 작용하여 한쪽은 수평 안정판 위치의 캠에,

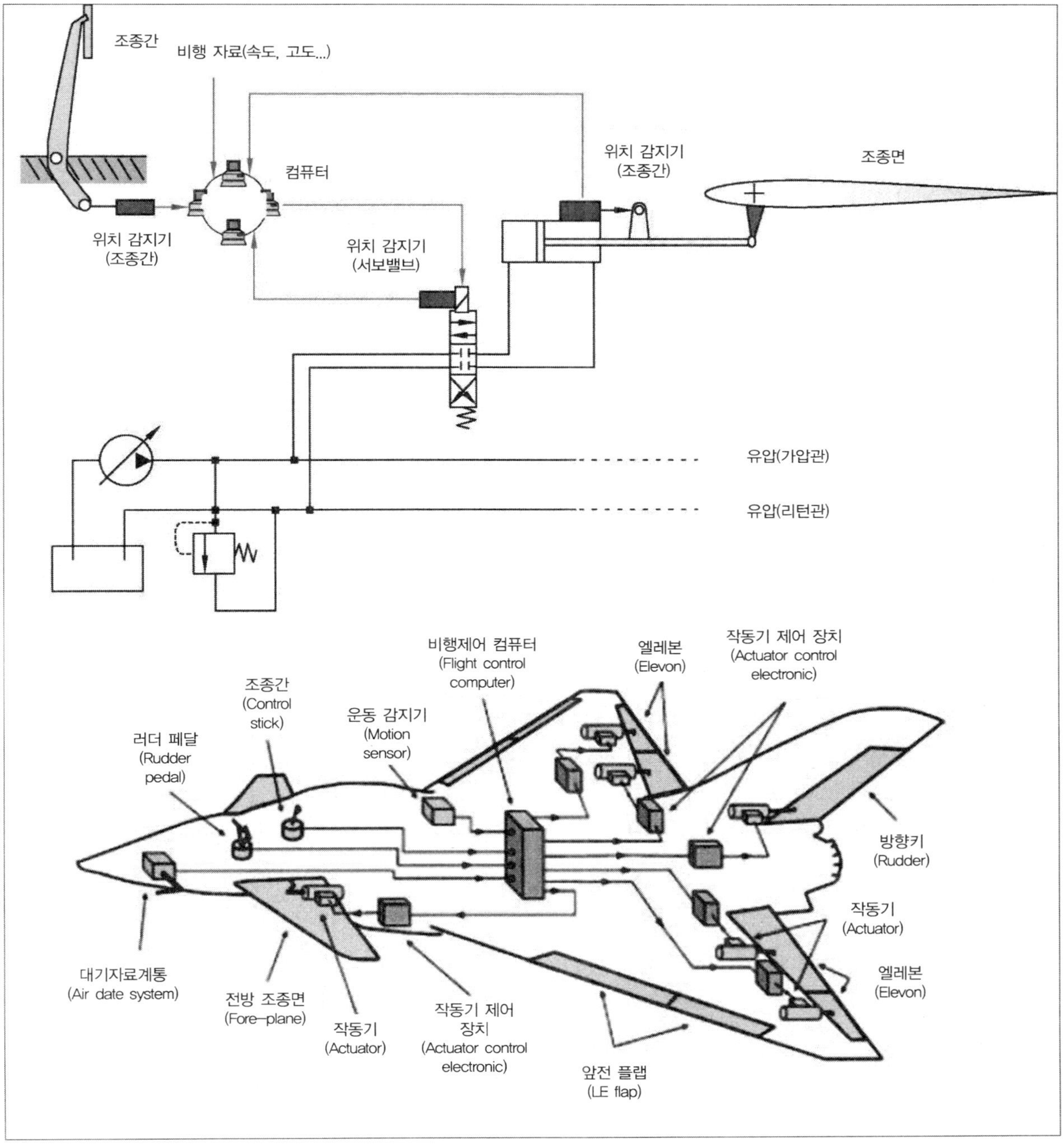

[그림 14-35] 플라이 바이 와이어 조종계통(FBW, Fly-by-wire Control System)

다른 쪽은 미터링 밸브(metering valve)에 작용한다. 이 힘은 미터링 밸브의 상하의 수평면에 작용하고, 계획된 압력은 동일하게 균형을 이루게 된다. 릴리프 밸브(relief valve)에 작용하는 압력이 스프링을 눌러 미터링 밸브를 아래쪽으로 누르는 힘과 균형을 이루고 있으며, 이 압력 라인은 닫히게 된다. 대기 속도가 커지면 미터링 밸브에 하향의 힘이 커지고, 계획된 압력으로 미터링 밸브를 아래쪽으로 눌러 아래 방향의 힘이 미터링 밸브를 누르는 힘과 균형을 이룰 때까지 압력 라인에 미터링 밸브의 유로를 형성해 준다.

14.4.4 플라이 바이 와이어 조종계통 (FBW, Fly-by-wire Control System)

플라이 바이 와이어 조종계통은 그림 14-35와 같이, 기체에 가해지는 중력 가속도와 기체의 기울어짐을 감지하는 감지 컴퓨터 등 조종사의 감지 능력을 보충하는 장치를 갖추고 있다. 예를 들어, 기존의 비행조종장치에서는 항공기의 자세를 급격히 변화시키려고 할 때, 조종사는 충분히 큰 조타력을 가한 다음에 다시 그 반대의 조타력을 가하여 조종면을 중립 위치로 환원시키게 된다. 그러나 플라이 바이 와이어 조종장치를 이용하면, 컴퓨터가 계산하여 조종면을 필요한 만큼 변위시켜 주도록 되어 있으므로, 항공기의 급격한 자세 변화 시에도 원만한 조종성을 발휘할 수 있다.

플라이 바이 와이어 조종 장치의 실용화로 성능이 매우 우수하고, 동시에 조종성과 안정성이 월등한 항공기의 제작이 가능하게 되었다. 이 조종장치에서 조종간이나 방향키 페달은 조종사의 조종 신호를 컴퓨터에 입력하기 위한 도구가 된다. 따라서, 조종력을 위한 입력 신호인 무게와 변위량의 신호는 불필요해지며, 조종간이나 페달에 가해지는 힘의 크기만으로 조종을 위한 충분한 신호가 된다.

14.5 비행조종계통의 검사와 정비 (Flight Control System Inspection and Maintenance)

14.5.1 케이블의 세척(Cable Cleaning)

항공기용 조종 케이블(control cable)이란 항공기 비행 조종계통을 조작하기 위해 사용되는 와이어 로프(wire rope)를 말하고 계통을 움직이는 동력의 전달을 관리하는 것이다. 케이블에 의해 조작되는 주된 것에는 비행조종(flight control), 엔진조종(engine control), 착륙장치(landing gear) 및 앞바퀴 조향장치 조종(nose steering control) 등의 중요한 계통이 있다. 또, 케이블은 그 끝에 피팅(fitting)을 장착하여 케이블 어셈블리로서 기체에 연결된다. 케이블 검사는 다음 순서대로 실시한다.

고착되지 않은 녹(rust), 먼지(dust) 등은 마른 수건으로 닦아낸다. 또, 케이블의 바깥 면에 고착된 녹이나 먼지는 #300~#400 정도의 미세한 샌드페이퍼(sand paper)로 없앤다. 또한 케이블의 표면에 고착된 낡은 부식방지 윤활제는 케로신(kerosene)을 적신 깨끗한 수건으로 닦는다. 이 경우, 케로신이 너무 많으면 케이블 내부의 부식방지 윤활유가 스며 나와 와이어 마모나 부식의 원인이 되므로 가능한 한 소량을 해야 하며 증기 그리스 제거(vapor degrease), 수증기 세척, 메틸 에틸 케톤(MEK) 또는 그 외의 용제를 사용할 경우에는 케이블 내부의 윤활유까지 제거해 버리기 때문에 사용해서는 안 된다. 세척한 다음에는 안전상태 검사 후 곧바로 부식처리(corrosion control)를 해야 한다. 그 외의 용제란 가솔린, 아세톤, 신나 등을 포함한다.

14.5.2 케이블 손상의 종류와 검사 (Cable Cleaning and Inspection)

케이블의 손상과 검사 방법의 상세한 것은 해당 항공기 정비 매뉴얼을 참조해야 한다. 검사할 경우는 육안검사(visual inspection)로 하지만, 미세한 점검은 확대경을 사용한다.

14.5.2.1 와이어 절단(Wire Cut)

와이어 절단이 발생하기 쉬운 곳은 케이블이 페어리드와 풀리 등을 통과하는 부분이다. 케이블을 깨끗한 천으로 문질러서 끊어진 가닥을 감지하고, 절단된 와이어가 발견되면 절단된 와이어 수에 따라 케이블을 교환하여야 하는데, 풀리, 롤러 혹은 드럼 주변에서 와이어 절단이 발견될 경우에는 케이블을 교환하여야 하며 페어리드 혹은 압력 실이 통과되는 곳에서 발견될 경우에는 케이블 교환은 물론, 페어리드와 압력 실의 손상 여부도 검사하여야 한다.

[그림 14-36] 케이블 검사 방법

필요한 경우에는 그림 14-36에서와 같이 케이블을 느슨하게 구부려서 검사한다.

조종 케이블이 위험구역(critical area)를 지나는 부분은 1가닥의 와이어만 절단되어도 케이블 조립체를 교환해야 한다. 위험구역이란 풀리, 페어리드 등과 연결부분(turn-buckle, terminal 등)에서 1 [feet] 이내 부분, 다른 부품과 마찰되기 쉬운 부분 등이다. 기타 구역은 3가닥 이상 절단되면 케이블 조립체를 교환한다. 다만, 3가닥 이내일 때에는 정비 기록부에 기록하고 계속 관찰해야 한다. 케이블이 반복하여 페어리드 등에 부딪치면 케이블 피닝(peening)이라는 손상을 받는다. 이 원인의 가장 큰 원인은 케이블이 반복하여 다른 물체에 충돌하는 것이다. 그 결과, 케이블이 닿았던 곳만 마모에 의해 평평하게 되어 넓어지므로, 이것은 일련의 케이블에 대한 냉간 가공을 가해주는 것이 된다. 그러므로 와이어는 그 부분만 부분적으로 가공 경화를 일으키고 피로가 일어나는 상태가 된다. 이 피닝에 또 구부러짐이 일어나면 와이어의 절단이 빨라지는 결과가 된다.

14.5.2.2 마모(Wear)

외부 마모는 보통, 풀리 등에 따라 케이블이 움직이는 거리의 범위로, 그리고 케이블의 한쪽에만 일어나는 일도 있다. 또 원주 전체에 걸리는 경우도 있다. 케이블 각각의 가닥과 각각의 와이어가 서로 융합하고 있는 것처럼 보일 때 외측 와이어가 40~50% 이상 마모된 것이 7×7 케이블은 6개 이상, 7×19케이블은 12개 이상일 때에는 케이블을 교환한다. 마모는 구부러짐에 의한 케이블의 영향을 보다 나쁘게 한다. 내부 마모는 외부 마모가 케이블의 바깥쪽 표면에 일어나는 것과 같이 같은 상태가 내부에도 일어나는 것이다. 특히 케이블이 풀리와 쿼드란트 등의 위를 지나는 부분에 현저하다. 이 상태는 케이블의 꼬인 와이어를 풀지 않으면 간단히 발견할 수 없다.

14.5.2.3 부식(Corrosion)

풀리나 페어리드와 같이 마모를 일으키는 기체 부품에 접촉하고 있지 않은 부분에 와이어 조각이 있었을 때는 어떤 케이블이라도 부식의 유무를 주의 깊게 검사한다. 이 상태는 보통 케이블의 표면에서는 분명하지 않으므로 케이블을 분리하여 외부 와이어의 부식에 대해서 바른 검사를 위해 구부려 보든지 조심스럽게 비틀어 내부 와이어(internal wire)의 부식 상태를 검사해야 하며 내부의 와이어에 부식이 있는 것은 모두 교환한다. 내부 부식이 없다면 깨끗한 천으로 녹 및 부식을 솔벤트와 브러쉬를 사용하여 제거한 후, 마른 천 또는 압축 공기를 이용하여 솔벤트를 제거한 후 방식 윤활유를 케이블에 바른다.

14.5.2.4 킹크 케이블(Kink Cable)

그림 14-37과 같이, 와이어나 가닥이 굽어져 영구 변형되어 있는 상태를 말한다. 이 종류의 손상은 강도상, 조직상에도 유해하므로 교환한다.

[그림 14-37] 킹크 케이블(Kink Cable)

[그림 14-38] 버드 케이지(Bird Cage)

14.5.2.5 버드 케이지(Bird Cage)

버드 케이지는 그림 14-38과 같이, 비틀림 또는 와이어가 새장처럼 부푼 상태이다. 케이블 저장상태가 바르지 않을 때 발생하며, 케이블은 폐기되어야 한다.

14.5.3 케이블 장력측정 방법 (Tension Measurement of Cable)

케이블의 장력을 측정하기 위해 장력 측정계(tension meter)를 사용한다. 장력계가 바르게 교정되어 있으면 99%의 정밀도가 보증된다. 케이블의 장력은 앤빌(anvil)이라고 하는 담금질을 한 2개의 강 블록 사이에서 케이블에 오프세트(off set)를 주는데 필요한 힘의 크기를 측정해서 정한다. 오프 셋트를 만들기 위해 라이저(riser) 또는 플런저(plunger)를 케이블에 장착한다. 현재 장력계는 몇 개 회사의 제품이 있지만 어느 것이나 다른 종류의 케이블, 케이블의 치수 및 장력에 사용할 수 있도록 설계된다.

14.5.3.1 장력 측정계 사용상의 주의사항 (Usage Precaution of Tension Meter)

장력 측정계는 사용 전에 검사 합격 표찰(label)이 붙어 있는지, 그리고 검사 유효 기간은 사용 가능한 일자에 있는지를 확인한다. 또한 장력 측정계의 일련번호

(serial number)가 환산표와 동일한 지를 확인하여야 하며, 장력 측정계의 지침과 눈금이 정확히 "0"에 일치되는지 확인한다. 그리고 케이블 장력은 일반적으로 케이블 연결기구(턴버클, 스터드 터미널) 등에서 6 [inch] 이상 떨어진 곳에서 측정한다.

14.5.3.2 T-5형 장력계 측정 방법 (T-5 Type Tension Meter Measurement)

① 케이블의 지름을 측정하기 위하여 그림 14-39와 같은 사이즈 측정공구에 측정하고자 하는 케이블을 밖에서부터 안으로 밀어 넣어 정지하는 곳의 케이블 지름 지시값을 읽는다.

② 케이블의 장력을 측정하려면 그림 14-40과 같은 T-5 장력계의 트리거(trigger)를 내리고 측정하는 케이블을 2개의 앤빌 사이에 넣는다. 그리고 트리거를 위로 움직여 조인다.

[그림 14-39] 케이블 외경 측정공구

③ 케이블이 라이저와 앤빌 사이에서 밀착되면서 지시 바늘이 올라가 눈금을 지시한다.

④ 다른 사이즈의 케이블에는 다른 번호의 라이저를 사용한다. 각 라이저에는 식별 번호가 붙어 있어 쉽게 장력계에 삽입 할 수 있다.

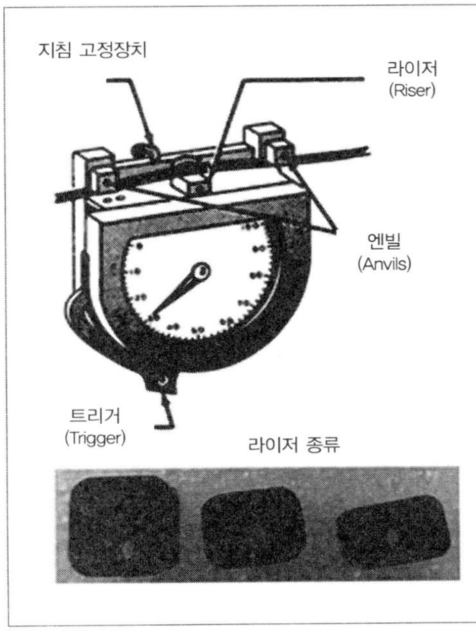

SAMPLE ONLY					Example	
NO. 1			RISER	NO. 2		NO. 3
Dia. 1/16	3/32	1/8	Tension lb.	5/32	3/16	7/32 1/4
12	16	21	30	12	20	
19	23	29	40	17	26	
25	30	36	50	22	32	
31	36	43	60	26	37	
36	42	50	70	30	42	
41	48	57	80	34	47	
46	54	63	90	38	52	
51	60	69	100	42	56	
			110	46	60	
			120	50	64	

[그림 14-40] T-5 장력 측정계와 라이서 및 환산표 샘플

⑤ T-5 장력계는 눈금을 읽을 경우 그림 14-40의 환산표를 참고하여 파운드(lb)로 환산할 때 사용된다. 다이얼을 읽는 것은 다음과 같이하여 읽는다.

⑥ 직경 5/32 [inch]의 케이블의 장력을 측정할 때, No.2의 라이저를 사용해서 30이라고 읽었으면 왼쪽에 있는 숫자 70 [lbs]가 실제 장력을 나타낸다.

⑦ 케이블의 실제의 장력은 환산표로부터 70 [lbs]가 된다. (이 장력계는 7/32 또는 1/4 [inch]의 케이블에 사용되도록 만들어져 있지 않으므로 도표의 No.3 라이저의 란이 공란으로 되어 있다.)

⑧ 지침을 읽을 경우, 다이얼이 잘 안보일 때가 있다. 그 때문에 장력계에는 포인터 락크가 달려 있다. 지침을 고정시킬 때는 이 눈금 락크(pointer lock)를 눌러 측정하고 장력계를 케이블에서 떼어낸 뒤, 수치를 읽는다.

14.5.3.3 C-8형 장력계 측정 방법 (C-8 Type Tension Meter Measurement)

그림 14-41의 C-8형 장력측정계를 사용하여 케이블의 지름을 측정한 후 장력을 측정한다. 순서는 다음과 같다.

① 손잡이 고정장치를 고정시킨다.

② 케이블 지름지시계를 반시계방향으로 멈출때 까지 돌린다.

③ 손잡이를 약간 누르고 케이블을 장력측정기에 물린다.

④ 손잡이를 다시 눌러 고정시킨 후 케이블 지름 지시계에 표시된 지름을 읽는다.

⑤ 장력 지시계를 돌려 측정하는 지름의 지시판 눈금이 "0"점에 오도록 조절한다.

⑥ 케이블을 앤빌에 물리고 손잡이를 풀어서 눈금을 읽는다.

⑦ 이때 측정값을 읽기 어려우면 눈금 고정단추(pointer lock button)를 누르고 측정계를 케이블에서 분리하여 읽는다.

⑧ 3~4회 측정하여 평균값으로 한다.

⑨ 그림 14-42는 장력의 온도 변화 보정에 적용하는 케이블 장력조절 도표이다. 이것은 조종계통, 착륙장치 또는 그 밖의 모든 케이블 조작 계통의 케이블의 장력을 정할 때 사용된다. 이 도표를 사용하려면 조절하는 케이블의 사이즈와 외기 온도를 알아야 한다.

⑩ 예를 들어 케이블은 7×19로 사이즈는 1/8 [inch], 외기 온도는 85 [°F]라고 가정한다. 85 [°F]의 선을 윗쪽 1/8 [inch]의 케이블의 곡선과 만나는 점까지 간다. 그 교점에서 도표의 오른쪽 끝까지 수평선을 긋는다. 이 점의 값 70 [lbs]가 케이블이 조절

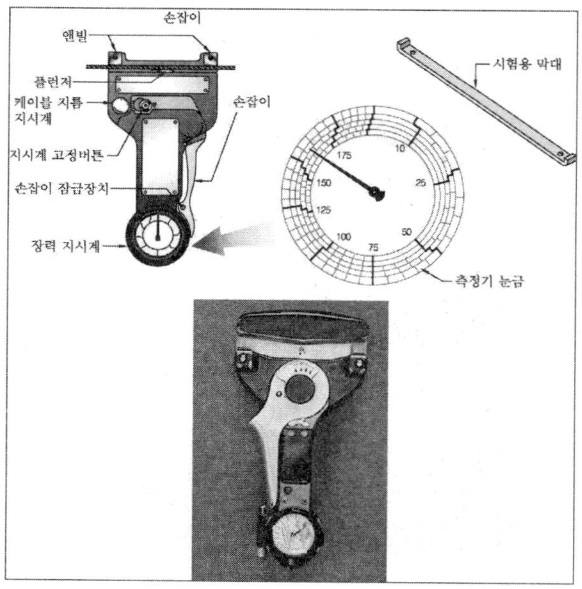

[그림 14-41] C-8형 장력측정계
(C-8 Type Tension Meter Measurement)

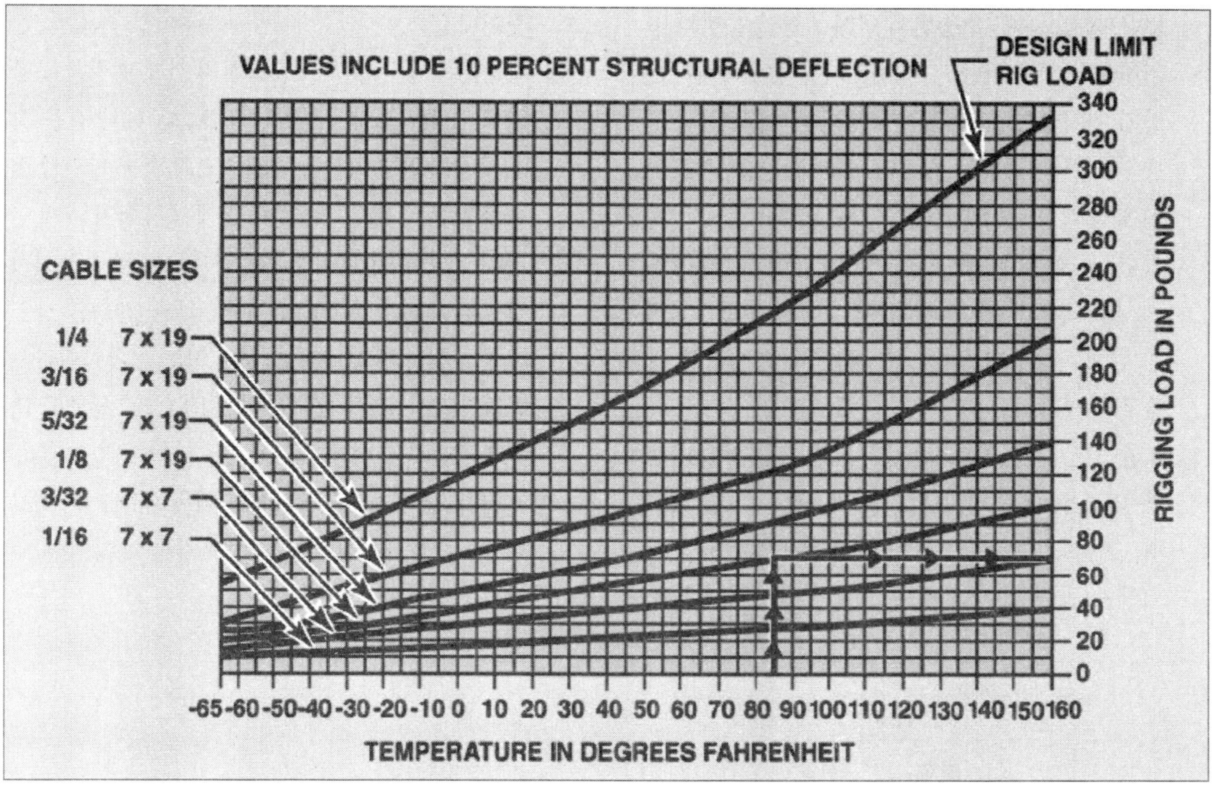

[그림 14-42] 케이블 장력조절 그래프(Cable Tension Adjust Graph)

되는 장력이다.

14.5.3.4 리그 작업(Rigging)

14.5.3.4.1 리그작업 절차(Rigging Procedure)

조종계통이 정상적으로 작동하기 위해서는 조종면이 정확히 조절되어 있어야 한다. 바르게 장착된 조종면은 규정된 각도로 움직여 조종장치의 움직임에 따라 운동한다. 어느 계통의 조종면을 조절하려면 해당 항공기 정비 매뉴얼에 나와 있는 순서에 따라 실시하는 것이 중요하다. 대부분 비행기의 완전한 조절방법에는 상세하게 정해진 순서가 있어 몇 개의 조절이 필요하지만, 기본적인 방법은 다음 3단계이다.

① 조종실의 조종 장치, 벨크랭크 및 조종면을 중립 위치를 고정한다.
② 방향키, 승강키 또는 보조 날개를 중립 위치에 놓고 조종 케이블의 장력을 조절한다.
③ 비행기를 조립할 때에는 주어진 작동 범위 내에 조종면을 제한하기 위해 조종 장치의 스톱퍼(stopper)를 조종한다.

14.5.3.4.2 리그 작업과 점검(Rigging and Inspection)

① 조종장치와 조종면의 작동범위는 중립 점에서 양방향으로 점검한다.
② 트림 탭 계통의 조립도 마찬가지 방법으로 한다. 트림 탭의 조작 장치는 중립 위치(트림되어 있지

않은)에 있을 때, 조종면의 탭이 보통 조종면과 일치하도록 조종된다. 그러나, 비행기에 따라서는 중립 위치에 있을 때 약간 벗어나는 수도 있다. 조종 케이블의 장력은 탭과 탭 조작장치를 중립 위치에 놓고 조절한다.

③ 그림 14-43과 같이, 리그 핀(rig pin)은 풀리, 레버, 벨크랭크 등을 그들의 중립 위치에 고정시키기 위해 사용한다. 리그 핀은 작은 금속제의 핀 또는 클립이다.

④ 최종적인 정렬(alignment)과 계통의 조절이 바르게 되었을 때는 리그 핀을 쉽게 빼낼 수 있게 된다. 조절용 구멍에서 핀이 이상하게 빡빡하면 장력에 이상이 있거나 또는 조절이 잘못되어 있는 것이다.

⑤ 계통을 조절한 후에 조종장치의 전체 행정과 조종면의 움직임을 점검한다. 그림 14-44와 같은 각도 측정장비를 이용하여 조종면의 작동 범위를 점검할 때는 조종장치는 조종면에서 움직이는 게 아니라 조종실에서 작동시켜야 한다. 조종장치가 각각의 스톱퍼에 닿으면 체인, 조종 케이블 등이 그들의 작동 한계에 달한 것이 아닌지 확인한다.

⑥ 리그작업이 완료되면 조종장치의 장착 상태를 확인하여야 한다.

⑦ 케이블 안내 기구의 2 [inch] 범위 내에는 케이블의 연결기구나 접합기구가 위치하지 않아야 한다.

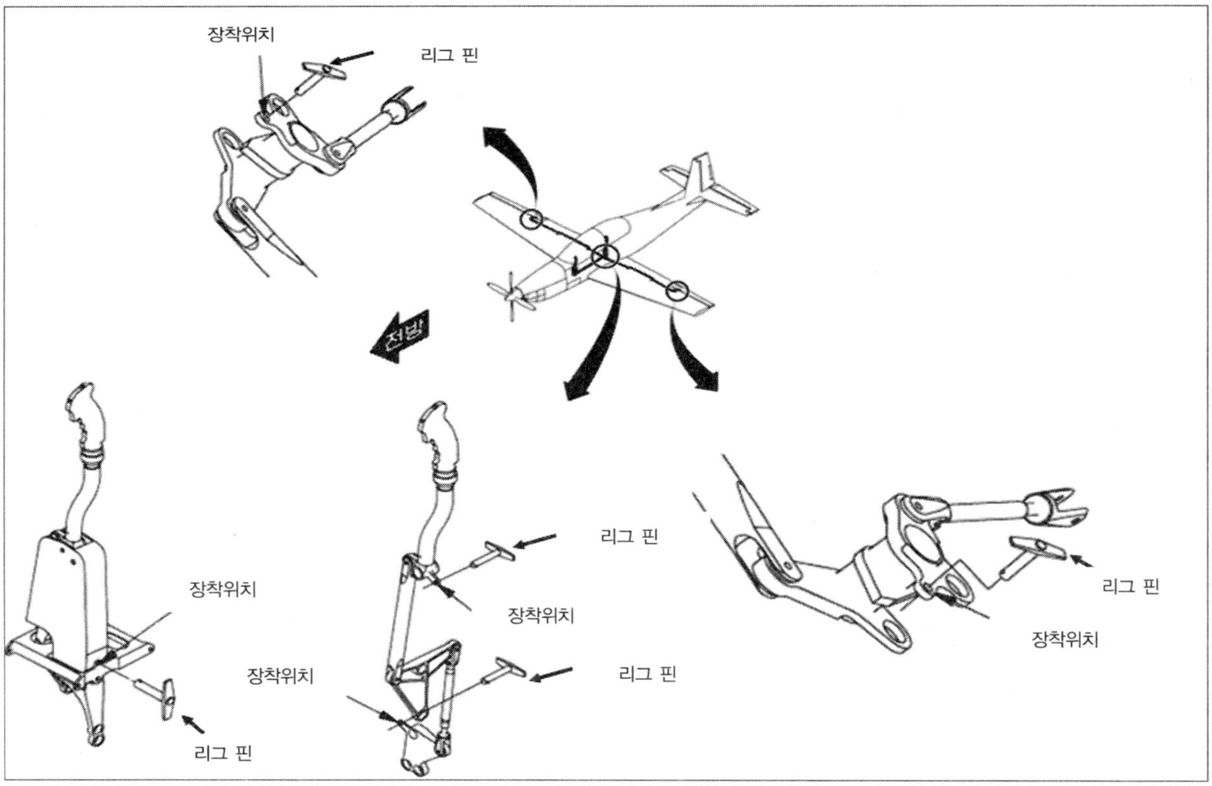

[그림 14-43] 경항공기 리그 핀(Rig Pin) 장착 위치

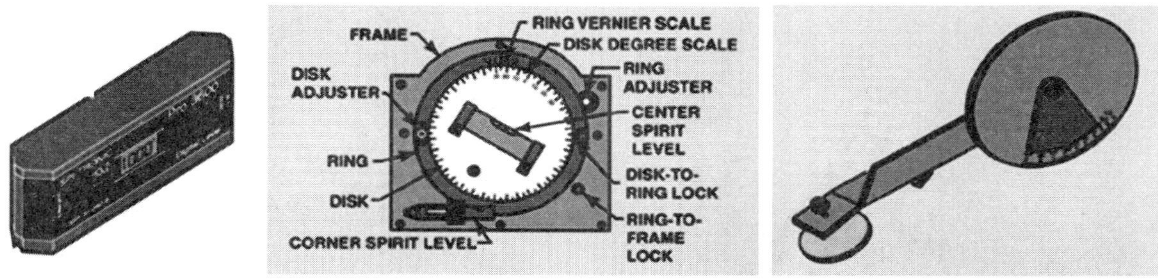

디지털 경사계　　　프로펠러 각도기　　　조종면 각도기

[그림 14-44] 조종면 작동 각도 측정 장비 종류

⑧ 푸시 풀 로드의 로드 엔드(rod end)는 점검 구멍(inspection hole)에 핀이 들어가지 않아야 한다.

⑨ 턴버클에 장착된 터미널 단자 나사산이 턴버클 배럴 밖으로 3개 이상 나오지 않아야 한다.

⑩ 와이어는 4회 이상 감아야 한다.

14.6 B737 항공기 비행조종계통 (B737 Flight Control System)

14.6.1 B737 비행조종계통 일반 (B737 Flight Control System General)

B737 비행조종계통은 다른 항공기와 마찬가지로 조종실에서 조종 컬럼(control column)과 방향키 페달(rudder pedal)로 도움날개(aileron), 승강키(elevator), 방향키(rudder)를 조종한다.

일차 비행조종(primary flight control, aileron, elevator, rudder)이 아닌, 이차 비행조종(secondary flight control, flap, speed brakes, stabilizer trim, aileron trim, rudder trim)은 조종실의 조종 스탠드(control stand)에서 통제한다.

B737 유압계통(hydraulic system)은 System A, System B 그리고 예비계통(STBY System)으로 구성되어 있으며, 도움날개, 승강키, 방향키 등 중요한 일차 비행조종은 System A 및 B에서 이중으로 지원한다. System A 및 B 이중지원 방법으로 유압 작동기(hydraulic actuator)에 2가지 계통 동력(system power)이 들어가는 직렬 작동기(tandem actuator)를 사용하며, 어느 하나의 동력 공급(power source)이 손실(loss) 되더라도 일차 비행조종에 영향이 없도록 설계되었다.

B737 유압계통은 [표 14-3]과 같이 System A는(엔진 #1 EDP 구동, #2 ACMP 보조) 일차 조종면과 지상 스포일러(Ground Spoiler)를 지원하며, System B는(엔진 #2 EDP 구동, #1 ACMP 보조) 일차 조종면과 앞전 플랩, 뒷전 플랩 그리고 비행 스포일러(Flight Spoiler, 3, 5, 8, 10)를 지원한다. STBY System은(System B, STBY ACMP 보조) 예비 방향키와 예비 앞전 플랩을 지원한다.

㈜ EDP(engine driven pump), ACMP(AC motor driven pump)

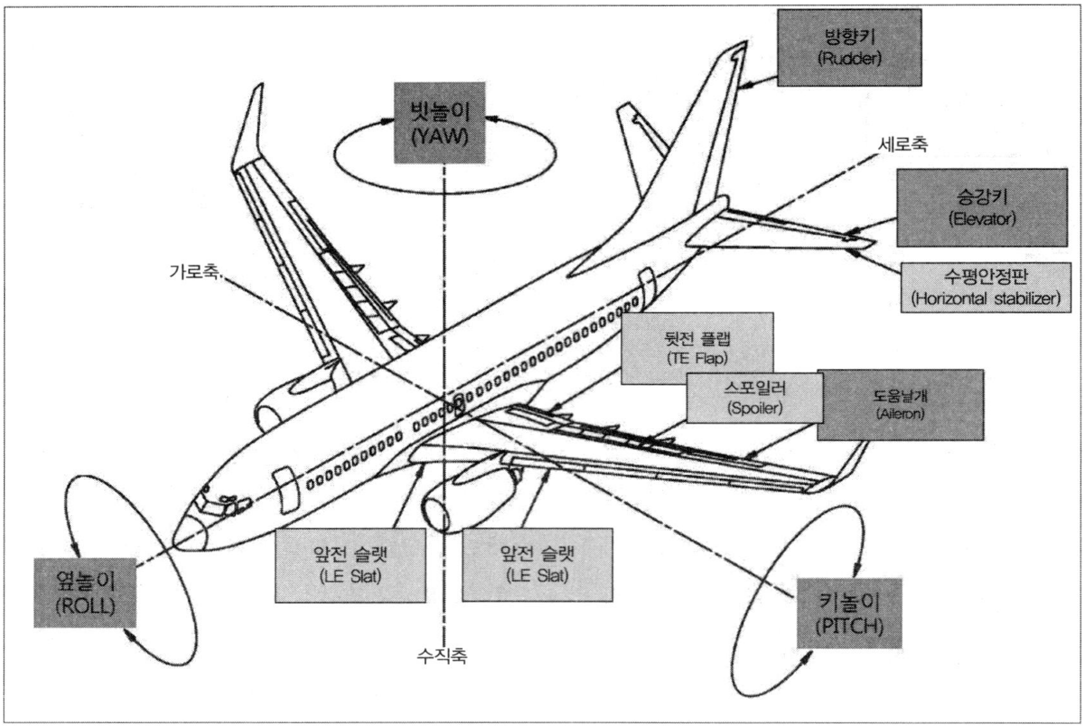

[그림 14-45] B737 비행 조종면(B737 Flight Control Surface)

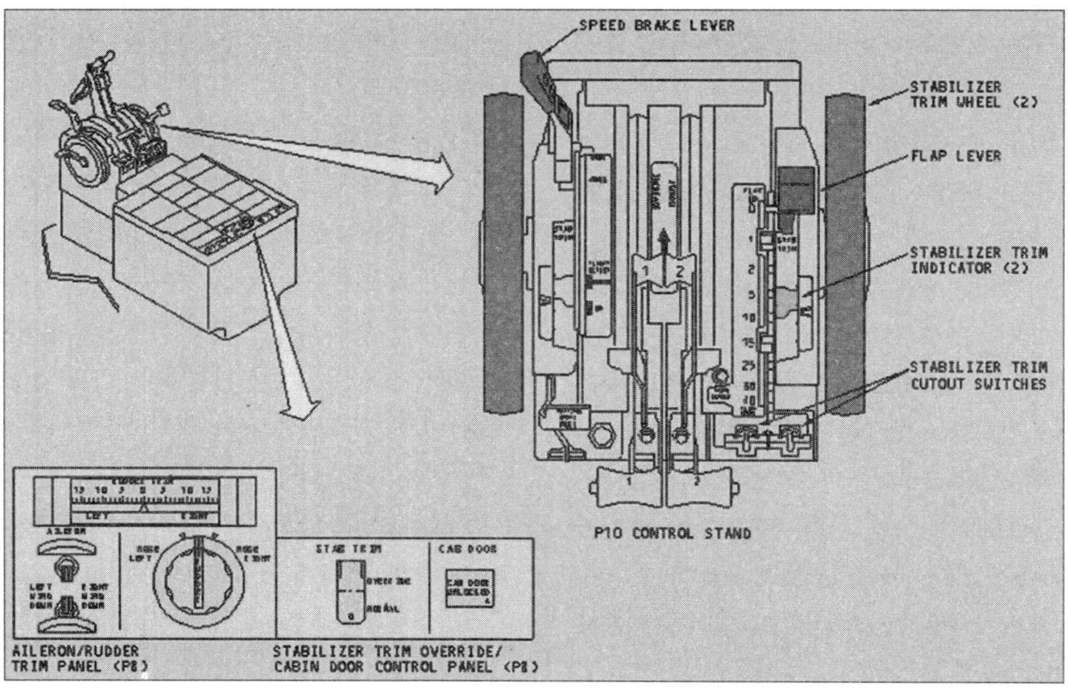

[그림 14-46] B737 비행조종 스탠드(B737 Flight Control Stand)

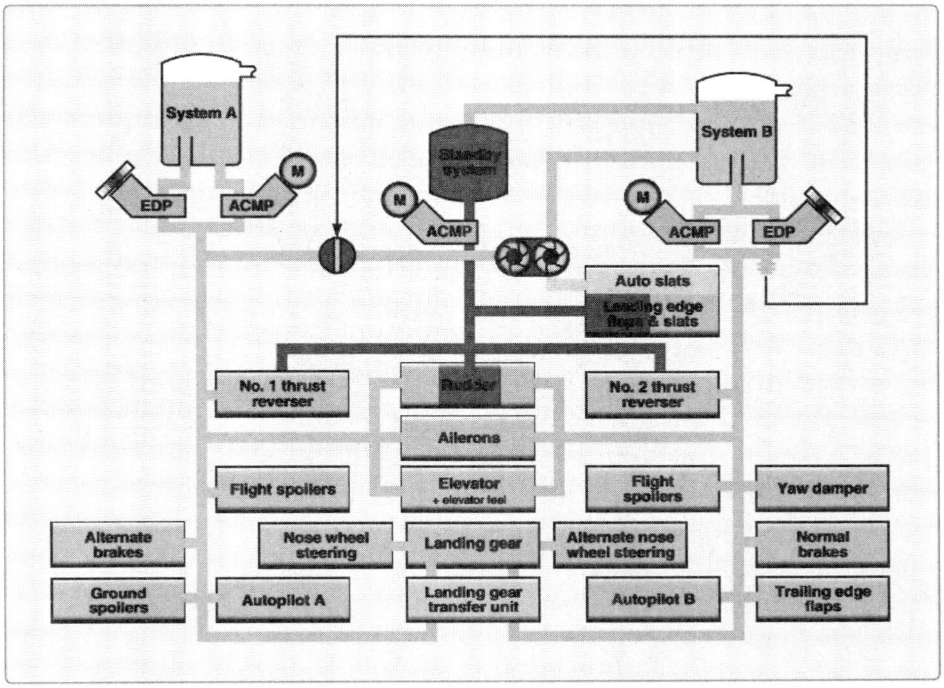

[그림 14-47] B737 유압계통(B737 Hydraulic System)

14.6.2 옆놀이 조종-도움날개 (Roll Control-Aileron)

좌측 도움날개와 우측 도움날개가 옆놀이 조종에 관여하며, 상황에 따라 비행 스포일러 12개 중 8개가 공기저항을 만들어 보조 역할을 한다. b737은 플라이바이 와이어(fly-by-wire) 이전인 동력 조종(power control) 개념으로 설계되었다. 조종실에서 조종 컬럼로 지시를 하면 푸시 풀 케이블(push-pull cable)을 통하여 도움날개 필 & 센터링 장치(feel & centering unit)로 전달된 후 도움날개 동력 조종장치(PCU)를 작동시키면 PCU와 연결된 도움날개가 작동한다. 그리고 도움날개 피스톤이 조종실 계기에 표시된다. 도움날개 트림 스위치는 조종 스탠드 후방에 있다.

㈜ PCU: Power Control Unit(Tandem Hydraulic

[표 14-3] B737 유압계통이 공급하는 비행조종계통(B737 Hydraulic System Supports for Flight Control)

구 분		System A	STBY System	System B
Primary Flight Controls	Aileron	O		O
	Elevator	O		O
	Rudder	O	O(STBY)	O
Secondary Flight Controls	T/E Flaps			O
	L/E Flaps & Slots	△ (PTU-Extend)	O (STBY)	O
	Flight Spoiler	O (2,4,9,11)		O (3,5,810)
	Ground Spoiler	O (1,6,7,12)		
Auto Pilots		O (A/P A)		O (A/P B)
L/G Extension & Retract		O		△ (ATLTN)
Nose Wheel Steering		O		△(ALTN)
Main Wheel Brakes		△(ALTN)		O
No.1/Left Thrust Reserver		O	O (STBY)	
No.2/Right Thrust Reverser			O (STBY)	O

㈜ STBY(standby), PTU(power transfer unit), A/P(auto pilot), ALTN(alternate)

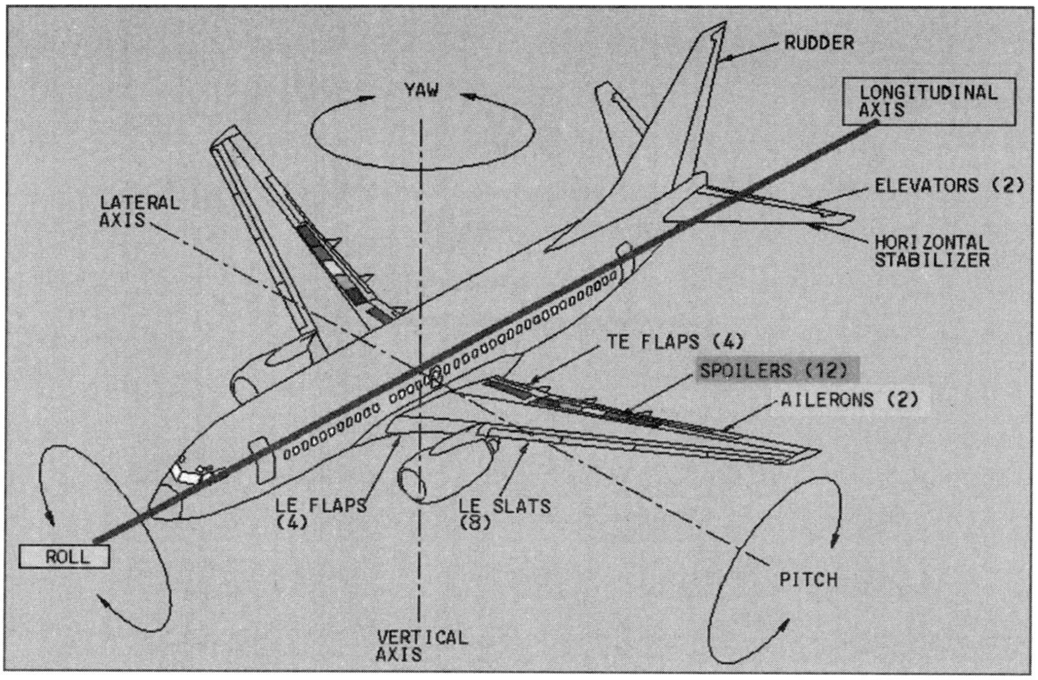

[그림 14-48] B737 옆놀이 조종(B737 Roll Control)

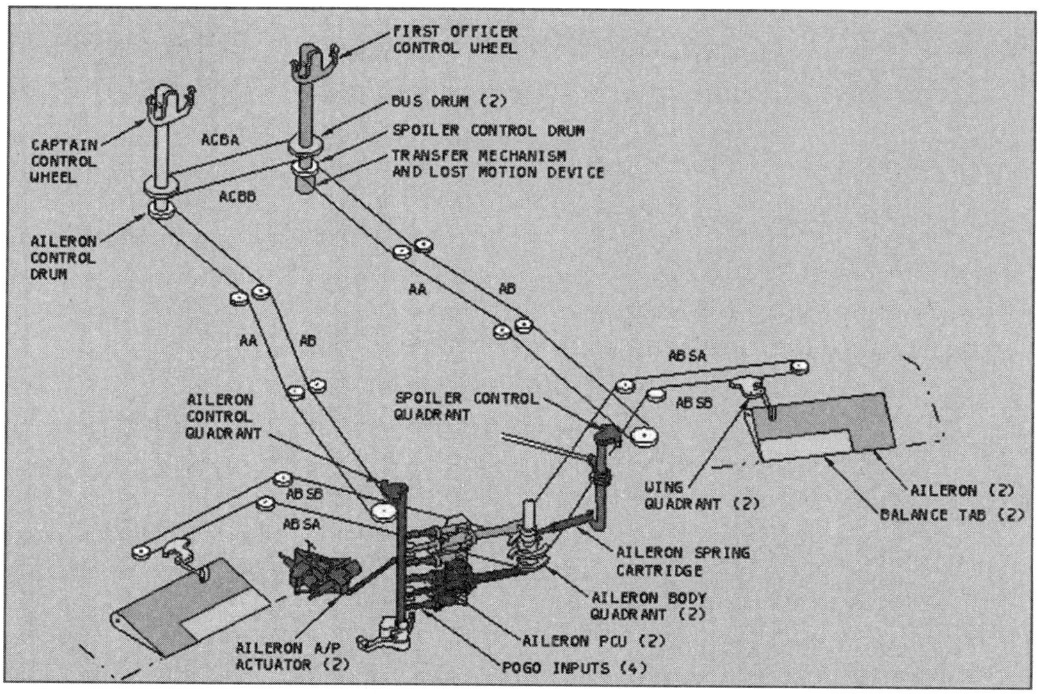

[그림 14-49] B737 도움날개 조종 개략도(B737 Aileron Control Schematic)

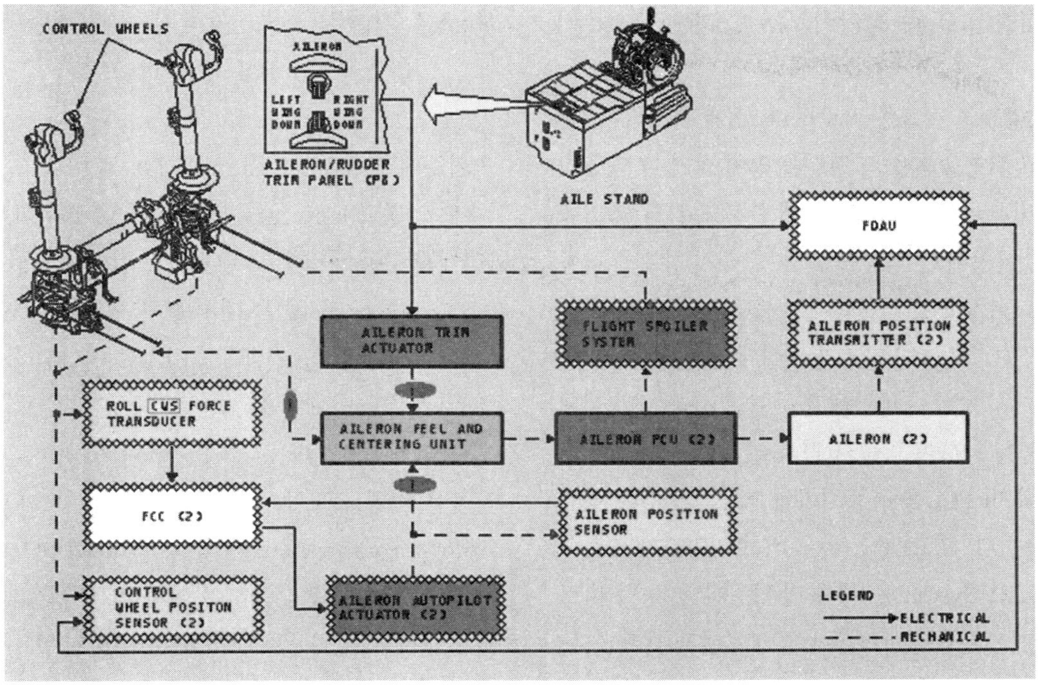

[그림 14-50] B737 도움날개 조종 도해(B737 Ailerons Control Diagram)

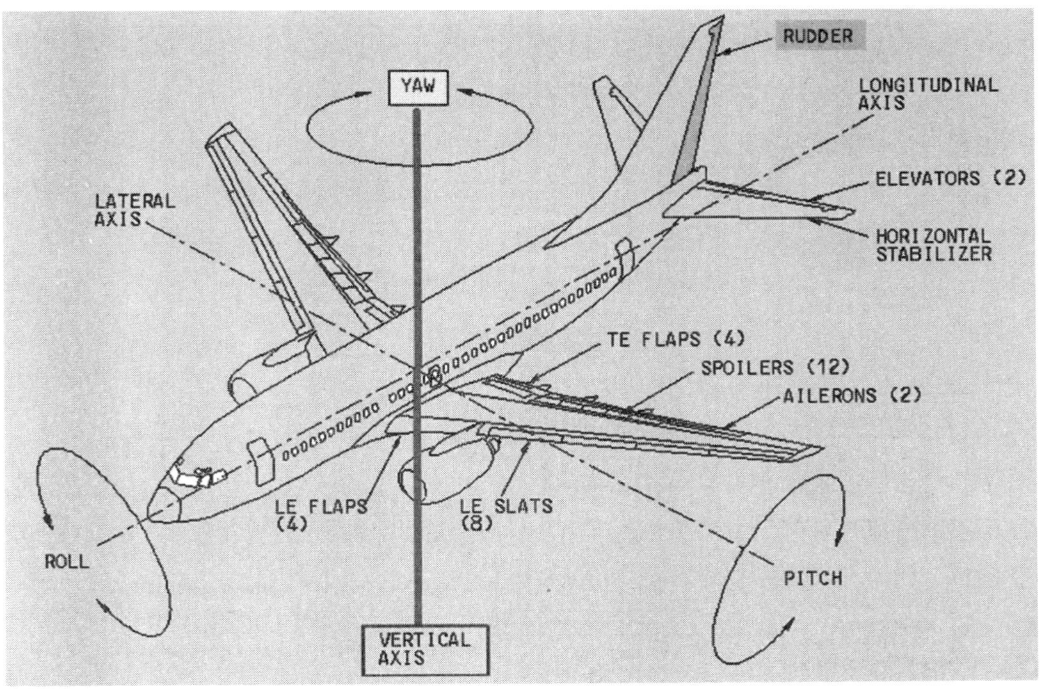

[그림 14-51] B737 빗놀이 조종(B737 Yaw Control)

14.6.3 빗놀이 조종-방향키(Yaw Control-Rudder)

방향키가 빗놀이 조종(yaw control)에 관여하며, 면적이 넓고 비행중 측풍의 영향을 많이 받기 때문에 빗놀이 댐퍼(yaw damping)과 함께 한시도 쉬지 않고 움직여 비행안정에 큰 역할을 한다. 그래서 방향키 작동에 System A 및 B가 지원함에도 불구하고 STBY 빗놀이 댐퍼 및 STBY PCU가 추가로 설계되었다.

조종실에서 방향키 페달을 통하여 지시를 하면 푸시 풀 케이블을 통하여 방향키 필 & 센터링 장치로 전달된 후 방향키r PCU를 작동시키면 PCU와 연결된 방향키가 작동한다. STBY PCU는 준비하고 있다가 조종실에서의 STBY System을 ON하면 작동한다. 방향키 트림 스위치는 조종 스탠드 후방의 도움날개/방향키 트림 패(trim panel)에 있다.

14.6.4 키놀이 조종-승강키 (Pitch Control-Elevator)

키놀이 조종(pitch control)에는 좌, 우측 승강키와 수평 안정판(horizontal stabilizer)이 관여한다. 조종실에서 조종 컬럼을 통하여 노스 업(nose up) 또는 노스 다운(nose down)을 지시를 하면 푸시 풀 케이블을 통하여 승강키 필 & 센터링 장치로 전달된 후 승강키 PCUs(L/H, R/H 동시)를 작동시키면 PCU와 연결된 승강키가 작동한다.

높은 비행 속도에서의 키놀이조종은 때때로 과 회전(over rotation)을 초래할 수 있어, 승강키 필 컴퓨터가 비행속도를 감안하여 이중 필 작동기(dual feel actuator)에 압력을 추가(+850psi)하면 조종 컬럼에 무게감을 더 느끼게 하여 작동량을 감소시킨다. 승강

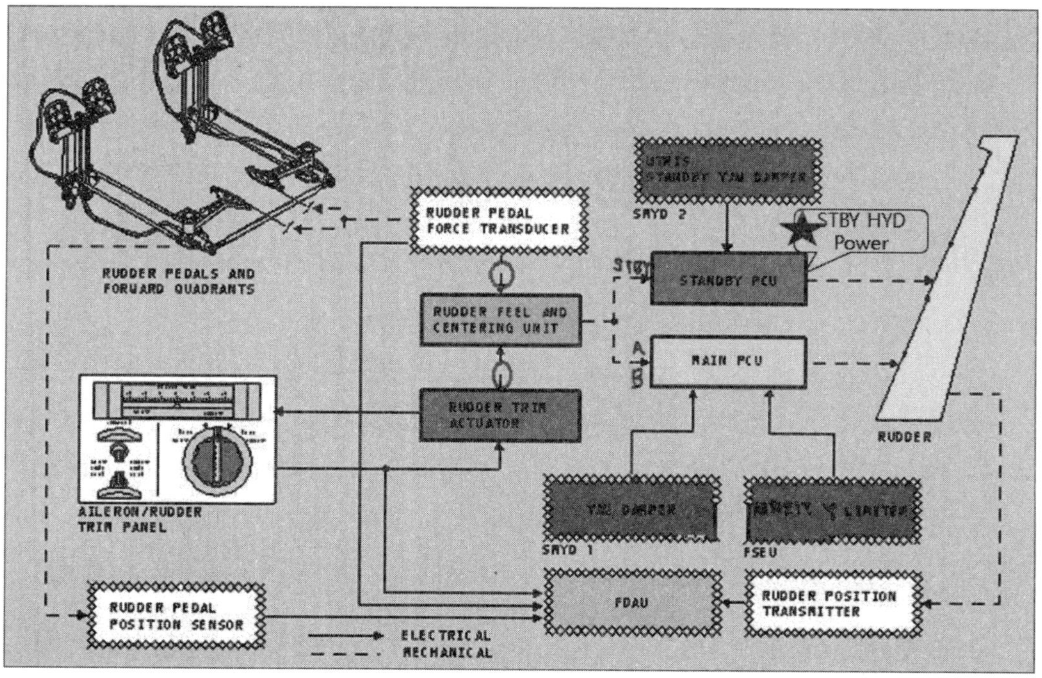

[그림 14-52] B737 방향키 조종 도해(B737 Rudder Control Diagram)

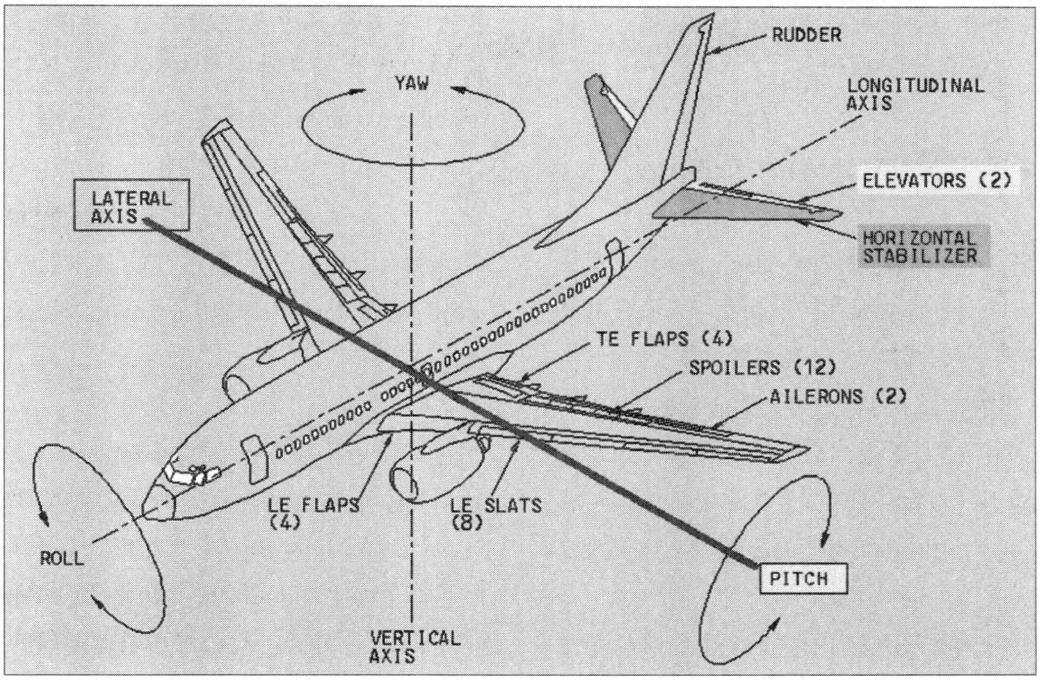

[그림 14-53] B737 키놀이 조종(B737 Pitch Control)

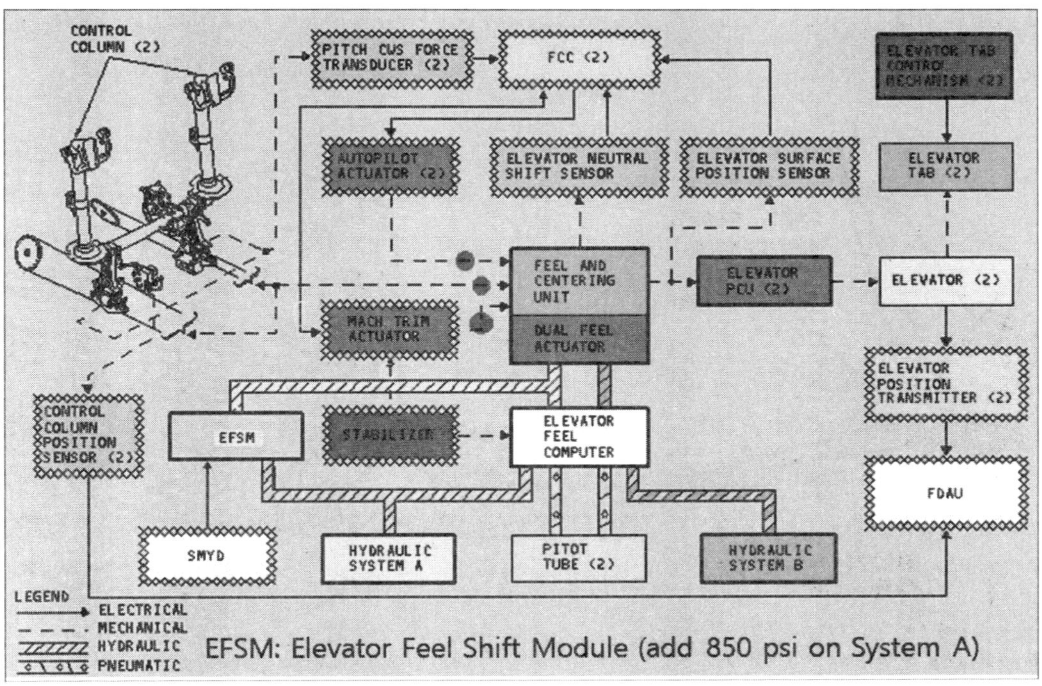

[그림 14-54] B737 승강키 조종 도해(B737 Elevators Control Diagram)

키 트림은 수평 안정판 트림으로 대신하며 트림 스위치는 조종 컬럼 왼쪽에 있다.

14.6.5 수평 안정판(Horizontal Stabilizer)

수평 안정판은 고정된 꼬리날개(tail wing) 이었으나, 중장거리 항공기 대상으로 항공기 무게중심 조정 역할을 위해 상하 이동형으로 설계되었다. 그 이유는 중장거리 비행에 소모되는 연료량이 많아 승강키만으로 항공기의 무게조정을 감당하기에는 한계가 있었다. 수평 안정판 작동시 구조적으로 후방에 있는 승강키의 위치는 하중(load)이 경감되는 방향으로 조정된다.

수평 안정판 작동에는 2가지 방법이 있다. 통상 항공기 출발준비 절차는 ②번 방법으로 안정판 트림을 이륙(take off) 범위에 맞춰놓고, 비행중에는 ①번 방법으로 미세 조정을 한다.

①번 방법은 조종 컬럼의 트림 스위치를 상승 또는 하강으로 작동하면 수평 안정판 트림 작동기(stabilizer trim actuator)를 작동하여 수평 안정판 잭 스크류(jackscrew)를 움직인다.

②번 방법은 조종 스탠드의 안정판 케이블 드럼(cable drum)을 위치시키면 안정판 기어박스(gearbox) 안정판 잭 스크류가 원하는 위치로 움직인다.

수평 안정판은 유압 전동기(hydraulic motor)와 연결된 기계장치(mechanism)로 되어 있으며, 잭 스크류와 그리스와 기어(gears)가 원활하게 움직일 수 있도록 잘 관리해야 한다. 2000년 1월에 발생한 MD-83 알라스카 261편 사고는 잭 스크류 관리 부실이 그 원인인 것으로 밝혀졌다.

㈜ NTSB News Release, NTSB Determines that Poor Maintenance Practices Led to the Crash of Alaska Airlines Flight 261 (12/10/2002)

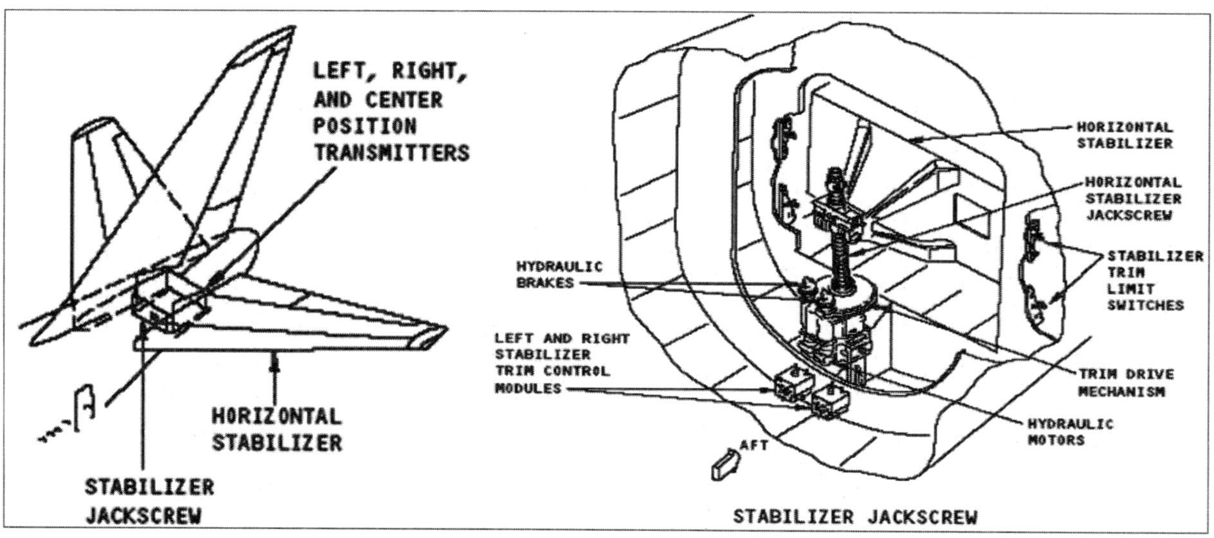

[그림 14-55] 전형적인 수평 안정판(Typical Horizontal Stabilizer)

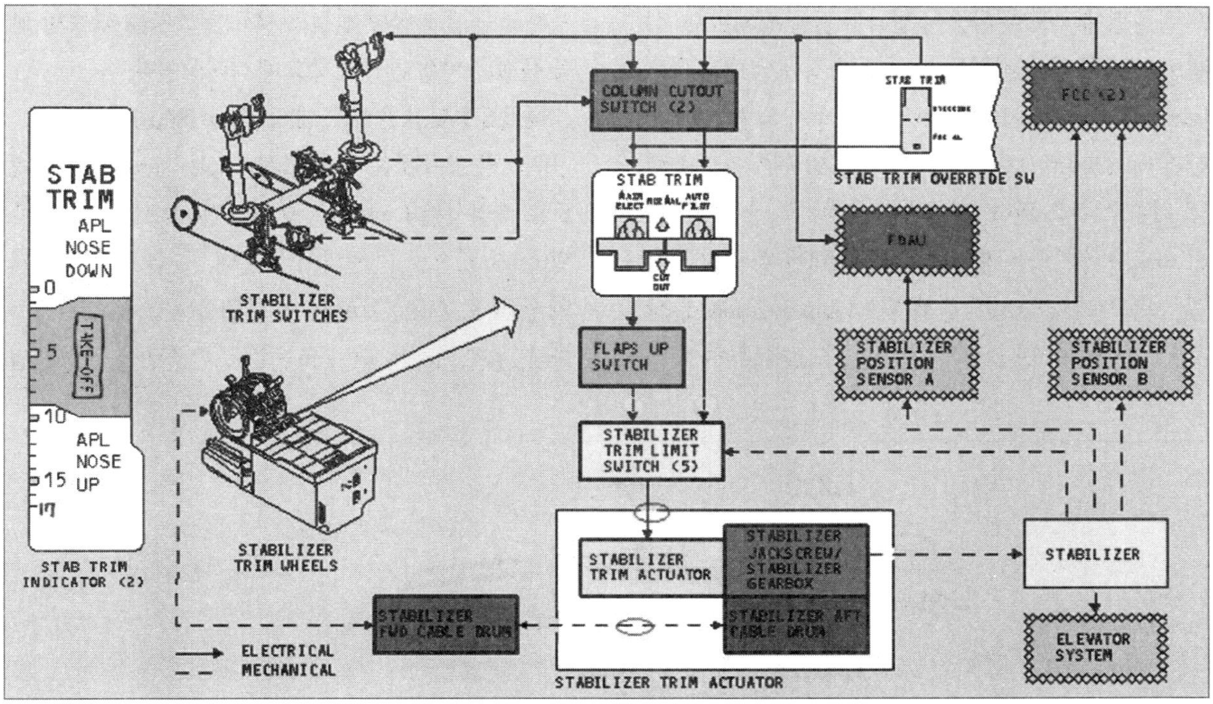

[그림 14-56] B737 안정판 트림 도해(B737 Stabilizer Trim Diagram)

14.6.6 플랩(Flaps)

플랩 레버 멈춤 위치(flap lever detent position, 1-2-5-10-15-25-30-40)중에서 출입구(gates)로 사용되는 멈춤-1과 멈춤-15는 반드시 위치하고 pass 후에 다음 단계로 옮겨갈 수 있다. 주 바퀴실(main wheel well)에 있는 플랩 제어장치에서 플랩 레버 위치와 실제 플랩 위치가 확인되어야 기계장치(mechanical linkage)로 고정장치(lock)를 풀기 때문에 멈춤-1, 멈춤-15를 건너뛸 수 없으며 레버 위치가 잘못되는 것을 방지한다.

플랩 작동은 좌측과 우측의 날개면적을 변화시키기 때문에 좌우의 균형이 맞지 않을 경우 비행안전을 해치게 된다. 비행중 플랩을 내리다가 좌우의 균형이 맞지 않으면 더 이상의 불균형 상황을 만들지 않기 위하여 경고(warning)와 함께 작동이 그대로 정지된다. 또한 플랩 하중 릴리프(load relief) 기능이 있어 구조적

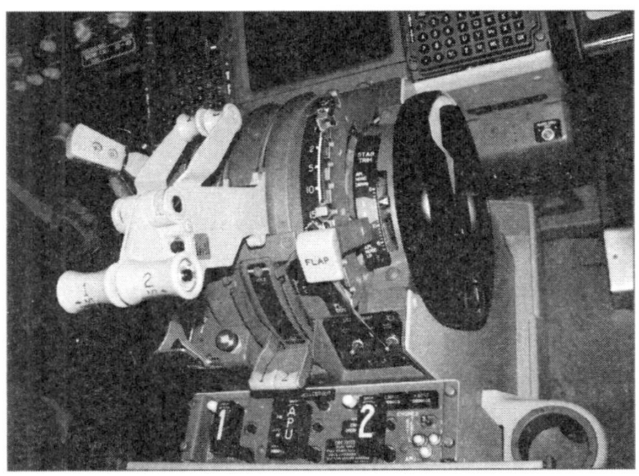

[그림 14-57] B737 조종실의 조종 스탠드
(B737 Control Stand in Cockpit)

으로 플랩에 과도한 하중이 걸리는 것을 방지한다. 실제로 b737의 경우 진입(approach)과정에서 대기 속도(airspeed)가 152~162knot 초과 상황이 되면 하중 제한기(load limiter)가 작동하여 플랩 40 위치에서 플랩 30 위치로 수축 된다. 그 외에도 이륙 후 상승(climb)시 속도가 증가하는데, 이륙시 플랩 내린 후 적절한 플랩 수축 시기를 놓치면 플랩 과속(flap overspeed) 상황이 발생하며, 안전장애 사건발생으로 분류하여 조사하고 플랩 과하중 점검과 필요한 조치를 해야 할 만큼 플랩은 비행 안전의 중요 관리대상이다.

14.6.6.1 뒷전 플랩(Trailing Edge Flaps)

B737 플랩 구조는 삼중 슬롯(triple-slotted) 플랩형으로 전방플랩(foreflap), 중간플랩(midflap), 후방플랩(aftflap)으로 구성되어 있으며, 플랩 당 좌우 2개의 플랩 트랙(flap tracks)이 플랩을 구조적으로 지지한다. 플랩에서는 주 구조물인 중간플랩에 전방플랩

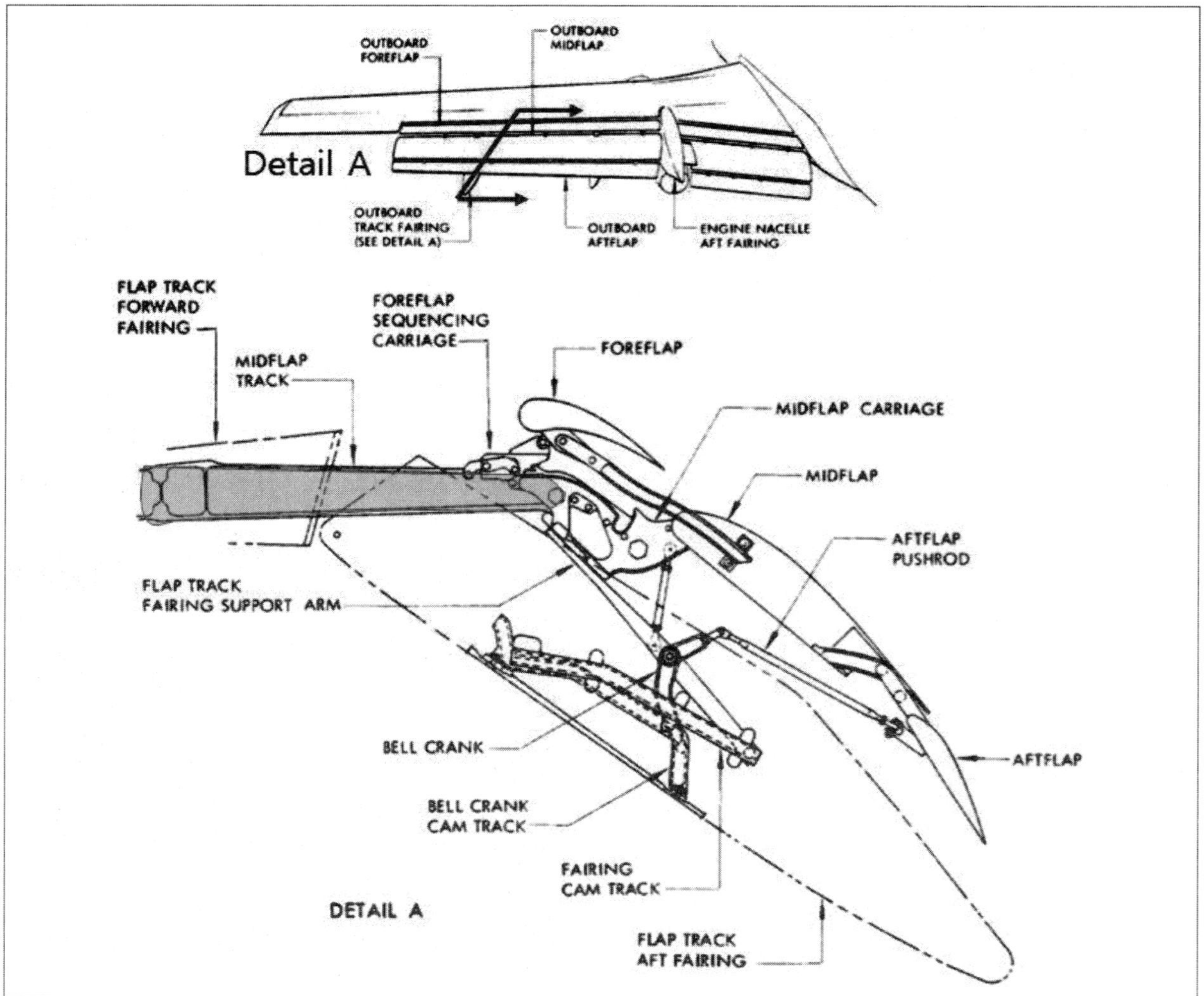

[그림 14-58] B737 뒷전프랩 구조(The Structures of B737 T/E Flaps)

과 후방플랩이 연결되어 있어, 중간플랩이 플랩 트랙을 타고 후방으로 이동하면 연동장치(linkage)에 의해 전방플랩과 후방플뱅이 펼쳐진다. 플랩 캐리지 carriage)는 중간플랩을 플랩 트랙과 구조적으로 연결하고 여러 개의 베어링으로 트랙을 에워싸고 있어 이동할 수 있게 한다. 플랩 캐리지의 베어링, 부싱 등이 느슨해지면 플랩이 흔들리면서 찢어지거나 떨어져 나갈 수 있으므로, 플랩 캐리지 관리는 매우 중요한 사항이다.

플랩 작동은 플랩을 날개 후방으로 내리고 끌어 올리는 역할은 변속기 볼 스크류(transmission ball screw)이다. 변속기 볼 스크류는 플랩 당 좌, 우 2개가 중간플랩 연결장치(attachments)를 연결하여 중간플랩을 내리고 끌어 올리는 역할을 한다. HYD System B 동력을 받는 플랩 PDU(power drive unit)가 중앙에서 토크 튜브(torque tube)를 구동하여 동시에 좌측과 우측으로 보내주면 각 티 앵글 기어박스(tee angle gearbox)가 회전력의 각도를 바꿔서 변속기 볼 스크류에 회전력을 보내준다.

조종실에서의 플랩 작동은 조종 스탠드에서의 플랩 레버에 의해 시작한다. 플랩 레버를 멈춤 위치에 두게 되면 푸시 풀 케이블로 플랩 조종장치에 원하는 플랩 레버 위치가 전해지면 현재의 플랩 위치와 플랩 작동의 하중 릴리프(load relief), 뒤틀림 발견(skew detection), 불균형 발견(asymmetry detection), UCM 발견(UCM detection)과 같은 이상 여부 확인한 후에

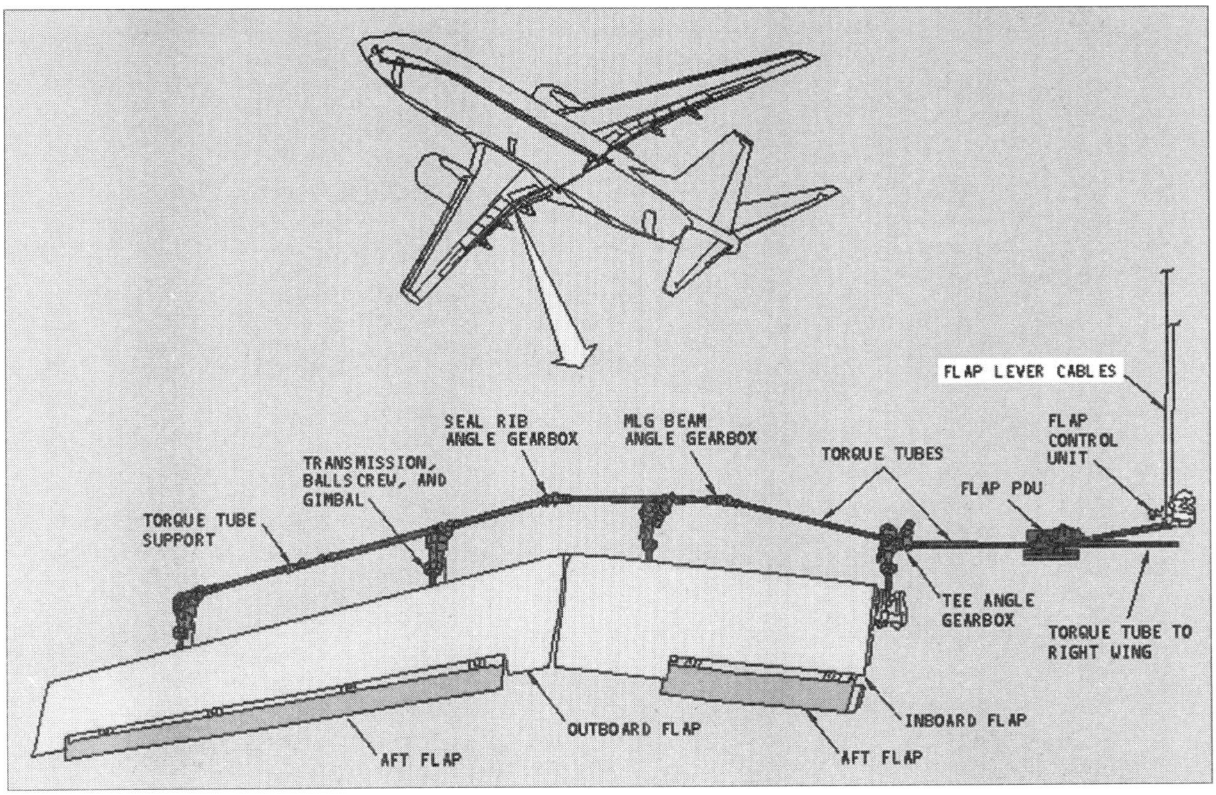

[그림 14-59] B737 뒷전플랩 작동(B737 T/E Flap Operation)

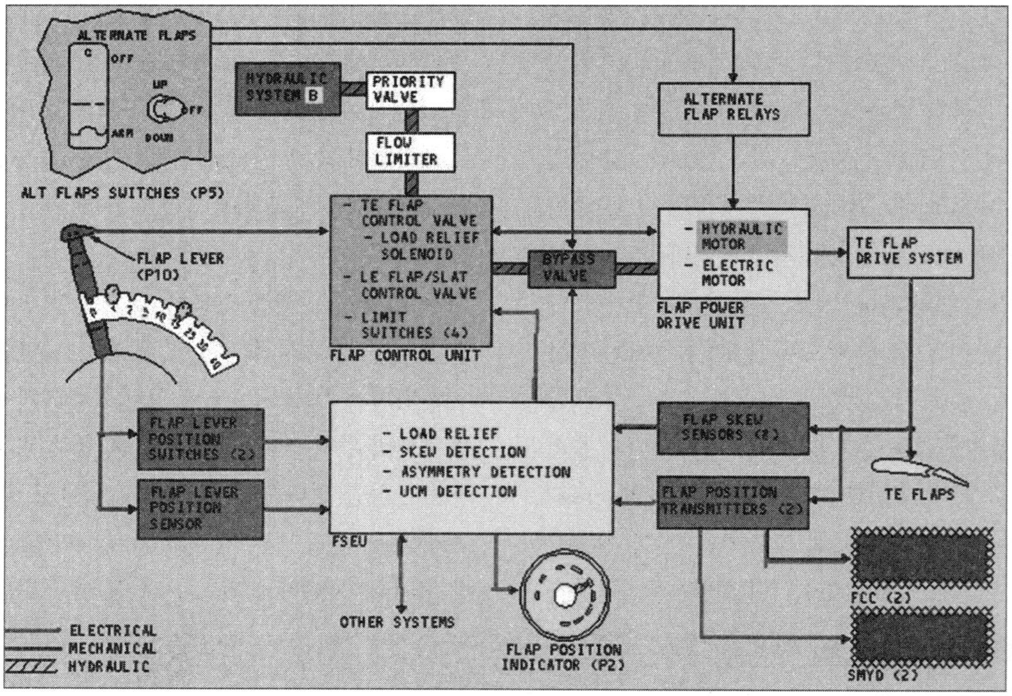

[그림 14-60] B737 뒷전플랩 정상 작동(B737 T/E Flap Normal Operation)

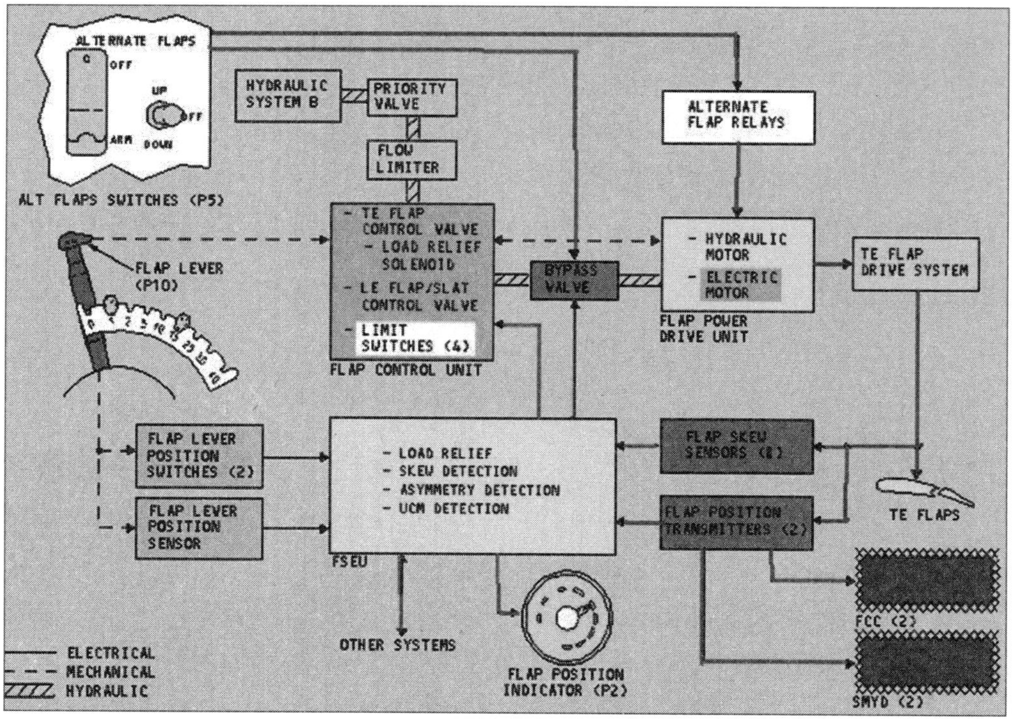

[그림 14-61] B737 뒷전 플랩 대체 작동(B737 T/E Flap Alternate Operation)

플랩 PDU로 작동 지시를 한다. PDU가 작동되면서 플랩은 서서히 내려간다.

플랩이 작동하여 플랩 레버 지시에 맞는 각도의 위치 정보가 플랩 조종장치에 전해지면 플랩 작동을 중지한다. 플랩의 위치가 맞지 않으면 현재의 플랩 위치를 확인 후 다음 단계로 진행하며 차기 위치의 확인을 계속한다.

뒷전플랩 작동에 대한 예비(back-up)는 대체 작동(alternate operation)으로 전기 전동기에 의한 작동이다. 조종실에서 대체 플랩 스위치를 아밍(arming)하면 바이 패스 밸브가 유압 동력을 차단한 상태에서 전기 전동기 스위치를 플랩을 올리거나 내린다.

14.6.6.2 앞전플랩(Leading Edge Flaps)

조종실 조종 스탠드에서의 플랩 레버에 의해 뒷전과 앞전 플랩이 공히 작동한다. 플랩 레버의 멈춤(detent) 위치가 푸시 풀 케이블로 플랩 조종장치에 전달되는 과정은 같으며, 이후 플랩 조종장치에서 앞전플랩 조종 밸브로 지시되면 앞전플랩 & 슬랫 작동기(slat actuators)가 작동한다.

앞전플랩과 뒷전플랩은 같은 유압 System B 동력을 받으나, 동력 부족시는 앞전플랩에 우선 지원되며, 뒷전플랩은 전기 전동기로 작동한다. 예비로 STBY System 동력 지원도 받을 수 있다.

앞전플랩은 이중작동기(2-position actuator) 작동의 크루거 플랩(krueger flaps, 4ea, Inboard #1 ~#4)와 삼중 작동기(3-position actuator) 작동의 슬랫 플랩(6ea, outboard #1~#6)로 구성된다.

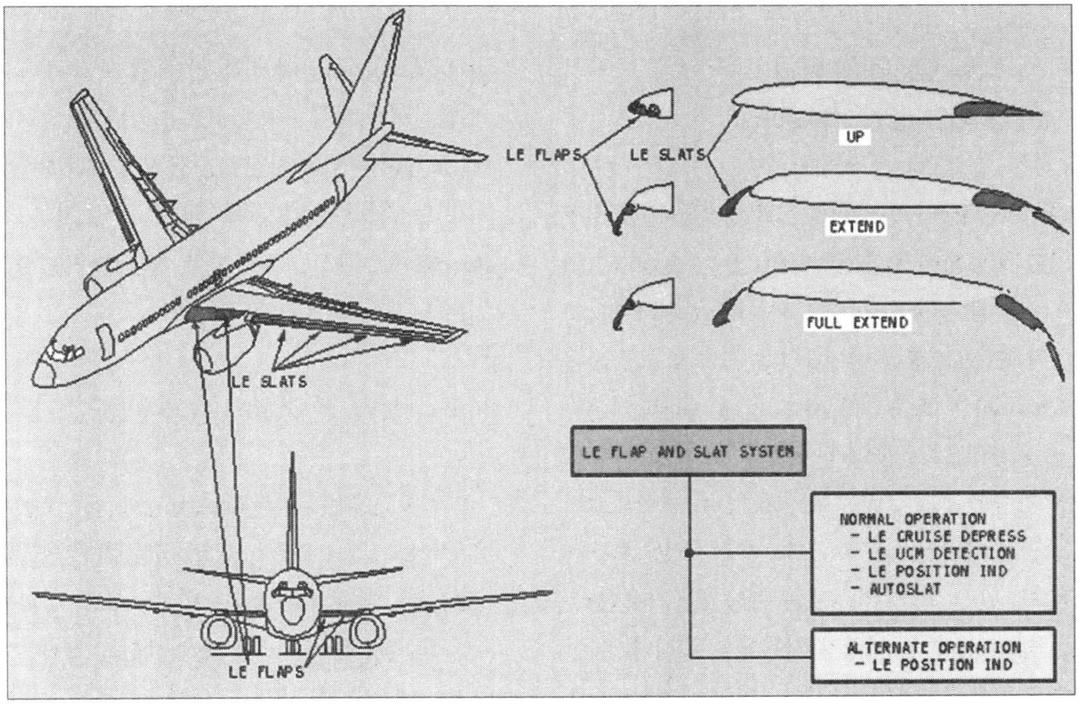

[그림 14-62] B737 앞전플랩(B737 L/E Flaps)

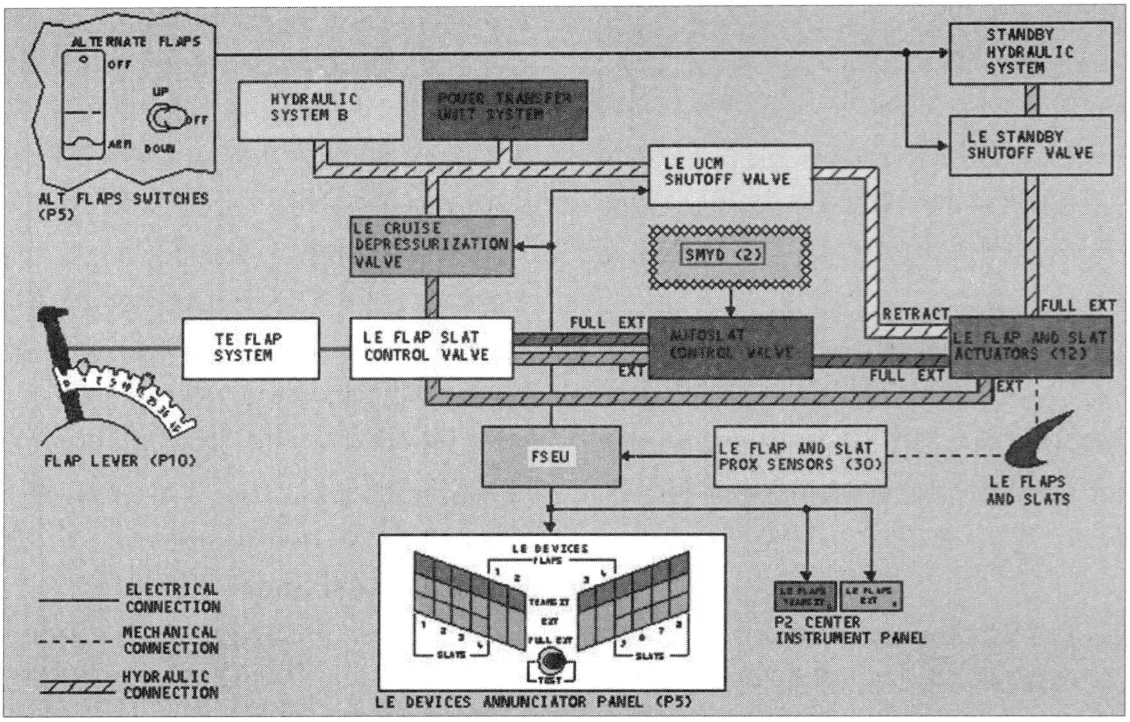

[그림 14-63] B737 앞전플랩 정상 작동(B737 L/E Flap Normal Operation)

14.6.7 스포일러와 항력 장치 (Spoiler & Drag Devices)

스포일러의 기능은 비행중 도움날개 작동시 공기 저항을 만들어 옆놀이 조종(roll control)을 보조하기 위함이며, 각도를 높게 하면 속도 제동기(speed brakes) 역할도 할 수 있다. 통상 비행중에는 속도 제동기 레버를 다운(down) 0° 혹은 아밍(arming) 4° 위치에 둔다. B737 스포일러 12개 중에서 비행중 및 지상에서 모두 작동 가능한 스포일러는 #2~#5 및 #8~#11의 8개이다. 스포일러의 면적이 크고(#6~#7) 중앙으로부터 가장 먼(#1, #12) 스포일러 4개는 지상서만 사용한다. 비행 스포일러(8개)는 지상에 착륙하면 푸시 풀 케이블(우측 착륙장치 토션링크 지상 감지기(torsion link ground sensing))에 의해 연동 밸브(interlock valve)가 열리면서 지상 스포일러로 전환된다.

스포일러 작동을 지원하는 유압 동력은 System A에서 비행 스포일러 (#2, #4, #9, #11) 및 지상 스포일러 (#1, #6, #7, #12)를 지원하고, System B는 비행 스포일러(#3, #5, #8, #10)를 지원한다.

14.6.8 실속 경고(Stall Warning)

실속 경고 컴퓨터(stall warning computer)가 ① 공중/지상모드(air/ground mode), ② 플랩 위치(flap position), ③ 받음각(angle of attack)의 정보를 받아, 공중 모드의 현 상황 조건에서 계산된 실속 속도(stall speed, vstall) 보다 7% 높은 상황에서 실속 경고와 함

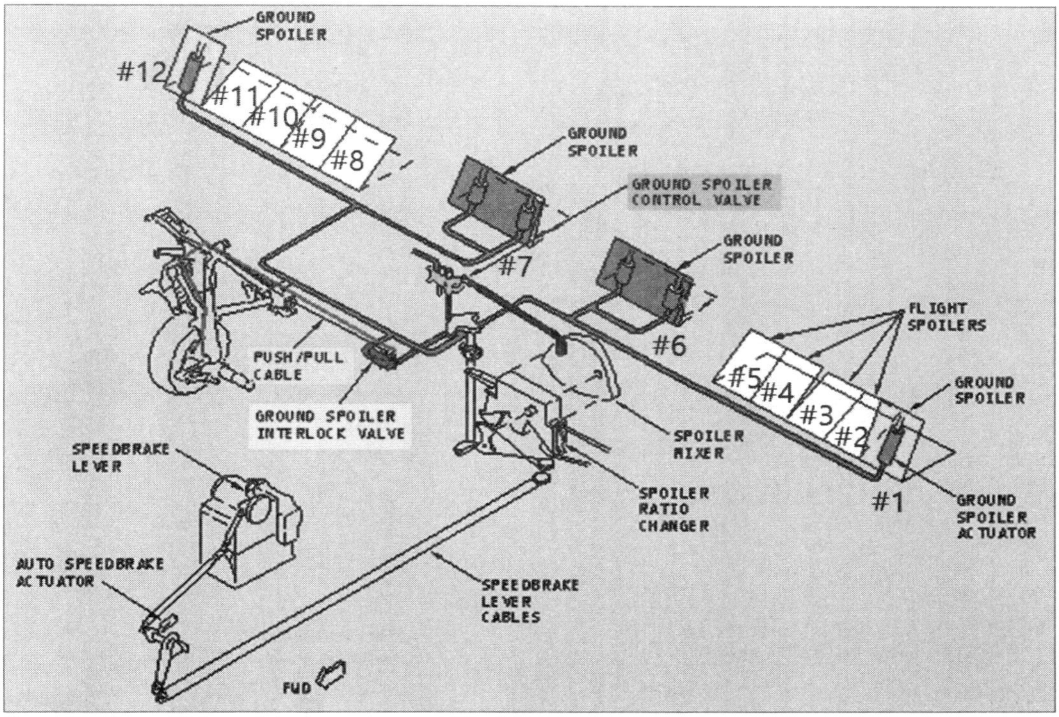

[그림 14-64] B737 비행 및 지상 스포일러(B737 Flight & Ground Spoilers)

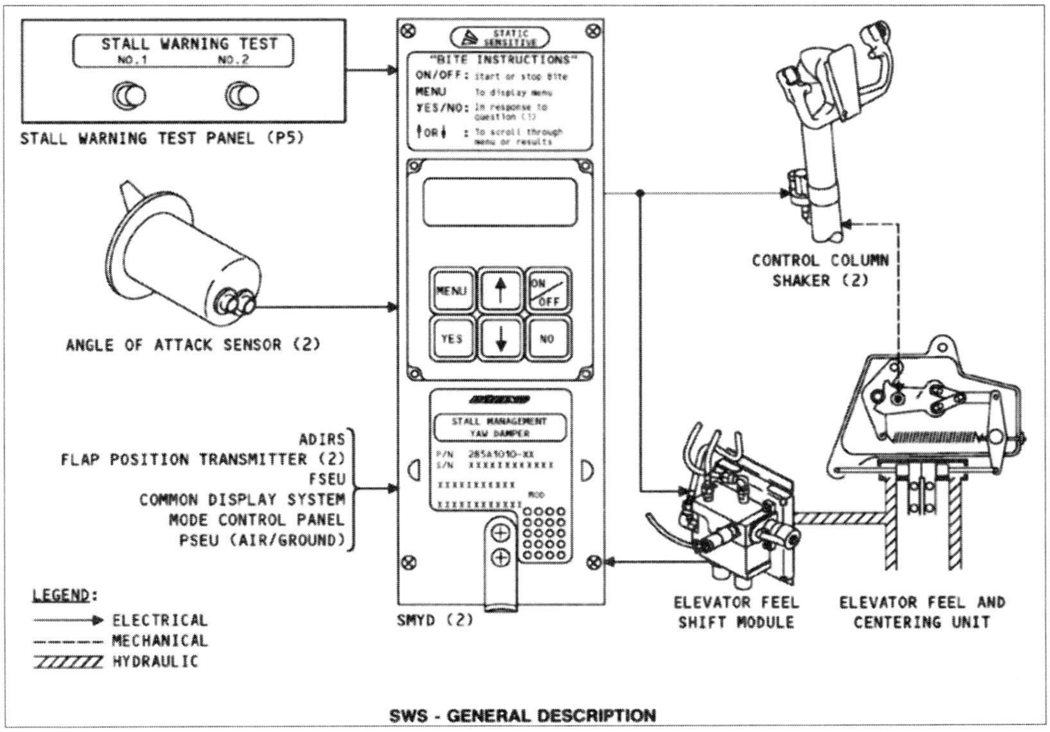

[그림 14-65] B737 실속 경고 논리(B737 Stall Warning Logic)

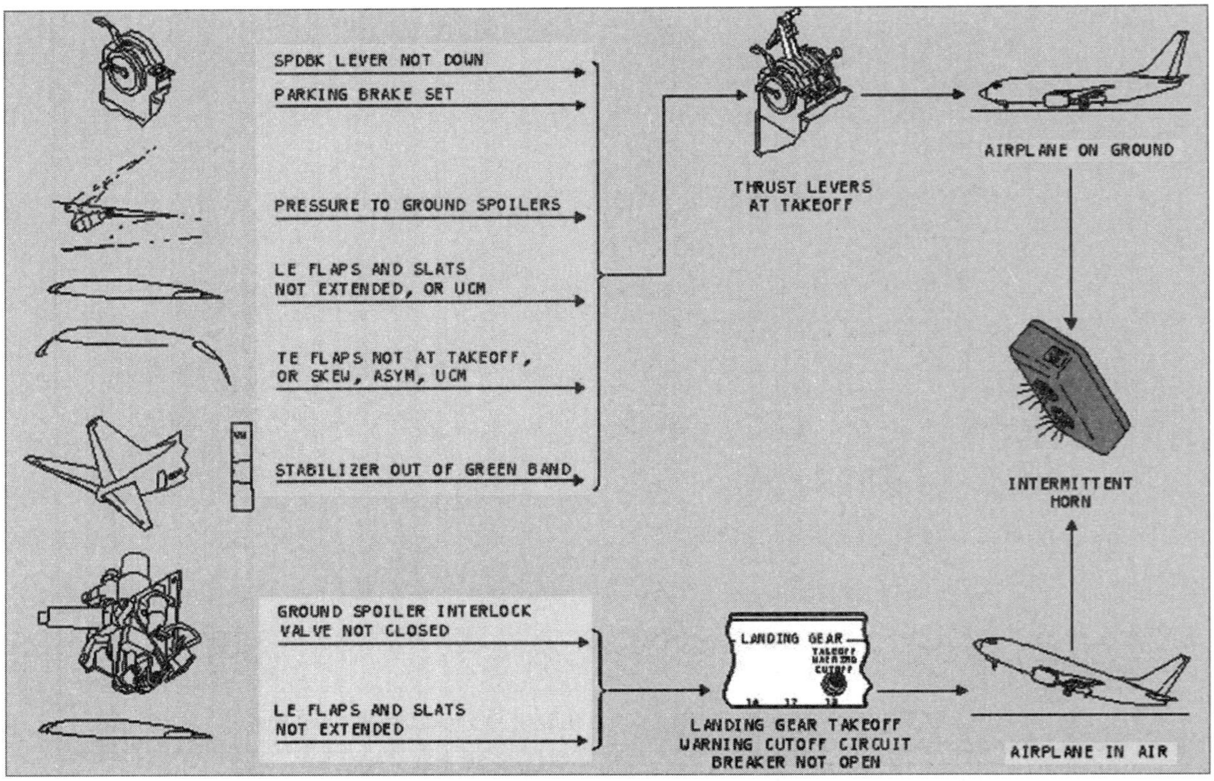

[그림 14-66] B737 이륙 경고 논리(B737 T/O Warning Logic)

께 조종 컬럼을 진동(shaking) 시킨다.

14.6.9 이륙 경고(Takeoff Warning)

이륙 경고(warning)는 미처 이륙 준비가 되지 않은 상태에서 스로틀 레버(throttle lever)를 이륙 위치로 밀 때 이륙 경고를 준다. 대표적인 준비 미흡 상황으로, ① 수평 안정판 녹색 밴드 아님(horizontal stabilizer not green band), ② 앞전플랩 안 내림(L/E flap not down), ③ 뒷전플랩 안 내림(T/E flap not down), ④ 파킹 브레이크 세트(parking brake set), ⑤ 속도 제동기 레버 안 내림(speed brakes lever not down) 등으로, 어느 하나라도 해당되면 이륙 청각 경고(aural warning)가 울린다.

◆ 개정집필위원

* 표시는 대표 집필자임

김천용(세한대학교 항공정비학과)
최세종(한서대학교 항공융합학부)
채창호(중원대학교 항공정비학과)
김맹곤(중원대학교 항공정비학과)
박희관(초당대학교 항공정비학과)
김건중(초당대학교 항공정비학과)
하영태(호원대학교 국방기술학부)
이형진(청주대학교 항공기계학과) *
최병필(경남도립남해대학 항공정비학부)
손창근(세한대학교 항공정비학과)

◆ 감수위원

* 표시는 대표 연구 · 감수진임

김근수(세한대학교)
박기범(대한항공)
이종희(세한대학교)
황효정(세한대학교)
김사웅(세한대학교) *
권병국(아세아항공전문학교)

◆ 기획 및 관리

* 표시는 연구 책임자임

국토교통부
김상수(항공안전정책과장)
차시현(항공안전정책과)
강경범(항공안전정책과)
김은진(항공안전정책과)
홍덕곤(항공기술과)

세한대학교 산학협력단
김천용(항공정비학과장) *
장광일(항공정비학과)
조민수(항공정비학과)
류용정(항공정비학과)

◆ 편집 및 디자인

노드미디어

주소 | 서울특별시 용산구 한강대로341 대한빌딩 206호
TEL | 02-754-1867 FAX | 02-753-1867
등록번호 | 제302-2008-000043호

개정판 항공정비사 표준교재 항공기 기체(시스템)

발행일 | 초판 2020년 3월
발행처 | 국토교통부 항공안전정책과(세종특별자치시 도움6로 11)
TEL | 044-201-4311 **FAX** | 044-201-5632 **홈페이지** | www.molit.go.kr
ISBN 978-89-6541-478-0 93550
인쇄처 | 도서출판 진영사 032-505-4207